Introduction to Urban Geography

도시지리학개론

한국도시지리학회 편저
The Korean Urban Geographical Society

法 文 社

격려사

해외의 경우 지리학 분야 중 개론서가 가장 많이 간행되는 분야 중 하나는 도시지리학일 것이다. 그럼에도 불구하고 우리나라 지리학계는 번역서가 몇 권 출간되었을 뿐, 1990년대 이래 새로운 개론서가 출간되지 못한 것이 현실이다. 주지하는 것처럼 도시지리학은 도시의 변화속도만큼 시대에 맞게 새롭게 거듭나야 한다. 외국 개론서의 경우, 내용과 사례의 설명이 한국적 현실과 동떨어져 있는 도시적 현상이 생소하기 때문에 우리나라 학도들이 이해하기 어려운 측면이 있다.

지리학에서 신지리학 분야를 개척한 영국의 Mackinder가 옥스퍼드대학에 지리학과를 창설해 대학에 지리학을 정규과목으로 승격시킨 이래, 도시지리학은 20세기 초에 이르러 독립된 분야로 연구되기 시작했다. 19세기 말, 독일의 Ratzel을 도시지리학의 효시로 꼽는 경우도 있지만, 그는 레벤스라움(Lebensraum)이란 개념을 제안하며 나치의 영토전쟁에 이론적 기초를 제공한 환경결정론자였던 탓에 업적이 폄훼되는 굴욕을 겪었다. 그 후, 지리학은 발전을 거듭하여 다양한 계통지리학을 탄생시켰다.

계통지리학 분야 가운데 어느 것 하나 중요하지 않은 분야가 없겠지만, 특히 도시지리학은 가장 중요한 분야라 할 수 있다. 도시지리학의 중요성은 '지리학의 노벨상'이라 알려진 보트린 루드 상(Vautrin Lud Prize) 수상자의 역대 실적을 보면 알 수 있다. 구체적으로 수상국은 영국, 미국, 프랑스가 대세를 이루고 있으며, 수상분야는 도시지리학이 단연 대부분을 차지하고 있다. 보트린 루드는 아메리카대륙을 찾아낸 Amerigo Vespucci의 이름을 따 '아메리카'라 명명한 16세기 프랑스의 지리학자이다. 이 상은 1991년 노벨상을 모델로 제정된 상인데, 매년 지리학자 중 최고의 업적을 낳은 학자에게 수여되고 있는 영예로운 상이다. 지난해까지 수여된 28명의 수상자 중 7할에 가까운 수상자들이 도시지리학을 전공했거나 연구식적을 남긴 학자들이다.

이와 같은 사실은 지리학 가운데 도시지리학 전공자만이 우수해서라기보다는 도시지리학이 내용적으로 학계에 족적을 남길 만한 분야이기 때문일 것이다. 우리는 그 만큼 다양한 지리학 분야 중 도시지리학이 차지하는 위상을 엿볼 수 있다. 가령 Haggett, Hägerstrand, Harvey, Johnston, Sir Hall, Scott, Berry, McGee, Soja 등의 기라성 같은 학자들은 모두 도시지리학을 연구한 학자들이다. 여기에 이의를 다는 사람은 아마 없을 것이다.

도시지리학은 다른 계통지리학과 달리 대상지역에 따라 분류된 분야이다. 오늘날 대학의 지리학 교과과정에 포함된 경제지리학을 비롯하여 문화지리학 · 사회지리학 · 인구지리학 · 교통지리학 · 농업지리학 · 공업지리학 등은 모두 연구대상을 지표상에 분포하는 현상에 따라 분류된 분야이다. 그러므로 이들 분야는 지표상에 나타난 특정 현상을 규명하는 것이 핵심적 과제이겠지만, 도시지리학은 도시 공간의 규명을 핵심적 과제로 하기 때문에 항상 공간적 관점에서 접근해야 한다. 구체적으로 도시지리학은 종합적으로 분석할 수 있는 수단을 제공한다고 볼 수 있다.

비록 해외의 도시지리학에 비하면 만시지탄이며, 주제에 따라 집필진이 다양한 탓에 통일성과 일관성이 좀 결여된 측면이 있지만, 시작이 반이라 했으니 차후 쇄를 거듭하면서 수정을 거치면 보완될 것이라 기대한다. 도시지리학개론서의 출간은 (사)한국도시지리학회의 업적으로 기리 남을 것이다. 어려운 여건에서 집필한 저자들께 심심한 경의를 표한다.

2019년

(사)한국도시지리학회 고문

남영우(고려대학교 명예교수)

발간사

지난 2017년에는 한국도시지리학회가 창립된 지 20주년이 되어 학회로서 어느덧 성년에 접어들었다. 지난 20여 년 동안 한국도시지리학회의 발전을 위해 진심으로 노력해 주시고 참여해 주신 원로 교수님, 전임 회장님, 학회 임원 및 이사님, 회원님 덕분에 한국도시지리학회는 도시에 대한 이론적 논의 및 실증적 분석을 통해 국내 도시 연구 분야에서 괄목할 만한 성장을 이루었다. 도시 연구 분야의 중요한 전문 학회로 성장해 온 한국도시지리학회는 창립된 지 20여 년이 지난 지금 재도약의 계기로 삼고 있다. 지난 20여 년 동안 꾸준히 내실을 쌓아오고 이제는 성년이 된 학회가 재도약하는 데 기여할 수 있는 방법에 대해서 한국도시지리학회 제15대 회장인 본인과 본 개론서의 편찬위원장 전남대학교 박경환 교수님이 함께 고민한 결과 학회 차원에서 도시지리학 개론서를 집필하는 것이 중요하다는 결론에 도달했다.

한국도시지리학회 차원에서 학술 저서 또는 번역서를 발간한 적이 있었다. 첫 번째는 저서로서 『한국의 도시』를 2000년에 출간하였고, 두 번째는 번역서로서 『세계의 도시』를 2013년에 출간하였다. 하지만 학회 차원에서 도시지리학 개론서를 출간한 적은 없었다는 점에서 금번 『도시지리학개론』 출간은 학회 차원에서도 의의가 매우 크다. 학회의 성장에는 학회지의 양적 및 질적 제고뿐만 아니라 활발한 저술 활동이 근간을 이루고 있다고 해도 과언은 아닐 것이다. 또한 국내에서 도시지리학 개론적 성격을 지니는 번역서가 출간된 적이 몇 번 있었지만 국내 도시지리학자들이 중심이 되어 도시지리학 관련 내용을 체계적으로 담은 도시지리학 개론서가 출간된 적은 많지 않았다. 이러한 측면에서 『도시지리학개론』 출간이 지니는 상징성 및 함의가 크다. 본 개론서의 출간이 학회의 재도약뿐만 아니라 국내 도시지리학의 발전에도 기여하기를 기대해 본다.

학회가 질적으로 성장하기 위해서는 저술 활동, 학회지 논문, 학술대회 등을 통해서 이론적 논의 및 실증적 분석에 대한 균형적 포용과 창조적 또는 생산적 비판이 필요하다. 도시에 대한 이론적 논의와 실증적 분석, 정성적 접근과 정량적 접근을 중용할 뿐만 아니라 도시에 대한 다양한 접근법, 도시지리학과 여타 도시 관련 학문 간의 학제적 접근을 토대로 학회에서 도시에 관한 심도 깊은 논의를 할 때 도시지리학자는 급변하는 현대 도시의 특징을 다양한 각도에서 보다 적절히 해석해 낼 수 있을 것이다. 또한 도시지리학 관련 원로 학자, 중견 교수, 신진 연구자 간의 활발한 소통을 기반으로 학문 후속 세대가 꾸준히 배출되어야만 학회가 양적으로 성장하고 지속가능한 발전을 이룰 수 있을 것이다.

도시지리학은 연구 영역에 있어 도시체계 및 도시구조뿐만 아니라 도시사회, 도시경제, 도시문화, 도시정치, 도시계획, 도시와 젠더 등 그 지평을 확대해 왔다. 이러한 연구 영역의 확대로 인해 도시지리학은 인문지리학 내에서 중심적 위치를 차지하고 있으며, 도시지리학은 인문지리학 내 여타 세부 전공 분야의 연구 주제들도 다룰 수 있다는 장점이 있다. 이러한 맥락에서 한국도시지리학회는 다양한 시각과 전공을 지닌 지리학자 및 도시 연구 관련자의 활발한 참여 및 논의의 장이 될 수 있다는 점을 적극 활용해야 할 것이다.

세계화 및 정보화의 가속화와 맞물려 급변하고 있는 도시 환경에 발맞추어 연구 주제를 다양화하는 것이 한국도시지리학회가 재도약할 뿐만 아니라 지속가능한 발전을 할 수 있는 토대를 마련할 수 있을 것이다. 도시 환경의 변화와 관련하여 화두가 되고 있는 4차 산업혁명 시대의 도시 특성, 도시재생, 도시재생 뉴딜 정책, 젠트리피케이션, 뉴어바니즘, 압축도시, 스마트 성장, 스마트 축소, 신자유주의 도시, 포스트모던 도시, 도시 기업가주의, 사회적 자본, 도시 거버넌스, 국제이주와 초국적 도시성, 도시와 젠더 등에 대해서 한국도시지리학회는 보다 다양한 이론적 접근 및 실증적 분석을 통한 논의를 심화함으로써 연구 영역의 지평을 확대할 뿐만 아니라 시의적절한 연구를 통해 내실을 더욱 굳건히 할 수 있을 것이다.

한국도시지리학회의 재도약을 위해 학회 차원에서 그동안 부족했던 부분을 정확히 진단하고 이를 보완하도록 최선의 노력을 할 필요가 있다. 학회 차원에서의 저서 및 역서 발간, 국제학술대회 개최, 국내 및 해외 도시 답사 추진, 회원 수 확대, 도시 관련 프로젝트의 수행, 도시 관련 학문 분야와의 상호 교류를 통한 학제적 연구, 도시 정책 및 도시 계획 분야에 대한 적극적 참여, 신진학자와 대학원생을 위한 프로그램 개발 등에 대한 고민을 통해 적절한 해법을 강구함으로써 한국도시지리학회가 더욱 발전할 수 있는 계기를 마련해야 할 것이다. 한국도시지리학회에 대한 회원님들의 적극적인 관심, 애정, 참여를 바탕으로 더욱 화합하는, 포용하는, 소통하는 학회로써 지난 20여 년간 축적해 온 내실을 더욱 굳건히 하는 데 본 개론서가 일조하기를 기대해 본다.

본 개론서의 내용 구성을 살펴보면 도시지리학의 전통적 분야인 도시체계론, 도시구조론 관련 내용뿐만 아니라 도시지리학의 관심 분야 확대 및 현대 도시의 다양한 특징을 반영한 현대 도시지리학 내용을 800여 쪽에 걸쳐서 폭넓고도 심도 있게 다루고 있다. 본 개론서의 도입부에 해당하는 제1장부터 제3장까지는 도시의 이해, 도시의 역사, 도시의 성장과 변천을 다루고 있고, 제4장부터 제12장까지는 도시의 내부구조와 토지이용, 도시의 계층과 도시체계, 도시 주거와 도시재생, 도시 정치와 거버넌스, 도시 경제, 도시의 사회공간적 다양성, 도시와 젠더, 도시 경관과 건축, 도시 환경의 지속가능성을 다루고 있고, 제13장부터 제15장까지는 한국적 맥락에서 한국 도시의 특징과 현안, 한국의 도시발전 및 도시정책, 한국 도시지리학의 성찰과 미래를 다루고 있다. 현대 도시지리학의 내용을 체계적이면서도 상세하게 다루고 있다는 점이 본 개론서의 장점일 것이다.

본 개론서가 출판되기까지 많은 분들의 진심어린 수고가 있었다. 본 개론서의 체계 구성 및 내용의 질적 제고를 위해 혼신을 다해 주신 편찬위원장 전남대학교 박경환 교수님, 편찬위원 인천대학교 이호상 교수님, 충북대학교 이재열 교수님께 감사의 말씀을 전하고 싶다. 그리고 각 장을 집필해 주신 저자 분들, 격려사를 써 주신 고려대학교 남영우 명예교수님, 법문사 담당자 여러분들의 노고에 감사드린다.

2019년 충북대학교 연구실에서
한국도시지리학회장 류연택 배상

머리말

지리학의 역사가 그러했듯, 도시지리학계 또한 거대 담론이 풍미했던 시절이 있었습니다. 모든 도시에 적용가능한 일반적 진술을 쫓기 위해서든, 아니면 다양한 도시 현상을 일으키는 구조와 행위성을 찾기 위해서든 말입니다. 어느새 적잖은 시간이 흘렀습니다. 그리고 불행이든 다행이든, 오늘날 우리는 거대 담론의 잔해 속에서 알튀세가 말했던 주체와 현상의 중층결정을 인정하고 학계의 비판적 성찰을 도모할 수 있게 되었습니다. 이 결과 (한동안 무시되거나 간과되어 왔던) 부수적이고 모순적이며 혼성적인 도시 현상에 새롭게 주목하는 것이 현대의 도시지리를 이해하는 데에 유의미할 수 있음을 수용할 수 있는 시점에 이르렀습니다. 이 책은 이러한 특수한 변곡점에서 출간되었기에, 그 의의는 올빼미가 날아오를 황혼녘이 되어서야 알게 되지 않을까 싶습니다.

이 책을 기획할 당시 편찬위원회에서 초점을 둔 부분은 두 가지였습니다. 첫째는 주요 독자로서 전국 대학의 지리교육 및 지리학 관련 학과의 학부생, 미래에 지리를 가르칠 예비교사, 그리고 중등교육의 현장에 계신 선생님께서 도시지리학의 핵심 개념과 이론을 쉽고 명쾌하게 이해할 수 있는 책을 발간해보자는 것이었습니다. 이를 위해 집필진 선생님들께서는 독자 친화적인 글쓰기에 최선을 다해 주셨고, 내용과 관련된 자료, 도표, 그림, 사진 등을 풍부하게 담아 주셨습니다. 둘째는 독자들에게 도시지리학에 대한 흥미를 좀 더 유발할 수 있도록 여러 도시의 사례와 흥미로운 연구를 함께 제시하자는 것이었습니다. 이를 위해 본서에서는 핵심적인 도시지리학자들을 소개하고 있고, 대표적인 도시 연구와 다양한 도시에 관한 이야기를 담은 〈읽을거리〉를 제시하고 있으며, 각 장의 말미에 심층적인 학습과 연구의 초석이 될 만한 〈추천문헌〉을 제시하고 있습니다. 모쪼록 이러한 편찬상의 목표가 부디 독자들에게 유익하기를 바랄 따름입니다.

주마등같이 머릿속을 스쳐가는 본서의 출간 과정을 말씀드리면 다음과 같습니다. 우선, 2018년 9월 학회이사회에서 개론서를 출간하기로 결정하였고, 3명으로 구성된 편찬위원회를 조직하였습니다. 편찬위원회에서는 여러 온 · 오프라인 회의를 거쳐 개론서의 집필 프레임과 각 장에 들어갈 주요 내용을 확정하였습니다. 11월에는 집필진을 구성하였습니다. 내용 집필에 적절한 전문성을 갖추고 계신 분들을 1차적으로 고려하였으되, 집필자의 소속 대학과 지역, 성, 연령의 다양성을 함께 감안하였습니다. 도시지리학계에 걸출한 연구자들이 많이 계셔서 최적화된 집필진을 구성하는 데에 적잖은 고뇌와 어려움이 있었습니다. 또한, 집필 과정에서 새로운 집필자가 추가되기도 했고, 기존의 집필자가 변경되기도 했습니다. 2019년 5월에 각 장의 원고를 제출받아 초고를 완성하였고, 편찬위원회에서 수차례 회의를 통해 초고에 대한 수정 · 보완 사항을 도출하였습니다. 그 이후 6개월 동안 집필진, 출판사, 그리고 편찬위원회 사이의 쉼 없는 협업 과정과 회의를 통해 수정 · 보완 작업을 진행하여 출간에 이르게 되었습니다.

이 책의 집필자들이신 도시지리학계의 선 · 후배 선생님들은 아무런 대가도 바라지 않고 오직 후학을 아끼는 마음과 학문적 열정을 이 책에 담았습니다. 편찬위원회는 집필진 선생님들을 여러 차례의 전화, 문자, 이메일, 우편 등으로 번거롭게 만들었습니다. 또한, 자칫 월권(越權)에 가까울 만큼 원고의 내용과 형식에 깊이 개입하였고, 출간 일정에 쫓겨 정제되지 않은 수정 · 보완 요청 사항을 집필진께 전하기도 하였습니다. 따라서 집필자의 입장에서는 이러한 편찬위원회의 역할이 무례하다고 받아들이실 수도 있었습니다. 그러나 모든 선생님들께서는 이를 너그럽게 혜량하셨고, 요청 사항을 숙고하여 흔쾌히 수용해 주셨습니다. 이 책의 모든 집필진 선생님들께 출간 과정의 처음부터 마지막까지 기꺼이 동고(同苦)하여 주셨음에 깊이 감사드립니다. 뿐만 아니라, 이번 기회에 선생님들의 학자적 겸손함과 성숙함을 배울 수 있었음을 기쁘게 생각합니다. 한편, 편찬위원회 역량의 한계와 대내외적 제약으로 인해 보다 많은 훌륭한 선생님들을 이 책의 작업에 모시지 못하게 된 점을 송구스럽게 생각합니다.

다른 모든 책이 그러하듯, 이 책에도 몇 가지 한계와 부족함이 있음을 말씀드립니다. 우선, 연구서가 아닌 개론서라는 점을 핑계로 도시지리학 분야의 광범위한 이론적, 경험적, 방법론적 스펙트럼을 보다 풍부히 담아내지 못했습니다. 또한, 집필진이 많을 뿐만 아니라 집필자 간의 학술적 시각과 입장이 상이하다는 것을 핑계로 주요 개념이나 용어의 통일성과 일관성을 좀 더 제고하지 못했습니다. 아울러, 쉽고 재미있게 읽혀야 한다는 것을 핑계로 국내 도시지리학계의 깊은 연구 성과를 보다 짜임새 있게 제시하는 데에도 미흡함이 있습니다. 이러한 모든 한계와 부족함은 개별 집필자나 한국도시지리학회가 아니라 전적으로 편찬위원회의 일천한 경험과 부족한 역량으로 인한 것임을 밝혀둡니다.

남영우 선생님의 격려사와 학회장님의 발간사가 있는 까닭에, 당초 편찬위원회에서는 별도의 글을 남기지 않기로 정했습니다. 편찬위원들의 한 줌에 지나지 않은 수고로움을 몇 마디 글로 생색내는 것 같기도 했고, 그런 생색내기가 오히려 그 수고로움에 대한 약간의 자긍심마저 헛되게 만들 것 같았습니다. 그러나 이 책을 집필하시고 직 · 간접적으로 많은 도움을 주신 분들의 노고를 기리고자 굳이 필요가 없는 머리말을 피할 수 없는 숙명처럼 남기게 되었습니다.

개론서 편찬이라는 숙제를 주시고 물심양면의 도움도 주신 학회장님과 총무부장님인 건국대 김숙진 교수님, 편집 간사의 역할을 성실히 수행해 준 전남대학교 석사과정 강병욱, 이 책의 출간을 도와주신 법문사의 배효선 사장님, 영업부의 김성주 선생님, 그리고 (출간 직전까지 친절하고 세심한 도움을 주신) 편집부의 배은영 선생님에게 감사의 말씀을 남깁니다. 마지막으로 촉박한 일정 속에서도 최선을 다해주신 집필진 선생님들과 한국도시지리학회의 모든 회원님들께 다시 한 번 감사드립니다.

2019년 11월 14일

『도시지리학개론』 편찬위원회
전남대 박경환
인천대 이호상
충북대 이재열

차 례

제 3 장 도시의 성장과 변천

제 4 장 도시의 내부구조와 토지이용

제7장 도시 정치와 거버넌스

제8장 도시경제

제9장 도시의 사회적 다양성

제10장 도시와 젠더

제11장 도시 경관과 건축

제12장 도시 환경의 지속가능성

제13장 한국 도시의 특징과 현안

제14장 한국의 도시발전 및 도시정책

제15장 한국도시지리학의 성찰과 미래

표차례

그림차례

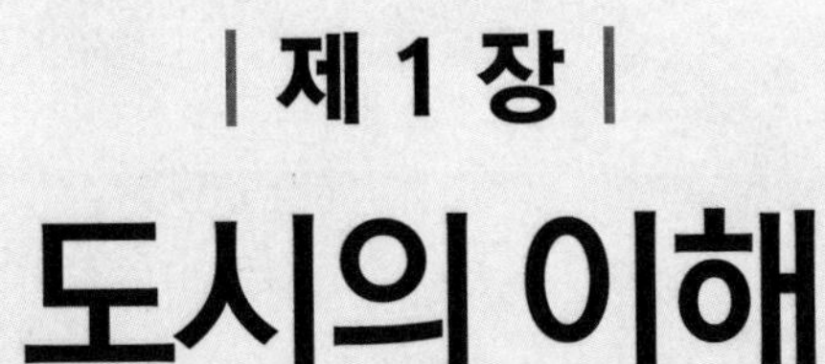

| 제 1 장 |

도시의 이해

– 최재헌 –

1. 도시의 정의
2. 도시지리학의 학문적 성격
3. 현대사회에서 도시의 중요성

제 1 장

도시의 이해

1. 도시의 정의

도시학자 루이스 멈포드(Lewis Mumford)는 "도시는 권력과 공동체 문화가 최대로 집중된 지점이다. 도시는 통합된 사회적 관계의 상징이면서 형태며, 도시에서 인간의 경험은 살아있는 신호, 행위의 상징, 질서체계로 변형이 일어난다."고 했다. 즉, 도시는 정치권력과 경제행위의 심장부라는 것이다. 도시(都市)라는 용어의 한자는 칼과 창을 든 사람과 두건 위에 좌판을 이고 있는 모습을 상징하며, 정치와 경제 중심지를 의미한다. 즉, 도시는 오늘날과 같은 공간 단위가 아니고, 도읍지의 시장이나 사람이 많이 모인 곳을 뜻했다. 그러나 도시는 시간과 공간을 초월하여 존재하는 것이 아니라, 역사적 흐름 속에서 지역 여건에 따라 여러 형태로 나타난다. 따라서 도시는 시대적, 지역적 개념으로서 이해해야 한다.

도시는 영어로 'city' 또는 'urban place'다. 'city'는 라틴어 'civitas'에서 유래하였고, 불어로는 'cite', 즉 궁성이 있는 성곽도시를 말한다. 오늘날에도 런던의 중심부를 '시디'라고 부르며, 파리에시 노트르담 사원이 있는 기원지를 그대로 '시테'섬이라고 부르고 있다. 'urban'은 라틴어의 'urbanu'에서 유래된 것으로 중심 또는 원을 이루는 것을 일컫는다. 형용사로서 'urban'은 '점잖은, 품위 있는, 세련된, 정중한, 예의 바른' 등의 뜻으로 쓰인다. 따라서 도시는 농촌과는 다르게 성곽으로 둘러싸인 형태로 이질적인 사람들이 밀집하여 모여 사는 공동체를 지칭하는 용어기도 하다. 지리학자들에게 도시는 인구와 건물, 각종 활동이 집적된 공간분석 단위로서, 그 조성과 밀도에서 다른 형태의 정주(settlement)와는 뚜렷하게 구분된다. 또한, 도시 거주자에게 도시는 친숙하고 인상적이면서 개인의 경험이 녹아있는 가치와 상징의 집합체이므로, 도시를 어떻게 인지하는가는 주거지, 쇼핑 장소, 일터 등에서의 공간적 행동을 이해하는 바탕이 된다.

그렇다면 도시가 농촌과 다른 특징은 무엇일까? 도시의 특징은 집단성, 결절성, 비농업성으로 정리할 수 있다. 첫째, 집단성은 일정한 공간에 이질적인 사람들이 모여 살고, 다양한 접촉을 통해 기술과 정보교환이 일어나면서 혁신의 계기가 되는 특징이다. 에드워드 소자(Edward Soja)는 '시네키즘(synekism)'이란 용어를 사용하면서 집단성을 도시가 발생하는 이유로 들었다. 터키에서 발견된 기원전 10,000년의 신석기 도시 유적인 '괴베클리 테페(Gobekli Tepe)'는 단기간에 종교적인 목적으로 사람들이 모이면서 우생학적으로 근친결혼을 막고 기술과 정보교환이 일어났던 집단성의 증거가 되고 있다.

둘째, 결절성은 도시가 중심지로서 주변부에 있는 배후지와 상호작용하면서 필요한 서비스와 물자를 얻고 비슷한 도시들과 기능적 상호보완성을 통해 성장하거나 공존하는 특징이다. 따라서 교통, 정보, 금융, 통신 기능은 도시의 결절성을 유지하는 근간이 된다. 과거 항구도시들이 중요한 무역로의 중심지로 성장한 것이나, 오늘날 공항 도시가 새로운 중심지로 부상하는 것은 모두 결절성에 따른 것이다. 세계화가 진행된 오늘날 세계에서 각국의 도시들은 장소 공간으로서 도시의 매력성을 높이고 유동 공간에서 결절성을 높임으로써 세계적인 영향력을 행사하는 글로벌 도시(global city), 또는 세계도시(world city)로 성장하기 위해 다양한 전략을 수립하고 있다.

셋째, 비농업성은 비농업인구가 농업인구보다 높은 비중을 차지하는 것을 뜻하며, 도시와 농촌을 구별할 수 있는 특징이다. 도시에는 1차 산업의 생산물을 가공하는 2차 산업과 서비스로 연결하는 3차 산업뿐 아니라 의사결정 기능과 지식산업을 포함한 4차 산업이 발달하고 있다. 도시마다 높은 비중을 차지하는 산업에 따라 제조업 도시, 서비스업 도시, 상업 도시 등으로 그 특성이 결정된다. 특히, 도시의 비농업성은 도시의 중심지 기능과도 관련이 깊다. 도시는 정치, 문화, 행정, 경제 중심지로서 배후지와 상호작용하여 다양한 기능을 수행하며, 중심 기능에 따라서 특징적인 물리적 경관을 만든다. '기능상의 유사성은 형태상의 유사성을 발생시킨다.'라고 한 프리드리히 라첼(Friedrich Ratzel)의 지적과 같이 도시의 물리적 형태는 도시가 수행하는 기능과 밀접한 관련이 있다. 도시의 물리적 형태는 시설물과 주택을 포함한 건물과 토지이용, 도로 등의 배치로 나타나며 도시의 공간조직으로 구현된다. 따라서 도시의 기능, 물리적 경관, 공간조직은 불가분의 관계를 맺으면서 도시의 본질을 설명하는 구성요소다.

'도시란 무엇인가'에 대한 해답은 시대와 공간에 따라 다양하게 이뤄져 왔으며, 하나의 정답은 없다. 왜냐하면, 도시를 어떤 시각에서 보느냐에 따라 도시에 대한 설명이 다르기 때문이다. 예를 들어, 도시지리학에서는 입지(절대적 입지와 상대적 입지), 중심성, 도시 형태, 도시경관에 관심을 두는 반면에, 도시사회학에서는 도시민의 일상생활이 이루어지는 공간으로 농촌 촌락과 대비하여, 사회조직으로서 도시 내부구조와 소수민족, 젠더, 사회적 병리 현상 등에 더 많은 관심을 두고 있다. 한편, 도시경제학에서는 재화의 교환과 경제적 중심지로서 도시를 파악하여 국지적 시장과 배후지의 관계, 경제활동의 공간적 측면 등을 강조한다.

도시에 대한 정의는 도시의 질적 측면에 관심을 두는 주관적 정의와 도시의 실체(entity)에 초점을 맞춘 객관적 정의로 구분할 수 있다. 첫째, 주관적 관점에서 도시는 도시주민들이 일상생활에서 부여하는 의미와 상징물이다. 도시민의 의식에 구현되는 도시의 특성은 인지 지도(cognitive map) 등을 통해 밝힐 수 있다. 루이스 워스(Louis Wirth)는 도시적 생활양식(urbanism)이 나타나는 공간이 도시이며, 도시 공간 개념은 직업, 나이, 사회경제적 지위 등에 따라 다르고, 도시에 대한 주관적인 해석은 장소에 의미를 부여할 뿐 아니라 사회적 맥락에서 도시 공간을 구체화한다고 했다. 둘째, 도시에 대한 객관적 정의는 인구, 경제 기반, 행정경계, 도시와 주변부 간의 기능적 관계 등 객관적인 지표를 사용하여 보편적인 실체로서 도시를 정의하려는 것이다.

(1) 도시에 대한 주관적 정의

도시는 사람들의 상상 속에서 주관적인 이미지로 나타난다. 도시를 주관적으로 정의한다는 말은 높은 데서 도시를 내려다보고 농촌과의 경계를 긋는 일이 아니라, 일상적으로 마주하는 도시 환경에서 개인적으로 친숙한 가시적인 요소들을 구분하고 인지한 기호들을 심상 지도(mental map)에 배열함으로써 도시를 정의한다는 것이다. 도시지리학자들은 도시 이미지의 형성과 공간 행위와의 관련성에 주목했다.

케빈 린치(Kevin Lynch)는 1960년 「도시의 이미지(The image the city)」라는 책에서 주민들이 도시경관을 이루는 물리적 형상을 시각화하는 방식에 관심을 가졌다. 즉, 개인이 도시 형태 요소를 어떻게 쉽게 상징화하는지에 대한 가독성과 이 상징을 서로 연결된 연속 단위로서 인식하는지에 대한 이미지화에 주목했다. 그는 먼저 보스턴, 로스앤젤레스, 저지시티에 사는 주민과 방문객에게 도심을 설명하도록 도심부 지도를 그리고, 어떤 요소들을 포함하고, 어디에 있으며, 어떤 느낌인지 적어달라고 부탁했다. 그리고 응답 결과를 취합하여 전문 관찰자가 시각적으로 만든 결과와 비교한 결과 경로(path), 모서리(edge), 결절지(nodes), 구역(districts), 표지물(landmark)을 도시 이미지를 구성하는 5가지 요소로 제시했다.

① 경로는 교통로가 되는 도로나 운하로 나타난다. ② 모서리는 선이 깨진 뚜렷한 형태와 통과하지 못하는 강이나 철도, 성벽이나 녹지 등이 해당한다. ③ 결절지는 도로 교차로나 각종 활동이 집결되는 지점으로 쇼핑몰이나 업무빌딩 등

그림 1-1 린치의 보스턴 심상 지도

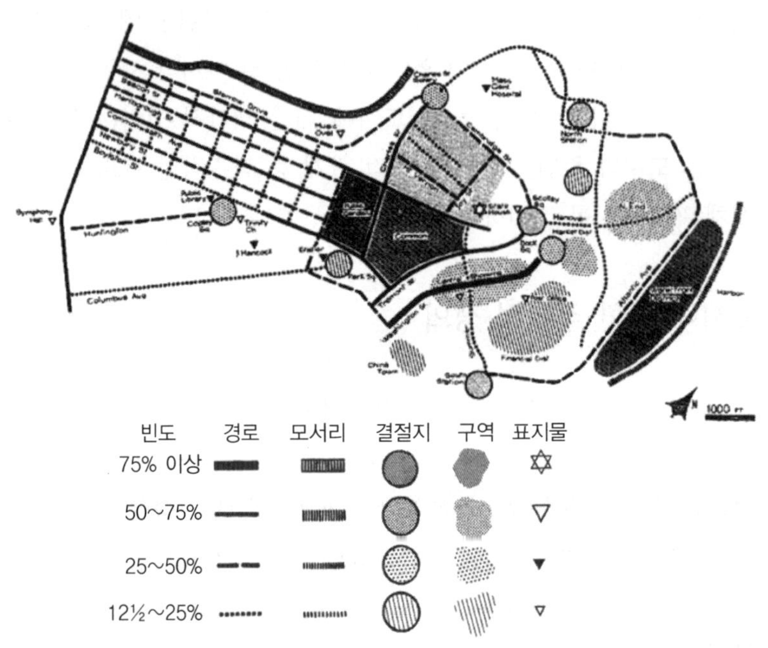

그림 1-2 린치의 도시의 이미지를 구성하는 5요소

이 해당한다. ④ 구역은 공통점이 있고, 사람들이 드나드는 도시의 일부 구역으로 보스턴의 비컨 힐 등이 사례다. ⑤ 표지물은 건물이나 상점, 산 등 기준점으로서 에펠탑, 남산타워 등을 사례로 들 수 있다. 그러나 이들 다섯 가지 요소는 개별적으로 나타나지 않고 서로 중복되거나 결합하며, 집합적 성격을 가진 복잡한 모습으로 표현된다. 예를 들어, 시장은 시각적으로 뚜렷한 구역인 동시에, 결절지이고, 경로상의 만남의 장소이자, 모서리이면서 표지물이기도 하다. 또한, 새로 건설되고 비슷한 가로망을 갖는 신도시보다는 오랜 역사를 지닌 역사 도시가 훨씬 사람들의 심상 지도에 뚜렷하게 각인되는 경향을 보인다.

인터뷰와 스케치를 통해 모은 주민들의 심상 이미지를 분석하면 모두가 공유하는 전반전인 도시의 이미지를 도출할 수 있으며, 선호하는 곳과 혐오하는 곳을 찾을 수 있다. 또한, 도심부에 대한 경계도 심상 지도를 통해 그려볼 수 있다.

그러나 린치의 방법론에 대한 비판으로 첫째, 개인별로 도시를 지도로 그릴 수 있을 만큼 공간적인 인지를 하고 있는지 여부다. 대부분 도시 이미지는 지리적이기보다 맛과 향기, 색깔 등 비(非)지리적인 요소로 구성되는데 이것을 위치로 표현할 수 있는가 하는 점에서 비판을 받는다. 둘째, 스케치 지도를 모든 사람이 그릴 수 있는가 하는 점이다. 처음 온 사람들이 도시를 인지하는 요소는 대부분 제한적이며 지도를 그리지도 못하기 때문에 왜곡될 수밖에 없다. 셋째, 개별 결과를 일반화하는 과정에서 개인별 차이가 워낙 크기 때문에 이들을 일반화하는 방법에 대한 객관성과 신뢰성을 확보하기 어려우며, 남녀, 연령, 경험, 사회경제적 지위, 인종적 지위 등에 따른 인지 수준 차이를 고려하기 어렵다는 것이다.

한편, 주관적 도시 정의를 위해 도시와 농촌을 분리하여 도시적 생활양식인 어바니즘(urbanism)을 통해 설명하는 방법이 있다. 사회학자 페르디난트 퇴니에스(Ferdinand Tönnies)는 농촌사회는 혈연이나 친밀함에 바탕을 둔 일차적인 공동체(gemeinschaft)적 특징을 보이지만, 도시는 계약과 형식화된 관계를 바탕으로 한 이차적인 사회(gesellschaft)적 특징을 보인다고 그 차이점을 설명했다. 에밀 뒤르켐(Emile Durkheim, 1893)은 비가역적인 역사적 · 생태학적 과정에 의해 노동의 분화가 발생하면서 혈연에 바탕을 둔 분절적인 형태의 농촌에서 사회 활동에 기반한 조직화된 형태인 도시로 변화한다고 설명했다. 이 밖에도 베버(Max Weber) 등 사회학자들과 시카고학파 등은 전산업사회 · 산업사회와 관련한 농촌과 도시의 특징을 밝혔다. 특히, 시카고학파의 일원인 워스(Louis Wirth)는 도시의 세 가지 주요 특징으로 큰 도시 규모, 조밀한 인구밀도, 이질적인 사회 혼성(混成)을 통한 이질성을 제시했다. ① 사회집단의 큰 규모는 인간 상호 간 관계성의 본질을 결정하며 어느 정도 규모를 넘어서면 개인적인 관계보다는 전문화되고 기능적인 관계를 맺으므로 차별화, 전문화, 상징화가 발생한다. ② 조밀한 인구밀도는 도시 내 공간에 대한 경쟁을 유발하므로 최고의 경제적 이익을 얻는 방향으로 토지이용이 일어나면서 직주 분리가 발생하고, 경쟁에 실패한 집단의 이탈 행위가 발생한다. ③ 이질성은 사회적 불안정성과 개인의 불안감을 증폭시켜 사회적 · 지리적인 이동과 인간 소외 현상을 유발한다. 즉, 도시와 농촌은 도시화 과정에서 발생하는 연속체로서, 도시화가 진행하면서 도시의 규모, 밀도, 이질성이 증가하고, 사회 · 경제조직으로서의 도시특성과 공동체로서의 성격은 와해하며, 사회의 도덕적인 질서는 혼탁해진다는 것이다.

더 나아가 포스트구조주의에서는 도시를 분리된 공간 단위로서 파악하고 뚜렷하게 구분되는 도시적 생활양식이 물리적 경계를 넘어 널리 확산하는 것을 포스트모던 도시의 상징으로 해석했다. 세계화와 사회 양극화, 문화적 파편화, 정보통신 기술의 발전에 따른 새로운 도시 형태와 문화집단의 출현을 생활양식으로 해석한 것이다. 또한, 포스트모던 관점에서는 도시를 상징체로 구성된 텍스트로 정의했다. 도시는 집단에 따라 기계, 조직, 유기체, 시장, 정글 등 다양한 상징물로 읽히고 해석되는 텍스트이므로, 도시의 본질은 도시가 처한 현실적인 구체성과 추상적인 상징성을 동시에 이해하고, 구체적 사물과 추상적 아이디어 사이에 주고받는 영향력을 동시에 파악해야 찾을 수 있다고 보았다.

읽을거리 1-1 공간과 장소로서의 도시

공간(space)은 기하학적 속성인 거리, 면적, 형태, 밀도, 방향, 입지, 영역 등의 차원으로 표현되며 도시의 발전과 상호작용에 영향을 미친다. 공간은 사회적, 경제적, 정치적 과정이 발생하는 매개체로서 작용한다. 예를 들어, 거리가 증가하면 두 지점 간의 상호작용량은 줄고, 물리적 접근성이 높아지면 두 지점 간의 상호작용량도 커지게 된다. 영역성(territoriality)은 권력이 미치는 범위로 규정하며 도시 내부에서는 뚜렷한 경계로서 나타난다. 특정한 민족집단이 우세하게 점유하고 있는 집단의 영역은 배타적 거주지역(enclave)을 형성한다. 행정기관이 도시공간을 임의로 나누어 빈민을 살게 한다거나 할 때 공간적 분할이 결국은 사회적 분할로 이어지므로 공간과 사회는 분리되지 않는 상호보완적인 개념으로 이해하여야 한다.

장소(place)는 공간상에 특별한 의미가 부여된 입지라고 할 수 있다. 일반적으로 장소는 의미가 부여된 공간이라고 할 수 있는데, 공간이 크기와 규모에 따른 스케일 의존적이라면, 장소는 스케일과 무관한 경험의 의미가 우선하는 개념이다. 장소는 공동체에게 정체성을 부여하는 일상 생활공간으로서 친밀하고 지속적인 관계를 맺게 한다. 장소는 오늘날 도시가 생산중심지가 아닌 소비중심지가 되면서 더욱 중요한 개념이 된다. 즉, 긍정적인 장소감과 장소의 매력도는 다른 지역과의 경쟁에서 소비자들이 선택하게 만드는 바탕이 되기 때문에 장소 마케팅 등이 새로운 분야로 등장하고 있다. 유네스코 세계유산 등재를 각국이 주목하는 이유도 장소 마케팅의 중요한 자산이 되기 때문이다.

인터넷의 발달로 사이버공간(cyberspace)이 등장하면서 실제 지리적인 공간의 중요성이 도전받고 있다. 이런 현상은 시공간 압축 과정에서 새로운 무공간 · 무장소로서 사회적 공간(social space)이 발생한다는 것으로 이해된다. 사이버공간에서도 사람들 간의 상호작용이 공간을 바탕으로 발생하는 사실은 변하지 않으며, 사회 · 경제적 지위에 따라 연결의 범위와 강도가 달라지는 공간의 불평등 현상은 여전히 발생한다.

도시는 공간적 속성, 장소로서의 속성, 그리고 가상 공간으로서의 속성을 모두 가지고 있다. 도시의 본질은 결국 다양한 관점에서 무엇을 중요하게 여기는가에 따라 다르게 해석된다.

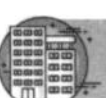

읽을거리 1-2 다양한 계층의 도시 모습

그리스의 계획가 콘스탄티노스 독시아디스(Constantinos Doxiadis)는 '에키스틱스(Ekistics)'에서 인간의 정주(human settlement) 형태는 개인 주택, 근린주거, 소규모 읍(hamlet, town) 등을 포함한 취락, 도시, 대도시(metropolis)와 거대도시(megalopolis), 초거대도시(Ecumenopolis)에 이르기까지 다양한 계층으로 나타난다고 지적했다. 궁극적으로 세계인구가 성장하고 도시화가 진행함에 따라 메갈로폴리스들이 서로 연결되어 거대하고, 지구적 규모의 초거대도시인 '에쿠메노폴리스(ecumenopolis)'가 발생한다는 것이다. 1968년 저술한 「에쿠메노폴리스: 내일의 도시(Ecumenopolis: Tomorrow's City)」에서 "모든 도시는 복잡한 도시복합체 속에서 서로 연결되며, 대도시와 소도시의 구분이 불가능한 하나의 형태를 이루게 된다. 이런 도시들은 역동적으로 다음 두 · 세 세대를 거치면서 발전하여 최종적으로는 서로 연결된 거대한 연속적인 네트워크를 만들면서 에쿠메노폴리스라고 부르는 보편도시가 될 것이다."라고 지적했다.

표 1-1 에키스틱스: 다양한 정주형태

번호	주거단위명	인구규모	4개 취락유형
1	개별처소(Anthropos)	1	소규모 취락 (minor shells)
2	방(room)	2	
3	주거(dwelling)	5	
4	주거집단(dwelling group)	40	소형 취락 (Micro-settlement)
5	소규모 근린(small neighborhood)	250	
6	근린(neighborhood)	1,500	
7	읍(small polis, town)	1만	
8	도시(polis, city)	7.5만	중형 취락 (meso-settlement)
9	소형 대도시(small metropolis)	5십만	
10	대도시(metropolis)	4백만	
11	소형 메갈로폴리스(small megalopolis) / 연담화(conurbation)	2천5백만	
12	메갈로폴리스(megalopolis)	1억5천만	대형 취락 (macro-settlement)
13	소형 에페로폴리스(small eperopolis)	7억5천만	
14	에페로폴리스(eperopolis)	75억	
15	에쿠메노폴리스(ecumenopolis)	500억	

그림 1-3 **궁극적인 취락 형태의 에쿠메노폴리스**

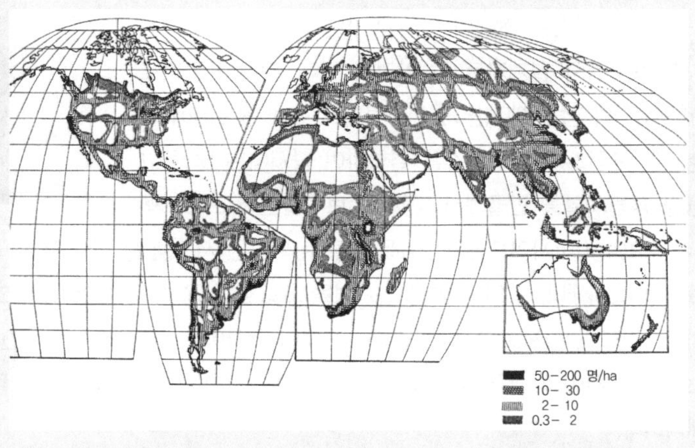

출처: Doxiadis(1968).

읽을거리 1-3 현대도시의 주요 사상가들

획기적인 아이디어로 현대도시에 영향을 미친 서구 도시학자들의 면모를 간략하게 살펴보자.

(1) 조르주외젠 오스만(Georges-Eugene, Haussmann, 1809-1891)

나폴레옹 3세의 치세기인 1853-1870년에 오스만 남작은 파리대개조사업을 통해 파리를 중세도시에서 현대도시로 바꾸었다. 대로(boulevards)를 도입하여 미로형 가로구조에서 시원하게 뚫린 직선대로의 모습으로 파리를 바꾸었고, 중세의 중정 대신에 파리의 상징이 된 5층에서 6층짜리 지붕을 갖춘 건물을 지었으며, 광장과 공원, 기념문은 도시 곳곳에 설치했다. 하수도와 가스관은 거의 하루 밤사이에 파리를 위생과 빛의 도시로 변화시켰다. 그러나 파리대개조사업으로 35만 명에 이르는 사람들이 이주하고, 역사적인 도시조직이 파괴되는 부작용도 있었다. 19세기 말까지 이런 '오스만화'는 유럽 도시들에 확산하여 오스만 스타일의 가로와 건물을 갖추고 보행 가능한 도시 생활양식이 보편화됐다.

(2) 프레드릭 로 옴스테드(Frederick Law Olmsted, 1822–1903)

옴스테드는 미국 뉴욕 센트럴파크의 설계자이자 수많은 미국의 공공 공원을 디자인한 조경의 아버지이며, 미국의 교외 지역 원형을 디자인한 경관 설계자로 잘 알려져 있다. 건축가 칼버트 보(Calvert Vaux)와 함께 맨해튼의 센트럴파크 설계 공모전에 당선되어 영국과 프랑스의 조경요소를 결합하여 당시에는 낯선 고품질의 공공 공원시설을 만들었다. 이외에 브루클린의 프로스펙트 공원, 시카고의 리버사이드 공원, 뉴욕 버펄로의 공원 시스템 등, 수많은 미국 대학의 캠퍼스 조경을 설계했다. 교외 지역에서 지형을 그대로 활용한 곡선도로를 강조한 일리노이의 리버사이드 단지계획, 트렌턴의 캐드월레이더 하이트 등을 비롯하여 건물후퇴선(setbacks), 주택 사이의 간격 등 미국 교외 지역의 시각적 특징이 되는 요소들은 모두 그의 설계작이다.

(3) 에버니저 하워드(Ebenezer Howard, 1850–1928)

런던사람이면서 현실주의자였고, 영국의 목가적 전통을 이어 미국 네브래스카의 농장주이기도 하였던 하워드는 전원도시(Garden City)의 주창자다. 19세기 이래 도시화의 부작용에 따른 과잉화와 빈곤 문제를 해결하고 도시와 농촌생활의 장점을 따서 1902년 저술한 「미래의 전원도시(Garden Cties of To–Morrow)」에서 600에이커(2,428km^2)의 신도시 모델을 제시했다. 중심부에는 중앙공원과 관청가를 두고, 주택과 상가가 연이어 있으며, 외곽에는 산업과 농업지를 배치하고 철도에 의해 외부와 연계했다. 실제로 런던 주변에 전원도시인 레치워드와 웰빈 가든시티가 건설되어, 20세기 미국의 교외화 건설에 큰 영향을 미쳤다. 르 코르뷔지에(Le Corbusier)와 프랭크 라이트(Frank Lloyd Wright)에도 영향을 주어 용도지역제(zoning)를 바탕으로 한 이상적 도시 건설의 근간을 만들었다.

(4) 르 코르뷔지에(Le Corbusier, 1887–1965)

스위스 태생으로 초기 근대 건축과 계획의 선구자다. 건축 디자인에서 강화 콘크리트 재료를 사용하여 건축의 5개 포인트(Five Points of Architecture)라는 독특한 스타일을 만들어낸 도시설계자이자 도시사상가다. 필로티

(Piloti)라는 콘크리트 기둥을 이용하여 내벽을 없애 개방적인 평면설계를 건물에 적용한 점은 건축의 혁신으로 평가된다. 또한, 인터내셔널 스타일이라는 고층업무빌딩의 출현에 중요한 역할을 하였으며, 실제로 기념비적인 공공건물과 넓은 대로를 특징으로 하는 인도의 찬디가르를 설계했다. 그의 건축 작품은 현재 세계유산으로 등재되어 있다.

(5) 루이스 멈포드(Lewis Mumford, 1895-1990)

20세기에 가장 주목받은 도시사상가 중의 한 사람인 멈포드는 30권이 넘는 저술 활동을 했다. 그중에서 가장 유명한 책은 1961년의 「역사 속의 도시(The City in History)」다. 뉴욕에서 성장한 멈포드는 병으로 야간대학을 다니다가 콜롬비아와 뉴스쿨에서 수강한 것이 전체 학력이지만, 「더 뉴요커(The New Yorker)」에 30년이 넘게 "Sky Line" 칼럼을 집필했다. 도시문제에 대한 저술뿐 아니라 1923년 하워드의 계획 원칙을 확산하고자 미국 지역계획협회를 공동 창설했다. 윤리에서 벗어난 기술발전이 도시계획에 미치는 위험성을 인지하고 있었으며, 도시계획은 공공을 위한 선을 추구해야 한다고 주장했다.

(6) 제인 제이콥스(Jane Jacobs, 1916-2006)

저널리스트와 작가로 활동했던 제이콥스는 20세기 가장 뛰어난 도시 비평가로서 널리 알려져 있다. 1961년 저술한 「위대한 미국도시의 죽음과 삶(The Death and Life of Great American Cities」은 당대 도시계획가와 건축가에게 가장 큰 영향을 끼친 저술로 평가받는다. 이 책을 기점으로 하향식 대규모의 방사형 전원도시라는 틀에서 벗어나 더 인간중심적인 도시디자인과 상향식 의사결정구조로 진일보하였다는 평을 받았다. 고속도로나 슈퍼블록 대신에 소규모의 블록과 저층 상점을 갖추고 상층에 아파트가 있는 다양한 건물 배치를 옹호했다. 또한, 감정적인 시각에서 도시를 파악하여 거리는 마치 무용극과 같아서 구성원은 모두 일정한 역할을 담당하고 있다고 생각했다. 작은 도시공동체 사회를 향한 비전으로 1968년 토론토로 이주하여 그곳에서 생을 마감하였는데, 마지막 저서인 「암흑시대를 앞두고(Dark Age Ahead)」에서는 경제적 불평등으로 우익 포퓰리즘의 성장과 시민기구의 쇠퇴를 예견했다.

(2) 도시에 대한 객관적 정의

도시란 농촌과 대비되는 용어로 농촌과는 서로 다른 특징을 보인다. 도시에서는 높은 건물과 시가지, 도로, 고밀도 주거지역, 상업지역 등의 경관이 나타나며, 농촌에서는 경작지와 삼림, 저밀도의 주거 공간 등의 경관을 볼 수 있다. 도시 사람들은 비농업 부문에 종사하는 반면에 농촌 사람들은 농업부문에 종사한다. 과연 도시와 농촌은 이렇게 분명하게 나눌 수 있을까? 도시 교외 농촌에 사는 한 가족이 있다고 하자. 가족 6명 중에서 3명은 도시로 매일 출퇴근하면서 생계를 도시 일자리에 의지하고, 나머지 3명은 농사를 짓는다면 이들은 도시에 사는 것인가 농촌에 사는 것인가? 실제로 동남아시아에서는 농촌 경관을 가지면서도 경제적으로는 도시 기능이 인근 농촌 지역까지 확장되는 확대 대도시권(extended metropolis)을 쉽게 만날 수 있다. 따라서 오늘날 도시와 농촌을 분리하여 생각하는 도농분리(rural–urban dichotomy)보다 도시와 농촌을 공간에서 연속하는 도농연속체(rural–urban continuum)로 생각하는 것이 더 타당하다. 극단적으로는 세계화와 정보통신기술의 발달에 따라 도시적 생활양식(urbanism)이 장소를 불문하고 뿌리내리고 있으므로 농촌과 도시를 구분하는 것이 무의미하다는 주장(Brenner, 2014)까지 나오고 있다.

그림 1–4 **도농연속체**

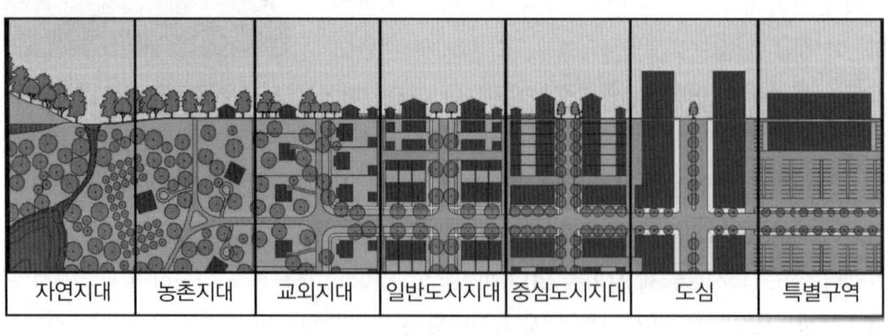

그림 1-5 플로리다의 도농연속체에 의한 미국의 도시구분

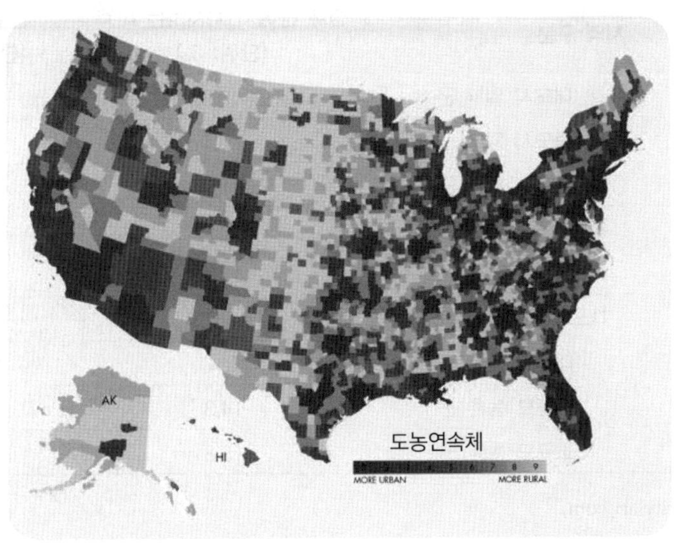

출처: www.citylab.com.

도농연속체는 전통적인 도시와 농촌의 이분법에서 벗어나 도시와 농촌 양 끝 사이에는 성격이 다른 유형의 장소가 있다는 사실을 전제한다. 리처드 플로리다(Richard Florida)는 도시와 농촌의 분리보다는 미국 농무성이 개발한 도농연속체의 개념을 이용하여 3천여 개의 미국 군(county)지역을 고도로 도시화한 대도시 군부터 농촌의 소규모 고립 군 지역에 이르기까지 9개의 유형으로 구분하였다(Florida, 2018). 먼저, 도시지역은 ① 인구 백만 명 이상의 대도시 일부, ② 인구 25만에서 1백만 명 사이의 중간 규모 대도시의 일부, ③ 인구 25만 명 이하의 소규모 대도시의 일부로 구분했다. 이어서 농촌지역은 ① 대도시 인근에 인접한 농촌 군 지역, ② 대도시에서 떨어진 곳에 고립된 농촌 군 지역으로 나누었다. 그리고 각각을 인구 2만 명 이상의 대규모, 인구 2,500명에서 2만 명 미만의 중규모, 인구 2,500명 미만의 소규모로 세분류하였다(〈표 1-2〉). 도시의 일부인 군이거나 도시에 인접한 군이 전체의 68.7%를 차지하고 대도시에서 떨어진 곳에 고립된 농촌 군은 31.5%를 차지했다. 또한, 대도시 일부인 군은 높은 양의 인구변화율을 보인 반면, 고립된 농촌 군은 높은 마이너스 인구변화율을 보여 도시 위

표 1-2 미국 3,000개 군(county)의 도농연속유형과 특성

지역 구분		전체 군에서 차지하는 비중 (단위: %)	인구변화율 (단위: %)
도시 지역 군	대도시 일부 군	13.2	4.1
	중도시 일부 군	10.4	1.8
	소도시 일부 군	11.2	1.2
대도시 인근 농촌지역 군	대도시 인근 대규모 군	7.0	−0.04
	대도시 인근 중규모 군	19.4	−1.5
	대도시 인근 소규모 군	7.5	−1.6
도시에서 떨어진 농촌지역 군	대규모 농촌 군	3.4	0.23
	중규모 농촌 군	14.3	−1.6
	소규모 농촌 군	13.8	−2.6

출처: www.citylab.com.

주 인구 성장 추세가 나타났다.

1) 지표에 의한 객관적 도시 정의

도시에 대한 객관적 정의는 지표와 기준을 통해 도시를 정의하는 작업이다. 손쉬운 방법은 인구나 밀도, 비농업종사자율 등의 지표를 사용하는 것이지만, 사실 국가마다 도시 정의 기준이 서로 달라 보편적인 기준을 찾기 어렵다. 예를 들어, 미국은 상주인구 2,500명 이상이고 인구밀도가 1mi^2 당 1천 명 이상인 지역을 도시로 정의한다. 도시화 지역은 인구 5만 명 이상, 도시 클러스터는 2,500~5만 명에 해당하는 곳으로 정의한다. 캐나다는 상주인구가 1천 명 이상이고 인구밀도가 1km^2 당 4백 명 이상인 곳을 도시로 정의한다. 멕시코는 상주인구 2,500명 이상인 지자체는 모두 도시로 정의한다. 프랑스는 공간상으로 인접하거나 200m 미만으로 떨어져 있는 가옥들에 상주인구가 2천 명 이상인 곳을 도시로 정의하며, 아일랜드는 상주인구가 1,500명 이상인 곳을 시와 읍으로, 스위스는 상주인구가 1만 명 이상인 지자체를 도시로 정의하고 있다. 일본은 상주인구가 5만 명 이상이고, 가옥 60% 이상이 시가화 지역에 있으며, 인구 60% 이상이

도시적 경제활동에 종사하는 시를 도시로 정의한다. 인도는 지방정부기관 소재의 읍(town) 또는 상주인구 5천 명 이상, 인구밀도가 1mi² 당 1천 명 이상, 남자 성인 인구 75% 이상이 비농업활동에 종사하는 도시적 특성을 갖춘 취락으로 도시를 정의하고 있다.

UN 자료에 따르면 105개국이 행정적 기준에 의해 도시의 경계를 정하고 있으며 이 중에서 83개국은 행정경계만으로 도시를 농촌과 구별하고 있다. 인구규모와 밀도에 의해 도시를 정의하는 국가는 101개국으로 그 규모는 2백 명에서 5만 명까지 다양하다. 가장 흔히 쓰이는 최소치는 23개국에서 사용하는 2천 명과 21개국에서 사용하는 5천 명이다. 57개국은 오직 인구수에 따라 도시를 정한다. 또한, 독일(인구밀도 150명/km²)과 중국(1,500명/km²)을 포함하여 9개국은 인구밀도를 도시 정의에 사용하고 있다. 한편, 다른 기준과 결합하여 경제적 측면을 고려하여 비농업 부문 고용 비율에 따라 도시를 정의하는 국가는 25개국이고, 포장도로, 상수도, 하수도, 전기시설 등 도시기반시설에 따라 도시를 정의하는 국가는 18개국이다. 이 밖에도 25개국은 도시 정의 기준이 아예 없으며, 6개국은 모든 인구를 도시로 규정하고 있다. 따라서 UN에서 발표하는 세계 도시화율 50%는 232개 대상 국가에서 제출한 도시인구의 수를 합하여 단순하게 산출한 숫자에 불과하지 보편적 기준에 의한 것은 아니다.

현재, 국제적으로 통용되고 있는 도시에 대한 정의로는 「세계개발보고서 2009(World Development Report, 2009)」에서 최소 인구수와 도로에서 일정 시간 거리 안에 최소 인구밀도를 기준으로 한 것이 있으며, 또 하나는 OECD에서 5만 명에서 10만 명 이상과 인구밀도 1천 명/km²에서 1,500명/km²을 기준으로 도시 핵심부를 구분하고, 15% 이상의 고용자가 통근하는 배후지를 포함하여 도시로 정의한 기준이 있다. 이 밖에, 행정경계보다 인공위성 자료와 모델링을 기초로 세계를 픽셀로 된 방안 면으로 나누고 도시화 정도를 측정하는 방법이 세계은행을 중심으로 기술적인 연구가 진행되고 있다(www.worldbank.org).

우리나라에서는 지방자치법에 따라 도시 형태를 갖춘 인구 5만 명 이상을 도시로 정의한다. 특히, 도농복합시와 읍으로 나누어 기준을 설정했다. 도농복합시 설치는 시와 군을 통합한 지역으로 인구 5만 명 이상의 도시 형태를 갖춘 지역이 있는 군, 국가 정책으로 도시를 만들어 출장소를 설치한 지역으로서 인구 3

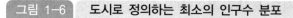

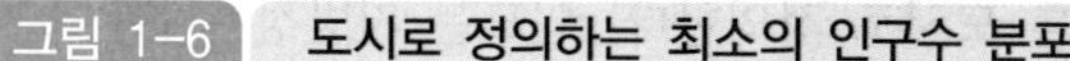
그림 1-6 도시로 정의하는 최소의 인구수 분포

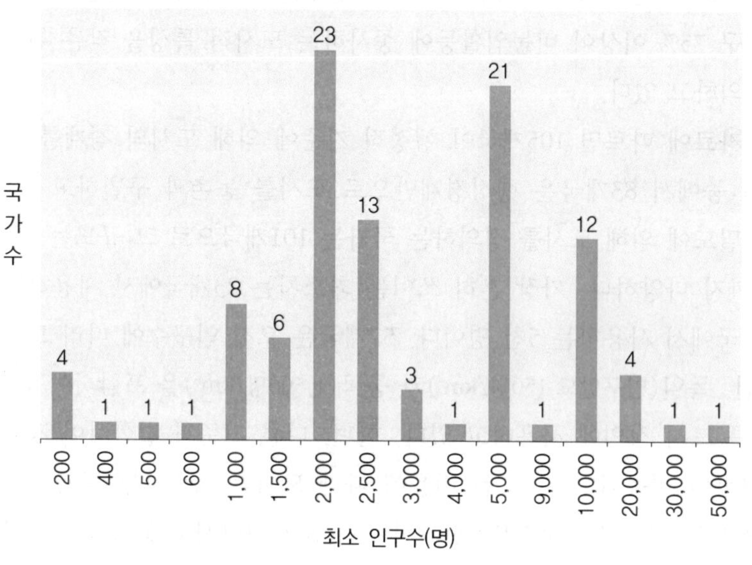

출처: www.worldbank.org.

만 명 이상인 곳, 인구 15만 명 이상의 도농복합형태 시의 일부 지역에 할 수 있다고 규정했다. 읍의 설치는 도시 형태를 갖추고 인구 2만 명 이상인 곳, 2만 명 미만이라도 군 사무소 소재지의 면, 읍이 없는 도농복합시에서 1개 면에 설치할 수 있다고 규정하고 있다.

국토교통부와 행정안전부에서는 시와 읍을 모두 도시로 간주하고 있다. 한편, 통계청에서는 인구밀도가 3천 명/km^2 이상인 기초단위 구, 또는 지목 기준 도시토지이용면적비율이 50% 이상인 기초단위 구 중에서 최소 1개 이상의 조건을 충족하면서 총인구가 3천 명 이상인 지역을 도시로 정의하고 있다.

2) 행정경계에 의한 도시 정의

도시는 기능적으로 산업, 행정, 정부 기능을 수행하며 특별한 법률적 지위가 부여되어 있다. 도시의 공간 범위를 획정하는 가장 손쉬운 방법은 자치도시의 법적 경계를 기준으로 하는 것이다. 이렇게 법률적으로 정해진 시 경계선은 연속적인 시가지 구역으로 나타나는 지리적인 경계선과 반드시 일치하지 않는다. 미국

그림 1-7 **과대경계도시와 과소경계도시**

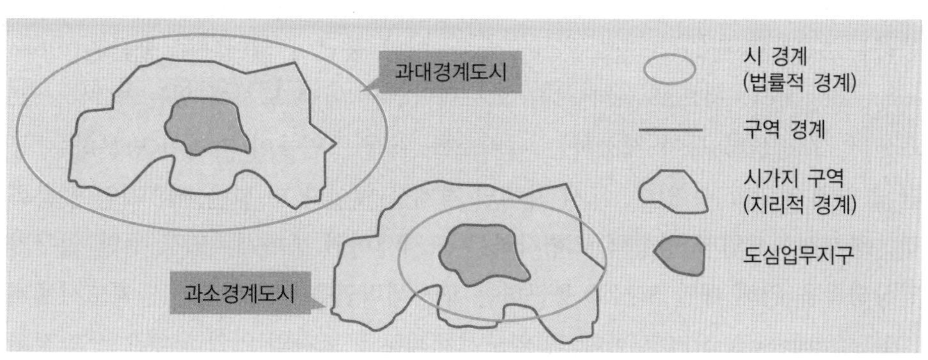

의 애틀랜타시를 예로 들어보면 법률적인 시역은 전체 대도시 지역의 일부에 불과하다. 즉, 지리적 경계가 법률적 경계를 넘어서고 있다. 이처럼 실제 시가지 구역으로 이루어진 지리적 경계와 법률적인 경계의 일치 여부에 따라 적정경계도시(true-bounded city), 과소경계도시(under-bounded city), 과대경계도시(over-bounded city)로 구분한다.

적정경계도시는 실제 시가지 구역을 그린 지리적 경계와 법률적 시의 경계가 일치하는 경우로 현실적으로 시가지가 계속 변하기 때문에 찾아보기 힘들다. 과소경계도시는 법률적 경계보다 지리적 경계가 훨씬 큰 경우로 법률적 시의 경계가 시가지 구역에 비해 적게 그리진 것이다. 과대경계도시는 법률적 경계가 지리적인 실제 시가화 구역보다 훨씬 크게 그려진 형태다. 이 경우 도시경계 안에 농촌 경관이 나타난다. 우리나라의 도농통합시는 시의 경계에 농촌 지역을 포함하고 있으므로 과대경계도시라고 할 수 있다. 일반적으로 처음에는 과대경계도시이지만, 도시가 성장하면서 시가지 구역이 넓혀져 지리적 시 경계가 확장되면 지리적 경계와 법률적 경계가 거의 일치하는 적정경계도시가 되고, 지리적 경계가 법률적 경계를 넘게 되면 과소경계도시로 변하게 된다.

3) 기능적 영향력 범위에 의한 도시 정의

중심도시로 이동이 빈번하게 일어나고 고용이 분산된 도시에서 시가지 구역만을 도시경계로 하는 방법보다는 도시의 영향력 범위를 따지는 기능적 방법이 더 적절하다. 도시의 영향력은 상품이나 서비스가 중심부에서 배후지로 이동하는 도시세력권(urban influence sphere)이나 통근이 일어나는 통근권(urban commuting area) 등으로 나타난다. 도시세력권은 어떤 도시에 있는 병원, 스포츠센터, 쇼핑센터 등이 제공하는 서비스를 위해 주민들이 기꺼이 방문하는 공간 범위로 정의할 수 있다. 도시 자체의 경계를 벗어나 더 넓은 배후지역에 문화적 · 경제적 · 상업적 영향력을 행사하는 도시세력권 중에서, 도시 주변 인구가 일상생활을 위해 매일 도시로 통근하는 도시세력권을 영국에서는 일일도시체계(Daily Urban System)라고 한다. 일일도시체계는 근로자의 일일 통행으로 확정되며 통근권과 같은 말이다.

통근권과 비슷한 개념으로 미국에서는 1920년대부터 도시와 농촌에 대한 이분법에서 벗어나 농촌에서 살면서 도시에서 일하는 인구인 농촌 비농업인(rural non-farm)에 주목하여 1940년대 'SMR(Standard Metropolitan Region)'의 개념을 도입했다. 1950년대에 이를 구체적으로 발전시킨 개념이 바로 'SMA(Standard Metropolitan Area)'이고, 분석단위로서 1960년부터 센서스에 도입한 것이 표준 대도시통계지역(SMSA: Standard Metropolitan Statistical Area)이다. SMSA는 기능적 측면에서 도시를 중심도시와 통근이 발생하는 배후지역으로 구성하고 군(county)을 기본 단위로 했다. 중심도시는 5만 명 이상의 인구가 거주하는 군으로 하고, 이를 둘러싼 배후지역 중에서 비농업종사자 비율이 75% 이상, 중심도시로의 통근자 비율이 15% 이상, 인구밀도가 1mi^2 당 150명 이상인 군 지역을 SMSA로 설정했다. 그 결과 미국에서는 243개의 SMSA가 확인되었다.

1983년부터는 MSA(Metropolitan Statistical Area)와 2개 이상의 MSA가 연합한 CMSA(Consolidated Metropolitan Statistical Area)를 새롭게 사용하면서, 중심도시와 배후지역의 정의에서 비농업종사자 비율은 삭제하고, 통근자 비율은 25%로 높인 기준을 채택했다. 2000년부터는 CBSA(Core Based Statistical Area)를 설정하였는데, 이것은 크게 5만 명 이상의 인구가 있는 Metropolitan Statistical Area와 1만 명 이상 5만 명 이하의 인구를 갖춘 Micropolitan Statistical Area로 구분한 것이다. Micropolitan Statistical Area는 중심도시가 발달하지 않은 대도시 외곽에 새롭게 발생하는 에지시티(edge city) 등의 경향을 반영하기 위해 고안했다.

CBSA에서 상당한 상호작용이 있는 통계 지역은 묶어서 'Combined Statistical Area'를 설정했다. 특히, 중심도시 개념 대신에 주요 도시(principal city) 개념을 도입하면서, 주요 도시는 다시 주요 군(main county)과 2차 군(secondary county)으로 구분했다. 주요 군은 자체 군 지역에서 65% 이상의 인구를 고용하고, 직장-주민-고용 지수가 0.75보다 큰 곳이며, 2차 군은 직장-주민-고용 지수가 0.75보다 높지만, 자체 군 지역에서 직장을 둔 주민 비율이 50-65% 사이에 있는 군으로 정의했다.

한편, 영국은 일일도시체계 개념을 1961년 영국 웨일즈 총 조사에 도입하여 1975년에 영국 전역에 적용했다. 2개의 건물 블록을 기본 단위로 하여 SMLA(The Standard Metropolitan Labour Area)를 구성했다. SMLA에서 핵심도시(core)는 최소 7만 명 이상의 인구, 5개 이상의 일자리 밀도를 가지는 하나 또는 연속한 행정구역, 또는 2만 명 이상의 노동자를 가진 지역으로 정의했다. SMSA 배후지역(ring)은 핵심지역에 연속된 행정단위로 구성되며 경제활동인구 중에 15% 이상이 중심도시로 통근하는 지역으로 정의했다. 또한, 더 큰 규모의 MELA(Metropolitan Economic Labor Area)는 하나의 SMLA 핵심지역과 배후지역, 다른 핵심지역보다 특정 핵심지역에 더 많은 노동력을 보내는 외곽 배후지역(outer ring)으로 구성했다. 그 결과 영국에서는 128개의 MELA가 확인되었다.

미국과 영국의 사례에서 보듯이 기능적인 도시설정은 많은 국가가 확장 도시(extended city)를 정의하는 바탕이 되었다. 예를 들어, 미국의 SMSA와 유사한 개념으로, 캐나다는 'Census Metropolitan Area', 호주는 'Census Expanded Urban District', 프랑스는 'Agglomeration', 독일은 'Staadt Region', 스웨덴은 'Labour Market Area' 등의 개념을 도입했다. 이런 기능적인 도시설정은 비록 국가마다 설정 기준이 다르지만, 도시를 정태적 단위가 아닌 동태적인 지리적 통계적 단위로 이해하였다는 측면에서 긍정적으로 평가된다. 한편, 기능적인 시각에서 분석단위를 격자형으로 하는 대안적인 방법도 계속 발전하고 있다. 지도 위에 위치정보를 표시하는 지오코딩(geocoding)이 발달함에 따라 격자형 분석단위를 적용함으로써 인위적인 행정경계 변경 등에 분석 결과가 영향을 받는 부작용을 최소화하며 다양한 자료를 중첩하여 유의한 결과 도출이 가능해지고 있다.

2. 도시지리학의 학문적 성격

(1) 도시지리학의 성격

도시지리학은 인문지리학의 한 분야로서 도시에 초점을 맞추고 지리학적인 시각에서 도시에 대한 다양한 주제를 연구한다. 그러나 도시지리학은 경제지리학이나 사회지리학, 정치지리학 등 인문지리학의 다른 분야와는 그 성격이 다르다. 예를 들어, 경제지리학이 경제 현상의 공간적 측면을 다루고, 사회지리학이 사회현상의 공간적 측면에 초점을 맞춘다면, 도시지리학은 도시라는 성격을 갖는 공간 범위에서 발생하는 경제, 사회, 문화 등의 다양한 현상을 다루는 통합

그림 1-8 도시지리학의 학문적 성격

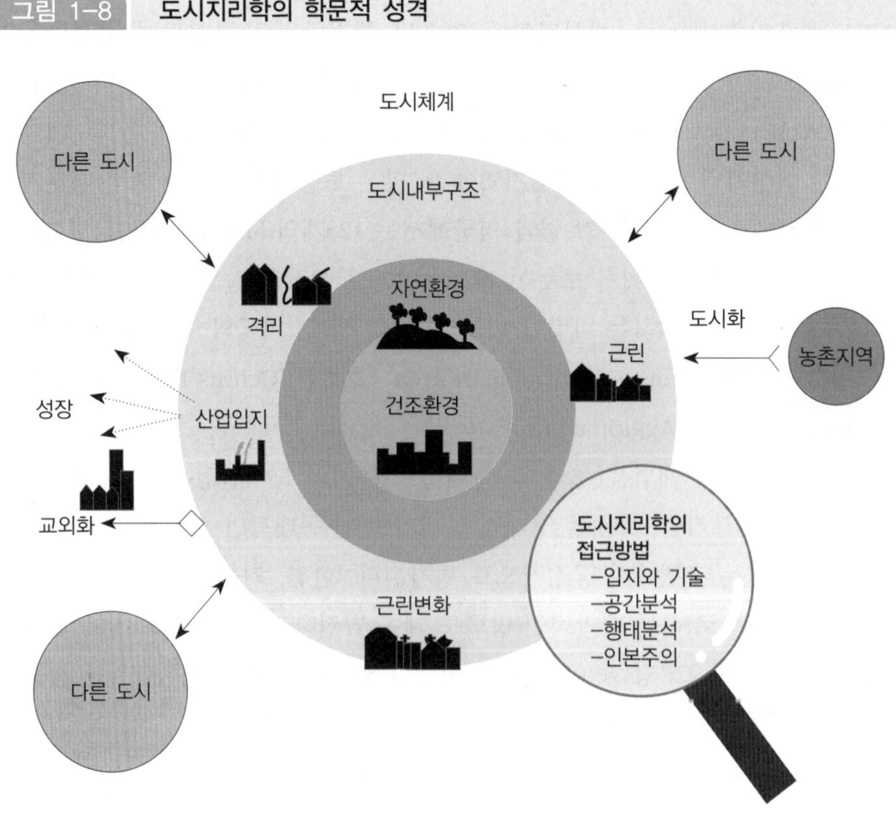

적인 성격을 가진다. 도시지리학은 일반적 맥락에서 지역적 변이에 관심을 가지며, 개별 장소로서 도시의 독특성과 도시 간 또는 도시 내부에서 발견되는 규칙성을 밝히고자 하는 연구 분야다. 특히, 개별 도시들의 정체성은 어떻게 형성되

표 1-3 도시지리학 연구주제의 발달

시기	도시체계	도시구조
1900	도시의 기원과 성장	취락의 입지(site와 situation)
	취락의 지역 패턴	도시 형태론
		도시경관 분석
		도시생태학
	중심지 이론	사회지역분석
	도시 분류	요인생태학
		CBD 설정
	인구이동	주거 이동
	이주 의사결정	소매와 소비자행위
	교외화	도시이미지
		권력과 정치
	도시와 지역계획	영역적 정의
		차별화한 서비스 접근
		구조적 맥락에서 도시문제
	국가 정치경제에서 도시 역할	
	에지시티(경계도시)	경제재구조화
	역도시화	빈곤문제
		기존 도시 문제
	제3세계 도시화	주택시장과 젠트리피케이션
		도시부동산시장
		교통문제
		도시 물리적 환경
		제3세계 주택 위생 경제
	문화와 사회의 세계화	세계화의 도시영향
	글로벌 경제	도시공간의 사회적 구성
	글로벌 도시체계	도시의 문화다양성
	세계도시와 글로벌도시	사회정의
	메가시티(대형도시)	살기 좋은 도시
		지속가능한 도시
2000	테크로폴리스	미래도시 형태

출처: Pacione(2009, 25).

어 왔는지, 국가와 지역 간에 도시들의 공간 배열에서 중요한 패턴과 규칙성은 무엇인지, 도시 내부의 토지이용 공간조직에서 어떤 규칙성을 찾을 수 있는지, 사람들이 주거지를 선택하는 방법과 이유는 무엇인지, 도시의 공간조직을 어떻게 관리할 수 있는지 등 다양한 질문을 던진다.

1950년대 영어권 국가들에서 독자적인 과목으로 도시지리를 가르치는 일이 예외적이었다면, 1970년대부터는 지리학의 핵심과목으로 도시지리학을 가르치지 않는 것이 예외적일 만큼 도시지리학의 중요성은 급부상했다. 도시지리학은 인접한 학문 분야의 연구 성과를 활용하고 또한 연구결과를 공유한다. 도시계획, 도시디자인, 도시건축, 조경, 환경 디자인, 부동산, 도시행정, 도시공학, 도시역사학, 도시정치, 도시생태, 도시사회, 인류학, 고고학, 심리학, 경제학 등의 인접 학문 분야와 도시지리학은 밀접하게 연결되어 있다.

도시지리학에 대하여 브라이언 베리(Brian J. L. Berry)는 '도시체계 내에서 시스템으로서의 도시를 다루는 학문(cities as a system within the system of cities)'이라고 도시지리학을 정의한 바 있다. 즉, 도시지리학은 도시체계와 도시구조로 나누어 볼 수 있으며, 도시체계(urban system perspectives)는 공간 스케일에서 점으로 존재하는(points in space) 도시를 다루며, 도시구조(internal structure of the city)는 면으로서의 도시 내부지역을 다룬다는 것이다.

이런 전통적인 분류 방법에 따르면 도시체계는 개별 도시를 하나의 속성으로 파악하고 도시 간의 위계성과 네트워크의 연결성 등에 관심을 둔다. 또한, 공간 스케일에 따라 도시체계 개념은 통근권 등의 일일도시체계에서 시작하여 지역도시체계, 광역도시체계, 국가도시체계, 세계도시체계까지 확대할 수 있다. 도시지리학에서 발전한 중심지 이론과 네트워크 이론, 시스템 이론은 도시 간의 위계성과 연계성을 지원하는 도시체계의 대표적인 이론이다.

한편, 도시구조는 도시 자체를 내부의 다양한 영역의 결과로 파악하여 도시 내부지역에서 발생하는 각종 활동의 분포와 형성 과정을 다룬다. 즉, 도시 내부의 토지이용 패턴과 변화 과정, 주거지 분화와 관련한 도시구조 이론을 발전시키거나, 도시 내부에서 이루어지는 경제적 활동과 도시산업을 분석한다. 동심원이론, 선형이론, 다핵심이론, 사회지역분석, 도시관리이론, 요인생태학, 정경주의 이론 등은 도시구조에 대한 대표적 이론이다. 정리하면 도시지리학의 학문적 성

그림 1-9 스케일, 주제 및 지역에 따른 도시지리학의 연구 분야

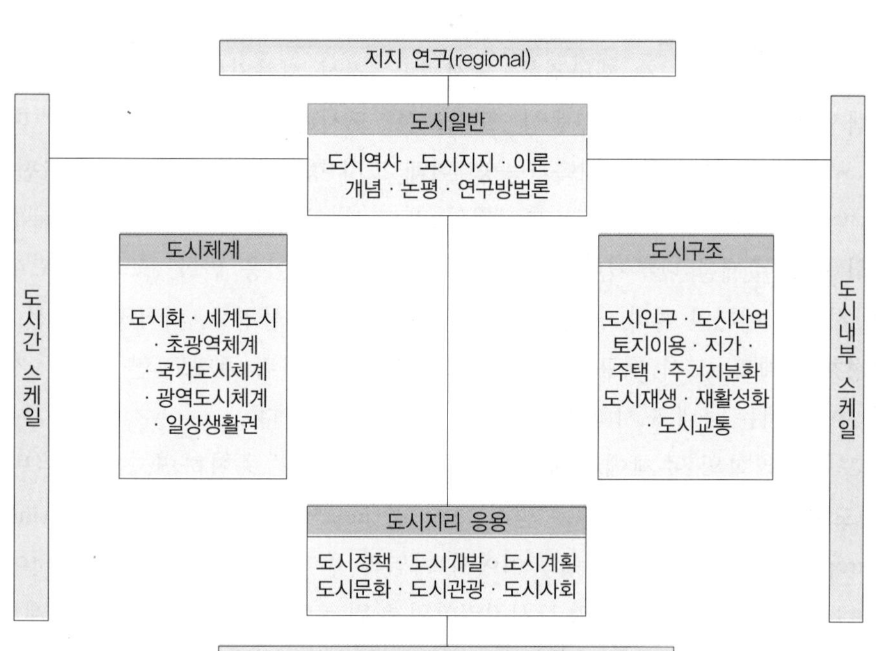

출처: Kaplan *et al.*(2009), 최재헌 · 김숙진(2017).

격은 도시라는 지리적 공간의 특색과 변화상에 대하여 다양한 공간 스케일에서 점으로서의 도시 간의 관계를 다루는 도시체계와 면으로서 도시공간을 다루는 도시구조를 포함하여, 도시라는 틀 속에서 여러 주제를 통합적으로 해석함으로써 도시 환경이 가지는 복잡성을 이해하고자 하는 점에서 찾을 수 있다.

(2) 도시지리학의 연구 분야

도시지리학의 연구주제에 대하여, 마이클 파시온(Michael Pacione, 2009)은 도시체계와 도시구조로 나누어 세부 주제를 제시했다. 도시체계와 관련하여 도시의 기원과 성장, 취락의 분포패턴, 취락 분류, 인구이동과 교외화, 도시 및 지역계획, 역도시화, 에지시티(edge city), 도시화, 세계도시와 메가시티(megacity) 등

이 세부 주제가 된다. 도시구조와 관련하여서는 입지 속성, 도시형태, 도시경관, 도시생태, 중심업무지구(CBD), 주거지 이동, 도소매 활동, 도시 이미지, 도시 내부지역 불평등, 경제 재구조화, 도시빈곤, 기성 시가지(내부도시, inner city), 주택시장, 도시재생, 도시부동산, 도시교통, 도시환경, 도시보건, 문화적 다양성, 사회정의, 삶의 질과 지속가능성, 미래 도시 형태 등의 주제가 다루어진다. 이 밖에도 도시화, 도시경제, 도시정치 및 도시 거버넌스, 도시교통, 도시주택 등의 세부 주제를 다루거나, 분석 규모에 따라 토지이용 변화, 교외화, 도시재생, 사회적 배제와 격리, 시민권과 공공참여, 경제적 불평등, 지역경제 발전, 도시정책과 계획, 도시 재구조화 등이 도시지리학의 하위 주제로 연구된다. 지지적 시각에서는 국내 도시와 해외도시가 연구되기도 한다.

도시지리학의 주제에 대한 여러 학자의 견해를 종합하면, 가장 일반적인 도시지리학의 주제 분류는 먼저 도시 간(inter-metropolitan), 도시 내(intra-metropolitan) 스케일로 나누고, 이어서 지역과 주제별 차원으로 나누는 것이다(Kaplan *et al.*, 2009). 그 결과 도시지리학의 하위 분야는 도시 일반, 도시체계, 도시구조, 도시응용 분야로 제시된다. 도시일반은 지지와 주제의 중간에 위치하며 도시의 기원과 발전을 포함하여 도시역사, 도시지지, 이론과 개념, 비평, 연구방법론을 세부 주제로 한다. 도시체계는 도시 간 분석 스케일에서 도시화, 세계도시체계, 국가도시체계와 초광역도시체계, 광역지역도시체계, 일일도시체계를 다룬다. 도시구조에서는 도시인구, 도시산업, 도시재생, 도시재활성화, 토지이용, 지가, 주택, 도시교통 등이 연구주제이며, 마지막으로 도시응용 분야에서는 도시정책, 도시개발, 도시계획, 도시문화, 도시관광, 도시사회 등의 세부 주제를 다룬다.

표 1-4 도시지리학의 연구주제와 연구문제

연구주제	연구문제
도시지리학. 글로벌부터 로컬까지	도시지리학은 왜 연구하는가? 글로벌과 로컬의 관계는? 세계화가 도시의 형태와 기능에 미치는 영향은?
도시지리 개념과 이론	도시의 의미는? 여러 주요 이론적 시각의 도시지리학의 공헌은?

도시 기원과 성장	초기 도시 발생 지역, 시기, 원인은? 전산업, 산업, 후기산업 도시의 사회공간적 특색은?
글로벌 수준 도시화와 도시변화	세계화의 결과 도시 간 사회문화적 차이 소멸? 지역, 국가, 세계수준에서 개별 도시의 중요성 평가?
지역 수준 도시화와 도시변화	개발도상국 도시가 선진국보다 급성장 하는 이유? 대륙별 도시 패턴?
국가도시체계	도시 기능은? 국가도시체계에서 도시의 수위성? 배후지의 범위?
도시토지이용	도시 주요 토지이용 상황? 도시토지이용 변화 동인? 인구에 따른 공간사용?
도시계획과 정책	국가별 도시계획과 정책 영향? 공공 계획이 도시발전에 미치는 영향? 공산주의 몰락에 따른 사회주의 도시의 기능과 형태 변화?
신도시	신도시와 구도심 차이? 주택 수요가 신도시개발과 재개발에 미친 영향?
주거이동과 근린변화	이주 원인? 도시주택시장 작동성? 빈집, 재개발, 재생 요인?
주택문제와 정책	주택 세입자 유형에 따른 중요성? 양질 주택공급? 무숙자 발생 원인? 주택에 대한 정부정책의 실효성?
도시 소매업	도시 소매시설의 형태? 교외화가 소매업 공급에 미친 영향?
도시교통	대도시 주요 교통수단? 도시교통정책과 도시구조 관계? 자동차 도시의 지속가능성?
도시경제	도시경제기반? 세계경제와 도시경제의 관련성? 산업화, 탈산업화, 3차산업화가 도시에 미치는 영향? 도시비공식 경제의 역할?
서구사회 빈곤 문제	도시의 다중빈곤문제? 기성시가지 문제? 장기침체에 따른 근린영향? 빈곤 완화 대책?
국가지역 차원의 도시경제 변화	도시경제 쇠퇴 대응 전략? 도시재생을 위한 공동체 경제 전략? 부동산 주도형 도시재생 정책 영향? 문화산업의 중요성?
도시 내 집합적 소비와 사회정의	공공서비스 접근을 위한 사회 공간 불평등? 공공지출 감소가 도시복지정책에 미친 영향?
도시 내 주거지 차별화와 공동체	장소감과 정체성 향상을 위한 공동체 노력? 주거지 격리 유발 원인? 사회 성극화의 수준과 대책?
살기 좋은 도시	살기 좋은 도시 정의? 도시 주거성 위협요인? 도시설계와 사회행동 관계? 소수자 적응 문제?
권력, 정체, 도시거버넌스	정부의 도시 통제 형태? 대도시 정치지리? 시민참여도? 지방정부와 중앙정부 관계?

세계도시체계에서 제3세계 도시화	선진국과 저개발국의 도시화와 도시변화의 관계? 도시발전에 미친 식민주의의 영향? 21세기 세계도시체계에 미치는 개도국 도시의 역할?
제3세계 도농 이주	도시인구 역동성에 지연증가와 사회증가의 공헌? 이주 원인과 결과?
제3세계 도시경제와 고용	도시경제의 주요 구성요소? 도시경제에 여성과 아동의 역할? 도시빈곤 대책 전략에 가정 경제의 중요성?
제3세계 빈민 주택	제3세계 빈곤층 주거원? 빈민가 형성 지역, 시기 원인? 저소득층 주택공급 정부 대책?
제3세계 환경문제	제3세계 도시빈민층 환경위협 원인? 쓰레기 대책? 주변부에 도시가 미치는 생태적 영향?
제3세계 도시건강	제3세계 도시민의 사망 원인? 선진국과 저개발국 주민 건강 문제의 차이? 제3세계 건강문제의 현황과 대책?
제3세계 도시교통	도시의 주요 교통수단? 도시교통 문제? 유사교통수단?
제3세계 빈곤, 권력, 정치	도시권력구조에서 빈민의 대응? 후견주의의 중요성? 도시사회운동의 중요성?
미래 도시	지속가능한 도시발전? 에너지 소비와 도시형태의 관계? 미래 도시 형태?

출처: Pacione(2009, 12-15).

(3) 도시지리학 연구의 접근

도시지리학 연구의 접근방법은 지리학의 철학적 사조 발달 경향과 무관하지 않다. 도시지리학의 접근방법을 전통적인 지역 기술적 접근(1900~1950년대), 공간 분석적 접근(1950~1960년대), 행태주의적 접근(1970년대), 인본주의적 접근(1970년대~), 구조주의적 접근(1970~1980년대), 후기 구조주의적 접근(1990년대~)으로 나누어 살펴보자.

1) 전통적인 지역 기술적 접근

1950년대까지 지리학에 주요한 방법이었던 백과사전식 기술, 지역에 대한 지지적 서술, 인간과 환경과의 상호관계를 다루는 환경주의적 사고를 포함한다. 도시가 가지는 절대적 입지와 상대적 입지를 밝히고, 도시의 기원과 성장을 다루었다. 그리고 이런 사실을 바탕으로 도시의 형태를 더 정교하게 분석했다. 도시 입지를 자연적인 입지 속성(site)과 인문적인 입지 속성(situation)을 통해 분류하고, 도시의 물리적 형태나 가로망, 도시계획이나 도시경관, 기능 지역의 형성 등을 주요 연구주제로 했다. 오늘날까지 개별 도시에 관한 연구는 전통적인 지역 기술적 접근을 바탕으로 입지 특성, 도시 가로망 형태, 도시의 수평적 · 수직적 형태, 도시경관 등을 주요 주제로 다룬다.

2) 공간분석적 접근

전통적인 개성 기술적 접근방법에 대한 비판으로 1960년대 이후 지리학의 법칙 추구 접근방법의 하나로 발전했다. 콩트의 실증주의나 비엔나학파의 논리실증주의를 철학적 배경으로 했다. 과학적 방법을 통한 연역적 · 귀납적 논리로 가설을 검증하여 모델을 통해 일반 법칙을 찾는 수학적 · 통계적 분석 방법을 선호했다. 도시는 객관적으로 분석할 수 있는 과학적 대상이고, 연구자는 관찰자의 관점에서 가치중립적이고 객관적인 시선을 가지고, 규범적인 가정을 바탕으로 도시의 공간조직과 공간적 관계에 대한 법칙을 찾을 수 있다고 보았다. 발터 크리스탈러(Walter Christaller, 1933)나 어거스트 뢰쉬(August Lösch, 1954)의 중심지 이론과 토지 지대 곡선, 경제인 개념 등은 공간 분석적 접근에서 나온 대표적인 결과물이며, 신고전주의 경제학과 기능주의적 사회학이 그 맥락을 같이한다.

논리실증주의와 과학적 접근방법은 도시지리학에서 패러다임 변화를 초래했다. 순위 규모 법칙이나 거리 체감 법칙, 시카고학파의 생태적 접근에 의한 동심원 모델, 섹터 모델, 다핵심 모델, 사회지역분석, 요인 생태학에 이르기까지 이후 컴퓨터의 발달과 다변량 분석 등 통계기법의 발전에 따라 공간과학으로서 도시지리학을 정립하는 데 일조했다. 그러나 공간과학으로서의 도시지리학은 공간패턴과 공간과정을 초래하는 인과관계에 대한 의문과 주관적인 인간의 가치를 무시하고 인간의 행태를 고려하지 못한 점, 그리고 장소감과 도시민의 지각 및 사회적 구조와 제약 조건 등을 고려하지 못한 측면에서 행태주의와 인본주의, 구조주의로부터의 비판에 직면했다.

한편, 도시에 초점을 두고 지리정보과학(Geographical Information Science)의 발전에 따라 공간분석 연구의 최신 버전으로 도시 GIS의 접근방법이 등장했다. 지리정보시스템(GIS: Geographical Information System)은 지리정보과학이 학문적 성격을 갖춘 것과 달리, 방법론적 측면에서 자료수집, 관리, 조작, 분석, 모델화, 표현 등을 지원하는 하드웨어와 소프트웨어 및 절차 체계를 의미한다. GIS는 도시지리학자들이 교육과 연구, 교육에 활용함으로써 도시문제 해결을 위한 새로운 접근 방식이 되고 있다. 도시 내의 소매상권 분석, 최적 입지점의 도출, 자원의 분배, 도시분석과 도시계획 등의 다양한 부분에 활용하는 방법론으로서 중요하다.

3) 행태주의적 접근

도시환경과 사람들의 공간 지각 간의 관계를 다루면서 개인의 인지적 과정과 의사결정과정에 관심을 두는 접근방법이다. 또한, 공간분석에서 다루는 자료 대부분이 이차적인 군집자료로서 개인의 행동과 의사결정을 반영하지 못한다는 점에서 행위 공간과 의사결정과정에 대한 설문 조사나 인터뷰 등을 통해 개인 행태에 초점을 맞춘다. 그러나 자료수집에서 표본의 수가 많아질수록 비용이 증가하며 효율성이 떨어지는 한계가 있다. 도시지리학에서 행태주의적 접근방법은 인지 지도나 심상 지도의 방법론을 이용하여 주거지 이동, 소비자 행위, 주거지 선호도, 도시이미지, 이주 등 주제, 자연재해와 관련한 위험지각이나 시간과 공간의 틀(time space framework)을 적용한 일상생활 공간의 분석 등 연구가 이루어졌다. 그러나 행태주의는 실증주의와 같이 이론화를 통한 법칙 추구 등을 공유하고 있으므로 대안이기보다는 실증주의의 보완으로서 이해된다.

4) 인본주의적 접근

개인을 수동적 존재가 아닌 변화를 만드는 동인으로 보고 인간의 지각, 양식, 창의성 등을 중요하게 여기며, 사람들의 주관적 경험을 고찰하는 방법론을 통해 인간의 사회적 행위를 이해하고자 하는 접근방법이다. 통계적 추론을 바탕으로 하는 실증주의에서 벗어나 민족기술지(ethnongraphy)나 맥락 분석과 같은 독특한 사례에 바탕을 둔 논리적 추론과 도시공간의 사회적 구성에 대한 증명 등을 중요하게 여긴다. 예를 들어, 신문화지리학적 시각에서 도시의 장소감과 의미를 다양한 방법으로 해석하고, 사람들의 가치와 사상을 사회적 구성으로 파악하는 것은 인본주의적 접근방법이다. 즉, 인간을 제약에서 완전하지는 않지만 비교적 자유로운 행위자(agency)로 간주하고, 사람 간에 공유하는 의미와 간주관성(inter-subjectivity)에 초점을 맞추어 장소의 의미성을 밝히고자 하는 것이다. 장소의 의미는 사회의 의미를 지닌 규범의 집합을 통한 중요성 부각 과정(signification), 도덕적 규범의 집합을 적용한 정당화(legitimation), 그리고 사회제도의 지침을 적용한 우세(domination)를 통해 밝힐 수 있다고 보았다. 그러나 인본주의적 접근도 사회적 제약 조건을 경시한 상태로 개인의 힘을 지나치게 강조한다는 점에서 비판이 제기되었다.

5) 구조주의적 접근

1970년부터 1980년대에 풍미한 정치 경제학적인 시각으로 실증주의와 공간분석을 비판한 것에서 출발한다. 공간패턴과 과정을 추구하는 공간분석은 문화적인 구조나 추상적 이론 도출을 위한 추상적 논리화 과정과 같은 잠재 구조를 전혀 반영하지 못한 채 설명을 시도하는 한계가 있다는 것이다. 특히, 마르크스적 시각에서 자본주의 사회를 움직이는 자본 축적 과정에 따른 생산양식과 계급구조, 국가의 역할, 잉여가치를 둘러싼 갈등 등을 포함하여, 개인의 행동을 제약하는 요인으로 사회조직과 권력 집단, 제도적 행위 등을 반영해야 한다고 보았다. 구조주의적 견해에서 보면 도시구조란 계급과 경제 및 사회적인 이익을 반영한 거울이고, 도시경관은 금융 이익과 투자 패턴의 결과로 나타나는 모자이크인 셈이다. 또한, 도시 내부의 격리는 임금 불평등과 경제적인 질서의 산물이며, 경제는 공간에서 조직된 산물이다.

구조주의적인 틀에서는 젠더, 인종, 성차별, 종교 등을 둘러싼 갈등을 비판적 사회이론과 연결하여 다루고 있다. 이 중에서 젠더 연구와 페미니스트 이론은 1970년대에 뚜렷한 지리학 연구로 자리 잡기 시작하였으며, 다양한 관심 주제를 추가하여 도시에서 다양한 여성의 경험과 불평등의 상이한 구조가 도시의 과정에 어떻게 영향을 미치고 있는지 다루고 있다. 성은 생물학적으로 주어진 것이 아니라 제도화된 남성 및 여성적 행위의 결과로서 사회적으로 구성된 것이라고 보았다.

한편, 막스 베버의 사회적 폐쇄성(social closure)의 견지에서 유한한 자원의 접근을 소수의 엘리트층이 제한한다고 보는 도시 관리주의(urban managerialism)

도 케빈 콕스(Kevin Cox), 레이 팔(Lay Pahl) 등에 의해 도시지리학에 도입되었다. 도시 관리주의에서는 도시의 주택이나 금융자원 배분 등을 통해 도시의 공간적 구조에 영향을 미치는 집단으로 전문가 계층인 도시 관리자(gatekeeper)들이 중요한 역할을 한다고 간주했다.

6) 포스트구조주의적 접근

잠재된 계급 갈등과 같이 단 하나의 요인이나 구조에 의해 세상을 설명할 수 있다는 사고 자체를 부정한다. 예를 들어, 사회적 불평등에는 언어와 지적 이론, 광고, 음악, 도시경관, 공유된 집합적 의미, 담론(discourse), 문화가치 등 다양한 형태로 상징화되는 불안정하고 변화하는 수많은 차원이 있다는 것이다. 문화 분석은 언어와 담론 이해가 바탕이며, 상징주의와 이미지, 표상 등 문화적 전환(cultural turn)이 중요하다고 보았다. 포스트구조주의적 사고를 바탕으로 하여 후기라는 뜻의 포스트(Post)가 붙은 도시가 다수 출현했다. 예를 들어, 후기산업도시(post-industrial city), 포스트식민도시(post-colonial city), 포스트모던 도시(post-modern city) 등인데, 포스트모던 도시는 도시에 대한 단순 모델이나 단순 논리에 의해 설명하는 것을 거부하고 복합적인 특성의 도시로 파악하며 세계를 변화하고 불안정한 본질을 가진 실체로 파악했다.

포스트모더니즘은 1980년대와 1990년대 이후 도시지리학에 영향을 미쳐왔다. 실증주의나 구조주의와 같이 하나의 요인에 의한 설명을 거부하며 인간의 개별 차이를 강조한다. 도시 건축부문에서 근대주의와 기능주의 획일성을 다양한 스타일로 대치하고, 개인의 독창성과 개별적인 감수성, 차별성에 초점을 맞추고 다양한 시각을 통합한 문화적 전환을 강조한다. 도시 노동시장에서 사회적 성 차이의 반영, 특정 집단에 배타적인 공간의 형성 등이 주요 연구주제가 되었다. 그러나 포스트모더니즘도 너무 개인에 초점을 둔 무제한적인 상대주의 시각 때문에 실제적인 문제 해결에 한계가 있다는 점에서 비판받고 있다.

앞에서 살펴본 각각의 사조는 일정 시기에만 유행한 것이 아니라 현재까지 모두 도시에 대한 주요한 방법론으로 유효하다는 점과 함께, 도시문제 해결을 위해서는 어떤 접근이라도 홀로 해결책을 제시할 수 없다는 점을 생각해야 한다. 즉,

여러 접근에 따라 다양한 시각에서 문제를 바라볼 때 가장 종합적인 해결책을 찾을 수 있다. 예를 들어, 도시교통 체증 문제를 해결하는 방법을 찾는다고 하자. 전통적인 지역 기술적 접근에서는 문제가 무엇인지, 입지와 그 주변 환경을 살펴보고 기술하면서 문제에 대한 해결책을 찾으려고 할 것이다. 공간 분석적 접근방법에서는 도로의 폭, 시간당 통과 차량 수, 도로 길이 대 차량의 밀도 등 자세한 실증적인 자료를 수집하고 문제에 대한 해결책을 모색할 것이다. 행태적 접근방법에서는 운전자들의 행태를 분석하여 시간대별, 지역별, 목적지별, 경로별 정보를 수집하고 운전자의 행태에서 문제에 대한 해결책을 찾을 것이다. 인본주의적 시각에서는 왜 차량을 가지고 나오는지에 대한 가치에 초점을 맞추어 개인 차량을 억제하고 대중교통을 활성화하는 정성적인 대책 등을 찾으려 할 것이다. 구조주의적 접근에서는 차량 수의 증가를 기업가의 이익 창출과 차량의 판매방법, 도로교통 법규 등의 제도적 측면을 보고 그 문제점 파악을 시도할 것이다. 후기구조주의적 접근에서는 개인별로 다양한 취향이 있다는 것을 전제로 심리적이고 문화적인 개별 성격에 초점을 맞추면서 문제를 파악하려고 할 것이다. 이렇게 접근방법이란 도시라는 대상에 대한 다양한 사고방식을 의미하기 때문에, 오히려 문제 해결을 지향하는 것이 가장 현실적인 접근방법이 될 수 있다.

3. 현대사회에서 도시의 중요성

2011년 어느 시점에서 드디어 세계인구는 70억 명을 돌파하였고 도시화율도 50%를 넘었다. 인구증가율만으로 본다면 2030년까지 세계인구는 1백억 명에 육박하고 대부분 인구는 도시에 거주하게 될 것이다. 그러나 현실적으로 경제발전 수준, 인구정책, 도시정책은 국가마다 다르므로, 도시문제도 다를 수밖에 없다. 예를 들어, 유럽과 북미, 아시아의 선진국에서 도시는 안정적인 구조를 보이면서 저출산과 고령화에 의해 도시 활력이 떨어지겠지만, 중앙아메리카와 아프리카, 아시아의 일부 저개발국가는 도시 빈민 문제와 도시기반시설의 부족, 슬럼화, 급격한 인구증가에 따른 사회불안 및 삶의 질 저하 등 다양한 도시문제에 직면할 것이다. 국가 내부에서도 수위 도시에 모든 활동이 집중하므로, 현대사회에서의 도시는 국가적인 수준과 지역적인 수준에서 필연적으로 불평등한 공간일 수밖에 없다.

그러면 현대사회와 도시의 변화를 초래하는 요인을 경제, 인구, 사회, 기술, 문화, 정치, 환경 등의 측면에서 살펴보자.

① 경제변화

18세기부터 시작한 산업혁명 이후 세계경제는 표준화와 대량생산을 통한 포디즘과 과학적 경영을 강조하는 테일러리즘에 바탕을 둔 대량생산 · 대량소비 사회로 전환했다. 그러나 점차 제조업 중심에서 서비스 중심 경제로 변화하고, 소품종 소량생산을 중시하는 유연적 전문화 현상이 일어나면서 자본주의 경제는 세계화라는 극적인 전환을 이루었다. 국경을 넘어선 시장확대와 자본과 정보, 인력이 세계적인 범위에서 확대되는 이른바 다국적 · 초국적 기업의 시대가 열린 것이다. 이에 따라 노동의 공간 분화에 따라 세계적 의사결정 기능이 집적한 세계도시, 신산업공간으로서 혁신거점인 테크노폴리스 등 새로운 도시 형태가 출현했다.

② 인구변화

저개발국에서는 사회증가와 자연증가에 의한 도시인구 증가와 이에 따른 기반시설과 일자리 부족이 초래하는 과잉도시화(overurbanization)가 발생하지만, 선진국에서는 저출산 및 고령화 현상과 함께 오히려 역도시화와 외연도시화로 나타나는 도시인구 탈출 현상과 도심재생과 재도시화(reurbanization), 이민자 유입 등을 경험하고 있다.

③ 사회변화

가부장적인 전통 사회에서부터 이민자의 증가에 따른 도시 내부 주거지 격리 현상, 소득과 교육수준에 따른 주거지 차별화, 부의 공간적 불평등 문제 등의 다양한 사회변화가 도시에서 발생한다.

④ 기술변화

정보통신 기술의 변화는 신국제노동 분화 현상을 초래했다. 거리의 중요성이 감소하고 생산과 연구개발, 의사결정 기능이 세계적 규모에서 지리적으로 유리한 입지에 분산되는 동시에, 실시간으로 연결되어 신속한 의사결정이 가능해진 것이다. 생산주기이론에서 콘트라티에프 주기(Kondratieff cycles)도 짧아지면서 디지털통신, 로봇산업, 생명 산업 기술 등이 새로운 혁신 기술이 되었고, 초고속 통신기술, 교통물류, 건축기술 등이 발전하면서 수직적 · 수평적 도시화, 광역도시화 등 새로운 도시변화를 유발했다.

⑤ 문화변화

물질주의에 바탕을 둔 소비주의적 문화에서 점차 개성을 강조하고 정형적인 틀과 규범을 거부하는 포스트모더니즘적인 문화가 출현하였고, 문화산업과 연계하여 장소의 정체성과 브랜드화를 통해 도시의 매력도와 경쟁력을 높이고 있다.

⑥ 정치변화

도시는 사회의 정치 이념을 반영하는 산물이기 때문에 사회주의 도시와 자본주의 도시는 다른 모습을 보인다. 사회주의 계획도시에서 사회와 공간의 형평성이 구현하는 공공주택과 도시산업이 우선이라면, 냉전 이후 자본주의 도시에서는 민간파트너십과 재정촉진제도를 통한 기업 투자유치가 우선한다.

⑦ 한경변화

기후변화로 인한 자연재해에 대해 도시의 대응력과 회복력이 중요하다. 해안도시의 침수 방지, 극한기후에 대한 대비, 자연재해에서 신속한 회복력 등은 도시관리에서 중요한 핵심쟁점이다.

이런 도시변화는 세계, 국가, 지역, 국지적 차원에서의 도시체계 변화와 도시적 생활양식인 어바니즘의 확대, 도시공간의 사회 · 공간적 조성 변화라고 하는 결과로 이어졌다. 첫째, 도시체계를 보면 국지적인 로컬, 지역, 국가, 세계적 수준의 도시체계에서 변화가 발생했다. 국지적인 로컬 차원에서 테크노폴리스나 빗장도시와 같은 생활양식을 공유하는 신도시가 생겼으며, 지역 차원에서는 연담화와 대도시화에 의해 대도시권역이 생성되고, 대도시 주변부 교통 결절지에는 에지시티 등이 나타났다. 국가 차원에서는 수위 도시의 성장과 함께 인구 1천만 이상의 대형도시가 출현하고, 세계적 차원에서는 의사결정 기능이 집적한 세계도시 등이 발달했다.

둘째, 도시적 생활양식의 확대는 생활방식과 장소감(sense of place)과 관련한 변화다. 세계화에 따른 금융, 업무, 고차서비스 등 분야의 전문인력의 이동성 증가에 따라 호텔, 항공, 업무 등의 영역에서 표준화된 생활방식이 세계 어디에서든 보편화되는 추세와 함께, 도시 브랜드화와 관련한 장소마케팅, 장소감과 관련한 도시의 정체성 구축 등이 중요해졌다.

셋째, 도시공간의 조성이 변했다. 가시적인 도시변화는 건조환경, 사회 생태, 토지이용의 측면에서 나타났다. 먼저, 도시의 건조환경은 건축과 사회적 행동, 주거지 만족도, 양질의 거주환경에 의해 영향을 받고, 환경 쟁점인 복지와 건강, 기반시설 공급, 집합적 소비, 도시 신진대사, 도시의 생태 발자국 등에도 영향을 받았다. 이어서 사회 생태적인 시각에서 보면 도시에 생동감을 부여하는 주거지 이동과 사회 · 공간적 격리, 도시공동체에서 변화가 일어났다. 주거지 이동과 격리는 토지와 주택시장에서 부유층과 빈곤층에 따른 빗장도시와 빈민가 등의 형태로 나타난다. 또한, 계급과 인종, 생활방식에 따라 서로 다른 도시공동체가 나타나 게토와 최하층민(undercalss), 사회적 차별과 배제 등의 문제가 발생했다.

가장 큰 변화는 도시 토지이용의 변화에서 볼 수 있다. 주거, 소매, 교통, 경제, 정치적인 변화는 토지이용에 뚜렷한 자취를 남겼다. 주거형태와 소유형태에서 주택여유분, 젠트리피케이션, 도시재생, 주택방치, 노숙자(露宿者) 등의 가시적인 경관이 나타났다. 소매 활동과 관련하여 시가지에 패션몰이나 전문상가, 교외에서 대형 쇼핑몰, 공장 아웃렛, 근린상가 등이 계획적으로 생겨나거나 자연적으로 도심 쇼핑지역이나 전문상가가 교외에 형성되었다. 교통과 관련하여 버스나 전철 등 대중교통의 가용성 문제, 승용차 주차 문제 등이 새로운 쟁점이 되었다. 도시의 경제활동에 따른 토지이용은 산업도시, 후기산업도시, 유연적 생산, 신산업공간, 탈산업화, 3차 산업화, 문화산업지구 등 선진자본주의의 새로운 형태로서 나타났다. 또한, 정치적인 변화로 도시의 합병, 파편화, 대도시권역 편입 등으로 인한 행정경계의 변화, 그리고 중앙과 지자체와의 관계 설정, 도시 거버넌스의 다양한 형태 및 도시의 권력 구조 등의 변화가 나타났다.

그 결과 세계적으로 지속가능한 도시발전이 중요한 쟁점이 되었다. 지속가능한 도시발전은 지역의 상황에 따라 다양한 전략 수립이 가능하다. 예를 들어, 도시생태 복원을 강조하는 측면에서는 녹색도시(green city)가 지속가능한 도시발전을 위한 중요한 전략이고, 수위 도시에 과도한 집중이 이루어졌다면 분산도시(dispersed city)가 주요한 전략이며, 도시 시가지가 확장되어 토지이용의 효율성이 떨어졌다면 압축도시(compact city)가 해답이 될 수 있다. 주변 도시와의 기능적 상호보완을 강조한다면 네트워크 도시(network city)가 중요하며, 도시 내부의 긴밀한 정보전달과 IT를 이용한 도시관리가 필요하다면 스마트도시(smart city), 또는 정보도시(informational city)가 중요한 지속가능한 도시 전략이 된다.

한편, 해비타트 회의라고 부르는 유엔인간정주회의에서는 1976년부터 20년마다 3번의 회의를 개최하면서 도시연구와 정책 수립에 방향성을 제시하고 있다. 2016년 3차 회의에서는 '모두를 위한 도시'라는 주제로 도시화와 도시문제를 다루고 '새로운 도시의제'에 대한 합의점을 도출했다. 여기에서는 1차 회의에서 강조한 적정한 주거(adequate housing), 2차 회의의 주거권(housing right)에서 점차 확대하여 도시권(right to the city and cities for all)을 강조하고, 도시화를 부정적인 측면이 아니라 긍정적인 측면에서 성장의 동력으로 인식하고 적극적인 도시문제 해결과 인간과 인권 중심으로의 사고 전환을 강조했다. 즉, 도시를 단순한 정주 형태를 넘어서 인간의 권리와 연계된 공간으로 간주하기 시작한 패러다임의 전환이 이루어진 것이다.

현대사회에서 도시는 결국 인권과 포용, 양성평등, 공평한 경제적 기회, 형평성, 생태계 보호, 회복력 등 인류의 비전을 공유하고 실현하는 공간이며 통합적인 접근이 필요한 공간이다. 도시의 공간형태도 전통적인 도시와 농촌의 구분에서 벗어나 도농연속체, 광역도시, 도시회랑, 도시권역 등 다양한 형태로 나타나며, 장소의 정체성과 로컬의 중요성이 새롭게 부각되면서 도시문제 해결을 위한 효과적인 도시 거버넌스, 도시 공간 계획, 도시발전의 촉매로써 도시 문화유산 등에 대한 다각적이고 통합적인 실천방안 마련이 필요하다.

그러면 이런 통합적 접근이 필요한 도시공간에서 도시지리학은 어떤 공헌을 할 수 있을까? 도시지리학은 다양한 공간 수준에서 도시가 당면한 문제를 명확하게 정의하고 효과적인 결과를 얻을 수 있도록 일반화와 규칙 발견에 초점을 두는 주제적 연구와 지역 특수성에 초점을 맞추는 연구를 통하여 공헌할 수 있다. 살기 좋은 도시를 만들기 위해 포용 도시, 도시 이주와 난민, 안전한 도시, 도시문화와 유산에 대한 주제를 다루며 소수자의 공공재 접근성, 기존의 공간정책에 대한 비판적 검토를 통해 사회정책과 공간정책을 통합 · 연계하며, 문화적 관점에서 도시의 정체성과 문화유산을 통한 지역 재생, 도시문화 재생 정책과 미시적 메커니즘 등을 연구할 수 있다.

도시체계에서는 도시환경변화에 따른 도시정책의 파급효과 분석, 공간적 차별성을 고려한 지역 형평성 제고, 도시재정의 공간 불평등 규명과 효율적 재정분배 체계 등도 다룰 수 있다. 또한, 도시공간 발달과 관련하여 도시공간 계획과 설계, 도시 토지이용, 도시와 농촌 연계 등의 도시공간 정책을 수립하고, 도시구조 조정을 통해 도시 주거 안정화를 꾀하며, 교통과 이동성을 고려한 도시 접근성 제고, 복합도시토지이용 확대와 취약계층 지원 등에서 공헌할 수 있다.

또한, 도시의 경제발전을 위한 도시 내 고용, 도시 성장 동력, 지역발전과 지역 자원 활용, 도시산업육성, 도시 업무 환경 분석 등도 연구주제다. 도시생태와 환경과 관련하여서는 도시회복력, 도시생태계와 자원관리, 기후변화와 재난 관리 등이 중요한 연구 대상이다. 이 밖에도 다양한 공간 수준에서 도시교통과 접근성, 스마트도시, 압축 도시관리, IT를 활용한 도시서비스 고도화, 가구 유형별 주택 수요 대응과 주거지 관리, 도시재생 전략 등 지속가능한 도시를 위한 도시지리학의 역할은 점점 중요해질 것이다.

참고문헌

김영기 역, 2016, 역사속의 도시: 그 기원, 변형과 전망, 지식을 만드는 지식(Mumford, Lewis, 1968, *The City in History: Its Origins, Its Transformation, and Its Prospects*, Mariner Books).

김학훈 · 이상율 · 김감영 · 정희선 역, 2016, 도시지리학, 시스마프레스(Kaplan, D., Wheeler, J., Holoway, S., 2014, *Urban Geography*, 3rd edtion, John Wiley & Sons, Singapore).

남영우, 2015, 도시공간구조론, 제2판, 법문사.

남영우 · 최재헌, 2016, 세계화시대의 도시와 국토, 법문사.

신정엽 외 역, 2011, 도시의 탐색: 도시공간이론과 GIS를 활용한 공간분석, 시그마프레스.

최재헌, 2017, "UN HABITAT III의 새로운 도시 의제(New Urban Agenda)가 한국 도시지리학 연구에 주는 시사점," 한국도시지리학회지, 20(3), 33-44.

최재헌 · 김숙진, 2017.4. "한국도시지리학회 제재 논문으로 본 도시지리 연구주제와 과제, 1998-2016," 한국도시지리학회지, 20(1), 1-26.

한국도시지리학회 편, 2013, 세계의 도시, 푸른길(Brunn, S. D., Hays-Mitchell, M., Ziegler, D. J., 2012, *Cities of the World: World Regional Urban Development*, fifth edition, Rowman & Littlefield, MA).

Berry, B. J. L., and Horton, F. E., 1969, *Geographic Perspectives on Urban Systems*, Prentice Hall, Englewood Cliff, NJ, 1-19.

Berry, B. J. L., and Wheeler, J., 2005, *Urban Geography in America, 1950-2000*, Routledge, New York.

Brenner, N. & Schmid, C., 2014, The Urban Age in Question, *International Journal of Urban and Regional Research*, 38(3), 731-755.

Carter, Harold, 1995, *The Study of Urban Geography*, fourth edition, John Wiley & Sons, New York.

Clark, David, 2013, *Urban Geography: An Introductory Guide*, Routledge, Oxford.

Cox, K. R., 1973, *Conflict, Power and Politics in the City: A Geographic View*, McGraw Hill, New York.

Dickinson, R. E., 1947, *City, Region and Regionalism*, Routledge & Kegan Paul, London.

Doxiadis, C., 1968, *Ekistics: An Introduction to Science of Human Settlements*, Oxford University Press, New York.

Florida, R., 2018, The divides within, and between, Urban and rural America, in *www.citylab.com*, 2018. September 18.

Green, R. and Pick, J. B., 2012, *Exploring The Urban Community: A GIS Approach*, Prentice Hall, Boston.

Hall, P., 1988, *Cities of Tomorrow*, Basil Blackwell, Oxford.

Herbert, D. T., and Thomas, C. J., 1992, *Cities in Space City as Place*, David Fulton Publisher, London.

Johnston, R. and Sidaway, J. D., 2016, *Geography and Geographers: Anglo-American human geography since 1945*, Routledge, New York.

Knox, P. L. and McCarthy, L., 2003, *Urbanization: An Introduction to Urban Geography*, Prentice Hall, NJ.

Lynch, K., 1960, *The Image of the City*, The MIT Press, London.

Pacione, Michael, 2009, *Urban Geography: A Global Perspective*, Third Edition, Routledge, New York, 18-35.

Peet, R., 1998, *Modern Geographical Thought*, Blackwell, Oxford.

Short, John, *An Introduction to Urban Geography*, 1984, Routledge & Kegan Paul, London and Boston.

Soja, Edward W., 2000, *Postmetropolis: Critical Studies of Cities and Regions*, Blackwell Publisher, MA.

Wirth, L, 1938, *Urbanism as a way of life*, *American Journal of Sociology*, 44, 1-24.

시티랩 홈페이지, https://www.citylab.com

세계은행 홈페이지, https://www.worldbank.org

|추|천|문|헌|

박경환 · 류연택 · 정현주 · 이용균 역, 2012, 도시사회지리학의 이해, 시그마프레스, 2-18.

최재헌, 1998, "세계화시대의 도시지리연구를 위한 글로벌 패러다임의 쟁점과 연구동향," 한국도시지리학회지, 1(1), 31-46,

_____, 2017.12., "UN HABITAT III의 새로운 도시의제(New Urban Agenda)가 한국 도시지리학 연구에 주는 시사점," 한국도시지리학회지, 20(3), 33-44.

Berry, B. J. L., 1964, Cities as systems within systems of cities, *Papers and Proceedings of the Regional Science Association*, 13, 147-163.

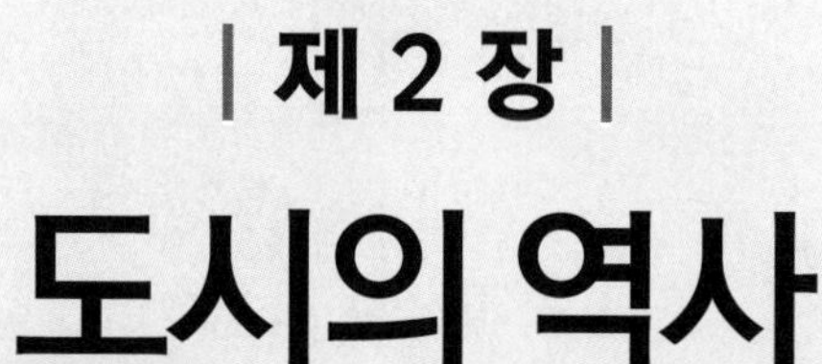

제 2 장 도시의 역사

– 김 걸 –

1. 도시의 기원
2. 고대도시
3. 중세도시
4. 자본주의와 도시

제 2 장

도시의 역사

1. 도시의 기원

인류가 직립보행을 시작한 선사시대부터 현재까지의 시기에 대비해 보면 문명이 발생한 기원전 3500년부터 기원전 500년에 걸친 약 3천 년이란 세월은 한 순간에 불과하다. 마찬가지로 지구상에 인류가 출현한 때부터 현재까지의 시기를 24시간이라고 가정하면 최초의 도시는 단 몇 분 전에 출현한 것이고, 대규모의 도시화(urbanization)는 단지 60초 전부터 시작되었을 것으로 추정할 수 있을 만큼 도시의 역사는 매우 짧다고도 할 수 있다(Jordan *et al.*, 1997, 352). 이처럼 도시라는 취락은 지극히 최근의 현상이다. 하지만, 도시의 출현 시점이 현대라는 것은 아니며, 도시의 출현은 인류의 고대 문명과 함께할 정도로 아주 오래되었다. 역사 자체만큼이나 오랫동안 도시가 존재해 왔고, 일부 사람만이 도시에 거주했지만 복잡한 정치 체계, 종교, 언어, 기술 등을 발전시킨 인류 문명이 도시에서 시작되었다.

역사적으로 인류 문명이 도시에서 창출되었다는 점은 이론의 여지가 없을 것이다. 시남아시아의 퍼타일 크레슨트(fertile Crescent) 가운데 특히 메소포타미아에서 가장 일찍 고대도시가 형성되었으니 문명의 역사는 도시의 역사라 할 수 있는 약 5500년 전으로 거슬러 올라간다(남영우, 2018). 이러한 사실은 많은 학자들이 수많은 연구에 의해 도출한 결론이다. 서양의 아리스토텔레스에 비견되고 이슬람의 석학으로 손꼽히는 이븐 칼둔(Ibn Khaldun)은 이브 라코스테(Yves Lacoste, 1981)가 번역한 그의 저서 『역사서설』에서 인간은 사회적 결합 없이는 살아갈 수 없는 존재라고 규정했다. 그리고 사회적 결합이 이루어진 곳은 궁극적으로 도시(polis)라 부르는 땅이며, '문명'이란 단어 역시 동일한 개념을 지니고 있음을 지적하면서 도시와 문명을 동일시 할 수 있음을 언급한 바 있다(남영우, 2018).

(1) 인류의 진화와 고대도시의 정의

도시의 역사를 논하기 위해서는 먼저 인류의 진화에 대해 살펴볼 필요가 있다. 인류 최초의 직립 보행자였던 오스트랄로피테쿠스는 주로 나무 열매를 따먹고 사는 채집생활을 영위했다. 그러나 지구의 기후환경에 변화가 오자 건조기후에서의 채집경제는 어려운 상황에 부딪치게 되었다. 호모하빌리스는 나무에서 내려와 수렵생활을 영위해야만 했다. 그들의 손이 유인원의 것과 거의 비슷한 것으로 보아 자주 나무에 올라가 휴식을 취하거나 채식을 겸했던 것으로 추정된다. 그 후부터 인류는 채식과 육식을 병행하는 잡식성이 되었다. 수렵활동은 남자와 여자의 역할을 달리하는 계기가 되었을 뿐만 아니라 유인원의 인류화를 촉진하는 결과를 초래했다.

채집경제에서 수렵경제로의 이행은 손재주의 향상, 무기제조, 가족 단위 구성, 협동의 필요성, 피부 털의 사라짐(無毛化), 유치하나마 언어의 발달을 촉진시켰고, 나아가서 공간개념의 발달, 지능향상, 치밀한 계획의 수립 능력 향상, 남녀 분업에 따른 식량 분배 체계의 정립 등을 가져왔다. 또한 수렵에 의한 육류(고단백질)의 섭취는 인구증가를 가능하게 해 인류화를 촉진하는 계기가 되었다. 불의 사용은 음식물을 굽거나 익혀서 먹는 방법을 터득시켰고, 불에 의한 음식물의 가공은 토기의 제작을 필요로 했다. 불의 사용과 더불어 도구의 제작은 인류를 동물과 차별화되도록 만든 원동력이었다. 도구의 제작기술은 오스트랄로피테쿠스에 의해 시작되어 오늘날까지 지속적으로 발달해 왔다. 식량채집과 사냥기술은 약 100만 년 전부터 50만 년 전까지의 장기간에 걸쳐 꾸준히 개선되어 온 경험 축적의 결과였다. 그러나 인류 생존에 있어 가장 획기적인 변곡점은 식물의 작물화(plantation)와 동물의 가축화(domestication)일 것이다. 수렵 대상인 동물의 감소는 가축화를 가속시켰고, 가축화는 지구 환경을 파괴하기도 했지만, 이와 동시에 인류는 증가하는 인구에 대처하기 위해 경작법을 터득하게 되었다.

채집 · 수렵경제에서 농업경제로의 경제구조 변화와 이동생활에서 정착생활로의 주거형태 변화는 신석기시대에 일어났다. 이 변화는 노동활동과 사회조직의 변화에도 큰 영향을 미쳤다. 수렵활동을 영위하기 위해서는 10명 내외의 성인 남자만 있으면 되므로 약 15세대 규모의 작은 취락이 형성되었으나, 농업활동은 더 많은 인구를 필요로 해 취락의 규모가 커지게 되었다. 당시에는 하나의 취락이 자체 인구의 출산력을 높이고 주변지역에 대하여 인구흡인력을 발휘하게 되기까지는 잉여생산물(surplus products)이 전제되어야 했다. 그리하여 고대 사회에 주민 간의 협력, 공동 노동력의 이용, 식량의 생산과 저장, 잉여상품의 교환 등에서 개개인의 사회적 역할에 대한 전문화가 이루어지게 되었다.

새로운 사회 · 경제적 관계의 발달은 한정된 장소에 더 많은 사람들이 거주할 수 있는 가능성을 만들어주게 되었다. 규모의 경제(economy of scale)가 작용하여 주민들이 더 많은 잉여식량을 생산하게 되자 그들의 잉여분을 다른 상품과 교환할 수 있었고, 또 그것을 관리하는 계급이 형성될 수 있게 되었다. 즉, 지배계급 · 상인계급 · 농민계급과 같은 사회계층의 분화가 진행된 것이다. 이에 따라 생산지와 취락 간 또는 여타 취락 간의 교통로가 만들어지고, 각 사회계층의 주택과 창고시설, 왕궁, 신전, 성곽, 상점 등의 시설이 건설되면서 도시가 형성되기에 이른다.

이러한 일련의 변화는 신석기혁명 또는 농업혁명이라고 불리며, 이 혁명은 도시혁명(urban revolution)으로 이어지게 되었다. 최초의 고대도시는 기원전 6000년에서 기원전 5000년 사이에 구대륙에서 등장했다. 그러나 이 시기에 출현한 도시가 과연 얼마만큼 도시다운 면모를 갖추었을까 하는 의문이 생긴다. 이 의문은 고대도시를 정의함으로써 명확해진다.

고대도시(古代都市)란 수천 명 이상의 주민이 집단적으로 정주하는 비교적 큰 규모의 취락이며, 주로 농업이 아닌 기능, 즉 상업 · 공업 · 정치 · 종교 · 문화 · 군사적 기능을 보유하거나 부분적으로는 농업중심지로서의 기능도 보유한 취락을 가리킨다(남영우, 2015). 일반적으로 취락에 대다수의 주민이 비농업적 직업에 종사하고 일련의 통합된 건축물이 존재하며, 단일한 정부에 의해 통치되고 그 영향력이나 지배력이 주변지역까지 확대될 경우, 그 취락의 규모에 상관없이 고대도시로 확대 해석한다. 그러나 이완되지 않고 고도로 조직된 사회에서만 도시가 형성되므로 문자사용이 전제되어야 한다.

문자의 존재는 사회질서 속에서 다양한 전문분야의 분화가 발생하도록 유도하는 원동력이 된다. 최근 터키 아나톨리아 지방의 선사취락(先史聚落)인 차탈휘위크가 인류의 최초 도시일 것이라는 학설이 조심스럽게 제기되고 있으나, 아직

그림 2-1 철기시대 지중해 북동 해안의 터키 도시 키넷 휘윅의 경관

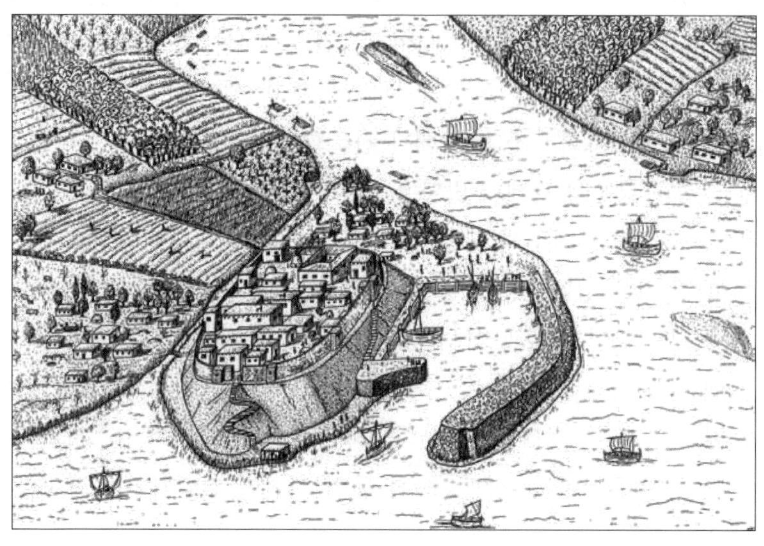

출처: Gates(2011, 209).

발굴이 4%에 불과하여 위에서 언급한 고대도시의 정의에 부합될지 의문이다(남영우, 2011).

역사적으로 도시는 인구 규모가 더 크기 때문에 다른 형태의 취락과 구별되어 왔다. 직업의 측면에서 도시는 직접 농사를 짓지 않는 사람들의 정주공간을 의미했다. 계층적인 측면에서 도시는 정치, 경제, 사회, 문화적 힘의 중심이었다. 엘리트 계급은 도시에 거주했다. 도시는 일반적으로 고밀도와 사회적 단위로서 함께 기능을 수행하는 사람들의 모임이라는 특징을 가지고 있다. 도시가 주변지역과 구별되는 것은 이 점이다([그림 2-1]). 초기 도시의 특징 중 하나는 사람이 조밀하게 집중된다는 것이다.

그러면 도시는 어떻게 정의할 수 있을까? 도시의 정의에 대해서는 많은 학자들이 각기 다른 측면에서 설명하고 있다. 고대 이집트의 상형문자나 한자의 어원에서 추정할 수 있는 것처럼 도시는 일정한 영역을 갖는 공간상에 많은 사람이 모여 물건을 사고파는 시장을 형성하면서 영위되는 인간 고유의 생활방식인 동시에, 그와 같은 과정에서 형성된 인간의 주거공간을 가리킨다(남영우, 2015).

도시를 의미하는 영어 단어인 'urban'은 그 어원이 라틴어의 'urbanu' 또는 'urbs'와 'urbis', 슬라브어의 'goroa'라는 단어에서 유래된 것으로 '중심' 또는 '원'을 이룬다는 뜻이며, 뜰 또는 마당이라는 의미를 지니고 있다. 영어의 'urban'은 메소포타미아 문명의 고대도시인 우르(Ur)에서 기원한다는 주장도 있다(전종한 등, 2017). 도시를 뜻하는 또 다른 영어 단어인 'city'는 라틴어 '시비스(civis)', '시비타스(cīvitās)'에 뿌리를 둔 용어로 중세 영어의 '시티(cite)', 프랑스어 '시테(cité)', 독일어 '슈타트(stadt)'에서 파생되던 중 등장한 용어다. 이 단어의 본래 의미는 강력한 정치적 권력을 가진 사회를 가리키며, 지방의 취락에 비하여 더 많은 권력과 자유를 가진 도시사회를 뜻하는 것이었다.

이와 달리 한자문화권의 동양사회에서는 도시(都市)를 왕도(王都) 또는 왕성(王城)의 의미로 왕이 거처하며, 시장이 형성되어 많은 사람이 모여 있는 상태의 의미로 사용하여 수도로서의 정치기능과 경제기능의 보유를 강조했다. 전종한 등(2017)은 도시란 정치중심지를 의미하는 '도(都)'와 상업중심지를 의미하는 '시(市)'가 결합된 개념으로 정치 활동의 중심지이자 상업 활동의 중심지가 도시라고 정의하기도 했다.

읽을거리 2-1 우리나라의 전통도시

우리 민족이 대륙으로부터 한반도로 이동하여 정착하게 된 역사는 구석기시대까지 거슬러 올라간다. 그러나 그들이 오랜 세월 동안 원시공동사회나 부족사회를 형성하고 생활하던 시대에는 도시가 발생하지 않았다. 한민족의 가장 오래된 고유의 도시는 고구려의 국내성이며, 평양, 백제의 웅진(공주), 신라의 서라벌(경주), 중세도시에 해당하는 고려의 개경, 조선의 한양과 같은 왕도(王都)다. 왕도는 통치와 방어, 행정 등 공공기능을 중심으로 비농업적 성격이 강한 성곽도시였다.

태조 왕건은 궁예의 태봉국을 멸망시키고 통일신라의 뒤를 이어 918년에 고려를 세우고, 1392년까지 약 500년 간 지속된 고려왕조를 건국했다. 왕건은 그 이듬해 철원으로부터 풍수상 명당인 송악으로 도읍지를 옮기고 개경이라 칭했다. 고려는 당나라의 군현제도를 도입하여 전국을 12목(牧)으로 구분했다가 그 뒤 5도호부(都護府)와 8목으로 개편했다. 이들 도시는 안남(수주~부평), 안서(해주), 안북(영주), 안동, 안변을 위시하여 광주, 충주, 청주, 진주, 상주, 전주, 나주, 황주로 군사적 거점을 겸한 지방행정의 중심지였다. 그 후 14세기 초에는 수도인 개경 외에 서경(평양), 남경(한양), 동경(경주)의 3경(京)을 두었다. 이들 3경 · 5도호부 · 8목의 도시들은 정치와 군사의 중심지로 대개의 경우 성곽도시의 형태를 갖췄다. 개경에는 경시(京市)를 두어 농업기술과 수공업이 발달했고 지방도시와 교통의 요지에는 향시(鄕市)가 발달했다. 향시는 상설시장이 아닌 정기시장으로 알려지고 있으나, 정기시장은 임진왜란 이후에 생겨난 것이므로 당시의 향시는 소규모의 상설시장이었던 것으로 이해함이 타당할 것이다. 그러나 차츰 전업 시장상인이 다수 등장함에 따라 많은 상점이 생겨나 시장규모는 조금씩 커지게 되었다. 시장의 발달은 결국 도시형성의 주요 요인으로 작용했다. 개경의 입지는 풍수적 원리에 따라 백두산에서 내려오는 산줄기를 이어받은 송악산을 주산으로 삼고 오공산과 지내산 등이 청룡과 백호를 이룬다. 개경은 왕성(궁성 및 황성) · 내성 · 나성으로 구성된 성곽도시인데, 특히 나성은 23km에 달할 정도로 큰 규모였다. 나성 내부는 간선도로를 따라 시전(市廛)의 행랑이 즐비하여 상업지역을 이루었고 신분에 따른 주거지 분화도 진행되었다.

조선왕조를 건국한 태조 이성계는 1394년 수도를 개경으로부터 한양으로 옮기기 위해 도시건설을 서둘렀다. 한양의 도시계획은 주례식(周禮式) 원리인 좌묘우사 전조후시(左廟右社 前朝後市)에 입각하여 설계되었다. 즉, 궁궐을 중심으로 그 왼쪽에 종묘, 오른쪽에 사직을 배치하고, 궁궐의 전면에는 조정의 6조를, 후면에는 시장을 배치하는 것이었다. 지방제도는 태종 때 일대개혁을 단행하여 전국을 8도로 구분하고 그 아래에 부, 목, 대도호부, 군, 현 등과 같이 약 330개의 행정구역으로 구분했다. 이들 지방행정중심지는 취락에 따라 규모의 차이는 컸으나, 적어도 대도호부 이상의 취락은 정치적 기능으로 보아 도시 성격이 강했다. 그 이하의 행정중심지도 교통과 시장 기능이 부가됨에 따라 훗날 지방중심도시로 성장한 곳이 많다. 특히 조선왕조 후반에 이르러 상공업과 농업을 위시한 기타 산업이 발달하게 되어 시장을 중심으로 하는 상업적 기능이 커짐에 따라 서서히 상공업의 요인에 의한 도시성장이 진행되어 갔다. 그러나 조선왕조가 붕괴되기까지 우리나라 도시는 정치적 기능을 기반으로 하는 전산업적 소비도시에 머물러 있었으며 상공업 등의 경제적 기능에 의한 근대적 도시로의 발달은 20세기 이후에 시작되었다.

출처: 남영우 · 최재헌 · 손승호(2009)의 내용 중 일부를 수정함.

읽을거리 2-2 풍수지리와 입지

우리나라의 대표적인 환경결정론(environmental determinism) 사례라 할 수 있는 풍수지리는 토지에 대해 형이상학적이고 신비 · 오묘한 실체를 인정하는 일종의 민간신앙에 뿌리를 두고 있다. 풍수는 배산임수(背山臨水)를 선호하는 우리나라의 취락 입지와 유사성이 높다. 풍수는 죽은 사람의 묫자리인 음택(陰宅)과 살아있는 사람의 생활근거지를 선정하는 양택(陽宅)으로 구분된다. 풍수는 땅의 기운(氣)이 충만한 곳을 선정하는 양택과 인생의 흉한 것을 피하는 음택을 통해 궁극적인 행복을 추구하려는 한국적 사상체계라 할 수 있다. 따라서 풍수지리는 음택과 양택을 어디에 선정하느냐가 가장 중요하다. 그런 장소는 양기와 음기가 융화되어 생기가 충만한 곳이어야 하고, 그런 곳의 중앙을 혈(穴)이라 하며, 그 앞에 펼쳐진 곳을 명당(明堂)이라 부른다.

명당은 주산으로부터 뻗어 나온 산줄기가 사방으로 병풍처럼 둘러싸여 있는 곳이어야 한다. 이런 지형을 풍수지리에서는 애니미즘에서 유래한 4방 수호신, 즉 현무, 청룡, 백호, 주작으로 표현하고 있다. 현무는 명당 북쪽의 뒷산으로 물의 기운을 받은 태음신이며 거북이 모양의 짐승을 상징한다. 청룡은 주산에서 동쪽(왼쪽)으로 갈라져 나간 산등성이로 나무의 기운을 받은 용의 상징적 표현이다. 이와 반대로 주산에서 서쪽(오른쪽)으로 갈라져 나간 산등성이는 백호라 불리며 이것은 쇠의 기운을 받은 호랑이로 상징된다. 주

그림 2-2 풍수지리의 개념도

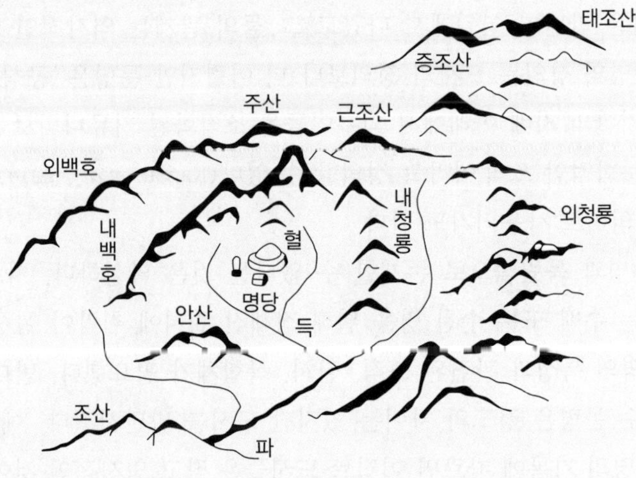

작은 남쪽의 독립된 산으로 불의 기운을 나타내며 공작으로 표현된다. 명당에 가까운 산을 안산(案山), 먼 것을 조산(朝山)이라 한다([그림 2-2]).

풍수지리에서는 오직 길지(吉地) 또는 명당에만 관심을 두고 있다. 즉, 음택 풍수로서의 명당에만 주로 관심을 갖는 폐단이 있다는 것이다. 한국의 풍수지리에는 오랜 역사를 통해서 미신적인 요소가 너무 깊숙이 가미되어 있어 정상과학(normal science)으로의 자리매김에는 한계가 존재한다.

출처: 남영우 · 서태열(1995)의 내용 중 일부를 수정하였음.

(2) 도시 기원론

도시는 빨라도 약 6천년 정도의 역사에 불과하고, 세계적으로 3백 년 전까지는 보편적이지 않은 비교적 최근 현상이다. 도시는 농업 지역에서 출현했기 때문에 농업이 도입되어 주민에 의해 수용되었을 때 발달했다. 그러나 도시의 출현은 단순히 농업의 수용 이상을 필요로 한 것으로 보인다. 예를 들면, 북미의 남동부와 아마존의 아메리카 인디언 문화의 농업지역에서는 도시가 발달하지 않았기 때문이다.

도시 출현의 한 가지 전제 조건은 문명의 존재 여부다. 도시(city)와 문명(civitas)은 같은 라틴어 어원에서 나왔고 그 둘의 관계는 역사적인 기록에서 잘 나타난다. 문명의 정의는 도시의 정의보다 더 어렵지만 문명은 '공식적인 제도와 중앙집권적 기관의 지배 아래에서 외부인들을 조직화된 커뮤니티로 수용하는 복합적인 사회문화적인 조직'이라고 정의할 수 있다(Kaplan *et al.*, 2014). 문명은 문화와 유사한 의미로 사용되기도 한다.

도시가 문명과 독립적으로 존재할 수 없다는 것은 확실하다. 자신의 식량을 생산하지 않는 수백 또는 수천 명을 위해 정해진 위치에 취락이 형성될 수 있기 위해서는 문명의 특성과 관련된 조직, 질서, 복합체가 필요했다. 반대로 세계 역사에서 대다수 문명은 정도의 차이는 있지만 도시를 발달시켰다. 예를 들어, 고대 이집트 문명의 기록에 따르면 이집트 도시들은 작고 임시적인 것이었다. 대조적으로 몬테주마(Montezuma)시대의 아즈텍 제국은 테노치틀란이라고 하는 규모가 아주 큰 중심도시가 형성되었다. 대부분의 도시들은 그 문명의 최고 모습을 발견할 수 있는 문명의 중심점이 되었다.

문명의 존재 외에 도시가 형성되려면 필수적인 세 가지 선행조건인 적절한 자연환경, 기술, 사회적 힘이 존재해야만 한다. 첫째는 자연환경이다. 도시는 식량이 필요했기 때문에 비교적 비옥한 지역에 입지했다. 초기 대부분의 도시들은 서리의 문제가 별로 없는 아열대 지역에서 발달한 것으로 보인다. 이 도시들은 토양을 쉽게 이용할 수 있고 물을 가까이서 고정적으로 확보할 수 있는 제방에 흔히 발달했다. 그 외 도시들은 자연적인 교통 특성(강 또는 항구 등), 광물자원의 형태(유용한 광물), 건축 재료, 종종 군사적 방어 요소(예를 들어, 고도(高度))와 같은 다른 천연 자원에 접근성이 좋은 경우에 발달이 유리했다. 이집트와 중국의 초기 도시들은 담수와 비옥한 토양을 구할 수 있는 나일강과 황하 가까이에 각각 입지했다.

둘째는 기술이다. 도시가 발달하기 전에 농업과 농업 이외의 분야에서 발전이 필요했다. 도시는 농업 외의 전문화된 직종의 사람들을 부양할 수 있을 정도의 식량이 필요하기 때문에 농업 생산이 지속적인 잉여가 가능하기 전에는 도시가 발생할 수 없었다. 도시는 관개가 필요한 지역에서 주로 출현했다. 도시의 출현에 또한 필요한 것은 교통과 식량 저장에 관련된 기술 발달이었다. 끝으로 도시 자체는 인구를 수용하고, 취락을 견고히 하며, 매우 정교한 의식과 기념물을 건축하기 위한 상당한 기술의 발전이 필요했다.

셋째는 사회 조직과 권력이다. 농촌에 비해 초기 도시는 크고 복잡했다. 모든 사람이 서로를 아는 정도를 초월하여 사람들을 결속시킬 수 있는 어떤 형태의 사회 조직이 필요했다. 그 외에도 강요 또는 교역에 의해서든 주변 농촌 지역으로부터 식량을 구하고, 도시 및 배후지의 물리적 측면을 조성하여 유지하며, 도시 내에 거주하는 사람들의 활동을 규제하기 위해서 도시는 사회적 조정력이 필요했다. 사회 조직은 어느 한 그룹이 물적·사회적 자원을 지배하고 도시 안과 밖에 거주하는 사람들의 활동을 통제할 수 있는가에 따라 규정되는 사회적 권력을 갖춰야 했다.

도시는 이 세 가지 전제 조건이 확보되지 않을 때는 형성될 수가 없었다. 초기 도시는 잉여 농산물이 저장되고 분배되는 장소로서 그 역할을 했다는 점에서 이러한 전제 조건을 갖췄다. 도시는 주변지역에서 도시민을 위한 곡물 저장고에 이르는 수집과 재분배의 중심지로서 경제 기능을 수행했다. 중심 기관의 주요 기능 중 하나가 곡물을 수확, 저장, 재분배하는 것이었다. 곡물 저장소는 초기 도시의 사원 내에서 종종 발견되었다. 표기 체계는 사회가 잉여 곡물을 기록할 수 있는 최상의 방법이었기 때문에 도시의 성장에 매우 중요했다. 배급과 임금의 기록은 물론 곡물의 수령과 분배가 파악될 수 있는 초기 장부가 표기 체계의 처음 형태였던 것으로 보인다. 무엇보다 도시는 정치적으로 중앙권력의 중심으로서 역할을 담당했다. 도시는 문화의 중심이기도 했다. 도시는 문화의 주요 특징이 문서화되어 나중에 확산되고 권력이 합법화되는 중심지가 되었다.

문명과 자연환경, 기술, 사회 조직의 전제 조건이 상호 어떻게 관련되어 도시를 형성하는지 주목할 필요가 있다. 그러나 도시 출현의 선행조건을 나열하는 것으로는 왜 도시가 출현했고, 어떻게 도시가 형성되었는지를 설명하지 못한다. 도시지리학자들은 왜, 언제, 어디서, 어떻게 도시가 출현했는지에 대해 관심을 가졌다. 처음에 학자들은 도시 출현의 단일 이유를 모색했다. 그러나 다양한 도시 기원론 때문에 그와 같은 단일한 원인이 지나치게 단순화된 설명으로 전락할 수 있다는 오류를 인식했다. 오히려 도시는 몇 가지 담론이 상호 결합된 결과로 인해 출현한 것으로 보인다. 해롤드 카터(Harold Carter, 1983)는 도시의 출현에 관한 네 가지 담론을 제시했다. 그 담론은 잉여 농산물, 종교, 방어 필요성, 교역 조건이었다.

① 잉여 농산물

시간이 지남에 따라 초기 농부들은 자신과 가족을 충분히 부양하고도 약간은 남을 정도로 식량을 생산하게 되었다. 마을 환경에서 그러한 잉여 농산물은 사회적 잉여를 의미했다. 달리 말해, 모든 사람이 농업에 종사하지 않아도 될 자원의 여유가 생기게 되었다는 것이다. 소규모 사회에서 이러한 잉여는 다른 품목, 즉 금속 도구를 만드는데 재능이 있고 그 일에 더 많은 시간을 할애할 수 있을 정도로 잘하는 한두 명을 부양할 수 있었을 것이다. 전문화에 의해 농부와 농업이 아닌 다른 전문 종사자 사이에 간단한 노동의 분업(division of labors)이 이루어졌다. 사회 규모가 커지고 사회가 복잡해지면서 잉여 농산물은 더 많은 사람이 농업 외의 일에 종사할 수 있는 여분이 생기도록 거둬졌을 것이다. 그 잉여 농산물은 농부가 다른 목적을 위해서 자신들의 시간을 할애할 수 있도록 또한 이용되었을 것이다. 공동의 목적을 위해서 잉여 농산물이 직접 거둬지거나 노동이 활용되는 몇 가지 메커니즘이 있었다. 십일조(tithing) 방식은 집단적으로 모으기 위해서 수확물의 일정 부분을 자발적으로 할당하는 것이다. 세금은 개별 농부가 정부에 수확물의 일정 부분을 지불하게 만드는 시스템이다. 무급 노동은 정부가 개인에게 대규모 공공사업에 일정 시간 일하도록 요구한 행위였다. 예를 들면, 이집트 무덤의 건축은 노예 노동과 무급 노동의 산물이었다. 여기서 중요한 질문은 잉여물의 존재 그 자체가 사회적 힘을 발전시켰는가 하는 것이다. 티모시 차일드(Timothy Childe, 1950)와 같은 초기 고고학자에 의하면 잉여물의 생산과 관리는 어떤 조직을 필요로 했고 그 조직은 다시 어떤 사회적 통제 형태를 필요로 했다고 한다. 그 잉여물을 관리하는 것이 필요했기 때문에 중앙권력이 생기게 되었다. 특히 노동의 정교한 조직이 필요했던 복잡한 관개 체계의 발달에 이 주장이 적용되었다. 그러나 초기 수메르 사회처럼 광범위하게 관개 사업의 결과로 나타나게 된 것이 아닌 다른 문명과 도시가 확실히 있다. 더구나 조직화된 사회가 발달한 뒤에 어떤 대규모의 공공사업이 진행된 것으로 여겨진다. 잉여 농산물만이 사회적 통제의 메커니즘을 필요로 했는지 여부는 확실하지 않다.

② 종교

모든 초기 도시의 공통적인 특징 가운데 하나는 사원의 존재였다. 어떤 경우에서든 사원은 도시 내의 어떤 다른 요소보다 훨씬 더 두드러진다. 우르의 대사원은 멀리 떨어진 평평한 메소포타미아의 평원에서도 볼 수 있었다. 오늘날 파키스탄에 있는 인더스 계곡의 모헨조다로에 약 13.1m 높이의 종교적 성채가 있다. 현대 터키의 차탈휘위크와 같은 도시의 원형도 상당 부분은 종교적 목적과 관련된다는 것을 보여준다. 종교는 도시 이전 사회에서도 매우 중요했고 모든 초기 도시에서 종교적 구조물은 매우 뚜렷해 종교가 사회적 세력의 발달과 관련되었다는 것은 타당하다. 이 관계는 초기의 엘리트가 정치 및 정신적 권력 모두를 가졌다는 사실로 뒷받침된다. 즉, 왕과 제사장은 같은 인물이었다. 이러한 역사에 기초해서 잉여 농산물이 생산됨으로써 강력한 사제 계층이 출현한 과정을 재구성하는 것은 쉽다. 초기 농업 외의 전문직 종사자들은 유형의 상품 생산에 관여했을 가능성이 높다. 또한 촌락민의 삶에 큰 부분을 차지하는 가뭄, 홍수, 해충, 질병 등 예상하지 못한 재해를 설명하는 일부 카리스마를 가진 사람들도 있었다. 이러한 인물들은 약간 변형되었지만 전문인의 지위를 부여받았다. 달리 말하면 그들은 미지의 것을 달래는 종교적 의식의 필요성을 설명하고 명문화하는 전문가였다. 이 사람들이 점차 강력해지면서 그들은 사제 계급, 즉 초자연적인 현상을 설명하고 촌락민과 초자연의 힘 사이의 중재에 관련된 초기 형태의 계급이 나타났다. 시간이 지남에 따라 이 사제 계급은 나머지 사람들과 구별되면서 구성원과 사제 지위가 부모로부터 자녀에게로 어떻게 이어지는지에 관한 지켜야 할 규정이 있었다. 어떤 경우에는 신에게 부여 받았다고 주장하기도 했다. 이 계급은 잉여 농산물을 통제하고 전체 주민이 받아들이는 가운데 자신들의 목적에 부합하도록 그 잉여 농산물을 활용할 수 있었다는 점이 가장 중요하다. 종교와 세속 정치가 혼합된 신권정치(theocracy)는 초기 문명의 주요 특징이었다. 사제 계급은 실제로 중요했지만 그 계급의 출현이 복잡한 사회 조직 형성에 유일한 것이었는지, 그리고 그 계급이 출현했다는 것이 초기 촌락 사회를 집약적이고 조직적인 도시 사회로 변형시켰는가에 대한 증거는 없다.

③ 방어의 필요성

초기 도시의 또 다른 특징은 어떤 요새의 형태가 존재한다는 것이다. 고대도시의 대부분은 성벽이 있고 그 도시에는 모두 방어 공사, 군인 계급, 무기 생산의 흔적이 있다. 도시를 나타내는 이집트 상형 문자는 원과 그 안에 십자가로 표시되어 있다. 십자가는 여러 종류의 모임, 아마도 시장의 형태를 의미한다. 원은 그 모임 장소를 방어하는 벽을 나타낸다. 역설적으로 대부분의 고대 이집트 도시에는 두드러진 성벽이 없었다. 이 점이 이집트 도시와 고대 수메르 시대의 중무장한 성곽도시와 대비되는 뚜렷한 차이점이다. 곡물 저장고, 중앙 권력의 중심지로서의 위상, 사람의 집중 때문에 고대도시는 어떤 방어 형태를 필요로 했다. 공격에 처했을 때 도시는 인접한 배후지 거주자를 위해 문을 열고 피난처를 제공하고 창이나 투석구를 제공했을 것이라고 상상할 수 있다. 성공적인 방어를 위해서는 상당한 정도의 계획된 협력이 필요하고 그 협력을 위해서는 명령의 명쾌한 전달 체계와 노동 분업이 필요하다. 대부분의 성공적인 군대는 필요시 일시적 군인들로 보강되고 전임 훈련을 할 수 있는 군대였던 것 같다. 상당 부분의 잉여 농산물은 요새 건축, 무기생산, 군인들을 돌보고 부양하기 위한 지불에 사용되었다. 일단 군인 계급이 성립된 후, 그 계급은 어떤 특권층이 되어 도시 및 주변 지역의 거주자에 대해서 어느 정도 사회적 통제를 할 수 있었다.

④ 교역 조건

보다 정교한 문화의 발달은 보다 더 복합적인 경제 성장과 관련되었다. 도시가 출현하기 이전에 특정 상품의 교역이 활발했다는 증거가 많다. 근동 지역에서 교역은 주로 흑요석, 도구 파편으로 유용한 단단한 화석 유리였지만 다른 물건도 교환되었다. 메소포타미아에서 생산된 많은 금속도구는 구리를 사용했다. 구리는 1,600km 이상 떨어진 아나톨리아 고원에서 생산된 것으로 여겨진다. 교역 자체는 시장 출현의 기폭제가 되고 새로운 도시 기반을 형성할 수 있는 요소였다. 도시가 형성되기 전에 취락들 간을 이동했던 교역상들은 다른 곳에서 구할 수 없는 물건에 대해서는 주민들이 직접 물물 교환을 할 수 있도록 하였을 것이다. 전문화된 상품의 교역에 의해서 사람들이 다른 농업 및 농업 이외의 생산물을 구입하기 위해서 잉여 농산물을 생산했기 때문에 전문화와 경제적 집중이 더 이루어지게 되었다. 교역 때문에 기술이 있는 농업 외의 장인들이 또한 번창할 수 있었다. 도시는 교역의 중심점, 즉 시장 주위에서 발전되었을 것이다. 교역은 확실히 많은 고대도시에서 중요한 역할을 담당했고 중세 때 도시 삶을 부흥시킨 주요 요소라고 할 수 있을 것이다. 한편 초기 도시 발달의 주요 요인으로 교역에 관한 증거는 부족하다. 때로는 존재했지만 시장도 사원과 성벽처럼 장대하고 중요했다고는 할 수 없었다. 고고학적 기록에 의하면 상인 집단은 특권층의 지위를 가졌다고는 할 수 없다. 실상 자유 교역에 유리한 자본주의 경제는 훨씬 뒤에야 성립될 수 있었다. 경제적 교환은 조심스럽게 규제되었고, 신권 정치적 생활이 규정과 의식이 우선이었다.

마이클 파시온(Michael Pacione, 2009)은 도시의 기원에 대한 네 가지 담론을 제시한 바 있다. 그 이론들은 수리(水利), 경제, 군사, 종교적 조건이었다.

① 수리적 조건

농업혁명이 일어난 중동의 반 건조기후에서 도시 발전을 위해서는 관개가 중요했다. 대규모 수자원 관리의 수요는 중앙화된 협력과 감독을 필요로 하고 밀집된 취락이 생기게 했다. 수리적 사회의 주요 특징은 농업 집약화를 가능하게 하고, 특정한 노동의 분화가 수반되며, 대규모의 협력을 수반한다는데 있다. 집약적 농업은 인구의 집중을 일으키고 협력은 관리자와 관료의 수요를 초래한다. 수자원을 관리하는 사람들인 사원 엘리트 또는 세속적 국가는 농부에 대한 권력을 발휘하게 된다. 노동의 분화, 권력의 중앙화와 행정 구조의 중앙화는 모두 집중화된 취락을 촉진하고 결국 도시의 형성을 촉발하게 된다. 관개가 고대 세계의 전산업 도시 성장에서 주요한 요인이었다는 점은 지금 의심할 여지가 없다. 문제는 원인과 효과를 풀어내는데 있다. 이것은 누군가 도시화가 관개의 발전 이후에 이루어진다는 신념을 추구하는 사람이라면 특히 어렵다. 가장 좋은 시나리오는 중앙화된 도시정부의 설립과 대규모 관개가 차례차례 성장한다는 것이다. 첫째로 소규모 관개의 개념은 관개 체계를 확대하는 행정의 양을 요구하게 된다. 마찬가지로 이것은 더 커다란 행정을 요구하게 되고 결국에는 대규모 관개 공사를 초래하고, 권력의 독점을 가진 도시의 정치적 조직을 초래하게 된다는 논리다.

② 경제적 조건

몇몇 이론가들은 복잡한 대규모의 무역 네트워크가 도시사회의 성장을 자극한다고 주장했다. 확실히 메소포타미아 남부는 철광석, 목재, 건축석 또는 도구석이 많지 않아 무역이 필수적인 상황이었다. 이것은 재화의 생산, 분배, 구매조달을 통제하는 행정조직을 요구하게 된다. 그런 조직은 공동체에서 강력한 중개인이 되기도 하고 그의 권한은 무역을 넘어 사회의 다른 측면으로 확대되기도 한다. 팽창하는 인구를 먹여 살리고 무역 목적의 생산을 증가시키려는 욕구는 지속적인 전문화와 집중화를 초래하고, 점증하는 정주인구는 그 차제로 재화를 거래하며 지역 생산물을 생산하는 시장을 형성하게 된다. 무역이 도시성장의 원인이 되었다거나 기존 행정 엘리트의 산물인지는 명확지 않다.

③ 군사적 조건

몇몇 이론가들은 도시의 기원이 외부 위협에 대한 방어 욕구에서 시작된다고 주장했다. 기반암 위에 만들어진 광범위한 방어 성곽의 발굴은 제리코의 방어적인 기원을 가리킨다. 그러나 모든 초기의 도시가 방어적인 것은 아니었다. 폴 휘틀리(Paul Wheatley, 1971)는 전쟁이 무기 기술자의 전문화를 자극하고 방어 목적의 인구집중을 유도하면서 몇몇 장소에서 도시 발전의 집중화를 초래했다고 믿었다.

④ 종교적 조건

종교적 담론은 도시장소의 형성과 영속성을 위해 잘 발달한 권력 구조의 중요성에 중점을 둔다. 특히 어떻게 권력이 종교 엘리트에게 사유화되고 종교 엘리트가 제물로 바쳐진 잉여 산물을 처분하고 통제하는지에 관심을 둔다. 고대도시의 부지에서 사원의 명백한 증거가 있기 때문에 종교가 사회형성과 도시창출과정에서 중요한 역할을 수행한다는 것은 의심할 여지가 없다. 그러나 이 또한 하나의 단일 요소에 불과하다.

어떤 하나의 요인이 도시 출현의 핵심 요소가 될 수 없음은 앞선 논의에서 명확하다. 세계에서 가장 초기의 도시발달과 문명의 탄생이 가능하게 된 이유는 양호한 사회경제적 요소가 특정 장소에서 조합되어 연계되었기 때문이다.

2. 고대도시

(1) 고대도시의 성립

1절에서 살펴보았듯이 고대도시의 정의에 부합되는 도시의 출현은 신석기 시대인 기원전 3500년경으로 추정된다. 인류의 역사에서 최초의 정착주거형태는 곡물의 경작과 함께 나타났으며 도시적 취락은 잉여식량이 충분히 확보되면서 발생한 것이다. 식량생산에 있어 최초의 성공적 경험은 서남아시아의 메소포타

그림 2-3 **퍼타일 크레슨트 지대의 주요 고대도시**

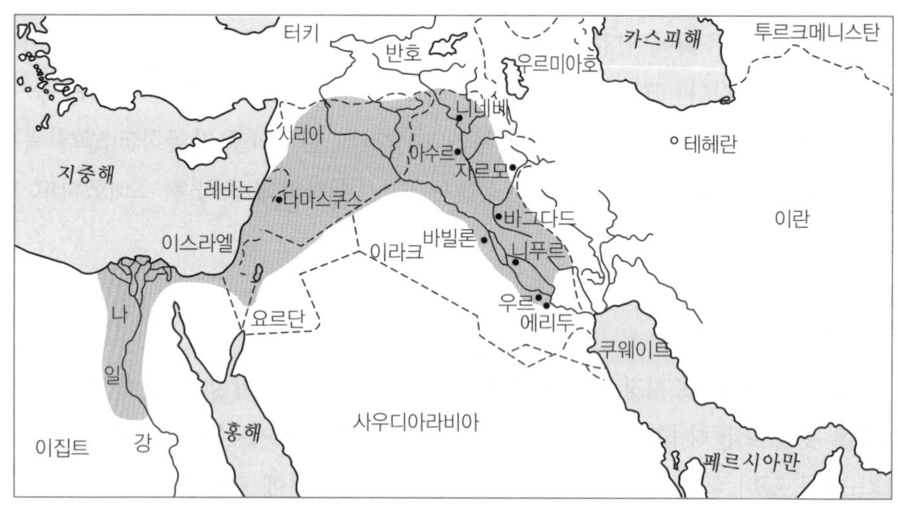

출처: 남영우(2015, 221).

미아에 위치한 퍼타일 크레슨트 지대에서 얻을 수 있다. 이 지대는 현재의 이라크에서 시리아와 레바논을 거쳐 이스라엘과 이집트에 이르는 초승달 모양의 비교적 비옥한 지역이므로 간혹 '비옥한 초승달'로 번역하여 사용하지만, 이것은 지명을 뜻하는 고유명사에 해당하므로 원문 그대로 쓰는 것이 바람직하다([그림 2-3]). 퍼타일 크레슨트 지대에서 인류 최초의 도시가 등장한 것은 이곳이 구대륙의 지리적 중심부에 해당하는 곳이며, 아프리카 · 유럽 · 아시아의 문화가 교차하는 접근성이 양호한 곳이었기 때문으로 풀이된다.

농업혁명은 황하 유역을 중심으로 한 중국에서도 일어났으며, 아메리카의 신대륙에서도 독자적으로 발생했다. 농업혁명은 인류가 주어진 환경 속에서 생활을 영위하는데 알맞도록 기술의 적용을 자극함으로써 일어난 것이다. 특히 퍼타일 크레슨트 지대는 주변지역에 비해 수목이 잘 생장하는 비옥한 지역인 까닭에 잉여생산이 빠른 시기에 달성될 수 있었다. 이 일대의 주민들은 기원전 8000년경에 그들이 채집하고 사냥하던 동식물의 서식범위를 잘 알게 되어 점차 작물화와 가축화를 시작했다. 그들은 겨울과 봄에 흡족히 내리는 비를 이용하여 밀 · 보리 등의 화본과 식물뿐만 아니라 개 · 양 · 염소 · 돼지 · 소 · 말 · 낙타 등에 관한 많은 지식을 축적했다. 일반적으로 가축화는 습윤 지역보다 건조지역의 주민들이 그 필요성을 더 느낀다. 왜냐하면 건조지역일수록 미생물의 부족으로 유기질의 분해속도가 느려 지력의 회복이 늦기 때문이다.

지금으로부터 약 5천~8천 년 전에 지구상에 커다란 기후변동이 있었다. 특히 사하라 일대가 사막화됨에 따라 이 지역의 정착민들은 대하천 주변으로 이동하게 되었다. 이들을 받아들인 하천유역의 기존 주민들은 식량증산을 위해 관개기술을 개발하거나 유입민을 노예화하여 잉여식량의 창출을 꾀했다.

퍼타일 크레슨트 지대의 농업혁명은 잉여식량을 낳았고 이를 바탕으로 고대도시의 성립을 보게 되었다. 인류는 농사를 짓기 시작하면서 계획적인 식량소비나 파종할 종자의 비축 등과 같은 지적(intellectual) 계획이 필요함에 따라 논리적 사고를 전개할 수 있게 되었고 나아가서 과학기술의 필요성을 깨닫게 되었다. 많은 인구가 집단적으로 모여 살게 되면 문화수준이 향상되어 문명을 발달시키기 마련이다. 뒤를 이어 인류문화는 인더스강 유역 · 황하 유역 · 중앙아메리카에서도 꽃을 피웠다. 여기서 우리는 중앙아메리카를 제외하고 고대도시의 발생지가 고대문명의 발상지와 일치함을 알 수 있다. 이는 결국 인류의 문명이 도시에서 비롯된 것임을 시사한다.

고대도시는 세계 여러 곳에 걸쳐 형성되기 시작했다. 학자에 따라 고대도시가 집중적으로 형성된 지역이 서로 다르지만 대체로 메소포타미아 · 나일강 유역 · 인더스강 유역 · 황하 유역 · 중앙아메리카 · 중앙 안데스 일대 · 나이지리아 남서부 · 아라비아 훼릭스 등으로 요약할 수 있다. 그 가운데 기드온 쇼버그(Gideon Sjoberg, 1973)가 선정한 고대도시의 발생지는 메소포타미아 · 나일강 유역 · 인더스강 유역 · 황하 유역 · 중앙아메리카의 다섯 지역인데, 이들이 가장 유력한 것으로 간주되고 있다([그림 2-4]).

그림 2-4 고대도시의 주요 발상지

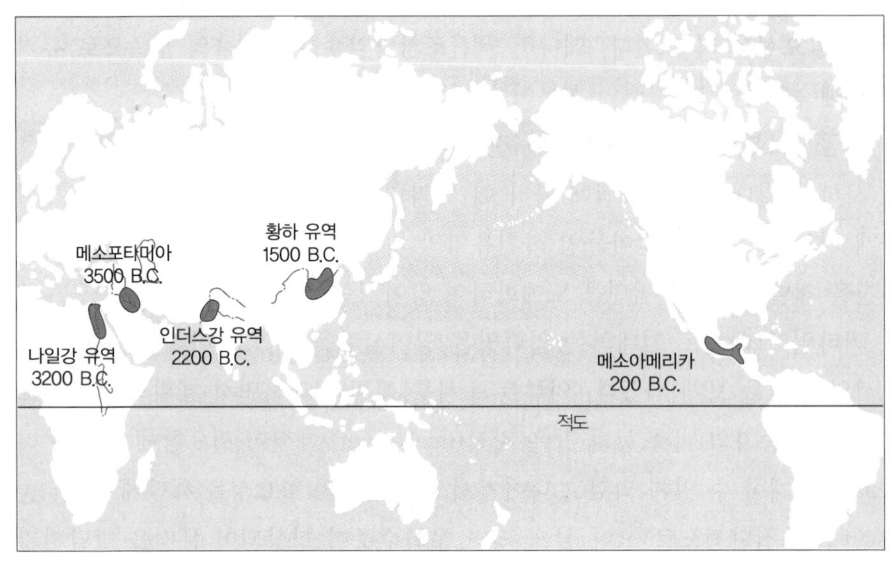

출처: Pacione(2009, 40).

(2) 세계의 주요 고대도시

메소포타미아는 그리스어로 '강 사이의 땅'이란 뜻이며, 티그리스 강과 유프라테스 강 사이의 지역, 특히 저지대의 습지와 소택지가 분포하는 남부지역을 일컫는다. 이들 두 강은 겨울에 발생하는 저기압이 지중해상을 동쪽으로 이동하면서 강의 발원지인 아르메니아 산지에 지형성 강우를 일으켜 그곳의 녹은 물이 흘러내린다. 눈이 녹은 물은 생물의 성장에 큰 도움이 되지만, 5월경이 되면 홍수가 발생하여 옛날부터 관개시설의 필요성이 대두되었다. 이 지역의 남부에 위치한 수메르 지방은 토양이 비옥하긴 하나 건조한 탓에 습기가 증발되어 염분이 많은 불모지다. 그러나 대추야자를 위시해 양, 들새, 물고기가 풍부한 까닭에 많은 인구를 부양할 수 있었다.

초기 고대도시 중 하나인 우르는 기원전 2300~2180년에 걸쳐 수메르 제국의 수도였으며 우르와 에리두 등의 남부도시들은 기원전 1885년에 바빌로니아에 정

그림 2-5 **메소포타미아의 고대도시 우르의 도시구조**

출처: 남영우(2015, 222).

복당했다. 메소포타미아의 고대도시구조를 엿볼 수 있는 우르의 경우, 8m 높이의 성벽이 도시를 둘러친 성곽도시로서 36ha의 면적에 최고 3만 5천 명의 인구가 거주한 것으로 추정되었다. 성곽은 0.8km의 폭에 1.2km의 길이를 가진 불규칙한 형태였으며, 이 도시는 [그림 2-5]에서 보는 것처럼 서쪽에는 유프라테스 강이 흐르고 북동쪽으로는 항해할 수 있는 운하가 설치되어 있었다. 도시의 북쪽과 서쪽에는 선박이 정박할 수 있는 항구가 있었고, 북서쪽에는 종교시설인 지구라트(Ziggurat)가 있었는데, 현재에도 존재한다([그림 2-6]). 지구라트는 신과 지상을 연결시키기 위해 종교의식을 행하는 피라미드 형태의 성스런 탑이다. 따라서 메소포타미아의 지구라트는 이집트의 피라미드와는 성격을 달리하며, 오히려 메소아메리카의 피라미드와 유사하다. 사원은 성곽 내 곳곳에 분포했다. 그리고 성곽 내의 나머지 공간은 주거 또는 기타 지역이었던 것으로 추정되며, 주택은 벽돌로 지은 2층집이었다. 성곽 내부의 도시에는 일직선의 간선도로와 광장이 있었다. 성곽 밖에 거주하던 인구를 합하면 그 규모가 25만 명에 달하는 도시국가였던 것으로 추정된다.

그림 2-6 고대도시 우르의 지구라트 복원도

출처: Gates(2011, 46).

한편, 나일강 유역의 비옥한 충적평야에서는 멤피스, 텔 엘 아마라나, 테베 등의 고대도시가 발생했다. 초기의 이집트인들은 나일강을 따라 충적지에 농사를 지었으며, 농업용수는 나일강에서 끌어들였다. 하천을 따라 발달한 도시들은 홍수를 조절하기 위한 수로공사 때문에 협력은 필수였다. 정착농경생활로 인해 성립된 취락들은 결국 기원전 3200년경에 도시로 발전했다. 이와 같이 초기의 고대도시들은 대체로 농촌 취락의 특징을 지니고 있었다. 나일강 유역에 입지한 도시들의 정치적 특색은 처음에는 불분명했으나 왕권의 강화와 더불어 뚜렷해지게 되었다. 경제적 기능보다 정치적 기능이 중시됨에 따라 이집트의 도시들은 대부분 국가의 수도였거나 지방행정의 중심지로서 기능하게 되었다.

인더스강 유역에 발달한 고대도시는 모헨조다로와 하라파였다. 두 도시는 모두 계획적으로 설계된 계획도시였기 때문에 공간구조 · 사회구조 · 경제구조가 거의 동일했다. 기원전 2200년경에 발달한 인더스강 유역의 도시들은 문자 · 바퀴달린 수레 · 성채의 축조 등의 측면에서 볼 때 메소포타미아 도시문화의 영향을 받은 것으로 추측된다. 그러나 이 지역의 도시는 메소포타미아의 도시와는 다른 형태로 발달했으며, 도시의 기능 역시 메소포타미아나 나일강 유역의 도시들과는 서로 달랐다.

황하 유역의 평야지대는 기후가 농업에 적당하지 않았으나, 이 지역의 황토는 매우 비옥하여 고대 중국문명의 발상에 근간이 되었다. 황하 유역에는 강 언덕에 정착농경이 이루어지면서 취락이 발생한 것이 기원전 4000년경부터이며, 기원전 2000년경까지 이 지역에는 수천 개에 이르는 번영된 농촌사회가 존재했다. 강은 관개에 이용되었고, 비옥한 황색 충적토는 농업발달의 기초를 이루었으며, 자연제방은 대규모의 취락이 입지할 수 있는 장소를 제공했다. 그러나 이때까지 중국 최초의 도시는 아직 발생하지 않은 상태였다.

황하 유역에 최초로 고대도시가 발생한 곳은 안양과 청초우로 상(商)나라 때인 기원전 1500년경의 일이다. 이 지역에 도시가 발생한 것은 다른 지역에 비하여 약 1천~2천 년 정도 뒤늦은 일이다. 이는 일찍 황하 유역에 많은 사람들이 취락을 형성하여 거주해 왔으나, 정착생활을 하지 않고 계속적으로 유목생활을 영위한 사람들도 많았기 때문인 것으로 추측된다.

중국의 도시문명사에서 상 왕조는 중요한 역할을 담당했다. 중국의 초기 도시들은 상나라의 문화를 기초로 황하 유역에서 발달했으므로 상 왕조 문화의 핵심인 청동기 문화를 기반으로 도시가 형성된 것으로 추정된다. 중국의 고대도시는 농업경제의 시작과 함께 나타났으며 결국 작은 마을들이 통합되어 형성된 것이다. 이들 도시는 사원이 있는 곳으로, 잉여 농산물의 저장장소로서, 유목민의 침략에 대항하는 요새로서의 기능을 지녔다. 그 뿐만 아니라 당시의 도시들은 잉여 생산물의 교환, 즉 무역과 자체 방어를 위한 성곽도시의 형태로 발생한 것이다. 상나라에서 시작된 청동기의 사용은 원시적이던 주민들의 생활을 변화시켰으며, 이는 중국 초기 도시발달에 원동력이 되었다.

중앙아메리카는 북미 대륙과 남미 대륙을 연결하는 비교적 좁은 띠 모양의 형태를 취하고 있는 지역이다. 이 지역 가운데 멕시코 남부에서 과테말라까지를 메소아메리카라고 부른다. 메소아메리카에는 가장 먼저 발생한 올메크(Olmecs) 문명이 멸망한 후 테오티우아칸과 마야에 고대도시가 형성되었다. 멕시코 계곡에 발달했던 테오티우아칸은 도시국가로서 발달한 이 지역의 가장 오래된 도시였으며, 마야지역에는 종교의식의 중심지였던 티칼과 마야판 등의 도시들이 많이 발달했다.

기원전 100년경부터 발달하기 시작한 테오티우아칸은 멕시코 강과 푸에블라 강 사이의 계곡에 위치했으며 이 계곡의 저지대는 비옥한 충적평야 지대였으므

그림 2-7 메소아메리카의 고대도시 테오티우아칸의 구조

출처: 김학훈 외(2016, 43).

로 샘이 항상 솟아 고산지대 특유의 불규칙한 강우의 영향을 받지 않았다. 이 도시에는 거대한 규모의 종교지역과 주거지역이 있었고 도시 내부는 대단히 잘 계획되었다([그림 2-7]). 테오티우아칸이 창조한 도시문명은 매우 활력적이었으며, 메소아메리카의 도시발달에 영향을 미쳤을 뿐만 아니라 특히 아즈텍 문명시대까지 이 지역의 문명발달에 큰 영향을 줬다. 아즈텍 문명보다 빠른 시기에 번창했던 테오티우아칸 문명이 이곳에서 발달한 이유는 잉여식량이 인디오의 주식인 옥수수였다는 사실 이외에도 흑요석 산지가 가까운 곳에 있었고, 멕시코 분지의 교역로에 위치했으며, 관개와 용천수에 의한 집약적 농업이 가능했다는 사실을 꼽을 수 있다.

열대우림기후의 저지대에서 발달했던 마야의 도시들은 많은 인구를 포용하

고 있었으며 이들의 주식은 옥수수와 콩이었다. 마아에 발달했던 고대도시는 종교적 건물 이외의 건축물이 많이 존재했고 성직자들 외에도 많은 주민들이 거주했다. 그러나 마야의 도시에는 종교적 기능을 제외한 다른 기능은 미약한 편이었다. 결국 마야문명의 고대도시는 종교적 기능에 기초하여 발달한 것으로 볼 수 있다. 그리고 이 메소아메리카에 도시가 형성되고 찬란한 문화가 꽃피울 수 있었던 것은 주민들의 주식이 다른 지역과 달리 옥수수였다는 점에서 찾아야 할 것이다. 옥수수는 다른 작물에 비해 많은 노동력을 필요로 하지 않고도 손쉽게 잉여식량을 확보할 수 있어서 유휴노동력을 도시건설에 할애할 수 있다. 이 지역의 도시발생은 다른 고대도시의 발상지보다 늦었지만 타 지역과는 다른 특징을 지니고 독립적으로 발생했던 것이다.

(3) 그리스의 도시

그리스 도시들은 기원전 600~700년에 출현했다. 그 후 2백여 년 사이에 도시는 에게해 지역을 거쳐 서쪽으로 스페인과 프랑스로 확산되었다. 이 지역의 도시들은 대부분 작았고 따라서 거의 영향력을 미치지 못했지만 그리스 도시들은 엄청난 역사적 중요성을 제공하게 된다. 도시의 규모에 상관없이 이런 그리스 도시들은 종종 '폴리스(polis)'라 불린다(Hartshorn, 1992). 도시국가(city-state)인 폴리스는 전형적으로 성벽이 있는 한 마을 또는 작은 도시에 의해 지배되는 작은 지역이었다. 폴리스 중에서 상대적으로 규모가 크고 잘 알려진 도시로는 아테네와 스파르타가 있다. 기원전 400년에 아테네의 인구는 10만~15만 명 정도였을 것으로 추정된다.

그리스 도시들은 종교 기능과 방위 기능을 갖는 구조물인 아크로폴리스(acropolis) 주위에 비계획적이고 자연 발생적인 방식으로 진화했다. 초기 발전단계에서 아크로폴리스는 종종 도시 전역을 포함하곤 했다. 도시가 성장하고 다른 활동들이 빠져나감에 따라 아크로폴리스 지역은 의식기능을 담당하는 곳이 되었다. 아크로폴리스 주위에는 개방되고 불규칙적인 형태의 아고라가 있어서 유통과 교환의 장소가 되었다. 제반활동이 아크로폴리스에서 분산되면서 아고라는 보다 직선적인 형태로 둘러싸이게 되었다. 아고라는 점차 주변에 있는 주거

그림 2-8 **그리스 아테네의 도시구조**

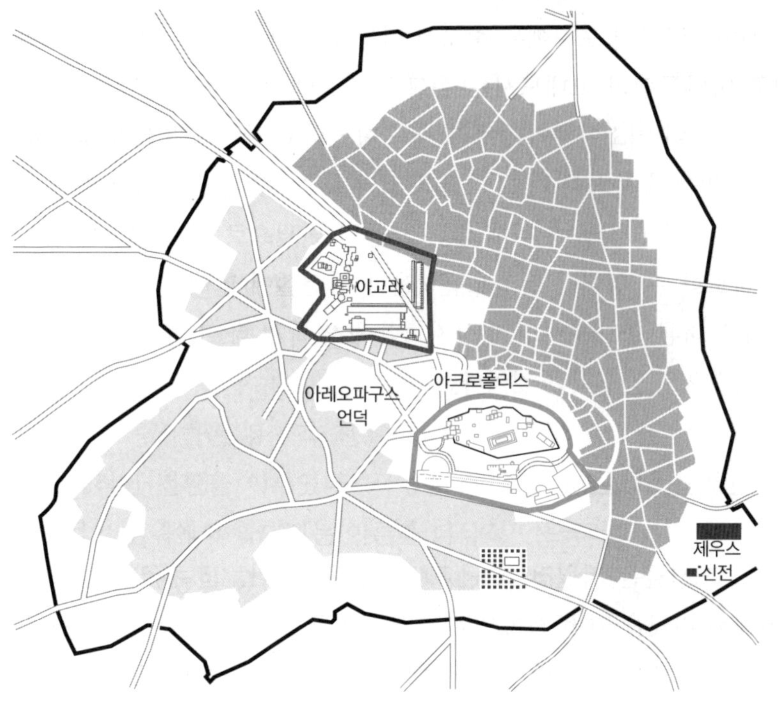

출처: 손정렬 외(2019, 22).

지역의 초점으로서 뿐만 아니라 다목적의 시장 겸 극장 복합체로 진화되었다. 초기의 주거지역은 구불구불한 길거리나 좁은 뒷골목을 따라서 불규칙적으로 입지했다([그림 2-8]).

시간이 흐르면서 도시의 재개발이 진행됨에 따라 보다 정형적으로 고안된 가로망이 발전했다. 규칙적인 격자형의 가로-블록체계(grid street-block system)에 따라 장인용, 농민용, 군사용의 구획이 배정되었고, 이들은 각기 자신의 격자를 갖고 있었다. 이 격자형 체계는 다른 도시들에서도 채택되었다. 그리스 도시의 공간구조는 이 격자형 가로체계를 갖고 있었지만, 정교한 사회계층이 전혀 발달하지 않았다는 점에서 자유도시였다고 할 수 있으며, 주거지역은 뒤에 진화된 로마의 도시에 비해 평범했고 주택은 소박했다. 보통 주택은 길거리에서 떨어진 곳에 빈 땅 또는 복도가 있는 안뜰을 주위로 안쪽을 향해 세워져 있었다.

(4) 로마제국의 도시

그리스 도시의 형태는 로마 도시의 모델이 되었다. 점차 로마인은 그리스인으로부터 채택한 물리적 설계의 측면을 뛰어넘어 계급 질서를 지닌 하나의 사회적 기계처럼 강력한 도시 기능을 만들었다. 이는 확립된 계급적 질서 인식을 강화하기 위해서 특정 장소에 행정적 · 종교적 시설을 배치한데서 증명되었다. 고대 로마는 그 자체가 우선적으로 적절하고 질서 정연한 설계를 가진 특별히 화려한 장소가 되었다. 시민들의 건강과 오락에 대한 요구가 특별히 주목 받았다. 한때 9백 개의 공중목욕탕, 1천2백 개의 분수, 250개의 급수조가 로마 주위에 널려 있었다. 그러나 로마가 급성장하게 되면서 보다 정교한 계획의 이행은 사실상 불가능해졌다. 그 결과 로마의 대부분은 혼란스럽고 자연 발생적인 특성을 갖게 되었다.

전형적인 로마의 도시는 정사각형 또는 직사각형으로 설계되었다. 남북을 축으로 해서 두 개의 직각을 이루는 길이 중심부 지역을 분할했다. 중앙에는 개방된 정방형의 광장인 포럼(forum)이 배치되어 공중 집회를 위한 공간과 노점상을 위한 장터를 제공했다. 공공 및 문화 활동을 위한 장소로서 포럼에서는 장례식, 공연, 체육 행사 및 정치적 기능 등이 치러졌다. 오늘날 로마의 포럼에 가장 가까운 것으로는 아랍의 길거리 시장인 수크(souk)를 들 수 있다([그림 2-9]).

이후 지붕을 덮은 영구적인 시장 건축물인 바실리카(basilicas)가 포럼 옆에 생겨났다. 바실리카는 소매상점으로서는 물론 법정으로 운영됨으로써 공적 · 사적 시설로서 이중의 기능을 담당했다. 일부는 법정 전용 시설물이 되기도 했다. 서기 79년에 베수비우스 산의 화산폭발로 묻혀버린 폼페이를 복원한 결과, 포럼 주위에 목욕탕, 극장, 경기장, 연무장을 포함하여 정교한 공공건물들의 조직적 집단을 확인할 수 있는 훌륭한 기록을 갖게 되었다. 주거 지역 블록은 이런 특별히 조성된 핵심 지역 주변에 위치하고 있었다.

로마의 전통적인 직사각형의 단독주택인 도무스(domus)는 안뜰 한가운데를 제외하고 집 전체에 타일 지붕을 덮고, 방은 안뜰 주위에 배치한 형태로 되어 있다. 로마처럼 비교적 큰 도시에서는 부유층 사람만이 단독주택에 살 수 있었고, 중 · 하류층은 3∼6층의 공동주택(insulae)에서 살았다. 티베르 강의 항구도시인

그림 2-9 **로마의 도시구조**

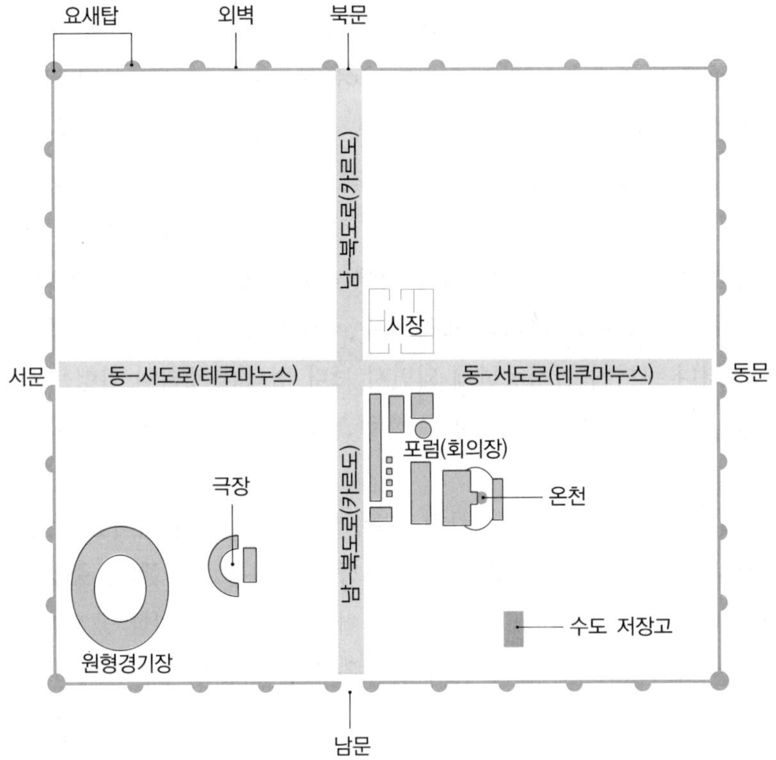

출처: 손정렬 외(2019, 26).

오스티아에서 최근 발굴되어 정원의 정자(garden house)로 명명된 한 공동주택은 1백 가구 이상이 살 수 있는 아파트형 주택이었다. 각 가구는 중앙에 안뜰이 있었다. 이 주거단지에는 안뜰의 중앙에 두 개의 건물이 있었는데, 단단하고 불규칙한 직사각형 건물들 주위로 둘러싸여 있었다. 주변 건물들 안에는 1층에 몇몇 소매점들이 거리 쪽으로 마주하고 있었다. 이 설계는 고도로 계획된 단지의 실제적 사례를 보여준다. 신성분할(sacred cut)에 근거한 기하학 원리가 그 설계에 강한 영향을 미쳤다.

로마의 영향력 아래 들어온 영토는 서기 100년~200년 동안 유럽 대륙의 거의 전역에 이르게 되었다. 로마 제국은 초기의 런던을 포함한 잉글랜드와 벨기에로부터 북쪽의 라인 강 계곡까지, 그리고 현재의 프랑스인 갈리아, 스위스, 스페인을 거쳐, 북아프리카에서 서남아시아까지를 관통하는 지중해 전역까지 확대되었다. 정교한 상 · 하수도 시설을 포함하는 대규모 공공사업이 이 거대한 도시들의 네트워크를 형성했다. 이러한 공공사업은 오늘날에도 그 흔적을 찾아볼 수 있다.

라인 강과 다뉴브 강을 따라 형성된 도시 회랑(urban corridors)에 위치한 오늘날의 많은 도시는 로마의 군 주둔지에 그 기원을 두고 있다. 이런 군 주둔지 근처에는 카나배(canabae)라 불리는 시장 중심지들이 생겨났다. 군복무를 마친 자들이 고향으로 돌아가지 않고 종종 그 지역에 남았다. 콜로뉴, 마인츠, 스트라스부르, 비엔나 및 부다페스트 같은 도시는 이런 기지촌에서 도시로 성장한 사례다.

로마의 도시는 예술과 기술에 관심을 가진 까닭에 개인들의 성취감을 높였고, 그들의 탁월함을 입증할 만한 유산을 남겼다. 도처에 조각, 석공예, 석고상, 모자이크, 벽화, 금속 세공품 등이 널려 있었다. 그러나 결국 지도자나 시민들 모두에게 만연한 탐욕과 무절제가 로마 제국의 몰락을 초래했고, 사회질서가 붕괴되면서 차례로 유럽 도시의 부패와 파멸로 이어졌다.

서기 300년경 로마의 제도는 붕괴되기 시작했고, 군대도 약화되었다. 게르만족의 침입은 로마 제국의 영토를 차츰 갉아먹어갔다. 410년에는 튜튼계의 한 종족으로서 이후 이탈리아, 프랑스, 스페인에 왕국을 건설한 고트족(Goths)의 침략으로 로마는 점령되었고, 400년에는 로마 제국 자체가 소멸되었다.

로마에 중심을 둔 로마 제국의 쇠퇴로 정치 · 경제적 주도권은 동쪽으로 옮겨갔다. 로마와 연합해서 이교도의 영향으로부터 비교적 자유로웠던 기독교 도시 콘스탄티노플은 395년에 동로마(비잔틴) 제국의 수도가 되었다. 이 도시는 동서 무역로 중간에 위치한 덕분에 점차 지중해 세계의 경제 · 문화적 패권을 획득했다.

565년에는 메카에서 이슬람교의 창시자인 예언자 모하메드(Mohammed)가 태어났다. 그는 죽으면서(632년) 코란으로 성문화된 그의 저술에 유언을 남겼다. 그의 추종자인 무슬림은 결국 바그다드에 수도를 둔 제국을 건설했다. 이로써 동로마 제국은 페르시아에 기반을 두고 모하메드의 가르침을 추종하는 이슬람 제국과, 콘스탄티노플을 수도로 하는 그리스 · 로마의 기독교 제국으로 분열되었다. 1453년 콘스탄티노플은 이슬람 제국의 수도가 되었다.

3. 중세도시

로마 제국의 지배를 받았던 시기에 후진 식민 지역이었던 유럽이 중세에는 현대 문명 창출의 선두 역할을 담당하게 되었고, 이를 통해 중세 유럽은 문화적 · 경제적 변화를 시작하게 되었다. 점차 혁신과 성장의 핵심지가 서남아시아와 지중해에서 유럽의 내륙으로 옮겨갔다. 예술과 과학, 문학과 고딕 건축 양식에서의 진보가 이루어졌고, 이들 발전에서 기독교가 중심적 역할을 담당했다.

유럽에서 이와 같은 변화는 중세의 수세기에 걸쳐 진행되었고, 로마 제국의 몰락과 그 뒤에 잇달아 수차례 계속된 게르만족의 침입에 따라 정치 질서의 재편이 이루어졌다. 새로운 질서를 전개하기 위한 투쟁의 과정에서 많은 독립 왕국이 성쇠를 거듭했다. 우리는 여전히 앵글로색슨족과 잉글랜드, 프랑크족과 프랑스 · 독일, 그리고 500년경에 이탈리아를 정복한 게르만계의 일족인 롬바르드족과 이탈리아를 각각 연관 짓는다. 프랑크족에서는 717년에 권좌에 오른 샤를마뉴 대제가 나왔다. 그는 광대한 기독교 제국으로서 서유럽 문명의 기원이라고 할 수 있는 서로마 제국을 건설했다. 그러나 그의 사후에 제국은 분열되어 수많은 소국 또는 왕국들이 재등장하게 되었다. 800년경에는 혼란을 가속화시키는 일련의 침략들이 다시 유럽을 강타했다. 북쪽의 바이킹족, 동쪽의 마자르족(Magyars: 헝가리), 남쪽의 사라센족이 해안과 평야 및 강 유역을 약탈했던 것이다(Hartshorn, 1992).

지방민을 보호하기 위해서 성벽으로 둘러싼 도시를 건설하는 것은 흔한 일이 되었다. 이와 같은 진행은 이러한 내란의 시대에 중앙 권력이 소멸되고 지방의 자급자족적 성격이 강화되게 되었다는 점에서 중요한 의미를 갖는다. 또한 이는 봉건제(feudalism)를 낳았다. 궁극적으로 봉건제는 영주와 가신들의 관계를 규정한 것이었다. 무력을 가진 강자들은 상대적으로 작은 지역의 통치권을 장악하고 군사력을 제공하며 그 피지배자들을 보호할 왕실(정치단체)을 운영했다. 지역적 범위와 통제력에 있어서 매우 다양하기는 했지만 봉건제는 서유럽, 특히 영국과 프랑스에서는 지배적인 통치 구조가 되었고, 그보다는 정도가 약하지만 독일과 이탈리아에서도 시행되었다. 전형적인 봉건 국가의 규모는 오늘날 미국의 카운티(county) 정도의 크기였다. 봉건제가 절정에 다다른 것은 900년에서 1100년까지였다. 이 당시의 세계 주요 도시들은 현재의 서남아시아(바그다드와 콘스탄티노플)나 동아시아(장안, 항저우)에 자리 잡고 있었다.

1000년경에는 유럽, 특히 봉건국가였던 프랑스 북부의 플랑드르와 노르망디 같은 비옥한 농업지역에서 도시들이 성장하기 시작했다. 플랑드르에서는 특히 목양업이 성장함으로써 양털이 잉여 생산되어 직조 산업이 발달했다. 베네치아, 제노바, 피사 등 이탈리아 해변의 항구도시도 번성하게 되었는데, 이들은 극동의 실크와 향료 무역에서 이점을 갖고 있었다. 교회나 봉건 영주는 모두 도시를 통제하는데 어려움이 있었지만, 몇몇 지역에서 도시는 세금과 사용료를 지불하는 대신 거래의 자유를 얻었다. 그 때문에 영국과 프랑스의 경우는 보다 강화된 중앙 집중 경제가 창출되게 되었다.

1200년경에는 많은 유럽 도시에서 상거래를 크게 촉진시킨 연례적인 정기 시장이 융성했다. 도시 주민은 특권 계급이 되었다. 그들은 독일에서는 부르게르(burgers)로, 프랑스에서는 부르주아(bourgeois)로 불렸다. burg는 원래 독일어로 성채를 의미했지만 점차 성벽으로 둘러싸인 도시와 연관되게 되었다. 상인, 은행가, 장인 및 소매상인은 모두 새로 출현하고 있는 도시에서 기회가 확대되고 있음을 알게 되었다. 비슷한 분야 상인의 연합체인 길드(guild)가 보다 강력해짐에 따라 가입 기준이 강화되었고, 이는 그 도시의 영향력을 보다 확고하게 만들었다. 서유럽에서 아시아까지 진출한 십자군 또한 상업과 산업의 발달을 증진시켰고 그에 따라 유럽에 기반을 둔 해상 세력도 확대되었다. 늘어난 무역에서 최고의 혜택을 받은 곳은 이탈리아의 항구도시였다.

현재 오스트리아의 수도인 비엔나는 당시 문화와 예술의 중심지로 번성하기 시작했다. 1100년경 이후 이탈리아와 북부 유럽의 교차지점으로서, 비엔나는 당시 새로 등장하고 있던 르네상스의 사고를 유럽의 다른 지역에 전달하는 연결로의 기능을 담당했다. 1365년에는 비엔나에 대학이 한 곳 설립되었고, 1450년에 이르러서는 개발의 진정한 온상이 되어 수천 명의 귀족과 성직자뿐만 아니라 같은 수의 상인, 기술자, 노동자가 살게 되었다.

또한 1200년경에는 교회의 지도력과 경제적 문제 때문에 중세의 생활양식에 침체기가 도래했다. 그런 정체는 다른 지역에서와 마찬가지로 이탈리아에서도

그림 2-10 중세 독일 뤼벡의 도시구조

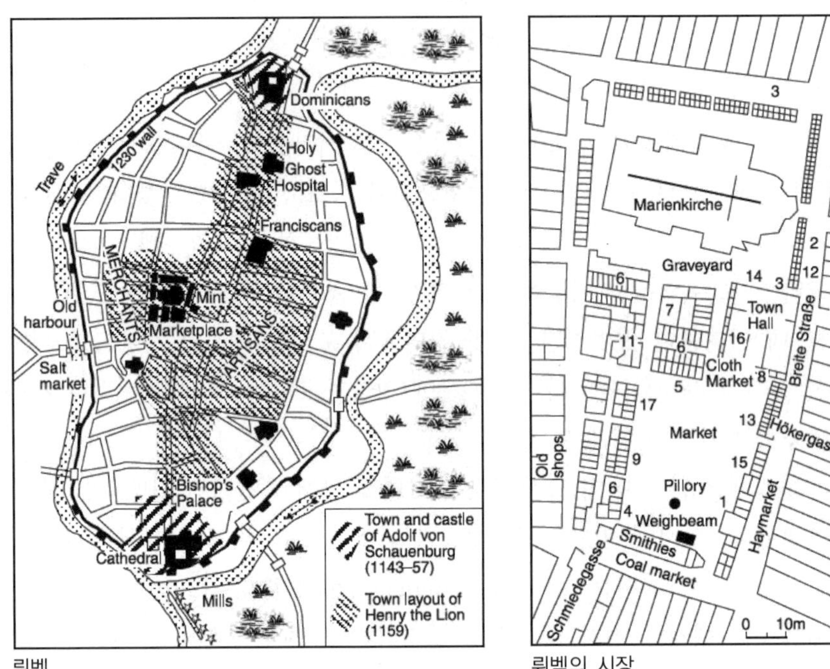

뤼벡

뤼벡의 시장

KEY
1. 무기제조업자, 2. 정육점, 3. 제빵소, 4. 피혁업소, 5. 환전소, 6. 신발제조업체, 7. 향신료 상점, 8. 바늘제조업체, 9. 벌목업체, 10. 청어 상인, 11. 잡화점, 12. 화폐 주조소, 13. 금세공업소, 14. 식당, 15. 마구제조업체, 16. 재단소, 17. 제혁소

출처: Pacione(2009, 47).

부정적인 영향을 끼치지는 않았다. 상거래, 예술가와 학자의 업적은 이탈리아에서 꾸준히 진보하였고 이는 결국 르네상스 시대를 선도하는 원동력이 되었다.

발트해와 북해를 따라 북부 유럽에서의 교역은 작은 타운에 기반을 둔 상인 집단에 의해 시작되었다([그림 2-10]). 남쪽의 이탈리아 상인과는 달리 북쪽 도시의 상인은 주로 대량 상품, 즉 북해 연안의 소금, 잉글랜드의 모피, 프랑스의 와인과 곡물, 독일의 귀리와 호밀 등을 거래했다. 이 상인들은 봉건제로부터 다소 독립적이었지만 상품 생산 때문에 봉건제도에 의존하고 있었다. 이러한 도시로부터 한자동맹(Hanseatic League)이 형성되었다. 한자동맹은 한때 약 2백 개의 도시로 구성되었다. 더 중요한 것은 그 동맹이 정치적인 단위가 아니었다는 점이다. 도시는 지리적으로 서로 떨어져 있었고 어떤 통합 수도도 없었지만 일련의 원칙과 기준에 대해 서로 합의했다. 한자동맹 도시의 인구 규모는 대부분 5천 명보다 적었다. 이 후 이 도시는 서쪽의 일부 교역 및 섬유 도시에 압도되었다.

읽을거리 2-3 우리나라의 성곽도시와 읍성

우리나라는 예로부터 '성곽의 도시'로 불릴 만큼 성곽도시가 많았으며, 중세의 지방행정중심지는 대부분 성곽도시였다. 성곽은 군사적 방어용인 동시에 읍치(邑治)를 위한 행정용 시설물로서 근대 이전까지 부 · 목 · 군 · 현의 청사소재지에도 설치되었다. 소규모의 자연발생적 취락이 읍성취락(邑城聚落)으로 옮겨가면서 이들 읍성은 생활중심지로서 행정 · 군사 · 교역의 거점기능을 보유하게 되었다. 일반적으로 읍성은 진산(鎭山)을 등지고 양지바른 산록 끝자락의 평지에 터를 잡았다. 읍성의 입지에도 음양오행과 풍수지리 사상이 영향을 미쳤다.

그림 2-11 낙안 읍성

출처: 문화재청 국가문화유산포털.

읍성의 규모는 2백 척(약 3.7km²) 미만의 소규모로부터 2만 척(약 37km²) 이상의 대규모에 이르기까지 다양하다. 대체로 인구규모가 크거나 북방의 변경에 가까울수록 성곽의 규모가 컸고 임진왜란 이후에 개축된 성곽일수록 규모가 컸다. 또한 영남내륙지방의 읍성은 서울로 향하는 도로 주변에 밀집하여 분포했고 서해안 지방의 읍성은 규모가 크지 않았다는 특징이 있다. 그러나 왜구의 침입이 잦았던 시기의 해안지방 읍성들은 규모가 큰 편이었다.

순천의 낙안 읍성은 고려 후기부터 잦은 왜구의 침입으로 인한 피해를 막기 위해서 조선 전기에 흙으로 쌓은 성이다. 조선 태조 6년(1397)에 처음 쌓았고, 「세종실록」에 의하면 1424년부터 여러 해에 걸쳐 돌로 다시 성을 쌓아 규모를 넓혔다고 한다. 읍성의 전체 모습은 사각형으로 길이는 1,410m이다. 동 · 서 · 남쪽에는 성안의 큰 도로와 연결되어 있는 문이 있고, 적의 공격을 효과적으로 막기 위해, 성의 일부분이 성 밖으로 튀어나와 있다([그림 2-11]). 성안의 마을은 전통적인 모습을 그대로 간직하고 있어 당시 생활 풍속과 문화를 짐작할 수 있게 해준다. 낙안 읍성은 현존하는 읍성 가운데 보존 상태가 좋은 것들 중 하나이며 조선 전기의 양식을 그대로 간직하고 있다.

서산의 해미 읍성은 왜구의 잦은 침략에 대한 방비와 서해안의 수호를 목적으로 태종 18년(1418)부터 세종 3년까지 3년에 걸쳐 쌓았고, 성종 22년(1491)에 완전한 규모를 갖추게 되었다. 해미 읍성의 성곽 둘레는 1,800m이고, 높이는 5m로 현존하는 가장 잘 보존된 읍성이다. 조선시대의 읍성은 총 194개 중 68개의 폐성을 제외한 126개소에 달했다.

출처: 남영우 · 최재헌 · 손승호(2009)의 내용 중 일부를 수정함.

4. 자본주의와 도시

(1) 전산업도시

18세기의 자본주의 경제가 완전한 모습을 드러내고, 19세기의 산업혁명이 도래하기 이전 단계에서 도시는 본질적으로 상업경제와 중세 봉건제도에서 유래한 엄격한 사회질서에 기반한 소규모 취락에 불과했다. 사실 17세기 이전까지 영국에서는 소위 도시형 귀족이 출현하지 않았고 시골에 거주하면서 자신의 토지를

그림 2-12 **쇼버그의 전산업 도시구조 모델**

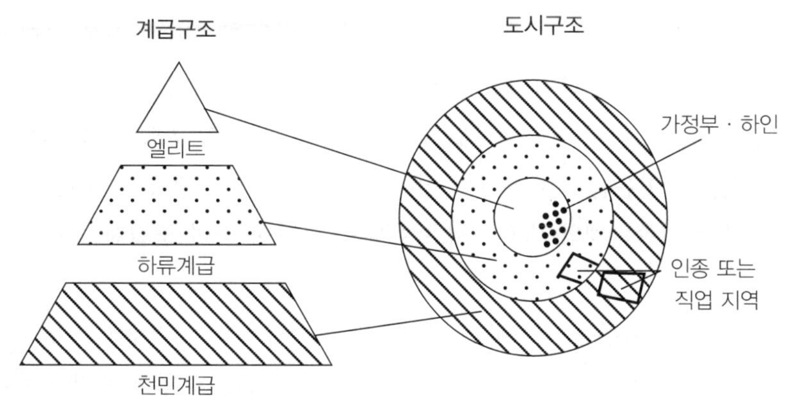

출처: 남영우(2015, 243).

관리하는 전원형 귀족이 주류를 이루고 있었다. 17세기에 이르러 영국은 전 세계에 걸쳐 많은 식민지를 소유하여 자본을 축적했고 활발한 해외 무역을 통해서 자본주의 시대가 급속히 도래 했다. 그 결과, 사회의 중추기능이 도시로 모이게 되었고, 인구의 도시집중이 가속화되면서 종래의 전원귀족을 위시한 상류층들(gentry)은 도시에 생활의 근거지를 마련할 필요성을 느끼게 되었다.

산업혁명 이후 도시형성의 원동력이 근대 공업임은 두말할 필요가 없으나, 도시의 오랜 역사를 유라시아 대륙 전체로 보았을 경우 도시의 경제기반은 무엇보다도 상업이었다. 이와 같은 도시에 대한 전통적 지식은 기드온 쇼버그(Gideon Sjoberg, 1960)의 전산업 도시구조 모델로부터 도출할 수 있다. 쇼버그(1960)의 모델은 전산업도시의 [소수 엘리트] 대 [다수 프롤레타리아]라는 양극화된 사회구조에 대응하여 [쾌적하고 배타적인 중심부] 대 [중심부를 둘러싼 과밀하고 조잡한 건물의 비위생적 주변부]라는 공간구조가 출현하는 것으로 특징지을 수 있다([그림 2-12]). 쇼버그(1960)에 의하면, 엘리트 집단은 도시의 종교적 · 정치적 · 사회적 기능을 지배하는 상류 계급의 사람들로 구성되어 있다. 한편 상인 계급은 재산을 축적하여 부자가 되더라도 일반적으로 엘리트 계급으로는 진입하지 못했다. 왜냐하면 경제적 재산과 같은 세속적인 것을 추구하는 직업은 지배 집단의 종교적 · 철학적 가치체계에 배치되는 것이었기 때문이다(남영우, 2015, 242).

이처럼 엘리트 계급은 가치체계에 부합하여 도심에 입지하는 특성을 지니고 있었다. 즉, 그들은 행정 · 정치 · 종교시설에 가까운 장소에 거처를 마련했다는 것이다. 이렇게 하여 배타적이고 독점적인 상류계급의 핵이 형성되기에 이르렀다. 그 과정을 거치면서 엘리트 계급은 도시사회의 타 부분으로부터 점차 단절되어 버렸다. 그 이유는 하류계급이 상류계급과 융화되지 못했을 뿐더러 엘리트 계급 내부에서 친족관계와 내혼관계로 유대를 공고히 하여 군집화가 진행되었기 때문이다.

이 핵심지역을 이루는 중심부의 바깥쪽에는 하류계급이 거주하고 있었다. 그 곳에는 사회 · 경제적 군집이 각종 기능공의 공간적 결합의 결과로 발달했다. 공간적 결합을 강화시킨 것은 길드와 같은 사회조직이었으며, 이것이 집단의 응집력과 구성원의 공간적 접근성을 향상시킨 것이다. 내부 결집력이 강한 상공업자와는 달리 빈민이나 민족적 · 종교적 소수파에 속하는 조직력이 미약한 집단은 도시의 주변부로 밀려나가 조밀하고 열악한 주거환경에 거주했다. 이 밖에도 피혁업과 같이 악취가 나는 직업이나 청소부 · 행상 등의 직업에 종사하는 천민계급도 도시주변의 열악한 주거지에 거주했다. 인도의 도시에서는 도비카트와 같은 불가촉천민의 주거지를 쉽게 찾아 볼 수 있다.

(2) 산업도시

1) 도시재구조화

산업도시(industrial city)는 전산업도시의 모델과는 달리 부자가 도시구조상 과거에 가난한 사람들이 거주하던 도시 외곽에 거주한다. 전산업도시의 직업별 군집에 의한 주거지의 차별화가 사라지고 신분, 가족 구조, 민족 및 생활양식에 따른 주거지의 차이가 나타난다. 도시에서 권력과 신분은 전통적 가치에 의해 결정되는 것이 아니라 부에 의해 결정되고, 토지의 소유권과 이용은 분리되었고, 직장과 가정이 공간적으로 분리되며, 가족 구조에서의 변화가 나타났다(박정환 외, 2014).

이러한 도시재구조화(urban restructuring)의 주된 원인은 경제적인 것으로 이는 산업혁명에 의한 기술에 의해 지지되고 생산과 교환의 주된 수단으로 등장한 자본주의의 출현에 기인한다. 아마도 자본주의와 새로운 생산시스템인 공장의 출현에 의한 가장 근본적인 변화는 산업 자본가와 비숙련 공장 노동자라는 새로운 사회적 집단의 출현이었다. 이들 집단은 각각 새로운 엘리트 계급과 프롤레타리아 계급의 토대를 형성했고 기존의 사회적 질서는 바뀌게 되었다. 개인에 의한 자본축적이 도덕적으로 인정되었을 뿐만 아니라 신분과 권력을 구분하는 기준이 되었으며 기업가는 도시에 새로운 물질적 가치 체계를 도입했다.

한편 수공업자의 도제제도가 산업화로 인해 사라지고 의무교육의 확대로 도시 청년문화가 형성되었다. 여성 노동자 계급이 출현하고 새로운 공장과 그에 부수된 창고 · 점포 · 사무실 등의 최적의 접근성을 갖는 장소를 찾아 입지경쟁이 벌어짐에 따라 지대 지불 능력에 의해 경제적 지위에서의 계급 분화가 심화되었다. 빈민층을 위한 주택은 최저의 품질로 지대비용을 감당하기 위해 고밀도로 건설된 것과 다르게 상류층은 도시 주변부의 새로운 토지로 이주했다. 도시 중심부에 공장과 창고 등이 침입해 들어오면서 밀려난 부유층은 그 자리를 노동자 계급에게 물려주고 그들과 사회적 거리를 두려고 했다. 19세기 초엽에 도입된 새로운 교통서비스의 도움을 받아 상류층은 투기꾼이 건설한 근교주택으로 이전했다. 투기꾼들에게 근교 주택의 건설은 새로운 시장을 개척한 셈이었다.

그 후 의료기술의 발달과 공중위생의 개선에 힘입어 인구의 자연증가와 취업기회의 증가에 의한 사회증가가 상승 작용하여 도시성장은 가속으로 진행되었다. 건축기술의 발달에 따라 도시는 수평적으로만 확대되는 것이 아니라 수직적 방향으로도 확대가 가능해졌다. 자본주의 경제의 경기순환과 도시기반시설의 개선에 따라 성장기의 사이클이 만들어져 현대도시에는 근교지대가 도시 외곽에 형성되었다([그림 2-13]).

2) 포디즘과 산업도시

1920년대부터 1970년대 중반까지 도시 변화를 분석하기 위해 사용된 주요 개념이 포디즘(Fordism)이다. 즉, 포디즘은 첫째, 일하는 방식에서의 변화, 둘째, 산업생산이 조직되는 방식에서의 변화, 셋째, 사회 조직에서의 변화를 분석하는 데 사용된다.

그림 2-13 산업도시로부터 대도시로의 전환

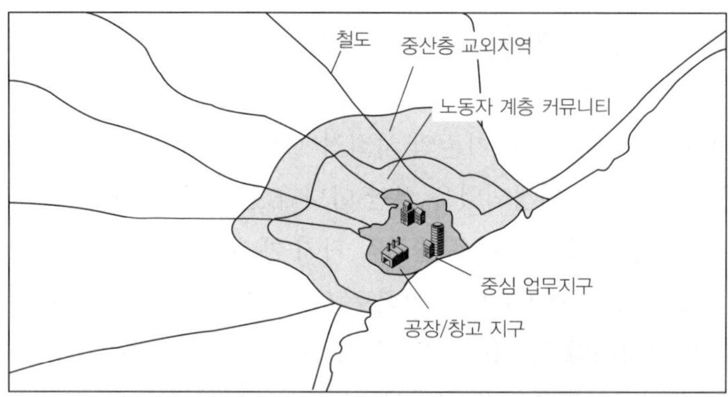

(a) 고전적인 산업도시(대략 1850년~1945년)

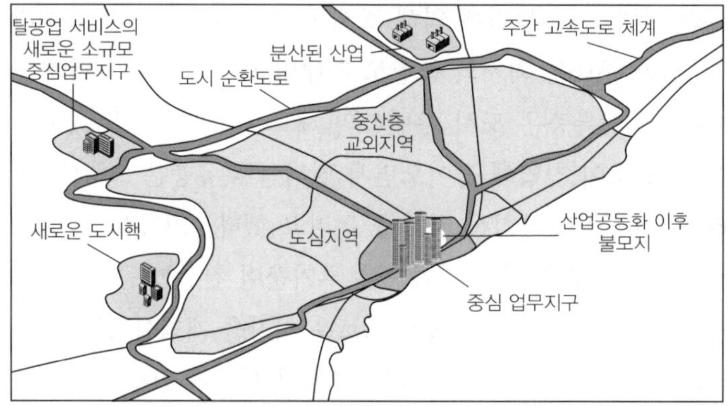

(b) 포드주의적 도시(대략 1945년~1975년)

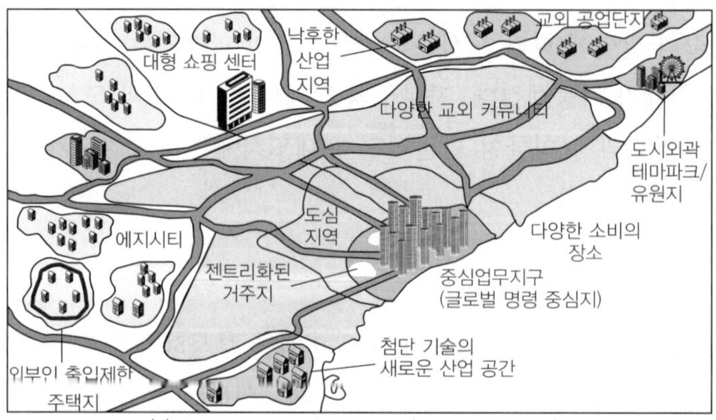

(c) 포스트포드주의적 대도시(대략 1975년~)

출처: Knox and Pinch(2010, 31).

일하는 방식으로서 그리고 산업을 조직하는 방식으로서의 포디즘은 20세기 초 디트로이트에서 헨리 포드에 의한 자동차 대량생산 과정에서 나타난 공장 시스템과 관련된다. 대량생산의 제조방식을 통해 생산성을 향상시키고 신용체계 사용과 결합하여 효율적 생산 시스템의 혁명을 가져왔다. 포디즘 생산체계는 노동의 기술적 분업과 노동의 사회적 분업을 생산적으로 연결하는 결과를 낳았고 그 결과는 대량 생산의 제품과 개발을 위한 공급과 수요의 증가로 나타났다.

비록 포디즘이 1920년대와 1930년대 소비재 재화의 급격한 생산 능력을 가져왔으나 포디즘 생산체계는 당시 수요 부족에 의해서 위축되었고 이는 대공황으로 알려진 경제 침체를 가져왔다. 그러나 2차 세계대전 후 25년 동안 생산과 소비에서 상대적으로 조화가 이루어지는 생산체계가 나타났다. 이 시기는 포디즘의 장기 호황이라고도 불린다. 이 시기를 지탱하는 것은 케인스주의(Keynesianism)라고 알려진 정부 정책이다. 케인스주의는 자본주의 경제를 특징짓는 성장과 침체를 조절하기 위해 정부가 개입해야 한다는 입장이다. 특히 정부는 경제 침체기에 개인 소비재와 서비스에 대한 보다 효율적인 수요를 창출하기 위해 지출을 확대해야 한다고 봤다.

미국과 영국에서 연구와 개발에 대한 충분한 투자의 실패, 두 차례에 걸친 1970년대의 오일 쇼크에 따른 원자재 값의 인상, 대량생산된 재화의 과잉과 품질의 저하에 따른 소비자의 불만고조, 생산라인 구축에 많은 비용이 드는 포디즘의 경직성, 반복적이고 고정된 조립라인에서 노동은 작업장과 단절되었고, 조잡하고 저질의 제품을 생산하게 되었으며, 대립적인 노사관계와 안전 및 환경법의 적용에 따른 비용 부담의 증가 등으로 포디즘과 케인스주의는 붕괴되었다.

5. 현대도시

포디즘과 케인스주의는 포스트포디즘(post-Fordism)과 신자유주의(neo-liberalism)로 대체되었다. 포스트포디즘은 세계적 수준의 정보통신기술(ICT)과 네트워크에 의해 지탱되는 시스템이며, 신자유주의는 국가가 최소한의 역할만 수행해야 한다는 견해다.

포디즘 시스템이 갖는 결정적인 문제는 시장 및 기술적 변화에 대한 대처에서 경직성을 보였다는 점이다. 유연성(flexibility)은 포디즘 시스템을 네오포디즘(neo-Fordism) 시스템으로 수정함에 있어 나타나는 행태를 조정하는 능력을 포함하는 것이다. 포스트포디즘 경제에서 기업은 가격에 토대를 두고 경쟁하기보다 신뢰, 스타일, 혁신 및 브랜드와 같은 요소를 통해 경쟁한다.

네오포디즘의 결과로 대규모의 탈산업화(deindustrialization)와 전통적인 산업도시의 변화가 나타났다. 전통적인 산업지역의 쇠퇴와 함께 나타난 것이 신산업공간(new industrial space)으로 불리는 신산업 클러스터의 출현이다. 정보통신시스템의 이용에 따른 공간적 분산의 가능성이 높아졌음에도 불구하고, 주요 교차지역에서는 업무상 대면접촉이 요구되는 업종이 집적되는 경향이 커지고 있다. 이러한 현상은 업무상 복잡하고 다양한 지식이 상호 교환될 가능성이 있거나 거래가 신용에 의존하는 업종에서 많이 나타난다. 거래 비용의 축소와 대면접촉 상호작용의 활성화는 관련된 업종들의 클러스터를 이루는 요인 중의 하나다.

현대도시는 포스트포디즘 또는 포스트구조주의(post-structuralism)의 도래에 따른 대량소비를 위한 생산 확대 기술의 지속적인 진보, 생산 활동의 입지를 자유롭게 하는 새로운 교통수단, 도시근교의 저밀도 개발을 가능케 하는 개인 이동수단 등에 의해 더욱 복잡한 변화를 경험하고 있다. 이와 동시에 선진국 경제의 많은 부분이 농업 · 광업 · 중공업으로부터 서비스 공급 · 글로벌 비즈니스의 조직화 · 공공재와 사회복지 서비스의 관리 공급 등의 부문으로 재구조화를 경험하기에 이르렀다. 이러한 변화의 결과, 경제적 안정성과 사회적 유동성은 높아지고 계층적으로 분화된 노동력이 생겨났으며, 그 가운데에서도 신중산층 또는 하급중산층이라 불리는 노동력이 점차 중요성을 더했다.

이처럼 현대의 탈산업화 자본주의 또는 기업자본주의는 보다 작은 형태의 프롤레타리아를 필요로 하고 있다. 그러나 한편으로 도심의 외곽지역에 달라붙어 있던 가난한 세대의 잔류 층이 상당수 그대로 남겨져 있음은 분명한 사실이다. 그들의 대다수는 도심을 둘러싼 기성시가지 또는 이심화된 도시 근교의 공공 임대 주택에 집중적으로 거주하고 있다([그림 2-13]).

현대도시는 극단적인 형태의 새로운 도시화를 만들어내고 있다. 그것은 메갈로폴리스(megalopolis), 연담도시화(conurbation), 도시다권역(urban realms) 등이다. 이러한 형태의 도시들은 다수의 저밀도 취락과 고도의 재화 및 서비스의 생산과 소비를 촉진하는 공공 · 민간 부문의 복잡하고 특화된 네트워크를 가진 존재다.

현대도시는 시민의 평균임금이 상승함에 따라 자동차보급으로 도시공간의 주거지역 구조가 변화를 겪고 있다. 도시내부의 토지이용은 차츰 특화되거나 분화되고 있다. 이러한 변화가 결국에는 일상적인 인간 활동의 패턴에 혁명을 가져왔다. 부유층은 쇼핑 · 여가 · 사교 등의 기회를 자유롭게 확대하면서 현대도시가 창출한 이익을 향유할 수 있게 되었다. 이와는 대조적으로 빈곤층은 도시의 새로운 기회공간으로부터 물리적 · 경제적으로 멀어지게 되었고, 미숙련 단순 노동자는 가난의 굴레에서 벗어나기 어려워졌다. 이 굴레에는 열악한 주택 · 비위생 · 낮은 교육수준 · 제한된 취업기회 · 저임금 · 실업 등의 요인이 작용하여 박탈과 사회 병리 현상을 낳고 있다.

|참|고|문|헌|

김학훈 · 이상율 · 김감영 · 정희선 역, 2016, 도시지리학, 제3판, 시그마프레스.
남영우, 2011, 지리학자가 쓴 도시의 역사, 푸른길.
_____, 2015, 도시공간구조론, 제2판, 법문사.
_____, 2018, 땅의 문명, 문학사상.
남영우 · 서태열, 1995, 도시와 국토, 법문사.
남영우 · 최재헌 · 손승호, 2009, 세계화시대의 도시와 국토, 법문사.
박경환 · 류연택 · 정현주 · 이용균 역, 2014, 도시사회지리학의 이해, 제6판, 시그마프레스.
손정렬 · 박경환 · 지상현 역, 2019, 도시 아틀라스, 푸른길.
전종한 · 서민철 · 장의선 · 박승규, 2017, 인문지리학의 시선, 사회평론.

Bandarin, F. and Oers, R., 2015, *Reconnecting the City: The Historic Urban Landscape Approach and the Future of Urban Heritage*, Blackwell, Wiley West Sussex, U.K.
Carter, H., 1983, *An Introduction to Urban Historical Geography*, Edward Arnold, London.
Gates, C., 2011, *Ancient Cities: The Archaeology of Urban Life in the Ancient Near East and Egypt, Greece, and Rome*(2nd edition), Routledge, London and New York.
Hartshorn, T., 1992, *Interpreting the city: An Urban Geography*, John Wiley and Sons, Inc., New York.
Jordan, G., Domosh, M., and Rowntree, L., 1997, *The Human Mosaic-A Thematic Introduction to Cultural Geography*, Longman, New York.
Kaplan, D., Holoway, S., and Wheeler, J., 2014, *Urban Geography*(3rd edition), John Wiley and Sons, Inc., New York.
Knox, P. and Pinch, S., 2010, *Urban Social Geography: An Introduction*(6th edition), Pearson, London.
Lacoste, Y.(trans.), 1981, *Ibn Khaldun*, Verso, London.
Mumford, L., 1938, *The Culture of Cities*, A Harvest/HBJ Book, New York.
Pacione, M., 2009, *Urban Geography: A Global Perspective*(3rd edition), Routledge, London and New York.

Sjoberg, G., 1960, *The Pre-industrial City*, Free Press, Chicago.

______, 1973, "The Origin and Evolution of Cities", *Cities: Their origin, Growth and Human Impact*, W.H. Freeman and Co., Sanfrancisco.

Wheatley, P., 1971, *The Pivot of Four Quarters,* University of Chicago Press, Chicago.

|추|천|문|헌|

김 걸, 2019, "베이징의 도시 기원과 역사적 발전과정," 한국도시지리학회지, 22(1), 13-25.

전종한, 2015, "조선후기 읍성 취락의 경관 요소와 경관 구성-태안읍성, 서산읍성, 해미읍성을 중심으로," 한국지역지리학회지, 21(2), 319-341.

한국도시지리학회 역, 2014, 세계의 도시, 푸른길.

Bandarin, F. and Oers, R., 2015, *Reconnecting the City: The Historic Urban Landscape Approach and the Future of Urban Heritage*, Blackwell, Wiley West Sussex, U.K.

Childe, G., 1950, The Urban Revolution, *Town Planning Review*, 21, 3 - 17.

Jordan, G., Domosh, M., and Rowntree, L., 1997, *The Human Mosaic-A Thematic Introduction to Cultural Geography*, Longman, New York.

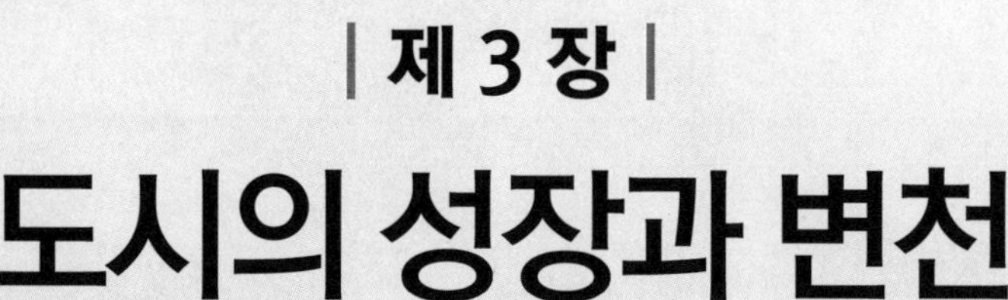

| 제 3 장 |

도시의 성장과 변천

– 이호상 · 손재선 –

1. 도시 성장과 도시화
2. 도시 성장의 이론
3. 도시화의 세계적 특징

제 3 장

도시의 성장과 변천

1. 도시 성장과 도시화

(1) 도시 성장의 의미

흔히 도시가 성장했다고 말할 때 도시의 범위가 평면적으로 넓어지거나 또는 수직적으로 높아지는 모습을 보고 그렇게 말하기도 하고, 자가용이나 버스를 이용하면서 눈에 띄게 도로가 혼잡해지거나 지하철이나 전철 안에 사람이 가득해 불편함을 느낄 때 도시 성장을 체감하기도 한다. 여러 관점에서 도시의 성장 또는 발달을 이야기할 수 있지만 도시의 성장을 이해하기 위해서는 도시(urban)와 비도시(non-urban)의 차이를 이해할 필요가 있다. 윌리엄 프레이와 재커리 짐머(William Frey & Zachary Zimmer, 2001)는 도시와 비도시를 구분하는데 세 가지의 요소가 있다고 주장했다.

첫째는 생태요소(ecological element)로써 인구 규모와 밀도 등이 있다. 그러나 이 요소는 미국이 2천500명, 덴마크가 250명, 인도가 5천 명 이상을 기준으로 도시라 규정하는 것처럼 국가별로 도시에 대한 기준이 상이하다. 둘째는 경제적 요소(economic element)로써 도시의 기능과 지역에서 수행하고 있는 활동에 기반한 지표가 있다. 비도시 지역과 비교하면 도시의 경제적 활동은 대부분이 비농업적 생산과 관련이 있다. 따라서 비농업적 생산과 관련한 인구의 비율을 비교하거나 경제활동과 관련한 도시 중심 기능이 다양성 등을 바탕으로 비교할 수 있다. 마지막은 도시만이 보유하고 있는 사회적 특징이다. 이는 도시 사람들이 사는 방식, 행태적 특징, 가치, 세계관, 상호작용 등이 비도시 지역의 사람들과는 다르다는 가정에 기초하고 있으며, 도시민으로서의 사회적 특징에도 수준이 있다고 말한다. 이와 같은 사회적 특징은 저개발 국가들에서 비도시적인 사회적 특징이 도시에서도 지속해서 나타나는 예도 있고, 선진국에서도 도시 중심부의 특징이 지방에서도 똑같이 나타나는 경우가 있어 도시의 지표로 삼기 어렵다. 결국, 도시가 성장한다는 것은 비도시와 구분되는 도시적 특징과 요소가 증가하는 것이라 말할 수 있는데, 이는 다음 절에서 살펴볼 여러 도시 성장이론을 살펴봄으로써 정리해 볼 수 있겠다.

도시의 등장 과정을 살펴보면 도시 성장의 시발점을 파악할 수 있다. 전통적으로 도시는 국가의 군사 전략적인 필요로 인해 방어 요충지에 관련 시설의 설치와 함께 만들어지기도 했고, 중앙집권을 강화하기 위한 정부의 행정 지배적인 목적으로 도시가 설치되기도 했다. 또한, 상업과 교역의 편의에 따라 자연스럽게 도시가 생기기도 했으며, 종교의 힘이 강했던 시대에는 순례자의 편의를 위해 도시가 생기기도 했다(제2장 1절 참조).

이렇게 다양하게 발생한 도시는 도시를 지배하는 기능에 따라 상업과 무역 중심의 도시라 부를 수 있는 시장 중심지로의 도시, 교통 서비스에 특화된 교통 중심지로의 도시, 행정, 관광, 종교 등의 특화된 서비스 중심지로의 도시로 구분할 수 있다(안재학, 1995). 시장 중심지의 기능은 도시에서 다양한 상품과 서비스를 도시 내부뿐만이 아니라 도시 주변부, 특히 기능적으로 하위에 있는 도시로 공급하는 역할을 한다. 상품과 서비스의 종류에 따라 그 기능적 체계는 다르지만 더 다양한 상품과 고차원의 서비스를 위해 기능적으로 상위에 있는 도시에서 상품을 구매하거나 서비스를 이용하므로 계층적인 관계를 맺게 된다. 이는 교통 중심지의 기능도 마찬가지로 교통수단에 따라 각각의 기능 체계를 갖고 있어서 더 먼 거리를 빠르게 이동하거나 다른 교통수단을 이용해야 하는 경우는 상위 교통 중심지에 있는 교통 서비스를 이용해야만 한다. 행정기능이나 휴양 또는 종교, 교육 중심지의 경우는 특화된 서비스를 제공하는 전문 인력이 집중되어 있으므로 상위기능이라기보다는 특화된 기능을 제공하는 기능적 중심지라 할 수 있다.

간략하게 구분한 세 가지의 중심지 기능은 오늘날 도시의 경우 구분이 모호한 경우가 많다. 왜냐하면, 특화된 기능을 가진 일부의 도시를 제외한 대부분의 대도시는 시장 중심지와 교통 중심지의 기능을 함께 가지고 있는 경우가 많기 때문이다. 어쨌든 도시가 성장한다는 것은 이와 같은 도시의 기능이 고도화되고 다양화되면서 그 기능적 영향력이 미치는 범위를 확장해 나가는 것을 의미하며, 이를 위해 도시는 이 같은 성장을 뒷받침하는 사람을 비롯한 여러 자원의 소비지이며 동시에 가공된 제품의 생산지와 서비스의 공급처라 할 수 있다.

산업화 이전의 전통적인 전산업도시(preindustrial city)의 경우는 1차 산업인 농업 · 어업 · 임업 · 광업에 종사하는 인구가 다수를 차지했으며 도시의 성장이 제한적이었다. 이는 보통 전산업도시가 행정이나 군사, 교역의 중심으로 시장, 왕의 궁전, 성당이나 교회 건물들과 이를 둘러싼 성벽 등으로 인해 물리적 확장이 어렵고, 제도적으로 도시에 거주하는 인구를 제한했기 때문이다. 또한, 도시의 기능이 상업적 중심지에 한정되어 있고, 소규모 생산을 수행하면서 요구되는 인구의 수도 산업화에 의한 새로운 산업이 폭발적으로 증가하기 이전이므로 성장이 제한적이라 할 수 있다.

반면, 산업도시(industrial city)의 경우는 증기기관의 발명과 같은 과학기술의 발전에 기초하여 2차 산업인 제조업에 종사하는 인구가 증가했다. 유럽이나 북미처럼 공업화에 따라 대량 생산이 가능한 대형 공장이 등장하고, 이에 따른 노동자의 증가로 이들의 거주 지역 증대와 더불어 이들을 뒷받침하는 서비스업이 생기기 시작했다. 이후 오늘날 대도시 대부분이 속하는 후기산업도시(postindustrial city)는 산업도시가 제조업을 기반으로 성장했던 것과 달리 서비스업인 3차 산업과 4차 산업이 중심이 되어 도시의 성장을 이끌었다. 특히, 선진국의 후기산업도시 경우는 4차 산업인 정보 · 지식을 기반으로 한 고도화된 산업뿐만 아니라 취미나 여가 생활과 관련한 5차 산업이 제조업보다 더 큰 비중을 차지한다(제2장 4절 참조).

(2) 도시화의 의미

「현대 지리학 사전」(Small & Witherick, 1986)에 따르면 '도시화란 인간과 장소가 서로에게 영향을 미쳐 도시로 변화하는 과정'이다. 이는 공간적 측면에서 인간의 정주 규모가 증대하고, 경제적 측면에서 비농업 부문의 경제활동이 우세해지고, 인구 측면에서 인구의 구조적 특성이 변화하며, 문화적 측면에서 비도시 지역으로 도시적 생활양식이 파급되는 과정을 포함한다(김인, 1991).

도시화를 불러오는 가장 큰 변수는 도시의 경제적 성장이며, 이를 통해 도시로의 인구이동이 일어나게 된다. 인구의 증가뿐만 아니라 도시적 요소가 주변 지역으로 점차 확대되어 가는 것도 도시화라고 볼 수 있다. 다시 말해 주변 농촌 지역이 도시의 영향으로 경관뿐만 아니라 사회문화적으로 점차 도시와 비슷하게 변해가는 과정도 포함한다. 여기서 과정이라 표현한 이유는 도시화가 도시적 현상이 진행된 결과를 말하지 않고 진행되고 있는 과정을 말하기 때문이다.

도시 주민 시각에서의 도시화와 농촌 주민 시각에서의 도시화는 그 의미가 다를 수 있다. 도시 주민의 경우는 늘어나는 인구로 인해 좀 더 복잡한 도시로 변모하고, 도시가 점차 외연을 확대해 나가는 것을 보면서 도시화라 할 수 있다. 반면 농촌 주민의 경우는 도시적 경관이 고유의 경관을 변화시키고, 낯설게 느껴지는 도시 문화가 만연하는 것을 보면서 농촌 고유의 특징을 잃어가는 현상을 도시화라고 생각할 수 있다. 이렇듯 도시화는 단지 도시의 인구밀도가 높아지거나 경제가 활성화되어 도시의 경계가 확장되는 현상만을 말하는 것이 아니라 사회와 문화적 변화까지도 포함하는 포괄적인 단어다.

도시화 개념 자체는 사회학자에 의해 도시적 생활양식이 농촌 지역으로 파급되면서 전통적인 농촌 사회와 충돌하는 현상에 주목하며 시작되었다. 사회학에서는 도시화의 범주에 도시적 사고나 문화가 농촌 지역에 점차 확산하여 농촌 지역의 거주민들이 도시민의 사고방식으로 변화하는 것도 도시화의 하나라 간주하기도 한다. 한편, 지리학에서는 도시화를 정의할 때, 일정 지역에 인구가 집중하여 인구수가 증가하고 그 주변 지역보다 인구밀도가 높아지는 과정을 의미한다. 공간적 측면에서 살펴보면, 이러한 인구밀도가 높아지는 지역이 증가함에 따라 도시 수의 증가와 도시권이 확대되는 것이라 할 수 있으며, 기능적 측면에서 2차 산업의 겸업화로 지역의 산업구조가 점차 바뀌고, 농지의 소유권 또한 농촌이 아닌 도시에 거주하는 사람에게 개발을 위해 넘어가는 과정도 포함한다.

도시화의 지역적 전개 과정을 더 세밀하게 살펴보면 도시화에 관한 연구는 도시화가 농촌 지역으로 능동적으로 진출해 가는 현상에 관한 연구와 농촌 지역이 도시화의 진출을 받아들여 일어나는 수동적인 현상에 관한 연구로 나눌 수 있다. 능동적인 도시화는 도시의 인구증가로 인해 더 저렴한 인접 농촌 지역으로 주거지 확장, 산업의 발달에 따른 공업 지대의 확장, 교통로의 연장이나 새로운 교통 시설로 인해 도시의 성장을 촉진하는 현상 등에 관한 연구들이 있다. 수동적인 도시화는 농촌의 측면에서 볼 때, 농지 경작 면적의 축소, 통근자의 증가, 근교 농업과 관련한 농산물의 변화, 전통문화의 상실 등 도시화를 통해 변화하는 농촌을 연구한다. 도시화의 양상은 지역의 역사적 배경이나 산업화 속도에 따라 다르고, 거시적으로 보면 도시권이 확대되는 것으로 보이나, 미시적으로 보면 교통로를 따라 확대되어 가는 것을 볼 수 있다.

(3) 도시화의 과정

도시화는 여러 가지 현상으로 나타나는 결과가 아니라 과정을 말하는 것이기 때문에 그 정도를 파악하기가 쉽지 않다. 도시화를 측정하는 방법은 크게 4가지 종류의 지표를 사용할 수 있는데, 이는 ① 인구지표, ② 토지이용지표, ③ 농촌요소의 쇠퇴지표, ④ 도시요소의 증대지표다(권용우 외, 2012). 학문 분야나 연구자에 따라 단일지표를 사용하기도 하고, 2～3개의 복합지표를 사용하기도 한다. 4가지 지표 가운데 첫째, 인구지표는 도시화율, 인구 규모, 인구밀도, 주·야간의 인구비율 등을 포함한다. 둘째, 토지이용지표는 농업용 토지가 비농업용 토지로 전용된 비율이라든지 도시와 주변 지역의 지가 또는 지대의 변화 등을 바탕으로 도시화를 측정한다. 외지인의 농촌 지역 토지 투기현상도 토지이용지표의 하나라 할 수 있다. 셋째, 농촌요소의 쇠퇴지표는 농촌인구 비율 감소, 농업인구의 겸업 비율의 증가 등을 포함하며, 보통 토지이용지표의 내용과 관련지어 취급한다. 마지막 지표인 도시요소의 증대지표는 기존 도시와 도시 주변 지역에 도시용도의 건물이 들어서면서 도시적 환경이 조성되는 비율이나 교통과 관련하여 중심도시와 주변 지역의 연계성 증가의 한 현상인 통근자 수의 증가 또는 도시적 문화시설이 확충되어 가는 현상을 통해 측정한다.

가장 간단하고 널리 쓰이는 방법은 총인구 대비 도시인구의 비율(도시화율)이 있는데, 이 방법을 활용하여 대략 세 단계로 도시화의 진행 정도를 파악할 수 있다([그림 3-1]). 도시 인구비율이 총인구의 25% 미만을 초기 단계(initial stage), 25%～70%를 가속화 단계(acceleration stage), 70% 이상을 종말 단계(terminal stage)로 구분한다. 한 국가의 시간 경과에 따른 도시 인구비율의 증가는 일반적으로 S자 형태의 그래프를 보이며, 그 곡률은 국가의 발전 정도에 따라 차이가

그림 3-1 **도시화 곡선**

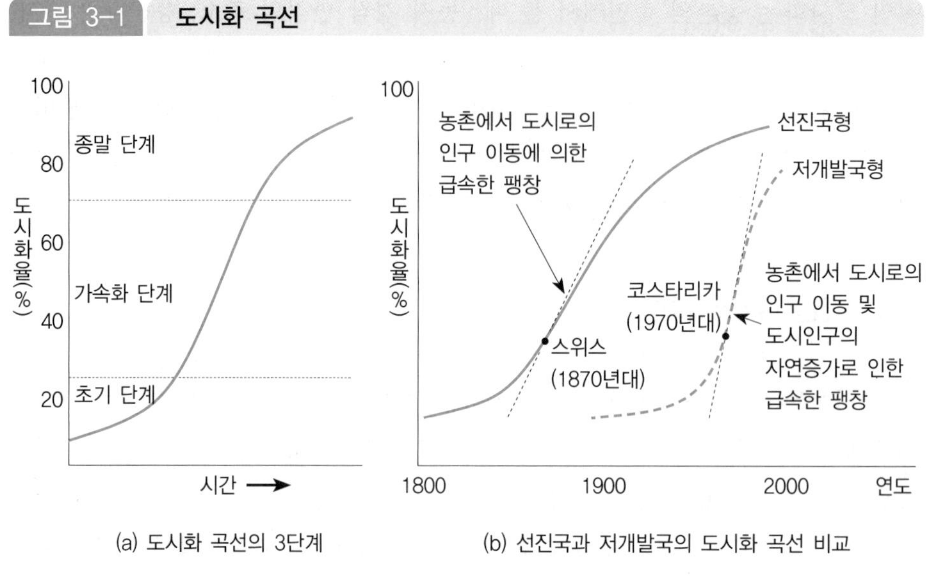

출처: Haggett(1979, 323); 김인(1991, 79)을 수정.

있다. 저개발국의 경우는 상대적으로 도시화 추세가 늦게 시작되었으나 가속화 단계가 더 급속하게 진행되는 경향을 보인다. 또한, 선진국의 경우는 사회적 증가 요인에 기인한 것에 비해 저개발국은 사회적 증가 요인뿐만 아니라 도시인구의 자연증가도 주요 원인이라 할 수 있다(김인, 1991).

도시화의 초기 단계는 1차 산업에 종사하는 농촌 지역의 인구가 대부분을 차지하는 전통사회 단계이며, 점진적으로 도시 인구비율이 증가하는 단계를 말한다. 물론 국가나 지역에 따라 초기 단계에서 도시 인구비율의 증가 속도와 원인은 다르지만, 대체로 이 단계에서는 다른 단계보다 상대적으로 천천히 진행된다. 가속화 단계는 전체인구 가운데 도시 인구비율이 급속히 증가하는 단계로 농촌에서 도시로 인구가 급속히 이동하게 된다. 1차 산업이 중심이었던 초기 단계에서 2차 및 3차 산업 중심으로 급속한 산업개편과 산업구조의 고도화가 이루어지는 단계다. 마지막 단계인 종말 단계는 초기 단계와 반대로 총인구 가운데 70% 이상의 인구가 도시 지역에 거주하게 되는 시기며, 도시인구 증가율이 완만해진다([그림 3-1]).

신정엽(2016)은 마이클 파시온(Michael Pacione, 2015)의 연구를 토대로 도시

그림 3-2 **도시화의 4단계 모델과 관련 도시 현상**

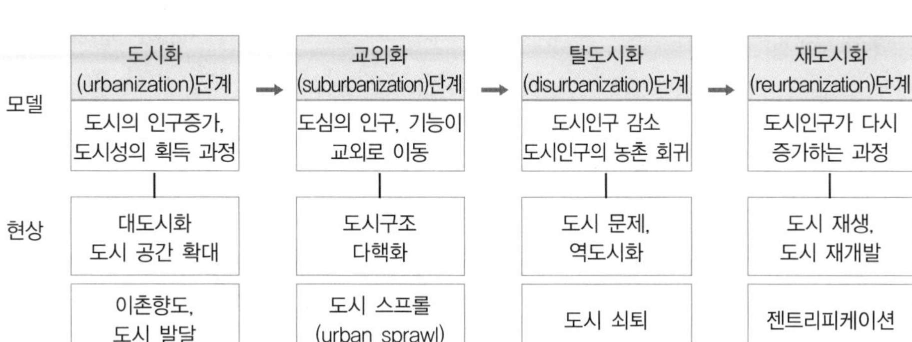

출처: Pacione(2005)를 재구성한 신정엽(2016, 18).

화 단계를 4단계로 정리하였다([그림 3-2]). 이를 통해 도시화 단계 이후 교외화, 탈도시화, 재도시화 단계를 거치며 벌어지는 대표적인 현상을 알 수 있다. 먼저 도시화 단계는 도시의 인구가 증가하며 도시성을 획득하는 단계인데, 도시화의 진행에 따라 대도시화가 나타나고 도시의 공간이 확대된다. 결과적으로 도시가 점점 발달하게 되며 사회적 이동인 이촌향도 현상이 심화한다. 두 번째 단계인 교외화는 도심의 인구와 기능이 교외로 이동하면서 도시구조가 다핵화되고 도시 스프롤 현상이 발생한다. 탈도시화는 도시인구가 감소하고 농촌으로 회귀가 일어나며, 역도시화로 인한 도시문제와 도시 쇠퇴 현상이 발생한다. 마지막으로 재도시화 단계에 이르면 젠트리피케이션을 통해 도시재생과 도시재개발이 활성화되면서 도시인구가 다시 증가한다.

(4) 도시화의 일반적 특징

유엔 인구분과(United Nations Population Division)의 「2018년 세계 도시화 전망」을 기준으로 세계은행(The World Bank, 2019)이 추정한 결과에 따르면, 전 세계 여러 지역에서 도시인구 비율은 국가별로 큰 차이가 있지만, 도시인구 즉, 도시에 거주하는 인구수는 계속 증가해 왔다([그림 3-3]). 도시에 거주하는 인구수는 1960년 10억 명을 돌파한 이후, 불과 26년 만인 1986년에 20억 명, 그 후 17

그림 3-3 **전 세계의 도시인구의 증가**

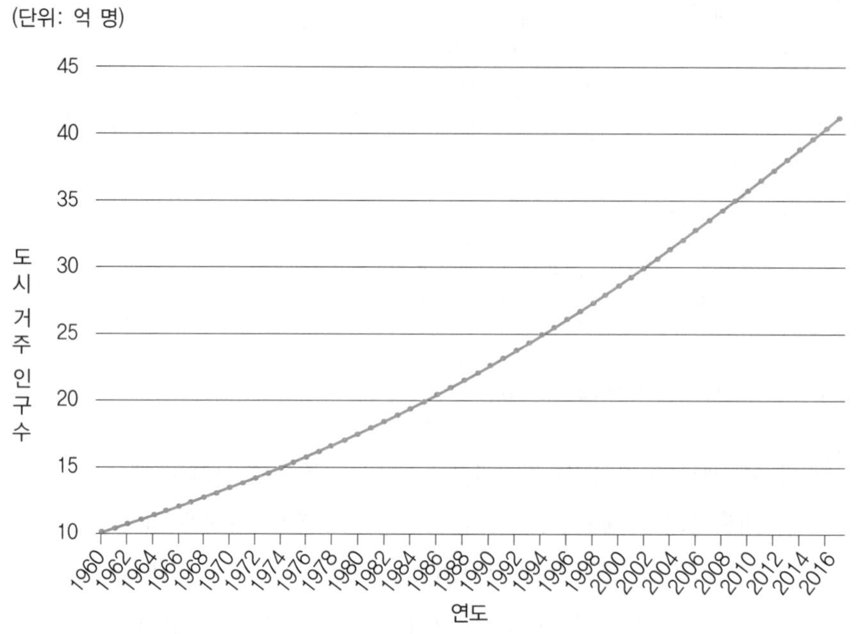

출처: The World Bank(2019).

년 만인 2003년에 30억 명을 돌파하였고, 13년 후인 2016년에 40억 명을 돌파했다. 2017년 기준으로 41억 명 이상이 도시에 거주하고 있으며, 이는 세계인구의 54.8%를 차지한다. 도시인구는 국가별로 큰 차이를 보인다. 가장 낮은 도시인구 비율을 기록하고 있는 부룬디와 파푸아뉴기니는 13%에 불과하지만, 싱가포르와 같은 도시국가는 이미 100%를 기록하고 있고 우리나라는 82%로 상위권에 위치한다. 세계인구 가운데 도시인구의 비율은 계속 증가해 왔으나, 연간 도시인구 증가율은 1963년 3.23%를 기록한 이후 점차 낮아져 2017년에는 1.996%에 그쳤다.

세계적으로 도시인구는 2007년에 농촌인구를 추월하여 계속해서 빠르게 증가하고 있으며, 반면 농촌인구는 더는 증가하지 않고 있다([그림 3-4]). 2050년까지의 추세를 예측해 보았을 때 도시인구는 계속해서 빠른 속도로 증가하고, 농촌인구는 정체하다가 결국은 감소세로 돌아설 것으로 예상한다. 또한, 대도시

그림 3-4 **세계의 도시인구와 농촌인구 변화 추세, 1950-2050(2014년 기준)**

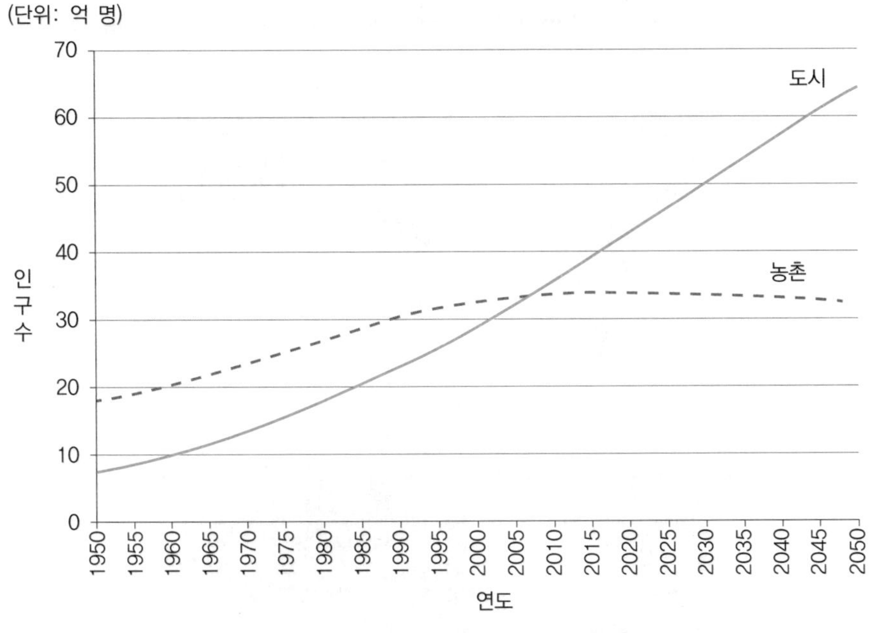

출처: UN DESA(2015, 7).

의 인구 규모도 계속해서 증가할 것으로 예측되는데 특히, 기존의 인구 상위권인 500만 명~1천만 명, 1천만 명 이상의 대도시가 계속해서 증가할 것으로 예상한다([그림 3-5]).

도시인구의 급격한 증가는 19세기 초 산업혁명과 밀접한 관계가 있다. 즉, 산업과 공업의 발달로 도시의 노동력 수요가 급격히 증가하면서 농촌에서 도시로 향하는 인구이동이 급속도로 일어났다. 유럽에서 산업혁명이 시작되었다는 점을 감안하면 인구의 도시집중도 유럽 도시에서 먼저 시작되었음을 짐작할 수 있다. 이후 산업혁명의 전파를 따라 인구의 도시집중이 점차 확대되었다. 산업혁명의 전파로 대량 생산을 상징하는 공장 중심의 제조업 비율이 급격히 높아지고, 이를 뒷받침하는 3차 산업인 서비스업 비율이 점차 증가했다. 이와 같은 산업구조의 변화는 도시가 부양할 수 있는 인구를 점차 증가시켰고, 도시의 수가 늘어나며 공간적으로 확산하는 계기가 되었다.

그림 3-5 **도시 거주 인구의 변화**

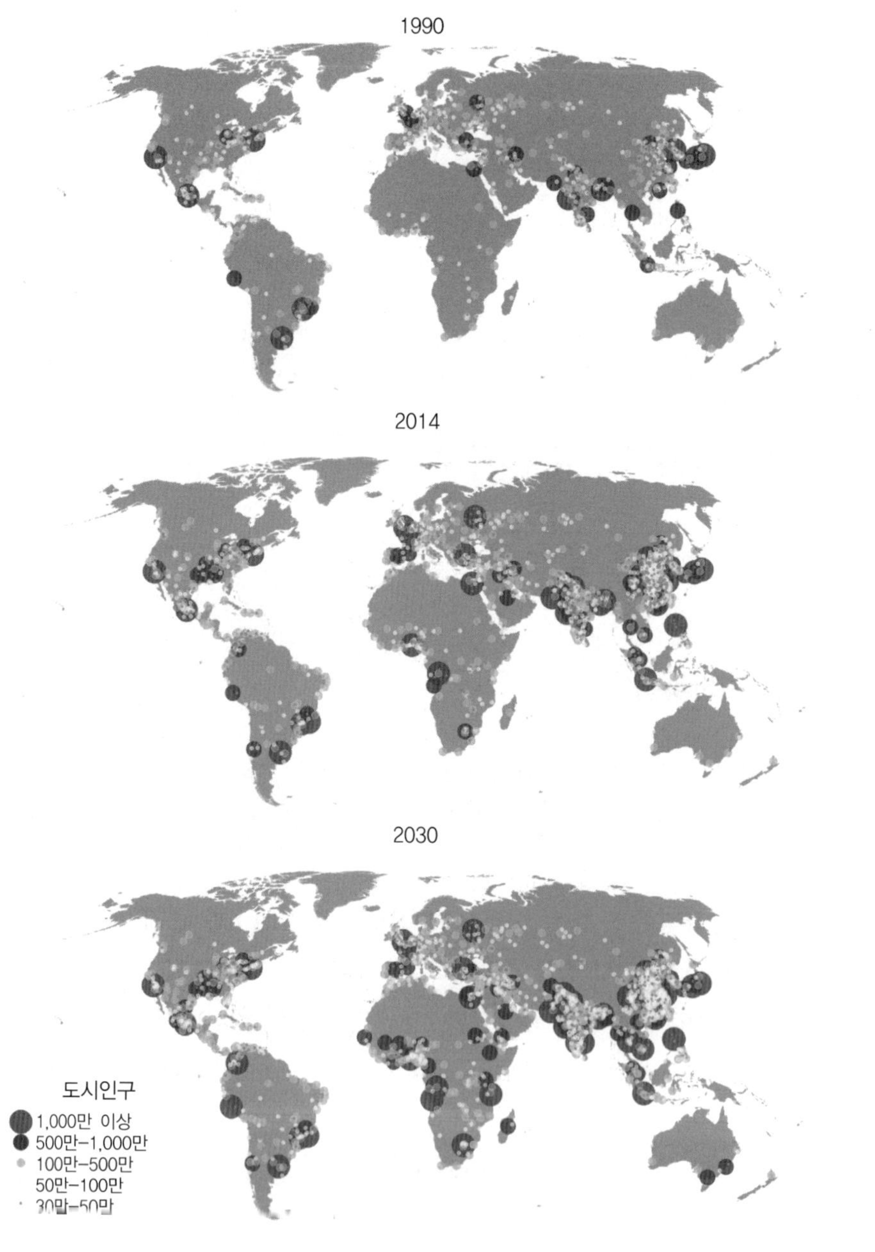

출처: UN DESA(2015, 19).

일반적인 도시화는 산업화와 공업화가 진행되면서 도시의 인구가 증가하고 여기에 도시가 점차 이들 인구를 부양할 수 있는 능력을 갖춰 나가는 속도에 맞게 도시화를 겪는다. 토지제도의 문제나 농촌인구의 과잉은 농촌에서 도시로 인구이동을 유발하는 배출요인이 되며, 공업화에 따른 고용기회의 확대, 계절이나 자연재해와 관계없는 지속적인 수입, 상대적으로 높은 수입을 얻을 수 있는 서비스업의 확대, 도시적인 문화생활 기회 등은 도시가 농촌의 인구를 흡인하는 요인이라 할 수 있다.

그런데, 높은 출생률과 낮은 사망률로 인해 인구의 자연증가율이 급속히 상승하는 저개발국(less-developed country)의 경우는 산업화나 공업화가 도시에서 진행되어 노동력의 수요를 증대시키는 도시의 경제적 흡인요인보다 농촌의 낮은 인구부양력으로 인해 경제적 상황이 상대적으로 양호한 도시로 인구가 급속도로 이동하는 사회적 인구증가 현상이 더욱 빠르게 일어나게 된다. 이를 가도시화(假都市化, pseudo-urbanization)라고 부른다. 최근에도 많은 저개발국의 경우 인구가 지나치게 도시에 집중하여 도시화율은 높으나 도시의 인구부양력은 낮은 경우가 많다.

급속한 산업화와 교통의 발달을 기반으로 한 미국의 도시화 역사를 보면 1970년대부터 대도시의 인구가 감소하는 현상이 인구조사에서 관찰되었는데(권용우 외, 2012), 흔히 인구의 J턴, P턴, U턴 현상에 따른 탈도시화(exurbanization) 또는 역도시화(counter-urbanization)라고 부르는 현상의 시작이었다. 탈도시화는 도시의 인구가 비도시지역으로 이동하는 현상에 중점을 둔 용어이며, 역도시화는 도시화와는 반대로 전체인구 중 도시인구의 비율이 줄어드는 현상에 중점을 둔 용어다. 역도시화의 원인에는 여러 가지가 있으나 탈공업화 사회로 진입함에 따라 전통적인 산업의 재배치, 대도시 거주비용의 증가, 교통과 통신의 발달로 인한 도시 거주 필요성 감소 등이 거론된다. 역도시화 단계에 이르면 과밀했던 도시는 활기를 잃어 쇠퇴하기 시작하며, 젊은 인구의 유출 또는 생산인구의 감소로 도시인구는 고령화되어 간다. 미국의 많은 전통적인 제조업 중심도시에서 볼 수 있듯이 이전에 도시 노동자의 거주 지역이었던 곳에 저소득층의 유입으로 슬럼이 생기고, 건물과 시설들이 낙후해 가면서 주거환경이 열악해지며 사회적으로 높은 실업률과 범죄율을 보인다. 이러한 도시 쇠퇴현상이 시작되어 도시의 거주성이 떨어지기 시작하면 점진적으로 교통비용과 이주비용을 감당할 수 있는 기존 도시인구의 교외이동이 일어나게 된다. 이를 전통적인 미국 중산층의 선호도와 관련하여 설명하기도 한다(Champion, 1989; 권용우 외, 2012에서 재인용).

최근 우리나라의 도시에서도 발생하고 있는 도시화 현상 중의 하나로 재도시화(reurbanization) 또는 젠트리피케이션(gentrification) 현상이 있다. 젠트리피케이션은 낙후된 도심지가 재개발되어 주택지, 상가, 식당 등의 시설로 인해 중산층이 유입되는 사회적 과정이며, 대표적인 단계별 모델로는 필립 클레이(Phillip Clay, 1979)의 4단계 모델과 제이슨 핵워스와 닐 스미스(Jason Hackworth & Neil Smith, 2001)의 3단계 모델이 있다(신정엽, 2016). 클레이(1979)는 낙후된 전통 근린의 스케일에서 자본의 투자와 상류층의 유입에 따른 변화과정을 단계별로 설명하고 있다. 반면에 핵워스와 스미스(2001)는 1973년 이전, 1980년대, 1990년대에 이르는 영국과 미국 대도시에 발생한 젠트리피케이션을 이들 국가가 겪었던 경제적, 정치적 재구조화와 관련하여 단계적으로 설명하고 있다([그림 3-6]).

그림 3-6 **젠트리피케이션 모델**

(a) Clay(1979)의 4단계 모델

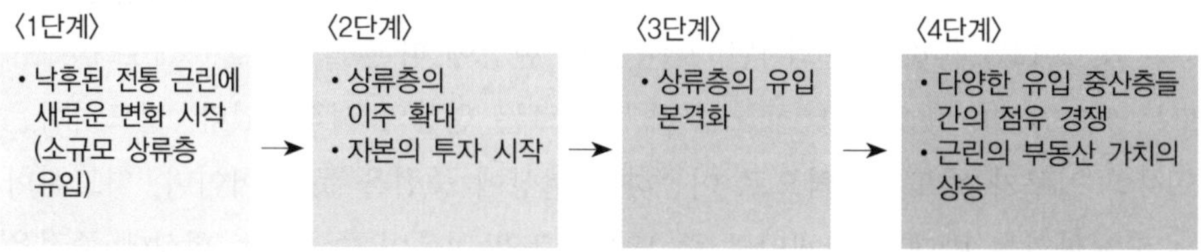

〈1단계〉
• 낙후된 전통 근린에 새로운 변화 시작 (소규모 상류층 유입)
〈2단계〉
• 상류층의 이주 확대
• 자본의 투자 시작
〈3단계〉
• 상류층의 유입 본격화
〈4단계〉
• 다양한 유입 중산층들 간의 점유 경쟁
• 근린의 부동산 가치의 상승

(b) Hackworth and Smith(2001)의 3단계 모델

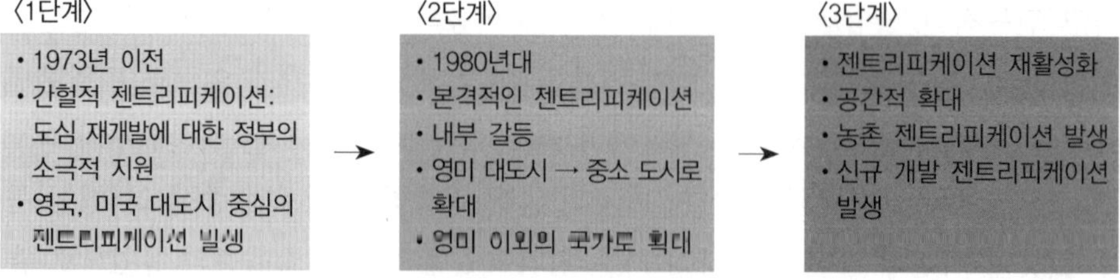

〈1단계〉
• 1973년 이전
• 간헐적 젠트리피케이션: 도심 재개발에 대한 정부의 소극적 지원
• 영국, 미국 대도시 중심의 젠트리피케이션 발생
〈2단계〉
• 1980년대
• 본격적인 젠트리피케이션
• 내부 갈등
• 영미 대도시 → 중소 도시로 확대
• 영미 이외의 국가로 확대
〈3단계〉
• 젠트리피케이션 재활성화
• 공간적 확대
• 농촌 젠트리피케이션 발생
• 신규 개발 젠트리피케이션 발생

출처: 신정엽 · 김감영(2014); Hackworth and Smith(2001)을 재구성한 신정엽(2016, 16).

신정엽(2016, 17)에 따르면, 젠트리피케이션은 긍정적 효과와 부정적 효과가 공존한다. 먼저, 긍정적 효과는 범죄의 감소, 낙후 지역의 안정화, 주택 공실률의 감소, 지역 재정(세수) 증대, 사회계층의 혼합(social mix) 증가, 지역의 지속적인 발전 가능성 증대, 교외 스프롤의 감소 효과 등이 있다. 반면, 부정적 효과는 범죄의 증가, 주택 가격의 불안정, 젠트리화된 지역의 인구 감소, 지역 서비스 비용 증가, 사회적 다양성 감소, 커뮤니티의 이질성 및 갈등 심화, 주변 빈곤지역의 이주 및 주택 압력 증대, 주택 가격 상승에 따른 기존 주민의 이주 유발 등이 있다.

(5) 교외화와 도시 스프롤 현상

우리나라에서 도시의 공간적 확장을 언급할 때 가장 많이 사용되는 용어 중 하나가 교외화(郊外化)란 용어다. 교외화는 대부분 'suburbanization'을 번역하는 말로 사용되고 있는데, 이를 교외화로 번역하는 것은 교내화의 반대어처럼 인식될 수 있다는 문제의 소지가 있다(남영우 외, 2017). [그림 3-7]에서 보듯이 도시의 범위가 확장되는 과정에서는 필연적으로 도시와 근접한 교내인 근교(近郊)와 원교(遠郊)가 먼저 도시화되는 것이 교외가 먼저 도시화되는 것보다 논리적이다. suburb의 원래 의미도 도시나 큰 마을의 중심부 바깥에 있는 일부 작은 지역을 말하며, 도심지를 벗어난 주택지역의 의미가 강하다. 따라서 도시의 주거지가 도시 주변부로 확대되어 가는 현상을 교외화라고 부르기보다는 교내화(郊內化)라고 부르는 것이 바람직하다.[1] 어쨌든 대도시와 인접한 교내지역에 주거지가 확대되는 이유는 도심과 비교해 쾌적한 주거환경에 저렴한 주거비용을 기본적인 이유로 들 수 있는데, 이와 더불어 대중 교통망의 개선 및 확장에 따라 직장은 도심에 있지만, 거주지를 도시 교내로 옮겨도 시간적인 접근성을 많이 희생하지

1 일반적으로 '~화(化)'는 '그렇게 만들거나 됨'을 의미하는 접미사이다. 예컨대, 도시가 아닌 지역이 도시로 변해가는 현상을 '도시화'라고 표현한다면, '교외화'의 의미를 교외, 즉 도시의 주변지역 또는 배후 농촌지역이 아니었던 지역이 그렇게 변화하는 것이라고 오해할 여지가 있다. 이에 대한 학술적 논의가 필요하지만, 이 책에서는 혼란을 막기 위해 '교외화'라고 표현한다.

그림 3-7 **대도시권의 교내 지역과 교외 지역의 공간구조**

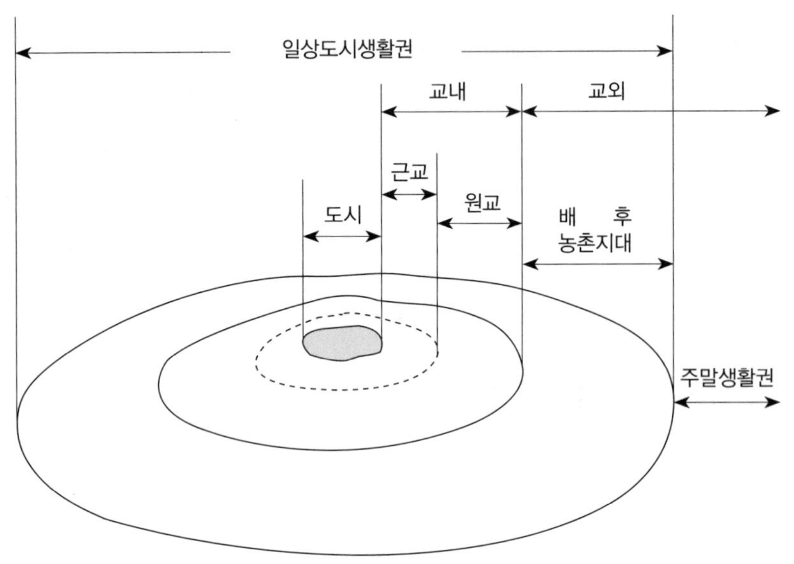

출처: 남영우 외(2017, 406).

않을 수 있다는 이유도 있다.

도시계획에 따라 상업 시설이나 교통 시설이 확충되면서 주택지가 확대되는 것은 인구의 증가와 이동에 따른 도시문제를 최소화하기 위한 안전장치라 할 수 있다. 그러나 많은 경우 무분별한 도시 개발이 인접한 미개발 지역으로 확대되어 가는 현상이 발생하는데, 이를 도시 스프롤(urban sprawl) 현상이라 부른다. 피터 미스코우스키와 에드윈 밀즈(Peter Mieszkowski & Edwin Mills, 1993)는 도시 스프롤 현상의 원인으로 임금의 증가로 인한 새로운 주택과 토지에 대한 수요, 교통 혁신에 따른 비용의 감소, 중심도시의 높은 세금, 낙후한 공립학교와 공공 서비스, 인종적 긴장, 범죄, 교통 혼잡과 열악한 환경을 지적했다. 스프롤 현상은 그 형태에 따라 연담적(spillover) 또는 연속적(continuous) 스프롤, 비지적(도약적, leap frogging) 스프롤, 매립형(infill) 스프롤로 구분할 수 있다. 연담적 또는 연속적 스프롤은 도시의 시가지가 계속 이어지면서 도시화가 확대되는 현상을 말하며, 비지적(도약적) 스프롤은 기존 시가지와 떨어져 있는 미개발 토지가 도시적 토지이용으로 전환되는 것을 말한다. 매립형 스프롤은 기존 도시와 도약적 스프롤로 형성된 시가지 사이에 확대가 이뤄지는 현상을 설명하고 있다.

건축가와 도시계획가인 앙드레 듀아니, 엘리자베스 플레터-지벅, 제프 스펙(Andrés Duany, Elizabeth Plater-Zyberk, and Jeff Speck, 2000)은 스프롤 현상으로 새롭게 발생하는 미국 도시경관의 공통요소를 다섯 가지로 정리했다. 먼저, 클러스터(cluster) 또는 팟(pod)이라고 불리는 순수 주택 구역이다. 종종 주택 구역의 이름은 구역 설치로 사라지게 된 자연이나 역사적 자원을 기리는 이름을 붙이기도 한다. 둘째, 쇼핑센터로 스트립 센터, 쇼핑몰, 빅 박스 소매점(big-box retail)으로 불리기도 한다. 셋째, 복합업무지구(office parks and business parks)로 업무를 위한 장소다. 보통 농촌풍경으로 둘러싸인 이미지를 주기 위해 이름을 붙이지만 실제로는 고속도로로 둘러싸인 경우가 많다. 넷째, 타운 홀, 교회, 학교와 같은 시민을 위한 기관으로 소통과 문화생활을 위한 장소다. 전통적으로 이들 기관이 중심지에 몰려 있지만, 스프롤 현상으로 생긴 장소는 시설이 주차장을 포함하여 매우 크고 뜬금없는 위치에 있는 경우가 많다. 시설 대부분이 도보 접근보다는 자동차로 접근하기 편리한 곳에 위치한다. 마지막 요소로는 이들 네 가지 구성요소를 서로 연결하는 포장된 도로다. 스프롤 현상으로 생긴 지역 안에서는 구역마다 한 가지 활동만 서비스함으로써 일상생활 중에는 계속해서 구역을 이동해야 하며, 이는 오히려 규모가 더 큰 전통적인 도시보다 더 많은 교통량을 유발할 수도 있다.

스프롤은 긍정적인 효과보다 부정적인 결과를 가져오는데, 하비비와 아사디(Habibi & Asadi, 2011)는 이를 도시 중심 지역의 문제인 빈곤의 집중, 질 낮은 교육 기관과 재정 자원의 부족과 관련이 있다고 보았다. 교통 부문에 있어서 스프롤은 통근에 걸리는 시간이 길어지고 통행량이 많아져 교통체증을 유발한다. 고속도로, 주차시설, 물, 전기 등과 같은 공공시설에 들어가는 비용 역시 증가한다. 덧붙여 더 많은 에너지의 사용과 공해, 토지의 감소를 유발한다. 심리적 · 사회적 비용도 발생시키는데, 아주 젊거나, 나이가 들었거나, 가난한 사람들이 커뮤니티 시설이나 서비스, 심지어 직장에 대한 접근성이 제한된다. 또한, 환경적으로 이웃 간 상호작용을 일으키는 활동과 자극을 유발하는 요소가 부재하기 쉽다(Ewing, 1997).

읽을거리 3-1 미국 스프롤 현상의 대명사: 애틀랜타

애틀랜타는 미국 남부 조지아주의 주도이며 남부를 상징하는 미국에서 아홉 번째(2018년 7월 1일 기준)로 인구가 많은 대도시(Metropolitan Statistical Area)다. 대도시의 핵심인 애틀랜타 시는 약 48만 명(2017년 기준) 수준의 작은 지역이다. 애틀랜타 시 주변은 작은 규모의 시나 타운, 카운티 정부에 의해서 관리되며, 자치권이 없는 지역들도 포함하고 있어, 도시의 과소경계에 따른 특성과 관할 구역의 파편화라는 문제를 함께 보여주는 대표적인 도시다(Kaplan *et al.*, 2014; 김학훈 외, 2016에서 재인용).

그림 3-8 애틀랜타 주변 카운티

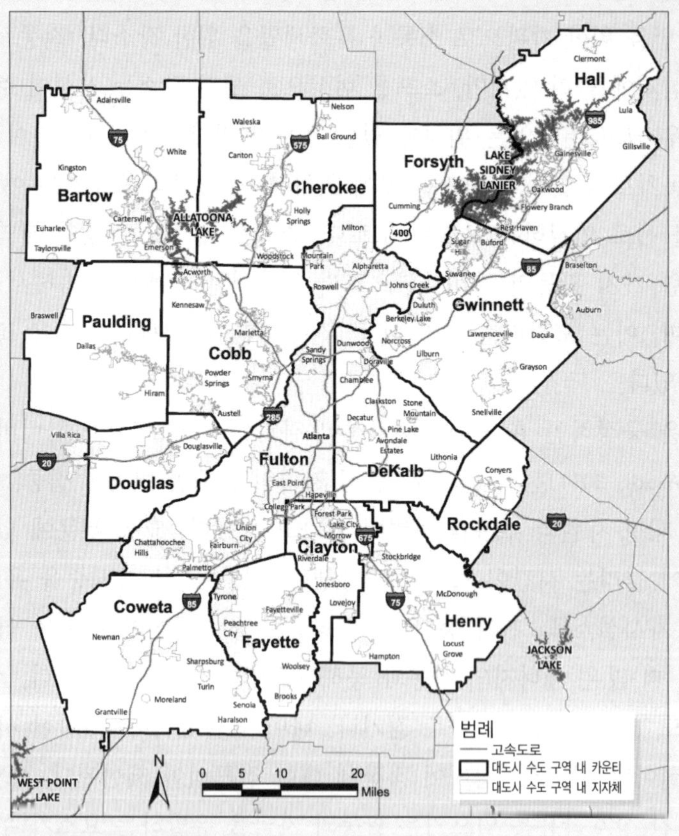

출처: city-data.com/forum/atlanta.

[그림 3-8]에서 볼 수 있듯이 지역의 중심에 있는 애틀랜타 시 조차도 풀톤과 디캘브 카운티로 나누어져 있는데, 이는 도시가 급속히 성장하면서 주변 지역들을 합병하는 속도가 따라가지 못해, 주변 카운티가 모도시와 계속 분리된 상태에서 개별적으로 도시 서비스를 공급하는 도시적 카운티(urban county)가 된다. 전통적으로 미국에서는 시민들이 상하수도, 학교, 치안과 관련된 공공서비스를 시로 편입되면서 누리게 되었는데, 도시적 카운티에서는 카운티가 이런 서비스 기능을 공급하게 되며, 이러한 경우는 교외 지역들이 시로 통합되지 않고 그 경계를 유지한다.

[그림 3-9]는 급속도로 진행되는 스프롤의 영향으로 직장은 애틀랜타 시 도심과 주변 교외 중심지에 집중하는 반면에 거주지는 교통로를 따라 남서쪽과 남동쪽을 제외한 전 지역에 흩어져있어 직주 불일치가 심각함을 알 수 있다. 이는 스프롤의 부정적 영향 중 하나인 교통 혼잡을 발생시키는데, 애틀랜타 역시 출퇴근 시간의 교통 혼잡으로 악명이 높다.

도시 스프롤의 상징으로 불리는 애틀랜타는 이러한 스프롤 현상을 관리하기 위해 1971년 ARC(Atlanta Regional Commission)를 만들어 수도공급문제, 지역개발계획, 조지아 주의 투자를 활용한 애틀랜타 지역의 성장 관리, 대기오염문제 등 여러 가지 이슈에 대한 지역적 대안을 마련해왔다(Basmajian, 2013). 그러나, 여전히 스프롤 현상은 계

그림 3-9 직장과 거주지의 불일치

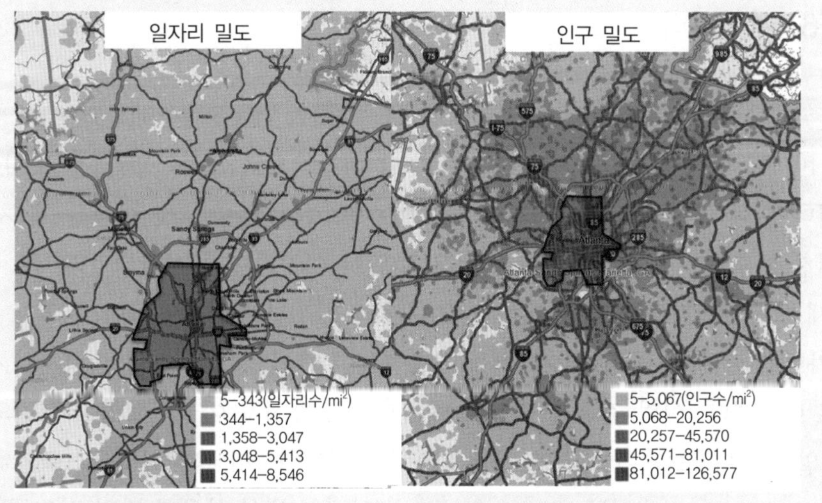

출처: OOEA, 2013.

속되고 있으며, 이는 애틀랜타 메트로 지역의 지도자들이 ARC가 마련한 건설적인 토지이용과 사회간접시설 건설계획을 무시한 결과다(Basmajian, 2013; Chapin, 2014). 즉, ARC에 의해 만들어진 좋은 계획들이 파워 엘리트에 의해 변질되었는데, 파워 엘리트들은 새 회원을 선출하여 계획수립과정에 참여시킴으로써 이와 같은 변질을 유도하였다(Chapin, 2014).

로빈 보이드(Robynne Boyd, 2017)에 따르면, 현재 애틀랜타는 스프롤의 대명사에서 벗어나기 위해 큰 노력을 하고 있다. 사용하지 않고 있는 철로를 이용하여 도보, 자전거, 롤러블레이드로 이동할 수 있는 다용도 트레일을 2012년부터 순차적으로 건설하고 있다. 또한, 2016년에는 대중교통 서비스의 확장을 위해 0.5센트의 소비세 부과를 통과시켜 버스와 전철 노선의 확장을 시작했다. 기업들도 외곽의 기차역 근처로 회사를 옮기는 노력을 하여 자가용을 이용하지 않는 젊은 노동자의 접근성을 증대시키는 노력을 하고 있다. 또한, 높은 밀도와 서로 가까이 위치한 다양한 종류의 부동산, 다양한 교통수단으로 사람과 상품이 그 장소에 쉽게 접근할 수 있는 걷기에 적합한 장소인 'Walkable Urban' (Leinberger & Lynch, 2015)에 투자하는 지역의 부동산 투자비율이 1999년과 2000년 사이의 13%에서 2009년까지 60%로 급증하였다(Boyd, 2017). 이러한 노력을 통해 애틀랜타가 미국의 대표적인 스프롤 지역이라는 악명을 벗을 수 있을지 기대해 보자.

(6) 에지시티

존 마시오니스와 빈센트 파릴로(John Macionis & Vincent Parrillo, 2000)에 따르면, 1950년대 이후로 미국인들은 자신들이 전통적으로 거주하던 낡은 도시에서 벗어나 도시 외곽으로 세 번의 대규모 이주를 경험하는데, 첫 번째는 제2차 세계대전 이후 도시 경계를 넘어 새로운 주택이 이주하면서 시작되었다. 두 번째는 새로운 주택지구를 위해 특히 1960년대와 1970년대에 상점들이 주택지 부근에 자리를 잡았다. 마지막으로 부를 창출하는 수단인 직장이 이들 주택지와 상점가로 이동했다. 이와 같은 움직임은 에지시티의 융성을 이끌었으며 미국인의 일상, 일, 여가를 즐기는 방식을 근본적으로 바꾸었다. 미국의 저널리스트인 조엘 게로(Joel Garreau, 1991)는 에지시티(edge city)에 대해서 다음과 같이 정의했다.

그림 3-10 **휴스턴 업타운의 스카이라인: 좌측 가장 높은 빌딩이 윌리엄스 타워**

출처: Henry Han - Own work, CC BY-SA 3.0, https://commons.wikimedia.org/w/index.php?curid=17698819.

- 5만 명 이상의 사무실 종사자들을 수용하기에 충분한, 5백만 ft^2(464,515m^2) 이상의 면적을 가진 사무실 공간(기존 도시의 도심 면적만큼의 수준): 5백만 ft^2는 테네시 주의 멤피스 도심보다 더 넓다는 의미다. 구도심 바깥에서 미국에서 가장 높은 64층의 교외 사무빌딩인 '트랜스코 타워(Transco Tower)'로 상징되고, 갤러리아라고 부르는 휴스턴 도심 서쪽 지역의 에지시티인 포스트 오크 시는 미니애폴리스 도심보다 크다. 트랜스코 타워의 현재 이름은 윌리엄스 타워(Williams Tower, [그림 3-10])다.
- 중간 규모의 쇼핑몰 규모인 60만 ft^2(55,741m^2)의 소매업 공간
- 가정의 침실 수보다 많은 일자리: 평일 근무 시간이 시작되면, 사람들은 이곳을 향하지 다른 곳으로 일하러 가지 않으며, 일반적인 도시와 마찬가지로 오전 9시에 인구가 증가
- 사람들에게 한 장소로 인식되고 있는 곳: 복합용도(일자리, 쇼핑, 오락)를 위한 지역적 종착지
- 30년 전(1960년) 이전에는 '도시'라 할 수 없었던 곳

게로는 뉴저지, 보스턴, 디트로이트, 애틀랜타, 피닉스, 텍사스, 남캘리포니아, 샌프란시스코만 지역, 워싱턴 D.C.를 대상으로 200여 개 이상의 전형적인 에지시티를 발견했다. 에지시티는 구도시의 도심과 비슷하게 주간에는 서비스 종사자들로 붐비지만, 야간에는 사람을 찾아보기 어렵다. 에지시티의 위치가 주

그림 3-11 에지시티의 전형적 사례 – 버지니아주 타이슨스 코너

출처: La Citta Vita - Flickr: Tysons Corner, Virginia, CC BY-SA 2.0, https://commons.wikimedia.org/w/index.php?curid=24516685.

요 고속도로 교차점과 그 주변에 형성되어 자가용의 접근이 편리한 대신에, 대중교통의 미비로 도보 접근이 곤란하고 교통체증을 유발하기도 한다. 게로가 발견한 에지시티가 스프롤 현상과 더불어 구도심 바깥에서 도심의 기능을 재구성하는 구실을 한지도 꽤 많은 시간이 흘렀다. 오히려 21세기에 들어와서는 거대도시권의 확장으로 에지시티 역시 거대도시의 일부가 될 가능성이 커졌다.

2. 도시 성장의 이론

(1) 경제기반이론

도시의 성장을 해석하는 이론으로 경제 메커니즘에 바탕을 둔 경제기반이론이 가장 활발하게 논의되었다. 이는 아마도 도시의 성장에서 재화와 서비스를 제공하는 상업중심지의 역할이 가장 오래되고 근본적인 기능이었기 때문일 것이다. 도시의 경제가 양호하게 유지되기 위해서는 도시에서 생산하는 상품이나 제공하는 서비스가 도시 외부와의 교역을 통해서 도시가 이익을 얻어야 도시의 경제를 양호하게 지탱할 수 있다. 다시 말해 도시 내부(역내)에서 생산된 상품이나 서비스가 도시 외부(역외)로 판매되는 역외판매가 도시의 경제적 발전을 위해 중요한 역할을 차지한다.

이렇게 도시 외부로 판매되는 상품이나 서비스를 위한 경제활동을 기반활동(basic activity), 관련 산업을 기반산업(basic industry)이라 하고, 도시 내부의 수요를 충족시키기 위해 생산되는 상품이나 서비스와 관련된 경제활동을 비기반 활동(non-basic activity), 관련 산업을 비기반산업(non-basic industry)이라고 한다. 기반산업은 도시의 성장과 발전을 견인하는 역할을 하며, 기반산업의 붕괴는 도시의 몰락을 가져오기도 한다. 기반산업을 통해 벌어들인 이익은 비기반산업으로 흘러 들어가게 되는데, 비기반산업은 기반산업과 관련된 고용 인구가 도시에서 생활하는 것과 같은 여러 서비스업을 포함한다. 도시에 새롭게 공장이 들어서게 되면 공장에서 일하는 인구가 증가하고 공장에서 생산되는 제품을 외부로 판매함으로써 얻어지는 이윤이 공장에서 일하는 인구에 임금으로 지급된다. 지급된 임금을 저축하거나 소비하는 데 사용함으로써, 분배된 이윤은 도시 내의 다른 비기반산업의 성장으로 이어진다. 이를 설명하는 이론이 순환누적인과론(principle of circular and cumulative causation)이다.

경제적 활동을 통해 도시가 유지 · 성장 · 발달하는 원리를 밀즈(Mills, 1972)는 규모(scale)의 경제, 집적(agglomeration) 경제, 그리고 비교우위(comparative advantage)로 정리했다. 먼저 규모의 경제는 어떠한 기업이 생산을 확대하거나 시설 규모를 키워 장기적으로 상품을 생산하는데 드는 비용을 줄여서 이익을 확대해 나가는 것을 말한다. 규모의 경제하에서는 생산설비가 클수록 유리하며, 대량 생산을 통해 제품의 단가를 낮출 수 있다. 생산설비의 증대는 고용의 증가를 가져오게 되며, 도시에 인구의 집중을 유발한다. 순환누적인과론에 기초하면 이는 다시 서비스 산업의 증대를 유발하여 전체적으로 도시가 성장하게 된다. 한 가지 중요한 점은 늘어나는 인구에 대비하여 생활기반 시설 및 교통 시설에 지속해서 투자하지 않으면, 어느 순간 도시문제에 봉착하게 된다는 점이다.

집적 경제는 특정한 지역에 산업 또는 기업이 집중함으로써 이익이 발생하는 것을 말한다. 같은 산업 또는 업종의 기업들이 특정 지역에 집중하여 이익이 발생하는 것을 지역 특화 경제(localization economy)라고 하며, 서로 다른 산업 또는 업종에 속하는 기업이 집중하여 이익이 발생하는 것을 도시화 경제(urbanization economy)라고 말한다. 지역 특화 경제의 경우는 원료의 대량 구매나 운송에 있어서 집적하게 되면 자연스럽게 규모의 경제가 생기게 되어 이익이 발생한다. 도시화 경제의 경우는 기업이 기업 간의 아이디어, 기술 교류를 통한 혁신 효과(innovation effect), 다품종 소량생산에 따른 경기나 소비패턴의 변화에 따른 충격의 흡수, 충분한 사회기반시설, 상호보완적인 업종들의 입지, 또는 도시적 어메니티(amenity) 등의 도시화에 따른 이익을 바탕으로 집적하게 된다.

위의 두 원리는 모든 도시가 같은 조건을 가지고 있다는 것을 가정하여 이론을 구축했지만, 비교우위는 현실적으로 도시마다 가지고 있는 자원이나 교통조건이 다르므로, 이들 조건이 더 나은 곳에 인구가 집중하게 되고, 그에 따른 산업의 발달도 차이가 나며, 소득에서도 차이가 발생하게 된다는 점에 주목하였다. 과거에는 비교우위가 천연자원이나 교통이 모두 도시의 생산과 관련하여 중요시되었으나, 오늘날에는 물과 공기의 질, 편리한 대중교통 등, 도시를 소비하고 있는 사람들, 즉, 도시민의 삶의 질과 관련한 비교우위성이 강조되고 있다.

경제발전의 공간적 모델은 경제발전이 지역적 불평등을 축소한다고 보는 균형성장 이론(평등화 모델)과 지역적 불평등을 확대한다는 불균형성장 이론(불평등화 모델)으로 나눌 수 있다. 불균형성장 이론의 대표적인 이론이 프랑스의 경제학자 프랑수아 페루(François Perroux)의 성장극(growth pole) 이론이다. 그는 하나의 산업, 기업 또는 이들의 집단이 위치한 곳에 경제적인 여러 힘이 불균등하게 발산 · 집중하는 극을 가지고 있다고 보았다. 이 이론의 세 가지 중요한 개념은 먼저 견인 산업(leading industries)으로, 이들은 새롭고 진보한 기술 수준을 갖추어 지역의 성장을 이끌며, 전국적인 제품의 판로와 소득과 관련한 수요의 탄력성이 높고, 다른 산업과 깊은 연계성을 갖고 있다. 이와 같은 깊은 연계성을 바탕으로 다른 산업과 대규모의 산업 집단을 형성하게 되는데, 이 산업 집단을 성장극이라 부른다. 견인산업의 경제적인 확대는 주변의 자원 · 노동력 · 자본을 끌어들여 불평등한 성장을 이루는데, 이를 극화(極化, polarization)라고 부른다. 성장극의 경제적 성장은 주변부 역시 다른 자원의 수요를 일으키고 기술을 받아들이게 하는데, 이것을 파급 효과(spread effects)라 부른다. 이 성장극 이론은 어디까지나 이론적인 개념이며, 지리적 용어로는 성장 중심(growth center)이란 용어가 사용되고 있다(정장호, 1993).

(2) 기술혁신기반이론

두 번째 살펴볼 내용은 기술의 혁신을 기반으로 한 도시발달이론이다. 미국 미네소타대학의 지리학자인 존 보처트(John Borchert, 1967)는 첫 번째 인구 총조사가 있었던 1790년부터 1960년까지의 인구의 증대를 그래프로 분석하여 인구가 매우 증가하였던 시기에 역사적으로 중요한 발명들이 교통과 산업 에너지 분야에서 일어났으며, 이 같은 기술적 혁신에 따라 도시가 발전해 왔다고 주장했다. 첫 번째 기술적 혁신은 증기엔진을 수로와 육로 교통에 사용한 것이며, 두 번째는 풍부하고 저렴한 철을 활용하여 철로를 확장하고 이에 따른 석탄 수송의 편리성으로 중앙집중식 전기 공급이 가능하게 된 것이며, 세 번째는 내연기관의 발명과 그에 따른 기술 및 서비스 중심으로의 전환을 말한다.

이와 같은 기술적 혁신에 따라 미국의 역사 시대를 4개의 시대로 구분하였는데, 첫 번째는 수운과 역마차의 시대(1790~1830년)로 도시가 항구나 수로 주변에서 발달하는 시대이며, 두 번째는 기관차의 시대(1830~1870년)로 증기엔진의 힘을 이용한 철도와 증기선, 그리고 지역적 철도망의 건설로 특징지어진다. 세 번째는 철도의 시대(1870~1920년)로 장거리 화물열차와 국가적인 철도망의 건설이 나타난다. 네 번째 시대는 자동차-항공-어메니티의 시대(1920년 이후)로

그림 3-12 **교통의 발달과 도시의 성장**

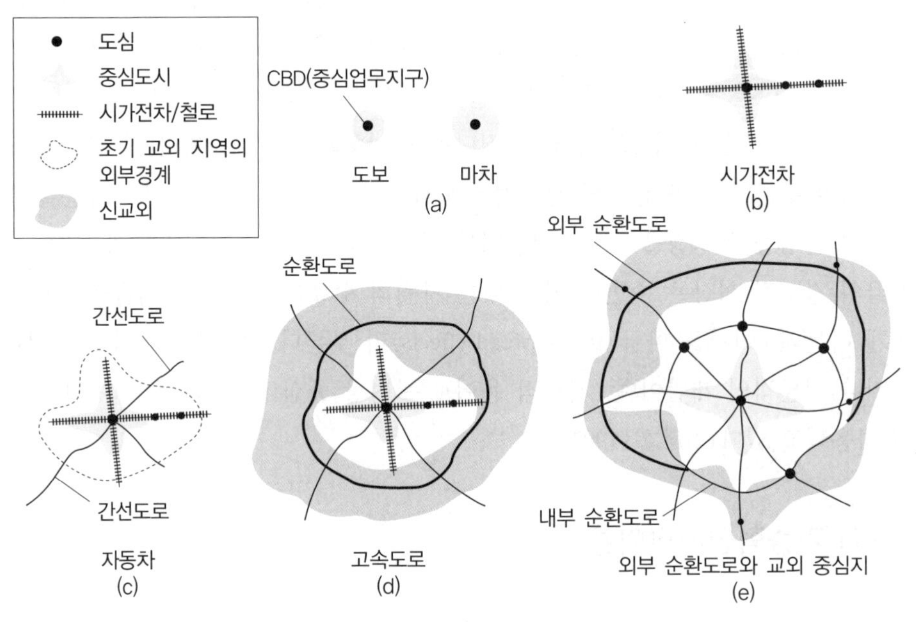

출처: Taaffe *et al.*(1996, 178).

휘발유 내연기관의 발달로 대표되는 시대다. 필립 필립스와 스탠리 브룬(Phillip Phillips & Stanley Brunn, 1978)은 이후 하나의 시대를 추가하였는데, 네 번째 시대는 1970년대까지이고, 이후의 시대는 다섯 번째의 시대로 고등기술의 시대(1970~현재)라 이름 붙였으며, 경제에서 서비스와 정보 부분이 확장되어가는 시대를 말하고 있다.

에드워드 타페 등(Edward Taaffe *et al.*, 1996)은 교통 기술의 발달과 교외 지역의 확산을 관련지어 미국 도시의 발달을 시기별로 구분하였다([그림 3-12]). 첫 번째 시대는 도보·마차의 시대로 1840년에서 1890년 사이의 시대다. [그림 3-12a]에서 볼 수 있듯이 중심도시의 범위는 도보로 이동할 수 있는 거리와 별 차이가 없다. 이 시대에는 모든 경제활동이 중심지에 집중되어 있으며 거주지도 소득에 상관없이 직장과 가까운 곳에 있다.

두 번째 중요한 교통 기술은 시가전차로 1890년부터 1920년에 걸쳐 중요한 역할을 했다. 이 시기는 미국 도시의 발달 형태가 가장 극적으로 변화되는 시기인데, 도보 · 마차보다 3배 이상 빠른 평균속도를 통해 전차 선로를 따라 도시의 활동이 확대되었다([그림 3-12b]). 전차는 중산층이 도시의 바깥쪽에 거주하는 것을 결정할 수 있을 정도로 빠르고 저렴했다. 전차 선로를 따라 상업 거리가 발달하게 되었으며, 접근성에 따라 거주지의 분화도 나타나게 되었다.

다음 시기는 도시 간 그리고 도시 주변부로의 철도가 중요했던 1900년부터 1930년까지의 시기다. 이 시기는 앞서 시가전차의 시대와 겹치기는 하지만, 좀 더 먼 거리를 이동할 수 있게 하여 산업 활동의 이주를 촉진했다. 특히 도시 내부에 위치하면 불편한 가축시장이나 철강업 등이 가장 먼저 철로를 따라 도시 바깥으로 이주한 산업들이었다. 새로운 기술인 전기 통근 열차는 더욱더 이동시간과 비용을 줄여주었고, 줄에 달린 구슬 모양처럼 거주지 패턴이 열차 선로를 따라 나타나게 되었다.

1930년부터 현재까지는 자동차의 영향이 가장 크다고 할 수 있다. 1920년대 전까지는 자동차를 이용하는 것이 중산층에게 경제적으로 가능하지 않았다. 자동차의 대량 생산과 경제적 풍요의 시대를 거치면서 자동차를 이용하는 것이 대중교통을 이용하는 것보다 편하고 일상화되었다. 이를 통해 열차 선로가 지나지 않는 곳까지 방사상으로 뻗어 나가는 간선도로를 따라 주거지가 확산했다. 자동차를 이용하여 간선도로를 통해 도시와 멀어져 자연의 어매니티를 추구하는 문화가 발달하게 된다([그림 3-12c]).

1950년부터 1975년은 도시고속화도로의 시대라 할 수 있다([그림 3-12d]). 도시고속화도로는 도로를 이용하기 위해서는 정해진 접근로를 이용해야 하고 중앙분리대가 있어, 보다 고속으로 이동하는 것이 가능하다. 이는 도시와 교외의 접근성을 매우 증가시키는 효과를 가져오기 때문에 교외의 거주지역이 크게 확장되는 결과를 가져왔다. 이후에 방사상으로 뻗어있는 도시고속화도로를 환상으로 연결하는 순환도로의 등장으로 방사상도로와 순환도로가 만나는 곳에 상업중심지가 생겨나고 이들 주변에 주거지역도 집중하여 분포하게 된다([그림 3-12e]). 이후 기존 순환도로의 바깥쪽에 외곽 순환도로가 생기기도 하면서 신교외가 외곽 순환도로 주변에 생기게 된다.

(3) 도시경제 성장이론

마지막으로 도시의 발전을 상대적으로 간단하게 시나리오로 제시한 연구도 있다. 윌버 톰슨(Wilbur Thompson, 1956)은 도시가 성장하는 단계를 총 5단계로 제시하였는데, 1단계에서는 도시 외부로 판매하는 제조업이 출현하는 역외판매 전문화(export specialization) 단계다. 이후 여러 업체가 역외판매를 위하여 단지(complex)로 집적하고 외부로 판매를 시작하는 단계가 2단계다. 3단계는 경제적 성숙(economic maturation) 단계로 도시 내부의 서비스 부문이 함께 성장하는 단계이며, 4단계는 광역도시(regional metropolis)의 단계로 배후지에 서비스를 제공하는 단계다. 마지막 5단계는 기술적 · 전문적 기교(technical-professional virtuosity)의 단계로 도시가 국가적 또는 국제적 차원에서 지배적 위상을 갖게 되는 단계다. 이 이론도 다른 이론과 마찬가지로 모든 도시가 5단계를 경험하는 것은 아니며, 실제 처한 상황에 따라 정체하기도 쇠퇴하기도 하고, 급속히 발전하기도 한다고 설명한다.

3. 도시화의 세계적 특징

(1) 대도시

도시에 대한 정의는 국가마다 그 기준[2]이 다르지만, 지역 성장의 중심적 구실

2 미국은 주민 2천 5백 명 이상의 도시화 지역, 캐나다는 주민이 1천 명 이상이고 인구밀도 400명/㎢ 이상인 지역, 러시아는 주민 수와 비농업 종사자 비율을 기초로 국가에서 지정한 도시형태를 갖춘 지역, 일본은 주민 5만 명 이상이고, 시가지화 지역 60% 이상이며, 비농업 종사자 비율 60% 이상인 지역, 노르웨이와 아이슬란드는 주민 200명 이상인 지역, 포르투갈은 주민 1만 명 이상인 집중화 지역, 네덜란드는 주민 2천 명 이상인 행정구역, 이스라엘은 농업직 종사자 가구 비율이 1/3 이상인 지역을 제외한 주민 2만 명 이상인 지역, 인도는 주민 5천 명 이상, 인구밀도 390명/㎢ 이상, 비농업 종사자의 성인 남성 인구비율이 3/4 이상인 지역, 호주는 주민 1천 명 이상인 인구 밀집지, 아르헨티나는 주민 2천 명 이상인 인구중심지를 도시라 한다(권용

을 한다. 하나의 도시는 도시의 영향력이 미치는 도시 지역(urban area)을 형성하고 도시와 도시 사이의 기능적 관계에 따라 계층이 형성되면서 중심이 되는 도시가 대도시(metropolis)로 성장하게 된다. 어원상 대도시는 그리스어에서 어머니를 뜻하는 'meter(또는 metr-)'와 도시를 뜻하는 'polis'가 결합한 것으로 'mother state'를 뜻한다. 오늘날에는 대도시를 말하는 보통명사처럼 사용된다. 대도시 지역(metropolitan area)은 하나의 대도시 또는 여러 도시가 보통 통근 패턴으로 파악되는 도시 중심을 둘러싼 다른 도시나 농촌 지역을 포함하는 영역을 말한다.

대도시가 급격히 발달한 미국의 경우를 살펴보면, 대도시 지역에 대한 정의는 다음과 같이 변화해 왔다(US Census, www.census.gov). 1949년에 표준 대도시 지역(SMA, standard metropolitan area)을 정의하였고, 10년 뒤인 1959년에 표준 대도시 통계 지역(SMSA, standard metropolitan statistical area)으로, 1983년에 대도시 통계 지역(MSA, metropolitan statistical area)으로 용어를 개정했다. 1990년에는 대도시 지역(MA, metropolitan area)이란 용어를 수용하여 대도시 통계 지역(MSA), 통합 대도시 통계 지역(CMSA, consolidated metropolitan statistical area), 종주 대도시 통계 지역(PMSA, primary metropolitan statistical area)을 집합적으로 가리키는 용어로 사용했다. 2000년 이후부터는 핵심 기반 통계 지역(CBSA, core based statistical area)이란 용어를 사용하여 대도시 통계 지역(MSA)과 소도시 통계 지역(μSA, micropolitan statistical area)을 집합적으로 가리키는 의미로 사용하고 있다(제1장 1절 참조).

통계 지역을 구분하는 기준은 총 7번 개정되었는데, 가장 최근 개정은 2010년이다. 이 기준에 따르면 핵심 기반 통계 지역은 최소 1개의 1만 명 이상 인구를 갖는 도시 지역을 포함해야 하며, 대도시 통계 지역은 최소 1개의 5만 명 이상 거주 인구를 갖는 도시화 지역(urbanized area)을 포함해야 한다. 소도시 통계 지역은 최소 1만 명 이상 5만 명 미만의 인구를 갖는 최소 1개의 도시 집단(urban cluster)을 포함해야 한다. 2018년 9월 현재, 384개의 대도시 통계 지역과 542개의 소도시 통계 지역이 분포하고 있다.

우 · 변병설, 2011; 권용우 외, 2012에서 재인용)(제1장 1절 참조).

(2) 메가시티와 메갈로폴리스

메가시티(megacity)나 메갈로폴리스(megalopolis)를 번역하면 모두 거대도시라 할 수 있다. 그러나 메가시티는 인구 1천만 명 이상의 거주자를 지닌 매우 큰 대도시 지역을 말하며, 2014년 기준 28개의 도시가 이 기준을 충족하고 세계의 도시 거주 인구의 12%를 차지한다(UN DESA, 2015). 대체로 메가시티는 큰 도시를 지칭하는 일반 용어로 사용되는 반면에 메갈로폴리스는 좀 더 거대한 지역의 대도시 연합을 지칭하는 용어로 사용된다.

메갈로폴리스라는 용어는 1961년에 지리학자 장 고트만(Jean Gottmann)에 의해서 보스턴에서 워싱턴 D.C.에 걸친 미국의 북동부 연안의 거대한 도시화 지대를 지칭하는 말로 처음 등장하였다(Gottmann, 1961). 고트만이 북동부 연안을 주목한 것은 이 지대가 다른 도시화 지역과 마찬가지로 주변과 명확히 구별되는 도시적 경관을 보이기 때문이었다. 인구가 100만 명이 넘는 몇 개의 대도시가 교통 회랑을 따라 연결되고, 대도시권에 영향을 받는 주변 지역도 대도시와 더불어 거주, 교통, 비즈니스 등과 같은 도시의 기능이 마치 하나의 구조처럼 작동하기 때문에, 기존 대도시들의 단순한 집합으로 부르기보다는 새로운 개념인 궁극의 초대도시권이라 명명한 것이다. 즉, 메갈로폴리스는 이제까지 없었던 도시의 발달이 최대로 진행된 거대한 규모의 도시화에 초점을 맞추었다고 할 수 있다.

(3) 연담도시화

연담도시화(conurbation)란 사전적인 의미로는 '계속된(continuous)'과 '도시 지역(urban area)'을 바탕으로 만들어진 용어다. 연담도시화는 스코틀랜드 출신의 생물학자이며 사회학자인 패트릭 게데스(Patrick Geddes)가 1913년에 집적의 의미로 처음 사용하고, 1932년에 영국의 지리학자인 찰스 포셋(Charles B. Fawcett)에 의해 지리학 용어로 사용되기 시작하였다(남영우 외, 2017). 처음에는 네덜란드의 란트슈타트([그림 3-13])나 독일 루르의 연담도시를 지칭하는 데 사용되었으나, 현재는 하나 또는 여러 도시가 교통로를 따라 일정 수준 이상의 시가지밀도로 연결되어 분포하는 것을 지칭한다. 인구의 급속한 증가, 산업과 기술의 발달은 도시 지역의 범위를 확장하고, 하나의 도시 중심지는 다른 도시 중심지의 도시화와 주변 지역의 지속적인 발전으로 서서히 합쳐지게 된다. 도시 지역은 확장하는 지역 내 소규모 도시를 삼켜 버리고, 인근 읍 지역을 도시 자격을 갖추도록 변화시키며, 때때로 새로운 도시를 발전시키고, 다른 확장하는 도시와 마주치게 된다. 하나의 도시 지역 주변에 발달하는 단핵(uninuclear) 연담도시화와 몇 개의 도시 지역들이 집합적으로 발달하는 다핵(polynuclear) 연담도시화로 구분하기도 한다.

데시오 리가티(Decio Rigatti, 2009)에 따르면, 사회적 · 공간적 · 경제적 현상으로의 연담도시화는 최소한 두 가지의 다른 논리에 근거하여 파악할 수 있다. 우

그림 3-13 **란트슈타트(Randstad: Ring City): 동남쪽이 열린 반지 모양의 연결된 시가지**

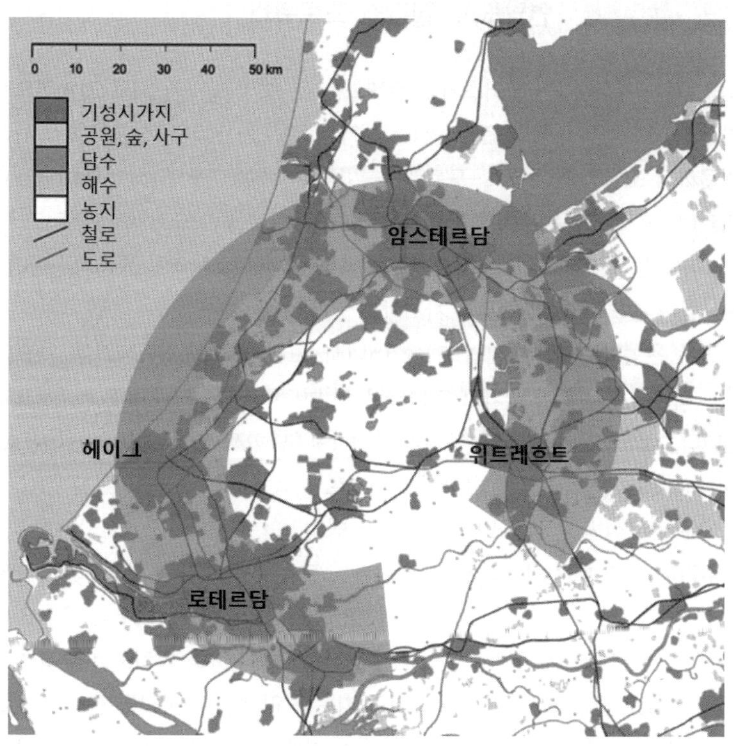

출처: 위키피디아(https://commons.wikimedia.org/wiki/File:Randstad_with_scale.png)를 저자가 수정함.

선, 지역적 논리는 지역 주민이 일상생활을 하면서 자신이 어떤 커뮤니티에 속해 있는가를 이해하는 가운데 구조화된다. 지역적 중심성을 통해 이를 파악할 수 있다. 반면, 글로벌 논리는 사람 · 상품 · 정보 교류에서의 서로 다른 종류, 양, 이동을 통해 그 영역을 특징지을 수 있는 생산 · 주거 · 소비 부분들 사이의 상호의존성을 통해 구조화된다. 이는 글로벌 중심성을 통해 전체 시스템이 작동하는 방법을 파악함으로써 알 수 있다. 이런 의미에서 한 지역의 연담도시화는 부분의 합 이상이며, 동시에 복잡하고 역동적인 과정이 일어나는 현상이다. 연담도시를 이루고 있는 지방정부의 역할은 이 두 가지, 지역적 논리와 글로벌 논리에 따라 결정된다. 다시 말해 전체 연담도시 시스템 안에서 지방정부의 위치는 다른 지방정부 및 전체 시스템과의 관련성에 달려있다.

읽을거리 3-2 연담도시: 댈러스-포트워스

미국의 텍사스주에 있는 댈러스와 포트워스는 두 개의 도시가 서로 기능적으로 밀접하게 연결된 대표적인 미국의 연담도시 사례다. 실제로는 댈러스와 포트워스 사이에 있는 알링턴까지 포함하여 댈러스–포트워스–알링턴(Dallas–Fort Worth–Arlington) MSA를 가리키며, 흔히 DFW 또는 댈러스–포트워스 메트로플렉스(metroplex)라고 불린다. 640만 명이 넘는 인구 규모로 미국에서 4번째로 큰 메트로폴리탄 통계지구이며, 2019년의 GDP를 기준으로 세계 10위를 차지하고 있다.

이 지역은 은행업, 상업, 통신업, 기술, 에너지, 보건 및 의학 연구, 교통, 운송이 주된 산업이며, 미국에서 뉴욕과 시카고 다음으로 세 번째로 많은 24개의 Fortune 500 기업이 위치한다. 지역의 인구 변화는 1980년에서 1990년까지 30.6%, 1990년에서 2000년까지 34.4%, 2000년에서 2010년까지 23.1%로 계속해서 증가하고 있다. 2010년 인구센서스 기준으로 절반이 약간 넘는 50.2%가 백인이며, 흑인은 15.4%, 아시안이 5.9%, 미국 원주민이 0.6%를 차지하고 있다. 히스패닉 또는 라틴계가 전체인구의 27.5%를 차지한다.

댈러스와 포트워스의 사이에는 댈러스/포트워스 국제공항이 위치하여 댈러스, 포트워스, 알링턴 메트로폴리스뿐만 아니라 주변의 카운티 인구를 위한 교통 중심지 역할을 하고 있다. 2017년 승객 기준으로는 세계에서 15번째의 순위를 차지하고 있으며, 200개 이상의 도시와 연결되고 있다(Airport Review, 2019). 두 도시는 주간 고속도로인 I–20

그림 3-14 DFW의 야간 위성 이미지

출처: NASA Earth Observatory.

그림 3-15 포트워스와 댈러스 관광지도

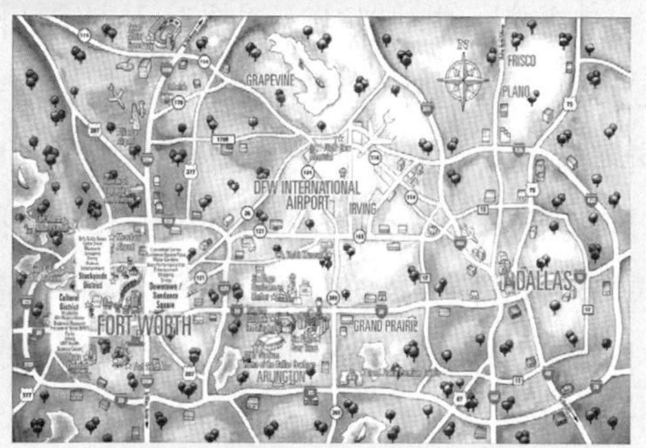

출처: Fort Worth Convention & Visitor Bureau, 2014.

과 I-30이 동서로 연결하고 있으며, 포트워스의 순환도로인 I-820, 댈러스의 순환도로인 I-635가 긴밀하게 연결되어 있어 동서로의 연결이 탁월하다. 지역의 남북으로는 I-35W가 포트워스를, I-35E가 댈러스를 지나며 남쪽으로는 오스틴, 북쪽으로는 오클라호마시티를 연결한다. 'Dallas Area Rapid Transit(DART)'라 불리는 경전철이 포트워스와 댈러스에서 공항으로 이동할 수 있도록 연결하고, 'Trinity Railway Express(TRE)'가 포트워스와 댈러스를 직접 연결한다. DART와 TRE뿐만 아니라 버스 노선도 댈러스, 포트워스와 그 주변 지역을 연결하고 있다.

댈러스-포트워스 메트로플렉스 지역은 [그림 3-14]와 [그림 3-15]에서 보는 것처럼, 하나의 도시같이 연결되어 있어 형태적으로 연담도시의 특징을 잘 보여주고 있으며, 각 중심도시가 하나의 시스템 안에 구분된 역할을 함으로써 전체 시스템을 완성하고 있다. 즉, 중심 산업의 입지를 바탕으로 살펴보면 댈러스와 그 주변 지역은 비즈니스 경영과 운영, IT 산업이 주로 위치하며, 포트워스 지역은 농장과 축산업이 주요 산업이고, 알링턴의 경우는 스포츠, 관광, 제조업의 중심이다. 이는 연담도시화가 진행될 때 각 중심도시의 특징이 충분히 유지되면서 상호 보완하는 방향으로 도시의 기능이 결정되며, 하나의 생활권을 가능하게 하는 충실한 교통망을 바탕으로 더욱 발전하게 됨을 보여준다.

(4) 세계화와 글로벌 도시

세계화는 범세계적인 경제적 통합을 바탕으로 하고 있다는 것이 학자들의 공통적인 의견이나, 어떠한 관점이나 상황에서 바라보느냐에 따라 긍정적이기도 하고 부정적이기도 하다. 경제적 통합을 바탕으로 한 정치적, 사회적, 문화적 통합과정을 모두 포함하여 세계화라고 할 때, 통합을 주도하는 쪽과 어쩔 수 없이 통합되어가는 쪽은 입장이 크게 차이가 날 수밖에 없다. WTO 체제의 출범으로 시작된 경제적 통합의 과정이 정치, 사회, 문화로 확산하여, 이제는 세계화의 좋고 나쁨을 떠나서 이미 세계는 하나의 운명 공동체가 되어가고 있다. 세계화의 영향이 위로는 국가로부터, 아래로는 각 개인의 삶에 이르기까지 영향을 미치고 있지만, 어느 시대보다도 도시에 거주하는 인구가 많은 지금, 세계화가 도시에 미친 영향을 간과할 수는 없다. 세계화 이전에 국내적으로 중심지 역할을 했던 도시들은 이제 세계의 도시를 상대로 경쟁을 해야 하는 처지에 놓였다. 글로벌 도시는 이러한 경쟁을 거치며 기능적으로 변화하는 현재 도시들의 특징을 보여주는 개념이다.

글로벌 도시는 상품 생산과 서비스를 제공하는 기존의 국내 중심지의 역할에 한정되지 않고 더 광범위한 경제 네트워크의 일원으로서 이른바 명령과 통제 기능을 수행한다. 명령과 통제의 기능이 가능하게 된 것은 정보통신과 관련한 과학과 기술의 발달로 원거리에서 거래와 서비스 활동이 가능하게 되었기 때문이다. 글로벌 도시는 다른 도시보다 정보와 지식에 기반한 4차 산업이 발달한 경우가 많으며, 특히 회계, 보험, 법률, 광고 등을 포함한 생산자 서비스를 중심으로 한다. 런던, 뉴욕, 도쿄의 경우는 금융 분야에서 대표적인 글로벌 도시로 일컬어지고 있으며, 이들 도시는 세계적인 금융과 보험, 법률 회사들의 본사가 위치하며, 세계의 경제를 통제하고 있다. 어느 한 도시가 경제적인 분야뿐만 아니라 다른 분야에서 세계적인 영향력을 보인다면 그 분야에서 글로벌 도시라고 말할 수 있다. 예를 들어, 정치 분야의 경우는 미국의 수도인 워싱턴 D.C.라든지 유럽연합의 본부가 위치한 브뤼셀 같은 도시를 꼽을 수 있으며, 문화 분야의 경우는 파리, 종교 분야의 경우는 메카, 예루살렘과 같은 도시도 글로벌 도시라 할 수 있다. 그러나, 보통 한 가지 분야로 글로벌 도시로 분류되기보다는 여러 분야에서 세계적 경쟁력(세계성)을 갖는 경우 글로벌 도시로 분류하는 것이 일반적이다.

과거 산업도시들은 산업과 기술의 발달로 도시가 성장하였고, 특히 대량 생산이 가능한 제조업 시설(공장)의 설치가 도시화를 이끌었다. 오늘날의 도시 성장은 공장의 설치가 아닌 세계적인 기업, 특히 명령과 통제 기능을 수행하는 기업의 존재가 도시의 발전을 주도한다. 세계적 경제 잡지인 〈포춘〉은 매년 세계 500대 기업(Global 500)을 발표하는데, 많은 수의 기업이 북미, 유럽, 아시아에 집중되어 있다.[3] 이들 지역은 글로벌 도시가 많이 위치한 지역이며, 세계 경제를 주도하는 3개의 축이라고 할 수 있다. 이를 바탕으로 세계 경제를 선도하는 기업들의 위치 선호도를 보면 대체로 인구 백만 명 이상의 메트로폴리탄 지역이며, 관련 산업과의 연계성을 고려하는 것을 알 수 있다. 또한, 과거에는 세계 500대 기업의 본사가 미국 북동부의 러스트 벨트와 중서부 대도시에 위치하였으나, 오늘날은 도시의 외곽 또는 선벨트 지역으로 이전했다. 이는 과거에 제조업 중심의 산업구조에서는 상품을 파는 시장, 저렴한 노동력, 자원의 위치, 자본의 확보 등이 중요한 요소였고, 지식 산업으로 넘어가면서 기업이 원하는 경제적 기반 중 인구요소, 특히, 기업이 원하는 양질의 인력을 확보하기 위한 것이라 할 수 있다. 물론 중간 규모의 도시가 제공하는 저렴한 임대료를 포함한 낮은 생활비와 넓은 사무 공간이 선택의 요소가 되기도 한다.

모든 도시가 글로벌 도시가 될 수도 없고, 그럴 필요도 없다. 몇몇 도시들은 특화된 기능의 확보를 통해 도시의 성장 동력을 확보하였는데, 예를 들어 미국의 멤피스는 세계적인 운송회사인 FedEx의 본사를 유치하고, 애틀랜타는 UPS를 유치하여 항공물류 네트워크의 중심지로서 도시의 성장을 꾀하고 있다. 캐나다의 에드먼튼과 캘거리의 경우는 석유와 관련하여 캐나다 내에서 중요한 위치를 차지하고 있는데, 에드먼튼의 경우는 파이프라인 생산, 설비 제조, 화학 처리, 정제, 연구개발 중심지의 역할을, 캘거리의 경우는 주요 석유회사의 본사를 비롯한 5천 개 이상의 석유, 에너지 관련 회사 사무실이 있으며, 캐나다 6대 주요 은행의 사무소 및 1천 300여 개의 파이낸셜 회사들이 있다(Burton, 2012). 이를 바탕으로 두 도시는 석유산업의 글로벌 네트워크의 중심도시로 자리를 잡았다.

---

3 Visualize The Global 500 참조: http://fortune.com/global500/visualizations/?iid=recirc_g500landing-zone1.

반면에 기존의 산업도시에서 호황을 겪었던 도시들이 전통적인 제조업의 부진으로 도시가 함께 쇠락하기도 했다. 미국 러스트 벨트의 피츠버그, 클리블랜드, 디트로이트 등이 대표적인데, 피츠버그의 경우는 첨단 제조기술, 의료, 에너지, 정보기술 분야로의 산업 전환을 통해 다시 위치를 회복하고 있으며, 클리블랜드도 금융, 의료, 정보기술 등의 분야로의 전환을 통해 전성기로의 회복을 노리고 있다. 디트로이트 역시 전통적인 자동차 산업을 기반으로 모빌리티 산업의 고도화뿐만 아니라 정보기술, 의료, 생의학 분야의 투자를 증대하고 있다.

세계화의 영향으로 도시의 산업이 고도화되면서, 특히 정보기술 산업 중심으로 변화하면서, 신산업에 필요한 지식과 교육수준을 가진 고임금 계층이 증가하고 동시에 도시의 비공식(informal)이나 반공식(semi-formal) 제조 활동 또는 서비스 활동을 수행하는데 종사하는 저임금의 비숙련 노동자도 증가하게 되는 고용구조의 양극화 현상이 일어났다. 마누엘 카스텔(Manuel Castells, 1989)은 이를 '이중도시(dual city)'의 개념으로 설명하였다. 그는 뉴욕과 로스앤젤레스를 대상으로 한 분석에서 정보기술의 발달이 고용 및 직업 구조에 불평등한 영향을 미치고, 이는 자본의 유연성을 증가시켜 노동의 힘을 약화할 뿐만 아니라 도시 계층 간의 사회적 · 문화적 양극화를 유발하며, 계층 간의 공간적 양극화 현상, 정치적 양극화 현상까지도 유발한다고 주장하였다. 즉, 정보기술의 불평등, 도시의 빈곤 문제, 하위계층의 사회적 배제가 결합하여 이와 같은 현상이 발생한다는 것이다. 특히 공간적 분할은 등급 상승(upgrading)이라 할 수 있는 젠트리피케이션과 등급 하락(downgrading) 또는 여과 과정(filtering)이라 할 수 있는 빈곤한 근린지역의 확장을 통해 도시의 이중성을 여실히 드러내고 있다(Kaplan *et al.*, 2014; 김학훈 외, 2016에서 재인용).

|참|고|문|헌|

권용우 · 변병설, 2011, 도시, 아지출판사.

권용우 · 손정렬 · 이재준 · 김세용 외, 2012, 도시의 이해, 제4판, 박영사.

김 인, 1991, 도시지리학원론, 법문사.

김학훈 · 이상율 · 김감영 · 정희선 역, 2016, 도시지리학, 제3판, 시그마플러스(Kaplan, D. H., Holloway, S. R., & Wheeler, J. O. (eds.), 2014, *Urban geography* (3rd ed.), John Wiley & Sons, Inc., New York NJ).

남영우 · 최재헌 · 손승호, 2017, 세계화시대의 도시와 국토, 제6판, 법문사.

안재학 역, 1995, 도시학 개론, 새날(Hartshorn, T. A., 1992, *Interpreting the city: an urban geography*, John Wiley & Sons, Inc., New York NJ).

신정엽, 2016, "도시 공간 구조에서 젠트리피케이션의 비판적 재고찰," 부동산 포커스, 98, 15-25.

신정엽 · 김감영, 2014, "도시 공간 구조에서 젠트리피케이션의 비판적 재고찰과 향후 연구 방향 모색," 한국지리학회지, 3(1), 67-87.

정장호, 1993, 지리학사전, 개정판, 우성문화사.

Basmajian, C. W., 2013, *Atlanta Unbound: Enabling Sprawl through Policy and Planning*, Temple University Press, Philadelphia.

Borchert, J. R., 1967, American metropolitan evolution, *Geographical Review*, 57, 301-32.

Castells, M., 1989, *The Informational City: Information Technology, Economic Restructuring and the Urban-Regional Process*, Basil Blackwell, Oxford.

Champion, A. G., 1989, *Counterurbanization*, Edward Arnold, London.

Chapin, T., 2014, Atlanta unbound: enabling sprawl through policy and planning, *Journal of the American Planning Association*, 80(4), 444

Clay, P., 1979, The mature revitalized neighborhood: emerging issues in gentrification, in Lees, L., Slater, T., & Wyly, E. (eds.), 2010, *The Gentrification Reader*, Routledge, New York, 37-39.

Duany, A., Plater-Zyberk, E., & Speck, J., 2000, *Suburban Nation: the Rise of Sprawl and the Decline of the American Dream*, North Point Press, New York.

Ewing, R., 1997, Is Los Angeles-style sprawl desirable?, *Journal of American Planning Association*, 63(1), 107-126.

Frey, W. H. & Zimmer, Z., 2001, Defining the city, in Paddison, R.(ed.), 2001, *Handbook of Urban Studies*, Sage, London, 14-35.

Garreau, J., 1991, *Edge city: Life on the New Frontier*, Anchor Books, New York.

Gottmann, J., 1961, *Megalopolis: the Urbanized Northeastern Seaboard of the United States*, MIT Press, Cambridge.

Habibi, S., & Asadi, N., 2011, Causes, results and methos of controlling urban sprawl, *Procedia Engineering*, 21, 133-141.

Hackworth, J., & Smith, N., 2001, The changing state of gentrification, *Tijdschrift voor Economische en Sociale Geografie*, 92(4), 464-477.

Haggett, P., 1979, *Geography: a Modern Synthesis*, Harper and Row, New York.

Leinberger, C. B., & Lynch, P., 2015, *The WalkUp Wake-Up Call: Michigan Metros*, The George Washington University School of Business, Washington D.C.

Macionis, J. J., & Parrillo, V. N., 2000, *Cities and Urban Life*, Pearson Education, Inc., Upper Saddle River.

Mieszkowski, P., & Mills, E. S., 1993, The causes of metropolitan suburbanization, *Journal of Economic Perspectives*, 7(3), 135-147.

Mills, E. S., 1972, *Urban Economics*, Scott, Foresman, New York.

Pacione, 2015, *Urban Geography: a Global Perspective*, Upper Saddle River.

Phillips, P. D., & Brunn, S. D., 1978, Slow growth: a new epoch of American metropolitan evolution, *The Geographical Review*, 68(3), 274-292.

Rigatti, A. D., 2009, Measuring conurbation, in Koch, D., Marcus, L., & Steen, J. (eds.), *Proceedings Of The 7th International Space Syntax Symposium*, Stockholm: KHT, 093: 1-13.

Small, J., & Witherick, M., 1986, *A Modern Dictionary of Geography*, Edward Arnold, London.

Taaffe, E. J., Gauthier, H. L., & O'Kelly, M. E., 1996, *Geography of Transportation* (2nd ed.), Prentice-Hall, Upper Saddle River.

Thompson, W., 1956, *A Preface to Urban Economics*, Johns Hopkins Univ. Press, Baltimore.

UN DESA, 2015, *World Urbanization Prospects: The 2014 Revision*, UN, New York.

Airport Review, 2019, "The top 20 largest airports in the world by passenger number,"*Airport Review*, 2019년 4월 2일 자. Retrieved 2019-05-20.

Boyd, R., 2017, "Atlanta Is Finally Choosing Smart Growth over Sprawl," NRDC.org 2017년 6월 5일 자. https://www.nrdc.org/stories/atlanta-finally-choosing-smart-growth-over-sprawl. Retrieved 2019-05-22.

Burton, B., 2012, "Calgary a head-office hub – second only to Toronto," Calgary Herald 2012년 4월 30일 자. Retrieved 2019-05-09.

Fort Worth Convention & Visitor Bureau, 2014, Dallas and Fort Worth Area Map, https://assets.simpleviewinc.com/simpleview/image/upload/v1/clients/fortworth/DFW_Area_Map_JUNE2014_WEB_1__f7e6f556-da18-447c-a0ce-306e2707c204.pdf. Retrieved 2019-05-09.

OOEA(Oregon Office of Economic Analysis), 2013, "Portland vs Detroit," OOEA Post 2013년 6월 30일 자. https://oregoneconomicanalysis.com/2013/07/30/portland-vs-detroit/. Retrieved 2019-05-21.

The World Bank, 2019, "Urban Population," The World Bank Data, https://data.worldbank.org/indicator/SP.URB.TOTL?end=2017&start=1960&type=shaded&view=chart&year_high_desc=true. Retrieved 2019-05-05.

US Census, https://www.census.gov/programs-surveys/metro-micro/about.html. Retrieved 2019-05-10.

Wiki--travel.com, GA City Map, https://pasarelapr.com/images/ga-city-map/ga-city-map-3.png. Retrieved 2019-05-09.

추천문헌

강민정 · 권상철, 2007, "제주시 도시화의 공간적 특성: 인구와 지가 변화를 중심으로," 한국도시지리학회지, 10(3), 55-67.

남영우, 2006, 글로벌시대의 세계도시론, 법문사.

박경환, 2017, "역도시화인가 촌락 젠트리피케이션인가?: 개념적 적합성에 관한 고찰," 한국도시지리학회지, 20(1), 87-107.

박병호 · 한상욱 · 인병철, 2008, "우리나라 대도시 도심쇠퇴의 패턴에 관한 비교분석," 한국도시지리학회지, 11(3), 101-111.

손승호, 2015, "서울대도시권 통근통행의 변화와 직-주의 공간적 분리," 한국도시지리학회지, 18(1), 97-110.

양재석 외, 2018, "복합시설 접근성을 이용한 대도시권 스프롤 측정: 광주광역시권을 사례로," 한국도시지리학회지, 21(1), 77-91.

이정민 · 정은애 · 이만형, 2015, "대외원조가 아세안 국가의 도시화에 미치는 영향력 분석," 한국도시지리학회지, 18(3), 45-55.

임수진 · 김감영, 2015, "도시 스프롤 측정 방법으로서 밀도 기반 스프롤 지수 특성 평가," 한국도시지리학회지, 18(2), 67-79.

주경식, 2003, "대도시 '신도심'지구의 형성과 발달," 한국도시지리학회지, 6(1), 1-15.

최은영 · 이성우, 2006, "미국과 영국의 역도시화 논쟁과 우리나라 인구 현상의 변화(1990~2005년)," 한국도시지리학회지, 9(3), 109-123.

최재헌, 2010, "한국 도시 성장의 변동성 분석," 한국도시지리학회지, 13(2), 89-102.

한국도시지리학회 역, 2013, 세계의 도시, 푸른길(Brunn, S. D., Hays-Mitchell, M., & Zeigler, D. J. (eds.), 2012, *Cities of the World: World Regional Urban Development* (5th ed.), Rowman & Littlefield Publishers, Lanham).

한국도시지리학회 편, 2005, 한국의 도시, 법문사.

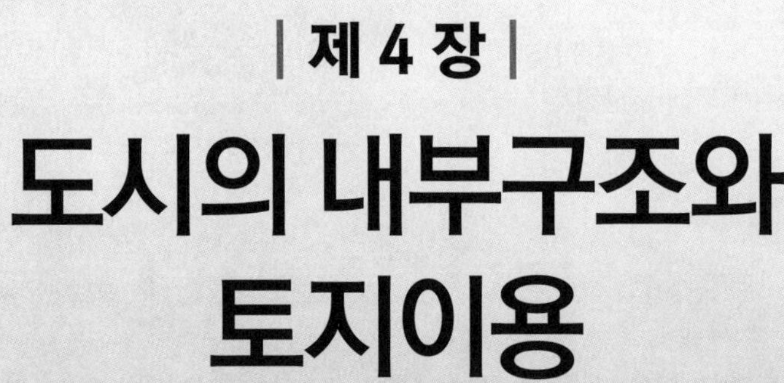

| 제 4 장 |

도시의 내부구조와 토지이용

– 손승호 –

1. 도시구조의 개념
2. 도시의 지가와 토지이용
3. 도시구조 이론
4. 개발도상국의 도시구조

| 제 4 장 |

도시의 내부구조와 토지이용

1. 도시구조의 개념

(1) 지역구조란 무엇인가?

우리가 점유하고 있는 지표는 여러 가지의 요소들로 구성되어 있으며, 이들 요소는 전체를 구성하는 부분으로 간주된다. 부분은 개별적으로 역할을 수행하지만, 부분이 모인 전체는 각 요소의 개별적인 역할뿐만 아니라 그 이상의 기능을 발휘하게 된다. 이처럼 여러 개의 부분지역(sub-region)이 모여 전체를 구성할 때에 그 사이에 내재하고 있는 관계를 지역구조(regional structure)라 한다. 즉, 지역구조는 특정의 행정 · 정치 · 경제 · 인구 등의 기준에 의거하여 구성되는 국가 또는 장소의 구조화된 구분 또는 지리적 영역의 배치상태나 조직을 의미한다. 한 지역의 배치상태를 결정짓는 요소는 매우 다양하다.

지역구조는 단순히 부분의 결합에 의해 형성되는 관계의 규명에 초점을 두는 것이 아니라, 부분지역의 연계에 의해 새로운 역할을 수행할 때에 더 큰 의미를 가지므로, 부분지역과 전체지역 사이의 관계를 구조화하여 탐색하는 과정을 통해 파악이 가능하다. 한 국가의 지역구조는 공간적 영역과 비공간적 영역의 결합에 의해 형성되는데, 공간적 영역에는 산업배치 · 지역경제 · 토지이용 등의 요소가 포함되며, 비공간적 영역에는 산업구조가 포함될 수 있다. 따라서 지역구조는 소규모의 촌락은 물론 분석하고자 하는 대상 지역의 공간 스케일을 도시, 도시권, 국가 단위까지 확대하여 규명할 수 있다.

지표는 분류기준과 방법에 따라 다수의 공간으로 구분되므로, 지역은 공간과 미묘한 차이가 있지만 거의 같은 개념으로 이해되며 지역구조 역시 공간구조(spatial structure)라는 개념과 차이가 없다. 지리학자들은 오래전부터 하나의 전체지역이 이를 구성하는 다수의 부분지역과 가지는 관계를 의미하는 지역구조를 등질지역(또는 동질지역)적 관점과 기능지역(또는 결절지역)적 관점에서 분석했다. 등질지역적 관점은 전체를 구성하는 하위의 부분지역이 지니는 사회 · 경제적 속성의 유사성에 기초한 것으로, 우리가 알고 있는 바와 같이 농업지대에서 이루어지는 토지이용의 등질성을 토대로 나뉘는 벼농사지역이나 밭농사지역 또는 도시 내의 토지이용에 따라 구분되는 주거지역 · 상업지역 · 공업지역 등이 등질지역적 관점에서 지역구조를 반영하는 부분지역이 된다. 등질지역구조는 지구 표면상에서 특정 장소가 가지는 절대적 속성을 토대로 도출되는 절대적 장소의 개념이다.

기능지역적 관점은 전체지역을 구성하는 단위 지구간에 발생하는 장소간의 공간 상호작용을 토대로 형성되는 것으로, 통근권이나 통학권과 같이 출발지에서 도착지로의 연결관계를 토대로 다수의 부분지역이 만들어지고, 이들 부분지역이 결합하여 전체지역을 형성할 때 도출된다. 예컨대, 우리 국토 전체에서 수도 서울을 중심으로 공간 상호작용의 결합관계를 형성하는 수도권이나 부산을 중심으로 형성되는 부산권 등이 포함된다. 이는 한 장소의 속성만을 고려하는 절대적 장소가 아니라 다른 장소와의 연계를 고려하는 상대적 장소의 개념에 해당한다. 즉 공간 상호작용에 의해 도출되는 지역구조는 특정 장소를 둘러싸고 있는 주변 환경이나 다른 장소와의 연결관계에 의해 정의되는 상대적 장소의 개념이다.

요컨대, 지역구조는 지리적 사상을 포함하고 있는 지표의 부분 공간들이 유기적으로 질서 정연하게 서로 연계를 맺으면서 배열된 형태라고 할 수 있다. 그러므로 지역구조는 부분과 전체의 관계에 내재하고 있는 구조화의 과정을 거친 결과물이 공간적 형상으로 구체화된 것이며, 그 형상은 점 · 선 · 면의 실체로써 표현된다. 구조주의적 관점에서 지역구조는 사회적 과정과 사회적 구조에 의해 형성된다. 구조주의적 관점을 견지하는 지리학자들은 공간에 존재하는 질적 차이를 비롯하여 사회적 모순, 지역격차 등의 문제에 관심을 가지며, 국가의 경제 발전 및 도시화의 진전 등에 따라 공간구조가 만들어지고 분화한다고 주장한다.

(2) 도시 내부의 지역구조

전술한 바와 같이 지역구조는 공간구조와 같은 개념이므로, 도시 내부의 지역구조는 도시 내부의 공간구조라는 표현으로 대체되기도 한다. 도시의 지역구조는 도시 내부를 구성하는 요소의 배열 상태가 전체지역과 가지는 관계를 의미하며, 도시의 공간구조는 요소의 공간적 위치와 배열뿐만 아니라 요소 자체의 패턴 · 거리 · 형태 등 기하학적 특징까지 기술하는 것을 의미한다. 이 두 용어는 도시가 공간요소에 의해 공간적으로 조직된 전체라는 관점에서 차이가 없다.

우리가 지역구조를 분석하는 대상이 도시이고 도시라는 공간에서 전개되는 사상을 분석 지표로 삼기 때문에 도시 내부의 지역구조는 도시구조로 약칭될 수 있다. 즉, 도시구조는 도시의 내부구조(internal structure of the city)를 의미한다. 도시구조라 함은 공간 범위를 도시로 한정하고 그 내부에 있는 다양한 사상의 분포를 통해 도출된다. 도시는 다양한 사상에 의해 구성되며, 여기에는 눈에 보이는 가시적인 것도 있고, 눈에 보이지 않는 비가시적인 것도 포함된다.

이에 대해 도시 주변에 분포하는 취락의 분포나 토지이용 등을 규명하는 작업을 도시의 외부구조(external structure of the city)로 간주하기도 한다. 도시와 그 주변의 취락은 유기적 관계를 맺으면서 성장한다. 지리학자들은 취락의 성장 · 분포 · 구조 등에 내재하고 있는 이론적 틀을 규명하기 위해 오래전부터 노력하였으며, 이로부터 입지지대 이론(bid-rent theory)이나 중심지 이론(central place theory) 등이 태동했다. 도시는 기본적으로 일자리가 있는 장소이며, 도시 내 일자리는 일반적으로 1차 · 2차 · 3차 부문으로 구성된다. 전산업시대에는 대부분의 사람들이 농업에 종사하였고, 도시 중심지는 거의 형성되지 않았거나 매우 소규모로 형성되었다. 공업화와 산업화가 진행되면서 도시는 1차 경제활동이 지배적이었다가 점진적으로 3차 경제활동의 고용 중심지로 변모하였으며, 도시 중심부의 규모도 확대되었다.

모든 도시의 내부공간은 조직화된다. 도시공간이라는 관점에서, 공간조직은 토지이용의 패턴에서 나타나는 규칙성을 토대로 설명되는 경우가 일반적이다. 도시 내에서의 토지이용은 경제활동 및 인구의 분포와 밀접한 관계를 가지며, 이는 도시의 규모 및 도시의 형태와도 연관된다. 현대도시에서는 도시의 공간구조가 매우 빠르게 변화한다. 미국에서는 인구규모가 1,500명에 불과한 도시에서도 토지이용의 지역분화가 관측되어, 상업지역이 중심도로를 따라 들어서고 고속도로나 철도변에 야적장이 입지하는 모습을 확인할 수 있다. 상업지역이나 야적장으로부터 분리된 장소에 주거지역이 들어서기도 한다. 이처럼 유사한 기능의 집적과 함께 도시 내에서 토지이용이 뚜렷하게 분화하는 양상은 도시규모가 커질수록 명확해지는 경향을 나타낸다. 그리고 특정 토지이용으로 분화된 장소들은 복잡한 연계를 통해 고도로 특화된 지구로 발전하며, 이들 특화된 장소들 간의 공간조직에 의해 도시 내 공간구조가 변화해 간다.

찰스 콜비(Charles C. Colby, 1933)는 도시구조를 형성시키고 변화시키는 동적 요인을 상반되는 두 가지 힘으로 파악했다. 그는 도시 내에서 작용하는 구심력(centripetal force)과 원심력(centrifugal force)의 두 가지 힘에 의해, 도시기능의 집중과 분산이 진행되는 것으로 간주했다. 원심력은 도시 내 주요 기능을 중심부에서 주변부로 이전하도록 하는 힘이고, 구심력은 특정 기능을 도시 중심부 또는 특정 장소로 집중하도록 하는 힘이다. 이 두 힘의 작용으로 도시 내의 정치 · 경제적 권력은 도시 중심부로 집중하고 상업활동이나 업무활동의 입지는 분산하는 경향을 보이게 된다.

도시 내에서 지역구조가 형성되는 근본적인 이유가 무엇인지에 대한 궁금증을 가질 수 있을 것이다. 이는 특정 활동이 일정한 장소에서 나타나는 입지의 분화 때문이다. 도시 내에는 다양한 경제공간이 배열되어 있으며, 대도시일수록 경제공간은 복잡하게 구성된다. 인간이 경제생활을 영위하는 과정에서 경제입지가 이루어지기 때문에, 도시의 공간구조는 도시의 경제적 공간구조라 할 수 있다. 경제입지를 형성하는 것이 공간구조를 형성하는 시작점에 해당하며, 여기에서 공간분화(spatial differentiation)가 진행된다. 도시의 공간분화는 도시적 토지이용의 형태가 공간에 따라 이질화하는 것을 의미한다. 즉, 도시공간이 주거공간 · 업무공간 · 상업공간 · 공업공간 등으로 공간적 전문화를 이루게 되는데, 이 공간은 각각 주거지 · 사무실 · 상점 · 공장 등의 입지를 통해 진행된다. 이렇게 해서 도시 내에서는 입지차별화가 진행되는데, 이것이 즉 지역분화라 할 수 있다.

지역분화를 결정하는 요인은 도시 내에서 토지이용 패턴을 결정하는 요인이기도 하다. 구체적으로는 국가 또는 도시의 경제상태, 토지이용 패턴이 수정되거나 재배치되는 요인으로 작용하는 원심력과 구심력, 도시구조의 변화를 직접적으로 반영하는 지가, 토지의 경제적 · 효율적 이용, 토지이용을 규제하고 유도하는 수단으로 활용되는 용도지역지구제(zoning system), 현대의 도시사회에 적응할 수 없는 부분을 현대적으로 개선하는 도시재개발(urban renewal) 등이 있다. 이들 요인에 의해 도시기능의 분산과 집중이 진행되며, 도시공간은 이질화한다.

토지이용에 따른 지역분화가 진행되는 과정에는 사회적 요인, 경제적 요인, 행정적 요인이 내재한다. 사회적 요인에 의한 지역분화는 경제력 · 직업 · 인종 · 국적 · 종교 등 도시 내 다양한 사회집단에 의해 주거지가 나뉘는 주거지분화가 대표적이다. 주거지분화에는 식민지 국가에서 지배자와 원주민 사이에도 발생한다. 경제적 요인에 의한 지역분화는 토지의 경제적 가치에 따라 변화하는 지가와 관련되는 것으로, 이는 접근성에 의한 차이기도 하다. 행정적 요인은 전술한 바와 같이 토지이용을 규제하거나 유도하는 용도지역지구제의 적용이다.

도시 내에서의 토지이용은 항상 가변적인 속성을 가진다. 시간이 흐름에 따라 일련의 연속적인 토지이용이 이루어지며, 이 과정에서 도시공간도 끊임없이 변화하게 된다. 토지이용 변화의 역동성은 도시지리학자들에게 흥미로운 연구주제를 안겨준다. 토지이용의 변화는 도시의 자연적인 성장과정에서 나타나기도 하고, 농촌적 토지이용이 도시적 토지이용으로 전환되는 도시화에 의해서도 표출된다. 도시의 팽창과 더불어 도시 주변지역의 토지이용에도 변화가 생겨나기 마련이다. 이처럼 도시공간은 시간이 지나면서 기존 토지이용의 재배치를 경험하게 되고, 이는 도시공간의 재구성을 의미한다.

1930년대 이전까지는 형태론적 관점에서 도시연구가 진행되었지만, 그 이후부터는 기능론적 관점에서 도시를 연구하기 시작했다. 기능론적 도시지리학 연구는 도시를 하나의 지역으로 간주하고 그 도시의 특징을 도시의 기능에 중점을 둔 관점에서 이루어진다. 이 연구는 도시권이나 상권의 경계를 설정하는 문제를 해결하고자 시작되었다. 기능론적 도시연구가 시작된 초기에는 도시가 보유하고 있는 기능을 토대로 도시를 분류하는 연구가 진척되었다. 지리학의 영역이 확대되고 다른 학문에서 도출된 결과를 지리학에 접목하면서 미국에서는 시카고학파

(chicago school)에 의해 도시생태학이 등장했다. 도시생태학은 도시를 연구함에 있어서 규칙성과 일반성의 개념을 적용하고 인간집단을 전면에 내세웠다. 시카고학파는 토지이용에 대한 경쟁으로부터 선호도가 높은 곳으로 침입 현상이 발생하고, 기존의 토지이용은 주요 활동의 입지로 인해 다른 용도로 전환된다는 생태학의 개념을 적용했다.

어니스트 버제스(Ernest W. Burgess)는 미국의 시카고를 사례지역으로 선정하여 도시가 성장하는 과정에서 볼 수 있는 성장 패턴의 동심원적 배열을 확인하였다. 도시생태학에서 발전한 도시사회생태학은 도시지리 연구에 사회적 차원을 더해 요인생태학(factorial ecology) 연구로 발전시키는 계기를 마련했다. 요컨대 도시구조는 도시지역의 확대와 도시공간의 성장이 중심부에서 주변부를 향해 진행되며 그 과정에는 원심력과 구심력이라는 두 가지의 상이한 힘이 작용한다.

도시의 내부지역을 구성하는 요소는 도시 내에 존재하는 등질적인 지구(地區)를 상정하는데, 등질적인 지구는 특정의 경제활동이 집중되어 형성된 일정 범위를 가리킨다. 도시지리학자들은 최초에 도시의 내부구조를 구성하는 여러 요소의 연구에 중점을 두었으며, 이후 요소간의 공간적 관계 또는 인과관계 등을 통한 기능적 관계에 관심을 가지게 되었다. 여기에서 전자는 등질지역적 관점의 도시구조이고 후자는 기능지역적 관점의 도시구조에 해당한다. 도시지리학 연구에서 공간구조는 전통적으로 등질지역적 관점에 입각해 분석되었지만, 계량혁명의 파고가 지리학에 깊숙이 파고들기 시작한 1970년대부터는 공간 상호작용에 주목하면서 권역의 설정이 가능한 기능지역의 관점에서 분석되기 시작했다. 마누엘 카스텔(Manuel Castells)은 도시공간을 '흐름의 공간(space of flow)'으로 간주했다. 즉, 도시 내에서는 자본이나 정보가 이동하면서 상호작용을 만들어내고, 이 상호작용은 인간의 정치적 · 경제적 생활을 지배하는 과정이라는 것이다. 흐름의 공간은 점과 선으로 연결되는 네트워크에 의해 연결되며 결절과 허브를 창출한다는 점에서 기능지역적 관점의 도시구조 역시 중요하다.

도시 내에 유사한 성격을 가지는 경제활동의 입지가 진행되면서 등질지역이 형성된다. 도시의 중심부를 가리키는 CBD(Central Business District)는 등질지역적 관점에서 설정한 지역이지만, CBD는 공간 상호작용의 중심으로 작용하기도 한다. 이는 도시공간이 특정의 고유한 기능을 수행하는 동시에 또 다른 공간으로

그림 4-1 **도시형태의 변화**

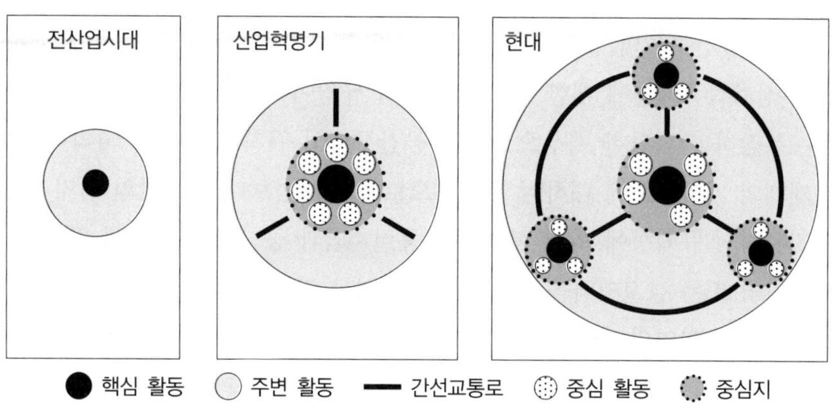

분화함을 의미한다. 상위공간은 하위공간을 지배하는 지배-종속 관계를 통해 계층구조가 형성된다. 즉, 도시 내부에서는 등질적 지역분화와 기능적 지역분화가 동시에 진행된다. 따라서 도시구조는 도시의 기능이 커질수록 복잡하게 펼쳐진다.

초기의 소규모 도시에서는 토지이용의 지역분화가 거의 발생하지 않지만, 도시가 점진적으로 커지면서 지역분화가 활발해지면 접근성이 양호한 장소에 중심지가 형성된다. 이후 도시의 규모가 더욱 커지면 중심지로의 접근성이 악화되면서 중심지는 그 기능을 제대로 수행하지 못하게 되므로, 새로운 곳에 도시의 중심기능을 대신할 수 있는 부도심(sub-CBD)이 형성된다. 특히 산업혁명기에는 주요 교통축이 도시 중심에서 주변을 향해 방사상으로 발달하였고, 이로 인해 도시기능의 분산이 촉진되었다. 도시에서의 교통발달 및 새로운 고용중심지의 등장과 같은 일련의 변화는 도시가 대도시로 성장할수록 순환적 · 누적적으로 진행되면서, 도시 내에 여러 개의 핵이 만들어지는 다핵도시를 형성시키고 도시지역의 확대를 유발한다([그림 4-1]).

(3) 지리적 장이론

도시 내 공간구조의 실체는 도시가 수행하는 여러 활동 및 기능의 입지유형과 장소 간 상호작용체계에 대한 분석을 통하여 규명이 가능하다. 즉, 지표상에서 전개되는 복잡하고 다양한 사상으로부터 공간구조의 규칙과 질서를 파악하기 위해서는 개개의 지역구조에 대하여 독립적으로 접근하기보다는 사상의 입지 패턴 또는 입지유형의 규칙성에 의해 형성되는 등질지역과 공간 상호작용에 의해 형성되는 기능지역 또는 결절지역을 통합하여 고찰하는 것이 바람직하다. 전통적으로 지리학에서는 각 지역의 속성을 기준으로 지역구분을 시도했다. 고전적인 지역구분은 복잡하지 않은 계량기법이나 그룹화를 통해 지역분화의 패턴을 찾아가는 방식으로 이루어졌다. 이후 장소 간 상호작용이라는 유동의 공간행동은 동적인 현상이므로, 이를 정적인 지역속성과 결합하여 설명할 필요성이 대두되기 시작했다.

도시구조를 지리학적 관점에서 분석하는 경우, 연구의 관점은 행동론적 입장과 구조론적 입장으로 구분할 수 있다. 행동론적 입장은 의사결정을 행하는 메커니즘을 공간적으로 분석하는 것으로 이동패턴이나 지역 간 연결체계 등을 파악할 수 있는 수법이며, 구조론적 입장은 요인생태학적 관점에서 각 장소의 속성에 착안한 도시 내부의 요인생태구조와 공간 상호작용을 분석하는 수법이다. 따라서 도시구조에 대한 분석은 상기한 두 가지 입장을 모두 고려하여 기능지역이나 결절지역의 성립에 영향을 미친 사회 · 경제적 배경을 파악함으로써 가능해진다. 기능지역이나 결절지역은 하위지역간 연계 상태를, 등질지역은 지역분화에 수반되어 나타나는 도시 구성요소의 배열 상태를 통해 도출된다.

사회 · 경제적 구성요소의 공간적 배열상태인 등질지역의 공간 패턴과 지역구성요소가 상호 기능적으로 조직된 공간적 총합체인 기능지역(결절지역)의 공간상호작용 패턴이 상호의존적이므로, 도시구조는 등질지역과 기능지역(결절지역)의 관점에서 지역분화에 수반되는 각종 기능의 배열상태를 통해 규명이 가능하다. 이는 다양한 속성들의 집합에 의해 구성되는 공간구조와 장소간의 공간 상호작용으로 표출되는 공간행동이 일정한 규칙성을 가지고 전체지역을 구성하게 됨을 의미한다. 즉, 등질지역과 기능지역은 공간조직에서 매우 밀접하게 연관되기 때문에, 어느 한 지역구조의 변화는 지역 전문화(regional specialization)의 메커니즘을 통해 다른 하나의 지역구조를 변화시키게 된다. 지리학에서의 '장이론(field theory)'은 브라이언 베리(Brian J. L. Berry, 1966)가 쿠르트 레빈(Kurt Lewin, 1951)의 '심리적 장이론'을 공간맥락에 적용함으로써 '공간행동의 일반적 장이론(general field theory of spatial behavior)'으로 정립되었다.

독일의 심리학자 레빈은 물리학의 개념을 이용하여 개인의 행동이 '동적인 사회적 장(dynamic social field)'으로부터 도출되는 것으로 간주하였으며, 다차원의 공간인 역동적 장에 자리하고 있는 다수의 사상은 특정한 형태로 상호의존적(interdependent) 관계를 가진다고 강조했다. 그에 따르면 개인의 행동(B)은 장의 함수로 표현될 수 있으며, 이는 장을 구성하고 있는 개인(P)과 환경(E)의 함수로 표현될 수 있다. 상호의존적 변인으로 구성된 장 내부에서의 부분적 변화는 개인 행동의 변화를 유발한다. 레빈은 이와 같이 상호의존적 전체성을 갖는 역동적 장을 생활공간(LS: life space)이라 명명했다. 따라서 인간행동은 생활공간의 함수로 볼 수 있다. 이를 공식화하면 $B=f(LS)=f(P,E)$이며, 이는 $P=f(E)$임과 동시에 $E=f(P)$인 관계가 성립할 때 의미를 가진다.

장이론의 완전한 수학화를 이룬 루돌프 럼멜(Rudolph J. Rummel, 1975)은 개인이나 집단과 같은 사회단위가 행동(attitude)과 속성(attribute)의 두 가지로 구성되며, 이 가운데 속성공간이 행동공간을 종속시키며 사회단위의 행동은 사회적 장에서 단위 간 상대적 위치로 결정된다고 보았다. 여기에서 시간과 공간의 함수에 사물이 위치하는 '공간으로서의 지역(region of space)'과 전 지역에 힘이 확산되어 퍼져나가는 '공간으로서의 장(field of space)'이 만들어진다.

지리적 장이론(geographical field theory)은 사회과학분야에서 이미 개발된 장이론을 변형하여 공간 상호작용과 사회 · 경제적 속성간의 상호의존 관계를 분석하는 이론으로서, 핵심은 공간 상호작용을 유발하는 유동패턴과 사회 · 경제적 속성에 의해 공간구조의 패턴이 어느 정도 중첩되는지, 그리고 공통적인 속성으로 인해 중첩되어 나타나는 특징이 무엇인가를 밝히는 것이다. 베리는 생활공간인 사회단위를 장소로, 생활공간의 속성을 장소의 사회 · 경제적 속성으로, 생활공간의 상호작용을 장소간의 공간 상호작용으로 전환시킴으로써 지리적 장이론을 발전시킨 것이다.

베리가 제시한 일반적 장이론의 근본은 사회 · 경제적 속성의 공간패턴과 상호작용의 공간패턴이 상호의존적이라는 것으로, 이는 등질지역과 기능지역이 각 지구의 속성과 행동을 포함하는 공간과정으로부터 도출된다는 것이다. 그는 인도를 사례지역으로 선정하여 전국적 차원에서 생산활동의 분포에 관련되는 시스템과 여러 장소 사이에서 이루어지는 물자유동의 형태로 나타나는 시스템 사이의 관계를 측정함으로써, 사회 · 경제적 속성과 공간 상호작용이 상호의존적이며 이종동형(異種同形; isomorphic)의 관계에 있음을 규명했다.

2. 도시의 지가와 토지이용

(1) 지가: 도시의 경제지형

토지의 가격을 의미하는 지가(land value)는 지역분화와 토지의 용도를 결정해주는 주요 요인으로 작용한다. 지가는 인간이 행하는 다양한 활동의 동기가 되는 요인의 작용에 의해 형성되고 수정되며, 특정 장소가 지니는 입지적 특성, 사회 · 경제적 여건, 정부규제, 주거 선호도, 주요 시설에 대한 접근성, 교통망에의 접근성 등에 의해 평가된다. 이처럼 지가는 토지가 지니는 사회 · 경제적 특성을 잘 반영해 주는 지표로 간주되며 도시가 갖는 종합적인 성격을 망라하기 때문에, 도시화의 정도와 토지이용의 집약도를 파악할 수 있는 중요한 지표다. 도시 내에서 발생하는 토지이용의 지역분화를 통해 제시된 도시구조의 이론도 공통적으로 지가 또는 지가로부터 파생된 지대(rent)의 개념에 입각해 있다는 점에서 지가와 도시구조는 밀접한 관련을 가진다.

현대의 도시사회에서 지가 문제가 차지하는 비중은 매우 크다. 그러한 만큼 지리학을 비롯한 여러 학문 분야에서 지가에 관심을 가진다. 지가는 토지의 단위면적당 가격으로 표시되는 경제현상의 하나이기 때문에 우선적으로 경제학의 연구대상이 된 것이다. 또한 지가를 하나의 지표로 하여 도시의 사회현상을 분석하려고 시도하는 경우에는 도시사회학의 연구대상이 되며, 도시계획에서도 지가가 중요한 비중을 차지한다는 현실에서 볼 때는 도시공학의 연구대상도 될 것이다. 도시라는 지역을 선정하고 지가라는 경제현상을 분석지표로 하여, 도시에서의 지가형성 원인과 도시의 지역성 또는 지역구조를 밝힌다고 하는 점에서 볼 때, 지가는 도시지리학에서 매우 중요한 연구대상이라 할 수 있다.

도시의 지가분포는 도시에서 이루어지는 각종 경제활동의 입지를 반영한다는 데에서, 지가를 도시의 경제지형이라 부르기도 한다. 그래서 도시지가의 동향은 단순히 도시 경계 내부의 인구변화와 같은 사회적 속성뿐만 아니라 도시 시가지의 수평적 확장과 수직적 팽창 과정도 보여준다. 도시는 규모가 커지면서 구조적 형태도 변화하는데, 그 구조적 변화는 인구분포 또는 시설의 배치 및 입지와 관련된다. 따라서 도시구조의 변화는 지가에 그대로 투영된다. 이와 같은 이유로, 도시의 지가는 도시의 내부구조를 규명할 수 있는 중요한 지표가 되며, 서로 다른 시기의 지가를 비교함으로써 도시의 구조상 발전경향도 파악할 수 있다. 도시지가의 변화 과정과 패턴을 이해하는 것은 도시성장의 방향을 결정짓는 도시구조의 설명에 필수적이며, 도시연구에서 지가구조의 변화를 이해하는 것은 아주 중요하다.

도시지역에서는 경제활동의 입지에 의해 토지이용의 지역분화가 행해지며, 그 과정에는 여러 가지 유형이 포함되어 있다. 지역분화의 대표적인 유형으로는 도시 중심부로 활동이 모여드는 구심적 이동과 도시 주변부로 분산되어 퍼져나가는 원심적 이동을 거론할 수 있다. 이러한 과정을 통해 대도시로 성장할수록 등질지역의 분화가 활발히 진행되어 가는데, 이러한 지역분화의 동인 역시 지가다. 지가의 변동은 도시 내 토지이용의 변화를 원인 · 결과로 반영하므로 결국 지가의 형성은 도시구조는 물론 도시의 성장을 보여주는 도시화와 밀접한 관련을 갖는다. 따라서 도시형성에 대한 다양한 변인들은 도시지가의 형성에 크게 영향을 미치는 셈이다.

전술한 바와 같이, 지가의 변동은 원인적인 측면도 있지만 도시화에 의해 나타나는 결과적 측면도 간과할 수 없다. 지가의 높고 낮음에 따라 각종 기능이 입지하는 경우에는 원인적 측면이 강하다고 볼 수 있다. 그러나 도시의 경우에는 인구 및 기능의 집중에 의한 입지선호의 증가, 교통여건의 발달에 따른 접근성의 개선 등에 의해 토지이용에 대한 경쟁이 증가하면서 지가의 변동이 이루어지기 마련이다. 이렇게 볼 때 지가는 도시화의 산물이라 할 수 있으며, 지가는 도시화와 도시 내 토지이용을 가장 잘 반영해주는 지표다.

상업기능의 입지는 상업지대의 지가와 밀접한 관계를 가진다. 따라서 도시기능의 특성에 의해 분류된 상업지대와 지가 역시 긴밀한 관련이 있으며, 지가의 계층성과 관련하여 상업지역의 계층성도 규명할 수 있게 된다. 한정된 공간에서 여러 기능의 집중에 대처하고 토지의 효율성을 높이기 위하여 고층건물이 들어서고 그 지점이 점하는 경제적 가치도 상승하게 된다. 그 결과 토지의 가치가 상승하면서, 고도의 중심기능을 특정 지역에 집중시키기 위한 입체화에 의해 접근성이 양호한 고밀도와 고지가의 공간이 형성된다. 도시 중심부에서 상업시설이 이탈하여 분산화가 진행되면, 중심부의 지가 변동이 안정화된다.

도시의 토지이용 가운데 가장 많은 면적을 차지하는 주거지대 지가는 주택공급의 여부에 따라 변화한다. 한 지역의 인구가 증가하게 되면 이에 따른 주택의 수요가 증가하게 된다. 만약 주택공급이 한정되어 있다면 지대 및 부동산 가격이 상승함으로써 도시 내부의 토지이용은 더욱 집약적으로 나타난다. 한편 주거지는 도시화 지역이 확대되는데 있어서 선도 역할을 하므로, 주거지대 지가의 변천이나 분포를 통해 도시화 경향을 파악할 수 있게 된다. 주거지대는 거주자의 사회·경제적 속성과 매우 밀접하게 관련되므로, 거주자의 성격에 따라 주거지의 성격이 변화하기도 하고 지가도 영향을 받는다.

토지의 효용을 반영하는 지가는 도시 내의 CBD를 설정하는데 있어서 주요한 지표로 활용되기도 한다. 도시지리학 분야에서도 지가를 활용하여 도시의 CBD를 설정한 사례를 볼 수 있다. 매사추세츠 주 우스터 시의 도시계획가였던 찰스 다운(C. M. Downe)은 1950년 당시의 지가를 활용하여 우스터의 CBD를 설정하기도 했고, 남영우(1976)는 1960년대 말과 1970년대 초반의 토지 감정가를 기준으로 서울의 CBD를 설정하기도 했다. 도시 내부가 복잡하게 구성되는 현대 도시에서는 도시 중심부뿐만 아니라 부도심 기능을 수행하는 다른 장소에서도 지가가 높게 형성되는 모습을 볼 수 있으며, 주거지대의 지가가 높을수록 상업지대의 지가도 높게 형성되는 경향이 나타나기도 한다.

(2) 지대지불능력과 토지이용

도시성장은 시가지를 수평적으로 확대시키는 동시에 교통수단의 교차점이나 결절점으로 기능하는 접근성이 양호한 도시 중심부 및 기타의 지역에 각종 중추기능을 집적시킨다. 토지이용이 고도화된 장소는 다른 장소에 비해 더 많은 활동이 집적된 곳이므로 주변지역의 인구나 기능을 유인하는 장소다. 한편, 도시 내에서 높은 지가는 접근성이 양호하고 지대 또한 높다는 것을 뜻한다. 따라서 지가와 접근성이 큰 지점에 입지하는 상업기능은 높은 임대료를 지불할 수 있는 능력이 큰 것이고, 높은 임대료를 지불할 수 없는 업종은 접근성이 상대적으로 낮고 지가가 저렴한 외곽으로 밀려날 수밖에 없다. 도시 중심부는 금융업 · 영화관 · 밀집된 소매상 그리고 다양한 전문상점들로 분화되어 있으며, 이러한 업종들은 도심의 입지경쟁에서 높은 지대를 감당할 수 있는 기능들의 집합체로서 도시 전역에 제공되는 서비스의 중추적 역할을 수행한다.

현대도시에서는 간선교통로 및 고속화도로의 개통으로 상업시설의 도시 외곽 이전이 나타나지만, 역사적으로 주거기능을 제외하면 공업기능만큼 도시 중심부로부터 원심력의 작용을 크게 받은 도시기능은 없을 것이다. 다른 경제활동과 달리 공업활동은 넓은 부지를 필요로 한다. 공업지대는 도시 중심부의 배출요인과 도시 주변부의 흡인요인에 의해 도시 외곽으로 이전하게 되는데, 여기에도 지대 문제가 내재한다. 상대적으로 지대가 저렴한 도시 외곽부가 공업 활동의 입지로는 최적지가 될 것이다.

지가는 도시 중심부로부터 멀어질수록 [그림 4-2]와 같이 감소하는 경향을 나타낸다. 즉, 지대는 지가의 영향을 반영하기 때문에, 도시 내에서의 지대곡선 역시 지가의 분포 경향과 대체로 일치한다. 이로 인해 높은 지대를 지불할 수 있는 고차의 상업기능은 도시 중심부에 입지하는 경향이 강하지만, 토지이용의 효용이 낮은 주거기능이나 공업기능은 도시 주변부로 밀려날 수밖에 없다. 도시 내에서 이루어지는 토지이용이 무엇이든 토지를 이용하는 사람은 CBD 내에서 가장 접근성이 양호한 토지를 이용하기 위해 경쟁하기 마련이다. 토지를 이용하고자 하는 사람이 지불할 의사가 있는 액수가 즉 지대다. 따라서 지대곡선은 도시 중심부에서 접근성이 가장 좋은 토지에서 제일 높게 형성되고 도시 외곽으로 향할수록 감소하게 된다. 소비자가 많이 찾는 대형 마트나 백화점이 도시 중심부에 입지하려는 이유 또는 넓은 공장 부지를 필요로 하는 공업이 도시 외곽에 입지하려는 이유가 모두 이러한 연유에 기인한다. 이처럼 토지이용에 대한 경쟁과 그로

그림 4-2 **지대지불능력과 토지이용**

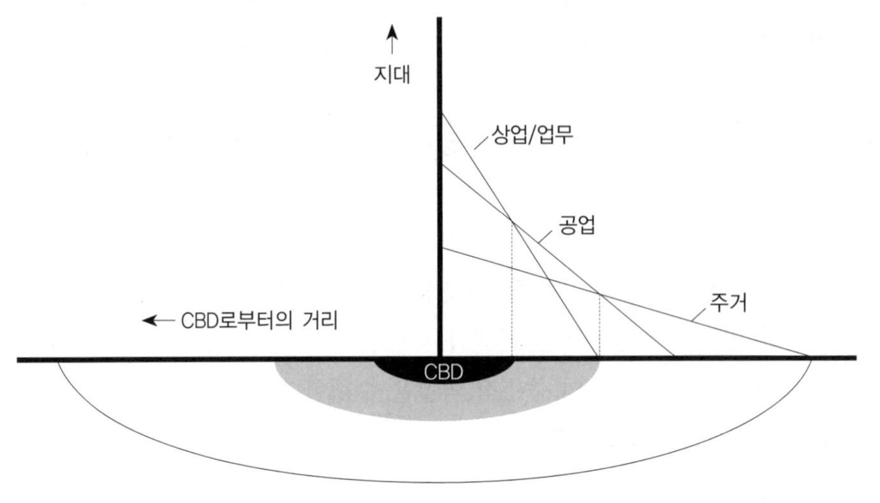

부터 파생되는 지대지불능력으로 인해 도시 중심부는 고도의 밀집 시가지로 이루어지지만, 도시 주변의 근교나 농촌지역은 밀집도가 낮게 형성된다.

도시 내에서 지가가 도시화를 원인적 · 결과적으로 반영하기 때문에, 지가의 변동과 토지이용은 상호작용을 한다고 볼 수 있다. 도시의 중심부 및 기성시가지에서는 높은 지가와 지대로 인해 시가지의 수평적 확장보다는 수직적 확장이 주로 이루어지므로 토지이용에 대한 경쟁이 상대적으로 심하지 않고 그로 인해 지가상승률 역시 높지 않다. 이에 반해 도시의 외곽지대에서는 도시개발의 진행과 더불어 신규의 주거단지와 상업시설이 입지함에 따라 지가의 상승폭이 크다. 이에 따라 높은 지가 및 지대를 지불할 수 있는 기능이 침입해 들어옴으로써 지대지불능력이 부족한 기능은 더 외곽지대로 입지를 이전해 나갈 수밖에 없다. 이러한 과정을 거쳐 기성시가지는 건물의 고층화현상이 뚜렷해지고, 도시의 외곽지대에서는 시가지의 수평적 확장이 진행되거나 기존 도시공간에 새로운 도시시설이 들어선다.

3. 도시구조 이론

도시는 한 장소를 지속적으로 점유하지만, 도시의 물리적 하부구조는 끊임없이 변화한다. 도시환경의 변화는 주거지 이전에서부터 공공시설의 개발과 같은 범위에 걸쳐 다양하게 발생한다. 도시에서 전개되는 사회공간적 과정의 효과는 도시의 토지이용에 투영되며, 궁극적으로는 도시구조의 변화를 수반하게 된다. 여기에서는 도시 내 토지이용에 따른 도시구조 이론의 주요 내용을 살펴보도록 하겠다.

(1) 3지대 이론

로버트 디킨슨(Robert E. Dickinson, 1947)은 유럽 여러 국가의 도시에 대한 연구를 통해 도시의 기원 및 성장과 관련하여 도시의 형태에 많은 관심을 가졌다. 그는 중세시대의 건축물이 보존되어 있는 도시를 대상으로 유럽 도시의 공간구조를 규명했다. 즉, 도시가 성장하고 발전하는 과정을 역사적 발전과정에 기초하여 중앙지대 · 중간지대 · 외곽지대의 3개 지대로 구분되어 발전한다는 3지대 이론을 제안했다([그림 4-3]). 일본의 다나베(田邊)는 버제스의 동심원지대 이론과 디킨슨의 3지대 이론을 재구성하여 새로운 동심원지대 이론을 제안하기도 했다.

첫째, 중앙지대(central zone)는 도시의 중심부에서 형성되며, 시가지 형성의 역사는 중세 또는 전근대 시기까지 거슬러 올라가는 구시가지로 이루어진다. 이곳은 도시의 중심이 될 만한 건축물 및 철도역을 비롯하여 상업시설 · 업무시설 · 행정시설 · 호텔 · 주택 등의 다양한 기능이 혼재하는 장소다. 도시 내 중심부에 입지하려는 토지이용 경쟁으로 시가지는 고밀도의 공간으로 형성되어 있으며, 수평적 확장보다는 수직적 확장을 통해 새로운 도시시설이 들어선다. 미국의 도시에서는 건물의 수직적 확장으로 도시 중심부에서 마천루(skyscraper)가 등장하였으며, 서유럽의 대도시에서도 유사한 현상이 나타난다. 중앙지대는 버제스가 제시한 루프(loop)에 해당하며, 다나베는 이 지대를 도시 내에서 많은 기능이 집중되어 있는 도시 활동의 중심지역(central area)이라 했다.

둘째, 중간지대(middle zone)는 중앙지대의 밖에 있으며, 산업혁명을 거쳐 19

그림 4-3 3지대 이론의 모식도

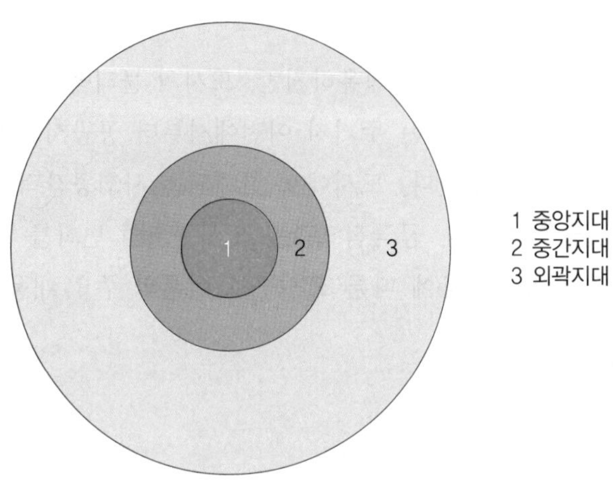

세기 초반에 건설된 오래된 건물이 들어서 있는 주택지역이다. 당시에는 건물의 밀도나 형태에 대한 규정이 강하지 않았으며, 도시계획이라는 것도 도로의 폭과 형태에 국한되었던 시기다. 따라서 건물은 도시 중심부에서처럼 빽빽하게 들어서 있고 오픈 스페이스와 같은 공공공간은 거의 찾아보기 힘들다. 본래 주거지역의 성격이 강했지만, 토지이용이 혼합되어 이루어지는 곳에는 일부 소규모의 영세한 공장도 있다. 공장은 하천이나 운하 등의 수로를 따라 평지에 집중해 있으며, 주변에는 철도와 기차역이 공존한다. 이처럼 고밀도의 주거공간과 공장이 혼재하면서 중간지대는 점차 열악한 환경에 놓이게 되고 침체와 혼란의 상황이 지속되면서 쇠퇴의 길로 접어든다. 한편 내부에는 구시가지가 들어서 있고 바깥쪽은 신시가지가 개발되어 있으므로, 중간지대를 기준으로 양자는 뚜렷하게 경관이 차별화된다. 중앙지대와 경계를 이루는 부분은 CBD의 주변부에 해당하므로, CBD의 수평적 확장과 더불어 내측은 도심으로 변모하지만 그 인근에서는 점이지대적 성격이 나타나기도 한다. 중간지대는 버제스가 제시한 점이지대의 성격을 가지는 곳으로, 디나베는 이 지역을 주요지대(main zone)라 명명했다.

셋째, 외곽지대(outer zone)는 중심 시가지에 인접하여 근교로 성장하는 도시와 농촌의 점이지대적 성격을 가지는 근교의 내측에 자리한 주거지다. 유럽에서는 19세기 말부터 마차 · 전차 · 자동차 등의 등장으로 근교지역이 확장되기 시작했으며, 본격적으로 개발된 시기는 대략 제1차 세계대전 이후의 일이다. 공공공간이 많은 저밀도의 주거지역으로 오래전부터 거주자가 이주해 오면서 필지가 농업용지 · 정원 · 골프장 등으로 분리되어 공원이나 녹지공간을 많이 확보하고 있는 지역이다. 근래에는 고속도로 변에 공업단지가 들어서기도 한다. 시가화 구역은 마을이나 오래된 상업중심지, 또는 공업중심지와 같은 구심점 주변에 발달한다. 외곽지대의 성장은 지형과 같은 물리적 환경 및 시가지 확장의 유형에 따라 매우 다양하게 나타나며, 일부 지역에서는 이질적 시설물이 들어서면서 비지적 도시확산(urban sprawl)을 경험하기도 한다.

도시 주변부(urban fringe)는 보통 외곽의 근교지역(outer suburban zone) 또는 도농경계부(rural-urban fringe)로 불린다. 이 지대는 도시의 행정력이 미치는 끝지점이기도 하다. 내측의 시가지에서 외측의 농촌을 향해 주거지 개발이 진행되고 새로운 산업단지와 여타의 도시적 토지이용이 침투해 들어간다. 내측의 근교지역과 그 외곽에 자리한 도시와 농촌의 경계부를 명확하게 구분하기는 어렵지만, 근교지역에서는 도시적 토지이용이 연속적으로 이루어지는 반면 도시와 농촌의 경계부에서는 농경지와 삼림이 자리하고 있으므로 도시적 토지이용이 불연속적으로 전개된다.

(2) 동심원지대 이론

버제스가 미국의 시카고를 대상으로 제안한 동심원지대(concentric zone) 이론은 그의 이름을 따라 버제스 모델로 불리기도 한다. 그는 다양한 사회경제적 속성을 가진 사회집단이 도시 내에서 도시 중심으로부터의 거리에 따라 어떠한 양상으로 입지하는지를 분석하였으며, 도시가 성장함에 따라 도시 중심에서 원의 형태로 입지가 결정된다는 사실을 토대로 동심원지대 이론을 발표했다 버제스 모델이라는 표현은 그가 나중에 명명한 이름이다. 동심원지대 이론은 미국의 도시에 대한 연구를 기반으로 1925～1929년 사이에 확립되었으며, 경험적 근거를 제공한 도시는 시카고다. 도시 중심부는 도시가 수평적으로 확장하는 과정에서 가장 오래된 시가지이고, 외곽으로 향할수록 신규의 시가지가 전개된다. 이 이론에서는 [그림 4-4]에서 보는 바와 같이 도시 내부를 5개의 지대로 구분했다.

제1지대는 중심업무지구(CBD)에 해당한다. 중심업무지구는 도시의 가장 내측에 자리하며 도시 내에서 지가가 가장 높은 곳으로, 3차 산업을 중심으로 경제활동이 입지한다. 도시에 형성된 교통 네트워크가 수렴하는 장소이므로, 접근성이 가장 양호하다는 특징도 가진다. 건물은 토지이용의 효용을 극대화하기 위하여 고층의 스카이라인을 형성하며 매우 고밀도로 배치된다. 중심업무지구에서 발생하는 상업활동은 주거활동을 점진적으로 열악하게 하는 요인이 되기도 한다. 시카고에서는 중심부를 루프(loop)라 부른다.

제2지대는 점이지대(transition zone)로서, 주거활동과 상업활동의 토지이용이 혼합되어 이루어지는 장소다. 따라서 CBD 주변에 자리하는 점이지대는 토지이용의 전환이 진행되면서 끊임없이 변화하는 속성을 가진다. 또한 혼합된 토지이용, 자동차 주차장, 노후 건물 등도 점이지대에서 쉽게 볼 수 있는 경관이다. 점이지대는 과거에 공장으로 이용되었던 건물 또는 저소득자들이 거주하던 임대주택이 많이 있던 곳이므로 도시가 성장함에 따라 쇠퇴하는 것으로 간주된다. 점이지대는 공업활동이 왕성하게 입지해 있던 시기에 인구밀도가 매우 높았던 장소

그림 4-4 **동심원지대 이론의 모식도**

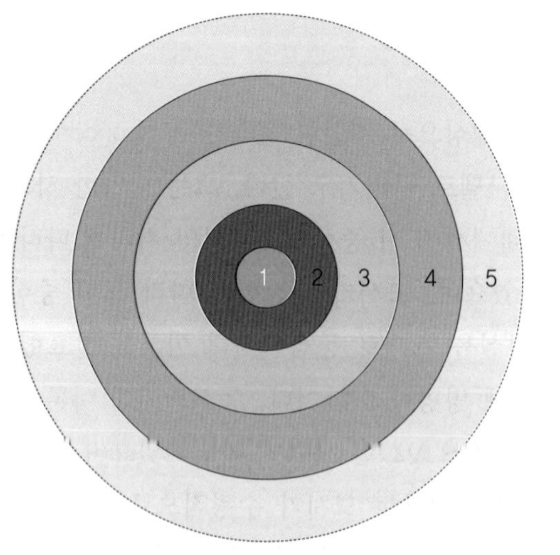

이기도 하다. 이곳에 거주하는 사람들은 경제적으로 빈곤층이 많으며 그들이 거주하는 주택은 하향여과과정을 거치면서 질적 수준도 매우 열악하다. 이 때문에 도시 내에서는 점이지대에 슬럼(slum)이 형성될 개연성이 가장 높은 것으로 알려져 있다. 점이지대는 내측의 CBD가 외연적으로 확장하는 과정에서 장소의 특징이 뚜렷하게 형성되지 못하기 때문에 회색지대(gray zone)로 불리기도 한다.

제3지대는 구시가지에 자리한 노동자 주택지대이며, 내부도시(inner city)에서 주거용지로 이용된다. 내부도시는 시가지의 개발 시기가 오래되었기 때문에 기성시가지 또는 구시가지의 개념으로 인식된다. 이곳의 주택은 공장 노동자들을 위한 것이며 점이지대의 주택보다는 여건이 양호한 편이지만, 개발의 역사가 오래된 곳과 그렇지 않은 곳이 혼재함에 따라 체계적인 도시재개발을 필요로 한다. 제3지대의 거주자들은 바로 내측에 자리한 점이지대에 거주하다가 밖으로 밀려난 2세대 이주자들이 주를 이룬다. 그들은 직장까지의 거리를 최소화할 수 있으며 또한 교통비용도 절감할 수 있다.

제4지대는 제3지대의 외측에 형성된 중산층 주택지대이며, 주택의 규모가 큰 신규의 개발지다. 노동자 주택지대에 독신자들이 많이 거주하는 것에 비해, 이곳에는 가족 단위로 거주하는 사람이 많다. 공원 · 오픈 스페이스 · 상점 · 대규모 정원 등 거주자들에게 유용한 시설이 잘 구비되어 있는 곳이기 때문에 주거 여건이 양호하다. 사무직 종사자들이 제4지대로 주거지를 이전하면서 통근거리가 멀어져, 결국 그들의 통근비용이 증가하게 된다. 제4지대 가운데 교통조건이 양호하여 접근성이 유리한 곳에는 CBD의 기능을 일부 분담할 수 있는 sub-CBD(부도심)가 형성된다.

제5지대는 CBD로부터 거리가 가장 먼 도시 주변부의 통근자 지대(commuter zone)로, 다른 지대에 비해 가장 많은 통근비용을 필요로 하는 곳이다. 통근에 소용되는 비용이 크게 소요된다는 점에서 통근자 지대라 부른다. 여기에 거주하는 사람들은 넓은 주택을 보유하는 동시에 많은 통근비용을 지불할 수 있는 높은 경제력을 지니고 있으며, 대중교통 이외의 교통수단을 이용하여 생활을 즐길 수 있다. 제5지대는 도시 외곽에 자리하기 때문에 도시개발이 활발하지 않고 낮은 인구밀도를 지닌 특징이 있다.

동심원지대 이론은 거주자의 경제상태와 도시 중심부로부터의 거리가 정(+)

의 상관관계를 가진다는 것을 고려하며, 경제상태가 좋을수록 중심부로부터 먼 거리에 거주한다는 개념이 내포되어 있다. 특히 도시 중심부일수록 토지이용이 고밀도로 이루어지고 이용 가능한 토지가 희박하기 때문에, 사람들은 넓은 주택을 건설하기 용이한 도시 외곽으로 향하게 된다. 버제스는 주거지역의 공간적 변화 패턴을 침입(invasion)과 천이(succession)라는 과정으로 설명했다. 시간의 흐름에 따라 도시가 성장하면, CBD는 외측에 있는 점이지대에 압박을 가하고 CBD의 외연적 팽창은 인접한 점이지대를 침입함으로써 점이지대에 있던 사람들은 더 외곽으로 이동해간다. 이러한 일련의 과정은 CBD에서부터 연속해 있는 외곽을 향해 진행된다. 또한 버제스의 이론은 임대료가 가장 비싼 토지는 최고의 이익을 얻을 수 있는 경제활동이 점유한다는 입찰지대(bid rent)의 개념도 포함한다.

이럼에도 불구하고 동심원지대 이론은 일부 학자에 의해 비판을 받는다. 그 이유는 시간이 지남에 따라 진행되는 도시지역의 성장은 매우 복잡하게 이루어지므로, 현대의 도시구조를 설명하기에는 부족한 점이 있기 때문이다. 다음과 같은 점이 약점으로 거론된다. 첫째, 도시환경이 국가에 따라 상이하여 도시의 성장 패턴도 나라에 따라 다르기 때문에, 버제스 모델은 미국 이외의 도시에 적용하기 어렵다. 둘째, 현대도시에서는 교통수단의 발달, 대중교통 체계의 형성, 자동차의 등장 등으로 인해 1920년대의 도시를 대상으로 한 도시구조 모델의 적용이 쉽지 않다. 뿐만 아니라 개개인의 주거지 선호도 역시 변화했다. 셋째, 버제스 모델은 주거여건 개선을 위한 정치적 권력이나 정부의 제약을 전혀 고려하지 못했다. 넷째, 다수의 중심지가 형성된 다핵도시에서는 이 이론을 적용하기 어렵고, 도시의 성장에 영향을 미치는 요인이 매우 다양하다는 점도 버제스 이론의 약점으로 꼽힌다. 또한 동심원지대 이론은 시카고학파가 시카고에 관한 다양한 조사연구를 실시하기 위한 하나의 가설이었으며, 실증적 연구를 기반으로 도출된 귀납적 연구결과는 아니었다.

읽을거리 4-1 도시연구의 산실: 시카고

시카고는 미국 오대호 가운데 하나인 미시간 호의 남서부 끝자락에 자리한 도시다. 미국의 중서부에 자리한 지리적 이점과 중심성은 일찍부터 시카고를 대도시로 발전시키는 요인으로 작용했다. 1837년 오대호와 미시시피 강을 연결하는 항로에 인접한 항만으로 통합된 후 19세기 중반부터 매우 빠르게 성장했다. 1871년의 시카고 대화재 이후 도시는 폐허가 되었고 인구의 1/3에 해당하는 10만 명이 거처를 잃었지만, 이후 재건에 성공했다.

오대호를 연결하는 운하의 건설과 함께 시카고는 항만기능을 가지면서 미국의 내륙과 대양을 연결하는 교통 네트워크에서 주도적인 허브로 성장했다. 이후 항공교통이 발달하면서 시카고는 항공교통의 허브로 발돋움했다. 지금은 미국에서 인구규모가 3번째로 큰 도시다. 현대도시 시카고는 세계에서 4번째로 중요한 업무중심지로 성장하였으며, 국제금융 · 과학 · 엔지니어링 등의 부문에서 선도적인 역할을 한다. 세계에서 가장 오래된 선물거래소가 시카고에서 1848년에 처음 생겼다.

1870~80년대 미국의 산업혁명으로 시카고는 미국의 제조업 중심지가 되었고, 도시의 경제성장은 유럽으로부터의 이민자는 물론 미국 동부로부터 많은 이민자를 끌어들이는 원동력이 되었다. 도시 내에서의 인종에 따른 차별과 노동력 문제는 시카고의 커다란 사회문제를 야기하였으며, 이주 노동자의 빈곤문제를 해결하기 위한 다양한 사회사업이 진행되었다. 1900년에는 도시 전체 인구의 77%가 시카고 이외의 지방에서 출생한 사람이었다. 1910년에는 아프리카계의 이주가 본격화하면서 흑인 인구의 비중이 크게 증가하였고, 이로 인해 시카고 흑인 르네상스라는 문화적 변동이 일어나기도 했다. 당시 미국의 남부에서 이주해온 흑인들은 노예제도를 경험하지 않았던 사람이었으며, 시카고에서 새로운 지위를 얻을 수 있었다. 1920년대 시카고에는 흑인, 이탈리아 출신 이민자 집단, 유태인의 분리된 주거공간이 형성되어 있었으며, 상류층은 도시외곽의 단독주택 지대에 주로 거주했다.

1920년대에 들이 닥친 미국의 경제대공황은 시카고의 산업과 도시 활력을 침체시켰다. 1933년에는 노동자의 50%가 일자리를 잃었으며, 흑인과 멕시코계 노동자의 실업률은 40%까지 치솟았다. 제2차 세계대전을 계기로 시카고에서는 철강, 철도, 신발 등의 분야가 활기를 찾기 시작하였으며, 이 시기에 수십만의 흑인이 유입되었다. 흑인의 유입과 함께, 기존 거주자인 백인들은 도시 근교로 이주하기 시작했으며 그 뒤를 이어 흑인들 역시 흑인 지대(Black belt) 밖으로 이주하기 시작했다.

그림 4-5 1920년대의 시카고

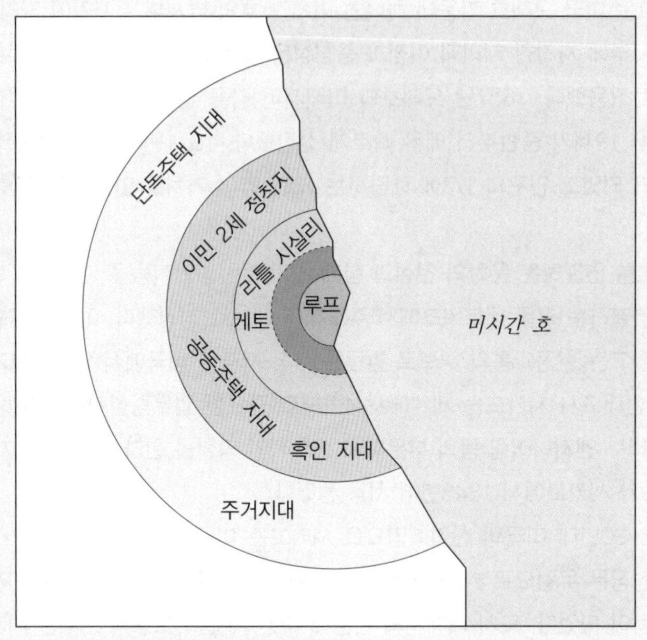

1960년대 이후에 실시된 도시재개발 사업은 운송부문의 정비, 도로망 개선, 상업활동 및 공업활동의 재배치 등에 주안점을 두었다. 따라서 버제스가 제시한 동심원 모델을 지금의 시카고에 적용하기는 어렵게 되었다. 오히려 미시간 호를 따라 고급주택이 들어서면서 쐐기 모양의 상류층 주거지가 형성되었으며, 서부와 남부로 뻗은 철도 교통로 주변은 주거지로서의 매력이 감소하기도 했다. 도시에서 흑인을 비롯한 유색 인종들이 많이 거주하는 남부의 저소득층 주거지는 아직도 범죄율이 매우 높은 도시다.

(3) 선형 이론

시카고의 부동산 회사에 근무하던 호머 호이트(Homer Hoyt)는 장기적인 부동산 가격의 원리를 규명하기 위해 시카고대학에서 토지경제학을 연구했다. 그는 미국 142개 도시를 대상으로 주택과 관련한 자료를 수집하여 1939년 「미국 도시 근린주택의 구조와 성장(*The Structure and Growth of Residential Neighborhoods in American Cities*)」이라는 저서를 통해 도시구조는 동심원지대 이론에서 다소 변형된 부채꼴 모양으로 전개된다는 이론을 제시했다.

호이트가 제시한 선형 이론(sector model)은 버제스가 제시한 동심원지대 이론과 유사하지만 다소 발전시킨 형태로 인식된다. 호이트는 도시가 단순한 원형으로 발전하지 않고 부채꼴 모양의 선형으로 발전한다고 주장하였으며, 도시 내에서 주요 간선교통로를 따라 방사상으로 형성된 개별 섹터에는 동일한 활동이 입지한다고 보았다([그림 4-6]). 각 섹터에서의 토지이용은 유사한 활동의 집적으로 인해 계속해서 동일하게 유지된다는 견해다. 예컨대 고소득층이 거주하는 장소는 부유한 사람만 그 곳에 거주할 수 있기 때문에 계속해서 고소득층의 장소로 남게 된다는 것이다. 반면 공업이 입지한 섹터는 물건의 수송을 위한 철도교통로나 하천교통의 이점 때문에 계속해서 공업지역으로 남게 된다. 이러한 유형의 섹터는 주거지역 · 공업지역 등으로 구성되며, 철도교통로나 고속도로 또는 하천을 따라 도시 외곽으로 성장하게 된다. CBD가 형성된 도시 중심부(downtown)는 고층의 경관이 특징적이다. 공업지역은 교통망의 발달과 더불어 중심시가지에서 방사상으로 뻗은 섹터에 형성되며, 주거여건이 열악한 공장 주

그림 4-6 선형 이론의 모식도

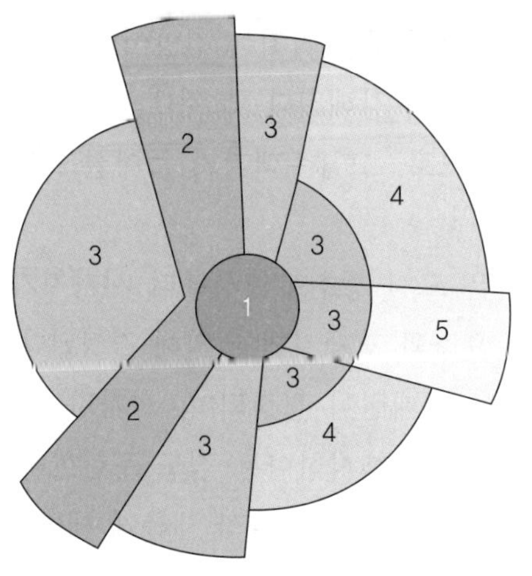

1 중심업무지구
2 도매업 및 경공업 지대
3 저소득층 주택지대
4 중산층 주택지대
5 고소득층 주택지대

변에는 저소득층이 주로 거주했다.

CBD와 공업지역을 제외한 나머지 섹터에는 주택지대가 형성되는데, 주택지대의 형성에 영향을 미치는 요인은 크게 교통과 지대다. 토지 임대료가 비싼 고지대지역이 있고 이와 반대로 임대료가 저렴한 저지대지역도 생겨난다. 도시민은 그들이 지불할 수 있는 지대지역을 찾아 주거지를 마련하기 때문에, 저소득층의 주택지대가 만들어지기도 하고 고소득층의 주택지대가 생겨나기도 한다. 공업지역과 별도로 공장에 인접한 곳에는 저소득 노동자들의 주택지대가 형성된다. 저소득층이 거주하는 지역은 협소한 도로, 높은 인구밀도, 불량한 주거환경으로 특징지어진다. 공장으로의 출퇴근은 교통비용에 영향을 미치므로, 공장 노동자들은 가능한 공장 주변의 저소득층 주택지대에 거주한다.

중산층이 거주하는 지역은 교통비용을 지불할 여건을 갖춘 사람들이 보다 나은 주거환경을 추구하는 곳이다. 이곳에는 공장노동자는 물론 다른 경제활동에 종사하는 사람들도 거주하며, CBD로 이어지는 연계도 양호하다. 중산층 주택지대는 도시 내에서 주거지로서의 성격이 가장 잘 드러나는 곳이라 할 수 있다.

부유한 사람들이 거주하는 고소득층의 주택지대는 도시 중심부에서 외곽으로 가장 멀리 떨어진 곳에서 형성된다. 고소득층이 거주하는 시가지는 청결 상태를 잘 유지하며 교통 혼잡도 거의 나타나지 않는다. 거주자의 경제수준에 어울리게 주택의 규모도 꽤 큰 특징을 가진다. 특히 CBD로부터 뻗은 간선도로망을 따라 고급주택이 줄지어 들어서 있는 곳이 고소득층의 주거지다. 도시민이 양호한 주거환경을 선택하여 거주하면서 고소득층의 주거지는 전망이 좋고 부지가 충분한 고지대(高地代)지역에 입지하는 경향이 강해진다. 고지대의 섹터는 CBD로부터 거리가 멀어질수록 면적이 증가하므로, 고급주택지가 들어설 토지공급은 크게 어렵지 않다.

이상에서 본 것처럼, 선형 이론은 도시 중심부에서부터 시가지가 성장하는 방향과 거리가 도시 내의 생태학적 요소와 경제지대에 의해 결정된다는 점을 강조하며, 이에 따라 도시 내 토지이용의 패턴이 결정되며, 시가지 확장 및 도시공간의 배치에 교통로가 주요한 영향력을 행사한다는 점도 포함한다. 동심원지대 이론에서는 기존 지역이 새로운 집단의 침입에 따라 새롭게 개발된다는 내용을 포함하지만, 선형 이론에서는 도시공간의 재개발보다는 도시 주변의 배후지에 새로운 활동이 들어설 수 있음을 고려하여 도시의 성장을 충분히 수용할 수 있다. 이러한 연유로 고소득층 주택지대가 들어선 방향이 다른 구역에 비해 빠른 성장을 경험하게 된다.

선형 이론은 도시의 성장에 있어서 철도교통로의 역할을 주로 강조할 뿐 개인이 소유한 자가용의 역할을 중요하게 취급하지 않았다. 또한 도시를 단핵구조로 간주하였으며, 다양한 상업업무 중심지를 고려하지 못한 부족함을 가지기도 한다. 그럼에도 이 이론을 현대도시와 견주어 보면 저소득층이 공업지역에 인접해 거주한다는 점, 동심원지대 이론에서 간과되었던 자원에의 접근성 및 교통로를 고려했다는 점, 도시 내 교통망이 경제활동의 입지에 영향을 미친다는 점 등은 지금 우리가 살고 있는 도시에 적용이 가능한 내용이다.

(4) 다핵심 이론

1945년 초운시 해리스와 에드워드 울만(Chauncy D. Harris & Edward L. Ullman)은 「도시의 본질(The Nature of Cities)」이라는 논문에서 도시 내에는 도시의 성장을 주도하는 성장 지점 또는 핵이 여러 개 존재한다는 다핵심 이론(multiple nuclei model)을 제안했다. 이 모델은 다른 도시구조 이론과는 달리 현대도시를 설명하는 데에도 자주 이용된다. 그들은 시카고를 배경으로 시간의 흐름에 따른 도시의 성장과 복잡성을 설명하고자 이 모델을 제시했으며, 도시는 최초에 단일 CBD에서 성장하지만 시간이 지남에 따라 도시 내 활동이 분산하면서 도시공간이 변화한다고 간주했다. 분산된 활동은 주변지역의 사람들을 유인하면서 그 자체가 소규모의 핵으로 기능하고, 소규모의 핵은 규모가 커지면서 주변에 입지한 활동의 성장에 영향을 주기 시작한다.

다핵심 이론은 동심원지대 이론과 선형 이론에 기초하여 도시의 실제 모습을 설명하기 위해 제안된 것이다. 자동차 교통의 발달과 물자의 유통 확대가 여러 장소로의 경제활동 집적을 가능하게 해 주었고, 그 결과 도시 내 경제활동은 한 장소에 집중하지 않는다는 것이다. 그러므로 CBD가 도시 공간 변화의 유일한 진원지는 아니다. 사람들은 각기 다른 장소에서 경제활동을 영위함으로써 이익을 극대화할 수 있게 되었고, 공해를 유발하는 공업은 주택지대로부터 멀리 떨어진 장소에 입지한다. 이 이론은 대도시로 팽창하는 도시구조를 설명하는데 보다 더 적합한 이론이라 할 수 있다.

도시 내에서 이루어지는 개별 토지이용은 독립적인 지대를 형성하고, 이들 지대는 인접한 지대에 입지한 활동에 영향력을 행사한다. 해리스와 울만은 특정 지대의 경제활동이 인접한 지대의 경제활동에 영향을 미칠 때에 비로소 핵이 형성된 것으로 보았다. 그들은 중심업무지구, 경공업지역, 저소득층 주택지대, 중산층 주택지대, 고소득층 주택지대, 중공업지역, 외곽 업무중심지, 근교주택지대, 근교공업지역 등 모두 9개의 지대를 상정했다([그림 4-7]). 이 모델에서는 도시 내의 여러 기능이 나름대로의 입지를 확보하고 있으며, 이질적인 활동이 집적함으로써 발생할 수 있는 불이익을 최소화하기 위해 서로 분리된 장소에 입지함을 보여준다.

중심업무지구는 도시의 중요한 핵이지만, 소규모의 상업업무중심지가 여러 곳에서 생겨난다. 새롭게 성장한 소규모의 핵은 금융 · 부동산 · 금융업이 밀집한 전통적인 중심업무지구와 경쟁관계를 형성한다. 도매업과 경공업은 소비자 지향적으로 변모하면서, 원재료를 많이 필요로 하지 않고 공장 부지가 좁아도 문제되지 않는 주택지대 근처에 입지한다. 공업지역 주변에는 공장에서 근무하는 노동

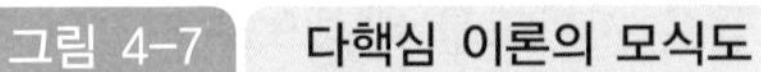
그림 4-7 다핵심 이론의 모식도

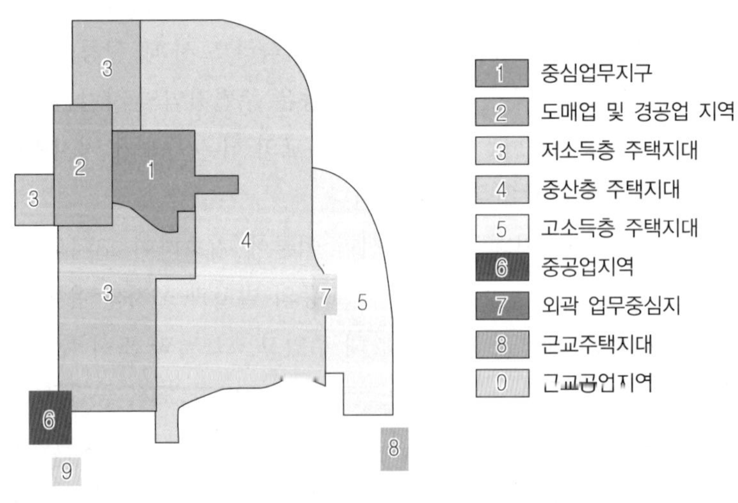

자와 소득수준이 낮은 사람을 위한 저소득층 주택지대가 형성된다. 공장으로부터 분리된 장소에 형성되는 중산층 주택지대는 중심업무지구로의 교통여건이 양호하기 때문에 출퇴근에 유리한 장소이며, 도시 내에서 가장 넓은 면적을 차지한다. 고소득층의 주택지대는 한적하고 쾌적하며 교통량도 많지 않은 곳에 들어선다. 중공업지역은 화학 · 철강 · 공장기계 등을 생산하는 곳이며 간혹 광업이나 원유정제 공장이 입지하기도 한다. 외곽 업무중심지는 중심업무지구에서도 제공하는 서비스를 중산층과 고소득층의 주민들에게 제공하면서 중심업무지구와는 경쟁관계를 형성한다. 근교주택지대는 도시 외곽에서 기존 시가지에 형성된 주거지역과는 달리 쿨데삭(cul-de-sac: 막다른 골목)[1]과 같은 도로변에 단독주택의 형태로 등장한다. 근교공업지역은 도시 외곽에 들어선 공업지역이다.

도시공간이 다핵심으로 발전하는 이유로는 도시의 물리적 공간, 자원 분포, 주거지의 인구 분포, 교통비용, 이윤 극대화 등을 꼽을 수 있다. 첫째, 동심원지대 이론에서는 도시가 평지에 입지하는 것으로 간주하였지만, 다핵심 이론에서는 도시공간이 평지로 이루어지지 않았다는 관점을 취한다. 특히 대도시일수록 평지로만 이루어진 도시는 찾아보기 어렵다. 즉, 도시의 물리적 공간이 도시지역의 경제활동, 시가지 개발, 시가지 확장 등에 영향을 미친다. 둘째, 자원은 도시 내에서 균등하게 분포하며, 어느 누구도 자원을 독점할 수 없다. 셋째, 도시 내의 인구분포는 특정 장소에 집중하지 않고 균등하게 분포한다. 넷째, 교통비용은 장소에 무관하게 도시 내에서는 동일하다. 마지막으로 특정 경제활동은 이윤을 극대화할 수 있는 장소에 입지한다. 토지 임대료, 교통비용, 인건비, 시장에의 접근성 등을 충족하는 최적의 조합을 찾아 도시 내 경제활동의 최적 입지를 결정하게 된다.

다핵심 이론은 동심원지대 이론이나 선형 이론에 비해 개선된 점을 내포하지만, 한계점도 가진다. 도시공간을 구성하는 핵은 소도시나 신도시에서는 형성되기 어렵다는 점이다. 따라서 전술한 바와 같이 다핵심 이론은 대도시의 도시구조를 설명하기에 적합한 이론이다. 반면, 경제활동의 입지가 특정 지대에 제한되었다는 점, 건물의 고도를 고려하지 않았다는 점, 물리적 제약이나 정부 정책을

1 단지 내 도로의 끝을 막다른 길로 하고 자동차가 회차할 수 있는 공간을 두어 설계한 형태.

고려하지 않았다는 점, 개별 지대의 내부에서 이질적인 토지이용이 이루어진다는 점, 서로 다른 문화 · 경제 · 정치적 배경을 가진 아시아의 도시에는 적용이 어렵다는 점 등도 다핵심 이론의 한계로 인식된다. 그러나 인도의 수도인 델리에서 다핵심 이론과 유사한 도시구조가 형성되었다는 견해도 있다.

(5) 도시다권역 이론

제임스 밴스(James E. Vance, 1964)가 제시한 도시다권역 이론(urban realms model)은 앞에서 살펴본 다핵심 이론을 확장한 것으로 미국의 샌프란시스코만(灣)을 기반으로 만들어졌다. 이 이론은 오늘날까지도 미국의 주요 도시에 적용이 가능한 도시구조 이론이다. 미국의 도시를 설명하는 여러 도시구조 이론 가운데 비교적 늦은 시기에 제시된 도시다권역 이론은 전술한 다핵심 이론과는 다른 차원으로 구성된다. 도시다권역 이론은 이후 피터 멀러(Peter O. Muller)에 의해 로스앤젤레스 등지에 적용되었다.

이 이론은 1960년대 미국의 대도시권을 설명하기 위해 제시되었다. 당시 미국 도시에서는 도시지역의 무질서한 성장을 의미하는 도시 스프롤이 전역에 걸쳐 나타났으며, 이는 궁극적으로 도시에서 농촌으로의 이주, 자동차의 증가, 미개발지와 농촌지역의 감소로 귀결되었다. 밴스는 이러한 현상을 파악하는 과정에서 도시다권역 이론을 고안했다. 주요 골자는 중심업무지구의 기능이 주변 권역으로 이전하는 패턴에 대한 설명이라 할 수 있다.

도시다권역 이론의 핵심 내용은 대규모의 자족기능을 갖춘 근교지역의 출현에 있다([그림 4-8]). 대도시의 근교에서는 자족기능을 갖춘 중심도시에 독립적인 중심지가 성장한다. 독자적인 중심기능을 가지는 근교의 도시들은 기존의 CBD를 비롯하여 새롭게 등장한 신도심으로 구성되는 중심도시의 주변에 공존한다. 이 이론에서 근교 도심은 대도시의 주변부에 형성되는 에지시티(edge city)의 성격을 가진다. 중심도시의 분산화가 진행되면서 도시 주변에서 중심지 기능을 수행하는 에지시티가 등장하는 것이 이 이론의 중요한 내용이기도 하다. 따라서 대도시의 CBD는 예전만큼의 영향력을 가지지 못한다. 예컨대, 우리는 미국 로스앤젤레스의 중심도시를 로스앤젤레스라 하지만, 로스앤젤레스 대도시권은 실

그림 4-8 **도시다권역 이론의 모식도**

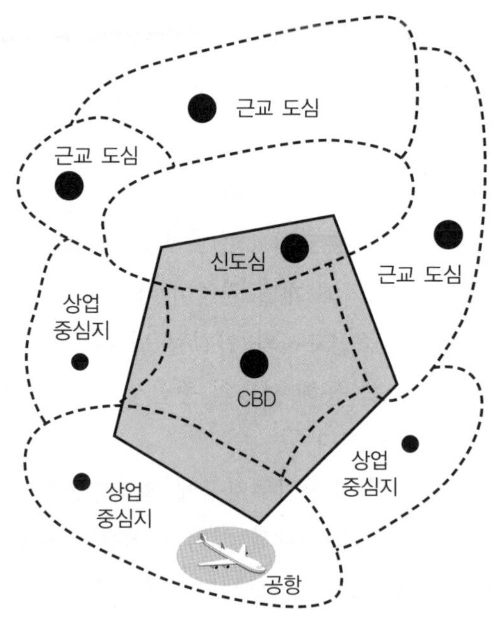

출처: J. E. Vance(1964).

제 로스앤젤레스보다 훨씬 크다. 대도시 로스앤젤레스에 인접한 여러 도시가 각각 권역을 구성한다. 다른 권역에 비해 중심도시의 시설이 노후하고 인구도 과밀 분포한다.

개별 도시권역은 거대 도시권을 형성하는 부분지역이지만, 경제적 · 사회적 · 정치적으로 독립된 단위다. 개별 도시권역의 모양과 특징은 크게 4가지 요소에 따라 달라진다. 첫 번째 요소는 지형적 특징으로, 이는 산이나 하천과 같은 지형적 장애물을 의미한다. 두 번째 요소는 대도시권의 전체적인 크기다. 세 번째는 개별 도시권역에 입지한 경제활동의 총량이다. 네 번째 요소는 개별 도시권역 내부에서의 접근성으로, 이는 교통 인프라 및 경제활동의 기능, 통행 패턴 등에 영향을 미친다.

이 이론에 따르면 도시권역은 시간이 지남에 따라 점진적으로 자족기능을 확충하게 된다. 도시권역의 자족성은 대도시의 규모가 크고, 대도시권에 분산된 경제활동의 규모가 클수록, 그리고 지형적 장애물로 인해 근교지역의 공간 상호작용이 어려워질수록 향상된다. 또한 자족기능은 일일 상업활동 및 업무활동을 위한 접근성이 양호할수록 나아지는데, 대표적인 교통시설은 공항 또는 순환고속도로다. 따라서 각 권역은 비지적 도시개발이나 교통지향형 개발에 의해 형성된다. 교통지향형 개발은 교통로의 주요 결절점 근처에서 이루어진다. 이러한 과정을 거치면서 새로운 중심지가 출현하게 되고 대도시 주변에 새로운 권역이 형성된다. 여기에서는 순환고속도로나 간선도로의 연결망이 중요한 요소로 작용한다. 개별 권역 간 연결망에 의해 개별 권역이 빠르게 연결되거나, 원거리의 대도시에 의해서 개별 권역이 중심도시와 연결될 필요는 없다. 서울대도시권에서도 외곽순환도로나 간선도로를 통해 서울의 중심시가지를 경유하지 않고 근교도시 간 연결이 원활하게 이루어진다.

동심원지대 이론에 따르면 중심업무지구에 경제활동이 집중해 있고 CBD로부터 거리가 멀어짐에 따라 거리체감의 개념이 적용되면서 경제활동의 입지가 미약한 것을 확인할 수 있다. 그러나 도시다권역 이론에서는 개별 권역이 모두 CBD를 보유하고 있기 때문에 경제활동의 입지에 있어서는 거리체감이 적용되지 않는다. 각 권역의 CBD는 전통적인 CBD와 함께 공생관계에 있다. 이 이론은 도시 연구자들 사이에서 페퍼로니 피자 모델(pepperoni pizza model)로 불리기도 한다.

읽을거리 4-2 다양성의 도시 로스앤젤레스

미국 제2의 도시인 로스앤젤레스(Los Angeles)는 1,800만 명 이상이 거주하는 로스앤젤레스 대도시권의 중심도시다. 천사의 도시라는 별명을 가진 로스앤젤레스는 국제무역, 금융, 상업, 문화, 과학, 스포츠, 교육의 중심도시로 성장하여 세계도시 순위와 세계 경제력 순위에서 각각 6위와 9위에 자리한다. 로스앤젤레스를 대표하는 표현으로는 지중해성 기후, 인종적 다양성, 할리우드, 영화산업, 수평적으로 팽창하는 대도시 등이 있다. 2017년 기준, 로스앤젤레스 대도시권의 총 생산액은 도쿄와 뉴욕 대도시권에 이어 세계 3위를 차지했다. 세계적 차원에서 로스앤젤레스는 태평양 동부 연안에서 가장 큰 도시이며, 아시아와 연결되는 항공교통 및 해운교통의 결절점으로 기능한다.

1781년 스페인 총독이 설립한 이 도시는 1821년 멕시코 독립전쟁으로 멕시코에 편입되기도 했지만, 1848년 미국–멕시코 전쟁 이후 미국에 양도되었다. 미국의 대륙횡단 철도가 개통되고, 1892년부터 석유가 개발되면서 도시의 규모가 빠르게 성장할 수 있었다. 1908년에는 도시에서의 토지이용을 주거지역과 공업지역으로 구분했다. 제2차 세계대전 기간에는 선박 및 항공 등 군수공장의 중심지였다.

1950년대와 1960년대 들어 자동차가 보편적인 교통수단으로 등장하고 고속도로가 사방으로 건설되면서 시가지는 주변지역으로 빠르게 퍼져나갔다. 자동차 보급 이전 다운타운을 중심으로 산재하던 독립중심지는 철도망으로 연결되었지만, 자동차가 보편화하면서 철도 교통로가 통과하지 못하는 곳에 새로운 시가지 개발이 가능해졌다. 그곳에는 다른 나라에서 유입된 이주자들의 주거지가 형성되기 시작했다. 이 과정에서 신규 이주자의 침입과 기존 거주자의 천이 현상이 발생하였고, 로스앤젤레스는 근린의 발달이 빠르게 진행되었다. 자동차의 보급과 교통로 개선으로 도시의 탈중심화가 본격화하면서 다

그림 4–9 **로스앤젤레스 6개의 도시권역**

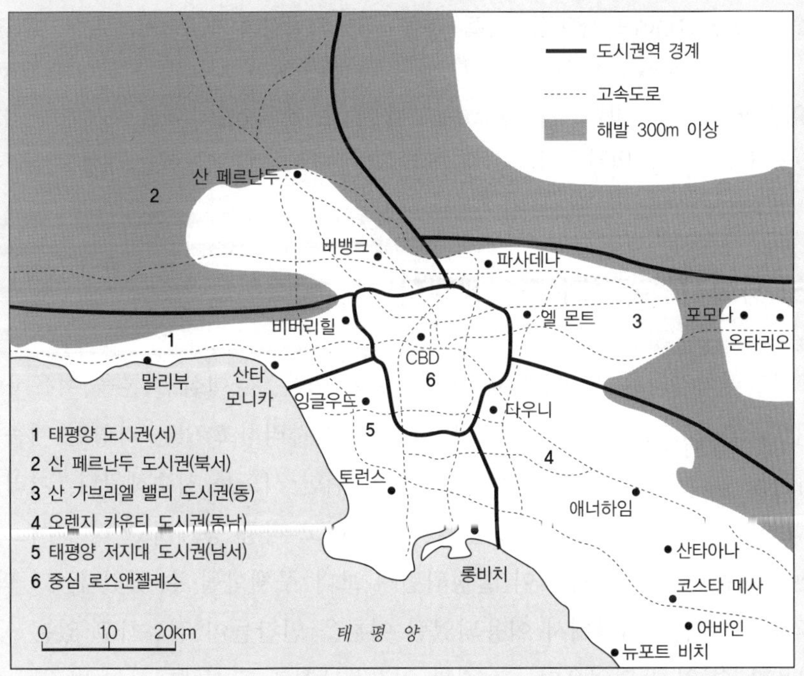

핵화가 가능해졌다.

그 결과 오늘날 로스앤젤레스는 6개의 도시권역이 하나의 지리적 통일체를 구성하는 대도시권을 형성하게 되었다. 6개의 도시권은 CBD를 중심으로 형성된 중심 로스앤젤레스, 북서 해안의 태평양 도시권, 북서 내륙의 산 페르난두(San Fernando) 도시권, 동부의 산 가브리엘 밸리(San Gabriel Valley) 도시권, 동남부 해안으로 이어지는 오렌지 카운티(Orange County) 도시권, 남서부의 태평양 저지대 도시권 등으로 구분된다. 이들 도시권역은 자동차도로뿐만 아니라 지하철 노선으로도 구분된다. 로스앤젤레스는 디트로이트와 함께 자동차의 도시(motor city)라 불리기도 하는데, 이는 도시 곳곳을 연결하는 도로망이 잘 구비되었기 때문이다. 디트로이트는 자동차 생산과 관련하여 붙은 별칭이다. 태평양 연안을 따라 샌프란시스코에서부터 멕시코 국경까지 이어지는 구간에서는 대규모의 캘리포니아 코너베이션 현상이 나타난다.

도시 형성 초기에 백인은 소수집단이었으며, 이러한 현상은 지금까지도 이어지고 있다. 로스앤젤레스 외곽의 샌퍼낸도 계곡은 도시 내에서의 인종적 대립관계를 피해 이주한 중산층의 백인들이 많이 거주했지만, 맨션과 상가들이 입지하고 기존 농업지역이 새로운 시가지로 재편되면서 아시아계를 비롯하여 흑인과 히스패닉이 거주하는 장소로 변모하고 있다. 그럼에도 시민들은 민족 · 문화 · 경제적 속성에 기반하여 서로 분리된 장소에 살고 있다. 우리가 잘 알고 있는 한인타운(Korea town)이나 리틀 도쿄(Little Tokyo) 등이 대표적인 주거지분화의 사례다. 로스앤젤레스는 소득수준에 따른 주거지분화가 가장 잘 나타나는 도시이기도 하다.

(6) 사회지역분석과 요인생태학

도시지리학자들은 동심원지대 이론, 선형 이론, 다핵심 이론을 이용하여 도시공간을 해석하였지만, 이후에도 도시 내부에 자리하고 있는 다양한 계층의 분포 패턴을 합리적이고 과학적으로 규명하기 위한 시도를 지속해왔다. 이러한 노력은 1950년대 들어 컴퓨터가 보급되기 시작하고 각종 통계자료 및 센서스 트랙과 같은 표준화한 통계 구역이 설정되면서 보다 구체화될 수 있었다. 그 덕분에 고전적으로 식물생태학에서 이용되었던 이론을 인간들이 점유하고 있는 공간에도 적용할 수 있게 되었으며, 그 결과 인간생태학과 도시생태학이 발전할 수 있게 되었다. 지리학에서 본격적으로 계량기법을 적용한 계량혁명의 물결이 일면서, 통계적 기법인 요인분석(factor analysis) 기법이 도시구조의 분석에 커다란 도움을 주었다. 도시지리학자들은 요인분석을 인간생태학과 결합함으로써, 요인생태학적 관점에서 도시공간의 변화를 탐구할 수 있게 된 것이다.

에쉬레프 쉐브키와 마릴린 윌리엄(Eshref Shevky and Marilyn Williams, 1949)은 미국 로스앤젤레스의 주거지분화를 설명하기 위해 저술한 「로스앤젤레스의 사회지역(*The Social Areas of Los Angeles*)」이라는 글에서 도시 분석의 방법을 이론적으로 정리하였으며, 샌프란시스코만에 자리한 다른 도시를 대상으로 그들이 설명한 방법을 적용했다. 에쉬레프 쉐브키와 웬델 벨(Eshref Shevky and Wendell Bell)은 1955년 발간한 「사회지역분석(*Social Area Analysis*)」에서 '도시는 사회의 복잡한 산물이고 도시생활의 사회적 형태는 보다 큰 그릇인 사회가 변화하는 성질을 통해 이해할 수 있다'고 주장했으며, 사회의 변화에 내재하고 있는 3가지의 구성 요소를 사회계층(social rank), 도시화(urbanization), 주거지분화(segregation)로 간주했다. 그들이 제시한 3가지 요소 가운데 사회계층은 육체노동자의 비율과 초등학교만 졸업한 성인의 비율, 주택의 질과 임대료 등을 포함하고, 도시화는 출생률 · 여성의 취업률 · 단독주택의 비율 등을 포함하며, 주거지분화는 소수민족집단의 통합 비율, 외국인 이주자 비율(흑인, 기타 인종, 동유럽 및 남유럽 출신의 백인), 유럽을 제외한 구대륙 출신자 등이 포함된다. 즉, 다양한 변수가 도시구조를 설명하는 3가지의 주요한 요인으로 구조화하였으며, 이들 3가지 요인에서 유사한 속성을 가지는 인구집단을 보다 넓은 공간범위로 통합했다. 그들은 이렇게 해서 만들어진 단위를 사회지역이라 불렀고, 각각의 요인을 도시공간을 구성하는 개별 차원으로 간주했다. 즉, 도시 내에서 개별 인구의 속성에 따라 주거지분화 현상이 진행되고 나아가 그들만의 공동체가 생겨날 수 있음을 규명한 것이다.

사회지역분석(social area analysis)은 센서스 통계자료에 기초하여 사회지역 내에서 사회적 분화 및 사회적 층화의 요소를 발견했다. 즉, 사회지역이란 앞에서 언급된 3가지 구성 요소가 유사하게 전개되는 센서스 구역을 의미한다. 사회지역이 사회적 변화의 흐름이 진행되는 완벽한 통일체는 아니지만 도시의 사회적 여건을 이해하는 데 있어서 합리적인 측도(測度)를 제공한다는 사실은 틀림없다. 사회지역분석 기법이 모든 사람에게 사회구조나 도시의 여건을 정밀하게 통찰할 수 있는 계기를 제공하지는 않지만, 대중교통 체계 · 개인의 교통수단 · 이동거리 등을 포괄하는 교통이라는 변수가 추가된다면 또 다른 형태의 도시공간이 만들어질 것이다.

1960년대 들어 요인생태학의 발전과 함께 보다 많은 변수를 활용한 수학적 기법을 활용하여 도시 내 사회지역을 분석할 수 있는 방법이 등장했다. 사회지역분석이 연역적 방법을 활용하여 도시의 구성 요소를 특정하였다면, 요인생태학은 요인분석 기법과 통계 자료의 탐색적 분석을 활용하여 귀납적으로 도시의 구성 요소를 찾아낸다. 요인생태학은 분석에 사용된 변수와 유형, 통계자료의 수집 단위 등에 의해 분석 결과가 달라질 수 있지만, 도시의 사회 공간적 구조를 분석하는 데에는 매우 유용한 방법이어서 학문적 연구는 물론 상업적 연구에도 자주 이용된다.

북미 도시의 요인생태학적 분석에서 도출된 주요 요인은 경제상태(economic status), 가족상태(family status), 인종상태(ethnic status) 등과 밀접한 관계를 가진다. 만약 경제상태가 유일하게 도시의 구성 요소라면 도시공간은 선형 패턴으로 전개되고, 가족상태가 지배적 요소라면 도시공간은 동심원 패턴이 될 것이며, 인종상태가 주요 요소라면 도시공간은 다핵심 패턴으로 전개된다. 이들 3개 요인은 도시 내에서 동시에 표출되므로, 도시공간은 로버트 머디(Robert A. Murdie, 1969)가 제안한 [그림 4-10]과 같은 모습으로 전개된다. 이에 대해 제임스 시몬스(James W. Simmons)는 3개 차원을 각각 사회계층(social rank), 도시화(urbanization), 인종별 주거지분화(ethnic segregation)로 명명했다. 두 사람이 부여한 명칭은 상이하지만, 내용에서는 차이가 없다. 여기에서 주목해야 할 사항은 사회적 공간은 도시의 건축물과 시설의 입지 및 물리적 공간과 긴밀한 관계를 가진다는 점이다.

데이비드 레이(David Ley, 1983)는 머디의 사회지역분석을 놓고 미국 도시성의 기본적 요소로 3가지를 규정한 쉐브키와 벨의 연역적 공식이 센서스 자료에 기초한 요인생태학의 귀납적 방법으로 대체되었다고 일갈했다. 도시 내부구조를 설명하는데 있어서 이들 요인은 미국의 38개 도시를 대상으로 요인생태로 분석한 델버트 어빈(Delbert Ervin, 1984)의 연구 또는 미국의 21개 대도시권을 분석한 마이클 화이트(Michael White, 1987)의 연구 등에서도 공통적으로 등장한다.

그림 4-10 **사회지역분석의 모식도**

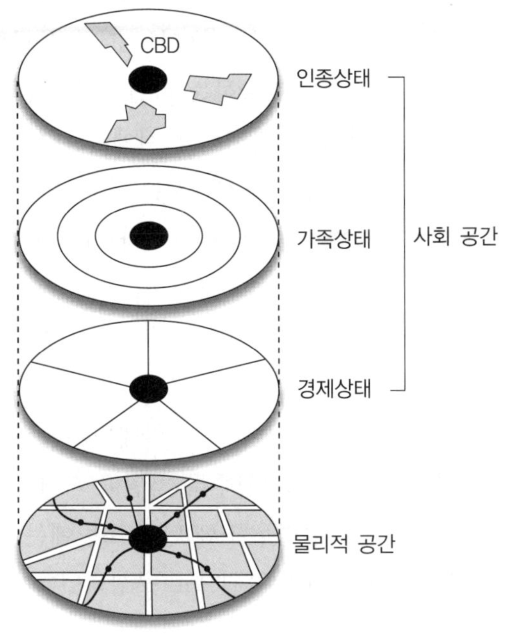

출처: R.A. Murdie(1969).

도시 내에서는 거주자의 사회경제적 속성에 따라 그들의 주거공간이 분화하는 주거지분화를 쉽게 확인할 수 있다. 일반적으로 도시 내에서 사회공간적 분화를 유발하는 주요 속성은 사회경제적 지위에 따른 주거지분화, 가족구성 및 생활양식에 따른 주거지분화, 인종집단에 따른 주거지분화를 서로 중첩하여 인식할 수 있다. 인도와 같이 신분제도가 존재하는 사회에서는 사회구조가 사회적 지위를 결정하지만, 보통의 도시에서는 개인의 경제력에 의해 사회경제적 지위가 결정된다. 도시의 사회 공간적 형태는 변화하는 생활양식과 생애주기(life cycle)에 의해 결정되는 것으로, 가족구성원의 수, 삶의 지향점, 소비지향성, 생활양식의 차이 등이 주요한 변화의 요소로 작용한다. 다른 지역으로부터의 이주까지를 포함하는 인종적 속성은 기존 거주자와의 사이에서 형성되는 커뮤니케이션의 차이에 의해 주거지분화 현상을 촉진하는 역할을 한다.

이와 같이 다양한 요인이 도시 내 공간구성 및 도시구조의 변화를 유발하며,

도시는 매우 복잡하고 다양한 요인의 결합에 의한 다차원의 공간으로 변화한다. 기존에 제시된 도시구조 이론과 달리 사회지역분석을 다차원 이론이라 부르는 이유도 이 때문이다. 모든 나라의 도시에 적용되는 것은 아니며, 우리나라의 도시에서도 적용이 쉽지 않다. 예컨대, 후술하는 라틴아메리카의 도시에서는 상류층이 도심에 인접한 곳에 거주하지만, 북미의 도시에서는 상류층이 도시 외곽의 고급주택지역에 거주한다. 우리나라의 도시에서는 근래 들어 국적에 따른 주거지분화 현상이 일부 나타나기는 하지만, 서구 도시와 비교하면 뚜렷한 정도는 아니다.

현대에는 사회지역분석 기법을 확대하여 거주자의 사회경제적 속성은 물론 도시 내 경제활동의 입지 및 분포까지를 변수로 추가하여 다차원적 도시구조의 규명이 활발하게 이루어지고 있다. 도시규모가 확대될수록 도시를 구성하는 차원의 수는 증가하기 마련이며, 거대도시일수록 차원이 복잡하게 구성된다. 남영우 · 손승호(2006)에 따르면, 서울의 경우 1980년대 초반에는 7개의 차원으로 구성되었지만 2000년대 들어서는 10개의 차원으로 구성되었다.

(7) 21세기의 도시구조 이론

도시공간의 형성 및 구성에 관한 내용은 앞에서 살펴본 여러 이론을 통해 확인했다. 그러나 도시구조는 고정된 불변의 것이 아니기 때문에, 시간이 지나면서 많은 도시지리학자들은 고전적 도시구조 이론에 대한 비판을 제기하기도 하였고 또는 새로운 이론을 제기하기도 했다. 특히 20세기 전반에 세 가지의 고전적인 도시구조 이론이 발표된 이후, 산업조직의 변화, 자가용 자동차의 증가, 도시 주변 근교지역의 택지개발, 산업 입지의 탈중심화, 도시성장과정에서 정부의 개입 증가 등 다양한 사회적 변화가 발생하면서 도시의 성장 패턴에 변화가 생겨났다.

화이트(1987)는 「미국의 근린지구와 주거지분화(*American Neighborhoods and Residential Differentiation*)」에서 다양한 변인이 작용하는 도시구조에 관한 이론을 제시했다. 그가 제시한 이론은 버제스의 동심원지대 이론을 바탕으로 21세기에 나타날 것으로 전망된 다양한 경향을 반영하여 현대적 의미에서 수정한 21세기

대도시 공간구조 모델이라 할 수 있다. 그에 따르면 대도시권은 서로 다른 성질을 가지는 7개의 하위지역으로 구성된다. 7개의 하위지역은 [그림 4-11]에서 보는 바와 같이 핵심부, 정체지대, 빈곤층과 소수인종 주거지, 엘리트 주거지, 분산된 중산층 주거지, 산업단지 및 공공기관 집적지, 외곽 중심지 및 교통회랑 등으로 구성된다.

이 이론에서는 도시 내에서 발생하는 분화와 확산이 도시구조 변화의 결과로 간주되며, 교통통신 기술의 진보 덕택에 도시 중심부로의 접근성이 크게 문제되지 않고 도시 주변의 밀집지역으로 인구가 재배치되는 것을 강조한다. 대도시권에서 발생하는 인구 재배치에 따른 지역분화는 물리적 기반시설(밀집도, 주택의 유형과 건축 시기), 소수인종집단(흑인, 히스패닉), 사회경제적 지위(주거비용, 빈

그림 4-11 21세기 도시 공간구조

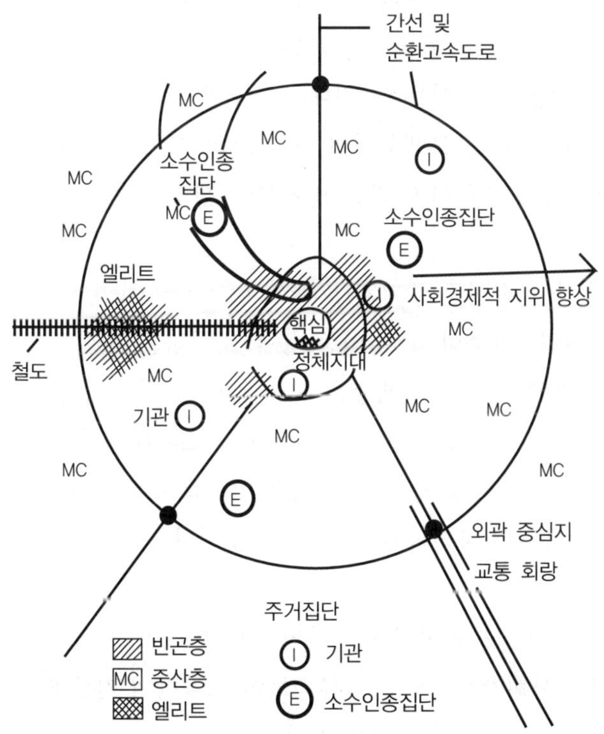

출처: M. J., White(1987).

곤, 수입, 교육), 생애주기 및 연령(가족 형태, 결혼 여부, 연령, 성별) 등에 의해 생겨난다. 이에 따라 대도시권에서는 빈곤층, 중산층, 엘리트, 소수인종 등이 분리된 공간에 거주하는 주거지분화 현상이 나타나기도 한다.

첫째, 핵심부(core)는 거대도시의 초점이 되는 곳으로 CBD가 여전히 자리하는 곳이다. 핵심부의 기능은 시간의 흐름에 따라 다소 변화했지만, 주요 은행과 금융기관을 비롯하여 정부청사, 기업체 본사, 문화 및 오락시설 등은 남아있다. 소수의 대형백화점이 중심 시가지의 상징적 건물로 남아 있지만, 대부분의 소매업은 부유층을 따라 도시외곽으로 이전했다. 외곽으로 이전하지 않고 남아있는 상점들은 CBD로 출근하는 사람들이 이용할 수 있는 특별한 상가로 인식된다.

둘째, 정체지대(zone of stagnation)는 버제스가 점이지대로 간주했던 곳이다. 버제스는 도시 내 투자가들이 CBD로부터 점이지대로 투자를 확대하여 CBD의 외연적 확장을 예상하였지만, 화이트는 CBD가 고층화하면서 수직적으로 확장할 것이란 견해를 제시했다. 이 지대에 투자가 부족한 이유는 슬럼 철거, 고속도로 건설, 창고의 이전, 근교로 이어지는 교통시설 등 때문이다. 미국의 클리블랜드와 같이 오래된 공업도시에서는 이 지대의 건물을 오락 · 상업 · 주거기능으로 전환하여 도시의 재활성화를 모색했지만, 댈러스와 같이 역사가 길지 않은 도시는 이 지대의 토지이용을 전환하지 않고 방치하여 성장이 멈춘 듯 정체지대로 남겨놓았다.

셋째, 빈곤층과 소수인종 주거지(pockets of poverty and minorities)는 노숙자, 약물중독자, 장애인, 하층민, 소수인종 등을 포함하는 사회적 약자들이 거주하는 지역이다. 여기에 거주하는 계층은 도시 내에서 다른 집단과의 분리 정도가 매우 강한 편이다. 불량주택지구와 노후 주택 등으로 대변되는 주변 환경을 통해 그들의 상황을 파악할 수 있다. 이들 슬럼은 일반적으로 정체지대의 외곽에 형성되어 있는 기성시가지에 자리하지만, 일부는 오래된 근교에서 생겨나기도 한다.

넷째, 엘리트 주거지(elite enclaves)는 주로 도시 주변의 전망이 좋은 고가의 주택지역에 형성된다. 도시 전역에서 나타나지 않고 특정 장소에 한정되어 주거지가 형성되므로, 사회경제적으로 상류층들이 그들만의 거주공간을 형성하는 폐쇄공동체(gated community)의 성격을 가진다.

다섯째, 분산된 중산층 주거지(diffused middle class)는 대도시에서 가장 넓은 공간범위에 걸쳐 분포하며, 중심도시의 외측 경계부와 대도시 가장자리의 사이에서 흔히 발견된다. 중산층 주거지가 자리한 근교지대의 안쪽 구역은 오래전에 형성된 근교로서 본래 거주하던 사람들이 다른 곳으로 이전함에 따라 점이지대적 성격을 나타내기 시작한다. 바깥 구역은 결혼한 부부가 어린 아이를 키우면서 넓은 부지에 단독주택을 짓고 거주하는 커뮤니티가 형성된 곳이다.

여섯째, 산업단지 및 공공기관 집적지(industrial anchors and public sector control)는 산업단지, 대학교, R&D 센터, 병원, 업무중심지, 기업체 본사, 대규모 기관 등이 토지이용 패턴 및 주거지 재개발에 큰 영향을 미치는 곳이다. 공공기관 및 도시성장을 견인하는 시설들은 용도지역을 바꾸거나 도시 인프라를 정비하도록 도시정부에 압력을 행사하기도 한다. 특히 이곳에서는 대형 쇼핑몰의 입지가 도시구조의 형성에 있어서 매우 중요한 역할을 한다.

마지막으로, 외곽 중심지 및 교통회랑(epicenter and corridors)은 21세기 거대도시에서 나타나는 두드러진 특징이다. 즉, 도시외곽에 자리한 중심지가 CBD와 경쟁하기 위하여 외곽순환도로 및 간선고속도로를 따라 서비스 범위를 확대시켜 나간다. 미국에서는 보스턴 근처 128번 도로(Route 128)의 회랑지대에 공공기관 · 상업시설 · 산업단지가 집중하였고 최근에는 금융 · 인터넷 소프트웨어 등의 산업도 모여들고 있다. 서울대도시권에서도 외곽순환고속도로나 간선교통로에 인접한 장소에 대규모의 상업시설이 들어서는 경우를 확인할 수 있다.

(8) 도시구조의 재편

이상에서 살펴본 것과 같이, 다양한 활동이 입지해 있는 도시 내부의 공간구조는 시간의 흐름에 따라 변화했다. 20세기를 지나 21세기에 들어서면서 우리 사회에서는 여러 가지 변화가 있었다. 세계대전 이후의 급격한 인구증가 및 인구구성의 변화, 경제구조의 변화에 따른 사회적 재구조화, 라이프 스타일의 변화, 교통통신 수단의 발달, 도시의 거대도시화, 신시가지 개발, 세계화 등이 그것일 것이다. 이러한 변화는 일정 기간에만 출현하는 것이 아니라 과거에서 현재에 이르기까지 지속적으로 이어지고 있다는 점에서 도시공간의 재구조화는 아직도 진행형이다. 도시구조가 재편되는 주요 관점은 다음과 같이 정리할 수 있을 것이다.

인구학적 변화는 일단 베이비붐에 의한 인구증가에서부터 시작한다. 전쟁으로 인해 낮아진 출산율을 회복하는 과정에서 1960년대 들어 도시의 인구는 크게 증가했다. 그들은 노동시장 및 주택시장에 새롭게 진입하면서 새로운 일자리와 신규의 주거공간을 필요로 하게 된 것이다. 공업화 및 산업화의 진전과 더불어 도시로 몰려드는 인구는 지속적으로 증가하게 되었고, 그들을 위한 새로운 공간의 창출은 기존의 도시구조를 새롭게 재편하는 요인으로 작용했다. 직장과 주거지 사이를 오가는 일일(日日)단위의 규칙적인 인구이동은 대도시를 중심으로 한 대도시권의 도시구조 변화 양상을 잘 반영해준다. 또한 고령인구의 증가도 도시구조의 변화에서 빼 놓을 수 없는 요소다. 세대원의 증가는 넓은 주거지를 필요로 하므로, 도시외곽에서의 주거지 형성을 유발했다. 이에 반해 고령화의 진전은 기동성이 낮은 노인인구의 주거지와 생활공간을 도시 중심부로 유인하는 원인으로 작용하였다. 대도시권에서는 고령층의 도시회귀에 따라 중심도시의 재도시화(reurbanization) 현상이 나타나고 있다. 도시 중심부에서 도심형 실버타운이 큰 인기를 누리는 것도 이러한 이유 때문이다.

도시의 경제활동이 점차 고도화하면서 선진도시에서는 2차 산업 중심의 경제구조가 3차 산업 중심의 구조로 전환되었으며, 이에 따라 도시 내 경제활동의 입지에도 변화가 생겨났다. 왜냐하면 제조업의 입지와 서비스업의 입지는 서로 다르게 전개되기 때문이다. 제조업이 넓은 부지를 확보할 수 있는 도시외곽을 선호했다면, 서비스업은 접근성이 양호하고 대면접촉이 유리한 도시 중심부를 최적의 입지로 선택하게 된 것이다. 산업구조의 변화는 도시 내에 거주하는 주민들의 소득이나 소비패턴에도 영향을 미치게 되었고, 이는 도시 내에서 신분이나 경제력에 따른 사회구조를 변화시켰다. 이러한 일련의 변화는 도시민의 라이프 스타일에도 영향을 미치게 되었다. 경제력이 향상된 사람들이 도시 주변부로 이전하는 반면, 그렇지 않은 사람들의 주거지는 도시 내부로 이전하면서 도시공간의 재구조화가 진행되었다.

도시의 형태에 영향을 미치는 도시교통의 변화도 도시구조의 재편을 촉진하는 요소다. 산업혁명 이후 도시 내 교통수단이 궤도마차에서 전차로 발전하였고, 이후 자동차가 운행하기 시작하면서 시가지는 점차 도시외곽으로 확장되어 나갔으며 도시의 시가지 모양도 변화했다. 이동에 소요되는 시간이 단축되면서 근교 또는 위성도시가 발달하기 시작한 것이다. 특히 자동차의 보급은 도시의 확장뿐만 아니라 도시구조의 변화에도 큰 영향을 미쳤다. 주거지 선택의 폭이 넓어지고 공업이나 상업 등의 경제활동 입지도 훨씬 자유로워졌다. 그 결과 도시에서는 유사한 활동끼리 집적하여 주거지역 · 상업지역 · 공업지역 등의 지역분화가 더욱 활발하고 빠르게 진행되었으며, 도시는 단핵도시에서 다핵도시로 변모할 수 있게 되었다. 20세기 후반에 들어서는 도시 내부와 외부를 순환하는 순환고속도로가 건설되면서 거대도시를 중심으로 하는 광역도시권이 등장하기에 이르렀다. 서울이나 부산과 같은 거대도시에서는 도시 전체를 순환하는 내부순환도로 및 외곽순환고속도로가 개통되면서 대도시권의 광역화가 촉진되고 있다.

비가시성을 지니는 원격통신(telecommunication)은 한때 도시공간의 변화에서 크게 주목받지 못했었다. 그 이유는 도시지리학자들이 가시적이고 인지가능한 도시생활의 측면에서 도시공간을 연구했기 때문이다. 그러나 1990년대 이후 통신기술의 진보에 따른 '전선사회(wired society)', '정보시대', '통신혁명' 등의 표현이 등장하였고 원격통신이 도시의 경험적 분석에 있어서 초점으로 등장했다. 우리는 지금 선으로 연결되지 않고서도 통신이 가능한 무선통신의 시대에 살고 있다. 원격통신의 발달은 국가 내 도시의 기능적 계층을 허물고 있을 뿐만 아니라 도시 내 공간을 매우 복잡하게 상호 연결된 네트워크로 결합시키고 있다. 과거에는 도시가 배후지에 대한 중심지로 기능했지만 원격통신의 발달은 도시경제의 영역성을 사라지게 만들어버렸다.

4. 개발도상국의 도시구조

제3세계라 불리기도 하는 개발도상국은 상당수의 국가에서 서구 열강의 식민지 지배를 경험했다. 개발도상국은 특히 유럽에서 제국주의의 팽창과 더불어 해외 식민지 개발이 한창 진행되었던 18세기와 19세기에 걸쳐 식민지 지배를 받았다. 일반적으로 식민지 국가의 도시에는 지배계층과 피지배계층이 공존하면서 그들만의 주거영역이 설정된다. 식민지 지배를 받는 국가의 경제를 지배하고 주변 국가와의 네트워크를 강화하는 소수의 엘리트 집단이 식민도시에 거주하는 사람의 중심에 자리한다. 유럽에서 식민지를 확대한 것은 단순히 영토를 확보하는 차원도 있지만, 유럽 대륙에서 구할 수 없는 다양한 자원을 식민지 지배 국가에서 수탈하고자 한 측면이 강하다. 이를 위해 식민지 지배국은 본국에서 이주해온 이주민이 식민지 국가에 쉽게 정착하여 상업활동을 영위할 수 있도록 지원하고, 물자의 수송이 유리한 해안가에 항구도시를 발전시켰다. 항구도시는 배가 정박하고 물자를 배에 싣고 내리는 항만을 중심으로 형성되었으며, 항만 주변에는 상업활동을 하는 본국의 이주민이 집단적으로 거주했다.

식민지 국가의 원주민은 지배계층에 해당하는 이주민 집단과 분리된 장소에서 그들만의 영역을 점유했다. 요컨대, 식민지 지배를 받았던 개발도상국의 도시발달은 항만을 중심으로 시작되었으며, 우리가 앞에서 살펴보았던 도시구조 이론의 내용과는 달리 상류층이나 엘리트 계층이 도시 중심부에 거주하고 저소득층은 도시 주변부에 거주하는 특징을 보인다. 그들은 각자의 영역에서 그들만의 영역성을 강화시킴으로써 장소의 정체성을 확립하였고, 그러한 모습은 식민지 지배가 종료된 지금까지도 고스란히 남아 있다. 지금부터 개발도상국의 도시구조가 어떻게 형성되고 변화하였는지에 대하여 알아보도록 하겠다.

(1) 스페인이 지배했던 라틴아메리카의 도시구조

라틴아메리카에는 유럽 라틴지방에서 건너온 스페인 사람들에게 식민지 지배를 받은 나라가 많다. 스페인 사람들은 중남미의 도시를 대부분 파괴해 버렸기에 중남미에는 과거의 도시문명이 거의 남아 있지 않다. 따라서 라틴아메리카의 도시는 구대륙의 도시와는 달리 식민지 시대에 형성되어 지금까지 유지되고 있는 경우가 많으며, 그들의 도시구조 역시 다소 상이하게 형성되어 있다.

어니스트 그리핀과 래리 포드(Ernest Griffin & Larry Ford, 1983)는 라틴아메리카의 도시구조를 모식화하였는데, 이는 다른 중남미의 국가뿐만 아니라 개발도상국가의 일부 도시에서도 적용이 가능하다. 식민지 시대에 형성된 도시는 근대화의 과정에서 중남미의 전통적인 문화요소와 결합하여 새로운 모습으로 바뀌었는데, 이는 동심원과 방사형 패턴의 결합으로 설명된다. 그 후 포드(1996)는 [그

그림 4-12 **라틴아메리카의 도시구조 모식도**

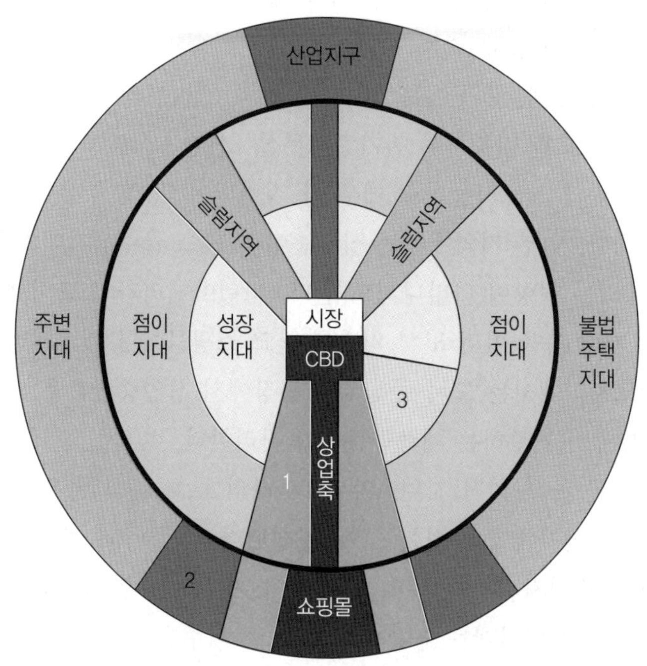

출처: L. Ford(1996).

림 4-12]에서 제시된 것과 같이 과거의 모델을 일부 보완하여 수정된 모델을 제시했다. 그에 따르면 도시는 CBD, 상업중심축, 엘리트 주거지대로 특징지을 수 있고 CBD로부터 멀어질수록 주택의 질적 수준이 저하된다. 도시 내부는 주택 수준의 차이에 따라 동심원 지대가 형성된다.

가장 중심이 되는 장소는 CBD다. 유럽에서 온 지배계층이 주로 머물렀던 CBD는 도시 주변지역에 대하여 업무 · 고용 · 여가의 중심지로 기능하며, 철도 및 버스를 이용한 대중교통도 매우 편리한 곳이다. CBD는 현대적인 고층 건물을 많이 보유하고 있지만, 식민지 시대의 유산도 일부 간직하고 있다. CBD는 시가지 역사가 오래된 기성시가지로 둘러 싸여 있지만, 북미의 도시에서처럼 인구와 산업의 공동화 현상은 발생하지 않는다. 그 이유는 중심부에 입지한 경제활동의 이심이나 분산 현상이 미비하고 노동자와 이주자들이 지속적으로 유입되어

오기 때문이다. CBD에 접한 시장에서는 공식 경제(formal economy)와 비공식 경제(informal economy)가 공존하며, 정부에 의해 과세가 되기도 하지만 무면허 업자들이 물건과 서비스를 판매하기도 한다.

CBD에서 도시외곽을 향해 뻗은 곳에는 상업중심축과 엘리트의 주거지대가 형성되어 있다. 이곳은 상수도를 비롯하여 전기 · 사무실 · 상점 · 식당 · 호텔 · 박물관 · 극장 등이 구비되어 있고 도시공간도 매우 잘 정비되어 있어, 부유층에게는 상당히 매력적인 장소다. 일부 지역에서는 상류층이 떠난 고급주택지대가 중류층의 주택지대로 대체되는 경향이 나타나기도 한다. 라틴아메리카의 도시에서는 CBD에서 뻗어 있는 개발 축을 따라 도시 외곽에 근교 쇼핑몰이나 에지시티가 들어서기도 한다. 멕시코시티에서는 도시 중심부의 광장에서 상업중심축을 따라 연결된 도시 외곽에 상류층이 거주하는 폐쇄공동체가 자리한다.

중류층 주거지대는 접근성, 사회적 지위, 외부로부터의 보호 등의 이유로 가능한 엘리트 주거지 및 주변지대에 근접한 곳에 형성된다. 상류층과 중류층의 주거지를 제외한 나머지 주택지대는 빈곤한 사람들이 거주하는 불법주택지대(squatter settlement)다. 불법주택지대는 농촌에서 도시로 이주한 사람들의 거주 공간이다. 이곳에 거주하는 주민들은 일자리를 찾아 구직활동을 하거나 보다 양호한 주거여건을 찾아 이주하며, 적극적이고 긍정적인 삶을 통해 중류층 주거지대로 이주하기도 한다. 주거환경이 열악한 불량주택지대는 라틴아메리카에서 '바리아다(barriada)' 또는 '파벨라(favela)'로 대표되는 불변의 슬럼이다([그림 4-13]). 불량주택지대는 불량주택이 아주 고밀도로 분포하는 곳으로, 가장 빈곤한 사람들이 거주하며 일부 거주자는 말 그대로 길거리에서 숙식을 해결하기도 한다. 식민지 지배를 받은 라틴아메리카의 도시에서는 식민지 지배자인 유럽인들과 피지배자인 원주민간의 주거지분화 현상이 뚜렷하게 진행되었다.

근교의 산업지구는 시가지와 다소 분리된 장소에 조성되며, 상류층 주거지대와는 반대 방향에 입지한다. 산업지구는 철도나 고속도로를 따라 입지하며, 공간을 많이 필요로 하는 공장이나 창고를 수용할 수 있는 곳에 형성된다. 초기의 도시에서는 도시 내에 산재하는 공장이 연계되어 발달했지만, 근래에는 대규모의 공장이 분리된 장소에 별도로 입지하는 경향이 강하다. 일부 쇼핑몰과 산업지구는 주변지대 또는 고속도로와 연계되어 형성된다. 라틴아메리카의 대도시에는

그림 4-13 라틴아메리카의 불량주택지대(바리아다)

출처: https://pixabay.com.

대부분 도시 주변을 순환하는 고속도로가 개통되어 있지만, 인프라의 팽창 및 불량주택지구와 관련된 문제로 도로 주변의 개발은 미진한 상태다. 주변지대는 상류층 주거지 내에서 기성시가지와 신개발지 사이의 내부 경계를 이루기도 한다.

기존 모델과 달리 새롭게 제시된 모델에 따르면, CBD와 엘리트 주거지에 인접한 성장지대에서 소규모의 젠트리피케이션이 진행된다. 라틴아메리카 도시는 역사 경관을 많이 간직하고 있으며, CBD 주변지역은 관광객 · 예술가 · 현지 엘리트 등을 유인하기 위한 특별보호구역으로 지정되어 도시환경이 점진적으로 개선된다. 이들 도시의 역사 유적은 유네스코(UNESCO)에서 매우 귀중한 자원으로 인식하고 있다. 도시의 물리적 환경이 계층별 분포에 영향을 미치기도 하는데, 브라질의 리우에서는 전망이 좋은 대서양 변의 해변에 상류층의 주거지가 집중해 있다.

(2) 토착민과 지배계층이 공존하는 아프리카의 도시구조

아프리카는 거대한 하나의 대륙으로 이루어져 있지만, 그 내부는 매우 다양한 형태가 공존한다. 사하라를 기준으로 그 북쪽은 서남아시아와 인종 · 언어 등의 문화적 속성이 유사하고, 사하라의 남쪽은 유럽 여러 나라의 식민지 지배를 받는 과정에서 문화적 속성이 매우 다양하게 재편되어 지금에 이르고 있다. 아프리카의 도시발달은 19세기 유럽의 식민지 지배로 본격화됐다. 식민지 지배를 받는 동안 아프리카의 광물 · 원자재 · 카카오 · 커피 등을 유럽으로 반출하는 과정에서 인구가 집중하면서 도시화가 진행된 것이다. 아프리카의 도시는 유럽 식민 종주국들의 자원 수출 전진기지를 건설하는 과정에서 노동자들이 대거 유입되면서 산업화가 동반되지 않은 도시화를 이룩한 점이 다른 대륙의 도시 발달과 차이점을 보인다.

사하라 이남 아프리카의 도시구조는 하름 드 블레이(Harm J. de Blij, 1977)에 의해 제기된 바 있다. 전체적으로 도시화의 수준이 낮은 아프리카에서는 매우 빠른 속도로 도시가 성장하였으며 유럽 식민주의자들의 영향이 도시 곳곳에 명확하게 남아 있다. 유럽인들은 해안가를 따라 항구를 건설하였고, 그 곳이 도시의 중심지로 성장했다. 도시 중심부에는 3개의 CBD가 공존하는데, 이들 3개는 식민지 시기의 CBD, 비공식 부문의 정기시장, 식민지 이전부터 형성된 전통적 CBD로 구성된다([그림 4-14]). 식민지 시기의 CBD는 유럽인들에 의해 계획된 가로망을 특징으로, 도시를 가로지르는 간선도로망이 교차하는 결절로 기능하면서 수직적 확장이 진행되었다. 반면 원주민들이 거주하던 전통적 CBD는 도시계획이 제대로 적용되지 않아 미로형의 가로망을 배경으로 단층 건물의 전통가옥이 지배적인 공간이다.

도시 공간은 민족집단의 성격에 따라 선형의 패턴과 동심원의 패턴이 혼재된 형태로 구성된다. 단일민족 공동체는 단일민족이 그들만의 강력한 정체성을 바탕으로 거주하면서 주거지분화 현상을 뚜렷하게 보여주지만, 혼합 민족 공동체는 다양한 민족 집단이 불규칙하게 혼거하는 장소로 분화되었다. 민족 집단별 주거지의 근처에는 도시를 가로지르는 간선도로를 사이에 두고 유럽으로 반출하는 광물을 채굴하거나 공산품을 생산하는 광산 및 공업지대가 자리한다. 광산 및 공

그림 4-14 **사하라 이남 아프리카의 도시구조**

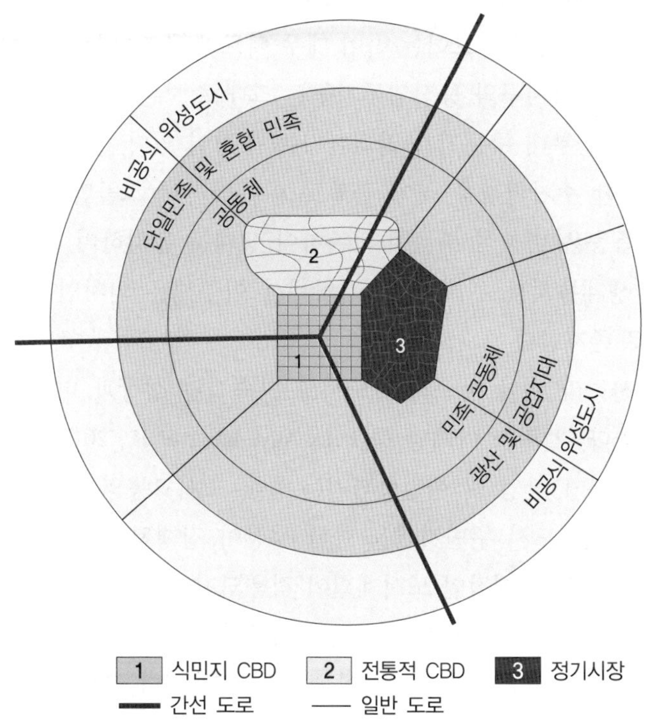

출처: de Blij(1977).

업지대의 내측에는 단일민족의 마을이 형성되어 있다. 그리고 도시 외곽에는 비공식 위성도시가 형성되는데, 이곳에는 빈곤한 불법 점유자(squatter)의 취락이 들어서면서 도시적 경관과 비도시적 경관이 혼재한다.

아프리카의 도시는 고유의 요소와 외부에서 유입된 요소가 이질적 성격을 보이면서 통합되어 나가는 혼종도시(hybrid city)의 성격을 보인다. 이러한 도시는 유럽의 식민지로부터 해방되면서 더욱 빠르게 증가하였으며, 도시의 규모가 확대될수록 이질적 요소가 통합되는 경향은 강해진다. 기니 만 연안 나이지리아 제1의 도시인 라고스가 대표적이다. 영국의 식민지 지배를 받을 당시 나이지리아의 수도였던 라고스는 항만 근처에 CBD가 형성되었고, 유럽인의 이주가 활발해지면서 토착요소와 유럽의 요소가 혼합된 도시로 발전했다. 라고스에는 현대식 고층건물, 낡아서 쓰러져가는 주거지역, 불결한 슬럼 등이 혼재되어 있다.

1960년을 전후하여 대부분 국가가 유럽 열강의 식민지에서 독립한 아프리카에서는 혼종도시의 성격을 보이는 곳이 매우 빠르게 증가하는 추세다. 유럽의 영향이 남아 있어 역사지구와 중심업무지구는 그대로 보존되어 있지만, 그 주변에는 공업단지 및 군부대 주둔지가 자리한다는 특징이 있다. 고소득층은 중심시가지로부터 쾌적한 주거환경을 찾아 근교로 이주하면서 그들만의 주거지역을 형성한다. 저소득층은 비공식 부문에 의존하여 생계를 유지하며, 저소득층의 주거공간 안에는 생계유지를 위해 다른 지역에서 이주해온 외지인들의 커뮤니티가 슬럼의 형태로 존재한다.

근래에는 사하라 이남 아프리카 도시도 지속적인 성장과 더불어 단핵구조에서 벗어나고 있다. 펠릭스 아게망 등(Felix Agyemang *et al.*, 2019)에 따르면, 과거에는 도시 중심부가 상업 및 행정중심지는 물론 도시교통의 허브로 기능했지만, 21세기에 들어서는 도시 주변지역을 향한 성장이 진행됨에 따라 다핵화의 조짐이 보인다. 그럼에도 체계적인 도시계획이 적용되지 않은 상태다. 가나에서는 대부분의 도시개발이 정부 당국의 허가 없이 이루어지며, 개별 가구의 불법 건축은 물론 부동산 개발회사의 무허가 개발이 이루어지고 있다. 이로 인해 도시공간의 개발이 비효율적이고 지속가능하지 못한 상태로 재구성되고 있다.

(3) 종교적 원리가 반영된 이슬람권의 도시구조

인류 역사에서 최초의 도시 취락이 중동 지방에 등장한 이후, 도시는 인구와 문화의 중요한 결절점으로 기능해 왔다. 중동 지방은 7세기 이후 이슬람교가 지배해오기 시작했다. 이슬람교는 서남아시아에서 북부아프리카에 이르는 광활한 구간에 걸쳐 전파되었으며, 이슬람교의 율법이 지배하는 지역은 소위 MENA(Middle East and North Africa)라는 이름으로 불리기도 한다. 이슬람교가 지배적인 서남아시아에서는 종교적 원리가 반영된 도시구조가 형성된다는 이론이 제기된 바 있다.

이슬람 도시에는 모스크가 있고, 이곳은 예배를 보는 장소인 동시에 복지와 교육을 담당하는 시설이기도 하다. 도시규모가 확대되면서 지역별 모스크의 수도 증가하는데 기존 모스크로부터 음성을 들을 수 없는 다른 장소에 새로운 모스크가 건립된다. 여기에서 사람들이 교역을 위해 모여드는 시장 또는 수크(suq)는 이슬람 도시의 핵심적인 요소다. 수크는 기능적으로 전문화된 곳이지만, 생산과 판매의 상호보완적 교역이 이루어지는 곳이다. 전문화의 배경에는 가죽 상점과 제화점이 나란히 함께 입지하는 것처럼 각 구역에서 동업자간의 협력이 작동하는 동종경제가 형성되었기 때문이다. 불규칙한 도로망은 도시계획의 부재를 반영한다. 가옥의 구성은 모든 방이 정원을 향하도록 하여 음지를 극대화하도록 조밀하게 배치되어 있는데, 이는 자신의 개인적 생활을 이슬람 사회에 귀속시키는 풍토와 이 지역의 기후조건을 반영한 것이다.

이러한 형태학적 요소들이 서남아시아와 북부아프리카의 도시에 독특한 모습으로 남아 있지만, 이슬람권 도시의 개념은 구조적 특징들이 종교에 기초하기보다는 기후와 같은 풍토에 기초한 요소가 많다는 이유로 많은 논쟁을 유발하기도 했다. 보행자 중심의 사회를 표방하면서 만들어진 이슬람 도시 또는 메디나는 자동차 교통의 접근성을 향상시키고자 한다면 커다란 도시문제에 직면할 수도 있다. 메디나는 빈곤층과 근래에 이주해온 사람들로 북적이고 있으며, 부유층은 현대적 주거환경이 조성된 주택지로 이주하고 있다. 그 결과 전통적인 이슬람 도시는 슬럼화하는 경향을 보이고 있으며, 새롭게 개발된 지역은 공동주택과 빌딩이 들어서는 형태상의 변화를 경험하고 있다.

이슬람교가 지배적인 지역의 도시에서는 이슬람 사원인 모스크의 첨탑이 도시경관의 두드러진 특징이다. 지중해에 접한 북부아프리카에 자리한 이슬람 도시의 중앙부에는 '카스바(kasbah)'라 불리는 성채가 있었다. 성체는 오늘날 사람들이 거주하는 경우 구시가지인 메디나에 자리하는 경우도 있다. 도널드 지글러(Donald J. Zeigler)에 따르면 이슬람 도시공간은 구시가지 메디나의 핵심 역할을 하는 카스바로부터 식민지 도시인 신도시, 독립 이후 형성된 현대도시, 그리고 향후에 형성될 미래도시에 이르기까지 주택 축과 상업 축을 비롯한 사회적 축과 교통 축이 관통하는 공간구조를 형성한다([그림 4-15]). 아프리카의 이슬람 도시는 이슬람의 성격이 내재한 도시와 식민도시의 유형이 어우러진 이원도시라기보다는 이슬람의 토착적 요소와 식민지 지배국가의 외부적 요소가 결합된 혼종도시의 성격에 가깝다([그림 4-16]).

그림 4-15 이슬람권 대도시의 공간구조

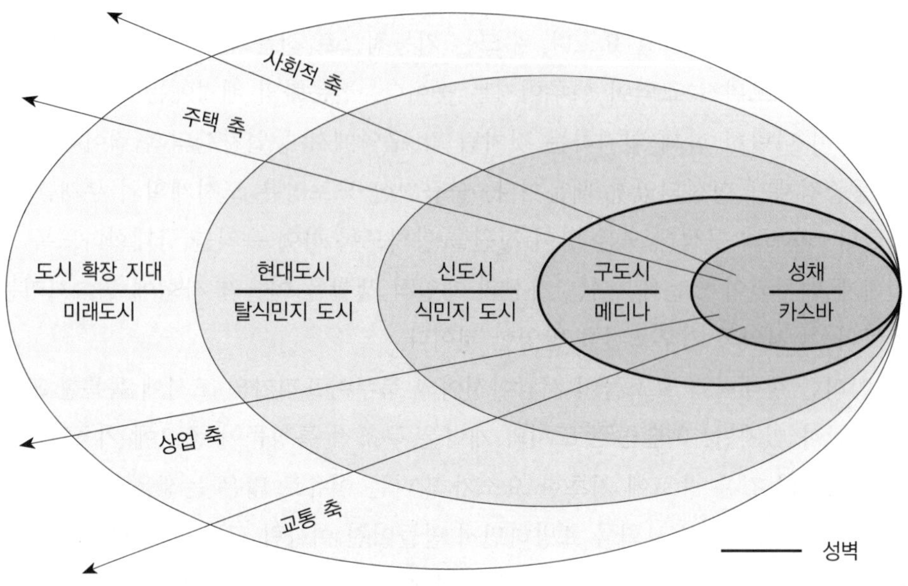

출처: 한국도시지리학회 역(2013).

그림 4-16 토착요소와 외부요소가 공존하는 이슬람 도시

출처: https://pixabay.com.

(4) 전통적 요소와 식민통치의 잔재가 남아 있는 남아시아의 도시구조

인도로 대표되는 남아시아는 영국의 식민지 지배를 받아 식민지 통치를 반영하는 요소들이 도시공간에 투영되어 있다. 남아시아에 발달한 현대도시의 형태는 제3세계의 다른 지역에서 볼 수 있는 것과 같이, 토착민에 의한 전통적 요소와 외세에 의한 식민지 요소가 모두 남아 있다. 이에 따라 남아시아의 도시 형태는 식민지기반 도시(colonial-based city)와 시장기반 도시(bazaar-based city)로 나누어 살펴볼 수 있다. 바자(bazaar)는 도시 내에 자리한 공공시장을 가리키며, 이슬람권의 수크와 비슷한 기능을 수행했다.

먼저, 식민지기반 도시에 대하여 알아보도록 하겠다. 식민지기반 도시는 일반적으로 해안가로의 접근성이 양호한 수변공간에 입지해 있다([그림 4-17]). 해

그림 4-17 남아시아 식민지기반 도시의 공간구조

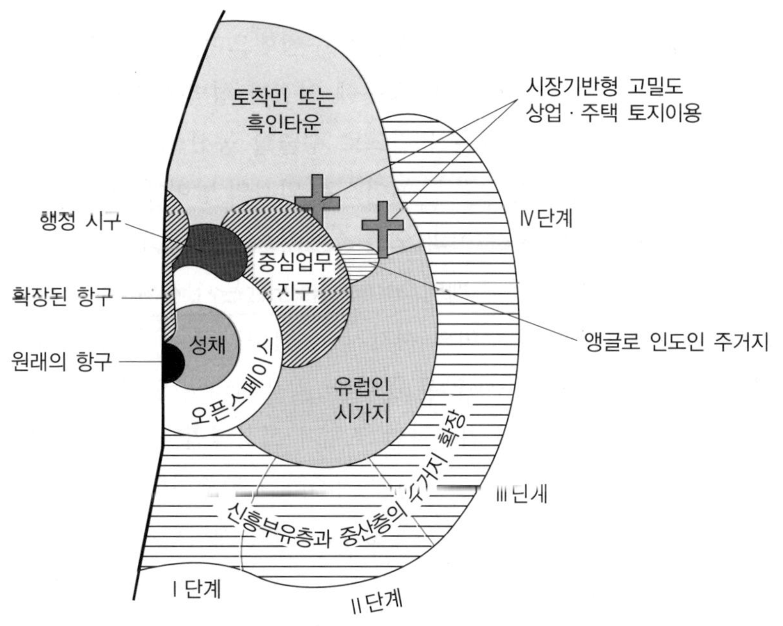

출처: S. Brunn and J. Williams(1983).

그림 4-18 수변공간에 발달한 뭄바이

출처: https://pixabay.com.

안가에 입지함에 따라 교역 및 군사적 행동이 수월했으며, 도시가 형성된 수변공간은 도시의 초기 성장거점이 되었다. 항구에 인접한 성벽은 식민지 지배자들을 보호하는 역할을 하였고, 그곳에는 유럽으로 수출할 농산물을 가공하는 공장이 세워지기도 했다. 성채 주변의 오픈 스페이스는 외적의 방어에 대비하기 위한 공간이며, 성채와 유럽인 시가지 사이의 오픈 스페이스는 군대 행진이나 여가를 위한 공간으로 사용되었다. 오픈 스페이스의 뒤쪽 공간은 성채와 식민지 행정부서에 서비스를 제공하기 위한 원주민의 시가지다. 원주민의 시가지는 혼잡하고 비위생적이며 도시계획을 적용하지 않은 곳이다. 우리나라의 인천도 개항 이후 제물포 항만을 중심으로 일본인이 거주하던 조계가 설정되면서 시가지가 발달하였고 계획적인 가로망이 구축되었다. 인천에 거주하던 원주민의 주거지는 일본 조계에서 분리된 구역이었으며 도시계획의 요소가 전혀 개입되지 않았다.

주요 상업 기능과 행정 기능, 공공기관을 보유하고 있는 서구식 CBD는 저밀도의 주거지역도 포함한다. 공공시장 형태의 상업시설은 원주민 시가지에서 발달한다. 계획적으로 조성된 유럽인 시가지는 원주민 시가지와 분리된 곳에서 대로를 따라 입지한다. 흑인 마을과 백인 마을의 가운데에서는 영국에서 건너온 영국계 인도인의 주거지가 형성되었으며, 그들의 종교는 인도를 대표하는 힌두교가 아닌 기독교다. 식민도시가 확장하면서 형성된 상류층의 새로운 주거공간은 도시 주변부에 입지하며, 이곳에서는 도시의 세금 지원을 통해 민관합작의 형태로 주거지가 개발된다. 인도의 대표적인 도시인 콜카타(캘커타) · 뭄바이(봄베이) · 첸나이(마드라스) 등이 대표적인 식민지기반 도시에 해당한다.

두 번째, 시장기반 도시다. 전통적인 시장기반 도시는 남아시아의 여러 지역에 광범하게 분포하며, 영국으로부터 식민지 지배를 받기 이전의 모습을 간직하고 있다. 시장기반 도시는 동심원 패턴의 도시공간으로 구성되며, 농산물 교환을 기반으로 성장하여 교통 중심지, 사찰 입지, 행정 중심지 등으로 발전했다.

읽을거리 4-3 인도의 경제 중심도시, 뭄바이

인도의 서부 아라비아 해에 자리한 뭄바이는 식민지 문화, 토착 문화, 독립 후 문화 등의 복잡한 요소가 도시를 구성하고 있다. 도시의 본래 명칭은 뭄바이였지만, 포르투갈의 식민지 지배를 받는 과정에서 포르투갈 인들에 의해 '봄베이'로 지명이 변경되었다. 1996년에 과거의 이름인 뭄바이로 지명을 환원하여 현재에 이르고 있다. 봄베이는 뭄바이가 자리한 만입부의 경치가 매우 아름답다는 데에서 'Bom Bahia(beautiful bay)'로 불리었다. 뭄바이 대도시권은 인도에서 인구가 두 번째로 많고, 인도의 상업중심지이자 세계에서 영화를 가장 많이 제작하는 도시다.

본래 뭄바이는 7개의 섬으로 이루어져 있었으며, 한적한 어촌 마을이었다. 이들 섬들은 교량을 통해 연결되었으며, 가장 남쪽에 자리한 항구 주변이 도시의 중심으로 성장했다. 인도를 대표하는 메가시티로 성장한 뭄바이는 본래 상업 및 행정기능을 두루 갖춘 복합기능의 중심지로 개발된 초기의 식민도시였다. 영국의 식민지 지배를 받는 동안 도시는 제3차 산업과 제4차 산업으로 토지이용이 이루어지기도 했다. 주요 항만설비 및 이와 연관된 기능은 동부 해안가에 집중해 있었다.

지금의 뭄바이를 만들어준 것은 뭄바이가 단지 해안에 입지해 있기 때문은 아니다. 즉 뭄바이의 절대적 위치(site)가 아닌 상대적 위치(situation)가 뭄바이의 상업 및 경제기능을 강화할 수 있는 중요한 요소가 되었다. 1869년 수에즈 운하가 개통되면서 뭄바이는 유럽에서 가장 빠르게 도착할 수 있는 인도의 도시가 되었다. 유럽과의 교역이 활발해지

그림 4-19 지도에서의 뭄바이

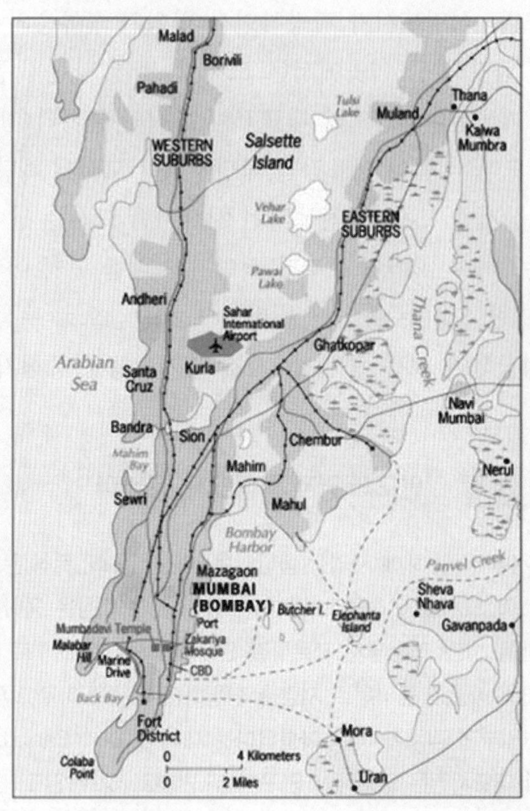

면서 뭄바이는 상업 및 금융의 중심지로 성장하였고, 지금도 인도의 금융 및 상업중심지로 기능하고 있다. 인도의 주요 금융기관을 비롯하여 인도의 기업과 다국적기업의 본부가 입지한 도시로 성장했다. 뭄바이의 기업활동 및 높은 생활수준에 대한 잠재력은 인도의 이주민을 유인하는 흡인력으로 작용하고 있다.

항만이 입지한 남부의 해안가에서 도시가 성장하기 시작하여 도시화가 빠르게 진행되면서 시가지는 점차 북쪽으로 확장되었다. 뭄바이의 시가화 구역은 2001년의 430㎢에서 2014년에는 700㎢를 넘어섰으며, 연평균 증가율은 4%에 달할 정도로 급속하게 도시화가 진행되고 있다. 도시 성장과 더불어 뭄바이에서는 스프롤(sprawl)이 심각한 도시문제로 등장했다. 인구의 자연적 증가를 비롯하여 농촌에서 이주해온 주민이 증가하면서 시가지 개발 가능지가 부족해졌고 각종 환경 문제, 오염, 높은 실업률, 도시 위생 등에서 새로운 문제가 대두되었다. CBD가 형성된 항만에서부터 북쪽을 향한 시가지 확장은 동부와 서부에 개설된 철도 및 고속도로를 따라 선형(linear)의 패턴으로 진행되면서, 동부와 서부에 새로운 근교 주택지역을 등장시켰다. 동부와 서부의 시가지 사이에는 산자이 간디 국립공원이 자리한다.

교차로를 기반으로 형성된 도시 중심부에는 부유한 상인이 거주하며 부유층의 상가 및 창고가 입지해 있기도 하다([그림 4-20]).

도시의 중심지 기능을 수행하는 시장은 생활필수품을 취급하는 소매업체 위주로 구성되어 있으며, 기능적으로는 전문화된 장소다. 중심지 주변에는 여러 하인을 거느린 부유층들이 거주한다. 빈곤층이 거주하는 저급주택지역은 동심원에서 세 번째 지대에 위치하며, 이곳의 토지수요와 지가는 낮은 수준이다. 도시가 성장함에 따라, 민족 · 종교 · 신분계층(특히 카스트)에 따라 그들만의 주거지가 형성되는 주거지분화 현상이 나타나며 카스트에도 포함되지 못하는 불가촉천

그림 4-20 남아시아 시장기반 도시의 공간구조

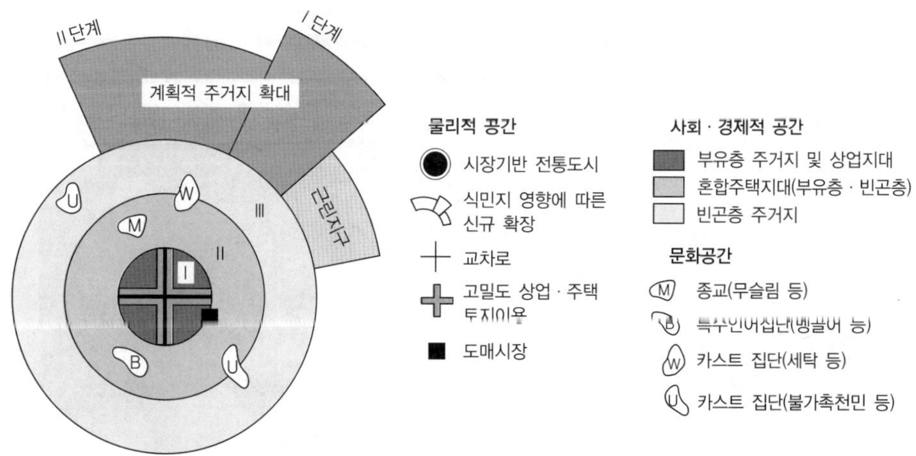

출처: S. Brunn and J. Williams(1983).

민(outcaste)은 도시의 주변부에 거주하게 된다. 힌두교가 지배적인 지역에서는 이슬람교도가 힌두교도와 분리된 주거영역을 형성했다.

(5) 외국과의 교역으로 성장한 동남아시아 항만도시의 구조

도시구조에 관한 내용에서 항만을 기반으로 발달한 도시는 특수한 형태에 해당한다. 내륙과 대양을 매개하는 항만도시는 수상교통이 내재하기 때문에, 도로교통만을 기반으로 형성된 내륙의 도시와는 다르게 발달하기 마련이다. 또한 항만도시는 시가지의 확장이 사방으로 이루어지지 못하고 내륙으로만 진행된다는 점도 염두에 두어야 한다. 동남아시아의 도시들은 인도 · 중국 · 아랍 · 유럽 · 미국 · 일본 등지가 진출함에 따라, 외부의 영향을 많이 받았다. 포르투갈이 1511년에 믈라카 해협의 항구에 처음으로 도착했지만, 동남아시아의 도시시스템은 유럽의 식민지 지배가 본격화한 19세기에 가장 많은 변화를 경험했다. 유럽의

그림 4-21 외국과의 교역으로 성장한 동남아시아의 도시(호치민)

출처: 저자 촬영.

투자가 해안가를 중심으로 이루어짐에 따라, 동남아시아에서는 해안에 인접한 마닐라 · 자카르타 · 싱가포르 · 호치민 · 하노이 · 방콕 등의 도시가 중추도시로 발돋움했다.

해안가에서 발달한 동남아시아의 도시구조를 해양교통과 연계하고 해외로부터 이주해 온 외국인들의 인종적 다양성과 결합하여 규명한 대표적인 사람은 테렌스 맥기(Terence McGee, 1967)다. 그에 따르면 동남아시아의 도시는 여러 가지 토지이용이 혼합되어 배열되어 있는데, 그 모양은 동심원 지대와 선형 지대가 결합된 모습이다([그림 4-22]). 동심원의 가장 안쪽 부분은 도시의 시발점이라 할 수 있는 항만과 그 배후에 여러 기능이 혼재하고, 그 외측의 동심원에는 주거지대가 형성된다. 여러 나라에서 온 외국인이 많기 때문에 주거지대에는 일부 외국인 주거지가 쐐기 모양으로 자리하고, 유럽계 외국인과 비유럽계 외국인의 주거지 역시 서로 분리되어 형성된다. 이들 두 개의 동심원 밖으로는 근교주택지대,

그림 4-22 동남아시아 항만도시의 공간구조

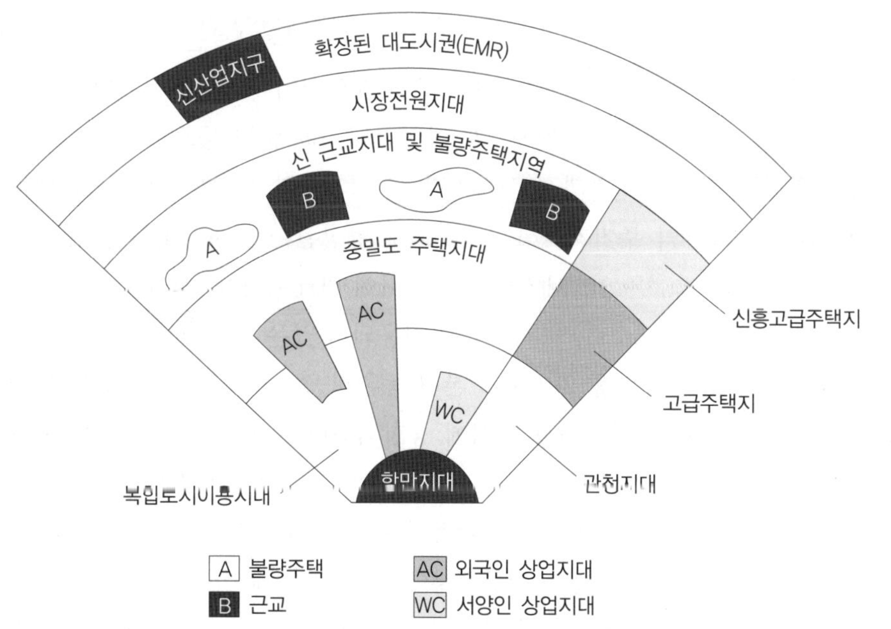

출처: T. McGee(1967).

불량주택지대, 근교농업지대, 신산업지구 등이 차례로 자리한다. 한편 항만지대에서 관청지대로 통하는 교통로를 따라서는 고급주택을 중심으로 하는 상류층의 주거지가 들어선다. 관청지대 및 상류층 고급주택지의 반대편에 형성된 혼합지대에는 경공업이 들어서기도 한다.

도시 내에는 CBD가 뚜렷하게 형성되지 않고, 도시 여러 곳에 CBD의 기능이 분리되어 나타난다. 식민지시대의 항만지대는 주로 중국의 상인들이 거주하던 상업지대로 포위된다. 그러나 기본적으로 도시의 중심지는 물자의 수출에 이용되던 항만지대 주변에 집적해 있다. 외국에서 유입된 사람들이 많지만, 외국인의 상업지대에는 한 곳에 모여 상업활동을 하는 중국인들이 지배적으로 분포했다. 동남아시아에는 중국 명나라 시기부터 이주해온 화교집단이 많이 거주하고 있다. 이들 화교는 상업을 바탕으로 세력을 확장하였으며, 지금까지도 동남아시아의 말레이시아와 싱가포르 등지에서는 국가 경제의 상당 부분을 차지하고 있다. 그들이 오래전부터 상업활동을 해온 장소는 대체로 차이나타운의 형태로 도시 내에 남아 있다.

인도네시아의 도시를 대상으로 도시구조를 밝힌 포드(1993)는 도시 내에 9개의 지대가 형성되어 있다는 견해를 제시했다. 구체적으로는 ① 식민지 항구, ② 중국인 상업지대, ③ 복합 상업지대, ④ 국제상업지대, ⑤ 관청지대, ⑥ 상류층 주거지, ⑦ 중산층 근교주거지, ⑧ 공업지대, ⑨ 캄풍 등으로 구성된다. 기본적인 형태는 맥기의 모델과 유사하지만, 상업지대가 분화되었으며, 중산층이 등장하면서 그들만의 주거지가 도시 근교에 형성된다는 차이점이 있다. '캄풍(Kampung, Kampong)'은 인도네시아를 비롯하여 말레이시아, 싱가포르 등지에서 볼 수 있는 특징적인 요소로, 도시계획이 적용되지 않은 상태에서 형성된 저소득층의 주거지역 또는 슬럼을 의미하고 본래 농촌적 성격이 강했지만 도시가 외연적으로 확장되어 가는 과정에서 도시에 통합되었다([그림 4-23]). 쿠알라룸푸르나 싱가포르의 캄풍은 이슬람 사원인 모스크가 대표적인 도시경관을 형성하면서 다른 민족이 거주하는 시가지와는 차별화된 특징을 가진다.

동남아시아의 도시구조는 도시중심부에 인접한 곳에 상류층 주거지역이 형성되고, 기성시가지에서 중산층의 주거지역이 나타나며 도시 주변에 저소득층이 불법 점유한 무허가 주택지가 생겨난다는 점에서 라틴아메리카의 도시구조와 유

그림 4-23 **동남아시아의 캄풍**

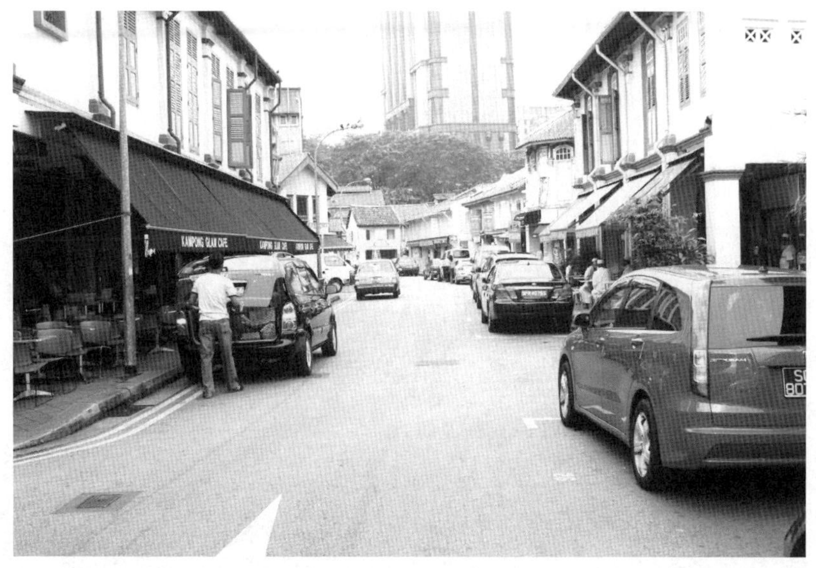

출처: 저자 촬영.

사하다. 또한 외국에서 이주해온 사람들이 만든 상업지역으로 인해 도시에는 다양한 문화경관이 형성되고 민족적 유대가 매우 강하게 형성되기도 한다. 반면 동남아시아의 도시에서는 도시 외곽에 중산층의 주거지역이 있다는 점에서 도시 주변에 빈곤층이 거주하는 라틴아메리카의 도시구조와는 차이점이 있다.

읽을거리 4-4 거대도시 서울의 도시구조

조선 왕조의 성립과 함께 도읍지로 지정된 이후 현재까지 우리나라의 수도로 기능하는 서울의 도시공간은 어떻게 형성되었고 변화했을까? 한양은 도읍으로 지정된 이후 중국에서 이용되던 도시계획의 원리에 입각하여 도성 내에 시가지와 도로망이 형성된 도시다. 조선시대의 도시와 현대의 도시는 여러 부분에서 차이점이 있지만, 서울에서는 조선시대에 형성된 도로망을 근간으로 도시 내 토지이용이 이루어졌으며 시가지의 성장도 진행되었다. 일제강점기 근대도시 서울에서도 토지이용의 지역분화가 진행되었지만 크

그림 4-24 서울의 CBD와 그 주변지역

출처: 저자 촬영.

게 부각되지는 않는다.

서울의 도시규모는 한국전쟁이 끝나고 우리나라의 경제발달과 더불어 도시화가 매우 빠르게 진행된 1960년대 이후에 확대되기 시작했다. 도시규모가 크지 않았던 1960년대까지만 해도, 서울의 도시공간은 단핵구조를 유지했다. 도시 인구가 증가하고 생활권이 서울시 경계 외부지역으로까지 확장되면서 1963년에는 서울 주변의 경기도에 속했던 곳을 서울시에 편입함으로써 행정구역이 확대되었다. 조선시대의 도성 내부에서 행정기능이 집중해 있던 곳이 현대도시에서는 서울의 CBD로 기능했으며, 도성 내부는 도시기능의 침입과 천이가 진행되면서 점차 다양한 공간으로 변모했다.

1970년대는 농촌에서 도시로의 이주하는 이촌향도가 활발하게 진행되면서 우리나라의 도시화 단계가 초기 단계를 벗어나 가속화 단계에 접어든 시기다. 이는 서울에서도 인구가 매우 빠르게 증가하는 계기가 되었다. 1970년대 들어 서울의 기능이 확대되면서 서울을 중심으로 서울대도시권이 형성되기 시작하였으며, 서울에서는 인구는 물론 각종 경제활동의 중추관리기능이 집적함에 따라 오래전부터 서울의 중심지로 기능해오던

CBD의 확장 및 sub-CBD의 개발을 통한 기능의 분산이 요구되었다. 한강 이북에 집중해 있던 기능을 한강 이남으로 이전하면서 한강 이남의 개발을 도모하는 정책이 추진된 것이다. 1977년에 구상된 3핵도시 건설이 대표적이다. 기존 CBD는 행정 중심지로서의 기능을 유지하고, 한강 이남의 불모지였던 여의도와 그 주변의 영등포 일대는 서울에서 인천과 수원으로 이어지는 산업지대로 구성하여 경제 중심지로 개발되었으며, 신개발지인 영동(지금의 서울 강남구)은 CBD 기능의 일부를 분산하여 시빅 센터 및 금융 중심지로 개발하는 계획이 수립되었다. 1970년대까지 서울은 조선시대부터 이어져 온 도성 내의 단핵 도심으로 기능을 유지해 왔지만, 서울의 도시기능 확대와 더불어 도시공간을 다핵구조로 전환하는 첫 계획이 시행되었다. 이 계획에 의거하여 서울의 도시공간은 CBD를 중심으로 여러 개의 sub-CBD가 존재하는 다핵도시로 변화했다.

서울의 도시공간에 대한 설명이 단순히 CBD와 sub-CBD의 형성에서 마무리되는 것은 아니다. 다양한 사회계층이 거주하고 경제활동이 집적해 있기 때문에, 사회계층에 따른 주거공간의 분리가 진행되었으며, 경제활동의 유형에 따른 입지의 차별화는 토지이용의 지역분화를 더욱 촉진시켰다. 현대도시 서울에서 공업지역은 뚜렷하게 형성되지 않지만, 고소득층 주거지역, 생산자서비스 밀집지역, 교육기능 밀집지역, 도소매업지역 등은 뚜렷하게 확인이 가능하다. 대도시로 성장하면서 제조업의 탈도시화가 진행되는 현상이 서울에서도 일찍부터 나타나기 시작했으며, 그 결과 과거에 공장이 있던 장소는 대부분 고급주택지역 또는 첨단산업의 입지 장소로 탈바꿈했다.

1988년에 인구 천만을 넘어 메가시티로 성장한 서울의 도시공간은 매우 복잡하게 형성되어 있다. 서울을 가로지르는 한강을 기준으로 자연발생적 도시구조를 유지하고 있는 한강 이북과 계획적으로 개발된 신시가지를 광범위하게 포함하고 있는 한강 이남의 도시공간은 차별적으로 발전하고 있다. 서울의 도시공간은 CBD로부터 거리가 멀어짐에 따라 성격이 변화하고 동심원 배열과 선형 배열이 혼재하는 양상을 보이는데, 여기에는 서울시 거주자의 사회계층 및 생활환경의 격차가 투영되어 있다. 또한 도시화의 역사가 오래된 기성시가지일수록 도시공간은 다양한 요소가 혼재하므로 복잡하게 구조화되지만, 도시화의 역사가 짧은 신시가지일수록 도시공간은 시가지 및 토지의 용도가 계획적으로 구상되었기 때문에 상대적으로 단순하게 구조화된다.

서울의 도시구조 형성에 영향을 미친 또 다른 요인으로는 지형적 특징을 빼놓을 수 없다. 서울의 CBD는 남쪽과 북쪽이 풍수지리에 의해 산지로 가로막힌 형국이어서, CBD의 확장 방향은 동서 방향으로 진행되는 특징이 있다. 청와대가 자리하고 있는 관계로 건물의 고도가 제한되는 행정적 규제에 의해 서울의 CBD에서 고층의 도시경관이 뚜렷하게 드러나지 않는 점도 다른 나라의 거대도시와의 차이점이다.

다핵구조를 유지하고 있는 서울에서는 사람들의 통행권 역시 다핵화하는 양상이다. CBD를 중심으로 형성된 통행권을 비롯하여 여의도와 영등포를 중심으로 형성된 통행권, 그리고 강남구를 중심으로 형성된 통행권이 서울의 3대 통행권에 해당한다. 도시 내 각 장소의 사회 · 경제적 속성과 사람들의 공간상호작용은 상호의존적인 도시공간을 형성한다는 사실을 서울에서도 확인할 수 있다. 근래에는 CBD를 중심으로 하는 통행권의 비중이 다소 약화되고 강남구를 중심으로 하는 통행권의 비중이 확대되었는데, 이는 서울에서 진행된 생산자서비스 입지의 분산된 집중이 반영된 결과다.

서울을 운행하는 시내버스의 노선 번호는 3자리 또는 4자리로 이루어져 있다. 광역버스를 제외한 간선버스(파랑색)와 지선버스(초록색) 노선의 번호에서 첫 번째 숫자가 출발지 권역을 의미하고 두 번째 숫자가 도착지 권역을 의미한다. 버스 통행에 의한 서울의 권역은 모두 8개로 구성되는데, 이들 권역은 사람통행을 토대로 형성된 것이므로 서울의

그림 4-25 서울시 버스 권역구분

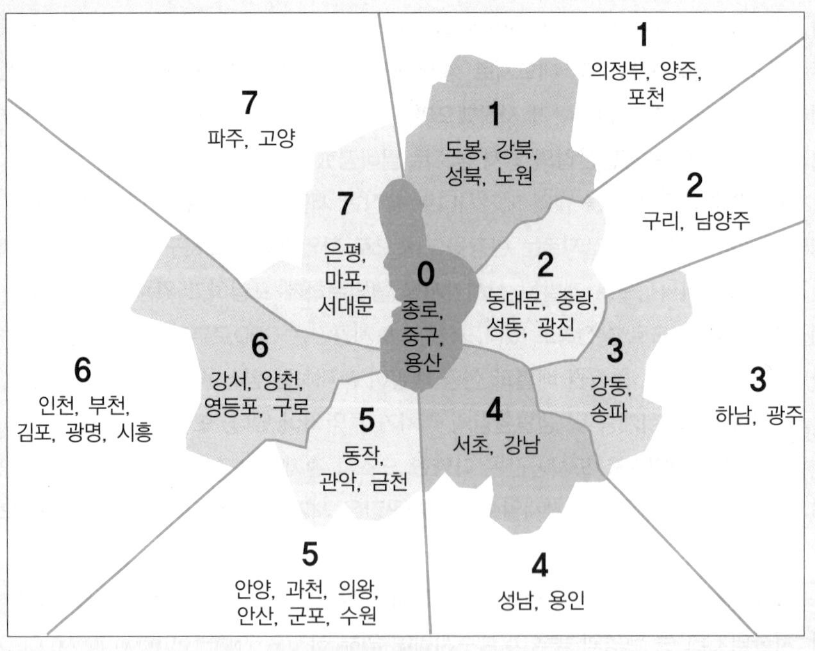

주: 경기도는 별도의 7개 권역으로 구분(빨간색 광역버스).
출처: 서울특별시버스운송사업조합 홈페이지(www.sbus.or.kr).

기능지역 구조를 잘 반영해준다.

서울의 거대화와 함께 도시공간이 점차 복잡하게 구성되고 있지만, 서울의 도시구조를 논함에 있어서 서울을 독자적인 폐쇄공간으로 간주하기보다는 개방공간으로 인식하는 것이 바람직하다. 그 이유는 서울 주변에 서울의 배후지 역할을 하는 도시가 매우 많이 분포하기 때문이다. 즉, 서울의 도시구조는 서울이 서울대도시권에서 핵심부 역할을 하고 그 주변지역을 포섭하는 관점에서 보다 정확하게 파악할 수 있을 것이다. 또한 서울에 형성된 sub-CBD 역시 서울의 행정경계에 포함된 지역만을 배후지로 포섭하지 않는다. 3핵도시 구상은 미래의 도시공간 구상에서도 기본적인 골격을 유지하고 있으며, 서울의 광역화에 따른 서울대도시권에서도 1970년대에 구상된 3핵은 핵심적인 기능을 담당한다. 서울의 광역화가 진행되면서 서울에는 광역중심지가 3핵과는 분리된 장소에 형성되었으며, 주요 간선교통로를 통해 주변지역과 연결된다. 3핵에서 서울 주변지역으로 연결되는 광역교통축, 광역중심지와 주변지역의 연계를 원활하게 해주는 간선교통축이 결합함으로써 서울은 다핵도시로 변모하고 있다.

|참|고|문|헌|

남영우, 1976, "지가에 의한 CBD 설정과 지가분포의 유형분석", 지리학과 지리교육, 6, 51-78.

______, 2015, 도시공간구조론, 법문사.

______, 2018, "도시구조이론의 탄생과 발전 배경: 제2차 세계대전을 전후한 미국을 중심으로," 한국도시지리학회 동계학술대회 자료집, 3-24.

남영우 · 손승호, 2006, 서울의 도시구조 변화, 다락방.

대외경제정책연구원, 2016, 아프리카 도시화 특성분석과 인프라 협력방안, 한디자인 코퍼레이션.

손승호, 2004, "서울시 등질지역과 기능지역의 구조 분석," 대한지리학회지, 39(4), 562-584.

______, 2014, "서울대도시권 인구이동장의 사회 · 경제적 속성," 한국도시지리학회지, 17(1), 125-138.

안재학 역, 1997, 도시학 개론, 도서출판 새말(Hartshorn, 1992, *Interpreting the City*, John Wiley & Sons, Inc.).

이영석 외, 2011, 도시는 역사다, 서해문집.

이현욱, 1991, 광주시 공간구조에 미치는 지가와 지가형성의 요인, 지리학연구논문, 전남대학교 사회과학대학 지리학과.

이호상 · 손승호, 2018, "인천시 외국인 이주자 주거공간의 영역화: 일본 국적과 중국 국적을 사례로," 인천학연구, 28, 45-82.

최원회, 1988, "대전시의 도시내부 인구이동의 구조와 사회 · 경제적 특성," 국토계획, 23(2), 55-91.

한국도시지리학회 역, 2013, 세계의 도시, 푸른길.

한국도시지리학회 편, 2005, 한국의 도시, 법문사.

한문희, 2011, 고령화에 따른 도심형 실버타운의 운영과 발전 방안, 아이엠아이코리아.

허우긍, 2018, 교통의 지리, 푸른길.

홍성조 · 안건혁, 2011, "일반적 장이론에 의한 서울의 주거지 분화에 관한 연구," 국토계획, 46(5), 153-165.

황희현 · 백기영 · 변병설, 2002, 도시생태학과 도시공간구조, 보성각.

田邊健一, 1979, 都市の地域構造, 大明堂.

田村大數, 2004, 空間的情報流と地域構造, 原書房.

村山祐司, 1985, カナダ・トロントにおける人口移動パターンとその規定要因, 人文地理學研究, Ⅸ, 219-220.

戸所 隆, 1987, 都市空間の立體化, 大明堂.

Agyemang, F. S. K., Silva, E., and Poku-Boansi, M., 2019, Understanding the urban spatial structure of Sub-Saharan African cities using the case of urban development patterns of a Ghanaian city-region, *Habitat International*, 85, 21-33.

Berry, B. J. L., 1966, Interdependency of flows and the spatial structure: A general field theory formulation, in *Essays on Commodity Flows and the Spatial Structure of Indian Economy*, Dept. of Geogr., Res. Paper, 111, Univ. of Chicago, Chicago, 189-256.

Berry, B. J. L. and Rees, P., 1969, The factorial ecology of Calcutta, *American Journal of Sociology*, 74, 445-491.

Brunn, S. and Williams, J., 1983, *Cities of the World,* Harper & Row, New York.

Colby, C. C., 1933, Centrifugal and centripetal forces in urban geography, *Annals of the Association of American Geographers*, XXIII, 1, 1-21.

Dickinson, R. E., 1964, *City and Region: A Geographical Interpretation*, Routledge, London.

Duncan, O. D., 1955, Social area analysis, *American Journal of Sociology*, 61(1), 84-85.

Ervin, D., 1984, Correlates of urban residential structure, *Sociological Focus*, 17, 59-75.

Ford, L., 1993, A model of Indonesian city structure, *Geographical Review*, 83(2), 374-396.

______, 1996, A new and improved model of Latin American city structure, *Geographical Review*, 86(3), 437-440.

Graham, S, and Marvin, S., 1996, *Telecommunications and the City: Electronic Spaces, Urban Places*, Routledge, London.

Griffin, E. and Ford, L., 1980, A model of Latin American city structure, *Geographical Review*, 70(4), 397-422.

Kanno, M., 1976, Canonical analysis of commodity flows and socio-economic structure in major U.S. Metropolitan Areas, *Geographical Review of Japan*, 49(4), 197-215.

Ley, D., 1983, *A Social Geography of the City*, Harper & Row: New York.

Lewin, K., 1951, *Field Theory in Social Science: Selected Theoretical Papers*, Harper & Brothers, New York.

McGee, T. G., 1967, *The Southeast Asian City: A Social Geography of the Primitive Cities of Southeast Asia*, Praeger, New York.

Muller, P. O., 1981, *Contemporary Suburban America*, Prentice Hall, New York.

Murdie, R. A., 1969, *Factorial Ecology of Metropolitan Toronto 1951-1961*, Research Paper 114, Department of Geography, Univ. of Chicago, Chicago.

Pacione, M., 2009, *Urban Geography: A Global Perspective*, Routledge, New York.

Dickinson, R. E., 1951, *The West European City: A Geographical Interpretation*, Routledge, London.

Rummel, R. J., 1975, *The Dynamic Field Theory*, Sage, New York.

Shevky, E. and Bell, W., 1955, *Social Area Analysis*, Stanford University Press, Stanford California.

Shevky, E. and Williams, M., 1949, *The social Areas of Los Angeles*, University of California Press, Berkley and Los Angeles.

Vance, J. E., 1964, *Geography and Urban Evolution in the San Francisco Bay Area*, Institute of Governmental Studies, University of California, Berkeley.

White, M. J., 1987, *American Neighborhoods and Residential Differentiation*, Russell Sage Foundation, New York.

추천문헌

남영우, 2010, "이슬람 중세도시 페스의 도시경관 형성과정," 한국도시지리학회지, 13(2), 73-87.

손세관, 2006, "이슬람 문화권의 도시공간구조에 관한 연구: 모로코 페즈를 중심으로," 한국도시설계학회지 도시설계, 7(1), 59-74.

이용균, 2013, "이주자의 주변화와 거주공간의 분리," 한국도시지리학회지, 16(3), 87-100.

Farley, K., and T. Blackman, 2014, Ethnic residential segregation stability in England, 1991-2001, *Policy & Politics*, 42(1), 39-54.

Gu, C., Wang, F., & G. Liu, 2005, The structure of social space in Beijing in 1998: A socialist city in transition, *Urban Geography*, 26(2), 167-192.

Ryu, Y. T., 2012, New-town development and the restructuring of Seoul metropolitan housing market, *Journal of the Korean Urban Geographical Society*, 15(3), 161-177.

Vesselinov, E., 2008, Gated communities and residential segregation in the United States, *Sociological Forum*, 23(3), 536-555.

Yao, Z. and Kim C., 2019, The changes of urban structure and commuting: an application to metropolitan statistical areas in the United States, *International Regional Science Review*, 42(1), 3-30.

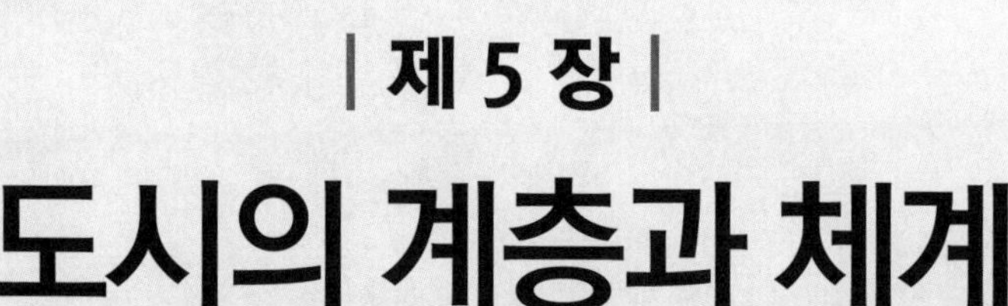

|제 5 장|

도시의 계층과 체계

– 손정렬 –

1. 도시의 기능과 유형
2. 중심지이론
3. 순위규모법칙과 종주도시체계
4. 교통체계의 발달과 도시체계의 전개
5. 세계도시와 세계도시체계
6. 네트워크 관점에서의 도시체계

제 5 장
도시의 계층과 체계

1. 도시의 기능과 유형

도시는 유사한 특성을 가지고 있다. 대부분의 도시의 경우 인구가 많고 경제활동의 규모도 크며 공간상에서 거점의 역할을 수행한다. 그러나 그렇다고 하여 모든 도시가 똑같지는 않다. 여기에는 단순히 규모에 있어서의 도시 간 차이뿐만이 아니라, 도시체계의 공간조직에 있어서 각 도시가 담당하고 있는 기능과 역할의 차이 또한 존재한다. 도시에 어떤 기능이 잘 발달되어 있는지에 따라 그 도시의 역할이 결정되며, 어떤 도시에서는 특정한 소수의 기능이 다른 기능에 비해 월등하게 발달하면서 보다 특화가 이루어지는 반면 또 다른 도시에서는 여러 기능이 비교적 고르게 발달하면서 다양화가 나타나기도 한다.

(1) 도시의 기능적 분류

도시의 기능적 특성을 파악하는 데에는 여러 가지 방법이 있으나, 도시체계의 관점에서 주로 이용되는 방법은 경제적 특성, 즉 부문별 경제활동의 활성화 정도를 중심으로 특성을 파악하는 것이다. 특히 경제활동은 한 도시의 생성, 성장, 쇠퇴, 소멸 등의 과정에 중요한 영향을 미친다는 점에서, 도시체계 상에서의 도시의 변화에 관심을 가지는 사람에게 경제적 측면을 통해 도시를 특성화하는 것은 매우 핵심적인 작업이다.

경제활동의 측면에서 한국의 도시는 어떤 모습을 보이고 있을까? 현재 한국에는 80개가 넘는 도시가 있는데 이들 각 도시는 각 경제부문별 활성화의 정도에 있어서도 서로 다르다. 이와 같이 서로 다른 성격을 가지는 도시의 경제적 성격을 일반화하는 방식으로 '평균도시(average city)'(Marshall, 1989)라는 개념을 이용할 수 있다. 평균도시는 한 도시체계에 속한 개별도시의 각 경제부문별 고용비율의 평균값을 가지는 도시로 실제로 존재하는 도시가 아니라 그 도시체계 내 도시들의 평균적 성격을 대표하는 가상도시다. 평균도시의 경제적 특성은 한 도시체계와 다른 도시체계 간에 차이를 보일 수 있으며, 같은 도시체계라고 하더라도 시대에 따라 다르게 나타날 수 있다.

〈표 5-1〉에서는 2015년 현재 한국 도시체계를 대표하는 평균도시의 경제적 특성을 보여주고 있다. 한국을 대표하는 가장 일반적인 평균도시에서 제조업 고용자는 도시형 산업(1차 산업 및 광업을 제외한 모든 산업부문) 전체 고용자의 22.7%이고 대부분의 종사자는 3차 산업 부문, 즉 도소매업과 개인 및 사업 서비스업에 종사하고 있음을 알 수 있다. 한편, 표준편차 값을 통해 부문별 고용비율이 도시 간에 어느 정도 비슷한 수준을 나타내는지를 확인할 수 있는데, 평균값 대비 표준편차의 값이 크면 클수록 불균등한 분포, 즉 어떤 도시에는 고용비가 매우 높은 반면 다른 도시에는 고용비가 매우 낮은 식의 분포가 나타나고 있음을 의미한다. 반대로 표준편차의 값이 작으면 특정 부문의 고용비율에 있어 도시 간의 차이가 별로 없는 비교적 유사한 분포를 반영한다. 표에서 공간분포는 이러한 기준에 따라 특정 부문이 균등과 불균등 중 어떤 양상을 보이는지를 구분하고 있다. 부문별 분포에 있어 도시 간에 불균등 양상을 보이는 부문으로는 제조업과 정보서비스, 그리고 몇몇 사업서비스 부문과 행정, 예술 · 스포츠 · 여가 서비스 등이 두드러진다.

평균도시는 한 도시체계에서 가장 대표성을 가지는 도시의 모습을 보여주기는 하지만 실제로 그 도시체계 안에 있는 개별 도시는 다양한 성격을 가지고 있어서 하나의 대표도시로의 일반화만으로는 그 도시체계의 다면적인 특성을 잘 보여주기 어렵다. 그러한 점에서 다양한 개별성을 어느 정도 반영하면서 동시에 일반화의 장점도 활용할 수 있는 방법이 기능별로 도시를 유형화하는 것이다. 도시체계가 성숙단계에 도달한 서구의 도시지리학 교재에서도 기능별 도시 유형분류를 통해 도시체계를 특성화하고 있는 사례를 쉽게 확인할 수 있다. 미국의 사례를 예를 들어 보면, 마샬(Marshall, 1989)의 교재에서는 특수한 도시를 제외한 일반적 도시를 제조업 고용자비중에 따라 제조업 도시, 혼합도시, 결절도시로 구분했으며, 맥도널드(McDonald, 1997)와 파시온(Pacione, 2005)의 교재

표 5-1 2015년 한국 평균도시의 산업부문별 고용비율

부문	고용비(%)	표준편차	공간분포
제조업	22.7	13.6	불균등
전기, 가스, 증기 및 수도사업	0.5	0.7	불균등
하수 · 폐기물 처리, 원료재생 및 환경복원업	0.6	0.3	균등
건설업	6.2	2.5	균등
도매 및 소매업	14.3	3.4	균등
운수업	5.1	1.5	균등
숙박 및 음식점업	10.8	3.0	균등
출판, 영상, 방송통신 및 정보서비스업	1.2	1.5	불균등
금융 및 보험업	2.8	1.2	균등
부동산업 및 임대업	2.2	0.7	균등
전문, 과학 및 기술 서비스업	3.0	2.3	불균등
사업시설관리 및 사업지원 서비스업	3.4	1.9	불균등
공공행정, 국방 및 사회보장 행정	4.1	2.7	불균등
교육 서비스업	7.9	1.9	균등
보건업 및 사회복지 서비스업	7.8	2.1	균등
예술, 스포츠 및 여가관련 서비스업	2.1	1.6	불균등
협회 및 단체, 수리 및 기타 개인 서비스업	4.9	1.1	균등

주: 공간분포의 경우 표준편차가 고용비의 1/2 이상인 경우 불균등(Marshall, 1989).
출처: 통계청 경제총조사(2015) 자료를 이용하여 저자 계산.

에서는 도시의 서비스 활동에 좀 더 무게중심을 두는 노옐과 스탠백(Noyelle and Stanback, 1983)의 분류를 소개하면서 도시를 다양화 서비스 중심지, 전문화 서비스 중심지, 소비자 지향 중심지, 생산 중심지로 분류하고 이들 유형을 다시 세부적으로 구분하고 있다.

(2) 한국 도시의 기능적 분류

도시를 기능차원에서 분류하는 방법은 정성적인 방법, 즉 연구자의 직관을

이용하여 도시의 특징을 중심으로 분류를 수행하는 방법부터, 요인분석이나 군집분석 등 고도의 정교한 계량적인 방법을 이용하는 분류방법에 이르기까지 다양하다. 각 방법론별로 나름대로의 장단점이 있는데, 여기서는 분류자의 주관에 크게 의존하지 않으면서도 복잡한 계량적 절차 없이도 비교적 쉽게 도시의 기능적 특징을 잡아낼 수 있는 방법으로 입지계수를 이용하여 도시의 경제적 성격을 확인하고 이를 바탕으로 분류된 도시집단을 알아보고자 한다. 입지계수는 아래와 같은 방식으로 계산되며, 이는 도시체계 전체 수준에 비추어 특정 도시의 특정 산업이 어느 정도 더 높은 비율을 보이고 있는지, 다시 말해 해당 도시의 그 산업의 특화도를 보여준다. 보통 이 값이 1보다 높을 경우 상대적으로 특화가 이루어졌다고 말하여 커지면 커질수록 특화도는 높아진다.

$$LQ_i^k = \frac{E_i^k / \sum_{k=1}^{n} E_i^k}{\sum_{i=1}^{m} E_i^k / \sum_{i=1}^{m} \sum_{k=1}^{n} E_i^k} \qquad \text{식 5–1}$$

LQ_i^k = 도시 i의 산업부문 k에 대한 입지계수

E_i^k = 도시 i의 산업부문 k의 고용자 수

〈표 5-2〉는 한국 도시의 유형을 경제활동의 특화도를 기준으로 분류한 결과다. 보다 구체적으로는 각 도시마다 각 경제활동 부문별 입지계수를 계산한 후 이들 중 가장 높은 값을 가지는 부문을 해당 도시의 대표적인 특화산업으로 지정한 후 이를 기준으로 유형분류가 이루어졌다. 2015년 현재 한국 내 많은 도시가 제조업 중심도시로, 경부선으로 이어지는 전통적인 제조업의 중심축에 있는 도시 이외에도 수도권 내 서부와 남부의 제조업 중심지가 여기에 포함된다. 전기, 가스, 증기 및 수도 사업 중심도시의 경우는 대부분 동력자원을 생산하거나 활용하는 도시이거나 그러한 활동을 하는 기업이 입지한 도시다. 하수 · 폐기물 처리, 원료재생 및 환경복원업 중심도시의 경우는 대도시권 내의 주변지역에서 이들 도시권의 신진대사 유지와 관련된 기능을 수행하는 도시이거나 상대적으로 특화된 다른 기능이 두드러지지 않는 중소도시라고 볼 수 있다. 그 밖에도 세종을 중심으로 충청권에서 행정기능이 강화되면서 형성된 도시와 영호남 지방의 중심지 역할을 해오던 공공행정, 국방 및 사회보장 행정 중심 도시, 그리고 관광

표 5-2 경제활동기준으로 분류한 2015년 한국도시 유형

부문	도시
제조업	울산, 부천, 평택, 안산, 시흥, 파주, 안성, 김포, 화성, 광주(경기도), 천안, 아산, 구미, 경산, 김해, 거제, 양산, 창원
전기, 가스, 증기 및 수도 사업	대구, 대전, 의정부, 동두천, 춘천, 강릉, 동해, 태백, 삼척, 보령, 서산, 당진, 여수, 나주, 경주, 진주, 통영
하수 · 폐기물 처리, 원료재생 및 환경 복원업	인천, 오산, 이천, 양주, 포천, 원주, 제천, 논산, 군산, 익산, 광양, 포항, 영천, 문경, 사천, 밀양
건설업	광주(광역시), 순천
도매 및 소매업	하남
운수업	부산, 군포, 의왕
숙박 및 음식점업	속초
출판, 영상, 방송통신 및 정보서비스업	서울, 성남
금융 및 보험업	구리
부동산업 및 임대업	고양, 남양주
전문, 과학 및 기술 서비스업	수원, 안양
공공행정, 국방 및 사회보장 행정	세종, 청주, 공주, 계룡, 정읍, 남원, 김제, 목포, 김천, 안동, 영주, 상주
보건업 및 사회복지 서비스업	전주
예술, 스포츠 및 여가관련 서비스업	광명, 과천, 용인, 여주, 충주, 제주, 서귀포

과 여가활동 등으로 특화된 예술, 스포츠 및 여가관련 서비스업 중심도시도 다수가 나타난다. 이외의 도시집단은 건설업, 도소매업, 서비스업 등에서 특화를 보이고 있는 도시로 하나 또는 두세 개의 도시가 각각의 집단을 형성하고 있어서 그 자체로서 독립적인 도시유형이라고 하기는 무리가 있으나 각 기능별로 어떤 도시가 도시체계 상에서 중요한 역할을 하고 있는지에 대한 정보를 제공하고 있다는 점에서 의미가 있다.

〈표 5-2〉에서 제시한 기능별 도시 분류는 경제활동, 특히 산업부문별 고용이라는 한 가지 지표만을 이용하여 분류가 진행되었다. 그러나 우리가 현실에서 접

하는 도시는 산업 활동뿐만 아니라 여러 가지 다양한 성격을 가지고 있다. 따라서 실제 현실을 종합적으로 보다 잘 반영하는 도시 분류를 수행하기 위해서는 산업뿐만 아니라 그 밖의 다른 경제활동 지표와, 더 나아가 정치, 사회, 문화, 역사 등 다양한 특성을 함께 고려할 필요가 있다. 단일지표를 이용하는 경우에는 앞서 이용된 입지계수 등 비교적 간단하고 편리한 여러 가지 분석방법을 이용할 수 있으나, 여러 개의 지표를 동시에 고려하여 보다 종합적인 차원에서 도시를 분류하는 경우에는 요인분석이나 군집분석, 또는 다차원척도법 등 비교적 고급 통계기법을 활용하게 된다.

(3) 특화도시와 다양화도시

각 도시가 다양한 기능을 어느 정도로 보유하고 있느냐에 따라 특화도시와 다양화도시를 구분할 수 있다. 만약 어떤 도시가 하나 또는 몇몇 적은 수의 기능을 상대적으로 많이 보유하고 있는 반면 다른 여러 가지 기능은 가지고 있지 않거나 상대적으로 적게 보유하고 있다면 이 도시는 특화도시일 가능성이 높다. 반면, 어떤 도시가 여러 가지 다양한 기능을 비교적 고르게 보유하고 있다면 이 도시는 다양화도시일 확률이 높다. 단, 여기서 비교적 고르게 보유한다는 의미는 각 부문별로 균등하게 보유한다는 의미보다는 도시체계의 전체 도시의 평균수준과 비교하여 볼 때 각 부문의 비중이 이와 유사한 수준으로 형성된다는 의미다.

경제적인 측면에서 어떤 도시가 특화도시인지 또는 다양화도시인지를 판단하기 위해서는 그 도시의 산업별 고용분포에 대한 계량적 분석이 필요하다. 이를 확인하기 위한 방법으로는 특화계수(coefficient of specialization)와 지니계수(Gini index)가 있다(Marshall, 1989). 특화계수는 한 도시의 산업부문별 고용백분율과 그 도시가 속한 도시체계 전체의 동일산업부문별 평균 고용백분율 간의 차이의 절댓값의 합을 계산한 후 이를 2로 나누어 준 값이다. 이 값은 0에서 100 사이의 값을 가지며 일반적으로 값이 증가할수록 그 도시의 특화도가 증가함을 의미한다. 한편, 지니계수를 구하기 위해서는 이보다 조금 더 복잡한 과정을 거쳐야 하는데, 먼저 지니계수를 계산하고자 하는 도시의 산업부문별 입지계수를 계산한 후 이 값의 크기를 기준으로 높은 값을 가지는 산업부문부터 위에서부터 순서

대로 도시의 부문별 고용백분율 자료와 이 도시가 속한 도시체계 전체의 고용부문별 평균 백분율 자료를 정렬해 놓는다. 다음으로 이 자료에 대해서 아래의 식(Marshall, 1989)을 이용하여 지니계수를 계산할 수 있다. 지니계수는 0에서 1 사이의 값을 가지게 되며 특화계수와 마찬가지로 값이 증가할수록 도시의 특화도가 높아짐을 의미한다.

$$G = 10^{-4} \sum_{k=1}^{n-1} |X_k Y_{k+1} - X_{k+1} Y_k| \qquad \text{식 5-2}$$

G =한 도시의 지니계수

X_k = 한 도시의 산업부문고용 누적백분율

Y_k= 도시체계 전체 도시의 산업부문고용 평균 누적백분율

특화계수와 지니계수는 같은 도시체계에 대해서 계산을 수행했을 때 매우 유사한 결과를 제공한다. 따라서 결과에 큰 차이가 없다면 두 가지 방법 중 상대적으로 더 간단하게 특화도를 계산할 수 있는 특화계수를 이용하는 것도 일반적인 도시체계의 분석에 있어서는 무방하다고 볼 수 있다. 다만, 도시 간에 나타나는 미세한 차이에는 지니계수가 특화계수에 비해 좀 더 민감하게 반응하기 때문에, 만약 도시체계상에서 세세한 도시별 특화도 순위의 엄정성이 요구될 때는 특화계수보다는 지니계수를 이용하는 것이 바람직하다(Marshall, 1989).

특화도시와 다양화도시는 각각 나름의 장점을 가지고 있다. 집적경제의 관점에서 볼 때 특화도시는 특정 경제활동이 활성화되어 있음으로 해서 해당 분야를 중심으로 한 경제활동 및 이와 연계된 활동의 경우에 얻을 수 있는 여러 가지 혜택, 즉 국지화경제를 추구하기에 좋은 경제 환경을 제공한다. 반면, 다양화도시는 다양한 경제활동이 골고루 발달하여 폭넓은 저변을 형성함으로써 이곳에 입지하는 경제활동행위자에 여러 가지 혜택을 제공할 수 있는 도시화경제를 추구하기에 편리하다. 보통은 도시가 초기에 형성되어 성장과정에 있는 경우에는 특화된 기능을 중심으로 성장 동력을 얻는 특화도시인 경우가 많으며, 성장이 어느 정도 성숙화단계에 이르게 되면 도시의 규모가 커지면서 도시를 급양하기 위한 다양한 지원기능이 같이 성장하여 다양화도시의 성격이 강해지는 경우가 많다. 성

장단계와 관련되어, 일반적으로 중소도시에서는 상대적으로 특화도시를 찾아보기가 쉬우며 대도시의 경우에는 상대적으로 다양화도시가 많이 나타난다. 특화도시와 다양화도시 중 어떤 것이 바람직한지를 평가하는 것은 관점에 따라 다를 수 있다. 보통 특화도시는 제한된 자원을 효율적으로 집중하여 도시의 성장을 가져올 수 있다는 점에서 경제성장을 통한 도시발전을 추구하고자 하는 정책입안가의 입장에서 매우 매력적인 전략이 될 수 있다. 하지만, 울산, 군산, 거제 등 최근 조선과 자동차산업 등으로 특화된 한국의 몇몇 제조업 특화도시에서 볼 수 있듯이 특화된 산업이 위기를 맞게 될 경우 도시의 성쇠가 매우 위태로워지는 상황이 발생할 수 있다. 위기가 닥쳤을 때 도시가 다시 원상태로 돌아갈 수 있는 회복력(resilience)을 확보하는 것이 바람직하다는 관점에서는 다양화도시가 보다 유리하다. 다양화도시에서 특정산업의 위기가 도시경제에 미치는 부정적인 영향을 전적으로 없애는 것은 불가능하지만 그러한 영향으로부터 벗어나는 방법에 있어 다양화도시는 상대적으로 다양한 선택지를 제공해 줄 수 있기 때문이다.

2. 중심지이론

이 절에서는 도시체계 내 도시의 공간적 분포가 어떤 원리를 통해 형성되었는지를 설명해주는 발터 크리스탈러(Walter Christaller)의 중심지이론(central place theory)(안영진 · 박영한, 2008)에 대해서 설명한다. 중심지이론은 1930년대에 만들어진 이후 20세기의 현대도시가 보여주는 공간조직의 성장과 변화의 과정을 규명하는데 있어 가장 활발하게 활용된 이론체계 중 하나라고 할 수 있다. 비록 21세기로 접어들면서 교통과 정보통신의 발달, 경제부문의 구조적 변화, 그리고 세계화의 영향으로 변화하는 여건 속에 새로운 공간적 양식이 만들어지고 이들이 도시체계에도 영향을 미치고 있으나, 오늘날에도 도시체계가 보여주는 여러 단면에서 중심지이론의 근간이 여전히 자리 잡고 있음을 확인하는 것은 어려운 일이 아니다. 여기서는 먼저 크리스탈러가 완성한 중심지이론이 담고 있는 여러 가지 개념을 설명하고, 이 설명체계가 현실과의 괴리를 줄여 나가기 위해 어떤 노력을 해 왔는지를 소개한다.

(1) 중심지와 배후지

경제공간에서 여러 가지 재화와 서비스를 공급하는 장소를 중심지(central place)라고 하며 이들에 대한 수요가 발생하는 영역이 배후지(hinterland)다. 크리스탈러의 모델에서 중심지가 하나의 점으로 표현된다면, 배후지는 이 점을 둘러싼 영역을 가지는 면으로 표현된다. 중심지가 배후지에 재화와 서비스를 공급하는 활동을 중심지의 중심기능이라고 할 수 있고, 중심지가 가지고 있는 중심기능이 어느 정도 강한지를 중심성(centrality)이라는 개념으로 표현할 수 있다. 일반적으로 중심지로부터 공급되는 특정 재화나 서비스의 규모가 클 때, 그리고 재화나 서비스의 종류가 다양할 때 그 중심지의 중심성은 높아진다. 보통 현실세계의 도시공간에서 중심성을 측정하는 방법은 대상이 되는 도시기능에 대해 도시 내부에서의 수요를 충족시키고 난 후 남는 잉여 공급량이 어느 정도인지를 측정해 보는 것이다. 이 방식에 따르면, 도시기능의 규모가 크고 다양성이 높더라도 내부적 수요의 원천이 되는 도시의 인구규모가 클 경우 중심성은 기대보다 높지 않을 수 있다. 반면, 도시 인구규모가 적더라도 제공되는 도시기능의 규모가 크고 다양성이 높으면 도시의 중심성은 매우 높아진다. 크리스탈러는 1933년 당시 남부독일을 대상으로 중심지의 중심성을 측정하기 위한 최선의 지표로 전화대수를 이용하여 추정 식을 만들었으나 이를 보다 현대적 의미에서 일반화하여 본다면 전화대수 대신 중심기능의 규모를 이용하여 아래의 식 5-3처럼 재구성해 볼 수 있다.

$$Z_z = F_z - E_z(F_g/E_g) \qquad \text{식 5-3}$$

Z_z = 중심지 z의 중심성

F_z = 중심지 z의 중심기능의 규모

E_Z = 중심지 z의 인구규모

F_g = 지역 전체의 중심기능의 규모

E_g = 지역 전체의 인구규모

(2) 최소요구치와 최대도달범위

중심지가 영향력을 미치는 배후지의 공간을 담아내는 두 가지의 개념이 최소요구치(threshold)와 최대도달범위(range)다. 최소요구치는 어떤 상점 또는 집합적으로 중심지가 그 기능을 경제적으로 유지해 나가는데 필요한 최소한의 수요규모다. 중심지의 입장에서 이 정도의 수요를 확보하지 못한다면 중심지의 기능이 경제적으로 유지되지 못한다는 의미이고, 따라서 중심지는 소멸하게 된다. 보통 잠재적인 소비자 인구규모를 기준으로 추산되며, 좀 더 정보가 있다면 유효구매력을 가진 인구규모를 활용함으로써 보다 정확한 추산이 가능하다. 공간적인 차원에서 최소요구치는 그러한 규모의 수요가 형성하는 공간이다.

최대도달범위는 해당 상점 또는 집합적으로 해당 중심지를 이용할 것으로 예상되는 잠재적인 수요자의 공간적 범위, 즉 해당 중심지의 최대이용권이다. 소비자의 입장에서 볼 때 중심지로부터의 거리가 멀어지게 되면 교통비용(또는 상품을 기준으로 본다면 운송비용)이 증가하게 되고 이는 고스란히 상품의 구매비용 상승에 영향을 미치게 된다. 동일한 상품의 가격이 상승하면 소비자의 수요는 감소하게 된다. 이들 관계를 공간적으로 결합하여 생각해 본다면, 결국 중심지로부터의 거리가 멀어질수록 상품가격이 상승하게 되고 그 결과 상품에 대한 수요는 점점 더 감소하게 된다. 이러한 수요가 지속적으로 감소하다가 소멸하는 지점, 즉 수요가 0이 되는 지점이 최대도달범위가 된다.

최소요구치와 최대도달범위는 중심지의 존속 여부에, 그리고 중심지의 공간적 배치에 매우 중요한 영향을 미친다. [그림 5-1] 중 왼쪽 그림은 가상적인 중심지의 최소요구치와 최대도달범위를 보여주고 있다. 만약, 그림과 같이 최대도달범위가 최소요구치보다 크다면 중심지에 대한 수요저변이 이 중심지가 유지되기 위해 필요한 수요규모에 비해 공간적으로 더 많다는 의미이므로 이 중심지는 존속이 가능하다. 이때 최대도달범위와 최소요구치의 차이, 즉 그림에서 회색으로 나타나는 부분이 이 중심지가 얻을 수 있는 양의 이윤이 된다. 중심지는 이 회색의 이윤부분이 존재하기만 한다면 유지될 수 있으나, 그림에서 보여주는 바와 달리 만약 최소요구치가 최대도달범위보다 더 큰 경우가 생긴다면 음의 이윤, 즉 손해를 보게 되므로 중심지는 더 이상 유지될 수 없다.

그림 5-1 **최소요구치와 최대도달범위의 관계**

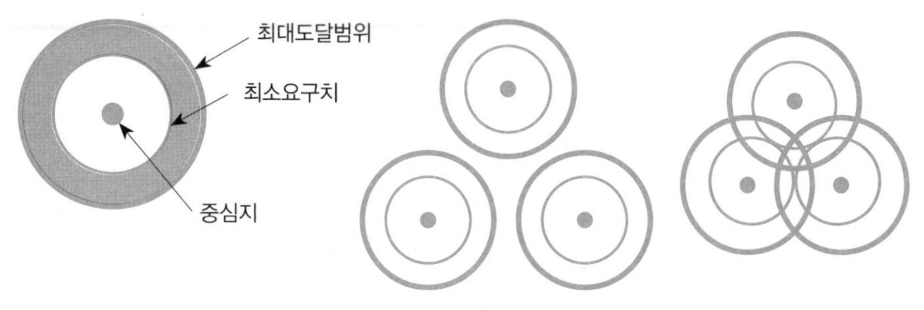

그러면 중심지의 실제 배후지인 시장권(market area)은 어떻게 형성될까? 공간상에 하나의 중심지만 있고 또 최소요구치와 최대도달범위 간의 관계에 의해 이 중심지의 경제적 존속이 가능한 상황이라면 시장권은 가장 이윤을 많이 얻을 수 있는 최대도달범위와 같아질 것이다. 만약 공간상에 여러 개의 중심지가 있을 경우는 다른 중심지의 수에 따라서 결과가 결정된다. [그림 5-1]의 가운데 그림에서처럼 다른 중심지의 수가 상대적으로 적다면 공간상에서 중심지가 비교적 띄엄띄엄 위치하게 되고 배후지의 영역이 서로 간에 간섭되는 상황이 발생하지 않을 것이다. 이 경우에는 단일 중심지의 예에서처럼 최대도달범위가 시장권이 된다. 한편, 다른 중심지의 수가 많아서 서로 간의 간섭이 많아지는 오른쪽 그림에서와 같은 상황이 될 경우에는 배후지가 겹쳐지면서 영역의 분할이 일어나게 된다. 여기서 중심지의 수가 계속 늘어난다면 결국에는 최소요구치를 기준으로 시장권이 형성되는 상황이 나타나게 된다. 그러나 이 단계에서 중심지가 좀 더 촘촘하게 배치되면 각 중심지별로 최소요구치도 확보하지 못하게 되는 상황이 발생할 것이므로 중심지의 수가 더 늘어나지는 않을 것이다.

(3) 육각형 모델

중심지모델에서 가정하는 등질적인 공간에서 소비자가 이동거리를 최소화하는 방식으로 형성되는 배후지는 앞선 그림에서처럼 중심지로부터 시장권 경계선까지 어느 방향으로나 거리가 동일한 원형의 모습을 보인다. 공간상에서 중심지와 이들

그림 5-2 원형 시장권과 육각형 시장권의 형성

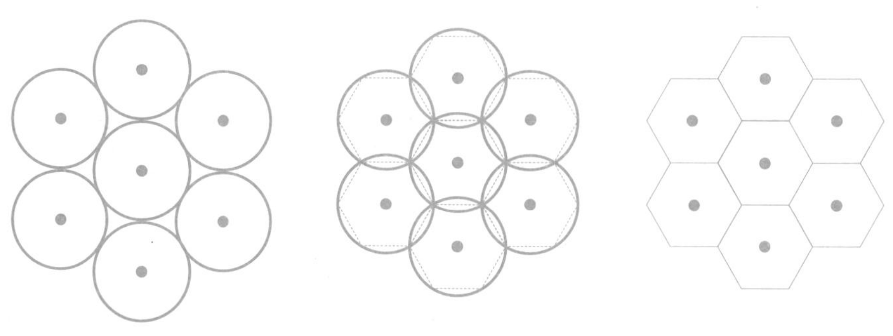

의 시장권이 많아지면서 중심지의 수는 포화상태를 향해 가는데, 어느 시점에 이르면 [그림 5-2]의 왼쪽과 같이 이들 시장권은 서로 간에 접하게 되는 상황이 발생한다. 이 때 대부분의 공간은 중심지의 배후지로 편입되나 시장권의 사이사이에 배후지로 편입되지 않는 즉, 중심지의 관할에 포함되지 않는 부분이 생기게 된다.

만약 양의 이윤이 발생하는 상황이라면 현재의 중심지 이외에 새로운 중심지가 추가되거나 또는 기존의 중심지가 시장권을 확장하는 방식으로 [그림 5-2]의 중앙에서처럼 시장권을 나타내는 원이 서로 겹쳐지면서 시장권의 중복지역이 나타나게 된다. 이들 지역은 두 곳의 중심지에 대해 모두 수요를 형성하는 지역으로 중심지 간의 경쟁이 일어나게 된다. 중심지모델에서 이들 경합지역이 공간적으로 정리되는 방법은 중심지까지의 최단거리 원칙이며 이를 기준으로 공간을 분할하면 [그림 5-2]의 중앙에서와 같이 육각형 형태의 배후지가 형성된다. [그림 5-2]의 오른쪽에서 이와 같이 형성된 육각형 배후지를 보여주며, 이러한 육각형 형태는 공간상에서 시장권에 포함되지 않는 공간을 남기지 않으면서 원형에 가장 유사한 방식으로 배후지의 경계선상 어디에서나 중심지에 접근하는 거리가 비교적 균등하게 형성되는 특성을 가지고 있다.

(4) 계층과 포섭

이상에서는 동일한 규모의 중심지 간 공간적 배열에 대해서만 살펴보았지만,

실제 세계에서 크고 작은 중심지 간에는 계층(hierarchy)체계가 존재한다. 보통 규모가 큰 중심지는 고차중심지, 그리고 규모가 작은 중심지는 저차중심지로 분류한다. 저차중심지에는 저차의 기능, 즉 최소요구치가 작은 기능이 제공되고 있으며 고차중심지에서는 최소요구치가 큰 고차의 기능과 저차 기능이 동시에 제공되므로 고차중심지는 규모가 클 뿐만 아니라 기능의 다양성도 많다고 볼 수 있다. 일반적으로 고차 기능을 가지고 있는 고차중심지는 최소요구치가 클 것이므로 배후지 또한 클 것이고, 따라서 공간상에서 고차중심지의 수는 상대적으로 적을 것이다. 반대로 저차 기능을 가지고 있는 저차중심지는 최소요구치가 작으므로 배후지도 작고 그에 따라 공간상에서 중심지의 수는 많아진다. 보통 이러한 중심지의 공간적 분포양상을 "많은 수의 작은 중심지와 적은 수의 큰 중심지(a large number of small central places and a small number of large central places)"(이번송 외, 2015)라고 표현한다. 소비자는 저차 기능의 경우 인근의 가까운 저차 또는 고차중심지를 이용하며 고차 기능의 경우에는 거리가 멀더라도 고차중심지를 이용할 수밖에 없다. 바꾸어 말하면 고차중심지 또는 그 인근에 살고 있는 사람이 계층체계를 거슬러 저차중심지를 방문할 일은 없다. 마찬가지로 같은 계층에 있는 중심지는 동일한 기능을 제공하고 있기 때문에 이들 간에 상호작용은 없다.

그렇다면 고차와 저차중심지는 공간상에서 어떤 방식으로 중첩하여 배열을 이루고 있을까? 크리스탈러는 세 가지 방식의 중심지 간 공간적 계층구조를 제안하고 있으며 이들은 각각 한 계층 위의 중심지가 한 계층 아래의 중심지와 배후지를 공간상에서 어떤 방식으로 포함 및 분할하고 있는지, 즉 어떤 방식으로 포섭(nesting)하고 있는지에 따라 차이를 보인다.

이들 세 가지 중심지 포섭 방식이 [그림 5-3]에 제시되어 있다. [그림 5-3]의 공간 계층적 구성방식은 왼쪽으로부터 각각 k=3, k=4, k=7의 원리라고 불린다. 각 방식의 명칭에 부여된 수는 면적을 기준으로 한 계층 위의 중심지의 배후지 안에 한 계층 아래 중심지의 배후지가 몇 개나 포함되고 있는지를 반영하는 값이다. [그림 5-3]의 왼쪽의 경우 굵은 선으로 표시된 고차 중심지의 육각형 배후지 안을 들여다보면 완전한 하나의 육각형이 중심부에 있고 그 주변을 따라 작은 육각형의 1/3 크기의 조각이 6개가 놓여 있음을 볼 수 있다. 따라서 작은 육각형의 면적 단위로 환산하면 1+(6×1/3)=3이 된다. 같은 방식으로 중앙부분의 면적을 계산

그림 5-3 세 가지 중심지 포섭 방식: k=3, 4, 7

해 본다면, 완전한 육각형 하나에 1/2 크기의 육각형 6개가 있음을 볼 수 있고 이를 합산하면 1+(6×1/2)=4가 나온다. 오른쪽의 경우는 보다 명확하게 큰 육각형의 내부에 작은 육각형이 7개가 포함되어 있는 것을 확인할 수 있다.

현실세계에서 나타나는 계층별 중심지 간의 다양한 공간적 포섭관계를 일반화한 이 세 가지 유형은 각각의 고유한 특성에 따라 다른 이름으로도 불리고 있다. 먼저, *k*=3은 시장원리(market principle)라고도 불리는데 이는 이 방식이 다른 두 가지 방식에 비해 고차중심지가 가장 조밀하게 분포되기 때문에 소비자의 입장에서 시장인 중심지까지의 도달거리가 가장 짧아지게 된다는 점에서 시장기능의 작동에 가장 효율적인 방식이기 때문이다. 실제로 이 방식의 경우 다른 두 가지에 비해 한 계층 위 고차중심지의 배후지 크기가 더 작음을 확일할 수 있다. *k*=4유형은 교통원리(transport principle)라고 불리며 그 배경에는 중심부의 고차중심지로부터 육각형의 꼭지점 방향으로 방사선을 그리고 이를 고차중심지로 연결이 이루어지는 가상의 교통로라고 가정할 때, 다른 두 유형에 비해 이 경우에 이 선상에 중심지가 가장 많이 중첩되는 양상을 보이기 때문이다. 마지막으로 *k*=7 유형은 분리원리(separation principle)라고 불리며 보통 한국에서는 행정원리라고도 불려왔다. 이 유형은 세 가지 중 유일하게 하위중심지의 배후지가 모두 온전하게 한 계층 위 중심지의 배후지에 포함되는 방식으로 공간배열이 이루어진다. 이를 통해 각 중심지 계층별로 하위중심지의 배후지가 서로 간에 깔끔하게 분리되고 정리된다는 의미에서 분리원리라고 불리며, 보통 이러한 방식의 공간체계를 행정구역의 계층별 경계구획방식에서 볼 수 있다는 점에서 행정원리라고 불리기도 한다.

(5) 크리스탈러 중심지모델의 한계점

등질적인 공간상에서 펼쳐지는 경제활동입지의 규칙적인 공간조직으로 표현되는 크리스탈러의 중심지이론은 아이사드(Isard, 1956)의 지적과 같이 실제 현실세계의 공간이 밀도가 균일한 등질적인 공간이라는 가정이 유효한가, 그리고 그 결과로서 규칙적인 공간조직 패턴이 현실세계의 설명에 어느 정도 적합한가에 대한 기본적인 의문 이외에도 파시온(Pacione, 2005)의 문제제기처럼 다음과 같은 여러 가지 한계점을 가지고 있다.

첫째, 중심지이론의 대상이 되는 경제활동은 중심지에서 제공하는 기능, 즉 상품과 서비스의 공급과 관련되는 소매업 및 서비스업으로 국한되며 도시적 경제활동의 중요한 근간이 되는 제조업은 고려되지 않는다. 둘째, 연역적 모델로서의 중심지모델은 경제결정론적인 모델로 역사적 요인이나 경로의존성 등이 현재의 도시 공간조직 패턴에 미치는 영향을 배제하고 있다. 셋째, 이윤극대화를 인간행위의 유일한 목표라고 가정하더라도 행위자에게 경제적으로 합리적인 결정을 내리는데 필요한 정보가 충분히 제공되고 또 그들이 적절한 통찰력을 갖추고 있는지에 대한 가정이 비현실적이다. 넷째, 등질적인 인구에 대한 가정으로 개개인의 다양한 여건과 환경을 고려할 수 없게 된다. 다섯째, 크리스탈러의 모델에서는 경제활동의 입지결정에 대한 정부를 포함한 공공부문의 역할에 대해 고려할 방법이 없으나, 실제 현실에서는 중앙 및 지방정부가 이들의 입지에 중요한 영향을 미치고 있는 것이 사실이다. 여섯째, 모델에서 소비자는 가장 가까운 중심지로 이동하여 소비활동을 하는 것으로 가정되고 있으나 개인의 모빌리티가 증가하면서 최단거리 통행원칙이 점점 더 약해지고 다목적 통행이 증가하면서 가까운 거리의 저차중심지를 건너 뛰어 먼 거리의 고차중심지를 선호하게 되기도 한다. 더 나아가 정보통신기술의 발달은 소비자행태에 있어 거리마찰효과를 더욱 약화시키고 있다. 마지막 일곱째로, 중심지이론은 특정 시점에 특정지역의 공간구조가 어떤 모습을 가지고 있는지를 보여주는 정태적 모델로 형성과정과 변화에 대한 설명구조가 취약하다.

이상에서와 같이, 보다 복잡다단해지는 현대 도시체계의 공간조직을 설명하는 데에 있어 여러 가지 한계가 있는 것도 사실이지만 그럼에도 불구하고 도시가 형성하는 공간조직의 곳곳에서 중심지모델이 제시하는 공간적 구성방식과 원리가 여전히 유효한 것으로 나타나고 있으며, 기하학적 모델 자체로서가 아니라 보다 본질적인 이론체계로서의 중심지이론의 근본원리는 도시를 공간적으로 설명하는데 유의미한 통찰력을 던져주고 있다.

(6) 중심지모델의 확장

1933년에 발표되었던 중심지모델은 이후에 한편으로는 기존의 중심지모델이 잘 설명하지 못하는 현실세계의 현상을 어떻게 설명해낼 수 있을까라는 질문으로부터, 또 한편으로는 시간이 흐름에 따라 도시체계가 형성하는 공간구조에도 변화가 생기면서 이들 변화 속에서 중심지모델의 유의미성을 어떤 방향으로 연계시켜 나갈 수 있을까라는 질문을 통해 모델의 확장을 경험하게 된다. 여러 가지 사례 중 여기서는 두 가지 분야를 소개한다.

1) 뢰쉬의 중심지모델

어거스트 뢰쉬(August Lösch)의 중심지모델은 보다 정교한 수학적 증명의 과정을 거쳐 육각형의 구조가 공간구성에 있어 가장 효율적인 단위임을 제시함으로써 크리스탈러의 육각형 모델이 유효함을 보여주었다. 그러나 크리스탈러가 가정했던 모델의 체계화되고 이상적으로 구조화된 중심지의 계층구조와 중심기능의 배치방식은 뢰쉬의 모델에서 보다 유연한 방식으로 확장되었다. 크리스탈러의 모델이 $k=3$, $k=4$, 또는 $k=7$과 같은 특수한 경우에만 국한하여 공간조직을 일반화했다면, 뢰쉬의 모델은 k값이 7보다 더 큰 다른 값을 가질 경우도 포함하고 있다. 더 나아가 k값 자체도 고정된 값이 아니라 지역 또는 지역 내 장소에 따라 다른 값을 가질 수도 있으며, 보다 일반화된 차원에서 k값에 의한 계층성을 가지는 공간조직뿐만 아니라 비계층적 체계 또한 설명이 가능하다. 이러한 점에서 뢰쉬의 중심지모델은 모든 가능한 경제적 경관을 담아내고 있다고 할 수 있다

(Marshall, 1989). 이 모델에서는 시장권이 완전하게 상위중심지의 시장권에 포섭되지 않으므로 중심지별로 특화의 여지가 생기게 되어, 같은 계층의 중심지라고 하더라도 전혀 다른 기능을 가질 수도 있으며, 반면에 서로 다른 계층의 중심지가 유사한 기능을 가지고 있을 수도 있다(Clark, 1982).

뢰쉬의 경제공간조직 모델에서 중심지가 배치되는 방식은 다음과 같다. 먼저, 다양한 *k*값을 가지는 각각의 개별적인 중심지 배열 층을 모두 같은 공간상에 한꺼번에 포개놓은 후 이 중 한 층의 중앙부에 있는 하나의 중심지에 다른 층의 중앙부에 있는 중심지를 모두 같은 곳에 위치시킨다. 이렇게 되면 그 중심지는 모든 *k*값을 대표하는 중심지, 즉 모든 기능을 가진 최고차중심지가 된다. 이 상태에서 각 층을 회전시켜 층별로 배치된 중심지가 가장 많이 겹치도록 하면 뢰쉬의 중심지공간조직이 완성된다. 이러한 과정을 거치면 어떤 중심지는 여러 개 층에 있는 중심지가 중첩된 중심지, 즉, 여러 기능을 가진 중심지가 되는 반면, 어떤 중심지는 다른 층의 중심지와 중복이 이루어지지 않은 적은 기능의 중심지가 된다. 공간적으로 볼 때 이 과정의 결과로 [그림 5-4]에서와 같이 중앙부의 최고차 중심지로부터 방사상으로 중심지가 밀집한 구역과 희소한 구역이 구분되게

그림 5-4 뢰쉬의 중심지 공간조직체계

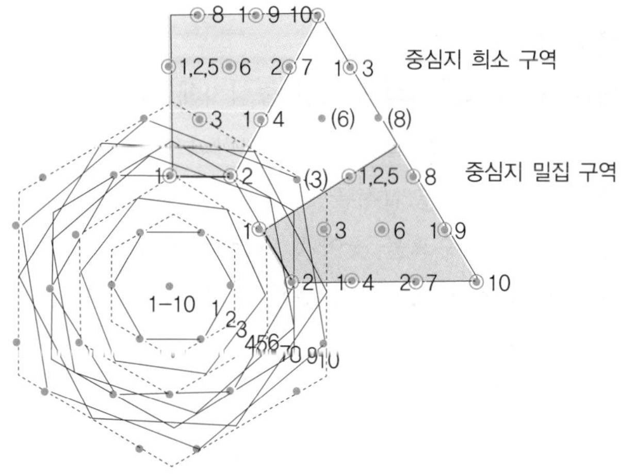

출처: Lösch(1954, 119).

되며 이들이 30도의 주기로 교차하여 나타나게 된다.

[그림 5-4]는 뢰쉬가 가장 하위 10개 중심지의 배후지를 중첩한 후 이를 회전시켜 작성한 가상 중심지 공간배치로 크리스탈러의 중심지 배치와는 다르게 중심지가 공간적으로 불균등 분포하고 있으며 각 중심지의 중심기능 보유방식도 규칙적인 양상을 보이지 않고 불균등하게 분포되어 있음을 알 수 있다. 이러한 분포는 산업혁명 이래 근대화된 도시체계의 경제경관을 형성하는데 중요한 역할을 하는 제조업 활동의 공간적 집적양상에 적절한 설명을 제공할 수 있어, 시장의 역할만을 중심으로 도시체계의 공간구조를 설명하고자 했던 크리스탈러의 중심지모델에 비해 보다 일반화된 설명체계라고 할 수 있다.

2) 정기시장에의 적용

일반적으로 중심지는 공간상에서 일정한 위치에 존재하며 그에 따른 배후지 또한 비록 다른 중심지와의 경쟁정도에 따라 그 크기가 조정될 수는 있으나 항상 고유하게 존재한다. 그러나 만약 배후지에서 수요가 있더라도 그 수요의 규모가 고정된 중심지를 지탱하기에 충분치 않은, 즉 중심지의 최소요구치에 미치지 못하는 규모라면 중심지는 애초부터 형성되지 않거나 만약 이미 존재하고 있었다면 소멸하게 될 것이다. 하지만 실제 세계에서는 배후지의 수요가 최소요구치를 충족시키기에 충분치 않은 상황인데도 중심지가 여전히 존재하고 있는 경우가 연구에 의해서 확인되고 있다.

그 대표적인 사례가 정기시장에 의한 중심지체계의 변형이다. 이는 공간적인 관점에서 보면 다소 획기적인 발상의 전환이라고 볼 수 있는데, 배후지로부터의 수요를 모두 모아도 하나의 중심지를 받쳐주기 어려울 경우 그 중심지가 고정된 위치에 있지 않고 스스로 수요를 찾아서 다른 지점으로 순환이동을 하는 방식이다. 이렇게 하면 한 곳에서 채워지지 못하는 최소요구치가 다른 몇 곳을 순회함으로써 채워지게 되고 그 결과 중심지의 기능은 경제적으로 존속이 가능해지게 된다.

[그림 5-5]에서 제시된 $k=4$의 중심지 체계에서 가운데 있는 중심지는 고차중심지로 커다란 육각형의 배후지를 관장하는 중심지다. 이곳에는 고차기능을 제공하는 상설시장이 형성될 수 있고 배후지에 있는 소비자는 그러한 기능에 대

그림 5-5 정기시장체계가 반영된 k=4 중심지체계

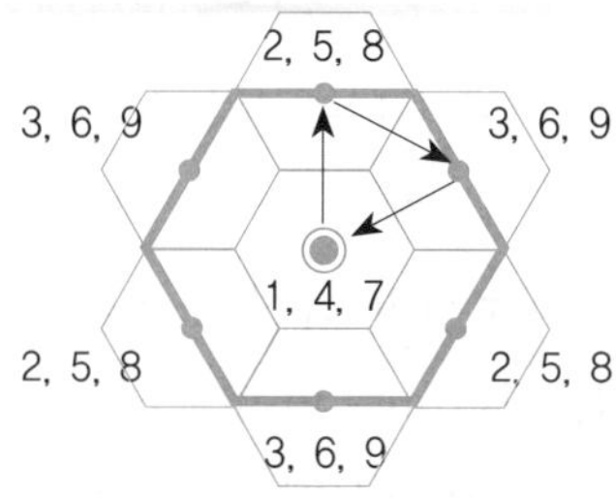

한 수요를 충족시키고자 고차중심지로 통행하게 된다. 한편, 이 중심지는 주변의 다른 6개의 중심지와 함께 저차중심지이기도 하다. 그런데 만약 저차중심지의 기능의 경우 조그만 육각형을 통해 일상적인 최소요구치를 충족하지 못하는 상황이라면 그러한 기능, 즉 그런 상품과 서비스를 다루는 시장이 인근의 중심지를 시간적 차이를 두고 순차적으로 옮겨 다님으로써 최소요구치의 총량을 맞출 수 있다. 즉, 그림에서와 같이 1일에 가운데 중심지에, 2일에는 북쪽 중심지에, 3일에는 동쪽 중심지에, 그리고 4일에는 다시 가운데 중심지에 시장을 정기적으로 개설함으로써 3일 간격으로 작은 육각형 3개에 상당하는 배후지를 아우를 수가 있게 되는 것이다.

교통기술이 발달하면 할수록 거리에 대한 마찰이 점점 줄어들게 되고 통행비용과 운송비용은 감소하게 된다. 그러한 방향성의 변화가 강화되면 될수록 배후지의 공간적 크기는 점점 더 커질 것이라는 점에서 현대 도시체계 공간에서 이러한 방식의 중심지체계는 점점 더 모습을 찾아보기 어렵다. 하지만, 경제발전이 진전된 선진 도시체계의 발달사적 관점에서, 그리고 오늘날에도 유효수요의 구매력이 낮은 저개발국의 대도시권 이외 지역 도시체계의 공간조직 관점에서 이들에 대한 올바른 이해를 추구하는 데에 있어 이와 같은 정기시장 중심지모델이 가지는 함의는 크다.

3. 순위규모법칙과 종주도시체계

중심지의 공간적 배열방식은 도시가 공간상에서 어떻게 조직되고 있는가를 설명해 주는 원리라는 점에서 중심지체계는 도시체계다. 공간상에 분포하고 있는 도시가 속한 도시체계의 전체로서의 특성은 어떠한지를 확인하고 이해하는 방식을 이 절에서 다루게 된다. 여기서는 먼저 도시체계의 대표적인 특성화방식으로 순위규모법칙을 소개하고, 한국 도시체계의 특성을 확인해 본다.

(1) 순위규모법칙

시대와 장소를 막론하고 도시들로 구성되는 도시체계에는 공통적인 현상이 나타난다. 바로 앞서 중심지이론의 설명에서 언급되었던 "많은 수의 작은 중심지와 적은 수의 큰 중심지"의 양상이다. 도시체계 안에서 대도시의 수는 적으며 소도시일수록 그 수가 많아질 뿐만 아니라 도시 간의 규모차이도 적어진다. 이와 같은 공통성에 착안하여 도시체계를 구성하는 도시의 수와 규모에 대하여 일반화된 설명을 추구하고자 한 노력의 결과로 얻어진 것이 순위규모법칙(rank-size rule)이다. 순위규모법칙은 식 5-4와 같이 나타낼 수 있다.

$$P_r = P_1 / r^q \qquad \text{식 5-4}$$

P_r = 도시체계 내 인구순위 r번째에 있는 도시의 인구규모

P_1 = 도시체계 내 수위도시의 인구규모

q = 지수

예를 들어, 이 법칙을 적용하여 2위 도시의 인구를 구하려면 식 오른쪽 변에서 수위도시의 인구를 분자에, 2위에 해당하는 순위값 2를 분모에 넣으면 된다. 지수인 q가 1이라고 한다면 2위 도시의 인구는 수위도시 인구의 절반이 된다. 같은 방식으로 3위 도시는 수위도시 인구의 1/3이 된다. 이런 방식으로 계산을 거듭할 경우 상위의 도시 간에는 차이가 비교적 크지만(예를 들어 2위 1/2과 3위 1/3

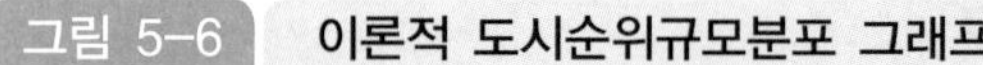
그림 5-6 이론적 도시순위규모분포 그래프

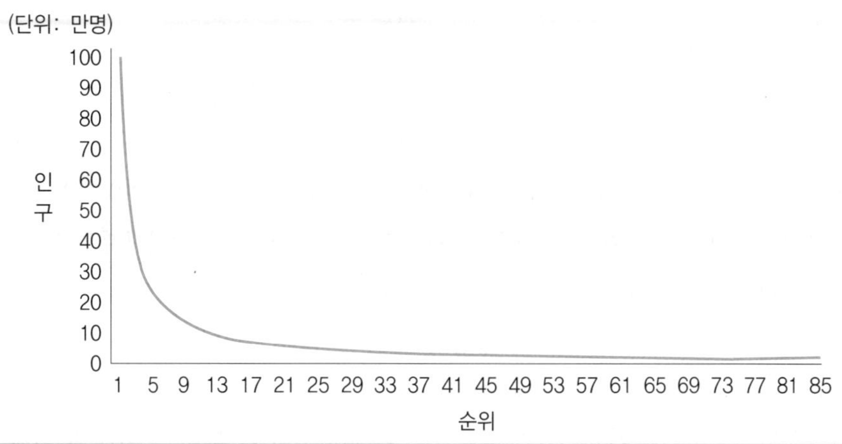

간의 차이) 순위가 밑으로 내려가면 갈수록 도시 간의 차이는 작아지게 된다(예를 들어 80위 1/80과 81위 1/81 간의 차이). 인구규모로 본 도시의 순위와 그 도시의 인구규모 간의 이와 같은 관계를 각각 X축과 Y축으로 구성된 2차원 평면공간에 표현한 결과를 도시순위규모분포 그래프라고 한다. [그림 5-6]은 q값이 1이고 수위도시의 인구가 1천만 명일 경우의 이론적 도시순위규모분포를 보여준다. 도시인구규모가 이러한 분포를 따른다면 이론상 두 번째 큰 도시의 인구는 5백만(1천만÷2), 네 번째 큰 도시는 2백5십만(1천만÷4), 그리고 다섯 번째 큰 도시의 인구는 2백만 명(1천만÷5)이 된다.

이상의 예에서는 q의 값을 1로 가정하고 법칙을 적용했지만 실제 현실 속 도시체계에서 이 값은 다양하게 나타날 수 있고 이 값이 어떤 값을 가지느냐에 따라 해당되는 도시체계의 특성을 다르게 이해할 수 있다. 이 값은 도시체계의 실제 자료를 이용하여 회귀분석을 통해 추정하게 되며 추정의 용이성을 위해 보통 식 5-4에 로그를 취하여 식 5-5와 같이 1차식 또는 선형관계를 나타내는 식으로 바꾸어 추정한다.

$$\log P_r = \log P_1 - q\log r \qquad \text{식 5-5}$$

(2) 순위규모분포와 종주분포

식 5-4와 5-5에서 q값은 매우 중요한 의미를 지닌다. q값이 어떤 범위에 속하느냐에 따라 도시체계의 계층성, 즉 규모가 큰 도시와 규모가 작은 도시 간의 위계관계가 어느 정도 강한지를 알 수 있다. 만일, 앞선 예에서와 같이 q가 1의 값을 가지면 이때는 각 순위의 도시인구를 추정하기 위해서는 수위도시의 인구를 순위로 그대로 나누어 주면 되고 이때 도시체계 내 도시의 인구분포가 순위규모분포(rank-size distribution)를 따른다고 하거나 또는 지프모델(Zipf, 1949)의 형태를 띠고 있다고 말할 수 있다. 일반적으로 순위규모분포는 현실세계 도시체계의 이론적 또는 경험적 평균치로 이해하기 보다는 임의의 지수값 1에 의해 정의되는 계층성을 파악하기 위한 참고점으로 이해하는 것이 보다 적절해 보인다.

한 도시체계에 대해서 추정된 q값이 1보다 클 경우 그 도시체계는 강한 계층성을 보이는 도시체계로 규정할 수 있다. 이 경우 도시체계의 인구분포는 종주분포(primate distribution)라고 하고 이때의 수위도시는 종주도시(primate city)라고 부른다. 식 5-4에서 q가 1보다 클 경우 분모는 원래의 순위값보다 더 큰 수가 될 것이고 이 값으로 수위도시의 인구를 나누어주기 때문에 단순히 순위값으로 나누어주는 경우보다 수위도시 이외 도시의 인구가 더 작아지는 특징을 보인다. 바꾸어 말하면, 수위도시 인구는 2위 도시 인구의 2배보다 더 많아지게 된다.

반대로 추정된 q값이 1보다 작을 경우는 식 5-4의 분모의 값이 원래 순위를 대입했을 경우보다 더 작아지게 되므로 이 값으로 수위도시인구를 나누었을 때 결과값이 순위규모분포의 경우에 비해서 더 커지게 된다. 이는 수위도시 이외 도시의 인구규모가 수위도시보다 작긴 하지만 상대적으로 천천히 작아진다는 의미이고 이러한 성격의 도시체계는 약한 계층성을 보인다고 말할 수 있다. 보통 계층성이 강한 도시체계의 경우 중앙집권적 기반을 가지고 있을 경우에 나타나며 한국의 사례에서와 같이 도시체계 전체의 경제성장 과정에서 선택과 집중을 통해 효율성을 발휘하기도 하지만 도시 간 또는 지역 간 불균등성의 문제를 동반하고 있다. 계층성이 약한 도시체계의 경우는 지방분권적인 기반을 가지고 있는 경우가 많으며, 리더 역할을 하는 수위도시의 세력이 상대적으로 약하므로 경제 환경의 변화 속에서 신속하고 효율적으로 대처해 나가기 어려울 수 있으나 도시 간

격차가 크지 않음으로 해서 도시 간 수평적 연계의 구조가 형성될 수 있는 여건을 갖추고 있다.

(3) 한국도시체계의 전개

한국도시체계의 계층적 특성이 어떻게 변화하여 왔는지를 확인해 보기 위하여 1955년부터 매 10년 주기로 인구총조사 자료를 이용하여 2015년까지 6개 연도의 도시순위규모분포 그래프를 작성했다. 그래프의 작성과정에서 1960년대의 경우 1966년에 인구총조사가 이루어졌기 때문에 1965년이 아니라 이 해의 자료를 이용했다. 아울러 도시체계에 포함되는 도시는 엄격한 기준으로 생각한다면 군 지역의 읍급 도시도 해당 군에서 지역중심지의 역할을 수행한다는 점에서 모두 포함시켜야 하지만 여기서는 도시체계의 전체적 변화추이가 어떠한지를 개괄적 수준에서 확인하는 데에 주안점을 두고 각 연도에 행정적인 기준으로 시인 도시만 포함하여 [그림 5-7]과 같이 정리했다. 그래프는 관례적인 방식에 따라 순

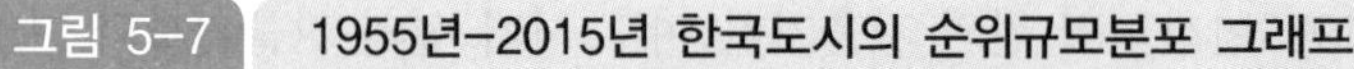
그림 5-7 1955년-2015년 한국도시의 순위규모분포 그래프

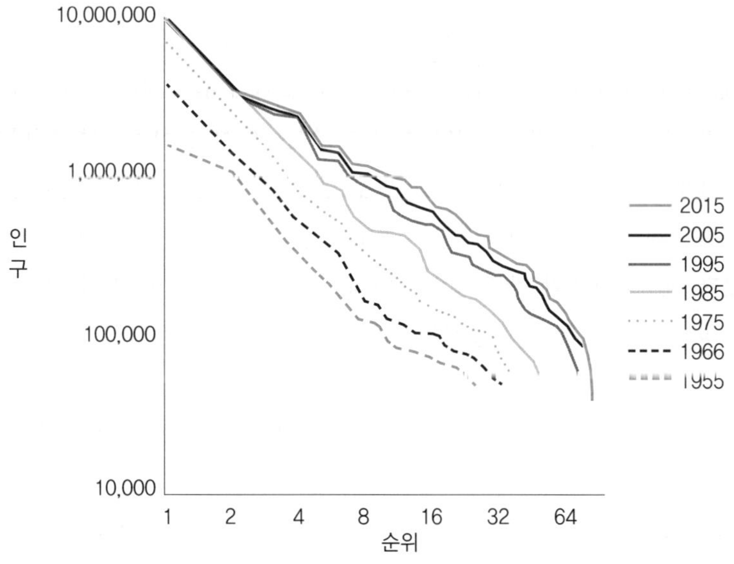

위규모분포 선을 직선에 가까운 형태로 바꾸어 주는 로그를 취한 값으로 원 자료를 변환(순위의 경우 2, 인구의 경우 10을 밑으로 하는 로그화)한 후 작성했다.

도시체계의 변화특성을 확인하기 위한 목적으로 도시순위규모 그래프를 해석하는 경우에는 크게 두 가지의 부분에 주목하여 보아야 한다. 첫째, 그래프 상에서 선의 위치다. 1955년의 경우 y축 기준으로 가장 낮은 높이에 있던 선은 시간이 지남에 따라 점점 상향 이동하는 것을 볼 수 있다. 이는 최근으로 올수록 같은 순위에 있는 도시의 인구가 계속적으로 증가하는 현상을 반영하고 있다. 증가의 추세를 보면 1955년부터 1985년까지는 비교적 빠르게 증가하다가 1985년부터는 최상위에 있는 두 도시(서울과 부산)의 성장은 정체되는 것을 볼 수 있다. 두 도시 이외 도시의 경우 1985년과 1995년 사이에는 비교적 빠르게 증가했으나 이후 2005년과 2015년에 이르는 동안 성장세가 완만해지고 있음을 볼 수 있어 전체적으로 도시의 성장이 어느 정도 성숙기에 접어들고 있음을 확인할 수 있다.

둘째, 연도별 선의 기울기다. 이 기울기가 완만할 경우 규모가 큰 도시와 작은 도시 간의 차이가 상대적으로 작은 계층성이 약한 도시체계를, 반대로 기울기가 가파를 경우 계층성이 강한 도시체계를 의미한다. 그래프 상에서 보면 성장이 활발하게 일어나던 1985년까지의 선의 기울기가 이후 시기 선의 기울기보다 다소 가파르다는 것은 확인할 수 있지만 단순히 육안 상으로 그래프의 기울기를 판단하는 것은 쉽지는 않다. 이런 경우에 보다 정확하게 기울기의 변화를 확인하기 위해서는 q값을 확인해야 한다. q값은 식 5-5에서 나타나는 것처럼 도시순위와 도시인구 간의 선형관계에 있어 기울기를 보여주는 계수다. 식 5-5를 회귀방정식으로 선형회귀계수를 추정하여 연도별 q의 값을 정리해보면 [그림 5-8]과 같다.

한국도시체계의 q값은 1955년부터 2015년의 기간 동안 모두 1보다 높은 값을 가지고 있다. 앞서 언급한 바와 같이 1의 값을 기준으로 이를 평가한다면 한국도시체계는 상대적으로 강한 계층성을 가지고 있는 도시체계라고 볼 수 있다. 이는 수위도시 서울이 한국도시체계에서 가지는 종주성의 효과, 그리고 급격한 산업화의 과정 속에서 성장거점전략에 따라 선택과 집중의 방식으로 주요한 지방거점도시를 육성함으로써 나타난 결과라고 볼 수 있다. 특히, 한국전쟁 직후인 1955년부터 q값은 지속적으로 상승하여 경제성장의 속도가 가장 빠르게 높아졌던 1975년에 그 정점에 이르게 된다. 이후 산업화의 증가속도가 서서히 줄어들

그림 5-8 1955년-2015년 한국도시체계 q값의 변화

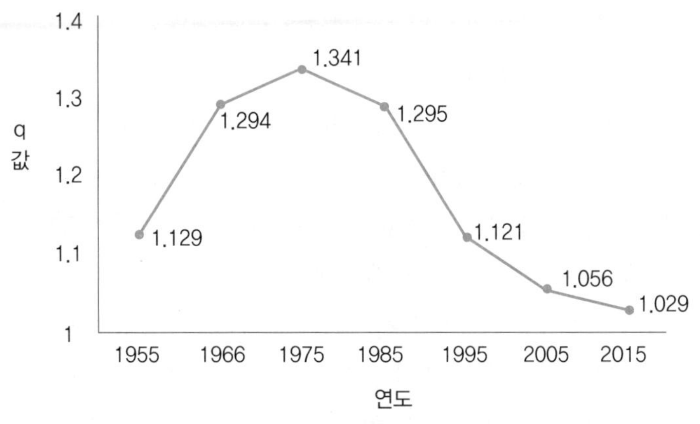

면서 q값도 서서히 감소하게 되는데 특히 1985년과 1995년 사이의 시기에 그 감소폭이 컸다. 이 시기는 수도권과 지방 대도시권에서 중심도시의 수용용량 초과로 인한 주변도시로의 교외화 현상이 활발하게 진행되어 나가는 시기였으며, 정책적으로도 수도권 내 주택 2백만 호 건설을 목표로 한 1기 신도시의 건설이 이루어진 시기이기도 했다. 수용용량 초과로 인한 대도시의 성장 정체와 대도시권 주변 도시의 성장은 도시체계 상에서 대도시와 중소도시의 격차를 줄이는 역할을 했다고 볼 수 있다. 보다 최근으로 오면서는 q값이 1에 가까워지면서 값의 변화속도가 점차로 완만해지는 모습을 보이고 있어 앞의 설명에서와 같이 도시체계가 어느 정도 안정기 또는 성숙기에 접어들었다고 판단할 수 있다.

다만, 그래프와 q값은 읍급 도시와 같은 실질적인 도시를 고려하지 않았고, 또 행정적인 기준으로 도시를 정함에 따라 실제 도시권을 하나의 도시가 아닌 파편화된 여러 개의 도시로 나누어 분석했다는 점에서 보다 정확한 변화의 추이는 좀 더 포괄적인 자료와 엄정한 도시권 획정에 기초한 분석을 통해 이루어질 수 있음을 지적할 필요가 있다.

4. 교통체계의 발달과 도시체계의 전개

교통의 발달은 도시의 성장과 밀접한 관계가 있다. 사람이 모이고 경제활동이 성장하는 곳 사이에 원활한 통행을 위하여 교통로가 만들어지게 되고, 한편으로 교통로가 형성되어 접근성이 좋은 곳을 중심으로 인구와 활동이 증가하게 된다. 이러한 점에서 교통의 발달과 도시의 성장은 상호인과적인 영향을 주고받는 대상이다. 도시의 집합체로서의 도시체계 또한 교통로의 발달에 따라 큰 영향을 받을 수밖에 없어서, 교통체계는 도시체계의 공간구조가 어떤 방향으로 전개되어 나갈지를 좌우하게 된다. 이 절에서는 교통로의 형성 및 확장이 형성되는 도시체계의 공간구조에 어떻게 영향을 미치게 되고 그 결과로서 만들어지는 도시공간조직은 어떤 양상을 보이는지를 설명해주는 대표적인 모델을 소개한다.

(1) 타페의 저개발국 교통망 확장모델

에드워드 타페(Edward Taaffe) 등의 1963년 모델은 해안가 이외에 내륙으로는 개발이 이루어지지 않은 저개발국에서 교통망의 발달에 따라 내륙으로의 도시체계의 공간구조가 어떻게 형성되고 발전되어 나가는지를 설명해 주는 모델이다. 첫 번째 단계([그림 5-9a])에서는 흩어져있던 항구가 각자 내륙으로 짧게 연결된 배후지를 형성하고 있으며, 각 항구는 작은 규모로 독립적이다. 두 번째 단계([그림 5-9b])는 침투의 단계로 내륙의 결절점에서 항구로 간선이 연결되어 내륙의 결절점뿐만이 아니라 관문 역할을 하는 항구의 성장을 불러오는 단계다. 예를 들어 내륙의 자원생산 도시라든지 공장이 있는 도시에서 도로나 철도망으로 항구에 연결이 이루어지는 것이다. 세 번째 단계([그림 5-9c, d, e])는 상호연결의 단계로 내륙과 항구를 연결하는 간선에 여러 지선이 연결되어 새로운 결절점이 간선 상에 등장하게 되고 상호연결되기 시작한다. 마지막인 네 번째 단계([그림 5-9f])는 최우선 간선의 등장으로, 결절점 간의 상호연결이 완성되고 계층적인 관계가 형성되면서 최우선적이고 중요한 간선 연결이 나타나게 된다. 연구자들이 밝혔듯이 이 모델은 고도로 일반화한 과정을 나타낸 모델로, 국가나 상황에 따라 동시에 네 단계가 나타날 수도 있으며, 교통수단에 따라 각기 다른 진행 속

그림 5-9 타페의 교통망 발달에 따른 도시체계 발달 과정 모식도

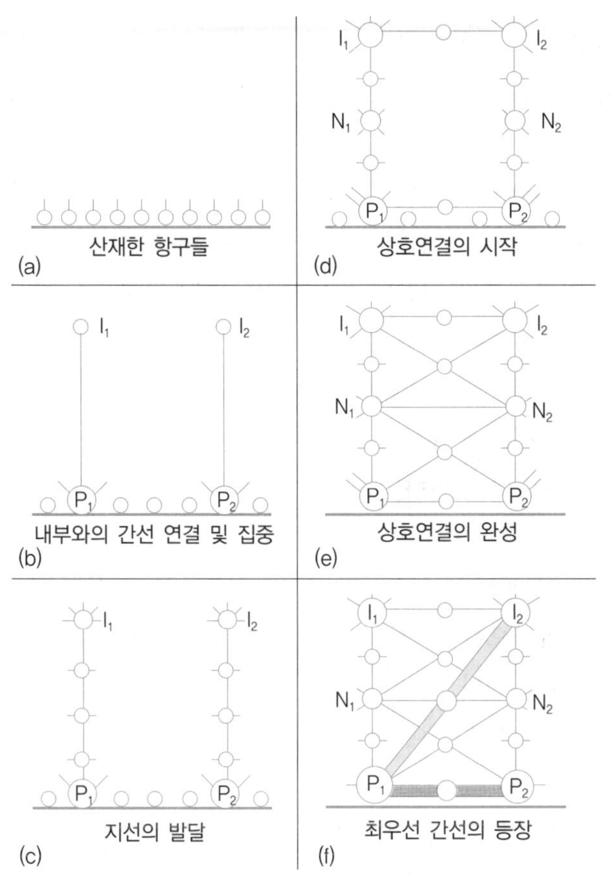

출처: Taaffe *et al.*(1996, 39).

도를 보일 수 있다(Taaffe *et al.*, 1996). 너무 일반화했다는 비판에도 불구하고 이 모델은 항구 도시와 내륙의 도시가 연결망의 증대로 어떻게 성장해 가는지를 잘 보여주는 대표적인 모델이다.

(2) 밴스의 상업 모델

타페의 모델이 저개발국의 사례를 바탕으로 소규모 항구도시들이 형성되어

있는 상태로부터 출발하여 내륙의 교통로와 도시 성장의 과정을 모식화한 개념적 수준의 일반화 모델이라면 제임스 밴스(James Vance)의 상업(mercantile) 모델은 북미대륙의 초창기 도시체계의 공간적 발달이 유럽으로부터의 식민지개척과정에서의 경제적인 동인에 의해 이루어진 결과임을 보이고자 하는 보다 구체화된 과정을 담고 있는 모델이다. [그림 5-10]에서 다섯 단계로 도시체계 형성과 성장의 과정을 보여주고 있는데, 그림에서 오른쪽은 기존의 개발이 진행된 곳, 즉, 중심지이론의 틀에 의해 설명될 수 있는 유럽대륙을 의미하며 왼쪽은 외부적 동인이 영향을 미침으로써 개발이 이루어지는 미개발지, 즉 중심지모델이 아닌 상업 모델이 적용되는 북미 대륙을 나타낸다.

첫 번째 단계는 상업과 무역활동을 위한 탐색의 시기다. 이 때 유럽으로부터 출발한 탐험대가 신대륙에 대한 지식을 수집하고 경제적 가치가 있는 정보를 수합하여 유럽으로 전달하게 된다. 두 번째 단계는 신대륙의 생산성을 점검하고 자연자원을 획득하는 과정이다. 어류, 모피, 목재 등 신대륙의 자연이 제공하는 자원의 획득을 위하여 관련 산업의 종사자가 주기적으로 신대륙으로 향하며 이들 주요상품을 싣고 돌아오는 과정을 반복한다. 세 번째 단계로 가면 신대륙으로의 이주와 정착이 이루어진다. 이들 정착민은 신대륙의 주요상품의 생산과정에 종사하게 되는데, 그 과정에서 이들의 생활에 필요한 여러 가지 물건에 대한 소요는 현지에서 조달할 수 없으므로 모국으로부터 보급되는 공산품의 소비를 통해 해소된다. 정착민이 거주하게 되면서 이 단계에서 신대륙에도 항구를 중심으로 도시가 형성되고 아울러 내륙방향으로도 강과 같은 수상운송로나 육상교통로 등 교통접근성이 좋은 경로를 따라 소규모 도시가 형성된다.

네 번째 단계의 경우 유럽대륙에서는 인구증가와 대도시 중심의 중심지체계의 성장, 그리고 신대륙으로의 공산품 보급수요 증가 등의 요인에 따라 제조업의 급격한 성장이 발생하게 된다. 한편, 신대륙의 경우에도 어느 정도 자족성이 증가하면서 식민지 내부에서도 무역과 공산품 제조가 이루어지기 시작한다. 도시체계의 관점에서 핵심 항구도시가 성장하고 아울러 내륙 교통로 상에 있는 도시 중 주요산물의 집산지 역할을 하는 도시가 거점도시로 선별적으로 성장한다. 마지막 다섯 번째 단계에서 유럽 모국의 경우 형성되는 중심지체계는 내생적 동력에 의해서만 형성되는 체계가 아니라 상업 모델을 통해 영향을 받은 변형된 중

그림 5-10 밴스의 상업 모델에 따른 식민지 도시체계 형성 및 발달과정

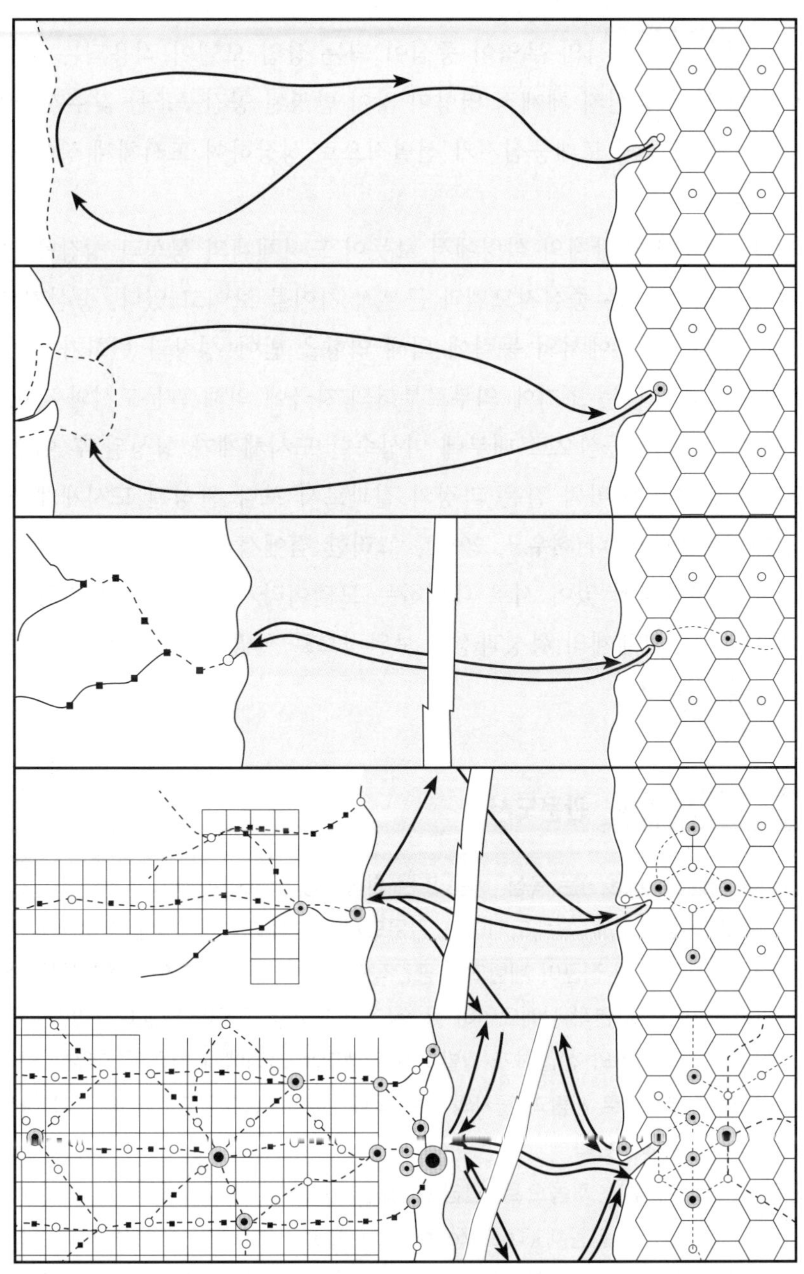

출처: Vance(1970, 151)(Godfrey(1999, 584)에서 재인용).

심지체계다. 바꾸어 말하면, 중심지체계 속의 도시 중에서도 신대륙과의 연계가 잘 갖추어진 도시가 더 중요성을 갖는 도시로서의 역할을 한다는 것이다. 한편, 신대륙의 경우 내부에서의 무역이 중심이 되는 상업 모델이 적용되는 공간으로 이전에 비해 보다 중심지 체계적 영향이 많이 반영된 공간구조를 갖추게 되며 주요 항구도시와 내륙의 도매중심지가 선별적으로 성장하여 도시체계 상에서의 계층화를 이루게 된다.

마지막 다섯 번째 단계의 설명에서 보듯이 도시체계의 형성과 성장을 설명하는데 있어 상업 모델은 중심지모델과 근본적 차이를 보이고 있다. 중심지모델의 경우 도시체계는 내부에서의 동력에 의해 영향을 받아 성장과 변화가 이루어지나, 상업 모델의 경우는 초기에 외부로부터의 자극에 의해 관문도시와 같이 공간상의 특정한 지점을 중심으로 내부에 미성숙한 도시체계가 형성된 후 이후에 중심지모델이 설명하는 바와 같은 과정의 결과로서 보다 완성된 도시체계가 형성되고 전개되는 방식이다(허우긍, 2018). 그러한 점에서 중심지모델과 상업 모델은 현실의 설명방식에 있어 서로 대립하는 모델이라기보다는 보다 다양한 장소에서 나타나는 도시체계의 형성과정을 보완적으로 설명해 주는 상호보완적 모델이라고 할 수 있다.

읽을 거리 5-1 관문도시

관문도시(gateway city)는 육상, 해운 또는 항공교통의 주요한 결절에 위치하여 한 지역과 다른 지역을 연결해 주는 도시이다. 관문도시가 형성되는 배경에는 한 지역과 다른 지역 사이에 서로 간의 접근이 제한되는 공간적인 마찰이 존재하고 있다. 이러한 마찰은 산맥, 하천, 해양 등 자연적 장애요인이 될 수도 있고 국경 등 인문적 장애요인일수도 있다. 관문도시는 도시화와 산업화가 활발하게 진행되는 과정에서 나름의 고유한 지리적 입지의 이점을 배경으로 사람과 물자의 흐름의 네트워크 속에서 도시체계를 형성하는데 중요한 역할을 수행해 왔다.

관문도시의 개념이 처음으로 언급된 것은 1933년 미국 지리학자 멕켄지(P. McKenzie)의 『대도시 공동체』(The Metropolitan Community)라는 연구에서다. 당시는 유럽으로부터 미국으로 들어오는 이민자들이 급속하게 증가하고 미국 동부로부터 서부로의 철도망이 확장되는 시기였는데, 멕켄지는 철도 중심의 관문도시의 관점에서 미국의

표 5-3 중심지와 관문도시 특성 비교

특성	중심지	관문도시
배후지의 물리적 형태	사각형, 육각형 또는 원형	선형(부채꼴)
입지	배후지의 중앙	배후지의 한쪽 끝
기능	재화 및 서비스 공급	교통 결절점으로 관문역할
교통 특성	지역 내 단거리 운송	지역 간 장거리 운송
교통 요건	전제조건 아님	교통결절로 특화 전제
도시 고용 특성	소매업	운송업 및 도매업
거리와의 관계	도시기능의 거리조락 강함	도시기능의 거리조락 약함
배후지 특성	등질지역	상호 이질적 또는 불균등한 두 지역

도시체계와 도시공동체가 어떻게 형성되고 있는지를 규명하고자 하였다. 그의 관문도시는 지역 내부로부터 생산되는 농산물의 집산지이자 외부로부터 들어오는 공산품의 배급지이다. 메켄지의 연속선상에서 1957년 울만(E. Ullman)도 미국 철도와 수상 교통망 분석에서 운송업 중심의 관문도시가 주요 교통결절에 발달하여 배후지역 도시체계의 형성에 중요한 역할을 하고 있음을 확인하였다.

위의 연구들에서 관문도시를 도시체계의 형성에 영향을 주는 요인으로 보았다면, 보다 종합적이고 체계적 관점을 가지고 관문도시를 바라본 연구는 1971년 버그하트(A. Burghardt)의 "관문도시에 관한 가설(A Hypothesis about Gateway Cities)"이었다. 특히 〈표 5-3〉에서처럼 중심지체계와 관문도시체계 간의 비교는 내생적인 동인에 의해 형성된 도시체계와 관문도시체계 간의 차이를 체계적으로 잘 보여준다. 그에 의하면 양자 사이의 가장 큰 차이는 배후지의 물리적 형태로, 중심지의 경우는 원형의 중앙부에 입지하여 주변의 배후지로 뻗어 나가는데 비해 관문도시는 부채꼴 모양 배후지의 끝부분에 위치한다. 이에 따라 중심지는 배후지에 재화와 서비스를 공급하기 위한 국지적 단거리 교통이 발달하는데 비해 관문도시는 최대도달범위에 있는 곳들에까지 영향을 미치기 위한 중장거리 교통이 발달하게 된다.

공간적인 특성을 기준으로 버그하트는 두 가지 유형의 관문도시를 분류하였다. [그림 5-11]에서 왼쪽의 그림은 이질적인 두 지역 간을 연결하는 결절로서의, 그리고 오른쪽의 그림은 규모가 다른 상호 연결된 복잡한 두 공간체계를 연결하는 망으로서의 관문도시를 보여준다. 국가 경제공간의 중심부와 미개발 배후지를 연결하는 관문이 첫 번째에

그림 5-11 결절과 연결망으로서의 관문도시

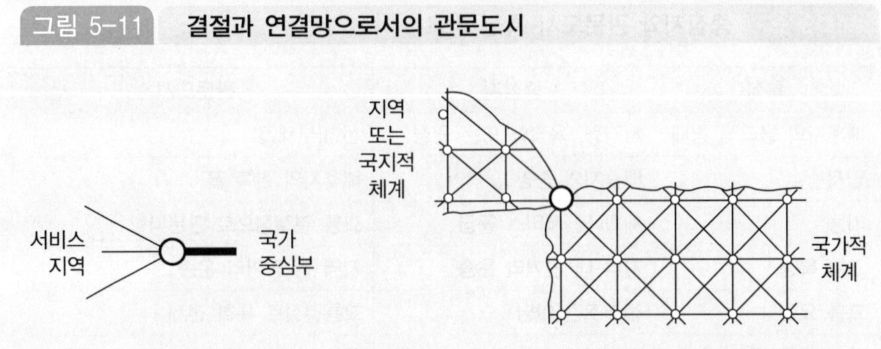

출처: Burghardt(1971, 283).

해당되며, 국가차원의 광역도시체계를 지역 또는 국지적 수준의 기존 도시체계와 연결하는 관문이 두 번째에 해당된다.

관문도시는 여러 가지 면에서 불균등하고 이질적인 두 지역 사이에 입지하여 외부로부터의 흐름을 끌어들여 배후지의 지역경제와 도시체계에 영향을 미치는 전초기지 역할을 해 왔다. 관문도시의 가장 중요한 기반은 잘 발달된 교통 하부구조이므로, 운송업이 잘 발달되어 있어야 하며 이를 지원해주고 상호간에 시너지효과를 거둘 수 있는 금융업, 유통업, 도매업, 소매업 및 기타 다양한 서비스업이 잘 구비되어야 한다. 특히 오늘날과 같은 초공간적 경제체제가 활성화되는 시대에는 교통체계 및 정보통신 하부구조의 지속적인 혁신, 효율적인 물류처리체계, 초지역적 또는 초국가적 도시 활동을 지원해줄 수 있는 법률적 및 제도적 지원체계가 요구된다.

출처: 박경환(2006).

(3) 림머의 식민지 교통체계발달모델

밴스의 모델은 식민지화가 시작되는 북미 신대륙의 출발점이 아무런 개발도 이루어져 있지 않은 백지상태라는 가정에서 출발했는데, 이는 유럽열강에 의한 같은 식민지화라고 하더라도 이미 지역 내의 내생적인 형성과정을 거쳐서 도시 공간조직이 어느 정도 갖추어진 동남아시아의 경우에는 잘 맞지 않는 모델이다(허우긍, 2018). 피터 림머(Peter Rimmer)의 식민지 교통체계발달모델은 바로 이러

그림 5-12 림머의 식민지 교통체계발달모델에 따른 식민지 도시체계의 발달과정

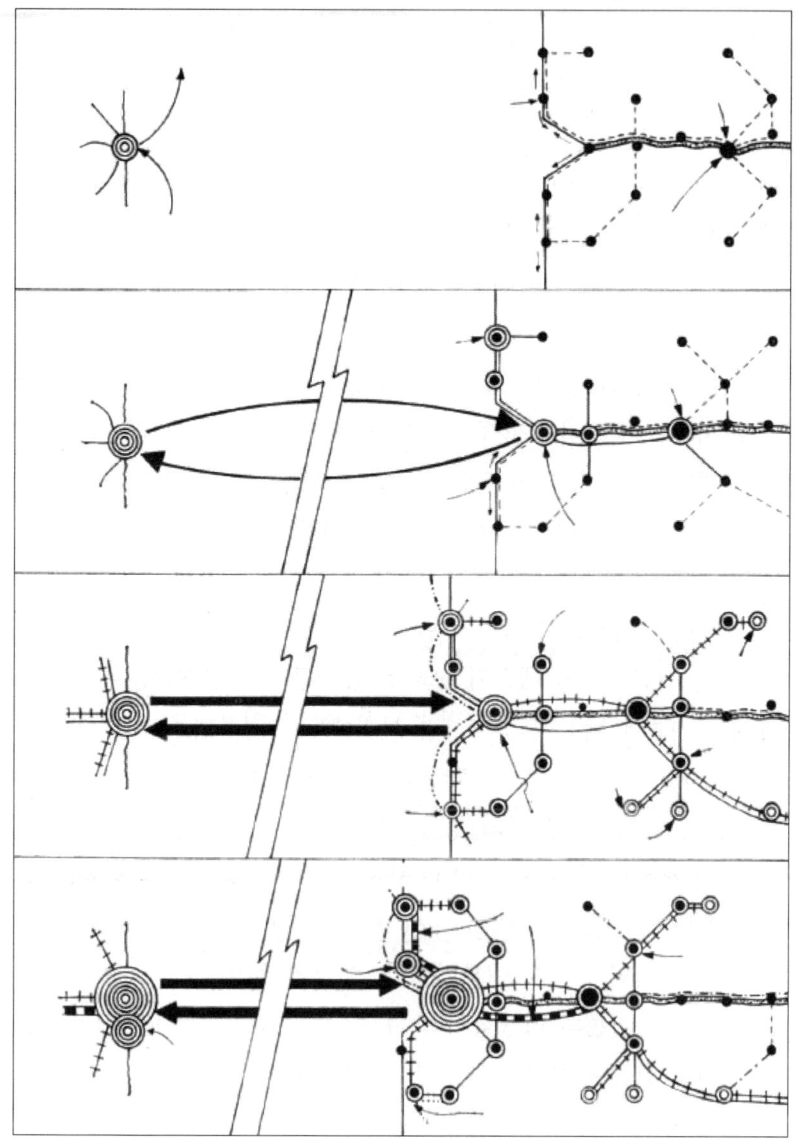

출처: Rimmer(1977, 134).

한 부분을 담아낼 수 있다는 데에 장점이 있다.

[그림 5-12]에서처럼 림머의 모델은 크게 네 단계로 나누어져 있는데, 첫 번

째 단계는 식민모국과 식민지 간의 접촉이 이루어지기 전 단계로, 이때에는 식민지에 해당하는 지역에서 자생적으로 형성된 도시체계의 공간조직이 이루어져 있음을 볼 수 있다. 소규모의 교통로 상으로 정치와 종교기능을 결합한 중심도시와 상업도시, 그리고 그 밖의 소도시가 포진해 있다. 두 번째 단계는 식민화 초기다. 이때부터 식민모국과 식민지 간의 교역이 시작되는데 해안을 중심으로 원래의 소규모 상업도시 이외에 서구 식민모국인의 거점도시와 대규모의 무역도시가 형성되고, 내륙교통망이 조금씩 확장되어 근대화되기 시작하며, 그 중 규모가 큰 도시가 교역의 중심지가 된다. 세 번째 단계는 본격적인 식민지단계로 식민모국과 식민지 간의 교역의 강도가 높아지면서 식민지에 경제적 착취의 공간적 장치가 강화된다. 해안을 중심으로 식민모국인의 거점도시는 새로운 수도가 되고 다른 항구도시에는 해군기지가 주둔하게 되며, 도로뿐만 아니라 철도 등 다양한 교통로를 병설함으로써 내륙의 접근성을 향상시키면서 행정 중심지, 플랜테이션 중심지, 광산 중심지, 휴양 중심지, 교통중심지 등 다양한 유형의 도시를 확충해 나간다.

마지막 네 번째 단계는 신식민지 단계로 정치적으로는 독립을 얻지만 경제적으로는 여전히 식민모국에 예속된 상태로 공간구조가 전개되는 특징을 보인다. 해안가에서는 기존에 빠르게 성장하던 식민수도는 경로의존성을 가지고 계속적으로 성장을 하면서 그 영향력이 확장되어 인근에 추가적인 항만도시를 연쇄적으로 전개시키는 반면 다른 곳의 항구도시는 쇠퇴하기도 한다. 항구 간에 그리고 내륙으로의 교통로 중 수요가 많고 중요도가 높은 교통로를 중심으로 선별적으로 고속도로망이 설치된다. 이를 통해 연결된 도시 간에는 보다 강력한 경제적 연계를 통해 계속적인 성장이 이루어진다. 이상의 과정을 통해 만들어지는 도시체계의 공간구조는 기존의 내생적인 도시체계와 식민지화에 따른 외생적인 도시체계가 공존하고 있는 방식이나 그러한 공존이 양 체계 간의 유기적인 결합을 의미하기 보다는 단순히 공간상에서만 섞여서 나타나고 있을 뿐 기능적으로는 뚜렷이 분리되어 있음을 이 모델은 시사하고 있다(허우긍, 2018).

5. 세계도시와 세계도시체계

과거에도 광범위한 세계의 지역에 영향력을 미치는 세계도시가 없었던 것은 아니나 세계화가 고도로 진행되고 있는 현대의 세계도시는 이제까지 볼 수 없었던 새로운 차원의 도시공간체계를 구축해 나가고 있다. 세계화는 지리적으로 다양한 장소에 분포하고 있는 다양한 활동이 국가 간의 경계를 자유롭게 넘나들면서 상호연계를 강화하고 경제적으로 통합되는 과정이다(유환종, 2012). 이에 따라 과거에 한 국가단위 내에서의 경제적 메커니즘을 바탕으로 형성되던 국가 도시체계 또한 국가경계를 초월하여 범세계적인 도시체계를 형성하게 되며 그 안에서 세계의 경제활동을 통제하고 조정하는 최고차 중심지로서 세계도시가 탄생되고 있다.

(1) 세계도시와 세계도시가설

세계도시는 범세계적 경제활동의 공간적 분포에 있어 최고차 기능이 집중을 이루는 곳이다. 그러한 고차계층의 경제활동을 좇아 범세계적 자본은 세계도시로 지속적으로 유입된다. 자본과 고차기능의 집중으로 세계도시는 단순히 세계경제의 중심지를 넘어 범세계적 경제활동의 과정을 조정하고 통제하는 컨트롤타워의 역할을 수행하면서 세계경제를 이끌어 나간다. 이러한 세계도시의 형성과 성격의 강화에는 이들을 중심으로 범세계적으로 구축되는 교통과 정보통신 네트워크 인프라의 확산이 기여하고 있다.

이와 같이 세계도시 간에는 그 기능과 역할 면에서 분명히 공통점이 있지만, 세계도시가 어떤 과정을 통해 형성되는지 또는 세계도시가 가지는 가장 핵심적인 특성이 무엇인지에 대해서는 학자마다 의견이 갈린다. 그 중 대표적으로 존 프리드먼(John Friedmann, 1986)은 노동의 국제 분업을 통해 기능의 입지가 분리되고 그 과정에서 중추적인 기능은 대도시로, 그리고 일상적이고 반복적인 기능은 이외 지역으로 나누어지게 되면서, 세계도시는 조정과 통제의 중추적인 고차기능을 수행하는 경제 단위들로 구성된다고 보았다. 기업조직 상에서 중요한 의사결정을 내리는 다양한 부문의 초국적기업 본사나 초국적자본을 유치하고 배분하는 글로벌 금융회사 등이 그 지표로서 이용될 수 있다.

사스키아 사센(Saskia Sassen, 1991)은 다소 개괄적으로 정의되어 있던 세계도시를 이론적으로 보다 정교한 대상으로 구체화한다. 그 과정에서 사센이 특히 주목한 세계도시의 공통적 특성은 고차생산자서비스 부문이었다. 과거에 제조업 등 경제성장을 이끌어가던 주력활동을 측면에서 지원해주던 역할의 생산자서비스는 세계화시대에 이르면서 경제의 전면에 서며 경제를 주도해 가는 핵심 산업으로 자리를 잡게 된다. 이들은 지원대상이 되는 다양한 산업의 분포에 비추어 도시체계상에서 가장 접근성과 연결성이 좋은 곳으로 집중하면서 범세계적 경제활동에 대한 영향력을 확장해 나간다. 따라서 금융, 보험, 부동산, 법률, 정보, 회계 등 생산자서비스 부문에 속하는 기업의 수가 많은 곳이 계층성이 높은 세계도시가 된다. 특히, 사센은 이러한 활동의 강도를 기준으로 세계도시체계에서 최정점에 있는 최고차 세계도시 세 곳, 뉴욕, 런던, 도쿄를 지적하며 이들을 글로벌 도시라고 불렀다.

이 밖에도 세계도시를 금융 중심지로 특성화하는 관점과 로스앤젤레스 및 실리콘밸리의 샌프란시스코 등을 특정하며 기존의 특화된 세계도시기능과는 달리 할리우드, 문화, 신산업, 포스트모던 등의 특성을 가지는 세계도시를 강조한 로스앤젤레스학파 등 다른 견해도 또한 존재한다(Beaverstock *et al.*, 2000).

세계도시의 안과 밖에서 나타나는 특성을 보다 구체화하여 설명한 것이 프리드먼의 세계도시가설(Friedmann, 1986)이다. 이 가설은 모두 일곱 가지의 가설로 구성되어 있으며 아래와 같다.

① 한 도시가 세계경제와 통합되는 형태와 정도, 그리고 노동의 새로운 공간적 분업 하에서 그 도시에 할당된 기능은 그 도시 안에서 어떤 구조적 변화가 일어날지를 결정하게 된다.

② 전 세계적으로 핵심도시는 범세계적 자본에 의한 생산 및 시장의 공간조직과 발현에 있어 거점으로 이용된다. 그 결과로 나타나는 연계를 통해 세계도시를 복잡한 공간적 계층체계 상에서 분류할 수 있다.

③ 세계도시의 범세계적 통제기능은 그 도시의 생산부문과 고용 구조 변화에 직접적으로 반영된다.

④ 세계도시는 국제자본의 집중과 축척의 주요입지다.
⑤ 세계도시는 많은 수의 국내 및 국제이주자의 도착지다.
⑥ 세계도시의 형성은 공간적 및 계급적 양극화와 같은 산업자본주의의 주요한 모순을 명확하게 드러낸다.
⑦ 세계도시의 성장은 국가의 재정능력을 초과하는 속도로 사회적 비용을 발생시킨다.

세계도시 가설은 1986년에 발표된 것임에도 불구하고 30여년 이상이 지난 현재에도 세계도시의 공통적 성격을 이해하는 데에 있어서는 여전히 유효한 설명체계라고 볼 수 있다.

(2) 세계도시 계층체계

범세계적 경제 환경 속에서 세계도시가 형성하는 도시체계는 한 국가 안에서의 도시체계와는 다른 성격을 보인다. 보통 한 국가의 도시체계에서 중심지의 위상을 반영하는 가장 중요한 잣대로 평가되는 인구나 경제활동 규모는 세계도시체계에서는 그 자체만으로는 중요하지 않다. 오히려 어떤 도시가 세계도시체계 속에서 어떤 역할과 기능을 담당하고 있는지에 따라 그 위상이 결정된다. 많은 수의 저개발국에 있는 수위도시의 인구는 비도시지역으로부터의 배출요인에 의해 지속적으로 늘어나면서 메가시티가 되어가고 있지만 이들은 세계도시체계에로의 연계가 미약하거나 또는 노동의 국제 분업을 통해 핵심적이지 않은 역할만을 담당하고 있기 때문에 인구규모에 상응하는 위상을 가지기 어렵다.

일반적으로 도시지리학을 다루는 여러 책에서 세계도시의 계층체계를 실증적으로 분석한 대표적인 연구로 프리드먼의 연구(Friedmann, 1986)를 소개하고 있다. 프리드먼의 연구는 세계도시의 형성에 영향을 미치는 요인, 또는 세계도시의 특성을 잘 드러내는 현상적 지표에 대한 이전까지의 연구를 체계적으로 종합하여 이를 바탕으로 실증적인 분석을 수행한 연구로 평가받고 있다. 앞서 설명된 것처럼 프리드먼은 노동의 국제 분업을 통한 조정과 통제의 고차 기능이 세계도시의 형성에 중요한 영향을 미쳤다는 생각을 가지고 있었는데, 이들을 반영할

표 5-4 1980년대의 세계도시 계층체계

대륙	중심부 국가		반주변부 국가	
	1차	2차	1차	2차
유럽 · 아프리카	런던 파리 로테르담 프랑크푸르트 취리히	브뤼셀 밀라노 비엔나 마드리드		요하네스버그
아메리카	뉴욕 시카고 로스앤젤레스	토론토 마이애미 휴스턴 샌프란시스코	상파울로	부에노스아이레스 리우데자네이루 카라카스 멕시코시티
아시아 · 오세아니아	도쿄	시드니	싱가포르	홍콩 타이베이 마닐라 방콕 서울

출처: Freidmann(1986, 72).

수 있는 현상적 지표로 주요 금융 중심지, 초국적기업의 본사, 국제기구, 사업서비스부문의 급속한 성장, 주요 제조업 중심지, 주요 교통결절점, 인구규모 등을 선정하고 이들 지표를 결합하여 세계도시의 계층구조가 어떤지를 확인했다. 〈표 5-4〉는 그 결과로 정리된 프리드먼의 세계도시 계층체계를 보여준다.

〈표 5-4〉의 계층체계가 보여주는 한 가지 특징은 세계도시의 계층성과 그 도시가 속한 국가의 경제력이 서로 연결되어 있다는 점이다. 표에서 보면 중심부 국가에 속한 도시의 경우에는 1차와 2차급 세계도시가 모두 많은 반면, 반주변부 국가에 속한 도시의 경우에는 2차 도시가 더 많다. 세계도시의 형성에 노동의 국제 분업이 중요한 영향을 미치고 있고 또 국가별로 분업화된 세계적 연계를 필요로 하는 경제활동이 그 나라의 대도시에 집중되는 점을 고려하면 이는 자연스러운 결과다. 대륙별로 보면 경제 선진국이 많은 유럽과 북아메리카 지역에 1차, 2차 세계도시가 많이 나타나며 아시아와 남아메리카의 경우에는 몇몇 도시를 제외하면 1차 세계도시는 없고 2차 세계도시가 다수를 차지한다. 프리드먼은 더 나

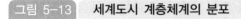

그림 5-13 **세계도시 계층체계의 분포**

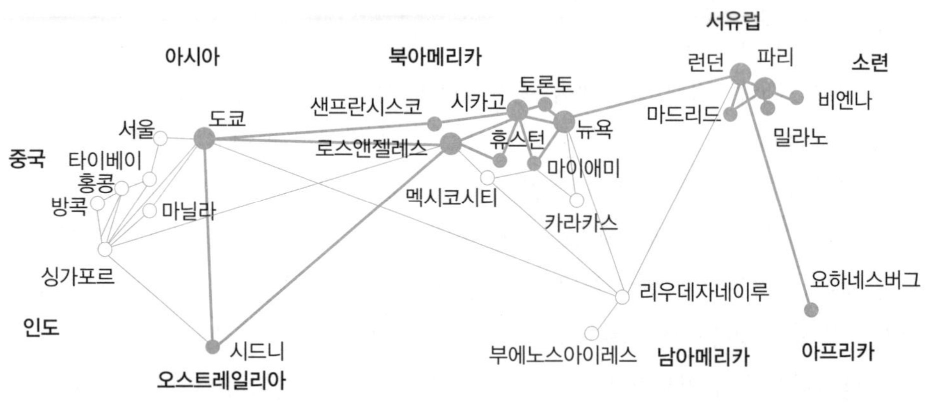

출처: Freidmann(1986, 74).

아가 이들 도시 간의 연계의 계층구조까지 제시했는데 이는 [그림 5-13]과 같다.

[그림 5-13]의 세계도시 계층체계에서 중심부 국가의 세계도시는 파란색, 그리고 주변부 국가의 세계도시는 흰색의 원으로 표현되고 있고 1차 도시와 2차 도시는 각각 그 원의 크기로 구분할 수 있도록 되어 있다. 이 지도에서는 서로 다른 유형과 계층에 속한 세계도시 간 다양한 네트워크 연계가 형성되고 있음을 볼 수 있으나 보다 면밀히 연계 구조를 고찰하여 보면 크게 세 곳의 연계집적지역을 구분할 수 있다. 먼저 제일 왼쪽의 집적지는 아시아권으로 도쿄를 중심으로 오세아니아권의 시드니가 하나의 축을 형성하고 있으며 아시아 내부적으로는 도쿄와 싱가포르를 또 다른 축으로 그 사이에 동아시아의 여러 도시가 연계를 형성하고 있다. 지도의 가운데 부분은 아메리카 지역으로 미국의 뉴욕-시카고-로스앤젤레스를 중심으로 하여 미국 내 다른 2차 세계도시와 중앙아메리카 및 남아메리카의 도시를 네트워크 안에 아우르고 있다. 세 번째로 지도의 맨 오른쪽 부분은 서유럽권으로 런던과 파리를 중심으로 유럽 내 다른 세계도시가 연계 구조를 형성하고 있으며 아프리카의 요하네스버그 또한 유럽과 연결되어 있다.

이 도시계층도는 두 가지 시사점을 제공해 준다. 첫째로, 세계도시체계가 한 국가수준에서의 도시체계와 형성과정과 성격이 다르긴 하지만 여전히 중심지모델적인 요소를 가지고 있다는 점이다. 세계도시체계에서 최고차 계층에 속하는 뉴욕, 런던, 도쿄는 각각 서로 다른 대륙에 위치하며 그 대륙 전체를 배후지로서 아우르고 있는 구조다. 물론 중심지이론의 엄격한 계층체계와는 다르게 한 곳의 고차중심지가 다른 곳의 저차중심지와도 연계가 이루어지고 있기는 하지만 연계의 집적의 정도를 비교하면 대륙 내부적인 연계의 강도가 훨씬 높다. 이는 중심지모델이 제안하는 것처럼 세 도시가 서로 간에 멀찍이 떨어져 입지함으로써 나름의 고유한 배후지를 확보하고 있는 상황으로도 해석할 수 있는 것이다. 둘째로, 뉴욕-시카고-로스앤젤레스나 런던-파리처럼 1차 도시가 인접하여 입지하고 있는 경우는 기능적 분화를 통해 서로 간에 차별성이 있음으로 하여 보완관계를 형성하고 있을 가능성이 높다는 점이다. 이는 같은 계층의 중심지는 같은 기능을 수행한다는 중심지모델의 틀로는 담아낼 수 없는 부분이다. 런던의 금융과 파리의 국제정치, 뉴욕의 금융과 로스앤젤레스의 문화, 신산업으로의 분화가 바로 그러한 부분일 것이다.

(3) 세계도시 네트워크

프리드먼의 시론적 연구 이래로 세계도시 계층체계를 규명하는 여러 연구가 있었는데 분석에 포함되는 대상도시의 범위나 시기에 따라 세부적인 지표에 있어서는 다소 차이가 있었지만 연구들은 공통적으로 각 도시의 특성을 반영하는 지표의 조합을 이용하여 분석을 수행했다. 도시가 가지는 속성은 그 도시의 이해에 도움이 되는 정보를 제공해주긴 하지만 이에 바탕을 둔 이해는 단편적일 수 있다. 특히 다른 도시와 함께 형성하는 계층적 구조를 보다 정확하게 파악하기 위해서는 도시가 자체적으로 가지고 있는 고유의 자산보다는 그 도시가 다른 도시와 맺고 있는 관계적 자산에 주목해야 도시체계 안에서 그 도시의 위상과 역할을 올바르게 이해할 수 있다는 의견이 많아지고 있다.

이러한 관계적 관점을 견지하면서 세계도시의 네트워크 체계의 분석을 시도한 것이 피터 테일러(Peter Taylor, 2001)의 연구다. 이 연구에서는 생산자서비스 부문 활동이 세계도시의 가장 핵심적인 성격을 드러낸다는 사센의 연구를 계승하되, 개별 도시차원에서 이들을 바라보지 않고 이 부문에 속한 기업이 공간상에서 다른 곳에 위치한 지사와 맺고 있는 연계의 강도에 집중한다. 즉, 여기서는 세계도시 간에 이루어지는 정보나 지식의 교류 등 여러 가지 차원의 연계를 직접적으로 파악하기는 어렵지만, 기업 내 지사 간의 연계를 파악하고 이를 종합하면 도시 간의 연계를 가늠할 수 있다는 전제를 가지고 있다. 보다 구체적으로 이 방법을 적용하는 단계는 다음과 같이 정리할 수 있다.

① 각 도시별로 초국적 생산자서비스기업의 지사 수를 집계한다.

② 각 기업별로 각 도시 쌍 간에 두 도시에 입지하고 있는 해당기업의 지사의 수를 곱하여 각 기업의 도시 간 연계강도를 계산한다.

③ 각 기업별로 계산된 도시 쌍 간 연계강도를 각 도시 쌍 별로 모두 합하여 모든 기업을 합산한 도시 간 연계강도를 계산한다.

④ 각 도시를 기준으로 이 도시로부터 다른 도시로의 연계강도를 모두 합하여 도시별 연계강도를 계산한다.

⑤ 도시별 연계강도를 모두 합하여 총합을 구한다.

⑥ 각 도시별 연계강도를 총합으로 나누어 각 도시별 연계비율을 구한다.

이상의 과정을 통해 계산되는 각 도시별 연계비율이 그 도시가 세계도시 네트워크에서 가지고 있는 위상을 반영하게 되며, 이 값은 한 도시에 생산자서비스기업의 지사 수가 많을수록, 그리고 특히 다른 세계도시로의 지사망이 더 넓게 확장되어 있고 많은 수의 지사가 분포하고 있을수록 더 높아지게 된다. 기업 간의 연계가 서로 맞물려 있다는 의미를 담아 이 방식은 인터로킹 네트워크(interlocking network) 모델이라고 부른다. 테일러의 연구가 발표된 이후로 이 모델은 세계도시의 계층체계를 규명하는 데에 있어 여러 연구에서 직접 또는 변용된 형태로 이용되면서 교과서적인 분석방법론으로자리 잡게 되었다. 세계화와 세계도시 연구네트워크(Globalization and World City Research Network)는 세계도시 계층체계에 대한 기존 연구가 개별도시 단위에서의 특성과 이들 간의 비교에만 집중하고 있음을 비판하며 관계적 관점에서 세계도시체계를 바라볼 필요가 있음을 전파하기 위한 목적으로 테일러가 1998년에 설립했으며 현재 세계도시 관련 연구뿐만 아니라 분석에 필요한 자료까지도 웹사이트에서 제공하는 개방형 연구교류 프로젝트다. 여기서는 매 2년마다 인터로킹 네트워크 방식의 분석을 통해 세계도시 계층체계를 발표하고 있으며 가장 최근의 계층체계는 〈표 5-5〉에

표 5-5 2018년 세계도시 계층체계

알파++	런던, 뉴욕				
알파+	홍콩, 베이징, 싱가포르, 상하이, 시드니, 파리, 두바이, 도쿄	베타+	호치민, 보스턴, 카이로, 함부르크, 뒤셀도르프, 텔아비브, 애틀랜타, 아테네, 도하, 리마, 방갈로르, 댈러스, 코펜하겐, 하노이, 퍼스, 청두, 부쿠레슈티, 오클랜드, 밴쿠버, 항저우	감마+	과테말라시티, 디트로이트, 라호르, 하라레, 콜롬보, 아크라, 리가, 하이데라바드, 애들레이드, 클리블랜드, 글래스고우, 무스카트, 과야킬, 오사카, 시안, 로테르담, 다르에스살람, 정저우, 푸네
알파	밀라노, 시카고, 모스크바, 토론토, 상파울로, 프랑크푸르트, 로스앤젤레스, 마드리드, 멕시코시티, 쿠알라룸푸르, 서울, 자카르타, 뭄바이, 마이애미, 브뤼셀, 타이베이, 광저우, 부에노스아이레스, 취리히, 바르샤바, 이스탄불, 방콕, 멜버른	베타	오슬로, 베를린, 첸나이, 브리즈번, 카사블랑카, 키예프, 리우데자네이루, 라고스, 몬테비데오, 아부다비, 톈진, 베이루트, 나이로비, 카라카스, 마나마, 소피아, 필라델피아, 카라치, 난징, 우한, 자그레브, 캘거리, 쿠웨이트시티, 덴버, 미니애폴리스, 케이프타운	감마	세인트루이스, 루사카, 샌디에이고, 산호세, 암만, 산토도밍고, 상트페테르부르크, 과달라하라, 포르투, 쿤밍, 캘커타, 바쿠, 테구시갈파, 트빌리시, 샬럿, 웰링턴, 오스틴, 투린, 아순시온, 앙카라, 아마다바드, 허페이, 알제, 이슬라마바드, 루안다, 라파스, 빌바오, 탬파, 벨파스트, 볼티모어, 빌뉴스, 브리스틀, 타이위안, 류블랴나, 탈린, 피닉스
알파-	암스테르담, 스톡홀름, 샌프란시스코, 뉴델리, 산티아고, 요하네스버그, 더블린, 비엔나, 몬트리올, 리스본, 바르셀로나, 룩셈부르크, 보고타, 마닐라, 워싱턴, 프라하, 뮌헨, 로마, 리야드, 부다페스트, 휴스턴, 선전	베타-	슈투트가르트, 튀니스, 제네바, 충칭, 알마티, 헬싱키, 파나마시티, 니코시아, 베오그라드, 시애틀, 수저우, 포트루이스, 몬테레이, 브라티슬라바, 맨체스터, 산호세, 다롄, 다카, 제다, 샤먼, 창사, 산살바도르, 키토, 산후안, 선양, 칭다오, 캄팔라, 버밍햄, 에든버러, 조지타운, 지난, 리용, 앤트워프, 발렌시아	감마-	마푸토, 쾰른, 포즈난, 프놈펜, 푸저우, 메데인, 브로츠와프, 더반, 오타와, 쿠리티바, 페낭, 낭트, 벨루오리존치, 새크라멘토, 샌안토니오, 내슈빌, 민스크, 조호르바루, 양곤, 티라나, 밀워키, 올랜도

출처: The World According to the GaWC(https://www.lboro.ac.uk/gawc/world2018t.html).

제시된 2018년의 것이다.

이 세계도시 계층표는 세계의 주요 도시를 알파급, 베타급, 감마급의 세계도시로 분류하고 다시 각 계층별로 +와 - 기호를 이용하여 세분화된 계층체계를 정리하고 있다. 비록 각 계층집단별 도시의 순서가 명시적으로 계층서열을 나타낸다고 하는 언급은 없지만 도시의 순서는 순위를 반영하는 결과로 보인다.

세계도시 계층체계에서 최상위권인 알파++계층에는 런던과 뉴욕이 자리 잡고 있다. 이들 두 도시는 세계도시체계에 대한 본격적인 논의가 시작된 1980년대 이래로 줄곳 세계도시체계의 중심에 위치해 왔다. 사센이 이들 두 도시와 함께 글로벌시티라 명명했던 도쿄는 현재는 알파+급, 그리고 그 집단 내에서도 낮은 위치를 차지하고 있다. 그에 비해 알파+급의 다른 도시 중 특히 눈에 띄는 두드러진 현상은 중국 또는 중화권 도시의 증가다. 직접적인 비교는 어렵지만 〈표 5-4〉의 1980년대 상황과 비교해 볼 때 이들 도시의 급부상은 상당히 큰 변화로 볼 수 있다. 보다 일반화해 본다면 1980년대에 반주변부에 해당하는 국가의 도시는 2차 도시이거나 주요한 세계도시에 포함되지 않았으나 2018년 현재의 결과에서는 중국 이외에도 신흥국의 도시가 계층의 상위권에 다수 분포하고 있다. 이에 비해 유럽의 주요도시는 과거와 비교할 때 많은 도시에서 계층하락을 관찰할 수 있다. 이러한 변화는 변화하는 세계경제환경 속에서 각각의 세계도시의 위상과 역할이 어떻게 변화해 왔는지를 반영해 주는 결과이며 아울러 이들 도시의 활동의 배경이 되는 소속국가의 경제적 여건과도 밀접하게 연결되어 있다. 중국을 포함하여 신흥국에 속한 세계도시의 순위상승은 이를 잘 보여주는 예다. 이러한 점에서 세계화와 세계도시의 등장에 따라 세계경제에서 국가의 역할이 과거에 비해 약화되긴 했지만 세계도시의 역할과 위상에서 여전히 영향력을 미치는 요인임은 분명하다.

(4) 세계도시론에 대한 비판

프리드먼과 사센을 통해 이론적 체계가 정립되고 테일러 등에 의해 정교화가 이루어진 세계도시체계에 대한 설명방식은 어떤 도시가 세계경제에서 중요한 역할을 수행하고 있고, 또 도시들 간에는 어떤 위계질서가 있는지를 명확하고 직관적인 방식으로 보여줄 수 있기 때문에 이후의 여러 연구들에 커다란 영향을 미쳐 왔다. 하지만, 한편으로 이와 같은 세계도시 설명방식은 한계를 가지고 있기도 하다.

세계도시론 비판론자들이 지적하는 한계들은 여러 가지가 있는데, 그 중 몇 가지 예를 들면, 첫째, 세계도시개념은 현재의 상황을 보여주는 잣대일 뿐이지 분석적 도구는 아니라는 것이다. 세계도시 계층체계에 대한 분석 등을 통해 현황이 어떤지를 확인할 수는 있지만, 왜 그런 상황이 나타나는지, 어떤 과정을 통해 그런 결과가 나오는지에 대한 것을 알 수는 없다. 둘째, 세계도시 설명방식은 다분히 경제결정론적이다. 세계화의 과정 속에서 경제부문이 중요한 역할을 하긴 하지만 이외에도 정치, 사회, 문화 등 여러 가지 부문들도 나름의 영향력을 행사하고 있다고 볼 때 경제 부문만의 설명방식은 현상에 대한 종합적인 이해를 추구하는데 한계가 될 수 있다. 셋째, 세계도시론이 제시하는 결과는 도시간의 경쟁을 부추김으로써 도시들을 동질화시킬 우려가 있다. 세계도시 계층체계에서 상위에 위치한 도시들이 일종의 역할모델이 되면서 그러한 지위에 도달하기 위한 도시간의 경쟁이 심화되고 그 과정에서 상위도시들이 보유하고 있는 여러 가지 자산들과 인프라들을 모방해가는 도시정책들이 전개되며 그 결과로 도시와 도시경관이 획일화되어가는 상황이 이어질 수 있다. 넷째, 세계도시론과 같은 거대담론은 여러 도시들에서 매우 일반화된 변화의 과정이 진행될 것임을 가정함으로써, 다양성과 대안적인 성장모형의 가능성을 무시하게 될 우려가 있다. 이럴 경우 지리학에서 특히 중요하게 고려하는 지역 고유의 맥락(역사, 경제상태, 사회구조 등)과 장소성에 대한 부분이 고려되지 못할 가능성이 높아진다. 다섯째, 세계도시연구들은 세계도시 네트워크상에서 가장 중요한 도시들에만 관심을 두기 때문에 그 외의 도시들에 대한 부분은 소홀히 다루게 된다. 그러나, 세계 인구구성으로 볼 때 압도적으로 많은 비중의 사람들은 그 외의 도시들에 거주하고 있고, 더 나아가 정말 정책적 학술적 지원이 필요한 도시는 잘 나가는 도시가 아니라 쇠퇴해가는 도시라는 점에서 보다 폭넓은 관점이 필요하다. 마지막 여섯째로, 세계도시론은 국가의 역할을 과소평가할 수 있다. 경제의 세계화 과정을 거치면서 국가의 역할이 상대적으로 줄어든 것은 사실이나 세계도시체계에서 중요한 역할을 하는 주요 도시들을 살펴보면 국가의 경제력이 이들과 밀접한 상관관계를 가지고 있음을 볼 수 있다는 점에서, 그 역할이 소멸되어 가기 보다는 국가는 세계경제공간에서 도시와 상호작용을 주고받는 행위자로 여전히 남아 있음을 볼 수 있다.

아마도 이러한 다양한 비판의 핵심적인 부분들이 잘 정리되어 있는 연구가 로빈슨(J. Robinson)의 『보통 도시: 모더니티와 발전』(Ordinary Cities: Between Modernity and Development)(Robinson, 2006)일 것이다. 저자는 세계도시패러다임에 대한 비판에 동의하면서, 모든 도시들이 도전과 장애뿐만 아니라 혁신적 그리고 역동적 측면을 가지고 있는 장소라고 주장한다. 로빈슨은 제목에 상징적으로 쓰인 "보통 도시"라는 단어를 통해 모든 도시를 평범한 보통의 도시로 바라보고, 이를 통해 혁신-모방이라는 장소적 이분법을 깨며, 발전이 더딘 세계의 장소들에 대한 세계도시들의 식민지적 사고방식을 차단하고자 한다. 결국, 도시들 간의 차이는 비교할 수 없는 어떤 것들에 대한 계층적 서열화가 아니라 다양성의 측면에서 이해되어야 하며, 실천적인 차원에서 모든 도시들은 다른 도시들과의 권력 관계 속에서 어떤 지위를 차지하고 있는지에 관계없이 그들만의 고유한 미래를 만들어 나갈 권리를 가지고 있다는 신념을 가져야 한다는 것이 주장의 핵심이다.

읽을 거리 5-2 세계도시 중의 세계도시 런던

세계도시의 계층체계를 분석하는 여러 연구에서 런던은 뉴욕과 함께 언제나 순위의 최정점에 위치해 왔다. 세계화와 세계도시 연구 네트워크가 수행한 세계도시 계층체계 분석연구에서 런던은 2000년 이래로 가장 최근 분석이 수행된 2018년에 이르기까지 줄곧 1위의 자리를 놓치지 않고 있다.

런던의 세계도시 계층성과 세계도시 네트워크에서의 위상이 높은 이유는 이 도시에 고차생산자서비스 기능이 집중하면서 특화를 나타내고 있기 때문이다. 런던은 유럽의 금융 중심지이자 뉴욕과 함께 범세계적 경제를 조정하고 통제할 능력을 가진 최고차 중심지다.

뉴욕 내에서 고차의 생산자서비스가 대부분 맨해튼 지구에 집중되어 있듯이 런던 내에서 고차생산자서비스 또한 중심부의 몇몇 지역에 집중적으로 분포하고 있다. [그림 5-14]에 제시된 런던 대도시권 지도는 생산자서비스 부문에 포함되는 핵심기능인 은행,

그림 5-14 **런던시와 주변지역**

출처: Atlas of Economic Clusters in London (https://www.lboro.ac.uk/gawc/visual/lonatlas.html).

보험, 보조금융, 부동산, 법률, 회계, 관리 컨설팅, 건축/공학, 광고, 채용, 사업지원 등에 속하는 업체의 집적이 이루어지고 있는 지점을 보여주고 있는데 이들은 런던 대도시권 내에서도 예외 없이 런던 시 내이거나 런던 시에 인접한 서쪽의 지구에 모두 집적되어 있어서 생산자서비스업의 강한 공간적 집중성을 보여주고 있다.

이러한 생산자서비스의 경제공간을 가장 잘 보여주는 런던의 지구는 도크랜드([그림 5-15])라고 불리는 금융집적지구다. 도크랜드는 과거 런던의 주요한 항만지역으로 수출입용 화물이 선적되고 하역되던 대표적인 부두지구였으나 산업구조의 변화에 따라 물류 기능이 점차로 쇠퇴하면서 1980년대 이래로 20여년에 걸친 재개발 과정을 거쳐 현재와 같은 금융과 고급거주지의 집적지로 재탄생했다.

비록 런던의 몇몇 제한된 지구에 고차생산자서비스 기능이 집중분포하고 있기는 하지만 세계도시로서 런던의 경제적 기능은 런던시 안으로만 국한된 것은 아니다. 런던이 위치하고 있는 영국 남동부 지역은 매우 밀접하게 상호 연계되어 있는 사업서비스 네트워크로 묶여 있는 다중심 메가시티 리전(polycentric mega city region)으로, 런던 시 내의 여러 가지 사업서비스 기능은 이 지역 내에 위치한 다양한 상호보완적인 소규모 사업서비스 집적지와 유기적으로 연결되어 있다(손정렬 외, 2019). 한 연구에 의하면 런던은 이

그림 5-15 **도크랜드**

출처: 저자 촬영.

와 같은 방식으로 남동부 지역의 케임브리지, 밀턴킨스, 세인트알반스, 스윈던, 레딩, 크롤리/게트윅, 사우샘프턴, 본머스 등과 밀접한 연계를 형성하고 있다(Pain, 2006).

이와 같이 런던은 세계도시 계층체계와 네트워크가 논의되어 온 지난 3~40여 년간 뉴욕과 함께 금융기능의 특화를 바탕으로 세계최고차 중심지로서의 위상을 유지하여 왔으나, 최근 이슈가 되고 있는 브렉시트가 어떤 방향으로 결정되어 전개될 지에 따라 새로운 도전에 직면할 가능성이 있다. 네트워크상의 흐름이 중요하게 고려되는 세계도시 계층구조에서 유럽연합과의 단절 또는 연계약화로 인해 금융의 흐름이 제한된다면 더 이상 런던이 세계도시 네트워크상에서 가장 결절성이 높은 도시 중 하나가 되지 않을 수도 있기 때문이다.

6. 네트워크 관점에서의 도시체계

1990년대 관계적 관점에 대한 관심이 증가하면서 카스텔은 그의 저서에서 네트워크 사회의 도래를 언급하게 된다. 네트워크 사회 이전의 공간은 장소의 공간(space of places)으로 구성되었지만 네트워크 사회에서의 공간은 흐름의 공간(space of flows)이다(Castells, 1996). 5절의 세계도시 계층체계에 대한 연구방법의 흐름에서도 최근으로 오면서 네트워크적 관점에서의 분석이 전면에 나선 것처럼, 도시체계 일반을 바라보는 관점 또한 네트워크적 관점으로 확장되고 있다. 그 대표적인 예가 바로 네트워크 도시모델이다.

(1) 네트워크도시의 형성

네트워크도시모델은 데이비드 배튼(David Batten, 1995)의 연구에서 처음 소개되었는데 이때 대표적인 사례도시권으로 언급된 곳이 네덜란드의 란트스타트였다. 세계도시 네트워크 속에서 도시 간의 경쟁은 더욱 치열해지며 이러한 경쟁 속에서 성공적으로 최상위권의 위상을 유지해 나가는 도시는 보통 압도적인 경제력을 보유하면서 세계경제에 대한 영향력이 매우 높은 도시로, 뉴욕이나 런던 등과 같이 서구 선진국의 거대도시가 그 전형이다. 그러한 점에서 란트스타트는 매우 예외적인 사례다. 란트스타트는 네덜란드의 수도권으로 이 권역 내에 암스테르담, 로테르담, 위트레흐트, 헤이그 등의 주요 도시가 있다([그림 5-16]). 개별 도시로 보면 인구가 가장 많은 암스테르담의 경우도 인구가 1백만이 채 안되며 경제적 역량 또한 유수의 세계도시와 경쟁할만한 정도로 보이지는 않는다. 그런데 이들 개별 도시는 각각이 독립적으로 움직이는 것이 아니라 각자가 가진 고유성을 자산삼아 서로 간에 상호보완적이고 유기적인 연계를 이루면서 세계도시 네트워크 속에서 마치 하나의 도시인양 역할을 수행해 나가고 있다. 이는 매우 흥미로운 현상인데, 규모가 작고 경제적 역량이 상대적으로 강하지 않은 도시의 경우에도 네트워크도시의 작동방식을 잘 활용한다면 훨씬 더 규모가 크고 경제적 역량도 높은 도시와의 경쟁에서도 선전을 해 나갈 수 있는 가능성을 제시해 주기 때문이다.

네트워크 도시는 도시 네트워크의 특수한 형태라고 할 수 있다(손정렬, 2011). 도시 간에 형성되는 도시 네트워크를 통해 네트워크에 포함되는 도시는 경제적 혜택을 얻게 되며 이를 네트워크 경제효과라고 부른다. 이는 지리적으로 인접한 장소로 입지함으로써 얻어지는 집적경제효과와 유사한 경제적 혜택이지만, 집적경

그림 5-16 네덜란드의 란트스타트

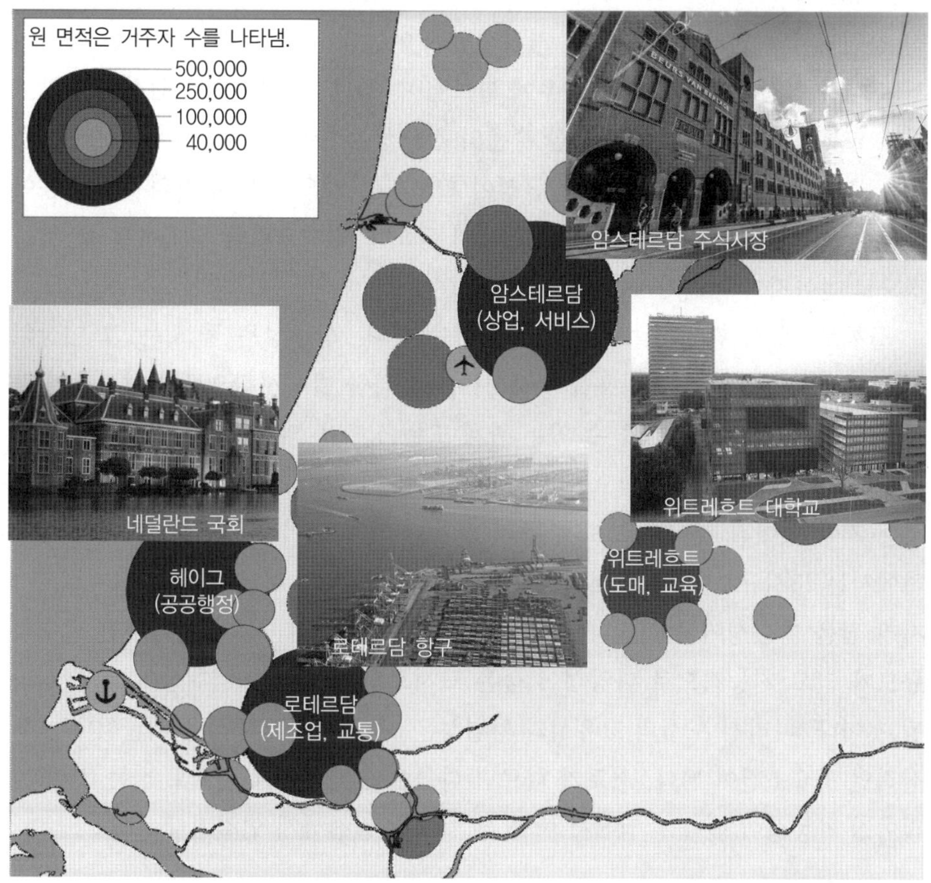

출처: 위키피디아의 지도와 사진을 이용하여 저자가 편집.

제효과와는 다르게 네트워크경제에서는 지리적 인접성보다는 네트워크상에서의 연결성이 경제효과의 중요한 배경이 된다. 도시 네트워크가 지리적 또는 공간적 제한성을 가지지 않는데 비해 네트워크도시는 공간적으로 일정한 영역, 보통은 일일도시생활권 규모의 대도시권 정도로 영역이 제한된다. 즉, 네트워크도시는 일정한 공간적 영역 내에 도시가 모여 있음으로 해서 전통적인 의미의 도시권의 집적경제의 효과를 누릴 수 있는 동시에 권역 내 도시 간의 유기적인 연계를 통해 네트워크경제를 함께 향유할 수 있는 도시의 공간조직방식이라고 할 수 있다.

네트워크도시가 제대로 작동하기 위해서는 두 가지의 여건이 갖추어져야 한다(손정렬, 2015). 첫째로, 도시 사이에 원활한 접근성이 확보되어야 한다. 지리적 차원에서의 원활한 접근성은 지리적으로 이동에 커다란 제약이 없는 공간에서 도시가 인접하여 입지하는 경우에 확보될 수 있다. 지리적으로 인접하지 않더라도 교통기술을 이용하여 충분한 수준의 접근성이 확보될 수 있다면 이 또한 요건을 충족한다. 원활한 수준의 접근성이 확보되지 않으면 도시 간의 상호작용이 물리적으로 어려워지고 이에 따라 연계의 강도도 경제효과를 발생시킬 수 있을 정도로 높아지기 어렵기 때문이다.

둘째로, 도시 간에 상보성이 형성되어야 한다. 상보성은 둘 또는 그 이상의 서로 다른 대상들이 상호작용을 통해 시너지효과를 발생시킴으로써 서로간에 자질을 향상 또는 부각시켜줄 수 있는 관계 또는 상황을 의미한다. 만약 도시가 모두 기능적으로 또는 경제적으로 유사한 성격을 가지고 있다면 서로 간에 필요로 하는 것이 없어질 것이므로 도시 간의 교류는 거의 없어질 것이다. 이러한 상황 하에서는 도시규모에 따른 서열정리, 즉 중심지이론에 따른 공간적 위계질서가 자리 잡을 가능성이 높아진다. 이 경우 첫째 조건인 접근성이 강화되면 될수록 규모가 크고 기능적으로 다양성이 높은 도시로의 일방적 쏠림현상이 더욱 심화될 것이다. 따라서 도시의 고유성과 차별성은 도시 간의 상보성을 이끌어내는 핵심적인 필요조건이 된다. 서로가 다르면 다를수록 서로에게 필요로 하는 것이 더 많아질 가능성이 높다는 점에서 이들 두 가지는 밀접하게 연결된다.

(2) 중심지모델과 네트워크도시모델

네트워크도시모델은 여러 가지 면에서 중심지모델과는 대척점에 위치하고 있다. 배튼이 네트워크도시에 대한 시론적 연구를 수행하면서 제시한 두 모델 간 비교표(〈표 5-6〉)를 보면 그 차이가 보다 분명하게 대비된다.

〈표 5-6〉이 제시하는 항목 중 도시지리학적인 함의가 두드러진 비교항목을 중심으로 살펴보면 다음과 같다. 중심지모델에서는 시장규모 등 도시의 경제적 역량을 반영하는 중심성이 중요한 반면, 네트워크도시모델에서는 네트워크상에서 연계의 강도를 반영하는 결절성이 중요하다. 중심지모델의 경우 규모에 따라

표 5-6 중심지모델과 네트워크도시모델 간의 비교

중심지모델	네트워크도시모델
중심성	결절성
규모 의존성	규모중립성
종주성과 종속성	유연성과 상보성
동질적 상품과 서비스	이질적 상품과 서비스
수직적 접근성	수평적 접근성
일방향 흐름	양방향 흐름
운송비용	정보비용
공간상 완전경쟁	가격차별화를 통한 불완전경쟁

출처: Batten(1995, 320).

도시의 중요도가 달라지는 반면, 네트워크도시모델에서 도시규모 자체는 중요한 의미를 가지지 않으며 소도시의 경우에도 중요한 역할을 수행할 수 있다. 이러한 차이에 따라, 중심지모델에서는 도시 간에 그 서열에 따라 작은 도시가 큰 도시에 종속되는 종주성과 종속성을 보이게 되나, 네트워크도시모델에서는 도시의 규모와 관계없이 서로 다른 도시 간에 유연성과 상보성이 형성되게 된다. 중심지모델에서는 큰 도시와 작은 도시 간의 연계, 즉, 수직적인 접근성만이 있으나 네트워크도시모델에서는 같은 계층에 속한 도시이더라도 서로 간에 상보성이 형성된다면 연계가 이루어지는 수평적 접근성 또한 가능하다. 유사한 측면에서 중심지모델에서는 의존성의 연계가 작은 도시로부터 큰 도시로 일방적으로 흐르는데 비해서 네트워크도시모델에서는 상보성의 형성방식에 따라 큰 도시로부터 작은 도시로의 의존성의 연계도 가능하므로 양방향의 흐름이 발생할 수 있다.

(3) 네트워크도시의 공간구조

네트워크도시의 공간구조는 다중심적이다. 중심지모델에서 하나의 고차중심지를 중심으로 저차의 중심지가 주변으로 전개되는 단일중심형 방식과 다르게 네트워크도시모델에서는 같은 계층의 고차중심지 여러 개가 공간상에서 인접하여 입지하면서 주변으로 저차중심지를 거느리고 있고 이들 고차중심지 간에도 상호작용이 발생하게 된다(Baten, 1995). [그림 5-17]은 중심지모델과 네트워크

그림 5-17 **네트워크도시모델에서 도시 간 연계의 유형**

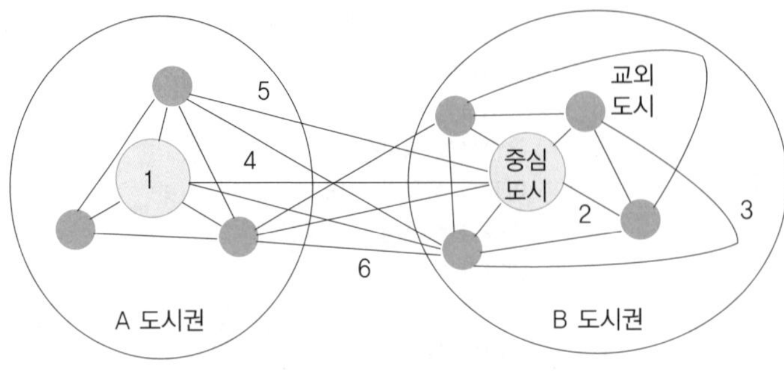

도시의 상호의존성 유형

동일도시 내
1. 결절 내

동일도시권 내
2. 중심-주변형
3. 교차형

도시권 간
4. 중심도시 간
5. 중심-주변형
6. 교차형

출처: van Oort *et al.*(2010, 738)(허우긍 외(2015, 246)에서 재인용).

도시모델 간의 차이를 보다 분명하게 보여준다.

[그림 5-17]에서는 모두 6가지 서로 다른 유형의 도시 간 연계가 제시되어 있다. 유형 1은 한 도시 안에서의 내부적 연계를 나타내고 있다. 실제로 도시 간 이루어지는 연계는 유형 2에서부터 6까지인데 이 중 한 도시권 내에서 고차계층의 중심도시와 저차계층의 주변도시 간에 형성되는 유형 2만이 중심지모델에서 나타나는 연계유형이며 나머지는 모두 네트워크도시유형에서 볼 수 있는 도시 간 연계유형이다. 유형 3은 동일 도시권 내에서 같은 계층에 있는 도시 간에도 상호작용이 있을 수 있음을 보여준다. 유형 4에서 6은 인접한 서로 다른 도시권에 속한 도시 간의 교류유형으로 중심도시 간(유형 4)과 주변도시 간(유형 6) 뿐만 아니라 한 도시권의 주변도시가 다른 도시권의 중심도시와도 연계(유형 5)가 형성될 수 있음을 보여주고 있다. 결국 네트워크도시모델은 점점 더 복잡해지는 현대의 도시체계에서 나타나는 다양한 방식의 연계를 잘 담아낼 수 있다는 점에서 보다 유연한 모델이라고 볼 수 있다.

(4) 네트워크도시모델과 도시체계의 미래

네트워크도시모델이 많은 곳에서 각광을 받고 있는 데에는 두 가지의 배경을 생각해볼 수 있다. 첫째, 경험적 분석에 비추어 보면 네트워크도시가 중심지형 도시에 비해 도시의 성장률이 더 빠르다는 점이다(Batten, 1995). 대부분의 도시에서 이루어지는 도시정책이나 전략 등은 도시를 성장시키고 또 그러한 성장이 지속가능하게 하고자 하는 지향점을 가지고 있다. 그런 전제 하에 네트워크도시의 평균적인 성장속도가 중심지형 도시의 성장속도보다 더 빠르다면 스스로를 네트워크형 도시로 특성화해 나가는 것이 합리적인 방향성이 될 수 있다. 둘째, 네트워크도시는 중심지모델에 의해 고착화된 기존의 위계적인 계층성을 벗어나 작은 도시도 나름의 고유한 역할과 기능을 통해 큰 도시로의 영향력을 키워나가면서 수평적 관계를 형성할 수 있는 가능성을 제시해주며, 더 나아가 이들 도시가 상대적으로 빠른 성장속도를 바탕으로 큰 도시로 성장해 나갈 수 있게 해 준다. 이런 점에서 현재 강한 계층성을 가지는 여러 국가의 도시체계에서 나타나는 공통적인 문제인 도시 간 불균등성을 해소할 수 있는 도시 정책적 대안이 될 수도 있다.

교통과 정보통신기술의 발전에 따라 거리의 제약이 줄어들게 되는 여건 하에서 경제의 세계화의 영향으로 범지구적 연계의 강도가 증가하면서 관계적 측면에서 도시의 공간조직과 계층체계를 이해하려는 시도가 점점 더 설득력을 얻어가고 있으며 그에 따라 현실세계에 대한 네트워크도시모델의 설명력이 높아져 가는 것이 사실이다. 그러나 물리적 실체로서의 도시는 공간적 관성이 존재하기 때문에 과거로부터 이루어져 온 중심지 체계적 유산이 어느 날 갑자기 소멸될 것으로 기대하기는 어렵다. 더 나아가 과거로부터 이어져오는 도시공간에서의 경제적 사회적 관행도 나름의 합리성을 바탕으로 오랜 시간에 걸쳐 정착된 것이기 때문에 짧은 시간에 없어지기는 어렵다. 그러한 점에서 21세기 도시체계는 중심지모델과 네트워크도시모델이 설명하고자 하는 특성, 또는 특성의 단면을 동시에 담고 있으며(Thompson, 2003), 아마도 한동안은 두 가지 특성이 혼재된 채로 유지될 것이다.

참 고 문 헌

박경환, 2006, "관문도시의 이론적 기초를 통해 본 인천의 발전 방향," 동아시아 관문도시 인천, 인천발전연구원 편, 53-83.

손정렬, 2011, "새로운 도시성장 모델로서의 네트워크 도시: 형성과정, 공간구조, 관리 및 성장전망에 대한 연구동향," 대한지리학회지, 46(2), 181-196.

______, 2015, "영남권 도시들 간의 상보성 측정에 관한 연구: 네트워크 도시 접근," 한국지역지리학회지, 21(1), 21-38.

손정렬 · 박경환 · 지상현 역, 2019, 도시 아틀라스, 푸른길(Knox, P. (ed.), 2014, *Atlas of Cities*, Princeton University Press, Princeton, NJ.).

안영진 · 박영한 역, 2008, 중심지이론: 남부독일의 중심지, 나남(Christaller, W., 1933, *Die zentralen Orte in Süddeutschland: Eine ökonomisch-geographische Untersuchung über die Gesetzmässigkeit der Verbreitung und Entwicklung der Siedlungen mit städtischen Funktionen*, Gustav Fischer, Jena).

유환종, 2012, "세계화와 세계도시", 도시의 이해, 권용우 · 손정렬 · 이재준 · 김세용 편, 박영사, 399-429.

이번송 · 홍성효 · 김석영 역, 2015, 오설리반의 도시경제학, 박영사(O'Sullivan, A., 2012, *Urban Economics (8th edition)*, McGraw-Hill Irwin, New York, NY).

허우긍, 2018, 교통의 지리, 푸른길.

허우긍 · 손정렬 · 박배균, 2015, 네트워크의 지리학, 푸른길.

Batten, D. F., 1995, Network cities: Creative urban agglomerations for the 21st-century, *Urban Studies*, 32(2), 313-327.

Beaverstock, J. V., Smith, R. G., and Taylor, P. J., 2000, World-city network: A new metageography?, *Annals of the Association of American Geographers*, 90(1), 123-134.

Burghardt, A. F., 1971, A hypothesis about gateway cities, *Annals of the Association of American Geographers*, 61, 269-285.

Castells, M., 1996, *The Rise of the Network Society*, Blackwell, Oxford.

Clark, D., 1982, *Urban Geography*, Croom Helm, London.

Friedmann, J., 1986, The world city hypothesis, *Development and Change*, 17, 69-83.

Godfrey, B. J, 1999, The geography of James E. Vance Jr. (1925-1999), *Geographical Review*, 89(4), 580-589.

Isard, W., 1956, *Location and Space-Economy: A General Theory Relating to Industrial Location, Market Area, Land Use, Trade, and Urban Structure*, M.I.T. Press, Cambridge, MA.

Lösch, A., 1954, *The Economics of Location*, Yale University Press, New Haven, CT.

Marshall, J. U., 1989, *The Structure of Urban Systems*, University of Toronto Press, Toronto.

McDonald, J. F., 1997, *Fundamentals of Urban Economics*, Prentice Hall, Upper Saddle River, NJ.

McKenzie, R. D., 1933, *The Metropolitan Community*, Russell & Russell, New York.

Noyelle, T. and Stanback, J., 1983, *The Economic Transformation of American Cities*, Rowman & Allenheld, Totowa, NJ.

Pacione, M., 2005, *Urban Geography: A Global Perspective (2nd ed.)*, Routledge, London.

Pain, K., 2006, Policy challenges of functional polycentricity in a global mega-city region: South East England, *Built Environment*, 32(2), 194-205.

Rimmer, P. J., 1977, A conceptual framework for examining urban and regional transport needs in South-East Asia, *Pacific Viewpoint*, 18, 133-148.

Robinson, J., 2006, *Ordinary Cities: Between Modernity and Development*, Routledge, London.

Sassen, S., 1991, *The Global City*, Princeton University Press, Princeton, NJ.

Taaffe, E. J., Morrill, R. L. and Gould, P. R., 1963, Transport expansion in underdeveloped countries: A comparative analysis, *Geographical Review*, 53(4), 503-529.

Taaffe, E. J., Gauthier, H. L., and O'Kelly, M. E., 1996, *Geography of Transportation (2nd ed.)*, Prentice-Hall, Upper Saddle River, NJ.

Taylor, P. J., 2001, Specification of the world city network, *Geographical Analysis*, 33(2), 181-194.

Thompson, G., 2003, *Between Hierarchies and Markets: The Logic and Limitations of Network Forms of Organization*, Oxford University Press, Oxford.

Ullman, E. L., 1957, *American Commodity Flow: A Geographical Interpretation of*

Rail and Water Traffic Based on Principles of Spatial Interchange, University of Washington Press, Seattle.

Vance, J. E., 1970, *The Merchant's World: The Geography of Wholesaling*, Prentice Hall, Englewood Cliffs, NJ.

Van Oort, F., Burger, M. and Raspe, O., 2010, On the economic foundation of the urban network paradigm: Spatial Integration, functional integration and economic complementarities within the Dutch Randstad, *Urban Studies*, 47(4), 725-748.

Zipf, G. K., 1949, *Human Behavior and the Principle of Least Effort*, Addison-Wesley Press, Cambridge, MA.

추 천 문 헌

권규상, 2016, "도시 네트워크의 규범적 개념화에 대한 비판적 검토," 한국도시지리학회지, 19(2), 263-282.

김수정 · 이영민, 2015, "환태평양시대의 멕시코 항만체계와 관문도시의 변화 특성 연구: 만사니요(Manzanillo) 시를 중심으로," 한국도시지리학회지, 18(1), 13-29.

남영우 · 성은영, 2001, "요인분석과 군집분석에 의한 세계도시의 유형화," 한국도시지리학회지, 4(1), 1-12.

손재선, 2006, "주요 글로벌 신문으로 본 세계도시의 특성과 유형화," 한국도시지리학회지, 9(2), 101-111.

손정렬, 2010, "낙후지역 도시들의 성장과 발전에 필요한 요인들에 대한 분석: 한국 낙후지역의 전략도시들을 사례로," 한국도시지리학회지, 13(1), 31-47.

이정순 · 주경식, 2006, "우리나라 항만체계 발달 과정," 한국도시지리학회지, 9(2), 89-100.

이현욱, 2017, "한국의 경제발전에 따른 도시순위규모분포의 변화: 1995~2015년," 한국도시지리학회지, 20(2), 45-57.

이호상, 2008, "도시 간 국제적 상호작용에 따른 글로벌네트워크의 연결구조분석," 한국도시지리학회지, 11(2), 91-102.

전경숙, 2006, "전라남도의 정기시 구조와 지역 발전에 관한 연구," 한국도시지리학회지, 9(1), 113-126.

최재헌, 2010, "한국 도시 성장의 변동성 분석," 한국도시지리학회지, 13(2), 89-102.

| 제 6 장 |

도시 주거와 도시재생

– 류연택 –

1. 도시 내부 공간구조 및 주택
2. 거주지 분리
3. 주택시장 및 하위주택시장
4. 주거 이동성
5. 사회적 게이트키퍼로서의 부동산 에이전트 및 주택금융 관리자
6. 젠트리피케이션
7. 도시재생

| 제 6 장 |

도시 주거와 도시재생

1. 도시 내부 공간구조 및 주택

거주 지역에 대한 도시사회지리학적 관심의 초점은 일반적으로 도시공간구조에서의 거주지 분화 현상, 이주, 거주지역의 성격 등에 두어져 왔다. 도시공간구조와 관련 프로세스에 대한 이해와 분석은 지리학, 특히 도시 및 사회지리학의 주요 주제들 중 하나다. 도시내부구조를 형성하는 제 요소들은 상호 기능적으로 연계되며 공간적으로 하나의 도시를 구성하게 되어 도시형태(urban morphology)로 표출된다. 그렇다면 도시형태 또는 도시내부구조를 구성하게 되는 기능적 부분은 어떻게 유형화될 수 있는가? 그러한 기능적 요소들을 개괄적으로 그리고 공간적으로 범주화해 보면 거주기능 공간, 상업기능 공간(사무 및 서비스 기능 관련 공간을 포함), 공업기능 공간 등으로 구분할 수가 있을 것이다. 이 중에서 거주기능 위주의 공간, 즉 거주지 공간구조에 대한 분석은 도시내부구조를 이해하는 데 필수적이라고 할 수 있다. 거주지 구조는 주택에 매개되는 제 요인과 과정의 결과로서 나타나며, 이는 도시 내부 공간구조 형성의 주요 부문이다. 주택 및 거주지 구조에 대한 논의는 초기의 시카고학파의 생태적 접근 이후 계속 이루어져 왔으며, 이제는 도시내부구조 형성 및 변화에 있어 주택 및 거주지 구조는 매우 중요한 분석 대상이 되었다.

주택의 가장 기본적인 의미는 바로 거주 단위로서 그리고 삶을 위한 장소일 것이다. 더 나아가 주택은 내구재이며 필수적 소비재로서 주택 소비(수요)자의 지위와 소득수준을 간접적으로 나타내는 지표다. 그리고 주택연구를 통해 도시 내 사회적 관계를 파악할 수 있으며, 주택은 거주지 구조의 중요한 단면으로서 다양한 권력집단 간 갈등의 대상 및 원천이다. 그리고 주택의 생산 · 소비 · 교환에 참여하는 조직과 에이전트(agent)의 이윤 창출의 원천으로서의 특성을 지닌다. 이러한 주택과 관련된 매우 복잡한 사회적 · 공간적 현상 및 메커니즘의 특성으로 인해 주택연구는 어렵고 매우 포괄적인 성격을 지니게 되는 것이다.

거주지 분화 및 분리 현상과 맞물려 논의되는 주택과 도시 내부 공간구조에 대한 지금까지의 연구들은, 공간관계와 사회관계 그리고 공간구조와 사회적 과정들에 대한 인식 틀 및 설명 틀과 무관하지 않다. 프로세스의 결과로서 나타나는 공간구조와 그 이면으로서의 사회적 관계라는 양자의 연속성 상에서 주로 어디에 초점을 두느냐 하는 것은 결코 분절된 모습이 아니다. 케이스 바셋과 존 쇼트(Keith Bassett & John Short, 1980)는 주택과 거주지 구조에 대한 대표적인 접근방법들을 구분하였는데, 이와 같은 주택 및 도시 내부 공간구조에 대한 접근의 분류는 일반적으로 수용되고 있으며 각각의 접근방법마다 특색이 있다.

시카고학파를 그 기원으로 하는 생태적 접근에서는 생태학적 개념을 도시모형에 적용시켜 도시를 독립된 실체로서의 자기 조절적 체제로 파악하며 거주지 구조와 거주지 분화의 공간적 패턴에 초점을 둔다. 신고전적 접근에서는 경제학에서의 효용 개념을 빌어 도시 내부 공간구조의 형성을 설명하고자 주택시장에서 개별 수요자 측면에서의 효용극대화를 분석하려 했다. 즉, 개별 가구의 선호와 주택수요 측면을 강조하면서 개별 가구의 효용극대화라는 가정 하에서 신고전경제학을 바탕으로 도시구조를 설명하고자 했다.

사회집단 간 갈등 및 자본과 노동 간 갈등이 표출되어 주택 및 도시 내부 공간구조에 대한 기존의 접근 방법론에 문제를 제기하면서, 생태적 접근과 신고전적 접근의 성격과는 다르게 주택 및 도시 내부 공간구조를 분석하려는 접근이 바로 제도적 접근과 마르크스주의적 접근이다. 제도적 접근에서는 주택 공급과 수요 프로세스에 관여하는 에이전트와 도시관리자(urban manager)의 주택에 대한 역할을 중시하였으며, 개별 가구에 대한 주택제약의 성격과 권력집단 간의 갈등에 초점을 두었다. 즉, 권력과 갈등을 둘러싼 토지 및 주택시장의 제도적 구조에 관심을 둔 것이다. 마르크스주의적 접근에서는 상품생산체계 내에서의 상품으로서의 주택과 노동력 재생산의 기초 또는 필수적 요소로서의 주택의 역할을 중시하였다.

도시의 주택 및 도시 내부 공간구조에 관한 전통적 논의로서의 생태적 접근은, 결과로서의 공간조직 또는 형태의 창출 및 변화에 관심을 표명함으로써 상대적으로 이면의 과정, 구조, 제약 등을 중시하지 못했다.

생물학적 유추에서 비롯된 생태적 접근은 도시를 자기조절적인 생물체로 간주하고, 생태학의 기본 개념들인 경쟁, 침입, 천이 등을 도시에 적용하면서 성립하였으며, 각기 특성을 지닌 사회집단들이 도시의 어디에 입지하는가와 그러한 지역의 상태는 어떠한가가 주요한 관심 대상이었다.

생태적 접근에 해당하는 연구들의 대부분은 보통 하나의 도시를 분석 대상으로 한 반면, 작은 스케일에서의 도시지역을 세부적으로 연구하지 못한 경향이 있다. 그래서 도시 내부 공간을 형성하는 주택 생산, 소비, 교환이 이루어지는 주택시장과 관련 프로세스를 간과함으로써 도시 내부 공간 표출의 형태에 논의가 한정되어 있다는 단점을 지니고 있다. 즉, 도시 내부 공간구조를 형성시키고 변화시키는 동인으로서의 주택시장 메커니즘을 분석하지 못했다고 볼 수 있다.

바셋과 쇼트(1980)는 생태학적 모델이 일반적인 사회의 본질과 주택시장의 구조, 그리고 도시 내의 공간적 배치 간의 관계를 설명하지 못한다고 주장하면서, 생태적 접근 방법이 주택시장구조에 대해서 설명을 하지 못함에 따라 거주지 분화 패턴을 충분히 설명하지 못한다고 비판하고 있다. 주택 및 도시 내부 공간구조에 대한 생태적 접근은 거주지 구조의 공간적 형태를 보여주는 반면에, 그러한 형태를 형성 및 변화시킨 사회구조적 과정을 심층적으로 분석하지 못한다는 비판을 받게 된 것이다. 생태적 접근은 사회집단들이 어떤 장소에 입지하게 된 이유와 과정에 대해 충분히 설명하지 못했다는 문제점을 노정하고 있으며, 이의 해결을 위해서는 주택시장을 고찰해 볼 필요가 있다. 그 이유는 거주공간이 주택 공급 및 배분 그리고 주택수요패턴의 상호 작용을 통해 형성되기 때문이다.

주택 및 도시 내부 공간구조에 관한 행태적 접근 방법은 이주 시 개별 가구의 의사결정 과정, 즉 가구행태의 분석에 초점을 두어, 로렌스 브라운과 에릭 무어(Lawrence Brown & Eric Moore, 1970)를 비롯한 주거이동성(residential mobility)에 관한 수많은 연구들이 행해졌다. 행태적 접근은 개별 가구의 지율성을 바탕으로 한 거주지 입지 선택에 초점을 맞춤으로써 사회구조가 가구에게 부과하는 구조적 제약의 측면을 간과하였다는 문제점을 내포하고 있다.

이상에서 논의한 생태적, 행태적 접근 방법과는 다르게 공간 표출의 원인이 되는 이면의 프로세스에 연구의 초점을 돌리기 시작한 것이 바로 주택 및 도시 내부 공간구조에 관한 제도적 접근 방법이다. '주택시장에는 완전 경쟁이 존재한다'라는 이전의 기본 가정에서 탈피하여 제도적 접근은 개별 가구에게 부과되는 주택제약의 측면, 그리고 갈등과 관련된 주택계층(housing class) 및 주택시장에 개입하는 에이전트 또는 도시 관리자의 영향력을 중시한 것이 특징적이다. 즉, 주택시장 내에서의 입지적 갈등과 이로 인한 갈등의 공간적 반영 그리고 도시 관리자의 역할을 중요한 주제로 다루었다. 이와 같이 균형과 자기조절을 특징으로 하는 이전의 도시에 대한 관점과는 다르게 권력과 갈등이 일어나면서 도시가 성장 및 변화한다고 보았던 것이다. 한편, 레이 팔(Ray Pahl)은 보통 도시 관리주의(urban managerialism)로 대표되는데, 그는 주택의 공급 및 배분에 참여하는 도시(주택) 관리자의 영향력에 관심을 두었으며 다양한 유형을 지닌 가구들의 생활기회(life chance)에 영향을 미치는 제약요인들을 고려해야 한다고 주장했다. 도시 관리주의는 누가 희소한 자원인 주택을 소유하는지, 그리고 누가 주택의 분배 및 할당을 결정하는지에 대한 연구라 할 수 있다.

주택에 적용된 도시 관리주의라는 분석 틀이 주택배분에 영향을 미치는 다양한 관리자들이 존재한다는 측면과 이러한 관리자와 그들이 대표하고 있는 기관에 대한 연구는 주택시장의 작용과 특정 유형의 주택을 할당받는 방식을 이해하게 해 주는 측면에서 의의가 있다(Bassett & Short, 1980).

이러한 특색을 지닌 제도적 접근의 이점과 동시에 실제 연구는 사회적 프로세스와 공간적 표출 간의 적절한 상호관계는 충분히 보여주지 못했다는 단점도 내포하고 있다. 즉, 미시적 수준에서의 에이전트의 역할 및 가구에게 부여되는 주거선택의 제약이라는 측면과 전체 합으로서의 도시 내부 공간구조의 거시적 특색을 균형적으로 제시하지 못했다. 한편, 주택 소비의 주체로서의 개별 가구의 자율적 선택을 상대적으로 간과한 측면이 없지 않아 논의의 초점이 한쪽으로 기울어진 듯한 느낌을 준다. 개별 가구의 주택 수요 결정은 제도적 제약의 측면과 자율적 의사결정의 행태적 측면이 동일한 비중으로 동시에 중요하게 고려되어야만 할 것이다.

주택 및 거주지 구조에 관한 마르크스주의적 접근은 상품으로서의 주택과 노동력 재생산 및 사회관계 재생산의 원천으로서의 주택과 이의 생산, 소비, 교환에 매개 또는 작용하는 권력, 갈등, 이데올로기를 논의의 초점으로 하고 있다.

도시 내부 구조 및 주택에 관한 마르크스주의적 접근에서는 지역사회의 권력구조와 도시정치학적 의미를 파악하고자 하며, 주택문제를 자본주의 생산양식과 연결시키고자 한다.

주택을 자본주의 생산양식과 연관시켜 파악한 마르크스주의적 접근은 주택과 도시 내부 공간구조를 자본주의 사회의 생산양식 그리고 노동력 재생산, 사회관계 재생산이라는 심층적 사회구조와 연결시키려는 이점에도 불구하고 사회구조와 공간구조의 연관을 적절히 제시하지 못하고 있다. 그리고 사회구조만을 너무 강조한 나머지 개별 행위자의 주거선택 행위의 측면을 무시한 점도 있다.

도시 주택 및 도시 내부 공간구조는 경제적 상품, 사회적 이익, 공공서비스 기능 등의 주택의 다양한 특성과 주택시장에 관여하는 수많은 행위자들로 인해 매우 복잡한 메커니즘을 지님으로써 마치 프리즘과 같은 다층적인 또는 다면적인 모습을 띠게 된다.

제도적 접근과 마르크스주의적 접근에서 중시한 사회관계, 생태적 접근에서 중시한 공간구조 패턴, 신고전적 접근에서 중시한 개별 가구의 효용극대화 과정을 통한 공간구조의 도출, 그리고 행태적 접근에서 중시한 개별 가구의 주거선택 모델과 과정들을 종합적으로 다루어야 주택 및 도시 내부 공간구조라는 실체에 더욱 접근할 수 있으며, 사회적 관계와 공간구조라는 양자 중에서 어느 일면만을 강조하는 오류를 범하지 않는 노력이 요구된다.

도시 주택 및 도시 내부 공간구조에 대한 연구는 주택시장의 특성을 중심으로 거주지 이용, 근린 집단의 변화, 가구 이동성, 토지용도의 변화와 개발 프로세스 등이 함께 고려되어야 한다. 앞으로는 주택의 생산, 공급, 배분, 교환, 수요가 이루어지는 주택시장의 구조와 관련된 특성 및 프로세스에 관한 연구와 주택이용패턴의 시공간적 변화 연구를 이론적으로, 그리고 경험적으로 해야 한다. 또한 주택시장의 구조와 관련된 제약요인들과 이에 상응하는 가구의 사회경제적 지위의 특성을 사회-공간적으로 살펴보아야 한다. 이와 같은 넓은 의미에서의 분석틀 내에서만 주택의 공급과 수요가 어떻게, 그리고 왜 상이한 지역에서 서로 다른 방식으로 나타나는지를 이해할 수가 있다. 그리고 과거의 도시 주택과 도시 내부 공간구조에 대한 연구는 국가 수준 또는 특정의 국지적 지역에 논의의 초점을 맞추어 왔지만, 앞으로는 두 가지 수준에서의 논의를 동태적인 맥락에서 결합하여야 한다. 또한 사회적 관계와 공간구조 간의 상호 영향력과 그 결과는 동시에 중시되어야 한다.

공적 · 사적 메커니즘에 의해 생산, 분배되는 주택은 사회집단 간, 사회계층 간, 정치지리적 의미에서의 지역 간, 개인적 필요 및 선호와 집합적 공동체의 필요와 선호 간, 중앙정부와 지방정부 간에 일어나는 사회적 · 정치적 갈등을 초래하기도 한다. 또한 가구의 주거선택은 사회경제적으로 제약되어 있으며, 공간적 맥락 내에서 고찰되어야 한다. 바로 이러한 측면들이 지니는 도시사회지리학적 함의는 크다.

2. 거주지 분리

거주지 분리 현상은 ① 사회경제적 지위(socioeconomic status), ② 가구 유형(household type), ③ 민족 또는 인종(ethnicity), ④ 라이프스타일(lifestyle)의 차이에 의해 나타난다고 할 수 있다. 거주지 분리에 영향을 미치는 첫 번째 요인인 사회경제적 지위는 가구의 학력, 직업, 소득의 차이와 관련이 있다. 거주지 분리에 영향을 미치는 두 번째 요인은 가구 유형인데, 서로 다른 가구 유형에 따라 서로 다른 주택 요구(housing needs) 및 선호를 지니게 된다. 유사한 가구 유형을 지닌 가구들은 유사한 주택 요구 및 선호를 지니게 됨으로써 도시 내에서 공간적으로 특정 지역에 모여 거주하게 되는 공간적 집합(spatial congregation)이 발생하여 거주지 분리로 나타나게 된다. 즉, 가족생애주기가 거주지 분리의 한 요인이 될 수 있다는 것이다.

가족생애주기 단계별로 주택선호가 다르게 나타나는 것을 모델화한 것이 가족생애주기모델(family life cycle model)이다. 가족생애주기모델은 중산층 가구를 표본으로 만든 모델인데, 가족생애주기모델에 따르면 가족생애주기 단계별로 서로 다른 공간 요구(space needs)를 지니고, 더 나아가 가족생애주기 단계별로 주택소유유형, 입지환경, 이주성향에 대한 서로 다른 선호를 지닌다는 것이다. 1단계는 출산 전 단계(prechild stage)로서 주거 공간 요구가 크게 중요하지 않지만

그림 6-1 주거 이동에 대한 가족생애주기의 일반 모델

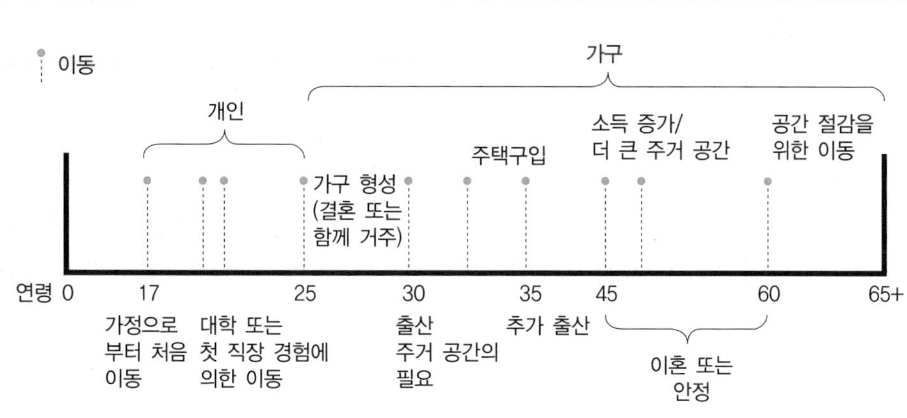

출처: Clark(1986, 39).

직장과의 근접성은 중요하다. 일반적으로 주택소유유형은 임차이며, 주거입지 선호와 관련하여 도심 근처를 선호한다. 2단계는 출산 단계(childbearing stage)로서 주거 공간 요구의 중요도가 증가하며, 일반적으로 주택소유유형은 임차이며, 주거입지 선호와 관련하여 도시 내부의 중간 및 외부 동심원 지대를 선호하며, 이주 빈도는 높은 편이다. 3단계는 자녀 양육 단계(childrearing stage)로서 소득의 증가와 함께 교외의 신규 주택으로 이주하는 경우가 많아지는 단계다. 주거 공간 요구는 중요하며, 주택소유유형은 일반적으로 자가이며, 주거입지 선호와 관련하여 도시 외곽 또는 교외를 선호한다. 4단계는 자녀 독립 단계(postchild stage)로서 주거 공간 요구는 감소하며, 주택소유유형은 일반적으로 자가이고, 이주 빈도는 낮다. 5단계는 노후 생활 단계(later life stage)로서 노년층을 위한 실버타운으로 이주해 가거나 대도시권 외곽에 거주하는 경우가 많다. 가족생애주기모델은 중산층을 표본으로 한 이상주의적 모델로서 이주 제약을 지니는 노동자층 가구에 대해서는 적용이 어렵다는 한계를 지닌다.

거주지 분리에 영향을 미치는 세 번째 요인은 민족 또는 인종인데, 이는 종교, 국적, 문화와도 연관되어 있다. 소수민족집단의 도시로의 이민 또는 이주가 거주지 분리에 영향을 미친다. 미국 도시의 경우 백인의 앵글로색슨(Anglo-Saxon) 민족이 주류사회집단(charter group)을 형성하고 있다. 이러한 주류사회

집단과 소수민족집단 간의 사회적 거리(social distance)가 동화의 정도로 나타난다. 특권집단의 규범과 가치를 획득해 가며 주류사회에 적응하는 것을 행태적 동화라고 한다. 소수민족 거주지는 두 가지 기능을 가지는데, 첫 번째는 지지(support) 기능이고, 두 번째는 문화보존 기능을 지닌다. 소수민족 거주지의 지지 기능과 관련하여 소수민족 거주지는 도시로의 이민자 유입 통로 및 안식처 기능을 지닌다고 할 수 있다. 소수민족은 소수민족 거주지에 밀집하여 거주함으로써 서로 상호협력을 도모한다. 또한 소수민족 거주지에 분포하는 소수민족 기관은 소수민족에게 실질적 또는 정신적 지원을 제공하기도 한다. 소수민족 거주지 내에 국지적 또는 비공식적 자조 네트워크가 형성되거나 소수민족을 위한 복지기관이 입지하기도 한다. 소수민족 거주지는 소수민족 기업 활동의 적소, 소수민족집단 구성원 간 결속의 공간적 표출, 소수민족의 사회경제적 진출의 수단으로서의 의미를 지닌다고 할 수 있다. 소수민족 거주지의 문화보존 기능과 관련하여, 소수민족이 도시 내 특정 지역에 밀집하여 소수민족 거주지를 형성하는 경우가 소수민족이 분산하여 거주하는 경우보다 소수민족의 독특한 문화 전통 보존 및 증진에 보다 유리하다는 것이다.

소수민족 거주지 분리의 세 가지 유형으로 ① 거류지(colony), ② 엔클레이브(enclave), ③ 게토(ghetto)를 들 수 있다. 이민자 소수민족 집단의 이민 유입 통로 역할을 하는 소수민족 거주지를 개념적으로 거류지라고 한다. 자발적인 공간적 집중으로 형성된 소수민족 거주지를 개념적으로 엔클레이브라고 한다. 반면에 비자발적인 공간적 집중으로 형성된 소수민족 거주지를 개념적으로 게토라고 하는데, 게토는 엔클레이브와 상반된 유형이며, 게토는 주류사회집단의 태도 및 차별이라는 제약으로 형성되며, 주택시장의 작용에 의해 제도화된다. 게토라는 용어는 르네상스 때 베니스에서 처음으로 사용되었는데, 유태인들의 강제 주거 지구를 일컫는 용어였다. 현대적인 맥락에서의 대표적인 게토로는 뉴욕의 할렘과 같이 미국 대도시 내에서 저소득층 흑인이 공간적으로 집중하여 거주하는 지역을 예로 들 수 있다. 엔클레이브 및 게토와 관련하여 특정 소수민족 거주지가 얼마나 자발적 또는 비자발적인 공간적 집중으로 형성되었는가를 규명하는 것은 매우 어려운 일이다. 따라서 엔클레이브와 게토를 이분법적 범주로 생각하기 보다는 하나의 연속체로 생각하는 것이 보다 현실적이라고 말할 수 있다(Knox &

Pinch, 2010).

거주지 분리에 영향을 미치는 네 번째 요인은 라이프스타일인데, 비슷한 라이프스타일을 추구하는 사람들은 공간적으로 집중하게 되는 경향이 나타나고, 공간적 집중으로 인해 비슷한 라이프스타일을 추구하는 사람들 간의 사회적 거리가 줄어들게 됨으로써 거주지 분리를 유도하게 된다. 예를 들어 라이프스타일의 차이에 따라 사람을 ① 가족주의자(familist), ② 커리어 지향 주의자(careerist), ③ 소비주의자(consumerist)로 분류해 볼 수 있다. 가족주의자는 거주지 선정 시 자녀의 교육 환경 등을 중요시하여 미국 대도시의 경우 거주지로 도심보다는 교외를 선호한다. 커리어 지향 주의자는 거주지로 직장과 근접한 지역 또는 교통 결절지를 선호한다. 소비주의자는 도시 내 생활편의시설의 입지를 중요시하여, 미국 대도시의 경우 결절 중심지 또는 생활편의시설이 풍부한 교외에 집중하여 거주하는 경향이 있다. 미국 대도시 교외의 경우 일반적으로 사회적 지위는 중산층, 가구유형은 어린 자녀가 있는 부부로 구성되어 있는 가구, 인종은 백인, 라이프스타일 측면에서는 가족주의자로 나타난다.

거주지 분리에 영향을 미치는 최근의 사회경제적 변화를 살펴 볼 필요가 있다. 고임금 직업의 수 증가, 저임금 직업의 수 증가, 중간 임금 직업의 수 감소로 인해 직업 양극화가 나타나고, 가구소득상 불균형 정도가 심화되어 도시 구조적으로 이중도시(dual city)화가 진전되고 있는 추세다. 더 나아가 세계화가 진전되면서 글로벌 스케일에서의 국제적 노동력의 흐름, 이민 및 국제적 이주가 급증하게 되어, 도시 내 소수민족(인종)의 거주지 분리 현상이 더욱 심화되고 있다. 미국 도시의 경우 유럽으로부터의 이민은 감소한 반면에 아시아 및 라틴아메리카로부터의 이민이 증가했다. 이로 인해 미국 대도시 내 아시아계 및 라틴아메리카계의 소수민족 거주지 분리 현상이 심화되고 있다고 할 수 있다. 예를 들어 로스앤젤레스, 시카고, 샌디에이고, 휴스턴, 엘패소의 경우 멕시코인의 거주지 분리가, 뉴욕의 경우 자메이카인, 중국인, 도미니카인의 거주지 분리가, 샌프란시스코의 경우 필리핀인과 중국인의 거주지 분리가 현저히 나타난다.

새로운 사회계층의 등장도 거주지 분리에 영향을 미친다. 신부르주아지(new bourgeoisie) 및 쁘띠부르주아지(petite bourgeoisie)의 출현은 도시 내 고급 주거지역에 대한 수요의 확대로 이어졌다. 이는 물질주의 확대 및 새로운 라이프스타일을 추구하는 문화적 변화와 맞물려 도시 내에 모자이크식 문화 및 라이프스타일 커뮤니티의 등장을 가져왔다. 이러한 새로운 사회계층의 등장, 물질주의 확대 및 새로운 라이프스타일을 추구하는 문화적 변화는 도심 근린지구에 다양한 디자인 테마, 웰빙 라이프스타일, 생활편의시설로 포장된 젠트리피케이션(gentrification)의 발생을 가져왔다.

반면에 사회경제적 양극화가 심화됨으로써 도시의 노동시장과 관련하여 저임금, 고용조건 및 근로환경 빈약, 직업 안정성 낮음, 근로혜택 및 승진 가능성 거의 없음을 특징으로 갖는 이차적 노동시장(secondary labor market)의 증가가 나타나 도시 내 저소득층 주거 지역에 대한 수요의 확대도 가져왔다. 이러한 이차적 노동시장의 확대는 제조업의 감소 및 비숙련 서비스업 증가의 산물이라 할 수 있다. 도시 내 사회경제적 양극화로 인해 일시적 비정규직 직업이 증가하였으며, 실업 및 빈곤의 위기가 심화되었고, 일시적 비정규직 직업의 다수는 상대적으로 여성이 더 많이 종사하게 되는 양상을 띠게 되었다.

사회경제적 양극화는 도시 구조적으로 사회적 약자 및 소외 계층의 공간적 격리(spatial isolation)의 심화로 표출되었다. 한편, 빈곤의 여성화(feminization of poverty)가 나타나게 되었는데, 미국의 경우 특히 흑인 여성과 연관되어 있다. 미국 대도시의 슬럼의 경우 커뮤니티 내 높은 실업률이 나타나고 십대 미혼모의 증가도 나타나게 되었다. 또한 임금 수준의 젠더(gender) 간 격차도 심화되었고, 사회적 약자 및 소외계층에 대한 사회적 배제도 심화되었다. 최저생계수준 미만의 소득을 지니는 가구가 증가함으로써 극빈층(underclass)이 등장하게 되었다. 미국의 경우 대다수의 흑인 가구는 여성이 가장인 가구의 비율이 높게 나타나고 생활보조비 수당에 의존하는 경우가 많다. 이러한 현상들로 인해 공간적으로 임팩티드 게토(impacted ghetto)가 형성되게 되었는데, 임팩티드 게토란 극빈층이 공간적으로 격리 또는 분리되어 집중하는 주거 지역을 의미한다. 미국 대도시의 경우 임팩티드 게토는 주로 흑인으로 구성되어 있으며, 여성 가장 가구의 비율이 높다. 사회적 약자 및 소외계층의 공간적 격리 또는 분리가 심화되고 무주택자(the homeless)의 비율이 증가하면서 대도시 내 절망의 경관(landscape of despair)이 확대되어 나타나게 되었다.

인종적으로 분리되어 있는 주택시장은 미국 메트로폴리탄 지역의 특징이기

그림 6-2 근린지구의 인종적 변화에 관한 차익거래모델

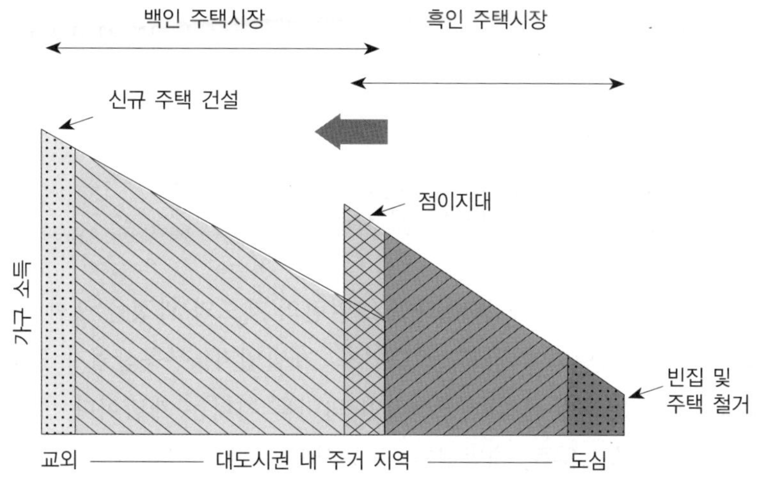

출처: Pacione(2009, 208).

도 하다. 백인 근린지구가 흑인 근린지구로 변화하는 것은 백인 주택시장에서 흑인 주택시장으로 이동함을 의미한다. 이러한 변화과정은 차익거래모델(arbitrage model)에 의해 설명이 가능하다([그림 6-2]). 차익거래모델에서 기본적으로 백인 주택 집단과 흑인 주택 집단은 공간적으로 서로 분리되어 있는 지대를 차지하고 있지만, 경계 지역에서는 흑인 가구와 백인 가구가 혼재되어 거주하는 점이지대(transition zone)가 나타난다. 빈곤 수준은 도심 쪽으로 갈수록 증가하며, 흑인 근린지구 중에서 가장 부유한 흑인 근린지구와 백인 근린지구 중에서 가장 가난한 백인 근린지구는 점이지대에 입지하게 된다. 평균 주택 가격은 교외로부터 도심으로 갈수록 감소한다. 근린지구의 인종적 변화는 점이지대가 백인 거주 지역 내부로 이동할 때 발생한다. 동일한 주택에 대해 백인이 지불하고자 하는 가격과 흑인이 지불하고자 하는 가격의 차이로 인해 점이지대에서 백인으로부터 흑인으로의 주택 소유권 이전이 나타나게 되는 것을 차익거래라고 한다.

차익거래 과정은 가난한 소수민족 가구가 흑인 거주 지역 내부로 유입되어 흑인 거주 지역의 주택 가격이 상승될 경우 더 자극될 수 있다. 가난한 소수민족 가구가 흑인 거주 지역 내부로 유입될 경우 흑인 거주 지역 내부의 흑인 가구는 점이지대의 동일한 주택에 대해서 백인 가구보다도 더 많은 비용을 지불하려고 할 것이다. 점이지대로부터 이사 나오려는 백인 주택 소유자는 더 높은 가격을 지불할 준비가 되어 있는 흑인 가구에게 주택을 매도할 가능성이 높다.

3. 주택시장 및 하위주택시장

주택시장은 주택공급과 수요 그리고 일련의 제도와 과정을 포함하며, 주택 공급자와 수요자, 주인과 임차인, 건축업자, 개발업자, 부동산업자 등의 행위자들이 매개되어 있는 역동적이며 공간적인 의미를 지니는 개념이다. 주택시장의 공간적 표출은 토지소유주, 개발업자, 부동산업자, 주택관리자와 같은 에이전트들의 의사결정과 행위에 영향을 받으며, 이들의 동기(motivation)와 행위는 주택공급을 조정하여 가구의 주거선택 및 수요에 영향을 미친다. 주택공급은 정치적 · 경제적 · 이데올로기적 요인 등의 상호작용에 의해 이루어지며, 주택공급의 메커니즘에 의해서 도시 거주 공간의 사회적 생산이 이루어지는 것이다(Knox & Pinch, 2010).

주택시장의 유형을 구분하는 데는 우선 스케일의 문제가 발생하는데, 거시적 스케일에서는 국가경제의 주택부분과 관련하여 집합적 수준에서의 공급과 수요 간의 상호작용을 파악하고자 하며, 미시적 스케일에서는 개별 주택생산자와 소비자의 행태를 국지적 수준에서 파악하고자 하는 것으로 주택공급과 수요가 어떻게 맞물려 주택배분(교환)과정이 일어나고 그 결과 공간적으로 어떻게 표출되는지에 관심을 둔다. 거시적 스케일의 연구는 주택수요와 공급 그리고 주택의 가치 등을 내포하는 각 하위주택시장(housing submarket)의 지리적 · 공간적 구조를 상세히 파악할 수가 없어 도시 내부 근린(neighborhood)의 특성을 간과하는 반면, 미시적 스케일에서는 주택이 어떻게 공급되고 수요되며 배분(교환)되는가 그리고 주택매매가격과 임대료가 주택의 입지와 유형에 따라 어떻게 결정되고 달라지는가에 관심을 둔다. 주택시장의 유형은 스케일의 문제뿐만 아니라 구분 기준에 따라 민간주택시장과 공공주택시장, 자가주택시장과 임대주택시장, 신규

그림 6-3 **주택시장의 구성요소**

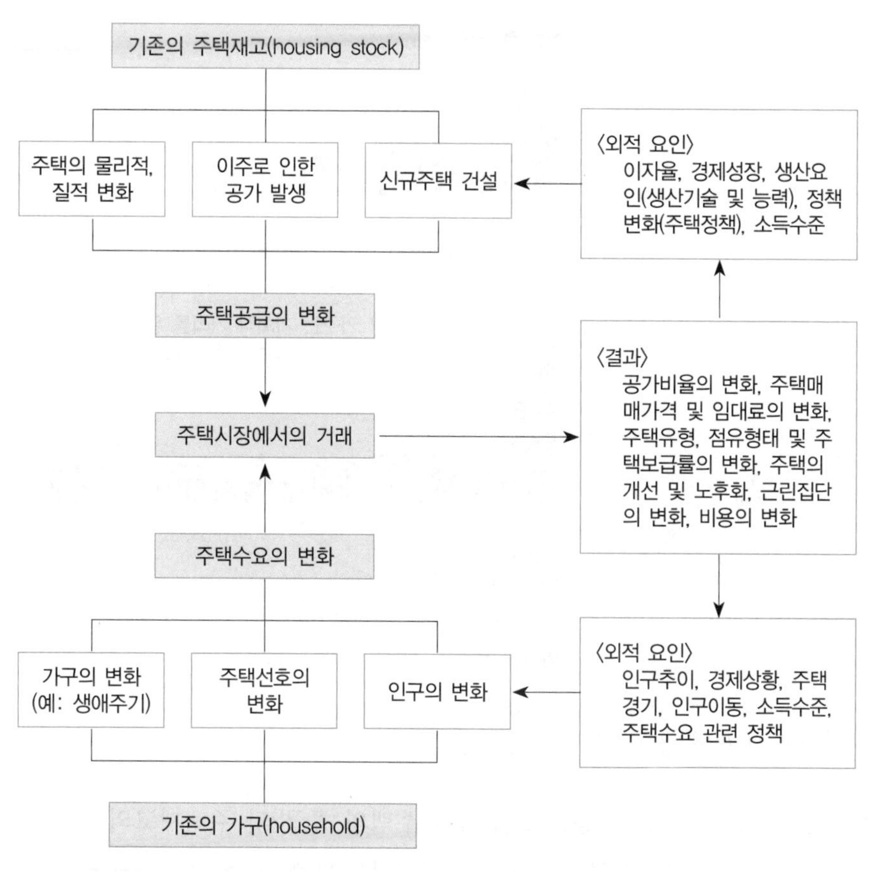

출처: Bourne(1981, 75) 및 하성규(1995, 89)의 내용을 재구성함.

주택시장과 중고주택시장 등의 구분이 가능하다.

주택시장을 이루는 요소들은 어떠한 것들이 있는가? 이에 대해 래리 본(Larry Bourne, 1981)은 주택시장의 제 구성요소를 [그림 6-3]과 같이 개략적으로 정리하였는데, 이러한 주택시장의 각 구성요소들 간에는 서로 영향을 미치는 상호관련적 메커니즘이 형성되어 동태적이고 복잡한 모습을 띠게 되는 것이다.

주택시장에 대한 지리적 접근은 ① 미시경제적 접근, ② 제도적 접근, ③ 갈등요소적 접근으로 대별할 수 있다. 미시경제적 접근은 주택시장을 완전경쟁시장으로 가정하여 주택공급 및 수요를 파악하고자 하는 것으로 주택의 특성(규모,

그림 6-4 주택시장에 대한 침입과 천이의 영향

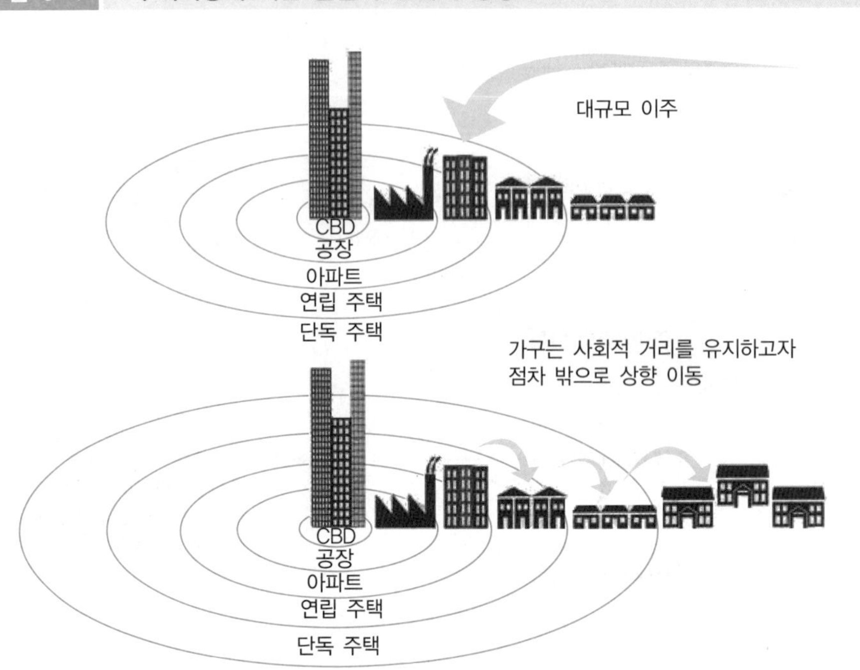

출처: Kaplan *et al.*(2014).

노후화 정도, 유형, 가격, 질 등)으로부터의 주택의 공급 및 주택재고의 형성 그리고 가구의 특성(규모, 가구원수, 가구생애주기상의 단계, 소득, 기호 등)으로부터의 주택수요를 고찰함으로써 주택배분 및 거주지 공간구조 형성(거주지 분화)을 이해하는 것을 목적으로 한다. 제도적 접근에서는 주택시장 내의 행위자(actor)와 에이전트 그리고 주택정책 · 주택금융 및 주택 관련 법률 등이 어떻게 도시 거주 공간 구조에 영향을 미치는지에 연구의 초점을 두었다. 갈등요소적 접근은 바로 주택갈등에 초점을 둔 연구로서 도시사회구조를 주택을 둘러싼 계층 간 갈등의 결과로 보았다. 즉, 주택시장에의 접근 수단의 차이에 의한 주택계층을 논의하였던 것이다.

도시 주택시장 및 거주지 분화와 관련하여 어니스트 버제스(Ernest Burgess, 1925)의 동심원 모델에서 서로 다른 특성을 지닌 5개의 동심원 지대로 분화되는

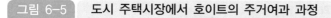

그림 6-5 도시 주택시장에서 호이트의 주거여과 과정

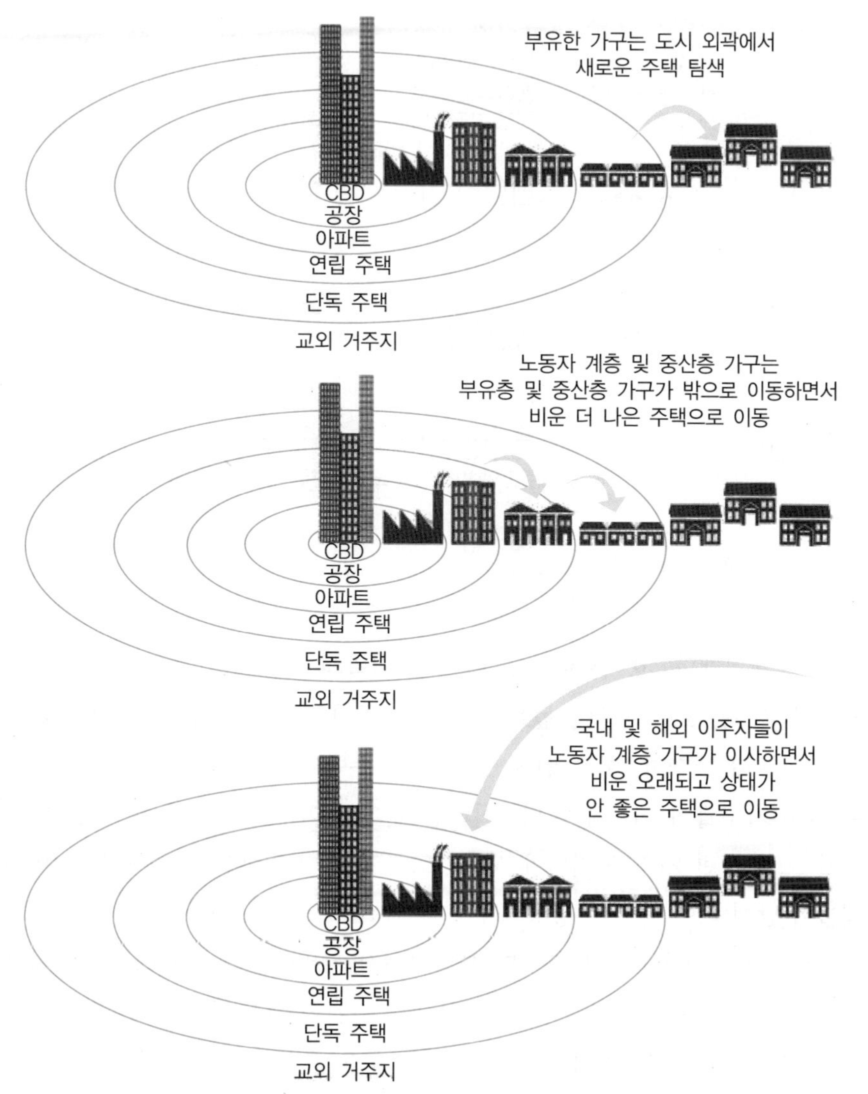

출처: Kaplan *et al.*(2014).

요인은 생태학적 개념인 침입(invasion)과 천이(succession) 과정과 연관되어 있다([그림 6-4]). 한편, 호머 호이트(Homer Hoyt, 1939)는 도시 주택시장 및 거주지 분화와 관련하여 주거여과(filtering) 과정, 공가사슬(vacancy chain), 연쇄적 이

그림 6-6 **주거여과 과정**

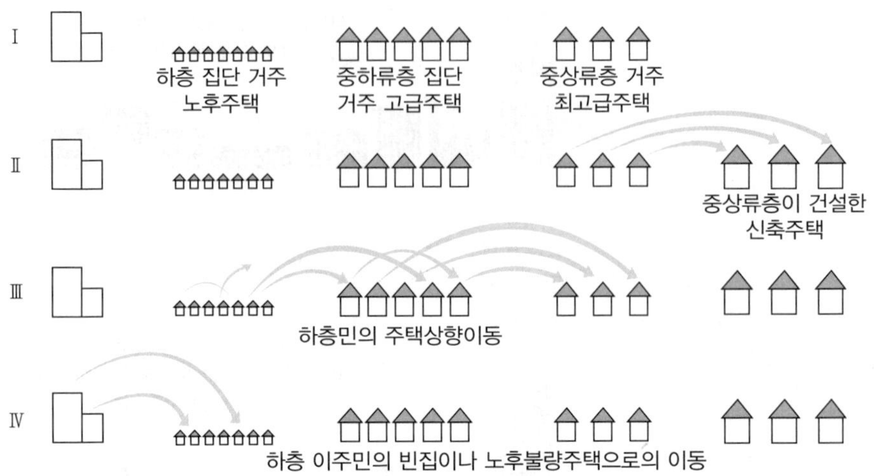

출처: Johnston(1974, 98).

주 개념을 제시했다. 호이트에 따르면 도시 외곽의 신흥 주택건설은 연쇄 이주를 발생시킨다. 즉, 소득수준이 높은 가구들은 주거환경이 보다 좋은 외곽의 주택지대로 이주해 나가며, 이로 인해 생겨난 빈 주택에는 도시 내측에 있던 소득수준이 낮은 가구들이 이주해 온다. 이러한 연쇄적 이주의 최종 국면에는 빈민 노동자가 도심 주변 지역을 떠나게 되고, 도심 주변 지역에는 최하층민 및 버려진 주택들이 남게 되어 슬럼이 형성되게 된다([그림 6-5], [그림 6-6]).

주택 특성별 주택공급과 가구별 사회경제적 지위에 따른 주거선택 시 차별적 접근성에 의한 주택수요에 의해 주택시장은 분절화된다. 더욱이 근린은 주택공급과 주택수요의 의사결정에 영향을 미치는 주요 요인으로서 주택시장 분절화를 심화시키는 기능을 한다. 근린은 근린 내 사회집단의 사회경제적 특성을 반영하고 있으며, 근린에 대한 이미지를 통해 근린의 사회경제적 특성을 재생산하기 때문이다. 주택시장 분절화 또는 성층화(stratification)는 공간적 하위주택시장을 통해 가시적으로 윤곽을 나타내며, 근린효과에 의한 주택시장 분절화는 근린 내 사회집단의 사회경제적 지위, 근린의 개발 가능성 간의 차이를 설명하는데도 시사하는 바가 크다. 분절화된 주택시장은 그 메커니즘이 서로 다른 특색을 지니는 바, 기존의 주택시장에 관한 많은 연구들은 대도시의 주택시장을 단일의 주택시장으로 가정함으로써 하위주택시장 간 특성의 차이를 간과하였다고 할 수 있다.

하위주택시장은 국지적 수준에서의 주택시장으로서 제한된 공간적 영역 내에서 규정되는 실체이며, 이주, 근린의 변화, 거주지 분화 · 분리 등 도시공간구조의 형성 및 변화의 기저로서 함의하는 바가 크다. 주택시장은 분절화되어 공간적 하위주택시장들이 형성된다. 이와 관련해서 마이클 볼과 리차드 키르완(Michael Ball & Richard Kirwan, 1977)은 가구의 특성 및 주택유형이 비슷한 공간적 클러스터들이 도시 내부에 형성됨을 확인했다. 즉, 같은 로컬리티(locality) 내에 입지해 있는 주택들은 그 특성이 비슷한 경향을 보이며 가구들도 사회경제적 지위가 비슷하다. 소득수준이 비슷한 가구들은 그룹화하는 경향을 보이기 때문이다. 이러한 도시 거주공간 조직패턴은 많은 생태적 연구들에서 언급되었다. 특정 사회경제적 계층을 대상으로 주택공급과 주택수요 그리고 주택의 가치(가격)에 대한 평가가 이루어지는 공간이 바로 공간적 하위주택시장이다. 본(Bourne, 1981)은 공간적 하위주택시장이 ① 주택재고상의 주택의 규모와 이질성, ② 가구의 주택수요의 다양성, ③ 시장 자체의 불균형, ④ 각종 제약들로 인해 나타난다고 보았다. 주택거래 및 주거여과(filtering)의 본질을 정확히 파악하기 위해서는 하위주택시장을 확인하는 작업이 선행되어야 하며(Palm, 1978), 공간적으로 주택과 가구의 특성이 매우 혼합되어 나타나는 경우에는 하위주택시장을 더욱 세분화할 필요가 있다.

하위주택시장을 구분하기 위한 기준 그리고 하위주택시장의 유형에 관한 연구는 매우 다양하게 전개되어 왔지만, 전통적으로 하위주택시장은 주택재고 상의 특성(점유형태, 주택유형, 주택의 가치 또는 가격)과 가구의 특성(소득, 가족유형, 인종)에 의해 분류된 경우가 많다([그림 6-7]). 주택시장 분절화 및 하위주택시장 논이는 계층, 노동시장 분절화, 공간적 분절화, 그리고 거주지 분화와 관련성이 깊다. 더 넓게 이는 사회적 성층화, 노동의 공간적 분업, 국지적 사회경제구조와 연관성이 있으며, 주택 관련 프로세스는 이러한 논의에 있어 주요한 위치를 차지하고 있다(Forrest, 1987).

주택시장의 사회적 분화 현상과 함께 이동성(mobility), 자산가치의 평가, 자

그림 6-7 **도시 내 하위주택시장: 전통적 정의**

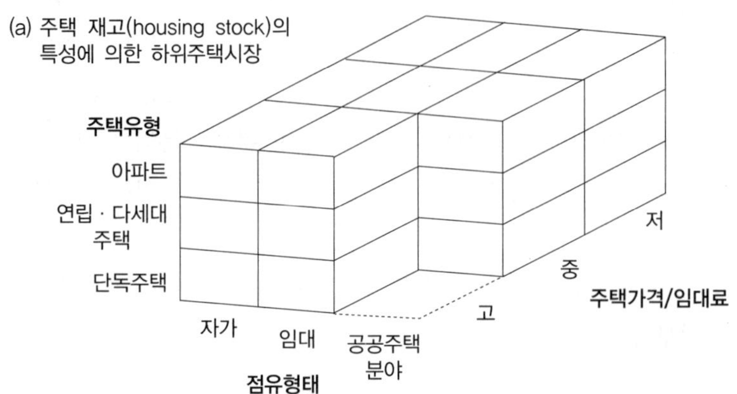

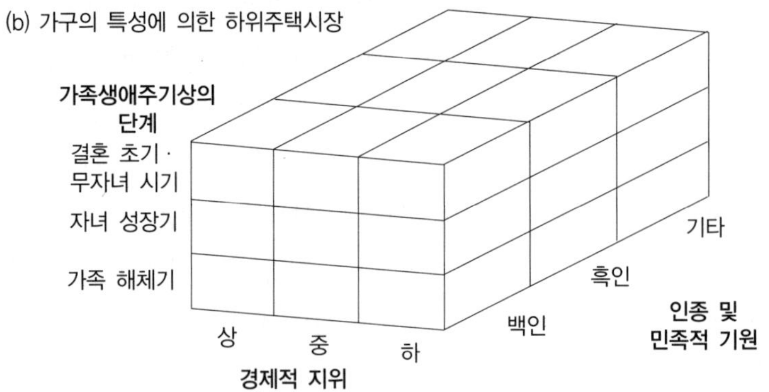

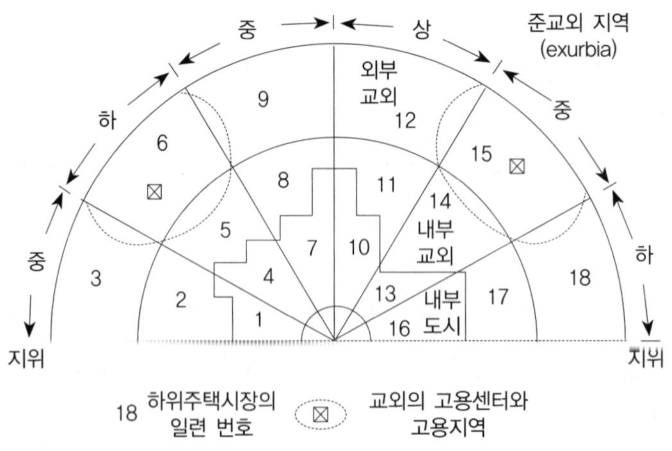

출처: Bourne(1981, 89).

본 증식 수단에 있어서의 사회 · 공간적 불균등이 도시사회지리적 의미에서 사회경제적 계층 간에 존재하고 있다. 즉, 사회경제적 상위계층은 주택시장에서 유동성을 지니며, 이주패턴도 자주 그리고 먼 거리를 이주하는 경향을 보인다. 반면에 하위계층은 국지적 범위 내에서 그리고 가끔 이주하는 경향을 나타낸다. 이와 같이 이주패턴은 사회경제적 계층과 직업상의 지위에 따라 다르게 나타난다.

이주와 거주지 선택이라는 사회공간적 과정은 거주지 구조와 주택에 대한 행태적 접근에서 부각되었다고 할 수 있다. 그러나 행태적 접근은 경제적 · 정치적 맥락에서 이주를 다루지 못하였다는 비판과 함께 제약보다는 선택을 지나치게 강조함으로써 경제 · 사회구조적 제약성보다는 이주 가능성에 논의가 치우쳤다는 약점을 노정했다. 특히 여러 나라에서 실제로 국가가 주택시장에 개입하는 예가 많아짐으로써 행태적 접근의 논리는 그 효력이 약화된 면이 없지 않다.

주택시장은 특성상 분절화되어 있으며, 이러한 분절화된 주택시장을 하위주택시장이라 할 때, 어떠한 기준에 의해 하위주택시장을 구분할 수 있겠는가라는 문제가 제기된다. 주택시장은 예를 들면 주택의 유형에 따라 단독주택 하위주택시장, 아파트 하위주택시장, 연립 · 다세대주택 하위주택시장으로, 점유형태에 따라 자가 하위주택시장, 임대 하위주택시장으로, 가구의 사회경제적 지위에 따라 상위 하위주택시장, 중위 하위주택시장, 하위 하위주택시장, 주택의 건축 시기에 따라 신규주택 하위주택시장, 중고주택 하위주택시장으로, 입지에 따라 도심 하위주택시장, 교외 하위주택시장 등으로, 주택가격(주택의 경제적 가치)에 따라 고가 하위주택시장, 중가 하위주택시장, 저가 하위주택시장으로 구분될 수 있다. 한편, 인종차별에 근거하여 도시 관리자 또는 사회적 게이트키퍼(gatekeeper)의 레드라이닝(redlining)이 주택공급과 수요에 영향을 미칠 경우에는 주택시장을 백인 하위주택시장과 흑인(또는 소수민족) 하위주택시장으로 단순히 구분할 수도 있다(〈표 6-1〉).

주택시장에 매개되는 과정은 아주 복잡하고도 동태적이며 에이전트 또한 매우 다양하다. 이와 같이 복잡한 주택시장을 단순히 하나의 지표를 기준으로 여러 하위주택시장들로 구분하는 것은 무리다. 왜냐하면 주택시장은 사회경제적 과정과 공간적 과정 요소를 포함하며 다층적이고 다면적이어서 어떠한 분석기준들의 조합으로 분석하느냐에 따라 마치 복잡한 매트릭스와 같이 수많은 조합의 하위

표 6-1 하위주택시장의 구분기준 및 유형

구분기준	유형
주택의 유형	단독주택 하위주택시장, 아파트 하위주택시장, 연립 · 다세대주택 하위주택시장
주택의 경제적 가치(주택가격)	고가 하위주택시장, 중가 하위주택시장, 저가 하위주택시장
점유형태	자가 하위주택시장, 임대 하위주택시장
가구의 사회경제적 지위	상위 하위주택시장, 중위 하위주택시장, 하위 하위주택시장
주택의 건축시기	신규주택 하위주택시장, 중고주택 하위주택시장
입지	도심 하위주택시장, 교외 하위주택시장
인종	백인 하위주택시장, 흑인 하위주택시장

주택시장들로 구분할 수 있기 때문이다. 더욱이 하위주택시장의 사회경제적 특성 층에 공간적 특성 층까지 중첩시키면 분석이 복잡해짐은 물론이다.

4. 주거 이동성

개인은 지역 또는 장소에 대해서 각자의 심상지도나 이미지를 지니고 있으며, 이러한 지역 또는 장소에 대한 이미지는 이주 시 거주지 탐색 및 선택과 같은 이주행태에도 영향을 미친다. 새로운 거주 지역을 선택할 때 개인이 마음속에 지니고 있는 특정 지역에 대한 이미지 또는 제한된 인지공간을 바탕으로 행동을 할 확률이 높다. 즉, 이주와 일상활동 등의 공간적 행동은 이와 같이 이미지를 매개로 하는 것이다. 도시구조를 형성 · 재형성 · 변형하는 이주는 개별 가구의 복잡한 의사결정으로부터 발생하는 주택에 대한 총체적 수요 패턴으로부터 기인한다. 이주는 이주요인에 따라 크게 자발적 이주(voluntary move)와 강제적 이주(forced move)로 대별될 수 있다([그림 6-8]).

한편, 이주를 하는 중요한 원인으로서 주거공간에 대한 가구의 요구와 가구의 규모 · 구성과 그 가구가 인식하는 공간에 대한 요구 간의 관계가 결정적 요소로 작용한다. 이는 가구생애주기와 밀접히 연관되므로 생애주기 상의 변화는 도

그림 6-8 **가구 이주 요인 구분**

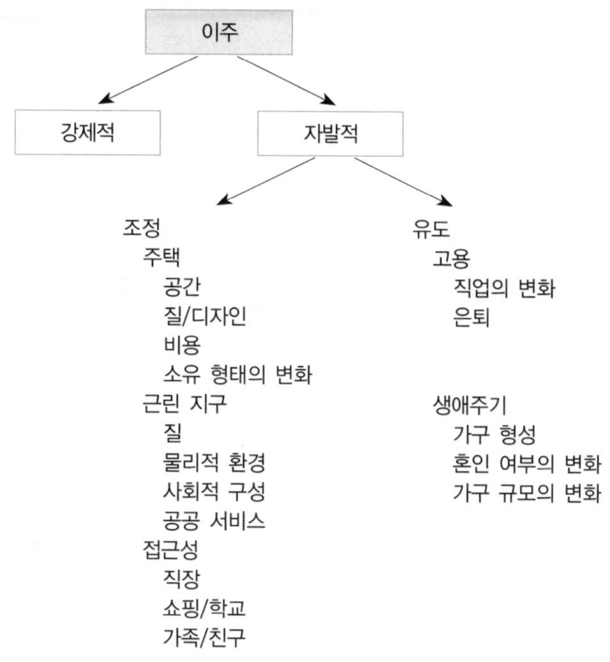

출처: Clark & Onaka(1983, 50).

시 내 거주지 이동과 재배치의 토대가 된다. 그리고 이는 주택소유 욕구와 주택 주변 환경의 변화에 대한 욕구와의 관계에 의해 재강화된다. 거주지 이동이라는 의사 결정은 가구의 요구 · 기대 · 열망과 실제 주택 조건과 환경 간의 불일치에서 발생하는 스트레스의 결과로 파악되어 질 수 있다. 새로운 주거공간을 찾아 탐색하는 개별 가구의 행위는 3단계 즉, ① 공가(vacancy)를 평가하는 기준 설정, ② 이 기준을 만족시키는 거주지 탐색, ③ 새 거주지에 대한 마지막 선택의 단계로 구성된다(Knox & Pinch, 2010). 이주 시에는 보통 생활공간, 소유권, 환경의 질, 사회적 구성 등을 평가 기준으로 하며, 교외주택과 도심주택으로의 이주 간에는 서로 다른 기준이 적용된 것이라고 할 수 있다. 개별 가구는 가장 잘 알고 접근성이 높은 지역에 탐색을 집중시킴으로써 노력과 불확실성을 줄이려고 할 것이며, 따라서 주택 탐색 활동은 인지공간(awareness space)의 부분에 해당하는 제한된 탐색 공간(search space)에 집중된다(Knox & Pinch, 2010). 각기 다른 사회경제적 계층에 속한 가구들은 서로 다른 활동공간과 인지지도를 지님으로 인해 탐색활동에 있어 서로 구분되는 공간적 편향성을 지닌다. 새로운 주거공간을 찾아 탐색하는 단계 이전에 개별 가구는 전 단계로 이주 이전에 여러 요인에 의해 이주를 결정하게 되는 과정을 거친다.

5. 사회적 게이트키퍼로서의 부동산 에이전트 및 주택금융 관리자

사회적 게이트키퍼(gatekeeper)로서의 부동산 에이전트 및 주택금융 관리자에 대한 논의는 도시 거버넌스 양식상 관리주의(managerialism)와 관련된다. 먼저 사회적 게이트키퍼로서의 부동산 에이전트에 대해 논하면 다음과 같다. 부동산 에이전트는 주택 거래 전문가로서 사회적 게이트키퍼 역할을 지니며 건조환경(built environment)의 사회적 생산에 영향을 미친다. 미국의 경우 부동산 에이전트들이 특정 인종 또는 소수민족집단을 대상으로 주택 차별(housing discrimination)을 관행적으로 하는 경우가 많았다.

사회적 게이트키퍼로서의 부동산 에이전트의 첫 번째 관행으로 스티어링(steering)이 있다. 스티어링이란 특정 근린지구에 이주해 오는 것을 방지함으로써 동질적인 유형의 가구로 구성된 근린지구가 유지하는 것을 의미한다. 미국의 경우 주로 흑인을 대상으로 부동산 에이전트가 이주 가능한 주택의 정보를 제공하지 않는 관행이 있었다. 만약 근린지구로 거주자들이 원하지 않는 주택 구매자가 이주해 옴으로써 초래될 수 있는 주택 가격 하락 및 주택 매매 중개 수수료 감소를 부동산 에이전트가 원하지 않기 때문이다. 따라서 부동산 에이전트에게 있어 가장 안전한 방법은 동질적인 유형의 가구로 구성된 근린지구가 유지될 수 있도록 기존 거주자들과는 비동질적인 유형의 가구가 근린지구로 이주해 오는 것을 막는 것이다. 스티어링은 주로 중산층 백인 근린지구를 대상으로 행해지는 경우가 많았다.

사회적 게이트키퍼로서의 부동산 에이전트의 두 번째 관행으로 블록버스팅(blockbusting)이 있다. 소수민족(인종) 가구가 저소득층 백인 근린지구로 이주해

옴으로써 백인 거주자의 이주를 촉진시키기 위해 부동산 에이전트가 고의적으로 주택 매매가를 낮추는 관행을 블록버스팅이라고 한다. 예를 들어 흑인 가구가 백인 근린지구로 이주해 오면 백인 거주자는 주택을 하락한 가격에라도 팔고 이주하려고 할 것이며, 부동산 에이전트는 백인 거주자의 주택을 하락한 가격에 구입하여 백인 근린지구에 이주해 오고자 하는 흑인 가구에게 훨씬 더 높은 가격에 판매하여 주택 매매 중개 수수료의 이득을 보고자 할 것이다. 블록버스팅은 주로 저소득층 백인 근린지구를 대상으로 행해지는 경우가 많았다(Knox & Pinch, 2010).

다음은 사회적 게이트키퍼로서의 주택금융 관리자에 대해 논하면 다음과 같다. 주택금융 관리자는 주택금융 대출 및 배분 결정권을 지니고 있으며, 위험을 최소화하기 위해 가구의 소득 안정성을 기반으로 주택금융 대출 시 신용도 평가를 한다. 위험을 최소화하기 위해 주택금융 관리자는 주택금융 대출 시 소득 안정성이 높은 화이트칼라, 즉 사무직 가구를 선호하는 경향을 지닌다. 사회적 게이트키퍼로서의 부동산 에이전트와 마찬가지로 주택금융 관리자는 주택금융 대출 및 배분 결정권을 지님으로써 건조환경의 사회적 생산에 영향을 미친다. 주택금융 대출과 관련하여 주택금융 관리자가 위험도가 높은 지역이라고 인지하고 있는 근린지구를 지정하여 대출 결정의 근거로 사용하였는데, 이러한 관행을 레드라이닝(redlining)이라고 한다. 레드라이닝은 소수민족(인종), 여성 가장 가구, 사회적 소외집단에 대한 편견이 작용한 것이다. 레드라이닝 관행으로 인해 주택금융 대출을 받지 못하는 가구들로 구성된 도심 지역의 근린지구는 부동산 가치가 하락하며, 물리적 쇠퇴화, 낙후화, 슬럼화가 더욱 심화된다.

6. 젠트리피케이션

젠트리피케이션은 도심의 과거 노동자 계층 근린지구로 중산층 이상의 가구가 이주해 오면서 쇠퇴한 도심 지역에 고급 주거 및 상업 지역이 형성되는 현상을 의미한다. 상대적으로 부유한 사회집단의 유입을 통해 쇠퇴하는 도심 환경

그림 6-9 미국 도시에서의 지대격차 발생에 관한 닐 스미스의 모델

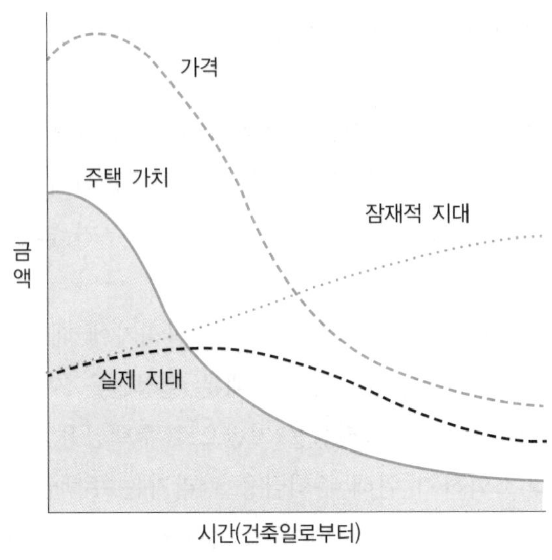

출처: Smith(1996, 65).

의 개조 및 재생을 가져오는 젠트리피케이션으로 인해 주택가격이 상승하게 되며, 도심 내 신 상가가 형성되고, 도시 정부 입장에서는 조세 재원이 확대된다. 한편, 젠트리피케이션을 발생시키면서 이주해 오는 사회집단을 젠트리파이어(gentrifier)라고 한다.

젠트리피케이션 발생 요인으로 ① 경제적 요인, ② 문화적 요인, ③ 정치적 요인을 들 수 있다. 첫 번째, 경제적 요인과 관련된 이론이 닐 스미스(Neil Smith)의 지대격차이론(rent gap theory)이다([그림 6-9]). 지대격차이론에 따르면 도심에 위치한 주택이 현재 지니는 실제 지대(actual rent)와 재개발 이후에 지닐 수 있는 잠재적 지대(potential rent) 간의 차이인 지대격차가 가장 크기 때문에 젠트리피케이션이 발생한다는 것이다. 개발업자 또는 주택 공급 업자의 입장에서 본다면 도심 재개발 후의 고급 주거 지역에 대한 중산층 이상 가구의 수요만 충족된다면 도심의 노후화된 주택을 저렴하게 구입하여 재개발한 후 비싼 가격에 주택을 공급함으로써 이윤을 많이 얻을 수 있다는 것이다. 또한 지대격차이론에 따르면 도심에서의 지대격차가 교외에서의 지대격차보다 더 크기 때문에 도심에서

젠트리피케이션이 발생한다는 것이다. 지대격차이론은 주택 공급 측면에서 개발업자 입장에서 지대격차라는 경제적 요인으로 젠트리피케이션 발생 요인을 설명하고자 한 것이다. 또한 지대격차이론에 따르면 젠트리피케이션은 교외로의 자본 이동이 도시로 회귀한 것이다(Smith, 1996).

두 번째, 문화적 요인과 관련하여 데이비드 레이(David Ley)는 포스트모던 사회로의 문화적 변동과 함께 새롭게 형성된 사회집단으로서의 여피족(yuppies)의 등장을 젠트리피케이션 발생 요인으로 보았다. 여피족은 젊으면서도 도시풍의 전문직 종사자 집단을 의미한다. 레이의 주장에 따르면 포스트모던 사회가 되면서 포스트모던 문화적 감수성을 지닌 여피족이 등장한 것이 젠트리피케이션을 가져온 주요 요인이라는 것이다. 포스트모던 문화적 감수성을 지닌 여피족은 역사, 휴먼스케일, 민족(인종)적 다양성, 건축적 다양성이 깃든 도심을 주거지로 선호한다는 것이다. 레이는 교외지역의 단조로운 생활양식에 대한 대안적 생활양식을 추구하는 여피족의 도심지역으로 재진입을 젠트리피케이션의 발생 요인으로 보았던 것이다. 또한 여피족은 후기산업사회에서 급속히 성장하고 있는 생산자 서비스업에 주로 종사하여 경제적 여유가 있는 전문직 종사자 및 새로운 중산층으로서 직장이 주로 도심에 위치하는 경우가 많기 때문에 직장과 가까운 도심 주변 지역을 주거지로 선호한다는 것이다(Ley, 1996). 더 나아가 여피족의 경우 딩크(DINK, double income no kids)족인 경우가 많은데, 딩크족의 경우 자녀가 없기 때문에 주거지 선정 시 자녀를 위한 교육 환경의 질이 중요하지 않다. 북미 도시의 경우 자녀를 위한 교육 환경의 질은 일반적으로 도심보다 교외가 더 높게 나타난다. 따라서 여피족이면서 딩크족인 경우 주거지로서 직주근접도 및 문화적 다양성 측면에서 교외보다 도심을 주거지로 선호한다는 것이다.

세 번째, 정치적 요인은 부수적인 요인으로서 도시 정부는 젠트리피케이션으로 인해 조세 재원이 확대되는 장점이 있기 때문에 개발업자에 대한 인센티브 제공 등을 통해 젠트리피케이션 발생을 유도한다는 것이다. 급속한 인구, 상업, 공업, 고용의 교외화로 인해 조세 재원이 급격히 감소하였던 기업가주의(entrepreneurialism) 도시 정부로서는 젠트리피케이션 및 재도시화를 반대할 이유가 없다는 것이다.

젠트리피케이션을 발생시키는 요인들 중에서 경제적 요인과 문화적 요인의 상대적 중요도에 대한 격렬한 논쟁이 있어 왔다. 젠트리피케이션에 대한 기존 연구 결과로부터 분명히 알 수 있는 바는 바로 경제적 요인 및 문화적 요인의 상대적 중요도는 도시마다 다르게 나타난다는 점이다. 한편, 젠트리피케이션의 장점으로는 쇠퇴해져 가는 도심의 물리적 환경의 개선 등을 들 수 있다. 반면에 젠트리피케이션의 단점으로는 도심의 원주민의 경우 대부분 빈곤층 또는 소외계층 가구가 주를 이루는데, 젠트리피케이션으로 인해 퇴거당하는, 즉 둥지 내몰림 현상이 나타난다는 것이다. 북미 도시의 경우 점이지대에 해당하는 도심 주변 지역의 주택 가격이 가장 낮은 점을 감안해 볼 때, 젠트리피케이션으로 인해 퇴거당하는 저소득층 원주민의 경우 도시 내에서 거주 가능한 지역이 더욱 축소되어 나타난다는 도시사회지리적 함의를 지닌다.

읽을거리 6-1 세계도시는 리모델링 중: 뉴욕

그림 6-10 뉴욕 맨해튼의 재개발 지역과 임대료 수준

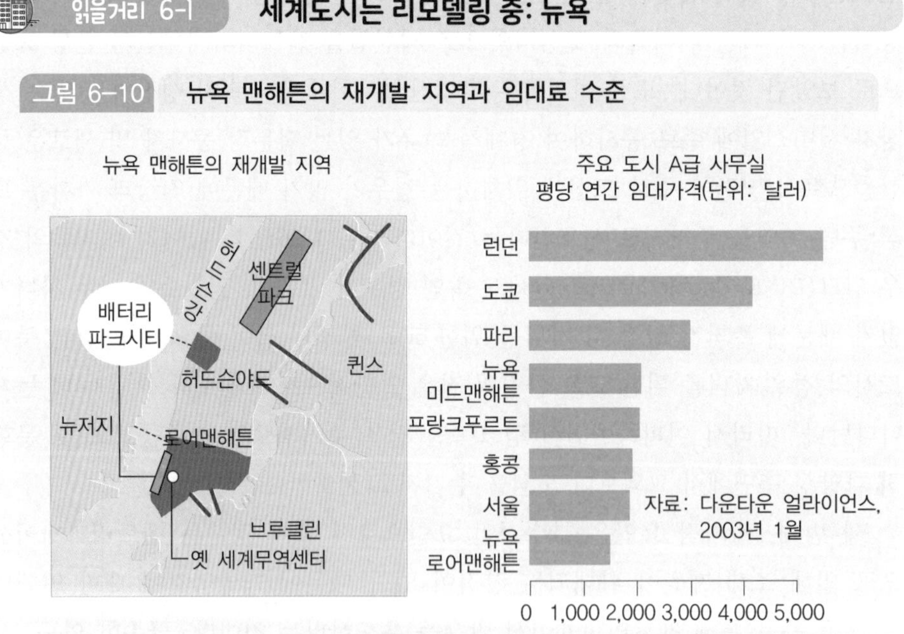

맨해튼 섬 남쪽 끝부분인 로어맨해튼은 뉴욕의 탄생지다. 17세기 초 네덜란드 이민자들이 여기 처음 자리 잡고 뉴암스테르담이라 이름 붙였다. 이곳의 길은 아직도 좁고 구

불구불하다. 돈을 좀 모은 네덜란드인들은 좁은 길과 낡은 집을 떠나 다른 지역으로 갔다. 빈 자리를 새 이민집단이 채우고, 그들도 형편이 나아지면 빠져나갔다. 대대로 저소득층이 사는 낙후 지역이 된 것이다. 그런 로어맨해튼 곳곳에서 90년대 중반부터 스톤 스트리트 같은 지구 활성화와 재개발이 한창이다.

로어맨해튼의 일부인 소호(Soho)의 의류 공장 · 창고 지대는 1970년대에 싼 임대료와 널찍한 공간을 찾는 실험예술가들의 주거 겸 작업장으로 바뀌었다가 지금은 벤처 · 광고 · 디자인 회사들과 고급 아파트가 혼재한 고급 지역으로 탈바꿈하는 중이다.

출처: 중앙일보, 2003년 12월 2일.

7. 도시재생

(1) 도시쇠퇴

공간적 관점에서 도시쇠퇴(urban decline)는 ① 도심쇠퇴(city centre deprivation), ② 주변부쇠퇴(peripheral deprivation), ③ 도심 및 주변부 혼합쇠퇴(mixed city centre and peripheral deprivation)로 유형화할 수 있다(OECD, 1998). 임준홍 등(2009)은 도시 스케일에서의 도시쇠퇴를 분석하였을 뿐만 아니라 도시의 중심지역인 중심시가지(도심)의 쇠퇴에 대한 분석을 시도했다. 이영성 등(2010)은 우리나라 도시의 쇠퇴 정도를 평가 · 비교함으로써 전국적인 도시쇠퇴 실태와 경향을 파악하고자 했다. 다양한 공간적 스케일에서 도시쇠퇴를 이해할 필요가 있으며, 도시적 차원, 동 · 읍 차원, 도시 내 지구(district) 차원에서 도시쇠퇴의 현상적 실태를 확인할 필요가 있다. 여기서 지구 차원이란 쇠퇴가 진행되는 동질적인 공간을 의미하고, 현상적 실태란 개별 필지, 건물, 업수, 거주가구의 단위에서 나타나는 구체적인 쇠퇴 양상을 말한다(김광중 등, 2010).

도시쇠퇴에 대한 이해는 도시지리학, 도시사회학, 도시계획학 등 학문 분야별로 관점에 따라, 또는 연구자가 소속된 국가의 도시적 여건에 따라 가변적이며, 도시쇠퇴에 대한 단일하고 보편적인 개념적 정의는 내리기 어렵다(김광중,

2010). 원론적으로 도시쇠퇴란 도시 전체 또는 도시의 부분 지역이 어떤 원인에 따라 시간이 지나면서 상태가 악화되는 현상을 의미한다고 할 수 있다. 즉, 쇠퇴는 시간적 상대성을 전제로 하는 개념이라고 말할 수 있다.

도시쇠퇴의 원인을 거시적 원인과 미시적 원인으로 구분해 볼 수 있다. 거시적 원인은 도시 전체 차원에서의 쇠퇴에 영향을 미치는 지역적, 국가적, 지구적 요인이고, 미시적 원인은 도시 내 특정 지구의 쇠퇴 과정에 영향을 미치는 내부적 요소다. 도시쇠퇴 개념은 국가에 따라 여러 가지 의미로 사용되고 있는데, 이너시티(inner city)에서 발생하는 경우도 있고, 몇몇 유럽 국가에서는 교외 지역에 있는 공동주택단지 또는 사회주택단지에서 발생하는 경우도 있다(권용일 · 임준홍, 2009).

도시쇠퇴는 도심쇠퇴, 산업쇠퇴, 재래시장쇠퇴, 도시차원의 쇠퇴로 구분될 수 있다(박병호 · 김준용, 2010). 도심쇠퇴는 도시 내 역사 · 문화의 중심지이자 업무 · 행정 · 상업 중심지로서의 도심의 기능이 쇠퇴하는 것이다. 도시차원의 쇠퇴는 도시 내 특정 지역의 쇠퇴 경향을 넘어서 다양하고 복잡한 원인에 의해 도시 전체가 쇠퇴하는 것이다. 도시쇠퇴와 도심쇠퇴는 서로 다른 공간적 스케일에서 나타나는 쇠퇴 현상인 것이다.

도시재생사업단(2010)은 우리나라 도시쇠퇴와 재생 잠재력을 진단할 수 있는 지표를 이용하여 전국 84개 도시의 쇠퇴 실태를 조사하였으며, 전국 도시 중 상대적으로 쇠퇴가 심한 도시들을 추출했다. 박병호 · 김준용(2009)은 우리나라 중소도시들을 대상으로 쇠퇴 수준을 비교 · 분석하였으며, 권용일 · 임준홍(2009)은 대구 · 경북 광역 경제권에 한정지어 도시쇠퇴의 특성을 연구했다. 도시 전체적으로 보면 도시는 성장하고 있으나, 도시 내부의 특정 지역은 쇠퇴하고 있는 경우가 종종 관찰되고 있으며, 도시 전체적으로는 쇠퇴하지만, 특정 지구의 쇠퇴가 더욱 심각하게 나타나는 경우도 있다(이희연 등, 2010). 보다 적합한 도시재생 방안이나 정책을 수립하기 위해서는 개별도시의 특성에 따른 도시의 쇠퇴를 진단하고 쇠퇴의 공간 패턴에 대한 분석이 필요하다.

도시쇠퇴는 상주인구 감소, 물리적 쇠락, 하위 계층의 공간적 집중 등의 특성을 지닌다(이상대, 1996). 도시쇠퇴는 다양한 학문 분야에서 접근될 필요가 있는 개념이며, 시간적 변화가 고려되어야 하는 개념이다. 동태적이고 상대적인 도시

쇠퇴라는 개념을 한마디로 정의하는 것은 어렵지만, 도시쇠퇴는 인구의 감소, 인구의 노령화, 경제적 활력의 저하 등 사회 · 경제적 여건이 다른 도시에 비해 상대적으로 낙후된 상황이라고 규정할 수 있다(이인희, 2008).

권용일 · 임준홍(2009)은 정량적 지표로 상주인구와 종사자 인구(전 산업 종사자 수의 합)가 계속해서 감소하고 있는 도시를 쇠퇴 도시로 정의하고 있다. 도시는 인구 · 사회, 산업 · 경제, 물리적 환경이라는 세 영역으로 나눠 볼 수 있다. 일반적으로 한 지표만 나쁘다고 도시가 쇠퇴했다고 단정하기 어렵기 때문에, 도시쇠퇴는 세 영역의 종합적인 부진으로 정의할 수 있다(이영성 등, 2010).

일반적으로 도시쇠퇴란 도시전체 또는 도시 내 일부 지역이 어떤 원인에 따라 시간이 지나면서 상태가 악화되는 현상을 의미한다(김광중, 2010). 도시쇠퇴를 상주인구의 감소, 고용인구의 감소, 노후 건축물의 증가 등으로 인해 인구 · 경제 · 물리적 여건이 상대적으로 쇠퇴된 상황이라 규정할 수 있다. 박병호 · 김준용(2009, 2010)은 복합쇠퇴지수를 이용하여 쇠퇴 지역을 구분하였으며, 이영성 등(2010), 이희연 등(2010), 이소영 등(2012)은 요인분석이라는 다변량 분석기법을 통해 복합쇠퇴지수를 이용하여 쇠퇴 지역을 파악했다.

(2) 도시재생

도시재개발(urban renewal)이라는 개념은 1940년대에 처음 등장했다. 도시재개발 과정에는 기존 건물을 철거한 후 형태적 · 기능적 개선을 기반으로 도시를 재구조화하는 것이다. 따라서 도시재개발이라는 개념은 부정적인 도시 개입으로 해석되었고, 1980년대에는 도시르네상스(urban renaissance)라는 용어가 도시재개발 대신 사용되기도 했다. 도시재개발의 대표적 사례로 런던 도크랜드(Docklands) 개발을 들 수 있다. 경제적 개선, 새로운 일자리 창출, 보다 많은 주거 기회를 제공하기 위해 런던 도크랜드 개발 공사(LDDC: London Docklands Development Corporation)가 조직되었다. 도크랜드 개발의 주요 초점은 신산업, 신규 주택, 레크리에이션 시설을 창출함으로써 근린을 경제적으로 되살리는 것이었다.

도시재생(urban regeneration)이라는 개념은 쇠락한 근린지구를 대상으로 물리적 · 사회적 개선을 위한 포괄적인 도시 개입을 통해 새로운 도시구조를 창출하는 것으로 정의된다(Cowan, 2005). 도시재생의 대표적 사례로 워터프론트 토론토(Waterfront Toronto) 개발을 들 수 있다. 워터프론트 토론토 개발은 경제적 · 사회적 · 환경적 개선을 통해서 취업 기회 창출, 종합적 교통 네트워크 구축, 친환경적 수변 공간 조성 등을 위해 1999년에 시작된 대규모 도시재생 사례다.

한국에서의 도시재생 개념은 산업구조의 변화 및 신도시 · 신시가지 위주의 도시 확장으로 상대적으로 낙후되고 있는 기존 도시에 새로운 기능을 도입 · 창출함으로써 경제적 · 사회적 · 물리적으로 부흥시키는 것을 의미한다(장윤배, 2009). 국토교통부 도시재생사업단에 따르면 도시재생이란 산업구조 변화 및 신도시 위주의 도시 확장으로 상대적으로 쇠퇴하고 낙후된 구도시를 대상으로, 지역사회의 삶의 질을 향상시키고 도시경쟁력을 확보하기 위하여 물리적 정비와 함께 사회 · 경제적 여건을 재활성화 시키는 전반적인 활동을 의미한다. 도시재생이란 상대적으로 낙후된 도시지역의 물리적, 경제적, 사회적, 문화적 부흥을 의미한다(전경숙, 2011).

읽을거리 6-2 우리나라의 도시재생 정책

국내 도시의 2/3가 인구감소, 산업침체 등 쇠퇴가 심화됨에 따라, 도시재생에 대한 체계적인 계획 및 국가지원 등이 절실한 상황이다. 도시재생특별법 시행령 제20조에 따르면 쇠퇴지역 관련 3개 지표는 ① 인구: 최근 30년간 인구 최대치 대비 현재 인구가 20% 이상 감소 또는 최근 5년간 3년 이상 연속으로 인구가 감소, ② 산업: 최근 10년간 총 사업체 수 최대치 대비 현재 5% 이상 감소 또는 최근 5년간 3년 이상 연속으로 총 사업체 수가 감소, ③ 노후건축물: 전체 건축물 중 20년 이상 지난 건축물이 50% 이상이다. 이 3개 지표 중에서 2개 지표 이상의 요건을 갖춘 지역을 쇠퇴지역이라 말할 수 있다. 2014년 12월 기준 인구, 산업, 건축물 3개 지표 분석결과, 전국 3,479개 읍 · 면 · 동 중 2,239개소(64%)가 활성화가 필요한 지역(2개 지표 이상)으로 분석되었다([그림 6-11]). 주민참여형 도시재생에 대한 국가지원이 대선공약 및 국정과제로 채택됨에 따라 2013년 6월 도시재생특별법이 제정되어 주민 · 지자체 중심으로 쇠퇴도시의 재생계획을 수립하면 국가는 재정적 · 행정적 지원을 담당하는 법 · 제도 기반이 마련되었다. 2013년 12월에는 향후 10년간 도시재생에 대한 국가시책 등을 담은 '국가도시재생기본

방침(2014–2023)'이 수립되었고, 2014년 5월에는 도시재생이 시급하고 파급효과가 높은 13곳의 지역을 국가 도시재생 선도지역으로 지정했다.

우리나라 도시재생정책의 주요 내용은 ① 도시재생사업의 단계적 추진을 통한 전국적 확산, ② 주택도시기금 신설을 통한 도시재생사업 지원, ③ 지역주민 · 공동체 역량강화를 통한 근린 일자리 창출이다.

첫째, 도시재생사업의 단계적 추진을 통한 전국적 확산과 관련하여 세부 내용으로는 ① 선도지역 13개 지역(산단, 항만, 역세권 정비 및 복합개발 등을 통한 고용기반 창출을 위한 경제기반형 2개 지역, 생활권 단위의 생활환경 개선 및 골목경제 살리기 등을 위한 근린재생형 11개 지역)에 대해 성공적 도시재생 모델 확립, ② 선도지역 사업의 초기성과를 토대로 2016년부터 매년 35개 지역(경제기반형 5개 지역, 근린재생형 30개 지역) 내외에 대해 단계적으로 지원 확대가 포함되어 있다.

둘째, 주택도시기금 신설을 통한 도시재생사업 자원과 관련하여 세부 내용으로는 재정으로 지원이 곤란한 민간투자의 촉진 등을 위해 주택도시기금을 도시재생사업에 적극 활용하자는 것이다.

셋째, 지역주민 · 공동체 역량강화를 통한 근린 일자리 창출과 관련하여 세부 내용으로는 ① 도시재생사업의 주체인 주민의 도시재생역량을 강화하기 위한 교육프로그램 운영, 현장 활동가(코디네이터)의 육성 추진, ② 마을기업 · 협동조합 등 사회적 경제 조직을 도시재생사업 주체로 육성, ③ 주택개량사업, 지역자산특화사업, 예술가 작업공방 지원 등 자생적 사업추진이 포함되어 있다.

우리나라 정부는 2019년 기준 현재 국가균형발전과 관련하여 9대 핵심과제를 추진하고 있는데 그 중 하나가 도시재생 뉴딜 및 중소도시 재도약이다. 도시재생 뉴딜사업의 주요 내용은 ① 지역 맞춤형 뉴딜사업 활성화, ② 지역과 지역주민이 주도하고 상생하는 도시재생, ③ 지속가능한 뉴딜사업 기반 확립이다.

첫째, 지역 맞춤형 뉴딜사업 활성화와 관련하여 세부 내용으로는 ① 유휴 산업시설을 활용한 문화공간조성(문화재생), 한옥 등 건축자산을 활용한 건축재생 등을 통해 특화된 재생유도, ② 활력거점 역할을 하는 복합 앵커시설(도시재생어울림 플랫폼)을 조성하고, '도시재생 첨단산업 공간(도첨산단 등 활용)' 지정, ③ 쇠퇴한 마을을 대상으로 복지(헬스케어), 교통(스마트 주차), 문화(VR 관광정보), 주거(스마트홈), 안전(지능형 CCTV)의 스마트 솔루션을 접목하여 주민 생활편의 향상, ④ 사업비 조달이 어려운 저소득 · 고령층이 자율적으로 주택을 정비할 수 있도록 사업모델 마련 및 저리 기금 융자 실시, ⑤ 지진 등 예상치 못한 대규모 재난지역을 특별재생지역으로 지정하여 안전보강, 지역사회 복원 등 종합지원 착수가 포함되어 있다.

둘째, 지역과 지역주민이 주도하고 상생하는 도시재생과 관련하여 세부 내용으로는 ① 주민생활에 밀접한 소규모 사업은 지자체에 선정권한을 위임(대상사업 중 2/3 수준을 지자체 자체 선정), ② 주체별 · 사업단계별 교육 및 지자체 도시재생대학 활성화를 통한 실전형 교육을 시행하고, 우수 교육프로그램 확산, ③ 전문가와 주민이 함께 지역 수요 파악 및 계획을 수립 · 추진하는 '주민참여 컨설팅단'(공간, 지역공동체, 서비스디자인, 청년창업 등) 운영, ④ 도시재생 지원센터 등에 초기 사업비를 지원하여 풀뿌리 도시재생 경제조직을 육성하고, 예비 사회적 기업에 대한 지원 착수, ⑤ 현황조사 내실화, 종합계

그림 6-11 도시재생 선도지역

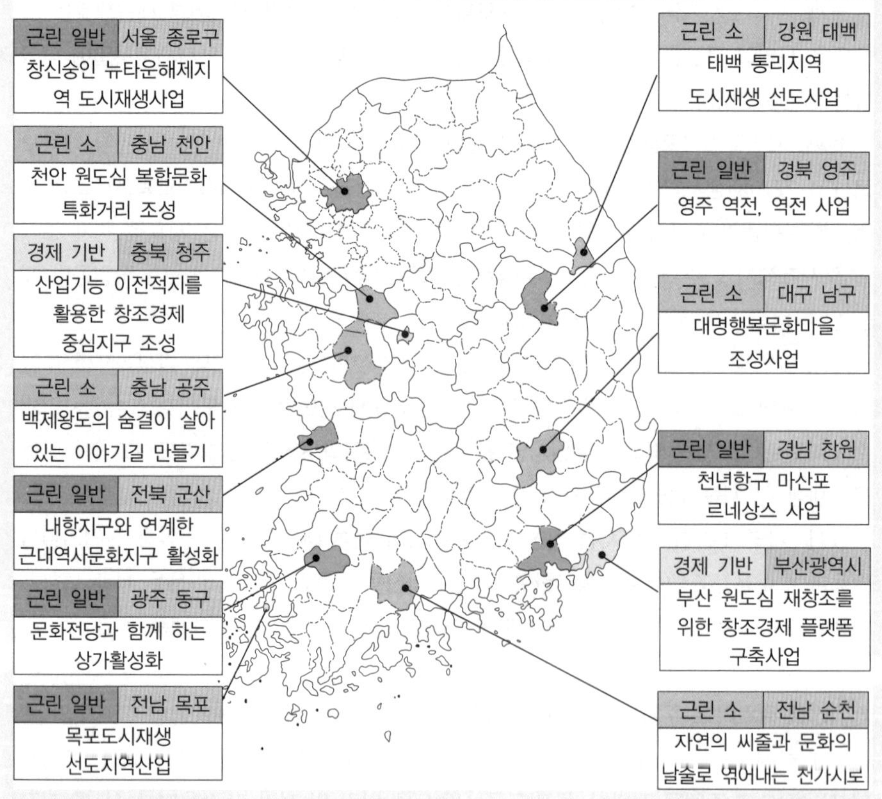

출처: 국토교통부 웹페이지.

획 수립, 분쟁조정, 계약갱신요구권 행사기간 연장 등 공공의 역할을 확대, ⑥ 임대인 · 임차인 · 지자체의 자발적 협력 유도를 위해 뉴딜사업 선정 시 가점 부여 등 상생협약 체결 활성화, ⑦ 기금 융자 등을 통해 기존 상인, 청년 창업자 등이 저렴하게 임차할 수 있는 임대료 안심공간(가칭 '공공상생상가') 조성 지원이 포함되어 있다.

셋째, 지속가능한 뉴딜사업 기반 확립과 관련하여 세부 내용으로는 ① 향후 5년간의 추진계획인 '(가칭)뉴딜 로드맵'을 마련, 이를 바탕으로 10년 단위의 국가전략인 국가 도시재생 기본방침 정비, ② 변화한 지역여건, 포용성 · 균형성 등 새로운 도시 이념 등을 반영하여 '도시재생특별법'도 개정(쇠퇴기준 정비, 주민제안사업 도입 등), ③ 소규모 주택정비사업 및 주택 개량, 상가 리모델링, 산단 재생 등 도시재생 맞춤형 금융지원의 지속적 확대가 포함되어 있다.

도시쇠퇴 지역에서의 도시재생 활성화 및 지원에 관한 특별법 시행령(2013)에 의하면, 도시재생이란 인구의 감소, 산업구조의 변화, 도시의 무분별한 확장, 주거환경의 노후화 등으로 쇠퇴하는 도시를 지역 역량의 강화, 새로운 기능의 도입 · 창출 및 지역 자원의 활용을 통하여 경제적 · 사회적 · 물리적 · 환경적으로 활성화시키는 것을 말한다. 도시재생전략계획으로 도시재생활성화지역을 지정하려는 경우에는, ① 인구가 현저히 감소하는 지역, ② 총 사업체 수의 감소 등 산업의 이탈이 발생되는 지역, ③ 노후주택의 증가 등 주거환경이 악화되는 지역이라는 3개의 요건 중에서 2개 이상의 요건에 해당하는 지역으로 규정하고 있다.

이나영 · 안재섭(2014, 18)은 문화적 도시재생을 "지역의 장소성에 바탕을 두고 지역주민들의 관심과 참여를 촉발하고 문화를 통해 지역 주민의 삶의 질 개선과 적극적인 주민참여를 최우선시한 자생적 도시재생 전략"으로 정의하고 있다. 도시재생을 발생시키는 요인으로 물리적, 공간적, 경제적 요인이 중요시되어 왔으며, 최근에는 문화적 요인 등의 연성적 요인도 중요시되고 있다(전상인 등, 2010).

선진국에서는 하향식 개발을 특징으로 하는 그리고 로컬 커뮤니티와 주민의 참여를 배제한 과거의 행정 주도의 도시재개발 개념 보다는 상향식 개발을 특징으로 하는 그리고 로컬 스케일에서의 파트너십과 사회자본 형성을 기반으로 하면서도 로컬 커뮤니티와 주민의 적극적 참여를 포함하는 주민주도의 도시재활성

그림 6-12 우리나라의 도시쇠퇴 현황(2014년 12월 기준)

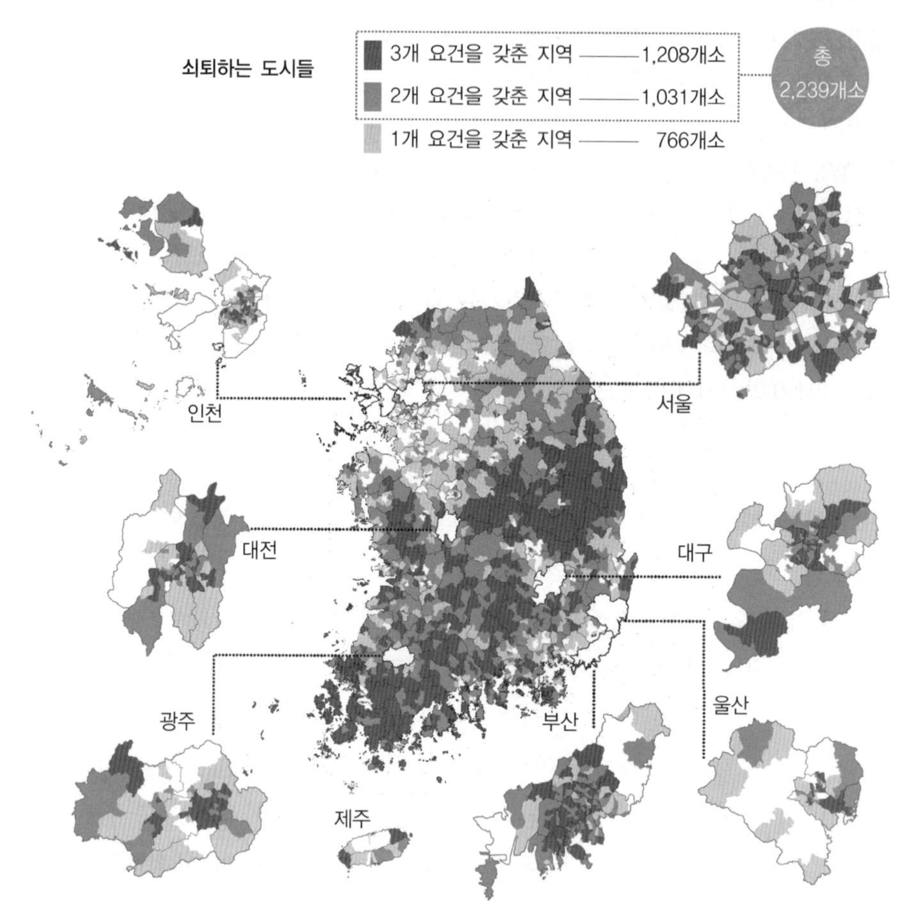

주: 도시재생특별법 시행령 제20조에 따른 쇠퇴지역 관련 3개 요건(지표)

① 인구: 최근 30년간 인구 최대치 대비 현재 인구가 20% 이상 감소 또는 최근 5년간 3년 이상 연속으로 인구가 감소

② 산업: 최근 10년간 총 사업체 수 최대치 대비 현재 5% 이상 감소 또는 최근 5년간 3년 이상 연속으로 총 사업체 수가 감소

③ 노후건축물: 전체 건축물 중 20년 이상 지난 건축물이 50% 이상

출처: 국토교통부 웹페이지.

화 개념을 강조하고 있다. 즉, 과거의 도시재생 사업들이 로컬 커뮤니티의 실질적 요구 및 참여를 담보하지 못함으로써 도시경제의 재활성화가 지속가능성의

측면에서 한계에 봉착하였다고 본 것이다. 또한 이는 과거 선진국의 도시재생 프로그램의 하향식 또는 중앙집권식의 정책이 실제적으로는 도시 커뮤니티를 분열시키는 등의 폐단에 대한 시민의 항의가 증폭되었다는 점과도 관련이 있다(류연택, 2009).

도시재생과 밀접히 관련되어 있는 개념이 바로 젠트리피케이션이다. 젠트리피케이션이란 도심의 과거 노동자 계층 근린지구로 중산층 또는 상류층이 이주해 오는 현상을 의미하며, 도심의 빈곤층 또는 소외계층 가구의 퇴거(displacement)를 동반한다(Knox & McCarthy, 2005; Knox & Pinch, 2010; 정현주, 2005). 즉, 젠트리피케이션은 대도시의 노후한 주택이나 근린지구로 중산층 이상의 전입자 이주로 인해 기존 저소득층의 원점유자들이 주변지역으로 밀려나고 새로 전입한 이주자들로 인해 낙후된 근린이나 주택이 고급화되는 과정인 것이다. 젠트리피케이션은 선진국뿐만 아니라 개발도상국 또는 저개발국의 기존 도심을 포함한 대도시에서도 나타나고 있으며, 도시재구조화, 세계화, 신자유주의 도시정책과 복잡하게 얽혀있는 현대 도시의 보편적인 도시 변화 양상이라 할 수 있다.

기존의 한국 도시의 도시재생 사업은 로컬 커뮤니티 또는 주민의 참여를 배제한 행정주도의 하향식 조직체계 구축 및 전략을 통한 도시의 물리적 환경 개선 및 정비에만 초점을 두어 온 것이 사실이다. 지속가능한 또는 장기적으로 성공적인 한국 도시의 도시재생이 이루어지기 위해서는 로컬 스케일에서의 커뮤니티 및 주민의 자생적이고도 적극적인 참여와 도시재생 사업 참여 주체 간의 다양하면서도 역동적인 파트너십 및 네트워킹 형성을 통한 로컬 스케일에서의 사회자본 축적과 주민주도의 상향식 조직체계 구축 및 전략 수립이 절실히 필요하다는 것이다.

한국의 지역사회 개발을 위해서는 커뮤니티 활성화 프로젝트 수행에 유리한 지역사회의 문화자원, 관광자원 등 장소마케팅 요소의 유형 및 활용 가능성에 대한 분석, 지역사회 발전 주체로서의 커뮤니티 파트너십 센터 설립을 위한 추진체계 및 정부 지원 평가체계 분석, 로컬 커뮤니티 활성화를 위한 조직과 중앙정부 기관과의 효율적 연계 방안 분석이 선행되어야 할 것이다.

향후 한국의 도시재생 사업은 로컬 스케일에서의 자생적인 사회자본 및 파트너십 형성과 주민의 참여를 강조하는 도시 커뮤니티 재활성화에 초점을 맞추어야 한다고 본다. 도시 커뮤니티 개발 참여주체들 간의 상호호혜적인 파트너십 형성과 중앙정부-지방정부-개발업자-대학-시민단체-커뮤니티 단체 간의 역동적인 네트워킹이 바탕이 되었을 때 지속가능하면서도 시너지 효과를 발휘할 수 있는 도시의 지역사회 개발이 성공적으로 이루어질 것으로 본다.

지속가능하고도 성공적인 도시재생 및 진정한 도시 지역사회의 개발을 위해서는 커뮤니티 수준에서의 다양한 에이전트 간의 파트너십 형성 및 네트워킹이 필요하며, 특히 커뮤니티 단체를 포함한 지역사회 주민의 참여와 임파워먼트(empowerment: 권한 부여)를 착근하는(embedded), 그리고 지역사회 주민이 진정으로 원하는 지역사회 개발이 무엇인가에 대한 고민이 필요한 때다. 로컬 스케일에서의 커뮤니티 활성화와 로컬 거버넌스를 바탕으로 하여 더 광역적인 스케일에서의 지역발전 및 국토균형발전으로의 긍정적 파급효과가 절실히 필요한 때이며, 과거의 지역개발의 전형과는 다른 상향식의 지역개발을 통하여 '시민의 도시' 또는 '주민을 위한 커뮤니티'를 만들어 갈 때다.

|참|고|문|헌|

권용일 · 임준홍, 2009, "대구경북 광역경제권에 있어서 도시쇠퇴의 특성과 영향구조 분석에 관한 연구," 부동산학연구, 15(2), 97-111.

김광중, 2010, "한국 도시쇠퇴의 원인과 특성," 한국도시지리학회지, 13(2), 43-58.

김광중 · 박현영 · 김예성 · 안현진, 2010, "도시 내 지구차원의 쇠퇴실태와 양상," 한국도시지리학회지, 13(2), 27-42.

도시재생사업단, 2010, 도시쇠퇴 실태 자료 구축 및 종합시스템 구축.

류연택, 2009, "도심 재활성화를 위한 사회자본 및 파트너십 형성," 한국경제지리학회지, 12(1), 38-55.

박경환 · 류연택 · 정현주 · 이용균 역, 2012, 도시사회지리학의 이해, 시그마프레스(Knox, P. and Pinch, S., 2010, *Urban Social Geography: An Introduction*, 6th edition, Prentice Hall, New York).

박병호 · 김준용, 2009, "우리나라 중소도시의 쇠퇴유형 분석," 한국도시지리학회지, 12(3), 125-137.

______, 2010, "복합쇠퇴지수를 활용한 지방도시 동태적 쇠퇴유형 연구," 지역연구, 26(2), 3-17.

이나영 · 안재섭, 2014, "서울 서촌지역의 문화적 도시재생 활동에 관한 연구," 한국도시지리학회지, 17(1), 15-27.

이상대, 1996, 서울시 도시내부시가지 쇠퇴현상의 진단에 관한 연구, 서울대학교 대학원 박사학위논문.

이소영 · 오은주 · 이희연, 2012, 지역쇠퇴분석 및 재생방안, 한국지방행정연구원.

이영성 · 김예지 · 김용욱, 2010, "도시차원의 쇠퇴실태와 경향," 한국도시지리학회지, 13(2), 1-11.

이인희, 2008, 우리나라 중소도시 쇠퇴실태와 특성, 충남발전연구원.

이희연 · 심재헌 · 노승철, 2010, "도시 내부의 쇠퇴실태와 공간패턴," 한국도시지리학회지, 13(2), 13-26.

임준홍 · 조수희 · 황재혁, 2009, 충청권 도시쇠퇴 특성과 재생 방향에 관한 연구, 충남발전연구원.

장윤배, 2009, 경기도형 도시재생 모델 구축 연구, 경기개발연구원.

전경숙, 2011, "광주광역시의 도시 재생과 지속가능한 도시 성장 방안," 한국도시지리학회지, 14(3), 1-17.

전상인 · 김미옥 · 김민영 · 최민정 · 김민희, 2010, "한국 도시재생의 연성적 잠재역량," 한국도시지리학회지, 13(2), 59-72.

정현주, 2005, "젠트리피케이션의 이론과 쟁점: 비교 연구를 통한 맥락적 분석," 지리교육논집, 49, 321-335.

하성규, 1995, 주택정책론, 박영사.

중앙일보, 2003년 12월 2일, "[세계 도시는 리모델링중] 2. 뉴욕"

국토교통부, http://www.molit.go.kr

국토교통부 도시재생사업단, http://www.kourc.or.kr

Ball, M. and Kirwan, R., 1977, Accessibility and supply constraints in the urban housing market, *Urban Studies*, 14, 11-32.

Bassett, K. and Short, J., 1980, *Housing and Residential Structure: Alternative Approaches*, Routledge & Kegan Paul, London.

Bourne, L., 1981, *The Geography of Housing*, V. H. Winston & Sons, New York.

Brown, L. and Moore, E., 1970, The intra-urban migration process: a perspective, *Geografiska Annaler*, 52B, 1-13.

Burgess, E., 1925, The growth of the city, in Park, R., Burgess, E., and McKenzie, R. (eds.), *The City*, University of Chicago Press, Chicago.

Clark, W., 1986, *Human Migration*, SAGE Publications, Beverly Hills, California.

Clark, W. and Onaka, J., 1983, Life cycle and housing adjustment as explanations of residential mobility, *Urban Studies*, 20, 47-57.

Cowan, R., 2005, *The Dictionary of Urbanism*, Streetwise Press, Tisbury, Massachusetts.

Forrest, R., 1987, Spatial mobility, tenure mobility, and emerging social divisions in the UK housing market, *Environment and Planning A*, 19, 1611-1630.

Hoyt, H., 1939, *The Structure and Growth of Residential Neighbourhoods in American Cities*, Federal Housing Administration, Washington D.C.

Johnston, R., 1974, *Urban Residential Patterns: An Introductory Review*, G. Bell, London.

Kaplan, D., Holloway, S., and Wheeler, J., 2014, *Urban Geography*, 3rd edition,

Wiley, New York.

Knox, P. and McCarthy, L., 2005, *Urbanization: An Introduction to Urban Geography*, 2nd edition, Prentice Hall, Upper Saddle River, New Jersey.

Knox, P. and Pinch, S., 2010, *Urban Social Geography: An Introduction*, 6th edition, Prentice Hall, New York.

Ley, D., 1996, *The New Middle Class and the Remaking of the Central City*, Oxford University Press, Oxford.

OECD, 1998, *Integrating Distressed Urban Area*.

Pacione, M., 2009, *Urban Geography: A Global Perspective*, 3rd edition, Routledge, New York.

Palm, R., 1978, Spatial segmentation of the urban housing market, *Economic Geography*, 54(3), 210-221.

Smith, N., 1996, *The New Urban Frontier: Gentrification and the Revanchist City*, Routledge, London.

|추|천|문|헌|

박경환 · 류연택 · 정현주 · 이용균 역, 2012, 도시사회지리학의 이해, 시그마프레스 (Knox, P. and Pinch, S., 2010, *Urban Social Geography: An Introduction*, 6th edition, Prentice Hall, New York).

Bassett, K. and Short, J., 1980, *Housing and Residential Structure: Alternative Approaches*, Routledge & Kegan Paul, London.

Bourne, L., 1981, *The Geography of Housing*, V. H. Winston & Sons, New York.

Knox, P. and McCarthy, L., 2005, *Urbanization: An Introduction to Urban Geography*, 2nd edition, Prentice Hall, Upper Saddle River, New Jersey.

Knox, P. and Pinch, S., 2010, *Urban Social Geography: An Introduction*, 6th edition, Prentice Hall, New York.

Smith, N., 1996, *The New Urban Frontier: Gentrification and the Revanchist City*, Routledge, London.

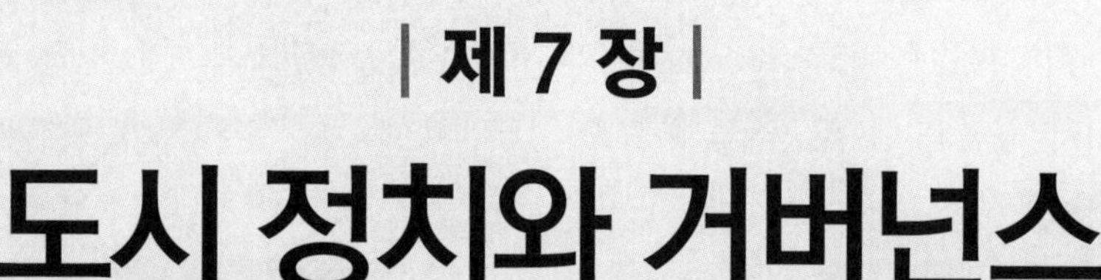

| 제 7 장 |

도시 정치와 거버넌스

– 박경환 –

1. 도시와 정치
2. 도시 정치의 주요 이론
3. 도시정부의 역할과 한계
4. 도시 거버넌스의 변천: 미국의 사례
5. 1970년대 중반 이후의 현대 도시 거버넌스: 기업가주의와 신자유주의

제 7 장

도시 정치와 거버넌스

1. 도시와 정치

모든 도시는 공공성을 전제로 한다. 일부 토지나 건물이 사적으로 소유되기도 하지만, 도시는 사적 공간만으로는 존립할 수 없다. 왜냐하면 도시의 내부 시스템이 유지되기 위해서는 모든 주민들이 이용하는 공공 부문이 필요하기 때문이다. 이런 공공 부문에는 우선 도로와 지하철, 전력, 통신, 가스, 상 · 하수도 등의 인프라(사회간접자본)와 보육, 교육, 보건, 의료, 복지 등 각종 공공 서비스가 포함된다. 또한, 이를 유지하기 위해서는 각 업무를 담당하는 행정기구들이 설치되고 공무원(관료)이 고용되어야 하며, 이러한 행정기구 전체를 관리, 감독하는 시장이 선출되고 도시정부가 구성되어야 한다. 또한, 도시 내 행정기관 설립의 법적 근거와 이들이 준수해야 할 각종 조례를 제정하는 시의회가 구성되어야 한다. 무엇보다도 도시 주민들은 이러한 공공 부문의 재정을 충당하기 위해 세금을 납부할 뿐만 아니라, 투표, 공청회, 위원회, 캠페인 등 다양한 직 · 간접적 소통 체계를 통해 도시정부의 정책 방향에 의견을 제시한다.

위와 같이 도시 정치란 도시의 공공성을 둘러싸고 이에 직 · 간접적으로 영향을 미치는 모든 인간 및 제도적 행위자 간의 협력과 경쟁, 갈등과 타협 등의 정치적 관계를 총칭하는 용어다. 도시 정치라고 하면 우리는 흔히 시청, 구청, 동사무소나 시의회 등 공공기관을 떠올리지만, 도시정부는 도시 정치를 구성하는 하나의 제도화된 공식 부문 중 하나일 따름이며 이외에 기업 및 사업가, 각종 협회와 이익단체, 엘리트 전문가 집단, 시민사회단체 등 다양한 행위자들이 도시 정치에 참여한다. 이러한 도시 정치의 행위자들은 도시의 공공성이 무엇을 지향해야 하며 이를 위해 토지, 자본, 노동 등 도시의 자원을 어떻게 동원할지를 결정한다. 따라서 도시 정치에서는 행위자 간의 권력 관계가 가장 핵심적인 문제다. 왜냐하면 도시의 주요 의사결정에 대한 권력이 누구에게 있는지, 권력에 참여하거나 이를 견제하는 집단은 누구인지, 도시의 자원은 어떻게 집중 또는 분배되어야 하는지, 도시의 바람직한 미래는 어떤 모습이어야 하는지 등 도시 정치의 주요 이슈는 모두 권력 관계 속에서 접근되어야 하기 때문이다.

역사적으로 볼 때 아테네와 로마와 같은 고대도시에서부터 중세 유럽의 도시나 근대 산업도시에 이르기까지 모든 도시의 정치는 도시 내부에서 종교적, 정치적 또는 경제적 권력을 가진 특정 집단이 지배해왔다. 그러나 20세기 후반 이후 고도로 압축적인 글로벌화 과정으로 인해 도시 외부의 행위자들이 도시 정치에 미치는 영향력이 크게 증대됨에 따라, 각 도시 내부의 로컬 행위자들이 주도하던 의사결정의 방식과 내용이 역동적으로 변모하고 있다. 특히, 전통적으로 도시 정치에서 가장 강력한 행위자였던 중앙정부와 도시정부의 역할이 점차 쇠퇴하는 반면, 국제적, 지역적 노동 분업의 양상에 따라 초국적 자본과 거대 기업이 도시에 미치는 직접적 영향이 급속히 커지고 있다. 또한, 정치적 민주주의의 제도적 기반 확대 속에서 각종 비정부기구, 시민사회단체, 지역 커뮤니티 단체 등 시민사회 부문이 미치는 도시에의 영향력도 점차 확대되고 있다.

이런 점에서 오늘날 도시 정치는 정부의 역할과 제도만을 강조하기보다는 정부를 포함한 여러 관련 행위자(이해관계자)들이 도시를 유지, 조정, 관리, 계획하는 의사결정체계에 초점을 두는데 이를 도시 거버넌스라고 한다. 도시 거버넌스는 ① 도시의 물리적, 사회적 특성, ② 도시 내 로컬 서비스의 양과 질 그리고 서비스 공급의 효율성, ③ 도시 유지에 소요되는 비용과 도시가 지닌 자원의 분배, ④ 도시정부의 의사결정에 참여할 수 있는 주민의 접근성과 역량 등에 영향을 미친다(Slack and Côté, 2014). 특히, 현대 도시는 경제 성장의 공간적 결과일 뿐만 아니라 국가 및 지역 성장의 엔진으로서 일자리와 사회 서비스를 창출하는 구심점이기 때문에 도시 거버넌스의 중요성이 더욱 커지고 있다. 또한, 많은 도시에서는 신자유주의적 정책이나 모빌리티 향상에 따른 초국가주의 현상으로 사회·공간적 이질성이 증대되어 계급, 인종·민족집단, 젠더, 세대, 문화, 정치 성향, 시민권 등을 둘러싼 도시 내부의 갈등이 발생하고 때문에, 도시 거버넌스는 이러한 다양한 집단 간 갈등과 대립을 조정, 예방하고 도시의 사회적 통합을 유지하는 데에 중요한 역할을 한다. 도시 거버넌스가 제대로 작동하지 않으면 범죄, 빈

그림 7-1 **도시 거버넌스에 참여하는 주요 행위자**

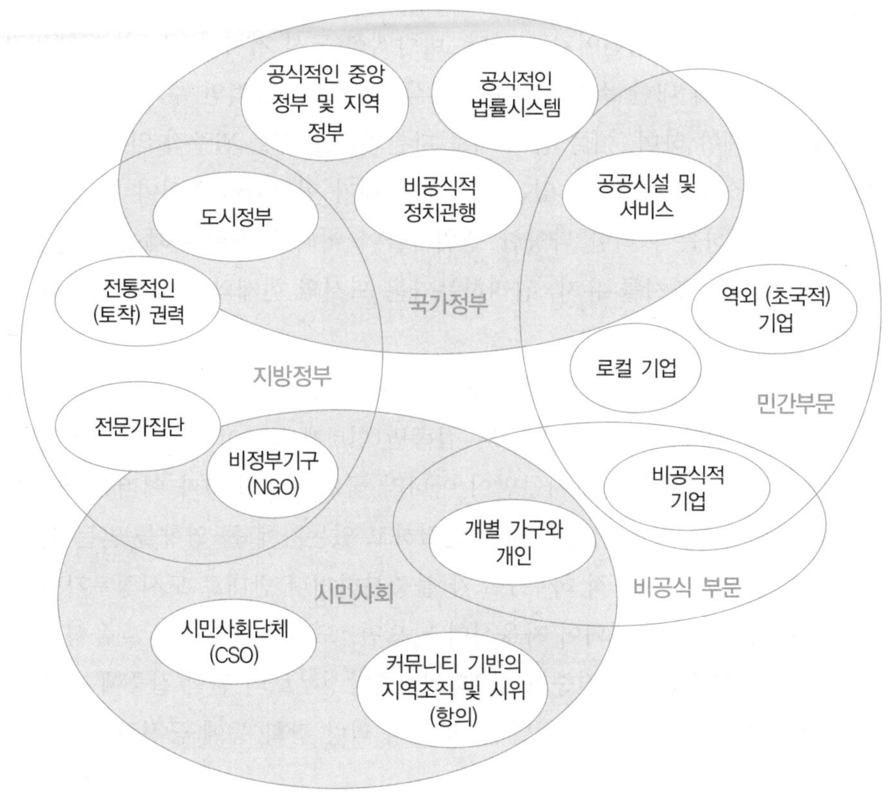

출처: Brown(2015, 5).

곤 등 각종 도시문제가 증가하고, 비공식 경제 규모가 증대되며, 사회적 갈등에 따른 각종 비용이 증가하여 도시의 지속가능한 성장이 어렵게 된다.

[그림 7-1]에서 보는 바와 같이 도시 거버넌스에 참여하는 여러 행위자들은 크게 ① 중앙정부와 지역(광역권)정부를 비롯한 국가정부, ② 도시정부, 관료 및 전문가집단, 비정부기구 등을 포함하는 지방정부, ③ 도시 주민과 도시 내·외부의 기업체를 포함하는 민간부문, ④ 각종 시민사회단체나 이익집단 또는 커뮤니티 조직을 포함하는 시민사회, ⑤ 개별 가구와 개인을 포함한 사적 영역과 아울러 정부의 법적 규제가 미치지 못하는 주변화된 지하경제 등 비공식 부문의 5개 행위자 집단으로 범주화할 수 있다(Brown, 2015; GSDRC, 2016). 이들은 각 집단

의 목표와 이해관계에 따라 상호 대립하여 갈등이 발생하기도 하지만, 도시의 공간적 범위 내에서 공존해야 하는 까닭에 도시의 안정과 발전을 위해 상호 협력해야 하는 도시 공동체 구성원이기도 하다. 바람직한 도시 거버넌스는 참여 행위자들이 도시 공동체에 대한 소속감과 주인의식을 갖고 능동적인 주체로서 거버넌스 구성에 참여해야 하며, 이들 간의 서로 다른 이해관계를 민주적 의사결정과정을 거쳐 협상, 조절, 관리할 수 있는 제도적 토대가 형성되어 있어야 한다. 도시 거버넌스를 형성하는 이러한 다양한 행위자들이 어떠한 협력 관계를 형성하고 얼마나 효율적으로 도시를 유지, 관리하는가는 도시의 현재와 미래에 중대한 영향을 끼친다.

도시 거버넌스의 효율성을 결정짓는 주요 요인에는 크게 4가지가 있다(Brown, 2015). 첫째, 도시-국가 간의 접촉면(인터페이스)이다. 도시 거버넌스의 효율성은 도시 내부의 행위자들만이 아니라 국가(중앙정부)가 어떠한 관점에서 도시를 주변 지역 및 국가의 발전과 연결하고 있는가에 큰 영향을 받는다. 도시를 국가와 연결하는 제도적 하부구조가 불충분하거나 반대로 도시정부가 중앙정부에 의해 강력하게 통제되어 자율성이 낮으면, 도시 거버넌스의 효율성도 낮다. 대체로 도시정부로의 탈집중화(분권화)는 중앙정부로의 권력 집중에 비해 민주주의, 시민 참여, 경제 성장 및 발전, 도시의 역량 강화 등에 긍정적인 영향을 미친다.

둘째, 도시의 자치 역량이다. 자치 역량은 도시가 스스로 계획, 관리하고 재정을 충당할 수 있는 능력으로서 도시 거버넌스에서 가장 중요한 요소다. 도시의 자치 역량에는 계획 및 관리 역량, 재정 역량, 인적·행정적 역량, 서비스 전달 역량이 포함된다. 도시정부는 도시의 하부구조와 사회 및 경제를 잘 계획하고 유지, 관리할 수 있는 역량을 갖추어야 하지만, 개발도상국의 많은 도시들은 기술 및 자원의 부족으로 이를 충족하지 못하고 있어 심각한 도시문제에 직면해 있다.

셋째, 민간부문의 역할이다. 민간부문은 도시의 성장 및 경제발전과 깊이 관련된 이해관계자다. 민간부문은 고용을 창출할 뿐만 아니라 도시 하부구조의 계획, 유지, 관리 및 공공서비스 공급에도 관여한다. 도시정부는 국가적, 세계적 경제 환경 변화에 능동적으로 대처하기 위해 지역이 보유하고 있는 기술, 자원 및 아이디어를 결합해서 도시 경제를 추동하는 로컬경제발전(LED) 전략이나 민관협력(PPP)의 방식으로 민간부문과 협력하고 있다.

마지막은 정치체계와 제도다. 도시 거버넌스는 법률과 공공기관 등 여러 제도의 수립 및 실행 그리고 이를 통한 정부의 의사결정과 집행에 영향을 받는다. 이는 정치적 대표의 선출과 역할, 도시정부의 조직과 책임, 각종 법률의 입법 등을 포함하는 공식적 제도뿐만 아니라 개인, 집단, 정부 등 다양한 행위자 간의 상호작용에 작동하는 관습과 규범 등 비공식적인 제도까지도 포함한다.

2. 도시 정치의 주요 이론

(1) 엘리트주의이론

엘리트주의이론(elitist theory)은 1953년에 미국 애틀랜타를 사례로 도시 권력의 구조를 분석했던 플로이드 헌터(Floyd Hunter)의 연구에 근거를 둔다. 엘리트주의적 도시에서는 피라미드형 권력 구조에서 최상위를 차지하는 소수의 집단이 도시 내의 모든 중요한 의사결정을 담당한다(Hunter, 1953). 이들은 지역의 토착 재력가와 유력 사업가 그리고 이들과 결탁한 직업 정치인들로 구성되는데, 이들의 지지나 후원이 없이는 도시의 주요 의사결정이 이루어질 수 없다. 이들은 도시 내 권력의 기층을 이루고 있기 때문에, 시장 등의 정치인들은 비록 주민 투표에 의해 선출됨에도 불구하고 이러한 강력한 리더들의 후원에 의존한다. 도시 내 대중은 이러한 시역 내 권력 관계를 자발적으로 용인하며 정치적으로 수동적인 경향을 띤다. 이는 이러한 엘리트 집단의 리더십이 표면적으로 대중의 이익을 추구하므로, 일반 대중들은 이들의 지배에 만족하는 경향을 띠기 때문이다.

엘리트주의이론에 대해 제기된 핵심 질문은 엘리트 집단의 리더십에 대한 대중의 동의와 용인이 과연 자유롭고, 자발적이며, 양심적인 의사결정의 결과인가라는 점이다. 왜냐하면 이는 엘리트 집단의 공모와 결탁이 도시 대중의 반대 의견을 조직적으로 억압함으로써 나타난 권력의 결과일 수도 있기 때문이다. 이처럼 엘리트 집단이 도시 내부의 정치적 반대자들을 의도적으로 억압함으로써 도시 정치를 지배한다고 보는 견해를 신(新)엘리트주의이론(neo-elitist theory)이라고 한다. 1970년대에 부상한 신엘리트주의이론은 다원주의 이론에 반발하면서 비록 도시 정치의 의사결정과정이 피상적으로는 다원적이라고 할지라도, 엘리트 집단은 의사결정과정의 외부에서 주요 의제와 이슈를 선점, 통제함으로써 지배적 영향력을 발휘한다고 보았다. 즉, 엘리트 집단은 직접적으로 의사결정을 하지는 않지만 도시 정치에서 무엇을 쟁점화할 것인지를 주도하는 '비결정적 권력(non-decision power)'이라는 것이다(Bachrach & Baratz, 1970). 신엘리트주의이론에 따르면, 도시 권력으로서 엘리트 집단은 정치적 지배에 반대하는 집단을 다음의 세 가지 방식으로 제거한다(Knox, 2011).

① 반대자들로 하여금 엘리트 집단의 보복을 두려워하게 하거나 자신의 요구를 주장하는 것이 무익하다는 것을 깨닫게 만듦

② 반대자나 약자의 정치적 요구에 대해 유의미한 대응을 하지 않는 방식. 주로 반대자들이 의견을 개진해서 결론에 도달하기까지 제도적으로 절차상 거쳐야 하는 위원회나 조사 과정을 어렵게 만들거나 장기화하게 만듦

③ 반대파의 의견이나 변화에 대한 요구가 개인의 자유나 도시의 경제 발전을 위협한다는 여론을 유포시킴으로써 대중의 가치, 신념, 의견을 조종함(지역 언론의 영향력이 각별히 중요하기 때문에 엘리트 집단은 지역 언론으로 하여금 대중이 안정적인 문제라고 생각하는 이슈에 집중하게 만듦으로써 특정 집단의 요구나 불만을 불식시킴)

(2) 다원주의이론

1960년대에 부상한 다원주의이론(pluralist theory)은 엘리트주의이론과 정반대로 주로 커뮤니티 집단들의 역할에 주목하면서, 권력이란 도시 내의 여러 집단에 분산되어 있으며 사안이나 시기에 따라 다양한 이해 관계자들이 관여한다고 본다. 다원주의이론의 주창자였던 미국의 정치학자 로버트 달(Robert A. Dahl)은 코네티컷의 뉴헤이븐을 사례로 하여, 도시 정치에서 사업가와 고학력층은 상대적으로 주변적이어서 어떤 하나의 집단이나 계급이 지배하는 것은 아니라고 주장했다(Dahl, 1956; 1961). 오히려 그는 도시 정치의 의사결정이 도시 내 유권자,

커뮤니티 집단 및 다양한 이익집단 간에 넓게 분산되어 있음을 강조했다. 즉, 도시의 권력 집단은 다양하고 자율적이며 비위계적인 집단들로 구성되어 있고, 엘리트주의이론이 강조하는 엘리트 재력가나 사업가는 여러 집단 중 일부에 불과하다.

결국, 다원주의이론은 권력의 구조란 본질적으로 경쟁적이기 때문에 다양한 사람들이 참여하며, 다양한 엘리트 집단들은 대중의 지지를 획득하기 위해 민주주의의 원리에 따라 경쟁한다고 이해한다. 또한, 노동자와 노동조합은 기업가 집단에 대해, 소비자들은 소매업자에 대해, 세입자들은 지주와 건물주에 대해 권력의 작동을 상쇄하면서 도시 내의 정치에서 일정한 균형을 유지한다. 뿐만 아니라 사람들은 두 개 이상의 집단에 중층적으로 소속되어 있기 때문에 집단 간에 활발히 상호작용을 하며 로컬 정치에서 관용과 절제를 실천하게 된다(Hall & Barrett, 2018). 한편, 다원주의이론은 시대별로 지배적 집단들이 달라져왔다는 점을 토대로 미국 도시 정치의 생애 주기를 다음과 같이 4가지의 시대로 구분, 설명하는 데에 적용된다(Knox, 2011).

① 부유한 귀족 계급(patricians)의 과두정치가 지배했던 중상주의 도시 시대
② 산업도시 초기에 유럽 이민자 출신의 신흥 사업가 집단이 이른바 우두머리와 기구 정치(machine politics)를 통해 부유한 지주와 상공업자로 구성된 기존의 엘리트 집단을 대체했던 시대
③ 19세기 말부터 20세기 초반까지의 이른바 혁신주의(progressivism) 시대로서 신흥 중산층과 사업가로 구성된 이익집단들이 권력의 토대를 장악했던 시대
④ 1920년대 이후 평민 출신의 직업 정치인들이 부상했던 시대로서 미국 도시 정치의 다원주의를 이용하여 일단(一團)의 동맹세력을 구축했던 시대

(3) 조합주의이론

조합주의 모델(corporatist model)은 권력이란 노동조합, 지역 커뮤니티 집단, 사업가 협회 등의 민간 조직들과 도시정부의 여러 기관 간의 공생 관계에 기반을 두되 도시정부가 주도적인 역할을 담당한다고 이해한다(Streeck, 1983; Cawson,

1986). 도시의 민간 조직들은 도시의 여러 기능에 대해 어느 정도 독점적 권한을 갖는 이익단체들인 경우가 많으며, 이들은 도시정부의 정책에 협조하는 대가로 자신들의 이익을 반영하거나 요구한다. 민간 조직들은 도시정부의 여러 기관에서 이사회의 이사로 활동하거나 면허, 보조금, 특허 등과 관련된 위원회의 위원으로 지명되어 활동하면서 공식적 의사결정과정에 적극적으로 참여하여 영향을 끼친다. 반대로 도시정부는 민간 조직들이 도시정부의 방침에 협조하고 자신들의 요구를 다소 양보하거나 도시의 공익 캠페인에 기여하는 대가로 이들에게 일정한 권위를 부여하여 요구 사항을 반영한다. 조합주의 관점은 사회란 분절화된 다수의 사회경제적 조직체들로 이루어져 있다고 이해하며, 이런 조직체들을 휘하에 거느린 직업 정치인들이나 기술관료(테크노크라트)가 자신들의 권력과 권위를 점차 확대, 편입해 나간다고 파악한다.

(4) 성장연합이론

1970년대까지 도시 정치의 기반이 되었던 다원주의적 관계는 1980년대 이후 도시 경제의 재구조화 과정으로 인해 집단 간 이익의 충돌과 다자적 갈등으로 인해 불안정하게 되었다. 노동계급은 인종 · 민족집단에 따라 파열되었고, 중산층 간에도 도시 성장의 속도에 대한 이해관계가 복잡해졌다. 또한, 공간적으로는 기존 중심도시(구도심)의 상업적 이익과 교외지역 개발업자 및 주민의 개발 이익 사이에 충돌이 발생했으며, 민간부문에서도 대기업과 중소기업 간의 이익이 빈번하게 상충했다. 결과적으로 도시 정치는 비구조적이고 불안정하며 초(超)다원주의적 권력 관계를 특징으로 하게 되었고, 다양한 이익집단들이 제한된 행위 속에서 각기 제한된 이익을 추구하게 되었다. 행위자들 간의 연합은 그 자체로서 응집력이 강하거나 장기간 지속되기보다는 대체로 도시의 현안을 중심으로 단기적이고 임시적으로 작동하는 경향을 띠게 되었다.

미국의 사회학자 하비 몰로치(Harvey Molotch)가 1976년의 논문에서 처음으로 제안한 성장연합(growth coalition) 개념은 위와 같이 선진국 도시들의 경제 재구조화와 사회 · 공간적 분절화에 따른 변동을 설명하기 위해 고안되었다. 성장연합이란 어떠한 비용을 감수하고서라도 도시의 성장을 추구하려는 도시 내 행위자들의 연합을 일컫는다(Molotch, 1976). 본래 장소는 삶의 토대로서 사용가치를 지니면서도 부의 축적 수단으로서 교환가치를 동시에 지닌다. 토지나 건물의 임대료에 의존하는 사업가들은 장소를 생산수단으로 하여 생산을 통해 이윤을 축적하는 자본가와 달리 장소의 교환가치를 통해 이윤을 축적한다. 따라서 이들은 자기 소유의 부동산 인근에 도로 확충을 요구하거나 소비, 교육, 문화 관련 시설을 유치함으로써 장소의 교환가치를 극대화하고자 한다.

나아가 1987년 존 로간과 하비 몰로치(John Logan & Harvey Molotch)는 이러한 임대사업자들을 이른바 '장소 사업가(place entrepreneur)'라고 정의하고, 이들은 로컬 정치인, 지역 언론, 인프라 공급업자 등과의 연합을 통해 도시 성장을 추구함으로써 자산의 교환가치를 증대시키려 한다고 비판했다. 특히, 토지와 건물을 소유한 임대사업자와 투자자 집단 등 부동산 가치의 유지와 증식이 자신의 이해와 직결되어 있는 행위자 집단이 도시 성장을 추구하기 위해 이해관계를 함께 하는 다른 이익집단과 연합을 형성한다고 보았다(Logan and Molotch, 1987). 성장연합에 참여한 행위자들은 도시의 성장을 일종의 공공재로 인식한다. 성장연합에 참여한 권력집단은 토지 개발이나 정부 예산에 대해 영향력을 발휘하면서 도시 정치에 영향을 미친다. 이들은 도시 내 현안에 따라 대립하기도 하지만, 대체로 도시의 성장을 추구하기 위한 조직과 제도를 함께 구성하여 '왜 성장해야 하는가'의 문제보다는 '어떻게 성장할 것인가'의 문제에 몰두한다.

성장연합이론은 주로 북아메리카 도시에 관한 연구에 바탕을 두면서, 엘리트 계급, 토착 권력집단, 지주, 임대사업자, 금융업자와 투자자, 공공 서비스 공급업자, 정부 관료 등이 형성하는 연합에 주목한다. 성장연합의 구심점은 주로 카리스마를 갖춘 지역사회의 정치인이나 지도층이며, 이들은 관련된 이해 관계자들과 함께 도시 개발을 적극적으로 추진하고 외부 자본의 유치를 강조한다. 지역 언론 또한 도시정부에 대해 비판적인 역할을 하기보다는 오히려 이러한 성장연합에 적극적으로 참여하여 공모 관계를 형성한다.

성장연합이론에는 두 가지 약점이 있다. 첫째, 도시 정치에 참여하는 행위자들의 다양성을 충분히 설명하지 못하며 이들 간의 복잡한 권력 관계를 간과한다. 둘째, 도시 정치를 주로 성장연합을 추구하는 집단과 이에 반대하는 집단으로 이분법적인 관점에서 접근하기 때문에 일반 대중이 성장연합에 적극적으로 참여하는 것을 설명하지 못한다. 이는 성장연합이론이 권력 및 권력 관계의 본질을 충분히 문제시하지 않기 때문이다. 이에 비해 레짐이론은 권력이 창출되는 과정에 초점을 두고 도시 정치가 작동하는 방식의 복잡성에 초점을 둔다.

(5) 레짐이론

레짐이론(regime theory)에 따르면, 도시의 권력은 하나의 집단이 전유하기에는 매우 분절, 분산되어 있기 때문에 도시 정치에 참여하는 집단들은 특정한 목적을 달성하기 위해 서로 협력할 수밖에 없다(Stone, 1989; 1993). 즉, 도시 정치는 여러 이익집단들이 형성하는 느슨한 연합인 이른바 '레짐'에 기반을 두며, 도시정부의 관료는 레짐에 참여한 핵심 집단들에 일정한 혜택이나 정책적 수혜를 보장함과 동시에 자신의 권력을 추구한다고 이해한다. 이처럼 레짐이란 '공적 이익과 사적 이익을 동시에 추구하기 위해 통치적 의사결정을 내리고 수행하기 위해서 기능하는 비공식적 협력 체제'다. 레짐이론은 도시 정치가 다양한 유형의 레짐을 특징으로 하며 이는 각기 상이한 목적을 지닌 여러 집단들로 구성되어 있다고 이해한다.

레짐은 여러 집단의 이익이 서로 그물처럼 뒤엉켜 있어서 특정 사안에 대해 정책적 목표를 달성하는 과정에서 형성되는데, 자원의 동원 역량을 갖춘 정부조직과 자원을 지닌 민간 이익집단 간의 연합이 일반적으로 나타난다. 레짐에 참여한 모든 행위자들이 똑같은 결과를 원하지 않더라도, 이들은 이러한 연합의 구성원으로 남는 것이 이익이 된다고 생각한다. 또한, 서로 적대적인 집단들이라고 하더라도 상대방이 원하는 유인책을 선택적으로 제시함으로써 레짐에 동참한다. 개발을 지지하는 일반 대중 또한 투표권 행사나 지역의 사회단체 가입을 통해 레짐에 참여한다.

레짐은 도시의 경제적 조건이 변화하거나 레짐에 참여하는 행위자들의 역학관계가 달라지기 때문에 다양한 유형으로 나타난다. 대체로 현대 사회의 레짐은 글로벌화의 경향으로 인해 관광업 등을 추구하는 외부 지향적 세력, 글로벌 도시 기능을 유치하여 이익을 얻으려는 도시정부, 그리고 중앙정부 기구와 같이 상위 레벨의 정치 행위자로 구성된 새로운 '글로벌 성장연합'의 형태를 띠고 있다. 자신들의 도시를 국제적 관광 명소로 마케팅하는 것, 역사적 유산에 대해 국제 공인 타이들을 획득하는 것, 국제기구나 중앙정부의 공공기관을 유치하려는 것 등이 이러한 레짐의 결과로 나타나고 있다. 탈산업화에 따른 사회경제적 변화가 가속화되고 기존의 계급이나 민족집단의 분열과 더불어 새로운 사회정치적 집단들이 형성됨에 따라, 도시 레짐은 매우 복잡하고 변덕스러워지고 있다(Knox, 2011).

한편, 클라렌스 스톤(Clarence Stone)은 ① 미국 도시들의 레짐을 새로운 개발을 추구하기보다는 현재의 상태를 유지하려는 현상유지(maintenance) 레짐, ② 도시의 쇠퇴를 방지하고 개발을 추구하는 개발(development) 레짐, ③ 개발에 따른 다양한 결과를 추구하면서도 환경 파괴와 같은 외부 불경제를 최소화하고자 하는 중산층 주도의 진보적(혁신적)(progressive) 레짐, 그리고 ④ 도시 내부에서 소외되거나 주변화된 집단에 대한 기회를 확대하고 그들을 향상시키려는 저소득층 주도의 기회확대(opportunity expansion) 레짐의 4가지 유형으로 구분한 바 있다(Stone, 1983). 레짐이론은 도시정부나 민간부문뿐만 아니라 개발과 관련된 연구소나 공기업 등 다양한 유형의 행위자들과 제도를 포함하고 있다는 점에서 기존의 성장연합이론이 지닌 경제중심적 관점의 한계를 극복하고 있다.

(6) 관리주의이론

관리주의(managerialism)이론은 도시정부의 역할이 주민들의 복지를 비롯한 공공서비스를 공급하고 관리하는 데에 있다고 이해한다. 관리주의 접근의 주창사들은 주로 중산층이 주도하는 신흥 교외지역에 주목하면서, 주택 관리자, 도시계획가, 주택협회 등의 도시 관리자 집단이 도시정부의 핵심적인 주체로 참여하면서 도시의 자원을 분배함에 있어서 핵심적인 게이트키퍼 역할을 한다고 보았다(Rex & Moore, 1967; Pahl, 1970; Williams, 1978). 이들은 도시 정책에 영향력을 행사하면서 빈곤층이나 소수민족집단이 중산층 주거지역으로 진입하는 것을 막고 중산층 주거지역에 더 많은 공공자금이 투자되도록 촉진하는 역할을 했다. 도시 관리자 집단은 내의 여러 집단에 대해 주택담보대출에 있어서 레드라이닝(red-lining) 등의 방법을 통해 특정 지역에 대한 성장과 쇠락에 결정적 영향을 끼친다고 보았다(김왕배 · 박세훈 역, 1996).

한편, 1977년 마뉴엘 카스텔(Manuel Castell)은 『도시 문제』라는 저술을 통해 1970년대 이후 자본주의 도시 형성의 일차적 원인은 도시정부의 집합적 소비(collective consumption)의 공급자로서의 역할에 있다고 주장하면서 마르크스주의적 관점에서 관리주의이론을 뒷받침했다. 카스텔은 후기 자본주의에서 도시정부의 주요 역할이 주택과 교통을 조직하고, 보건 서비스를 운영하며, 교육, 훈련, 연구시설 등의 집합적 소비를 제공함으로써 도시 자본주의 시스템을 관리하는 것이라고 보았다. 도시정부가 집합적 소비의 공급을 담당하는 이유는 노동력의 재생산에 필수적임에도 불구하고 민간 자본은 이러한 공공복지 부문의 이윤율이 낮기 때문에 투자를 기피하기 때문이다. 이런 점에서 도시는 인구와 자원이 집중되어 있기 때문에 자본주의에 필수적인 노동력 재생산에 소요되는 비용을 최소화할 수 있는 곳이다. 집합적 소비는 마르크스주의적 입장에서 자본주의 사회에서 산업 도시의 본질과 도시정부의 역할을 재조명하는 데에 기여했다.

(7) 기업가주의이론

기업가주의이론은 1980년대 초반 이후 (특히, 선진국에서) 도시의 성격이 기업가적으로 변모함에 따라 도시의 경제 성장 촉진과 외부의 민간 자본 유치와 일자리 창출에 초점을 두게 되었다는 점을 강조한다(Harvey 1989; Hall & Hubbard, 1996). 기업가적 도시(entrepreneurial city)는 관리주의 도시에 비해 복지 서비스와 집합적 소비의 공급자로서 도시정부가 담당해 온 전통적인 역할이 축소되었다는 점에 주목하는 개념이다. 기업가적 도시가 출현하게 된 배경은 각 도시에 대한 중앙정부의 재정 지원이 축소되기 때문에 도시정부가 자구적으로 재정 조달을 해야 하는 부담이 커지기 때문이다. 많은 도시들이 탈산업화를 경험함에 따라 도시정부의 재정적 압박이 가중되었다는 점도 또 다른 배경의 하나다. 이로 인해 많은 도시들은 기업가주의 정책을 채택하면서 전통적으로 민간부문의 역할이라고 간주되었던 경제 발전을 도시정부가 앞장서서 촉진하게 되었다.

그러나 도시정부를 관리주의 도시와 기업가주의 도시로 이분법적으로 구분하는 것은 과도한 일반화의 위험을 안고 있으며, 경험적 측면에서 이를 구분하는 것 또한 간단하지 않다. 오히려 많은 도시들의 경우 관리자적 기능과 기업가적 기능을 동시에 수행하고 있다. 그럼에도 불구하고 1980년대 이후 많은 도시들이 과거에 비해 민간부문과 훨씬 더 긴밀한 관계를 형성하면서 위험을 무릅쓰고 도시 성장을 추동하는 방향으로 이행해왔다. 특히, 미국 도시들의 경우 탈산업화로 인해 경제적 고통을 경험했던 러스트벨트의 도시들이 선벨트를 포함한 보다 부유한 지역의 도시에 비해 훨씬 더 기업가적이고 성장 추구적인 도시 정책을 취하고 있다.

3. 도시정부의 역할과 한계

(1) 도시정부의 역할

일반적으로 정부의 활동은 자본주의 사회에서 세 가지 역할을 수행한다 (Pacione, 2009). 첫째는 민간부문의 생산과 자본 축적을 향상, 지속시키는 것이다. 이를 위해 정부는 하부구조를 공급하고, 도시 계획이나 재개발 프로젝트 등을 통해 생산을 공간적으로 (재)조직하며, 교육이나 훈련을 통해 인적 자본에 투자하며, 공공사업 계약 등을 통해 시장을 안정화고 수요를 조절한다. 둘째, 정부는 민간부문을 대신하여 집합적 소비를 제공함으로써 자본주의에 필요한 노동력을 재생산한다. 공공 서비스는 대규모 자본이 필요하고, 지속적이고 안정적인 공급이 필요하고, 시장에 비해 이윤율이 낮으며, 회수에 상당한 시간이 걸리는 특징이 있기 때문에 도시정부가 공공기금을 투입하여 이를 공급, 관리한다. 공공 임대주택 보급이나 교통 보조금 지급 등을 통해 빈곤층의 생활 여건을 개선하거나 도서관, 공원, 미술관 건립 등을 통해 도시 주민들의 사회 · 문화적 어메니티를 향상시키는 것이 이러한 사례에 포함된다. 마지막으로 정부는 물리적 또는 이데올로기적 방식으로 사회의 질서와 응집력을 유지, 관리함으로써 축적체제를 수호한다. 정부는 이를 위해 경찰 서비스, 복지 프로그램과 사회보장 서비스, 학교나 시민 참여 계획 등의 정당화 행위를 한다.

한편, 중앙정부와 구별되는 도시정부만의 역할이 무엇인가에 대한 설명은 앞서 언급했던 도시 정치에 대한 여러 관점에 따라 상이하다. 우선, 엘리트주의 모델에 따르면 도시정부는 경제적, 사회적으로 지배 집단의 이익에 부응하기 위해 작동, 전용될 수 있는 제도이며, 반대로 하위계급에게 있어서 도시정부는 정치적 억압자이자 사업가들의 이익을 위한 도구로 간주되곤 한다.

둘째, 다원주의 모델에 따르면 도시정부는 도시 내 다양한 집단들의 요구 사항이 수렴되어 이에 반응하는 수동적인 제도다. 이에 따르면 도시정부는 특정 집단에 의해 장기간 포획, 조종될 수 없다. 따라서 다원주의에서는 도시정부가 억압적 기제이거나 수동적 도구가 아니라 조정자와 매개자에 가깝다.

셋째, 조합주의 관점에서 볼 때 정부는 도시를 구성하는 상이한 사회집단들과 이들의 이해관계를 연결시켜 조율하는 핵심적인 수단으로서, 도시의 공공성 유지를 위해 반드시 필요한 중재자다. 도시정부는 이들 집단이 자신의 목적을 달성하기 위한 공통의 수단이며, 도시 전체로 볼 때 도시정부는 지휘자와 같다.

넷째, 관리주의 관점에서 볼 때 도시정부는 공공 서비스를 공급하는 주체로서 도시정부를 위해 일하는 관료와 전문 기술자가 중시된다. 이는 막스 베버(Max Weber)가 말했던 19세기 근대화 과정에서 출현한 '관료 독재'에 근거를 두고 있다. 도시정부의 대표로 선출된 정치인들은 관료의 전문성에 의존하기 때문에, 일상적으로 도시정부는 관료에 의해 통제, 관리된다. 도시정부에서 일하는 공무원들의 전문가 이데올로기와 각 부서 내의 조직적 충성도는 도시정부의 활동에 결정적인 영향을 끼친다. 관료는 도시정부를 지배하는 정치인의 도시 정책 실행을 중개함으로써 사실상 게이트키퍼로서의 역할을 수행한다.

끝으로 구조주의 접근에 따르면 정부는 본질적인 의미에서 국가에 의존하지만, 계급 간 이해관계에 있어서 상대적 자율성을 갖고 정부 자체의 존립과 재생산을 위해 가급적 평형성을 유지하고자 한다. 가령, 도시정부는 기업의 이익을 보호하고 기업 투자를 촉진하며 기업을 유치하고자 하지만, 이와 동시에 노동 조건 및 환경을 감시·관리하고 기업의 불법적 행위에 제재를 가함으로써 노동자의 권익을 보장하고 향상시키고자 한다. 구조주의 관점에서는 도시정부가 이러한 개량주의 전략을 통해 노동계급의 협조와 동의를 얻어냄으로써 자본주의 체제를 관리, 수호한다고 본다.

(2) 도시정부의 역량에 영향을 미치는 요인

도시정부가 자신의 역할과 기능을 어떻게 그리고 얼마나 효율적으로 수행하는가에는 여러 요인이 영향을 끼치지만, 대체로 경제적 상태, 정치권력의 특징, 도시의 문화, 도시정부의 구조의 4가지 요인이 도시정부에 역량에 영향을 끼친다. 우선, 도시의 경제 상태는 도시정부의 세입 기반 및 재정과 직결되어 있기 때문에 도시정부에 큰 영향을 끼치는데, 이는 국가별, 지역별로 상이하다. 북아메리카의 도시들은 유럽과 달리 각 도시에서의 재산세와 소비세에 대한 의존도가 점차 증가하고 있다. 특히, 미국의 경우에는 국가 전체적으로 적용되는 일률적 세율이 없고 개별 도시들이 재산 평가액과 세율을 정할 수 있기 때문에, 각 도시는 경쟁적으로 기업을 유치함으로써 세입 기반을 늘리고자 한다. 유럽에서는 세입을 최대화하려는 미국의 도시들과는 달리 중앙정부의 영향력이 크기 때문에 도시 간의 재정적 격차가 적은 편이다. 그러나 최근 유럽에서도 신자유주의적 정책의 여파로 각 국가 내에서 교부금을 통한 균형 발전 전략이 쇠퇴하고 있기 때문에, 가난한 도시들의 경우 공공 서비스의 수준이 다른 도시들에 비해 점차 낮아질 것으로 전망되고 있다(Pacione, 2009).

둘째, 도시에서 지배적 이익을 공유하는 권력은 도시정부의 역할에 영향을 끼친다. 엘리트주의 이론에서는 도시정부의 주요 의사결정이 사업가나 산업계 출신의 경제 엘리트 간의 비공식적 합의에 의해 이루어진다고 본다. 따라서 도시 정책이 실행되는 단계 이전까지는 시장을 비롯해 관료와 전문가를 포함하는 도시정부의 공식적 의사결정자들은 주변적 행위자들에 불과하다고 주장한다. 반면, 다원주의 이론에서는 정치적 사안이나 시점에 따라 상이한 엘리트 집단이 지배한다는 점에 주목한다. 가령, 도시 정치에서 어떤 집단이 교육 정책에 강한 영향력을 발휘하더라도 도시 재개발과 관련된 사안에서는 영향력을 거의 발휘하지 못한다는 것이다. 따라서 엘리트주의에서 강조하는 기업가 집단은 다원주의 관점에서 볼 때 도시에 영향을 미치는 여러 엘리트 집단 중 하나에 불과하다. 한편, 성장연합 이론에 따르면, 유력 사업가, 공무원, 정치인 노동조합 등 도시 성장에 공통의 이익을 지닌 여러 집단이 광범위한 연합을 형성하여 도시 성장에 목표를 두고 도시정부에 영향을 끼친다. 또한, 레짐이론은 도시 내 현안을 해결하기 위해 로컬 기업가와 정치인 간에 형성되는 유동적으로 중첩된 동맹체들에 주목한다.

셋째, 도시정부의 역할이 무엇이어야 하는가에 대한 로컬 정치 문화도 도시정부의 정책 범위에 영향을 끼친다. 지역 사회의 커뮤니티가 적극적이거나 시민사회운동이 활발한 도시에서는 대체로 도시정부의 정책 행위의 범위가 최소한으로 제한되는 경향이 있다. 이런 도시에서는 개인 및 시민사회 영역이 민주주의에 기반을 두고 도시 정치를 주도하며, 도시정부는 시민사회의 여론, 이익집단의 요구 사항, 정치적 선거 공약 등에 대해서 전문화된 대안을 제시하는 역할만을 수행한다. 이와 반대로 시민사회의 목소리가 약하고 관료나 정치인의 권력이 막강한 도시에서는 관료주의 정치 문화로 인해 시민적 자유와 권리가 제한된다. 이런 도시에서는 도시의 의사결정이 민주주의적 방식으로 이루어지기보다는 특정 집단의 권력에 의존하는 경우가 많다.

넷째, 도시정부의 구조 그 자체가 도시정부의 효율성을 방해하곤 한다. 미국과 같이 대도시를 구성하는 각 도시정부들이 파편화된 곳에서는 대도시에서 효과적인 정책 행위를 수행하는 것이 어렵다. 특히, 대도시권의 경우 중심도시의 정부는 부유한 중산층이 거주하는 교외지역의 정부와 달리 저소득층이 집중되어 있기 때문에 정치적으로 고립되는 경향이 있다. 이런 상황에서 대도시권 내부에서의 공간적 재분배 정책은 지극히 제한적으로 이루어질 수밖에 없다. 또한, 공간적 파편화로 인해 부유한 교외지역 정부가 자신들의 용도구역(zoning)을 배타적으로 정하는 경우, 이런 행위가 퇴행적이고 비효율적임에도 불구하고 도시 민주주의의 측면에서는 이에 개입하는 것이 쉽지 않다. 한편, 공공선택 이론(public choice theory)의 입장에서 볼 때 대도시의 파편화는 효율성을 제고할 수 있는 바람직한 구조적 장치이기도 하다. 왜냐하면 이는 다수의 판매자(지방정부)들이 구매자(시민-소비자)를 유인하기 위해 여러 가격(세금)으로 다양한 상품과 서비스를 제공하고 다양한 소비자 취향에 호소하는 것이기 때문이다(소병희, 1998).

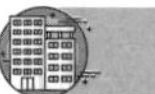

읽을거리 7-1 개발도상국의 도시 거버넌스: 킨샤사

사하라 사막 이남 아프리카에서 나이지리아의 라고스 다음으로 큰 대도시이자 콩고민주공화국의 수도인 킨샤사(Kinshasa)는 사하라사막 이남 아프리카 도시 중 거버넌스가 취약한 대표적 사례다. 1881년에 미국의 탐험가 헨리 스탠리는 당시 광범위한 콩고 분지를 지배했던 벨기에의 후원을 받아 탐험을 하면서 기존의 원주민 취락 근처에 식민 도시를 구축했다. 그리고 당시 벨기에 국왕인 레오폴드 2세를 기념해서 이 도시의 이름을 '레오폴드빌'이라고 했다. 킨샤사는 콩고 강 하류의 항구도시인 마타디를 광대한 내륙 지역과 철도로 연결하는 중요한 결절로 성장했다. 1923년 레오폴드빌은 벨기에 령 콩고의 수도가 되었고 독립 이후 킨샤사로 지명을 바꾸었다.

킨샤사는 1880년대 당시 인구가 3만 여명에 불과했지만 1960년에 독립할 즈음에는 40만 명으로 증가했다. 이러한 킨샤사의 빠른 성장에 불구하고, 많은 학자들은 벨기에 식민 정부의 킨샤사 통치를 주민에 대한 복지나 안전에 대한 투자가 거의 없었던 최악의 식민 통치 사례로 든다. 식민 정부는 유럽인 거주 구역에 투자를 집중했고 원주민 구역에는 도시 서비스를 전혀 제공하지 않았기 때문에, 1945년까지만 하더라도 원주민들은 인근 하천변의 열악한 환경에 거주했다. 제2차 세계대전 이후 도시 노동력 확보를 위해 노동자 주택 지구를 조성한 것이 유일한 예외였다.

1960년 독립 이후 킨샤사는 식민 통치 시대에 있었던 도시 거주 제한 정책이 철폐되어 지난 반세기 동안 연평균 인구 증가율이 10%를 넘었다. 이에 따라 독립 정부는 민간 투자와 더불어 킨샤사의 도시 문제를 해결하고자 공공 서비스에 막대한 투자를 감행했지만, 주택, 인프라, 일자리의 수요를 충족하기에는 역부족이었다. 1965년부터 1997년 사이 독재 정부의 부패와 실정, 그리고 1997년부터 2003년까지의 내전과 폭력으로 인해 도시 거버넌스는 사실상의 붕괴에 직면했다. 그러나 농촌 지역에서의 탈산업화, 기아, 불안정 등으로 인해 킨샤사로 인구 유입이 계속되어, 오늘날 킨샤사는 콩고민주공화국 전체 인구 8,500만 중 약 1,300만 명이 거주하는 대도시가 되었다. 킨샤사의 인구는 도시의 적정 인구 수를 넘어섰고, 제조업을 비롯한 기반 산업과 일자리가 부족하게 되었으며, 하부구조가 불충분한 상태에서 인구가 몰려들어 도시의 동서 방향으로 급속한 스프롤이 나타나게 되었다. 또한, 도시 인구 중 약 [illegible]%가 실업자로 추정되고, 주거의 질과 위생 상태는 열악하며, 특히 환경과 보건 문제는 심각한 수준이다.

킨샤사의 산업 또한 지난 30년 이상 계속 쇠퇴해 왔다. 내전으로 인한 폭동, 약탈, 폭력이 도시의 산업적 발전 역량을 후퇴시켰다. 음료수, 맥주, 담배, 직물, 비누, 성냥, 플라스틱, 신문용지 등의 값싼 소비재 경공업 상품의 생산량이 계속 감소하고 있다. 이에 따라 기초 생필품의 수급이 원활하지 않을 뿐만 아니라 생계를 위한 최소한의 일자리조차 줄어들고 있다. 이에 따라 많은 주민들은 정부의 거버넌스가 미치지 못하는 비공식 경제에 의존하고 있고, 도시의 물리적, 경제적 현황이 공식적으로 조사, 보고되지 않아서 '보이지 않는 도시(invisible city)'라고도 불린다. 일부 지리학자들은 킨샤사의 도시 전체 주택 중 75%가 주민이 자구적으로 만든 것으로 추정하며, 이 중 많은 가옥들이 조밀하게 엉겨 붙어 있어서 도로를 건설하는 것이 어려운 상태다. 이에 따라 킨샤사의 도로, 철도, 공항, 항만, 하천 교통, 교량 및 대중교통의 상태는 더욱 악화되고 있다.

2003년 내전이 종식되고 2006년 민주적 선거로 정치적 안정을 찾은 이후, 최근의 킨샤사에는 희망적인 변화가 나타나고 있다. 특히, 대중음악을 중심으로 한 예술 분야가 왕성하게 성장하고 있는데, 킨샤사의 많은 뮤지션들이 사하라사막 이남과 유럽에서 음반 차트의 상위권을 차지해왔다. 이들은 새로운 스타일의 음악과 댄스를 만들어 내면서 도시의 암울한 현실에 새로운 힘을 불어 넣고 있다. 또한, 도시 주민들은 생계를 유지하기 위한 노력의 일환으로 묘지 구역에서 작물을 재배하고 있고, 콩고 강의 말레보 호수를 매립해 거대하고 비옥한 경작지로 만들었다. 현재 80개 이상의 농민 조합이 이 거대한 도시 농업 지대를 자치적으로 관리, 통제하고 있다.

또한, 정부 당국은 킨샤사의 쇠락한 도심을 재생하기 위해서 중국, 인도, 파키스탄, 아랍에미리트, 잠비아 등으로부터 상당한 투자와 기술 인력을 유치하고 있다. 두 개의 인공 섬에 지어질 아파트 단지인 ('큰 강의 도시'를 의미하는) 씨떼 듀 플뢰브(La Cite du Fleuve)를 포함해 새로운 주택 단지들이 조성되고 있고, 이를 분양하기 위한 광고 표지판을 도시 곳곳에서 볼 수 있다. 일부 창의적인 예술가들은 킨샤사를 멀티미디어로 만들어진 도시로 상상한 작품을 내놓기도 했다. 그러나 이 도시의 미래는 부유층의 주택 단지나 화려한 광고보다는 말레보 호수를 농경지로 만드는 농민과 민중의 창의성에서 찾아야 할 것으로 보인다. 또한, 콩고민주공화국은 한때 세계 5위의 공업용 다이아몬드 생산국이었을 뿐만 아니라 구리, 코발트, 커피, 팜유, 고무 등의 풍부한 천연자원을 보유하고 있어서, 잃어버린 기회를 되찾을 수 있는 기반은 여전히 잔존하고 있다.

출처: 한국도시지리학회(정희선) 역(2013, 448-452)의 내용을 수정하였음.

(3) 도시정부에 대한 중앙정부의 영향력

대부분의 국가에서는 중앙정부가 정치 및 행정 조직의 측면에서 도시정부에

그림 7-2 **영국의 도시정부 구조**

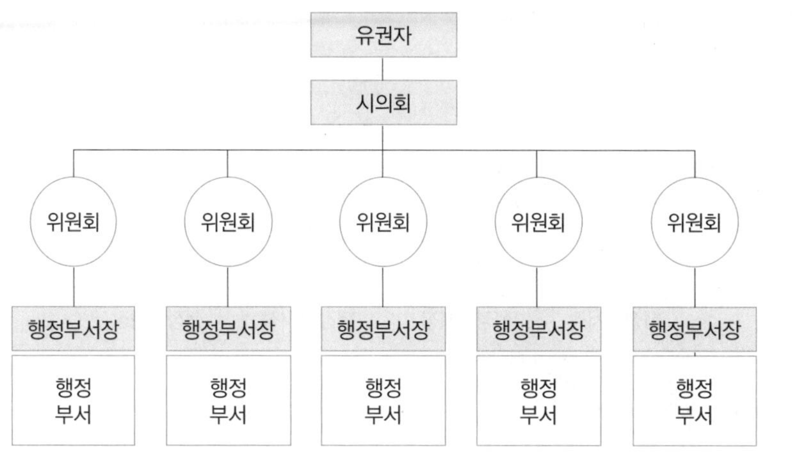

출처: Pacione(2009, 420).

상당한 영향력을 행사한다. 우선, 도시정부는 지방정부이기 때문에 중앙정부는 법률에 의해 지방정부의 조직 구성에 영향을 끼친다. 영국의 경우 지방정부의 구성은 중앙정부의 법률에 의해 정해져 있는데, 지방정부는 각 구(區)에서 선출된 시의원들로 시의회를 구성해야 하며 시장이나 각 부서장은 시의회에 의해 임명되도록 규정되어 있다([그림 7-2]). 반면, 미국의 지방정부는 주 법률에 의해 정해지는데, 대개의 경우 주 법률은 자치조항을 두어 유권자들이 자신의 도시정부를 선택할 수 있는 결정권을 부여한다. 미국에서 가장 일반적인 유형의 도시정부는 시장-시의회 형태([그림 7-3])와 시의회-관리자 형태(그림 7-4])의 두 가지이다(Pacione, 2009).

① 시장-시의회 형태: 미국 도시에 (특히 대도시에서) 가장 보편적으로 나타나는 형태로 도시정부의 행정 수반으로서의 시장과 입법 기능을 위한 시의회가 각각 별개로 선출된다. 시장은 중요한 집행 권한을 가지며, 인사권, 도시정부 지휘권, 예산안 거부권, 발의권 등을 갖는다.

② 시의회-관리자 형태: 유권자들에 의해 선출된 시의원들과 도시정부를 관할하기 위해 시의회가 고용한 전문적인 도시 관리자로 구성되며, 이는 대체로 중간 규모의 미국 도시들에서 보편적으로 나타난다. 시장의 권한은

그림 7-3 미국 도시정부의 시장-시의회 유형

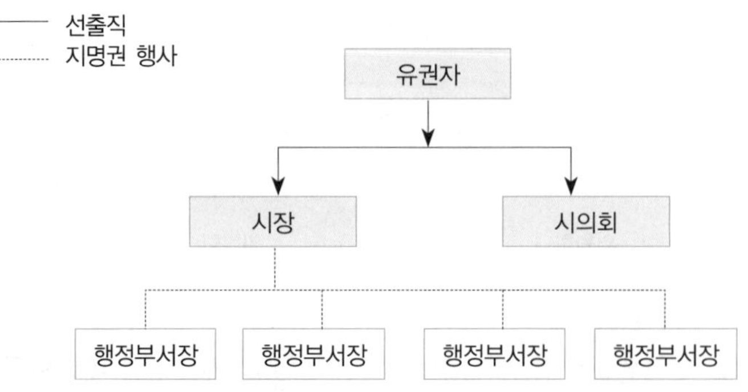

출처: Pacione(2009, 420).

그림 7-4 미국 도시정부의 시의회-관리자 유형

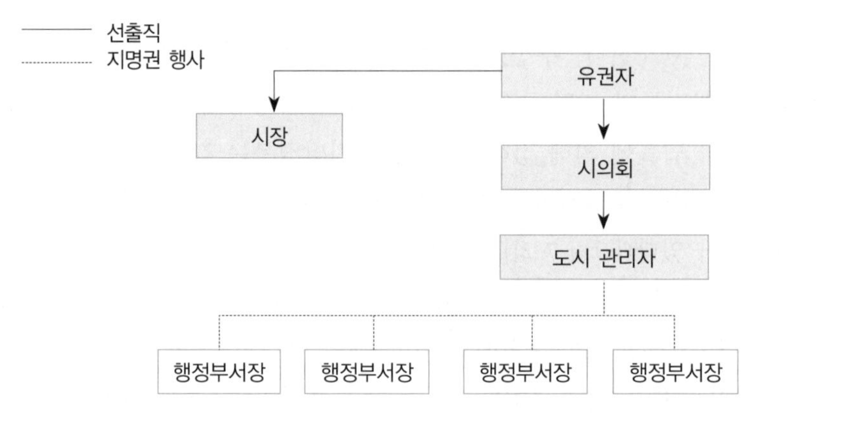

출처: Pacione(2009, 420).

시장-시의회 형태와 비교할 때 약하며, 전문적으로 도시 행정을 운영하는 도시 관리자가 핵심 행위자다. 도시 관리자는 도시의 예산안을 준비하고, 도시 정책을 개발하며, 도시정부 조직을 감독한다.

시의회-관리자 시스템은 전문적 관리자와 효과적인 실행을 강조하기 때문에 시민들의 요구나 관심사에 대해 주목하지 않는 경향이 있지만, 시장-시의회 시스템에서는 이런 요구가 정치적 과정을 통해 매우 직접적인 방식으로 표출된다. 미국의 경우 시의회-관리자 정부는 대체로 백인 사무직 종사자 가구들로 구성된 등질적 커뮤니티에서 많이 나타나는데, 왜냐하면 이들은 이해관계가 다양하지 않아 정치적 대표성 문제가 중요한 이슈가 아니기 때문이다.

둘째, 지방정부의 주민에 대한 서비스 공급 또한 중앙정부에 의해 제한되어 있다. 영국의 중앙정부나 미국의 주정부는 지방정부에 특정 서비스 공급을 의무화하고 있으며 어떤 경우에는 서비스의 수준과 질까지도 규정한다. 그러나 중앙정부가 규정한 서비스를 지방정부가 공급하지 못하는 경우도 있고, 반대로 중앙정부가 허가하지 않은 서비스 공급을 지방정부가 제공하는 경우도 있다. 미국의 경우 주 법률이 각 도시의 자치권을 폭넓게 인정하기도 하는데, 이 결과 대도시권 내부에서도 개별 도시별로 공급되는 공공서비스의 수준과 질이 상이하게 나타난다.

셋째, 중앙정부는 지방정부가 책정하는 세율이나 예산 지출에 대해서도 제한을 둔다. 미국의 경우에는 유권자들이 각 도시의 지방세율과 예산 상한액에 대해 투표로 결정하기도 한다. 그러나 영국에서는 중앙정부가 지방정부의 재정 정책을 강력하게 통제하며, 지방정부의 정책이 국가의 경제 정책에 위배되지 않도록 관리한다. 가령, 1985년 리버풀의 노동당 시의원들은 중앙정부의 지출 제한에 대한 저항의 뜻으로 예산을 늦게 책정했는데, 추후 이들은 개별적으로 중앙정부의 막대한 추징금을 청구 받게 되었다. 추징금을 내지 못한 시의원들은 파산을 선언할 수밖에 없었고 결과적으로 공직자로서의 자격 기준을 박탈당하게 되었다.

넷째, 중앙정부는 지방 재정을 지원하는 보조금(교부금) 시급을 통해 지방정부를 통제한다. 이런 교부금은 지방정부가 필요에 맞게 자율적으로 사용할 수도 있지만 중앙정부가 특정 목적성 예산으로 그 용도를 제한하기도 한다. 영국에서는 중앙정부가 지방정부의 예산 지출 총액을 관리하는 데에 목적을 두고 있기 때문에 교부금이 특정한 목적을 지정하지는 않는다. 반면, 미국에서는 연방정부가 주정부나 시정부로 지급하는 교부금의 90% 이상이 목적성 예산으로 편성되는데, 이는 상위 정부가 하위 정부의 활동에 영향력을 행사하기 위함이다. 연방정부는 각 지방정부가 연방기금을 지출할 때 소수집단을 차별하는 것을 금지하고 있고, 연방의 교육 예산은 모든 교육구들로 하여금 이중 언어 교육을 실시하도록 의무화하고 있다.

다섯째, 지방정부는 중앙정부의 정책적 지침에서 자유롭지 않다. 미국에서는 공문서가 연방 법률이나 교부금 프로그램을 실행하는 법률적 수단으로서만 통용되기 때문에 행정상 중요도가 약한 반면, 영국에서는 중앙정부가 공문서를 지방정부로 일상적으로 하달(下達)하여 지방정부를 통제하기 때문에 행정에서 가장 중요한 수단이다. 공문서는 권고나 설명의 성격에서부터 의무적 성격에 이르기까지 다양한 내용을 포함한다. 그 밖에도 국가에서 수립하는 국토 발전 계획이나 도시 정책 등도 지방정부의 독자성과 자율성을 제한하는 요소로 작동한다.

(4) 지방정부의 공간적 조직화

영국의 지방정부 구성은 중앙정부의 의회에 좌우된다. 왜냐하면 의회의 다수당이 지방정부를 재구조화하거나 심지어 폐지하는 것도 가능하기 때문이다. 이는 1986년 대처의 보수당 정부가 노동당이 집권하던 런던광역시의회 및 6개 광역도시정부를 해체했던 사례에서 잘 나타난다. 반면, 미국에서는 연방정부가 하위 정부에 대해서 이런 조치를 취하는 것은 헌법적으로 성립되지 않는다. 오히려 주 정부가 지방정부를 폐지할 수 있는 권한을 갖고 있고, 지방정부는 주 정부가 부여한 자치권의 테두리 내에서만 독자성을 갖는다. 이는 1868년 지방정부의 권력은 주 헌법에서 유래한다고 평결했던 이른바 '딜런의 원칙'에서 잘 드러난다. 그렇지만 미국에서는 영국에서와 같이 상위 정부가 하위 정부에 대해서 권력을 급진적으로 단행하는 사태가 거의 발생하지 않는다.

한편, 지방정부의 공간적 조직화 또한 국가별로 상이하다. 영국의 지방정부는 지역별로 행정 체계가 상이하기 때문에 복잡한 편이다. 주요 지방정부로서는 우리나라의 도(道)에 상응하는 카운티(county)와 런던광역시(GLA), 우리나라 시(市)에 상응하는 지구(district)와 구(區)에 상응하는 보로우(borough), 그리고 스코틀랜드와 웨일스의 지방정부 단위인 통합자치주(unitary authorities) 등으로 구성되어 있다. 한편, 잉글랜드, 스코틀랜드, 웨일스는 각 지역을 총괄하는 지역정부 계층이 1996년에 폐지되었다. 왜냐하면 영국에서는 전통적으로 지방정부가 공공서비스를 직접 공급해왔지만, 1990년대에 들어 공공서비스 공급은 민간이 제공하고 지방정부는 그 양과 질만을 결정해야 한다는 주장이 보편화됨에 따라 다층적 구조의 지방정부에 대한 효율성이 의문시되기 때문이다. 이러한 신자유주의적 구조개혁에는 전통적인 피라미드형 행정조직보다 단층제의 지방정부가 더욱 효율적이라는 주장이 내재되어 있다(김순은, 1999). 결국, 오늘날에는 대도시권 간선 교통망과 같이 복수의 지역들과 연관된 광역 기능을 수립, 관리하기 위해서는 필요가 있을 때마다 수시로 협의체가 구성되고 있다(고인석, 2018).

미국의 지방정부는 각 영역을 포섭하는 방식으로 계층화되어 있다. 우선, 카운티(county)는 우리나라의 기초자치단체와 같이 지방정부의 가장 기초적인 단위다. 카운티에는 읍(town)이나 도시(city) 등의 도시정부(municipalities)가 포함되어 있는데 이들은 카운티와는 별도로 독립적인 로컬 공공서비스를 공급한다. 미국의 도시정부는 대개 시민 스스로 헌장을 만들어 도시의 형태, 구성, 권력, 한계 등을 정하며, 일부 도시는 도시정부에 관한 사항을 주 정부에 일임하여 주 정부의 법률을 따르기도 한다. 양자가 혼합된 방식은 이른바 자치헌장(home-rule charter)도시들로서 미국의 경우 인구 50만 명 이상의 도시 중 80%가 이를 채택하고 있다. 자치헌장도시는 주 정부가 정한 범위 내에서 유권자들이 자치헌장을 제정해서 지방정부의 구체적인 세부 규정들을 만들어나가는 방식이다. 특구(special district)는 가장 보편적인 형태의 지방정부로서 화재 예방, 의료 서비스, 상수도 공급 등 특정한 기능을 실행하기 위해 지정된 구역을 말한다. 특구의 관리자들은 도시나 카운티 정부에 대해 의무를 갖지 않는 법적으로 독립된 실체다. 교육구(school district)와 교육청은 가장 대표적 유형의 특구로서, 이들은 정치적으로 지방정부에 좌우되지 않고 재정적으로 지방정부에 의존하지 않도록 독립성을 갖춘 특구로 지정되었다(Pacione, 2009).

독일에서는 최소 행정구역 단위로서 게마인데(gemeinde)라 불리는 기초자치단체가 해당 지역의 모든 행정을 통치할 권한을 갖고 있다. 독일에서는 연방정부, 자체 헌법을 가진 16개 주 정부, 그리고 게마인데가 독일 정치 구조의 3대 기둥을 이루고 있으며 지방 분권화가 잘 이루어져 있다는 특징을 띤다(최인수, 2016). 프랑스는 중앙집권체제를 갖추고 있지만 코뮨(commune)을 중심으로 하는 지방자치단체의 지위를 확고하게 보장하고 있다. 프랑스의 중앙정부는 지방자치단체의 자치와 주권을 침해하지 않는 범위에서만 관여할 수 있다. 마지막으로 일본은 지방세법에 정해져 있지 않고 지방 독자적으로 부과할 수 있는 세금인 이른바 '법정외세'를 조례로 설치할 수 있도록 헌법에서 규정하고 있을 정도로, 우리나라에 비해 실질적인 지방 분권화의 수준이 높은 편이다. 지방분권이 뿌리 내린 국가의 경우 지방세 비중도 높다. 우리나라는 국세와 지방세 비율이 대략 80:20으로 국세 중심적 구조로 되어 있지만, 일본은 지방세 비중이 약 40% 정도에 달하며 다른 유럽 및 북아메리카의 선진국의 경우는 미국은 44.1%, 독일은 49.7%, 캐나다 51.5%, 스위스 53.7%에 이른다. 우리나라가 실질적인 지방 자치가 보장되는 지방분권형 민주주의 국가로 이행하기 위해서는 지방세의 비중이 현재보다 2배 이상 높아질 필요가 있다.

4. 도시 거버넌스의 변천: 미국의 사례

(1) 1790년대~1840년대: 자유방임주의와 과두정치

근대 도시의 초창기 거버넌스는 유럽 중상주의 도시가 번성했던 시기에 나타났는데, 이 시기는 대중의 최대 이익은 자유로운 시장에 보장될 때 달성될 수 있다는 자유방임주의(laissez-faire) 철학이 지배했다. 미국의 대통령 앤드류 잭슨(1829~1937)이 가문과 출신 배경을 넘어선 '평민의 시대'를 주창했던 것처럼, 유럽과 북아메리카에서는 민주주의 이념이 확산되고 참정권이 확대됨에 따라 기존에 지식인이나 부유층의 통제 하에 있었던 도시정부의 정치력이 도전을 받게 되었다. 또한, 경제 자유주의 이념으로 인해 도시정부의 힘도 허약해졌다. 또한, 정치권은 기회주의의 만연으로 부패했고 정치적 승자는 지지자 및 친인척과 함께 도시의 일자리와 각종 혜택을 독식했다. 도시 정치는 도시의 발전에 긍정적인 영향을 거의 갖지 못했다. 도시는 경제적으로는 성장했지만, 불평등, 혼잡함, 무질서, 질병, 빈곤 등의 사회 문제에 직면했다.

미국의 경우 지방정부의 기본적인 틀이 이 시기에 형성되기 시작했다. 주 정부를 보완하기 위해서 카운티 정부와 시 정부가 수립되어 시민들이 필요로 하는 기초 서비스를 공급하기 시작했고, 대중 교육을 정치 · 경제 영역에서 독립적으로 운영하기 위해 별도의 교육구가 수립되었다. 다만, 미국 동부의 뉴잉글랜드 지방은 식민 시대 이후 지금까지 타운십(township)이라는 로컬 정치 시스템을 유지해오고 있는데, 주민은 자신들이 고용한 관리자를 모니터링하고 타운 미팅에 참여하는 등 직접 민주주의의 형식을 지켜오고 있다(남궁곤, 2004).

한편, 19세기 초반만 하더라도 지역의 성공한 집안 출신의 소수 지배층이 조용히 지방정부를 장악하고 있었다. 이들은 자신의 역할을 도시의 위생과 치안 유지에 국한시키고 있었다. 또한, 당시 지방정부의 지출은 재산세, 벌금, 각종 요금의 징수로 충당되었기 때문에, 도로, 교량, 상·하수 시설 등 하부구조 구축을 위한 대규모 자본 지출은 제한적일 수밖에 없었다. 이런 문제는 지자체 설립(municipal incorporation)에 의해 해결되어 갔다. 이는 도시정부가 채권을 발행해서 자금을 조달하는 채권 금융(debt financing)을 가능케 했다. 도시정부는 도시 지역으로 편입된 지역에 채권을 발행해서 사회간접자본을 구축했고, 새로운 하부구조와 향상된 서비스는 도시의 성장을 촉진했으며, 이는 결과적으로 지방정부의 세입 증가를 유발했기 때문에 채무를 변제할 수 있었다. 많은 상업 도시들이 경쟁적으로 이런 관할지역 설립 방식을 택했으며, 도시정부는 수동적인 관리 중심의 역할을 벗어나 경제 발전을 위한 능동적 행위자로 변모하기 시작했다. 이 결과 미국의 도시 거버넌스는 채권 금융, 경제 발전, 재산의 가치 증식이라는 3각

그림 7-5 도시화, 경제 발전, 채권 금융의 상호의존적 구조

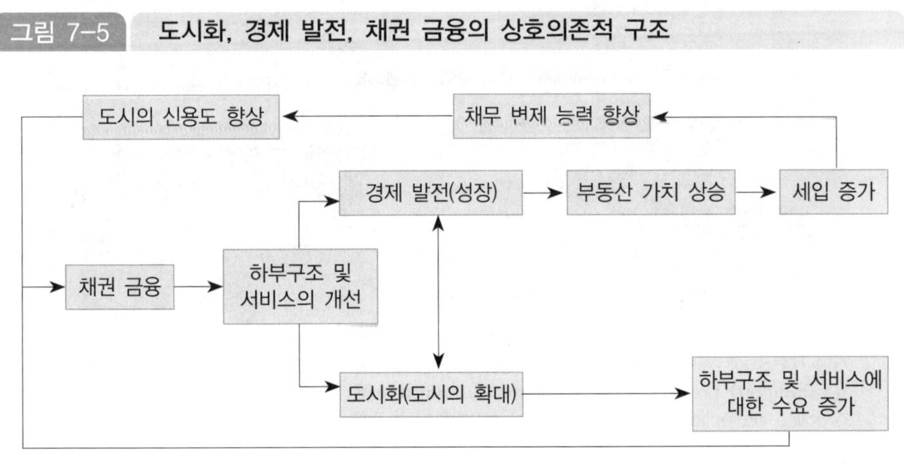

출처: Knox(2011, 236).

관계에 의존하게 되었다([그림 7-5]).

(2) 1840년대~1870년대: 도시사회주의와 기구정치

도시 거버넌스 형성의 두 번째 시기는 대체로 산업도시의 등장과 일치한다. 이 시기에는 점차 자유방임주의가 쇠퇴했으며, 화재, 질병, 폭동 등 도시에 만연한 문제를 해결하기 위해 지방정부의 역할이 확대되고 지출 규모도 증가하게 되었다. 이 시기에는 이른바 기구정치(machine politics)가 부상했다. 기구정치란 도시의 강력한 지도자들이 위계적으로 조직된 친위 단체들을 거느리고 정치력을 확대하여 선거에 당선되는 것을 일컫는다. 당시 많은 노동계급은 이러한 정치적

그림 7-6 기구정치의 풍자

저널 『Puck』에 게재된 《How is it in your city?》라는 제목의 정치 풍자(연도 미상): 정치적 우두머리(party boss)가 불체포특권(immunity from arrest), 특권(special privilege), 경찰의 보호(police protection), 판매권(franchise) 등이 적힌 쪽지를 자신의 추종자들과 대중들에게 나누어주고 있는 모습임.

출처: https://www.umdjanus.com/single-post/2018/04/08/In-Defense-of-Machine-Politics.

부패에도 불구하고 이들의 온정주의적 도시 정치를 추종했다.

이 시기 도시는 인구 유입에 따른 과밀과 혼잡으로 화재와 전염병에 취약해졌고, 자유 시장주의로 인해 노동계급의 빈곤 상태가 악화됨에 따라 폭동이나 무질서가 빈번하게 발생했다. 따라서 많은 사람들은 지방정부가 시장에 개입해서 일정한 기준을 제시해야 하고 시민이 필요로 하는 핵심적인 서비스와 기본적인 시설의 공급을 보장해야 한다는 도시사회주의(municipal socialism)를 주장했다. 이 결과 도시 거버넌스는 두 가지의 역할에 집중하게 되었다. 첫째는 도시를 안정화하기 위해 도시의 물리적, 사회적 환경을 관리함으로써 시민의 생활을 도덕적으로 만드는 것이었다. 둘째는 개인적 궁핍과 사회적 불안을 유발하는 환경을 개선하기 위해 체계적인 복지 제도를 수립, 시행하는 것이었다.

이 시기 동안 새롭게 자수성가한 기업가, 상인, 제조업자, 건축 하청업자, 부동산 투자자 등은 자신들의 이익에 도움이 되는 방향으로 도시의 공공 정책을 수립하기 위해 도시 정치 속으로 유입해 들어왔다. 이들은 집단적 힘을 발휘할 수 있는 조직화를 추구했다. 이에 따라 여러 직능조직, 정당, 노동조합이 결성되었으며, 이들의 후원을 받고 이들을 정치적으로 대변하는 정치적 지도자들이 등장했다. 상당한 규모의 노동계급이 집중된 대도시에서는 이런 조직이 '기구'의 형태를 갖추게 되어 선거에 중대한 영향을 미쳤고, 이들은 후원(patronage)의 대가로 자신들이 요구하는 일자리와 이익을 얻어냈다([그림 7-6]). 이처럼 기구정치는 고객-후원 시스템(client-patron system)이라는 공생적 관계에 뿌리를 두었다.

기구정치로 인해 후원과 부패가 도시 속에 깊숙이 뿌리내리게 되었다. 그러나 역설적이게도 기구정치 체제는 도시의 근대화를 가속화하는 데에 영향을 미쳤다. 왜냐하면 기구의 정치적 우두머리들은 주요 하부구조의 개선이 자신의 개인적 명성에 뿐만 아니라 전체 경제 발전에 큰 혜택이 된다는 것을 잘 알고 있었기 때문이다. 또한, 도시의 하부구조를 통제하기 위해서 더욱 많은 주거 기준, 건축 규제, 도시 조례가 법적으로 통과될수록, 이런 법률적 규제를 상세하지 않는 대가로 그들이 받아낼 수 있는 뇌물이 더욱 많아졌기 때문이다. 미국 남부는 이러한 기구정치에 있어 예외적인 곳이었다. 왜냐하면 남부 도시들은 북부에 비해 산업화가 지체되었고, 이민자의 규모가 많지 않았으며, 흑인들은 참정권을 갖지 못했기 때문이었다.

(3) 1870년대~1920년대: 선전주의와 개혁 정치

이 시기에는 이민자 출신의 노동계급과 소수민족집단의 이익이 새로운 도시 엘리트 계급의 이익과 상충했다. 우선, 1870년대와 1890년대는 불황기였기 때문에 도시의 엘리트 계급은 제조업 부문을 중심으로 신규 투자를 유치하려고 했다. 따라서 평등, 사회 정의, 민주주의, 복지와 같은 개념보다는 도시 전체의 경제적 이익이 우선시되었다. 이에 따라 사업가, 전문가 및 투자자를 도시로 유인할 수 있는 활동을 강조하는 이른바 선전주의(boosterism)를 추구했다. 한편 사회 전체적으로 점차 중산층이 늘어났는데, 이들은 1895년부터 1920년까지 지속되었던 혁신주의 시대(Progressive Era)를 지지하면서 부패와 기구정치를 없애고 도시 발전을 위한 진보적 개혁 운동을 추구했다. 특히, 기구정치의 핵심 세력인 이민자 집단은 사회 문제의 온상으로 간주되었고, 많은 개혁가들은 앵글로색슨 민족의 우월성을 강조하면서 이민자들의 도덕적 타락과 부패를 강조했다. 도박과 매춘은 부도덕한 행위로 간주되었고, 제도 교육은 도시의 군중에게 시민성, 민주주의, 근면, 절제 등을 강조했다.

기술 발전과 공공서비스의 규모 확대로 도시정부에서 전문가의 고용이 크게 늘어나게 되었다. 전차 시스템, 상·하수도망, 새로운 건축 기술, 엘리베이터, 가스 및 전력 공급 등을 관리할 수 있는 전문가, 복잡한 정부 회계를 다룰 수 있는 회계사, 그리고 복잡한 정부 기능을 효율적으로 관리할 수 있는 행정 관리자의 고용이 늘어났다. 이들은 전문가 협회의 조직이나 업계 전문지 발행을 통해 세력을 키워나가면서 혁신주의 운동을 뒷받침했다. 사회과학자 집단도 도시생활에 대한 전문적인 분석 결과를 제시하면서 이러한 흐름에 가세했다. 특히, 이 시기에는 종이 가격의 급락과 인쇄술의 혁신으로 인해 신문과 잡지의 발행부수가 크게 늘어났기 때문에, 각종 폭로기사, 스캔들, 슬럼에 관한 충격적인 이야기 등이 널리 유포되면서 혁신주의 운동의 필요성을 정당화했다.

혁신주의 운동으로 새로운 유형의 도시정부가 출현했다. 우선, 주요 사업가들로 구성된 위원회가 시의회나 시장을 대신해서 도시정부의 각 전문 분야를 관리하는 사업가 모델(business model)의 도시정부가 나타났다. 둘째, 도시 관리자 모델(city manager model)의 도시정부가 나타났는데, 이는 시의회나 시장은 정책을 수립하고 시의회가 지명한 전문적인 도시 관리자가 도시정부의 일상적인 행정을 모두 책임지고 운영하는 형태였다. 오늘날 미국 도시정부의 절반 정도가 여전히 이 시기에 형성된 도시 관리자 체제에 의해 운영되고 있다. 셋째는 행정서비스 모델(civil service model)로서 공무원을 채용해서 도시정부를 운영하는 방식이다. 이는 혁신주의 시대에 가장 널리 확산된 도시정부 유형으로서 산업화의 핵심 정신인 전문화와 과학적 관리주의의 원리를 구현한 것이다.

도시정부의 선전주의와 효율성 추구로 인해 도시로 편입되지 않았던 땅이 추가적으로 늘어나는 지자체 편입(annexation)이 가속화되었다. 전차 시스템의 확장과 신규 교외 주택단지 개발로 도시 인구가 탈중심화됨에 따라, 도시정부는 편입을 통해 이들을 다시 포섭함으로써 세입 기반을 확대하고자 했다. 혁신주의의 이념 또한 편입을 가속화하는 요인이었다. 규모의 경제 원리에 의해 중심도시와 교외지역의 편입이 도시 하부구조와 전문 관료의 공급 비용을 낮출 것이며, 교외지역의 중산층 유권자들이 중심도시의 도구정치를 약화시킬 것이라는 기대감이 나타났다. 또한, 도시정부는 편입을 통한 경제 성장과 부동산 가치 증식으로 채권금융 규모를 확대할 수 있었고, 개발업자와 건축업자를 비롯한 관련 사업가들 또한 도시의 편입을 강하게 지지하면서 개발 이익을 얻고자 했다. 한편, 교외지역 주민들은 편입으로 인해 보다 많은 세금을 내야 했고 도시 주민들과 함께 학교 등 행정 서비스를 공유해야 했기 때문에 편입에 반대하기도 했다.

(4) 1920년대~1945년: 평등주의적 자유주의와 대도시의 분절화

이 시기는 자동차 교통 발달에 따라 교외지역이 급성장한 시기로서, 교외지역 커뮤니티들은 각기 독자적인 자치체로서 관할지역을 서로 경쟁적이면서 배타적인 방식으로 설립했던 기간이었다. 한편, 1930년대의 대공황으로 공공 서비스의 공급이 중요한 의제가 됨에 따라 정부의 역할 범위가 확장되면서 도시 정치의 성격이 변모했다.

1920년대에 자동차의 보급이 확대되면서 많은 도시 주변의 교외지역 커뮤니티들이 독립적인 교외 지자체 설립(suburban incorporation)을 주 정부에 청원하기 시작했다. 정치인들은 급속히 늘어나는 교외지역 중산층의 여론을 무시할 수 없었기 때문에 점차 대도시로의 편입 추진을 꺼리게 되었다. 이 결과 중심도시는 일련의 독자적이고 적대적인 교외지역 도시정부들에 의해 포위당하는 형국이 되어 대도시권이 분절화된 형태를 띠게 되었다. 중심도시의 정부는 도시의 변화에 대처하고 발전을 추구할 수 있는 역량을 상실했으며 사회 · 공간적 격리가 훨씬 가중되었다. 중산층의 교외화로 중심도시는 교육수준이 높고 노련한 정치적 지도층을 잃게 되었고, 세입 기반의 약화로 도시 재정과 채권금융 규모가 축소되었고, 저소득층과 이민자들의 지속적인 유입으로 사회보장 지출 및 도시 관리 비용이 증가했으며, 대도시 통근자들이나 외부의 쇼핑객을 위한 여러 시설에 대한 관리 책임은 계속 유지되었다. 이 결과 지방정부는 세입 규모는 감소하고 지출 규모는 증가하는 재정압박을 겪게 되었다.

대도시 분절화(metropolitan fragmentation)가 야기한 두 번째 결과는 사회 · 공간적 격리의 심화였다. 교외지역의 중산층은 자치구 설립을 통해 저소득층의 유입을 막음으로써 부동산 가치를 보호하고 학교와 커뮤니티에서의 도덕 질서를 유지하려고 했다. 이들이 동원했던 주요 도구는 배타적 용도지역제(exclusionary zoning)였다. 교외지역 지방정부는 토지이용에 대한 용도구역제 조례를 주도면밀하게 구성함으로써 바람직하지 않은 타자가 유입되는 것을 막았다. 원래 용도구역제는 샌프란시스코에서 중국인을 차별하기 위해 중국인의 생활 거점이었던 세탁소의 공간적 확대를 막으려고 고안된 전략이었는데, 1916년 뉴욕에서 상류층의 번화가였던 5번가가 유태인 의류공장들에 의해 잠식되는 것을 막는 과정에서 정교하게 발전했다. 뉴욕은 순식간에 다른 공무원이나 정치인들에게 용도구역제의 학습장이 되었고, 1926년에는 대법원이 용도구역제가 도시정부의 경찰권 행사에 따른 적법한 결과라고 판결을 내림으로써 보편적으로 채택되기 시작했다. 당초에 대법원의 판결은 1인 가구 위주로 구성된 근린지구가 용도구역제에서 보호되어야 한다는 점을 강조했지만, 교외지역 지자체들은 주택 가격을 의도적으로 높임으로써 바람직하지 않은 사회집단의 유입을 막고자 했다. 이런 전략에는 신축 주택의 가격, 1필지의 최소 규모 확대, 최대 밀도 제한, 아파트 건축 금지 등의 규제들이 동원되었다(Knox, 2011).

대도시권의 정치적 분절화는 대도시 분절화가 야기한 세 번째 결과였다. 대체로 정치적 성향이 유사한 주민들이 같은 도시에 거주하게 되었고, 지역 정치인들에게는 정치적 성향을 뚜렷이 드러내는 것보다는 커뮤니티의 일상적 사안들이 더욱 중요해졌다. 대도시권 도시정부의 이러한 발칸화(balkanization) 경향으로 인해 주민들은 자신의 커뮤니티를 넘어선 보다 넓은 사안이나 문제에 대해 관심을 갖지 않게 되었다. 또한, 인접한 도시정부들이 상호 협력이 아닌 경쟁을 중심으로 형성된 것처럼 사업체나 주민을 끌어들이기 위해 세금 혜택 패키지나 서비스를 경쟁적으로 제공했다. 이 결과 16~17세기 유럽 민족국가들이 상공업을 중시하면서 서로 배타적으로 경쟁했던 것과 비슷하게 미국 도시정부에서도 재정적 중상주의(fiscal mercantilism)가 야기되었다.

한편, 1930년대의 대공황 극복을 위한 연방정부의 뉴딜 정책은 미국 대부분의 지방정부에 재정 지원을 했기 때문에 연방정부와 지방정부 간의 긴밀한 상호의존 관계가 거의 50년 동안 지속되었다. 당시 도시정부는 각종 구제 활동과 공공부문 일자리 확대 등 독자적인 노력을 했지만, 부동산 가치의 하락으로 세입이 크게 줄어들게 되면서 도시정부가 파산에 직면하게 되자 연방정부에 재정적 도

그림 7-7 성장기구 정치의 거미줄 구조

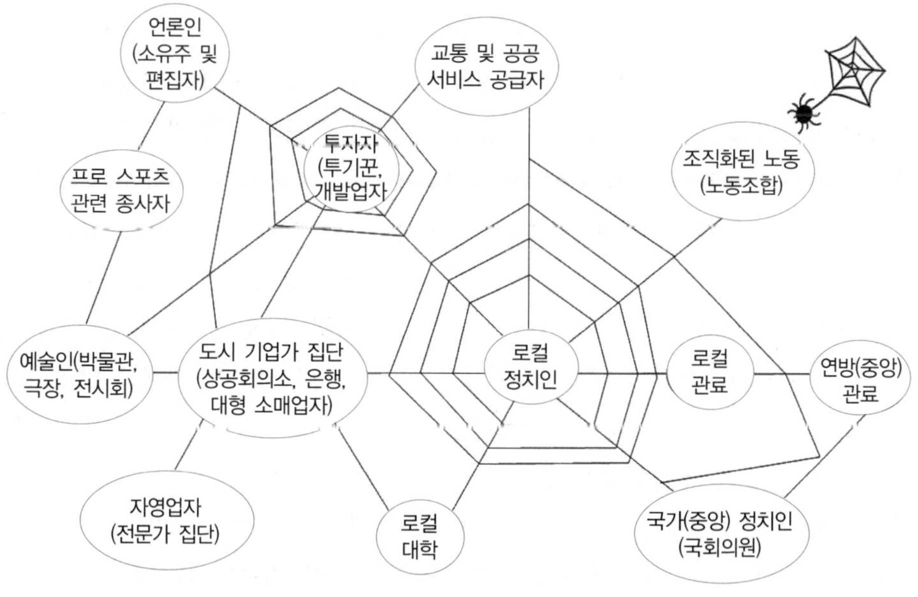

출처: Knox(2011, 242).

움을 요청하게 되었다. 연방정부와 지방정부는 다음의 두 가지 이유에서 특히 긴밀한 관계를 형성하게 되었다. 우선, 연방정부는 국가의 경제 성장, 수요 관리, 실업률 최소화에 책임이 있었으므로, 대도시를 비롯한 개별 도시는 공공지출을 통해 승수 효과를 유발하려는 케인스주의 경제 관리 전략의 핵심 대상이었다. 둘째, 도시화로 인해 대통령 선거에 있어서 대도시의 유권자들의 의사결정이 더욱 중요해졌기 때문이었다. 뉴딜 정책의 핵심은 크게 연방 정부의 공공부문 및 사회간접자본 지출 확대, 빈곤 및 실업 구제 조치, 슬럼 정비와 공공주택 보급, 주택담보대출 지원 등으로 구성되었다. 이 결과 국가 정치가 로컬 정치에 미치는 영향이 훨씬 커졌다. 또한, 뉴딜 정책으로 도시 내부에서는 자유주의 개혁가들과 블루칼라 노동계급 간에 새로운 동맹이 결성되어 정당정치의 토대를 이루었는데, 1983년 미국의 정치학자 존 몰렌코프(John Mollenkopf)는 이를 (친)성장연합(pro-growth coalition)이라고 명명했다.

(5) 1945년~1973년: 성장기구와 서비스 공급자로서의 도시

뉴딜 정책으로 인해 슬럼이 사라지고 공공주택 프로그램이 도입됨에 따라 1950년대의 도심 재활성화(revitalization) 프로그램은 친성장연합의 구성원들이 회합하는 주요 플랫폼이 되었다. 도시 재활성화에 관여하는 연합의 구성원은 도시마다 상이했지만, 대체로 (개발업자, 은행가, 금융업자 등의) 사업가 집단, (노동조합을 포함한) 블루칼라 이익집단, (도시 계획가나 복지기구 등의) 자유주의 이익집단, 그리고 (도시 관리자나 정치인 등의) 지방정부 대표자와 (도시 재개발 담당 관료 등) 연방정부의 대표자들이었다. 이중 가장 중요한 집단은 투자자였는데, 왜냐하면 이들은 연합을 성장기구(growth machine)로 바꿀 수 있는 경제력을 갖고 있었기 때문이었다. 성장기구의 구성원들은 도시재개발 사업에 대체로 만족했지만, 도시 주민들은 자신들의 도시 정체성이 거대한 모더니즘 건축물이나 아파트로 대체되는 것을 달가워하지 않았다. 특히, 이른바 '황폐구역(blighted area)'으로 지정된 곳의 주민들은 가장 큰 피해자들이었다. 왜냐하면 재개발지구는 주로 상류층 주택과 상업시설 중심이었기 때문에 저소득층 원주민이 거주할 수 있는 적정한 주거시설이 부족했으며, 이에 따라 주민들은 큰 심리적 비용을 치르고 도시 곳곳으로 흩어지게 되었다. 또한, 이들이 새로운 주거에서 부담하는 임대료도 그 이전에 비해 가파르게 상승했다.

이러한 도시재개발 사업은 도시 내 시민단체들의 항의에 직면하곤 했다. 특히, 1960년대의 베이비붐 세대는 인습에 저항하는 반항적인 대항문화(counter-culture)를 주창하고 공공의 이익을 위해 집단 행위를 추구했는데, 이들은 제도정치권과 성장기구의 외부에서 시민단체와 커뮤니티 활동가를 중심으로 '피플파워'를 강조하면서 도시사회운동을 주도했다. 제인 제이콥스의 『미국 대도시의 죽음과 삶』으로 대변되는 이 운동은 도시 재개발에 반대하고, 느린 성장을 추구하며, 커뮤니티를 지향하고 환경 친화적인 관점에 기반을 두고 있었고, 이런 접근이 점차 도시 정치 속으로 편입되어 갔다. 이 결과 일부 재개발 사업에서 주류 사회에 반대하는 커뮤니티 집단의 목소리가 반영되기 시작했다. 한편, 이런 분위기 속에서 중산층 교외지역을 중심으로 님비현상(NIMBYism)과 이보다 강한 극단적 형태의 바나나현상(BANANAism; Build Absolutely Nothing Anywhere Near Anybody)이 나타나기 시작했다.

또한, 도시재개발 사업으로 가장 큰 피해를 입은 것은 저소득층 흑인 커뮤니티였기 때문에, 이들은 1960년대 중반 이후 '블랙파워'를 기치로 내걸고 인종 차별과 격리에 항의하는 인권운동을 벌였다. 대표적 흑인 인권운동가인 마틴 루터 킹 목사와 말콤X는 미국 남부의 인종차별주의와 게토의 열악한 환경의 부당함을 폭로했으며, 제시 잭슨 목사와 같은 흑인 운동가는 백인 소유의 사업체들이 흑인을 직원으로 고용하도록 촉구하는 공격적인 불매운동을 벌이기도 했다. 도시의 블루칼라 계급과 자유주의 개혁기들도 사회정의 실현과 도시문제 해결을 위해 연합을 형성했다. 특히, 1966년 '빈곤과의 전쟁'을 선포했던 존슨 대통령이 주택 · 도시개발청을 설립함으로써, 국가적인 차원의 대대적인 도시 정책과 연방정부의 도시 개발이 크게 번성하게 되었다.

이 시기에 도시 거버넌스와 관련하여 부상했던 주요 이슈 중 하나는 도시 내 선거구의 규모가 불균등하게 획정되는, 이른바 불균형 선거구 획정(malapportionment)의 문제였다. 도시 인구의 성장과 이동은 빠른 속도로 변화했기 때문에 각 선거구의 투표자 수에는 차이가 날 수밖에 없었는데, 이는 엄밀한 의미에서 대의 민주주의의 공정성에 위배되는 것이었다. 왜냐하면 불균형 선거구 획정으로 인해 작은

그림 7-8 **불균형 선거구 획정의 예시**

(A)

70:30	70:30	70:30	45:55	45:55
70:30	65:35	65:35	40:60	45:55
70:30	60:40	60:40	40:60	40:60
65:35	40:60	40:60	45:55	50:50
40:60	40:60	45:55	40:60	30:70

(B)

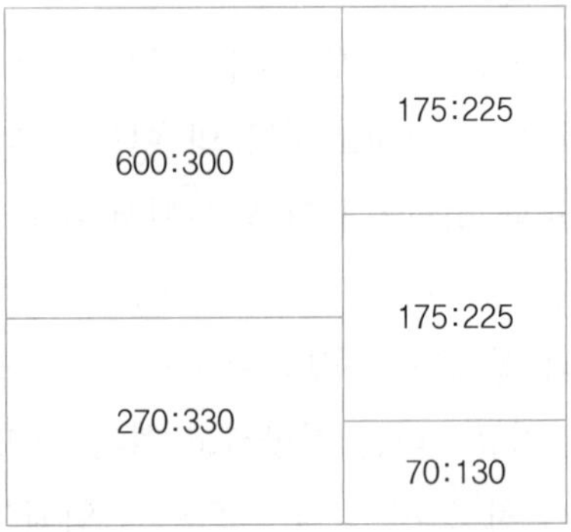

<table>
<tr><td rowspan="3">600:300</td><td rowspan="2">175:225</td></tr>
<tr></tr>
<tr><td rowspan="2">175:225</td></tr>
<tr><td rowspan="3">270:330</td></tr>
<tr></tr>
<tr><td>70:130</td></tr>
</table>

주: (A)는 25개 선거구에서 X정당과 Y정당의 지지자 비율(X:Y)을 나타낸 것이며, (B)는 Y정당의 의석수를 최대화하기 위해서 재획정된 5개의 선거구를 나타낸 것임.
출처: Pacione(2009, 437).

선거구의 유권자는 과대대표성을 갖는 반면, 평균보다 큰 선거구의 유권자는 과소대표성을 갖기 때문이었다. 더군다나 일부 정치인들은 의도적으로 반대파 유권자들이 많은 지역을 평균보다 큰 선거구로 획정하기도 했다. 불균형 선거구 획정은 주로 주 국회의원 선거구에서 나타났으며, 이에 대한 폐단을 막기 위해 미국 대법원은 1962년과 1965년의 판결에서 선거구 간의 인구 차이를 최대 0.5%로 엄격하게 제한했는데 이를 '선거구 재획정 혁명(reapportionment revolution)'이라고 부른다. 그러나 연방정부의 판결이 각 지방 행정구역에까지 적용되지는 않기 때문에 애틀랜타, 시카고, 필라델피아, 세인트루이스와 같은 곳에서는 선거구의 인구 규모 차이가 30%까지 육박하기도 했다. 불균형 선거구 획정이 대도시의 빈곤층 거주 지역에서 발생하는 경우에는 임대료 규제, 쓰레기 처리, 유해시설의 입지 선정, 통행세 부과 등이 해당 지역에 불리하게 결정되곤 했다.

이와 관련된 지정학적 이슈는 게리맨더링(gerrymandering)인데, 이는 특정 정당이나 정치세력이 자신에게 유리하도록 지지층이나 반대파가 집중된 지역에 대해 의도적으로 선거구의 경계를 조작하는 것을 말한다. 인구 규모의 기준을 엄격하게 적용하더라도 지역 주민의 정치적 특성을 세심하게 고려한다면 특정 정치

세력에 유리한 선거구 획정이 가능하다. 게리맨더링을 결과적 측면에서는 확증하기 어렵지만, 미국의 경우 흑인 커뮤니티를 대상으로 한 게리맨더링이 이루어진 정황적 증거들은 많다. 특히, 흑인 커뮤니티를 다수의 선거구로 파편화함으로써 각 선거구 내에서 흑인 유권자를 소수집단으로 만드는 방식이 널리 사용되곤 했다. 또한, 흑인 인구가 다수를 차지하는 대도시에서는 흑인 선거구 수를 최소화하도록 구획한 후 나머지 지역은 백인들이 다수를 차지하는 곳에 분산, 합병시키는 방식이 사용되기도 했다.

이 시기에 뚜렷이 벌어진 대도시의 분할(partitioning)과 중첩(layering) 현상은 지자체 간 재정 불균형, 서비스 공급의 비효율성과 불평등, 정부의 중복 및 과잉 투자, 복잡하고 경쟁적이며 고비용의 관료 정치, 상반되는 정책의 동시다발적 시행 등의 문제를 일으켰다. 이는 특히 대도시 권역에서 교통, 도시 계획, 상수도 공급, 주택, 보건과 같이 지자체 간 조정과 규모의 경제가 필요한 부문에서 극명하게 나타났다. 또한, 1960년대에는 많은 지자체들이 경쟁적으로 특구를 지정해서 대도시 관할의 복잡성을 가중시켰다. 항만청과 같은 특구는 지자체에 적용되는 많은 재정적, 법률적 규제를 벗어날 수 있기 때문에 여러 로컬 문제를 해결하는 데에 매력적인 해법이 되었다. 많은 이익집단들은 특구 지정을 통해 채권을 발행하거나 세입 규모를 늘림으로써 산업, 관광, 교육 등에서 자신들의 목적을 달성하고자 했다.

5. 1970년대 중반 이후의 현대 도시 거버넌스: 기업가주의와 신자유주의

1970년대 초반의 스태그플레이션 위기로 많은 지방정부가 세입이 감소하고 채권 발행이 불가능하게 되었고 재정 위기에 직면함에 따라, 도시 내 하부구조와 공공재를 위한 정부의 공공지출이 급격히 감소했다. 주민들은 자녀를 보다 좋은 학교에 보내기 위해서 사립 유치원과 초등학교가 있는 보다 부유한 커뮤니티로 진입하고자 함에 따라 이들 지역에 대한 주택 수요가 급격히 증가했다. 많은 사람들이 사설경비업체를 이용했고, 자녀를 방과 후 사설 교육이나 활동에 등록시켰다. 이들은 공공 서비스를 비난했을 뿐만 아니라 사회적, 지리적 재분배 프로그램이 형평성에 어긋난다고 비판했고, 정부 규모가 업무에 비해 지나치게 비대하고 비싸다는 신념을 갖고 있었다. 이 결과 신자유주의 이데올로기가 도시 정치에 스며들게 되었다.

노동시장의 유연성이 주요 화두로 부상했다. 신자유주의 주창자들은 도시 내 빈곤 지역에 대한 재분배가 부유층에 대한 과도한 세금 징수를 유발하고 있고, 이는 기업가적 정신을 해치고, 자본 투자를 꺼리게 하며, 생산성을 감소시킨다고 비난했다. 대신 이들은 경제 성장이라는 조수가 밀려들면 도심과 교외, 농촌과 도시에 있는 모든 배를 떠오르게 할 것이라고 주장했다. 빈곤, 환경오염, 교통 혼잡 등의 도시문제보다 '기업에 우호적 환경'을 조성하는 것이 도시 거버넌스에 가장 중요한 화두가 되었다. 데이비드 하비는 이를 관리주의에서 기업가주의로 변모했다고 지칭했다. 개인의 자유와 사유재산권의 보장은 신자유주의적 이념의 주축이었고, 이런 측면에서 과학적 관리라는 진보적 원리는 정부의 권위에 대한 저항에 의해 대체되었고 이런 측면에서 용도구역제의 원리도 침해되었다.

중앙정부의 영향은 줄어든 반면 지방정부는 일자리 창출과 세입 확대를 기업가적으로 추구했고, 정부 지출의 성격이 기업 친화적으로 변모했으며, 부동산 가치를 증식시키는 방향으로 도시 계획의 성격이 변화했다. 이 결과 도시 정치는 공공의 이익이나 진보적 가치보다는 경제적 이익을 우선적으로 고려하게 되었다. 또한 민관협력(Public-Private Partnership; PPP)의 방식이 보편화되었다. 제도화된 공식적 정치기구와 일반 개인을 연결하고 매개하는 도시 사회의 다양한 행위주체들, 즉 기업인 단체, 전문가 집단, 노동조합, 주택 소유자 연합 및 각종 시민단체가 도시 거버넌스에 직간접적으로 참여하게 되었다.

(1) 재정 위기와 신자유주의

대도시의 분절화로 지방정부는 만성적인 재정 문제와 재정 압박에 직면하게 되었고, 2차 세계대전이 끝난 후 미국 북동부 지역을 중심으로 이 문제는 더욱 심각해지게 되었다. 자동차 교통의 발달과 교외지역의 팽창으로 중심도시는 쇠

그림 7-9 **근린지구의 슬럼으로의 나선형적 쇠퇴 구조**

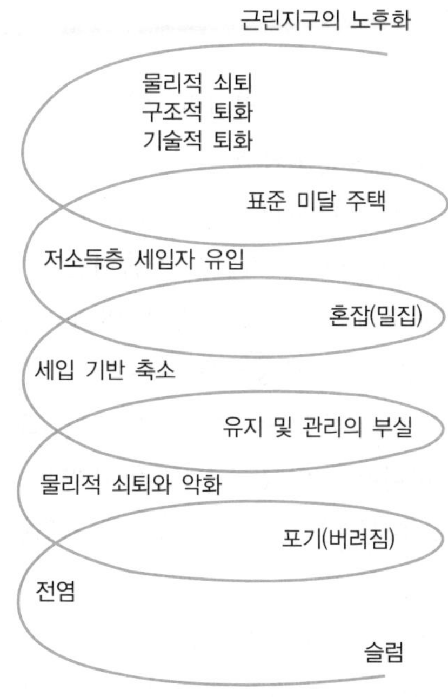

출처: Knox(2011, 247).

퇴하게 되었고 이중 일부 지역만이 도시 재개발 프로그램에 의해 보다 나은 곳으로 변모했다. 이는 나선형적 쇠퇴 과정을 겪었다. 근린지구 건축물의 노후화로 저소득층 주민 비중이 증가하게 되었고, 이는 세입 기반을 약화시켜 정부의 공공지출 축소를 야기했으며, 이는 다시 도시 전체의 물리적 환경을 악화시켜 최종적으로 슬럼이 형성되기에 이르렀다([그림 7-9]).

복지국가에 필요한 서비스 범위와 중심도시의 재정 지출이 증가하게 된 이유는 다음과 같다.

- 도로, 상 · 하수도관, 교량 등이 하부구조의 수명이 다 되어 이에 대한 개보수 지출이 증가함
- 범죄율 증가로 치안, 구금, 재판 등의 비용이 증가함
- 이민자, 독거노인, 한부모 가정, 실업자 등이 중심도시에 집중하게 되어 공공 서비스 및 사회복지 지출이 증가함

- 연방정부의 복지 프로그램이 지방정부로 이관되었고 저소득층을 위한 의료보험에 대해 지방정부의 의무 부담률이 50%가 책정되어 복지 지출이 증가함

지방정부의 재정 악화 자체도 문제였지만, 이를 장기적으로 더욱 악화시킨 것은 중심도시의 정치경제적 재구조화였다. 탈산업도시의 신흥 서비스 경제는 주로 교육수준이 높은 교외지역 사무직 노동자의 고용을 창출했으며, 기업 조직의 공간적 분업화로 인해 중심도시의 기업이 창출하는 승수효과도 약화되었다. 또 다른 한편, 중심도시의 오피스 경제는 외부의 인적, 물적 자원과 자본 및 경제를 끌어 들이기 위해서 효율적인 대중교통, 주차 시설, 도시 재개발, 어메니티 등에 대한 막대한 공적 지출을 감당해야 했다. 이 결과 도시의 지출은 두 가지 영역으로 분리되었는데, 하나는 수익성 높은 민간 개발에 필요한 새로운 하부구조 건설을 위한 것이었고, 다른 하나는 도시 거주자를 위한 서비스와 공공 일자리를 창출하는 것이었다.

1970년대 중반 이후 신자유주의는 정치적 신보수주의 경향과 함께 정부의 관리와 규제를 완화하고 공공 서비스 지출 축소와 함께 세율을 감소시켰다. 이는 방만하고 비효율적인 정부 관료와 사회복지에 의존하는 무임승차자를 비판하던 중산층의 광범위한 지지를 받았다. 이 결과 민간 기업과 중산층 간에 새로운 정치적 동맹이 형성되었고, 이들은 탈산업화 속에서 점차 와해되고 있던 노동조합의 활동을 더욱 약화시켰다. 많은 유권자들이 지방세율을 낮추고 정부 지출 규모를 축소하는 데에 찬성했고, 미국의 경우 레이건 대통령은 국가적 스케일에서 이를 재확인하며 추진해나갔다.

이 결과 재정 축소가 나타나게 되었다. 단적인 사례로 오클랜드의 경우 소방서와 4개의 공공도서관을 폐쇄했고, 공원 관리와 범죄 수사대의 예산을 삭감했으며, 방과후학교 프로그램을 줄였으며, 도서관 개관 시간을 단축했으며, 100개가 넘는 공무원 일자리를 줄였다. 오래된 도시의 경우에는 이보다 상황이 심각했는데, 보스턴과 신시내티는 지방정부 공무원 수를 10~15% 축소했고, 세인트루이스는 무려 40% 이상을 줄였다.

이러한 가운데 비용 효율성을 향상시키기 위해 공공 서비스 공급에서 자원봉사자 프로그램이 증가했다. 이는 특히 커뮤니티 방범, 초등교육, 도서관 서비스

부문에서 두드러졌다. 이 외에도 비용 회수를 위한 프로그램, NGO 단체 등과 공공 부문과의 협업, 공무원의 노동 생산성을 높이고 조직을 개편하는 등 노동 강도 강화 조치가 이루어졌다. 무엇보다도 공공 서비스를 민간에 매각하는 민영화가 가장 두드러졌다.

(2) 도시의 민영화

1988년 미국 레이건 행정부의 대통령직속 민영화위원회의 보고서는 미래의 역사가들이 20세기 후반의 민영화를 미국 역사에서 가장 놀라운 발전으로 평가할 것이라고 결론을 맺은 바 있다. 당시 많은 사람들이 민영화(privatization)의 장점으로 지적했던 부분은 다음과 같다(Knox, 2011).

- 행정당국의 직접성 경비 절감
- 재정적 위험을 민간 부문과 공동 부담
- 민간 부문의 전문 인력 활용 가능
- 높은 노동 생산성, 시간 단축, 규모의 경제 등 민간 부문의 효율성을 활용한 비용 절감
- 세율이나 사용료를 올리지 않고 서비스 수준을 유지할 수 있음
- 서비스 질의 향상
- 관료적 절차와 복잡성을 줄임으로써 유연성을 높임

민간 기업의 입장에서는 민영화가 새로운 시장을 가져다주었고, 새로운 투자처를 제공했으며, 새로운 사업 기회를 창출했다. 도시정부가 재정 문제에 처한 바로 그 시점에 민관협력을 위한 민간 자본을 활용할 수 있었다는 것은 결코 우연이 아니다. 이 두 가지 모두는 과잉축적의 산물이었다. 즉, 공공 부문을 민간 부문으로 팔아버린 것과 동시에 국내 · 외 시장과 부동산 시장에서 민간 부문이 공공 부문으로 진입해 들어왔다. 또한, 폐수 처리, 하수도 관리, 하수도 공급, 자원 재활용, 폐기물 에너지 발전소 등의 대규모 하부구조가 민간에 매각되었고, 관공서 건물과 주차시설 또한 민간에 매각되었다.

오늘날 미국 지방정부의 50% 이상이 폐기물 처리, 위법 차량 견인 및 보관,

법률 서비스, 그리고 병원, 어린이집, 노숙자 쉼터 운영 등의 공공 서비스를 민간 계약을 통해 해결하고 있다. 이 외에도 주택 쓰레기 및 재활용품 수거, 포장도로 유지 및 보수, 가로등 관리, 데이터 가공, 조경, 공영버스 수리 등이 민간에서 운영되고 있다. 반면, 치안, 소방, 교통 통제, 주차 단속, 위생 단속, 교도소 등 공적 책임이 강한 부문은 대부분 지방정부가 직접 운영하고 있다. 이와는 별도로 정부가 책임지지 않는 부문을 민간에서 자구적으로 공급하는 경우도 있는데 개별 기업체나 민간 커뮤니티에서 고용하는 사설경비업체가 대표적이다. 이들은 공권력이 아님에도 불구하고 쇼핑몰, 사무실 건물, 근린지구 등을 순찰한다. 민영화에 대한 많은 우려를 간략하게 정리하면 다음과 같다.

- 민간 계약자가 처음에는 고의로 싼값을 붙여 낙찰을 받은 후에, 독점적인 공급자가 된 후에는 실제 비용을 청구할 때 여러 명목으로 가격을 올리는 과소산정(low-balling) 기술이 만연함
- 민간 업체가 파산하거나 노동 쟁의가 발생할 경우 서비스 공급의 마비가 발생하는데, 그 책임이 민간 계약업체에 있다고 할지라도 정부는 이미 그 서비스를 제공할 역량이 없음
- 공공부문의 기본적 일자리를 민간부문의 부차적 일자리로 대체하며, 이는 특히 소수민족집단이나 여성 노동 등을 활용한 저임금, 고위험, 저혜택의 일자리로 변모함. 이로 인해 도덕적 책임 및 생산성 감소의 문제가 발생함
- 민간 계약자와 관료 및 정치인 간의 상호의존으로 인해 부패의 가능성이 증가함
- 민간의 비용 효율성을 강조하는데, 효율성에 대한 강조 자체는 결국 공공의 이익을 매우 편협하게 해석하도록 만듦

민영화된 도시에서 가장 문제적으로 드러나는 이슈는 사적인 이익이 도시의 공공성을 압도하는 프라이버토피아(privatopia)의 등장이다. 이와 관련된 사유주의(민영주의, privatism)의 정치는 교외 지역의 주택 소유자 협회들이 마치 민간 정부처럼 활동하면서 통제하는 거대한 투기성 종합 개발 계획에서 가장 뚜렷이 나타난다. 오늘날 미국의 50개 대도시권의 절반 이상과 캘리포니아, 플로리다, 뉴욕, 텍사스, 워싱턴DC 교외지역의 거의 대부분 지역의 거버넌스가 해당 지역의 주

택 소유자 협회들에 위임되어 있다. 애리조나 주 피마 카운티의 경우 약 800개에 달하는 주택 소유자 협회들이 10만 명의 주택 소유자들을 대표하고 있다. 이들은 분절화된 프라이버토피아를 형성하고 있다. 프라이버토피아의 지배적 이데올로기는 사유주의이고, 최고의 권위는 계약법(contract law)이고, 사유 재산과 부동산 가치가 커뮤니티 생활의 중심이며, 등질성, 배타성, 배제가 사회 조직의 토대를 이룬다. 프라이버토피아는 부유한 가구들이 거주할 수 있게 만들어진 엔클레이브로서 물리적 환경과 사회적 태도를 통제하는 계약, 관리, 규약 등 이른바 구속적 레짐(servitude regimes)에 의해 통제된다. 이런 구속적 레짐은 보통 개발업자에 의해 만들어지며, 이는 근린지구의 경관을 보전하거나 도시 계획의 통일성을 유지할 뿐만 아니라 거주자들의 주택과 그들의 행동과 태도를 세밀하게 통제하기까지 한다. 개발업자들은 '친절한 독재자'와 같이 교외지역의 민간종합개발계획에 맞게 자신들이 설정한 경관과 커뮤니티의 틀을 지키도록 강제한다.

이런 레짐은 마당의 울타리, 지붕, 야외풀, 빨래줄, 문과 우편함 색깔, 야외에 주차할 수 있는 차량의 종류, 주차장 출입문 크기, 창문을 통해 노출될 수 있는 가구의 종류, 크리스마스 트리의 색깔, 방문객이 머무를 수 있는 최대 체류시간에 이르기까지 의무적으로 따를 사항과 금지사항까지 규정하고 있다. 이 외에도 사육할 수 있는 애완동물의 종류와 수, 마당, 진입도로, 공공공간에서 할 수 있는 활동, 집에서 할 수 있는 사업의 유형도 규정하고 있다. 주택 협회들은 규약을 위반한 사람에 대해서 벌금을 부과할 수 있는 권한도 갖고 있으며, 규약을 따르지 않는 주택 소유자의 부동산을 우선적으로 매입할 수 있는 권한도 있고 심지어 출입을 폐쇄할 수 있는 권한까지도 갖고 있다. 이처럼 민간종합개발 커뮤니티는 내적으로 님비현상을 특징으로 하며, 대체로 등질적인 인구집단으로 구성되어 있고, '도적적 최소주의'를 추구하며, 과시적 소비와 사회적 격리를 특징으로 하며, 사회 재생산이 순수하게 위생 처리된 상태에서 이루어지는 문화적으로 밀폐된 공간이다.

읽을거리 7-2 살기 좋은 도시와 커뮤니티

미국에서는 1992년 4월 로스앤젤레스 폭동 이후 이른바 공동주택개발(CID; Common-Interest Developments)이라고 불리는 벙커 도시가 확산되었다. CID는 도시정부나 개인 또는 조합에서 주택을 개발하는 것이 아니라, 부동산개발회사가 개발을 대행하는 주거 단지다. 부동산개발회사는 자신들이 개발한 주택단지의 상품 가치를 유지하기 위해서 주택 소유자들에게 엄격한 계약 조건을 제시하는 경우가 많다. 가령, 마당의 잔디를 망가뜨려서는 안 되고, 정원에서 채소를 길러서는 안되며, 울타리의 높이는 1m로 이하로 제한되는 등의 규정을 준수해야 한다. 내 집이되 내 맘대로 살수가 없는 것이다. 또한, 보안상의 이유로 허가받지 않은 외부인의 출입은 전면 금지되어 있고, 방문객이 머무를 수 있는 시간도 제약을 받는다. 심지어 거주자마저 통행금지 시간이 있다. 이미 2000년만 하더라도 미국 인구의 12%가 15만 개의 이런 벙커도시에 살고 있었다. 해마다 5천 개 가량의 새로운 CID가 생겨나고 있다.

브라질 상파울루라는 도시로 가보자. 상파울루는 인구가 1천만 명이 넘는 대도시이자 남미에서 가장 번화한 도시다. 미국의 CID가 '보이지 않는 문'으로 통제된 커뮤니티라고 한다면, 상파울루에는 '출입제한 커뮤니티(gated community)'라는 완전히 가시적으로 분리된 주거단지로 나타난다. 교통 체증은 세계적으로 손꼽히고 빈부격차로 인한 사회적 갈등은 범죄로 이어진다. 방탄차가 제일 많이 팔리는 이 도시에서 이런 커뮤니티의 등장이 어떻게 보면 당연하고 필연적 결과다. 심지어 최상층 사람들은 자가용 헬기를 이용해 집에서 헬리포트가 설치된 회사까지 출근한다. 그보다 못하는 계층은 택시 헬기를 이용한다. 방탄차를 탄 사람들은 중산층 정도라고나 할까? 초고층 빌딩이 즐비한 상파울루에는 이처럼 자가용 헬기로 출근하는 주민들과 파벨라(favela)라고 하는 무허가 판자촌에서 생활하는 주민들이 뚜렷이 분리된 채 공존하고 있다. 당연히 대중교통이 발달될 리 없다. 치안 유지에 드는 비용이 경찰 예산보다 훨씬 많은 사설 경비 산업의 매출액이 이상할 것도 없다.

다시 미국 디트로이트로 가보자. 1900년대 세계 자동차 산업의 중심지로써 영광의 나날을 보냈던 이 도시는 최근 파산 위험을 피해 근근이 살아가고 도심 곳곳은 비어있다. 1980년대 이후 미국 자동차 산업이 몰락하게 되면서 과거 디트로이트의 번영을 함께 누렸던 흑인과 백인들은 운명이 갈리게 되었다. 백인들은 혼잡하고 위험한 도심을 벗어나 교외로 뻗어 나간 신흥 거주지에 거주하게 되었고, 흑인들은 대체로 소득도 낮고 은행 대출도 구하기 어려워 주택을 구입하기 어렵기 때문에 교외로 나오지 못하고 도심의 불량한 주거환경 속에서 살아가고 있다. 교외지역은 주거지역의 밀도도 낮고 대부분의 주

그림 7-10 **프라이부르크의 보봉 마을에서 운행되는 트램**

노면 궤도가 초지로 덮여있으며, 뒤쪽으로 100% 태양에너지로 운영되는 커뮤니티인 'Sonnenschiff(Sun Ship)'에 위치한 태양에너지 건축 회사인 'Rolf Disch Solar Architecture'의 본사 건물이 있다.

출처: https://de.wikipedia.org/wiki/Vauban_(Freiburg_im_Breisgau).

민들이 자가용을 이용하기 때문에 대중교통이 수요가 적어 잘 발달하지 않았다. 또한, 교외지역은 도로 개설 및 유지 등 하부구조에 소요되는 비용이 높아 주민들의 조세 부담도 높은 편이지만, 주민의 대부분이 중산층 이상이기 때문에 오히려 외부로부터 저소득층의 유입을 막는 이러한 조세 장벽은 울타리 효과를 갖는다. 그에 반해 도심부에 거주하는 저소득층 흑인들의 생활환경은 점점 더 열악해질 수밖에 없다. 중산층의 유출로 도시정부의 세입 기반이 점차 취약해지기 때문에 대중교통과 공공 서비스의 질은 점차 낮아지게 되지만, 저소득층을 위한 보건, 복지, 교육 등에 대한 사회보장 지출이 점차 늘어나기 때문이다.

독일 남서부에 있는 프라이부르크는 어떠한가? 프라이부르크는 인구 20만의 작은 도시이지만 세계의 환경 수도로 일컬어지며 전 세계의 주목을 받고 있다. 이 도시에는 과거 프랑스 군대에 제공했던 군부대를 반환받아 새롭게 조성한 인구 5천 명의 보봉(Vauban)이라는 주거지역이 있다. 이 마을에는 자가용 소유 가구의 비율이 인구 1천 명당 432대로 매우 낮아 많은 사람들이 차량공유(car sharing)를 이용하며, 자가용을 소유한 가구라도 반드시 단지 밖에 조성된 공용 주차장을 이용해야 한다. 그 대신 주민들은 집 앞 도로와 동네 골목을 놀이터처럼 안전하게 활용하며 살아갈 수 있게 되었다. 또한, 주민 전체가 태양광을 설치하여 탄소 발생량을 최소화했으며 직주거리를 최소화하고 세탁기 등을 공유함으로써 사실상 에너지 자립 마을을 달성했다.

프라이부르크에서와 같은 도시적 삶의 차이는 누가 선택한 것일까? 이는 주민 스스로의 선택에 의한 것이지, 미국 CID에서와 같이 부동산 개발회사가 자산의 가치를 유지하기 위해 정해둔 규칙에 의한 것은 아닐 것이다. 프라이부르크는 사람과 사람이, 사람과 자동차가, 그리고 자전거와 자동차가 평화롭게 나누어 살아야 하는 공존의 길을 주민들 스스로 선택했다. 보봉 마을만이 아니다. 프라이부르크 전역에는 도시 인구보다 많은 자전거가 움직이며 활기찬 모습을 평화롭게 보여준다. 차와 자전거와 사람이 같은 공간에서 공존해야 모두에게 이로우며, 그것이 즉, 나의 행복을 보장해 준다는 깨달음의 결과다. 그들은 이런 깨달음의 과정을 통해 평화롭게 공존하고 있는 모습을 아낌없이 보여준다. 높은 빌딩과 호화로운 주거 단지가 즐비하고 값비싼 차들이 질주를 하는 도시를 살기 좋은 도시로 볼 수는 없다.사람과 자전거와 자동차가 공간을 공유하며 살아가는 도시, 사람이 당당한 도시민으로서 보행과 주행할 권리를 갖춘 도시라면 충분히 살기 좋은 도시가 아닐까?

출처: 김길중(2016)의 내용을 일부 수정하였음.

(3) 신자유주의적 도시 정치

1) 님비주의

교외지역은 교외세계(suburbia)라고 명명할 정도로 중심 도시와 대비되는 뚜렷한 특성을 보인다. 무엇보다도 교외지역 가구들은 주택이라는 큰 자산을 특징으로 하는데, 이는 근린지구(동네)와 밀접한 관련이 있기 때문에 주민들은 대체로 보수적인 경향을 띤다. 이는 종종 님비주의(NYMBYism)의 형태로 나타난다. 일부 교외 주택은 오래된 주택이 있던 부지에 화려함이나 거대함을 자랑하는 주택이 들어서곤 하는데, 미국에서는 1990년대부터 이런 주택을 패스트푸드의 대명사인 맥도널드 햄버거에 비유하여 경멸적으로 맥맨션(McMansions)이라 칭한다. 이런 주택은 겉보기에는 크고 화려하지만 저렴한 재질로 조악하게 대량생산방식으로 건축되었고 출처가 불분명한 여러 건축양식들이 뒤죽박죽 섞여 있다. 교외 주택소유자 협회들은 이런 유형의 주택이 건축되는 것을 막고자 하며, 2006년 로스앤젤레스 시의회의 경우에는 주택의 부지를 8,000ft²(약 743㎡)로 제한하는 조례를 통과시켰고, 선랜드-터헝가 지역은 2,400ft²(약 223㎡)로 제한하기도 했다. 또 어떤 지자체에서는 용적률을 40% 이하로 제한하는 조례를 정하기도 했다. 사회경제적 변화 또한 님비주의의 대상이 되기도 한다. 어떤 경우에는 주택 1개에 대가족 또는 여러 가족이 거주하는 경우가 있는데, 이는 특히 주택 구입 자금이 제한적일 수밖에 없는 새로 이민 온 저소득층 유색인이 많다. 이런 경우 어떤 지자체에서는 한 주택에 최대로 거주할 수 있는 가구 구성원의 수를 제한하는 조례를 만들기도 한다.

이처럼 님비주의가 갖는 부작용이 크기 때문에 용도지역제를 둘러싼 투쟁이 발생하기도 한다. 저밀도의 주택에 부유층이 거주하는 교외의 경우 토지이용은 보이지 않는 성벽으로 작동하면서 바람직하지 않은 주택 소유주나 토지이용을 막는다. 이미 대지를 소유하고 있어야 토지이용을 바꿀 수 있으며, 신규 전입자는 토지 이용을 바꿀 수 없다. 이런 측면에서 토지 이용은 특정 장소의 생활 미학을 구조화하는 적극적인 역할을 수행한다. 사회적 등질성을 유지시킴으로써 집단적인 장소감과 경관적 상징을 유지시키기도 한다. 또한, 저밀도 토지이용은 주택 가격을 상승시키기 때문에 소득이 높지 않은 교사, 간호사, 경찰 및 소방관 등을 배제하기도 한다. 지방정부의 입장에서는 배타적인 토지이용 조례를 통해 다른 지자체 대비 재정적 건전성을 유지하기도 한다. 특히, 토지이용을 통해 세금을 적게 내고 사회보장에 대한 필요성이 높은 인구 집단이나 유해 산업의 유입을 막는 반면, 부유한 인구와 깨끗한 경제 활동 부문을 유치하려고 노력한다.

2) 스마트 성장

이런 배타적인 정치에 대한 대안으로서 제3의 길로 부상한 것이 스마트 성장(smart growth)이다. 스마트 성장은 성장지향적이지만 대체로 적절한 하부구조를 갖추고 있되 전략적으로 계획된 소규모 부지에 한정된 성장을 가리킨다. 이는 일종의 꿩도 먹고 알도 먹는 전략이다. 즉, 옛날의 계획을 유지하고 있으면서도 신자유주의적 관점에서 볼 때 반드시 시대에 뒤떨어졌다고 말할 수 없는 교외지역을 표현하는 완곡어구이다. 스마트 성장은 공공재의 보전, 해로운 토지 이용의 최소화, 공공부문에 대한 재정 지출 최소화, 사회적 형평성 극대화 등의 원리를 고수한다.

미국의 전국 단위 연맹조직인 스마트 성장 아메리카(Smart Growth America)에는 수많은 회원 단체들이 가입되어 있는데, 여기에는 미국농장연합, 미국도시계획협회, 시에라클럽 등이 포함되어 있다. 이 단체 중 하나인 스마트 성장 네트워크에서는 10가지의 기본 목표를 제시하고 있다(Knox, 2011).

- 복합적 토지이용
- 고밀도 근린지구 계획
- 주거의 기회와 선택 창출
- 보행 가능한 커뮤니티 만들기
- 뚜렷한 장소 정체성을 지닌 커뮤니티 촉진
- 오픈스페이스, 농장, 자연환경의 보존
- 현행의 커뮤니티에 친화적인 개발 지향
- 다양한 교통수단 선택 기회 제공
- 개발의 의사결정에서 예측 가능성, 공정성, 비용 대비 효율성 추구
- 개발의 의사결정에서 커뮤니티와 이해 당사자 간의 협업 추구

1995년부터 2003년까지 매릴랜드 주지사였던 패리스 글렌데닝은 스마트 성장을 추구했던 대표적 정치인으로서, 개발 정책을 관리하는 별도의 비서실을 두어 교통, 주택, 환경 등 성장과 관련된 정부 기구를 총괄하게 했다. 그는 주 정부가 스마트 성장 정책을 주도해야 한다고 주장하면서 주 정부 사무실을 도시 중심부에 위치하게 했고, 고속도로 건설에서 대중교통 시스템과 같이 고밀도 환경을 지탱하는 하부구조 구축으로 방향을 전환했다. 또한, 개발업자로 하여금 미개발된 지역의 상하수도 등 인프라 비용을 지불하게 하는 대신 고밀도 지역에 대한 개발에서는 신속한 행정 처리와 요금 감면의 혜택을 주었다. 헤리티지 재단과 같이 신자유주의를 추구하는 개발업자들은 이런 스마트 성장의 남용이 반미국적이고, 엘리트주의적이며, 심지어 사회주의적이라고 비난하면서 사유 시장 메커니즘을 손상시키고 개인의 선택을 제한한다고 주장했다. 그러나 스마트 성장론자에 대한 가장 거센 반발은 시민들로부터 나왔으며, 고전적인 님비주의를 야기했

다. 가령, 스마트 성장 전략의 일환으로 지하철역 인근에 주거 및 소매업 지구를 건설하려던 계획이 해당 지역 주민들의 반대로 중단되거나 사업 규모가 축소되었던 것이 단적인 사례이다.

3) 기업가주의와 민관협력

신자유주의의 부상으로 인해 개발 투자에 대한 연방정부의 감독이 축소되었기 때문에, 지방정부는 거대한 기업 자본을 상대해야 했고 수익성 있는 투자 환경을 창출함으로써 민간 기업과 자본의 유입을 촉진하고자 했다. 이 결과 도시 정부는 기업가적으로 변모했다. 새로운 거버넌스의 정신은 민관협력이었다. 민관협력은 다양한 형태를 띠지만 대체로 의사공공(quasi-public) 개발 기구가 이를 관리했다. 이런 기구는 '파트너십'이라는 미명 하에 지방정부와 민간 자본 간에 노골적인 연맹을 정당화했다. 민관협력은 다양한 메커니즘을 통해 민간 개발을 보조했는데, 여기에는 세금 감면, 기업의 세입담보 채권(revenue bonds) 발행, 리스 금융, 판매세에 대한 세금 면제, 그리고 투자에 대한 면세 혜택 등이 포함되었다. 또한, 민관협력에서는 투자의 위험을 줄이기 위해 공공자본이 합작투자의 방식으로 투입되었고, 사유재산에 대한 정부의 토지수용권이 공권력으로 사용되었고, 공공 인프라의 구축이 민간 개발에 최적화된 형태로 공급되었으며, 민간자본을 유치하기 위해 도시 조례가 개정되기도 했고, 도시 개발에 연방정부의 재원을 투입하기도 했다.

오늘날 글로벌 경제에서는 기업가적 도시 거버넌스에 대한 네 가지 전략이 있는데, 이들 모두는 민관협력, 로컬 선전주의, 이미지 만들기와 깊이 관련되어 있다(Knox, 2011).

① 첨단산업에 매력적인 도시 만들기

이는 주로 현대 산업에 중요한 물리적, 사회적 하부구조에 대한 투자와 관련되어 있으며, 첨단산업단지에 필요한 도로와 교량을 공급하거나 전문적인 커리큘럼을 제공하는 학교를 건립하기도 한다. 또한, 첨단산업단지에 대해 세금 감면, 보조금, 특수 목적형 인프라 등의 혜택이 공급된다. 이는 주로 이동성이 높은 초국적기업에 의한 거대한 개발 사업을 유치하기 위한 국제적 전쟁에서 승리하기 위한 패키지로 활용된다.

② 중앙정부의 자금 유치

중앙정부는 고용규모가 가장 큰 행위자이자 각종 계약의 원청업체로서 도시개발에 막대한 영향을 끼치며, 중앙정부와의 계약을 수주하거나 하청을 받는 기업들로의 승수효과 또한 크다. 이는 항공 및 우주 산업과 선거용 지역개발사업(pork barrelling)에서 극히 두드러졌지만, 지역의 선전주의자들(boosters)은 민관협력에 의존해서 연구 단지나 대학 등 자신들의 인프라 향상을 추구하고자 한다.

③ 기업의 핵심 · 중추 관리 기능 유치

이는 공항, 국제통신네트워크, 컨벤션 센터, 호텔 및 리조트 등 고가의 도시하부구조를 공급하는 것과 관련되어 있다. 도시는 이런 부문에 대한 민간 투자를 유치하기 위해 양질의 업무 공간 확보를 보장하고 주변 지역의 어메니티를 향상하는 조치를 통해 민관협력을 추진한다. 도시정부는 이를 통해 통제 및 관리 중심지로서 기능한다. 각종 회의와 전시회는 전문직 종사자들의 유입을 촉진하기 때문에 호텔 고객을 확보하고 레스토랑과 각종 상업시설의 판매량과 판매세 증가에 기여할 뿐만 아니라 새로운 사업 기회를 제공하기도 한다.

④ 도시를 소비의 장소로 만들기

이는 위의 3가지 시도를 강화한다. 미국 도시의 경우 소비주의와 물질주의 경향은 삶의 질 향상을 도모하면서 일자리, 소득, 세입의 증가를 창출할 뿐만 아니라, 각종 생산 활동, 정부의 연구 및 계약, 기업 경영 및 서비스 등 양질의 일자리 창출에도 기여한다. 이러한 기업가주의는 도시 경관에 뚜렷이 드러나며 오래되거나 화려한 박물관과 극장 등의 문화적 앵커들은 이에 중요한 역할을 하며, 특정한 문화 또는 역사지구로 지정된 곳들도 마찬가지다. MLB 스타디움과 같은 대형 스포츠 경기장도 도시의 큰 구경거리인데, 이는 관광객과 방문객 그리고 까다로운 전문직 노동과 잠재적 투자자를 끌어들이는 데에 중요한 역할을 할 뿐만 아니라 도시의 경관을 미학적으로 새롭게 단장하는 데에 중요한 역할을 한다. 마지막으로 거대한 복합쇼핑센터와 축제시장도 마찬가지다. 이런 세트피스(set-piece) 개발은 고급 사무실, 관광 소매업, '충동적' 소매업, 레스토랑, 콘서트홀, 미술관 등을 포함하며, 이는 기업가적 도시의 스펙터클이 배경이 되는 데에 중요한 역할을 한다. 데이비드 하비는 이런 도시화를 가면축제(carnival mask)라고 하면서 도시 내부의 쇠락과 사회적 박탈과 같은 지속적인 문제로부터 관심을 돌리고 자본과 사람을 유지하기 위한 수단으로 활용된다고 비판한다. 이런 개발은 다양한 축제를 개최하는 배경막이 되며 파머스 마켓, 구경거리와 먹거리 등은 공적 자금과 민간 자본이 공동으로 투입되어 만들어진 매우 세밀하게 계획된 애니메이션과 같다.

신자유주의가 이데올로기적 상식이 됨에 따라 기업가적 도시 전략은 닐 스미스(Neil Smith, 1996)가 말한 실지(失地)탈환주의(revanchism)와 샤론 주킨(Sharon Zukin, 1995)이 말했던 "카푸치노에 의한 화해"에 이르는 지름길이 되었다. 이는 저소득층 커뮤니티와 저수익형 사업체들로부터 도시 공간을 수용하고 도시 계획을 통해 기업에 우호적인 환경을 조성하는 도시 정책 과정이다. 이 과정에서 공공공간의 질서, 청결, 안전 등을 보장하려는 정책으로 인해 도시 내의 특정 집단들이 밀려나게 되었다. 기업가적 거버넌스에 대한 이런 네 가지 접근은 도시 계획과 정책 풍조의 급진적인 변화를 가져왔으며, 이는 보다 유연한 용도구역제의 실시, 역사 보전지구의 확대와 관리 강화, 젠트리피케이션과 같은 현상을 불러왔다.

한편, 도시 거버넌스의 기업가주의 경향은 도시 경관을 재구성해서 새롭게 포장해서 판매하고 있다. 대표적인 문화지구, 대형 컨벤션센터, 거대한 용도복합지구, 리모델링된 창고, 워터프론트 재개발, 헤리티지 공간, 스포츠 경기장, 유흥가, 골목길 등은 모든 도시들에서 강조하는 요소다. 이런 개발은 생산 보다는 소비를 추구하는데, 이는 탈산업사회의 새로운 경제인 사업자 서비스업, 유흥 및 여가 시설, 관광 시설 등을 공급하기 위해서 기획된다. 또한, 부동산업자, 금융업자, 개발업자, 건축업자 등이 형성하는 성장기구 연합은 성장과 소비 이데올로기를 설파하면서, 지방정부의 토지 이용 규제, 정책, 개발 의사결정, 민관 협력 관계 등에 있어서 전략적인 정치를 강조한다.

신자유주의 시대 초창기 기업가적 도시의 사례는 뉴욕이다. 1970년대 심각한 재정 위기에 직면한 뉴욕은 엘리트들의 연합이 주도가 되어 도시의 이미지를 재창조하고자 했다. 미디어, 부동산, 관광 등에 있어서 기업가들이 주도해서 '빅 애플' 브랜드를 개발해서 뉴욕을 젊은 도시인들이 일하고, 거주하고, 쇼핑하기에 매력적인 쿨한 장소로 선전했다. 1977년 뉴욕시청 상무부는 유명 디자이너인 밀턴 글레이저가 창안한 그래픽인 'I♥New York' 캠페인을 시작했다. 이는 단순히 이미지 판매에 그친 것이 아니라 뉴욕시의 정치경제 관계를 재구조화해서 기업가 및 관광객에 보다 친화적인 도시로 재구조화했다.

|참|고|문|헌|

고인석, 2018, "영국의 지방분권과 지방자치의 발전과정," 법학연구, 69, 123-141.

김순은, 1999, "지방의회의 개혁에 관한 연구: 비교론적 관점," 21세기 정치학회보, 9(1), 513-32.

김왕배 · 박세훈 역, 1996, 자본주의 도시와 근대성, 한울(Savage, M. and Ward, A., 1993, *Urban Sociology, Capitalism and Modernity*, Macmillan Press, London).

남궁곤, 2004, "뉴잉글랜드 타운미팅을 통해 본 미국 참여 민주주의: 런던데리(Londonderry) 타운미팅 사례 연구," 미국학논집, 36(2), 127-149.

새전북신문, 김길중, 2016년 10월 25일, "차와 자전거와 사람이 공존하는 따뜻한 도시를 꿈꾼다".

소병희, 1998, "공공선택이론의 발전과 최근 동향," 국민경제연구, 21, 135-160.

정희선 역, 2013, "사하라 이남 아프리카 지역의 도시," 한국도시지리학회 옮김, 세계의 도시, 425-481.

최인수, 2016, "독일의 주민자치관련 법규 및 제도," 월간 주민자치, 60, 84-94.

Bachrach, P. and Baratz, M., 1970, *Power and Poverty: Theory and Practice*, Oxford University Press, Oxford.

Brown, A., 2015, *Planning for Sustainable and Inclusive Cities in the Global South*, Evidence on Demand, United Kingdom.

Castells, M., 1977, *The Urban Question: A Marxist Approach*, The MIT Press, Cambridge.

Cawson, A., 1986, *Corporatism and Political Theory*, B. Blackwell.

Cox, K. and Mair, A., 1987, Levels of abstraction in locality studies, *Antipode*, 21(2), 121-132.

Dahl, R., 1956, *A Preface to Democratic Theory*, University of Chicago Press, Chicago.

______, 1961, *Who Governs?: Democracy and Power in an American City*, Yale University Press.

Hall, P. and Hubbard, P., 1996, The entrepreneurial city: new urban politics, new urban geographies?, *Progress in Human Geography*, 20(2), 153-174.

Hall, T. and Barrett, H., 2018, *Urban Geography(5th edition)*, Routledge, London.

Harvey, D., 1989, from managerialism to entrepreneurialism: the transformation in urban governance in late capitalism, *Geografiska Annaler. Series B: Human Geography*, 71(1), 3-17.

Hunter, F., 1953, *Community Power Structure*, University of North Carolina Press, Chapel Hill, NC.

Knox, P., 2011, *Urbanization(3rd edition)*, Pearson, London.

Logan, J. and Molotch, H., 1987, *Urban Fortunes: The Political Economy of Place*, University of California Press, Berkeley.

Mollenkopf, J., 1983, *The Contested City,* Princeton University Press, Princeton.

Molotch, H., 1976, The city as growth machine: toward a political economy of place, *American Journal of Sociology*, 82(2), 309-332.

Pacione, M., 2009, *Urban Geography: A Global Perspective*, Routledge, London.

Pahl, R., 1970, *Whose city?: And Other Essays on Sociology and Planning*, Longman, New York.

Rex, J. and Moore, R., 1967, *Race, Community and Conflict: A Study of Sparkbrook*, Institute of Race Relations, London.

Slack, E. & Côté, A., 2014, *Comparative Urban Governance*, Foresight, Government Office for Science, London.

Smith, N., 1996, *The New Urban Frontier: Gentrification and the Revanchist City*, Routledge, New York.

Stone, C., 1989, *Regime Politics: Governing Atlanta, 1946~1988*, University of Kansas Press, Lawrence.

______, 1993, Urban regimes and the capacity to govern: a political economy approach, *Journal of Urban Affairs*, 15(1), 1-28.

Streeck, W., 1983, Between pluralism and corporatism: German business associations and the state, *Journal of Public Policy*, 3(3), 265-283.

UN HABTAT, 2005, *Urban Governance Index: Conceptual Foundation and Field Test Report*, UN.

Williams, P., 1978, Urban managerialism: a concept of relevance?, *Area*, 10(3), 236 240.

Zukin, S., 1995, *The Cultures of Cities*, Blackwell, London.

추천문헌

김진애, 2008, 공간 정치 읽기, 서울포럼.
박경환 역, 2014, 공간에 비친 사회, 사회를 읽는 공간, 한울.
심정보 역, 2010, 공산의 정치지리, 푸른길.
윤일성, 2018, 도시는 정치다, 산지니.

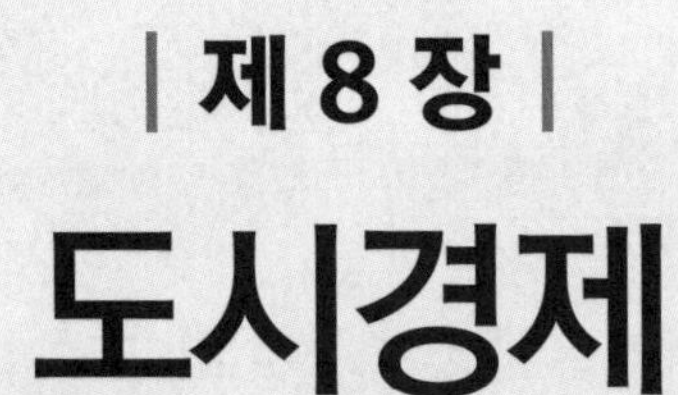

| 제 8 장 |

도시경제

– 이재열 –

| 제 8 장 |

도시경제

1. 도시경제의 진화

도시의 발생, 성장과 발전, 쇠퇴 등에 대한 인문지리학적 고찰은 결코 경제지리적 과정 및 결과와 분리시켜 이루어질 수 있는 것이 아니다. 1950년대 중반 경제지리학에서 파생하여 현대적 의미의 도시지리학이 성립했던 역사가 암시하는 것처럼 도시지리의 문제는 경제지리의 작용과 밀접하게 연관될 수밖에 없다. 그러나 둘 사이의 관계는 일방향의 단선적 관계로 설정될 수 있는 것이 아니고, 『포스트메트로폴리스』에서 에드워드 소자(Edward Soja)가 강조한 것처럼 서로가 영향을 주고받는 사회–공간 변증법적 사고와 분석의 프레임을 통해서 이해되어야 한다(이현재 등, 2019). 같은 맥락에서 레드먼도 도시는 "첫 번째 요인이 두 번째, 세 번째, 네 번째 등의 순으로 다른 요인을 자극한다는 선형 논리로 이해될 수 없고 상호작용하는 일련의 과정들의 총체로 개념화해야" 한다는 주장을 펼쳤고(Redman, 1978, 229), 리처드 워커 또한 "도시지리와 경제지리는 본질적으로 합치"된다고 했던 바가 있다(Barnes and Christophers, 2018, Ch.10). 도시 역사에서 중추적 사건의 일부만을 간략히 돌아보아도 도시와 경제의 관계에 대한 변증법적 사고의 중요성을 쉽게 파악할 수 있을 것이다.

우선 기원전 3500년을 전후로 서남아시아의 비옥한 초승달 지역에서 알렉산드리아, 하라파, 우르 등의 고대도시가 발생하여 도시혁명이 시작되었던 경제지리적 근원을 돌이켜보자(제2장 참고). 재레드 다이아몬드가 『총, 균, 쇠』에서 서술하는 바와 같이, 수렵 · 채집 경제를 근간으로 연명하며 동부아프리카 지역으로부터 이동하던 고대 인류는 석기시대를 걸치며 자연환경의 조건이 우수한 곳에서 야생식물의 작물화와 야생동물의 가축화에 성공하였다(김진준 역, 2016). 작물화와 가축화로 인한 관리의 문제가 대두함에 따라 정착생활은 인간에게 필수적인 것이 되었고, 이런 조건 하에서 관개기술도 발전하게 되어 농업용수의 연중 공급이 가능하게 되었다(Childe, 1950; Wheatley, 1971; Wittfogel, 1957). 그래서 인간은 역사상 처음으로 필요한 식량의 양을 초과한 잉여농산물을 생산하며 농업혁명을 이룩할 수 있었고, 이는 사회적 분업으로 이어져 상인, 수공업자, 기술자, 종교인, 정치인, 행정 관료, 군인 등 비농업적 직업에 종사하는 사람들도 생겨나게 되었다. 엘리트 계층이 집중하면서 농민이 거주하는 주변부에 대해 종교 · 정치 · 군사 · 경제적 권력을 행사할 수 있게 되었던 고대도시는 수렵 · 채집 사회에서 농업경제로 전환의 지리적 산물이었다. 도시국가(city-state)로도 칭해지는 그런 형태의 도시는 고대 그리스와 로마제국을 거치며 지중해와 서유럽 지역으로도 확산되었지만, 중세시대에는 봉건제도를 기초로 도시와 주변부 간의 착취적인 관계가 고착화되어 도시의 경제적 활력을 약화시키기도 했다. 도시가 교류와 혁신을 자극해 생산성을 높이지 못하며 착취 기반인 동시에 엘리트 계층 중심의 소비 사회로 전락했기 때문이다.

그러나 중세 암흑기 봉건도시의 모순을 토대로 상인, 장인 등 신중산층이 성립하여 14~16세기의 르네상스 시대에는 상업도시(mercantile city)가 번성하였다(Pirenne, 2014). 무산농민, 탈주농노, 추방자 등 중세도시 하위계층의 일부는 구습(舊習)과 구제도(舊制度)의 제약을 탈피하고 원거리 교역에 참여하며 상공업 및 금융업에 지대한 영향력을 행사하는 부르주아 계층으로 성장하였기 때문이다. 이들은 무역으로 축적한 경제력을 기반으로 도시에 다시 정착해 기존과는 다른 방식으로 도시의 번영을 추구했다. 도시 내부에서는 장인을 중심으로 길드를 조직하고 노동자를 고용하여 무역 상품을 제조하였으며, 이들은 건설 인부, 창고지기, 경비원 등을 고용해 도시 관리의 중추 세력이 되었다. 그리고 길드를 중심으로 주변부 농부 및 목축업자의 생산품을 도시로 유통시켜 제빵 · 양조 · 정육업을 육성했다. 결과적으로, 봉건시대 토지 중심 경제는 화폐경제로 전환되었고, 성당과 수도원을 중심으로 조직되었던 중세도시의 공간구조는 상업도시 시대에 이르러 시장(marketplace)을 중심으로 재편하였다(Pacione, 2009). 이 당시 상인들의 시장 지배력이 높았던 밀라노, 플로렌스, 퀼른, 브뤼스 등의 도시는 군주로부터 정치적 자치권도 확보할 수 있었다. 그리고 무역을 바탕으로 세계적 영향력을 행사하는 도시연합체도 등장했다(Pirenne, 2014). 예를 들어, 이탈리아의 아말피, 제노바, 베니스는 지중해 무역을 장악했고, 북해와 발트해를 따라서는 브뤼즈, 쾰른, 함부르크, 뤼베크, 그다인스크(단치히), 리가, 노브고로트 등을 포함하는 한자동맹이 결성되기도 했다.

상업자본주의가 끝을 보고 산업자본주의의 시대가 열리며 도시와 경제 간의 관계는 더욱 깊어지고 보다 더 광범위한 지리적 범위에서 의미를 갖게 되었다. 산업자본주의는 18세기 후반 영국에서 시작된 산업혁명의 결과로 형성되었으며, 19세기 동안 서유럽과 북미 지역으로 확산했다. 그리고 20세기에 걸쳐 산업자본주의는 제국주의, 식민주의, 냉전질서, 신국제분업 등 비대칭적인 중심부–주변부 권력 관계 하에서 불균등한 방식으로 공간적 범위를 제3세계 지역까지 확대하며 산업도시(industrial city)를 형성시켰다(제2장 참고). 산업도시는 포디즘 및 테일러주의를 기초로 한 대량생산 공장 중심의 경제적 기반을 지니고 있으며, 이곳에서는 자본가와 노동자가 분리되어 대립하는 사회적 조직 체계도 나타났다. 자본가는 이윤추구를 목적으로 노동을 구입하고 노동자는 임금의 대가로 노동력을 제공하지만, 두 계급 사이의 관계는 본질적으로 불평등할 수밖에 없었다. 자본가가 토지, 공장, 기계 등 생산수단을 소유한다는 이유로 생산 과정에서 노동으로 발생하는 잉여가치의 상당 부분을 전유하며 경제적 착취가 발생하기 때문이다(읽을거리 8-1 참조).

산업자본주의에서 차별적인 사회적 관계는 산업도시에서 공간적으로 표출되기도 한다. 제4장에서 살핀 버제스의 동심원구조 이론에서 제시하는 바와 같이 저소득 노동자 계급은 도시의 중심부에 밀집하고 부유한 계층일수록 도시 외곽에 거주하는 경향이 있다. 이와 같은 산업도시의 공간구조는 잉여노동 및 잉여자본의 축적 과정과도 밀접하게 연관되어 있다(Barnes & Christophers, 2018, Ch.10). 산업도시에서 잉여노동의 축적은 소외된 농촌 인력의 유입으로 유발되는데 이들은 도심에서 슬럼지대를 형성한다(제4장, 제6장 참고). 반면 도시 외곽의 중산층 및 부유층 주거지역과 그곳에서 이동성을 보장하는 교통 및 정보통신 인프라는 잉여자본이 재투자된 산업도시의 건조환경으로 이해될 수 있다.

읽을거리 8-1 자본의 순환과 도시의 건조환경

마르크스의 설명에 따르면, 자본가는 화폐자본, 생산자본(기계, 설비, 노동력 등), 상품자본(원료, 중간재, 생산품 등)의 수단을 이용해 잉여가치를 노동으로부터 착취하고 전유한다. 이윤 창출을 위한 착취의 과정은 노동자의 소득 감소로 이어져 시장에서 노동자의 구매력도 저하된다. 그래서 수요 하락 및 재고 증가의 문제를 초래하는 과잉축적(over-accumulation)은 필연적으로 자본주의의 위기로 귀결될 수밖에 없다.

이처럼 자본주의의 모순과 불안정성에 주목했던 마르크스와는 달리 데이비드 하비는 건조환경(built-environment)의 형성과 같은 공간적 조정(spatial fix) 과정을 부각하며 자본주의에서 위기의 방지 및 지연을 위한 노력을 이론화했다. 마르크스의 자본의 순환을 1차 순환으로 칭하며, 하비는 2차와 3차의 순환 과정을 추가하여 설명했다([그림 8-1]). 국가의 관리 하에서 민간의 영역이 주도하는 2차 순환은 1차 순환으로 형성된 잉여가치

그림 8-1 자본의 순환

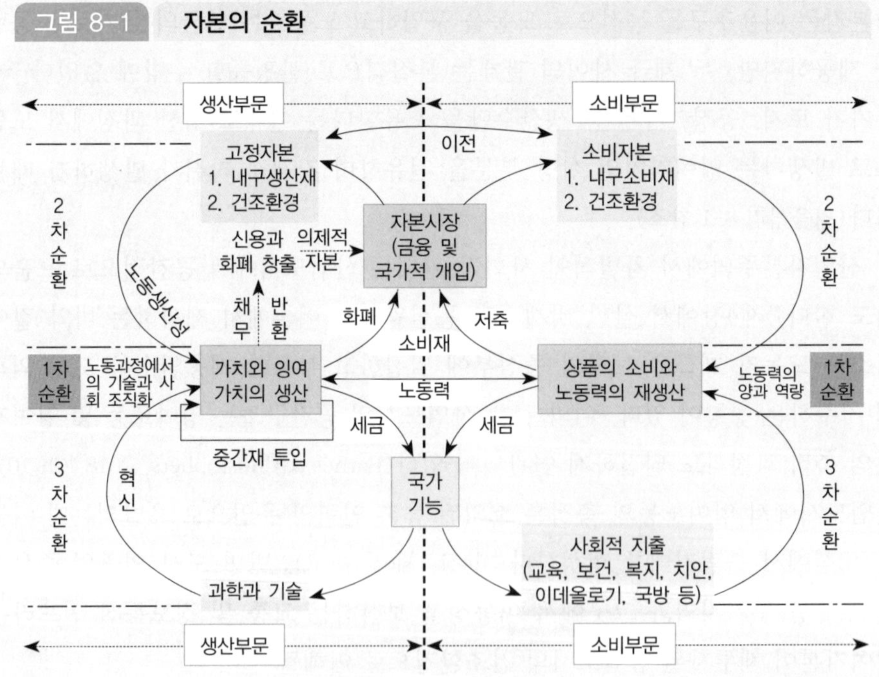

출처: 이희연(2018, 151).

가 자본시장을 통해서 재투자되어 고정자본과 소비기금의 형태로 전환하는 과정을 의미한다. 고정자본은 생산부문으로 재투자되는 것으로 기계설비, 공장과 같은 내구생산재와 산업도시처럼 이를 통해 형성되는 건조환경으로 구성되며, 이런 것들은 노동생산성 향상에 기여해 자본의 축적이 더욱 원활해 질 수 있도록 한다. 마찬가지로 소비의 영역에서의 자본의 순환으로 형성되는 내구소비재(자동차, 가전제품 등)와 건조환경(주택, 학교, 소비경관, 교외환경)도 수요 창출과 노동의 재생산을 통해 자본주의의 안정화에 기여한다. 2차 순환에서는 현재보다 미래의 이윤을 지향하는 금융시장의 역할이 매우 중요하다. 예를 들어, 은행과 기관투자자는 미래 수익에 대한 기대로 기업의 고정자본 투자를 지원하고 부동산 상승에 대한 가치 때문에 주택담보대출과 같은 소비금융 상품에 대한 거래가 이루어진다.

금융에 기댄 2차 순환은 결코 안정되지 못하고 또 다른 위기의 조건이 되기도 한다. 2008년 서브프라임 모기지 사태에서 경험했던 것처럼, 생산부문 투자가 이윤으로 이어지지 못하고 소비기금이 노동자의 소득 증대와 부동산 사치 상승으로 이어지지 못하면 금융위기가 발생하기 때문이다. 그래서 이를 안정화하기 위해 국가가 개입하여 세금과 공적자금의 흐름으로 발생하는 3차 순환이 필요해진다. 여기에서 과학과 기술에 대한 투자는 생산의 영역에서 혁신성의 향상으로 이어지고 교육, 보건, 복지, 치안, 국방 등 집합적 소비(collective consumption)에 대한 투자는 노동의 사회적 재생산을 촉진시킨다. 그러나 과잉축적과 잉여노동의 증가로 성장 기반이 약화되면 3차 순환 또한 국가의 재정위기의 원인이 될 수밖에 없다. 1980년대부터 지속된 남미의 채무위기는 이렇게 시작되었다.

출처: 이철우 등(2018, 164−171)을 참고하여 수정함.

포디즘 산업도시는 2차 세계대전 이후부터 1970년대 초반까지 30년의 기간 동안 호황을 누리며 북미와 유럽 등 선진 산업자본주의 사회에서 안정적으로 유지될 수 있었지만 1970년대 중반 이후 여러 가지 위기적 상황에 처하기 되었다. 포디즘 기반의 경제 성장은 대량생산과 대량소비가 맞물린 축적체제(regime of accumulation)로 가능했었는데, 시간이 지남에 따라 과잉축적의 문제가 표출되어 서구 산업도시의 생산품은 시장에서 제대로 소비되지 못했다. 생산의 이익이 자본가에게 과도하게 축적되며 노동자의 실질임금은 하락하는 효과를 보았고, 이에 따라 시장에서 소비자의 역할을 하는 노동자의 구매력은 상당히 약화되었기 때문이다. 그래서 서구의 산업자본가들은 새로운 시장을 개척하거나 노동비를 절감하여 위기를 타계하려고 생산기반을 글로벌 경제의 (반)주변부로 이전하는 전략을 채택하며 신국제분업(new international division of labor)이 등장했고, 이로 인해 기존 서구 산업도시는 탈산업화의 악순환을 경험하게 되었다. 이런 변화는 완전고용, 정년보장, 단체교섭권, 사회안전망을 기초로 운영되었던 케인스주의 복지국가(Keynesian welfare-state)가 몰락했던 중요한 원인이 되기도 했다. 케인스주의에 입각한 복지국가 정책은 호황기 때에는 산업도시의 위기적 요소를 사회적으로 흡수하여 중화시키는 사회적 조절양식(social mode of regulation)의 역할을 했지만, 당시의 국내 경기의 불황과 산업의 글로벌화는 석유파동 및 브레튼우즈 체제 몰락의 효과와 뒤엉켜 복지국가의 재정위기를 초래했기 때문이다(제7장 참조).

탈산업화는 선도 제조업 분야에서 이익 하락으로 인한 고용의 감소를 의미하는데, 이는 여러 가지 요소가 복합적으로 작용해 나타나고 도시경제 쇠퇴의 악순환의 조건을 형성시키기도 한다([그림 8-2]). 탈산업화는 혼잡, 지가 상승, 인플레이션 등 집적 불이익, 상품 시장의 포화 상태, 인플레이션 등의 요인이 작용해서 발생한다. 자동차, 조선, 철강과 같이 연계효과가 큰 선도 산업 분야에서 탈산업화가 발생하면 관련 산업에서 고용이 감소할 수밖에 없고, 도시에서 건설업 경기와 서비스업 시장도 타격을 받게 된다. 이것은 도시 정부의 세수 기반 축소로도 이어져 해당 도시에서 기반시설과 공공서비스는 악화되며 삶의 질도 저하된다. 이와 같은 과정은 순환적으로 누적되어 도시경제는 더욱 쇠퇴하게 되는 경향이 있다. 러스트 벨트(rust belt)로 알려진 미국의 북동부 제조업 지대에서 1960년대와 1970년대 사이에 두드러지게 발생했고, 프랑스, 벨기에, 노르웨이, 스웨덴, 영국 등의 국가도 비슷한 경험을 했다.

한편, 1970년대 중반부터 시작된 서구 포디즘과 케인스주의 복지국가의 쇠퇴의 조건 하에서 지금의 도시경제는 명백한 지리적 차이를 두고 작동한다. 서구와 일본 등 세계체제(world-system)에서 중심부 국가에 위치한 기존 산업도시는 서비스경제 기반의 후기산업도시(postindustrial city)로 재편되고 있다. 뉴욕, 런던, 도쿄 등의 선진 산업자본주의 사회의 기존 거대도시(megacity)는 초국적기업 본사를 통해서 글로벌 경제를 관리 · 통제하는 세계도시(world city), 또는 금융과

그림 8-2 **도시경제 쇠퇴의 악순환**

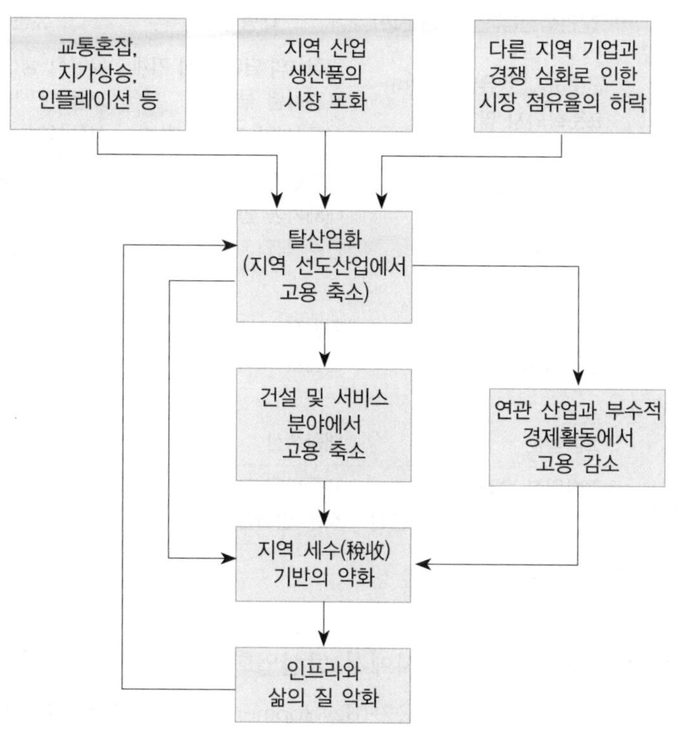

출처: Marston *et al.*(2016, 239).

생산자서비스 기반의 글로벌도시(global city)로 전환되었다(제3장 참조). 미국 캘리포니아의 실리콘밸리를 필두로 기존 포디즘 산업도시 밖에서는 반도체, 정보통신, 바이오 등 첨단산업에 전문화된 신산업공간도 등장했다(Scott, 1988). 이런 곳에서는 포디즘 대량생산의 경직성을 탈피하여 시장 상황 변화에 빠르게 적응해 자본, 노동, 기술을 필요에 맞게 적시에 투입하고 생산품의 다양화를 추구하는 유연생산체계(flexible production system)가 지역적으로 착근된 중소기업을 중심으로 형성되었다. 유연 생산은 일본의 적기생산처럼 기능의 수직적 통합을 기초로 대량생산만을 추구하지 않고, 뒤에서 살피겠지만 제3이탈리아에서처럼 전통적 장인생산을 모태로 현대의 생산기술을 일부 도입한 유연적 전문화(flexible specialization)의 길을 걷는 경우도 있다(〈표 8-1〉, 읽을거리 8-5 참조).

표 8-1 장인생산, 대량생산, 유연(린) 생산 체계의 주요 특성

	장인생산(유연적 전문화)	대량생산	유연(린) 생산
기술	단순하지만 유연한 장비 표준화되지 않은 부품	경직성의 단일 목적 기계 표준화된 부품 상품/설비 교체의 한계	유연적 생산 방식 모듈화된 부품 상품/설비 교체 용이
노동력	고도의 숙련	미숙련/반숙련 대체가능 인력 단순 작업	다능(다중 숙련) 팀워킹 설비 유지 · 보수 역량
공급망 특성	긴밀한 관계의 공급망 같은 도시에 위치	기능적, 지리적 분리 만일을 대비한 대량재고	기능의 수직적 통합 긴밀할 관계의 공급망 적기 공급 지리적 근접성
생산량	소량생산	대량생산	대량생산
제품의 다양성	광범위한 생산 특수 요구사항에 주문생산	표준화된 디자인 작은 변화만 가능	차별화되고 광범위한 생산

출처: Dicken(2015, 103)에서 발췌 · 수정.

그리고 기존 중심부 산업도시에서 탈산업화로 인해 생겨난 유휴 자본은 라틴아메리카와 동아시아의 발전국가(developmental state)로 이전, 재투자되어 반주변부 및 주변부에서 산업도시의 형성과 성장에 발판이 마련되기도 했다. 발전국가의 형태는 라틴아메리카에서는 종속이론에 영향을 받아 수입대체(import-substitution)형 산업화로, 동아시아 지역에서는 권위주의적 국가의 통제 하에서 수출주도(export-oriented)형 산업화 모델로 국가와 지역의 조건에 따라 상이하게 나타났지만, 조절이론가들은 이를 (반)주변부 포디즘의 출현으로도 논의하기도 했었다. 그러함에도 포디즘의 창조적 파괴 및 포스트(네오)포디즘으로의 전환은 전지구적 스케일에서 다양한 지리적 과정과 결과를 산출하며 진행된다는 사실은 분명했다. 이와 같이 기술적, 생산적, 지리적 유연화에 주목하며 새로운 축적 체제에 등장을 주장하는 학자도 있는데, 이들은 슘페터주의(Schumpeterianism)와 신자유주의(neoliberalism)를 유연적 축적체제와 조응하며 기존의 케인스주의 복지국가를 대체하는 새로운 사회조절 양식으로 언급한다. 슘페터주의는 혁신과 기업가정신을 통해서 자본주의가 재생산되는 창조적 파괴의 과정에 주목하고, 신자유주의는 시장의 개방화, 국가 개입의 최소화, 국유 산업의 민영화, 노동의 유

연화, 인간 삶의 개인화 등을 통해서 '경쟁'의 원리와 원칙을 중심으로 경제체제를 재구성하여 제도화하고자 하는 노력이다. 이런 맥락에서 닐 브레너는 포디즘 축적체계에 조응해 균형발전을 추구했던 공간적 케인스주의(spatial Keynesianism) 복지국가 도시의 시대는 저물고, 포스트포디즘의 유연적 축적체제와 결부된 슘페터주의 경쟁국가(Schumpeterian competition state) 도시가 현시대 도시경제의 전형적인 제도적 기반이 되었다는 주장을 펼쳤다(Brenner, 2004; Jessop, 2002). 이런 논의는 관리주의도시(managerial city)에서 기업가도시(entrepreneurial city)로의 전환을 중심으로 도시 거버넌스의 변화를 논했던 데이비드 하비의 주장과 일맥상통한다(Harvey, 1989; 제7장 참조). 실제로 혁신, 신경제, 기업가정신을 기반으로 형성된 슘페터주의 도시는 영국의 캠브리지 사이언스파크, 프랑스의 소피아 앙티폴리스부터 말레이시아의 사이버자야, 인도의 뱅갈로르에 이르기까지 세계 도처에서 찾을 수 있다. 그러나 많은 이들은 여전히 미국의 실리콘 밸리를 그 원형으로 언급하는데 주저하지 않는다(읽을거리 8-2 참조).

읽을거리 8-2 실리콘밸리와 미국의 신경제 중심지

신경제(the new economy)의 중심지는 지난 30여 년 동안 세계 곳곳에서 등장했고, 그런 지역과 장소에서 창출된 여러 가지 정보기술(information technologies)은 산업과 노동을 근본적으로 변화시켰다. 정보기술은 정보의 저장, 검색, 공유, 활용 등을 위해 컴퓨터 시스템을 도입하는 것을 의미하는데, 이를 통한 신경제로의 전환은 성숙한 기업가정신과 고도의 경쟁 때문에 가능했다. 미국이 신경제의 본거지이고, 약 50년 전에 캘리포니아 실리콘밸리에서 등장했던 기술의 변화에 뿌리를 두고 있다.

그리고 현재 신경제의 연구, 개발, 생산 활동은 미국 경제의 핵심 원동력이 되었다. 신경제는 미국에서 총고용의 8.7%, 국내생산(GDP)의 17%를 차지한다. 신경제 분야 종사자의 연봉은 9만 달러에 육박해 미국 전체의 평균 연봉 5만 달러보다 훨씬 높다. 지역별로는 서부의 캘리포니아, 네바다, 유타, 덴버 주에서, 동부의 매사추세츠, 뉴저지, 델라웨어, 메릴랜드, 버지니아, 노스캐롤라이나 주에서 신경제 분야의 경제 성장 기여도가 높은 것으로 나타난다. 미국 신경제의 중심으로 지역 및 국가 경제발전에 이바지하는 도시들이 아래의 지도에 표시되어 있다([그림 8-3]).

신경제는 신기술 이상을 의미한다. 노동의 조직을 재편하는 과정도 신경제에 내재하

그림 8-3 미국 신경제의 중심지

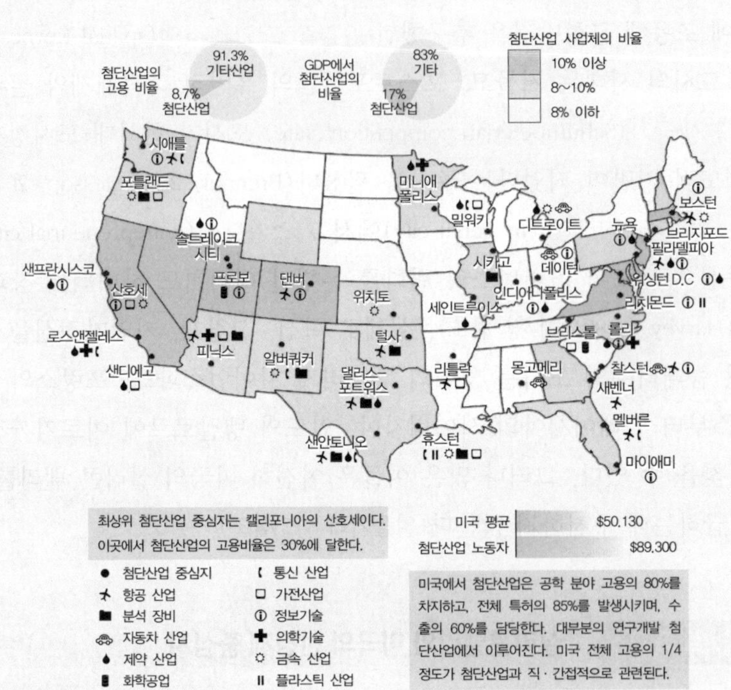

출처: Marston *et al.* (2016, 239).

기 때문이다. 생명공학 기술이 농업 활동에 영향을 주고, 기업의 관리 체계가 정보통신 기술로 변화하는 것처럼 말이다. 그리고 역동성, 혁신성, 높은 위험 수준도 신경제의 중요한 특성으로 언급된다. 반면, 구경제(the old economy)의 핵심은 제조업이었고 대량생산, 표준화, 수직적 기업구조, 내수시장 중심의 판매 활동 등의 특성을 지니고 있었다. 구경제의 시대는 경제공황이 끝난 1938년부터 1974년까지 지속되었다. 오일쇼크로 기업 이윤이 급락했던 1974년은 세계의 경제사에서도 아주 중요한 해다. 그리고 많은 이들은 1975년부터 1990까지의 시기를 구경제에서 신경제로 옮겨갔던 전환기로 파악한다.

출처: Marston *et al.*(2016, 239–240).

2. 도시경제의 구성

도시경제의 구성을 파악하기 위해서는 경제 분야에 대한 이해가 필요하다. 경제 분야에 대한 분류와 집계는 어느 통계와 마찬가지로 국가의 핵심적 통치 행위이며, 정확성을 기하고 국가 및 지역 간에 비교가능성을 확보할 수 있도록 분류체계의 설정에 있어서 국제적 표준을 따르는 것도 매우 중요하다. 우리나라에서는 유엔의 국제표준산업분류를 기초로 1963년에 처음으로 광업과 제조업을 중심으로 한국표준산업분류가 제정됐다(통계청, 2017).

이 분류 체계의 목적은 사업체, 기업체 등의 생산단위가 주로 수행하는 산업활동을 유사성에 따라 체계적으로 유형화하는 것이고, 산업분류의 기준은 산출된 재화와 서비스의 성격, 원재료, 생산공정, 생산기술 등 투입물의 특성, 생산활동의 일반적 결합형태 등을 중심으로 마련되었다. 통계법에 따라 국내의 모든 통계작성 기관은 이를 의무적으로 사용하여 산업통계 자료의 정확성과 비교성을 확보해야 하고, 한국표준산업분류는 일반 행정 및 산업정책 관련 법령에서도 적용 대상 산업 영역을 한정하는 기준으로도 사용된다. 그리고 앞서 제5장에서 살핀 것처럼 도시경제의 특화도를 파악하고 도시경제의 유형을 구분할 때에 산업분류 체계가 유용하게 활용된다.

지금까지 10차례에 걸쳐 한국표준산업분류에 대한 개정이 이루어졌다. 국제표준산업분류의 개정 사항과 국내 산업 및 기술의 변화를 반영하기 위한 것이었으며, 현재 사용되는 10차 개정은 2017년 7월부터 시행되고 있다. 여기에서 분류의 구조는 대분류(Section), 중분류(Division), 소분류(Group), 세분류(Class), 세세분류(Sub-Class)를 포함해 5단계로 구성된다(〈표 8-2〉). 대분류는 A부터 U까지 21개의 알파벳 문자로 표시되고, 대분류 이하의 분류에서 아라비아 숫자만이 사용된다. 77개의 중분류에서는 01부터 99까지 2자리 숫자가 부여되며, 소분류 이하의 모든 분류의 끝자리는 0에서 시작하여 9에서 끝나도록 했다. 그래서 232개 소분류는 3자리, 495개 세분류 4자리, 1,196개 세세분류는 5자리의 숫자 부호로 표시된다.

도시경제의 구성과 구조를 파악하기 위해서는 산업의 분류를 범주화하는 작업도 필요하다. 전통적으로 범주화는 1차, 2차, 3차 산업에 대한 분류를 중심으

표 8-2 **한국표준산업분류 체계**

대분류	중분류	소분류	세분류	세세분류
A. 농업, 임업 및 어업	3	8	21	34
B. 광업	4	7	10	11
C. 제조업	25	85	183	477
D. 전기, 가스, 증기 및 공기조절 공급업	1	3	5	9
E. 수도, 하수 및 폐기물 처리, 원료 재생업	4	6	14	19
F. 건설업	2	8	15	45
G. 도매 및 소매업	3	20	61	184
H. 운수 및 창고업	4	11	19	48
I. 숙박 및 음식점업	2	4	9	29
J. 정보통신업	6	11	24	42
K. 금융 및 보험업	3	8	15	32
L. 부동산업	1	2	4	11
M. 전문, 과학 및 기술서비스업	4	14	20	51
N. 사업시설 관리, 사업 지원 및 임대 서비스업	3	11	22	32
O. 공공행정, 국방 및 사회보장 행정	1	5	8	25
P. 교육서비스	1	7	17	33
Q. 보건업 및 사회복지 서비스업	2	6	9	25
R. 예술, 스포츠 및 여가관련 서비스업	2	4	17	43
S. 협회 및 단체, 수리 및 기타 개인 서비스업	3	8	18	41
T. 가구 내 고용활동, 자가소비 생산활동	2	3	3	3
U. 국제 및 외국기관	1	1	1	2
	77	232	495	1,196

출처: 통계청(2017, 19).

로 이루어져 왔다(이희연, 2018). 1차 산업은 농업, 임업, 광업, 어업과 같이 자연자원을 직접 처리하는 분야를 의미하고, 2차 산업은 제조업과 건설업처럼 원자재를 가공하여 상품을 생산하는 분야로 정의되며, 3차 산업은 서비스를 제공하는 분야로 구성된다. 영국 런던의 산업별 경제구조로 예시할 수 있는 것처럼 도시경제에서 1차 산업의 비중은 상당히 미약하고 제조업과 서비스업의 역할이 훨

표 8-3 영국 런던의 산업구조 변화

구분	1981년		1991년		2005년		1981~1991년 변화		1991~2005년 변화	
	고용자 수 (명)	비율 (%)	고용자 수 (명)	비율 (%)	고용자 수 (명)	비율 (%)	고용자 수 (명)	변화율 (%)	고용자 수 (명)	변화율 (%)
1차 산업	57,275	1.6	41,364	1.3	4,800	0.2	−15,911	−27.8	−36,564	−88.4
2차 산업 (제조업)	683,951	19.2	358,848	11.0	220,110	6.2	−352,103	−47.5	+92,633	+38.7
건설업	161,407	4.5	118,367	3.6	211,000	5.9	−43,040	−26.7	+92,633	+78.3
3차 산업 (서비스업)	2,655,288	74.6	2,736,165	84.1	3,129,000	87.8	+80,877	+3.0	+392,835	+14.4
도매·숙박·음식점	686,598	19.3	645,955	19.8	562,300	15.8	−40,643	−5.9	−83,655	−13.0
교통·통신	368,288	10.3	307,682	9.5	260,400	7.3	−60,606	−16.5	−47,282	−15.4
은행·금융·보험·생산자 서비스	565,876	15.9	733,513	22.5	1,006,600	28.2	+167,637	29.6	+273,087	+37.2
기타(공공·의료 서비스 포함)	1,034,526	29.1	1,049,015	32.2	1,299,700	36.5	+14,489	1.4	+250,685	+23.9
합계	3,557,921		3,254,744		3,564,900		−305,944	−8.6	+310,156	+9.5

출처: Pacinone(2013, 292).

씬 더 중요하게 나타난다. 그리고 과거에 비해서 제조업의 비중이 현저하게 적어지고 서비스업의 역할이 보다 중요해진다는 사실에도 주목할 필요가 있다. 1981년까지 런던에서 제조업은 전체 고용의 19.2%를 차지했지만, 2000년대에는 6.2%까지 두드러지게 감소했다. 반면 서비스업의 비중은 87.8%까지 증가해 런던의 도시경제의 근간을 이루게 되었다. 이와 같은 일반적 성격 때문에 도시경제에 대한 이해는 재화와 서비스의 생산, 유통, 소비를 중심으로 이루어지고 있지만, 1차 산업을 타자화하는 경향 때문에 도시농업처럼 잘 드러나지 않고 제대로 연구되지 못하는 자본주의 너머의 도시경제 모습이 존재한다는 사실도 인식해야 한다(읽을거리 8-3 참조).

〈표 8-3〉에서는 도시경제에서 서비스업의 성장이 모든 분야에 걸쳐 동일하

게 나타나지 않는 사실도 드러난다. 런던에서 유통업, 숙박업, 음식업과 같이 적은 부가가치를 산출하는 서비스업의 고용 규모는 감소하는 반면, 은행, 금융, 사업자서비스 등 고부가가치 서비스업의 고용은 두드러지게 증가했다. 그래서 도시의 서비스경제를 보다 세분화할 필요가 생겨났고, 숙박업이나 음식업처럼 최종 상품에 대한 서비스가 제공되면 소비자서비스(customer service)로, 기업을 대상으로 중간 투입요소 또는 매개체의 역할을 수행하는 서비스는 생산자서비스(producer service)로 불리게 되었다(본장 3절 참조). 경제가 고도화하며 높은 부가가치를 산출하는 생산자서비스업 분야가 더욱 각광을 받게 되었는데, 여기에는 출판, 방송, 통신, 정보서비스, 금융 · 보험, 부동산, 임대, 전문 · 과학기술, 사업시설관리, 사업지원 등의 업종이 포함된다(산업연구원, 2018). 그리고 소비자서비스업을 보다 세분화하여 유통서비스(도 · 소매업, 운수 · 보관), 사회서비스(공공행정, 공공교육, 교육, 의료보건, 사회복지), 개인서비스(숙박 · 음식점, 예술 · 스포츠 · 여가, 기타)로 분류하기도 한다(산업연구원, 2018). 그러나 서비스의 대상을 중심으로 이루어진 유형화는 지식산업의 출현과 성장으로 점철된 현시대의 특성을 반영하는데 어려움이 있다는 문제가 제기되기도 하였고, 지식, 정보, 데이터의 생산과 처리 관련 분야를 포괄하는 4차 산업의 개념이 해결책으로 등장하기도 했다(신정엽 등, 2011).

읽을거리 8-3 자본주의 너머의 도시농업

지난 몇 년 사이에 우리나라에서 도시농업은 빠르게 성장하여 2010년 15만 명에 불과했던 도시농업인 수가 2017년에는 190만 명까지 늘어났고, 같은 기간 동안 도시 텃밭의 면적도 104헥타르(ha)에서 1,106헥타르로 10배 이상 증가했다. 농림부에서는 「제2차 도시농업 육성 5개년 종합계획(2018~2022)」을 수립해 2022년까지 400만 명의 도시농업인이 2,000헥타르 이상의 텃밭을 가꾸는 도농상생의 미래를 만들겠다는 비전을 제시한 바도 있다.

도시농업 활동이 작물의 생산, 유통, 소비 과정에서 생성되는 정서와 감정이 개인의 차원을 초월해 효과를 발휘하는 것으로 몇 해 전 서울에서 현장 연구를 수행하며 확인했던 적이 있다. 도시농업 활동은 작물과 텃밭에 대한 지속적인 호기심과 애착을 유발했고,

그림 8-4 **서울시 노들섬의 도시농업공원**

출처: 저자 촬영.

경작자들은 텃밭 동료와의 경쟁 및 협력 관계 속에서 산출 농산물의 품질이나 텃밭의 관리 상태로 타인에게 인정받고 싶은 욕구를 드러냈다. 이런 것에서 성취감을 맛보게 되면 경작자들은 더욱 열정적으로 작물 생산과 텃밭 가꾸기에 임했던 것을 목격하면서 나는 도시농업 실천에서 '정서적 생산'과 '감성적 성취' 간의 선순환 작용이 생성하는 것으로 이해했고, 그것은 보다 넓은 범위에서 사회적 상황과 관련된 삶의 태도 및 가치관의 변화를 자극한다는 사실도 깨달았다. 도시농업은 공유경제 및 성찰적 소비의 실천을 자극했다. 대게 중산층 이상인 도시농업 참여자 사이에서 자유무역에 입각한 신자유주의적 농업경제에 대한 우려가 생겨났고, 그들은 농촌과 농민에 대해 동질감을 갖게 되었다. 무분별한 도시 개발 및 환경 파괴에 대한 비판적 태도를 함양했던 사실도 발견했다.

그러나 아직까지 많은 이에게 도시농업은 어불성설의 용어일는지도 모른다. "도시에서 웬 농업?", "저 비싼 땅에 무, 배추 심는 게 말이 돼요?" 등의 의문을 연구를 수행하는 과정에서 수없이 많이 접했다. 때에 따라 비난까지 쏟아지는 문제제기에 대해 나름대로의 정당화 사유를 밝혀야만 하는 시민사회 활동가, 공공공간의 비생산적 점유라는 비판이 있을 때에는 죄책감까지 표시하며 도시 텃밭을 가꾸는 일반시민 경작자를 종종 목격하기도 했다. 도시농업은 도시학의 전통, 도시계획의 제도와도 잘 어울리지 않아 보인다. 제조업, 서비스업 등 '비농업적' 경제 활동을 중심으로 도시에 대한 학문적 정의가 이

그림 8-5 **자본주의와 비자본주의 경제**

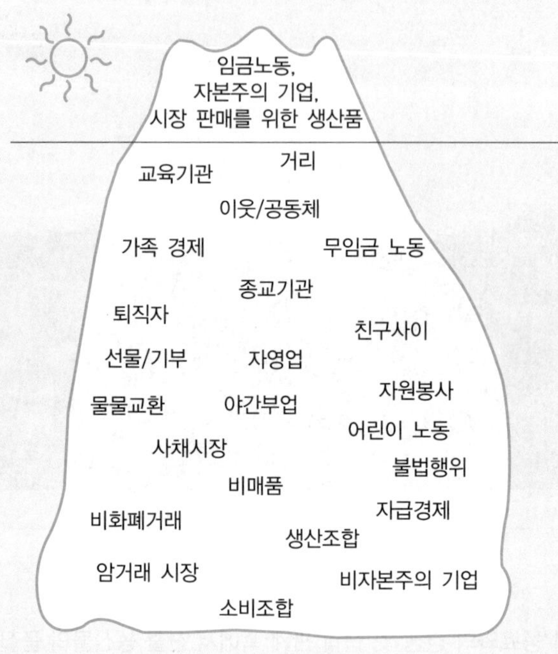

출처: Coe, *et al.*(2013, 47).

루어져 왔고, 우리나라의 국토계획법 상에서 주거, 상업, 공업, 녹지 공간을 포함하는 '도시지역'은 '농림지역'과 엄격하게 구분되어 도시농업의 장소는 비법적인 공간으로 보아도 무방하다. 이렇게 도시농업은 문화적으로, 학문적으로, 제도적으로 도시의 비정상적인 '타자'로 이해되는 측면이 많다.

그러나 나와 같은 '경제'지리학자들은 그와 같이 편협한 경제관념을 거부하기 시작했다. 경제는 상품과 서비스의 생산, 유통, 소비 과정의 총체를 의미하는데, 돈, 시장, 이익 등 경제인과 자본주의의 원리로 작동하는 경제가 전체 경제에서 차지하는 비중은 빙산의 일각에 불과하다는 인식의 전환이 경제지리학계 전반에서 진행되고 있기 때문이다. 비자본주의 경제는 다양한 현실로 존재한다([그림 8-5]). 자본주의적 임금 노동과 함께 가사, 자원봉사 등 비임금 노동도 경제를 형성한다. 이윤을 추구하는 자본주의적 기업처럼 공동체, 사회적 기업, 협동조합 등 비자본주의적 형태의 조직도 금전으로 환산할 수 없는 여러 가지 가치를 추구하며 상품과 서비스의 생산과 유통 과정에 참여한다. 거래는 시장에서 자본을 통해서만 이루어지지 않고, 물물교환이나 정서와 감정을 동반한 기부, 공유 등의 형식으로도 이루어진다. 이 밖에도 우리가 알았던 자본주의적 경제관념을 해체할 수 있는 것들은 수없이 많이 존재한다.

출처: 저자의 기고문(프레시안, 2019년 5월 11일) 발췌 및 수정.

산업분류 체계를 통한 도시경제의 이해에는 분명한 한계도 있다는 점에 유의해야 한다. 공식인 기록으로 남지 않고 법적, 제도적 인지와 보호 밖에서 이루어지지만 공식적 통제 없이도 생산적이고 유용한 노동을 수행하는 비공식경제(informal economy) 또한 존재하기 때문이다. 비공식경제는 공식경제와 대비해 네 가지 중요한 특징을 가지고 있다(Coe *et al.*, 2013). 첫째, 노점이나 벼룩시장처럼 대부분이 임시적이고 일시적인 공간에서 발생하고, 안정되고 영구적인 시설에서 이루어지는 비공식경제는 극소수에 불과하다. 둘째, 법의 한계 밖에 위치하며 비법적, 탈법적, (매춘이나 마약 거래처럼) 심지어 불법적인 거래를 동반하는 경우가 대다수를 차지한다. 셋째, 비공식경제에서 가격은 고정되어 있지 않고 협상과 교섭을 통해 결정되는 경향이 있다. 그래서 일상적인 공식경제에서보다 소비자의 권한과 참여의 수준이 훨씬 더 높다고 할 수 있다. 넷째, 비공식경제는 참여자에게 예측이 어려운 경험의 기회를 제공한다. 심지어 거래 상품에 대한 결정도 거래의 현장에서 직접적 경험을 통해 이루어진다.

도시의 비공식경제는 제조업보다 소매서비스업에서 탁월한 현상이고 중심부보다 제3세계의 (반)주변부 국가에서 보다 두드러지게 나타난다. 고소득 국가에서는 비공식경제가 전체 경제에서 차지하는 비중은 3%에 불과하지만, 개발도상국에서는 그 수치가 37%에 이른다(Coe *et al.*, 2013). 그리고 중심부 국가의 도시에서 비공식경제는 카부트 세일, 테일게이트 세일, 거라지 세일, 야드 세일, 농부시장 등의 형식으로 공식경제의 언저리에서 형성되는 경향이 있고, 불법적 활동은 훨씬 더 부정적인 인상을 풍기는 암시장(black market)으로 불리는 경향이 있는 반면, 제3세계 도시에서는 보다 명확한 비공식성을 보이며 양지의 영역에서 동시에 작동한다. 급속한 이촌향도의 물결 속에서 공식경제의 기반이 제대로 갖춰지지 못한 상태로 인구만 과밀하게 유입시키는 가도시화가 발생하여 도시 인구의 대다수가 슬럼 지대에 거주할 수밖에 없는 상황이 빚어낸 결과이다(제4장, 제9장 참고). 슬럼 거주는 대체로 공식적인 인정이나 제도적 보호 없이 이루어지기 때문에 슬럼에서는 기반시설이 열악하고 상·하수도, 전기 등 기본적 사회서비스도 원활하게 공급되지 못한다. 그래서 슬럼 지역에서 공식적인 투자로 인한 고용의 창출도 기대하기 어렵고, 이런 상황에서 슬럼 거주자들은 비공식경제 활동에 참여하게 된다.

비공식경제의 영역은 다양한 분야와 노동으로 형성되지만 5개의 유형으로 구분할 수 있다(Pacione, 2013). 첫 번째는 음식물, 수공예품, 의류 등의 상품을 생산하거나 세탁, 다림질과 같은 서비스를 제공하는 가내사업(home industry) 분야이다. 가정을 중심으로 운영되는 이런 유형의 비공식경제에서는 여성의 주도로 무급의 가족 노동력이 적극적으로 활용된다(제10장 참조). 두 번째는 거리경제(street economy)로 여기에는 음식물 판매 노점, 구두닦이, 짐꾼, 운수, 거리공연 등의 활동이 포함된다. 때에 따라서 고정된 장소에서 거리경제가 나타나기도 하지만 대체로는 이동성이 상당하고, 남성과 여성 모두가 운영의 주체로 나타나는 경향이 있으며, 가내사업 수준에는 미치지는 못하지만 무급 노동이 활용되는 경우도 존재한다. 세 번째는 가정부, 요리사, 정원사, 유아 돌봄이, 운전수 등을

표 8-4 비공식경제의 유형

유형	사례	일반적 위치	운영 주체
가내사업	제조업: 노점 음식, 수공예품, 의복 서비스업: 세탁, 다림질, 판매	자가	대체로 여성, 무임금 가족노동
거리경제	판매업: 음식물 가판, 행상 서비스: 구두닦이, 짐꾼, 거리공연	거리(이동/고정 형태)	남성·여성 무임금 가족노동
가사서비스	가정부, 요리사, 정원사, 유아 돌봄이, 운전기사	고용인의 가정 (일부 입주 계약)	고소득층 가정 남성·여성
극소기업	제조업: 제화, 재봉, 금속 세공 서비스: 전자제품/자동차 수리 배관	임대 공간 (일부 자가 운영)	소유·관리인 2~5명의 임금고용
건설 노동	일용 노동자, 벽돌공, 전기공, 목수	건설 현장	특정 사업 단위 개별 고용

출처: Pacione(2013, 503).

망라한 가사서비스(domestic service)의 분야다. 이런 경우 부유한 고용인의 가정이 노동의 장소가 되고 입주 형식의 고용 방식도 널리 사용된다. 네 번째는 극소기업(micro-enterprise)의 유형인데, 제화, 재봉, 금속 세공 등의 상품 생산과 전자제품, 배관시설, 자동차 수리 등의 서비스가 포함된다. 극소기업은 평균적으로 3~5명의 직원을 고용하여 임대 건물에서 운영되는 경향이 있지만, 소유자의 가정집이 이용되는 경우도 있다. 다섯 번째는 건설업이며 사업 현장에서 일용 노동의 형식으로 고용된다. 건설 일용 노동자 개개인은 벽돌공, 전기공, 목수 등의 분야에서 전문성을 가진다.

3. 도시경제의 기반

(1) 기반활동과 비기반활동

각 산업 부문은 도시경제의 성장과 발전에서 상이한 방식의 역할을 수행하는 것으로 여겨지고, 이런 인식과 가정은 경제 기반-비기반 분석(economic basic-nonbasic analysis) 기법에서 두드러지게 나타난다(한국지역개발학회, 2017; 한주성, 2006). 기반-비기반 분석은 도시경제 성장의 산업적 요소를 수식으로 개념화한 것이며, 이 분석틀에서 제조업과 같이 도시 외부로부터 소득을 유발하여 경제의 성장을 촉진하는 분야는 기반활동(BA, basic activity)으로 이해되었다. 반대로 외부로부터 자본의 유입을 도모하지 못하고 도시 내부에서 발생하는 수요만을 충족시키거나 도시 외부로 자본의 유출을 촉진시키는 판매, 유통 등의 서비스 분야는 비기반활동(NBA, nonbasic activity)으로 구별된다. 이처럼 제조업을 도시 외부에 판매하여 도시의 소득 증가시키는 수출산업(export industry)으로 인식했다. 그 대시 성장을 도모하는 승주적(primary) 고용은 제조업에서 이루어지는 것으로 보았고, 서비스업의 고용 증가는 수출산업의 성장에 따른 부수적(ancillary) 효과로 여겼다. 즉, 기반-비기반 분석에서 제조업은 도시경제 성장의 원인으로, 서비스업은 도시경제 성장의 결과로 가정된다. 이것은 서비스업에 대하여 제조업을 우선시하는 정책적 함의로도 연결된다.

기반-비기반 분석 기법은 예측성을 지닌 것으로도 이해되었다. 우선 도시경제 성장에 대한 예측은 기반/비기반 비(比)와 승수효과(multiplier effect)라는 지표를 통해서 이루진다. 이를 산출하기 위해 어떤 도시의 총 고용을 *E*, 기반활동 고용을 *EB*, 비기반활동 고용을 *EN*으로 가정하면, $E = EB + EN$가 된다. 양변을 *EB*로 나누어 $E/EB = 1 + EN/EB$의 수식을 얻을 수 있다. 여기에서 EN/EB가 기반/비기반 비를 의미하고 $1 + EN/EB$는 승수효과의 지표가 된다. 기반/비기반 비가 3인 경우, 기반활동 종사자 한 명이 세 명의 비기반활동 종사자의 증가를 유발한다는 의미다. 여기에서 산출할 수 있는 4라는 승수효과는 기반활동 성장에 대한 총 고용의 성장비가 된다. 그래서 이 경우에는 1,000명의 기반활동 종사자 증가가 4,000명의 총고용 인원 성장으로 이어질 것이라는 예측도 가능하다. 기반-비기반 분석에서 고용을 소득으로 대체하여 도시경제의 성장을 예측하는 것도 가능하다(읽을거리 8-4).

기반산업 입지로 발생하는 승수효과에 의한 도시경제 성장의 메커니즘은 군나 미르달의 순환-누적적 인과관계 이론에서 보다 구체화된다([그림 8-6]). 기본적으로 순환-누적적 인과관계란 기반산업의 성장이 비기반활동문의 성장에 기여하면서 도시 발전이 누적적으로 이루어지는 선순환의 체계가 마련된다는 것이다(남영우 등, 2015). 우선, 신규 기반산업의 입지(또는, 기존 기반산업의 확대)는 고용과 인구증대로 이어지며 세 가지 형식의 초기(1차) 승수효과를 발생시킨다. 첫째, 관련 분야 가치사슬의 전방과 후방에서 연관 산업의 성장을 유인한다. 새로운 생산 활동에 투입 요소가 되는 것이 전방연계 산업이고, 후방연계 산업은 신규 또는 확대된 기반활동을 지원하는 부문을 의미한다. 둘째, 성장한 산업과 유입된 인구를 지탱하기 위해 주택, 상하수도, 생산기반시설, 사회간접자본 등의 건조환경 조성 활동이 이루어진다. 셋째, 이러한 도시 발전의 효과는 상업서비스, 공공서비스 등의 부수적인 비기반활동 성장으로도 이어진다. 초기 승수효과의 누적적인 인과관계의 결과는 2차적인 승수효과의 밑거름이 되어 또 다른 투자를 유인하고 선순환의 고리가 형성된다. 선순환이 반복하여 세속되는 과정에서 사회간접자본 투자 증대, 지역 노동시장의 확대 등 규모의 외부경제(external economies of scale)가 발생해 집적경제의 이익도 강화되고 도시는 양적

그림 8-6 순환-누적적 인과관계

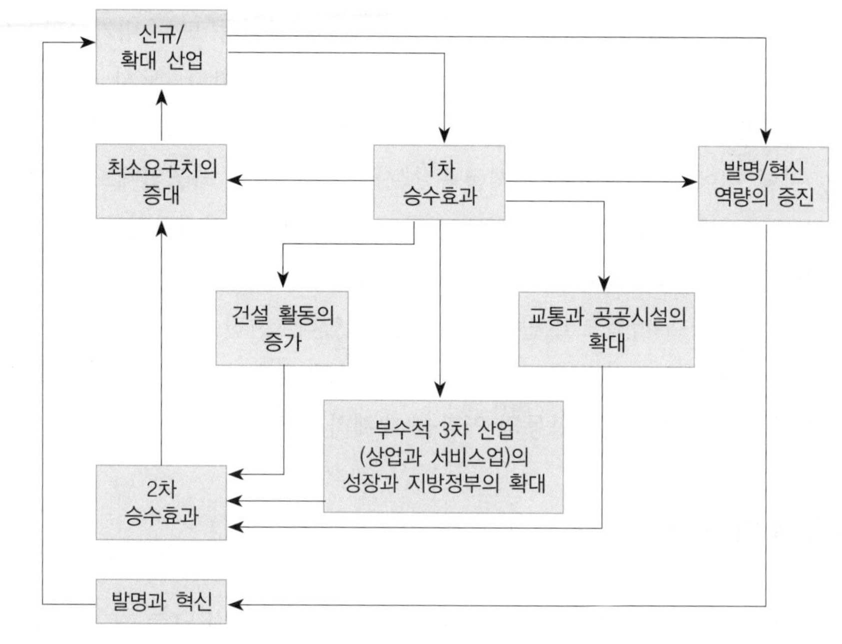

출처: Pacione(2013, 50).

팽창을 경험하게 된다(본장 4절 참조). 그리고 순환-누적적 인과관계의 메커니즘은 도시의 양적 성장과 함께 혁신 역량 강화의 차원에서도 발생한다. 기업의 집적이 발생함에 따라 연구 · 개발에 대한 투자도 증가하고, 노동 인력의 꾸준한 유입으로 지역 노동시장의 질적 향상도 가능해지기 때문이다.

도시경제의 기반-비기반분석은 단순한 개념을 바탕으로 마련되었기 때문에 이해하기에 어렵지 않고, 필요한 분석 자료의 양도 적어 기반산업의 입지와 확장에 따른 성장 효과를 분석, 설명, 예측하는데 용이하다. 동시에 수출산업의 역할을 중시하며 중심도시와 배후지 간의 관계도 파악할 수 있는 도구로 기반 및 비기반 산업 개념을 이해할 수 있다. 그러나 기반활동과 비기반활동의 이분법적 사고를 그대로 받아들여 도시경제를 이해하면 문제가 발생할 수 있는데, 그 이유를 세 가지로 요약해 볼 수 있다(한국지역개발학회, 2017).

첫째, 수출산업의 역할만 중시하면서 수입부문이 발생시킬 수 있는 도시경제 성장 효과를 무시한다. 도시 외부로부터 유입되어 판매되는 재화와 서비스는 소비재에만 국한되지 않고 산업 성장의 원동력으로 작용할 수 있는 중간재도 포함된다는 현실을 제대로 반영하지 못한다. 둘째, 기반활동 또는 비기반활동으로 명확하게 구분할 수 없는 경제 분야가 수없이 많이 존재한다. 도시 권역을 초월해 고객을 유치하는 서비스업의 경우 외부로부터 소득이 유입되는 성장 요인이 되고, 지역 내에서만 소비되는 제품을 생산하는 소규모 제조업체도 존재한다. 그래서 셋째, 기반활동만이 도시경제 성장의 원동력이며 비기반활동은 부수적인 활동이라는 기본 가정에도 문제가 있다. 비기반활동 간에도 상호작용을 통해서 승수효과가 순환-누적적으로 발생하는 경우도 있다. 선진 자본주의 국가의 대도시 지역의 경우, 기반산업으로 분류되는 제조업의 유출이 점점 심각해지고 서비스업이 꾸준히 성장해 기반활동의 역할을 대체하고 있다.

(2) 소비의 도시경제

최근에는 도시의 기반산업이 반드시 제조업일 필요가 없다는 입장과 함께 기반산업으로서 서비스업, 특히 생산자서비스업의 역할이 부각되고 있다(이희연, 2018). 생산자서비스는 생산 활동의 중요한 투입요소로서 인접한 고객 기업에서 생산성 향상에 직접적인 영향을 행사하고, 해외 지역을 포함한 도시 외부에 서비스를 수출하며 도시경제 성장에 이바지한다. 동시에 생산자서비스는 국경을 넘어 활동하는 초국적기업이나 금융업체의 중요한 입지 요인이 되었다(Sassen, 2001). 본국을 떠나 다른 국가에서 활동할 때 기업은 핵심 분야만을 이동시키고 법률, 보험, 부동산, 홍보 등 현지 활동에 필요한 각종 생산서비스는 현지에서 아웃소싱하여 구매하는 경향이 있기 때문에 생산자서비스업에 대한 접근성 자체가 초국적기업의 유치에서 결정적 변수로 작용한다. 그리고 생산자서비스업의 집적은 전문직 인력이 필요로 하는 다양한 소비자서비스업을 유발하는 승수효과도 발생시킨다. 예를 들어, 생산자서비스업에 종사하는 전문직 여성 인력이 많아지면 그들의 보육, 가사, 미용, 소비활동 등을 지원하는 서비스에 대한 수요가 증가하게 된다. 이처럼 생산자서비스업의 성장은 기업 간의 거래 관계 및 상호의존성을 높이고, 서비스산업 내에서도 전·후방 연계의 고용을 성장시켜 순환-누적적인 도시경제 성장효과를 창출한다.

소비자 도시 가설(consumer city hypothesis)에서는 소비자서비스의 외부성과 집적경제 효과를 검토하며 소비자서비스가 도시경제 형성과 변화에서 점점 더 중요한 역할을 하고 있음을 강조한다(Clark, 2003). 이런 논의의 중심에는 도시 어메니티(amenities)의 중요성에 대한 재인식이 자리 잡고 있는데, 어메니티는 인간에게 편의, 안락, 즐거움을 제공해 줄 수 있는 시설과 환경으로 정의되고 자연적인 요소와 인위적인 요소로 구분된다. 자연적 어메니티에는 기후, 지형, 수변 접근성 등 심미적 소비를 자극하는 자연환경으로 구성되며, 공원, 학교, 보육시설, 상점, 식당, 커피숍, 극장, 오페라하우스, 도서관, 박물관, 경찰서, 소방서, 대중교통 등 장소 특수적인 서비스를 사적 또는 공공의 영역에서 제공하는 시설은 인위적 어메니티로 분류된다. 이와 반대로, 환경오염, 범죄, 재난 위험, 유해시설, 유기경관 등 거주와 방문에 저해요소로 작용하는 것은 비어메니티(disamenities)라 일컬어진다.

앞서 살핀 바와 같이 생산도시 관점에서 소비자서비스와 밀접하게 연관된 어메니티는 제조업 성장의 부수적 결과로 인식되었고, 크리스탈러의 중심지이론으로 대표되는 고전적인 소매업 입지론에서도 어메니티를 도시의 인구성장 및 시장형성으로 인한 결과로 파악하였다(제5장 참고). 그러나 소비자 도시 입장에서 제조업은 도시의 부정적 이미지를 형성시켜 방문과 거주에 제약이 되는 비어메니티에 불과할 수 있으며, 오히려 커피숍이나 식당과 같은 단순한 소비자서비스업이나 매력있는 장소가 흡인요인으로 작용해 집적경제 실현의 초석이 될 수 있다. 아래의 인용문에서 적시하는 것처럼 전문직의 젊은 중산층일수록 그들의 삶에서 도시 어메니티를 중요시하는 경향이 있다고 클락은 강조한 바가 있다(Clark, 2003, 2-3; 신정엽 등, 2011, 403-405에서 수정 · 재인용).

> 전통적 관점에서 볼 때, 개인의 소득 증대는 식당이 새로 등장하는 원인이 된다. 그러나 이것은…… 지나치게 확장된 "방법론적 개인주의"를 강하게 보여주는 오류다. 왜 그런가? 개인들은 꾸준히 도시로 이주하고 도시를 떠나는 반면 오페라하우스, 호반과 같은 도시 어메니티는 훨씬 더 천천히 변한다. 따라서 어메니티가 개인의 입지 결정을 주도할 수밖에 없다. 이런 경향은 이직과 구직을 반복하는 유

능하고 젊은 사람들 사이에서 특히 잘 나타난다.

인용문은 소비를 바라보는 기존의 인식에서 커다란 변화가 나타나고 있음을 강조한다. 논리실증주의 도시경제지리학에서 소비는 시장에 대한 완전한 정보를 가진 개인의 합리적 의사결정 행위로 여겨졌다(제1장, 제10장 참조). 구조주의 정치경제학 관점에서 소비는 상품을 생산, 판매하여 이익을 창출하려는 자본가의 유혹에 넘어간 수동적인 반응으로 인식되었다. 포스트구조주의와 페미니즘에 영향을 받은 문화적 전환 이후 소비는 소비자가 자신의 정체성을 능동적으로 구축하는 주체적인 과정으로 이해되기 시작했고, 현재에는 소비자가 특정 상품을 구입하면서 자신을 다른 사람들로부터 차별화하고 동시에 자신이 동참하고자 하는 집단의 정체성을 수행한다는 인식이 널리 퍼져있다. 2019년 일본 정부의 대한(對韓) 수출규제에 대응해 발생한 일본제품 불매운동을 대표적인 사례로 꼽을 수 있다. 이런 맥락에서 소비하는 상품과 서비스는 주체성을 표현하고 주체의 위치를 드러내는 위치재(positional goods)로 언급되기도 하고, 위치재의 소비에서 과시성이 두드러지게 나타날 때에는 과시적 소비(conspicuous consumption)라는 용어도 쓰인다. 소비의 이러한 특성에 주목하며 피터 잭슨과 나이젤 쓰리프트(Peter Jackson & Nigel Thrift)는 "정체성은 소비라는 구체적인 행위를 통해 확인되고 경합된다"는 주장을 펴기도 했다(1995, 227).

도시에서는 상품 뿐 아니라 거리와 쇼핑몰 같은 건조환경과 소비공간도 정체성의 형성과 결부된 소비의 대상이 된다. 제인이 주장했던 바와 같이 소비는 "생산되어 팔리는 상품에만 국한되지 않고 아이디어와 지식도 소비의 대상이 되며, 그렇기 때문에 장소…… 시각, 음향 등도 소비된다고 할 수 있다"(Jayne, 2006, 5). 거리의 경우 가구점 골목, 먹자골목, 고서점가 등 특정 상점이 밀집해 집적경제의 이익을 발생시키기도 하지만, 이미지, 명성, 상징성과 같은 무형의 장소자산으로 브랜드화하여 특정 계층, 민족, 인종, 국적, 젠더, 연령의 사람들을 모이게 한다. 예를 들어, 서울에서는 청년층의 홍대거리와 장년층의 탑골공원이 대비를 이루고 명동의 외국인 관광객 거리, 가리봉동의 연변거리, 이태원의 다문화거리, 서래마을의 거리는 서로 다른 인상과 분위기를 풍긴다(제9장 참고). 인접한 거리에서도 건물의 배치와 구성에 따라 보행자의 행태도 상이하게 나타난다. 백화점을 중심으로 프랜차이즈 소매업체가 즐비한 서울의 신촌 네거리 인근에서는 보행에 전념하며 지나치는 사람들이 대부분을 차지하지만, 값싼 의류, 잡화, 먹거리 등을 취급하는 상점과 노점이 밀집한 이대역 부근 뒷골목에서는 발걸음을 멈추고 구경하며 친밀한 분위기에서 상거래가 이루어지는 것을 쉽게 목격할 수 있다. 쇼핑몰은 기업의 이윤 창출을 위해 만들어진 사적공간이지만 거리와 마찬가지로 공공공간의 역할을 한다. 이것은 고스가 지적하는 바와 같이 많은 사람들을 끌어들이기 위한 기업의 전략이기도 하지만(Goss, 1993), 의도적으로 계획하지 않은 사회적 관계의 산물이기도 하다. 예를 들어, 몰랫(mall rat)으로 불리는 10대 청소년들은 쇼핑몰에서 거의 상품을 구매하지 않지만 장소를 소비하며 자신의 정체성과 사회적 관계를 형성한다(Paterson, 2017).

주거의 공간 또한 도시에서 중요한 소비의 대상이 되고, 이것을 도시 계획과 규제로 반영하려는 시도도 다양하게 존재했는데 대표적인 것으로 미국에서 일어났던 뉴어바니즘(new urbanism) 운동이었다(박경환 등, 2012; 제11장 참조). 건축가 부부 앙드레 듀아니, 엘리자베스 플레터-지벅의 산파 역할로 플로리다 시사이드(Seaside)는 뉴어바니즘의 발상지가 되었다. 이것은 19세기 유토피아 사상을 기반으로 전근대적 전통과 공동체의 모습을 도시 공간에서 복원하려 했던 노력이었다. 그래서 시사이드에는 고대 그리스 건축양식을 모방한 성채가 등장하고, 이런 역사 애호가적인 건축물 디자인에는 대서양 양편의 강력한 유대의 상징뿐 아니라 그처럼 계획된 공간을 살만한 공동체로 포장하는 장소마케팅의 이도도 담겨져 있었다. 동시에 뉴어바니즘 운동에서는 공공공간 및 건축물의 디자인, 배치, 기능적 통합을 통해서 바람직한 장소성과 시민성이 길러질 수 있을 것이라는 믿음도 존재했다. 뉴어바니즘의 유산은 광장의 배치, 가로수 조경, 기념비 설치, 차 없는 거리의 조성, 범죄예방디자인 등을 통해서 인간의 행위와 흐름을 통제하는 도시 계획의 관행으로 이어지고 있다. 뉴어바니즘과 유사한 노력은 영국의 신전통 타운계획(neotraditional town planning)에서도 발견된다. 이것은 찰스 왕자와 건축가 레온 크리에(Leon Krier) 간의 긴밀한 협력으로 추진되었고, 두 사람은 산업사회 이전의 도시를 재탄생시키고자 했다.

뉴어바니즘과 뉴타운은 기회주의적 개입이라는 비판에 직면하기도 했다. 도시 디자인의 개선 사업은 개발업자에게 이익 창출의 기회를 제공했고, 디자인 개선의 긍정적 효과는 백인 중산층과 같이 특정 계층과 집단에게서만 향유되었기 때문이다(이현재 등, 2019). 반면, 노숙자와 노점상 같은 사회적 약자를 공공공간에서 배제시키는 수단으로 도시 디자인이 동원되는 경우도 많아 뉴어바니즘과 뉴타운은 사회적 정의에 반하는 소비공간으로 여겨지기도 했다. 그리고 디자인을 통해서 인간을 통제하려 했던 의도에는 환경결정론적인 가정이 담겨져 있으며, 전통주의적 디자인으로 복원된 문화 경관은 진정성이 결여되고 피상적이며 진부한 낭만만을 낳는다는 비판을 받기도 했다(제10장과 비교).

4. 전문화와 집적경제

입지계수(LQ, location quotient)는 도시와 지역의 특정산업이 국가 전체에 비해 어느 정도 특화되어 있는가를 측정하는 지표로서 특화계수라고도 칭해진다. 특정 도시 U에서 총고용 인원을 U_t로, i 산업의 종사자 수를 U_i로 가정하면, 이 도시에서 i 산업이 차지하는 고용의 비는 $U_i \div U_t$로 산출할 수 있다. 같은 방식으로 국가 전체에서 i 산업의 비는 $E_i \div E_t$로 구할 수 있고, 이것으로부터 U에서 i 산업의 입지계수 LQ의 산출식은 $(U_i \div U_t) / (E_i \div E_t)$가 된다. 예를 들어, 어떤 도시의 총고용 인원 400명 중 200명이 전자산업에 종사하고, 국가 전체로는 2,000명의 총고용 인원 중 1,000명이 전자산업에서 고용된다면, 이 도시에서 전자산업의 입지계수를 (200/400) ÷ (1,000/2,000) = 1로 산출할 수 있다. 이처럼 입지계수가 1이 되면 국가 전체와 같은 비율의 평균치로 전자산업이 성장하였다고 해석할 수 있다. 만약 1을 초과하는 입지계수를 산출하였다면 국가 평균치를 상회하여 해당 도시가 전자산업에 특화되어 전문화한 것으로 판단하며, 전자산업을 도시의 기반활동, 즉 수출산업으로 언급할 수 있다.

이렇게 입지계수를 활용하면 간단한 계산만으로도 기반산업의 역할을 할 수 있는 산업을 쉽게 찾을 수 있지만, 실제 적용에 있어서는 주의가 필요하다(한국지역개발학회, 2017). 왜냐하면 입지계수는 현재 산업구조 하에서 해당 도시에 집중된 특화 산업을 찾는 기법이므로, 만약 입지계수를 통해 드러난 도시의 특화산업이 현재 전반적으로 쇠퇴하고 있는 사양 산업일 경우 지역경제 성장을 이끄는 기반산업으로서의 역할을 제대로 수행하지 못할 가능성이 높기 때문이다. 따라서 지역경제의 경쟁력 제고에 도움을 줄 수 있는 진정한 의미의 기반산업을 정의하기 위해서는 입지계수만을 기계적으로 적용하기보다는 산업의 성격을 종합적으로 고려하는 과정이 필요하다.

입지계수를 통해서 파악할 수 있는 도시경제의 전문화는 집적경제(agglomeration economies)의 이익 때문에 발생하는 경우가 많다. 집적경제는 동종 또는 연계성이 큰 업종이 특정 장소에 같이 입지하여 얻게 되는 경제적 이익을 의미한다. 집적경제 이익의 발생 원인에 대한 이론적 설명은 학자마다 다르고 논의의 초점도 시대에 따라 변화했다. 논리실증주의 도시지리학의 중요한 토대 중 하나로 여겨지는 공업입지론에서 베버는 집적경제를 총 운송비와 노동비를 중심으로 설명했다(이희연, 2018; 한주성, 2006). 그는 운송비 지향 이론에서 제조업체의 위치는 항상 두 곳의 원료 산지와 한 곳의 시장을 잇는 입지삼각형 내부에서 운송비를 최소화할 수 있는 장소에서 결정된다고 했지만, 한계등비용선(critical isodapane)의 개념으로 공장의 입지 선정에서 노동비가 차지하는 비중이 훨씬 높을 수도 있다고 보았다. 한계등비용선으로 최소 운송비 지점으로부터 거리에 따른 운송비의 증가분을 노동비 절감으로 상쇄할 수 있는 영역이 그려질 수 있기 때문이다. 아래 [그림 8-7]의 가, 나, 다, 라, 마 5개의 기업은 각각의 입지 삼각형 내에서 운송비를 최소화시킬 수 있는 곳에 입지할 수 있지만, 노동비를 절감할 수만 있다면 한계등비용선 내에서 어느 곳이라도 위치할 수 있고 한계등비용선이 중첩하는 곳에서 다른 업체와 같이 입지할 수도 있다. [그림 8-7]에서는 5개의 중첩 영역이 나타나지만, 다, 라, 마 3개 기업의 한계등비용선에 중첩하는 곳에서 집적이 발생한다면, 그들과 가 또는 나 기업 간의 집적 가능성은 사라지게 된다.

운송비와 노동비를 중심으로 집적경제를 이론화하며 베버는 집적경제의 이점도 생산비를 중심으로 설명했다. 집적을 통해서 기업 간 정보교류가 활발해지고, 관련 업체의 입지를 유도함으로써 규모의 경제 이익을 달성하며, 사회간접자본 등 공공투자의 유치도 가능해지기 때문에 집적하는 기업은 거래비용을 절감할 수 있다고 보았기 때문이다(신정엽 등, 2011; Scott, 1988). 거리비용과 거래의 불확실성 감소를 중심으로 클러스터에서 업체 간의 거래상호의존성(traded interdependency)에 주목하는 최근의 논의들과도 일맥상통하는 바가 있어 베버의

그림 8-7 **베버의 집적경제**

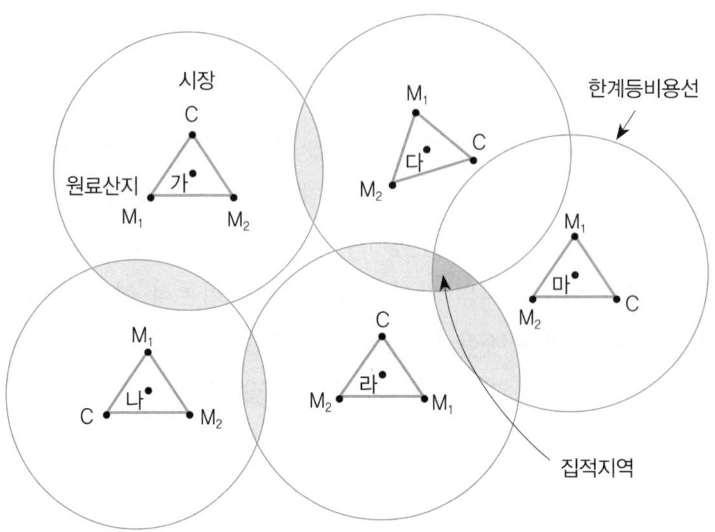

출처: 이희연(2018, 322).

집적경제 개념은 현재에도 가치 있는 학문적 유산임은 분명하다. 실제로 미국 뉴욕의 의류지구(Garment District)는 의류산업 제3세계화의 물결 속에서도 의상 제작업자, 하도급업체, 섬유 공급업체, 소매업체, 패션잡지 출판사, 디자인 스쿨의 집적으로 발생한 거래비용 절감의 이익 때문에 경쟁력을 가지고 여전히 유지될 수 있었다(Rantisi, 2002). 국지적 거래상호의존성에 의한 생산비 절감의 이익은 할리우드의 영화산업 클러스터에서도 배급사, 메이저 영화사, 독립 제작사, 전문 서비스 제공업체, 기업단체, 노동자 길드, 정부기관 사이의 긴밀한 상호작용 속에서도 발생하는 것으로 확인되었다(Scott, 2002). 그러나 거래비용 중심의 설명은 집적경제의 사회문화적 요소와 혁신적 함의를 제대로 파악하지 못하는 문제를 야기했다.

캘리포니아학파 도시경제지리학자들은 클러스터 구성원 간의 비거래상호의존성(untraded interdependency)에 대한 논의를 통해서 집적경제의 사회·문화·제도적 기반과 혁신적 함의를 면밀히 검토했다(Storper, 1997). 비거래상호의존성은 거래상호의존성보다 비가시적인 이익으로 숙련 노동시장의 형성에서부터 대학, 기업협회, 정부조직 등 제도적 기관의 역할과 독특한 지역 문화에 이르기까지 광범위하게 발생한다. 대면접촉은 비거래상호의존성 형성에서 가장 중요한 요소로 클러스터 주체 간의 신뢰의 관계자산(relational asset) 형성 및 유지, 정보와 지식의 공유, 그리고 궁극적으로는 혁신 역량 강화의 원동력으로 작용한다. 명백하게 구별되는 두 가지 지식은 학습에서 서로 다른 함의를 가지고 있기 때문이다. 글이나 도표로 가시화할 수 있는 형식지(codified knowledge)는 원거리에서도 학습이 가능하지만, 명시적인 표현이 어렵고 직접 경험이 중요하며 가십(gossip)의 성격도 지닌 암묵지(tacit knowledge)의 학습에서는 근거리에서만 가능한 일상적 대면접촉이 중요한 역할을 한다. 즉, 지역적 착근성(embeddedness)이 사회적 관계의 형성과 암묵지 학습에 중요한 요소로 작용한다(본장 5절의 [그림 8-14] 참조). 혁신적 비거래상호의존성의 형성에서 거버넌스의 집단화를 가능케 하는 지역 차원의 제도적 집약(institutional thickness)도 상당히 중요한 역할을 한다(Amin and Thrift, 1995). 아민과 쓰리프트에 따르면, 제도적 집약은 다양한 제도적 기관의 존재와 역할, 클러스터 구성원들 간의 긴밀한 사회적 네트워크의 구축, 클러스터를 하나의 공동체로 인식하고 재현하려는 구성원들 간의 공동 노력, 이기적 경쟁심과 부패 등 부정적 지대추구 행위의 억제를 통해서 달성할 수 있다고 여겼다. 제도적 집약의 구체적 모습은 실리콘밸리의 성장기 모습을 상세히 분석했던 섹서니언의 연구에 다음과 같이 기록으로 남아있다(Saxenian, 1996, 2-3; 읽을거리 8-2 참조).

> 실리콘밸리에서는 지역네트워크 기반의 산업시스템이 구축되어 있어서 기술적으로 특화된 전문 생산업체 사이에서 집단적 학습과 유연적 적응에 유리하다. 이 지역에는 긴밀한 사회적 네트워크와 개방적 노동시장이 형성되어 도전적 실험과 기업가정신이 발산된다. 실리콘밸리 기업들 간 관계에서는 상당한 수준의 경쟁이 존재하지만, 동시에 이들은 비공식적 교류와 협력을 통해서 급격한 시장과 기술 변화를 서로서로 학습한다. 그리고 느슨한 연결망을 가진 팀조직의 구성으로 인해서 기업 내부에서는 부서 간, 기업 외부에서는 공급업체 및 고객사와도 수평적인 의사소통이 가능하다. 네트워크 시스템에서 기업 내부의 기능적 경계는 상당히 높은 투과성을 가지고 형성된다. 동일하게 개방적인 경계는 기업 간의 관계, 그리고 기업과 산업협회, 대학 등 지역 제도와의 관계 속에서도 나타난다.

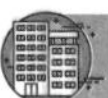

읽을거리 8-4 연습문제와 풀이

1) A도시에서 총고용인구는 4천 명이며, 기반산업고용인구는 1천 명이다. 수출산업을 새로 유치하여 5백 명의 고용창출을 했을 경우 총고용인구증가분과 비기반산업고용증가분은 각각 어떻게 되는가?

(풀이)

기반/비기반 비 = 3,000 / 1,000 = 3

승수효과 = 1 + 3 = 4

총고용인구증가분 = 500 × 4 = 2,000명

비기반산업고용증가분 = 500 × 3 = 1,500명

2) 어떤 도시의 기반소득이 2백억 원, 비기반소득이 3백억 원 일 때, 이 지역의 수출이 1백억 원 증가한다면 전체 소득증가분은 얼마인가?

(풀이)

기반/비기반 비 = 300 / 200 = 1.5

승수효과 = 1 + 1.5 = 2.5

전체소득증가분 = 100억 원 × 2.5 = 250억 원

3) 다음 표는 어떤 국가에서 도시별, 산업별 고용자 수를 나타낸 것이다. 각 도시에서 전자산업의 입지계수(LQ)를 산출하여 전자산업에 특화된 도시를 찾으시오.

	전자산업	전체산업
A도시	20	40
B도시	40	100
C도시	60	100
전국	120	240

(풀이)

A도시: (20/40) ÷ (120/240) = 0.5 ÷ 0.5 = 1

B도시: (40/100) ÷ (120/240) = 0.4 ÷ 0.5 = 0.8

C도시: (60/100) ÷ (120/240) = 0.6 ÷ 0.5 = 1.2

C도시만 LQ가 1을 초과해 전자산업에 특화되었다 할 수 있음.

5. 집적경제의 유형

거래비용 관점을 초월해 집적경제의 사회 · 문화 · 제도적 속성까지 중시했던 논의의 시발점은 마샬의 산업지구론에서 찾을 수 있다(박삼옥, 1999). 그는 19세기 영국 랭커셔 지방의 섬유산업에 대한 면밀한 분석을 통해서 산업지구의 네 가지 특성에 주목했다. 첫째, 마샬은 동일하거나 연관된 산업의 국지적 집적을 산업지구 형성의 필수요소로 이해했다. 국지화로 인해서 기업은 전문 인력과 기술을 공유하는 외부경제의 효과를 획득하고, 근접성을 통해 거래비용의 이점을 취할 수 있다고 보았기 때문이다. 국지화 경제의 외부효과와 더불어 마샬이 두 번째로 중시했던 산업지구의 요소는 기업의 규모였다. 특히 산업에서 좁은 영역에 전문화된 소규모 기업군(群)의 성장과 그들 사이의 긴밀한 분업 네트워크 조직의 필요성을 강조했다. 분업으로 전문화된 소기업의 네트워크는 산업지구의 차원에서 규모경제 실현의 원천으로 작용하는 것으로 이해했기 때문이다.

집적의 경제적 이익에 초점이 맞춰진 처음 두 가지 특성과는 달리 나머지에서는 산업지구의 사회 · 문화적 성격을 집중 조명했다. 구체적으로 세 번째에서는 산업지구 소기업들 간의 신뢰와 협력의 산업 분위기(industrial atmosphere) 조성의 필요성을 언급했다. 산업지구 기업들이 조합 결성 같은 것을 통해서 구매와 판매 활동을 공동으로 펼치고 구성원 간 원활한 정보의 흐름을 도모할 수 있다면 극단적 경쟁의 위험성은 지역 내에서 약화되고, 공동체적인 문화가 산업지구 내에서 마치 공기처럼 사용할 수 있는 무한 자원이 된다. 마지막으로 넷째, 협력적 산업 분위기를 마샬이 중시했던 이유는 그것이 산업지구에서 기술적 발전과 혁신성 강화의 핵심적 요소로 작용할 수 있다고 보았기 때문이었다. 신뢰가 동반된 협력의 과정에서 지식과 정보의 전달이 원활해지면 그런 것들은 수용, 모방, 변형, 재조합 등의 과정을 거쳐 혁신으로 전환된다는 것을 마샬은 인식하고 있었던 것이다.

포디즘 하에서 거대기업 중심의 경제가 헤게모니를 가졌을 때에는 마샬의 산업지구론은 큰 주목을 받지 못했다. 그러다가 1980년대를 기점으로 제3이탈리아, 실리콘밸리 등에서 중소기업 중심의 클러스터가 번영하면서 산업지구론의 중요성이 재조명되기 시작했고, 마샬의 시대와는 다른 클러스터 형성 및 발전 메커니즘을 추가적으로 제시하면서 1990년대부터 신산업지구에 대한 연구가 싹트기 시작했다. 이런 과정 속에서 클러스터의 유형화도 이루어졌다. 유연적 생산을 기반으로 하는 신산업지구는 지역 및 전문화된 산업의 특성에 따라 다양하게 형성되어 있지만, 클러스터 구성원과 네트워크 관계의 형태 및 속성을 기준으로 마샬형, 허브-스포크형, 위성형 등 세 가지 유형을 구분할 수 있다(박삼옥, 1999; 안영진 등, 2011; 이희연, 2018; [그림 8-8]).

첫 번째는 마샬(Marshallian)형 산업지구라 칭할 수 있는 것으로 본래 마샬이 제시했던 설명에 부합하는 모습을 나타내는 곳이다. 이 유형의 클러스터에는 매우 협소한 영역에 기술력을 보유해 고품질의 중간제품이나 완제품을 생산할 수 있는 역량을 가진 중소기업이 입지하고, 이들 사이에서는 신뢰를 기반으로 고도로 전문화된 사회적 분업 관계가 국지적으로 형성된다. 그리고 기업들 간의 위계적인 계층 관계가 미약해 수평적 분산(horizontal disintegration)형의 생산네트워크의 특성도 나타난다. 제3이탈리아의 장인공업 지역, 덴마크 유틀란트의 가구산업 지구, 독일 바덴뷔르템베르크의 공작기계 클러스터가 마샬형 산업지구의 전형으로 언급된다(읽을거리 8-5 참고).

세계화의 영향으로 마샬형 클러스터에서도 비국지적인 네트워크의 역할이 점점 중요해지고 있고, 미국의 실리콘밸리나 보스턴 바이오 클러스터 등 첨단산업 집적 지역에서 그런 변화가 두드러지게 나타난다. 이런 곳의 내부에서는 기업, 대학, 연구소, 산업협회, 노동조합, 지방정부 등 사이에 협력적 산업 문화가 형성되어 연구개발, 생산, 판매, 고용 등의 기업 활동에서 전략적 제휴가 자연스럽게 이루어지고, 대외적으로는 초국적기업, 해외기관, 외국 정부 등과의 글로벌 연계도 형성된다. 즉, 지역의 관계자산과 글로벌 생산네트워크(global production networks) 사이에 전략적 커플링(strategic coupling)이 클러스터에서 발생할 수 있다([그림 8-13]). 이에 대한 논의는 맨체스터학파 경제지리학자들을 중심으로 활발하게 전개되고 있다.

보다 앞서, 애쉬 아민과 나이젤 쓰리프트(Ash Amin & Nigel Thrift)는 세계적 연결망이 탁월한 산업지구를 신마샬형 결절(Neo-Marshallian node) 클러스터로 구별하여 논한 바가 있다(1992). 이런 결절에서는 인수합병의 결과로 외부기업

그림 8-8 집적경제의 유형

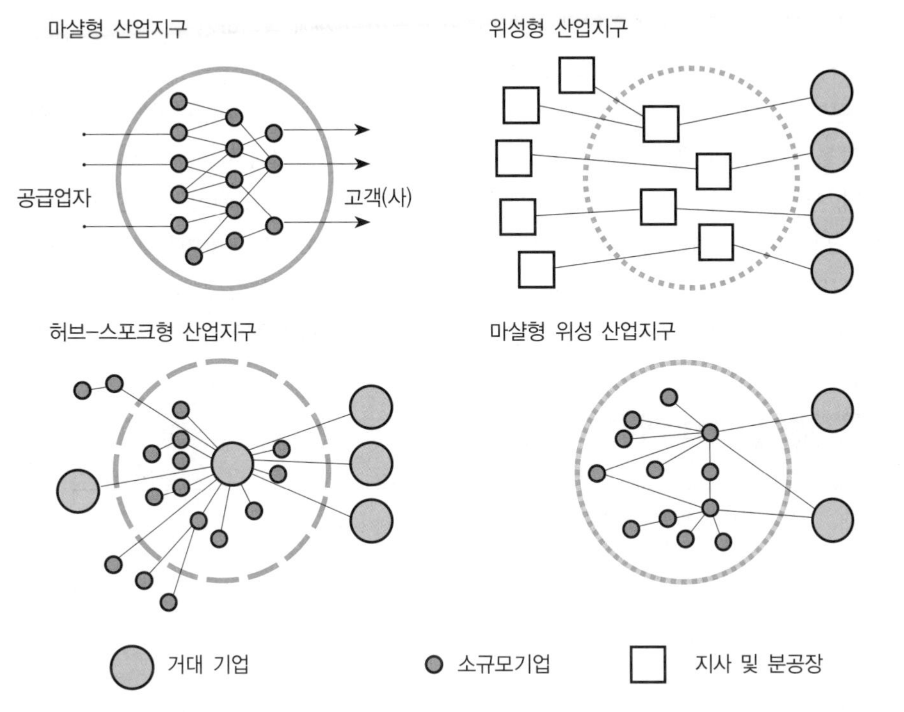

출처: Edit Somlyodyne Pfeil(2014).

과 전통적인 산업지구 간에 종속적인 지배의 관계가 형성되기도 하는데, 이런 경우는 마샬형 위성 산업지구(Marshallian satellite district)라 불린다. 그리고 국가가 계획에 의해서 특정 장소에 대학, 연구소, 정부기관 등을 입지시켜 첨단산업을 육성하는 국가주도형 클러스터도 존재한다. 중국의 중관촌 사이언스파크, 싱가포르의 원노스, 말레이시아의 사이버자야, 한국의 대덕연구단지 등 동아시아 국가에서 전형적으로 나타나지만, 서구 자본주의에서도 리서치트라이앵글(미국 노스캐롤라이나), M4 고리도(영국) 등이 정부 계획으로 조성되었다(읽을거리 8-6 참고).

읽을거리 8-5 마샬형 산업지구와 유연적 전문화의 전형 제3이탈리아

대량생산과 수직적으로 통합된 거대기업의 성장이 한계에 봉착하면서 1980년대부터 산업지구의 부흥이 시작됐다. 대량생산 체계의 지위를 디자인 집약형의 주문생산이 기초가 된 유연적 전문화가 대체하는 경향을 목격하면서 피오레와 세이블은 '제2의 산업 분기점'을 언급하기도 했다. 유연적 전문화는 기계와 노동의 유연적 사용을 기초로 정의되는데, 개별 기업이 좁은 영역에서 특정 업무만을 담당하는 고도로 분산된 생산시스템에서 나타난다. 이런 유형의 산업지구는 1980년대와 1990년대 사이에 이탈리아, 프랑스, 일본, 덴마크, 스페인 등 선진 자본주의 국가에서 급속하게 성장했다.

이탈리아의 산업지구는 중부와 북동부의 토스카나, 에밀리아로마냐, 베네토 지방에 형

그림 8-9 제3이탈리아

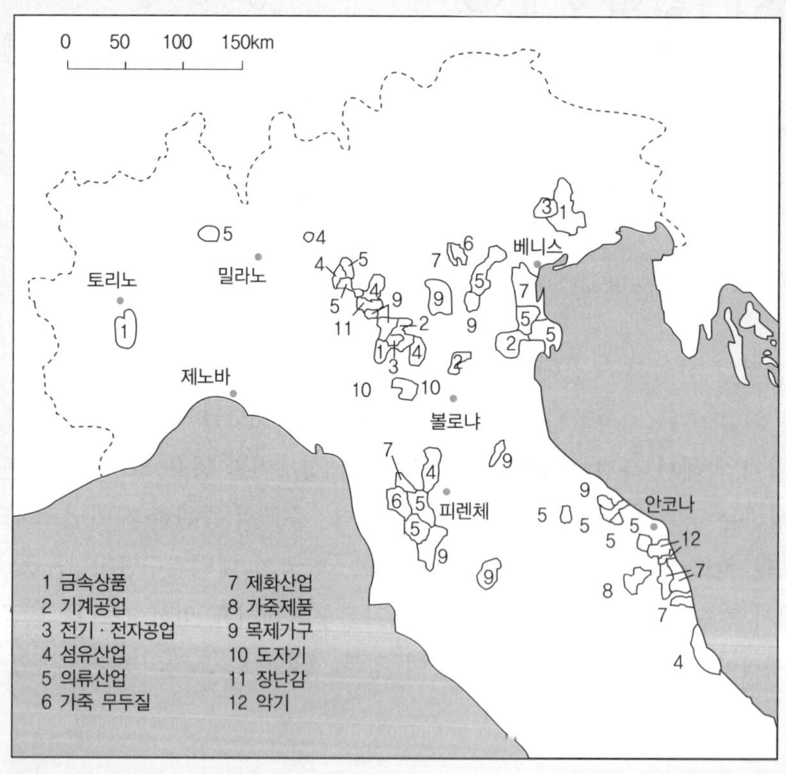

출처: Mackinnon & Cumbers(2007, 17).

성되었고, 이 지역은 산업화된 북부(제1) 이탈리아, 농업사회인 남부(제2) 이탈리아와 구분하여 제3이탈리아로 불렸다. 프라토의 섬유, 모데나의 공작기계, 산타크로체의 무두질 가죽, 카프리의 니트웨어, 사수올로의 도자기 산업은 세계적 명성을 얻었다. 이 지역에서는 고유의 장인공업 전통과 기술을 기초로 성장하는 시장수요에 대응하기 위해서 현대적 생산 기술도 도입되었다.

제3이탈리아 성장에는 지역 문화도 중요하게 작용했고, 특히 강력한 공동체주의적인 정치 문화가 기업 간 협력의 기반이 되었다. 투스카니와 에밀리아로마냐에서는 사회주의의 영향력이 강했고, 베네토에서는 가톨릭 문화가 뿌리깊이 자리 잡고 있었다. 에밀리아로마냐의 경우, 공산주의 및 사회주의 정당이 노동조합, 장인협회, 소상공인협회 등에 상당한 영향력을 행사했다. 그리고 지방정부는 1970년대부터 소기업에게 토지, 건물, 각종 서비스를 제공하기 시작했다. 노동조합, 산업협회, 상공회의소를 중심으로 긴밀한 네트워크를 조직해 회원들이 활용할 수 있도록 지식과 기술 등 여러 가지 자원의 보유고도 만들었다. 고도로 전문화된 생산시스템 내에서 개별 기업들 간의 긴밀한 유대관계 덕분에 신뢰의 수준이 상당한 지역 문화가 형성될 수 있었다. 기업들 사이에 아이디어와 지식의 공유는 점진적 혁신(incremental innovation, 꾸준히 발생하는 소규모의 혁신)에 이롭게 작용했다. 그러나 급속한 시장 상황 및 기술 변화에 적응하기 위해 필요한 급진적 혁신(radical innovation, 기존 제품과 공정을 급속히 변화시키는 혁신)이 제3이탈리아에서 가능한지 여부는 여전히 의문의 상태로 남아있다.

출처: Mackinnon & Cumbers(2007, 17–18).

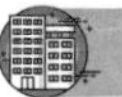

읽을거리 8-6 국가주도형 클러스터: 싱가포르의 원노스와 중국의 중관촌 사이언스파크

원노스(One-North)는 싱가포르 중심부의 서쪽에서 몇 킬로미터 떨어져 200헥타르 규모로 진행되는 개발 사업이고, 이곳은 사이언스파크, 싱가포르국립대학, 국립대학병원, 싱가포르 폴리텍에 근접해 있다. 이 개발 사업의 목적은 비즈니스, 연구, 주거, 상업, 여가 활동을 통합하는 것이며, 제안은 1990년대 중반에 이루어졌고 2001년부터 개발이 본격화되었다. 이후 지난 20년 간 70억 달러를 투자해 바이오의학, 정보통신, 미디어, 공학 분야를 중심으로 세계적 수준의 연구시설과 기업단지를 몇 개의 구역으로 나누어 조성했다. 이곳의 바이오폴리스(Biopolis)에는 2003년과 2006년에 두 단계에 걸쳐 바이오의학 시설이 들어서 2,000명을 고용하고, 첫 단계 사업이 2008년에 완료된 퓨저노폴리스(Fusionopolis)에서는 2,500명의 노동자가 정보통신, 미디어, 공학 분야에 종사한다. 미디어산업 클러스터인 미디어폴리스(Mediapolis), 업무, 상업, 여가 콤플렉스로 조성될 비스타 익스체인지(Vista Exchange), 이곳 창의 인력의 주거지 단지 웨섹스 이스테이트(Wessex Estate) 등도 계획되어 있다. 개발의 주체는 의사(疑似)공공개발기구(제7장 참조)라 할 수 있는 주롱타운 코퍼레이션(Jurong Town Coporation)이지만, 경제개발청과 도시개발청 등 정부조직도 깊숙이 개입하여 감독한다.

원노스의 규모는 지-파크(Z-Park)라고도 불리는 중국의 중관촌 사이언스파크에 비하면 아무 것도 아니다. 10개의 산업단지를 조성하는 이 사업은 베이징 외곽 북서부에서 100km^{2}의 규모로 진행되고 있기 때문이다. 2008년 말까지 1,500개의 해외기업을 포함해 20,000개의 첨단산업 회사가 이곳에 들어서 100만 명을 고용하고 있다. 지-파크에서 창출되는 1,500억 달러의 경제효과 중 200억 달러는 수출로 인해 발생한다. 중관촌의 역사는 1980년까지 거슬러 올라간다. 실리콘밸리를 탐방하고 돌아온 중국과학원 소속의 과학자가 이곳에 기술컨설팅 업체를 차렸고, 이후 국가 운영의 사이언스파크 한 곳이 1988년에 처음 설립되었다. 지-파크에서 국가의 역할은 시대에 따라 달랐다. 1980년대까지 국가의 직접적 개입은 미미했지만, 1990년대부터 베이징 시정부가 전폭적으로 지원하기 시작했다. 2000년대에는 중앙정부가 중관촌을 세계적 중요성을 가진 클러스터로 인정하여 직접 관리하기 시작했다. 10개의 단지 중 하이디안 지구(Haidian District)의 역할이 가장 중요한데, 여기에서는 전자, 정보통신, 제약, 바이오의학, 에너지, 신소재 등의 첨단 분야 연구개발 및 창업 육성이 이루어지고 선도기업으로 Lenovo, Digital China, Kingsoft, Tencent 등이 입주한다. 이 지구에는 베이징대학과 칭화대학을 포함해 39개의 대학이 위치하고, 200개의 연구소, 41개의 국립 공학센터, 10개의 국가 기술센터도 들어섰다.

출처: Coe *et al.*(2013, 387–388).

두 번째로, 허브-스포크(hub-spoke)형 산업지구는 소수의 대기업과 대기업에 납품하는 다수의 중소기업으로 구성되고 선도기업과 중소기업 사이의 하청관계를 중심으로 생산 활동이 이루어진다. 선도기업과 중소기업 간에 형성된 위계적 계층성 때문에 지역 내 중소기업 간의 네트워크는 마샬형에 비해 미약하게 나타나고 선도기업은 필요에 따라 지역 밖에서도 공급 · 판매망을 구축할 수도 있다. 적시(just-in-time)생산체계를 구축한 선도기업이 존재할 때 허브-스포크형 클러스터가 형성되는 경향이 있고, 미국 시애틀의 보잉사를 둘러싼 항공 산업 클러스터,

일본 도요타시의 자동차 산업 클러스터를 이 유형의 대표적 사례로 꼽을 수 있다. 우리나라에서는 거제(조선), 군산(자동차), 인천(자동차), 구미(전자) 등의 산업도시에서 대기업의 분공장 입지로 인한 허브-스포크형 클러스터가 형성되어 있다.

마지막은 위성(satellite)형 산업지구로 외부 소유의 분공장들이 집적되어 있는 경우다. 생산네트워크의 외부 지향성 때문에 국지적 네트워크의 형성은 상당히 제한적이고 초국적기업과 하청업체 사이에 비국지적 네트워크의 영향력이 강력하게 작용한다. (반)주변부 국가에 형성된 수출가공공단(EPZ, export processing zone)이 위성형 클러스터의 전형으로 꼽을 수 있다(읽을거리 8-7 참고). 위성형 클러스터의 형태는 노동 착취 공장, 단순 조립 공장부터 높은 연구역량을 보유한 첨단산업 공장 지대에 이르기까지 다양하고, 이곳에서는 초국적기업 분공장의 유치 및 유출 방지를 위한 국가의 정책적 노력이 상당히 적극적으로 펼쳐진다. 정부의 정책적 개입은 인프라 제공, 조세감면, 노동 훈련 프로그램 운영에서부터 노동탄압, 환경오염 방조까지 광범위한 영역에서 이루어진다.

읽을거리 8-7 방글라데시의 한국수출가공공단

방글라데시는 중국 다음으로 의류의 수출액이 많은 국가이고, 초국적기업의 해외직접투자가 의류산업 성장에서 중요한 역할을 했다. 영원무역은 1974년부터 경기도 성남시에 생산시설을 갖추고 미국과 유럽의 고객사에게 스포츠 의류를 납품하며 성장한 기업이며, 1980년 처음으로 방글라데시에 진출했다. 당시 15만 달러를 투자해 치타공에 합자회사 영원방글라데시를 설립했지만, 합작파트너와의 갈등으로 1987년 철수했다. 이후 50만 달러를 다시 투자해 치타공 수출가공공단 내에 단독법인을 설립하고 다카와 치타공에 공장을 세웠다. 1999년에는 방글라데시 정부로부터 500헥타르의 토지를 치타공에서 매입해 한국수출가공공단(KEPZ, Korea Export Processing Zone)을 조성했다. 현재 방글라데시에서 의류, 신발 등을 생산하는 17개의 생산법인과 1개의 항공사를 운영하며 6만 8천명을 고용하고 있다. 영원무역은 방글라데시 최대의 외국인투자기업이며, 세세적으로도 최대 규모의 스포츠의류 OEM 기업으로 꼽힌다. 노스페이스 제품의 40%가 영원무역에서 생산되는 것으로 알려져 있고, 나이키, 푸마, 랄프로렌 등도 주요 고객사에 포함된다.

출처: 한겨레신문, 2014년 8월 24일.

그림 8-10 방글라데시 한국수출가공공단의 위치

면적: 500헥타르(방글라데시 최대 EPZ)
위치: 방글라데시 제2 도시 치타공
(도심에서 20km)
공장: 14개 공장에 4만3,000명 고용 예정
(현재 4개 공장만 건설 및 가동,
고용인원 5,000명)

출처: KEPZ, 메리츠종금증권

6. 관계적 도시화 경제

도시의 집적경제는 지금까지 살펴본 국지적 전문화, 즉, 국지화 경제(localization economies)의 효과로만 단정할 수 없다. 전문화된 노동 인력의 풀, 관련된 서비스와 제도, 특정 영역에서 학습과 혁신의 분위기 형성 등은 클러스터가 형성되는 하나의 요인에 불과하다는 것이다. 집적경제의 또 다른 유형으로 서로 다른 종류의 업종들이 대도시에 공존하며 입지의 이익을 발생시키는 도시화 경제(urban economics)의 역할도 중요하다. 도시화 경제는 대도시에 입지하여 기업이 누릴 수 있는 혜택의 총체를 의미하며, 도로 및 교통망, 상하수도 등과 같은 사회간접자본의 혜택, 공공보건, 치안, 화재 등 각종 공공서비스, 이밖에 사적 영역에서 제공하는 도시 어메니티, 이로 인해 형성된 광대한 소비시장, 다양한 노동력과 이들이 발산하는 창의와 혁신의 분위기 등을 총체적으로 망라한 개념이다. 앞서 순환-누적적 인과관계에 대한 논의로 살폈던 바와 같이 국지화 경제에서 도시화는 집적의 결과이지만([그림 8-6]), 도시화 경제를 옹호하는 이들은 도시화를 클러스터의 형성과 번영의 동인으로 파악한다. 그리고 그들은 도시쇠퇴 및 잠금효과(lock-in effect)를 유발할 수 있는 국지화 경제에 의한 클러스터와 도시화 경제로 형성된 것을 구별하여 상이하게 개념화한다. 피터 디큰은 전자를 전문(specialized) 클러스터로, 후자를 아래와 같은 성격을 지닌 일반(generalized) 클러스터라 칭했고(Dicken, 2015), 최근에는 두 가지 형식을 접목해 스마트전문화(smart specialization)에 대한 논의도 심도 깊게 진행되고 있다(Asheim, 2018).

> 일반 클러스터는 인간 활동이 집적하여 도시 지역을 형성한다는 당연해 보이는 경향 때문에 생성된다. 이와 관련된 이점은 도시화 경제라 불린다. 일반적인 집적은 여러 가지 서비스 비용 공유의 기초가 된다. 대도시에서 발생하는 총 수요가 커지면 기반시설과 경제적, 사회적, 문화적 시설이 출현하고 성장할 수밖에 없

그림 8-11 **일반 클러스터와 전문 클러스터**

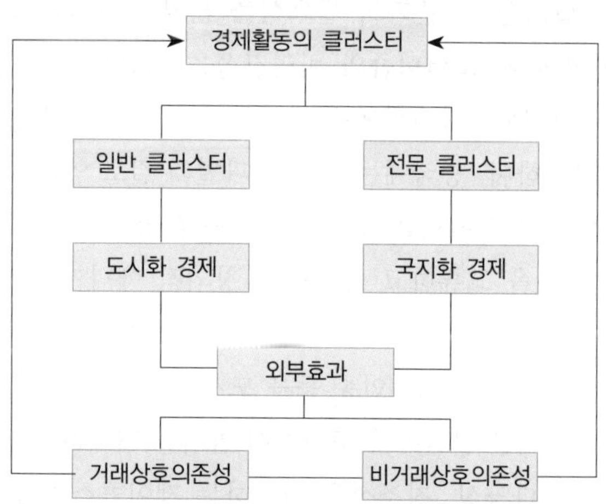

출처: Dicken(2015, 69).

다는 말이다. 수요자가 지리적으로 분산된 상황에서 그런 것들은 제공될 수 없기 때문이다. 그래서 도시의 규모가 성장할수록 이용할 수 있는 시설의 다양성도 증대된다(Dicken, 2015, 69).

세계화와 함께 도시화 경제는 도시의 권역을 넘어서 초국적 네트워크와 시너지를 일으키며 발생하는 경우도 많다. 글로벌 도시의 생산자서비스 클러스터의 경우 금융, 광고, 법류, 회계 등 생산자서비스 활동의 집적으로 형성되는데, 초국적기업과 해외직접투자자의 입지와 활동을 지원한다. 그리고 뉴욕, 로스앤젤레스, 파리와 같은 글로벌 도시에서는 의류산업을 중심으로 노동 착취 공장 클러스터가 형성되기도 하는데, 이런 곳에서는 저임금과 열악한 근무 조건을 받아들일 수밖에 없는 해외 이주민 노동력에 대한 의존도가 상당히 높다. 상점, 식당, 주점, 문화와 여가 시설 등을 중심으로 형성된 소비자서비스 활동의 클러스터도 마찬가지다. 런던 웨스트엔드의 공연장 지구, 뉴욕의 브로드웨이, 도쿄의 시부야, 상하이의 신티엔디, 서울의 강남 등에는 다양한 종류의 도시 어메니티가 접적해 외국인 관광객의 방문을 자극하는 요인이 되기도 한다.

도시화 경제 개념의 원류는 제인 제이콥스의 도시 사상에서 찾을 수 있기 때문에, 도시화 경제의 외부효과는 국지화 경제의 마샬형 외부성과 구분되어 제이콥스형 외부성(Jacobsian externalities)으로 칭하여지기도 한다(이철우 등, 2018). 제이콥스는 이성, 합리성, 표준화의 필요성을 근거로 대규모 모더니스트 도시계획이 전성기를 떨칠 때 모더니즘의 비인간성을 비판하고 실천적으로 저항했다(Jacobs, 1969). 그녀는 도시계획으로 생성된 통일성이 도시 삶의 다양성을 저해시키는 사실을 목격하며, 종국에는 도시를 파멸의 길로 인도할 것이라 예견했다. 미국에서 도시가 경제적 활력을 누렸던 이유를 다양한 사람들이 한군데 모여 서로를 인정하며 다름을 교류하고 융합시켜 창의적 에너지를 발산했던 역사에서 찾았었기 때문이다. 그래서 제이콥스는 특정 집단, 즉 백인 중상류층만을 우대하고 하위 노동계층, 이주민, 소수인종 등을 도시에서 몰아내는 모더니스트 도시계획은 다양성과 창의성을 말살하여 도시경제 활력을 저해하는 요소로 판단했다.

도시의 개방성, 다양성, 창조성을 강조하는 제이콥스의 유산을 계승하여 리처드 플로리다는 창조계급론을 학계, 언론계, 정책의 영역에서 전파시키고 있다

(Florida, 2002). 플로리다는 미국 도시를 대상으로 회귀분석을 수행해 경제적으로 번영하는 도시의 일반성을 인재(talent), 기술(technology), 관용(tolerance)에서 찾았고, 이를 근거로 3Ts 이론을 제시했다. 제조업의 상대적 중요성이 약화되는 포스트산업 사회에서 도시의 경제적 번영은 우수한 인재, 즉 창조계층 유치를 통한 혁신의 창출과 기술의 발전에 좌우되고, 대학 졸업자, 전문직 종사자, 문화산업 인력 등을 포함한 창조계층 유치에서 관용성이라는 도시의 사회문화적 자산이 중요한 역할을 한다는 것이 3Ts 이론의 핵심이다. 즉, 다양한 민족/인종, 동성연애자 등이 몰릴 정도로 관용성이 우수한 도시일수록 인재를 많이 끌어들이고, 이들의 혁신적, 창의적 활동이 기술 발전에 도움이 되며, 이로 인해 도시경제의 번영과 발전을 이룩할 수 있다는 것이다.

이처럼 '개방성 · 관용성 → 인재 → 창조와 혁신 → 도시경제 성장'의 단순한 선형 논리 구조를 바탕으로 플로리다는 인간에 대한 개방적 태도를 중시하고 문화적 자산을 도시 발전의 핵심 동력으로 파악했다. 그리고 저술, 강연, 미디어 활동 등을 통해서 도시 정책에서 문화적 전환이 이루어지는데 지대한 공헌을 했다. 창조계층론의 유명세와 영향력으로 말미암아 마샬 때부터 중시되었던 산업 분위기(industrial atmosphere)의 조성보다 어메니티의 개선 등 사람 기후(people climate)의 증진이 최근 도시정책의 핵심으로 자리 잡게 되었다. 논의의 밑바탕에는 인재를 착근(rooted)계층이 아니라 유동(mobile)계층으로 바라보는 인식이 존재한다(Florida, 2008). 착근계층은 특정 지역 및 장소와 결속력이 강한 이를 의미하는 반면, 유동계층은 자신의 역량과 야망에 최적화된 장소와 지역을 찾아 이동하는 경향성을 가진 사람들을 말하는데, 플로리다는 유동성이 탁월한 창조계층을 유인하고 보유하는 것이 도시경제 성장의 원동력이 된다고 보았다. 그래서 창조계층의 소비적 취향과 문화적 수요에 부응하는 도시가 경제발전의 핵이 될 것이라고 예견했다. 플로리다의 창조계층론은 어메니티와 소비 공간의 중요성을 강조한다는 점에서 소비자 도시 가설과 일맥상통하는 바가 있지만(Clark, 2003), 소비자 도시 가설에 비하여 창조계층론은 인재 유치의 생산적 효과에 보다 많은 관심을 기울인다는 차이도 존재한다.

이와 관련해 지식과 혁신의 공간성에 대한 이분법적 관념에 문제 제기하며 새로운 시각을 제시했던 독일학파 경제지리학자 바텔트와 그의 동료들의 논의를 살펴볼 필요가 있다(Bathelt *et al.*, 2004). 앞서 살피기도 했던 것처럼, 형식지의 전파에서 공간적 제약은 미미하게 작용하고 암묵지의 전달에서는 지리적 착근성 때문에 물리적 근접성이 필수적인 것으로 이해되었다. 이런 관념에 반해서, 보스턴 생명과학 클러스터에 대한 바텔트 등의 연구에서는 암묵지의 학습과 전파도 근접성의 제약을 탈피해 원거리에서 진행될 수 있는 상황이 밝혀졌다(Bathelt *et al.*, 2004). 이 연구에 따르면, 생명과학 분야와 같이 전문성이 뚜렷한 분야에서 암묵지의 흐름은 국지적 장소에서 임의의 사람과 형성된 네트워크를 통해 이루어지는 것이 아니고, 장소를 공유하지 않고 멀리 떨어졌다 하더라도 관련 분야에 종사하는 사람들 사이에서 선택적으로 발생한다. 보스턴의 경우, MIT와 하버드대학을 비롯해 우수한 연구기관과 기업체에서 생명과학 분야의 인력을 전 세계에서 유치하고 이들은 지역에서 뿐 아니라 기존 학교, 직장, 연구소에서 맺은 사회적 관계 속에서 암묵지를 학습하여 혁신의 자원으로 활용하는 것으로 나타났다.

그래서 바텔트 등은 특정 장소에서 거래관계, 비거래상호의존성, 제도적 집약 등을 포괄하는 로컬 버즈(local buzz)형의 사회관계와 네트워크만큼 세계적 관계망과 연결성도 암묵적 지식 수용과 전파에서 중추적인 역할을 한다고 보았고, 이런 경로를 글로벌 파이프라인(global pipeline)형 혁신네트워크로 구분하여 설명했다. 그리고 로컬 버즈와 글로벌 파이프라인의 상호보완적 관계 속에서 클러스터의 혁신과 발전을 도모할 수 있다고 주장했다. 클러스터에서 글로벌 파이프라인의 민감도가 중요해진 이유는 바로 창조계층 인력의 세계적 유동성 때문이다. 같은 맥락에서 애너리 색서니언은 대만, 중국, 인도에서 최첨단산업 클러스터의 발전의 토대는 해외에서 교육받고 경험을 쌓아 글로벌 파이프라인에 연결이 가능한 창조계층 인력들의 귀환이 중요한 역할을 했다고 강조하며, 그들을 그리스신화에서 인용하며 신원정단(New Argonaut)으로 칭하기도 했다(Saxenian, 2007; 읽을거리 8-6 참조).

이와 같은 도시화 경제의 변화는 지리적 근접성과 지역성을 중심으로 착근성을 이해했던 기존 관념에 심각한 의문을 불러일으킨다. 글로벌 파이프라인 논의에서 나타난 것처럼 클러스터의 지역적 범위를 초월해 암묵적 지식의 학습, 수용, 전달은 원거리에서도 가능한 것으로 파악되었기 때문이다. 이에 부응해 개인과 집단이 경제적, 사회적, 조직적 관계를 통해 형성하는 네트워크 착근성

그림 8-12 로컬 버즈와 글로벌 파이프라인

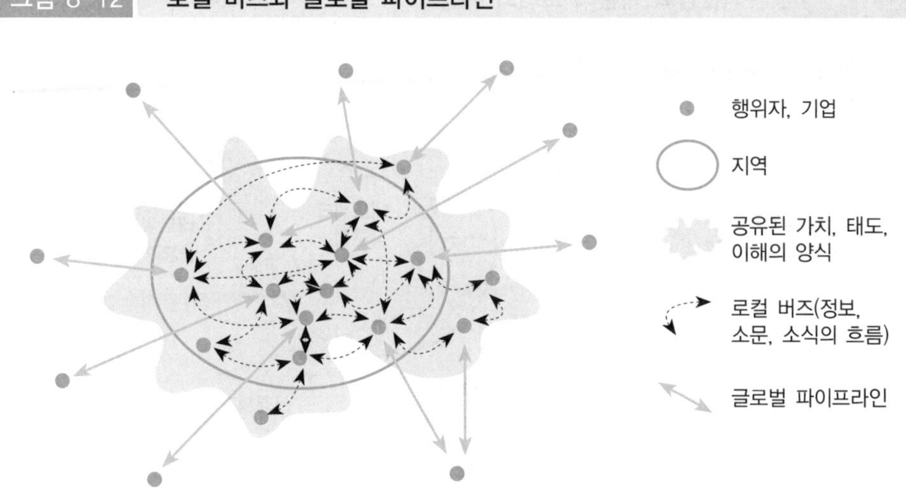

출처: Dicken(2015, 110).

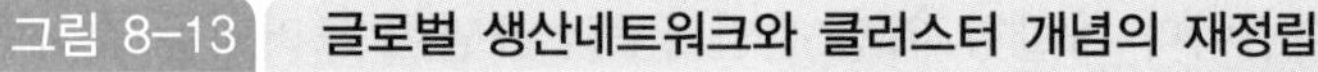
(network embeddedness)의 문제와 결부시켜 클러스터의 형성과 진화의 과정을 재고찰할 필요가 있다. 이것은 지역과 국가를 초월해 공간적 확장성을 지니는 정보통신 네트워크나 선도기업의 글로벌 생산네트워크 등이 도시화 경제에 주는

그림 8-13 글로벌 생산네트워크와 클러스터 개념의 재정립

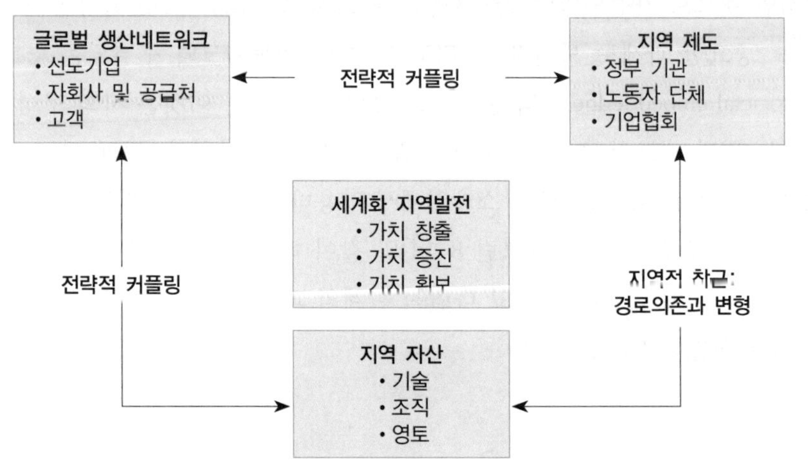

출처: 이재열(2016, 673).

그림 8-14 착근성의 학문적 토대와 유형

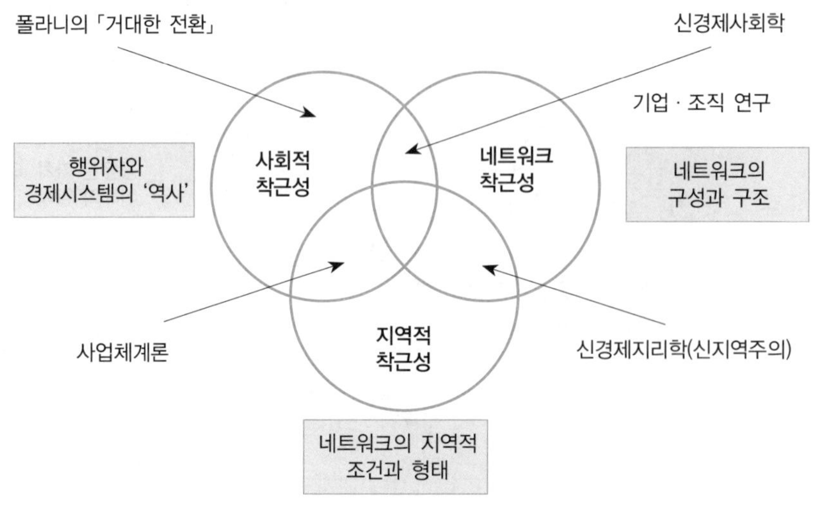

출처: Hess(2004, 178).

영향에 주목하며 파악될 수 있을 것이다. 이런 문제의식에서 클러스터와 글로벌 생산네트워크 사이에 발생하는 상호작용은 전략적 커플링으로 개념화된 바가 있다(이재열, 2016; [그림 8-13]).

그래서 신마샬형 결절이나 마샬형 위성 산업지구의 개념이 드러내는 것처럼 지역적인 것으로 가정되었던 관계자산과 제도적 집약의 지리적 확장성을 검토하는 것도 중요한 과제로 보인다. 그리고 지역 및 네트워크와 구별되는 사회적 착근성(societal embeddedness)의 존재에도 유념해야 한다. 이것은 사회 구성원들이 공유하는 법과 제도적 조건, 역사적 경험, 삶의 양식, 가치관, 관례 및 습관 등을 통해 형성되는데, 대체로 국가 스케일에서 작용하는 경향성을 가진다(이재열 · 박경환, 2018). 그렇기 때문에 [그림 8-14]와 같이 헤스가 제시하는 것처럼 착근성을 지역적 차원에 국한하지 않고 다면적 관계의 과정과 속성을 지닌 것으로 재고찰할 필요가 있다(Hess, 2004).

|참|고|문|헌|

김진준 역, 2005, 총, 균, 쇠, 문학사상.

남영우 · 최재헌 · 손승호, 2016, 도시와 국토, 법문사.

박경환 · 류연택 · 정현주 · 이용균 역, 2012, 도시사회지리학의 이해, 시그마프레스.

박삼옥, 1999, 현대경제지리학, 아르케.

산업연구원, 2018, 주요산업동향지표.

신정엽 외 역, 2011, 도시의 탐색, 시그마프레스.

안영진 · 이종호 · 이원호 · 남기범 역, 2011, 현대경제지리학 강의, 푸른길.

이재열, 2016, "글로벌 생산네트워크 담론의 진화: 기업 및 산업 중심 거버넌스 분석을 넘어서," 대한지리학회지, 51(5), 667-690.

이재열 · 박경환, 2018, "초국적기업의 사회적 착근성에 관한 소고: 사업체계론을 중심으로," 한국지리학회지, 7(1), 85-96.

이철우 · 이원호 · 이종호 · 서민철 역, 2018, 핵심개념으로 배우는 경제지리학, 푸른길.

이현재 · 박경환 · 이재열 · 신승원 역, 2019, 포스트메트로폴리스 2, 라움.

이희연, 2018, 경제지리학, 법문사.

통계청, 2017, 한국표준산업분류.

한국지역개발학회, 2017, 지역개발론, 박영사.

한주성, 2006, 경제지리학의 이해, 한울.

Amin, A. and Thrift, N., 1992, Neo-Marshallian nodes in global networks, *International Journal of Urban and Regional Research*, 16(4), 571-587.

______, 1995, *Globalization, Institutions, and Regional Development in Europe*, Oxford University Press.

Asheim, B., 2018, Smart specialization, innovation policy and regional innovation systems: what about new path development in less innovative regions?, *Innovation*, 32(1), 8-25.

Barnes, T. J. and Christophers, B., 2018, *Economic Geography: A Critical Introduction*, John Wiley & Sons.

Bathelt, H., Malmberg, A., and Maskell, P., 2004, Clusters and knowledge: local buzz, global pipelines and the process of knowledge creation, *Progress in Human*

Geography, 28(1), 31-56.

Brenner, N., 2004, *New State Spaces: Urban Governance and the Rescaling of Statehood*, Oxford University Press.

Childe, G., 1950, The urban revolution, *Town Planning Review*, 21(1), 3-17.

Clark, N., 2003, *The City as an Entertainment Machine*, Lexington Books.

Coe, N., Kelly, P., and Yeung, H. W., 2013, *Economic Geography: A Contemporary Introduction*, John Wiley & Sons.

Dicken, P., 2015, *Global Shift: Mapping the Changing Contours of the World Economy*, Sage.

Edit Somlyodyne Pfeil, 2014, *Industrial Districts and Cities in Central Europe*, Szechenyi Istvan Egyetem, Budapest.

Florida, R., 2002, *The Rise of the Creative Class*, Basic books.

______, 2008, *Who's Your City*, Vintage.

Goss, J., 1993, The 'magic of the mall': an analysis of form, function, and meaning in the contemporary retail built environment, *Annals of the Association of American Geographers*, 83(1), 18-47.

Harvey, D., 1989, From managerialism to entrepreneurialism: The transformation in urban governance in late capitalism, *Geografiska Annaler: Series B, Human Geography*, 71(1), 3-17.

Hess, M, 2004, Spatial' relationships? Towards a reconceptualization of embedded ness, *Progress in Human Geography*, 28(2), 165-186.

Jackson, P. and Thrift, N., 1995, Geographies of consumption, Miller, D. ed., *Acknowledging Consumption*, Roultledge.

Jacobs, J., 1969, *The Death and Life of Great American Cities*, Vintage.

Jayne, M., 2006, Cultural geography, consumption and the city, *Geography*, 34-42.

Jessop, B., 2002, *The Future of the Capitalist State*, Polity.

Knox, P. L., Marston, S. A., and Imort, M., 2016, *Human geography: Places and regions in Global Context*, New York: Pearson.

MacKinnon, D. and Cumbers, A., 2007, *Introduction to Economic Geography: Globalization, Uneven Development and Place*, Routledge.

Pacione, M., 2013, *Urban geography: A Global Perspective*, Routledge.

Paterson, M., 2017, *Consumption and Everyday Life*, Routledge.

Pirenne, H., 2014, *Medieval Cities: Their Origins and the Revival of Trade*, Princeton University Press.

Rantisi, N., 2002, The local innovation system as a source of 'variety': openness and adaptability in New York City's garment district, *Regional Studies*, 36(6), 587-602.

Redman, C., 1978, Mesopotamian urban ecology: the systemic context of the emergence of urbanism, Redman *et al. eds.*, *Social Anthropology*, 329-347.

Sassen, S., 2001, *The Global City: New York, London, Tokyo*, Princeton University Press.

Saxenian, A., 1996, *Regional Advantage*, Harvard University Press.

______, 2007, *The New Argonauts: Regional Advantage in a Global Economy*, Harvard University Press.

Scott, A. J., 1988, *New Industrial Spaces: Flexible Production Organization and Regional Development in North America and Western Europe*, London: Pion.

______, 2002, A new map of Hollywood: the production and distribution of American Motion Pictures, *Regional Studies*, 36(9), 957-975.

Storper, M., 1997, *The Regional World: Territorial Development in a Global Economy*, Guilford Press.

Wheatley, P., 1971, *The Pivot of the Four Quarters: A Preliminary Enquiry into the Origins and Character of the Ancient Chinese City*, Edinburgh: Edinburgh University Press.

Wittfogel, K. A., 1957, *Oriental Despotism: A Study of Total Power*, Yale University Press.

추천문헌

곽수정, 2013, "서울시 창조계층의 입지특성," 한국도시지리학회지, 16(2), 49-62.

권규상, 2018, "세계도시 네트워크에서 위치 찾기: 네트워크 위치성과 도시 경제성장 간 관계에 관한 시론적 연구," 한국도시지리학회지, 21(1), 19-33.

권상철, 2013, "창조도시의 지역적 변용: 제주 세계평화의 섬과 평화 산업 사례," 한국도시지리학회지, 16(2), 17-29.

______, 2014, "성장지향 도시 미국 휴스턴의 발전과 모순," 한국도시지리학회지, 17(3), 1-17.

김수정, 2018, "도시경제공간을 둘러싼 장소의 의미 변화: 로스엔젤레스 '자바시장(Jobber Market)'을 중심으로," 한국도시지리학회지, 21(2), 63-74.

김학훈, 2011, "미국 최초의 공업도시 로웰의 성쇠와 재생," 한국도시지리학회지, 14(2), 49-64.

______, 2015, "한국 도시의 경제기반: 최소요구치의 변화," 한국도시지리학회지, 18(3), 1-17.

박경환, 2013, "글로벌 시대 창조 담론의 제도화 과정: 행위자-네트워크 이론을 중심으로," 한국도시지리학회지, 16(2), 31-48.

______, 2015, "샌디에이고 대도시권의 산업 클러스터와 도시 거버넌스," 한국도시지리학회지, 18(2), 33-53.

손승호, 2010, "사회, 경제적 속성을 통해 본 인천의 도시구조," 한국도시지리학회지, 13(3), 27-38.

신정엽 · 이건학 · 김진영, 2014, "도시 상업 공간 구조에 대한 차별화된 성별 이용 패턴 분석 - 신촌 및 이화여대 상업 지구를 사례로," 한국도시지리학회지, 17(1), 79-100.

이영민 · 이종희, 2013, "이주자의 민족경제 실천과 로컬리티의 재구성: 서울 동대문 몽골타운을 사례로," 한국도시지리학회지, 16(1), 19-36.

이용균, 2014, "공정무역의 가치와 한계 - 시장 의존성과 생산자 주변화에 대한 비판을 중심으로," 한국도시지리학회지, 17(2), 99-117.

______, 2018, "광주광역시 공유정책의 현재와 미래: 공유의 대안적 발전을 중심으로," 한국도시지리학회지, 21(3), 1-16.

황진태, 2016, "발전주의 도시에서 도시 공유재 개념의 이론적 · 실천적 전망," 한국도시지리학회지, 19(2), 1-16.

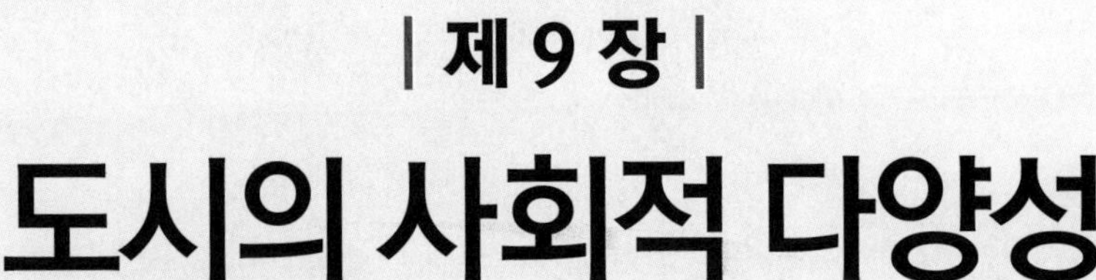

| 제 9 장 |

도시의 사회적 다양성

– 이현욱 –

1. 빈곤과 슬럼
2. 격리, 응집
3. 게토와 엔클레이브
4. 이주와 도시
5. 창조환경과 상호문화도시

제 9 장

도시의 사회적 다양성

본 장에서는 도시공간을 구성하고 변화시켜 나가는 요인 중 특히 다양한 사회집단에 주목하고자 한다. 앞서 도시의 내부구조이론과 도시 주거 부분에서 다루어진 공간적 분리와 응집의 현상을 비롯하여 도시빈곤과 거주지의 분리, 중산층의 젠트리피케이션의 발생 등에서도 이와 관련된 내용들이 언급된 바 있다. 여기서는 글로벌 시대에 있어 크게 증가하고 있는 국제이주 현상과 관련시켜 보다 넓은 의미에서의 다양한 정체성, 가치관을 가진 민족집단을 포함한 이주자와 도시공간의 관계에 대해 살펴보고자 한다.

도시공간에서 사회집단 간 분리가 나타나는 이유는 여러 가지가 있으나, 이러한 공동체 또는 사회집단 간의 분리는 집단 간 마찰을 줄이고, 사회적으로 통제와 관리를 용이하게 할 수 있다. 하지만 동시에 분리로 인해 특정 사회적 집단의 권리 주장과 같은 정치적 목소리에 힘을 실어 주기도 한다(박경환 외 역, 2012). 하지만 이러한 분리가 지속될 경우 사회적 통합이 어려워지거나 도시 공간의 사회적 약자의 공간에 박탈이 가중될 수 있다.

여기서는 먼저 경관적으로 가장 두드러지게 드러나는 도시공간의 슬럼에 대해 살펴보고, 이렇게 나타나는 도시공간의 분리와 집단 간의 응집의 구체적인 이유와 방법을 알아보고자 한다. 또한 최근에는 사회경제적 계층과 라이프스타일 그리고 인종화(racialization)된 집단[1], 민족 집단 간의 복합적인 관계에서 분리현상이 더욱 다양하게 나타나고 있다. 다음으로는 최근 증가하고 있는 국제이주로 인한 이주자들의 증가와 이질적인 집단으로 인한 도시공간의 변화에 대해 생각해 보고자 한다. 도시공간은 현재 그 어느 때 보다도 다양한 국가와 민족적 배경을

1 인종화(racialization)는 사회에서 주류집단이 사회, 경제적으로 힘이 약한 소수집단에게 인종적 정체성을 부여하는 과정을 의미하는데, 인종화된 집단들은 특정 인종 집단이 갖는 특이성, 절대적 열등성이 있다는 고정관념을 부여받게 되고 사회의 주류집단은 이를 통해 사회적 차별과 제도적 차별에 정당성을 부여하기도 한다.

가진 이주자들로 구성된다. 주류 집단과 이들 소수자들 사이에는 사회적 거리감과 배타적 태도가 존재하며 종종 인종주의와 민족에 대한 관념으로 인해 공간적 배제가 나타난다.

마지막으로 도시의 주요 정책이 보다 다양한 문화를 지닌 사람들이 경쟁력과 창조성의 원천이 된다는 발상에서 추진되고 있는 가운데 도시에 다양한 이주자들이 소통하는 도시로의 변화를 꾀하고 있다. 유럽 도시의 경우 다양한 문화와 이주자를 긍정적으로 수용하고 이를 통해 보다 창조적인 요소를 강화시키려는 노력을 하고 있으며 상호문화성을 강조한 상호문화도시 정책을 강조하고 있다. 여기서는 그 내용을 간단히 소개해 보고자 한다.

1. 빈곤과 슬럼

도시는 많은 이미지를 가지고 있다. 그 중 사람들에게 강하게 인식된 것 중 하나가 빈곤과 관련된 도시의 모습일 것이다. 도시 빈곤은 시간이 지날수록 점차 전 세계의 도시에서 가장 심각한 문제의 하나로 손꼽히고 있다. 도시의 빈곤은 과거 도시가 형성되던 초기부터 존재했던 현상이지만, 급격한 도시화 가운데 그 상황이 악화되어 가고 있다. 특히 글로벌 경제가 공간의 양극화를 진행시키고 있으며, 그로 인한 도시 공간의 빈곤한 지역의 고립과 빈곤계층의 열악한 생활환경은 매우 심각한 수준이다.

도시의 높은 인구밀도는 도시를 형성하는데 기본이 되지만, 높은 인구밀도로 인해 도시공간 안에서의 개인과 집단의 공간 점유의 경쟁은 매우 치열하다. 정보통신기술이 발달하고 공간의 물리적 거리가 압축되고 있음에도 불구하고 도시공간의 인적, 물적 자원의 집중은 지속되고 있다. 이러한 가운데 더욱 많은 사람들이 도시를 새로운 기회의 장소로 여기고, 도시로 몰려든다. 도시에서는 다양한 경제적, 사회적, 문화적 배경을 갖은 사람들이 좀 더 나은 거주 환경을 쟁취하기 위해 끊임없이 노력하고 있다고 봐도 과언이 아닐 것이다.

앞선 장에서는 도시공간의 다양한 사회적 집단이 어떠한 관계 형성을 하며 공간을 점유해 가는지를 살펴보았는데(제6장 2절, 3절 참조), 여기서는 그 중 특히 빈곤과 거주지 분리 현상이 경제적, 사회문화적인 요인뿐만 아니라 민족과 인종집단의 공간적 격리와 깊은 연관성을 지니고 있음을 확인하고자 한다.

빈곤의 정의로 가장 일반적인 것은 세계은행에서 쓰고 있는 하루 생활비이다. 세계은행의 정의에 의하면 전 세계 인구의 절반에 해당하는 약 30억 인구가 하루에 2달러 이하로 생활하고 있으며, 1달러 이하로 생활하고 있는 12억의 인구는 극빈곤층에 해당한다. 하지만 시간이 흐를수록 빈곤은 더욱 복잡한 상황과 연관되어 있음이 밝혀지면서 그 정의가 확대되고 있다. 빈곤을 도시 공간상에 나타나는 슬럼과 관련시켜 보았을 때는 이러한 경제적 수준 이외에 주택문제, 도시서비스, 과밀화, 안전성의 문제들이 복잡하게 얽혀 있는 주택을 둘러싼 상황까지 포함한다.

도시공간에서 빈곤한 계층의 거주지는 슬럼이라고 하는데 슬럼은 도시공간에서 높은 임대료 지불이 어렵거나, 도시 복지에 의존해서 살아가야 하는 사람들이 거주하는 구역을 말한다. 유엔보고서에 따르면 2001년 전 세계 인구의 32%가 슬럼에 살고 있으며 그 수는 1백만 명에 이른다(UN, 2003). 그리고 이들의 대부분을 차지하는 것은 개발도상국이다. 물론 선진국에 슬럼이 적은 것은 아니지만 개발도상국과는 차이점을 보인다. 슬럼거주자는 전 세계적으로 1990년대 이후로 더욱 급속히 증가한 것으로 나타나며 30년 안에 2백만 명까지 증가할 것으로 예상되고 있다. 유엔인간정주계획(UN-HABITAT)의 예상에 따르면 여전히 시골 지역에 많은 인구가 몰려 있는 아프리카와 아시아에서도 곧 거대한 인구이동이 일어날 것으로 보이며, 도시 내 슬럼이 확대될 가능성이 높다. 슬럼은 도시의 빈곤을 공간적으로 보여주지만 도시의 모든 빈곤층이 슬럼에 거주하는 것은 아니며, 슬럼 거주자가 다 빈곤층이라고도 할 수 없다(UN, 2003). 하지만 국제 무역의 성장과 함께 부상한 신자유주의는 재화와 서비스를 민영화하였으며 공공복지비용의 감축과 새로운 규제완화를 통해 도시의 빈곤층에게 큰 타격을 주었다.

빈곤층의 지리적 분포를 보면, 도시 빈곤층은 농촌에 비해 그 상황이 심각하며, 영양부족과 열악한 위생환경에서 생활하는 빈곤층은 점차 증가하고 있다. 슬럼을 통해 빈곤층의 공간적 집중 현상이 강화될 수 있으며, 도시 빈곤 문제가 더욱 심각해 질 수 있다고 우려된다. 최근에는 이러한 현상을 빈곤의 도시화(urbanization of poverty)라고도 한다.

읽을 거리 9-1 메가시티의 슬럼 거주자

대부분의 메가시티에는 많은 슬럼 거주자가 존재한다. 라고스와 뭄바이(7백만 명)의 슬럼 인구는 그 인구수 자체만으로도 메가시티를 형성할 정도이니 그 규모가 엄청나다는 사실을 알 수 있다. 한편 자카르타의 슬럼 인구는 아일랜드 인구보다도 많다. 저개발국 메사시티의 슬럼은 촌락-도시 이주와 관련되는데 이는 매우 불균형적이라는 점이 특징적이다. 다시 말해 도시의 노동 수요보다도 농촌에서의 빈곤과 기회의 결여가 요인이 되어 거대한 이주가 발생한다. 그리고 슬럼의 확대는 새로운 이주자에 대한 흡인력 부족과 이주자들의 높은 출산력에 의해서 야기된다. 슬럼은 보통 팽창하는 도시 경계 주변지역이나, 내부 도시에 걸쳐 나타난다. 뭄바이에서 가장 유명한 슬럼 지역 중 하나인 다라비는 2008년 영화 〈슬럼독 밀리어네어〉에서도 등장하는데 이 지역에서는 350명 당 화장실이 1개 존재할 정도로 위생환경이 열악하며, 1.7km^{2}에 인구가 60만 명이 존재할 정도로 인구밀도가 높은데 고층건물이 없다는 점을 감안한다면 상상하기 어려울 정도의 인구가 밀집된 생활환경이다.

그림 9-1 도시별 슬럼 거주자

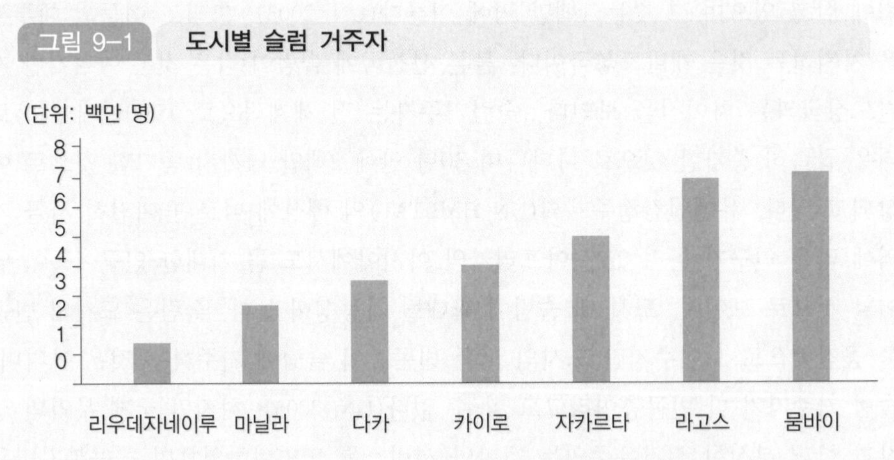

출처: Knox(2014).

도시 내부에서 나타나는 빈곤의 패턴은 특징적인데, 도시 공간의 몇몇 근린지역에서의 빈곤이 공간적으로 더욱 집중하여 나타나고 있다. 그리고 도시 근린지역에서의 빈곤의 공간적 집중이 모든 집단에 동일하게 영향을 주는 것은 아니다. 또한 인종화된 사고로 인해 사회에서 구조적으로 차별을 당하기 쉬운 소수 민족 집단은 슬럼에 정착하기 쉬우며 이러한 경우 게토로 이어질 수도 있다. 1980년대 이후 미국에서 확인되는 빈곤의 공간적 집중은 경제의 탈산업화 진행되면서 흑인의 빈곤과 그 공간적 집중과 관련이 있다. 미국의 경우 이러한 흑인의 빈곤과 공간적 집중에 대해 주택시장에서 계속되는 인종적 격리와 인종적 차별이 맞물려 당시의 탈산업화로 인해 실업자가 된 많은 흑인들의 빈곤의 공간적 집중을 강화했다고 보고 있다. 또한 인종별 가족소득 격리 경향도 나타나, 1970~2009년 사이 미국 대도시지역의 인종별 가족소득 격리는 더욱 뚜렷해지고 있다. 그리고 2000년대 이후 미국 도시의 백인 빈곤층에 대한 연구에서는 백인 빈곤지역과 흑인, 히스패닉이 집중된 빈곤지역은 다르게 나타난다고 지적된 바 있다. 이를 통해 우리는 민족과 인종화된 집단이 도시에 처한 상황에 차이가 있음을 알 수 있다(Mulherin, 2000). 또한 최근의 현상으로 미국 도시에서 흑인가족과 히스패닉 가족의 가족소득격리가 백인에 비해 크게 높게 나타났으며, 이러한 사실을 통해 민족별 소득격리의 차이와 빈곤의 공간패턴은 차이가 있음을 확인할 수 있다.

최근의 빈곤층은 대도시에서의 비중이 더욱 높아지고 있는데, 미국 빈곤층의 약 82%가 대도시에 거주하는 것으로 집계되었다(김학훈 외 역, 2013). 선진국의 대도시는 이주노동자가 지속적으로 유입되고 있으며, 이주노동자가 모국으로 돌아가지 않고 정착하여 생계를 꾸려가게 될 경우 다양한 사회구조적 요인으로 빈곤층으로 남을 가능성이 높다. 이들은 대부분 이주 초기에 도시 중심부의 주변지역에서 낮은 임대료를 가지고도 생활할 수 있는 불량주택지구에 터전을 잡는다.

도시공간에서 빈곤층이 공간적으로 집중하게 되면 다양한 공간효과가 발생하게 된다. 빈곤층에게 미치는 공간효과는 지역효과(area effect) 또는 근린효과(neighbourhood effect)로 이해할 수 있는데, 지역효과란 다른 지역과 비교하여 어느 한 특정 지역에 살기 때문에 발생하는 삶의 기회의 증가 또는 박탈과 관련된 것'이다(Atkinson and Kintrea, 2001, 2278). 근린효과는 '빈곤층이 밀집함으로써 동네의 특정한 사회경제적 환경이 형성되며 이것이 개인의 삶에 부정적인 영향을 미치게 되는 것'을 의미한다. 다시 말해 공간효과란 공간적 배제가 빈곤층의 사회적 배제 또는 일상생활에 미치는 영향으로, 빈곤층의 사회적 배제와 공간적 배제의 관련성에 대해 주목하는 것이다. 사회적 배제(social exclusion)의 관점에서의 빈곤은 물질적 자원에의 접근성뿐만 아니라 사회적 참여와 소속과 같은 사회적 측면도 포함한다. 하지만 슬럼과 같이 사회적 약자가 공간적으로 집중하는 것은 이들로 하여금 정해진 장소에서 복지 서비스를 받는데 도움을 줄 수 있으며, 이들이 이러한 공간에서 정서적으로 안정을 취할 수 있다는 사실도 부정하기 어렵다.

도시 빈곤의 문제에 대한 원인은 도시별로 차이가 있으나, 공간적으로 집중된 도시 빈곤의 결과는 다음과 같이 정리할 수 있다.

- 교육기회의 제한
- 범죄 증가 및 취약한 건강 상태
- 부의 축적 저해
- 민간투자 감소와 재화와 서비스에 대한 비용 증가
- 지방 정부의 비용 증가

마지막으로, 빈곤층과 관련된 소수민족 주거지는 세계의 각 국가별로 상이하게 나타나며 과거 식민지를 경험한 도시와 그 외 도시 간에도 차이가 난다. 라틴아메리카의 도시의 경우는 상류층과 중류층의 주거지를 제외한 나머지 주택지대에서 농촌에서 도시로 온 많은 이주자들의 불법주택지대(squatter settlement) 와 주거환경이 매우 열악한 슬럼화된 바리오(barrio)[2] 또는 파벨라(favela)가 존재한다. 또한 식민지 지배를 받은 라틴아메리카의 도시에서는 식민지 지배자인 유럽인들과 피지배자인 원주민 간의 주거지 분화 현상이 뚜렷하게 진행되면서 원주민들이 슬럼에 거주하는 경향이 높게 나타난다. 사하라 이남의 아프리카 도시의 경우 대부분 식민지 지배집단은 저밀도의 토지이용을 추구하고 아프리카 원주민은 고밀도의 토지이용을 선호하는 형태로 도시구조가 형성되었으며 중심부 주변에 상류층이 거주하고, 피지배 계층에 해당하는 원주민들은 도시 주변부로 밀려나 거주하면서 매우 고밀의 주거공간을 형성한다.

이러한 도시 공간에서 빈곤지역에 대한 낙인과 공간적 차별로 인해 사람들이 근린의 빈곤지역에 대한 고정관념을 가지게 됨에 따라 발생하는 불이익이 있으

2 바리오: 스페인어를 사용하는 지역에서 사용되는 용어로 라틴아메리카의 도시 내 슬럼을 뜻한다. 미국내에서 히스패닉계 이민자 지구에도 종종 이 용어가 사용되기도 한다.

며 이로 인해 이 지역 거주민들이 지속적으로 일자리를 찾는데 어려움을 겪을 수 있다. 구직자의 주소가 특정 고정관념이 강한 곳일 경우 고용주는 지원자에 대한 부정적 이미지(불성실성, 낮은 학업 성적, 나쁜 습관 등)를 가정하게 되고 결론적으로 취업이 더 어려워져서 빈곤층에 남을 가능성이 높다는 것이다.

2. 격리, 응집

도시를 구성하는 다양한 집단은 경제적, 사회문화적, 인종적 이유 등으로 인해 도시공간 안에서 서로 응집하면서 동시에 집단 간 격리되어 생활하는 경우가 많다. 여기서는 이러한 집단 간의 격리와 응집에 대해 살펴보고자 한다.

(1) 격리와 초격리

여기서는 격리의 정도에 대해 살펴보고자 한다. 격리(분리)[3]란 간단히 말하면 어떤 소수집단의 구성원이 공간상에서 나머지 인구집단(주류 집단 등)에 비해 절대적인 숫자가 등질적으로 분포하지 않는 상황을 일컫는다(Knox *et al.*, 2006). 더글라스 매시와 낸시 덴튼(Douglas Massey & Nancy Denton, 1988)은 격리의 다양한 종류에 대해 정리하였는데, 균등성, 노출/고립, 중심화, 군집, 집중이 주요 형태다. 그 각각의 특성을 보면 다음과 같다.

① 균등적 분리(evenness): 근린에서의 각 집단들의 분포에 있어 유사한 정도를 말한다.

② 노출/고립적 분리(exposure/isolation): 근린지역에서 소수집단은 주류집단에 균등하게 섞여 분포하면서 주류사회에 노출될 수 있다. 하지만 소수집단의 수가 상대적으로 많은 경우 소수집단은 주류집단과 접촉의 기회가 적어질 수 있으며 이러한 경우 노출의 정도는 약하다고 할 수 있다. 이러한 경우는 고립적 분리에 가깝다.

3 격리(segregation): 라틴어의 어원을 보면 '무리로부터 분리된'이라는 뜻을 가진다.

③ 중심적 분리(centralization): 한 집단구성원들이 다른 집단과 비교하였을 때 도시의 중심부 가까이에 거주하는 경우를 말한다.

④ 군집적 분리(clustering): 구성원들이 도시 내에서 서로 근접해 있는 근린지역들에 거주하는 정도를 나타낸다.

⑤ 집중적 분리(concentration): 한 집단이 제한된 도시공간에 거주하는 정도를 나타내는데, 집단이 매우 밀도 높게 거주하는 정도를 나타낸다.

도시지리학에서는 이러한 격리 현상에 주목하여 많은 연구가 진행되었는데, 특히 최근에는 초격리 현상이 주목받고 있다. 초격리(hypersegregation)는 한 집단이 여러 격리의 형태를 동시에 경험하고 있는 경우를 말한다. 사회적 소수자 집단은 공간적으로 불균등하게 분포하면서 분리되고, 군집될 수 있다. 한 예로 아프리카계 미국인들이 다양한 측면에서 매우 격리되어 있다는 사실이 1980년대 확인되었다. 한편 이러한 현상이 사회적으로 주목되자 여러 가지 조치가 취해졌으며 2000년대 들어서 한 때 미국의 이러한 초격리적 현상이 일부 완화되기도 했다. 초격리적 현상이 주목되는 이유는 국제이주 시대에 있어 과거에 비해 많은 문화권 출신자들이 새로운 도시로 이주하고 생활하고 있고, 그 중 일부는 주류사회에서 심한 차별을 경험하면서 주류사회와 매우 단절된 공간이 형성되고 있기 때문이다.

(2) 상이성지수(Index of dissimilarity)

격리를 측정하는 개념으로 도시 내 근린지역에 걸쳐 한 집단 또는 집단들의 분포를 이상적인 상태(분포)와 비교하여, 실제와의 차이를 통해 측정하는 방법이 있다. 격리가 측정되는 기준은 균등성(evenness)이다. 한 집단이 도시인구의 20%를 차지한다고 가정해 보면, 이 집단이 근린지역에 걸쳐 균등하게 분포한다는 것은 이 집단이 각 근린지역 인구의 20%를 차지한다는 것을 말한다. 다시 말해 평균적으로 해당 집단의 분포가 이상적인 분포로부터 얼마나 차이가 나는지를 볼 때 격리되고 있음을 측정할 수 있다는 것이다. 상이성지수(D)는 균등성으로 부터의 차이를 보여주는 일반적인 지수로, 사회적 소수 집단의 거주지 분리

정도를 계량화하여 보여주는 방식으로 가장 일반적으로 활용된다. 상이성지수는 다음과 같이 계산할 수 있다.

$$D = \frac{1}{2} \times \sum_{j=1}^{J} \left| \frac{X_j}{X} - \frac{Y_j}{Y} \right| \qquad \text{식 9-1}$$

여기서 j는 근린지역으로, X_j, Y_j는 각각 센서스 트랙 j에 사는 사람 중 집단 X와 Y에 속하는 사람들의 수를 나타낸다. X와 Y는 도시 전체에 거주하는 집단과 집단의 총인구를 나타낸다.

상이성지수는 완벽한 균등성을 나타내는 0에서부터 완전한 격리를 나타내는 100까지의 값을 갖는다. 경험적 연구에 의하면 0~30은 낮은 수준의 격리를 30~70은 중간정도의 격리를 보여준다고 이해되며, 70 이상이 되면 높은 수준의 격리 현상이라고 본다.

〈표 9-1〉은 미국에서 흑인의 인구가 많은 주요 도시 가운데 상이성지수를 살펴본 것이다. 뉴욕은 2010년도 상이성지수가 70을 넘을 정도로 흑인인구의 격리

표 9-1 대도시 지역의 거주지 격리

도시	흑인인구(명)	전체 인구 대비 비율(%)	흑인/백인 상이지수
뉴욕	3,178,863	16.8	76.4
애틀란타	1,733,064	32.9	58.4
시카고	1,669,774	17.7	75.2
워싱턴	1,477,126	26.5	61.0
필라델피아	1,264,163	21.2	67.0
마이애미	1,137,108	20.4	64.0
휴스턴	1,029,880	17.3	60.6
디트로이트	1,012,098	23.6	74.0
댈러스	982,634	15.4	55.5
로스앤젤레스	932,431	7.3	65.2
평균, 대규모 MSAs			65.8
평균			57.1

출처: Knox *et al.*(2006).

가 매우 뚜렷하게 나타나며, 뉴욕 다음으로는 디트로이트가 있다. 이들 도시 중 가장 격리가 낮은 수준으로 나타나는 곳은 달라스다. 이를 통해 도시별 흑인의 상이성지수도 상이함을 이해할 수 있다.

이와 같이 상이성지수는 과거부터 자주 사용되기는 하였으나, 하위 지역의 공간적 특성과 서로의 상대적인 위치에 대한 지수의 민감성 때문에 시간에 따라 또는 공간상에서 장소들을 비교할 목적으로 상이성지수를 사용하는 데는 한계가 있다. 또한 사회적 소수 집단의 거주지분리정도를 상이성지수만으로 그 특성을 이해하기 어려운데, 그 이유는 소수 집단의 내적 다양성에 대해 고려하고 있지 못하기 때문이다(박경환 외 역, 2012). 한 예로, 아시아인이라는 분류를 통해 상이성지수를 구할 경우, 영국 도시에서 나타나는 아시아인의 분리에 대한 분석에서 인도인, 파키스탄인, 방글라데시인이 서로 분리된 공동체를 형성하고 있음을 간과하기 쉽다. 무슬림은 대개의 경우 힌두교도로부터, 구자라트인은 펀자브인과, 동아프리카 아시아인은 다른 아시아인들과는 분리되어 거주한다. 분리현상은 이들 민족 집단이 공영주택에 거주하는 경우에도 드러난다.

최근에는 이러한 분포의 특성을 넘어서 사회적으로 근린지역 거주자들이 그들의 근린지역 내에서 어떠한 경험을 하면서 도시공간에서 삶을 영위해 가는지에 대한 관심도 증가되고 있다.

민족집단이나 인종화된 집단과 같은 사회적 소수집단은 주류집단과 고도로 분리되기도 하고, 분리의 정도가 약화되기도 하는데 이러한 분리는 사회경제적 지위에 따른 분리보다 강하게 나타날 수 있고, 오히려 이들 집단의 낮은 사회경제적 지위는 이들의 높은 거주지 분리를 부분적으로만 설명할 수 있을 따름이다(박경환 외 역, 2012). 이러한 분리는 동화(assimilation)로 인해 그 양상이 달라지는데, 동화는 특정 집단과 주류 집단 간의 상호 사회적 거리의 인식 정도에 따라 다양하게 나타날 수 있다. 일반적으로는 동화의 정도가 높을수록 분리현상이 약화된다고 이해되고 있다. 동화도 문화적 동화(cultural assimilation)와 구조적 동화(structural assimilation)로 나누어 볼 수 있는데 사회적으로, 직업적으로 민족집단이 다양하게 진출하게 되는 구조적 동화는 문화적 동화보다는 더디게 진행된다.

읽을거리 9-2 미국 도시의 라틴화

최근 미국 도시에는 라틴 아메리카에 문화적 배경을 둔 라틴계미국인, 라티노, 히스패닉 등으로 불리는 다양한 사람들의 근린이 빠르게 성장하고 있다. 라티노는 구조적 제약과 경제적 기회 획득을 위해 도시지역에 집중하는 경향이 강한데, 특히 로스앤젤레스, 휴스턴, 샌안토니오, 샌디에이고, 피닉스와 같은 남서부 도시에 많이 거주하고 있다. 미국에서는 아프리카계 미국인보다 이들의 수가 더욱 많아질 정도로 사회적으로 주목받고 있는 민족집단이 되어 가고 있다. 미국 센서스국의 인구 추계에 의하면 2008년 4천 7백만 명의 히스패닉인구는 2050년에는 1억 3천 300만 명으로 증가하여 미국 인구의 3분의 1을 차지할 것으로 예상되고 있다. 라티노 집단의 구성이 도시별로 상이하게 나타나는 것도 그 특성 중 하나라고 할 수 있는데 로스앤젤레스는 멕시코계가 75%이지만, 마이애미는 쿠바계가 60% 이상이 된다.

바리오(barrios)라고 불리는 라티노 근린지구는 다음과 같이 4가지 유형으로 분류가능하다(Mike, 2000).

- 작은 위성을 포함하는 종주형 바리오: 넓은 동심원들로 구성된 쐐기 형태의 거주지로, 1970년 이전에 로스앤젤레스에서 나타났으며 오늘날에는 워싱턴 DC, 휴스턴, 애틀랜타, 필라델피아, 피닉스에서 나타난다.
- 다중심적 바리오: 여러개의 엔클레이브로 구성되는데 시카고에 4개의 유사한 규모의 지구가 나타난다.
- 다문화적 모자이크: 다양한 히스패닉의 근린지구로 뉴욕에서 최소 21개의 라티노 지구가 확인된다.
- 도시 내 도시: 데이비스가 로스앤젤레스의 라티노 지구를 가리킬 때 사용하는 용어로 20개 가량의 라티노 지구가 기존의 노동계급의 거주지역에 따라 선형으로 뻗은 상태에서 동심원 형태로 확장된다.

데이비스는 교외지역의 보수주의를 비판하면서 라티노 근린지구의 성장이 오히려 쇠퇴해가고 있는 내부도시에 활력을 가지고 온다고 긍정적으로 평가하고 있으나, 미국에서는 이주민에 대한 적대감이 특히 작은 마을을 중심으로 강해져서 라티노에 대한 증오 범죄가 증가하는 등 사회적 문제가 되고 있다.

출처: Knox *et al.*(2006).

(3) 응집

소수민족 집단이 도시공간 안에서 내적 응집력을 보이는 이유는 방어, 상호부조, 문화적 보전, 저항 등에 효과적이기 때문이다(Kaplan *et al*., 2004). 먼저 방어란, 사회에서 소수민족 집단에 대한 차별과 폭력이 발생할 가능성이 있기에 방어적 목적으로 응집하면서 군집화되어 간다.

실질적으로 엔클레이브에 방문하면 주류집단에 속한 사람이라 하더라도 엔클레이브 안에서는 소수자로서 위축될 수 있으며, 낯선 사람의 출입에 방어적 태도를 보이기도 한다. 상호부조를 위해서 이들은 응집력을 보이는데 이주자들은 자신들의 공동체를 이루어 새로운 정착지에서 생활을 할 수 있는 여러 가지 도움을 받게 된다. 이주자들의 대부분이 처음 새로운 국가에 이주를 했을 때 언어로 인해 겪는 어려움이 큰데 이러한 경우 자신에게 친숙한 환경과 동일한 언어를 사용하는 사람들이 주변에 있는 거주 지역은 큰 도움이 된다. 상호부조는 난민과 같이 비자발적 이유로 이주를 하게 되는 집단에게는 더욱 필요하다. 난민 중 일부는 일

그림 9-2 한국의 난민 줌머족의 보이사비 축제

출처: 저자 촬영.

자리가 많은 도시 주변지역에 상호부조를 하기 위해 자체적으로 자신들의 공동체를 만들어 생활하기도 한다. 또한 소수민족경제와 같이 동일한 민족집단이 여러 산업들의 연계 고리 안에서 해당 민족집단의 이익을 추구하는 경우도 있다.

문화적 보전을 위한 군집화도 중요한데 이주자들이 특히 세대를 이루고 이주 2세대가 태어나게 되면 자신들의 문화와 언어를 잊게 되는 경우가 많다. 사회의 소수자로서 차별당하기 쉬운 이들은 주류 사회의 문화에 동화되는 경우도 많지만, 반대로 차별적 관행에 맞서고 자신들의 문화적 자긍심을 고취시키기 위해 문화적 보전을 더욱 열심히 하기도 한다. 군집을 이룬 경우 이러한 문화적 보전은 보다 용이해질 수 있다. 또한 사회적 소수자에 속하는 이들이 자신의 출신지역과 연계하여 추후 경쟁력을 가지게 될 수도 있고, 언젠가 귀국할 수 있다는 생각에 전략적으로 자신들의 문화를 보전하려는 경우도 있다. 한편 이들의 이러한 문화적 보전을 위한 행동은 해당 도시정부에게 있어 다양성이라는 이름으로 도시 이미지를 긍정적으로 높이는 데 작용하기도 한다. 또한 도시정부가 적극적으로 민족 집단의 전통 행사 등을 지원하면서 민족테마 관광자원으로 활용하기도 한다.

하지만 응집된 지역은 소수자인 이주자들에게 기존 주류사회에 대한 저항 공간의 역할을 담당할 수 있다. 자신의 목소리를 내기 어려운 상황에 자주 직면하는 이주자 집단은 공간의 군집화를 이룸으로써 가시성을 높일 수 있고, 특정 구역에서 선거에 영향을 미치는 등 자신들의 목소리에 힘을 싣기 위해 군집화를 활용할 수 있다.

이러한 이유로 인해서 사회적으로 소수자인 이주자는 도시공간에서도 자신들만의 공간을 형성해 가게 되는데 이주자 집단의 가치관과 문화로 인해 동일한 도시에서도 다른 특성을 보일 수 있다. 영국 내 아프리카-카리브해계 사회는 여성지배적 가구와 집단 구성원 간의 공동거주 및 잦은 왕래를 특징으로 한다. 다시 말해 결혼은 자녀를 모두 양육한 후에 채택되는 중산계급의 제도이기 때문이다. 여성의 높은 자립도를 특징으로 하는 영국 내 아프리카-카리브해계 민족 집단은 여성의 경제 참여율이 70%나 되며, 이는 여성 가장 가구의 비율이 높은 이들은 도시의 공영주택 거주율이 높다는 사실과도 연관시켜 이해할 수 있다. 하지만 인도, 파키스탄, 방글라데시 출신 이주자들은 이슬람의 문화로 인해 여성의 경제활동에 있어 제한이 큰 편이며 이로 인해 여성의 경제활동 참가율이 낮고 공영주택에 거주하는 경우는 드물다.

동남아시아 이주자들의 사회경제적 특성도 작용하여 종종 동일한 국가나 지역 출신이더라도 도시의 주거 환경이 크게 다를 수 있다. 영국의 경우 방글라데시 출신 이주자들의 거주지 분리는 강화되는 편이며 인도의 경우는 탈중심화 추세를 보이며 거주지가 분산되는 경향이 있다.

유럽의 경우 이주민을 통해 노동시장의 노동력 부족을 해소하고자 했던 1930~1950년 시기와 그 이후에 글로벌 경제로 인한 다양한 산업의 구조조정 안에서 외국인 이주자들이 다시 유입된 역사를 가지고 있다. 유럽의 도시들에서 이주노동자들이 보이는 분포 패턴은 다양하지만 공통적인 현상으로는 이주노동자들의 경우 단기간에 돈을 모아 송금을 한다는 목적으로 인해 도시의 가장 저렴한 주택지구에 모여 산다는 것이다.

미국의 도시 내 민족집단의 거주지 분리에 대한 많은 연구 중, 시간에 따라 분리의 정도의 변화를 살펴본 론 존스톤과 제임스 포레스트(Ron Johnston & James Forrest, 2002)의 연구가 있다. 이들은 미국센서스 자료를 바탕으로 1980년과 2000년 사이에 흑인계, 히스패닉계, 아시아계의 3대 민족 집단의 분리 정도를 조사했으며 그 결과를 정리하면 다음과 같다.

- 민족집단의 규모가 클수록 분리 정도가 높다.
- 도시 지역이 넓을수록 분리정도가 높다.
- 분리는 동-서 분리의 경향을 띤다.
- 아시아계와 히스패닉계 집단의 경우 도시의 다양성이 높을수록 분리 정도가 높다.
- 흑인의 경우 분리 정도가 가장 높지만, 1980~2000년 동안에 이들 집단의 분리 정도는 감소하는 경향을 보인다.

읽을거리 9-3 미국 내 코리아타운(Korea Town)

표 9-2 로스앤젤레스 코리아타운 한인 수

카운티	1990	2000	2010	1990~2000 성장률(%)	2000~2010 성장률(%)
로스앤젤레스 카운티	71,061	100,044	116,736	40.8	16.7
오렌지 카운티	35,684	58,564	93,710	64.1	60.0
리버사이드 카운티	3,710	6,274	14,384	69.5	129.3

출처: Pyong Gap Min(2013)을 수정함.

아메리칸 드림을 위해 미국으로 온 한인 1세대들은 1970년대 초부터 로스앤젤레스 다운타운 서쪽에 한인타운을 구성하며 민족경제를 이루어 왔다. 로스앤젤레스 대도시권(Los Angeles CMSA, Los Angeles, Long Beach, Riverside로 구성)에는 한인 인구의 24%(30만 2천 5백 명)가 거주하게 되었고, 2000년에는 24%로 유지되었으나 2010년에는 19%로 그 비중이 감소했다. 2010년 미국의 한인분포를 보면 과거로부터 이민자들이 많이 거주하였던 주요 7개 도시(로스앤젤레스, 뉴욕, 워싱턴 D.C, 샌프란시스코, 시카고, 필라델피아, 호놀룰루)에 가장 많이 거주하고 있으나, 9%의 한인들이 새롭게 부상하고 있는 시애틀, 애틀란타, 댈러스에 거주하고 있다. 한편 1992년 발생한 LA폭동은 로스앤젤레스 코리아타운에서 한인들이 교외로 빠져나가는데 큰 영향을 미친 사건이 되었다고 알려져 있으며, 이와 더불어 1990년대 세계화의 물결 속에서 한국의 거대 자본투자도 코리아타운의 구조적 변화에 영향을 미쳤다(이영민, 2007). 또한 이 시기 부터는 이민 1세대들의 자손인 이민 2-3세대가 주류사회에 동화되기도 하고, 한국으로부터 다양한 직업군과 연령대의 사람들이 이주를 하면서 미국 내의 한인들의 분포는 초창기와 비교하여 분산되고 있다. 로스앤젤레스 코리아타운은 현재 한인뿐만이 아니라 다양한 민족이 거주하고 생계를 꾸려가기 위해 다양한 민족간 관계를 통해 경제활동을 영위하는 공간으로 변모하고 있다. 다시 말해 다문화 공간, 혼성적 공간으로서 혼성적 정체성이 유연적으로 재생산되는 곳이기도 하다(이영민, 2007).

하지만 최근에는 코리아타운 내에 많은 홈리스가 발생하고, 건물이 노후화되면서 한인들은 한인 타운 이외의 로스앤젤레스 시(city) 외곽의 오렌지카운티, 토랜스, 어반 등으로 거주지가 확산되고 있다. 즉, 한인 거주지의 교외화가 진전되고 있는데, 오렌지카운티는 특히 좋은 거주환경과 높은 수준의 교육환경이 한인들이 집중하는데 큰 영향을 미쳤다. 이러한 거주자의 교외화는 한인 집단의 사회경제적 지위 향상에 따른 자발적인 분리의 과정이라고 이해할 수 있다. 오렌지카운티에는 현재 LA 코리아타운 다음으로 큰 "작은 서울(Little Seoul)"이라고 불리는 한인들의 거주지가 형성되어 있다. 또한 새로운 변화중의 하나는 한인들의 거주지가 2000년대에는 중간규모의 한인 커뮤니티들이 탄생하면서 애틀란타, 댈러스, 시애틀에서 증가하고 있다.

그림 9-3 로스앤젤레스 지도와 코리아타운의 위치

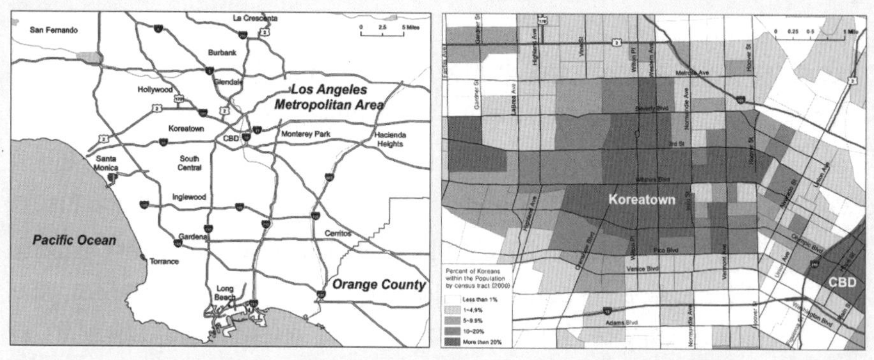

출처: Youngmin Lee & Kyonghwan Park(2008).

그림 9-4 로스앤젤레스 코리아타운 내 한국 마트와 한국어 간판

출처: 저자 촬영.

최근 이러한 소수민족의 커뮤니티, 공동체를 유지하는 부분에 있어서 현대사회의 정보 통신기술의 발달, 즉 컴퓨터 기술 특히 월드 와이드웹의 등장이 영향을 주고 있음이 확인되고 있다. 소수민족공동체이 규모가 매우 작고, 한 지역이나 국가 간에 흩어져 있더라도 자신들의 유대를 유지하는데 정보통신기술이 큰 도움을 주고 있다. 실시간의 의사소통은 경우 최근에 인터넷기반 소통방식을 통해서 국경을 넘어 일어나고 있으며 이는 소수민족 커뮤니티에 방어막을 제공한다. 북아메리카 도시의 라트비아인은 그 수가 매우 적어 토론토에서는 7,500명, 시카고에서는 4,000명 정도로 소규모이다. 하지만 이들은 전 세계에 흩어진 라트비아인들과 소통하면서 커뮤니티를 유지한다. 반대로 미국에 거주하는 인도인과 같이 그 수가 매우 큰 민족집단의 경우도 교외에 흩어져 거주하는 관계로 가시적 경관이 크게 들어나지는 않으나 남부아시아 인도인과 연결되어 그 커뮤니티가 활발히 유지되고 있다.

3. 게토와 엔클레이브

도시는 그 태생부터 주변으로부터 많은 인구가 이동하여 구성한 매우 인구밀도가 높은 공간이다. 그래서 인구이동의 결과 만들어진 도시는 그 인구 구성에 있어 이질성을 가지는 것이 당연하다. 그리고 현대 글로벌 경제의 흐름 속에서 보다 많은 도시가 보다 이질적인 인구집단으로 구성되어져 가고 있다. 앞서 이주자가 왜 도시공간의 특정 지역에 집중하여 거주하게 되는지에 대해 우리가 가지고 있는 인종, 민족에 대한 사고와 관계형성이 그 근본적 이유가 된다고 설명했다.[4] 그렇다면 이렇게 이질적이라고 생각되어지는 집단 간의 공간적 분리는 반드시 문제가 되는가, 또는 이주자들이 도시공간 안에서 얼마나 격리되어져 살아가고 있는가 등에 대해 생각해 볼 필요가 있다.

4 지리학자 중 돈 미셸은 젠더나 섹슈얼리티와 마찬가지로 인종(race)은 지리적 기획(project)이며, 공간이 인종을 통하여 구축되는 것처럼 인종은 공간위에서, 공간을 통하여 구성된다고 주장한다.

마르쿠제(Marcuse, 1996; 1997)는 세계화 가운데 도시공간의 사회공간적 분화에 대해 배타적커뮤니티(요새, 시다텔), 게토, 엔클레이브 세 가지의 범주로 설명하고 있다. 여기서는 이러한 도시공간에 나타나는 현상에 대해 각각의 특성을 살펴보고 이와 같은 분리현상이 민족과 인종집단과 밀접히 관계되어 있음을 정리해 보고자 한다.

(1) 배타적 커뮤니티

크리스 파일로(Chris Philo, 1991)는 도시공간의 분화에 대해 "사회공간적 분화의 과정에서 여러 문화들이 경합하고 있다는 점, 그리고 승자와 패자의 사회공간적 계층구조를 형성하는 도덕성이 상호 충돌하고 있다"라고 강조한다. 사회적 폐쇄(social closure)는 이를 설명하는 유용한 개념인데, 승자가 자신의 권력을 실행하는 과정에서 자신들을 보호하고, 바람직한 공간에서 승자 이외의 집단을 배제하는 행위를 말한다. 프랭크 파킨(Frank Parkin, 1979)은 배타적 폐쇄(exclusionary closure)라는 용어를 통해 이러한 공간적 배제를 설명하였는데, 주택계급이 주택소유자 협회와 같은 단체를 구성하여 배타적 커뮤니티를 형성하는 경우가 한 예라고 할 수 있다(박경환 외 역, 2012).

일반적으로 잘 알려진 바와 같이 세계 주요 도시 중 하나인 런던의 타워 햄렛과 로스앤젤레스의 비버리 힐즈와 왓츠 지역은 부유층이 선호하는 거주지로서 뚜렷한 경관을 보인다. 미국의 경우 1980년대 인구의 12.5% 이상이 CID(common interest development)와 배타적 커뮤니티(gated community)에 살고 있었으며, 이들 공간은 다른 집단들과는 명확히 구분되도록 거주 환경이 계획 · 조성되었다.

CID의 경우는 다양한 규제를 통해 동일지역 거주 주민들의 라이프스타일에까지 영향을 미치기도 한다. 특히 거주민들의 자녀수, 취미활동, 애완견 크기, 집의 경관 등과 같은 매우 개인적인 생활영역까지 관여하기도 한다. 경우에 따라 CID의 경비원들은 거주자들에게 항시적으로 안전과 관련한 개인 생활 조사를 할 수 있으며, 이웃 간의 감시를 하게 하기도 한다(Judd, 1995).

배타적 커뮤니티는 주로 중산층 또는 고소득층이 자신과 계층이 다른 집단을 배제함으로써 획득할 수 있는 안전과 쾌적한 생활환경을 위해 조성된다. 이러한 배타적 커뮤니티는 보통 중산층 이상의 유사한 소득수준의 근린이 모여 도심부에서 벗어난 주변지역, 교외지역에 주거지를 형성한 경우다. 미국 로스앤젤레스의 외곽에 형성된 "요새화된 엔클레이브"는 고속도로의 연결을 교묘하게 조절하여 그들만을 위한 쇼핑공간이 구성될 정도다. 배타적 커뮤니티는 위와 같이 소득을 중심으로 하여 형성되기도 하지만 라이프스타일을 중심으로 한 배타적 커뮤니티 또는 배타적 주거지도 존재한다. 유럽의 집시는 그들의 유랑생활과 위생관념 등 색다른 라이프스타일로 인해서 보통 해당 지역민들에게 거부당하기도 한다.

그리고 마지막 분리현상은 언어, 외관, 종교적 신념과 가치관 등으로 인해 구분되는 민족/인종화된 집단으로 인해 발생한다. 배타적 폐쇄의 개념에서 말하는 '승자'는 사회적으로 구성된 인종차별주의(racism)을 통해 '패자'를 차별화한다(Knox *et al.*, 2006).

국제이주가 증가하는 가운데, 거대 도시들의 대부분에는 많은 이주노동자를 포함한 이주배경을 가진 사람들이 살고 있다. 이들은 기존 거주지와는 분리되어 생활공간을 형성하는 경우가 많은데, 이러한 분리의 요인으로는 크게 두 가지를 들 수 있다. 이주자의 사회적 지위와 주류 집단과의 사회적 거리가 그것인데 주류 집단과의 문화가 크게 다르다고 인식되는 경우 두 집단의 공간 분리는 사실상 완화되기 어렵다.

(2) 분리된 공간: 게토

역사적으로 외부로부터의 이주자들은 차별로 인해 분리되어져 살아왔던 사례가 종종 확인된다. 그리고 당시에는 지금보다 더욱 강한 인종주의적 사고로 의해서 분리된 지역에 대한 이미지나 부정적 인식은 훨씬 강했다고 할 수 있다. 분리 거주지역에 게토(ghetto)라는 용어가 베네치아의 유태인 근린에서 처음 사용되었다고 하는데(박경환 외 역, 2012), 베네치아에서 대금업을 하는 유대인들에 대한 부정적인 생각은 매우 강했으며, 유태인들만이 생활할 수 있는 구역이 설정되었다고 한다. 이 때 출입문을 통해 통제되고, 해가 진후 게토에서 나오는 것이 금지되는 등 거주와 이동의 자유가 없는 공간이었다고 하니 일부 도시 공간에 인종화된 집단이 격리(segregation)되어져 살았던 것이다.

현재 도시공간의 민족집단 거주지는 그 형성요인이 자발적 인지, 아닌지에 따라 엔클레이브와 게토로 구분하는 경향이 있다. 하지만 사실 현실 도시에서 이렇게 이분법적으로 게토와 엔클레이브를 구별하는 것은 매우 어려운 일이다. 그러므로 보다 연속체적으로 엔클레이브와 게토에 대해 이해하는 것도 바람직하다(박경환 외 역, 2012). 이상의 내용을 유의하면서 두 분리된 공간의 특징을 살펴보면 다음과 같다.

먼저, 게토는 베네치아의 사례와 같이 비자발적으로 형성되고 유지되는 공간이다. 비자발적이라 함은 외부의 차별이 강하여 발생한 분리임을 말한다. 유럽의 유대인들의 거주구역이었던 공간에서 비롯된 게토는 그 이후 미국에서 남부의 흑인이 북동부의 산업도시로 이주를 하면서 발생한 인종화된 공간으로 그 의미가 확장된다. 또한 현재는 빈곤의 의미를 포함하는 공간으로 그 의미가 더욱 강하다.

미국에서는 일반적으로 소수민족 사람들이 거주하는 열악하고 빈곤한 근린을 말하는데, 게토라고 불리는 곳은 대부분 인종주의적 관점으로서 백인들이 소수 민족 집단에 대한 인종차별주의적 시각을 여실히 드러내 준다(김학훈 외 역, 2013). 게토가 형성되면 점차 소수집단에 대한 근거가 명확치 않은 공포감과 적대감은 커지기 마련이고, 이로 인해 흑인은 폭력에 노출되기도 한다. 또한 미국의 경우는 제도적 관행으로 인해 백인과 흑인에게 이중주택시장(dual housing markt)이 구성되었으며, 일부 부동산 중개업자들은 인종적 스티어링(racial steering)을 통해 공간적 분리를 더욱 강화시켜간 역사를 가지고 있다.[5] 이러한 공간적 분리는 인종차별주의를 재생산함으로 인종화된(racilized) 사회집단 간의 물질적 불평등을 지속하기도 한다(제6장 참조). 미국에서는 백인 지구, 중산층 지구가 낙후되어 저소득층의 유색인종이 들어온다는 정보를 유포하고, 근린에 이들이 나쁜 영향을 끼칠 것을 강조하여 인위적으로 주택의 가격을 떨어뜨리고(블록버스팅) 젠트리피케이션을 유도하기도 한다.

5 이러한 경우 부동산 중개업자들은 더욱 이득을 취하기 위해 인종적 사고를 더욱 강하게 조장하였는데 백인 근린지구에 흑인들을 이주시키고 두려움을 조장하여 저렴한 가격에 백인들이 집을 팔고 나가도록 유도(블록버스팅)하기도 했다(Knox *et al.*, 2006).

영국에서는 2005년 7월 7일 이후 소수민족 집단 군집에 대한 부정적 인식이 강화되기도 했다. 사실 영국에서는 소수민족 집단이 도시지역에서 큰 규모로 나타나지는 않으며 공간적으로도 밀집되어 분포하지는 않은 편이다(Johnston *et al.*, 2002). 하지만 2001년 영국 북부 도시 폭동과, 2005년 7월 7일 런던 폭탄 테러 이후에는 영국 도시에서 무슬림의 자기 분리와 그 파급효과 등에 대해 논쟁이 일어났다. 또한 아시아계 영국인의 군집 경향이 강해짐에 따라 이들의 군집과 테러리스트를 연결시키려는 시도도 있었다. 하지만 데보라 필립스 등(Deborah Phillips *et al.*, 2007)은 영국의 내부도시에 아시아계 영국인의 군집이 나타나며 이러한 지역은 도시 내에서 가장 빈곤한 지역이기는 하지만 점차 아시아계 영국인들의 거주지가 교외화되고 있음을 지적했다. 리즈, 브래드퍼드의 아시아계 영국인들의 이주 패턴에 대한 연구를 통해 많은 아시아계 영국인, 무슬림의 청년층과 전문직 종사자들이 내부 도시의 군집과 적당한 거리를 유지하면서 교외에서 생활하고자 함을 밝힌 바 있다. 많은 연구들에서 민족집단의 군집화에 대한 태도가 점차 변화하고 있음에 대해서도 재고할 필요가 있다(박경환 외 역, 2012).

(3) 엔클레이브

엔클레이브로 불리는 거주지 분리는 게토에 비해 상대적으로 자발적인 분리에 의한 공간형성이라고 할 수 있다. 엔클레이브의 자발적 분리는 보다 강한 내적 응집력(congregation)을 가진다(Knox *et al.*, 2006). 마르쿠제(1996)는 엔클레이브를 다음과 같이 3가지로 분류하면서 이주자뿐만 아니라 특정 사회적 집단이 보이는 공간적 분리현상에 대해 그 특성을 설명했다.

먼저 "이주자 엔클레이브"는 특정 이주자 집단에 의해 형성된 것으로 과거 맨해튼 차이나타운의 예가 이에 해당한다. 최근에는 보다 다양한 도시에서 새로운 속성의 이주자집단에 의한 새로운 엔클레이브도 존재한다. 이에 비해 "배타적 엔클레이브"는 범죄와 빈곤으로부터 자신들을 보호하기 위해 만들어진 중상류층이 밀집된 엔클레이브다. 배타적 엔클레이브는 주변으로부터 자신들을 안전하게 유지하고자 하는 성향이 강하며 최근에는 도심의 젠트리피케이션을 통해 나타나기도 한다. "문화적 엔클레이브"는 거주자들이 공통적 문화를 향유하기 위해 형

그림 9-5 **영등포구 대림동 차이나타운 장례식 전문 서비스 업체**

출처: 저자 촬영.

성된 공간으로 가장 넓은 의미의 엔클레이브라고 할 수 있다.

여기서는 이주자 엔클레이브와 관련하여 보다 자세히 살펴보자. 매시(Massey, 1998)는 엔클레이브가 이민자들의 사회적 경제적 필요에 힘입어 도시 내에서 사업을 시작할 수 있을 만큼의 문화적, 재정적, 인적, 사회적 자본을 가진 소수이민자 기업에 의해 실현된다고 그 특성을 설명한다. 이러한 엔클레이브는 민족적 배경이 같은 이주노동자들을 불러들여 잠재노동력에 대한 인력풀을 구성하기도 한다. 많은 인력풀로 인해 엔클레이브는 도시공간 안에서 민족 엔클레이브의 사업에 유리하게 작용하고 주로 이민자를 대상으로 하는 상품과 서비스에 대한 수요가 공간적으로 집중되게 된다. 이러한 민족경제는 특정 민족 집단 구성원들이 소유하고 있는 여러 사업들과 집단의 구성원들의 고용을 통해 구성된다. 민족경제에서는 내부적으로 통합되어 있는 경우 사업체들간의 구매관계가 서로 연결되어 있다. 로스앤젤레스에서의 한국인, 캘리포니아 산 가브리엘 밸리에서의 중국인, 마이애미에서의 쿠바인의 경우가 그 대표적 예이다. 쿠바인의 민족경제는 제조업, 서비스업, 도매업, 소매업 사이의 밀접한 관계를 통해 더욱 발전하였으며 쿠바인 고용의 70%를 차지할 정도이다. 소수민족경제는 항상 거주지 군집을 의미하지는 않으며, 코리아타운의 경우 한국인이 소유한 사업체는 공간적으로 집중되어 민족경제를 이루나 이들의 대부분은 이곳에 거주하지 않는다.

전 세계의 엔클레이브는 도시공간에 따라 다른 양상으로 형성, 발전되는데 여기서는 한 예로 미국에 있는 아시아인들의 엔클레이브 유형 4가지 특징을 살펴보면 〈표 9-3〉과 같다.

표 9-3 미국의 아시안인 엔클레이브의 유형

엔클레이브 유형	엔클레이브 특징
전통적인 소수민족 근린지역	아시아 이민자들의 최초 진입의 지점으로 기능한 근린지역. 미국 동부와 서부 해안에 위치한 차이나타운. 최근 맨해튼의 차이나타운과 같은 경우 한국인, 동남아인들이 기존의 차이나타운을 자신들의 민족 지역사회의 중심지로 활용하기도 함.
한 단계 진전된 엔클레이브	전통적인 이민자들의 엔클레이브로의 접근이 용이한 지역에 형성된 근린지역으로 거주자들의 대부분이 중산층에 가까움. 이들은 거주지를 구입하고, 보다 나은 환경에서 생활, 교육을 시키기 위해 이 지역에 모여듦.
민족교외지	민족교외지의 개념은 민족적 근린지역과 교외의 특징을 모두 지닌 교외 엔클레이브로 새로운 유형의 민족 정착지. 교외의 쾌적한 환경에 충분한 소득과 교육을 받은 아시아인 집단이 형성한 미국의 가브리엘 밸리(San Gabriel Valley)가 대표적임.
새로운 이민자 엔클레이브	새로운 이민자에 의해 형성된 상대적으로 가난한 지역사회에 위치한 엔클레이브. 전통적인 엔클레이브에 비해서 다양한 국가 출신지역 사람들이 모이며, 생활이 정착되면 이 지역을 벗어나 새로운 곳으로 이동하기도 함.

출처: Chung(1995), Li(1998).

거의 모든 아시아계 미국인들이 대도시지역에 살기는 하지만 도시 위치, 격리 수준에서는 차이를 보인다. 미국의 아시아인들은 일반적으로 다른 소수 인구집단에 비해서는 부유한 편이며, 일본인과 아시아계 인도인이 그 중 가장 부유한 편이고 중국인, 필리핀인, 한국인의 다수도 부유하다. 그리고 이들은 다른 민족과의 혼인이 여타 집단에 비해서는 많이 발생하고 있다는 점도 특징적이다.

(4) 게토-엔클레이브 연속체

앞서 언급한 바와 같이 게토와 엔클레이브를 명확하게 구분하기는 어려우며 연속체로서 이해하는 것이 보다 바람직할 것이다. 게토-엔클레이브 연속체는 다음과 같은 공간적 특징을 지닌다. 첫 번째로 내부도시에서 형성된 초기의 거주지 군집은 이후 교외지역에서 거주지 군집이 형성되는 과정에서 근거지 역할을 한다. 이러한 경우는 도시 내 유태인 거주지에서 전형적으로 나타나는데, 거주지

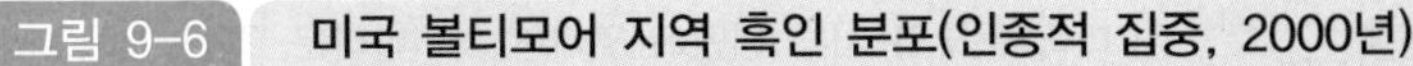

그림 9-6 미국 볼티모어 지역 흑인 분포(인종적 집중, 2000년)

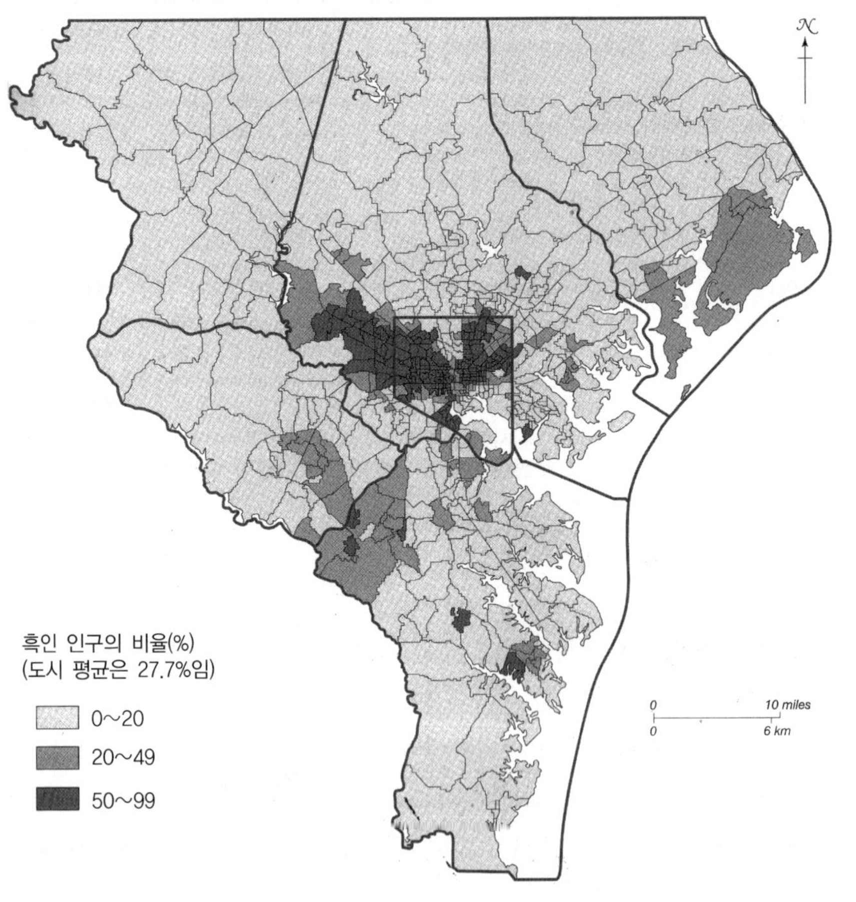

출처: US Census Bureau, 2000 Census.

의 교외화 다음에는 문화적, 종교적 제도 등이 교외로 이전하게 된다. 이러한 교외화는 민족집단의 사회경제적 지위가 향상됨에 따라 일어나는 자발적 분리 과정이다. 그러므로 유태인의 거주 패턴은 분리보다는 군집으로 이해하는 것이 보다 적절하다. 두 번째로 민족집단의 근린지구가 CBD를 둘러싼 군집에서 점차 확대되는 형태를 띄기도 한다. 미국의 흑인 거주지가 이러한 경향이 있다. 영국의 경우에는 아시아계, 아일랜드계, 아프리카-카리브해계 집단과 로테르담에서의 지중해인, 수리남인의 분포가 이러한 형태다. 그리고 민족집단의 규모가 커지게 되고, 이들의 경제적 상황이 호전되어 보다 쾌적한 주거지를 획득할 수 있게 되면 이들의 거주지는 선형 패턴을 나타내게 된다. 미국의 볼티모어의 흑인은 80% 이상이 선형으로 확장된 지역에 거주하는 것으로 나타나는데, 그림과 같이 중심도시의 북서쪽과 북동쪽의 선형지구에 집중되어 분포한다.

앞서 엔클레이브의 유형에서 보았듯이 게토에 비해 엔클레이브는 특정 집단의 이익을 위해 자발적으로 형성되었다고 보이기도 한다. 또한 이주자 엔클레이브는 일본의 차이나타운, 인천의 차이나타운처럼 그 공간 자체를 하나의 도시관광과 연계하여 지방정부가 지원하는 경우도 있다.

한국 서울 영등포구 대림동과 광진구 자양동에 위치한 조선족 집거지도 2000년대 형성되어 현재는 그 규모가 매우 커졌다. 특히 대림동의 경우는 조선족들의 문화가 많이 경관으로 확인되는 곳이었다. 그러나 현재 대림동에 조선족 이외의 중국출신자들의 비중이 높아지면서 다른 국가에서 볼 수 있는 차이나타운의 모습으로 변화되어 가고 있다. 또한 서울시 서초구에 위치한 서래마을도 “프랑스 마을”이라는 이름으로 불리면서 프랑스학교를 중심으로 한 유럽의 다국적 기업 관리직들이 거주하기 시작하면서 서래마을의 정체성을 바꾸기 시작했으며 이를 해당 자치구에서는 중요하게 자원화하고 있다.

읽을거리 9-4 도시와 먹거리

도시공간의 다양한 이주자들은 자신들의 음식 문화를 통해 종종 도시공간의 민족음식을 테마화한 도시 정책과 함께 관광지가 되는 경우를 종종 발견할 수 있다. 서울의 자양동은 “양꼬치 거리”라는 이름으로 광진구청에서 자양동에 거주하고 있는 많은 조선족과

그림 9-7 도시의 민족집단과 먹거리의 진화

출처: 저자 촬영.

중국유학생을 대상으로 한 관광특구를 지원했다. 자양동에는 현재 약 700미터의 직선 골목길에 약 200개의 중국음식과 중국 이주자들을 대상으로 하는 서비스 업종이 자리를 차지하고 있다. 그 중 가장 많은 음식점은 양꼬치로 중국 동북지역에서 주로 먹는 양고기를 꼬치에 구워서 먹는 음식이다. 자양동 양꼬치 거리에서 5분 거리에는 중국인 유학생이 재학하고 있는 사립대학이 있으며, 주말 저녁이면 많은 유학생들과 국내 대학생들, 관광객들이 이 지역을 방문한다. 최근에는 자양동에 영화관과 함께 중국 본토에서 유명한 훠궈 식당이 점포를 내는 등 활기를 띠고 있다.

4. 이주와 도시

(1) 국제이주와 도시

글로벌 경제의 흐름에서 국제이주는 더욱 활발해지고 있다. 물론 국내이주자의 수가 국제이주자수에 비해서 훨씬 많지만 국제이주가 더욱 주목받는 이유는 다음과 같다.

먼저, 국제이주를 통해 이주자들은 국경을 통과하기 때문에 이로 인해 국가 간의 관계가 발생한다. 국제이주현상에서 노동이주가 가장 큰 비중을 차지하고 있고, 게스트워커제도 등 다양한 국가 간의 노동이주정책과 관련된다. 경우에 따라서는 불법이주노동자의 발생과 국경 관리의 문제와 맞물리면서 국가 간의 갈등 상황이 발생하기도 한다. 또한 이주자가 국경을 통과할 때 노동이주 비자가 아닌 상태로 입국하더라도 노동이주자의 특성을 보이는 경우가 많아 이에 대한 특별한 관리가 이루어지기도 한다. 한편 일부 국가들에서는 신자유주의 경제체제가 더욱 활기를 띠면서 미숙련 노동력 유연성을 확보하려는 정책과 전문직, 해외투자를 유치하려는 정책으로 이원화가 두드러지게 나타나고 있다(박경환, 2012). 이를 통해 국제이주도 국가별로 다양한 형태를 취하게 된다.

두 번째로, 글로벌 경제로 인해 이주자가 목적지로 삼고 있는 도시의 수가 급격히 증가하고 있다. 더 이상 국제이주는 과거 이민 등으로 인해 팽창했던 기존의 도시만을 목적지로 삼고 있지 않다(Samers, 2010). 그리고 각각의 도시는 세계경제에서 어떠한 글로벌 네트워크 안에서 기능하느냐에 따라 고숙련노동자와 저(미)숙련 노동자가 양극화되어 도시공간 안에서 생활하게 된다. 한편 접경지역 부근의 도시는 국경의 관리와 통제의 정도에 따라 서로 왕래가 용이하게 나타날 수 있으며 실질적으로 두 국가 간에 걸쳐 있는 하나의 도시로서 사람들의 일상생활이 영위되기도 한다. 정보통신 기술의 발전과 사람들 간의 인터넷을 기반으로 한 일상생활의 공유는 많은 사람들로 하여금 새로운 이주목적지를 보다 자신의 삶에 현실화시키는데 가능성을 부여한 것이 사실이다. 과거에 비해 관문도시(immigrant gateway)가 크게 증가하는 경향을 통해 최근의 이주가 얼마나 급속도로 이루어지며, 그 도시공간에 어떤 영향을 미치고 있는지 알 수 있다.

세 번째로, 보다 다양한 출신국가와 지역, 민족 배경, 직업군의 사람들이 이주를 하고 있다. 이제껏 국제이주는 노동이동을 중심으로 식민지를 경험한 국가들에서 인건비의 차이를 인식하고, 식민지배를 했던 국가들의 저임금 노동에 종사하기 위해 이주했던 추세가 강했다고 할 수 있다. 이 중에는 특정 기술을 소유하고 있는 고급 기술인력이 있을 뿐 아니라, 낮은 임금을 가지고 무역경쟁력을 높이려는 다국적기업이 입지한 도시에 이주하는 사람도 있다. 국제이주의 경우 이주자의 인적 자본이 국경을 넘으면서 그 가치가 반드시 동일 수준으로 인정받기는 사실상 어려우며, 종종 고학력의 사람들이 게스트워커 제도를 통해 미국과 유럽, 아시아의 발전된 도시와 그 주변 지역에 낮은 임금의 저숙련 일자리로 흡수되는 경우를 발견할 수 있다.[6]

6 많은 노동시장에서 전문가들은 현지의 관할 내에서 업무를 수행할 수 있는 자격증 제도에 의해 일정 자격을 인정받는다. 하지만 이주자들의 경우에는 본국에서 지녔던 자

얼마 전까지 아시아의 부유한 국가들에서는 일부 농촌지역에 결혼이주여성이 증가하였으며, 도시의 서비스 직종에 종사하고자 하는 여성들도 흡수하고 있다. 과거에 비해 많은 지역의 여성들이 잘 사는 국가의 도시에 이주하여 종종 도시공간의 광장이나 역 앞에 모여 새로운 경관을 형성하기도 한다. 한편, 한 때 이민 또는 식민지 역사로 인해 이주를 했던 디아스포라의 성격을 지닌 사람들이 자신의 고향이나 그 국가의 주요 도시로 재이주를 하는 경우가 일부 국가들에서 뚜렷하게 발생하고 있다. 한국의 경우는 현재 2백만 명이 넘는 이주자가 생활하고 있지만 이 중 절반 이상이 과거 중국으로 이주해 갔던 조선족이 돌아온 경우다.

최근 들어 주목할 만한 이주자는 전 세계적으로 증가하고 있는 유학생 집단이다. 유학 비자는 현재 국경을 넘는 데 그 어떤 사증(VISA)보다도 수월하게 발급되고 있으며, 그로 인한 유학생들의 이주는 급증하고 있다. 유학생 이주자는 과거 잠재적 고숙련 인력이 될 가능성이 높다고 해서 한국과 일본에서는 유학생 유치정책을 활발히 펼친 바 있다. 이러한 정책은 국가들에서는 유학생으로 자국에 이주한 학생들이 학업의 과정을 마치면 해당 도시나 국가에서 취업하는 것을 긍정적으로 여겼다. 하지만 현재 아시아의 부유한 국가들은 유학생 비자를 국경을 넘는 데에만 활용하고, 입국 후에는 교육기관이 아닌 근로현장으로 가는 등 일부 노동이주자로서의 성격이 강해지는 것을 크게 우려하고 있다. 하지만 일부 도시는 유학생의 증가로 인해 도시의 주요 대학들이 다시 활성화되기도 하고, 대학 주변의 경관이 새롭게 변화되는 등 많은 변화를 겪고 있다.

네 번째로, 국제이주는 보다 나은 삶을 위해서 본국을 떠나는 행위이기 때문에 많은 경제적, 사회적, 심리적 비용이 발생하고 이주자들은 이러한 비용들을 장기적으로 회수하고자 하는 경향을 갖는다. 사실 과거에 국제이주는 가족의 일원이 해외로 노동이주를 하게 되면 송금을 통해 한 사람이 고향의 가족들을 부양한다는 개념으로 이해되었다. 하지만 글로벌 경제가 더욱 강하게 세계의 다양한 영역에 영향을 미치게 되면서부터는 국제이주가 가족의 삶에 닥칠 수 있는 다양한 위기를 분산시키는 전략으로 활용되게 되었다(Samers, 2010). 송금은 이주자

격증을 이주한 지역에서는 인정받기 어려우며, 대부분이 노동시장 안에서는 제도적 장벽을 경험하게 된다. 이는 국가별로 상황에 맞게 각종 노동시장을 통제하기 때문이다(Coe *et al.*, 2007).

들의 삶에 전부가 되기보다는 삶을 구성하는 하나의 구성요소이며, 본국에 있는 가족과 전 세계에 흩어져 있는 친인척들과의 공동 사업의 발판이 되기도 한다.

다섯 번째로, 국제이주가 과거에는 이민과 같은 형태로 이주자들의 새로운 국가로의 정착을 의미하는 경향이 강하였지만 현재는 반복적인 이주로 그 형태를 전환해 가고 있다. 이주자는 빈번한 이동을 통해 자신이 떠나온 지역과 정착한 지역 간의 관계를 밀접하게 연결시키고 있으며 많은 정보통신 기술을 통해 잠재적 이주자 또한 많은 이주관련 정보들과 접하고 있다. 이주자의 이러한 초국가적 연결성은 많은 도시의 변화들에 더욱 역동적인 변화를 가져올 수 있게 되었다.

여섯 번째, 이주는 합법이주자와 미등록 이주자 모두에게 있어 시민권, 인종, 민족성, 젠더 문제를 둘러싼 복잡한 논쟁을 사회에 불러일으키기도 한다. 그리고 많은 도시의 경우 이러한 다양한 사회적 소수집단과 정체성, 문화성향 등과 관련하여 발생하는 도시공간의 문화적 다양성을 적절하게 수용할 수 있는 제도적 장치가 부족한 경우가 많다. 또한 도시공간을 구성하는 다양한 민족경제의 특성은 도시의 경쟁력을 강화시키기도 하며, 주류집단과의 생활공간의 분리가 자발적 또는 비자발적으로 일어나면서 도시의 갈등관계가 표출되기도 한다.

이상과 같이 국제이주현상으로 인한 도시 간의 관계와 도시공간의 변화는 매우 긴밀히 연관되어 있으며 여기서는 이러한 점에 주목하면서 좀 더 자세히 살펴보고자 한다.

국제이주가 미치는 파급효과는 매우 크다고 할 수 있으며 이로 인해 많은 이론들이 국제이주 현상을 설명하기 위해 발전되어 왔다. 국제이주 현상을 설명하는 이론은 보일 등의 연구(Boyle, Halfacree and Robinson, 1998)에 따르면 다음과 같이 10가지 정도가 정리될 수 있다.

먼저, 결정론적 이론에 유사한 이주이론 5가지에 대해 간략히 살펴보면 다음과 같다. 첫 번째로 라벤스타인의 법칙(Ravenstein's law)은 경제적 이유로 인한 이주현상, 단계적 이주, 장거리 이주 등을 설명한 이주현상의 기초적 특성을 이해하는데 도움이 되며, 최근의 글로벌 이주현상에 대해서도 기초적 아이디어를 제공한다. 두 번째로 신고전경제학적(neo-classical economic analyses) 접근이 있다. 여기서는 일자리가 부족한 지역에서 일자리가 풍부한 지역으로의 이주와 그로 인한 임금의 균등화를 강조한다. 합리적 이주자가 효용을 극대화하기 위해 이주를 행한다고 이해한다. 다음으로 행태주의적 접근(behaviouralist approaches)에서는 이주자들이 특정 장소를 목적지로 정하는 이주과정에서 나타난 심리학적 배경 또는 이주자의 인지 및 의사결정, 이주 장소선택에 주목한다. 네 번째로 신경제학적 접근(new economic analyses)에서는 이주에 있어서 가족단위를 주목하는데, 가족은 희소자원을 다양하게 배분함으로써 위험을 분산 또는 해결하는 단위로 인식된다. 이주한 가족구성원과 본국에 남은 가족간의 송금이 발생하는 것도 중요하게 다루어진다. 다섯 번째로는 이주노동시장(dual labour market)과 노동시장 분절화(labour market segmentation approaches)에 대한 접근이 있다. 여기서는 비공식 고용시장과 미등록 외국인 이주자간의 밀접한 관계를 설명하는데 사센의 글로벌 도시 논의에서도 이러한 접근방식을 활용된다(제5장 참조). 민족집단의 엔클레이브에서 나타나는 이민 자영업자와 임금노동자와의 관계에 대한 연구에 이에 해당한다.

두 번째 구조주의적(structuralist) 접근방식에 해당하는 4가지의 이론을 살펴보자. 거시적, 정치경제적 접근이라고 일컬어지는 구조주의는 마르크스주의, 신마르크스주의, 자본주의에 대한 사회, 역사적 이론에 근간을 둔다. 구조주의적 접근은 종속이론(dependency theory), 생활양식의 접합이론(articulation of modes of production), 세계체제론(world system theory), 글로벌화(globalization), 글로벌도시(global cities), 신자유주의(neo-liberalism), 이주-개발 연계(the migration-development nexus) 논의와 관련된다. 먼저 종속이론은 라틴아메리카와 미국 간의 기업식 영농이 야기한 불평등한 관계와 두 지역 간의 이주현상을 설명하는데 효과적이다. 생활양식 접합이론은 지역마다 자본주의에 편입되는 과정이 다르게 나타남을 지적하고, 특히 현재 자본주의 사회에서 자신의 먹고 사는 부분을 충분히 해결하지 못하고 지속적으로 자본가에게 착취당하는 '상부착취' 문제를 주목한다. 그리고 이로 인해 글로벌 남부에서 북부로의 상부착취의 국제화에 의한 노동이주가 일어난다고 설명한다. 이에 반해 세계체제론은 세계를 단일한 자본주의 시스템으로 보고 그 가운데 주변부로부터 중심부와 반주변부로 노동력이 이동한다고 본다. 글로벌화 논의에서는 현재의 이주 현상을 이해하는 데 있어 글로벌화가 야기한 복잡한 연계 관계를 빼 놓을 수 없음을 강조한다. 다음으로 글로벌도시이론은 사센이 중심이 되어 발전된 것으로 글로벌 도시의 존재 없이는 저개발국으로부터 선진국으로의 국제이주가 발생하지 않았을 것이라고 지적한다. 또한 글로벌 도시의 고임금의 생산자서비스업 종사자의 다양한 종류의 서비스를 수요하게 되었고, 이는 저개발국으로부터 저숙련서비스 종사자의 이주배경이 되었음을 밝혔다. 신자유주의 이론에서 보는 이주는 국가와 사회의 자본주의의 특성에 따라 다르게 나타나는데, 공공주택, 실업보험 등이 복지 부문을 최소화하고 한편 기업 활동을 지원하면서 역누진세를 적용하거나, 고숙련이주노동자의 비자 발급 등을 수월하게 하는 등의 정책에 대해 다룬다. 마지막으로 이주-개발 연계이론에서는 이주자가 본국에 보내는 송금의 긍정적, 부정적 효과에 대해 분석한다. 송금으로 인한 본국의 인플레이션과 고숙련노동자들의 해외유출이 항상 본국과 로컬에 부정적 영향을 주는 것은 아니며 때로는 글로벌 두뇌 연쇄현상이 발생하기도 하고, 송금이 이주자뿐만 아니라 비이주자의 생산활동에 긍정적 영향을 주기도 한다는 점 등에 대해 관심을 갖는다.[7]

세 번째로 통합적 접근에는 사회네트워크(social-network)/이주자 네트워크(migration network) 이론과 초국가적 논의(transnational argument), 젠더중심적 분석, 구조화이론(structurationist)이 있다. 사회네트워크 이론에서는 네트워크를 출신국과 정착국 내부에서 또는 출신국과 정착국 간에 이주자와 과거이주자, 비이주자를 잇는 연결로 보면서, 이주자들 간의 사회적 관계가 끊임없이 이주를 증

---

7 송금을 통해 이주자들의 출신지역에 있는 가족에게 보내는 돈을 의미한다. 하지만 송금은 단순한 돈의 흐름 이상의 힘을 가지며, 송금을 받는 가족뿐만 아니라 송금이 보내지는 지역은 커다란 변화가 일어나게 된다. 세계은행의 자료에 의하면 개발도상국으로의 송금은 지난 20년간 계속 증가 했으며 2010년에는 4,400억 달러 규모로 성장하였다. 이는 1990년대 550억 달러에 비하면 매우 큰 성장이다. 송금은 공적개발원조에 비해서도 훨씬 크며, 일부 국가에서는 국민총생산의 상당부분을 송금이 차지한다. 타지키스탄의 경우 GNP의 50%, 네팔 및 온두라스의 경우는 20% 이상을 차지한다. 필리핀의 경우 송금을 통한 외화 수입을 늘리기 위한 국가차원에서의 노력이 이루어진다. 송금과 개발의 연계성에 대해서는 과연 송금이 개발의 촉매가 될 것인가 하는 부분이다. 송금이라는 부가 빈곤한 국가에 긍정적으로 작용할 것이라는 기대도 있었다. 하지만 종속이론과 구조주의 이론의 관점에서는 송금의 부정적 측면도 강조하고 있으며 특히 1970년대 이후 송금으로 인해 부유한 국가로의 종속의 정도를 심화시키고 빈곤한 국가의 사회경제적 기능을 오히려 악화시킨 경우가 지적되기도 하였다. 송금은 국가의 상황에 따라 동전의 양면처럼 긍정적, 부정적 측면을 동시에 지닌다고 할 수 있다.

가시키고 정착지와 출신지의 삶에 영향을 주고 있음을 강조한다. 초국가주의에서는 글로벌 경제에서 이주자의 주체성을 보다 강조하고 국경을 넘어 다양한 장소를 오가는 보다 적극적인 이주자의 삶의 전략을 강조한다. 젠더중심적 분석은 1980년대와 1990년대에 걸쳐 국제이주 연구에서 남성 중심의 이주연구를 극복하고 젠더관계에 따라 이주의 유형, 귀환자의 특성과 사회적 변화 등에 대한 다양한 연구를 시도하게 하였다. 마지막으로 구조화이론은 기든스(Giddens, 1984)의 구조화이론을 중심으로 하고 있으며, 여기서는 이주자들이 반복적으로 자신이 가진 자원과 규칙을 활용하게 되면 이는 이주제도로 연결된다고 설명한다. 국제이주제도를 정보력을 가진 이주자 개인, 중개조직, 여타 다른 기관들의 복합적 구성으로 이해한다.

국제이주를 둘러싼 복잡한 현상을 이해하는데 있어 활용될 수 있는 이상의 10가지 이론의 주요관심사와 분석단위, 공간에 대한 전제에 대해 요약하면 〈표 9-4〉와 같다.

표 9-4 국제이주이론의 특성 비교

이주이론	주요 관심사	분석단위	공간에 대한 전제
라벤스타인이 법칙과 배출-흡인 이론	배출-흡인 요인에 바탕을 둔 국내/국제이동	개인 집단	방법론적 국가주의와 지역주의
신고전경제학적 접근	경제적 합리성에 기인한 가난한 국가와 선진국 사이의 이주	개인	방법론적 국가주의와 지역주의
행태주의	합리적 인식에 토대를 둔 '만족' 행위와 장소효용을 고려한 개인이 이주행태와 국내이주	개인	방법론적 국가주의와 지역주의
신경제학적 접근	집단적, 결합적 의사 결정단위로 가족 가난한 국가와 선진국 사이의 이주	가족	방법론적 다원주의(국가, 마을)
이중노동시장/분절화접근	고용 원칙에 따른 노동시장에서 이주노동자에 대한 수요	기술생산구조	방법론적 국가주의

구조주의적 접근 종속이론, 접합이론, 세계체제이론	글로벌 자본주의 시스템의 변화와 이주에 대한 영향력	이주패턴, 국적, 젠더종족으로 구분되는 이주집단	방법론적 글로벌주의, 국가주의, 지역주의
구조주의 접근 글로벌화	이주의 글로벌 흐름, 구조적 제약, 기회의 영향력	글로벌 경제재구조화, 교통통신수단의 혁신	스케일(영역)을 관통하는 공간
구조주의 접근 글로벌 도시	거대도시의 경제적 역동성과 다양성의 개발에 있어 글로벌 경제의 효과	글로벌 경제와 글로벌 도시	방법론적 글로벌주의, 도시주의
구조주의 접근 신자유주의	신자유주의와 관련된 글로벌 자본주이 시스템의 변화와 이주에 대한 효과	글로벌 경제, 글로벌 정치경제적 변형(특히 가난한 국가에 해가 되는 변형)	방법론적 글로벌 주의를 선택하면서 스케일을 관통하는 공간을 전제
구조주의 접근 이주–개발 연계	송출/이입국가(지역)간 관계, 특히 송금의 효과	송출/이입국가(특히 송출국에 관심)	방법론적 국가주가 우세하나 다양한 스케일 분석도 이루어짐
사회(이주자)네트워크 이론	집단적으로 이루어지는 이주, 지역(마을), 가족, 개인의 행동	집단 및 개인의 네트워크	방법론적 다양성, 초국가주의, 트랜스로컬리즘, 트랜스도시주의 선호
초국가주의	다양한 문화적, 경제적, 정치적, 사회적 이주자 연계 혹은 디아스포라연계	다양한 디아스포라 네트워크, 로컬 커뮤니티(도시, 기타 장소), 이민자, 가족단위의 경제적 거래	초국가주의, 트랜스로컬리즘, 로컬 간 관계
젠더를 고려한 접근	다양한 이주관계, 여성이주자와 젠더관계, 가사노동과 가족 관계에 초점을 둠	개인, 가족, 집단, 가부장제도	방법론적 다원주의(국민국가, 도시, 마을)
구조화 이론	잠재적으로 가능한 모든 형태의 이주	개인, 집단, 제도	공간에 대해 특별히 전제한 바가 없음

출처: Samers(2010).

이렇게 이주에 대한 다양한 이론들이 있다는 것은 이주에 대한 다른 '보기의 방식(way of seeing)'이 가능하다는 것을 말하며, 이주자에 대한 연구를 할 때 독특한 방법론이 필요함을 알 수 있다. 이주는 이주의 기원이 된 도시나 지역과 정착한 곳이 국가와 지역, 도시간이 균형이 이루어 낸 결과라고 보기에는 아쉬움이 있다. 수많은 지역과 장소들이 연결되는 복잡한 방식을 좀 더 자세히 들여다 볼 필요가 있다. 관계적 접근을 통해 스케일, 영역성, 구조, 제도, 사회(또는 이주자) 네트워크 축과 나이, 계급, 젠더, 인종과 같은 사회적 차이에 대한 축을 교차시켜서 이주에 대해 이해하고 도시공간의 변화를 이해하는 것이 중요하다.

읽을 거리 9-5 초국적도시와 이주자

국제이주가 지속적으로 증가하는 가운데 이들이 주로 이주하는 초국적도시가 등장하게 되었다. 초국적도시는 주요 결절도시로 많은 이민자들을 불러 들인다. 서로 다른 세계 지역의 교차점에 있는 초국적도시는 다양한 사람, 문화, 가치관이 존재하며 이들이 서로 융합하기도 하는 도시이다. 20세기 초 초국적도시는 '다문화적'으로 생각되어졌으나, 21세기에는 더욱 복잡한 네트워크 안에서 새로운 문화가 만들어지는 보다 역동적인 도시로 인식되고 있다. 초국적도시는 경제적 기회와 문화에 대한 개방적 태도 등에 따라 다양한 이주자를 모으며, 민족공동체가 형성된 초국적도시는 이주자에게 있어 보다 정착하기 수월한 환경을 제공한다.

최근 두바이, 마이애미는 초국적도시로 많은 이주자들로 붐비는데, 두바이의 경우는 외국태생인구가 83%, 마이애미는 43%나 된다. 두바이의 경우는 남성 이주자가 노동을 위해 이주한 경우다. 마이애미는 5년간 31만 5천명이 미국의 다른 도시로 이주하고, 그에 버금하는 28만 5천명의 이주자를 받아들였다.

출처: 손정렬 외 역(2019).

(2) 인종, 민족집단과의 관계

최근 우리가 경험하고 있는 글로벌 경제로 인해 도시로 모여드는 사람들의 배경이 더욱 다양화되어 가고 있으며, 다양한 배경의 사회집단은 도시공간 안에서 다양한 형태로 상호작용하고 있다. 그리고 이러한 상호작용의 결과 종종 도시공간 안에서 사회집단 간 분리현상이 발견되기도 하며, 이러한 공간적 분리는 다른 집단의 유입 등으로 인해 재배열되기도 한다. 특히 21세기와 같이 국제이주 현상이 두드러지는 시대에는 문화, 가치관, 민족성 등을 바탕으로 하는 다양한 사회집단이 도시공간 안에서 역동적으로 자신들의 삶의 공간을 만들어 간다.

여기서는 다양한 사회집단 중 특히 민족 간(때로는 인종으로 인지되는) 관계로 인해 나타나는 도시공간의 분리와 응집, 그리고 그로 인해 만들어지는 다양한 도시의 모습들에 대해 살펴보고자 한다.

먼저 이해를 돕기 위해 한국의 수도인 서울을 살펴보자. 서울은 현재 수백 개의 국가 출신자들이 생활하고 있다. 그 숫자를 보면 약 1백만 명으로 다양한 문화적 배경의 이주자들이 서울의 공간에서 서로 상호작용하고 있다. 우리가 미디어를 통해 종종 접하게 되는 "한국 속의 중국", "프랑스 마을" 등의 표현이 있는데, 이는 특정 도시공간에 이들 이주자들의 문화를 확인할 수 있는 경관이 나타나고 있음을 의미한다.

일반적으로 사람들은 도시에서 특정 인종, 민족 집단이 생활하는 곳에 대해 긍정적 사고를 하는 경우는 드물며, 자신의 주변에 이들이 모여 산다는 것을 그리 반가워하지는 않는다. 물론 주변에 거주하는 인종과 민족이 어떤 집단인지에 따라 반응이 다르게 나타나기도 하지만 대부분의 경우 도시공간의 인종, 민족 집단이 모여 있는 장소는 기피의 대상이 되기도 한다.

이주자들이 특정 경관을 형성하면서 도시공간에서 다른 집단들과 분리되는 이유는 무엇일까? 물론 이러한 공간분리 현상은 고정된 것은 아니며 도시별, 시대별로 그 양상이 매우 다르다(김학훈 외 역, 2013). 하지만 기존의 주류 집단의 문화와 얼굴, 모습, 언어를 지닌 집단은 사회에서 소수자 집단으로서 주목받기 일쑤며, 이는 쉽게 사람들의 머릿속에 각인되는 특성도 가지고 있다(바트럼, 2017).

자신과 문화가 다르다고 여겨지는 사회집단은 "다르다는 느낌(the feeling of difference)"을 바탕으로 해서 일정 거리를 두고 관계가 형성되는 경향이 일반적일 것이다(바트럼, 2017). 이는 극히 자연스러운 것이다. 하지만 특정 고정관념과 연관된 민족 집단을 동일한 공간에서 조우한 경우, 사람들은 자신들이 가진 고정관념을 인식하지도 못한 채, 매우 다르다고 판단되는 그들로부터 가능한 거리를 두고자 할 것이다. 대부분의 경우 사람들은 자신의 "판단"이 매우 확실한 근거를 바탕으로 하고 있다고 여기기 쉽다. 그리고 이러한 확실한 사실에 근거했다는 믿음으로 인해 이들의 가지는 이주자들에 대한 부정적 태도는 쉽게 바뀌지 않으며,

상호간에 긍정적 관계형성을 기대하기는 어렵게 된다.

도시공간에서 우리가 경험할 수 있는 많은 공간적 분리현상은 이러한 편견, 더 나아가 그것이 고착된 고정관념과 관계가 깊으며, 모든 경우가 이에 해당하지는 않더라도 고정관념은 도시공간의 분리와 집단 간의 갈등관계를 유발한다. 도시에서 나타나는 인종화된 집단, 또는 민족 집단의 공간적 분리에 대한 보다 심도있는 이해를 위해 간략하게 인종과 민족이라는 추상적이면서, 우리 머릿속에 강하게 자리 잡고 있는 개념에 대해 짚고 넘어가보자.

우리 중 누구라도 자신이 가지고 있는 인종과 민족에 대한 편견에 대해서는 부정하기 어려울 것이다. 인종과 민족은 사실상 모호한 개념이다(미첼, 2001). 다양한 연구들을 통해 인종에는 과학적 근거가 없으며, 민족(민족성)이 어떠한 본질적 특성을 지니고 있지 않음이 밝혀지고 있다. 그럼에도 불구하고 우리의 인식에는 이러한 사고가 뿌리 깊게 남아 있는 것이 사실이다. 그리고 종종 특정 도시에서는 고정관념화된 인종과 민족에 대한 사회적 이미지가 강하게 공간격리를 강화시키기도 한다.

인종의 경우 생물학적 근거를 가진 과학적 개념임이 과거 강조되었으나, 이는 유럽의 국가들이 탐험, 국가건설, 식민지 개척의 과정에서 다양한 인구집단을 지배하고자 만들어진 개념이었다.[8] 특히 신체적 특성을 통해 자신과 다른 집단을 구분하고, 특정 신체적 조건을 가진 인구집단을 열등한 집단으로 보고 지속적으로 이를 증명하고자 하면서 만들어진 개념이다.[9] 고정관념화된 인종적 사고는 인종을 구분하고, 집단들 사이에 매우 본질적이면서 선천적인 차이가 존재하고 있다고 믿게 한다. 인종이 사실(fact)인지, 요인(factor)인지, 아니면 하나의 정체성인지에 대해 비판적 질문을 던진 지리학자 돈 미첼의 연구에서는 인종이 역사적, 지리적으로 만들어져 왔음을 강조한다.[10] 그리고 이러한 인종과 인종주

8 그 어떠한 생물학자도, 우생학자도, 유전학자도, 인종우월주의자도 그동안 육체적, 유전적 변이를 기준으로 인구집단 내부의 유사상이나 집단 간의 차이성을 일관성 있게 정의하지 못했다(돈 미첼).

9 많은 사람들이 인종의 개념이 유럽인들의 식민통치의 성장과 과정을 정당화하는 데 이용되었다는 사실에 대해서는 알고 있을 수 있으나, 이미 인종주의는 우리 안에 고정관념화되어 자리 잡고 있다.

10 로버트 마일즈(Robert Miles, 1982)는 "인종주의의 근원은 현상적 차이에 의미를 부

표 9-5 영국 인종차별주의의 전개

시기	인종차별주의의 전개
1945~1960년	흑인과 아시아인이 문화적으로 낙후되었고 도덕적으로 열등하다고 간주되면서도 본질적으로 백인과 마찬가지로 영국 연방 시민으로서 자격과 권리를 지닌 영국인으로 간주됨. '대체로 이민자로서의 자격과 이민에 따르는 여러 문제는 동화와 흡수에 이를 과정에서 나타나는 한시적 상태'라고 봄.
1961~1975년	1958년 런던 노팅힐(Notting Hill)에서 발생했던 사건으로 인해 흑인과 아시아인이 동료 시민이 아니라 외래의 문화와 생활양식, 기질을 지닌 외국인으로 간주됨. 과거에 비해 문화적 피부색이 불변의 차이라고 인식됨.
1976년 이후	신자유주의의 영향으로 인종에 대한 정치적, 경제적 이슈에 대한 관심이 떨어지는 한편 민족적 자긍심의 부활에 대한 도덕적 보수주의가 등장하면서 인종은 '문화', '민족성'의 언어로 위장되어 감.

출처: Smith(1988).

의의 언어들로 인해 특정 공간이 만들어지고 도시 공간의 집단별 격리 공간을 만들어 낼 수 있다는 점에 주목하고 있다.

수잔 스미스(Susan Smith, 1988)는 영국의 인종차별주의는 경제적 상황과 정치적 문화와의 상호작용에 따라 3가지 국면으로 전개되었음을 설명했다. 인종 문제에서 정치적 문화와 경제적 환경 간의 상호작용에 대한 지적은 제도적 차별에 따라 인종주의가 주택 공급 체제에 스며들어 있는 도시 공간의 인종적 분리를 이해하는 데 특히 중요하다. 그리고 이러한 차별은 법 체제, 정부 정책, 토지이용계획, 보험회사, 부동산 중개업자들의 실천으로 더욱 견고하게 사회에서 힘을 발휘한다.

이에 반해 민족은 좀 더 복잡한 내용을 가지고 있다. 민족이란, 그 사회 구성원들이 자신이 소속된 집단의 문화, 역사에 애착을 두고 연대감을 가진 공동체라는 특징이 있다(Johnston *et al.*, 2000). 하지만 민족, 민족성, 민족주의는 모두 정의하기조차 어려운 것으로 악명이 높고,[11] 민족주의가 근대에 미친 영향력에 비

여하는데서 발견되는 것이 아니라 그러한 의미가 발생하도록 하는 정치적, 경제적, 이데올로기적 조건을 확인하는데서 발견될 수 있다."고 하였다.

11 프레드릭 바르트(Fredrik Barth, 1969)는 민족집단과 경계(ethnic groups and boundaries)를 연구하면서 민족이란 객관적 문화요소를 공유한 집단이 자기의 주관적 가치체계에 의하여 타인과 구별되는 의식이라고 정의했다. 다시 말해 민족집단은

해서는 그 이론이 빈약하다(Anderson, 1991).

앤더슨은 민족에 대해 상상된 정치적 공동체로서, 본성적으로 제한적이며 주권을 지닌 것으로 상상된다고 정의했다.[12] 그리고 한 번도 만나본 적 없는 사람들에게 특정한 상상한 통해 하나임을 인식하는 민족이 어떤 본질적이거나, 절대적인 차이를 가진다고 보는 생각에 비판적 입장을 취한다.[13]

물론 민족주의가 근대국가와 관련하여 산업화와 도시화로 약화된 친족 개념이나 봉건제도적 사회 의존적 의식, 전통적인 종교 생활을 향유할 수 없게 된 시민의 정서와 의식을 보다 넓은 국가의 차원에서 재통합 하는 집단의식(Erikson, 1993)으로 기능한 것은 사실이다. 하지만 이러한 기능적 역할이 너무 강조되면 사람들은 민족 간에 본질적인 차이 또는 우열 관계가 있다고 믿게 되고 인종적 사고와 마찬가지로 집단 또는 개인 간 차별로 이어질 수 있다.

민족성은 항상 관계적 개념이며, 동시에 포함도 되고 배제도 되는 집합적인 정체성으로서의 개념이다(김학훈 외 역, 2013). 민족 정체성에 대해 그 특성을 이해하고 사회의 정치적 관계를 이해하는 것도 필요할 때가 있다. 하지만 민족 정체성을 고정불변한 것이라고 이해하는 경우, 도시 공간 안에서의 해당 민족집단에 대한 분리와 거부의식이 근거 없이 강화될 수 있기에 주의할 필요가 있다.

가족이나 친족과 같이 출생에 의하여 부과되는 원초적인 것이라는 것이다. 한편, 아프리카 민족을 연구한 Abner Cohen은 민족이란 언어와 종교와 같은 원초적 속성을 가지는 것이 아닌, 개인이나 집단이 선택하여 변화시킬 수 있는 도구적인 속성을 갖는다고 하면서, 상황적 민족성(situational ethinicity)을 강조한다. 이렇게 민족에 대한 정의는 많은 연구들에 의해서 지속적으로 절대적인 속성의 것에서 상대적, 그리고 상상된 실체라고 여겨지는 등 논란의 여지가 많은 개념이다.

12 앤더슨의 민족의 상상의 방식 중 제한적(limited)이라는 의미는 민족 간에 서로가 동일하지 않다고 상상하는 것을 말하며, 주권(sovereign)을 가진 것으로 상상한다는 말은 민족 집단의 자유를 표상함을 의미한다. 마지막으로 공동체로 상상한다라고 하는 것은 민족의 구성원들이 서로에 대해 동지애를 가진다는 것을 말한다.

13 "민족은 상상되었다(imagined)." 즉, 가장 작은 민족의 일원이라 할지라도 결코 자신이 이루는 집단, 공동체의 절대 다수를 알거나 만나지 못한다. 하지만 이들은 각자 가슴속으로 서로가 교감하고 있다고 믿고 있다.

5. 창조환경과 상호문화도시

(1) 사회집단의 다양성이 기반이 되는 창조환경

앞서 다루어진 창조계층론에 대한 부분에서도 강조되었듯이, 창조성의 유지 및 발전에는 게이지수 등을 통해 다양성에 대한 개방적이고 포용적인 도시 분위기가 중요하다(제8장 6절 참조). 이러한 창조성과 도시공간이라는 주제는 다양한 이주자들이 생활하는 현재의 대부분의 도시에서 다시 한 번 주목받고 있다.

랜드리(Landry, 2000)는 창조도시의 전제조건, 즉 도시가 창조적 환경을 가지기 위한 조건들을 7가지(개인의 자질, 의지와 리더십, 다양한 인적 자원에 대한 접근성, 조직문화, 지역정체성(지역성)의 육성, 도시의 공간과 시설, 네트워킹)로 정리하면서, 다양한 사회적 소수자들을 포함한 다양한 출신 배경과 정체성의 사람들이 존재하고 이들이 서로 소통하면서 만들어 내는 도시의 창조성을 강조한 바 있다. 특히, 개인적 자질에 있어서는 창의적 자질로 언급되는 다양성, 개방성, 유연성과, 모험적 자질은 다양한 배경의 이주자들이 도시공간 안에서 자신들의 목소리를 내고 이에 대해 열려 있는 태도를 보인다는 것을 말한다. 또한 이러한 다양성에 대한 개방적 자세와 유연적 태도가 다양한 사람들의 의지와 리더십을 통해 끊임없는 소통으로 창조적 변화를 이끌어 갈 수 있어야 한다는 점이다.

랜드리가 언급한 다양한 인재는 창조성을 가지는 데 필수적인데, 다른 지역 또는 이민자들을 포함하는 다양한 사고를 할 수 있는 사람들의 존재다. 그 외 도시 공간의 조직문화가 실패와 재도전에 있어 열려있는 환경이라면 특히 다양한 사고를 하는 다양한 인재들이 거리낌 없이 도전에 뛰어들 것이라는 점을 강조한다. 이러한 조건들로 인해 도시공간에서 살아가는 도시민들은 자신이 속한 지역에 자부심을 가지고, 도시민들의 공동체를 발전시키는데 기여할 수 있으며 이로 인해 도시의 창조성에 바탕이 되는 지역정체성이 발현될 수 있다. 여섯째로 도시의 공간과 시설이 있는데, 다양한 문화공간과 이를 활용하는 것은 도시민들의 의사소통이 창조적 생각들로 이어질 수 있도록 하며, 외부에 있는 인재들을 유인하는데 있어서도 큰 영향을 미칠 수 있다. 마지막으로 네트워킹인데, 창조도시에는 다양한 소통의 네트워크들이 존재하며 외부세계와 내부를 연결하여 창조성을 증폭시키는데도 중요한 영향을 미칠 수 있다는 것이다.

유럽의 주요 창조도시 연구들은 유럽 주요 도시에서 탈산업화가 진행되고 도시의 실업 문제가 주요한 이슈로 등장하는 등 도시 경제가 어려움을 경험하게 되면서 시작되었다. 유럽 도시는 자신들의 문제를 해결하기 위한 다양한 고민 끝에 문화분야에 주목하면서 도시공간에서 창조성 환경을 조성하고 문화관련 산업이 해결책이라고 느끼게 된다.

랜드리(2005)의 연구에서도 도시계획의 관점에서 기존의 도시문제들을 해결하는데 있어서 도시의 창조성을 활용한 도시문제 해결과 도시 재생의 의미를 주요하게 다룬다. 유럽을 중심으로 랜드리의 연구는 문화를 도시 재생을 위한 중요한 자원으로 인식하고, 문화를 통한 도시의 경제적 부활과 함께 도시민들 간의 관계 개선을 중요시한다.

(2) 상호문화도시

초다양성 또는 슈퍼 다양성이라는 개념을 통해 도시의 다양성의 정도가 지칭되기 시작했으며, 이러한 도시는 외국태생의 이주자들이 다른 지역에 비해 높은 비중으로 거주하며, 다양한 국가와 지역, 문화권이 한 도시에 모이는 경우를 말한다. 이에 도시는 현재 다양성이라는 원심력(Brunn, 2012)을 관리하는 것이 주요 과제가 되어가고 있다. 랜드리(2010)는 도시공간에서 나타나는 다양성(diversity)에 대해 온갖 종류의 다양성이 도시 안에서 표출되고 있음에도 불구하고 많은 도시정책가와 도시민들이 이에 대해 눈을 감고 이 현상을 회피하려고 하고 있다고 지적한다. 한 국가나 지역의 경제적 번영과 관련하여 개방적 자세와 관용성을 강조한 창조도시이론과 맥을 같이하는 것으로 랜드리는 다양성에 대한 인지에서 한 발 나아가 다양성과의 관계맺음을 통한 상호문화성을 강조했다.

그리고 현재 유럽평의회(Council of Europe)는 이러한 상호문화성을 강조하고 있으며, 상호문화도시에 대해 정의하고 도시의 다양성을 효과적으로 수용하고자 노력하고 있다. 유럽평의회에서 정의한 상호문화도시란, 모든 국적, 기원지(출신지), 언어와 가치관을 포함하는 도시다. 구체적으로는 다양성 그 자체를 도시의 자원이라고 인식하고 새로운 문화와 가치관들을 도시 공공공간 안에서 조우했을 때 이에 대해 열려 있으며, 도시의 정체성에도 다양성을 인정하는 것을 말한다.

상호문화도시는 명시적으로 다양한 공동체의 출현을 자극하며, 이러한 자극은 도시 내 다양한 집단들 간 상호행동을 장려하여 결국 도시의 발전을 촉진하는 데 기여하고자 한다. 이러한 점에서 상호문화도시는 '다양성의 이점'을 현대 도시발전의 성공요인으로 간주한다(최병두, 2014).

유럽평의회에서는 도시의 상호문화수준을 확인할 수 있는 지수를 개발하면서 전 세계 도시의 상호문화성에 대한 평가도 진행하고 있다. 현재 상호문화도시에는 130개의 도시가 가입되어 있으며 유럽 외 도시로는 일본의 하마마츠, 우크라이나의 루츠크 등이 있다. 이러한 도시는 모두 다양한 이주자들과 과거로부터 긴밀한 관계를 맺고 있는 도시다.

유럽평의회의 회원국들이 발표한 공약의 내용은 다음과 같다.

- 도시정부는 상호문화적 포용성을 위해 상호문화적 원리(다양성, 평등, 상호작용)에 대한 명확한 설명을 도시민에게 공표하여야 한다.
- 도시행정가와 도시정책전문가들의 상호문화성에 대한 심도 있는 이해가 전제가 되어져야 하며, 시 정부는 도시의 구체적인 정책과 활동에 있어서 상호문화성이 잘 반영되도록 모든 제도적 과정에 이를 권장하여야 한다.
- 무엇보다 중요하게 인식되어져야 할 것은 상호문화도시가 도시정책을 만드는 데 있어 적극적으로 모든 국가, 출신, 언어, 종교, 신념, 성정체성, 연령의 시민들을 포용하려고 노력해야 한다는 사실이다.
- 상호문화도시 프로그램에 참여하고 있는 도시는 정책과 거버넌스, 실천의 과정에서 상호문화 전문가의 자문을 실시하여야 한다. 그리고 이러한 자문은 도시의 발전과 소통을 모니터링하기 위함이며, 도시 프로파일의 형태나 보고서로서 그 형태를 갖추어야 할 것이다.

유럽평의회에서는 상호문화도시 지수(Intercultural City Index, ICC)를 개발하여 이를 적용하고 있는데, 회원 도시에 대해 시간이 경과함에 따라 도시가 이룩한 상호문화성에 대해 확인하고, 이를 다른 도시와 비교하고자 하는 목적으로 활용하고 있다. 이 지수를 통해 도시의 상호문화적 통합 정도를 쉽게 이해할 수 있으며 다른 도시의 긍정적 미래를 위한 좋은 실천적 사례로서도 활용될 수 있다.

유럽과는 다른 맥락에서 상호문화도시를 추구하고 있는 캐나다 퀘벡도 좋은 예가 된다. 사실 북미의 도시 중 다양성이 가장 높은 도시는 토론토이다. 캐나다 2006년에 센서스에 의하면 토론토의 이민자 비율은 45%로 2010년 기준 마이애미의 외국 태생 인구비율 38%를 넘는 높은 수준이다. 토론토에는 유럽, 아시아, 남미로부터의 많은 이주자들이 생활하고 있으며 북미에서 가장 큰 차이나타운과 그 외 그리스 타운, 인도인 공동체를 가진 도시이다. 이로 인해 캐나다의 다문화 사회로 크게 변모하였고 민족 집단에게 자율성, 언어적 특권 등이 인정되는 다양성이 존중되는 사회로 나아가고 있다. 그리고 두 번째로 캐나다 내에서 문화다양성이 존재하는 곳이 퀘벡이다. 퀘벡은 역사적으로 프랑스어를 사용하는 사람들이 많아 분리독립 운동이 일어난 바 있으며, 현재는 다양한 이민노동자와 유학생 집단 등이 증가한 상황이다. 문화적 정체성을 수호하기 위해 불어의 유지와 보존에 사활을 걸고 있으며(최병두, 2014), 다른 한편으로는 이민자 소수집단의 종교와 문화의 자유를 인정해야 하는 딜레마에 처하게 되었다. 그리고 이러한 문제들을 고민한 끝에 선택한 최선의 방책은 퀘벡판 다문화주의인 '상호문화주의'였다. 상호문화주의는 퀘벡의 불어사용 다수집단의 문화를 보존하면서 소수집단의 다양성을 인정할 수 있을 것으로 기대되었다(김경학, 2010).

다문화정책이 주가 되는 도시공간과 상호문화정책이 지배적인 도시공간은 차이가 있다. 〈표 9-6〉의 내용에서 알 수 있듯이 다문화정책과 상호문화정책은 유사하면서 다른 점이 존재한다. 차별금지 정책을 기본으로 하는 것은 유사하나 상호문화정책에서는 이민자를 비롯한 외국인들과 도시원주민들과의 상호작용을 더욱 중요시한다. 이로 인해 거주지분리로 인해 외국인 밀집지역이 형성되면 다문화정책에서는 이를 지역 관광과 연계하여 장려하지만 상호문화정책에서는 이러한 분리거주를 지양하고 소통의 단절로 인식한다.

전 세계의 도시가 많은 이주자의 유입으로 인해 역동적으로 변화고 있는 가운데 이러한 새로운 유입인구에 대해 어떠한 관점을 가지느냐에 따라 도시공간도 변모할 것이 예상된다. 앞서 언급하였듯이 유럽과 아시아의 몇 도시들에서 상호문화도시의 긍정적 측면을 강조하고 있는 가운데 한국의 도시들도 사회통합의 관점에서 상호문화적 관점을 수용하는 것도 의미가 있을 것이다.

표 9-6 이민자 정책의 유형 비교

	무정책 (non-policy)	초청노동자정책 (guest-worker policy)	동화주의 정책 (assimilationist policy)	다문화 정책 (multicultural policy)	상호문화 정책 (intercultural policy)
소수집단 조직	이민자 무시	제한된 이슈에 비공식적 협력	이민자 불인정	역량강화 주체로 지원	통합 주체로 지원
노동시장	무시, 맹목적 암시장 활동으로 전환	제한된 직업 지원과 최소규제	인종 구분 없는 일반적 직업 지원	차별금지정책: 훈련과 고용에서 차별철폐 조치	차별금지정책: 상호문화 능력과 언어능력 강조
주거	이민자 주거 무시, 임시주거 위기에 대응	단기적 주거 해법, 민간임대 최소규제	공공주택 대등한 이용, 주택시장 비인종적 기준	차별금지 임대 정책: 공공주택 긍정적 이용	차별금지 임대 정책: 인종적 주거혼합 장려
교육	이민자녀의 임시적 인정	이민자녀 학교 등록	국가 언어, 역사, 문화 강조, 보충수업 무시	다원적 학교 지원, 모계 언어, 종교, 문화 교육	국어와 모계언어/문화 교육, 상호 문화 함양, 탈분화
치안	안전 문제 대상으로서 이민자	이민자 규제, 모니터링, 추방 주체로서의 경찰	이민자 지역에 대한 집중 치안	사회봉사자로서의 경찰, 순행적 반인종주의 강화	인종 간 갈등 관리의 주체로서 경찰
공적 인지	잠재적 위협	경제적 유용, 정치·사회·문화적으로는 무의미	소수자 관용 장려, 비동화자에 대한 불관용	'다양성 찬양' 축제와 도시 브랜드화 캠페인	상호문화적 함께함을 강조하는 캠페인
도시개발	인종적 엔클레이브 무시, 위기 발생 시 산개	인종적 엔클레이브 일시적 관용	인종적 엔클레이브 도시문제로 간주, 분산정책 재활성	엔클레이브와 인종적 지역사회 리너십 인성, 지역기반 재생	인종혼합 이웃, 공적공간 장려, 도시 공무원과 NGO의 갈등관리
거버넌스와 시민권	권리 또는 인정 없음	권리 또는 인정 없음	자연적 동화촉진, 인종자문 구조 없음	지역사회 리더십, 인종기반적 자문 구조와 자원배분	문화 간 리더십, 협력, 자문 장려, 혼종성 함양

출처: 최병두(2014).

|참|고|문|헌|

권용우 외, 2016, 도시의 이해, 박영사.

김학훈·이상율·김감영·정희선 역, 2016, 도시지리학, 시그마프레스.

류제헌 외 역, 2001, 문화정치와 문화전쟁, 살림.

박경환, 2012, "초국가시대 국가 이주정책의 제도적 틀의 신자유주의적 선회: 한국의 사례," 도시지리학회, 15(1), 141-155.

박경환 외 역, 2012, 도시사회지리학의 이해, 시그마프레스.

서지원 역, 2018, 상상된 공동체: 민족주의의 기원과 보급에 대한 고찰, 도서출판 길.

손정렬 외 역, 2019, 도시 아틀라스, 푸른길.

이영민, 2007, "로스앤젤레스 한인타운의 지방노동시장 특성과 지역정체성 탐색 - 한인 불법체류노동자의 활동을 중심으로," 한국문화역사지리학회, 19(3), 13-26.

이영민 외 역, 2012, 이주, 푸른길.

이영민 외 역, 2017, 개념으로 읽는 국제이주와 다문화사회, 푸른길.

이원호 외 역, 2008, 도시와 창조계급, 푸른길.

이희연, 2008, "창조도시 개념과 전략," 국토, 322, 6-15.

임상오 역, 창조도시, 2005, 해남.

최병두, 2014, "상호문화주의로의 전환과 상호문화도시," 현대사회와 다문화, 4(1), 83-118.

Atkinson, R, and Kintrea, K., 2001, Disentangling area effects, *Urban Studies*, 38(12), 2277 – 98.

Boyd. M., Halfacree, K and Robbinson, V., 1998, *Expoloring Contemporary Migration*, Addison Wesley Longman, New York.

Chung, T., 1995, Asian Americans in enclaves-They are not one community: New model of Asian American settelment, *Asian American Policy Review*, 5, 78-94.

Coe, Neil M., Kelly, Philip F., Yeung, H. W,, 2007, *Economic Geography: A Contemporary Introduction*, Blackwell Publishers, Malden.

Davis, M., 2000, *Magical Urbanism: Latinos reinvent the US city*, Verso, London.

de Haas, H., 2005, International migration, remittance and development: myths and facts, *Third World Quarterly*, 26(8), 1269-1284.

Johnston, R., Roulsen, M. and Forrest, J., 2004, The comparative study of ethnic residential segregation in the USA, 1980-2000, *Tijdschrift voor Economische en Sociale Geografie,* 95, 550-69.

Judd, D., 1995, The rise of the new walled cities, in H. Liggett and D. Perry (eds) *Spatial Practices*, London: Sage, 146 - 66.

Kaplan, D. H., Wheeler, J. O., Holloway, S. R., Hodler, T. W., 2004, *Urban geography*, John Wiley & Sons, New York.

Knox, P. and Pinch, S. 2006, *Urban Social Geography: An Introduction*(5th ed.), Pearson Education, New York.

Knox, P., 2014, *Atlas of Cities*, Princeton University Press, Princeton.

Landry, C., 2000, *The Creative City: A Toolkit for Urban Innovators*, Earthscan Publication, Lon Fn.

Li, W., 1998, Los Angeles's Chinese ethnoburb: from ethnic services center to global economy outpost, *Urban Geography*, 19(7), 502-517.

Massey, D and N. Denton, 1993, *Apartheid American Style*, Cambridge MA: Harvard University Press.

Mitchell, D., 2000, *Cultural Geography: A Critical Introduction*, Blackwell Publishers, Oxford.

Pacione, M., 2001, *Urban Geography*, Taylor and Francis.

Parkin, F., 1979, *Marxism and Class Theory: A Bourgeois Critique*, Tavistock, London.

Phillips, D., Davis, C. and Radcliff, P., 2007, British Asian narratives of urban space, *Transaction of the Institute of British Geographers*, 32, 217-34.

Philo, C., 1991, Delimiting human geography: new social and cultural perspectives, in C. Philo(ed.) *New Words, New Worlds: Reconceptualising Social and Cultural Geography*, Social and Cultural, Geography Study Group of the Institute of British Geographers, Lampeter.

Pyong Gap Min, *Koreans in North America Their Twenty First Century Experiences*, Rowman & Littlefield Publishing Group Inc - Lexington Books.

Samers, M., *Migration: Key Ideas in Geography*, 2010, Routledge, London.

Smith, S. J., 1988, Political interpretation of "racil segregation" in Britain, *Environment and Planning D: Society and Space*, 6, 423-44.

United Nations Human Settlements Program, 2003, *The Challenge of Slums: Global Report on Human Settlement*, United Nations.

Youngmin Lee & Kyonghwan Park, 2008, Negotiating hybridity: transnational reconstruction of migrant subjectivity in Koreatown, Los Angeles, *Journal of Cultural Geography*, 25(3), 245-262.

추천문헌

이영민 외 역, 2012, 이주, 푸른길.

이영민 외 역, 2017, 개념으로 읽는 국제이주와 다문화사회, 푸른길.

| 제10장 |

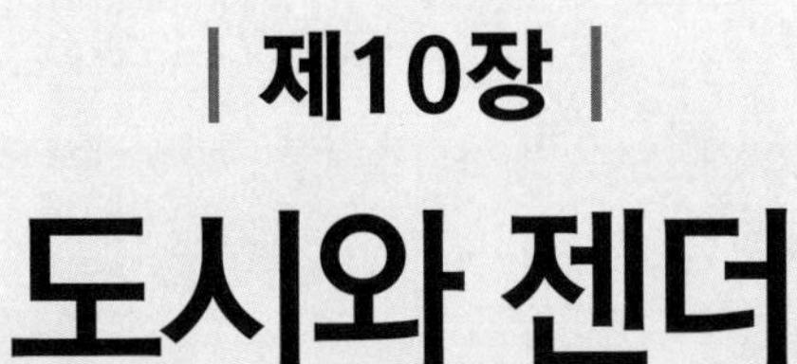

도시와 젠더

– 정현주 –

1. 도시지리학 담론에서 젠더의 부재
2. 공적 · 사적 공간의 분리와 근대도시의 생산
3. 공적공간의 남성화와 여성의 이동성 제약
4. 한국 도시문제에 대한 성인지적 접근
5. 요약 및 제안

| 제10장 |

도시와 젠더

1. 도시지리학 담론에서 젠더의 부재

"공간은 모든 권력의 작동에 기초가 된다(Foucault, 1984, 252)."

사회적 권력관계가 공간에 대한 접근성 및 공간구조에 영향을 미치며 따라서 도시는 권력관계의 반영물이라는 인식은 오랫동안 다양한 학자들에 의해 공유되어온 생각이다. 서구 지리학계에서는 1970년대 이후 비판지리학의 등장과 더불어 이에 대한 연구가 폭발적으로 증가하여 인종, 계급, 인구학적 특징 등에 의하여 어떻게 도시공간이 재편되고 구조화되는지에 대한 많은 연구가 축적되었다. 그러나 인종, 계급 못지않게 중요한 사회적 관계인 젠더가 도시에 어떤 영향을 미치며 도시가 젠더관계를 어떻게 변화시키는지에 대해서는 페미니즘 학계 바깥에서는 좀처럼 공론화되지 못했다. 이는 현실세계뿐만 아니라 학문세계의 남성중심성을 보여주는 징후이다. 서구 지리학계에서는 페미니스트 지리학의 대두로 이러한 문제의식이 확산되고 관련 연구가 활발히 진행되어 온 반면, 한국에서는 페미니즘 논쟁이 인터넷과 각종 공론상을 뜨겁게 달구고 있음에도 불구하고 지리학계는 놀라우리만치 이에 대해 침묵으로 일관해 왔다. 사회적 권력관계에 민감하게 대응해 온 도시지리학도 유독 젠더 문제만큼은 중립적인 입장을 취해왔다.

그러나 서구 페미니스트 지리학은 저절로 이루어진 성취가 아니라 당대 지리학 연구의 남성중심성과 젠더 관점의 공백에 대한 치열한 비판과 대안 모색의 결과이다. 그 중 서구 도시지리학은 90년대 이후 지리학과 사회과학 전반에서의 페미니스트 전환을 선도해 온 분야이다. 그 중요한 이유 중 하나가 도시야말로 여성성과 남성성의 구축을 잘 드러내주는 공간 단위이며 새로운 사회현상과 사회관계가 배양되는 혁신의 산실이기 때문이다.

서구의 페미니스트 도시연구가들은 도시이론의 원형처럼 모든 교재에서 소개되는 도시생태학 모델이 백인 남성중심적 모델이라는 비판을 줄기차게 제기했으며, 남성적인 지배적 주체가 아닌 타자의 시선에서 경험되고 이해되는 다양한 도시를 이야기했다. 즉, 모든 실증주의적 모델의 기본 가정인 '합리적 경제인'은 다름 아닌 경제적 의사결정권이 있는 남성적 주체라는 것이다. 이들이 공리주의에 입각하여 최대 효율성을 추구하는 자유경쟁에 참여한 결과 도시의 토지이용이 결정된다. 그것은 때로는 동심원 형태로, 선형으로, 퍼즐모양으로 다양하게 나타나지만 이러한 형태를 결정짓는 것은 지대의 원칙이나 특정 교통수단의 루트이다. 도시이용 패턴이 지대의 원칙이나 교통수단에 의해 좌우된다는 것은 매우 상식적이고 보편적인 법칙처럼 들리지만 이러한 보편성이 사실은 특정한 집단의 시선을 대변한다면 그것은 더 이상 보편적인 것이 아닐 것이다. 페미니스트 비판이론가들은 주류 이론들이 지배적 주체(master subject)[1]의 입장에서 본 세계만을 반영하며 타자의 관점과 경험을 배제했다고 주장한다. 가령 시카고 생태학파의 동심원모델은 이민자의 '침입'으로 인해 도시주택이 여과되며 이는 백인들의 교외화를 부추겨 동심원 패턴의 도시확장을 만들어내는 원인이 된다고 설명한다. '침입'이라는 용어의 뉘앙스에서도 드러나듯 이는 백인 중산층의 시선을 대변하는 인종차별적 용어임에도 불구하고 보편적인 '모델'이 되었다. 전차와 도로의 확대로 도시가 선형으로 팽창해나간다는 선형이론 역시 자동차 운전자나 보급자의 입장에서 본 도시의 모습이다. 남성적 가장, 통근자, 경제주체가 이러한 모델이 대상으로 삼는 보편적인 인간이다. 이러한 모델들은 도로의 확대로 인해 생활세계가 분절되고 이동성 제약이 오히려 더 커진 여성과 슬럼가 빈민들의 경험을 설명하지 못한다. 도린 매시(Doreen Massey, 2015)도 지구화시대 항공교통의 확대가 공간적 불균등을 오히려 심화시켰다는 사실을 제3세계의 도서지역을 사례로 하여 설명한 바 있다. 돌로레스 헤이든(Dolores Hayden, 1980)도 서구사회가

1 지배적 주체란 권력관계에서의 우월성을 바탕으로 관계의 법칙을 만들고 타자를 규정하는 주체를 의미한다. 남들은 표식을 붙여 명명하면서(가령 부랑자, 소수자, 장애인) 정작 자신은 그 어떤 표식도 붙이지 않고 기준점으로 삼음으로써(가령, 인간=man) '표식되지 않은 권력'을 지닌다. 질리언 로즈(2011)는 역사적으로 백인, 남성, 이성애, 부르주아의 조합이 지배적 주체의 위치를 점해 온 대표적인 정체성이라고 보았다.

'가정의 천사'라는 여성에 대한 오랜 고정관념에 입각하여 여성을 교외공간에 가둔 채 남성을 주인공으로 상정한 도시이론과 도시계획을 수립하고 시행해 왔다고 비판했다. 2차 세계대전 이후로 급증한 여성의 노동시장 참여율에서 드러나듯 여성은 도시의 주요 행위자였고 젠더관계는 다양한 방식으로 도시의 성장과 변화에 관여해 왔음에도 불구하고 이를 개념화하거나 이론화하는 시도는 거의 없었다고 헤이든은 지적했다.

정보와 재화, 지식의 부족이나 신체의 한계로 인해 합리성과 효용성의 법칙을 따를 수 없기도 하지만 사회적 역할과 기대로 인한 시공간 제약 때문에도 합리적인 의사결정에 동참할 수 없게 된다. '정상적'인 인간의 여집합으로 가정되는 이들은 여성, 장애인, 소수자 등 '타자'로 호명되어 온 존재들이다. 그 중 여성은 인류역사상 가장 오래되고 가장 보편적인 타자이다. 역사적으로 여성적 주체[2]는 합리적 경제인으로 대표되는 남성적 주체의 반대편에 서 있는 타자가 되어 차별화된 도시경험을 통해 상이한 공간을 만들어 왔다. 그러나 여성들이 만들어 내는 마을공동체, 가정, 여성의 몸 등은 오랫동안 학문의 대상으로 인식되지 않았다. 이러한 공간들은 '사적'인 것으로, 따라서 주류 담론의 대상이 아닌 것으로 폄하되어 왔다.

질리언 로즈(정현주 역, 2011)에 의하면 지리학에 존재하는 남성중심성은 두 가지 경향으로 나타난다고 한다. 첫 번째는 여성을 비가시화하며 사실상 남성중심적인 관점을 인간의 보편적 관점으로 일반화하는 과학주의적 남성중심성이다. 과학주의를 추구해 온 근대 학문의 대다수가 이에 속한다. 이 학문 경향 속에서 여성적 주제와 여성은 학문의 대상으로 적절치 않은 것으로 폄하되거나 너무 지엽적이거나 중요하지 않은 것으로 간주되었다. 사적인 것은 공적 담론의 대상이 아니라는 인식이 대표적인 예이다. 따라서 젠더중립적인 지식만이 학문적으로 권위 있는 지식이 되었다. 두 번째는 좀 더 복잡한 형태의 남성중심성으로, 남성성과 여성성이 모두 내재한 지리학의 학문적 특수성을 드러내는 미학적 남성중심성이다. 이 입장은 여성을 부정하거나 비가시화하기보다 오히려 학문의 대상으로 삼아 찬양하고 지지하는 모양새를 취한다. 그러나 이들이 찬양하고 탐구하

2 사회적으로 규정된 젠더권력의 약자. 생물학적 여성을 포함해 성소수자, 어린이 등의 취약계층을 포괄할 수 있다.

는 대상은 남성중심적 관점에서 재현된 여성성(the Woman)으로, 진정한 여성들(women)을 왜곡하거나 전통적인 젠더분업을 오히려 더 강화하여 여성을 억압하는 결과를 빚었다는 점에서 비판의 대상이 된다. 가령 여성을 '가정의 천사'로 칭송하거나 특정한 대상을 여성화하여 오히려 여성을 특정한 역할과 이미지에 고정시키는 것이 이에 해당된다. 자연을 모성에 빗대거나 장소나 집을 어머니로 비유하는 것은 인문지리학에서도 흔히 나타났던 관행이었다. 이러한 비유에서 여성은 자연, 집, 장소 등과 함께 철저히 대상화되었고 이를 호명하는 주체는 남성적 시선과 지위를 지닌 사람이었다.

여성과 여성의 도시경험이 학문 연구의 주제가 된 것은 비교적 최근의 현상이다. 페미니스트 도시연구자인 다프네 스페인(Daphne Spain, 2002)은 시카고학파에서부터 LA학파에 이르기까지 주류 도시이론이 젠더에 대해서는 약속이나 한 듯이 함구하고 있다는 사실을 비판했다. 앞의 설명처럼 유기체적 인과관계에 의해 도시성장을 설명한 시카고 생태학파의 경우 교외화의 기제로서 공적공간과 사적공간의 분리라는 젠더화된 용도지구제에 대한 성찰이라든가 이러한 도시계획으로 인해 이동의 권리를 박탈당한 여성들의 문제를 간과한 채 전지적 관찰자의 시선(지배적 주체의 시선)으로 도시의 성장 원리를 일반화했다는 점에서 과학주의적 남성중심성을 보여준다. 반면 포스트모던 도시를 탐색한 LA학파는 다양성과 파편화, 소비를 현대 도시의 중요한 특징으로 봄으로써 여성적 주체에 대한 수용성이 높은 듯 보이지만 정작 대표적인 학자들의 연구에서는 이 역시도 '일반화의 강박'에서 벗어나지 못했다는 비판을 받았다.[3] 모든 것을 해체해야 하며 지식의 상대성을 주장하는 포스트모더니즘 을 도시해석의 도구로 삼으면서도 정작 연구자 본인만은 여전히 독점적 해석의 위치성을 지닌 채 마치 전지적 관찰자처럼 도시현상을 설명하고 있다는 것이 주요 비판의 내용이다. 이는 이들 텍스트가 교외화와 쇼핑을 동일시하며 새로운 포스트모던 도시현상의 대표적 징후처럼 설명하는 데서 잘 드러난다. 전통적 젠더분업에서 여성적 영역으로 구분되는 쇼핑을 학문의 대상으로 가져왔지만 이러한 현상을 만들어 낸 주체들의 젠더를 지운

3 이 분야에서 선도적인 역할을 한 두 대표적인 텍스트 *Postmodern Geographies*(Edward Soja), *The Condition of Postmodernity*(David Harvey)에 대한 비판적인 분석은 정현주 역, 「공간, 장소, 젠더」 제10장(유연한 성차별주의)을 참고할 것.

채 이를 계급과 생산의 안티테제(antithese)로 치환하는 것은 여성을 남성적으로 전유한 미학적 남성중심성을 보여주는 사례이다.

도시생태학에서 포스트모던 도시연구에 이르기까지 많은 도시지리연구에서 여성은 다양한 방식으로 비가시화되거나 왜곡되어 재현된 결과 도시공간은 마치 젠더중립적인 공간으로 인식되어 왔다. 따라서 젠더에 관한 연구주제는 오랫동안 학문의 대상이 되지 못했다. 그러나 성폭력, 혐오 범죄, 불법촬영, 약자의 주거안전성 등 오늘날 도시공간에서 첨예하게 불거지는 논란 중 상당수는 젠더를 둘러싼 문제이다. 가정과 직장, 도시의 화장실에서부터 광장에 이르기까지 모든 공간은 복잡한 젠더관계 속에서 작동한다. 즉 도시는 젠더중립적인 공간이 아니라 젠더화된 공간(gendered space)이다.

2. 공적·사적 공간의 분리와 근대도시의 생산

도시와 젠더관계가 본격적으로 대두된 것은 현대도시의 원형인 근대도시의 등장 무렵부터였다. 그 전에도 공간의 젠더화는 새로운 현상이 아니었지만 '도시'라는 새로운 삶의 양식이 젠더관계와 구조적인 연관성을 갖게 된 것은 근대도시라는 공간의 창출과 태생적으로 깊은 관련을 가진다. 페미니스트 도시연구가들은 근대도시의 공간조직 원리인 공적공간(public space)과 사적공간(private space)의 분리야말로 공간의 젠더이분법을 가져와 공적공간인 도시를 남성적 공간으로 구축하는 것을 정당화했다고 주장하면서, 이를 뒷받침한 오래된 사상이 바로 여성을 자연과 동일시하는 이데올로기라고 했다.

(1) 공적공간과 사적공간의 분리와 근대도시

공적공간과 사적공간의 분리, 즉, 직주분리가 도시공간 조직의 원리가 되기 시작한 것은 엔클로저 운동으로 인한 산업도시의 등장과 근대적 도시화와 밀접한 관련이 있다. 그 전까지는 직장과 집이 지역사회 내에 통합된 생활권을 이루는 것이 보통이었다. 즉, '통근'이라는 현상이 도시민들의 보편적 이동패턴이 되기 시작한 것은 근대도시의 등장 이후부터이다. 시민은 새로운 통치대상이자 정체(polity)로서 근대도시와 함께 구성되었으며 이들에게 소속감과 집단 정체성을 부여하는 것이 바로 공적인 영역, 즉 공적공간이었다. 근대도시 건설 프로젝트는 이러한 공적공간의 조성과 거의 동일하게 진행되었다. 대표적인 것이 19세기 근대 도시의 생산을 상징하는 파리의 도시계획이다. 나폴레옹 3세와 오스만 남작이 추진한 대대적인 도시재개발 사업인 파리개조사업은 파리 심장부의 도시 하부구조 개선, 근대적 도로와 상하수도 시스템 등의 도입 및 통일된 고전주의 건축양식을 적용한 근대적 건축물 건립 등을 통해 중세도시의 모습을 간직했던 파리를 유럽의 중심지이자 '모더니티의 수도'(김병화 역, 2005)로 탈바꿈시킨 도시계획 사업이었다([그림 10-2]).

근대도시 프로젝트를 통해 탄생한 도시공간들은 그 규모나 디자인, 작동원리에서 과거의 공간들과 뚜렷하게 차별화되었다. 우선 규모면에서 거대한 구조물의 조성이 압도적인 근대도시의 경관을 구성한다. 확 트인 광장, 고층건물, 웅장한 외관을 가진 공공건물 등은 규모면에서 사람을 압도하며 그 자체가 권력을 상징한다. 규모뿐만 아니라 기능을 우선시하는 직선적이고 수직적인 디자인의 근대 건축물들은 남성적 미학을 상징한다(Weisman, 1992). 신에게 닿을 수 있는 바벨탑을 높이 쌓아올렸다는 고대인들처럼 근대의 새로운 건축물 역시 높이경쟁을 통해 자신의 존재감과 권력을 과시하기도 했다. 이러한 공간들은 대규모의 조세를 통해 조성되었으며 따라서 세금을 내는 합법적 구성원, 즉 경제주체인 시민은 근대시민사회의 적법한 구성원이 되었다.

서구사회에서 공적공간의 개념은 광장과 시민권 발달과 맞닿아 있다. 정치에 대한 자유로운 토론이 일어나고 민주정치의 요람이 된 서구의 광장은 사실 접근이 매우 제한된 배타적 공간이었다. 광장에서 자유롭게 토론할 수 있었던 사람들은 시민권을 가진 남성이었다. 참정권조차도 없었던 여성들과 이주민, 노예, 기타 소수집단들은 민주정치의 태동에서 배제되었던 것이다(Mitchell, 1995). 근대도시 공적공간의 적법한 구성원들이 사실상 특정한 남성적 주체였다는 사실은 근대도시 연구에서 크게 부각되지 않았다. 과학기술과 수학을 적용한 첨단건축과 도시계획이 남성 전문가 집단에 의해 사실상 독점되었을 뿐 아니라 정치, 경제, 문화 등 사회의 주요 의사결정 자체가 남성 관료 및 전문가에 의해 주도되었다. 문제는 이들이 시민, 나아가 인류를 대표하는 보편적 인간으로 가정되었고 그들의 눈높이에서 결정된 사안들이 정상적 지식, 상식이 되었다.

여성들의 역할은 남성적 영역의 여집합, 즉 사적영역이라고 불리는 곳에 국한되었으며 이는 실제 물리적 경관 상에서의 분리를 가져왔다. 즉, 여성은 '사적공간'이라고 불리는 특정 공간에 있도록 강요받거나 도시에서의 이동성이 제약되었다는 뜻이다. 19세기 최고의 대도시였던 파리에서 여성 보행권을 둘러싼 숱한 논쟁이 이를 방증한다. 조선시대에도 규방문화와 아녀자의 이동에 제약을 가하는 규범이 있었듯이 19세기 유럽의 도시에서도 여성들의 이동성 제약이 존재했다. 가령, 런던의 증권사와 같은 새로운 경제공간에는 여성의 출입이 금지되었다든지, 여성은 남성의 에스코트를 통해서만 거리를 활보하는 것이 허용되었다는 부르주아 규범이 대표적이다.

고대부터 존재해 온 광장은 근대에 이르러 다양한 형태로 분화되었다. 길거리, 공원, 선술집 등은 익명의 대중이 운집하는 곳이며 집회나 정치적 토론이 빈번하게 일어나는 장소가 되었다. 그러나 이러한 근대적 공론장 역시 대부분의 여성들에게는 출입이 제한된 곳이었다(McDowell, 1999). 19세기 파리의 일상공간을 그린 것으로 유명한 인상주의 화가 카유보트의 그림 속에서도 파리를 자유롭게 돌아다니는 이는 남성이고 여성은 에스코트를 받든지([그림 10-1] 좌) 혼자 다니다가 희롱을 당하는 존재로 묘사되었다([그림 10-1] 우). 대규모 건축 프로젝트

그림 10-1 구스타브 카유보트가 그린 19세기 파리의 공적공간

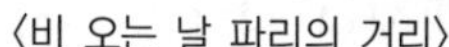

〈비 오는 날 파리의 거리〉

〈유럽의 다리〉

그림 10-2 **오스만의 파리개조사업 전(위)과 후(아래)의 파리**

L'île de la Cité et son tissu urbain médiéval avant les travaux haussmanniens (plan Vaugondy de 1771)

L'île de la Cité remodelée par les travaux d'Haussmann : nouvelles rues transversales (rouge), espaces publics (bleu clair) et bâtiments (bleu foncé)

좌: 개조사업 이전의 시테섬 도면(위)과 개조사업으로 변경된 부분을 표시한 도면(아래), 우: 개조사업 이전의 전형적인 시테섬의 가로형태(Rue des Marmousets, 위), 개조사업으로 형성된 오스만 대로의 현재 모습(아래).

출처: https://en.wikipedia.org/wiki/Haussmann%27s_renovation_of_Paris.

를 통해 탄생한 모더니티의 수도 파리의 근대적 스펙터클을 구경하며 돌아다녔던 익명의 관찰자였던 플라뇌르(flâneur)가 사실상 남성형이었다는 페미니즘 논쟁은 이러한 배경에서 나왔다(Wilson, 1991). 물론 당대에도 여성은 예술가로, 집시로, 하녀나 청소부로, 접대부로 다양하게 도시를 향유했으며 제약이 있었음에도 불구하고 도시의 자유로운 공기는 궁극적으로 여성의 노동자화를 촉진하여 여권신장을 가져왔다는 것이 일반적인 담론이다. 여성의 저항과 대안적 실천, 투쟁이 도시라는 문화혁명의 일부를 구성한 것은 틀림없는 사실이지만 그 이전에 근대도시의 기획은 남성적 프로젝트였다는 점은 조명될 필요가 있다. 왜 도시는 남성적 기획이었고 그것은 어떻게 사회적으로 용인되었던 것일까? 그렇다면 근대도시를 탄생시킨 근대정신, 근대성의 요체가 무엇이며 왜 젠더와 관련되어 있는지부터 짚어보도록 하자.

(2) 젠더이분법과 공간의 분리

직주분리라는 근대 도시공간의 이분법적 구획은 여성과 남성에 대한 뿌리 깊은 이분법에서 비롯되었다. 이러한 이분법은 바로 근대성의 핵심적인 성격이기도 하다. 로즈(정현주 역, 2011)에 의하면, 역사의 지배적 주체는 남성, 특히 서구 백인 남성이었으며, 이들은 지식의 이분법과 서열화를 통해 권력을 획득하게 되었다고 한다. 지식의 이분법이란 지식을 객관적 · 보편적 · 이성적 지식과 주관적 · 상황적 · 감정적 지식이라는 두 가지 종류로 이분하는 것이다. 지식의 서열화란 후자에 대한 전자의 우월성을 강조하는 것으로 객관적 · 보편적 · 이성적 지식의 생산자가 권력을 획득하는 것을 합리화해 주는 과정이라고 볼 수 있다. 지배적 주체는 객관적 지식을 전유하고 특권화하며 다른 지식을 타자화하고 열등한 위치에 자리매김하였다. 여성은 남성과 대치되는 타자로서, 주관적이고 감정적인 지식의 생산자로서 규정되었다.

그렇다면 왜 여성은 주관과 감성, 즉 객관의 반대편에 서 있는 타자로 규정된 것일까? 오늘날에도 여성은 주관적이고 감성적이며 이성적인 남성과 반대된다는 고정관념이 여전히 팽배하다. 여성은 남성에 비해 수학에 특히 약하다는 것이 여전히 논쟁거리인 것을 보면 그렇다. 여전히 논쟁거리라는 것은 수백 년이 지난 지금에도 여전히 풀기 어려운 난제이며 이는 이 문제가 증명가능한 지식의 문제라기보다는 이데올로기 또는 가치의 영역일 수 있다는 뜻이다.

객관이란 대상과의 거리를 유지하며 관찰하는 것을 의미한다. 즉, 본인의 위치, 신분, 신체적 특징 등과 상관없이 항상 대상과 분리되어 일정한 거리를 유지할 수 있는 능력이야말로 객관성을 확보할 수 있는 능력이다. 연구의 대상으로부터 자신을 완벽하게 분리할 수 있는 초월적 존재가 바로 인간이 지닌 순수이성이다. 신체의 한계를 초월하여 순전히 사고를 통해 진리에 도달하는 능력이 바로 합리적 이성이며 이는 근대철학의 시조인 데카르트의 유명한 명제 "나는 생각한다. 고로 존재한다"를 통해서도 천명된 바 있다. 즉, 진정한 인간이기 위해서는 존재(신체) 이전에 생각(정신)이 선행되어야 한다는 것이다. 이는 정신과 신체가 분리되지 않는다고 보았던 서구 고대나 동양의 인간관과 근본적으로 다른 것이다. 근대적 인간은 신체와 정신이 분리되어야 하며 정신은 신체에 대하여 우위를 점하게 된 것이다. 근대정신의 기초는 이렇게 사고하는 이성에 의한 신체의 종속에서부터 출발한다.

그러나 로뎅의 〈생각하는 남자〉에서도 알 수 있듯 사유하는 이성적 인간은 항상 남성형으로 상정되었다. 그 이유는 여성은 자연으로부터 완벽하게 분리되지 못하는 존재로 생각되었기 때문이다. 여성의 임신과 출산, 생리현상은 자연의 법칙과 주기를 거스를 수 없는 신체, 외부와 완벽하게 차단되지 못한 뚫려있는 불완전한 신체라는 관념을 형성하는 데에 결정적인 근거가 되었다. 따라서 여성은 온전한 이성을 가질 수 없는 열등한 존재로 전락하게 되었다. 즉 근대적 인간상에 부합하지 못하는 것이다(자세한 내용은 다음 절인 (3) 자연과 문화의 이분법과 여성의 자연화 참조).

지식의 객관화에 기초한 과학혁명과 계몽주의, 즉 근대성의 핵심 동력은 객관성을 확보할 수 있는 남성에 의해 주도되었으며 이를 물리적, 상징적으로 재현한 근대도시는 이성의 영역을 집합적으로 유치하는 생산의 공간이었다. 공적영역과 생산은 도시의 최우선적인 기능이 되었으며 이는 도시에서 여성성을 타자화하는 것을 더욱 공고히 함으로써 여성은 도시의 침입자가 되거나 부적절한 존재가 되었다.

젠더이분법에 근거한 공적공간과 사적공간의 구분은 근대도시 계획의 기본 원리가 되었다. 가령, 한국 도시계획법의 모태가 되는 미국 도시계획의 근간을 이루는 용도지역제(zoning system)는 주거지구와 상업지구를 분리하는 것을 가장 기본적인 원칙으로 하고 있다. 근대 자본주의는 주거와 뚜렷이 구분되는 생산공간을 필요로 하였고 근대 도시는 이를 집합적으로 유치하고 지원하는 공간으로 변모하게 되었다. 도시공단, 도심의 빌딩 숲, 도로, 지하철 역, 광장과 공원, 쇼핑가, 유흥가 등은 고용센터로서, 또는 도시의 경제활동을 지원하는 하부시설로서 창출되었으며 익명의 사람들이 모여드는 대표적인 공적공간이 되었다. 반면

표 10-1 **남성성과 여성성의 특징과 젠더화된 공간의 특징**

	남성	여성
선천적 특징	객관적 이성 정신 권력 성취지향적(성공) 독립적	주관적(감정적) 감성 육체 탈권력 관계지향적(돌봄) 의존적
결부된 기능과 공간	공적공간 밖 직장 일 생산 도시	사적공간 안 가정 여가 소비 자연

출처: Rose(1993)와 McDowell(1999)의 내용을 합쳐서 보완.

이들 공간과 위치상으로나 경관상으로나 뚜렷하게 분리되는 주거지역은 대표적인 사적공간이 되었다(〈표 10-1〉). 도시의 공간 이용을 통제하는 도시계획은 생산과 재생산의 효율성을 극대화하기 위하여 이 둘 간의 공간적 분리를 제도적으로 고착화시키는 역할을 한 셈이다.

젠더관계에 대한 이데올로기가 도시공간에서 물리적으로 재현된다는 것은, 더구나 그것이 '공적담론'으로서 법적으로, 사회적으로 정당화된다는 것은 그러한 젠더관계를 더욱 강화하고 영구히 고착시키는 역할을 한다. 고대 로마나 그리스의 광장을 원형으로 하는 19세기 근대도시의 이상과 관념이 21세기 현대도시를 살아가는 우리들의 삶에 여전히 영향을 줄 수 있다는 의미이다. 사적공간과 여성성의 결부는 공적공간에서 여성의 출현을 부자연스러운 현상으로 만든다. 여성의 참정권이 확립되고 남녀평등이 제도적으로 보장된 현대사회에서 공적공간은 남녀 모두에게 개방되어 있는 것처럼 보이지만 불과 100년 전만 하더라도 공적공간은 남성의 전유물이었으며 그 잔재는 현대도시 곳곳에 남아있다. 가령 근대도시의 이분법적 기능구분에 영향을 미쳤던 당대의 젠더관념은 오늘날에도 여전히 유효하다. '여성은 감정의 지배를 받으며, 출산과 관련된 기능으로 인하여 남성보다 자연에 더욱 가까우며, 관계지향적 특성으로 인하여 타인을 돌보는 일에 적합한 품성을 지녔다'라는 관념은 21세기에도 여전히 작동하는 고정관념이다. 그러나 이러한 관념은 여성에 대한 차별 대우를 정당화한다는 점에서 이데올로기이다. 여성에게 참정권이 주어진 것은 동서를 막론하고 20세기 이후였다. 그 이유가 여성은 이성적 판단을 할 수 없는, 즉 온전한 시민이 아니기 때문이었다. 또한 가정에 속한 여성은 생산에 있어서 부수적 존재라는 인식을 가져옴으로써 여성의 저임금을 정당화한다. 여성의 경제활동이 절반을 넘는 한국에서도 여성의 평균 임금이 남성의 60% 선이라는 사실이 이를 증명한다. 또한 도시는 여성에게 안전하지 않으므로 위험한 밤거리를 함부로 돌아다니는 것은 적절하지 않다는 통념을 가져온다. 애초에 왜 도시는 여성에게 안전하지 않은지 또는 여성을 비롯한 모두에게 안전한 도시를 만드는 방법은 없는지 등에 대한 문제제기보다 여성의 품행단정에 대한 요구가 더 손쉬운 통치기제로 작동해 왔음은 물론이다. 제도적 성평등이 이루어졌다는 21세기 대한민국 및 서구의 여러 도시에서도 여성은 여전히 혐오범죄의 대상이 되고 있거나 여성의 몸은 불법촬영의 위협에 노출되어 있다는 점 자체가 여성은 여전히 도시의 타자로 각인되고 위치되고 있음을 방증한다. 여성을 둘러싸고 형성된 이러한 편견과 신화들은 여성을 가정에, 사적인 공간에 묶어두는 것을 정당화하기 쉽다.

이러한 사정은 우리나라에서도 별반 다르지 않았다. 조선시대만 하더라도 정사와 학문 등 공적인 주제를 논하는 자리는 남성들에게만 접근이 허용되었다. 향촌사회의 서원이나 서당 등은 남성들이 전유한 공간이었다. 사대부 한옥의 구조 역시 이러한 성별 분리를 잘 반영하고 있다. 전형적인 양반 가옥은 안채와 사랑채를 물리적으로 구분하고 있다. 안채는 여성과 아이들이 머무는 사적공간이며 사랑채는 남성 주인이 머물며 손님을 맞이하고 문중회의를 여는 공간으로 일종의 개인오피스 기능을 담당했다. 사랑채 앞의 사랑마당은 대문과 근접하여 외부와의 접근성이 용이한 반면, 안마당은 외부로부터 멀고 담으로 둘러싸인 폐쇄적 구조를 지니고 있었다(박명덕, 2005).

(3) 자연과 문화의 이분법과 여성의 자연화

도시가 전통적으로 정의되고 규정되어 온 방식은 도시가 아닌 것들과의 대

그림 10-3 **조선시대 양반 한옥의 구조(정읍 김동수가옥 평면도(1784년 건축))**

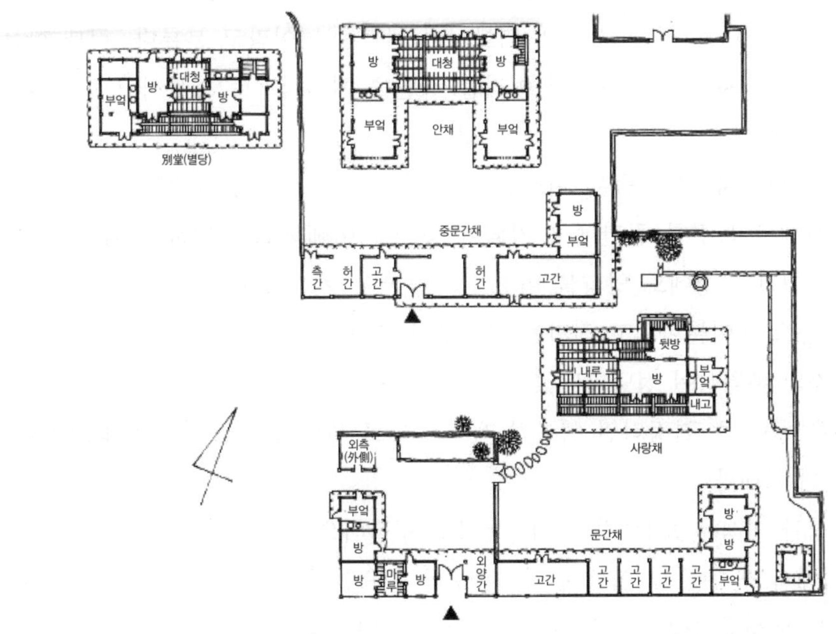

출처: 정인국(1995, 409).

비를 통해서였다. 즉, 시골 또는 전원이라고 일컫는 지역과의 구분인데, 구분의 기준은 다양하지만 그 핵심적인 것은 문명, 문화, 진보를 상징하는 것을 도시로, 그에 대비되는 야만과 자연을 상징하는 것을 비도시로 인식하는 것이었다. 이러한 이분법은 동서고금을 막론하고 인간과 사회, 이 세계에 대한 관념의 본질적인 부분을 차지해 왔으나 특히 서구 근대철학과 근대성의 구축에서 핵심적인 역할을 했다. 이 이분법을 규정하는 핵심원리는 바로 자연과 문화의 구분이다(MacCormack & Strathern, 1980). 간단히 말해 자연은 태고로부터 주어진 것, 문화는 그것을 극복한 인류의 성취물이라는 대립적인 인식이다. 이러한 이분법에서 자연은 모성/여성과 동일시되었고 문화는 여성의 반대항인 남성과 동일시되었다.

자연을 여성과 결부시키는 인식은 고대로부터 서구적 관념의 기저에 깔려 있는 인식론이다. 여성은 신비하고 아름다운 '처녀지'로, 때로는 종잡을 수 없는 두려움의 근원인 야만적인 원시로 비유되면서 항상 자연의 일부로, 또는 자연 그 자체로 상상되고 이미지화되었다. 이렇게 아름답고 야만적인 자연을 지배하고 길들이는 것이 바로 인간(Man)의 역할이며 이를 문명이라고 부른다. 근대 학문은 문명의 대행자로서 남성에게 이러한 자연을 체계적으로 해부하고 해석하는 권한을 부여했다.

페미니스트 지리학자들은 이러한 자연/문화의 이분법이 젠더화되어 있으며 이것이 그대로 특정한 공간에 투영되어 공간을 이해하고 호명하고 이론화하는 학문적 실천과 관행에도 영향을 미쳤다고 말한다. 즉 공간은 도시와 시골, 공간과 장소 등으로 이분화되고 전자는 남성성과, 후자는 여성성과 결부되어 후자에 대한 전자의 우월성이 정당화되었다는 것이다(로즈, 2011, 181-188). 이러한 정당화에 힘을 실어 준 결정적인 역사적 계기가 바로 과학의 우월성이 지배한 시대, 즉, 근대의 도래다.

객관성과 이성은 모든 것을 꿰뚫어보고 포괄적으로 설명하려는 특징을 지닌다. 여기에서 시각은 그 어떤 감각기관보다 중요한 역할을 하게 된다. 즉, 시각적 권력은 남성중심성을 보좌하는 핵심적인 기제이다. 도시계획도가 사람들의 눈높이가 아니라 전지적 시점을 견지하는 것이라든지 고층화에 대한 근대건축의 강박, 투시도의 발달 등은 모두 시각적 권력을 만들어 내는 기술이다. 여기에서 남성은 조망하고 관조하고 꿰뚫어보는 주체로, 여성과 자연은 관통당하고 관찰당하며 묘사되는 존재가 된다.

> "우리 지리학자들이 주로 관심을 가지는 것은 어머니 지구의 얼굴과 형상이다. 화가가 인간이나 동물 해부학을 알아야 하는 것처럼, 우리도 지질학의 일반원리를 숙지해야 한다…… 지구의 얼굴과 형상 중 가장 배우고, 알고, 이해해야 할 가치가 있는 특징은 바로 그 아름다움이다."
>
> 출처: F. Younghusband(1920), *Natural beauty & geographical science.*

여성의 자연화는 고대로부터 현재까지 수없이 되풀이되어 학문과 예술, 일상 곳곳에 스며들어 있다. 영어권에서 자연을 뜻하는 단어는 예외없이 여성형으로 표현된다. 지구, 땅, 달 등은 물론이고 처녀림, 처녀항해 등 여성의 순결을 강조하고 남성형 주체에 의한 여성(자연)의 정복을 가정하는 용어사용 등에도 이러한 고정관념이 고스란히 녹아있다. 위의 인용문에서처럼 여성과 자연은 동일시되어 관찰과 찬양의 대상이 되기도 하지만 대부분 남성(문명)에 의해 계몽되거나 지배되어야 하는 열등하고 수동적인 존재가 되거나 아예 신비롭고 위험한 존재가 되기도 한다. 자연을 극복하기 어려웠던 근대 이전에는 후자의 의미가 강했다면 과학기술의 발달로 자연정복이 인류(남성)의 과업이 된 근대 이후에는 점점 더 전자의 의미가 강화되었다. 부르주아 규범이 정착된 근대에 제작된 회화들이 유독 나체의 여성을 많이 등장시키는 것도 이와 무관하지 않다. 그림 속 남성은 문명을 상징하는 유럽식 복장을 착용한 반면 여성은 장소를 가리지 않고 항상 나체로 등장하기 일쑤이다([그림 10-4, 10-5]). 이는 두 가지로 설명이 된다. 그림 속 남성뿐만 아니라 그림을 소유하거나 감상하는 시선 역시 남성형이기 때문이다. 그림 속의 여성이 그림 속 등장인물과는 상관없이 캔버스 밖의 감상자를 응시하는 듯한

그림 10-4 얀 반 데어 스트라트(1570~1580)의 〈아메리카〉

Amerigo Vespucci가 아메리카에 도착했을 당시를 묘사한 판화. 기독교 문명의 전수자인 베스푸치가 야만적인 '신대륙'을 '발견'하는 장면은 문명과 자연의 이분법을 극명하게 보여준다. 야만의 신대륙은 나체의 여성으로 묘사되었다.

출처: https://commons.wikimedia.org.

그림 10-5 에두아르 마네(1863)의 〈풀밭 위의 점심 식사〉

두 명의 여성은 문명인인 두 명의 남성과 대비되어 나체로 있거나 목욕을 하고 있는 것으로 묘사되었다. 뒤에서 목욕하는 여성은 마네의 부인이고 앞에 있는 여성은 마네의 뮤즈인 접대부이다.

출처: https://en.wikipedia.org.

시선을 취하는 것을 보면 나체의 여성이 보여야 할 대상이 누구인지 분명해진다. 또는 그림 속 여성은 자연에 대한 알레고리로 묘사되었다. 그것이 야만을 상징하는 원시의 자연이든([그림 10-4]), 문명적 도시 외곽의 전원이든 여성은 항상 자연과 동일시되거나 그 일부인 것처럼 묘사되며, 이럴 때 여성은 나체로 등장한다.

여성은 정복의 대상인 수동적 자연일 뿐만 아니라 길들여지지 않은 위험한 자연으로도 묘사된다. 마녀나 메두사, 세이렌 같이 남성을 유혹하고 위협을 가하는 존재는 항상 여성형이었다. 이러한 관념은 '복부인'이나 '얼굴마담' 등 현대 자본주의 도시의 음성적 경제주체에 해당하는 이를 여성형으로 부르는 것과도 맞닿아 있다. 고대에 남성 선원을 유혹하여 바다로 뛰어들게 만들었던 아름답고 위험한 전설 속의 인어 세이렌이 오늘날 세계적인 커피 프랜차이즈의 로고가 되어 글로벌 도시의 아이콘이 된 것은 우연이 아닐 것이다([그림 10-6]). 글로벌 도시에서도 여성은 지나가는 이들을 유혹하는 역할을 담당하고 있는 셈이다([그림 10-7]).

이처럼 여성은 자연화되어 인간이 자연에 대해 가지고 있는 양가적 시선을

그림 10-6 전설의 인어 세이렌을 모티브로 한 스타벅스의 로고

출처: https://stories.starbucks.com/stories/2016/who-is-starbucks-siren/.

그림 10-7 상하이 리저브 로스터리

오늘날 세계도시의 상징적 아이콘이 된 스타벅스는 도시의 일상적 경관을 구성하고 있다. 예전의 스타벅스 로고였던 고전적인 세이렌의 모습이 매장 입구에 새겨져 있다.

출처: https://www.starbucksreserve.com/en-us/locations/shanghai.

그대로 투영한다. 풍요롭고 자애로운 모성 또는 유혹하는 요부라는 상반된 이미지는 모두 남성적 주체가 알 수 없는 자연이라는 낯선 대상을 극복하면서 나타나는 자기분열을 상징한다(로즈, 2011). 그러나 현실 속의 여성은 요부이거나 자애로운 어머니로 양분되지 않는다. 이러한 이분법은 현실 여성에 대한 왜곡된 재현일 뿐 아니라 도시에서 여성의 권한을 축소시키는 명분을 제공한다. 전자는 가정의 천사로서 도시와 떨어진 사적공간에 머물러 있어야 되는 존재로, 후자는 남성들의 필요에 부응하여 여성이 도시에서 제한된 방식으로 존재할 것을 요구하기 때문이다. 이러한 극단적인 이분법은 모든 도시의 악으로부터 차단해야 하는 주거공간의 이상과 대비되어 성매매 공간을 (불법일지라도) 도시의 공적공간에 버젓이 조성하는 모순적인 도시구조를 생산해 왔다.

여성의 자연화는 남성의 편익에 따라 사회에서 여성의 자리를 규정하는 데에 명분을 제공해 왔다. 여성에 대한 양가적이고 분열적인 시선은 모순적이고 분절적인 도시공간구조를 생산하는 데에 기여한 것이다. 그러나 교외의 '안전한' 천국도 퇴폐적인 도시의 공공장소도 여성에게 안전하지 않을뿐더러 여성의 도시이용에 제약을 가해왔다. 여성에 대한 가장 흔한 폭력은 가정폭력이며 사적인 영역이라는 이유에서 최근에서야 경찰과 공권력이 개입하는 것으로 법이 개정되고 있는 것을 볼 때 사적공간이 여성에게 더 안전한 것은 아니다.[4] 도시 공공장소의 안전불감증은 예전부터 큰 사회문제였으나 최근에 더욱 첨예한 이슈로 부각하고 있다. 여성의 도시 보행권은 물론 유흥업소 종사자에 대한 폭력과 안전대책 미비에 따른 사건사고는 연일 신문지상에 오르내리는 주제이다. 여성의 건강과 안전을 담보로 한 자본효율의 극대화 또는 관계법령의 미비는 도시설계와 계획, 운영에 있어서 그것이 우선 고려대상이 아니었음을 시사한다. 따라서 도시가 여성에게 친화적이지 않게 구조화된 근원인 젠더이분법과 여성의 자연화를 거부하는 것이 페미니즘 운동의 주요 아젠다가 되어왔다. 페미니스트 사진작가인 바바라 크루거는 'We won't play nature to your culture '라는 사진작품을 통해 남성적 문명 대 여성적 자연(야만)이라는 전통적인 이분법에 대해 문제제기하면서 여성에게 강요된 자연역할을 거부할 것을 천명한 바 있다([그림 10-8]).

4 한국에서도 2012년에 이르러서야 경찰의 현장출입 · 조사권을 강화한 '가정폭력 방지 및 피해자 보호 등에 관한 법률' 개정이 발효되었다.

그림 10-8 페미니스트 운동의 유명한 표제어를 제공한 바바라 크루거의 사진 작품

우리는 당신네 '문명'에 '자연'역할을 거부한다!
(*We won't play nature to your culture*, 1983).

출처: https://takingart.wordpress.com/2013/06/27/on-barbara-kruger-image/.

3. 공적공간의 남성화와 여성의 이동성 제약

(1) 여성과 남성의 공간경험 차이

이동성(mobility)은 물리적 공간을 극복할 수 있는 능력을 의미한다. 인간의 이동성은 교통통신기술의 발전과 밀접한 연관이 있지만 사회적 관계에 의해서도 크게 좌우된다. 사회적 지위와 경제력, 학력 등은 이용 가능한 교통통신수단과 그 빈도를 결정하며 특정 시설 및 장소에 대한 접근성을 결정짓기 때문이다. 일반적으로 높은 사회적 능력은 높은 접근성과 이동성을 수반한다. 이동성은 사회적 관계이외에도 개인과 집단의 일상생활의 구성을 보여주는 유용한 지표가 된다. 우리의 일상생활은 시간과 공간의 흐름 속에서 구성된다. 즉, 개인의 일상은 하루 24시간이라는 시간표뿐만 아니라 장소 간의 이동으로 점철된 일종의 공간표상에서 펼쳐지는 것이다. 이동성은 개인의 시공간 경험을 특징짓는 주요 변수

가 된다. 따라서 이동성에 대한 고찰은 개인의 생활생계를 심층적으로 이해하는 데 도움을 준다. 시공간 맥락 속에서 개인의 일상을 재구성하는 시도는 시간지리학이라는 지리학의 하위영역에서 많이 다루어져 왔다. 그러나 로즈(2011)와 같은 페미니스트 지리학자들은 시간지리학이 남성(제1세계 백인 남성)의 경험만을 주로 대상으로 하였고 공적공간을 자유롭게 이동하지 못하는 여성들의 경험을 소외시켰다고 비판한다. 공적 · 사적 공간의 분리와 근대도시의 탄생에서도 보았듯이 '여성들에게 적합한 장소는 바로 가정(home)'이라는 이데올로기는 사회적으로, 제도적으로 여성을 사적공간에 머물도록 함으로써 취업과 같은 기회비용을 상실하게 하는 요인으로 작동해 왔다.

여성이 이동성 제약을 더 많이 가지는 이유는 몇 가지가 중첩되어 있다. 첫째, 빈곤의 여성화 등으로 인해 사회적 이동능력이 떨어지기 때문이다. 많은 지식과 재화를 가질수록 이동에 대한 지식과 선택의 여지는 커지기 마련이다. 가령 자동차보급률이나 운전면허취득에 있어서 남녀의 격차는 줄어들고 있지만 여전히 격차가 존재한다는 것은 남성의 이동성이 높음을 보여준다. 둘째, 페미니스트 연구가들에 의해 가장 빈번하게 제기되는 문제로서, 노동의 젠더분업으로 인한 시공간 제약이 여성에게 더 크게 작동하기 때문이다. 가사와 육아 등 여성이 맡은 전통적 젠더역할은 이동을 제약하는 형태의 노동이다. 집안에서 집중적으로 이루어지며 여러 업무를 동시다발적으로 수행해야 하는 특징을 갖는다. 가령 아이를 업고 요리를 하다가 세탁기에서 소리가 나면 빨래를 꺼내어 널고 특정 시간에 셔틀버스에서 내리는 아이를 픽업하는 주부의 평범한 일상은 복잡한 멀티태스킹을 요구하며 특정 시간에 특정 장소에 고정되어 있어야 하며 예측불가능성을 수반하기 때문에 이동에 대한 계획을 어렵게 만들며 이동거리와 빈도 등에 모두 제약을 가한다. 또한 돌봄노동의 특성상 아이나 노인을 대동하여 이동하기 때문에 여성 본인은 신체에 이상이 없어도 교통수단의 선택이나 갈 수 있는 목적지의 제한, 이동거리 제약 등 보행과 이동에 큰 제약을 받는다. 이러한 노동형태는 시간과 공간의 조직에 있어서 상당한 한계로 작용하며 근대 이후 남성노동자를 기준으로 조직화된 자본주의 노동의 시간표와는 배치되는 이동의 리듬을 만들어 낸다. 따라서 여성의 노동자화는 이러한 복잡한 시공간표의 절묘한 조정을 반드시 필요로 한다. 오늘날 보육을 둘러싼 사회적 논란과 관심사는 이를 반영한다. 그러나 보육제도와 지원에 대한 논의는 무성하지만 도시계획 및 공간적 조정에 대한 논의는 부족하다는 점에서 여성의 젠더역할이 가져오는 이동성 제약에 대한 사회적 공감과 이해가 아직까지 충분치 않음을 보여준다. 셋째, 여성에 대한 규율권력이 공공장소에서의 여성 이동성을 제약하기도 한다. 빅토리아 시대 부르주아 여성이나 조선시대 사대부 여성에 대한 외출 제약이 대표적인 예이지만 이러한 규율권력은 현재에도 다양하고 교묘하게 작동하고 있다. 복장코드에서부터 특정한 외양에 대한 사회적 강박, 사회적 차별로 인한 비가시화 등 주로 관찰당하는 여성적 주체는 차별적 시선에 의한 이동제약을 겪기도 한다. 가령 한국의 결혼이민여성이나 미국의 무슬림 여성이 지역사회의 차별적 시선 때문에 외출을 삼가는 경우나 유니폼을 착용한 여성 노동자가 도시의 공공장소에서 사적인 활동을 제약당하는 경우가 이에 해당된다. 마지막으로 여성에 대한 범죄 및 범죄에 대한 두려움 자체가 여성의 이동을 제약한다. 남성의 경우 범죄에 대한 두려움으로 도시 밤거리나 특정 지역 이동을 꺼리는 경우가 거의 없지만 대부분의 여성은 잠재적 범죄 가능성에 대한 두려움을 평생 내면화하고 살아간다. 이는 주거와 직장, 학교의 선택에서부터 활동시간대의 범위, 교통수단의 선택 등 단순히 이동의 문제만이 아니라 삶을 총체적으로 규정하는 제약조건으로 작동한다. 최근 성폭력 및 여성혐오 범죄, 여성 1인가구의 주거안전이나 공공장소에서의 여성에 대한 불법촬영에 대한 논란은 이에 대한 사회적 젠더감수성이 높아졌음을 보여주는 한편 그간 도시공간이 여성들에게 얼마나 폭력적이었는지를 아이러니하게 드러낸다. 도시안전 문제는 부차적인 삶의 질의 문제가 아니라 누군가에게는 생존의 조건이다.

이처럼 다차원적으로 엮인 이동성 제약 요인은 남성과 여성의 도시경험에서 큰 차이를 발생시킨다. 이는 이동의 수월성을 넘어서 기회의 균등, 시민으로서의 권리와 직결된 문제로서 존재의 본질적인 부분이다. 따라서 젠더감수성을 반영한 도시계획 및 공간조성은 권력관계의 변화를 가져올 수 있으며 사회 및 공간 정의의 실현에 중요한 밑거름이 된다.

(2) 공적·사적 공간의 분리와 여성의 이동성 제약

도시공간의 조성원리와 제도가 젠더불평등을 심화시킨 대표적인 사례는 서구의 교외화를 둘러싼 페미니스트 논쟁에서 잘 드러난다. 미국 근대 도시계획의 남성중심성에 대한 통찰력 있는 비판을 제시한 페미니스트 건축학자 헤이든(1980)은 여성의 노동시장 참여율이 증가함에도 불구하고 미국의 가부장적 이데올로기는 여성을 여전히 '가정의 천사'로 칭송하며 교외 주거지역에 갇혀 있도록 만들었다고 주장했다. 공적공간과 사적공간을 이분법적으로 분리시키는 미국의 용도지구제야말로 사적공간에 갇혀 있는 여성의 이동거리를 증가시켜 여성의 취업기회 등을 박탈시켰다는 것이 1980-90년대 교외화를 연구한 페미니스트 도시학자들의 공통된 주장이다. 근대 산업도시화와 가부장제의 결합은 공적공간과 사적공간, 도심과 교외, 일과 가족이라는 이분법을 만들어 내면서 이를 도시공간 속에 체계화했다(강미선, 2010).

도시지리학에서도 '공간의 덫에 갇힌 여성(spatial entrapment of women)'이라는 명제를 통해 도시 건조환경이 여성의 이동성을 제한하는 반면 남성은 상대적으로 자유로운 이동성을 가지도록 설계되었다는 비판을 전개했다. 2차 대전 이후부터 본격화된 교외화는 도시공간의 팽창과 더불어 핵가족 중심의 고립된 주거 형태를 창출하였다. 도시공간의 외연적 팽창은 궁극적으로 직장과 주거지 분리를 심화시켜 통근거리를 늘렸을 뿐만 아니라 대중교통 발달을 저해하여 시민의 이동을 자가용에 의존하게끔 만들었다. 최신식 가전제품이 구비된 단독주택, 이동의 자유를 보장하는 자가용, 정원에서 뛰노는 아이들은 당시 교외화를 주도한 서구 중산층이 그리는 이상적인 가정의 모습을 상징하는 것이었다. 그러나 이러한 가정의 모습은 철저한 노동의 성별분업으로 유지될 수 있었다. 최신식 가전제품을 자유자재로 다루면서 살림을 효율적으로 관장하고 집을 꾸미고 아이들과 남편을 건사하는 만능주부의 무임금 노동이 뒷받침되어야 이러한 이상이 실현될 수 있었다. 돈 미첼(Don Mitchell, 2011)은 주류 사회의 이상적 핵가족에 대한 찬양은 여성 착취에 기반한 가부장적 자본주의 체제를 공고히 하는데 공헌했다고 비판한다.

가사와 육아를 전적으로 여성에게 일임하는 가정내 노동의 성별분업은 직장여성이 급증한 전후시대에 이르러서도 지속되었으며 이는 직장과 가사 및 육아를 동시에 떠안게 된 여성들의 직장 선택과 도시 서비스 이용을 크게 제한하였다. 캐서린 넬슨(Katherine Nelson, 1986) 및 수잔 핸슨과 제럴딘 프랫(Susan Hanson & Geraldine Pratt, 1991) 등은 단순사무직종이 교외지역으로 대거 이전한 것은 교외지역의 중산층 기혼여성들의 노동력을 저임금으로 착취할 수 있었기 때문이라고 주장하면서 가사와 육아의 일차적인 책임을 떠안은 기혼여성들이 가정과 일을 병행하기 위해서 불리한 고용조건을 받아들인 결과라고 설명하였다. 또한 상대적으로 학력수준이 높고 인종적으로도 백인이 대부분인 교외의 중산층 여성들은 고용주 및 소비자의 정치적 · 문화적 취향을 충족시키기 때문에 이들은 고용주에게 매우 매력적인 노동시장을 제공하였다. 이들 맞벌이 기혼여성들은 1970～1980년대 미국도시의 외곽에 거대한 '핑크칼라 게토'(England, 1993)를 형성한 셈이다. '공간의 덫에 갇힌 여성'은 이들을 지칭하는 용어로서, 교외 맞벌이 주부들이 자발적이 아닌 구조적인 요인으로 이동성의 제약을 받았음을 함의한다.

아래의 〈표 10-2〉는 유럽의 여성친화도시 정책수립을 위한 기초조사의 일부를 번역한 것이다. 같은 가구 안에서도 아내와 남편의 시공간지리가 얼마나 다른지를 조사함으로써 여성들의 도시공간 수요는 남성과 어떻게 다를지를 밝히

표 10-2 노동의 젠더분업에 따른 남편과 아내의 시공간지리의 차이

	캐롤린(아내)의 공간이용	로버트(남편)의 공간이용
인적 사항	34세, 전문대학 졸업, 지역은행의 보험 브로커로 일한 경력이 있으며 장녀 레나를 출산한 이후부터 동일 은행에 오전 파트 타임으로 재계약하여 출근하고 있음. 보험 브로커로 다시 전일제 취업을 하고 싶지만 근처에서 레나와 폴을 오후에 맡길 데이케어를 찾기 어려움.	38세, 기계공학 전공의 공업전문대학 졸업, 시내 대기업에서 엔지니어로 근무. 아내를 돕기 위해 육아휴직을 하고 싶지만 아내보다 높은 연봉을 포기하기 어렵고 직장 상사의 인식에서 남성의 육아휴직은 거의 용인되지 않음.
하루 일과	6:00–기상. 출근준비 및 자녀들 등교준비, 가족 아침식사 준비, 자녀들 오전 간식 준비, 세탁기 돌리기 7:00–출발. 큰 딸 레나를 버스 정류장에 내려줌(학교가 옆 동네에 있음)	6:30–기상. 식구들과 함께 아침식사

하루 일과	7:30–아들 폴을 학교에 내려 준 뒤 은행으로 출근 8:00–12:00–업무 12:00–폴을 픽업하면서 점심거리를 사옴 12:30–점심을 해서 폴과 함께 식사. 세탁물 꺼내서 널음 13:30–레나 하교 14:00–레나 점심 준비 14:30–레나 숙제 봐주기 15:30–폴을 태워서 체육관에 내려주고(미식축구수업) 레나의 발레수업이 있는 옆 동네 음악학원에 태워줌 16:45–폴과 레나를 픽업하기 위해 다시 출발 17:15–자녀들과 함께 귀가 18:00–남편 귀가 18:30–저녁식사 준비 19:00–자녀들 재우기 20:00–다림질	7:30–도심 직장으로 출근. 출근시간대 버스나 지하철 타기 어려워서 자가 운전 선택 8:00–업무시작 12:00–12:30–점심식사. 이 시간대에 은행업무를 보고 싶으나 은행도 점심시간 폐쇄 12:30–17:00–업무 17:00–사소한 개인 용무 18:00–귀가 18:30–가족과 함께 저녁식사 19:30–자녀들 재우기 20:00–지역밴드 연습위해 외출 22:30–귀가
도시 계획 요구 사항	• 지역 상점 연장업무: 주중 8시–7시, 토요일 8시–5시 등 • 상점 접근성 높이기 • 보육프로그램의 유연성 확대: 3세 이하, 방과후 학원, 오후 육아, 맞벌이 보육, 모든 연령대 수용하는 프로그램 등 • 의료기관 확충 • 집근처 예체능 학원 • 문화예술 행사 • 집근처에서 평생교육 받을 기회 • 수요에 기반한 도시계획: 보행로 확장, 교통신호 개선 등 • 노동조건 개선: 유연한 노동시간, 남성의 육아휴직 보장 등 • 안전문제: 거리조명이나 지하철 등 가시성 확보 중요	• 교통 연계: 근처에 자동차전용도로 연계강화 • 집근처 예체능학원 • 집근처에서 평생교육 받을 기회 • 노동조건 개선: 유연한 노동시간, 남성의 육아휴직 보장 등 • 가족 경제를 보조하기 위해 아내의 수입이 필요함

• 캐롤린, 로버트, 폴, 레나는 2,000명이 살고 있는 교외지역에서 정원이 딸린 전형적인 단독주택에 거주하고 있는 가족.
• 레나(딸): 12세. 수석 발레리나가 꿈. 하교 후 옆 동네의 예술학교를 다님
• 폴(아들): 7세. 미식축구에 재능있는 초등학교 2학년생

출처: Project Partnership, "Gender Alp! Spatial Development for Women and Men" (ed). 2007, pp.10-11; 강미선, 2012, "젠더관점에서에서 도시계획과 건축", 「국토」, 372, p. 26에서 재인용하여 번역하였음.

기 위한 조사였다. 조사대상인 아내(캐롤린)는 출산과 육아로 경력이 하향조정된 전형적인 교외지역 직장여성이다. 전일제 직장을 다니다가 동일한 직장에서 파트타임 오전근무로 경력을 자발적으로 줄인 케이스이다. 〈표 10-2〉에서도 드러나듯 그녀는 남편에 비해 훨씬 길고 복잡한 시공간 이동 궤적을 가지고 있고 그만큼 도시계획에 대한 요구사항도 많다. 주목할 점은 그녀의 시공간이동은 대부분 가사와 육아와 관련된 것들이다. 자녀들의 픽업 등 특정 시간에 매여 있고 복잡한 루틴을 가지지만 그녀를 대신할 유연한 보육시스템은 찾기 어려우므로 불가피하게 파트타임 일을 선택할 수밖에 없음을 보여준다. 이는 직장과 보육시스템, 방과후 활동 등이 도시의 시공간상에서 어떻게 배열되고 조정되는지에 따라서 그녀의 삶이 크게 달라질 수 있음을 암시하기도 한다.

여성들이 어떻게 공간에 갇혀있는가에 대한 증명은 다양한 학자들에 의하여 제시되었다. 국내외의 대부분의 연구들은 여성 취업자의 통근 시간을 남성과 비교함으로써 여성들의 이동성 제약을 증명하였다. 대부분의 연구들은 여성이 남성보다 짧은 통근시간을 가진다는데 동의하고 있다.

여성들의 짧은 통근시간을 설명하는 요인으로는 크게 성역할 요인과 노동력 요인이 있다. 성역할 요인이란 여성이 가사와 육아에 대해 일차적인 책임을 지는 가정 내 노동의 성별분업으로 인하여 직장선택에 제약을 받는다는 것을 의미한다. 아이를 탁아시설에서 데리고 오는 일, 취학 자녀들의 방과 후 활동을 지원하는 일, 아픈 자녀를 학교나 유치원에서 데리고 오는 일과 같이 가족과 관련된 응급상황에 대처하는 일 등은 일차적으로 주부의 몫인 경우가 많다. 이러한 책임을 이행하기 위해서 직장을 가진 주부들은 파트타임이나 가까운 통근거리의 직장을 선호하며, 이를 충족하는 직장이면 낮은 임금이나 비정규직 등 불리한 고용조건을 받아들일 가능성이 높다는 것이다. 따라서 이들 여성의 통근거리는 남성들에 비해 짧으며, 집과 직장, 탁아시설을 오가는 길에서 일상적 서비스(세탁소, 장보기, 은행 업무 등)를 해결하는 등 공간적 이동이 특정 장소들로 국한된다. 성역할 요인에 의하면 자녀가 있는 기혼여성이 가장 이동 제약을 많이 받는 집단이 된다. 여성의 이동성에 대한 초기 연구들이 성역할을 이동성 제약에 가장 주된 요인으로 지목한 이래로 가부장적 성별분업에 따른 여성의 이동성 제약은 매우 보편적인 가정으로 받아들여져 왔다.

이에 반해 몇몇 학자들은 여성의 제한된 이동성이 성역할보다 노동시장에서 여성이 차지하는 특징에 더욱 직접적으로 영향을 받았다고 주장한다(Hanson & Johnston, 1985). 즉, 여성이 노동시장에서 낮은 위치를 차지하고 특정 분야(따라서 특정 장소)에 편중되어 고용되기 때문에 단거리 통근이 더욱 빈번하다는 것이다. 핸슨과 프랫(1991)의 남녀의 구직행태에 대한 실증연구를 살펴보면, 여성은 지역사회 및 친지들을 통해 취업정보를 주로 얻으며, 따라서 구직의 공간적 범위가 지역사회로 한정되는 경향을 보인다. 즉, 여성들은 처음부터 집과 가까운 직장을 선택함으로써 통근거리를 줄인다는 것이다. 학력이 낮을수록, 여성 편향적인 직종일수록 단거리 통근패턴이 현저하게 드러나는 것은 이러한 노동력 요인을 뒷받침해 주는 예라고 볼 수 있다. 그러나 핸슨과 프랫(1991)도 주장하듯 노동력 요인은 성역할 요인과 완전히 구분된 별개의 과정이 아니다. 여성들이 공간적으로 제한된 범위에서 구직을 하는 것은 가사와 육아 의무를 병행하기 위해서이며 따라서 일에 대한 우선순위가 남성보다 낮을 수밖에 없다. 성별화된 구직패턴 자체가 사회적 관계 및 가정 내에서의 권력관계 지형도를 반영한다고 볼 수 있다. 즉 여성들에게 부과된 성역할은 이들에게 노동시장에서 낮은 지위를 감수하도록 강요하며, 저임금과 낮은 노동지위는 젠더관계에서 열등한 여성들의 지위를 고착화하는 것이다. 성역할 요인과 노동력 요인은 상호 연관되어서 여성들의 이동을 제약하며 이는 제도적 남녀평등이 확립된 서구사회 및 현대 도시에서도 여성들의 공간선택이 자유롭지 못함을 설명하고 있다.

여성의 이동성에 대한 대부분의 연구들은 어느 요인이 여성의 통근패턴을 결정하는데 가장 결정적인 요인인지를 밝혀내고자 하였으나 그 결과는 보편적으로 적용하기 어려운 경우가 많다. 특히 사용한 데이터와 분석 방법에 따라 보여줄 수 있는 사실이 달라지기 때문에 결과에 대한 해석은 맥락에 대한 이해가 결합되어야 한다. 가령 조사 대상자가 도심거주자일 경우 직장이 가까이 있기 때문에 단거리 통근이 지배적인 패턴으로 나타날 수 있다(Hanson & Johnston, 1985). 또한 교통수단이 대중교통이냐 자가용이냐에 따라 시간 당 이동할 수 있는 거리가 달라지기 때문에 단순히 거리 내지는 통근 시간의 일률적인 비교는 실제 이동성의 범위를 왜곡할 소지가 있다.

이에 최근 연구들은 특정 지표의 측정을 통해 보편적인 결과를 도출하는 연구관행에 대해 의문을 던지면서 제약을 극복하는 여성들의 주체성을 다각도로 고찰함으로써 여성들의 이동성의 특징을 살피고 있다. 킴 잉글랜드(Kim V.L. England, 1993)는 자가용 보급이 남녀 모두에게 보편화되고 여성의 경제활동 참여가 매우 높은 현대 미국사회의 경우 여성들이 반드시 짧은 통근거리를 가지는 것은 아니라고 반박한다. 미국 오하이오주의 콜럼부스를 사례로 한 연구에서 잉글랜드(1993)는 기혼여성이 미혼여성보다 더 긴 통근 거리를 가지기도 하며 많은 단순사무직 종사자들이 장거리 통근을 하는 경향을 보여주면서 '여성들이 공간의 덫에 갇혀 있다'라는 명제는 너무 단순하기 때문에 현실에서 나타나는 여성들의 다양한 극복전략을 간과할 우려가 있음을 지적한다. 잉글랜드(1993)에 의하면 여성들은 이웃과의 협업이나 지역사회의 사회적 자본을 활용함으로써 육아의 부담을 분산하고 통근시간을 늘리기도 한다. 최민정(2005)은 서울시 직장여성들의 통근행태를 남성들과 비교하면서 여성들이 직장을 주거지 근처로 옮기는 직주연계방식을 통해서 짧은 통근거리를 유지한다고 하였다. 즉, 이들 연구에서 여성의 짧은 통근거리는 여성이 공간의 덫에 갇혀 있는 증거라기보다는 육아와 가사의 부담과 낮은 임금 및 불리한 고용조건을 가진 여성들의 현실적인 선택인 것이다. 최근 한국에는 '신모계사회'라는 신조어에서도 나타나듯 직장여성인 딸들이 친정부모 근처로 주거지를 옮겨서 가족을 통해 육아문제를 공동으로 해결을 하는 현상이 나타나고도 있다. 여러 손주를 한꺼번에 관리하는 조부모를 만나보기란 어렵지 않은 광경이 되었다. 이처럼 여성들은 다양한 시공간 전략 및 자원을 활용하여 성역할로 인한 이동성 제약을 극복하고 취업기회를 스스로 개척하기도 한다.

여성의 주체성을 탐구한 연구들이 여성의 이동성 제약을 부정하는 것은 아니지만 주체성의 강조는 자칫 여성들의 이동성 제약을 가져오는 불평등한 구조에 대한 관심을 희석시킬 우려가 있다(Mitchell, 2000; Hanson and Pratt, 1994). 또한 교통통신기술의 발달 및 자가용 보급률의 증가, 여성들의 활발한 경제활동 참여로 인하여 현대 도시에서 이동패턴의 성별 차이는 가시적으로 드러나지 않는 경우가 많다. 실제로 미혼남녀의 경우 통근패턴과 이동거리에 있어서 차이가 나타나지 않는 경우가 많으며 아이가 없는 기혼남녀의 경우도 큰 차별성을 보이지 않기도 한다(Hiroo, 2005; 최민정, 2005). 이는 통근패턴이라는 지표가 이동성 제약

그림 10-9 **풀타임 고용 여성과 남성의 시간대별 접근성**

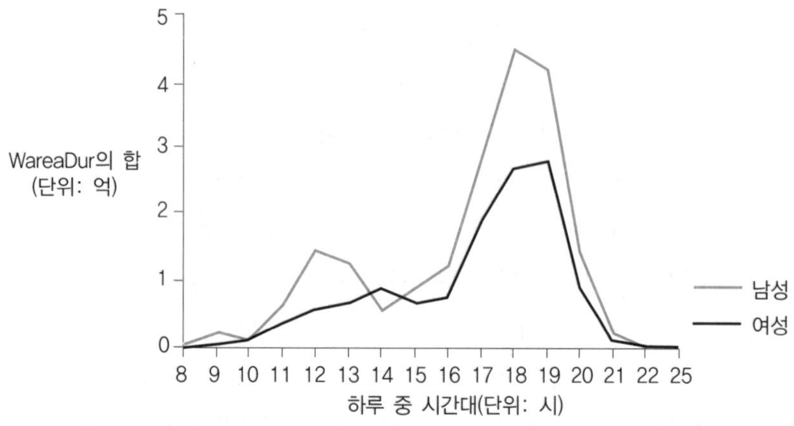

접근성의 정도(세로축)는 여성이 남성보다 전반적으로 떨어지지만 시간대별 이동패턴은 비슷한 경향을 보인다.

출처: Kim, H. M.(2005, 98).

의 성별화를 대표적으로 보여주기 힘든 지표일 수 있으며, 모든 여성들이 공간의 덫에 갇혀 있는 것이 아님을 보여주는 예이기도 하다. 따라서 보다 정교한 분석 방법과 여성들 간의 차별성을 보여주는 것이 요구된다.

김현미(Kim H. M., 2005)는 기존의 연구들이 여성의 이동에 있어서 '공간적' 제약을 보여주는데 그쳤다고 비판하면서 여성들의 공간 경험은 시간적으로도 제약된다고 주장하였다. 즉, 여성들, 특히 자녀가 있는 기혼여성들은 특정 시간대에 이동성 제약을 받는데, 이는 파트타임과 풀타임 고용 여성들 간의 차이로 나타난다([그림 10-9], [그림 10-10]). 자녀의 픽업이나 방과 후 활동 지원 등이 아예 불가능한 풀타임 고용 여성들은 남성들과 비슷한 시간대별 이동성을 보여주나 시간활용이 비교적 자유로운 파트타임 고용 여성들은 특정 시간대에 이동이 집중적으로 제약되는데 이는 가사와 육아의 책임이 주로 이들에게 전가되기 때문이다([그림 10-9] 〈표 10-2〉 참조). 일본 여성의 일상을 시간지리학적인 관점에서 고찰한 카미야 히루(Kamiya Hiroo, 2005)의 연구 역시 자녀양육과 가사 역할이 여성의 일상을 시공간적으로 제약하고 있음을 밝히고 있다. 히루(2005)는 파트

그림 10-10 **파트타임 고용 여성과 남성의 시간대별 접근성**

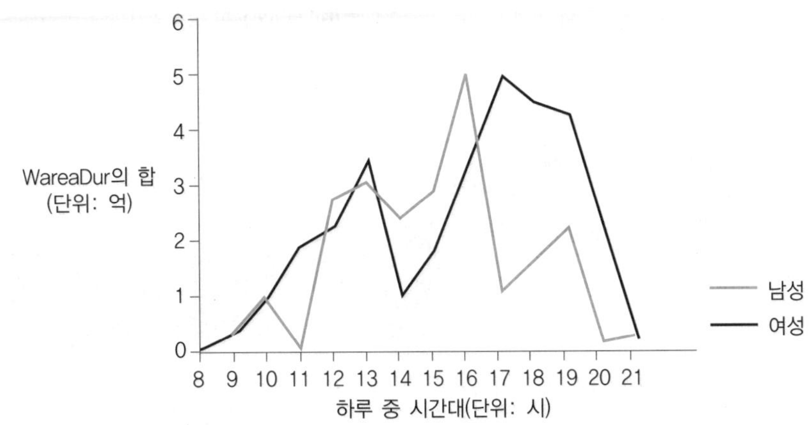

자녀를 픽업하는 시간대(오후 2시경)에 여성의 접근성이 현저하게 낮아진다.

출처: Kim, H. M.(2005, 98).

타임과 풀타임으로 일하는 여성 모두 그들의 배우자에 비해 노동시간이 길며 보다 복잡한 시공간 이동성을 가진다는 것을 증명하였다. 특히 방과 후 활동에 자녀들을 데려다 주고 데리고 오는 일이라든지, 탁아시설에서 어린 자녀를 데리고 오는 일, 식구들의 저녁을 준비하는 일 등은 특정한 시간 엄수가 요구되는 임무이다. 성역할로 인한 시간적 · 공간적 제약은 여성들이 제한된 시간 내에서 이동할 수 있는 공간적 범위를 규정한다.

김현미(2005)는 또한 기존의 연구들이 실제 활동공간만을 측정 대상으로 하고 있기 때문에 여성들의 이동성 제약을 극명하게 보여주지 못했다고 비판한다. 즉, 이동성의 제약은 단순히 움직인 거리가 짧다든지 활동반경이 좁은 것 등으로 충분히 설명되지 못한다는 것이다. 남성과 마찬가지로 여성은 짧은 거리를 '선택'할 수도 있으며, 잦은 단거리 이동으로 인하여 총 이동 거리가 길어질 수도 있는 것이다. 이 경우 움직인 거리가 길다고 반드시 이동성이 큰 것을 의미하지는 않는다. 따라서 김현미(2005)는 실제로 드러난 패턴인 활동공간의 측정보다는 개인이 선택할 수 있는 접근 가능한 공간의 측정이 보다 정교한 이동성의 척도가 될 수 있다고 주장한다. GIS 기법을 활용하여 미국 오레건주 포틀랜드시를 사례

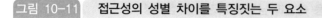

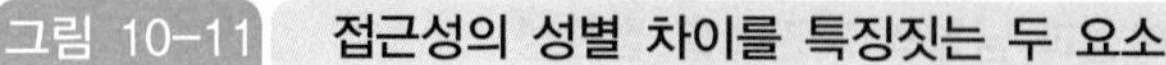
그림 10-11 접근성의 성별 차이를 특징짓는 두 요소

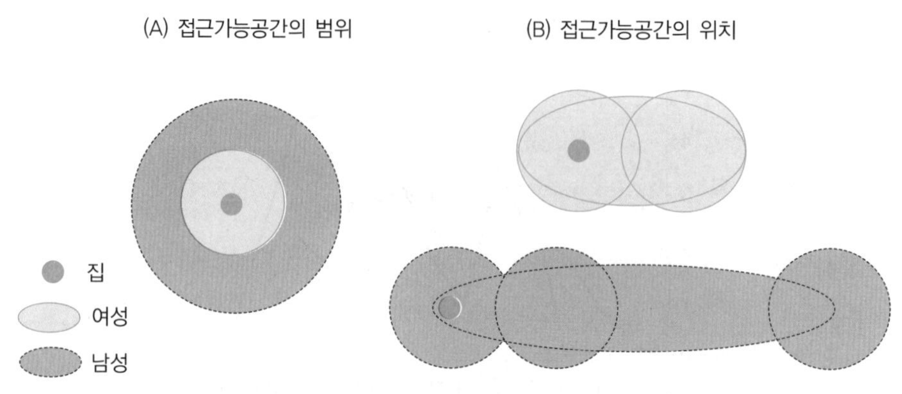

출처: Kim, H. M.(2005, 160)의 그림을 일부 수정.

로 한 김현미(2005)의 연구는 여성이 남성보다 좁은 공간범위의 접근성을 가질 뿐 아니라 주요 이동 목적지 역시 집과 근접하는 경향이 있으며, 주어진 시간 제약 속에서 접근 가능한 공간을 측정한 결과 집과 직장을 오가는 범위에서 대부분의 활동이 이루어진다는 것을 보여주고 있다([그림 10-11]). 즉, 개인화 된 이동수단을 보유하고 경제활동까지 참여하는 현대 도시의 여성들이 겉으로 보기에는 자유롭게 이동하고 있는 듯 보이지만 실제로는 남성보다 훨씬 큰 시간적 제약 속에서 선택할 수 있는 공간적 기회조차도 제한되어 있다는 것이다.

일반적으로 말해 여성의 이동성이 남성에 비해 제한되어 있다는 것은 주지의 사실이다. 그것이 가사와 육아를 여성에게 전담시키는 가부장적 성역할 때문이든, 여성을 하위노동자로, 따라서 부차적인 가구 수입원으로 위치지우는 가부장적 자본주의의 성별분업 때문이든 현대도시에서 여성들의 공간 기회는 상대적으로 제한적으로 제공된다. 그러나 모든 여성들이 공간의 덫에 수동적으로 갇혀 있는 것은 아니다. 많은 여성들이 공간적 제약을 극복하기도 하고 주어진 환경과 자원을 활용하여 현실적인 자구책을 마련하고 있기도 하다. 따라서 이동성의 성별 차이를 가져오는 구조적인 제약에 대한 연구와 제약을 극복하는 여성들의 주체성에 대한 연구는 둘 다 적실하며 균형을 맞출 필요가 있다.

여성들의 이동이 남성에 비해 시간적 · 공간적으로 제한된다는 연구는 매우 유용한 정책적 시사점을 제공한다. 히루(2005)는 여성들이 남성들과 비슷한 노동조건을 가지기 위해서는 단순히 탁아시설의 수를 늘리는 것으로는 충분하지 않다고 지적한다. 보다 중요한 것은 시간 연장이나 다양한 옵션 등과 같이 탁아시설의 유연한 운영과(〈표 10-2〉 캐롤린의 요구사항 참조) 대중교통 이용이 빈번한 여성들을 위하여 보다 효과적인 탁아시설 입지(가령, 주요 환승역 주변)를 고려하는 것 등이다.

여성의 이동성 제약에 대한 연구는 그 학문적 · 정책적 기여에도 불구하고 몇 가지 미진한 점을 노정하고 있다. 첫째, 대부분의 연구가 통근패턴을 지표로 하고 있기 때문에 통근하지 않는 여성의 이동성과 공간경험을 보여주지 못하고 있다. 이는 대부분의 연구들이 서구 중심적이기 때문에 제3세계라든지 비서구 도시의 맥락을 수용하지 못하고 있기 때문이다. 전 세계적으로 볼 때 많은 여성들은 여전히 가정 내에서 임금노동을 하고 있다. 가내수공업, 집에서 부업으로 하는 상업 및 서비스업, 가사노동 등은 여전히 여성들이 주도하고 있는 경제활동이다. 이러한 경제활동은 통상적인 통근지표로 파악하기 어렵다는 문제점을 안고 있다. 또한 우리나라만 해도 전체 여성의 절반 가까이 되는 취업하지 않은 여성들의 이동성도 통근지표로는 파악할 수 없다.

둘째, 대부분의 연구가 실증적인 방법에 치우쳐 있기 때문에 이동성의 시공간적 맥락에 대한 이해가 여전히 부족하다. 이는 대부분의 연구가 여성들이 공간의 덫에 갇혀 있느냐 아니냐를 입증하는데 주력하는 결과를 낳았다. 구체적인 장소에서 개인이 처한 다양한 상황에 대한 고려 없이 여성들이 공간의 덫에 갇혀 있는지 아닌지를 판정하는 것은 무의미할 수도 있다.

마지막으로 여성의 이동성을 제약하는 요인은 젠더관계뿐만이 아니다. 여성들 간에도 큰 차별성이 존재한다는 것은 젠더 이외에도 다른 요인들이 젠더와 결합하여 이동성의 차이를 만들어 냄을 시사한다. 계급, 인종, 학력, 거주지, 연령, 가족 생애주기, 언어소통 능력, 문화, 대중교통 접근성 등 수많은 요인들이 결합하여 여성과 남성, 여성들 간, 남성들 간의 차별적인 이동성을 만들어 내는 것이다. 따라서 향후 연구는 다양한 요인들이 젠더와 결합하는 양식과 이러한 결합이 여성과 남성의 이동성에 어떤 영향을 미치는지를 보여주어야 할 것이다.

(3) 범죄에 대한 두려움과 안전공간에 대한 요구

범죄에 대한 두려움은 여성들의 공간적 이동을 제한하기 때문에 여성의 삶에 막대한 영향을 끼친다(Starkweather, 2007; Valentine, 1989). 이는 여성들이 단지 야간 유흥문화에서 더 소외된다는 것보다 훨씬 더 큰 삶의 제약을 가져온다. 실제 범죄 피해 경험이 전무하더라도 대부분의 여성들은 강간에 대한 두려움을 내면화하고 살아가고 있다. 범죄피해에 대한 예방적 행동은 야간 이동 제약뿐만 아니라 교육과 오락, 주거 선택, 학교 선택, 직업 기회에 있어서 많은 부분을 조정하거나 기회비용을 상실하는 선택을 가져오기도 한다. 특히 도시의 밤거리를 다니다가 범죄의 피해자가 되면 원인제공자라는 불명예까지 뒤집어쓰는 경우가 많기 때문에 범죄에 대한 두려움은 범죄 자체뿐만 아니라 사회적 비난에 대한 두려움까지 포함한다는 점에서 사실관계보다는 심리적 영향이 더 크다고 볼 수 있다.

도시가 여성에게 안전하지 않다는 일반인들의 믿음과는 달리 '연약한' 여성이나 노약자들보다 남성들이 더 많은 범죄의 대상이 되고 있는 것은 주지의 사실이다. 범죄의 가해자도, 피해자도 남성인 경우가 훨씬 많다. 이를 범죄피해-두려움 패러독스라고도 하는데 범죄피해에 대한 두려움을 가장 많이 가진 집단이 실제 피해자가 되는 비율은 가장 낮은 현상을 일컫는다. 이 개념은 실제 피해자와 두려움을 갖는 사람 간의 불일치를 강조하며, 대부분의 연구는 여성들이 왜곡된 두려움을 갖는 이유를 설명하거나 그것을 해소하는 방안을 강구하는 것으로 귀결된다. 그러나 이 개념은 범죄를 하나의 단일한 추상적 범주로 획일화하며 범죄의 종류가 무엇인지는 감안하지 않은 개념이다. 실제 범죄의 종류에 따라 피해자는 달라진다. 폭력범죄는 남성이 가해자, 피해자가 되는 경우가 훨씬 많지만 강간과 살인을 포함하는 흉악범죄[5]는 피해자가 여성, 가해자가 남성인 경우가 많다([그림 10-12]). 심지어 흉악범죄의 여성피해자 비율은 90%에 육박하며 비율은

5 한국 형법상 범죄분류 체계에서 강력범죄는 폭력범죄와 흉악범죄로 나뉜다. '폭력범죄'는 폭행, 상해, 공갈, 악취, 유인, 체포, 감금, 폭력행위를 일컬으며 '흉악범죄'는 살인, 강도, 방화, 성폭력을 포함한다. 흉악범죄는 일반 폭행사건에 비해 피해자의 상해정도는 물론 체감되는 두려움과 사회적 파급력이 훨씬 더 크기 때문에 더 심각한 범죄로 분류된다.

표 10-3 강력범죄(흉악) 피해자 추이

	2012	2013	2014	2015	2016
여성(명)	22,381	25,400	28,920	29,617	27,542
남성(명)	3,754	3,619	3,552	3,528	3,326
여성비율(%)	85.6	87.5	89.1	89.4	89.2

출처: 한국여성정책연구원 성인지통계(https://gsis.kwdi.re.kr/gsis/kr/stat/StatDetail.html).

증가 추세에 있다(〈표 10-3〉).

성인지통계가 아닌 범죄 합산 통계는 이러한 측면을 잘 드러내지 않는다.[6] 여성들은 어린 시절부터 성폭력의 잠재적 피해자로 규정당하면서 위험한 도시의 밤거리를 돌아다니지 않도록 교육받는다. 그러나 성폭력의 가해자는 모르는 사람보다 아는 사람일 경우가 더 많으며, 폭력 역시 익명의 공간보다 사적공간에서 더욱 빈번하게 발생한다(Bondi & Rose, 2003). 〈표 10-4〉는 폭력에 관한 한, 가정도 결코 안전한 울타리가 아님을 보여주고 있다. 즉, 여성에 대한 범죄는 사적공간이나 공적공간 도처에 있으며 이는 특정 공간에 대한 여성의 출입제약으로 해결되지 않음을 시사한다. 누구에게나 안전한 도시공간을 만드는 근본적인 노력이 없는 한 약자에 대한 범죄는 지속될 것이다.

범죄피해-두려움 패러독스가 설명하지 못하는 또 다른 요소는 사회심리학적 요소이다. 왜 남성은 빈번하게 폭력사건의 피해자가 되면서도 범죄에 대한 두려움은 적은 반면 여성은 두려움을 더 많이 가지는 걸까? 여성의 비이성적 피해의식으로 이를 설명하자면 이성적 남성의 반응 역시 논리적이지 않다. 이는 범죄의 종류에 관련된 젠더 심리학적 현상으로 볼 필요가 있다. 여성이 모든 범죄에 대한 두려움을 크게 가지는 이유는 사소한 범죄도 여성에게만은 성폭력이라는 흉악범죄로 이어질 수 있기 때문에 여성은 남성보다 범죄에 대한 두려움이 더 크며(Warr, 1984) 범죄를 미연에 방지하는 선택, 즉 범죄 예방적 행동을 취하는 경향이 있다. 여성의 연령이 낮을수록 성관련 범죄에 대한 두려움은 더욱 증가하며

6 경찰청과 검찰청 통계에서는 흉악범죄를 일반폭력범죄와 구분하여 집계하지만 범죄 관련 대국민서비스인 범죄통계포털 시스템(한국형사정책연구원)의 경우 폭력범죄 통계에서 흉악범죄를 따로 분류하지 않는다.

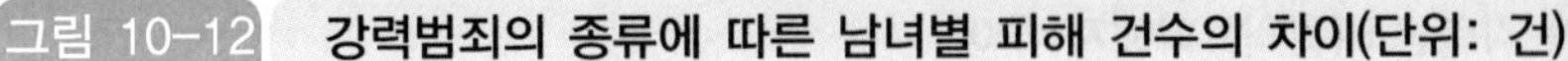
그림 10-12 강력범죄의 종류에 따른 남녀별 피해 건수의 차이(단위: 건)

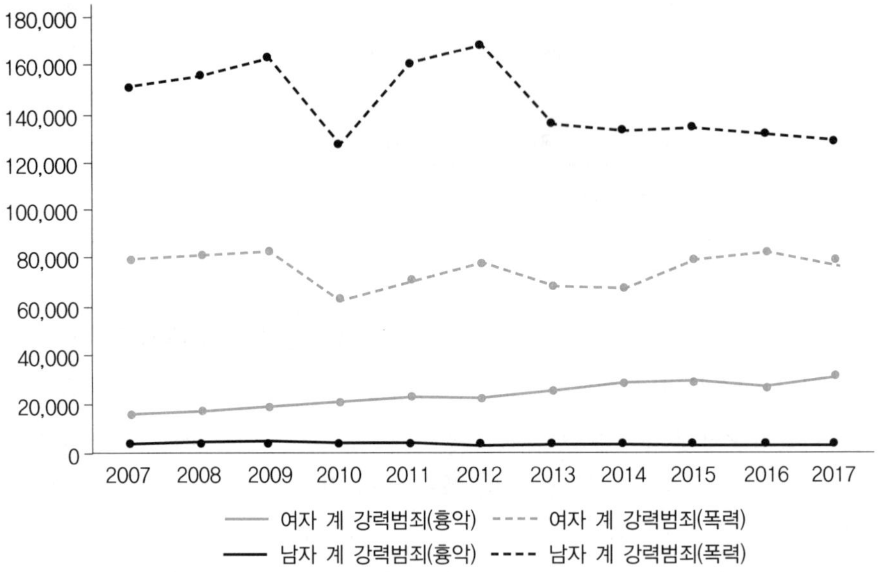

일반적 폭력, 공갈, 협박을 의미하는 폭력범죄는 남성이 압도적으로 많은 피해 건수를 보이고 있는 반면 강간, 살인, 방화, 강도 등 직접적인 신체가해를 포함하는 흉악범죄는 여성이 남성보다 더 피해건수가 많으며 증가하는 경향을 보인다.

출처: 한국여성정책연구원 성인지통계(https://gsis.kwdi.re.kr/gsis/kr/stat/StatDetail.html).

(장안식 외, 2011) 이는 1인 가구 청년 여성이 청년 남성에 비해 고가의 주거비용을 실제로 지불하고 있다는 경험연구를 통해서도 증명되고 있다(이창효 외, 2010; 김진영, 2013; 조규원, 2019).

범죄와 두려움에 대한 도시연구가들은 범죄에 대한 개인의 두려움이 어떻게 도시공간이용에 영향을 미치는지를 연구해 왔다. 이들은 미시공간의 디자인, 공간의 개방성 여부, 무질서의 징후(그라피티나 쓰레기 방치 등), 경고 문구, 개인의 사회적 · 물리적 특징 등이 특정 도시공간에 대한 두려움을 증가시킨다고 하였다(Fisher & Nasar, 1992; Nasar & Jones, 1997; Gardner, 1994; Stanko, 1996; Valentine, 1990). 남성에 의해 남성중심적으로 건축된 도시의 건조환경은 여성을 압도하거나 여성으로 하여금 신변안전에 대한 우려를 자아낸다고 한다. 신변안전에 대한 두려움은 여성들의 도시공간 이용에 상당한 제약을 가한다.

표 10-4 서울시 폭력사건의 발생지(1999년)

토지이용 구분		건수	비율
사적공간	주택 · 상업혼합지	21,821	35.74
	주택지	14,224	23.20
공적공간	상업업무시설지	13,272	21.74
	교통시설지	5,154	8.44
	녹지 · 오픈스페이스	3,098	5.07
	공공용지	1,503	2.46
	나지	949	1.55
	공업지	661	1.08
	도시부양시설지	221	0.36
	특수하천	126	0.21
	하천 · 호소	22	0.04
계		61,051	100

출처: 전용완(2002, 25)의 표를 수정.

그러나 범죄에 대한 여성의 두려움의 강조는 자칫 두려움을 극복하는 여성의 주체성을 간과할 우려가 있기 때문에 최근 연구들은 '두려움'보다 '안전'이라는 능동적인 용어를 선택하는 경향이 있다. 또한 두려움이 여성의 전유물이라는 선입견에 도전하면서, 남성의 두려움에 대한 연구(Day *et al.*, 2003)나 두려움이 정체성의 구성과 수행을 통해 규정된다는 연구(Day, 2001; Mehta & Bondi, 1999), 공적공간에서 안전을 확보하기 위한 여성의 능동적 전략에 대한 연구(Koskela, 1997; Starkweather, 2007)가 활발하게 이루어지고 있다. 이러한 연구들은 단순히 두려움이 여성의 본성이 아님을 보여주는 것을 넘어서서 젠더 정체성과 공간이 변증법적으로 상호 구성됨을 강조한다(Bondi & Rose, 2003).

도시의 밤거리를 여성들에게도 안전하게 만들기 위한 집합적 노력은 다양한 여성단체에 의해서 활발하게 진행되고 있다. 유럽과 북미를 중심으로 펼쳐지는 밤거리 되찾기(Take Back the Night, www.takebackthenight.org)[7] 운동과 최근 강

7 "Take Back the Night"는 도시의 밤길에서 희생된 여성을 추모하면서 유럽에서 시

그림 10-13 밤거리 되찾기 운동

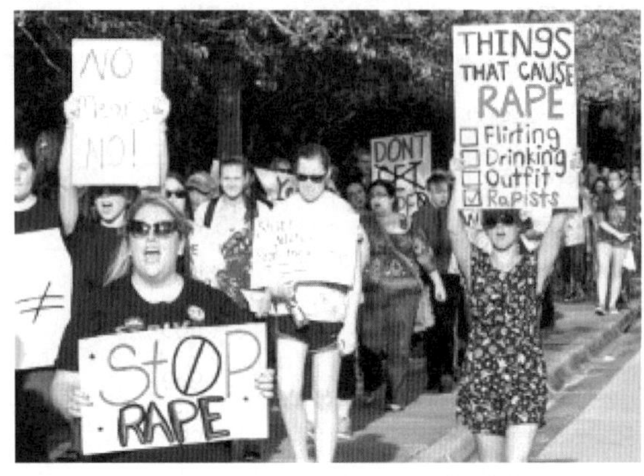

출처: https://takebackthenight.org/.

그림 10-14 강남역 살인사건 피해자를 추모하는 35,000건의 포스트잇(2016. 5.)

이 자료들은 여성의 도시안전 정책을 만드는데 활용될 수 있도록 서울시여성가족재단에 의해 기록, 보존되고 있다.

출처: 박원순 서울시장 페이스북(2017. 5. 17).

작되어 북미, 전 세계로 퍼져나간 여성운동이다. 미국에서는 1978년 샌프란시스코의 홍등가에서 포르노 및 매매춘 반대를 위한 시위를 개최한 이래 해마다 도시와 대학캠퍼스에서 열리고 있다. 이 운동은 촛불시위, 행진, 강연, 퍼포먼스 등을 개최하면서

남역 살인사건 이후 국내에서도 다시 활성화된 공적공간에서의 여성안전 운동은 여성들의 밤길 권리를 주장하고 여성에 대한 폭력이 없는 안전한 도시를 만들 것을 촉구하고 있다. 이러한 운동들을 통해 여성들은 능동적인 도시민으로서의 정체성을 만들어가고 있다.

(4) 규율권력과 유순한 신체의 양산

여성의 이동성과 도시공간 경험을 통제하는 또 다른 기제로는 규율권력이 있다. 앞의 이유들이 공간적 분리나 물리적 범죄 등 비교적 분명하고 통계적으로도 드러나는 현상을 통해 직접적으로 공간이용의 성별차이를 만들어 냈다면 규율권력은 암묵적으로 작동하는 정교한 통치기술이다. 전자가 제도의 개선, 특정한 시설의 증설 등을 통해 해결될 수 있는 난제라면 규율권력을 통해 은밀하게 작동하는 신체에 대한 통치는 젠더에 대한 고정관념을 바꾸어야 하는 보다 근본적인 해결을 요구한다.

규율권력이란 군주권력과 달리 일상생활에서 미시적으로 작동하는 복잡하고 광범위한 권력으로 개인의 신체, 품행, 몸짓, 언어사용 등을 규범화하는 사회적 룰이다(오생근 역, 2009). 규율권력에 대한 광범위한 연구를 해 온 미셸 푸코(Michel Foucault)는 중세부터 현대까지의 감옥의 역사를 통해 그 이면에서 작동하는 다양한 층위의 권력관계 및 제도적 장치를 해부했다. 흥미로운 점은 감옥이라는 제도이자 공간이 강압에 의해서보다는 규율권력에 의해서 개인의 신체를 개조하여 권력에 부합하는 존재로 만들어 왔음을 분석했다는 점이다. 푸코의 주장이 도시연구에 시사하는 바는 감옥뿐만 아니라 군대, 병원, 학교, 직장 등 다양한 현대판 감옥의 감시와 처벌 기제가 자발적 검열과 상호감시라는 규율에 의해 작동하고 있다는 것이다. 근대 지식의 해부학을 자처한 푸코의 이론은 권력관계 중 핵심적인 젠더관계를 의도적으로 간과했다는 점에서 거센 비판을 받았지만(최영 외 역, 1997) 푸코의 연구는 페미니즘 연구에 다양하게 활용되었다. 특히 근대적 신체는 근대적 감시와 통제의 결과물이라는 생체권력 개념을 제안함으로

여성에 대한 성폭력과 강간, 여성과 어린이에 대한 폭력이 없는 안전한 도시를 만들자고 촉구하고 있다(www.takebackthenight.org).

그림 10-15 **테일러리즘에 입각한 가부장적 직주공간의 생산을 통한 여공의 통제**

대구 제일모직 방직공장 여공 기숙사

일제강점기의 경성방직공장, 영등포구 소재

출처: 좌) https://www.segye.com/newsView/20150303004352,
우) http://news.khan.co.kr/kh_news/khan_art_view.html?art_id=201708131025001.

써 여성의 몸에 대한 감시와 통제의 결과 유순한 신체를 양산하는 권력의 작동과정을 설명하는 데 유용한 통찰을 주었다.

공간적 장치를 통해 여성의 몸을 규정하고 유순한 신체를 양산하는 사례는 근현대도시에서 무수히 찾아볼 수 있다. 가령 여성노동자, 일명 '여공'이라는 특정한 여성노동자 집단의 정체성을 구성하는 데에 공장과 기숙사라는 제도적 공간이 결정적인 역할을 했다. 찰리 채플린의 〈모던타임즈〉에서 보여주듯이 테일러리즘이 노동자의 신체를 어떻게 조련하는지는 다양한 방식으로 논의가 된 바 있다. 그러나 여성노동자는 남성노동자와는 다른 방식으로 훈육되었음에 주목할 필요가 있다. 전자는 생산성 극대화 속에서 인간의 신체가 부품으로 전락하는 양상에 초점을 맞춘 반면 후자는 생산성 극대화라는 통상적인 자본의 명제 외에도 가부장적 통제라는 또 다른 목표가 동시에 작동했기 때문이다. 이는 온정적 가부장제를 지향해 온 유교전통이 강하게 남아있는 아시아 국가에서 특수한 방식으로 작동했다. 식민지 규율권력과 근대주체의 탄생에 대한 연구들은 여성이 시공간에 대한 물리적 통제 외에도 정신적 통제를 통해 식민지 근대자본주의와 가부장적 권력관계에 종사하는 유순한 신체로 통제되었음을 보여준다(김진균 · 정근식 편, 2000, 〈표 10-5〉 참조). 즉, 가부장적 순결 이데올로기를 이용하여 여공의 신

표 10-5 일제강점기 유교적 테일러리즘과 여공의 탄생

면방 대기업 기숙여공의 하루 일과	
기상이상	오전 4:30
청소 및 아침식사	오전 4:30–오전 6시
작업시작	오전 6시
점심식사	정오 12시
저녁식사	오후 6시부터
목욕, 휴식 및 청소	
취침	오후 9시
교화계 교육	오후 9시–오후 10시

출처: 강이수(2000, 146); 태혜숙 외(2004, 287)에서 재인용.

체와 시공간을 구속하며 보호라는 명목으로 24시간 감시를 정당화함으로써 효율적 착취를 이룰 수 있었다. 여공문학 등 한국 근대화에 기여한 여성노동자에 대한 탐색은 여공의 신체가 통제되고 규율된 반면 그 속에서 다양한 혁명적 씨앗이 싹텄으며 노동운동 담론이 간과했던 여성노동자로서의 계급의식의 고양과 노동투쟁이 여공을 통해 어떻게 뿌리내리게 되었는지를 드러내기도 했다(김원, 2006).

여공담론은 비단 여공뿐만 아니라 도시의 다양한 여성군들이 어떻게 특정한 제도적 공간을 통해 양산되는지에 대한 시사점을 준다. 가령 오늘날 대도시의 여성근로자들이 복장코드와 규율을 통해 어떠한 신체를 가지도록 강요받는지 등을 생각해 볼 수 있다. 한 국내 월간지에 의하면 은행의 낮은 직급 여성에게만 여전히 착용이 의무화되고 있는 유니폼이 여성에 대한 차별을 심화할 뿐 아니라 업무시간 이외에도 익명의 대중에 의해 감시받는 신체로 가시화함으로써 유니폼에 적합한 행동양식과 신체를 가지도록 하는 규율로서 작동한다고 한다(이코노미인사이트, 2018). 비슷한 사례는 항공기 승무원에서도 찾아볼 수 있다. 항공사별로 천차만별인 여성 승무원 유니폼의 변천사를 살펴보면 그 사회가 승인하는 또는 대외적으로 내세우고자 하는 여성상을 간접적으로 보여준다. 최근 한국의 여학생 교복에 대한 민원도 이러한 연장선상에 있다. 과거 학교라는 제도공간을 통해 양산된 전통적 여성상에 부합하는 여성스러운 교복 또는 어린 여성에게 성상품화 이미지를 덧씌운 일각의 시선에 부합하는 짧고 달라붙는 교복을 거부하고 젠더중립적이고 활동적인 교복을 요구하는 현상은 최근 대한민국 청소년 세대의 달라진 젠더관념을 보여준다. 페미니스트 정치철학자 아이리스 매리온 영(Iris M. Young, 2005)은 미국의 공립학교를 대상으로 한 경험연구에서 여학생과 남학생이 공 던지는 모습을 비교한 적이 있다. 몸을 활짝 펴서 온 몸의 반동을 이용하여 적극적으로 공을 던지는 남학생과 달리 여학생은 몸을 움츠린 채 공을 던진다는 관찰을 통해 젠더에 따른 공간 사용의 규율이 어린 학생들의 신체에 어떻게 각인되어 있는지를 고찰했다. 남성은 공간을 많이 사용하는 것을 개의치 않는 반면, 여성에게는 유독 공간을 적게 사용하라는, 몸을 오므리라는 규율이 작동한다는 것이다.

이처럼 신체에 가해지는 규율들은 외양 가꾸기와 복장에서부터 공간사용 행태에 이르기까지 다양하게 작동하며 이에 길들여진 유순한 신체는 정상의 몸들과 대비되는 비정상의 몸들에 대한 사회적 통제를 용이하게 만든다. 첨단 정보통신기술과 생물과학의 접목으로 신체에 대한 통제는 미래 도시에서 점점 더 고도화되어 갈 것이며 보안과 검열을 통해 바람직하지 않은 몸들을 걸러내는 통치기술은 미래 도시에서 치열한 윤리적 논쟁을 불러올 수 있다.

4. 한국 도시문제에 대한 성인지적 접근

젠더담론은 최근 한국 도시연구와 도시정책 모두에서 큰 주목을 받고 있다. 이는 현실 도시공간에서 벌어지는 젠더를 둘러싼 각종 문제들이 간과할 수 없을 정도로 중요하게 시민들의 삶에 다가오고 있기 때문이다. 육아와 보육정책은 이제 지방정부의 주요 정책이며 선거마다 쟁점으로 떠오르는 주제가 되었다. 여성을 비롯한 교통약자의 보행권과 이동권 보장 역시 주요 연구과제이다. 특히 최근 몇 년간 온 사회를 뜨겁게 달군 일련의 사건과 갈등[8]은 대부분 젠더를 매개로 하

8 가령, 강남역 여성 살인사건(2016년 5월 17일)은 여성혐오범죄라는 프레임이 초반

고 있으며 이에 대한 해결책이 성인지감수성을 특히 요구한다는 점에서 성주류화는 도시의 주요 아젠다로 부상하였다.

그러나 뜨거운 사회적, 정책적 요구에도 불구하고 도시연구에서의 학술적 대응은 여전히 미진한 편이다. 이 장은 특히 정책분야에서 최근의 성주류화 기조에 입각하여 등장한 도시와 여성에 대한 핵심주제를 살펴본 후 향후 도시지리학 연구에서 젠더 이슈를 어떻게 발전시켜 가야 할지에 대한 전망을 모색해 보기로 한다.

읽을거리 10-1 성인지통계와 성평등지수

기존의 통계가 젠더중립적으로 수집되고 발표되기 때문에 성차별이나 여성의 상황을 드러내는 지표를 기존의 통계자료를 통해서 추출하기 어렵다. 한국여성정책연구원에서는 성인지통계 포털을 개설하여 성평등 구현을 위한 인식 개선 및 정책 기초자료를 제공하고 있다(https://gsis.kwdi.re.kr/gsis/kr/main.html).

각국의 성평등 수준을 드러내는 통합지표로는 UNDP가 발표하는 성불평등지수(GII)와 세계경제포럼이 발표하는 성격차지수(GGI)가 대표적인데 전자는 성불평등의 수준과 남녀 격차 모두를 반영하는 종합지수이며 후자는 모집단위 내에서의 남녀 격차만을 드러낸다는 차이가 있다. 2017년 한국의 성불평등지수는 189개국 중 10위이며 성격차지수는 2018년 149개국 중 115위를 기록하여 두 지수 간의 상당한 차이를 보이고 있다. 이러한 차이는 특정 분야(보건, 교육 등)에서 받은 높은 점수가 취약한 부분을 상쇄하여 한국 여성들의 삶의 질이 전반적으로 향상되고 있는 반면 상대적으로 한국의 남성들과는 그 격차가 여전히 크다는 것을 의미한다. 특히 세계경제포럼이 산출하는 지수에는 여성의 대표성을 묻는 지표들의 비중이 큰데(전문직, 관리직, 국회의원, 장관, 여성총리 등) 한국여성이 가장 취약한 분야가 바로 의사결정에 있어서 여성의 대표성이기 때문에 이

부터 강력하게 작동했고 피해자에 대한 추모가 전국적으로 일었던 사건이라는 점에서 피해자를 낮아넌 과거의 무수한 유사사건과는 차별화된 사건이었다. 이후 미투운동으로 불거진 직장내 성폭력 근절에 대한 요구, 공공장소의 불법촬영 금지에 대한 요구, 그 밖에 도시 유흥업소에서의 여성 성폭행과 마약 강제 주입에 대한 분노, 학교 등 일상의 공간에서 위계에 의한 여성의 성적대상화 반대 등 젠더와 섹슈얼리티를 둘러싼 사회이슈는 연일 봇물처럼 터지고 있다. 이는 최근에서야 이러한 문제가 생겨서가 아니라 최근에서야 이것이 문제라는 공감대가 형성되었기 때문이다.

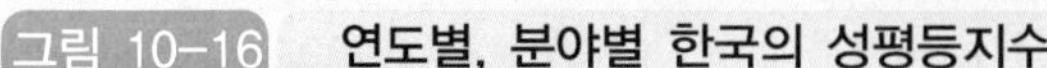
그림 10-16 연도별, 분야별 한국의 성평등지수

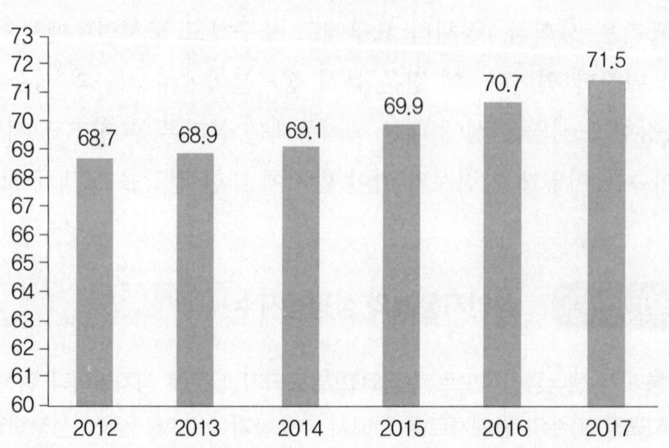

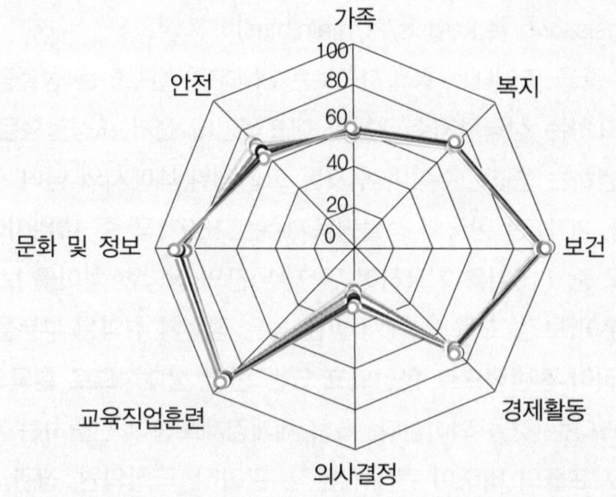

출처: 한국여성정책연구원 성인지통계(https://gsis.kwdi.re.kr/gsis/kr/stat2/NewStatList.html?stat_type_cd=STAT002).

지수가 유독 한국에 불리하게 산출될 수밖에 없다.

국제기구에서 제공하는 지수와는 별도로 2000년부터 여성가족부에서는 한국의 정책 아젠다 및 상황에 맞도록 독자적인 국가성평등지수를 개발하여 제공하고 있다. 이 지수에 따르면 지난 10년간 한국 여성의 성평등지수는 점진적으로 상승하고 있음을 볼 수 있다. 그러나 총 8개 분야로 세분화된 영역을 살펴보면 분야별 격차가 매우 큰 한국의 성평등 관련 특징이 여실히 드러나고 있다. 한국 여성이 가장 취약한 분야는 의사결정(완전평등인 100점 기준으로 29.3, 2017년)으로 다른 분야에 비해 월등하게 낮은 수준을 나타내며, 그 다음으로 취약한 분야가 가족(58.9)과 안전(66)인 것으로 나타나고 있다. 이 부분은 최근 여성관련 정책 이슈와도 거의 중첩되는 부분이다. 여성정책이 효과를 발휘하고 있는 가족 분야는 그나마 가장 높은 상승세를 보이는데 반해 안전은 유일하게 지난 5년간 악화된 분야이다. 가족 지수가 낮게 나오는 이유는 가사노동시간 성비와 육아휴직자 성비가 여전히 극단적으로 불균등하기 때문이다. 안전은 강간을 포함하는 흉악범죄 증가로 인해 제반여건의 개선에도 불구하고 여전히 낮은 수준을 보인다. 반면 보건(97.3), 교육직업훈련(93.1), 문화정보(89.3) 분야에서는 매우 높은 점수를 받아서 대조를 이룬다.

성평등 분야별 지수가 한국의 여성정책 및 도시연구에 시사하는 바는 여성문제는 여성문제에 국한되어 있는 것이 아니라 사회 모든 문제와 긴밀하게 연관되어 있다는 점이다. 가령 여성의 의사결정 권한이 저조한 것은 정책 한 두 개로 해결될 수 없으며 보다 근본적인 남녀관계 인식전환 및 제도 개선이 수반되어야 할 문제이다. 안전문제 역시 도시계획과 주택정책 수립에 있어서 시사하는 바가 크다. 즉 여성문제는 여성가족부에게만 할당된 문제가 아니라 모든 부서와 사회 각 부문이 나서서 해법을 통합적으로 모색해야 한다는 뜻이다. 여성 의제가 성주류화로 전환된 이유가 여기에 있다.

(1) 성인지적 관점에서 본 도시안전 및 주거문제

성인지(gender sensitive)적 관점은 최근 여성학계에서 제시된 성주류화 기조와 맥을 같이 하는 용어이다. 성주류화(gender mainstreaming)란 특정 분야 중심으로만 전개되던 여성에 대한 목소리의 한계를 극복하기 위해 사회 모든 영역에 여성이 참여하여 여성의 목소리를 내고 의사결정권을 행사하는 시스템으로의 전환을 의미한다. 1985년 제3차 세계여성대회(나이로비)에서 처음 제기된 이후 1995년 제4차 세계여성대회(베이징)에서 공식적 의제로 채택되었다. 베이징 행동강령에 의하면 정부와 모든 주체는 모든 정책의 입안에서부터 실행과 평가에 이르기까지 양성차별에 미칠 영향을 분석하고 양성 모두의 이해관계를 반영함으로써 최종적으로 양성평등을 달성할 것을 주문하고 있다(UN, 1997). 성인지적 관점은 성주류화를 구현하기 위해 요구되는 관점이자 태도로서, 사회현상과 사회문제 이면에서 작동하는 젠더관계의 영향을 항상 고려하는 관점을 의미한다. 즉, 젠더중립성(마치 젠더는 아무 관련도 없다는 듯한 중립적 태도)과 반대되는 용어이다. 한국에서는 1998년 국민의 정부 출범과 함께 신설된 여성부 및 중앙부처 여성정책담당관실에서 정책 전반에서 성인지적 관점을 적용시키는 성주류화를 추진해오고 있다. 이후 서울시 등 지방자치단체에서도 도시정책 전반을 성인지적 관점에서 검토하는 여성정책담당관 제도를 시행하고 있다.

최근 도시담론에서 첨예하게 등장하고 있는 것이 바로 여성의 도시안전이다. 국가성평등지수에서도 매우 낮은 수준을 보여주는 안전 분야는 상대적으로 개선되고 있는 다른 성평등지수에 비해 점점 악화되고 있는 분야이며 서울과 수도권 등 인구밀집지역일수록 더욱 취약하게 나타나 적극적인 예방정책이 요구되는 분야이다. 가령 서울시의 경우 성평등지수가 타 지자체에 비해 상대적으로 우수한 편이지만 안전 분야는 전국 최하위를 기록하고 있고 성폭력 발생비율 역시 전국 최고치[9]를 나타내고 있어서 도시의 여성 안전문제에 대한 대책이 시급함을 보여준다(〈표 10-6〉, [그림 10-17]).

여성 안전을 높이는 방안은 크게 인프라 개선, 치안강화, 범죄예방환경설계 등 도시계획 및 환경 개선을 통해 범죄를 전반적으로 낮추는 방법과 범죄취약계층 맞춤형 정책을 실시하는 방법이 있다. 최근 전국 지자체에서 활발히 도입하고 있는 범죄예방환경설계(Crime Prevention Through Environmental Design, CPTED)는 물리적 환경이 범죄를 유도할 수도, 예방할 수도 있다는 가정 하에 도시환경 설계를 통해 범죄불안감을 낮추고 범죄유발의 물리적 요인을 차단함으로써 범죄를 미연에 방지하고자 하는 도시계획적 수단이다. 범죄예방환경설계의 기본 이념은 도시운동가이자 계획가로 유명한 제인 제이콥스(Jane Jacobs)로부터 영감을 얻었다. 팽창과 분리를 기본으로 하는 미국의 도시계획에 대한 비판의 바이블로 꼽히는 제이콥스의 명저 『미국 대도시의 죽음과 삶(*The Death and Life of Great American Cities*)』(1961)에서 그녀는 도시의 다양성과 고유성, 역사성을 보존하

9 2011년 기준 성폭력 발생건수 10만 명당 전국 평균이 43.4건인 반면 서울시는 61.4건으로 지자체 중 가장 높은 발생률을 보였다(서울시 정책자료집, 2012).

표 10-6 서울특별시 분야별 성평등지수 현황(2017년)

분야	점수	전국 순위	전년대비 증감
경제활동	73.8	6	▼
의사결정	41.2	2	▲
교육직업훈련	96.1	1	▲
복지	90.8	5	▲
보건	98.2	2	▼
안전	60.5	16 (최하위)	▼
가족	57.3	14	▲
문화정보	90.5	8	▲

출처: 한국여성정책연구원 성인지통계(https://gsis.kwdi.re.kr/gsis/kr/stat2/NewStatList.html;jsessionid=0861725FB19FD0E26BB4EBAF834937D4?stat_type_cd=STAT002#).

그림 10-17 전국 지자체별 안전분야 성평등지수 비교(2017년)

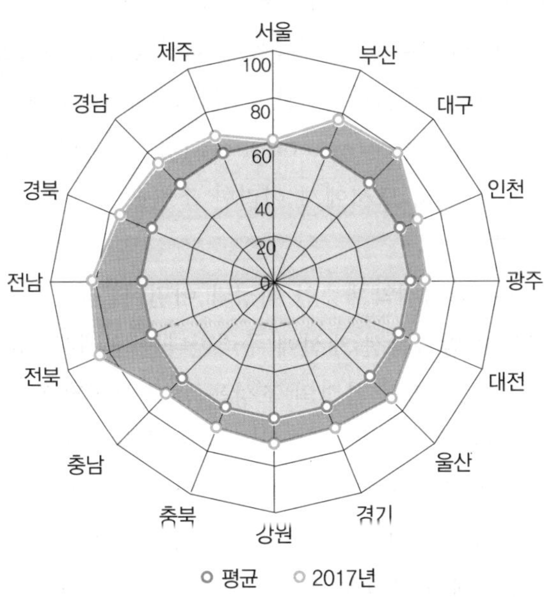

출처: 한국여성정책연구원 성인지통계(https://gsis.kwdi.re.kr/gsis/kr/stat2/NewStatList.html;jsessionid=0861725FB19FD0E26BB4EBAF834937D4?stat_type_cd=STAT002#).

그림 10-18 CPTED 가이드라인 및 원리

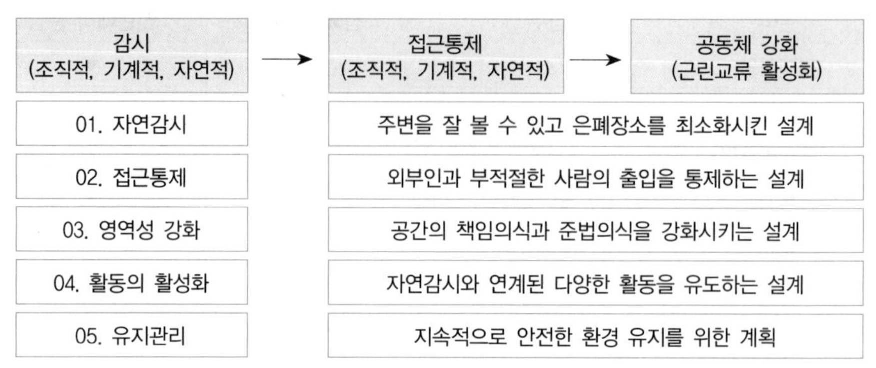

감시
(조직적, 기계적, 자연적)
접근통제
(조직적, 기계적, 자연적)
공동체 강화
(근린교류 활성화)
01. 자연감시
주변을 잘 볼 수 있고 은폐장소를 최소화시킨 설계
02. 접근통제
외부인과 부적절한 사람의 출입을 통제하는 설계
03. 영역성 강화
공간의 책임의식과 준법의식을 강화시키는 설계
04. 활동의 활성화
자연감시와 연계된 다양한 활동을 유도하는 설계
05. 유지관리
지속적으로 안전한 환경 유지를 위한 계획

출처: 경찰청(2005), 환경설계를 통한 범죄예방 방안.

며 차이가 공존하는 새로운 도시재생의 이념을 선구적으로 제안했다. 자동차 위주, 대형 빌딩 위주, 용도분리에 기반한 근대도시 개발과는 반대로 혼합적(mixed use), 집약적(compact), 보행자 위주의 도시개발을 옹호했으며 이러한 휴먼 스케일의 도시는 거리(골목)의 부활과 지역공동체의 활성화를 유도할 수 있다고 보았다. 범죄예방환경설계는 제이콥스 주장의 핵심인 지역공동체의 자생적 부활과 거리에서의 자연스러운 상호감시(eyes on streets)가 그 어떤 도구보다 효율적인 범죄예방 장치라고 보고 현대 도시에서 이러한 조건을 구현할 수 있는 도시설계 원리를 제안한다([그림 10-18]).

범죄예방환경설계는 범죄취약계층인 여성과 어린이를 주 대상으로 하며 여성의 범죄불안감을 낮추고 밤길안전 개선에 주력한다는 점에서 젠더감수성이 근간을 이루는 도시정책이다. 물리적 환경의 조성을 통해 사회적 관계의 구축을 유도하고 이를 통해 젠더관계의 변화를 도모한다는 가정은 페미니스트 공동주거 운동 등에서 나타나는 지향과도 거의 유사하다. 또한 범죄에 대한 불안감에서 벗어나는 것은 '모든' 시민이 누려야 할 보편적 복지라는 공감대를 확산함으로써 도시안전의 도모가 여성에게 국한된 혜택이 아님을 보여준다

읽을거리 10-2 CPTED와 지역공동체의 자연감시: 마포구 염리동 사례

한국에서 CPTED를 지자체가 주도하여 최초로 적용한 사례는 2012년 서울시 마포구 염리동 소금길 조성이다. 서울시는 경찰과 학계, 전문가들로 구성된 범죄예방디자인위원회를 꾸리고 마포구 염리동에 CPTED를 적용하여 마을 환경개선 사업을 추진했다. 무질서하고 어두운 골목길이 이어져 있던 염리동은 범죄에 대한 두려움으로 밤길 귀가를 꺼리던 곳이었다. 이곳을 '소금길'이라는 이름의 보행로 코스를 만들어서 주민들의 자연감시(eyes on streets)가 가능하도록 만들었다. 가령 좁고 어두운 골목길을 벽화거리로 만들어서 친근감을 줌은 물론 전봇대마다 번호등을 설치하여 코스를 쉽게 따라가도록 하였고 유사시 신고자의 현재 위치를 신속하게 파악할 수 있도록 하였다. 범죄 이력이 없는 오래된 주민을 선발하여 '소금지킴이집'으로 지정하여 노란 대문, 조명, 비상벨, cctv 등을 설치하여 시각적 안전성을 높였다. 또한 동네 입구에는 주민들의 자치 공간인 '소금나루'를 조성하여 지역공동체의 활성화 및 자치활동의 재건을 유도했다.

CPTED 적용 결과 78.6%의 범죄예방 효과를 거두었고 지구대 신고전화도 30% 급감했다고 한다(장진희, 2018).

그림 10-19 범죄공포지도를 활용한 보행로 조성

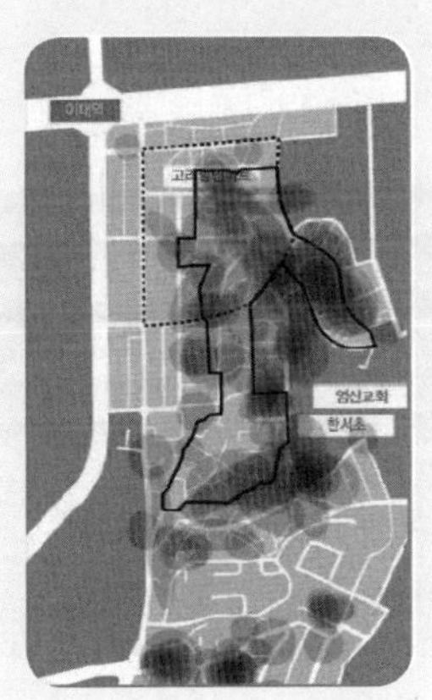
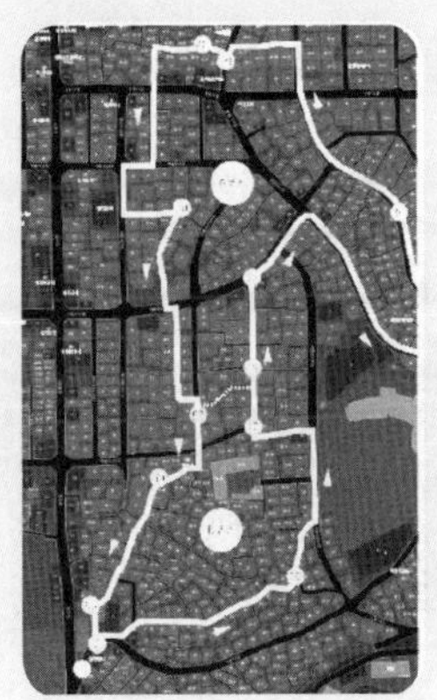

주: 범죄공포지도를 작성하여 공포가 가장 심한 핫 스팟의 사각지대들을 연결하여 총 1.7km 구간을 소금길로 조성하여 두 개의 걷기코스로 개발했다.

그림 10-20 벽화를 통한 안전거리 조성 전(위) 후(아래)

출처: 스마트서울경찰 블로그(https://smartsmpa.tistory.com).

그림 10-21 소금나루와 번호등

출처: 스마트서울경찰 블로그(https://smartsmpa.tistory.com).

(2) 포용도시와 젠더: 여성친화도시

범죄예방환경설계가 여성과 젠더를 전면에 내세우지 않고 보편적 삶의 수준 향상을 통해 여성의 문제도 해결하는 정책이라면 반대로 여성과 젠더를 전면에 내세우면서 이를 통해 보편적 복지를 추구하는 정책도 있다. 대표적인 여성 도시 정책이 여성친화도시(women friendly city) 정책이다. 유럽에서 시작된 여성친화도시는 성주류화 도시정책의 대표적인 아젠다로, 한국은 양성평등기본법 제39조 1항[10]을 그 추진 근거로 설정하고 있다. 여성친화도시란 정책의 결정과정과 혜택의 분배에 있어서 성평등을 구현하고 여성의 역량강화, 돌봄, 안전이 구현되도

그림 10-22 여성친화도시의 목표와 과제

비전	삶의 질을 살피는 지역정책, 여성이 참여하는 행복한 지역 공동체				
가치	형평성	돌봄	친환경	소통	
목표	성 평등정책 추진 기반 구축	여성의 경제, 사회적 평등 실현	안전하고 편리한 도시	자연과 함께하는 환경	여성참여 활성화화 지역공동체 강화

추진과제	도시기반조성	공공서비스 활성화	제도인프라 구축
	도시계획 프로젝트	안전시스템 구축 및 운영	여성친화도시 조성계획수립
	주거단지 조성 프로젝트	여성지원기관 네트워크	친화도시 민관 협의체 운영
	도로 및 교통 프로젝트	여성 취/창업 지원 프로그램	여성친화도시 조례 제정
	여성특화거리조성 프로젝트	가족친화마을 조성	정책결정과정 여성참여확대
	돌봄 편의시설	생애주기별 건강관리	성주류화 제도 정착
	녹지 네트워크 구축		행정 추진체계 구축

출처: 여성가족부(2010), 여성친화도시 조성 매뉴얼.

10 "국가와 지방자치단체는 지역정책과 발전과정에 여성과 남성이 평등하게 참여하고 여성의 역량강화, 돌봄 및 안전이 구현되도록 정책을 운영하는 지역을 조성하도록 노력하여야 한다."(양성평등기본법, 제39조 1항).

록 정책을 운영하는 지역을 의미한다(여성가족부, 2018). 여성친화도시에서 '여성'은 사회적 약자를 대변하는 상징적인 의미이며, 아동, 청소년, 장애인, 노인에 대한 배려를 포함하여 만들어가는 도시를 의미한다(여성가족부, 2018). 한국의 경우 2009년 익산시를 시작으로 2018년까지 87개의 지자체가 여성가족부로부터 여성친화도시 인증을 받았다. 여성가족부가 최종 관리기관이지만 여성가족부와 기초자치단체 간의 협약에 의해 기초자치단체가 실행하는 지역 여성정책의 모델로서 여성의 일과 돌봄이 복합적으로 얽혀있는 일상공간을 대상으로 생활밀착형 정책을 지향한다는 점에서 중앙정부에서 선도하던 기존 여성정책과 차별화된다([그림 10-22], 〈표 10-7〉의 정책사례 참조).

표 10-7 여성친화도시 정책 사례: 2016~2018 우수사례

선정 연도	지역	단체	사업명	사업내용
2016	대구 달서구	사회복지 법인 가정 복지회	기업과 구민이 함께 만드는 여성친화 달서 만들기 프로젝트	• 여성친화적 기업문화조성에 관심이 많은 기업대상 네크워크 구축으로 일 · 가정 양립을 위한 기업문화 조성 • 노무상담 등을 통해 애로사항 해소 • 여성근로자 노무문제 접수 후 노무사 상담 진행 • 일 · 가정 양립환경 조성을 위한 지역 맞춤 프로그램 운영
	경기 시흥시	나눔자리 문화 공동체	바라지 여성친화마을	• 지역별 특성에 맞는 소통이 가능하도록 시흥시 권역별 1개소에 바라지 여성친화마을 운영 • 시민들의 주거 공간이 가까운 곳에 기존 공간을 활용한 여성친화 프로그램 운영
	경기 의정부시	의정부시 새마을 부녀회	온마음 모아 희망의 스위치를 on, 'ON 브릿지' 조성사업 [돌봄의 연계를 통한 여성친화 마을만들기]	• 마을과 마을, 주거단위와 주거단위 간 공공기관유휴공간을 지역주민 돌봄공간으로 활용 • '민' 주도 + '관' 지원 추진단 구성 • 마을운영위원회의 모니터링을 통한 돌봄 및 필요자원 등 확인 • 브릿지 공간 마련 및 돌봄 프로그램 개발과 연계
	충남 아산시	아산녹색 어머니 연합회	성매매 우려지역 여성의 인권과 평화를 상징하는 여성친화도시 마을만들기 사업	• 희망나눔 벼룩시장 운영 • 성매매 업소종사자 상담 및 지원 • 여성친화도시 바로알기 및 양성평등 인식개선 사업추진

선정 연도	지역	단체	사업명	사업내용
2016	전북 남원시	사단법인 한생명	살래골 여성친화마을 조성 사업	• 귀농귀촌여성 대상으로 경제활동지원 통한 마을정착 도모 • 생활의류 업사이클링을 위한 바느질 전문교육 • 귀농귀촌여성이 중심이 되어 어르신과 자녀 돌봄을 통해 마을 문화와 세대 공감을 통한 지역정착 활성화
2017	대구 달서구	달서구 여성단체 협의회	기업과 구민이 함께 만드는 여성친화 달서 만들기 프로젝트	• 소통, 나눔, 교육, 공연, 전시 가능한 여성커뮤니티 가게 설립 • 재능을 가진 여성들의 지역사회 참여를 위한 아트길 운영
	경기 의정부시	의정부시 새마을 부녀회	여성일자리 마을 만들기 사업 "바늘과실 사랑채" 운영	• 여성친화마을 거점공간에서 소일거리를 통한 여성협동조합을 설립 • 지역주민 요구조사를 거쳐, 일자리창출 교육과 돌봄프로그램 운영을 통하여 여성의 사회참여를 위한 기반 조성
	경기 성남시	사회적 협동조합 문화숨	이웃이 스미는 마을	• 여성친화마을 인적자원 육성을 위한 커뮤니티강사 육성 워크숍 실시 • 주민 요구조사를 통한 여성친화마을 토대 구축 • 성남 민 · 관 네트워크 활성화
	전북 김제시	김제시 여성단체 협의회	웃음꽃 피는 여성가족 친화마을 만들기	• 여성 · 아동이 안전하게 함께 즐길 수 있는 문화커뮤니티 공간 조성 • 지역주민 참여를 활성화하여 주민들의 역량강화 및 공동체 활성화 • 여성들의 역량강화를 통해 지역사회 참여 기회 확대: 마더 안전토크방 운영
2018	경기 부천시	부천여성 청소년 재단	(소)소한 안전을 (확)실하게 지키는 (행)복한 부천 '쌈닭' 네트워크	• 쌈닭 네트워크 구성(기획단 구성, 마을 쌈닭 조직) • 부천여성안전실태조사 • 여성안전 · 안심 코디네이터 양성, 동네 '마을 쌈닭' 네트워크 구성 • 언니네 공부방 운영(코디네이터 중심으로 '공부하는 쌈닭' 동네 학습 모임) • 지역사회 활동 1. 지키는 이웃되기(동네 Voice 캠페인, 여성안심축제, '청소년과 함께, 쎈언니들과 함께, 할매들과 함께' 자율적 네트워크 형성), 2. 안심존 만들기(동네 사랑방 구성) • 실태조사 및 사업결과 보고회

선정 연도	지역	단체	사업명	사업내용
2018	충남 아산시	안전 지도자 협회	성매매집결지 여성친화형 도시재생 사업 시범모델 구축을 위한 여성친화마을 만들기 사업 추진	• 유형, 무형 자원 발굴 조사, 주민요구 설문조사 등을 통해 성매매집결지 장미마을 일대에 여성친화형 도시재생 사업 추진 • 성매매집결지 일대에 문화공연, 벼룩시장 등 운영

출처: 여성가족부(2016, 2017, 2018), 여성친화도시 우수사업.

여성친화도시는 물리적 인프라 제공을 넘어 사회적 관계 및 공동체 복원을 지향한다는 점에서 페미니스트 도시 운동의 이념이 정책으로 승화된 모범적인 사례라고 볼 수 있다. 지방정부와 시민사회가 협력하여 지방 현안을 다룬다는 점에서 제한된 자원으로 지역의 역량 증진을 도모할 수 있는 잠재력도 매우 크다. 또한 '여성'만을 대상으로 하는 것이 아님을 정의에서도 분명히 밝혔듯이 여성뿐 아니라 사회 취약계층에게도 효과가 큰 사업이므로 그 확장성도 매우 크다고 볼 수 있다. 즉, 여성에게도 친화적인 도시는 모두에게 친화적인 도시인 셈이다. 따라서 새로운 도시 아젠다로 떠오르고 있는 포용도시(inclusive city)의 정책적 도구로서 호환이 가능하다.

그러나 여성친화도시는 그 의의에도 불구하고 여러 비판에 직면해 있다. 여성학계의 비판은 대부분 여성의 고정된 성역할을 고착하는 사업을 남발하고 있다는 점과 사업의 중복성이다. 성주류화가 모든 영역에서의 여성주의적 전환을 지향하기 때문에 그 일환인 여성친화도시도 따로 예산을 크게 배정하는 것이 아니라 기존 사업을 여성친화적으로 운용하는 것이 대부분이기 때문에 형식적인 여성친화로 그칠 가능성이 높다. 가령 기존의 도시정비 사업을 여성친화 명목으로 시행함으로써 여성의 역량강화나 성평등 거버넌스 구축보다는 지역 민원해결이나 지자체 성과산출에 치중할 수 있다는 것이다. 여성친화도시를 추진하는 주요 주체 중 하나인 시민참여단의 구성 역시 50~60대 주부가 대부분이어서 대표성의 문제가 늘 제기된다(주혜진, 2016). 특히 모성역할을 강조하는 등 오히려 전통적인 젠더관계를 강화하는 정책 위주로 추진되는 경우도 많아서 그 의의가 퇴색되기도 한다.

이러한 부작용이 생산되는 근본적인 원인 중 하나로 여성친화도시 거버넌스 스케일과 한국의 일반적인 정책집행 방식의 문제를 들 수 있다. 한국의 분야별 성평등지수에 의하면 여성의 의사결정, 안전, 경제활동 등이 시급히 개선되어야 할 분야이다. 이러한 과제들은 사회 근본적인 변화와 아울러 각 부처 간의 협력을 통해서만 개선될 수 있다. 일부 안전문제 개선을 제외하고는 기초지방자치단체 수준에서 해결할 수 있는 젠더불평등의 문제는 애초에 한계가 있다는 의미이다. 즉, 여성의 낮은 정치적 대표성, 여성 노동의 비정규직화 및 성별 임금격차, 성범죄에 대한 의식 등을 개선하지 않고서 마을공동체사업이나 안심귀가도우미 등으로 진정한 여성친화도시가 조성되기는 어렵다는 의미이다. 이러한 문제를 여성가족부 수준에서도 해결할 수 없기는 마찬가지이다. 각 부처의 긴밀한 협력이 필히 요구되지만 부처 간 장벽이 높고 위계관계가 확고하며 가부장적 이데올로기가 지배하는 관료제 시스템 하에서는 성주류화 정책은 제대로 작동하기가 어렵다. 또한 유사 정책의 남발은 기초지방자치단체 간 경쟁시스템에 기반해 있기 때문에 생길 수밖에 없는 부작용이다. 경쟁보다는 협력을 통해 낭비를 줄이고 혁신을 도모하는 새로운 정책집행 체제를 구상할 필요가 있다.

읽을거리 10-3 포용도시와 젠더

포용도시는 사회적 배제를 극복하고 사회통합을 지향하는 도시 비전이다. 신자유주의적 세계화로 인해 국제사회는 양극화, 빈곤층 증가, 난민 및 이민자 급증, 복지국가의 후퇴, 메가도시 및 불균등 발전의 문제 등 사회적 배제의 수준과 내용이 심화되고 다양해지면서 지속가능성의 위기에 직면하게 되었다. 이에 2000년대 이후부터 국제사회에서 포용적 성장이 주요 이슈로 등장하기 시작하였는데 포용적 성장이란 경제적 성장을 추구하는 과정에서 발생한 빈곤과 불평등 문제를 해결하기 위해 교육과 의료와 같은 비소득 기반의 측면을 함께 고려하는 성장방식으로 빈곤감소, 불평등 해소, 지속가능성 추구를 의미한다(OECD, 2014). 이러한 분위기 속에 2016년에 개최된 UN Habitat 3차 회의는 Cities for All이라는 슬로건을 내세우며 포용도시 담론을 본격화하는 계기가 되었다. 흔히 인간정주회의로 알려진 UN Habitat는 20년마다 개최되는 국제회의로서, 3차에 이르러서는 정주에서 도시로 그 의제가 본격 전환되는 기점을 맞이하게 되었다(박세훈,

그림 10-23 '모든 여성을 위한 도시' 이니셔티브

CAWI: 성평등한 포용도시를 구현하기 위해 만들어진 캐나다 기반의 국제여성단체

출처: https://www.cawi-ivtf.org/.

2016). 3차 회의에서 제출된 정책보고서인 「새로운 도시의제(New Urban Agendas)」에 의하면 포용적 도시를 첫 번째 정책과제로 지목하고 있다. 포용적 도시를 구현하기 위해서 상호의존성과 참여가 새로운 정책 개념으로 등장했는데(Gerometta *et al.*, 2005) 박인권(2015)은 여기에 도시라는 집합적 공간에서 실현해야 하는 공간적 포용이라는 차원을 추가하였다. 이러한 개념들을 수용하여 서울시는 '사람 포용성, 공간 포용성, 거버넌스 포용성'이라는 3개 부문을 서울형 포용도시 구현을 위한 지표체계 개발의 기본 범주로 설정했다(변미리, 2018).

포용도시 담론을 국가적 아젠다로 수용한 제3세계에서는 여성의 빈곤화 및 주거불안정성, 성폭력 등을 해소하기 위한 대책이 논의의 중요한 축을 담당하고 있다. 실제로 양극화도 여성의 빈곤화 및 비정규직화와 밀접한 관련이 있다. 이에 New Urban Agendas는 포용도시 제안의 의의와 목표를 다음과 같이 천명했다. "… 도시가 계획되고, 설계되고, 재정적으로 지원되고, 개발되고, 통치되고, 관리되는 방식을 바꿈으로써, 「새로운 도시의제」는 모든 형태의 빈곤과 기아를 근절하고, 불평등을 줄이며, 지속가능하고 포용적인 경제성장을 촉진하고, 성적 평등을 제고하며, 지속가능한 발전을 위해 자신을 능력을 발휘할 수 있도록 여성과 소녀들의 역량을 강화하고, 인류의 건강과 안녕을 증진하며, 회복탄력성을 높이고 환경을 보호하는데 기여할 것이다…"(New Urban Agendas, 2016). 포용적 성장을 본격적인 화두로 삼은 최근 APEC 회의에서도 「Women and Economy Dashboard」(2017, 2019)라는 보고서를 통해 인류의 절반을 차지하는 여성의 상태 개선

없이는 포용적 성장을 이루기가 어렵다는 문제의식 하에 여성의 지위와 경제적 역할에 대한 모니터링을 실시하고 있다(https://www.apec.org/Press/Features/2019/0308_ED).

젠더감수성을 기조로 하는 국제사회의 포용도시 담론과는 달리 한국에서는 젠더 관련 논의가 포용도시 담론에서 거의 등장하지 않는다. 따라서 한국의 포용도시 담론에서 정책대상으로 삼는 '시민'이 과연 어떤 시민이냐는 문제가 제기될 수 있다. 사회적 약자를 다 같은 범주로 일원화하는 것은 때로는 위험하다. 어떤 약자인지에 따라서 문제원인과 해결이 달라질 수 있기 때문이다. 빈곤, 주거불안정성, 도시시설에 대한 접근성, 난민 등 포용도시가 중요하게 고려하는 문제들이 빈곤의 젠더화, 1인가구의 여성화, 이주의 여성화 등 젠더 이슈와 직결되어 있다. 정책적 프레임에 갇혀 문제 해결에 급급할 뿐 문제의 근본적 원인 진단에는 취약하다는 비판을 극복하기 위해서는 젠더와 섹슈얼리티, 계급, 인종, 종교 등 현대사회에서 불평등을 구조화하는 시스템에 대한 종합적인 분석이 필요하다. 또한 젠더 관점으로 공간적 포용성 확장을 지향하는 여성친화도시와 같은 성인지 정책과의 정책적 공조도 고려해 볼 필요가 있다.

5. 요약 및 제안

인류의 절반 이상이 도시에 살게 된 이 시대에 도시는 인류 문명의 화두이며 개인의 삶의 조건 중 매우 중요한 부분을 차지하게 되었다. 자본주의 도시화를 연구한 르페브르는 자본축적의 과정 그 자체가 바로 도시화라고 했다. 그런데 도시에 대한 경험은 인종, 계급, 지역, 장애유무, 연령뿐만 아니라 젠더에 따라서도 차별적으로 구성된다. 이러한 차이는 개인의 만족도를 넘어 집단과 사회의 불평등을 구조화하는 기제가 될 수 있다는 점에서 심각한 문제이다. 젠더와 공간의 생산에 대해 연구해 온 페미니스트 지리학자들은 근대도시의 이상과 제도 그 자체가 남성중심적 이데올로기에 의해 구성되었으며 따라서 그 물리적 구현도 남성중심성을 띠게 되었다고 주장해 왔다. 공적공간과 사적공간을 분리하여 이를 젠더화된 위계질서에 조응하여 분할통치한 근대도시의 계획원리가 대표적인 사례이다. 이러한 경향은 여성을 사적공간에 속한 존재로 규정하여 공적공간에서의 이동성을 제약하고 위험에 노출되도록 하였다. 최근 청년 여성 1인 가구가 증가함에 따라 이들이 치안의 사각지대에 놓여 있음을 보여주는 사건사고들은 그간 가부장적 도시가 어떻게 작동해 왔는지를 드러낸다. 즉, 가부장의 보호하에 있지 않은 비혼 여성의 등장은 현대 도시가 이러한 여성들에게 여전히 불친절하며 위험하다는 것을, 이 도시의 안전망과 공권력은 이들이 아닌 다른 사람들에게 더 유리하게 작동한다는 것을 보여준다. 제도적 남녀평등이 구현된 21세기 글로벌 도시에서도 젠더는 여전히 뜨거운 이슈이다.

포용도시, 여성친화도시 등 젠더감수성을 갖춘 새로운 도시비전과 정책이 최근 국제사회와 한국에서 활발히 논의되고 있다는 사실은 고무적이다. 이들 담론의 정책화와 이론적 보완은 물론 지구화와 정보통신기술의 발달이 가져올 새로운 변화를 젠더의 관점에서 해석하고 선제적으로 대응하는 작업 역시 필요할 것이다.

참고문헌

강미선, 2012, "젠더 관점에서의 도시계획과 건축," 국토, 372, 21-28.

강이수, 2003, "공장노동체제와 노동규율," 김진균 · 정근식 편, 근대주체와 식민지 규율 권력, 문학과학사.

강지현, 2017, "1인 가구의 범죄피해에 관한 연구: 가구 유형별 범죄피해 영향요인의 비교를 중심으로," 형사정책연구, 28(2), 287-320.

권민지, 2018, "'내 집' 만들기: 주거불안계급 청년 여성의 공간전략," 공간과 사회, 65, 271-301.

김병화 역, 2005, 모더니티의 수도, 파리, 생각의 나무(Harvey, D., 2005, *Paris, Capital Of Modernity*, Routledge).

김영화, 2010, "여성친화도시를 위한 성찰과 전망-공간의 정치에서 복지의 공간으로: 대구시의 경우를 중심으로," 사회과학 담론과 정책, 3(1), 91-121.

김 원, 2006, 여공 1970: 그녀들의 反역사, 이매진.

김종헌 · 주남철, 1996, "한국전통주거에 있어서 안채와 사랑채의 분화과정에 대한 연구," 대한건축학회논문집, 12(2), 81-89.

김진영, 2013, "여성 1인가구 소형임대주택계획을 위한 주거의식과 주거요구 - 서울특별시를 중심으로," 한국주거학회, 24(4), 109-120.

김현미, 2005, "A GIS-based Analysis of Spatial Patterns of Individual Accessibility: A Critical Examination of Spatial Accessibility Measures," 대한지리학회지, 40(5), 514-533.

김현철, 2015, 성적 반체제자와 도시공간의 공공성 - 2014 신촌 퀴어퍼레이드를 중심으로, 공간과 사회, 51, 12-62.

김혜정, 2017, "부산지역 여성친화도시 조성의 성과와 한계," 여성연구논집, 28, 31-53.

남경태 역, 2005, 문학과 예술의 문화사 1840-1900, 휴머니스트(Stephen, K., 2003, *Eyes of Love: The Gaze in English and French Paintings and Novels 1840-1900*, Reaktion Books).

류제헌 외 역, 2011, 문화정치, 문화전쟁, 살림(Mitchell, D., 2000, *Cultural geography: a critical introduction*, Blackwell).

박명덕, 2005, 한옥, 살림출판사.

박미선, 2017, "한국 주거불안계급의 특징과 양상: 1인 청년가구를 중심으로," 공간과 사회, 62, 110-140.

서울시여성가족재단, 2016, 서울 1인 가구 여성의 삶 연구: 2030 생활실태 및 정책지원 방안 - 불안정주거와 안전을 중심으로.

여성가족부, 2016, 2017, 2018, 여성친화도시 우수사업.

여성가족부, 한국여성정책연구원, 2011, 여성친화도시 조성 매뉴얼.

______, 2018, 여성친화도시 조성 매뉴얼.

오생근 역, 2009, 감시와 처벌: 감옥의 역사, 나남(Foucault, M., 1993, *Surveiller et punir: Naissance de la prison*, Gallimard).

이창효 · 이승일, 2010, "서울시 1인 가구의 밀집지역 분석과 주거환경평가," 서울도시연구, 11(2), 69-84.

이코노미 인사이트, 2018. 6, "드레스코드에 갇힌 그들-①이중 차별의 유니폼".

장안식 · 정혜원 · 박철현, 2011, "범죄두려움에 있어서 성과 연령의 상호작용효과: 범죄피해-두려움에 대한 새로운 접근," 형사정책연구, 22(3), 291-326.

전용완, 2002, "GIS와 공간통계를 이용한 범죄 분석에 관한 연구: 서울시를 사례로," 서울대학교 석사학위 논문.

정인국, 1995, 한국건축양식론, 일지사.

정현주, 2017, "젠더차별을 넘어 희망의 도시 상상하기," 서울연구원 편, 희망의 도시, 한울, 299-335.

정현주 역, 2011, 페미니즘과 지리학: 지리학적 지식의 한계, 한길사(Rose, G., 1993, *Feminism and Geography: The Limits of Geographical Knowledge*, Polity Press, Cambridge).

______역, 2015, 공간, 장소, 젠더, 서울대학교출판문화원(Massey, D. B., 1994, *Space, place, and gender*, University of Minnesota press, Minneapolis).

조규원, 2019, 도시 1인 가구의 거주지 선택에 대한 젠더 차이-관악구 청년 1인 가구의 성별 주거 욕구와 비용의 관계를 중심으로, 서울대학교 석사학위논문.

주혜진, 2016, "여성친화도시 조성 시민참여에 대한 서로 다른 이해와 입장-대전시 동구 사례를 통해 본 동상이몽," 페미니즘연구, 16(2), 133-175.

최민정, 2005, 도시직장여성의 통근행태 및 직주연계방식에 관한 연구: 서울시를 중심으로, 서울대학교 석사학위논문.

최 영 외 역, 2009, 푸코와 페미니즘: 그 긴장과 갈등, 동문선(Ramazanoglu, C., 1993, *Up against Foucault: explorations of some tensions between Foucault and feminism*, Routledge).

Bondi, L, and Rose, D., 2003, Constructing gender, constructing The Urban: a review of Anglo-American feminist urban geography, *Gender, Place and Culture*, 10(3), 229-245.

Bondi, L., 1998, Gender, class, and urban space: Public and private space in contemporary urban landscapes, *Urban Geography*, 19, 160-185.

Boyder, K., 1998, Place and politics of virtue: clerical work, coporate anxiety, and changing meanings of public womanhood in early twentieth-century Montreal, *Gender, Place and Culture*, 5, 261-275.

Boyer, K., 2005, Spaces of change: gender, information technoliogy, and new geographies of mobility and fixity in the early twentieth century information economy, in Nelson, L., and Seager, J., (eds.), *A Companion to Feminist Geography*, Blackwell, 228-241.

Collins, P. H., 1986, Learning from the outsider within: the sociological significance of black feminist thought, *Social Problems*, 33(6), 14-32(또는 Harding, Sandra, ed., 2004, *The Feminist Standpoint Theory Reader*, Routledge. 7장).

Crenshaw, K., 1991, Mapping the margins: instersectionality, identity politics, and violence against women of color, *Stanford Law Review*, 43(6), 1242-1243.

Day, K., Stump, C. and Carreon, D., 2003, Confrontation and loss of control: masculinity and men's fear in public space, *Journal of Environmental Psychology*, 15, 261-281.

Domosh, M., and Seager, J., 2003, *Putting Women in Place: Feminist Geographers Make Sense of the World*, The Guilford Press, New York.

England, K., 1993, Suburban pink collar ghettos: the spatial entrapment of women?, *Annals of the Association of American Geographers*, 83, 225-242.

Fisher, B. and Nasar, J., 1992, Fear of crime in relation to three exterior site features: prospect, refuge and escape, *Environment and Behavior*, 24, 35-65.

Fortujin, J. and Karsten, L., 1989, Daily activity pattern of working parents in the Netherlands, *Area*, 21, 365-376.

Foucault, M., 1984, Space, Knowledge, and Power, in Rabinow, P. (ed.), *The Foucault Reader*, Pantheon, New York.

Freeman, C., 2001, Is local: global as feminine: masculine? Rethinking the gender of globalization, *Signs: Journal of Women in Culture and Society*, 26(4), 1007-37.

Gardner, C. B., 1994, Out of place: gender, public places, and situational disadvantage, in Friedland, R., and Boden, D., (eds.), *NowhHere: Space, Time and Modernity*, University of California Press, Berkely, 335-355.

Grillo, T., 1995, Anti-essentialism and intersectionality: tools to dismantle the master's house, *Berkeley Women's Law Journal*, 10, 16-30.

Hanson, S amd Pratt, G, 1994, On suburban pink collar ghettos: the spatial entrapment of women?, *Annals of the Association of American Geographers*, 84(3), 500-504.

Hanson, S. and Johnston, I., 1985, Gender difference in work-trip length: explanations and implications, *Urban Geography*, 6(3), 193-219.

Hanson, S. and Pratt, G., 1991, Job search and the occupational segregation of women, *Annals of the Association of American Geographers*, 81(2), 229-253.

Haraway, D., 1991, Situated knowledge: the science question in feminism and the privilege of partial perspective, in Haraway, D., (ed.), *Simians, Cyborgs, and Women: The Reinvention of Nature*, Routledge, chapter 9, 183-202.

Hayden, D., 1980, What would a nonsexist city be like? *Sign*, 5(3), S177-178.

______, 2002, *Redesigning the American Dream* (2nd edition), W. W. Norton, New York and London.

Hiroo, K., 2005, Daycare services provision for working women in Japan, in Nelson, L., and Seager, J., (eds.), *A Companion to Feminist Geography*, Blackwell, 2271-290.

Hubbard, P., 2005, Women outdoors: destabilizing the public/private dichotomy, in Nelson, L., and Seager, J., (eds.) *A Companion to Feminist Geography*, Blackwell, 322-333.

Jacobs, J., 1961, *The Death and Life of Great American Cities*, Vintage Books.

Crampton, J. W. and Elden, S., 2007, *Space, Knowledge and Power: Foucault and Geography*, Ashgate Publishing, Ltd.

Kim, H. M., 2005, Gender and Individual Space-Time Accessibility: A GIS-Based Computational Approach, Ph.D. Dissertation, The Ohio State University Press.

Knopp, L., 1990, Some theoretical implications of gay involvement in an urban land market, *Political Geography Quarterly*, 9, 337-352.

Koskela, H., 1997, 'Bold walk and breaking': women's spatial confidence versus fear of violence, *Gender, Place and Culture*, 4, 301-319.

Lauria, M. and Knopp, L., 1985, Towards an analysis of the role of gay communities in the urban renaissance, *Urban Geography*, 6, 152-169.

MacCormack, M. and Strathern, M., 1980, *Nature, Culture and Gender*, Cambridge University Press.

Warr, M., 1984, Fear of Victimization: Why are Women and the Elderly More Afraid?, *Social Science Quarterly*, 65(3), 681.

McDowell, L., 1999, *Gender, Identity and Place: Understanding Feminist Geographies*, University of Minnesota Press, Minneapolis.

Mitchell, D., 1995, The end of public space?: People's park. definition of the public, and democracy, *Annals of the Association of American Geographers*, 85, 109-133.

Nasar, J. and Jones, K., 1997, Landscape of fear and stress, *Environment and Behavior*, 29, 291-323.

Nelson, K., 1986, Labor demand, labor supply and the suburbanization of low-wage office work, in Scott, A. J., and Storpper, M., (eds.), *Production, Work, Territory: The Geographical Anatomy of Industrial Capitalism*, Allen and Unwin, Boston, 149-171.

Pain, R., 1991, Space, sexual violence and social control: integrating geographical and feminist analyses of women's fear of crime, *Progress in Human Geography*, 15, 415-432.

______, 1997, Social geographies of women's fear of crime, *Transactions of the Institute of British Geographers*, 22, 231-244.

Peake. L. and Rieker, M., 2013, *Rethinking Feminist Interventions into the Urban*, Routledge, New York, 239-256.

Preston, V. and Ustundag, E., 2005, Feminist geographies of the 'city': multiple voices, multiple meanings, in Nelson, L. and Seager, J., (eds.), *A Companion to Feminist Geography*, Blackwell, 211-227.

Rothenberg, T., 1995, And she told two friends: Lesbians creating urban socal space, in Bell, D., and Valentine, G., *Mapping Desire: Geographies of Sexualities*, Routledge, London, 165-181.

Spain, D., 2000, Black women as city builders: redemptive places and the legacy of Nannie Helen Burroughs, in Miranne, K. B., and Young, A. H., *Gendering the City: Women, Boundaries, and Visions of Urban Life*, Rowman & Littlefield, 105-117.

______, 2002, What happened to gender relations on the way from Chicago to Los Angeles?, *City and Community*, 1(2), 155-169.

Staeheli, L. A., 1996, Publicity, privacy, and women's political action, *Environment and Planning D: Society and Space*, 14, 601-619.

Stanko, E., 1996, The case of fearful women: gender, personal safety and fear of crime, *Women and Criminal Junstice*, 4, 117-135.

Starkweather, S., 2007, Gender, perceptions of safety and strategic responses among Ohio University students, *Gender, Place and Culture*, 14(3), 355-370.

United Nations, 1997. 9., Report of the Economic and Social Council for 1997, A/52/3.18.

Valentine, G., 1989, The geography of women's fear, *Area*, 21, 385-390.

______, 1990, Women's fear and the design of public space, *Built Environment*, 16, 288-303.

______, 1993, Negotiating and managing multiple sexual identities: lesibian space-time strategies, *Transactions of the Institute of British Geographers*, 18, 237-248.

Weisman, L. K., 1992, *Discrimination by Design: A Feminist Critique of the Man-Made Environment*, University of Illinois Press.

Wilson, E., 1991, *The Sphinx in the City*, Virago, London.

Wolff, J., 1995, *Resident Alien: Feminist Cultural Criticism*, Polity Press, Cambrdige.

Young, I. M., 2005, *On Female Body Experience: "Throwing Like a Girl" and Other Essys*, Oxford University Press.

추천문헌

이영민·박경환 역, 2011, 포스트식민주의의 지리, 여이연(Sharp, J. P., 2008, *Geographies of postcolonialism: Spaces of Power and Representation*, SAGE).

정현주, 2017, "젠더차별을 넘어 희망의 도시 상상하기," 서울연구원 편, 희망의 도시, 한울, 299-335.

정현주 역, 2011, 페미니즘과 지리학: 지리학적 지식의 한계, 한길사(Rose, G., 1993, *Feminism and Geography: The Limits of Geographical Knowledge*, Polity Press, Cambridge).

______역, 2015, 공간, 장소, 젠더, 서울대학교출판문화원(Massey, D. B., 1994, *Space, place, and gender*, University of Minnesota press, Minneapolis).

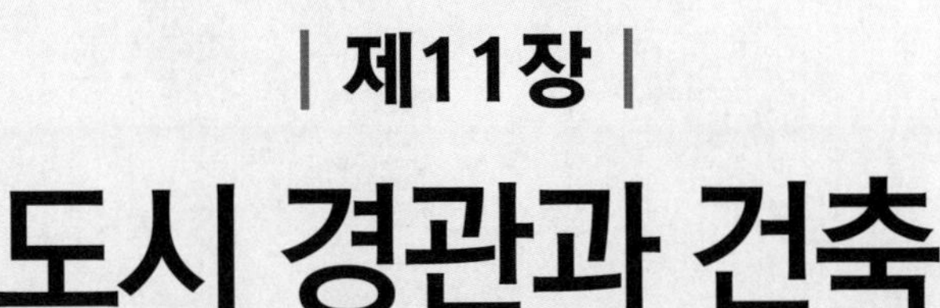

| 제11장 |

도시 경관과 건축

– 심승희 –

1. 도시 경관과 도시 이미지 그리고 건축
2. 건축과 도시 경관에 대한 접근 방법
3. 근대 건축과 도시 경관
4. 포스트모던 건축과 도시 경관
5. 지역 및 생태 지향적 건축과 도시 경관

제11장

도시 경관과 건축

2019년 4월 16일 전 세계인들은 파리의 상징 노트르담 대성당 화재 현장을 각종 매체를 통해 생생히 지켜보며 안타까워했다. 20년을 거슬러 올라가면 2001년 뉴욕의 상징, 세계무역센터 쌍둥이 빌딩이 9.11 테러로 화염에 뒤덮이던 강렬한 이미지가 떠오른다. 이처럼 도시의 이미지를 대표하는 것은 건축물이다. 촌락과 달리 도시, 특히 대도시는 고층건물들이 연속적으로 하늘과 맞닿으면서 형성하는 인상적인 스카이라인을 통해 자신의 형태적 정체성을 강렬하게 드러낸다.

본 장에서는 도시 경관을 구성하는 형태학적 요소인 건축을 통해 도시 경관의 특성과 변화 과정을 이해하고자 한다.

그림 11-1 뉴욕의 스카이라인

출처: https://commons.wikimedia.org/.

1. 도시 경관과 도시 이미지 그리고 건축

경관(landscape)이란 지표면(land)의 형태학적 특성, 즉 풍경(scape)을 의미한다. 도시 경관(cityscape)은 지표면 중에서도 도시 공간의 형태학적 특성을 가리키는 용어다. 도시지리학에서는 도시 경관을 '관찰가능한 도시의 형태적 단위(observable units of urban form)'로 정의한다(Gregory *et al.*, 2009). 도시지리학이 성립된 초기에는 도시 경관, 다시 말해 도시의 형태학적 특성에 대한 연구에 집중했는데 주로 토지이용 패턴, 가로(街路) 구획, 건축물의 높이 같은 건조환경을 주로 연구했다. 이 결과 마이클 컨젠(Michael Conzen, 1969; Gregory *et al.*, 2009에서 재인용)은 도시 경관의 구성요소를 도시 계획(town plan), 토지이용 단위(land-use units), 건조환경의 형태(built form) 이렇게 3가지로 꼽았으며, 특히 도시 계획은 나머지 두 구성요소를 광범위하게 제약하는 요소로 보았다.

도시계획학자인 케빈 린치(Kevin Lynch, 한영호 · 정진우 역, 2003)는 도시 속에서 살아가는 각 개인의 입장에서 도시의 형태적 특성을 연구했다. "한 개인은 도시를 항해하는 데 도움을 주는 심상지도(mental map)를 자신의 머릿속에 가지고 있다"는 점에 주목하여, 미국의 세 도시 보스턴, 저지 시티, 로스엔젤레스에 거주하는 중상류층을 대상으로 각자가 가진 도시 이미지인 심상지도를 그려보게 했다. 이 심상지도 분석을 토대로 사람들이 공통적으로 갖고 있는 도시 이미지를 구성하는 5가지 요소인 통로(path), 경계(edge), 구역(district), 결절지(node), 랜드마크(landmark)를 도출했다. 린치에 따르면 이 5가지 요소로 구성되는 도시 이미지의 형태적 특징이 도시마다 다른데, 이 같은 도시 간의 차별성으로 인해 특정 도시 사람들이 도시 경관을 읽어들이는 가독성(legibility)이 달라지고, 이는 도시 경관의 모습을 명확한 이미지로 구성할 수 있는 능력(imagebility, 심상성)에도 영향을 준다. 그래서 도시에서 살아가는 사람들이 자신들의 삶터인 도시에 대한 명확한 이미지를 갖지 못하면 길을 잃어버린 것처럼 불안감을 갖게 되며 이는 자아 정체성의 상실로 이어지면서 현대 도시인의 소외를 심화시키게 된다. 따라서 린치는 도시인이 삶에 안정감을 찾고 정서적 친밀감을 느낄 수 있도록 가독성과 심상성을 갖춘 도시 경관을 구성할 수 있도록 의도적인 노력이 필요하다고 주장했다.

지금까지 살펴본 컨젠의 도시 경관의 3가지 구성요소 중 건조환경의 형태(built form), 그리고 린치의 도시 이미지의 5요소 중 하나인 랜드마크에는 공통적으로 건축(architecture)이란 요소가 중요하게 자리잡고 있다. 도시의 형태적 특징에서 빼놓을 수 없는 요소가 건축이기 때문이다. 하지만 건축이 도시 내에서 도시의 형태적 특징을 구성하는 요소로서만 작동하지는 않는다. 다음에서는 건축이 도시 내에서 어떤 역할과 의미를 갖는지에 대해 그동안 지리학과 인접분야에서 이루어져온 건축에 대한 접근 방법을 통해 알아보기로 한다.

2. 건축과 도시 경관에 대한 접근 방법

『지리학 백과사전(*Encyclopedia of Geography*)』의 'architecture and geography' 항목에서는 지리학에서의 건축 연구 경향을 개관하고 있다(Warf *et al.*, 2010). 이에 따르면 지리학에서의 건축 연구는 1930년대부터 1960년대까지 미국 버클리 사우어학파의 프레드 니펜(Fred Kniffen, 1936; 1965)을 필두로 한 전통가옥(folk architecture) 유형의 분포 및 전파에 집중되었다. 이는 시기적으로는 약간 늦지만 국내 사우어 학파의 연구도 비슷한 경향성을 띤다(이찬, 1975; 장보웅, 1980; 1996 등). 사우어학파는 전통가옥의 유형별 특징을 문화생태학적 관점에서 인간 문화가 자연환경에 적응 및 상호작용하면서 만들어진 문화적 산물로 보았으며, 건축 유형별 전통가옥의 분포 특징을 기준으로 지역의 차이를 밝히는 데 집중했다. 따라서 이 연구는 자급자족적 생활 위주의 전통적 촌락지리학 분야에서 주로 수행되었다.

반면 전통 촌락이 아닌, 근대 도시를 대상으로 한 건축 연구는 1960년대부터 본격적으로 시작되었는데, 건축물 자체보다는 보다 포괄적인 건조환경(built environment)의 생산 이면에 있는 계획이나 정치적 의사 결정에 주로 관심 갖고 건조환경이 어떻게 정치적 · 경제적 열망, 맥락, 상징을 반영하고 굴절시키는지를 보여주고자 했다(Warf *et al.*, 2010, 107). 따라서 사우어학파의 전통적 문화지리학 분야를 제외한 나머지 지리학 분야에서는, 건축물 보다 더 포괄적인 건조환경에 더 많은 관심을 가졌음을 알 수 있다.

그 이유는 존 고스(Jon Goss, 1988)의 논의를 통해 어느 정도 설명 가능하다. 건축물의 가치는 사용가치, 교환가치, 기호가치, 상징가치 이 4요소로 구성되는데, 특히 전근대시대의 전통 촌락이 아닌 근대 대도시에서의 건축물의 가치는 교환가치가 차지하는 비중이 압도적으로 높다. 또한 건축물의 가치는 상대적 위치(접근성), 절대적 위치(물리적 특성, 쾌적성), 사회적 환경(근린의 지위), 건축물(크기, 유행의 부합 정도, 설비)에 의해 결정된다는 점에서, 이 4가지 중 마지막 요소인 건축물 자체에만 관심을 갖는 것은 상당한 한계를 갖기 때문이다.

포괄적인 건조환경보다 건축 자체에 대한 지리학적 연구가 활발해진 계기는 1980년대와 1990년대에 일어난 문화적 전환(cultural turn)으로서, 이 흐름 속에서 신문화지리학이 대두되면서 건축물과 건축적 환경에 대한 문화정치적 상징과 의미를 연구하기 시작했다. 이 분야의 연구는 주로 제국주의 및 식민지 시대의 건축, 고층빌딩, 쇼핑몰, 동물원, 전쟁기념물 같은 건축물을 대상으로 한다. 하지만 이같은 연구는 기념비적, 스펙타클한 건축물에만 주목하고 보다 수수하고 평범한 '보통의' 건축물이나, 건축물을 둘러싸고 있는 보다 광범위한 환경, 예를 들어 계획, 공학, 조경 등에는 관심을 덜 갖는 경향이 있다. 또한 최근에는 해석과 재현보다 사건과 실천을 강조하는 비재현이론(non-representational theory)의 영향으로, 건축물의 공급자나 설계자의 의도와 상관없이 다양한 이용자들이 건축물을 어떤 방식으로 경험하고 이용하고 의미화하는지에 관심을 갖는 연구들이 출현하고 있다. 이런 연구의 기본 관점은 건축물의 이용자 역시 자기 나름의 실천적 행위를 통해 건축 환경을 적극적으로 생산하는 생산자라는 관점이다(Warf *et al.*, 2010; Lee, 2015).

지금까지 살펴본 바에 따르면 지리학에서 건축 자체에 초점을 맞춘 연구는 크게 3가지 흐름이 존재했는데, 첫 번째는 촌락의 전통가옥 유형에 대한 사우어 학파적 접근, 두 번째는 주로 도시의 건축물을 대상으로 건축물에 내재한 문화정치적 상징과 의미에 초점을 맞춘 신문화지리적 접근, 마지막으로 건축물의 이용자가 수행하는 실천적 행위가 어떻게 또 다른 의미의 건축공간의 생산에 작동하는가에 초점을 맞춘 비재현이론적 접근이다.

도시사회지리학자인 폴 녹스(Paul Knox, 1987)는 도시공간의 사회적 생산이라는 맥락에서 지리학이 건축에 접근한 주요 연구방법을 크게 ① 문화로서의 건축, ② 정치로서의 건축, ③ 시대정신으로서의 건축, ④ 자본축적과 순환의 수단으로서의 건축, ⑤ 정당화와 사회적 재생산의 수단으로서의 건축, ⑥ 도시 관리자로서의 건축가로 분류했다.

먼저 문화로서의 건축이란 문화를 건축의 다양한 특징을 '설명'하는 독립변수로 보는, 즉 건축을 문화의 산물이라고 보는 연구경향으로, 앞서 살펴본 사우어학파의 민가연구가 대표적인 사례다. 하지만 사우어학파의 연구는 신문화지리학자인 제임스 던컨(James Duncan, 1980) 등에 의해 문화를 물신화해서, 문화를 개인의 의지나, 경제적, 사회적, 정치적, 이데올로기적 맥락으로부터 독립적인 존재이자 인과력을 가진 실체로 본다는 비판을 받기도 했다. 하지만 녹스는 문화로서의 건축에 대한 연구가 모두 이런 단점을 드러내는 것은 아니라고 본다. 건축은 일상적인 삶의 행위를 이념, 이데올로기, 미학의 영역과 연결시키는 능력 때문에 여전히 문화 변화의 핵심적 촉매제로서의 역할을 하고 있기 때문이다.

두 번째, 정치로서의 건축은 건축이 문화의 산물이듯 정치의 산물이라는 접근이다. 무엇을 건축하는가는 그 사회의 정치권력의 구조와 역학에 의해 강력하게 조건지워지며, 어떻게, 어디에 건축할 것인가는 정치권력과 압력집단의 이해를 반영한 수많은 법, 규정, 표준, 규제 등에 종속되어 있다.

세 번째, 시대정신으로서의 건축은 건축이 시대정신의 재현이라는 관점인데, 이 관점은 도시연구에서 긴 역사를 가지고 있으며, 대표적인 학자가 도시사가인 루이스 멈포드로 "어느 시대이든 건축을 통해… 그 문명 내에서 벌어지고 있는 복잡한 과정과 변화를 발견할 수 있다"고 말한다. 하지만 녹스는 멈포드의 주장만큼 건축 양식의 변화가 항상 인과관계의 고리에 딱 맞아 떨어지는 것은 아니며, 건축형태가 가진 사회적 의미의 시공간적 유동성은 건축가의 개성과 욕망, 건축 이론의, 건물의 사용자들과 결합되어 있음을 지적한다. 이는 건조환경의 생산이 지배적인 사회적 질서로부터 어느 정도 상대적 자율성을 가질 수 있음을 의미한다.

네 번째는, 자본 축적과 순환의 수단으로서의 건축인데, 이는 데이비드 하비(David Harvey, 최병두 역, 1995)의 연구가 대표적이다. 자본주의 경제가 지속적으로 성장하려면 가치와 잉여가치가 계속 생산되어야 하며, 이를 위해서는 생산된 가치와 잉여가치가 계속 재투자될 수 있어야 한다. 하비는 창출된 잉여가치를 흡수할 수 있는 자본의 순환 경로가 1차적으로는 직접적인 생산 및 소비과정에 투자하는 것인데, 이 1차 순환 과정에서 과잉 생산 등으로 인해 경제 공황 같은 자본 축적 위기가 발생하면 2차 순환과정인 건조환경에 대한 투자를 통해 이를 해소하려 한다고 설명한다. 따라서 그의 자본순환론에 따르면 자본주의 도시공간은 단순히 자본 순환의 무대에 그치는 것이 아니라 도시 내 건조환경의 생산 및 폐기, 재생산 과정을 통한 자본 축적의 핵심적 기능을 수행한다. 이러한 관점에서 건축가의 역할이란 창의성이라 불리는 위신과 비법의 미덕을 가지고 건축물의 디자인을 의사결정함으로써 그 건축물의 교환 가치를 높여주는 역할이다. 다시 말해 현대 자본주의 사회의 핵심적인 스타일 결정자 그룹에 속하는 건축가는 최고급 건조환경 시장을 판촉함으로써 소비를 자극하는 강력한 지위를 갖는다.

다섯 번째는, 정당화와 사회적 재생산 수단으로서의 건축인데, 도시 디자인에 내재된 풍부하고 강력한 상징 때문에 건축은 쉽게 사회정치적 정당화의 관점에서 해석된다. 성소(聖所)로서의 역할을 하는 종교 건축물이야말로 대표적인 사례이며, 특히 종교의 힘이 강력했던 서구 중세시대에는 도시 중앙에 위용 있게 자리 잡은 가톨릭 성당의 형태와 구조, 성당 건물 안팎에 배치된 성화(聖畫)와 조각상 하나하나가 중세 서구인들을 하나의 공동체로 통합하는 강력한 사회정치적 수단으로 기능했다. 건축의 이러한 기능은 근대에도 계속되었다. 『건축과 유토피아: 설계와 자본주의 발달(*Architecture and Utopia: Design and Capitalist Development*)』(Tafuri, 신석균 · 김영훈 · 김정 역, 1991)에서 산업자본주의 건축의 역사를 비판적으로 논한 이탈리아 건축이론가 만프레도 타푸리(Manfredo Tafuri)는 건축이 자본주의적 사회관계의 현실을 계속 감추고 모호하게 해왔다고 주장한다. 이런 관점에서 보면 건축은 이데올로기적이며, 이데올로기로서의 건축의 사회적 기능은 지배적인 생산관계를 지지하거나 또는 전복시키는 활동에서 미학적 문화라는 중개자 역할을 하는 것이다.

여섯 번째는, 도시 관리자로서의 건축가인데, 이는 건조환경의 생산과 관련된 다른 거래 전문가나 설계 전문가들처럼 건축가도 도시 관리자로 볼 수 있다는 접근이다. 이에 따르면 건축가는 고유한 직업적 이데올로기와 경력을 반영하여 도시 개발 패턴에서 어느 정도의 자율성과 통제력을 가진 도시 관리자다. 그러나 사실 많은 일반 건축가들은 설계 결정의 영역에서 배제된 채 틀에 박힌 일만 하기 때문에 도시 환경에서 영향력이 별로 없으며 일류 건축가들도 경제 시스템 상, 부동산 투자가 집단에 의해 미리 결정된 형태와 이용 프로젝트에 문화적으로 수용가능한 합리화를 제공하는 역할에 한정되어 있다는 주장도 많다. 그러나 설계 자체의 상대적 자율성 때문에 건축가는 도시의 결과물에 의미있는 영향을 주며, 더구나 건축가는 많은 환경에서 개발업자와 건축회사 사이에서 실질적으로 결정권자로서의 역할을 하기도 한다.

한편 도시사회학자인 마이크 새비지와 알랜 와드(Michael Savage & Alan Warde)는『자본주의 도시와 근대성(*Urban Sociology, Capitalism and Modernity*)』(김왕배 · 박세훈 역, 1996)에서 도시의 문화를 독해하는 하나의 접근법으로 건축학적 접근을 소개했다. 물론 도시 문화를 건축 텍스트의 산물로 분석하는 것은 건축의 설립자나 개발업자들의 의미를 지나치게 강조하면서, 그 건축물을 이용하는 사람들이 각자의 경험을 토대로 도시 의미를 해석한다는 측면을 무시한다는 한계를 갖고 있다. 그럼에도 불구하고 새비지와 와드는 건축학적 접근을 통해 도시의 문화를 해석한 대표적인 사례를 몇 가지로 분류해 소개했다.

그 첫 번째가 앞에서 녹스(1987)도 언급한 바 있는 1930년대 멈포드의 연구성과로서, 그는 도시 형태를 건축양식에 각인된 사회적, 문화적 가치의 구현물로 파악했다. 그래서 고대 이래 도시 형태의 역사적 변화 과정을 통해 각 시대의 사회적, 문화적 가치가 어떻게 건축양식에 반영되어 왔는가를 보여주고자 했다. 하지만 이같은 도시의 건축형태를 당대의 사회적 가치를 드러내는 징후로 읽어내는 멈포드 식의 접근법은 '해석학적 순환'이라는 문제를 갖고 있다. 즉, 주어진 텍스트는 넓은 문화적 맥락 속에서 이해되는데 광범위한 맥락에 대한 지식은 오로지 다양한 텍스트의 검증을 통해서만 얻어지기 때문에 탐구를 위한 확고한 출발점은 얻기 어렵다. 그래서 건축물이라는 텍스트의 저변에 깔려있는 사회적 가치를 명확하게 규정하기 어렵다는 한계가 있다.

또한 새비지와 와드는 멈포드처럼 건축물에 반영된 한 시대의 전체적인 세계관을 읽어내려는 연구 경향보다, 특정한 사회집단, 보통 갈등관계에 있는 집단들 간의 갈등과 경쟁, 협상 과정에서 건축물에 부여된 다양한 의미와 가치를 탐

그림 11-2 **파리 사크레쾨르 대성당**

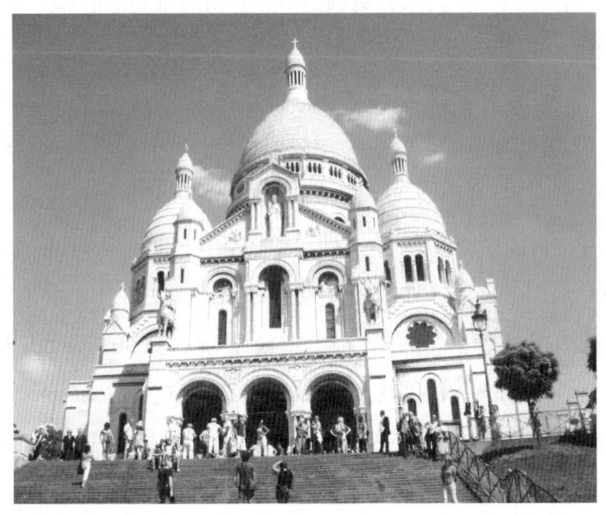

출처: 저자 촬영.

색하는 연구경향이 더 많은 지지를 얻고 있다고 본다. 대표적인 사례가 하비의 파리 사크레쾨르(Sacré-Coeur) 대성당에 대한 연구(초의수 역, 1996)다. 하비는 현재도 파리의 명소로 유명한 몽마르트 언덕의 상징물인 새하얀 사크레쾨르 대성당이 가톨릭이라는 단일하고 동질적인 가치를 표상하는 건축물이 아니라, 프랑스 제2왕정기를 전후로 왕당파, 부르주아, 가톨릭, 파리 코뮌의 민중들 사이에 벌어진 치열한 계급투쟁의 산물이자 상징이며, 그 건축물 속에 새겨진 역사와 사회를 읽어내려는 살아있는 자의 의지에 따라 그 의미가 새롭게 부여될 수 있는 건축물이라는 점을 생생하게 보여준다. 이를 통해 그는 건축형식을 단순히 그 시대의 산물로 읽기보다, 문화적 헤게모니와 사회·정치권력을 위해 투쟁하는 집단의 산물이라고 보는 것이 적절하다고 주장한다. 건조환경은 경쟁의 싸움터로서, 동일한 시대의 건축양식은 그 시대의 일반적 가치를 표현하는 것과는 거리가 멀고 매우 다양하고 갈등적이다. 따라서 도시의 여러 건물들 속에서 서로 다른 의미들을 발견할 수 있다.

그럼에도 불구하고 새비지와 와드는 건축학적 접근에는 몇 가지 한계가 있다고 평가했다. 첫째, 건축학적 접근은 특정한 장소나 몇몇 유명한 건축물에만 특권을 부여하고 일반적이고 평범한 장소는 소홀히 하는 한계가 있다. 둘째, 건축학적 접근은 사람들이 도시형태의 의미를 해석하고 이해하는 방식을 무시한다. 하비의 사크레쾨르 대성당 예에서 보듯 성당이 건립될 당시의 사회·정치적 갈등의 기원에 대한 분석은 역사적으로 정확할 수 있지만, 반면에 그 당시 성당을 방문한 수많은 사람들과 현재 성당을 방문하고 있는 수많은 사람들의 생각과는 무관하다. 따라서 건축물 이용자의 수행적 실천 행위에 초점을 맞춘 비재현이론적 접근이 보완될 필요가 있다. 셋째, 도시의 의미는 건축물만을 통해 형성되는 것이 아니라 여타 문화적 과정으로부터도 의미를 끌어들이기 때문에 이 모든 것들이 고려되어야 한다. 그럼에도 불구하고 새비지와 와드는 건축물이 도시에서 차지하는 위력은 무시할 수 없다는 점을 환기시킨다. 대유법적 수사학처럼 도시 전체를 대표하는 하나의 상징물을 꼽으라면 파리의 에펠탑, 런던의 빅벤 시계탑처럼 대부분 건축물이 선택되기 때문이다.

지금까지 녹스 그리고 새비지와 와드의 논의를 중심으로 건축을 통해 도시경관에 접근하는 방법을 살펴보았다. 녹스는 지나치게 세분한 측면이 있으며 새비지와 와드는 도시 경관 중에서도 도시 경관의 문화적 의미에 한정하여 건축적 접근을 소개한 한계가 있다. 따라서 여기서는 이들의 논의를 재구성하고자 한다. 녹스가 말한 문화로서의 건축과 시대정신으로서의 건축 모두 당대의 지배적인 문화적 특성이 건축에 반영된다는 점에서 공통점이 있으며, 이는 새비지와 와드가 말한 멈포드 식의 건축물에 반영된 한 시대의 전체적인 세계관을 읽어내려는 접근과도 같다. 그래서 이러한 접근을 하나로 묶어 '당대의 지배적인 문화로서의 건축'이라 명명하고자 한다. 다만 여기서 말하는 당대의 지배적인 문화에는 당대의 기술적 성취도 포함된다는 점에 주목할 필요가 있다. 건축물은 당대 정신문화의 산물이기도 하지만, 무엇보다도 기술적 성취가 물질적으로 뒷받침해주어야 하는 특성을 가진다는 점에서 기술적 성취는 당대의 지배적인 문화에 매우 중요한 요소다.

다음으로 녹스가 말한 정치로서의 건축과 정당화와 사회적 재생산 수단으로서의 건축, 그리고 새비지와 와드가 말한 집단 간의 사회적, 문화적, 정치적 투쟁의 산물로서의 건축 모두, 건축이란 여러 사회집단 간의 정치적 투쟁이나 협상의 결과가 반영된 결과이며, 특히 가장 강력한 권력을 가진 지배 권력이 건축을 통해 권력을 정당화함으로써 그 권력을 더욱 공고히 하려는 정치적 매개로 이용된다는 점에 초점을 맞추고 있다. 그래서 두 번째 접근법을 '정치의 산물이자 매개로서의 건축'이라 명명하고자 하며, 이 접근은 건축물에서 지배적인 동질적 문화나 가치를 읽어내려는 접근법과는 달리, 건축물에서 여러 집단 간 권력 투쟁의 과정을 읽어낼 수 있다.

그 다음으로는 녹스가 말한 자본 축적과 순환 수단으로서의 건축처럼, 오늘날과 같은 자본주의 시대에 건축의 가장 중요한 기능은 자본 순환과 축적의 수단이라는 경제적 기능이다. 따라서 세 번째 접근은 '자본 순환과 축적 수단으로서의 건축'이라 명명하고자 한다.

마지막으로 건축은, 앞의 세 가지 접근처럼 당대의 지배적 문화가 반영된 결과이기도 하고, 권력 투쟁의 매개이자 산물이기도 하고, 자본 순환과 축적의 수단이기도 하다. 이 세 가지 접근법에 따르면 건축은 문화, 정치, 경제 메커니즘의 산물에 지나지 않아 보이지만, 녹스가 도시 관리자로서의 건축가를 말한 것처럼, 건축은 건축가의 창의성을 요하는 일종의 예술작품이며 이 창의성의 결과인 건축물이 도시 경관의 특색과 그 도시 경관을 경험하는 많은 사람들에게 의미 있는 영향을 미치기 때문에 정치, 문화, 경제 메커니즘으로부터 상대적 자율성을 갖고 있기도 하다. 도시 경관의 변화를 선도하는 주요 건축가들의 건축학적 성취에 주목한다는 점에서 마지막 접근은 '건축가의 창의성이 반영된 건축'이라 명명하고자 한다. 앞에서 녹스나 새비지와 와드가 지적한 것처럼 이 접근은 몇몇 유명 건축가나 건축물에만 특권을 주는 한계가 있지만, 건축가의 창의적이고 도전적인 디자인이 도시 경관의 형태학적 특성에 의미 있는 변화를 준다는 점에서 빼놓을 수 없는 접근이기도 하다.

다음 절부터는 건축에 대한 이 네 가지 접근법을 염두에 두고 전근대시대 이후인 근대 도시 경관의 변화 과정을 살펴보고자 하는데, 세부 절은 도시 경관의 변화를 건축을 중심으로 구분한 시대 순으로 구성했다. 시대 구분은 에드워드 렐프(Edward Relph)의 『근대도시경관(*The Modern Urban Landscape*)』(김동국 역, 1999)과 현대 건축사를 비판적으로 정리한 책으로 널리 알려져 있고 렐프도 많이 참고한 케네스 프램튼(Kenneth Frampton)의 『현대 건축: 비판적 역사(*Modern Architecture: A Critical History*)』(송미숙 역, 2017)를 주로 참고했다. 대표작 『장소와 장소상실(*Place and Placelessness*)』(김덕현 · 김현주 · 심승희 역, 2004)로 인해 인본주의 지리학자로 널리 알려진 렐프의 또다른 대표작 『근대도시경관』은 국내에서는 건축전문 출판사에서 건축학자에 의해 번역 출판되었을 정도로 건축을 중심으로 근대 도시 경관의 시대적 특성을 잘 정리한 책이다. 렐프는 1880년대 이래로 건축, 계획, 기술, 사회적 조건의 변화와 관련해 근대도시가 어떻게 형성되었는지를 추적하고자 하였고, 근대도시 중에서도 주로 대도시 경관에 초점을 맞추었는데, 그 이유는 "20세기가 대도시의 가로와 건물에 미친 영향이야말로 가장 집중적이고 명확하기 때문"(김동국 역, 1999)이라고 서문에 쓰고 있다. 따라서 이 글에서도 시간적 범위를 근대 도시가 시작된 시점부터 현재까지로 한정하며, 근대 도시 경관의 특징이 가장 집중적이고 명확하게 드러난 대도시 경관을 중심으로 살펴볼 것이다.

3. 근대 건축과 도시 경관

(1) 모더니티의 수도 파리의 탄생: 오스만의 파리대개조사업

근대 도시 경관은 언제, 어디서부터 형성된 것일까? 이에 대해 여러 관점이 존재하겠지만, 하비의 『모더니티의 수도 파리(*Paris, Capital of Modernity*)』(김병화 역, 2005)라는 강렬한 제목에서처럼 근대 도시 경관의 출현을 상징적으로 보여주는 곳이 '1800년대의 파리'라고 보는 견해가 지배적이다. 19세기 말 세계의 수도라 불린 파리를 대상으로 문화적 전통을 분쇄하고 사회 변동을 촉진시키는 근대 도시 경관의 경험양식을 탐구한 발터 벤야민(Walter Benjamin)의 미완성 저작 『아케이드 프로젝트(*Arcades Project*)』 역시 근대 도시 파리의 위상을 강화했다(심성아 역, 2004).

명실상부하게 물리적으로 1800년대의 파리를 근대 도시로 전환시킨 사건은 1853년 파리 지사로 취임한 조르쥬 오스만(G. E. Haussmann)의 근대 도시 계획 및 그에 따른 대규모 도시 개조사업이다. 1853년부터 20세기 초반까지 3차에 걸쳐 시행된 오스만의 파리대개조사업은 중세적 도시 구조를 가진 파리를 바로크 도시의

그림 11-3 **파리 가로망의 변화**

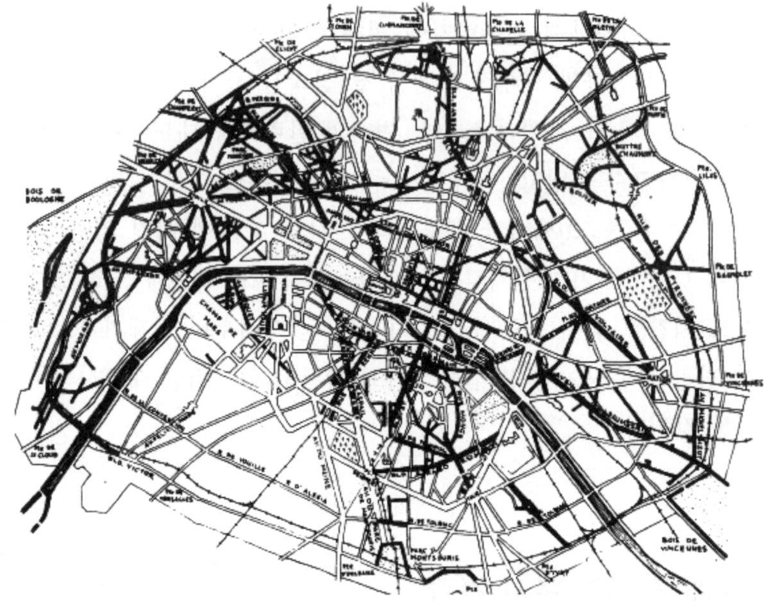

굵은 선이 오스만의 파리대개조사업이 계획한 도로이다.

출처: 송미숙 역(2017).

전형인 방사형 도시구조와 넓은 가로, 가로 양측의 통일된 건축적 외관을 가진 근대적 도시로 변형시켰으며 이 사업으로 오늘날 파리 도시구조의 토대가 조성되었다. 이 사업은 기존의 도시미화 사업을 넘어 새로운 도시계획이라는 종합적 개념의 제도적 · 재정적 기틀을 마련했다. 또한 이 사업은 프랑스에만 국한되지 않고 대도시가 발달한 영국, 미국 등 여러 국가가 공통적으로 직면한 도시문제에 대한 최초의 근대적 도시계획사업으로서의 의미도 지닌다(최민아, 2014).

19세기 초반의 파리는 18세기 말부터 가속화된 가난한 농민계층 등 외부인구의 유입으로 인구밀도가 급속히 높아지고 생활환경이 열악해졌다. 특히 1832년 파리를 휩쓴 콜레라 발생을 계기로 주택과 위생 상태를 개량하고 좁고 구불구불한 미로 같은 도시 내부에 공기와 빛이 들어올 수 있도록 도심정비 및 가로확장 사업의 필요성이 공론화되었다. 1848년 2월 혁명의 성공으로 대통령으로 선출되었으나 곧이어 1850년 쿠데타로 제2제정 황제로 즉위한 나폴레옹 3세에 의해 파리 지사로 임명된 오스만 남작은 본격적인 파리대개조사업을 착수했다. 이 사업을 통해 로마시대부터 유지되어온 비좁은 남북 및 동서 방향의 가로를 확장하여 주요 축을 연장했으며, 이 결과 대규모 퍼레이드가 가능한 대가로망이 조성되었는데 이는 단순히 통행 기능만이 아닌 국가의 위엄과 위대성을 가로를 통해 상징적으로 표현하고자 하는 의도였다(최민아, 2014).

이 파리대개조사업은 물리적 형태 측면에서만 근대적이었던 것이 아니라, 도시계획의 측면에서도 근대적 특성을 띠었다. 오스만 사업의 핵심은 비위생적 건물의 철거와 토지수용에 의한 도시정비인데, 이는 개인의 사유권 침해 가능성을 전제하므로 프랑스 혁명의 정신과 충돌한다. 따라서 프랑스는 오스만 사업 이전인 1810년 공익성을 지닌 경우에는 보상을 통한 수용 원칙을 명시한 토지수용제도를 입법화했으며, 이 때 마련된 제도를 기반으로 오스만 사업이 추진될 수 있었다. 또한 오스만 사업을 통해 파리는 바로크 양식의 기념비적 도시(monumental city)로서의 외관을 갖추게 되었는데, 건축물의 폭과 높이의 통일, 입면 요소, 유지관리 관련 세부 규정을 통해 주요 가로에 대해 미적이고 통일된 외관을 갖출 수 있도록 제도화되었기 때문이다. 따라서 오스만 사업은 도시 미관을 공공성의 측면에서 가치부여하고 근대도시계획제도 최초로 미관에 대한 건축 및 도시계획 규정을 만들었다는 의의를 지닌다. 또한 이 사업은 왕권 같은 절대 권력에 의한 일방적 의사결정이 아닌 중앙정부와 지방정부의 역할 분담 및 제도에 기반을 둔 의사결정체계에 의해 시행되었다는 점에서 근대적이라고 평가받는다(최민아, 2014; 김영기 역, 1990).

하지만 오스만의 사업은 오늘날 근대도시계획이 갖는 부정적인 효과를 선도적으로 보여준 사례이기도 하다. 무엇보다 서민주택 철거 후 신축된 주택들은 대부분 비싼 부르주아 주택이었기 때문에 서민주택의 공급 부족으로 심각한 주택난이 발생했으며, 이를 계기로 파리는 부르주아 계층과 서민층의 거주지 분리가 심화되었다. 또한 도시정비로 확충된 근대적 기반시설은 도시의 쾌적성 및 기능 확충에 긍정적이었으나, 오페라 극장 같은 시설을 이용할 수 있는 극소수의 시민에게만 혜택을 제한한 것으로 해석되기도 한다. 그 결과 도시인구의 다수를 차지했던 빈곤층은 확충된 주택과 여가시설의 혜택을 누리지 못하고 파리 외곽으로 밀려나는 결과를 가져왔다. 그럼에도 불구하고 오스만 사업은 이후 런던, 뉴욕

등 유럽과 북미의 도시계획 발전에 큰 영향을 미쳤다. 미국 뉴욕 센트럴 파크의 설계자인 프레드릭 옴스테드(Fredrick Olmsted), 뒤에서 보게 될 미국 도시미화운동의 주도자 다니엘 번햄(Daniel Burnham)은 오스만 사업과 유사한 위생 개선 및 도시환경개조를 위한 계획을 수립하고 시행했다. 이처럼 오스만 사업은 근대 도시계획의 시발점으로서의 의미를 지닌다(최민아, 2014).

파리 외에도 중세 성곽도시의 해체와 함께 과시적인 근대도시로 탈바꿈한 사례로 오스트리아의 수도 빈이 주목받았다. 1858~1914년 동안 빈에서는 해체된 원형의 성곽 자리에 링스트라세(Ringstrasse)라 불리는 대로를 건설했는데 이 구시가지를 둘러싸고 있는 대로를 따라 바로크적 도시의 특성에 맞게 대학교, 미술관, 극장, 오페라하우스 같은 기념비적 건축물을 건설했다. 이 링스트라세 바깥으로는 근대적 신시가지가 건설되었으며 링스트라세를 중심으로 한때 합스부르크 왕가로 대표된 궁전에 국한되었던 봉건적 문화가 시민들이 접근할 수 있는 공공의 문화로 변형되면서 근대도시로의 변화를 가시적으로 보여주었다. 오늘날도 링스트라세 거리는 파리의 샹젤리제 거리처럼 빈을 대표하는 거리다.

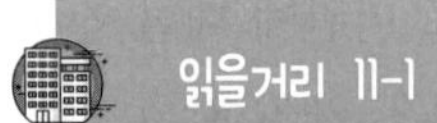

바로크 양식의 기념비적 도시, 파리, 시카고, 워싱턴 D.C. 그리고 영화 <레 미제라블>

바로크 시대(1600~1800)는 중세의 봉건체제에서 절대 군주가 통일된 민족국가를 통치하는 시기로 변화하는 시기여서 유럽 도시의 형태와 기능도 이 시기에 상당한 변화를 겪었고, 이후 출현하게 되는 근대 도시로 이어지는 과도기적 시기라고도 볼 수 있다. 바로크 시대의 가장 전형적인 도시계획 특징은 절대주의 시기답게 절대 권력을 가진 군주와 그가 지배하는 국가를 중세시대의 종교와 같은 숭배의 대상으로 만들기 위해 도시의 가시적 형태가 웅장한 기념비적 특성을 띠도록 만들었다. 그래서 바로크 양식의 도시 특징을 '기념비적 도시(monumental city)'라고 부르기도 한다. 바로크 도시의 특징은 첫째, 도시를 관통하는 중심축과 같은 역할을 하는 방사형의 넓고 웅장한 대로(boulevards)를 만들어 군대의 행진 같은 권력을 전시하는 이벤트를 효과적으로 수행하게 하는 것이다. 둘째, 거대하고 개방적인 광장과 그 주변에 화려한 궁전, 공공건물을 배치하는 것이며, 셋째, 국가적 차원에서 숭배 및 영웅화하고자 하는 역사적 인물의 동상을 주요 공공공간에 배치해 역사적 영웅과 현재의 지배권력을 동일시하게 함으로써 자연스럽게 지배권력

그림 11-4 **파리대개조계획에 의해 방사형으로 건설된 도로**

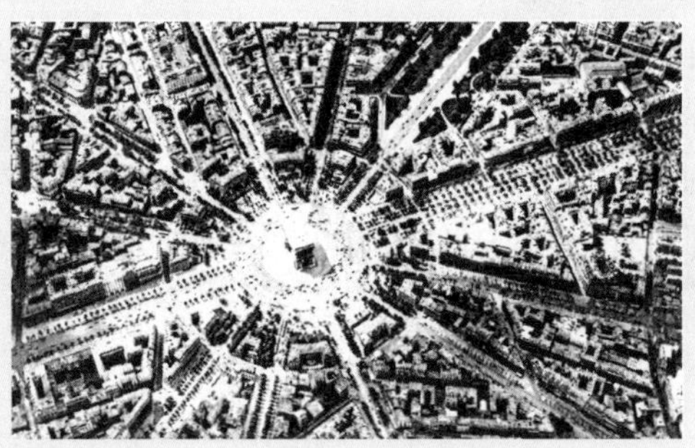

출처: 이석우(2017).

그림 11-5 **영화 속, 파리 골목을 바리케이트로 막고 있는 시민군**

출처: 이석우(2017).

이 정당성을 획득할 수 있게 했다.

이 바로크적 도시계획의 대표적 사례가 오스만 사업 전후로 크게 개조된 19세기의 파리다. 이 시기에 오벨리스크와 개선문 등 기존에 있던 역사적 건축물을 중심으로 도로를 확장하고 연결하여 강력한 도시 축과 방사형태의 가로망을 만들었으며, 이를 위해 새로운 공공건물을 건설하고 대규모 철거를 감행했다. 2012년 작 영화 〈레 미제라블〉을 보면, 1832년 6월 혁명이 시작되는 시점이 나오는데 이 때 혁명을 요구하는 파리시민들은 아직 대개조가 이루어지기 이전의 미로 같은 골목길에 바리케이트를 치고 진압군에 대항하는 장면이 나온다. 오스만의 대개조사업 때 이 미로들을 없애고 대로들로 변화시킨 이유 중에는 미로 같은 골목길을 배경으로 움직이는 혁명군(또는 폭도)의 신속한 진압 목적도 포함되어 있었다고 한다.

이 바로크 양식의 기념비적 도시의 특징은 바로크 시대로 끝나지 않고 자유주의 도시인 미국의 시카고, 워싱턴 D.C.로도 확산되었으며, 식민도시 뉴델리, 파시즘 체제의 베를린, 공산당 독재체제의 모스크바로까지 확산되었다. 이는 정치체제가 어떻든 간에 국가로 상징되는 권력의 가시화와 정당화에 기념비적 도시가 매우 효과적인 기능을 발휘할 수 있었기 때문이다.

(2) 산업혁명의 그림자를 지우기 위한 근대도시계획: 도시미화운동과 전원도시 운동

프랑스 파리에 이어 근대도시 경관의 변화에 큰 주목을 끈 흐름은 미국 시카고에서 시작된 도시미화운동(City Beautiful Movement)이다. 도시미화운동이 일어난 직접적 계기는 콜룸부스의 신대륙 발견 400주년을 기념해 1893년 개최된 시카고 만국박람회였다. 이 운동의 제안자는 시카고 만국박람회의 총책임자로 임명된 번햄이다. 그는 미시간호변에 바로크양식의 건축물로 채워진 인공도시인 백색도시(White City)를 세웠다. 이 박람회는 대성공을 거두었으며 1851년 수정궁을 내세운 런던 만국박람회와 1889년 에펠탑을 내세운 파리 만국박람회 등을 개최한 유럽에 견줘 미국이 결코 뒤지지 않음을 과시했다. 또한 대중에게는 거대한 공업도시의 추악함이 계획을 통해 예술작품으로 대체될 수 있다는 희망을 제시했으며, 박람회에 자본을 투자한 상업자본가들에게는 도시미화가 엄청난 투자가치가 있음을 증명함으로써, 도시미화운동이 시카고를 넘어 워싱턴, 샌프란시스코 등 미국뿐 아니라 오스트레일리아, 인도, 이탈리아 등 다른 대륙으로 확산될 수 있도록 했다(김흥순 · 이명훈, 2006).

그러나 도시미화운동의 출현을 가능하게 한 심층적인 동력은 도시의 아름다움 자체가 사회를 개혁하고 시민들의 윤리의식을 고양시킬 수 있다는 사회개혁운동으로서의 도시미화운동이다(윤태경 역, 2014). 19세기 후반 북미 도시들도 유럽 도시와 마찬가지로 급격한 도시화가 진행되었을 뿐 아니라 유럽으로부터의

그림 11-6 1893년 시카고 만국박람회장(백색도시) 전경

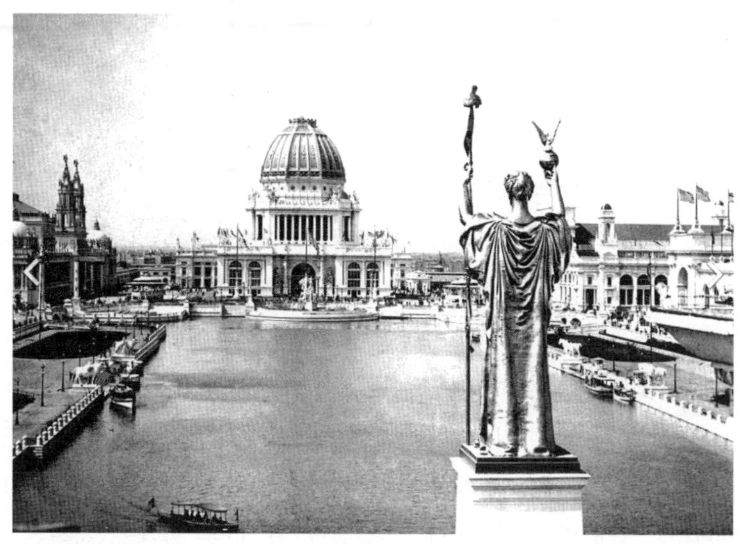

https://en.wikipedia.org/wiki/Daniel_Burnham#/.

대대적인 이민자 유입 등으로 도시 인구가 급증하면서 토지투기, 주거과밀, 불충분한 하수시설, 교통체증, 높은 질병발생률과 범죄율 같은 도시문제를 해결해야만 했다. 그 해결책이 노동계급의 피로를 풀어주고 정서적으로 순화시킬 수 있는 아름다운 도시경관을 만드는 도시미화운동이라고 보았다. 도시미화운동의 또 다른 뿌리는 19세기 말 윌리엄 모리스(William Morris) 등이 추진한 영국의 예술공예운동(Arts and Crafts Movement)으로까지 기슬리 올라가는 도시예술운동이나. 이 운동은 미술, 건축, 조경 등을 통해 도시를 아름답게 꾸밈으로써 산업도시의 추한 모습을 개선하고자 한 예술조류의 하나다. 이 운동은 자본가들에 의해 추한 산업기계도시로 변모해가는 당시의 상황에 비판적이었다는 점에서 진보적이라 볼 수 있지만, 산업시대 이전의 수공업적인 생산에 토대한 과거로의 회귀를 추구했다는 점에서 낭만주의적 성격이 훨씬 강했다(김흥순 · 이명훈, 2006).

도시미화운동은 공공용지만을 계획대상으로 했는데 대표적인 계획이 도심에 위치한 관공서 주변 정비계획(civic center plan)으로 바로크 양식의 관공서를 건축하고 주변에 광장, 대로, 공원, 여가시설 등을 조성하는 것이다. 이는 도심에

기념비적인 조형물의 건설을 통해 도시의 질서와 통합을 추구하려는 의도를 담고 있다. 이 때문에 도시계획학자인 피터 홀(Peter Hall, 임창호 역, 2000)은 도시미화운동의 산물이 된 도시들을 '기념비적 도시'라 명명했다. 멈포드(김영기 역, 1990)는 도시미화운동의 전통이 무솔리니의 로마와 히틀러의 베를린 계획에도 계승되었던 것은 기념비적 건축물 중심의 바로크 양식의 설계원칙이 권위주의적 절대권력을 상징하기 때문이라고 설명한다.

이 운동을 주도한 번햄이 1912년 사망하면서 미국에서는 도시미화운동이 쇠퇴하는데, 그 배경에는 이 운동이 갖고 있는 한계도 많이 작용했다. 그중 많이 지적된 한계가, 도시의 겉모습만 아름답게 꾸민 '화장술'에 지나지 않으며, 과학적 기초조사에 토대하여 사회적 효용과 경제적 효율성을 고려해 계획된 도시야말로 아름다운 도시라는 합리주의자들의 비판이다. 합리주의자들은 용도지역지구제(zoning) 같은 것이야말로 과학적 데이터 분석과 효율적 관리를 중시하는 합리적 종합계획의 물리적 표현이라고 주장했다. 또 다른 한계로 지적된 것은, 도시미화운동이 철저히 중상류층 시민계급의 관점에 기초했다는 한계다. 당시의 노동자들에게는 아름다운 도시외관보다 양질의 주택, 학교, 위생시설이 훨씬 절박했는데 이에 대해서는 외면했을 뿐 아니라, 도시미화운동을 통해 노동계급의 불만과 분노를 희석시키고 체제에 순응하게 만들려는 의도가 더 강했다는 비판이다(김흥순 · 이명훈, 2006).

그럼에도 불구하고 도시미화운동은 단순히 한 도시의 계획을 넘어 광역도시권의 작은 위성도시들까지 묶어 계획한 최초의 지역계획이자 종합계획(master plan)으로서 이후 도시 및 지역 계획에 기념비적인 역할을 했다. 뿐만 아니라 경쟁력과 삶의 질이라는 두 목표를 좇고 있는 오늘날의 도시들도 도시미화운동이 선구적으로 추구했던 아름다운 도시, 문화가 있는 도시를 핵심가치로 삼고 있다. 이런 의미에서 1990년대 출현한 뉴어바니즘(new urbanism) 역시 도시미화운동의 전통에 영향을 받았다고 볼 수 있다. 마지막으로 도시미화운동은 계획전문가, 도시 관료, 기업인, 개혁운동가들 사이의 타협정치의 산물이었고 이 운동을 통해 도시 계획에 대한 대중적 관심과 토론이 고무되었다(김흥순 · 이명훈, 2006). 이 과정에서 주도적 역할을 한 사람이 번햄 같은 건축가였다는 점에서 도시미화운동은 도시 관리자로서의 건축가의 역할이 부상하는 데 큰 역할을 했다는 의의를 찾을 수 있다.

도시미화운동의 기간이 상대적으로 짧았던 반면, 애버니저 하워드(Ebenezer Howard)를 시작으로 한 전원도시 운동은 그 기간이 길었으며 렐프는 20세기 초 유럽의 도시계획에 가장 큰 영향을 준 것이 전원도시라는 점에 어떤 이견도 없을 것이라 단언했다(김동국 역, 1999). 전원도시 운동 역시 도시미화운동과 마찬가지로 깨끗하고 좋은 도시가 좋은 사람을 만들 것이라는 19세기 초 유토피아적 개혁사상에 토대하고 있다. 전원도시(garden city)라는 용어는 하워드가 직접 만든 것이 아니고, 영국 출신이었던 그가 1870년대에 몇 년간 속기사로 일했던 시카고가 대화재를 겪고 도시를 재건하면서 내건 슬로건인 '전원 속의 도시'에서 따왔을 것으로 보고 있다. 그의 전원도시 개념은 1898년에 낸 책이 큰 호응을 얻자 1902년 『내일의 전원도시(*Garden Cities of Tomorrow*)』란 제목으로 재출간되면서 널리 알려졌는데, 19세기 빅토리아 시대에 만연했던 각종 도시문제에서 벗어나려는 시대적 과제에서 도출된 것으로 이는 자연과 함께하는 건강한 삶에 대한 당대의 신념과 이상적인 사회주의 미래사회를 꿈꾼 당대의 사상에 영향을 받기도 했다. 전원도시는 도시와 농촌의 장점을 결합한 자족적 신도시로서, 도시의 혼잡과 시골의 고립감을 동시에 해결하려는 제안이었다. 그래서 하워드가 제안한 전원도시는 기존 도시와 어느 정도 거리를 둔 위치에 5천 에이커의 농지와 1천 에이커의 시가지로 구성되며 인구가 3만 2천명을 초과하면 새로운 전원도시를 건설해서 인구를 수용해야 한다. 이 전원도시 개념은 당시 큰 호응을 얻어 전원도시 건설을 위한 위원회가 구성되었고 1903년에는 런던 주변의 레치워스에, 1919년에는 웰인에 전원도시를 직접 건설했다(김동국 역, 1999). 특히 웰인이 중산층에게 인기를 끌어 성공하면서 정부 차원의 신도시 정책, 특히 1946년 신도시법(New Town Act)의 통과에 결정적 영향을 미쳤다(정일훈, 2001).

영국의 레치워스와 웰인을 시작으로, 미국에서는 1930년대에 포레스트 힐즈, 프랑스와 네덜란드에도 전원도시가 생겼을 정도로 전원도시는 근대도시 경관에 상당한 영향을 미쳤다. 지금도 세계에는 많은 신도시가 있으며 도시 주변부에는 전원도시를 닮은 많은 전원교외(garden suburb)가 등장했다. 하지만 하워드의 전원도시가 추구했던 공동의 삶이나 자치와는 무관하고 도시와 농촌의 장점이 아주 한정된 의미에서 결합되었을 뿐(김동국 역, 1999)이라는 평가를 받고 있다.

(3) 근대주의 건축 양식의 정립과 급성장하는 대도시로의 확산

현대 대도시 경관의 전형적인 외관상의 특징이 정립된 것은 이른바 근대주의 양식이라고 불리는 장식 없는 직육면체의 마천루들이 대도시의 도심부를 차지하고, 교외지역은 단독주택 단지들이 들어서고 이들의 소비생활을 지원하기 위한 쇼핑센터들이 자동차 교통망을 따라 생기면서부터라고 볼 수 있다. 이러한 도시 경관이 형성되던 전성기는 보통 제2차 세계대전 이후 30년 동안으로서 포스트모던 경관의 출현 직전까지인 1970년대까지다. 이 시기 기업의 업무용 건물과 공장 건물, 신도시와 도시재개발사업, 병원과 대학 캠퍼스 등 거의 모든 곳에서 직사각형 모양의 근대주의 양식이 인기를 누렸다.

당연히 이같은 도시 경관의 형성은 경제적으로는 대량생산 대량소비 체제가 정착되면서 대도시의 급격한 양적 · 질적 성장을 배경으로 한 것이지만, 건축 양식의 측면에서는 20세기의 3대 건축가 르 코르뷔지에(Le Corbusier), 프랭크 로이드 라이트(Frank Lloyd Wright), 미스 반 데어 로에(Mies van der Rohe)로 표상되는 근대주의 건축양식의 영향을 무시할 수 없다. 또한 이 근대주의 건축양식의

그림 11-7 **최초의 마천루, 시카고의 홈 인슈어런스 빌딩**

고층빌딩이지만 근대주의 건축의 출현 전이라 장식이 많다.

https://en.wikipedia.org/wiki/Home_Insurance_Building#/.

토대에는 산업혁명 이후 가속화된 기술 발전과 도래하는 산업사회가 제공하는 빛과 그림자에 혁신적이고 도전적으로 대응하고자 한 시대정신이 깔려있다.

이 시기를 대표하는 다양한 근대 도시 경관 중에서도 중세시대의 대성당에 해당하는 대표적 근대 건축물은 단연 마천루로서 대부분 상업 및 업무용 초고층건물이다. 오늘날 세계 최대이자 최고의 마천루 경관을 자랑하는 도시는 뉴욕이다. 하지만 세계 최초로 마천루가 세워진 도시는 시카고로서 지금도 '건축의 도시'라 불린다. 미국 동부와 서부를 연결하는 중심적 위치에서 운하 및 철도교통을 배경으로 성장하던 시카고는 1871년 도시의 반 이상이 소실된 대화재를 겪으면서 그동안 축적되어온 자본을 아낌없이 투여한 건축의 실험장이 되었기 때문이다. 그 결과 철골 구조 도입으로 세계 최초의 마천루라는 타이틀을 갖게 된 홈인슈어런스 빌딩(Home Insurance Building)이 1885년 완공되었다.

읽을거리 11-2 마천루 건축의 박물관, 시카고 건축 투어

그림 11-8 시카고 건축 투어

출처: 저자 촬영.

시카고는 마천루 건축의 박물관으로 불리는 도시다. 미국에서 뉴욕 다음으로 마천루가 많은 도시인 동시에 가장 밀집되어 있는 도시다. 대표적인 시카고의 마천루로는 한때 세계 최고 높이 빌딩이었던 윌리스 타워(옛 시어스 타워), 트럼프 인터네셔널 호텔 앤드 타워, 마리나 시티 등이 있다. 1871년 시카고 대화재로 도시 건물의 대부분을 차지했던 목조 건축물들이 소실되자 빠르게 도시를 재건시키고 화재에 강한 돌과 철을 사용

그림 11-9 **시카고 도심의 야경**

출처: https://pixabay.com/ko/.

한 건축물의 경연장이 되었다. 더구나 시카고는 "형태는 기능을 따른다(forms follows function)"라는 경구로 유명한 근대주의 건축의 선구자 루이스 설리번(Louis Sullivan)으로 대표되는 시카고 건축학파들과 미스 반 데어 로에, 프랭크 로이드 라이트 같은 위대한 건축가들이 활동한 건축사의 현장이기도 하다. 유럽풍의 장식적인 고층건물부터 현대적인 스타일까지 미국 마천루 건축의 역사를 한눈에 볼 수 있어 시카고의 유명 관광코스 중 하나가 도심을 관통하는 시카고 강을 따라 유람선을 타고 마천루 경관을 살펴보며 랜드마크적인 주요 건축물들의 역사에 대한 설명을 듣는 '시카고 건축 투어'다.

읽을거리 11-3 세계 10대 마천루

뉴욕의 엠파이어 스테이트 빌딩은 1953년 안테나 탑이 설치되면서 당시까지 세계 최고층 마천루였던 크라이슬러 빌딩을 누르고 거의 41년 동안 세계 최고층 마천루의 지위를 누렸다. 뿐만 아니라 이 빌딩은 할리우드 영화 〈킹콩〉, 〈러브 어페어〉, 〈시애틀의 잠 못 이루는 밤〉 등을 통해 세계 최고의 마천루를 보유한 북미 대륙 뉴욕의 위상을 전 세계인에게 각인시켜 왔다.

하지만 현재 세계 초고층 마천루들은 아시아의 도시들이 더 많이 보유하고 있다. 국제 비영리기구인 세계초고층도시건축학회(CTBUH: Council on Tall Buildings and Urban Habitat)에서는 세계 초고층 마천루 순위100을 공식발표하고 있는데, 2019년 기준 세계

그림 11-10 엠파이어 스테이트 빌딩과 부르즈 할리파

출처: https://pixabay.com/ko/.

10대 마천루의 순위는 다음과 같다.

표 11-1 세계 10대 마천루

순위	건물명	건축적 높이	완공 년도	소재한 도시(국가)
1	부르즈 할리파	828m	2010	두바이(아랍에미리트)
2	상하이 타워	632m	2015	상하이(중국)
3	아브라즈 알 바이트(메카 로얄 클락 타워)	601m	2012	메카(사우디아라비아)
4	핑안 파이낸스 센터	599m	2017	선전(중국)
5	롯데 월드 타워	554.5m	2016	서울(대한민국)
6	원 월드 트레이드 센터	541.3m	2014	뉴욕(미국)
7	광저우 CTF 파이낸스 센터	530m	2016	광저우(중국)
7	텐진 CTF 파이낸스 센터	530m	2017	텐진(중국)
9	CITIC 타워(중국 존)	528m	2018	베이징(중국)
10	타이페이 101	508m	2004	타이베이(대만)

출처: www.skyscrapercenter.com

이 시기 대도시 도심에 마천루가 들어서게 된 배경은 기업들의 자본과 경영 규모가 커지면서 회사의 본사가 공장에서 떨어져 나와 대도시가 제공하는 서비스 시설과 집적 및 이웃 효과 등의 이점을 누리기 위해 도심으로 이동하면서 가파르게 상승한 도심의 지대압력 때문이다(김동국 역, 1999). 높은 지대압력의 해결책은 건축물을 물리적으로 높이는 것이었는데 1850년대 엘리샤 오티스(Elisha Otis)가 발명한 승객용 엘리베이터를 설치한 빌딩이 뉴욕에 출현하면서, 걸어 올라갈 수 있는 최대 높이인 5층 건물의 한계를 극복할 수 있었다. 하지만 마천루의 하중을 견디기 위해서는 건물 벽이 두꺼워야 했는데 두꺼워진 벽이 값비싼 바닥 공간을 너무 많이 차지하게 되는 문제가 야기됐다. 그런데 무게에 비해 강한 강도를 가진 철골 구조의 도입으로 하중을 견디는 벽의 역할은 면제되고 커튼처럼 외부와의 차단 역할(일명, curtain wall)만 하면 되는 마천루가 시카고의 건축적 실험에서 성공하면서 마천루의 높이는 더 높아졌고 도시경관이 극적으로 변화했다. 하지만 사진에서도 알 수 있듯이 이 세계 최초의 마천루는 여전히 장식을 즐겨 사용한 전통적 건축양식의 외관을 취하고 있다(김동국 역, 1999; 송미숙 역, 2017).

우리에게 익숙한 장식없는 근대주의 건축 양식의 출현은 바우하우스(Bauhaus), 근대건축국제회의(Congrès Internationaux d'Architecture Moderne, CIAM) 등으로 이어지는 근대주의 건축가 집단의 실험적 설계에 바탕을 두고 있다. 바우하우스는 예술과 기술을 통합한 산업디자인과 국제주의 건축양식의 산파 역할을 한 예술 및 공예학교로 제1차 세계대전 이후 재건의 시대였던 1919년 독일에서 개교했는데, 러시아 혁명의 물결과 사회주의적 이상, 진보에 대한 갈망이 넘치던 시대를 배경으로 탄생했다. 바우하우스의 구성원들이 특히 주목했던 것은 당시 급성장하던 기술과 기계를 예술과 어떻게 접목시키느냐의 문제였다. 이들은 기술자가 있는 기계시대에는 수공업적인 장인예술이 아닌, 공장생산물에 적합한 디자인이 세계를 진보시킨다는 신념 하에 기계와 대량생산제품에 적합한 디자인을 발견하고자 했다. 그 결과 선과 형태가 단순해질수록 근대적인 기계세계를 더 잘 상징할 수 있다는 근대주의 양식의 토대를 마련했다. 이러한 정신은 르 코르뷔지에 등 유럽 각국의 진보적 건축가들이 참여한 근대건축국제회의(1928~1959)에도 이어졌다. 근대건축국제회의의 이념은 1928년 스위스라 사라에서 발표된 선언문에 잘 드러나 있는데, 요약하면 "근대 건축은 일반 경제 시스템과 긴밀하게 연결되어 있고 따라서 근대 건축은 경제적 효율성을 추구해야 하는데, 여기서 말하는 경제적 효율성은 최대의 상업적 이윤을 가져다 주는 생산이 아니라 최소한의 노동력을 요구하는 생산이다. 이에 따라 가장 효율적인 생산 방법은 합리화와 표준화에 의해 가능하므로, 기술에 의해 결정된 합리화되고 표준화된 생산수단을 보편적으로 채택해야 한다"이다.

이같은 근대주의 정신은 1933년 나치 정권 하에서 탄압받던 바우하우스가 해체되고 구성원들의 정치적 성향에 따라 영국, 미국, 소련 등으로 흩어지면서 세계적으로 확산되었다. 특히 미국으로 간 바우하우스 출신의 미스 반 데어 로에는 근대주의 건축양식을 대표하는 경구 "Less is More(적을수록 풍부하다)"의 창안자다. 그는 1950년대 후반부터 1960년대 동안의 경제성장과 그로 인한 도심재개발 과정에서 의뢰받은 초고층 업무용 빌딩의 설계에서 전체적인 건물의 골격을 철근으로

그림 11-11 미스 반 데어 로에와 필립 존슨이 설계한 뉴욕 맨해튼의 시그램 빌딩

출처: 송미숙 역(2017).

짜고 격자 모양의 창문과 바닥 그리고 유리로 된 커튼벽이 피부처럼 철근 골격을 감싸는 이른바 '피골양식(skin-and-bones)'으로 미국식 기업 빌딩의 규범을 만들었다. 그 대표작이 뉴욕 맨해튼의 시그램 빌딩(1958년)이다. 미국에서 구체적으로 실현된 이 근대주의 건축양식은 다시 유럽, 아시아, 남미, 호주 등으로 널리 확산되었으며, 어떠한 기후, 문화, 도시에도 어울릴 수 있도록 균일하고 보편적인 것을 강조한 특성 때문에 한때는 '국제주의 건축양식'으로 통칭하기도 했다.

이같은 바우하우스 출신 건축가들과 함께 기계시대의 설계에 대해 논한 대표적인 근대주의 건축가는 르 코르뷔지에였다. 미스 반 데어 로에가 철근과 유리로 된 고층 업무용 빌딩의 설계에 집중했다면, 르 코르뷔지에는 철근과 콘크리트를 표준화와 대량생산에 적절한 도구로 보고 이를 주재료로 한 근대주의 건축양식을 대중화시켰다. 또한 그는 대단위 주택 설계와 도시계획 분야에서도 뚜렷한 업적을 남겼다. 스위스 출신에 프랑스에서 활동한 르 코르뷔지에 역시 당시 유럽의 유토피아적 사회주의 사상에 영향을 받고, 질서 있는 환경에서야말로 개인의 일상과 공동체의 생활이 조화를 이루는 좋은 삶이 가능하다는 신념을 가진 건축가였다. 그가 남긴 "주택은 살기 위한 기계(machine for living)"라는 유명한 문구도 '집=기계'라는 비인간주의적 철학에서 나온 것이 아니라, 현대 기술에 기초를 둔 건축의 혁신을 통해 다수에게 양질의 주택을 대량으로 공급하기 위한 의도에서 나온 표현이다. 그래서 그는 대량생산된 부품으로 3일만에 조립해 만들 수 있는 철근 콘크리트 주택을 설계하기도 했다. 1952년 마르세유에 건설된 대단위 콘크리트 주택단지 유니테 다비타시옹(Unité d'Habitation)은 아파트와 커뮤니티 서비스시설, 탁아소, 상점 등이 한 건물에 결합되어 효율적인 공동체 생활을 할 수 있도록 설계된 그의 대표작이다(은민균, 2001; 김동국 역, 1999).

르 코르뷔지에는 '빛나는 도시(Ville Radieuse)'(1933) 등으로 유명한 근대주의적 도시 계획에도 뚜렷한 업적을 남겼는데, 특히 대도시야말로 가장 위대한 기술적 효율성의 장이라 보고 대도시 계획에 집중했다. 그는 근대건축국제회의(CIAM)선언에서 합의한 대로 도시를 주거, 일터, 여가, 교통, 이 네 기능별로 분리하여 계획한다는 원칙하에, 자동차를 이용한 기능구역별 연결, 풍부한 빛과 공기, 녹지를 확보하기 위한 고밀도의 주거단지 등을 계획했는데, 이는 기계시대의 기술적 발전에 토대한 것이다.

그림 11-12 르 코르뷔지에의 설계로 마르세이유에 지은 유니테 다비타시옹

출처: https://commons.wikimedia.org/.

미국의 건축가 프랭크 로이드 라이트는 르 코르뷔지에의 고밀도 대도시 계획안인 '빛나는 도시'와 달리 1935년 '브로드에이커 시티(Broadacre City)'라는 저밀도의 이상도시를 제안했다. 그는 지나친 집중으로 많은 해악을 가진 대도시를 대체할 새로운 도시 형태로 과감한 분산화와 토지 공개념을 바탕으로 한 작은 정부, 그리고 농업과 공업, 서비스업이 균형을 이루는 경제체제를 갖춘 저밀도의 브로드에이커 시티를 제시한 것이다. 물론 라이트 역시 기계라는 문명 수단을 가장 편리하게 이용하는 것이 건축가의 주요 사명이라는 당대의 지배적 사상을 적극 수용하여, 저밀도의 브로드에이커 시티를 지탱시켜줄 과학기술로 자유로운 이동을 가능케 하는 자동차, 시민 상호간의 완벽한 의사소통을 가능케 하는 전기통신(라디오, 전화 등), 넘치지도 부족하지도 않은 표준화된 공장생산을 전제하였다(임창호, 1996).

라이트의 브로드에이커 시티는 저밀도의 미국 교외지역 개발에 개념적 근원 역할을 해서 저밀도의 단독주택들로 구성된 교외 지역이 형성되는 데 많은 영향을 주었다. 하지만 미국의 교외지역 개발은 주로 민간기업 위주로 이루어졌기 때

문에 라이트가 추구했던 유기적이고 민주적인 이상이 아니라, 개발업자의 이윤을 최대화하는 방향으로 진행되었다. 또한 교외 주택에 입주한 사람들은 도심 상가에서 공급되던 주요 서비스 기능을 집 안에서 해결해야 했기 때문에 가재도구, 가전제품, 인테리어 용품 등 소비재에 대한 대량 수요가 발생했다. 이같은 교외 지역의 소비 욕구 폭증에 맞춰 개발회사는 기존의 상업중심지가 아닌 곳에 충분한 주차장을 확보한 쇼핑플라자와 쇼핑몰을 만들었다. 그 결과 넓은 고속도로, 낮은 상가건물, 쇼핑플라자의 광고간판이 강조되는 황량한 아스팔트 공간으로 구성된 경관이 북미 교외지역의 특징적인 모습이 되었을 뿐 아니라 대량 소비사회의 경관을 이루는 한 축이 되었다(김동국 역, 1999; 박진빈, 2013).

지금까지 근대주의 건축이 전 세계 도시의 도심과 스카이라인을 지배하게 된 과정을 살펴 보았다. 여기서는 이 절의 마무리 단계로 건축에 대한 4가지 접근법을 통해 이 시기의 특징을 정리해 보기로 한다. 먼저 '당대의 지배적인 문화로서의 건축' 접근법에 따르면, 미스 반 데어 로에의 말대로 "건축이란 시대의 의지가 공간으로 번역된 것"이라 할 때 당대의 의지는 '기술에 대한 낙관적 신념'이며, 근대주의 건축양식을 정립한 건축가들과 그들의 지지자들은 이 기술을 토대로 자신들이 고안해낸 합리적 건축물이 진보적이고 합리적인 사회의 창조에 기여할 것이라고 믿었다. 물론 근대주의 건축양식의 성립은 당대의 지배적인 문화를 반영한 결과이기도 하지만, 미스 반 데어 로에, 르 코르뷔지에, 프랭크 로이드 라이트 같은 뛰어난 건축가의 창의성이 반영된 결과이기도 하다. 그래서 근대주의 건축양식의 정립과 확산 과정에 대한 관심은 '당대의 지배적인 문화로서의 건축'이란 접근법 외에도 '건축가의 창의성이 반영된 건축'이란 접근법을 적용할 수 있으며, 실제로 국내외에서도 근대 건축의 거장들에 대한 연구가 상당히 많이 축적되어 있다.

또한 건축은 오랫동안 '정치의 산물이자 매개'로서 역할을 해왔고, 특히 바로크 양식의 기념비적 도시의 조성을 통해 강력한 국가권력을 상징적으로 가시화하고 이를 통해 정당성과 사회통합을 유지하려는 정치적 의도가 20세기 초의 도시미화운동에서도 나타났다. 하지만 제2차 세계 대전 이후에는 기존에 국가 주도로 이루어졌던 기념비적 도시나 건축의 건설 사업이 매우 약화되었다. 건축사가이자 건축비평가인 프램튼은 그 이유 중 하나가 제2차 세계 대전 이후에는 건축보다 덜 영구적이지만 더 저렴해서 조작하기 쉬운 이점뿐 아니라 더 융통성 있고 더 침투가 용이한 이념적 재현 방식, 다시 말해 라디오나 영화 같은 미디어가 건축의 효율성을 훨씬 능가했기 때문이라고 본다. 그 결과 미디어가 점점 더 수사적이고 강렬해진 반면 건축에서는 도상학적 내용이 점점 사라지고 더 추상적이면서 기능주의를 추구하는 근대주의 건축양식이 지배하게 되었다(송미숙 역, 2017).

하지만 근대주의 건축이 '정치의 산물이자 매개로서의 역할'을 하지 않게 되었다고 보기는 어렵다. 오히려 근대 자본주의의 발전 과정에서 건축은 그 자체로 자본순환과 축적이라는 막강한 경제적 도구이지만, 동시에 자본주의의 발전이 경제와 정치 영역의 구분을 모호하게 하면서 자본을 위한 정치적 도구로서의 건축의 역할이 더욱 커졌다. 구체적으로 살펴보면 전근대시대의 도시에서 대성당 같은 랜드마크적 지위를 가진 건축물이 근대 도시에서는 마천루가 되었는데, 이 마천루는 대부분 기업의 본사건물이며 마천루 내에서도 상당히 높은 곳에 회사의 이름과 로고가 달려 있고 우월한 위치인 도심의 비싼 땅에 유명 건축가에 의해 설계된 근대주의 양식의 고층 건물을 지음으로써 그 높이만큼의 사회적 위신을 얻으려 한다. 동시에 오늘날의 마천루는 가로에 세워진 거대한 광고판으로서, 개별 건물이 주위의 유사한 마천루의 건축적 덩어리(mass) 속으로 융합되어 형성한 전체적 경관은 기업들이 가진 강력한 경제적 부와 권력의 메시지를 전달한다(김동국 역, 1999).

또한 바우하우스나 근대건축국제회의(CIAM)의 건축가들처럼 근대주의 건축양식을 만들어낸 이들이 애초에 추구했던 건축환경을 통해 이상적인 공동체 사회를 만들기 위한 건축적 실천 정신이 점차 사라지고 오로지 건축의 기능에만 집중한 근대주의 건축의 사회적 '침묵'은 만프레도 타푸리의 『건축과 유토피아: 디자인과 자본주의의 발달』 등을 통해 신랄하게 비판받기도 했다. 예를 들어 근대건축국제회의(CIAM)의 라 사라 선언에서처럼 애초 근대주의 건축은 기술에 이해 결정된 양식의 탁월함을 바탕으로 최소한의 노동력 투입을 요하는 경제적 효율성을 통해 보다 많은 사람들에게 좋은 건축환경을 제공하고자 하였으나, 자본가들의 이윤을 극대화하는 경제적 효율성으로 변질되었다. 그 결과 합리적인 주거는 최소한의 주거로, 빛나는 도시는 도시의 복합체로, 선의 엄정함은 형태의 빈곤함으로 바뀌었으며, 잘 살기 위한 새로운 거주 환경을 창조함으로써 인류의 해방에 기여하기를 바랐던 근대주의 건축은 인간 거주를 악화하는 거대한 기업으로 바뀌어 갔다는 비판을 받았다(송미숙 역, 2017). 이처럼 이 시기에는 근대주의 건축과 기업의 경제적 · 정치적 결합이 이루어졌고 지금도 지속되고 있다.

하지만 근대주의 건축의 채택 여부는 기업의 이윤 최대화라는 지상명령에 달려있다는 점에 주목할 필요가 있다. 그래서 이 시기 도시경관을 구성하는 건축이 모두 근대주의 건축양식을 수용한 것은 아니며 언제든 수익성이 더 높은 건축양식이 채택될 수 있었다. 예를 들어, 미스 반 데어 로에가 설계한 근대주의 건축양식에 입각한 에쏘(Esso) 주유소 설계는 건설 비용이 너무 높아 의뢰인이었던 기업에 의해 포기되었다. 또한 대중을 대상으로 한 건축 양식은 대중의 수요에 부합하여 만들어지며 대중은 대부분의 근대주의자들이 경멸하는 것들, 밝은 색상의 간판, 기이한 전면, 장식적인 벽돌쌓기, 오래되고 세계적인 양식과 복고풍, 약간의 시각적 혼잡함 등에 매료되었기 때문에, 근대주의 건축의 전성기에도 이러한 비근대주의적 건축 양식은 상업가로변과 쇼핑몰 내부, 교외주택 단지 등에서 흔하게 발견되었다는 렐프의 지적(김동국 역, 1999)을 간과해서는 안된다.

4. 포스트모던 건축과 도시 경관

(1) 근대주의 건축 및 도시계획에 대한 비판

근대주의 건축은 산업혁명의 도래와 함께 급성장한 기술 발전에 토대하여 급증하는 인구와 산업발달에 따른 효율적이고 기능적인 건축 공간에 대한 수요에 부응하기 위하여 출현했고 확산되었다. 그러나 1960년대 말부터 근대주의 건축과 설계 그리고 그 결과로 형성된 도시 경관에 대한 비판이 서서히 대두되기 시작했다. 그중 주목할 만한 비판이자 오늘날까지도 많은 영향력을 발휘하고 있는 비판 사례는 1961년에 발표된 제인 제이콥스(Jane Jacobs)의 『미국 대도시의 죽음과 삶(*The Death and Life of Great American Cities*)』(유강은 역, 2010)이다. 그녀는 뉴욕 맨해튼의 오래된 주거지역인 그리니치 빌리지에 살면서 당시 도시에서 대대적으로 벌어지고 있던 도심 재개발과 교외지역개발 과정에서 근대주의 건축과 도시 계획이 맹신하는 용도지역지구제, 보행자와 차선의 분리, 대규모 구획 위주의 도시 개발이 얼마나 도시의 생명력과 활력을 없애는지를 생생하게 보여주었을 뿐 아니라, 오래된 도심 주거지역을 파괴하고 그 자리에 교외의 대규모 주택단지로 연결되는 고속도로를 건설하려는 뉴욕의 도시재개발사업에 대한 반대운동을 주도해 이를 저지시켰다.

이후 근대주의 건축에 대한 본격적인 비판은 19세기 말 이래 합리주의 근대건축을 상징하는 경구 "형태는 기능을 따른다(Form Follows Functions)"를 정면으로 뒤집는 경구 "형태는 실패를 따른다"를 제목으로 달고 1977년에 출판된 건축 비평가 피터 블레이크(Peter Blake)의 『근대 건축은 왜 실패하였는가(*Form Follows Fiasco: Why Modern Architecture Hasn't Worked*)』(윤일주 역, 2010)에서 이루어졌다. 여기서 블레이크는 사람들이 근대 건축의 여러 문제점들을 경험하게 되면서 근대주의 건축의 교의에 의문을 가지게 되었다고 지적한다. 구체적으로 보면, 근대주의 건축양식은 '국제주의 건축'이란 명명에서도 알 수 있듯이 어떤 기후나 문화, 도시에도 적용될 수 있는 합성재료, 표준화, 효율적인 대량생산 등 균일하고 보편적인 것을 추구했기 때문에 대부분의 근대주의 건축은 그 획일성으로 인해 따분하고 진부하며 건조한 경관을 야기했다고 비판받았다. 그래서 근대주의 건축가 미스 반 데어 로에의 "Less is More"를 패러디하여 건축가 로버트 벤투리(Robert Venturi)는 "Less is Bore(단순한 것은 지루하다)"라는 말로 근대주의 건축을 비판했으며, 렐프는 근대주의 도시 경관을 '밋밋한 경관(flatscape)'이라 표현했다. 그 대표적인 사례가 벤투리가 1966년 『건축의 복합성과 대립성(*Complexity and Contradiction in Architecture*)』(임창복 역, 2004)에서 "지루하고 심심하기 짝이 없는 완전한 조화"라고 비판한 대규모 교외주택단지인 레빗타운(Levittown)이다. 레빗타운은 민간기업인 레빗 건설회사가 1940년대 말 뉴욕 롱아일랜드를 시작으로 펜실베이니아, 뉴저지 등에 건설한 대규모 교외주택단지로, 미국 교외 거주지의 대명사가 된 근대 주택단지다. 또한 르 코르뷔지에의 콘크리트를 주재료로 한 근대주의 건축양식도 대중화되면서 그가 추구했던 설계의 근원은 사라지고 단순하고 지루한 콘크리트 양식만 남게 되면서 '콘크리트 새장(concrete cage)'이란 비하적인 용어로 불리게 되었다(김동국 역, 1999).

읽을거리 11-4 레빗타운: 민간 기업이 공급한 획일적인 대규모 교외주택단지의 전형

공장에서 찍어낸 획일적인 건물의 나열, 벌판에 버려진 고립된 주택단지, 지루하고 무미건조한 일상, 전형적이고 물질적인 삶, 자동차 의존적인 이동방식, 자동차에서 너무나 많은 시간을 보내게 하는 교통체증, 이것이 바로 대부분의 현대인이 '교외'라는 단어에서 떠올리는 것들이다. 또한 교외는 비용을 부담할 수 있는 계층만 진입을 허락하고 다른 집단들은 받아주지 않는 폐쇄적인 공간으로도 비판받는다. 이같은 비판에 처한 교외주택단지의 본격적인 개발은 20세기 들어 시작되었는데, 가장 유명한 교외 주택단지는 레빗타운이다.

레빗타운은 에이브러햄 레빗(Abraham Levitt)과 두 아들이 이끄는 가족 기업 레빗 건설회사가 지은 교외주택단지다. 1949년 착공된 뉴욕 롱아일랜드의 첫 번째 레빗타운을 시작으로 펜실베이니아, 뉴저지, 푸에르토리코 등에도 건설되었다. 레빗타운이 염두에 두었던 이상적 공동체는 하워드의 전원도시였다. 그에 따라 자연친화적인 삶이라는 전원도시의 이상을 따랐으나 주거에 대한 관념과 정부의 역할에 대한 관점은 매우 달랐다. 정부의 보조를 받아 저렴한 주거지를 노동자에게 제공하려 했던 하워드의 전원도시와 달리, 정부가 주택시장에 개입해서는 안된다는 당시 미국의 정치경제적 신념에 따라 교외주택의 공급은 민간 기업이 담당했다. 따라서 레빗타운은 포드 자동차로 대표되는 제조업의 대량생산방식을 도입하여 생산성과 효율성을 극대화한 저렴한 주택을 대규모로 공급하는 방식을 채택했다. 분업화는 물론이고 표준화된 설계와 부품, 새로운 재료와 도구, 조립품의 최대 활용 등을 통해 생산단가를 낮췄을 뿐만 아니라 정부의 대출정책, 마

그림 11-13 1960년대의 레빗타운 전경

출처: 임창복 역(2004).

케팅 전략 등을 효과적으로 활용함으로써 주택 판매를 촉진했다. 또한 주택뿐만 아니라 근린생활을 위한 쇼핑센터, 위락시설, 수영장, 지역회관, 학교 등 부대시설까지 하나의 패키지로 묶은 사전 계획 하에 건설된 대규모 개발로 교외주택단지의 대명사가 되었다.

하지만 레빗타운으로 대표되는 교외주택단지는 미국에서 이미 형성되고 있던 양극화된 주택시장의 구조를 고착시키는 역할을 했다. 정부의 대출 정책은 레빗타운 같은 단독주택을 구매할 수 있는 일정한 경제수준 이상의 계층에 집중되어 있었기 때문에 이들은 손쉽게 주택을 소유할 수 있었던 반면, 대출 대상이 되지 못한 저소득층과 빈민은 임대주택시장에 묶여있을 수밖에 없었다. 또한 주택이 민간 기업이 판매하는 상품이 되어버리면서 "어떻게 하면 적당한 가격의 주거지를 많은 사람들에게 공급할 것인가?"라는 질문에서 "어떻게 하면 더 많은 사람들이 주택을 구매하게 할 것인가?"라는 질문으로 전환되었다. 이는 주택이 수요의 문제, 즉 소비의 문제로 전환되었다는 것이며, 가족주의에 토대한 단독주택의 소유라는 아메리칸 드림의 확산을 통해 할부로라도 단독주택을 구매하려는 가난한 중산층의 확대를 낳았다.

출처: 박진빈(2011); 임창호 역(2000); 임창복 역(2004).

또한 근대주의 건축은 기능주의적 합리성과 효율성을 높인다는 명목 하에 도시생활을 구성하는 다양한 기능들을 생산, 주거, 교통, 여가 기능으로 획일적으로 분리하여 용도지역지구제, 자동차 교통 중심의 도로체계, 고층 건물의 양산, 교외의 신도시 건설 등을 통해 도시의 기능적 다양성을 해체시키고 약화시켰다. 그 결과 도심 공동화는 심화되었고 이는 도심과 교외주택지구 모두의 기능적 효율성을 낮추는 결과를 초래했을 뿐 아니라 자동차 교통 중심의 도시구조로 인해 도시와 인간의 삶에 활력을 만들어주던 가로(街路, street)는 사라지고 교통체증과 통근시간 및 연료의 비효율적 사용, 인간 상호간의 직접적인 상호작용을 줄여 오히려 많은 비용이 요구되는 불편하고 비인간적이며 안전하지 않은 공간을 양산하게 되었다.

1960년대에 완공된 계획도시로서 가장 완벽하게 근대주의 건축 원리를 구현한 도시 설계 사례로 꼽히는 브라질의 브라질리아조차 잘 정돈된 환경과 넓은 텅 빈 공간 속에서 공허함을 느끼며, 브라질의 다른 오래된 도시에서 향유하는 즐거움이 없이 우울하게 사는 상태를 표현하고자 '브라질리아 염증(brasilite)'이라는

그림 11-14 르 코르뷔지에의 1925년 파리계획에 그려진 자동차 위주의 근대적 도시 가로

출처: 윤일주 역(1990).

신조어가 만들어졌을 정도이다(윤태경 역, 2014).

블레이크는 근대주의 건축의 폐해가 가장 극명하게 나타난 사례로 1972년 미국 세인트루이스에서 미국건축가협회의 설계상까지 받은 프루이트-아이고(Pruitt-Igoe) 공공주택 아파트를 다수의 요구에 의하여 폭파시킨 사건을 들었다. 그래서 이 아파트 폭파장면을 담은 사진을 그의 책 표지사진으로 사용했고, 같은 해 출간된 찰스 젱크스(Charles Jencks)의 『포스트모던 건축의 언어(*The Language of Post-Modernism Architecture*)』에서 역시 이 아파트의 폭파 시점인 '1972년 7월 15일 3시 32분'을 근대건축의 사망 시점으로 선언함으로써, 프루이트-아이고 아파트의 폭파는 근대건축의 사망을 표상하는 아이콘이 되었다.

읽을거리 11-5 다큐 영화 <프루이트-아이고 신화>: 프루이트-아이고 아파트는 왜 폭파되어야 했나?

다큐 영화 〈프루이트-아이고 신화(The Pruitt-Igoe Myth)〉는 차드 프리드리히(Chad Freidrichs) 감독의 작품으로 2011년에 열린 제3회 서울국제건축영화제 개막작이기도 하다. 1954년에 미국 세인트루이스의 도심 인근에 건설된 현대적이고 저렴한 고층 공공주택아파트 프루이트-아이고는 뉴욕 맨해튼의 세계무역센터 설계가이기도 한 유명 건축가 미노루 야마사키가 설계했을 뿐만 아니라 미국건축가협회의 설계상을 받았을 정도로 건설 당시 많은 기대를 받았던 건축이다. 하지만 완공된 지 20년도 되지 않은 1972년 더 이상 거주에 부적합하다고 판단되어 폭파를 결정했으며 이 폭파장면은 텔레비전으로

그림 11-15 **다큐 영화 〈프루이트-아이고 신화〉 포스터**

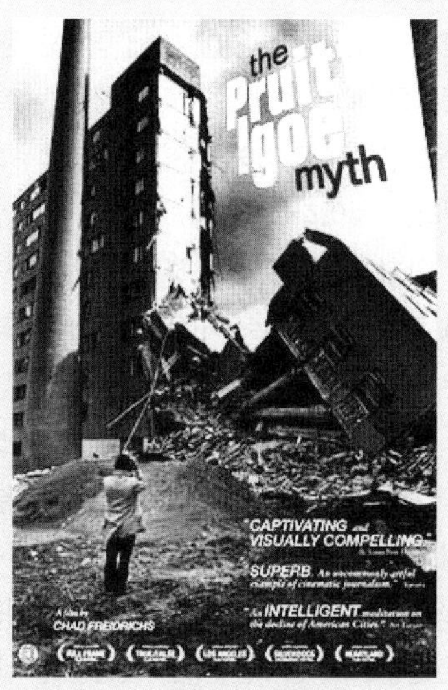

도 방영되어 전문가들뿐만 아니라 대중에게도 강렬한 인상을 남겼다. 무엇보다 젱크스나 블레이크 같은 건축비평가들에 의해 근대 건축의 사망을 알리는 아이콘이 되면서 프루이트-아이고는 신화가 되었다.

이 다큐 영화는 프루이트-아이고의 신화를 벗겨내기 위해 제작되었다. 폭파 사건 직후부터 최근까지 언론과 학자들은 프루이트-아이고의 실패 원인을 다방면으로 찾으려 했으며 감독은 그동안의 연구성과와 실제로 이 아파트에 살았던 주민들의 인터뷰를 통해 프루이트-아이고 단지가 건설되고 폭파되기까지의 역사를 제2차 세계대전 이후 미국 도시에서 벌어진 광범위한 건축학적, 사회적, 경제적, 정치적, 문화적 맥락에서 살펴본다.

프루이트-아이고 단지가 폭파되자 많은 언론과 학자들은 대부분 건축 설계의 문제에서 그 원인을 찾았다. 예를 들어, 건물 입주자들에 대한 이해 부족에 토대한 설계의 문제를 지적했다. 입주자들 대부분은 저소득층 흑인들이고 이들 중 상당수는 남부 도시에서 이주해온 농부 출신들인데, 11층 높이의 고층아파트 설계구조는 백인 중산계층의 라이프 스타일에 맞춘 것이어서 입주자들에게는 맞지 않았다는 것이다. 또 오스카 뉴먼(Oscar Newman)은 『방어 공간(*Defensible Space*)』(1972)에서 이 아파트의 설계구조가 방어할 수 없는 공간이 너무 많아 범죄와 파괴행위가 많이 발생하게 되었다고 주장했다.

주동 내부의 복도는 너무 길어 각자의 아파트 내부에서는 그곳을 볼 수 없으며, 주동의 현관은 거대한 외부공간에 면해 있어서 누가 그 곳을 들고나는지 신경을 쓸 수 없다. 따라서 주민들은 자기집 현관문을 벗어난 공간에 대해 어떠한 통제력도, 정체성도 가질 수 없었다. 집합주택의 공용공간을 계획할 때는 사적 공간, 반(半)사적 공간, 반(半)공적 공간, 공적 공간 등 위계적으로 구분해 주어야 범죄와 파괴행위를 줄일 수 있는데 그런 점을 설계상에 고려하지 못했다는 것이다.

하지만 프루이트-아이고 단지의 실패를 단순히 '근대건축의 실패'라는 건축의 문제로만 한정해서 보는 것은 한계가 많다. 프루이트-아이고 단지의 실패에는 미국의 공공주택 정책 문제, 도시 문제, 인종 문제 등 다양한 문제들이 얽혀 있다. 먼저 왜 세인트 루이스 시는 이 단지의 건설을 계획하게 되었는지부터 살펴보아야 한다. 1950년대 미국 대도시는 심각한 공동화 현상을 겪게 된다. 탈산업화와 제조업의 서부 및 남부로의 이전 등으로 인해 세인트루이스 같은 러스트 벨트(rust belt)에 속하는 도시들은 인구감소와 경제적 침체를 겪었다. 하지만 세인트루이스의 인구감소는 백인 인구의 급감 때문이었고 흑인 인구는 오히려 증가했다. 특히 흑인민권운동으로 남부를 떠난 흑인들이 세인트루이스에 많이 유입되었다. 하지만 세인트루이스는 인종분리가 매우 심한 도시중 하나였고, 이 때문에 가난한 흑인들은 도심 부근의 슬럼에 집중적으로 거주할 수밖에 없었고 백인들은 교외화로 앞다투어 도시를 빠져나갔다. 그러자 세인트루이스 시는 도심 공동화 및 슬럼 문제를 해결하기 위한 방안으로 슬럼을 철거한 후 공공주택 건설로 양질의 환경을 제공하기로 결정한다. 슬럼 중에서도 가장 심각한 드소토 칼(DeSoto–Carr) 지구를 가장 먼저 철거하여 그 자리에 11층짜리 건물 35개 동으로 구성된 공공주택 아파트를 건설하여 총 2,870세대, 15,000명을 입주시키기로 계획했다. 계획상으로 이 프루이트-아이고 단지는 최고의 고층아파트로서 충분한 공공 공간을 제공하고 자연에 둘러싸인 여가생활을 가능하게 함으로써 가난한 사람들을 위한 이상적 마을이 될 것이며, 이같은 방법의 슬럼 대수술로 미국의 대도시가 겪고 있는 문제를 해결해줄 모델이 될 것이라는 기대를 한 몸에 받았다.

하지만 이 계획이 실현되는 과정에서 많은 것이 변경되었다. 일단 건축가들의 처음 설계안은 저층, 중층, 고층이 적절히 섞인 안이었는데, 연방정부가 정한 세대당 공사비를 초과한다는 이유로 모두 11층 높이의 판상형 주동으로 설계가 변경되었다. 마찬가지로 애초의 설계안에 있던 각종 유희시설, 놀이터, 조경시설, 공중목욕탕 등도 예산절감 때문에 누락되었으며, 모든 시설과 가구설비 등이 값싼 재료로 엉터리 시공되었다. 또한 계획상으로 프루이트 구역은 흑인이, 아이고 구역은 백인이 거주하도록 할 계획이었지만 연방대법원이 흑백분리 수용에 제동을 걸었고, 백인들은 흑인들과 섞이는 것을 거부했기 때

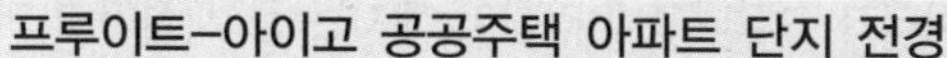

그림 11-16 프루이트-아이고 공공주택 아파트 단지 전경

출처: 영화 Pruitt-Igoe Myth.

그림 11-17 폭파되는 프루이트-아이고 공공주택 아파트 단지

출처: 영화 Pruitt-Igoe Myth.

문에 결과적으로 흑인들만 입주하게 되었다. 그나마 입주한 흑인 가구들도 애초 계획했던 직업이 있는 남자가 가장인 가구보다 경제적으로 취약한 여자가 가장인 한부모 가구가 더 많이 입주함으로써, 입주 이후 임대료 체납 가구들이 많아지는 결과를 초래했다.

단지의 완공과 함께 입주가 시작되었는데 높았던 입주율이 점점 떨어지고 임대료 체납 문제까지 겹쳐 임대료 부족 문제에 직면하자 시 당국은 단지의 유지·관리 비용을 대

폭 삭감하면서 엘리베이터가 고장나고 유리창이 깨지는 등 시설이 파괴되어도 복구되지 않았다. 단지의 황폐화가 심화되자 범죄와 기물 파괴 행위 역시 가속화되었고, 특히 3층마다 서도록 설치된 엘리베이터와 이 엘리베이터와 연결되어 세탁실과 창고 등이 배치되어 있는 긴 복도가 가장 빈번한 범죄발생 장소가 되었다. 원래 이 엘리베이터와 복도 중심의 설계는 이웃이 서로 교류할 수 있는 커뮤니티 공간으로 의도한 것이었는데 도리어 범죄의 온상이 된 것이다. 결국 1970년대에 이르러 전체 주택의 65%가 비게 되자 세인트루이스 시는 이 단지를 폭파시키기로 결정했다. 지금도 이 부지에는 다른 시설이 들어서지 않아 공원으로 남아 있다.

도대체 프루이트-아이고 단지는 왜 실패했는가? 첫 번째는 국가 정책의 결함이다. 무모한 도심재개발과 인종문제에 대한 무관심에 바탕한 공공주택 건설 및 공급 정책이 도시 문제를 해결하기는커녕, 오히려 저소득층의 지리적, 사회적 고립을 심화시켰다. 두 번째는 턱없이 부족한 재정의 투입이다. 지나치게 값싼 가격으로 공공주택을 건설하려다 보니 인간이 애착을 가지고 살 수 있는 적절한 수준의 환경을 제공하지 못했다. 세 번째는 주택공급 대상에 대한 이해 부족이다. 주택정책 입안자뿐만 아니라 건축설계가들도 흑인을 중심으로 하는 저소득계층의 라이프 스타일에 무지했으며 오랜 가난과 차별 속에서 그들에게 새겨진 사회적 소외감, 고립감, 경제적 무기력 등에 대한 이해와 고려가 없었다. 마지막으로 프루이트-아이고 주민들에게 가해진 사회적 낙인의 문제다. 이 단지 입주자 대상의 인터뷰 등을 통한 사회조사 결과에 따르면, 주민들은 주변의 반감을 가장 어려운 문제로 느꼈으며 그들의 주거 상황을 악화시킨 중요한 요소라고 증언했다. 정부의 도움 없이는 자립적 삶을 살 수 없는 가난한 흑인들이 모여사는 곳이라는 시선, 다시 말해 공공주택 입주자라는 오명과 낙인을 견디지 못해 떠났다는 것이다.

흥미로운 사실은 프루이트-아이고 단지가 들어섰던 부지 드소토-칼과 더불어 당시 최악의 슬럼으로 꼽혔던 술라드(Soulard) 지역은 철거되지 않았는데, 1980년대 젠트리피케이션으로 인해 역사문화지구로 재탄생해 지금은 세인트루이스의 문화, 관광의 중심지가 되었다는 아이러니다. 물론 젠트리피케이션으로 인해 가난한 흑인들은 그 곳에서도 더 이상 거주하지 못하게 되었지만 말이다.

출처: 박진빈(2014); 손세관(2013); 임창호 역(2010).

이같은 근대주의 건축 및 그에 토대한 도시계획에 대한 비판은 한편으로는 렐프의 『장소와 장소상실(*Place and Placelessness*)』(김덕현 · 김현주 · 심승희 역,

2005)처럼 현대 도시경관의 특성을 '장소의 획일화'와 '상품화된 가짜 장소의 생산'을 특징으로 하는 무장소적인(placeless) 것으로 규정하고, 다시 장소의 정체성을 회복해야 한다고 주장하는 인본주의적 도시를 지향하는 흐름을 형성했다.

다른 한편으로는 로버트 벤투리, 찰스 젱크스 같은 건축가들은 '포스트모던 건축'이라는 새로운 건축 패러다임의 흐름을 건축 부문을 넘어 여러 학문분야 및 대중들에게 널리 알리고 새로운 변화를 자극했다.

(2) 포스트모던 건축 양식의 출현과 그 특징

근대주의 건축 내에서도 변화와 다양성을 추구하기 위하여 신브루탈리즘(New Brutalism)이나 표현주의 건축 양식 같은 후기 근대주의 양식이 나타났다(김동국 역, 1999). 하지만 근대 건축의 단순성 대신에 모호성을, 의미의 명료성보다는 풍부함을, 양자택일적 사고보다는 양자공존적 태도, 배제에 의한 통일성보다 포섭을 통한 통일성 개념 등을 새로운 디자인 개념으로 제시한 『건축의 복합성과 대립성』(1966; 임창복 역, 2004)과 근대주의 건축이 추구하는 순수성과 합리성, 기능성, 엄격성의 기준으로 보았을 때는 저급한 것으로 평가되어야 마땅한 라스베이거스의 일상적 도시경관을 진정한 대중적 환상이 분출하는 괜찮은 곳으로 평가한 『라스베이거스의 교훈(*Learning from Las Veagas: the Forgotten Symbolism of Architectural Form*)』(1972; 이상원 역, 2017) 등 건축가 로버트 벤투리의 일련의 저작이 아카데미와 전문가 집단의 지지를 얻어냈을 정도로 건축계의 흐름은 새로운 변화를 맞이했다. 건축 비평가 젱크스는 이 상황을 『포스트모던 건축의 언어』(1977)에서 '포스트모던'으로 규정함으로써 그 뒤 아카데미와 비(非)아카데미 전 분야에 걸쳐 오래도록 심각하게 진행되었던 '포스트모더니즘' 논의의 포문을 건축 부문이 최초로 열게 되었다.

프램튼은 건축과 거의 모든 다른 영역에서 출현한 포스트모던 현상의 본질을 명료하게 밝히는 것은 거의 불가능하지만, 포스트모던 현상이 사회의 근대화 압력에 대한 반발이며 과학과 산업의 가치에 전적으로 지배된 근대적 삶의 경향에서 벗어나려는 시도로 인식되어야 한다고 본다. 그렇다고 해서 현재의 사회가 근대화의 근본적인 '이익'을 포기하거나 포기하기를 원한다는 증거는 거의 없다는 지적 역시 프램튼은 놓치지 않는다(송미숙 역, 2017).

포스트모던 건축을 특징지을 수 있는 일반 원칙 하나를 추출한다면 그것은 양식을 무너뜨리고 건축 형태를 잡아먹는 것이다. 그것이 포스트모던 건축양식을 포퓰리즘으로 보았던 프램튼의 비판적 관점처럼 후기 자본주의 체제하에서의 소비주의의 심화에 따른 포장술적인 건축양식이든 아니면 근대주의 건축양식의 극복을 위한 진지한 건축적 성찰과 실천의 결과이든지 간에 말이다.

사실 포스트모던 건축은 너무 광범위하고 절충적이어서 그 특징을 추출하는 것이 쉽지는 않다. 그럼에도 불구하고 널리 합의되고 있는 포스트모던 건축의 특징을 정리해보면, 먼저 근대건축은 상황적 맥락을 무시하고 보편성, 표준화라는 명목 하에 획일성을 양산(예: 국제주의 양식)하였는데, 포스트모던 건축은 지역의 고유한 전통과 토착적 성격을 강조한다. 또한 포스트모던 건축은 단일한 가치나 의미보다 다(多)가치나 다(多)의미를 찬미하며, 이로 인해 역사적 스타일과 토착적 스타일을 결합하는 등 여러 스타일을 혼용해서 사용하는 '이중 코딩'적 양식을 선호한다. 또한 여러 역사 시기로부터 다양한 건축양식을 빌어와 새로운 미학을 촉진시키고자 하기 때문에 역사주의 스타일을 즐겨 사용한다. 한마디로 포스트모던 건축은 추상적인 형식주의를 추구한 근대주의 건축양식과는 대조적으로 장식적이며 기호와 상징이 풍부한 스타일리시한 건축양식을 추구했다. 젱크스는 포스트모던 건축 내에서 전통이라 할 만한 특징으로 극히 난해한 메타포(직접적으로 기능이나 형태를 닮은 건물이거나 상징을 결합), 역사주의(현대의 이미지와 레퍼런스에 역사적 스타일을 절충적으로 혼합), 신토착적(neovernacular), 급진적 절충주의, 직접적인 재유행(특정 시대의 스타일을 정확하게 재구성) 등이다. 녹스(1994)는 근대주의 건축과 포스트모던 건축의 특징에 대한 여러 논의를 종합하여 〈표 11-2〉와 같이 제시했다.

표 11-2 근대 건축과 포스트모던 건축의 특징 비교

근대 건축	포스트모던 건축
"적을수록 풍부하다(less is more)"	"적을수록 지루하다(less is bore)"
국제주의 스타일 또는 스타일 없음	이중 코딩 스타일
유토피아적이고 이상주의적	현실적이고 포퓰리스트적

추상적인 형태	반응적이고 인식가능한 형태
기능 결정주의적 형태("form follows function")	기호적 형태("form follows fiction")
기능적 분리	기능적 혼합
단순성	복잡성과 장식
순수주의	절충적
기술지향주의(protechnology)	변장한 테크놀로지(disguised technology)
비역사적이거나 비토착적인 레퍼런스	역사적이고 토착적인 팔레트의 혼합
혁신	재순환적
장식 없음	"풍부한 의미를 부여한" 장식
맥락 무시	맥락적 단서

출처: Knox(1994)을 재구성.

그림 11-18 미국 오리건 주 포틀랜드시의 포틀랜드 빌딩

포스트모던 건축가 마이클 그레이브스가 설계한 포틀랜드시 시청별관 건물로 1982년에 완공된 최초의 포스트모던 양식의 고층 건물. 이 건물에 대해 많은 논란이 있었지만 건축사적 가치 때문에 2011년 국가 사적 건물로 등록되었다.

출처: https://commons.wikimedia.org/.

이상과 같이 근대주의 건축과 포스트모던 건축을 대비시키긴 하지만, 수사학이 아닌 실제적인 측면에서는 이를 명확하게 구분할 수 없다는 관점을 지지하는 주장도 많다. 근대론자들의 건축이 새롭고 그래서 '모던(현대적)'하다고 했던 것처럼 포스트모던의 건축 역시 정통, 즉 '당대의 규범'을 벗어남으로써 새로움을 추구하고자 했을 뿐 두 양식 간의 본질적인 차이를 명확히 제시하기는 어렵다는 것이다. 또한 여전히 많은 빌딩들은 근대적 양식을 따르고 있다는 현실도 무시할 수 없다(김왕배 · 박세훈 역, 1996).

하지만 70년대부터 출현한 포스트모던 양식이 현대 도시의 건축뿐 아니라 예술, 문화, 도시재개발, 역사경관의 복원과 부흥 등 여러 분야에 걸쳐 막강한 영향을 미치게 된 배경을 후기 자본주의 체제에서의 소비주의 심화라는 경제-문화 현상과 밀접한 관련이 있다고 보는 견해가 지배적이다. 다음에서는 이를 중심으로 살펴보기로 한다.

(3) 후기 자본주의 체제에서의 소비주의의 심화와 포스트모던 건축 및 도시

녹스(1994)는 포스트모던 건축의 유행은 새로운 형태의 취향과 자본의 연합 결과라고 본다. 이 연합은 그 이전 근대주의 건축에서와 같이 자유주의적 엘리트(근대주의 건축가)와 공적 자본(공공정책 결정권자나 관리자) 간의 연합이거나 문화적 아방가르드와 기업 자본 간의 연합이 아니라, 1980년대와 90년대의 자본주의 경제의 발전과 함께 성장한 사회적 지위와 소비지향적 사회를 대표하는 사람들과 유연적 자본의 관리자들 간의 연합이다. 또한 하비는 『포스트모더니티의 조건(*The Condition of Postmodernity*)』(1989; 구동회 · 박영민 역, 1993)에서 모더니즘에 대한 비판 및 모더니즘의 전환이 일정 시간 동안 진행되어 왔는데, 예술과 사회의 관계가 포스트모더니즘을 받아들이고 제도화될 수 있을 정도로 충분히 흔들린 시점은 1973년 석유 파동으로 촉발된 전 세계적인 경제 위기의 시점이었다고 지적한다. 그래서 하비는 자본주의가 이 위기에 대응하기 위해 문화의 외피를 입고 나타난 것이 포스트모더니즘으로서, 근대주의 건축으로 시장이 포화된 부동산 개발업이 확실하게 차별화된 상품을 생산해서 교환가치를 최대화하기 위해 포스트모던 디자인을 재빠르게 받아들인 것으로 본다. 이와 동시에 1970년대와 80년대에 출현한 미국 사회의 신보수주의와 물질주의적 소비문화는 이렇게 포장된 생산품 구입에 열 올리는 시장을 창출했다. 다시 말해 근대주의 건축의 유행이 대량생산-대량소비 체제의 산물이었다면, 포스트모던 건축의 유행은 경제발전 속에서 성장한 소비자 계층을 대상으로 다양하고 새로운 소비시장을 창출함으로써 경제성장의 동력을 만드는 다품종 소량생산-소량소비 체제의 산물이라 볼 수 있다.

샤론 주킨(Sharon Zukin, 윤호병 · 안정석 · 차원현 · 임옥희 역, 1997) 역시 포스트모던 도시경관의 출현을 투자와 생산의 점진적인 범세계화, 물질적 작업으로부터 문화적 가치로의 점진적 관심 전환, 생산에서 소비로의 사회적 의미 전환이란 경제적, 사회적, 문화적 변화와 관련이 있다고 보았다. 벤투리도 도시화가 새로운 단계로 접어들면서 이에 적합한 건축이 요구되는데, 이 새로운 건축의 주 수요자는 더 이상 산업화시대의 대규모 프롤레타리아 집단이 아니라 '중-중'계급 사람들이라고 보았다. 이들은 "레빗타운 같은 교외개발지구에 살며 A&P(대형수퍼마켓 체인) 같은 쇼핑센터에서 쇼핑을 하고 코니아일랜드[1]를 가던 것처럼, 휴가 때 라스베이거스를 간다. 이들은 움츠러든 대중과는 정반대로 아무렇게나 내키는 대로 흐트러지는" 대중이다. 이들이 가장 원하는 것은, 인간 스케일의 규모에 세부적인 장식이 있는 근린의 편안하고 풍요로워 보이는 주택에서 살면서 거대하고 스펙타클한 환경에서 일하고 쇼핑하는 것이다. 이를 눈치 챈 부동산 개발업자들은 이에 부응할 수 있는 포스트모던 건축 양식의 건물들을 지어 공급했고 그 결과는 훨씬 많아진 이윤으로 부동산 개발업자들에게 돌아왔다(Knox, 1994).

이같은 경제와 문화의 융합으로 출현한 포스트모던 도시 경관 형성의 대표적인 사례로 주킨(윤호병 외 역, 1997)은 오래된 도시들에서 나타나는 젠트리피케이션 현상(예: 뉴욕의 SoHo 지구)과 새로운 도시들에서 주로 나타나는 디즈니화된 경관(예: 플로리다 주의 월트 디즈니 월드)을 제시한 바 있다. 여기서는 첫째, 젠트리피케이션과 역사 건축물의 보존 및 복원, 둘째, 디즈니화된 초대형 상업경관,

---

1 1920년대에 개장한 뉴욕 브루클린 구역의 남쪽 해안에 위치한 바닷가 놀이공원인데, 미국인이라면 누구나 어린 시절 한번이라도 가본 적이 있을 정도로 뉴요커들에게 향수를 불러일으키는 곳이다.

마지막으로 스타 건축가를 활용한 도시 마케팅이란 3가지 유형을 중심으로 살펴보기로 한다.

1) 젠트리피케이션과 역사적 건축물의 보존 및 복원

지난 몇 십년 동안 역사적 건축물의 보존 운동이 매우 중요한 건축 운동으로 활발히 진행되어 왔으며 이 덕분에 도심의 오래된 백화점, 사무 빌딩, 호텔, 행정기관, 철도역, 창고 등이 생명을 연장할 수 있었다. 이 역사적 건축물의 보존 및 복원 운동이 포스트모던 건축 양식의 출현 때문만으로 볼 수는 없지만, 역사적 건축물과 역사지구가 독특성과 고유한 정체성을 갖고 있기 때문에 과거, 토착적인 것, 장식적인 것을 강조하는 포스트모던 건축의 특징과 연계성을 갖고 있다. 무엇보다 역사적 건축물의 보존 및 복원 운동과 포스트모던 건축의 유행은 동일한 경제적, 사회문화적 힘을 배경으로 한 것이다. 경제적인 측면에서는 자본주의의 심화로 문화의 경제화가 진행되면서 문화적 소비를 확대시키기 위한 중요한 자원으로 역사가 부동산 개발업자 등 자본가 집단에게 각광받게 되었다. 사회문화적인 측면에서는 도시화, 근대화 과정에서 사라져 가는 역사와 전통에 대한 향수와 정체성을 회복하고자 하는 시민집단, 특히 1960년대 후반 '반(反)문화'의 분위기에서 자란 중간계층이 개발업자 및 공공기관들과 충돌하면서 대중들 사이에서 성장한 반모더니스트적 태도를 활용함으로써 광범위한 지지를 얻었다. 이 결과 역사적 건축물의 보존이 시의회 등을 통해 제도화되었고 도시계획가들 역시 유권자들의 가치변화를 반영하는 도시계획을 수립하게 되었다(Knox, 1994).

이러한 흐름 속에서 대도시의 오래된 도심을 중심으로 젠트리피케이션이 활발히 진행되었다. 그 대표적인 사례가 뉴욕 소호(SoHo: South of Houston)의 젠트리피케이션이다. 주킨은 이 과정을 『로프트 생활: 문화와 자본에 의한 도시 변화(*Loft Living: Culture and Capital in Urban Change*)』(1989)를 통해서 밝혔는데, 로프트(loft)라는 옛 산업시대의 낡은 건축적 유산이 새로운 중간계급(특히 여피(yuppie))의 고급 소비문화 공간으로 변신하는 과정을 문화와 자본의 결합에 의한 젠트리피케이션 현상으로 보았다.

1960년대 초 버려진 구산업지구인 소호에 낮은 집세와 넓은 공간을 찾아 예술가들이 들어오기 시작했고 보존주의자들에 의해 건축물의 철거가 취소되면서 예술가들의 급격한 이주가 시작되었다. 예술가들은 이곳의 '1차적 소비자'로서 중요한 역할을 수행했고 동시에 예술을 통해 이곳의 문화적 가치를 높이는 생산자로서의 역할을 하면서 이 지역은 흥미롭고 매력적인 관광지역이 되었으며 점차 갤러리나 전문점의 개장으로 첨단의 세련미를 갖춘 지역으로 변화했다. 여기에 부동산 개발업자들의 투자, 뉴욕 시의회의 지역 활성화 정책 등이 부가되면서 주택과 상점의 젠트리피케이션이 진행되었다. 이 결과 높아진 임대료를 이기지 못한 예술가와 화랑이 이주하게 되면서 소호는 고급 상업공간으로 남게 되는 전형적인 젠트리피케이션의 단계를 밟았다. 주킨(1989)은 소호 지역에서 벌어진 젠트리피케이션 현상을 단순히 지대격차 요인에 따른 부동산 개발이라는 경제적 측면에서만 설명하지 않고, 문화적 요인을 추가하고 또 강조했다. 즉, 포스트모던 사회의 도래로 자본축적과 더불어 일상생활의 미학화가 진행되면서 미학적 기호나 생활양식의 변화가 도시 경관 형성에 중요한 역할을 하게 되었다고 설명한다. 그래서 예술가라는 전위적 문화집단이 옛 산업시대의 건축적 유산이 잔존해 있는 소호 지역에 들어가 문화적 정당성을 확보하고 문화적 가치를 생산하는 과정이 젠트리피케이션을 가능하게 하는 또 하나의 핵심적 요인임을 보여주었다.

이처럼 오늘날 도심 재활성화 방식중 가장 대표적인 젠트리피케이션을 가능하게 하는 주요 자원은 옛 도심 지역이 보유하고 있는 역사적 건축물과 그것들이 집단적으로 모여 있음으로써 형성되는 역사지구 경관이다. 그만큼 현대 도시에서 역사적 건축물과 역사 경관은 도시의 경제 발전을 위한 중요한 자원으로 활용되고 있다. 렐프는 현대 도시들의 무장소화를 조장하는 주요 현상 중 하나가 타자지향적 장소의 양산이라고 보았는데, 이 타자지향적 장소를 양산하는 대표적인 유형 중 하나가 디즈니화와 더불어 박물관화(museumisation)라고 했다. 박물관화는 역사의 보존, 재구성, 이상화인데 사람들이 기대하는 일반적 요구에 부합할 수만 있다면 역사의 정확성, 진정성 등은 별로 개의치 않는 태도 때문에, 렐프는 이런 박물관화된 장소는 진정한 장소감이 아닌 비진정한 장소감을 준다고 비판했다(김덕현 · 김현주 · 심승희 역, 2005). 하지만 비판적 지리학자들은 진정한 장소감과 비진정한 장소감을 판단하는 기준이 모호할 뿐만 아니라 이러한 판단은 개인의 주관적 수준에서 이루어지는 것이기 때문에, 박물관화 현상을 주킨(1989)처럼 경제적, 사회적, 문화적 차원에서 설명하려는 연구경향이 더 많다.

2) 디즈니화된 초대형 상업경관

젠트리피케이션이 주로 역사와 전통이 축적되어온 오래된 도시를 중심으로 이루어지는 현상이라면, 디즈니화(disneyfication)된 초대형 상업경관은 로스앤젤레스나 마이애미처럼 역사적인 전통 같은 문화적 자산은 빈약한 반면 넓은 부지와 많은 자본을 끌어들일만한 조건을 갖춘 신흥도시에 주로 형성되었다. 그 대표적인 사례가 디즈니랜드다. 만화영화 기업인 디즈니가 캘리포니아 주의 오렌지 카운티에 테마파크 디즈니랜드를 처음 세운 때는 근대주의 시기라고 할 수 있는 1955년이다. 하지만 1971년 플로리다 주 올랜도에 디즈니 월드를 개장한 이후 일본의 디즈니 월드, 프랑스의 디즈니월드 등에 지속적으로 디즈니 테마파크를 개장하고 있고 이를 모티브로 한 다양한 초대형 상업경관들이 70년대 이후로 더욱 성장하고 있어 오늘날은 디즈니화된 초대형 상업경관을 대표적인 포스트모던 경관으로 보고 있다. 주킨은 이같은 디즈니화된 포스트모던 상업 경관을 환상적 경관(dreamscape)으로 표현했는데, 그 주요 3요소를 타자들에게 가시적으로 보여지기 위한 무대장치, 공유되는 사적(私的) 환상, 자연과 인공 또는 시장과 장소가 교차하는 역(閾)공간(liminal space)으로 보았다(윤호병 · 안정석 · 차원현 · 임옥희 역, 1997).

읽을거리 11-6 역(閾)공간으로서의 쇼핑몰

시장은 신성한 것과 세속적인 것, 일상적인 것과 이국적인 것, 로컬과 글로벌 사이에 위치해 있어서 역성(閾性, liminality)을 가진 대표적인 장소, 역공간(liminal space)이다. 문화인류학자 빅터 터너(Victor Turner)의 역공간 개념은 기존의 규율과 규범이 일시적으로 정지되어 사회적 장소(social stations) 간의 상태가 과도적인 흐름 속에 있는 공간을 의미한다. 시장(market place)은 이 역공간적 속성이 매우 강해질 수 있는 곳으로서, 놀라울 정도로 다양한 인간군상, 신비롭고 이국적인 물건들, 제한된 공적 공간내에서 서로 연결되어 있는 들뜬 군중들, 이득을 얻을 수도 잃을 수도 있는 거래 상황, 계획에 없던 만남과 모험의 가능성, 공동체 내에서의 집합적 권리와 자유에 대한 지속적 단언이 뒤섞여 다양한 위반이 발생할 수 있다. 그래서 시장은 당신으로 하여금 도덕적 비난의 위험이나 제도적 감시로부터 자유롭게 무슨 일이든 시도하거나 저지르게 해준다(Goss, 1993).

이 같은 디즈니적인 경관은 후기 자본주의 경제체제에서 소비주의가 심화되면서 소규모 소매점, 호텔, 쇼핑센터 등으로도 확산되었는데 그중 단연 주목을 끄는 경관은 초대형 쇼핑몰이다. 초대형 쇼핑몰 중에서도 많은 학자들의 관심을 끈 곳은 1981년 캐나다 알버타주 에드먼튼에 처음 개장해서 1999년까지 네 번의 개발단계를 거쳐 확장한 웨스트 에드먼튼 몰(West Edmont Mall, WEM)이다. 이 쇼핑몰은 800여 개의 점포와 100여 개의 레스토랑, 19개 이상의 영화관, 2개의 호텔, 디즈니랜드 같은 놀이공원, 워터파크, 아이스 링크, 소형 골프 코스, 그리고 유럽풍, 차이나타운, 뉴올리언스 같은 다양한 테마 거리까지 갖춘, 2004년까지 세계 최대의 쇼핑몰 자리를 차지했던 곳이며, 지금도 북미에서 두 번째로 큰 쇼핑몰이다.

이 쇼핑몰은 민간 부동산 개발기업에 의해 건설되었는데, 석유 붐으로 번영하던 에드먼튼 시의 경제가 1980년대 초 흔들릴 즈음에 개장함으로써 도시 경제가 서비스 경제로 전환되고 있음을 상징적으로 보여준다. 이는 올랜드의 디즈니월드가 만화영화 생산과정이 컴퓨터 제작 등으로 노동 수요가 줄어들고 일부 노동집약적 제작 과정이 해외로 이전되면서 그 대안으로 개장된 것과 맥락을 같이 한다고 볼 수 있다.

또한 웨스트 에드먼튼 몰은 에드먼튼이라는 도시 안에 만들어진 거대한 실내 도시로서, 실제로 존재하는 특정 도시의 지역적 맥락으로부터 벗어나 — 실내 공간이기 때문에 추위와 더위 등 날씨와도 무관한 공간이다 — 새롭고 상상적인 공

그림 11-19 캐나다의 초대형 쇼핑몰, 웨스트 에드먼튼 몰

캐나다의 추운 기후나 날씨와 상관없이 이용가능하도록 실내 공간으로 설계되었다.

출처: https://www.vizts.com/west-edmonton-mall/.

간이다(Shields, 1989). 이 몰의 상업적 성공을 통해 후기 자본주의 사회의 생산과 소비, 그리고 대중적 상상과의 관계를 관찰할 수 있다. 이 몰 안에는 콜럼버스의 산타 마리아호부터 고대 로마, 차이나타운, 폴리네시아, 이누이트, 카니발의 문화뿐 아니라 디즈니 만화 속 공간과 캐릭터, 미래 우주과학시대의 상징물에 이르기까지 다양한 시간과 공간적 모티브를 혼합한 건축물과 실내장식, 이벤트 등을 통해 사람들을 집합적 판타지의 세계로 인도한다. 몰 안에서 사람들은 마치 그림 속에 살고 있는 것 같이 느끼며 이는 철학자나 사회과학자들이 포스트모던 문화 현상의 중요한 특징으로 꼽는 현실과 재현이 융합되어 구분되지 않는 경험을 하게 만든다.

이처럼 사람들은 일상의 세속적인 삶에서 떨어져 나와 잠시 판타지, 노스탤지어, 카니발적 카타르시스를 경험하게 되지만, 비판적 관점에서 보면 그 경험의 본질은 자본가들에게 많은 이윤을 제공하는, 소비자들의 값비싼 소비행위다. 많은 비용이 들 뿐 아니라 이 판타지의 세계가 제공하는 많은 기호와 상징은 서구 중심의 지배적인 문화를 공유하는 문화집단이어야만 읽어낼 수 있다는 점에서 이 초대형 상업경관의 주요 소비자는 후기 자본주의의 발전 속에서 성장한 중간계급이다. 또한 이 디즈니화된 상업경관에는 이 공간 바깥에 실재하는 빈곤, 갈등, 폭력, 증오가 철저하게 배제되고 제거된 순수하고 밝고 행복한 공간이다.

그림 11-20 마카오 대규모 쇼핑몰 안의 모습

화려하고 세련된 쇼핑몰이지만 매장의 넓이를 최대화하고 쉼없이 이동하며 소비할 수 있도록 사람들이 앉아 쉴 수 있는 벤치는 턱없이 부족하게 설계되어 있다. 그 결과 쇼핑몰 안에는 마치 노숙자처럼 지친 아이를 데리고 통로에 앉아있는 사람들의 모습이 자주 눈에 띈다.

출처: 저자 촬영.

이는 사람들의 보수화를 유도하는 중요한 메커니즘으로 작동하며 그래서 포스트 모던 문화를 신자유주의 자본주의 경제체제를 지지하는 신보수주의의 성장과 연결시켜 보는 비판적 주장도 널리 받아들여지고 있다.

무엇보다 미국에서 사람들이 가장 자주 찾는 공적공간이 쇼핑몰이며, 일부 선진 자본주의 사회에서도 쇼핑센터는 커뮤니티의 중심 역할을 한다(Shields, 1989; Goss, 1993)는 점에서, 거대 기업이 기획하고 개발하고 운영하는 초대형 쇼핑 몰의 증가는 공적공간의 사유화가 고도화되면서 거대 기업이 독점적으로 지배하는 사적공간이 확대되고 공적공간으로서의 기능이 약화되는 문제점도 함께 안고 있다.

3) 스타 건축가를 활용한 도시마케팅

마지막으로 살펴볼 것은 스타 건축가를 활용한 도시마케팅이다. 후기 자본주의 시대의 주요 경제적 특징이 공산품 생산보다 문화상품 생산이 중요한 이윤창출 수단이 되는 문화경제의 시대가 도래했다는 것이고, 국가 단위의 총량적 경제체제에만 머무르지 않고 지역을 단위로 세계 시장에 참여함으로써 지역 간 경쟁도 치열해졌으며 이 과정에서 지역의 문화적 자산을 활용한 지역 마케팅, 도시마케팅이 활발해지기 시작했다는 점이다.

이 때 도시의 문화적 자산을 가시적으로 드러내기 좋은 수단이 건축이

그림 11-21 스타 건축가를 활용한 도시 마케팅 사례

빌바오 구겐하임 미술관: 건축가 프랭크 게리

베이징 CCTV 본사: 건축가 렘 콜하스

서울 동대문 디자인 플라자: 건축가 자하 하디드

출처: https://commons.wikimedia.org, 동대문 디자인 플라자 홈페이지.

다. 특히나 전 세계를 무대로 활발한 활동을 펼치고 있는 이른바 스타 건축가(starchitect라는 신조어도 생겼다)의 건축물은 지역적인 동시에 세계적인 작품이 되면서 그 건축물을 보유한 도시에 명성과 위신, 경제적 이득까지 선사하는 효과를 발휘한다. 그중 대표적인 사례가 포스트모던 건축양식의 한 분파인 해체주의 건축가 프랭크 게리(Frank Gehry)의 설계로 1995년 건축된 스페인 빌바오의 구겐하임 미술관이다. 침체된 산업도시 빌바오를 일약 문화예술도시로 바꾸는 데 결정적 역할을 하면서 빌바오의 랜드마크가 된 빌바오 구겐하임 미술관의 성공 때문에 생겨난 '빌바오 효과'(또는 구겐하임 효과)라는 신조어는 건축물이 도시의 부흥을 일으키는 현상을 가리킨다.

빌바오 구겐하임 미술관의 대성공 이후 스타 건축가의 활동 범위는 전 세계로 확장되었으며, 유명 건축가들은 상징적인 건축물 건립을 위해 수천 마일 떨어진, 문화적 · 정치적 문맥마저 완전히 다른 지역으로부터 설계를 의뢰받게 되었다. 특히 경제적 성장의 위용을 대내외적으로 과시하고 경제적으로도 활용하려는 목적으로 중국의 베이징과 상하이, 아랍에미리트의 두바이 같은 최근의 급성장 도시들은 스타 건축가들에게 앞다투어 건축 설계를 의뢰했다. 우리나라도 예외는 아니어서 낡은 동대문운동장을 허물고 들어선 복합문화예술공간인 동대문디자인 플라자의 설계도 세계적인 해체주의 건축가 자하 하디드의 작품이다.

이처럼 세계의 도시 곳곳에 계속 들어서고 있는 위용 넘치는 랜드마크적 건축물들을 통해 바로크 시대의 기념비적 건축물이 도시에서 수행했던 상징과 기능이 포스트모던 건축의 시대에도 여전히, 더욱 강고하게 작동하고 있음을 확인할 수 있다. 하지만 이같은 스펙타클한 도시 경관 안에서는 역설적이게도 특정 집단을 은밀하게 배제하기 위한 공간 설계가 강화되는 측면도 동시에 이루어지고 있다. 이는 어떤 측면에서는 공적 공간을 축소시키고 사적 공간이 확대되는 과정과도 관련되어 있다.

(4) 특정 집단의 배제를 위한 건축적 설계와 관리

포스트모던 건축 설계의 특징 중 하나는 내부와 외부의 경계가 모호한 것이다. 하지만 이런 새로운 양식의 건축물은 대부분 상류층이나 부자들, 또는 기업

고객을 위해 지어진 것이며 이 새로운 형식의 이면에는 건축양식이라는 문화자본을 통해 과시적으로 부를 드러내려는 의도가 숨어 있다는 비판도 존재한다. 건축 양식적 측면에서 내외부의 경계가 모호해졌다 하더라도 사회적 격리가 쇠퇴하고 있다는 증거는 보이지 않는 것도 비판의 한 이유이다(김왕배 · 박세훈 역, 1996). 또한 현대 도시에서는 빈민, 노숙자, 소수자, 잠재적 범죄자로 의심되는 자 등으로부터의 안전(security)이 '사회적 지위를 드러내는 상품'이 되었다. 그래서 많은 사람들이 이용하는 공적 장소인 갤러리, 쇼핑몰, 오피스 플라자, 페스티벌 장소 같은 곳에서 이들은 입장을 배제해야만 하는 바람직하지 않은 존재로 인식되었다. 또한 이들이 은밀히 배제될 수 있도록 설계하는 것이 건축과 도시설계에서 매우 중요한 설계 요소가 되었다.

그 결과 길과 건물 곳곳에 설치된 CCTV부터 사설 보안인력이 순찰을 돌고 담장까지 친 단지(gated community), 사회적 경계긋기용으로 신중하게 설계된 건축, 노숙자들이 누워 잠을 잘 수 없도록 올록볼록하게 디지인된 벤치와 대형 화분 같은 조경 장치 등이 도시경관을 구성하는 필수적 구성요소가 되었다. 하지만 이런 배제의 경관은 은밀하게 고안되는 경우가 많아 주의를 기울이지 않으면 눈에 잘 띄지 않고 눈에 띈다 해도 그 의도를 파악하지 못하기 쉽다. 심지어 일부 사무실 건물은 원치 않거나 부적절한 방문객들로부터 일정 거리를 유지하기 위해 회사명과 로고를 가로에서 진입할 때 보이는 전면에 달지 않는 경향도 있다(Knox, 1994).

또한 도시 내에서 많은 사람들이 이용하는 대표적인 공적 공간인 버스 터미널이나 기차 역 등이 민간자본 유치 등의 명목으로 백화점, 호텔, 영화관 같은 대규모 상업시설과 병치되도록 재개발되면서 민간 기업의 소유 및 관리 하에 놓인 사적 공간의 영역이 확대되었다. 이같은 사적 공간의 영역에는 더욱 철저한 배제의 원리가 작동하고 있어서 이전과는 매우 상이한 도시 경관이 형성되고 있다.

5. 지역 및 생태 지향적 건축과 도시 경관

(1) 1990년대 뉴어바니즘의 공동체 중심 도시계획 및 건축

포스트모던 건축이 근대주의 건축의 한계를 지적하며 지역적 맥락, 역사 등의 요소를 건축 설계에 반영하고자 한 건축 부문에서의 움직이었다면, 도시 설계의 측면에서 근대주의 도시 계획의 한계를 극복하고자 하는 뉴어바니즘 운동이 앙드레 듀아니(Andres Duany)와 플라테-지벅(Plater-Zyberk) 같은 건축가를 중심으로 1990년대에 출현했다. 뉴어바니즘 운동은 자동차 중심의 전형적인 교외단지 개발방식을 지양하고 전통적 도시성으로 회귀하고자 하는 운동으로 '신 전통주의적 개발방식'으로도 불린다. 뉴어바니즘의 기본 목표는 도시의 밀도를 높이고 용도혼합 및 보행 중심이나 대중교통지향적 개발 등을 통한 주민 간의 물리적 접촉을 증대시켜서 궁극적으로 사회적 통합(social mix)을 이루는 것이다.

하지만 실효성에 대한 비판도 만만치 않다. 비판의 주요 내용은 직관적으로는 매력적이지만 보편적으로 적용가능한 이상(理想)은 아니라는 점이다. 그 대표적 증거가 이 운동이 규범으로 삼는 공동체의 모습이 대부분 백인 중산층 가구들의 전통적 규범이며 따라서 뉴어바니즘 운동의 결과가 실제로 백인 중산층을 위한 배타적 근린 만들기에 그치는 경우가 많았다. 또한 뉴어바니즘 운동가들이 주장하는 주민 간의 물리적 접촉이 증대되는 사회적 통합이라는 이상적 목표도, 현대 도시의 주민들은 극도의 개인사유화와 사회적 분절을 선호하는 경향도 강하기 때문에 실제로는 성취될 수 없는 목표라는 비판이다. 무엇보다도 뉴어바니즘이 가진 가장 취약한 한계는 '좋은 설계가 좋은 행태를 낳는다.'와 같은 물리적 환경에 대한 지나친 추론과 기대에 토대하고 있다는 것이다. 장소는 사회적으로 구성되며 사람과 환경의 관계는 복잡하고 성찰적이며 순환적이기 때문에, 물리적 환경의 개조만으로 공동체적 삶이 실현되기는 어렵다(박경환 등 역, 2012; 김태경 · 정진규, 2010). 그럼에도 불구하고 인간 중심적 도시를 위해 도시 내 공동체를 회복하려는 뉴어바니즘 운동은 장소 또는 지역 지향적 도시 경관 만들기에 유용할 것으로 기대되고 있다.

(2) 비판적 지역주의에 토대한 건축 및 도시 경관

건축사가인 프램튼은 근대주의 건축의 최악의 적(敵)은 장소, 즉 지역 개념에는 관심이 없고 경제적-기술적 요건만 고려된 공간 개념이라고 비판했다(송미숙 역, 2017). 따라서 그는 건축은 비판적 지역주의를 수용할 필요가 있다고 주장했다. 지역적 특성이 없는 공간을 생산하는 보편주의적 추동력에 비해 건축은 비록 근대적이고 고유한 지역적 특성이 없는 기술을 사용하지만 그럼에도 불구하고 지역을 서로 다르고 고유하게 만드는 것들을 이용할 수 있기 때문이다. 따라서 비판적 지역주의는 지역 분권주의적인데, 그것은 각 지역의 자연 자원(빛, 지형, 빛깔 등)에 의지하기 때문이다. 그러나 비판적 지역주의는 지역의 고유성에 대한 맹목적 믿음과는 거리를 두기 때문에 기존의 지역주의와는 달리 비판적이다. 다시 말하면 기존의 지역주의는 지역의 고유성이라는 명목 하에 토착적 건축 형태의 무한 반복이 특징인 반동적 노스탤지어로 끝날 위험이 컸다. 하지만 비판적 지역주의는 단순히 보편적인 것을 부정하는 것이 아니라 지역 건축의 구성 안에 내재한 보편적인 것을 이용한다. 그래서 프램튼은 비판적 지역주의의 기본 전략이 특정 장소의 특수성으로부터 간접적으로 도출된 요소를 가지고 보편적 문명의 영향력을 중재하는 것이라고 했다. 이 같은 중재의 핵심은 건축이 실천되고 있는 지역이 제공하는 영감이다. 이 영감은 “지역의 빛이 가진 범위와 특성, 또는 특수한 구조적 양식에서 도출된 지질구조 또는 특정 땅의 지형 같은 것”으로부터 나온다(Frampton, 1985; 박경환 등 역, 2015에서 재인용).

팀 크레스웰(Tim Cresswell)은 『지리사상사(*Geographical Thought: A Critical Introduction*)』(박경환 등 역, 2015)에서 지리학에서의 지역에 대한 사고의 역사를 비판적으로 정리하면서, 마지막은 건축사가인 프램톤의 ‘비판적 지역주의’를 제시하는 것으로 마무리했다. 크레스웰이 보기에 글로벌 자본주의의 보편화 경향에 도전하는 저항의 지리는 지역인데, 그동안 지역주의는 필연적으로 반동적이고 배타적이며, 특수한 것으로의 후퇴라는 비판에 직면해 왔다. 하지만 프램튼이 말한 비판적 지역주의가 건축에 필연적으로 동반되는 보편적 성격의 근대성과 기술을 포용하되 동시에 지역의 고유한 특성을 의식적으로 반영하는 것처럼, 지리학에서의 지역에 대한 사고도 보편적인 것과 특수한 것 간의 긴장 속에서 비판적 지역주의를 통해 의미 있는 생산을 할 수 있을 것이라고 본 것이다. 특히 나 비판적 지역주의는 인간의 지각 중에서 촉각의 다양성을 재강조함으로써, 그 동안 시각에 부여되어온 특권에 대해 균형을 잡으려고 한다. 원근법으로 대표되는 시각에 대한 특권은 후각, 청각, 미각에 대한 의식적인 억제를 전제하며, 결과적으로 환경에 대한 보다 직접적인 경험으로부터 멀어지게 되는 결과를 낳았다. 이는 하이데거가 말한 '친밀함의 상실(loss of nearness)'과도 관련이 있다. 이러한 상실에 대응하기 위한 시도가, 촉각을 원근법적인 것과 반대로 놓고 현실의 표면을 덮고 있는 베일을 걷어내는 것이다. 촉각과 건축물이 세워지는 땅의 지질 구조는 서로 연합하여 단순한 기술적 외관을 초월하는 능력을 가지고 있는데, 이는 장소적인 형식이 전 지구적 근대화의 끈질긴 맹공을 견뎌낼 수 있는 것과 같은 원리이다(박경환 외 역, 2015). 따라서 크레스웰은 비판적 지역주의야말로 지금 현재의 지리학에서 지역 개념이 그 유용성을 발휘할 수 있는 지향점이라고 보고 있으며, 지역으로서의 도시 역시 마찬가지다.

(3) 생태지향적 건축과 도시 경관

마지막으로 오늘날의 건축적 실천도 날로 심화되어 가는 환경 문제에 대응하는 경향성이 두드러지고 있는데, 그중 대표적인 건축적 실천 경향이 '지형학'과 '지속가능성'을 중요한 설계 준거로 삼는 것이다.

지형학의 측면은 앞서 살펴본 비판적 지역주의와도 긴밀히 연결되는데, 건축이나 도시 설계를 할 때 인위적인 형태와 대지 표면 간 의미 있는 통합을 지향하는 것이다. 그래서 건축적 개입을 최소화거나 대지와의 조화에 유의함으로써 지역 생태계의 상호 의존성을 유지하고 촉진하는 생물계에 대한 종합적 접근의 필요성을 인식하고자 한다. 이러한 변화에 따라 모든 장소를 자연적인 것이든 인공적인 것이든 하나의 경관으로 간주하기 시작했고 경관이 건축가의 주요 관심사이자 핵심 요소가 되면서 경관 도시주의(landscape urbanism)라는 분야가 부상하고 있다(송미숙 역, 2017; 배정한, 2004).

지속가능성의 측면은 오늘날 건물 환경이 선진국 에너지 소비의 40% 가량을 차지한다는 사실에 대한 자각에서 비롯되었다. 건물에서 발생하는 에너지 소모가 특히 많은 부분은 전체 전력 소비량의 65%를 차지하는 인공조명이며 그 다음은 에어컨과 디지털 장비다. 또한 현재 매립 쓰레기의 상당 부분은 건축 폐기물이다. 이에 따라 건축 및 도시 계획 분야에서는 자연 음영의 최적화, 자연 빛과 통풍부터 재생가능한 자원의 사용, 폐기물과 오염 제거부터 건설자재에서 방출되는 산업 에너지의 감축에 이르는 광범위한 지속가능한 실천을 모색하고 있다(송미숙 역, 2017). 이같은 생태지향적 건축과 도시 경관은 자연스럽게 생태도시론으로 이어질 수 있다.

이상으로 근대주의 도시 경관 이후를 주도한 포스트모던 건축과 그와 연관된 도시경관에 대해 살펴보았다. 이제는 건축에 대한 4가지 접근법에 의해 이 시기의 특징을 간략하게 정리하는 것으로 이 장을 마무리하고자 한다. 먼저 '당대의 지배적인 문화로서의 건축'의 측면에서 볼 때 근대주의 이후의 시대는 포스트모더니즘 같은 다양성과 차별성 추구가 강화되었기 때문에 하나의 지배적인 문화를 꼽기가 매우 어려워졌다. 그럼에도 불구하고 무시할 수 없는 규모이면서 딱히 반대도 없는 이 시대의 건축 관련 지배적인 문화를 꼽는다면 지역 및 생태지향성이라고 볼 수 있다. 근대주의 건축은 세계의 도시 경관이 비슷해지는 결과를 낳았고 이는 보편성에 보다 많은 권력을 부여한 때문이지만 그 부작용도 컸다. 그래서 근대주의 건축 이후의 시대는 지역이 처한 각기 다른 역사적, 사회적, 경제적 맥락과 지형이나 기후 같은 환경적 특성에 민감한, 지역 및 생태 지향적 건축 및 도시 경관을 추구하는 것에 이전보다 더 무거운 가치를 부여하는 경향성이 지금의 시대정신이라고 볼 수 있다. 포스트모던 건축이나 뉴어바니즘, 지속가능성을 지향하는 건축 경향 등이 이 같은 시대정신의 산물로 읽힐 수 있다. 그럼에도 불구하고 자본주의의 심화로 인해 '자본순환과 축적 수단으로서의 건축'의 역할은 위축됨 없이 더욱 강화되고 있다. 더구나 경제와 문화의 경계가 희미해지고 문화적 전환의 시대가 도래하면서 건축이 자본순환과 축적 수단으로서의 역할을 증대시키기 위해 매력적인 상징과 의미를 생산하고 전달하는 '정치의 산물이자 매개로서의 건축'의 역할이 함께 성장하고 있다. 또한 이 과정에서 스타 건축가를 활용한 도시 마케팅 사례와 같이 '건축가의 창의성이 반영된 건축'은 그 영향력을 발휘할 수 있는 장이 점점 더 넓고 다양해지고 있다.

|참|고|문|헌|

구동회·박영민 역, 1993, 포스트모더니티의 조건, 한울(Harvey, D., 1989, *The Condition of Postmodernity*, Blackwell, Oxford).

김덕현·김현주·심승희 역, 2005, 장소와 장소상실, 논형(Relph, E., 1976, *Place and Placelessness*, Pion Ltd., London).

김동국 역, 1999, 근대도시경관, 태림문화사(Relph, E., 1987, *The Modern Urban Landscape*, Croom Helm, London).

김동훈, 2010, "서평: 모더니티의 수도 파리(Paris, capital of modernity)," 도시인문학연구, 2(2), 219-242.

김명수, 2005, "프레드릭 옴스테드의 낭만적 이상주의 공원론," 국토연구원 편, 현대공간이론의 사상가들, 한울아카데미, 347-360.

김병화 역, 2005, 모더니티의 수도 파리, 생각의 나무(Harvey, D., 2003, *Paris, Capital of Modernity,* Routledge, New York).

김영기 역, 1990, 역사 속의 도시, 명보문화사(Mumford, L., 1979, *The City in History: its Origins, its Transformations and its Prospects,* Pelican Books, New York).

김왕배·박세훈 역, 1996, 자본주의 도시와 근대성, 한울(Savage M. & Warde, A., 1993, *Urban Sociology Capitalism and Modernity*, Macmillan).

김정아 역, 2004, 발터 벤야민과 아케이드 프로젝트, 문학동네(Buck-Morss, S., 1989, *The Dialectics of Seeing: Walter Benjamin and the Arcades Project*, MIT Press, Cambridge).

김태경·정진규, 2010, "New Urbanism의 인간중심적 계획이념에 관한 연구," GRI 연구논총, 12(1), 135-154.

김흥순·이명훈, 2006, "미국 도시미화 운동의 현대적 이해: 그 퇴장과 유산을 중심으로," 서울도시연구, 73, 87-106.

박경환·류연택·정현주·이용균 역, 2012, 도시사회지리학의 이해, 시그마프레스(Knox, Paul & Steve Pinch, 2010, *Urban Social Geography: An Introduction(6th)*, Pearson Education Ltd.).

박경환 외 역, 2015, 지리사상사, 시그마프레스(Cresswell, Tim, 2013, *Geographical Thought: A Critical Introduction*, John Wiley & Sons Ltd.).

박진빈, 2011, "미국의 교외는 어떻게 악몽이 되었나?: 교외사의 최근 동향을 중심으로,"

도시연구: 역사 · 사회 · 문화, 6, 135-159.

______, 2013, "전후 미국의 쇼핑몰의 발전과 교외적 삶의 방식," 미국사연구, 37, 107-134.

______, 2014, "전후 미국 도시 공공주택 정책의 실패: 프루잇-아이고의 경우," 도시연구: 역사·사회·문화, 12, 185-209.

배정한, 2004, "Landscape Urbanism의 이론적 지형과 설계 전략," 한국조경학회지, 32(1), 69-78.

손세관, 2013, "'실패한' 근대 집합주거의 실패요인에 관한 연구," 한국주거학회논문집, 24(6), 151-161.

송미숙 역, 2017, 현대 건축: 비판적 역사, 마티(Frampton, K., 2007, *Modern Architecture: a Critical History*, Thames & Hudson Ltd., London).

신석균·김영훈·김정 역, 1991, 건축과 유토피아: 디자인과 자본주의 발전, 태림문화사(Tafuri, M., 1976, *Architecture and Utopia: Design and Capitalist Development*, MIT Press, Cambridge, Mass, translated from Italian by Barbara Luigia La Penta).

심승희·한지은, 2006, "압구정동·청담동 지역의 소비문화경관 연구," 한국도시지리학회지, 9(1), 61-79.

유강은 역, 2010, 미국 대도시의 죽음과 삶, 그린비(Jacobs, J., 1961, *The Death and Life of Great American Cities*, Random House, New York).

윤일주 역, 1990, 근대 건축은 왜 실패하였는가, 그린비(Blake, P., 1977, *Form Follows Fiasco: Why Modern Architecture Hasn't Worked*, Little, Brown and Company, Boston).

윤태경 역, 2014, 우리는 도시에서 행복한가: 행복한 도시를 꿈꾸는 사람들의 절박한 탐구의 기록들, 미디어윌(Montgomery, Charles, 2013, *Happy City: Transforming Our Lives Through Urban Design*, Farrar, Straus and Giroux).

윤호병·안정석·차원현·임옥희 역, 1997, "탈현대적 도시조형: 문화와 권력의 지도 그리기," 현대성과 정체성, 현대미학사, 251-288(Zukin, S., 1992, Postmodern urban landscapes: mapping culture and power, in Lash, S. & Friedman J., eds., *Modernity & Identity*, Blackwell, Oxford, 221-247).

은빈균, 2001, "코르뷔제의 빛나는 도시의 신화," 국토연구원 편, 공간이론의 사상가들, 한울, 194-202.

이상원 역, 2017, 라스베이거스의 교훈, 청하(Venturi, R., Brown D. S. & Izenour S., 1972, *Learning from Las Veagas: the Forgotten Symbolism of Architectural Form*, MIT Press, Cambridge, Mass).

이석우, 2017, "영화 '레 미제라블': 프랑스 혁명과 파리 대개조계획," 국토, 433, 76-83.

이 찬, 1975, "중부지방의 민가형태 연구 개요," 지리학과 지리교육, 4(1), 27-40.

임창복 역, 2004, 건축의 복합성과 대립성, 동녘(Venturi, R., 1966, *Complexity and Contradiction in Architecture*, Museum of Modern Art, New York).

임창호, 1996, "프랭크 로이드 라이트와 브로드에이커 시티," 국토연구원 편, 국토, 178, 79-87.

임창호 역, 2000, 내일의 도시: 20세기 도시계획지성사, 한울(Hall, P., 1996, *Cities of Tomorrow: An Intellectual History of Urban Planning and Design in the Twentieth Century*, Blackwell).

장보웅, 1980, "한국의 민가형 분류와 문화지역 구분," 지리학, 15(2), 41-58.

______, 1996, 한국민가의 지역적 전개, 보진재.

정일훈, 2001, "하워드의 전원도시 구상," 국토연구원 편, 공간이론의 사상가들, 한울, 183-193.

초의수 역, 1996, 도시의 정치경제학, 한울(Harvey, D., 1985, *Consciousness and the Urban Experience*, Basil Blackwell, Oxford).

최민아, 2014, "파리 오스만 도시정비사업에 의한 근대 도시계획제도 도입 및 발전 연구," 공간과 사회, 47, 113-141.

최병두 역, 1995, 자본의 한계: 공간의 정치경제학, 한울(D. Harvey, 1982, *The Limits to Capital*, University of Chicago Press, Chicago).

한영호 · 정진우 역, 2003, 도시환경디자인, 광문각(Lynch, K., 1960, *The Image of the City*, MIT Press, Cambridge, Mass).

Conzen, M. R. G., 1969, *Alnwick, Norhthumberland: a Study in Townplan Analysis*, Institute of British Geographers, London, Publication 27.

Duncan, J. S., 1980, The superorganic in american cultural geography, *Annals of the Association of American Geographers*, 70, 181-198.

Frampton, K., 1985, Towards a critical regionalism: six points for an architecture of resistance, in H. Foster(ed.), *Postmodern Culture*, Pluto, London, 16-30.

Goss, J., 1988, The built environment and social theory: towards an architectural Geography, *Professional Geographer*, 40(4), 392-403.

______, 1993, The "magic of the mall": an analysis of a form, function, and meaning in the contemporary retail built environment,*Annals of the Association of American*

Geographers, 83(1), 18-47.

Gregory, D. *et al.*, 2009, *The Dictionary of Human Geography(5th)*, Wiley-Blackwell.

Jencks, C., 1977, *The Language of Post-Modernism Architecture*, Rizzoli, New York.

Jordan T. G., Domsosh, M. & Rowntree L,, 1997(7th), *The Human Mosaic : a Thematic Introduction to Cultural Geography*, Longman, New York.

Kniffen, F. B., 1936, Lousiana house types, *Annals of the Association of American Geographers*, 26(4), 179-193.

______, 1965, Folk housing: key to diffusion, *Annals of the Association of American Geographers*, 55(4), 549-577.

Knox, P., 1987, The social production of the built environment: architect, architecture and the post modern city, *Progress in Human Geography*, 11(3), 354-377.

______, 1994, The city as text: architecture and urban design, in *Urbanization: an Introduction to Urban Geography*, Prentic-Hall Inc., Englewood Cliffs, 143-172.

Lee, Jae-Youl, 2015, Symbolic urban architecture, controversy, and ordinary practices: a critical architectural geographic narrative of nodeulseom in Seoul, 한국도시지리학회지, 18(3), 171-182.

Shields, R. 1989, Social spatialisation and the built environment: the West Edmonton Mall, *Environment and Planning D: Society and Space*, 7, 147-164.

Warf, B. *et al.*, 2010, *Encyclopedia of Geography*, vol.1, SAGE, Thousand Oaks, Calif.

Zukin, S., 1989, *Loft Living: Culture and Capital in Urban Change*, Johns Hopkins University Press, Baltimore.

추천문헌

국토연구원 편, 2001, 공간이론의 사상가들, 한울.

______, 2005, 현대공간이론의 사상가들, 한울아카데미.

김덕현·김현주·심승희 역, 2005, 장소와 장소상실, 논형(Relph, E., 1976, *Place and Placelessness*, Pion Ltd, London).

김동국 역, 1999, 근대도시경관, 태림문화사(Relph, E., 1987, *The Modern Urban Landscape*, Croom Helm, London).

유강은 역, 2010, 미국 대도시의 죽음과 삶, 그린비(Jacobs, J., 1961, *The Death and Life of Great American Cities*, Random House, New York).

윤일주 역, 1990, 근대 건축은 왜 실패하였는가, 그린비(Blake, P., 1977, *Form Follows Fiasco: Why Modern Architecture Hasn't Worked*, Little, Brown and Company, Boston).

임창호 역, 2000, 내일의 도시: 20세기 도시계획지성사, 한울(Hall, P., 1996, *Cities of Tomorrow: An Intellectual History of Urban Planning and Design in the Twentieth Century*, Blackwell).

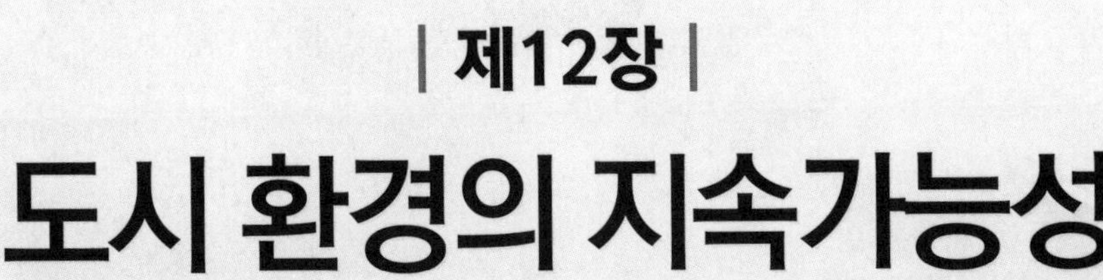

| 제12장 |

도시 환경의 지속가능성

– 안재섭 –

| 제12장 |

도시 환경의 지속가능성

1. 도시 발전과 지속가능성

21세기 현재 인류의 절반이 넘는 인구가 도시에 거주하고 있을 정도로 세계는 지난 몇 십년 동안에 급속한 도시화와 도시 성장을 경험하고 있다. 도시는 활동과 시설들이 집약된 공간인 동시에 경제, 사회, 문화, 토지 이용, 교통, 주택, 환경 등의 여러 부분들이 유기체와 같이 끊임없이 상호작용을 하면서 변화하는 공간이다. 도시 공간은 원래 자연환경만으로 이루어진 곳이었으나 인류가 도시를 개발하고 성장시키는 과정에서 자연적인 요소들은 점차 사라지고 대신 인공적인 구조물이 그 자리를 차지하게 되었다. 인간의 도시 개발과 그에 따른 도시 인구의 집중, 공동체의 성장은 기존의 환경을 변화시키고 생태계 부분을 지속적으로 감소시키고 있다.

지나친 개발 논리와 자본의 논리에 따라 무분별하게 파헤쳐진 도시는 삭막한 도시 환경을 가진 곳이 되고 있다. 또한 빠른 속도로 진행된 도시화와 도시 성장에 따라 발생한 환경 문제는 오늘날 다양한 형태로 나타나고 있다. 인류가 그동안 발생시킨 환경 문제를 줄이거나 대안을 강구하지 않으면 인류를 포함한 지구 생태계 전반에 걸쳐 심각한 위기에 봉착할 것이라는 것은 쉽게 예견할 수 있다.

환경 문제가 일어나는 까닭은 여러 요소가 복합적으로 얽혀 있어서 단순히 한두 가지로 지적할 수는 없다. 그렇지만 환경 문제의 궁극적 원인은 인간이 환경에 대해 위해를 끼쳤기 때문에 초래되었다는 점은 분명하다. 구체적으로 인구의 증가, 경제 성장, 기술의 발달에 따른 도시화와 산업화는 환경오염을 증가시키는 주요한 원인이 되고 있다. 인간의 정주 공간으로서의 도시 지역은 점차 환경이 악화되어가고 도시화의 불경제로 인해 심각한 문제들이 발생하고 있다. 과거 전통적인 성장 지향적 도시 개발 방식은 현세대뿐 아니라 미래세대에까지 악

영향을 미치게 된다는 반성이 오래 전부터 제기되어 오고 있다. 때문에 기존 도시 개발 방식과 내용에 대한 반성적인 성찰이 필요하며 이를 개선하기 위한 근본적인 패러다임의 전환이 이루어져야 한다.

지속가능한 발전은 현세대의 필요를 충족하기 위하여 미래세대가 사용할 경제 · 사회 · 환경 등의 자원을 낭비하거나 여건을 저해하지 않으면서 경제 발전, 사회 안정과 통합, 환경 보전이 균형을 이루는 발전을 의미한다. 지속가능한 발전의 개념이 처음 등장했을 때에는 자연의 자정 능력을 초과하지 않는 범위 내에서의 발전을 강조한 환경 보전과 경제 발전의 조화만을 의미했다. 그렇지만 이후에 의미가 점차 확대되면서 경제적 · 사회적 · 환경적 측면을 모두 포괄하는 폭넓은 개념이 되었다. 따라서 지속가능한 발전을 위해서는 생태계 수용 능력이 허용하는 한계 내에서 경제를 개발하고, 빈곤 문제를 해결하기 위해 사회적 통합과 발전을 도모하며, 삶의 질을 고려한 질적인 성장과 공정한 분배를 통해 바람직한 사회를 지향해야 한다.

이러한 의미에서 지속가능한 도시 발전은 도시로 하여금 생명력을 유지 · 확장시키는 것으로 해석할 수도 있다. 그리고 지속가능한 도시 발전은 도시 구성요소들과 부문 간의 상호 연관성 및 그 메커니즘을 이해하고 이를 바탕으로 경쟁력을 끌어올리는 것이 핵심이다. 한편 지속가능한 발전을 추구하는 현장에서는 개발에 따른 이해관계의 차이로 갈등 및 마찰이 빈번하게 발생하기도 한다. 사익과 공익, 또는 사회적 형평성과 자연보전 간의 견해 차이는 재산 갈등의 형태 또는 개발 갈등의 형태로 나타나기도 하는데, 이러한 갈등으로 지속가능한 발전의 현장이 첨예한 의견 충돌이 발생하는 곳이 되기도 한다.

생태적으로 지속가능한 발전은 환경에 대한 인간의 직접적인 노력으로 달성되는 것이기도 하겠지만 대부분은 경제적 · 사회적 · 윤리적으로 지속가능한 사회를 실현하기 위한 원칙을 설정하고 구체적인 실천과 노력의 결과로 달성되는 것이다. 이러한 원칙에는 다른 생물종에 대한 배려의 정신과 환경 개선 및 삶의 질의 향상을 위한 부단한 노력 등이 포함되어야 한다. 또한 생태계와 생물 다양성을 보전하고 재생 가능한 자원의 사용을 늘리며, 재생 불가능한 자원의 사용은 줄여나가려는 노력과 더불어 추진되어야 한다. 생태적 지속가능성은 이러한 원칙이 세워지고 이를 실천하는 노력이 있어야만 달성되는 것이다. 한편 이러한 관계를 한 방향의 편향된 관계로만 한정해서도 안 된다. 사회적 · 경제적 · 윤리적 지속가능성은 생태적 지속가능성을 향상시키고, 생태적 지속가능성의 향상은 다시 사회적 · 경제적 · 윤리적 지속가능성을 강화하며 향상시키는 양방향의 시너지 효과가 있다는 인식을 해야 한다(하성규 외, 2007).

환경부문을 중심으로 지속가능한 도시 발전이 되기 위해 노력해야 할 행동은 크게 다섯 가지 차원으로 정리할 수 있다(Satterthwaite, 1997). 첫째, 도시 및 주민들의 안전한 생활을 위한 위생 환경을 청결하게 유지할 수 있는 발전이다. 일반적으로 도시는 사람이 거주하기에 편리하고 환경적으로 쾌적한 공간 환경을 지닌 곳으로 인식되고 있다. 도시의 이러한 편리성과 쾌적성은 도시의 물 공급, 하수 처리, 폐기물 처리 등이 제대로 이루어 질 때에만 가능하다. 그러나 인구가 많이 밀집된 도시에서 위생 처리와 관련된 기반 시설이 마련되지 않거나 제대로 유지되지 않는다면 도시 공간은 사람들의 건강과 보건을 심각하게 위협하는 장소가 될 것이다. 따라서 도시 주민들의 건강하고 쾌적한 환경을 지속적으로 유지하기 위해서는 도시 기반 시설을 잘 구축하고 안전하게 유지될 수 있도록 하는 노력이 필요하다.

둘째, 도시민들에게 쾌적한 환경을 제공해 주는 도시 발전이다. 위에서 제시한 도시의 기반 시설을 제대로 구축하고 각종 위생 문제와 오염 문제 등을 해결함으로써 좋은 환경을 제공해 주는 것도 중요하지만, 도시민들이 향유할 수 있는 공원을 포함한 녹지 공간 마련, 역사문화 유적 보전, 도시의 정체성과 역사성을 가진 문화 경관의 보호 등의 노력도 지속가능한 도시 발전의 중요한 요소이다. 도시 공원 및 문화 · 역사적 공간은 도시민들의 정서를 정화시키고 삶에 여유를 찾는데 도움을 줄 수 있다. 도시민들에게 정신적인 여유를 제공할 수 있는 환경을 조성하는 것 또한 환경 재해를 방지하고 도시의 안전을 향상시키는데 기여한다.

셋째, 도시 전역에서 배출하는 오염 물질을 저감하고 각종 재난 발생의 위험을 감소시키는 도시 발전이다. 도시의 규모가 커질수록 공장이나 자동차로부터 배출되는 대기 및 수질오염 물질이 급증하게 된다. 이들 오염 물질은 쾌적하고 안전한 도시 생활을 영위하는데 큰 장애 요소로 작용한다. 때문에 오염 방지를 위한 종합적이고 효과적인 노력이 필요하다. 오염 물질 배출을 저감하는 것은 도시 내 기업과 주민들의 협조가 반드시 이루어져야 가능하다. 규제와 제한적인 방법보다는 자발적인 참여를 유도하여 시행될 수 있는 방안이 필요하다.

넷째, 도시 및 도시 주변부 지역의 생태계에 미치는 환경적 부담을 최소화하는 도시 발전이다. 도시 및 도시 주변부에 대한 환경적 부담을 줄이기 위해 오히려 멀리 떨어진 지역에 대한 환경적 부담을 가중시키는 결과를 가져올 수 있다. 대규모 도시는 막대한 양의 에너지와 자원을 사용하며 이로 인해 엄청난 양의 폐기물과 유해 물질을 발생시킨다. 에너지와 물질들의 공급과 사용, 배출과 처리 과정이 이루어지면서 생태계 변화에 영향을 미치게 된다. 특히 도시에서 배출되는 오수 및 폐기물은 주변부 지역의 수자원을 포함한 여러 환경에 심각한 오염을 일으킬 수 있다. 도시 주변부의 오염은 다시 도시의 환경을 악화시키는 결과로 이어질 수 있다. 따라서 도시 주변부의 환경적 부담을 줄일 수 있는 방향에서 발전이 이루어져야 한다.

다섯째, 미래세대에게 이전되는 환경 부담을 최소화하는 도시 발전이다. 현재 인류가 발생시키고 있는 유해 물질이 생물학적으로 분해가 이루어지지 않는다면 이는 미래세대의 생태계를 위협하는 물질로 전환되는 것을 의미한다. 또한 자동차와 공장으로부터 배출되는 대기오염 물질은 대기 중의 이산화탄소 농도를 증가시켜 지구온난화와 같은 환경 부담을 일으키는 결과를 낳고 있다. 기후 변화를 가져오는 지구온난화의 문제는 필연적으로 미래세대에까지 영향을 미친다. 이러한 생태계 파괴 및 환경 문제가 해결되지 않거나 계속 누적된다고 가정하면 이는 현세대가 미래세대에게 전가하는 환경부담의 이전이라고 할 수 있다. 미래세대에게 이전되는 환경 부담이 크지 않도록 하는 지속가능한 도시 발전이 필요하다.

지속가능한 도시 발전은 어느 특정 한 분야만의 지속가능성이 아니라 다양한 차원과 분야의 지속가능한 도시 발전 노력들이 결합되어 이루어지는 상태라 할 수 있다. 즉, 지속가능한 도시 발전은 환경부문에서만의 노력으로는 독자적으로 달성되기 어려운 것이며 정치, 경제, 사회 각 부문들의 노력들과 통합적으로 적용되어야 한다. 또한 지속가능한 도시 발전은 환경 용량의 범위 내에서 '현세대의 욕구를 충족시키되 미래세대의 욕구를 충족시킬 수 있는 능력을 해하지 않는 범위 내에서의 발전'으로 이해되어야 할 것이다.

2. 지속가능한 도시

(1) 지속가능한 도시의 개념 및 배경

1) 지속가능한 도시의 개념

지속가능한 도시(sustainable city)란 단순히 지속적으로 발전 가능한 도시를 의미하는 것이 아니라 개발과 보전의 조화가 지속적으로 이루어지는 도시를 말한다. 도시의 생태계는 보전과 복원이 이루어지고, 도시의 에너지 및 각종 자원은 정상적으로 순환되며, 도시의 공간구조와 상호작용을 하는 도시의 경제 및 사회 시스템까지 지속가능한 도시를 의미한다.

지속가능한 도시는 생태적 · 사회적 · 경제적 지속가능성 등 세 가지 차원에서 공생관계를 유지하는 친환경적인 균형발전이 이루어지며 에너지 및 자원 절약형 도시라고 할 수 있다. 지속가능한 도시는 환경의 수용 능력 한계성을 이해하고 자연과 인간이 소통하여 현세대부터 미래세대까지 같이 공유할 수 있는 환경적 관점에서 비롯되었다. 이에 대한 문제점을 인식하게 된 계기는 개발에는 반드시 한계가 있다는 점과 환경 또한 제한된 용량을 지니고 있다는 점을 깨닫게 됨으로써 이루어지게 된 것이다. 구체적인 내용을 정리하면 세 가지로 구분해 볼 수 있다(이재준 외, 2002).

첫째, '생태적인 도시'로, 인간과 자연이 함께 공생할 수 있는 환경적 지속가능성이 추구되어야 한다. 지속가능성에서 가장 중요한 요소는 현대 환경론에서 공통적으로 지적하는 바와 같이, 인간이 생태계의 한 부분이라는 인식을 바탕에 두어야 한다는 점이다. 도시의 개발과 성장을 위한 판단 기준에 인간의 효용만을 고려할 것이 아니라 생태계의 안정과 균형까지 포함한 생태적 지속가능성이 확보되도록 해야 한다. 이를 위해선 환경이 지탱할 수 있는 수용 범위를 벗어나는 개발 행위를 금지하고, 훼손된 생태계를 최대한 복원시키려는 노력을 해야 한다.

둘째, '사회적 균형 발전의 도시'로, 현세대 내의 사회 구성원 간의 공생이 가능하도록 사회적 지속가능성이 추구되어야 한다. 지나친 빈부 격차에 의해 도시

빈민이나 저개발 지역의 도시민들이 생존을 위해 불가피하게 생태계를 파괴하는 행위가 발생하지 않도록 사회적인 균형이 유지되어야 한다. 또한 사회적 복지 및 공익을 위한 사업 등이 공평하게 이루어지며, 도시 내 지역 간 · 계층 간 위화감이 발생하지 않도록 바람직한 도시 공동체 형성과 사회 서비스 지원 등이 지속적으로 이루어져야 한다. 아울러 인간은 사회적 존재임을 인식하고 더불어 공존할 수밖에 없다는 사회적 합의를 받아들여야 한다.

셋째, '에너지와 자원 절약형 도시'로, 현세대와 미래세대의 공생까지 염두에 두는 경제적 지속가능성이 추구되어야 한다. 에너지와 자원은 현세대뿐만 아니라 미래세대도 사용해야 되는 중요한 요소임을 인식하고, 현세대가 지나치게 많이 사용함에 따라 미래세대가 영향을 받지 않도록 해야 한다. 토지와 자원을 사용함에 있어서 현세대의 절제가 이루어지는 도시 시스템이 마련되어야 한다. 그리고 에너지 사용에 있어서 재생 불가능한 자원은 최대한 절약하여 사용하며, 재생 가능한 자원도 지속가능성을 고려하여 신중하게 이용해야 한다.

그림 12-1 세 가지 차원의 지속가능성

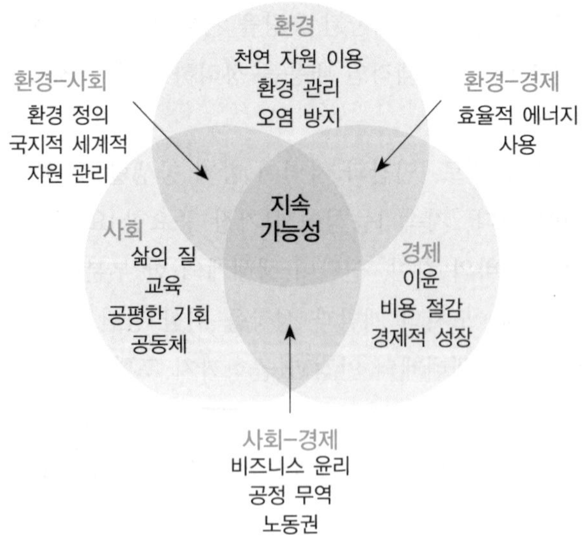

출처: 이재준(2012), p. 503 수정.

2) 지속가능한 도시의 배경

지속가능한 도시 발전은 자원을 효율적으로 이용하고, 기반 시설을 능률적으로 구축하는 한편 삶의 질의 보호 및 향상, 신산업 창출 등을 통하여 현세대는 물론 미래세대에게도 건강한 도시를 만들 수 있도록 하자는 것이다. 이러한 맥락에서 현재 인류가 당면한 문제는 환경 문제로서 지난 과거 경제 발전만을 고려하던 방식에서 벗어나, 경제 발전과 환경 보전을 동시에 추구할 수 있는 지속가능한 발전 개념이 만들어졌다.

지속가능한 발전에 관한 새로운 패러다임은 스웨덴 스톡홀름의 국제연합인간환경회의(UNCHE, 1972)에서 처음 제시되었으며, 이후 브라질 리우에서의 환경 및 발전에 관한 국제연합회의(UNCED, 1992), 그리고 남아프리카공화국 요하네스버그의 지속가능발전 세계정상회의(WSSD, 2002) 등의 국제정상회의를 통해 국제 사회 전반에 걸쳐 정착되었다.

1972년 6월 지구 역사상 처음으로 환경 문제를 의제로 개최된 스톡홀름의 국제연합인간환경회의(United Nations Conference on the Human Environment)는 국제환경회의로 '오직 하나뿐인 지구'를 슬로건으로 지구환경보전을 세계 공동 과제로 채택했다. 이 회의는 당시 선진국과 개발도상국가들 간의 환경 문제에 대한 시각의 차이로 인해 회의 성과가 단편적인 선언적 결과에 그쳤다고도 볼 수 있지만, 지구 환경 보전을 위한 국제적 협력과 의무를 밝힌 스톡홀름 원칙선언이 채택되고 유엔 환경 프로그램이 설치되었다는 점에서 의미가 크다고 할 수 있다.

이후 국제 연합은 스톡홀름 회의 20주년을 기념하여 지속가능한 발전을 범세계적으로 실현하기 위한 대규모 국제회의를 개최하기로 결의했다. 이것이 1992년 브라질 리우데자네이루에서 개최된 유엔환경발전회의(United Nations Conference on Environment and Development, 일명 리우회의)였다. 이 회의를 통해 선언적 의미의 '리우 선언'과 '의제21(Agenda 21)', 지구온난화 방지를 위한 '기후변화협약', 종의 보전을 위한 '생물학적 다양성 보전 조약' 등의 지구 환경 보전 문제 등이 논의되었다. 특히 의제21은 환경 보전과 개발의 균형에 대해 국제적인 관심을 보다 획기적으로 집중시켰으며, 의제21의 이행을 점검하고 추진 상황을 평가하기 위한 지속가능발전위원회(CSD)가 설치되었다.

또한 리우회의 이후 10년간의 노력을 평가하기 위해 2002년 남아프리카공화국 요하네스버그에서 지속가능발전 세계정상회의(World Summit on Sustainable Development)가 개최되었다. 요하네스버그 정상회의는 세계 각국의 정상들이 모여 지속가능한 발전의 비전을 인식하고 실천하기 위해 마련되었다. 그리고 환경문제와 지속가능성에 대한 글로벌 차원의 합의와 파트너십을 달성하기 위한 노력이 이루어지고 있음을 확인하는 자리가 되기도 했다. 회의 이후 세계는 환경, 빈곤 등 의제별 구체적인 이행 계획을 발표했다.

최근에는 기후변화로 인한 다양한 문제로 인해 그 원인이라 할 수 있는 온실가스를 저감하는 국제적인 협의가 이루어지고 있다. 1992년 리우회의에서 기후변화협약이 채택된 이후 1997년에 교토의정서 채택, 2007년에 발리 로드맵 채택, 2009년에 코펜하겐 협정 등 기후변화에 대응하는 국제적인 정책이 마련되고 있다. 기후변화협약은 지구온난화 방지를 위해 온실가스의 인위적 방출을 규제하기 위해 만들어 진 것으로, 1992년 6월 브라질 리우회의에서 협약서가 공개되었다. 교토의정서(Kyoto Protocol)는 지구온난화에 대비하기 위해 1997년 12월 일본 교토에서 개최된 기후변화 협약으로 선진국의 온실가스 감축 내용을 담고 있다. 이후 2007년 발리 로드맵(Bali Roadmap)에서는 선진국뿐만 아니라 개발도상국까지 온실가스 감축 의무 대상에 포함시켰다. 2015년에는 파리 기후협약이 체결되어 선진국과 개발도상국 모두 감축 대상 국가이며 온실가스 감축을 포함한 포괄적 대응까지 확대되었다.

(2) 지속가능한 도시의 다양한 차원

1) 지속가능한 도시의 발전 방향

지속가능한 도시의 발전 방향에 대한 논의는 환경 보전에 대한 기본적인 시각을 어떤 입장에서 취하고 있는가와 밀접하게 연관되어 있다. 환경 보전을 위한 의식을 기준으로 크게 세 가지로 나누어 볼 수 있다. 첫째, 환경 정책에 있어서 건전한 과학적 판단을 강조하는 입장으로 기술중심주의적 환경 보전관과 상당히 유사하다. 이들은 환경 문제를 과학의 문제로 보는 경향이 강하며, 환경에 대한 정확한 과학적 판단을 근거로 가장 적합한 환경 보전 정책을 강구할 수 있다고 본다. 그러나 지속가능성은 미래에 대한 비전으로 인류가 나아가야 할 방향을 제시해주는 목표와 지침으로서 개인의 행동이나 단체, 국가의 정책들이 관심을 가지며 지키고 따라야 할 가치와 윤리 · 도덕적 원칙들이다(Viedeerman, 1995). 따라서 지속가능성은 기술적으로 해결될 수 있는 성질의 것은 아니라는 비판을 받을 수 있다.

둘째, 지속가능한 발전의 개념을 모든 정책의 기본 원칙으로 삼는 입장이다. 이들은 시장경제 원칙에 입각한 환경 정책이나 독립적인 규제 정책만으로 환경문제를 해결할 수 없다고 주장한다. 이 입장에서 바라보는 지속가능한 발전에는 경제 정책과 환경 정책을 통합해 나갈 수 있는 새로운 틀이 반드시 필요하며, 자원과 부의 공평한 배분까지 염두에 둔 사회적 형평성의 제고까지도 포괄되어야 한다고 생각한다. 지속가능한 발전은 단순히 성장만을 의미하는 것이 아니라 비경제적인 사회 복지적 요소들을 포함하는 광범위한 것까지 고려하고 있다.

셋째, 다소 진보적인 입장으로, 전 지구적인 협력의 차원에서 철저한 자급자족적인 공동체의 형성까지 필요하다고 주장한다. 이들은 강한 환경 보전을 위한 시각으로 지속가능한 발전을 본다. 지구의 환경이 허용하는 한에서 삶의 질을 향상시키는 발전으로 지속가능성을 강조한다. 사실 이 입장은 가장 널리 인용되고 있는 지속가능한 발전의 개념을 제시한 브룬트란트 보고서나 UNEP의 시각과 거의 일치한다고 볼 수 있다.

한편, 지속가능한 발전을 소극적 측면에서 바라보는 입장과 적극적인 측면에서 바라보는 입장으로 구분해 볼 수 있다. 소극적 측면에서는 환경 보전을 경제 발전의 목적과 조화를 이루어야 하는 것으로 바라본다. 따라서 환경과 자원을 보전하고 창조한다고 보기 어렵고, 다만 환경 파괴와 자원 고갈의 속도를 늦추는 정도에서 해결책을 찾으려는 시도다. 적극적 측면에서는 환경 용량 한계 내에서의 발전을 의미하며 더 나아가서는 현재 환경이 지니고 있는 용량의 확대를 지향한다고 볼 수 있다. 이 입장에서는 환경 정책에 있어서 환경 용량의 한계 범위를 초과하는 인간 활동을 억제할 뿐 아니라 적극적으로 환경의 한계 용량을 확대시켜 나가는 방향으로 추진해야 한다고 주장한다.

지속가능한 도시의 방향에는 생태적 지속가능 도시, 사회적 지속가능 도시, 경제적 지속가능 도시 등의 다양한 차원의 요인을 고려해야 한다. 이러한 이유는

표 12-1 지속가능한 도시의 구성 요소

구분	세부 요소
환경적 지속 가능한 도시	에너지 이용에 따른 지구 온실가스 배출 저감 자원 이용에 따른 폐기물 저감 녹지축 연계 및 생물 다양성 확보 환경 오염 예방 및 물 소비 절약 신재생 에너지 개발과 친환경 건축 도입
사회적 지속 가능한 도시	인구 구성 추이와 예측을 고려한 도시 계획 활동적이며 참여적인 지역 공동체 활성화(의사 결정 과정 참여) 지역 공동체 서비스 강화(서비스 시설 및 시설의 질) 사회적 형평성 및 정주 환경의 적절성 확대
경제적 지속 가능한 도시	기업 유치를 통한 지역 경제의 활성화 교통 통신 인프라 수준 제고 토지이용의 적정성 확보 지역의 환경과 문화 특성을 고려한 산업 경제

출처: 이재준(2012) 수정.

도시의 환경과 사회, 경제가 조화를 이루면서 함께 발전할 수 있는 방안으로 도시계획 및 개발, 환경계획 등의 제도적 틀을 구축해야 하기 때문이다.

따라서 지속가능한 도시는 자연환경의 합리적 관리를 의미하는 환경적 지속가능성, 삶의 질을 향상시키기 위한 사회적 지속가능성, 환경에 피해를 주지 않는 범위 내에서 지속될 수 있는 경제적 지속가능성 등 3가지 방향의 지속가능성 차원으로 접근하여야 한다. 그리고 이들 환경 · 사회 · 경제의 지속가능성을 모두 도모하며 포괄할 수 있는 제도적인 지속가능성 기반이 구축되어야 진정한 지속가능한 도시를 이룰 수 있다.

최근 지속가능한 도시를 위한 노력을 살펴보면, 지구환경시대에 환경친화형 도시 조성 기술을 첨단 기술이나 거대 기술의 개발보다는 자연과의 융화를 도모하고자 하는 대체 기술 또는 대안 기술적인 측면에서 접근하고 있다. 특히 환경친화형 생태도시 조성 기술들은 합리적인 토지이용 및 교통 처리, 이산화탄소 배출 억제, 자원 절약, 에너지 절약, 폐기물 배출 억제, 자연환경 보호 등 다양한 계획 원리들을 하나의 통합된 시스템으로 종합하여 이미 실험적인 차원을 넘어 실용화 단계로 나아가고 있다(이재준, 2012).

2) 지속가능한 도시의 구성 요소

지속가능한 도시는 적극적인 측면에서 한계용량의 범위 내 인간의 삶의 질을 향상시키는 개발로 크게 생태적 지속가능성, 사회적 지속가능성, 경제적 지속가능성의 세 가지 차원으로 구분할 수 있다.

① 환경적 지속가능 도시

환경적 지속가능성은 생태계의 지속가능성을 포괄하며, 환경 한계 용량 내에서의 개발을 염두에 둔 발전 방식이다. 환경적 지속가능한 도시는 우리가 살고 있는 도시의 물리적 환경을 지속가능하게 바꾸는 것이다. 이를 위해서는 생물 다양성과 생태 환경을 고려한 토지이용, 효율성을 강조하는 에너지 및 자원 이용과 교통체계 구축, 온실가스 및 폐기물 배출량 저감, 자원 재활용 및 신재생 에너지의 도입, 그리고 친환경 건축 기술 개발 등의 요소가 고려되어야 한다.

도시의 개발 및 발전 계획을 수립하는데 있어서는 토지 자원이 효율적으로 이용되도록 각 부문별 계획이 상호 유기적으로 마련되어야 한다. 성장관리 측면에서는 도시 생활권의 중장기적인 비전이 제시되어야 하며, 토지이용에 대한 시기별 · 단계별 방향이 명확하게 마련되어야 한다. 또한 환경적 측면에서 도심지역의 압축적인 개발, 도시 주변부 외곽 녹지대의 보전, 공공교통의 접근성 제고를 고려한 교통 시스템 구축, 쾌적한 보행 환경 마련 및 자원절약형 교통수단 확충 등의 정책이 도입 실시되어야 한다. 또한 정보 통신 인프라 구축을 위한 지속가능한 통신 네트워크 기술도 확보되어야 한다.

자원재활용 측면에서는 도시에서 발생하는 쓰레기를 처리할 수 있는 시설과 재활용이 가능한 폐기물의 처리 시설이 마련되어야 한다. 재활용 폐기물의 처리에 대한 시설물의 입지, 유지, 운용을 통합적으로 관리할 수 있는 계획을 수립하고, 수질 및 대기질의 수준을 일정 기준 이하로 낮출 수 있도록 도시 내 자원 관리와 지역 단위의 에너지 리사이클을 위한 전략 등이 동시에 추진되도록 해야 한다.

최근 세계적으로 가장 큰 관심사는 지구온난화의 주범인 온실가스를 어떻게 줄일 수 있는가에 있다. 온실가스의 가장 큰 비중을 차지하는 기체는 CO_2이다. 각 국가에서는 CO_2의 발생을 줄이기 위해 화석 연료의 사용을 제한하는 한편, 태양열, 태양광, 풍력, 지열 등의 신재생 에너지를 사용하는 비율을 늘리고 있다. 특히 투입 비용 대비 CO_2를 줄일 수 있는 분야가 건축 분야인데, 에너지 효율을 높이기 위한 건축 소재 개발 및 건축 기술 개발이 활발히 이루어지고 있다. 도시에서 사용되는 막대한 양의 에너지는 환경을 위협하는 요소로 작용하는 만큼 이를 해결하기 위한 다양한 정책과 기술이 개발되고 있으며, 환경적 지속가능한 도시를 만들기 위한 노력이 이루어지고 있다.

② 사회적 지속가능 도시

사회적 지속가능 도시는 올바른 사회 공동체 형성을 추구하고 사회적 갈등을 최소화하며 도시의 역사 · 문화가 지속되는 도시를 말한다. 도시민들이 누리는 생활 편의, 문화, 교육, 안전 등의 요소가 사회적 지속가능 도시의 지표가 되며, 공동체를 위한 사회 구성원의 참여와 협력, 공공 편익 확충과 공평한 기회 부여 등을 통해서 지속가능성을 추구하는 도시다.

사회적 지속가능성을 위해서는 사회적으로 적절한 토지이용이 이루어지고 각종 공공 편익시설이 효율적으로 운영되어야 한다. 또한 장래 인구 증가에 따른 도시 환경에 가해질 부담을 사전에 예측하여 대비할 수 있는 관련 정책이 마련되어야 한다. 지역 공동체 서비스 및 사회적 형평성을 고려하여 정책이 추진되어야 하고 사회적 편의시설 이용 및 사회적 참여에서 소외되거나 배제되는 계층이 발생하지 않도록 해야 한다. 아울러 지역 공동체 구성원들의 사회적 참여를 적극적으로 유도하고 지역 커뮤니티 활성화를 통해 자신들이 사는 삶터를 생동감 있게 가꾸어 나가려는 태도가 중요하다.

사회적 지속가능 도시에서는 도시 지역의 다양한 역사와 문화, 경관을 가꾸고 보전하는 방안이 필요하다. 지역의 특성을 고려한 경관과 문화를 갖춘 도시는 지역 주민들의 정체성을 확보하는데 중요한 요소가 되며, 이를 통해 주민들 스스로 도시를 아끼고 가꾸는 사회적 공감대가 형성될 수 있다.

사회적 지속가능성은 발전 과정에서 부딪히는 가치 규범과의 관계를 말한다. 교육은 이들 관계를 개선시킬 수 있기 때문에 사회적 지속가능성에 중요한 요소가 된다. 지속가능한 도시의 핵심적 요소는 도시민이라고 할 수 있다. 도시에 거주하는 모든 사람들이 사회적으로 질 높은 교육을 받고, 이를 통해 지속가능한 미래 건설과 사회 변혁을 위해 요구되는 삶의 방식과 가치, 태도를 갖게 된다면 바람직한 방향의 도시 사회로 나아가게 될 것이다.

③ 경제적 지속가능 도시

경제적 지속가능 도시는 도시 지역의 특성을 바탕으로 자족적인 도시 경제를 지속적으로 유지하는 것을 의미한다. 이 과정에서 환경에 미치는 영향은 최소한으로 줄이는 친환경적인 경제 성장을 추구한다는 것이다. 생산과 소비 과정을 통해 이루어지는 경제 발전 또는 성장의 지속성은 최대한 자연환경과 사회를 바탕으로 하며, 지속적으로 충분한 고용이 창출되고 장기적으로 경쟁력 있는 경제구조를 이루는 것까지 포함한다.

경제적 지속가능 도시가 되기 위해서는 경쟁력을 갖춘 도시가 되어야 한다. 이러한 도시 경쟁력은 도시에서 기업들이 활동하기 좋은 환경을 조성하는 것이 필요하다. 도시의 교통 · 통신 인프라의 확충, 쾌적한 도시 환경 기반 조성 등은 도시에 기업 활동을 하는데 긍정적인 영향을 미치는 요소가 된다. 기업의 혁신을 장려하고 지원하는 도시 문화가 마련되고, 지역 경제의 활성화를 도모하려는 노력은 기업의 활발한 경제활동으로 이어져 도시의 고용이 창출되는데 기여할 것이다.

도시의 지속가능한 경제를 활성화하기 위해서는 도시 지역의 환경과 문화적 특성을 적극적으로 활용하는 것이 필요하다. 최근 경제발전에 따른 소득 수준의 향상에 따라 도시민들의 문화적 욕구가 크게 상승하고 있는 상황에서 도시 문화 전략을 통한 욕구 해소를 위한 정책이 논의되고 있다. 특히 도시 지역의 역사 · 문화적 특성을 반영한 창조적인 문화도시 전략은 새로운 도시 경제를 활성화시킬 수 있는 정책으로 시행되고 있다. 도시 지역 축제의 개최나 문화 상품 개발 등은 환경을 오염시키지 않는 친환경적 경제 기반 활동으로 부상하고 있다.

(3) 지속가능한 도시를 위한 제도적 방안

지속가능한 도시를 실질적으로 추진하기 위해서는 환경 문제 · 사회 문제 · 경제 문제를 전반적으로 포괄하여 해결할 수 있는 종합적인 제도와 정책을 정부기관 및 지방 자치 단체에서 구축하고, 시민들의 참여를 자발적으로 유도해야 한다. 지방정부 차원의 제도적 방안으로 시민 참여를 통하여 주민 스스로 지속가능한 도시를 만들어 나아갈 수 있도록 마을 만들기 헌장, 건축 협정, 경관 협정 등의 제도들을 구축하는 방안을 모색해야 하며, 시민들의 지속가능한 도시의 이해와 관심을 위한 교육 및 홍보 프로그램들의 개발 수립이 필요하다.

지구온난화와 같은 환경 문제는 대체로 전 지구적으로 영향을 미치는 경향이 있다. 이러한 환경 문제에 대처하고 해결하기 위해서는 국제적 합의에 의한 제도적 장치가 마련되어야 하는데, 우리 사회도 국제 사회의 구성원으로 적극 참여하는 자세가 필요하다. 또한 지속가능한 도시를 위해 지속가능한 발전에 적합한 지표의 개발 및 적용, 적절한 데이터의 수집 및 평가, 그리고 종합 환경 정보 체계의 구축 등의 국제적인 공조가 이루어지는 것이 중요하다.

제도적 장치는 지속가능한 도시를 실현하기 위한 도구로서 의무적으로 실천하도록 최소한의 가이드라인을 적용하여 환경적 · 사회적 · 경제적 지속가능한 도시의 계획 요소가 원활하게 연계되어 실행될 수 있게 계획되어야 한다.

(4) 지속가능한 도시 발전의 혜택

지속가능한 도시 발전을 통해 시민이 누릴 수 있는 혜택은 다양하다. 지속가능한 도시 발전이 효과적으로 이루어지기 위해서는 무엇보다도 도시 주민의 적극적인 참여와 정책에 대한 주민들의 호응이 필요하다. 도시에 거주하는 주민들이 다양한 측면에서 직접 참여할 수 있도록 참여 제도를 만들고, 특히 정책 결정이나 집행 과정에도 주민들의 의사가 반영될 수 있도록 유도해야 한다. 이 과정에서 주민 참여의 혜택이 주어질 수 있다. 또한 지속가능한 도시 발전이 이루어지는 과정에서 지방정부와 민간업체 간의 새로운 파트너십 관계가 이루어짐으로써 일자리 창출을 통한 고용 안정과 도시의 경제적 성장을 이룰 수 있다.

그리고 지속가능한 발전은 도시의 자연 자원을 기반으로 한 사업이 확충될 수 있다. 사업이 이루어지는 과정에서 자연환경을 파괴하거나 지나치게 파헤치는 개발이 이루어지는 것이 아니기 때문에 도시 환경이 잘 관리될 수 있다는 혜택이 있다.

환경 보전을 기반으로 한 지속가능한 성장은 쾌적한 환경이 조성되기 때문에 도시민의 삶의 질 향상에도 도움을 주게 된다. 이를 기반으로 시민들은 지역 소속감 고취, 지역 자존성 제고 등의 효과를 얻을 수 있고, 더 나아가 포괄적인 시민권의 확대에까지 이어지게 되는 혜택을 얻을 수 있게 된다.

이상과 같은 혜택으로 인해 지속가능한 도시 발전에 쉽게 동의할 수 있지만, 구체적인 실행 과정에서 예상하지 못한 장애에 직면할 수도 있다. 도시마다 경제적 수준, 재정 상태, 자원 보유 정도, 지역 주민 구성 등의 특성이 다르기 때문에 모든 주체들이 만족할 수 있는 목표와 적절한 수단을 도출하는데 어려움을 겪을 수 있다. 따라서 지속가능한 도시 발전 정책에는 시간과 인내심이 요구되기도 한다. 이러한 측면에서 정책은 위기관리 차원에서 벗어나 장기계획으로 전환되어야 하며, 발전 정책의 민주성 · 공개성 · 투명성 · 유연성 등이 고려되어야 한다.

읽을거리 12-1 선진국의 생태도시: 코펜하겐

생태도시는 도시의 생태적인 재구성에 대한 관심을 개념화한 것이다. 생태도시 개념이 의미하는 내용은 '저하된 도시 환경의 질을 높여 도시인의 쾌적한 생활 환경을 보장하고, 나아가 도시의 지속가능한 발전을 가능하게 한다.'는 것으로서 도시가 자연 및 사회와 공생적으로 발전해야 한다는 기본 이념을 담고 있다(한국도시연구소, 1998).

코펜하겐은 덴마크의 수도다. 덴마크는 유럽 대륙의 북서부에 위치해 있으며, 유틀란트 반도와 약 1,419개의 섬으로 구성되어 있는 국가다. 덴마크 영토에는 아이슬란드 부근의 페로 제도와 그린란드섬도 포함된다. 덴마크가 위치해 있는 유틀란트 반도는 북해와 발트해를 구분하는 지표가 된다. 이 반도의 2/3는 덴마크 영토이며, 남쪽의 1/3은 독일 영토다. 덴마크의 기후는 북대서양 해류와 대서양으로부터 불어오는 편서풍의 영향을 받아 겨울에는 비교적 온난하고, 여름에는 서늘하여 기온의 연교차가 적은 편이다. 편서풍의 영향으로 덴마크에서 풍차를 쉽게 볼 수 있다. 유틀란트 반도 서부에는 강한 바람을 피하기 위하여 방풍림(防風林)이 대규모로 조성되어 있기도 하다.

생태도시로서 코펜하겐은 세계 최초로 자전거 전용도로를 갖춘 도시다. 코펜하겐 시정부는 '세계 최고의 자전거 도시'라는 명성에 걸맞게 해마다 국제 사이클 대회를 비롯하여 각종 자전거 관련 국제적인 이벤트를 개최하고 있다. 아울러 코펜하겐에는 자전거 이용자가 대중교통 이동자보다 더 많다. 코펜하겐 시민의 37% 이상이 자전거로 출퇴근하고 있어 출퇴근 교통량에서 차지하는 자전거 비중이 세계 최고 수준이다(최재우, 2015).

코펜하겐은 동쪽의 외레순 해협 건너에 스웨덴의 말뫼와 마주하고 있다. 이 두 도시 사이에 다리가 건설되어(2000년 개통) 스웨덴 말뫼에서 덴마크 코펜하겐으로 출퇴근도 가능하다. 코펜하겐 외레순 해협에는 해상 풍력 에너지 단지가 건설되어 이 지역 에너지의 상당한 부분을 풍력으로 충당하고 있다. 또한 코펜하겐은 2025년까지 세계 최초로 탄소 중립 도시가 되겠다고 2010년 8월에 선언하였으며, 최근까지 온실가스 배출을 상당히 감축하고 있다. 이 밖에 코펜하겐은 에너지 절약을 기본 정책으로 실시하는 한편, 에너지 효율 개선, 신재생 에너지 자원 활용, 녹색 교통, 고효율 건물 건설, 에너지 저소비 생활방식으로의 변화 등이 이루어지고 있는 도시이다.

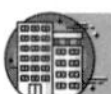

읽을거리 12-2 제3세계 생태도시: 쿠리치바

브라질 남부 파라나 주의 주도인 쿠리치바는 브라질 남부에서 인구가 가장 많은 도시로 대서양 연안 가까이에 위치해 있다. 이 도시는 과거 17세기 금을 캐러 온 유럽 포르투갈인들에 의해 개척된 도시로 1960년대까지만 해도 가난과 범죄 발생이 많은 도시였지만, 현재는 브라질 남부에서 경제 규모도 가장 크며, 정치 · 문화 · 교육의 중심 도시가 되었다.

쿠리치바가 오늘날의 생태도시로 바뀌게 된 계기는 1971년부터 1992년까지 이 도시의 시장을 지낸 자이메 레르네르가 추진한 정책 때문이다. 도시 건축가이기도 했던 레르네르 시장은 도시 중심가의 혼잡한 교통 상황을 해결할 수 있는 정책과 역사적인 건축물들을 관리 보존하는 등의 도시계획을 강력하게 추진했다. 그 결과 쿠리치바는 "세계에서 아름답고 쾌적하며 인간답게 살 수 있는 도시", "지구에서 가장 친환경적인 도시", "세계에서 가장 창의적인 도시" 등의 별칭으로 불리고 있다. 국제연합환경계획(UNEP)을 비롯한 많은 국제 기구와 연구소 등에서도 쿠리치바를 개발도상국의 대표적인 환경 도시 발전 사례로 꼽고 있다.

쿠리치바는 대중교통 체계가 잘 갖추어져 있는 도시로 유명하다. 이 도시의 간선 가로에는 급행 간선 버스 노선(Bus Rapid Transit; BRT)이 운영되고 있다. 운행되는 버스는 세 부분으로 나뉜 굴절 버스이며, 정류장은 장애인의 편의까지 고려하여 설치되어 있다. 쿠리치바의 혁신적인 대중 교통 체계와 보행자 중심의 녹색 교통 시스템은 우리나라를 비롯한 세계 여러 나라에서 따라하고 있는 제도다. 한편 쿠리치바에서는 환경 보호 프로그램으로 수변 녹지 공간을 의무적으로 확보하도록 하고 있다. 때문에 쿠리치바에는 브라질의 도시 공원 중에 가장 큰 이과수 공원과 동물원, 수변 자연림, 조깅 코스, 자전거

그림 12-2 **쿠리치바의 급행 간선 버스 노선**

출처: external/upload.wikimedia.org/Linha_Verde_Curitiba_BRT_02_2013_Est_Marechal_Floriano_5970.jpg

도로 등의 많은 공원이 만들어졌고, 이 공원은 수많은 시민들의 쉼터가 되고 있다. 또한 자원 재활용 프로그램을 통해 도시 쓰레기 처리 문제를 해결하고 있다.

3. 지속가능한 도시의 새로운 패러다임

도시 문제를 해결하기 위한 전환기적인 제안은 1902년 애버니저 하워드(Ebenezer Howard)의 전원도시 이론으로부터 시작된다. 18세기 산업혁명 이후 영국은 도시의 지속적인 팽창과 급작스런 인구 유입에 따라 주택 부족과 도시 슬럼화 현상이 나타났고, 지가 및 지대 상승으로 인구가 교외로 빠져나가는 등의 다양한 도시문제가 나타났다. 이러한 도시 문제를 해결하기 위해 제안된 최초의 설계가 전원도시라고 할 수 있다.

1980년대 후반에는 스마트 성장, 뉴어바니즘, 어반 빌리지, 압축도시 등을 도시 발전에 적용하려는 운동이 전개되고 있다. 21세기 들어 인류가 당면한 가장 중요한 문제는 환경 문제다. 이를 해결하기 위한 방안으로 경제 발전과 환경 보전을 동시에 추구하는 지속가능한 발전 개념이 적용되고 있다. 또한 교토의정서

(1997), 발리 로드맵(2007), 파리 기후협약(2015) 등의 국제협약을 통해 온실가스 저감에 필요한 규제 정책이 구체화됨으로써 생태도시와 슬로시티 같은 지속가능한 도시 형태가 주목받고 있다.

이들 도시 환경의 지속가능성에 대한 이론과 사상은 친환경적이고 지속가능한 도시를 지향하며, 자동차가 중심이 아닌 인간 중심의 도시 스케일, 에너지와 자원의 저감, 지역 커뮤니티의 활성화, 지역의 전통 · 문화 자원을 활용한 어메니티 활성화 등을 추구하고 있다.

(1) 지속가능발전목표

지속가능발전목표(Sustainable Development Goals, SDGs)는 2015년 국제 연합 정상 발전회의에서 지속가능한 발전을 위해 제시한 목표로, 17개 목표와 169개의 세부 목표를 담고 있다. 이것은 2030년까지 모든 국가가 공동으로 추진해 나가야 하는 목표로, 경제 · 사회 · 환경 측면을 통합적으로 고려했다. 기존의 새천년 개발 목표가 추구하던 빈곤 퇴치를 최우선 목표로 하되, 경제 · 사회의 양극화, 각종 사회적 불평등 문제, 정의, 기후 변화, 인권, 양성 평등, 환경 지속성, 평화와 안보 등의 목표를 제시하고 있다. 이를 위해 각국의 정부뿐만 아니라 기업과 비영리 기구 등 다양한 개발 주제들의 협력도 강조하고 있다.

지속가능한 발전이 전 세계적인 목표가 되고 있는 상황에서 지속가능한 발전 목표는 지속가능한 발전을 위한 현재의 상황을 평가하는 수단인데, 구체적으로는 국가 구성 요소의 중심축인 경제, 사회, 환경, 제도 요소들의 정확한 정보를 확인하고 관리하는 차원에서 개발된 것이다. 지속가능한 발전 목표는 기존의 상태를 비교하고 계획을 수립할 때 객관적인 평가를 위하여 필요한 것으로 목표를 체계화하고 현 상태의 평가와 장래 변화를 예측할 수 있는 지표다. 또한 국민들이 지속가능한 발전 과정의 변화 추이를 파악하고 이해하는데 도움을 주기도 한다.

우리나라의 '제3차 지속가능발전 기본계획(2016~2035)'의 비전은 환경 · 사회 · 경제의 조화로운 발전이다. 4대 목표와 전략은 다음과 같다. 첫째 목표는, 건강한 국토 환경이며, 전략으로는 고품질 환경 서비스 확보, 생태계 서비스의 가치 확대, 깨끗한 물이용 보장과 효율적 관리다. 둘째 목표는, 통합된 안심 사

그림 12-3 2015년 합의한 17가지 지속가능발전목표(SDGs)

출처: UN 홈페이지(www.un.org/sustainabledevelopment/).

회이며, 전략으로는 사회 계층 간 통합 및 양성 평등 촉진, 지역 간 격차 해소, 예방적 건강 서비스 강화, 안전 관리 기반 확충이다. 셋째 목표는, 포용적 혁신 경제이며, 전략으로는 포용적 성장과 양질의 일자리 확대, 친환경 순환 경제 정착, 지속가능하고 안전한 에너지 체계 구축이다. 넷째 목표는, 글로벌 책임 국가이며, 전략으로는 2030 지속가능발전 의제 파트너십 강화, 기후 변화에 대한 능동적 대응, 동북아 환경 협력 강화이다(환경부, 2016).

지속가능발전목표의 궁극적인 측면은 현세대의 풍요를 위해 다음 세대에게 부담을 주지 않아야 한다는 점이다. 이를 위해 고갈 위험이 있는 천연자원의 효율적 사용과 쾌적한 환경을 조성하는 한편, 의료보험과 공적 연금 등의 각종 사회보장제도가 안정적으로 유지될 수 있도록 인적 자원 활용과 제도적 장치가 마련되어야 할 것이다.

(2) 해비타트 Ⅲ

1976년부터 3차례 개최된 해비타트(HABITAT) 회의는 도시 연구와 정책 수립에 세계적인 영향력으로 작용하고 있다. 해비타트 회의에서 세계 도시 전문가들은 도시에 대한 발전 비전과 방향을 공유하고 있다. 국제 연합 산하기구로서 1978년에 설립된 UN HABITAT 사무국은 케냐의 나이로비에 있지만 독립적인 회의 사무국을 운영하면서 20년 주기로 해비타트 회의를 개최하고 2년 주기로 세계 도시 포럼을 개최하고 있다. 해비타트 I 회의는 1976년 캐나다 벤쿠버에서 열렸고, 해비타트 Ⅱ 회의는 1996년 터키의 이스탄불에서, 해비타트 III 회의는 2016년 에콰도르의 키토에서 개최되었다.

해비타트 I 회의에서는 빈곤, 인구 증가, 지구 한계, 시민 참여 등이 주요 의제로 다루어졌다. 당시 회의에 참가한 132개국들은 인간의 정주환경이 사회 · 경제적 발전에 직접적인 영향을 미친다는 점과 무계획적인 도시 개발이 심각한 환경 악화를 초래할 수 있다는 점에 공감하고 캐나다 밴쿠버 실행계획을 채택하면서 적정한 주거와 도시화 문제를 지구적인 이슈로 부각시켰다. 밴쿠버 실행계획에서 도시화를 '혼잡, 공해, 정서적 긴장을 유발'하는 것으로 서술하면서 도시화를 부정적인 것으로 인식하는 계기가 되었다. 그러나 당시 개발도상국에서는 농촌 인구 비중이 더 컸기 때문에 도시가 중심 주제로 발전하지는 못하였으며, 실행계획에 대한 후속 조치가 제대로 이루어지지 못한 측면도 있었다.

해비타트 Ⅱ는 '주택과 지속가능한 도시발전회의'라는 명칭으로 개최되었다. 해비타트 I과는 다르게 개발도상국의 입장이 강하게 반영되었으며, 회원국 정부 이외에 비정부 기구나 각종 이해 단체 등이 광범위하게 참가했다. 이 회의를 계기로 주거권에 대한 인식 형성과 도시 내 취약 계층을 고려한 지속가능한 발전에 대한 논의가 본격화 되었다.

해비타트 Ⅱ에서는 토지, 주거, 기초 서비스 등의 기존 의제뿐 아니라 에너지, 역사 보전, 문화 자원 등이 새로운 의제가 되었다. 또한 슬럼과 비공식 주거지 문제 개선을 위해 주거권이 핵심 의제로 다루어졌다. 그러나 도시 문제를 주거문제로 인식하였기 때문에 도시와 도시화 문제를 직접적으로 다루지는 못했다. 해비타트 Ⅱ의 결과물인 이스탄불 선언과 전략 실행 계획은 171개국이 승인하였으며, 세계 도시화 과정에서 적절하고 지속가능한 인간 정주 단위에 대한 필요성을 알리고 이를 100여 개국 이상의 주택 정책에 반영하는 긍정적인 결과를 도출했다. 특히 이스탄불 선언은 빈곤 박멸과 지속가능한 환경과 관련하여 '슬럼

없는 도시'를 목표로 한 새천년 발전 목표의 수립에 영향을 미쳤고, 2030 지속가능한 발전 목표에서 포용적이고 안전하며 회복 가능한 지속가능한 도시 건설로 언급되었다.

해비타트 Ⅲ은 '모두를 위한 도시(Cities for All)'라는 주제로 개최되었다. 제3차 주택 및 지속가능한 도시 발전에 대한 유엔 회의라는 이름으로 개최된 회의에 193개 유엔 회원국들이 참여하였으며, 오늘날 도시 정책에서 국제적 쟁점과 대응, 공동 노력을 기울여야 할 부분 등에 대한 세계적인 추세를 반영한 '새로운 도시의제'를 도출했다. '새로운 도시의제'에서 지속가능한 도시 발전을 위한 핵심 내용은 다섯 가지로 요약할 수 있다.

첫째, 도시화에 대한 부정적인 인식에서 벗어나 도시화를 선진국과 개발도상국을 아우르는 지속가능한 발전을 이루는 성장의 엔진으로 인식하고 있다는 점이다. 즉, 도시화를 수단으로서 발전과 상호보완적인 개념으로 파악했다. 둘째, 도시 관리를 통해 도시 문제를 해결할 수 있다고 인식하고 실행 계획과 수단을 구체화하고 있다는 점이다. 좋은 도시를 만들기 위해서 국가와 지방정부가 의식적으로 계획과 관리에 책임을 져야 함을 강조하고 있다. 셋째, 모두를 위한 도시에 대한 권리와 같이 인간 중심 사고로의 전환이 강조되고 있다. 도시에 대해 모든 사람이 동등한 기회와 권리, 자유를 향유할 수 있도록 하는 것을 중요하게 고려하고 있다는 점이다. 넷째, 효과적인 실천을 위해서 글로벌한 보편성을 고려하면서 국가와 지역의 특수성을 인정한다. 국가의 상황과 발전 단계, 역량 수준 등의 국가별 특수성을 반영하면서도 다양한 이해당사자 사이에 비전 공유를 통해 보편성을 가진 '새로운 도시의제'를 실행하도록 촉구하고 있다. 나섯째, 지속가능한 도시 발전을 위한 문화와 문화유산의 적극적 역할에 초점을 맞추면서, 장소와 로컬과 관련하여 소비와 생산방식에 영향을 미치는 문화와 문화 다양성을 강조하고 있다. 이는 포용적이고 안전하며 회복력 있는 지속가능한 도시 발전을 위해 문화유산 및 자연유산에 대한 보호 노력을 강화한다는 것이다.

'새로운 도시의제'는 도시화를 성장의 동력으로 인식하고 있고 도시계획과 설계를 도시 관리의 적극적인 수단으로 사용하여 도시 문제를 해결할 수 있으며, 인간중심과 인권중심 사고로의 전환을 강조하고 있다. 또한 글로벌 보편성을 고려하면서 실행을 위해 국가와 지역의 특수성을 인정하고 있기 때문에 도농연속

그림 12-4 지속가능한 발전을 위한 국제적인 해비타트 회의

해비타트 I	브룬트란트 보고서	리우 정상회의	해비타트 II	새천년발전 목표 채택	이스탄불+5	요하네스버그 정상회의
1976	1976	1992	1996	2000	2001	2002

UN 지속가능 발전 회의	해비타트 III 1차 준비위원회	해비타트 III 2차 준비위원회	2015년 이후 발전 의제	파리 기후 협약
2012	2014. 09	2015. 04	2015. 09	2015. 12

해비타트 III 3차 준비위원회	해비타트 III 컨퍼런스
2016. 07	2016. 10

대도시권 등의 세계적 도시 형태뿐만 아니라 지역에 특화한 문화유산과 문화 등을 포용적인 발전의 촉매제로 인정하고 있다. 이런 장소와 지역에 특화한 지속가능한 도시 발전 요인을 밝히기 위한 다양한 시도와 실행 수단은 결국 장소와 로컬에 초점을 둔 도시지리학 연구로 귀결된다(최재헌, 2017).

(3) 스마트 성장

스마트 성장은 환경과 커뮤니티에 대한 낭비와 피해를 방지하는 방법을 고려하는 경제적 성장을 말한다. 성장과 발전이 계속 진행될 것이라는 전제 하에 도시 계획가, 건축가, 사회 운동가, 시민 단체 등 다양한 주체들의 협력을 이끌어내려는 방식이다. 1990년대부터 미국에서 시작된 스마트 성장 운동은 지속가능한 발전을 목표로 지방정부 차원에서 운용되던 성장 관리 프로그램을 확대하고 보다 구체적인 실천 수단을 제시함으로써 민간 부분을 비롯한 다양한 주체의 개발 행위가 지속가능한 발전 이념을 실현할 수 있도록 유도하고 있다.

스마트 성장의 구체적인 목표는 도시민의 공동체 의식을 끌어올려 지속가능한 공동체를 만들고, 도시의 경제적 성장과 지역 사회 및 환경에 기여하는 발전을 추구하는 것이다. 이 밖에도 스마트 성장에 따라 도시 내에 효율적 주택 공

급, 에너지 절약, 공공교통 편의 제공, 토지이용 효율화 증진, 자원 재활용 향상, 공원 확대, 양질의 공공 교육 제공, 도시 재개발 추진, 자연자원 보존 대책 실시, 자동차 의존도 경감, 걸을 수 있는 지역 공동체 장려 등 다양한 정책이 마련되고 있다(〈표 12-2〉 참조).

표 12-2 스마트 성장을 실현하기 위한 기본 원리

토지용도의 복합화	일상생활에 필요한 상업 · 업무 시설을 근접 배치하는 방식은 도보나 자전거를 이용한 접근을 용이하도록 하며 가로의 활력을 높이고, 범죄 예방에도 기여
고밀도 근린 설계 방식의 활용	토지이용의 효율성을 높여 녹지 및 농업 공간의 보전에 기여하고 버스, 도시철도 등 대중교통 수단의 도입을 실현할 수 있게 함
주거 기회 및 선택의 제공	사회 계층의 다양화 추세를 감안하여 기반 시설이 갖추어진 기성시가지를 대상으로 다양한 소득 및 연령 계층을 배려한 주거 유형 제공
걷기 편리한 커뮤니티의 조성	사회적 약자에 대한 접근성을 높이고 주민들의 사회적 교류를 높이며 주민 건강을 개선
강한 장소성을 가진 차별화되고 매력적인 커뮤니티의 조성	커뮤니티의 역사 · 문화 · 경제 · 지리적 특성을 표현할 수 있는 공간으로 조성함으로써 주민들에게는 자부심을 느끼게 하고 방문객들에게는 깊은 인상을 남김
오픈 스페이스, 농지, 양호한 자연경관, 환경적으로 중요한 지역의 보전	야생 동식물의 서식처 보전, 수질 보전, 도시 확산의 방지로 주민들의 삶의 질 개선
기존 커뮤니티에 대한 개발 및 관리 기능 강화	세수의 낭비 방지, 직주 근접 실현, 기존 도시용 토지 및 기반시설의 활용, 교외 녹지 공간에 대한 개발 압력 완화, 농지 및 오픈 스페이스의 보존
교통 수단 선택의 다양성 제공	토지이용과 교통 간의 연계뿐만 아니라 보행, 자전거, 전철, 버스 등 다양한 교통 수단을 이용할 수 있게 하고 교통 수단 간에도 연계성 강화
예측 가능하고 공정하며 비용 효율적인 방식으로 개발을 결정	민간부문의 투자와 적극적인 참여를 유도할 수 있도록 공공부문의 승인절차나 의사결정과정이 신속, 공정하게 이루어지도록 하며 성장을 유도하는 지역의 경제활동에 대한 적정한 인센티브 제공
개발 결정 과정에서 커뮤니티와 다양한 이해 당사자 간의 협력을 촉진	다양한 이해 당사자들을 계획 초기부터 지속적으로 참여시켜 협력적 분위기에서 해결책을 모색

출처: ICMA, Getting to Smart Growth: 100 Policies for Implementation, 국토정책 Brief, 103호.

(4) 뉴어바니즘

뉴어바니즘(New Urbanism)은 1990년대 미국과 캐나다에서 시작된 운동이다. 이 운동은 도시의 무분별한 도시 확산에 따라 발생한 도시 문제, 즉 생태계 파괴, 공동체 의식의 약화, 정주 환경의 악화, 인종과 소득 계층별 격리 현상 등을 극복하기 위한 목적으로 새롭게 만들어졌다. 뉴어바니즘이 추구하는 목표는 자가용 자동차 중심으로 개발된 교외 주거단지 개발과 같은 도시 확산을 반대하고 교외화 현상이 발생하기 전의 도시 개발 방식으로 회귀하자는 것이다. 도시 개발 방향도 과거 환경을 중시하는 방식으로 전환할 것을 강조하며, 인간적인 척도의 주거 공간이 중심이 되는 도시 개발 패턴의 적용을 주장한다.

이러한 뉴어바니즘의 계획 개념은 크게 다섯 가지를 포함하고 있다. 첫째, 기본적으로 도시의 교외 확산을 지양하고 대중교통 중심으로 지역을 압축적으로 개발하는데 중점을 두고 있다. 보행자의 편의를 염두한 대중교통이 발달해 있기 때문에 지역 내에 목적지까지 도보로 이동이 가능한 보행 체계를 갖추도록 하는 방식을 채택하고 있다. 그리고 상업 및 업무 시설, 공공시설과 공원 등은 도보 또는 대중교통으로 접근이 가능한 가까운 거리에 밀집되어 배치된다. 둘째, 공공공간의 보전과 커뮤니티를 중시하는 방식이다. 도시민들과 인접한 곳에 주민의 활동과 동선을 고려하여 공공공간을 마련하고, 도시민들의 커뮤니티가 활성화되도록 유도한다. 도시 개발에 도시민들의 참여와 적극적인 활동을 불러일으키게 하는 것은 뉴어바니즘의 중요한 요소다. 셋째, 도시의 다양성이 극대화될 수 있도록 도시 건축 밀도와 주거 형태를 갖게 하는 개발이다. 획일적으로 디자인된 도시 경관에서 탈피하여 도시민들의 창의적인 정서가 유발될 수 있도록 특색을 살린 다양한 형태의 건축물을 배치토록 하는 것이다. 도시민들의 주거 공간을 구성하는 건축물이 다양하게 입지함으로써 도시의 경관은 독특성을 지니게 된다. 넷째, 뉴어바니즘에서 공지 개발과 재개발은 기존 커뮤니티 내 대중교통축에서 벗어나지 않도록 배치한다. 도심 재개발 방식은 기존의 도심을 복원하는 방식으로 재개발을 추진한다. 근린지구의 용도에 부합하는 방식으로 추진하며, 인구의 구성의 다양성을 훼손하지 않도록 개발한다. 다섯째, 도시 개발에 있어서 환경보호를 우선적으로 고려하며 토지이용 체계는 혼합적인 토지이용이 되도록 한다. 환경이 훼손되지 않도록 친환경적 개발 방식을 적극적으로 도입하고, 도시 속에도 다양한 생태계가 보전될 수 있도록 노력해야 한다.

(5) 어반 빌리지

어반 빌리지(Urban Village) 운동은 영국에서부터 시작된 운동으로, 현대 모더니즘의 대안으로 제시된 '쾌적하고 인간적인 스케일의 도시 환경 건설' 이념을 추구하면서 등장한 개념이다. 이 운동은 1989년 '지속가능한 도시 건축을 위해서는 관련 전문가들의 반성과 변화, 그리고 실천이 필요하다'는 영국 찰스 황태자의 영국건축비평서에서 출발하였다고 볼 수 있다.

어반 빌리지는 자족적 커뮤니티가 가능한 도시형 마을을 계획하는 것으로 다양한 계층의 사람들이 함께 거주하면서 다양한 유형의 공간과 커뮤니티가 혼합되어 있는 전원도시를 말하는 것이며, 자동차 없이 보행으로 도시 생활이 가능하고, 계획의 입안에 있어 주민 참여를 전제로 하는 등 '지속가능한 환경'의 실현을 지향하는 것이 주요 내용이다.

어반 빌리지의 계획 요소는 크게 세 가지로 구분할 수 있다. 첫째, 복합 용도 개발 측면이다. 이는 토지이용의 복합화와 사회적 혼합까지 도모하고자 하는 의도를 갖는 것이다. 구체적으로는 토지이용의 다양화, 임대 주택 비율의 상향, 주거 유형의 다양화, 커뮤니티 통합의 방식이 추구된다. 둘째, 대중교통 시스템의 혼합 측면이다. 대중교통과 녹색교통 위주의 보행자에게 안전하고 편리하도록 설계되는 방식이다. 주요 내용은 도시 중심을 대중 교통의 결절점으로 만들고, 가로망 구조를 곡선 형태로 구축하며, 보행도로가 유기적으로 연결되도록 구조화하는 데 있다. 셋째, 커뮤니티 형성 측면이다. 이는 좋은 공공공간과 커뮤니티 시설을 제공함으로써 지역 커뮤니티를 회복시키고자 하는 방식이다. 구체적인 내용은 자연환경과 공공공간이 연결되도록 구성하며, 녹지 및 오픈 스페이스와 연계한 커뮤니티 시설을 배치하고, 가로 공간이 활성화되도록 구성하자는 것이다.

이러한 어반 빌리지의 개념을 실현시키기 위해 10가지 원칙이 제시되었다. 어반 빌리지에서는 휴먼 스케일의 친근한 전원 풍경 창출, 건물들의 적절한 크기와 위치, 인간적인 스케일, 그린과의 조화, 담장이 있는 정원과 공공광장, 친근한 지역 재료의 사용, 전통적인 풍부한 디자인, 건물에 통합된 예술, 간판과 조명은 경관과 통합되도록 디자인, 주민 참여적이고 인간 친화적 환경을 원칙으로 하여 '지속가능한 도시'가 이루어질 수 있도록 유도하고 있다.

(6) 압축도시

압축도시는 유럽과 일본에서 주로 논의되고 있는 도시 개발 개념이다. 이 개발 방식은 도시의 교외 확산을 억제하고 주거, 직장, 상업 등 일상적인 도시 기능들을 도시 내부에 배치함으로써, 도시 내에 상대적으로 높은 주거 밀도를 만들고 토지의 혼합 이용을 유도한다는데 특징이 있다. 즉, 기존 도심지역이나 역세권 같은 특정 지역을 주거, 상업, 업무 기능 등이 복합된 시설물을 배치하는 방식으로, 시가지 경계 안쪽을 밀집하여 개발을 한다. 이곳에 주민들의 사회 · 경제적 활동이 집중하게 됨에 따라 많은 사람들이 모여들게 된다. 아울러 걷기와 자전거 타기 등 효율적인 공공교통제도를 도입하여 에너지 소비를 줄여 좋은 환경을 유지할 수 있도록 한 개발이다.

압축도시라는 용어는 1973년에 조지 댄치그와 토마스 사티(George Dantzig & Thomas Saaty)가 최초로 사용했다. 이들은 전통적인 도보도시를 특징으로 하여 높은 인구밀도를 갖는 집약적 도시에서 공간 이용과 토지이용의 고도화, 집중된 활동, 높은 밀도 등의 가장 효율적인 도시의 모습으로 압축도시를 제안했다. 압축도시는 기존 도심지역이나 역세권과 같은 특정지역 토지를 주거 · 상업 · 업무 등의 다양한 용도로 활용하여 서로의 기능을 해치지 않게 적절히 혼합함으로써 물리적 · 기능적 보완과 시너지 효과를 누리려는 목적을 가지고 있다. 특히 압축도시는 효율적이며 유연한 토지이용, 에너지 효율성 증대, 자동차 의존도 감소 측면에서는 매우 효과적인 개발 방식이다. 이를 위한 구체적인 계획 개념으로는 '복합 토지이용 계획', '대중교통 체계 및 보행 네트워크 연계', '오픈 스페이스 확보', '자원 및 에너지 절약' 등이 있다(이재준, 2012).

이러한 개발 방식은 도시의 수평적 확산으로 인한 스프롤 현상, 도시 가용지의 부족, 무분별한 개발과 같은 2차원적인 도시 형태에서 발생하는 각종 도시 문

그림 12-5 압축도시의 속성

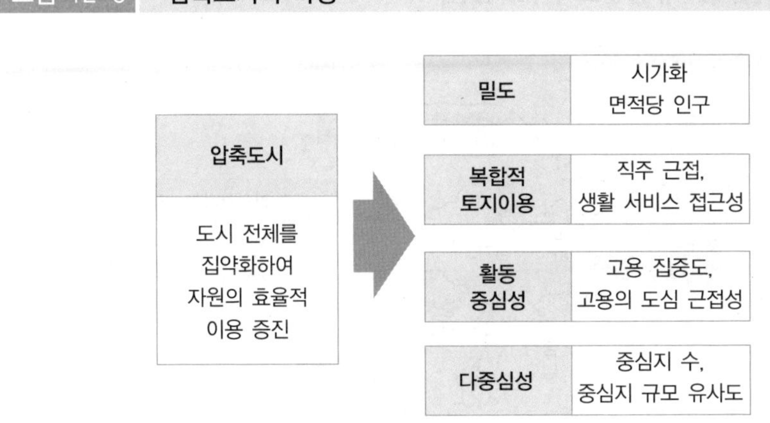

제를 해결할 수 있는 방법으로 제시되었다. 특히 1990년 이후 환경 문제와 에너지 문제에 대응하기 위한 도시계획 방안의 하나로 압축도시는 새로운 미래도시 개념과 함께 교통과 공공공간 부족 문제를 해결할 수 있는 대안적 방식이었다. 그러나 압축도시는 재난에 대한 취약성이 있고, 개인 공간과 녹지 공간이 비교적 협소하고, 고밀도 환경으로 인한 환경 악화 등의 문제점이 제기되고 있다.

(7) 슬로시티

슬로시티는 빠름과 경쟁보다 여유로움 속에 변화를 추구하고, 삶의 질을 높이기 위해 과거의 장점을 현재와 미래의 발전에 반영하고자 하는 도시 문화 운동이다. 슬로시티는 대량생산 · 규격화 · 산업화 · 기계화를 통한 패스트푸드를 지양하고, 국가별 · 지역별 특성에 맞는 전통적이고 다양한 음식 · 식생활 문화를 계승 · 발전시키려는 슬로푸드 운동이 도시 전체의 문화를 바꾸자는 운동으로 확대된 개념이다(이재준, 2012).

슬로시티는 도시구조의 특성을 유지하면서 도시의 현대화를 위한 개발이나 재개발보다는 지역의 전통과 문화 특성을 고려한 재생을 중요시한다. 따라서 대도시와 차별화되는 지역의 고유성을 유지하며, 지역 내 전통적이고 친환경적인 방식의 특산품 생산과 소비를 장려하고, 지역에 살고 있는 장인들의 생산 방식과

그림 12-6 우리나라의 슬로시티(2019년)

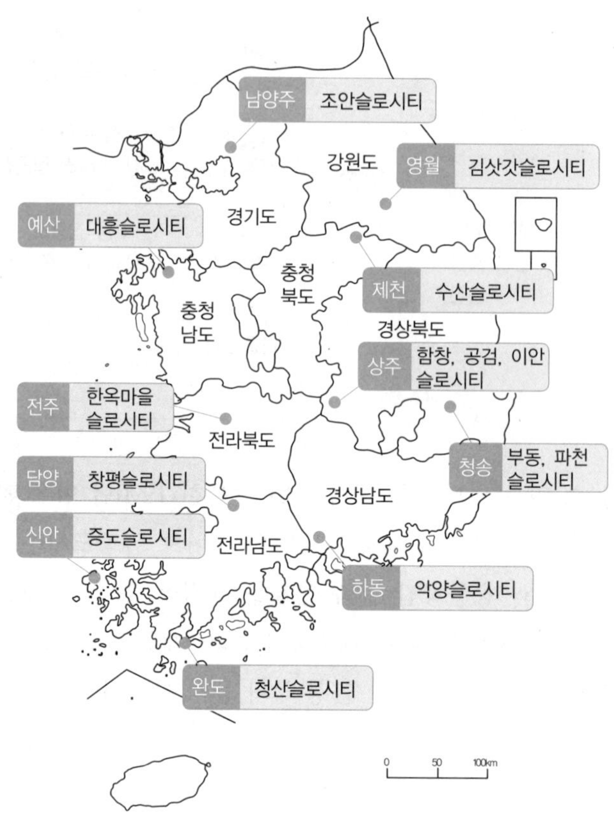

생산품을 존중하여 명맥을 유지할 수 있는 방안을 모색하는 작은 마을 부흥 운동이다. 또한 슬로시티는 전통적인 지역성과 정체성에 따른 여유로운 생활을 유지할 수 있으며, 이를 통해 방문객에게 일상생활의 편안함과 안락함을 제공할 수 있고, 주민들은 슬로시티로서의 의식 고양과 자부심을 가질 수 있다는 점이 중요하다.

슬로시티에서는 주민 주도의 지역개발 의지가 강하게 필요하며, 작은 마을이 지닌 장점을 최대한 활용하는 작은 마을의 콘텐츠 부각과 브랜드 이미지 강화가 이루어지기도 한다. 유럽에서는 슬로시티 운동이 녹색 문화도시와 함께 슬로시티의 철학과 이념을 지지하는 도시 상호간의 제휴와 연대강화로 이어지고 있다.

읽을거리 12-3 슬로시티: 오르비에토

슬로시티는 1999년 이탈리아에서 처음 시작한 국제 운동이다. 이 운동은 공해 없는 자연 속에서 전통문화를 잘 보호하고 자유로운 '느림의 삶의 방식'을 추구한다. 슬로시티의 구체적인 목적은 인간사회의 진정한 발전과 오래갈 미래를 위해 자연과 전통문화를 적극적으로 보호하는 한편 지역 경제를 활성화해 더불어 따뜻한 사회, 행복한 세상이 되도록 하는 데 있다.

이탈리아 움브리아 주에 위치한 오르비에토는 슬로시티가 시작된 곳 중의 하나이기도 하며, 현재 슬로시티 세계연맹본부가 위치하고 있는 도시다. 오르비에토 지역은 오래전에 화산재가 굳어서 형성된 지질 구조를 가진 곳이다. 응회암으로 이루어진 넓은 뷰트의 평평한 산 정상부에 도시가 위치해 있으며 도시 전체가 성벽으로 둘러 싸여 있다. 이 도시는 주변 농업 지역의 중심부이며, 백포도주가 유명한 생산지로 알려져 있다. 오르비에토에는 지하도시로 명명된 관광 명소가 있는데, 이곳은 과거 고대 로마의 토착 세력인 에트루리아 인들이 만든 장소로 현재는 와인창고로 사용되고 있다. 이 밖에도 1290년에 지어진 오르비에토 대성당은 오래된 도시의 역사성을 표현해 주고 있다.

오르비에토 시는 도시가 성장함에 따라 차량 통행이 많아지면서 지반에 균열이 발생하기 시작하고, 패스트 문화가 급속하게 침투하여 도시의 고유한 전통과 생활양식이 사라질 위기에 닥치자 슬로시티로 만들기로 결정했다. 이에 현재 오르비에토 시는 외부에서 들어오는 차량에 대한 제한, 네온사인이 없는 거리 유지, 슬로푸드 운동, 지역 농산물 소비 운동, 재래시장 활성화 등 다양한 정책을 실시하고 있다.

그림 12-7 오르비에토 전경

4. 4차 산업혁명과 스마트 도시

(1) 4차 산업혁명과 사회 변화

4차 산업혁명 사회에 대한 논의는 여러 사람들에 의해 이루어지고 있는데, 비교적 그 의미를 분명하게 제시하고 있는 사람 중의 하나가 클라우스 슈바프(Klaus Schwab)이다. 세계경제포럼의 창립자이자 회장인 그는 『4차 산업혁명』이라는 저서를 통해 4차 산업혁명 사회의 특징을 체계적으로 제시하고 있다. 슈바프에 의하면 1차 산업혁명은 기계화, 2차 산업혁명은 전기화, 3차 산업혁명은 정보화가 핵심 키워드인데, 4차 산업은 지능화, 디지털과 물리세계와의 결합, 바이오 분야의 혁신 등이 주요 특징이다(Schwab, 2016). 이와 같이 4차 산업혁명 사회는 인공지능, 로봇공학, 사물인터넷, 자율주행자동차, 3D 프린팅, 나노기술, 생명공학, 재료공학, 에너지 저장기술, 퀀텀 컴퓨팅(quantum computing)의 발달 등 광범위한 분야에서 과학기술의 혁신적인 진보가 이루어지는 시대라고 할 수 있다(송경진, 2016).

1 · 2 · 3차 산업혁명은 제조업의 변화를 토대로 구분되었다고 볼 수 있으며, 4차 산업혁명 역시 제조업에 있어서 생산방식 패러다임의 혁명적 변화를 예고한다고 볼 수 있다. 슈바프는 물리학 영역에서 드론 등을 활용한 무인 운송수단과 절삭이 필요 없는 3D 프린트, 인간과 협업할 수 있는 로봇공학, 기존에 없던 신소재가 등장할 것으로 보았으며, 디지털 영역에서는 사물 인터넷과 보안성이

표 12-3 1차~4차 산업혁명의 특징

구분	특징	내용
1차 산업혁명	물, 증기	물과 증기를 이용한 증기기관을 활용하여 생산성 향상
2차 산업혁명	전기	전기 에너지 이용을 통한 대량 생산 체제 구축
3차 산업혁명	전자, 정보 기술	전자와 정보 기술을 이용한 자동화 및 디지털화
4차 산업혁명	디지털, 물리학, 생물학	디지털 기술을 바탕으로 물리학, 생물학 결합

자료: World Economic Forum(2016)의 내용을 표로 정리.

뛰어난 인터넷 상거래의 보안 기술인 블록체인이 활성화될 것으로 예측하였다(Schwab, 2016). 또한 생물학 영역에서는 유전자 연구와 유전자 편집, 의학과 농업에 대안을 제시하는 합성생물학이 대두될 것이라고 보았다(송경진, 2016).

이와 같이 4차 산업혁명은 3차 디지털 혁명의 연장선에 있다고도 볼 수 있지만, 이 혁명은 디지털 물리학과 생물학이 융합되는 형식으로 더 진전되었다고 볼 수 있다. 즉, 디지털 기술에 기반한 연결성이 확대되고 이를 바탕으로 인공지능 등 다양한 분야의 혁신 기술과 통합되는 혁명을 의미하는 것이다.

4차 산업혁명이 가져올 사회 · 경제적 변화는 예측하기 어려울 정도로 빠르게 이루어질 수 있다. 4차 산업혁명 이전에는 빅데이터의 축적이 미흡했고 이를 기계가 읽을 수 있는 환경도 조성되지 못했다. 네트워크 상황도 인터넷이 PC 기반 디바이스에 한정되고 사물, 사람으로 확장되지 못한 측면도 있었다. 또한 빅데이터에 기반하여 학습능력을 갖춘 인공지능도 많이 부족한 상황이었다. 그러나 4차 산업혁명의 시대에는 이와 같은 조건이 충족되어 사람 · 사물 · 데이터 · 인공지능이 모두 연결되어 혁신의 가속화가 이루어지게 되었다.

4차 산업혁명 시대의 주요한 변화로는 첫째, 혁신적 기술로 노동의 대체 또는

그림 12-8 **4차 산업혁명 시대의 초연결**

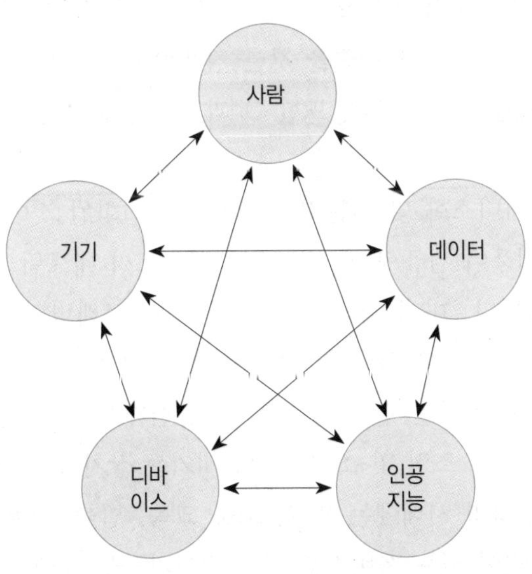

보완 및 경제 주체의 의사결정 지원이 가능해지면서 생산성이 제고되고 고부가 가치 · 신제품 · 신서비스가 지속적으로 등장하게 될 것이다. 장기적으로는 인공 지능이나 로봇이 클라우드에 연결되고 학습을 공유하는 기계적 집단 지성이 가능하게 됨으로써 생산성 향상 효과가 이루어지게 된다. 이로 인해 노동시장의 변화에도 영향을 미치게 되는데, 경영 측면에서 필요한 수준에서만 탄력적으로 노동력을 활용할 수 있게 되고, 노동자 측면에서는 자신이 원하는 장소와 근로시간을 지능 정보기술을 활용하여 선택할 수 있게 된다. 그렇지만 4차 산업혁명 시대에 지능 정보화 사회에서 요구되는 능력을 갖춘 노동자는 환경을 잘 활용하여 대처할 수 있지만, 그렇지 못한 노동자는 새롭게 변한 노동 수요 환경에 적응하는 것이 어려워 결국 불리한 위치에 놓일 수도 있는 단점도 있다.

둘째, 4차 산업혁명 시대는 맞춤형, 개인화된 소비가 가능한 시대가 되는데, 소비자는 다양한 플랫폼을 활용할 수 있게 되며 본인에게 맞는 개인화된 제품 및 서비스를 이용하게 된다. 4차 산업혁명 시대에는 전산업의 플랫폼화와 산업 간 경계의 소멸이 예상된다. 컴퓨팅 기능이 모든 제품과 서비스의 기본 기능이 되면서 데이터, 소프트웨어 애플리케이션, 인프라 제공 등 다방면에서 다자간의 새로운 협력 관계가 구성되고 새로운 플랫폼이 형성될 가능성이 매우 높다. 자동차 · 선박 · 가구 · 가전 등 제조업 부문과 의료 · 교육 · 금융 등 서비스 부문 간에 네트워킹과 컴퓨팅 기능을 기반으로 여러 기업 간 수평적 협력관계를 통해 플랫폼이 형성되며, 플랫폼 제공 능력을 갖춘 컴퓨팅 · ICT 기업은 플랫폼화되는 산업 영역에서 그 역할이 증대된다. 또한 그 과정에서 산업 간 경계는 점차 약화될 가능성이 높다.

셋째, 제품의 서비스화 및 전문적 서비스도 보편화될 것이다. 미래에는 초연결에 따라 모든 제품이 컴퓨팅 기능을 갖게 됨으로써 네트워크에 연결되고 프로그래밍의 대상이 된다. 미래 제품 서비스화는 프로그래밍의 대상이자 네트워크에 연결된 제품이 유통됨으로써 네트워크를 통해 언제, 어디에서나 다양한 스마트 부가 서비스를 제공받을 수 있다는 점이다. 현재에도 거주자의 행동 및 상황에 맞게 자동으로 온도 조절 및 조명을 작동시키는 장치를 볼 수 있다.

넷째, 4차 산업혁명 시대에는 의료, 고등 교육, 법률 등 비교적 고가의 서비스이면서 진입 장벽이 있는 서비스를 지능 정보기술을 통해 누구나 쉽게 이용할 수 있게 될 것이다. 법률 서비스 부문은 인공 지능과 최적의 소프트웨어에 도움을 받게 된다. 의료 부문은 모바일, 센서, 데이터 분석 도구가 발전하면서 개인 및 주변 환경에 대한 방대한 데이터를 활용하여 예방 및 맞춤형 의료 서비스가 가능해 진다.

다섯째, 공유 경제와 적시 수요 경제가 활성화될 것이다. 인간과 사물이 네트워킹으로 모두가 연결되고 그 네트워크가 지능적 서비스를 구현하는 환경이 만들어지면서 소비자와 생산자는 언제나 연결되어 있게 된다. 이런 환경에서 아주 작은 수요라도 언제, 어디서나 필요하다면 쉽게 충족될 가능성이 높아진다. 현재에도 렌트카 기업 중에 차량을 한 대도 소유하고 있지 않으면서 공유 경제라는 플랫폼을 이용하여 기업을 운영하는 경우가 있으며, 우버, 에어비엔비 등의 기업은 적시 수요의 경제적 특성을 활용하여 수익을 창출하고 있다.

(2) 기술혁신과 스마트 도시

앞서 살펴본 바와 같이 4차 산업혁명이 보편화된 미래사회에서는 ICT 기술의 발달로 언제 어디서나 인간과 인간, 인간과 사물, 사물과 사물이 네트워크로 연결되는 사회가 만들어져 '사람과 사물, 공간'의 연결을 뛰어넘어 '가상세계와도 융합된 지능화된 인터넷 세상'으로 진화할 것으로 예견되고 있다.

이와 같이 과학기술의 혁신과 진보를 특징으로 하는 4차 산업혁명 사회는 단순히 과학기술의 변화에 그치지 않고 인류 사회의 삶 전체에 광범위한 영향을 미치는 새로운 패러다임의 도래라고 할 수 있다. 슈바프는 이러한 변화의 의미를 '속도', '범위와 깊이', '시스템의 충격' 등의 측면에서 자세하게 설명하고 있다(Schwab, 2016). 미래사회에서 사람들은 지금 세대가 경험한 것보다 더욱 빠르고 강력한 기술혁신을 경험하게 될 것이며, 이로 인해 보다 다양하고 복잡한 사회문제에 봉착할 수 있다. 또한 고도의 기술 개발에 따른 국가 및 글루벌 이슈들에 맞닥뜨려 질 것이다.

스마트 도시는 정보와 관련된 서비스 · 기술 · 인프라 · 관리 등 아키텍쳐를 통하여 언제 어디서든지 누구에게나 원하는 서비스를 제공할 수 있는 기반을 갖춘 도시다. 일반적으로 도시에 ICT 기술과 빅데이터 등의 신기술을 접목하여 각종

표 12-4 **지능 정보사회의 특징**

특징	내용
속도	미래 정보사회에서는 과학기술을 포함한 인간 삶의 변화 속도가 산술적 증가가 아니라 기하급수적 증가로 나타날 것이며, 각 분야 간의 연계 및 융합도 가속화될 것이다.
범위와 깊이	미래 정보사회에서는 디지털혁명을 기반으로 한 과학기술의 변화가 주도적으로 나타난다. 과학기술의 변화는 사회 · 경제 · 문화 · 교육 등 사회 전반의 광범위한 변화로 이어질 것이며, 과학기술 등 물질적 측면을 넘어서서 인간의 정체성에 대한 철학적 사유, 논의까지 요구하는 변화가 될 것이다.
시스템 충격	미래 정보사회에서는 인류 사회에 부분적인 변화가 아니라 시스템 및 체제, 즉 패러다임의 총체적인 변화를 가져올 것이다. 이로 인해 개인 또는 국가체제의 변화를 뛰어 넘어, 세계 체제의 변화까지 이어지게 될 것이다.

출처: Schwab(2016), 송경진 역(2016).

도시 문제를 해결하고 도시민의 삶의 질을 개선할 수 있는 최첨단 도시 모델로 스마트 도시를 설명할 수 있다. 최근에 스마트 도시는 다양한 혁신 기술이 도시의 인프라에 적용되어 활용되며, 다양한 정보와 혁신적 기술이 융 · 복합적으로 구현될 수 있는 공간이라는 의미의 '도시 플랫폼'으로 발전하고 있다.

스마트 도시의 정보 서비스는 도시 행정을 비롯하여 교통, 교육, 문화 · 관광, 보건 의료 복지, 환경, 방범 · 방재, 시설물 관리 등 광범위한 분야와 관련되어 있다. 정보 기술은 센싱, 네트워크, 프로세싱, 인터페이스, 보안 등의 영역에 해당하는 기술로 정보를 생산, 수집, 가공, 연계, 유통에 사용되는 ICT 기술 전부분에 해당한다.

현재에도 스마트 도시라는 명칭으로 서비스와 공공사업, 도로를 인터넷과 연결하고 에너지와 물류 흐름, 로지스틱스와 교통 상황을 스마트하고 지능적인 기능을 적용해 실행하고 있다(송경진, 2016). 스마트 도시의 기본적인 기술은 네트워크 환경을 기반으로 이루어지게 된다. 이는 전통적인 의미의 도시 기반 시설과 달리 새로운 의미의 기반 시설을 갖춘 도시를 말하는 것으로 정보 통신 인프라가 필수적으로 구축되어야 한다는 것이다. 아울러 인터넷 보안의 취약점을 보완할 수 있는 신뢰성이 있고 안전한 네트워크 보안 기술도 필요하다.

앞으로의 스마트 도시는 급속하게 변화하는 미래의 다양한 수요에 대응할 수 있도록 도시 구조와 도시 시스템이 구축되어야 한다. 스마트 도시 시스템은 정보 전달 체계 및 네트워크 구축뿐만 아니라 기존 에너지의 효율적 사용과 대체 에너지 개발, 사회 공동체 지향 등 친환경성과 지속가능성 등의 가치도 함께 반영되어야 한다. 스마트시티는 기술 발전에 따른 생활양식의 변혁이 이루어지는 공간으로 새로운 용도의 공간이 출현하는 한편 토지이용도 변화되며, 분산된 고밀도 개발 형태의 다양한 공간 구조로 변화될 것이다. 아울러 도시 간의 네트워크 체계가 더욱 발전하여 네트워크형 거점도시와 세계 도시로 더욱 성장할 것이다. 미래에도 좋은 도시를 만들고자 하는 가치는 변함이 없을 것이다. 현재 추구되고 있는 지속가능한 좋은 도시를 만들려는 노력과 마음은 미래의 스마트 도시에도 변함없이 추구되어야 할 가치다.

미래 스마트 도시는 경제 · 사회 · 문화적 측면의 긍정적 효과가 있는 만큼 그에 못지않게 부정적 측면도 클 수 있다. 미래 사회가 가져올 긍정적 측면의 발달과 이를 주도하기 위한 준비도 중요하지만, 한편으로 미래 사회가 불러올 여러 부정적인 측면의 문제점에 대비하는 노력도 반드시 이루어져야 한다. 결국 스마트 도시 사회에 있어서 변화된 환경과 도시 체계, 시스템에 적응 및 활용할 수 있는 능력을 함양하는 것도 중요하지만, 동시에 스마트 도시에서 발생할 수 있는 여러 부정적 문제들에 대한 논의를 확장시키고, 이를 극복할 수 있는 정서적인 인간의 능력을 함양하는 것도 필요하다.

참 고 문 헌

권상철, 2017, 지역 정치생태학, 푸른길.

김학훈 · 이상율 · 김감영 · 정희선 역, 2016, 도시지리학, 시그마프레스(Kaplan, D., Wheeler, J., Holoway, S., 2014, *Urban Geography*, 3rd edition, John Wiley & Sons, Singapore).

송경진 역, 2016, 제4차 산업혁명: 새로운 현재(Schwab, 2016, *The Fourth Industrial Revolution*, Colony/Geneva: World Economic Forum).

이은민, 2016, "4차 산업혁명과 산업구조의 변화", 정보통신정책, 정보통신정책연구원, 28(15), 1-22.

이재준, 2012, "도시정책과 도시재생," 권용우 외, 2012, 도시의 이해, 박영사.

이재준 외, 2002, 지속가능한 지역 개발 전략을 위한 연구, 환경부.

이정구, 2017, 21세기 생존전략 4차 산업혁명, 책과 나무.

최재우, 2015, 생태도시 코펜하겐의 지리적 특성, 책과 세계.

______, 2017, 유럽 환경도시의 지리적 배경과 특성, 책과 세계.

최재헌, 2017, "UN HABITAT III의 새로운 도시의제(New Urban Agenda)가 한국 도시지리학 연구에 주는 시사점", 한국도시지리학회지, 20(3), 33-44.

하성규 외, 2007, 지속가능한 도시론, 보성각.

한국도시지리학회 편, 2013, 세계의 도시, 푸른길(Brunn, S.D., Hays-Mitchell, M., Ziegler, D.J., 2012, *Cities of the World: World Regional Urban Development,* fifth edition, Rowman & Littlefield, MA).

환경부, 2016, 국가 지속가능발전을 위한 기본계획.

환경부 지속가능발전위원회, 2018, 국가 지속가능성 보고서.

황희현 · 백기영 · 변병설, 2002, 도시생태학과 도시공간구조, 보성각.

Pacione, Michael, 2009, *Urban Geography: A Global Perspective*, Third Edition, Routledge, New York, 18-35.

Satterthwaite, D., 1997, Sustainable cities or cities that contribute to sustainable development?, *Urban Studies*, 34(10), 1667-1691.

Viederman, S., 1995, Knowledge for sustainable development: what do we need to know?, in Trzyna, T.(eds.), 1995, *A Sustainable World-Defining and Measuring Sustainable Development*, CA: International Center for the Environment and Public Policy.

추천문헌

권규상 · 서민호, 2019, “콤팩트시티 정책의 효과적 추진방안,” 국토정책 Brief, 제705호.

민유기 외, 2018, 세계의 지속가능 도시재생, 국토연구원.

심재승, 2016, “인구감소시대에서의 지속가능한 도시발전에 관한 소고: 콤팩트시티는 새로운 대안인가,” 한국지적정보학회지, 18(1), 157-170.

임현묵 외, 2017, 우리의 지속가능한 도시, 유네스코한국위원회.

임희지 · 정재용 · 장경철 역, 2007, 뉴어바니즘, 발언(Katz, P., 1994, *The New Urbanism: Toward an Architecture of Community*, McGraw).

| 제13장 |

한국 도시의 특징과 현안

– 권상철 –

| 제13장 |

한국 도시의 특징과 현안

한국의 도시는 급격하게 진행된 도시화, 서울의 종주도시화와 수도권의 과도한 집중, 그리고 비수도권의 지방 대도시는 지역 거점으로서의 역할이 약화되고, 중소 도시는 인구 감소에 따른 도시 쇠퇴를 경험하는 것으로 특징지을 수 있다. 이런 도시화 과정에서 나타난 서울의 집중과 수도권 · 비수도권의 불균등 발전 문제는 신도시 건설과 세종시와 혁신도시의 조성을 통해 줄이려는 노력을 기울이고 있다. 한국 도시의 특징적 면모는 압도적인 아파트 주거, 외국인 증가에 따라 형성되고 있는 외국인 집중 거주지를 꼽을 수 있으며, 지방 중소 도시의 경우 인구 감소의 문제에 대응하는 압축도시가 도시 재생 전략으로 논의되고 있다.

이 장은 최근까지의 한국 도시화 추이와 종주 도시 체계의 특징을 언급하고 이어서 서울과 수도권, 지방 대도시와 중소 도시를 각각의 특징과 더불어 기술해 보고자 한다. 마지막에는 한국 도시의 특징으로 아파트의 확대, 지역 불균형 발전을 줄이기 위한 세종시와 혁신도시, 지방 압축도시 논의를 정리해 보고자 한다.

1. 한국의 도시화와 주요 특징

세계의 도시화율은 2016년 기준 평균 54.4%를 보이는데 한국은 81.6%로 최상위권에 속한다. 세계적으로 80% 이상의 도시화율을 보이는 국가는 북미, 북유럽, 호주 등에서 나타나 보편적으로 도시화는 선진적인 모습으로 간주된다. 한국의 도시, 특히 서울을 포함한 수도권은 인구 집중으로 주택 부족과 가격 상승으로 신도시 건설이 최근까지 이루어지고 있으며 지방 대도시는 인구가 정체 또는 감소 추세를 보이며 지역 거점으로서의 역할이 점차 약화되고 있다. 중소 도시는 대다수 인구 유출로 인해 경제활동 인구는 줄고, 자연적 증가는 낮으며 노

그림 13-1 **국가별 도시화율(도시에 사는 인구비율)**

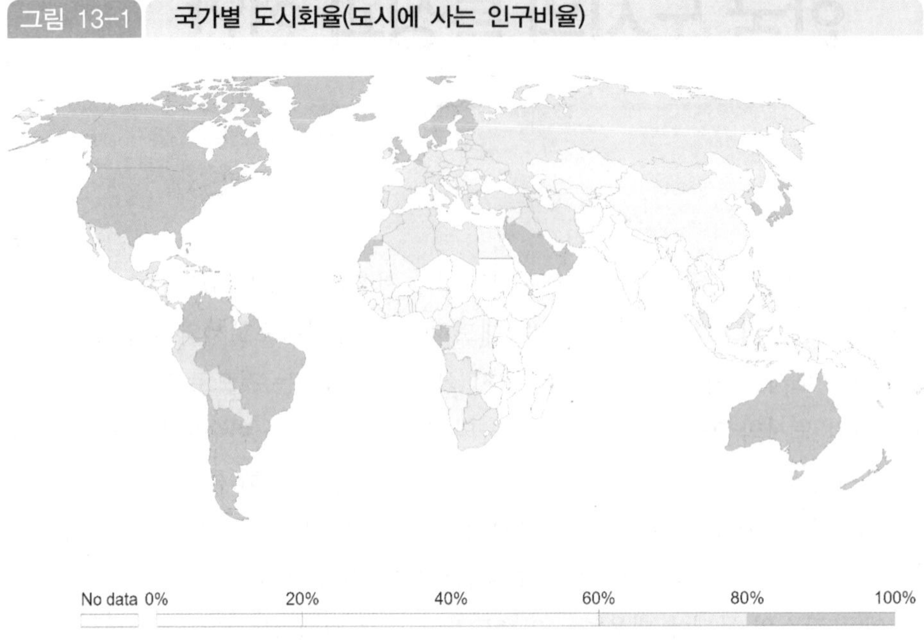

출처: 옥스퍼드대학교 지구변화자료연구소(2016).

년 인구가 증가하는 도시 쇠퇴의 과정을 겪고 있다. 이런 변화를 겪고 있는 한국의 도시는 서울과 수도권의 비대화, 지방 대도시의 정체 또는 침체, 지방 중소도시의 쇠퇴로 특징지을 수 있다. 이런 지역별, 규모별 특징과 더불어 압도적 도시경관을 이루고 있는 아파트, 서울과 수도권에 형성되고 있는 외국인 증가에 따른 집중 거주지, 수도권과 지방의 불균형 발전을 바로 잡기 위한 세종시와 혁신도시의 건설은 또 다른 한국 도시의 특징으로 언급될 수 있다.

최근 한국은 저출산과 고령화의 인구사회 변화를 경험하고 있는데, 2016년 합계출산율은 1,172명으로 경제협력개발기구(OECD) 회원국 중 최저로 '초저출산'으로 분류되는 유일한 국가이고 기대수명 상승에 따라 노인부양비 또한 급속한 상승을 보여 2025년 31.1을 바라보고 있다. 이런 변화는 한국의 도시에 상당한 영향을 미칠 것으로, 특히 지방 도시는 도시 쇠퇴의 위기로 이어질 가능성이 높다.

(1) 한국의 도시화 추이

한국은 해방 이후 세계에서 유례를 찾아볼 수 없는 폭발적이고 압축적인 도시화 과정을 겪었다. 대다수의 선진국이 산업혁명을 경험하며 약 2백 년에 걸쳐 현재의 도시 성장으로 이어진 것에 비해 한국은 1960년 27%를 상회하는 수준에서 30년 정도의 기간 동안에 약 74%에 육박하는 수준으로 도시화가 빠르게 진행되었다. 한국의 도시화는 서구와 달리 높은 자연 증가와 더불어 대규모의 인구의 이촌향도 이동으로 더욱 가파르게 진행되었다.

도시화의 정도는 전체 인구에서 도시 지역 인구가 차지하는 비중인 도시화율을 통해 객관적으로 나타낼 수 있다. 한국의 도시화율 관련 통계는 통계청과 국토교통부에서 제공하고 있는데 통계청은 행정구역상 시의 동(洞) 지역을 도시 인구로 보고, 국토교통부는 용도지역의 구분에서 주거 · 상업 · 공업지역의 인구를 도시 인구로 본다. 도시화율은 행정구역 또는 용도지역의 기준 선택에 따라서 달라지는데(〈표 13-1〉), 보편적으로 통계 자료가 주기적으로 제공되고 국가별 비교가 편리한 행정구역 기준을 사용한다(제3장 1절 참조).

한국의 도시화는 1960년대 이후 급속히 진행되어 1990년대 들어서면서 성숙기로 접어든 것은 행정구역(동)이나 용도지역 어느 기준을 사용하든 분명하다. 행정구역 기준을 따르면 1960년 28%에 불과했던 도시화율은 2010년 거의 80%로 상승했다. 1990년까지 급속히 증가한 도시화율은 이후 증가 속도가 둔화되었으며 2010년에는 증가율이 0.6%까지 감소했다. 최근 2017년을 기준으로 보면

표 13-1 한국의 도시화율 추이

구분		1960년	1970년	1980년	1990년	2000년	2010년	2017년
총인구(천명)		24,989	30,882	37,436	43,411	46,136	48,580	51,423
행정구역 기준	도시인구(천명)	6,996	12,710	21,434	32,309	36,755	[illegible]	41,793
	도시화율(%)	28	41.2	57.3	74.4	79.7	82.0	81.3
용도지역 기준	도시인구(천명)	97,706	15,471	25,718	34,555	40,738	44,159	47,542
	도시화율(%)	39.1	50.1	68.7	79.6	88.3	90.9	92.5

출처: 통계청, 각 년도.

총인구 5,142만여 명 중 4,179만여 명이 도시 지역에 거주해 81.3%의 도시화율을 보인다.

한국의 도시화율과 시기별 변화를 다른 국가와 더불어 도시화 곡선(urbanization curve)으로 나타내 보면 한국의 도시 변화를 상대적으로 파악할 수 있다([그림 13-2]).

한국의 1960년 도시화율은 약 28%로 세계 평균보다 낮고 말레이시아와 유사한 수준이었다. 그러나 1960년대부터 산업화가 본격화되고 도시에 거주하는 인구가 늘어나며 도시화율은 1970년대에서 1990년대 초반까지 급속히 증가했다. 1990년 이후 증가 속도는 둔화되어 완만한 증가를 보이며 현재에 이르고 있다. 한국의 도시화 곡선은 보편적인 S자 곡선의 모습을 보이지만 짧은 기간 동안 급격한 증가를 경험했음을 그래프를 통해 알 수 있다. 이러한 한국의 도시화는 다른 나라와 비교해 보면 1970년대 이전에는 개발도상국 수준이었으나 1990년대부터 선진국과 유사한 수준에 도달한 모습으로 요약할 수 있다. 1970~1990년

그림 13-2 **한국과 외국 주요국의 도시인구 비율 변화**

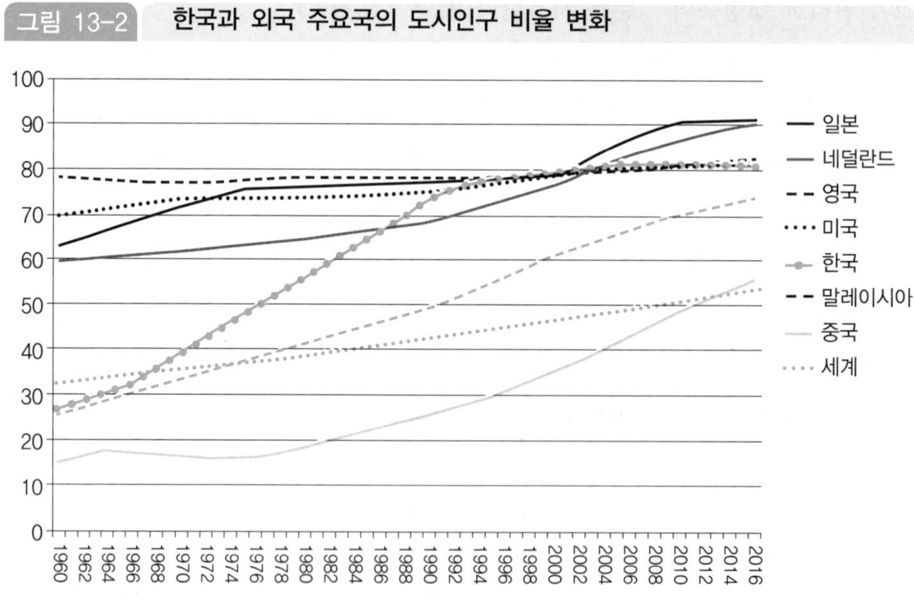

주: 각 국가에서 정의한 도시 지역에 사는 인구 비율.
자료: World Bank Data.

사이의 도시화는 국가 경제발전에 따른 도시 지역으로의 노동력 이주에 따른 급격한 도시 인구의 증가 결과다. 그러나 1990년대 후반부터 후기산업사회로 들어서며 도시는 산업화 시기에 비해 인구 흡입력이 낮아졌다. 출산율 또한 낮아지고 자연 증가도 더뎌지며 한국의 도시성장은 다른 OECD 국가보다 완만한 성장 또는 정체 상태를 보이고 있다.

한국의 초고속 도시화는 구체적으로 보면 1960년 28.3%에서 1990년 74.4%로 30년간 급속히 진행되었다. 1950년대의 도시화는 극히 국지적이었고 일자리도 없는 농촌 인구의 도시 유입이었다. 도시는 이들을 받아들일 아무런 준비도 되어 있지 않아 무허가 판자촌이 도시의 공원과 근교 녹지를 뒤덮었고 도시를 동경해 올라온 농촌 인구는 길거리가 삶의 터전이었으며 달동네 전성시대가 되었다. 그러나 1962년 경제개발 5개년 계획과 노동집약적 수출산업 전략으로 도시화는 새로운 국면을 맞이했다. 노동집약적 수출산업은 농촌으로부터 도시로의 인구 유입을 불러 일으켰으며 서울의 한국수출산업공단(구로공단)을 비롯한 대도시는 산업화에 따른 인구 유입으로 급격한 성장을 경험했다. 도시화율은 1960년 28.3%에서 1970년 41.2%로 10년 동안 6백만 명 이상, 하루에 1천 6백 명 정도의 도시 인구가 늘어났다. 1970년대는 자본집약적인 수입대체산업 육성을 위해 1973년 1월 한국 중화학공업시대를 선언하며 6대 중화학공업 부문 육성 대책으로 철강의 포항, 광양, 기계의 창원, 전자의 수원, 구미, 석유화학의 여천, 자동차의 울산, 비철금속의 온산 등 산업기지 개발을 위한 신도시 건설이 시작되었다. 도시화는 1970년대에 급격히 진행되어 1975년을 기점으로 우리나라 인구의 반 이상이 도시에 사는 사회로 바뀌었다. 1970년대의 도시 성장 흐름은 1980년대에도 지속되었으며 1990년에는 도시화율이 74.4%를 보이고 있다.

수도권은 1960년대 이후 인구 집중이 지속되어 이를 억제하고 분산하려는 정책을 적용하였는데 입지 우위에 따른 경쟁력 강화의 필요와 1988년 올림픽 개최 등으로 억제 정책에도 불구하고 서울의 인구는 1990년 1천 만 명을 넘어섰다. 서울을 위시한 대도시는 무분별한 외곽으로의 도시 팽창을 억제하기 위해 개발제한구역을 설정했는데 개발제한구역을 넘어선 개발이 서울 주변의 분당, 일산, 산본, 중동, 평촌 등과 부산의 김해, 양산, 대구의 경산, 성서, 대전의 대덕, 계룡시 등에서 신도시나 위성도시 형태로 이루어지며 공간적 확산의 도시화를 주도했다.

한국의 도시화를 시기별 특징으로 보면 1950년부터 1960년까지는 광복 후 해외 동포의 귀환, 남북분단으로 인한 월남 인구, 전후 제대 장병, 가난을 견디지 못하고 떠난 이동 인구, 대학 교육을 위해 몰린 대학생의 도시 정착 등 농촌에서 밀려나온 압출(push)적, 기생적(寄生的) 도시화의 시대였다면 1970년대와 1980년대는 급격한 산업 과정에서 나타난 유인(pull)적, 생산적(生産的) 도시화 시대였고 1990년대는 도시로 모여든 인구가 중심 도시 외곽으로 확산되는 교외(郊外) 도시화 시대였다. 1990년대 중반부터 우리나라 전체 인구 증가가 둔화되기 시작했고 2000년대에 들어오면서 도시화도 안정화되고 중심 도시와 교외 도시가 하나의 대도시권으로 성장하면서 중심 도시의 인구가 줄어들고 공간적으로 쇠퇴하는 현상이 나타나 2000년 후반에 들어서며 기성 도시의 재생이 논의되고 있다. 이런 대도시의 도시화 과정은 세계 여러 나라가 경험한 도시화, 교외화, 탈도시화, 재도시화의 과정을 압축적으로 거쳐 왔다고 볼 수 있으나 중소 규모 도시의 경우 출산율 감소와 사회적 이동으로 인해 성장 도시와는 다른 도시화 과정을 겪고 있다.

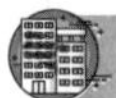

읽을거리 13-1 용도지역(用途地域, zoning)

용도지역은 국토를 합리적, 경제적으로 이용하기 위해 정부에서 미리 지정해 둔 토지의 용도를 말한다. 용도별로 토지의 이용 및 건축물, 건폐율, 용적률, 높이 등을 제한해 토지를 경제적, 효율적으로 이용하고 공공복리의 증진을 도모하기 위해 서로 중복되지 않게 관리 계획을 적용한다. 한국의 전 국토는 토지의 이용실태 및 특성, 장래의 토지 이용 방향 등을 고려하여 4종류의 용도지역으로 구분된다.

도시지역은 인구와 산업이 밀집되어 있거나 밀집이 예상되어 체계적인 개발 · 정비 · 관리 · 보전 등이 필요한 지역이다. 관리지역은 도시지역의 인구와 산업을 수용하기 위해 도시지역에 준하여 체계적으로 관리하거나 농림업의 진흥, 자연환경 또는 산림의 보전을 위하여 농림지역 또는 자연환경보전지역에 준하여 관리할 필요가 있는 지역이다. 농림지역은 도시지역에 속하지 않는 농지법에 따른 농업진흥지역 또는 산지관리법에 따른 보전 산지 등으로 농림업을 진흥시키고 산림을 보전할 필요가 있는 지역이다. 자연환경보전지역은 자연환경 · 수자원 · 해안 · 생태계 · 상수원 및 문화재의 보전과 수산 자원

그림 13-3 용도지역 구분

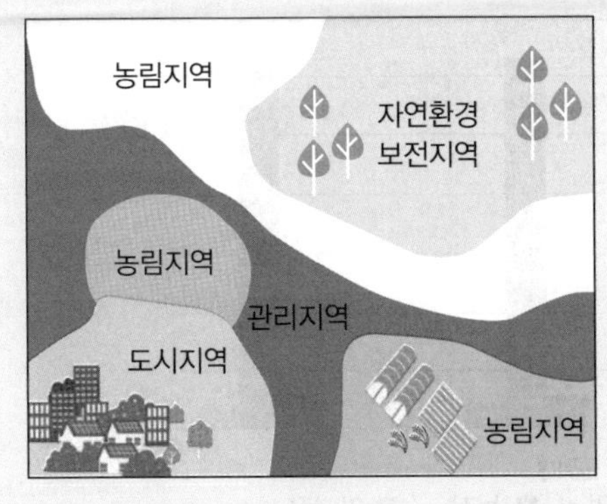

그림 13-4 도시관리계획 지역

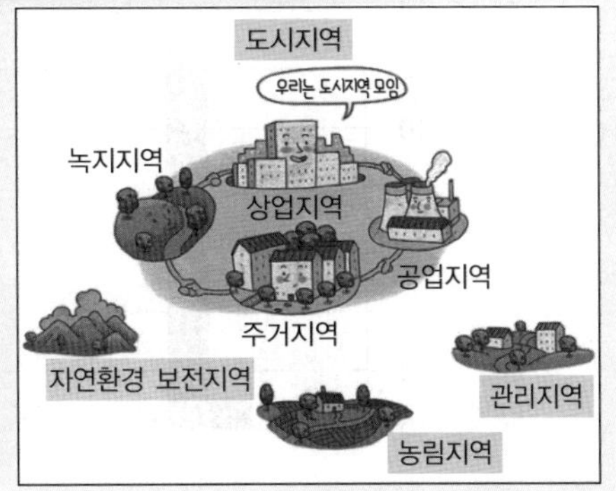

의 보호 · 육성 등을 위해 필요한 지역이다. 도시지역은 다시 주거지역(거주의 안녕과 건전한 생활환경의 보호를 위하여 필요한 지역), 상업지역(상업이나 그 밖의 업무의 편익을 증진하기 위하여 필요한 지역), 공업지역(공업의 편익을 증진하기 위하여 필요한 지역), 녹지지역(자연환경 · 농지 및 산림의 보호, 보건위생, 보안과 도시의 무질서한 확산을 방지하기 위하여 녹지의 보전이 필요한 지역)으로 구분한다. 한국의 2017년 기준 도시지역 비율은 약 16.6%이고, 관리지역 25.7%, 농림지역 46.5%, 그리고 자연환경보전지역

그림 13-5 용도지역의 비중과 변화

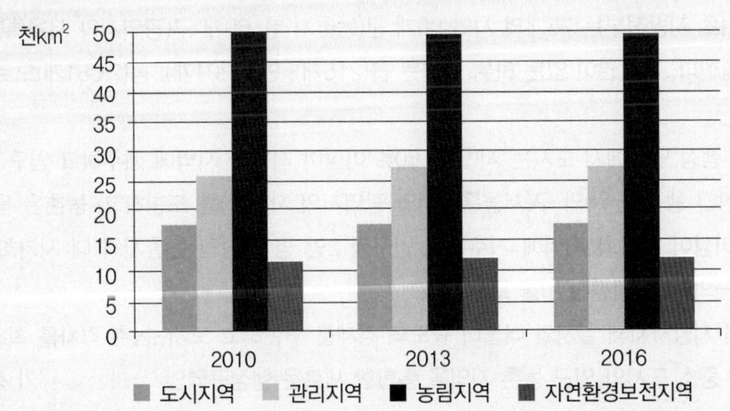

그림 13-6 **도시관리계획 지역의 비중과 변화**

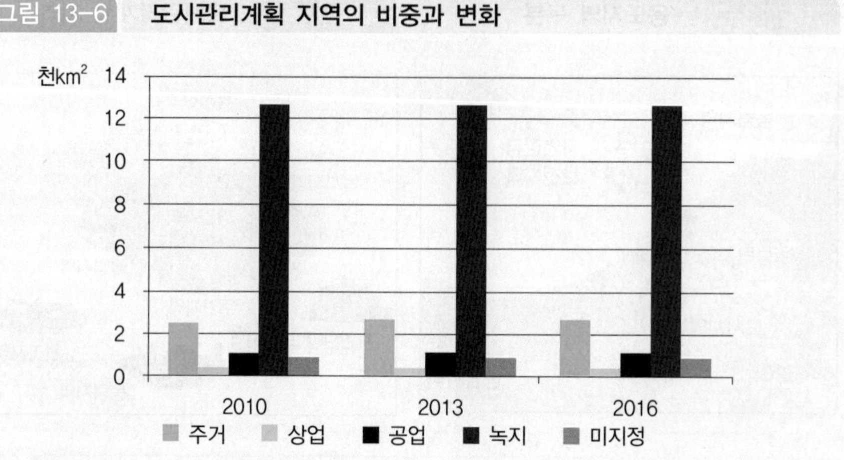

은 11.3%다. 도시지역은 주거 15.1%, 상업 1.9%, 공업 6.6%, 녹지 71.5%, 그리고 미 지정 4.8%의 비율로 구성된다.

읽을거리 13-2 한국의 행정 단위 지역 분류

한국의 지역 분류는 행정구역으로 2가지 지방정부 체계를 가지는데, 광역 지방정부는 수도인 서울특별시와 세종특별자치시, 6대 광역시, 8개의 도와 제주특별자치도를 포함한다. 기초 지방정부는 75개의 시와 86개 군(농촌지역), 69개 구(광역시와 서울특별시 내)를 포함한다. 자치권이 없는 하위 단계는 읍(215개), 면(1,201개), 동(2,081개)으로 구분된다.

이러한 행정 단위에서 도시는 시(인구 60% 이상이 시가화 지역에 거주하고 인구가 5만 명 이상인 행정 단위)와 구(서울특별시와 광역시의 자치구)를 포함하고, 농촌은 읍(인구 40% 이상이 시가화 지역에 거주하고 인구가 2만 명 이상인 농촌지역 내 시가화 지역)과 면(군의 기초 행정단위)을 포함한다.

1995년 지방자치제 실시와 더불어 규모의 경제를 구현하고 도시–농촌 격차를 최소화하기 위해 중소 도시와 인근 농촌 지역을 통합한 새로운 행정구역인 '도농통합시'가 생겨났다. 2014년 7월 1일 청주시와 청원군을 합친 통합 청주시가 출범하며 현재 56개의 도농복합시가 지정되어 있다. 이 행정구역은 도시와 농촌의 구분을 어렵게 하는데 도농통합시는 행정구역 상 '시'다.

그림 13-7 **남한 행정구역도**

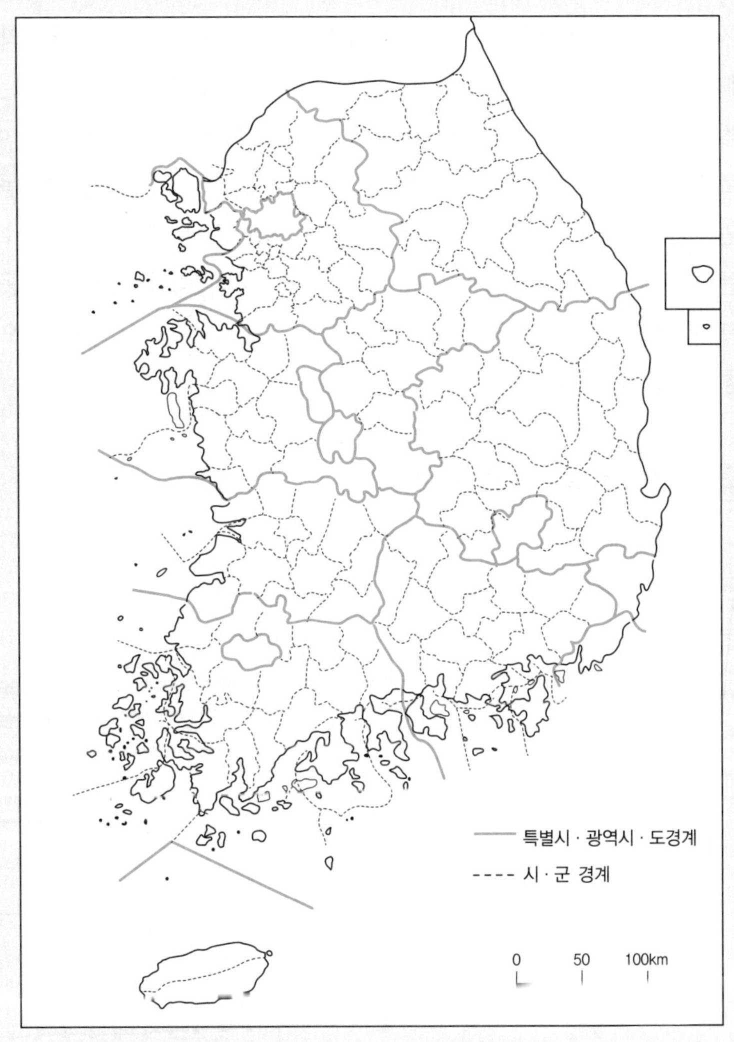

(2) 종주도시 체계, 지방의 불균형 발전

한국의 급속한 도시화는 수도인 서울에 인구가 과도하게 집중하는 도시 체계를 형성하며 진행되었다. 수위 도시의 인구가 2순위 도시의 인구보다 2배 이상의 집중을 보이는 한국의 종주도시 체계는 1960년부터 나타나기 시작해 현재까지 이어지고 있다. 1955년의 인구 조사에서 서울시의 인구는 부산시의 인구보다 1.5배가 컸으나 1960년 2.1배로 나타났고, 1966년 2.7배, 1970년에는 2.95배로 점진적으로 높아졌다. 1970년은 이촌향도로 인한 급격한 도시화가 이루어졌던 시기로 도시로 이주하는 사회적 이동이 서울을 향해 다수 진행되며 높은 인구 집중을 만들게 되었다. 1970년 이후 서울의 2순위 도시 대비 인구 배수, 즉 종주 지수는 1975년 2.81, 1980년 2.65, 이후는 두 값의 중간 정도에서 등락을 보인다. 2015년에는 2.87을 보인 이후 두 상위 도시 모두 인구 감소를 겪으며 2.85 정도의 종주성을 유지하고 있다.

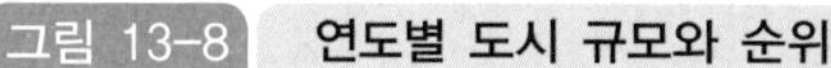
그림 13-8 연도별 도시 규모와 순위

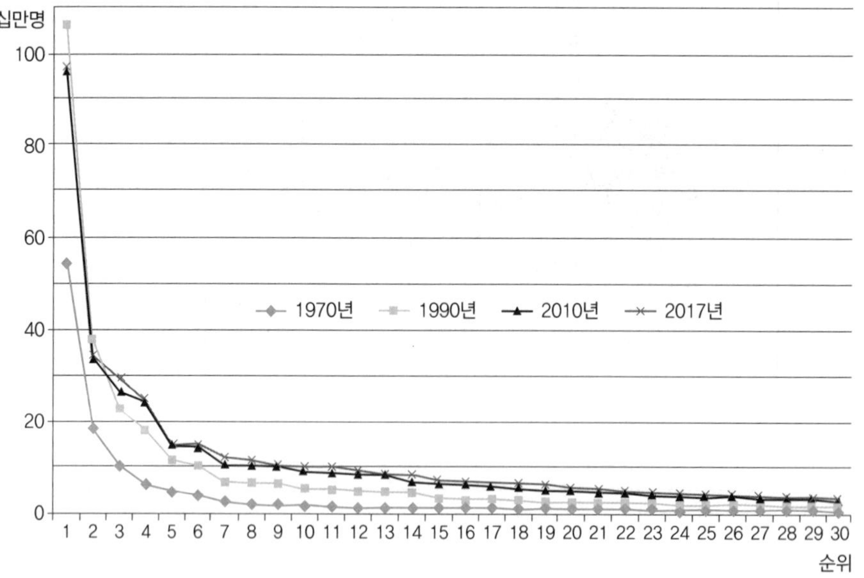

한국의 도시화는 서울이 수십 년간 종주 도시로서 압도적 규모를 키우며 매우 불균형한 공간 구조를 만들었다. 1970년 이후 한국의 도시는 종주도시를 비롯한 대도시가 한국의 총 도시 인구에서 지배적인 비율을 차지했다. 이러한 불균형적 도시화 양상은 몇 가지 추세를 보인다. 첫째, 수도인 서울과 일부 대도시가 압도적인 인구 비중을 차지해 왔고 이들의 순위는 지난 수십 년간 큰 변화가 없다. 2010년을 기준으로 인구 1백 만 이상의 도시 7곳은 1980년의 7대 도시와 일치한다. 이들의 순위에는 일부 변화가 있는데 대전시, 인천시는 상승한 반면 대구시, 광주시는 하락했다.

둘째, 나머지 도시의 대부분은 1990년대 말까지 인구 순위의 변동이 많았으나 2000년대 이후에는 그 변동이 현저히 감소했다. 2010년을 기준으로 8위부터 30위까지 차지한 23개 중규모 도시 상당수는 1970~1980년 사이 10년간 인구 순위가 비약적으로 상승했다.

셋째, 수도권(서울시, 인천시, 경기도)과 충청남도에 있는 중규모 도시의 인구 순위가 뚜렷한 증가세를 보였다. 1970년에는 중규모 도시 23개 중 수도권에 속하는 도시는 3개(규모 순으로 수원, 의정부, 천안)에 불과했지만, 2015년에는 신도시 개발 등으로 13개(규모 순으로 수원, 고양, 용인, 성남, 부천, 인산, 남양주, 화성,

그림 13-9 한국의 도시 분포(상위 30개 도시)

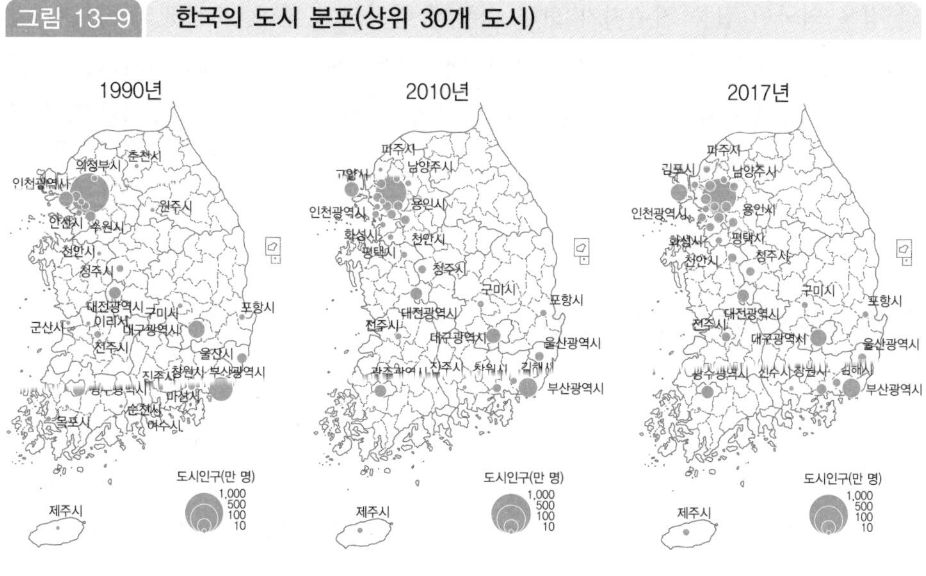

안양, 시흥, 의정부, 파주, 김포)로 증가했다. 충청남도는 수도권과 근접한 입지적 장점으로 중규모 도시인 천안, 평택 등이 성장을 경험한다.

마지막으로 소규모 도시는 불균등 도시화가 더욱 심화되는 양상을 보여 준다. 1970~2010년 사이 40년 동안 대도시와 중규모 도시는 인구가 증가하였으나 소규모 도시는 인구 감소를 겪었다. 이 기간 동안 인구 50~1백만 명 사이 중규모 도시는 인구 증가가 두드러진다. 이들의 인구는 1970년 같은 순위의 도시 인구에 비해 2.5배에서 4배 가까이 증가했다. 이러한 변화 경향은 1995년을 기준으로 매우 달라지는데 1970~1995년 사이에는 대도시와 중규모 도시가 상당한 인구증가를 경험한 반면, 소규모 도시는 급격한 인구 감소를 겪었다. 그러나 1995~2010년 사이에는 인구 성장이 비교적 균등하게 나타난다.

한국의 급격한 도시화와 종주 도시 체계의 형성은 서울과 수도권, 지방의 격차를 심화시키는 과정이었다. 종주 도시 서울은 인구와 기능의 집중으로 인구를 분산 수용하기 위해 주변에 신도시를 건설했고, 지방의 도시는 상대적으로 인구 정체 또는 감소를 경험했다. 소규모 도시의 경우 쇠퇴의 위기를 극복하기 위한 노력을 경주하고 있는 것이 한국 도시화의 특징적 과정이자 현재 모습이다. 이러한 과정에서 서울을 위시한 대도시는 주택 수요를 감당하기 위해 아파트 공급을 늘리며 압도적인 경관을 형성하고 있으며, 외국인의 유입 또한 늘고 있어 대도시의 경우 외국인 집중 거주지가 도시 내부에 형성되고 있다. 수도권의 과도한 집중과 지방 도시의 정체는 정부의 균형발전 정책으로 이어져 세종시와 혁신도시의 건설 등으로 구체화되고 지방 중소 도시의 쇠퇴에 대한 대응으로 압축도시 전략이 활발히 논의되고 있다.

2. 서울 및 수도권 도시

한국의 도시화는 종주 도시 서울, 대도시와 인접 지역을 중심으로 이뤄졌다. 2015년 서울특별시와 부산, 인천, 대구, 대전, 광주, 울산의 6대 광역시는 국가 전체 인구의 약 45%를 점유했으며 지역 내 총생산도 이와 유사한 약 44%를 기록했다. 그러나 서울시와 인천시 그리고 경기도의 수도권 지역이 보다 극명한 구도를 보이고 있는데 2015년을 기준으로 인구의 51.2%, GDP의 49.4%, 100대 기업 본사의 91%, 공공기관 85% 등이 수도권 지역에 집중되었다.

(1) 과도 집중과 신도시 개발

서울은 극심한 형태의 집중을 보이는 종주 도시의 불사조로 칭해진다. 현재 서울은 한국의 정치, 문화, 교육, 경제의 중심지로 세계도시 순위에서도 높은 위치를 차지하고 있다. 서울과 인천, 주변의 경기도를 포함하는 수도권은 2015년 기준 총인구 5,100만 명 중 절반가량인 2,530만 명이 거주하는 곳으로 주거 및 상업과 산업 기능을 포괄하는 지역을 형성하고 있다.

서울은 종주성 때문에 다양한 문제를 겪고 있기도 하다. 우선 전형적인 주택 부족과 교통 혼잡 같은 문제에 시달려 왔다. 이를 해결하기 위해 서울과 수도권의 성장 억제 정책을 시행하고 1990년대에는 서울 외곽에 신도시를 조성하는 분산 개발이 이뤄졌다. 초기의 신도시는 일자리 없이 주택만 공급하여 통근이 늘어나는 문제로 자족성이 부족한 침상도시(bedtown)라는 비판을 받았다. 신도시 거

그림 13-10 수도권의 인구 및 경제, 행정 기능 집중(2015년)

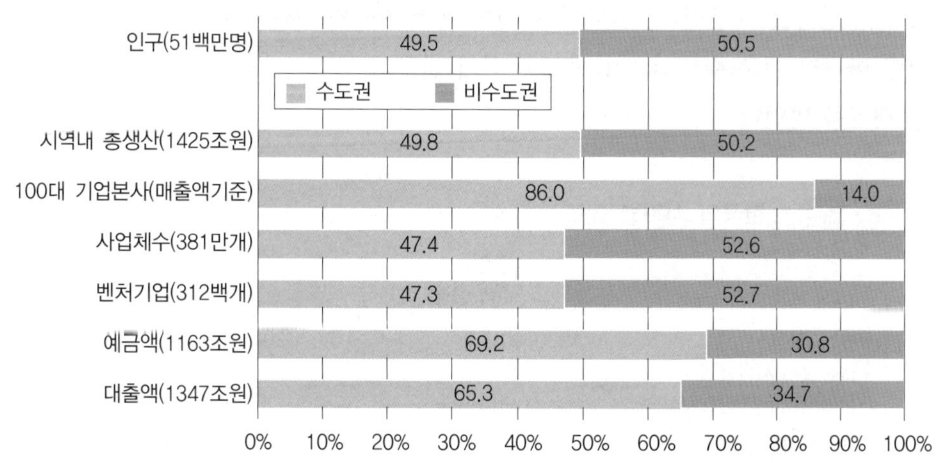

출처: 통계청; 중소벤처기업부, 2015년, 금융감독원의 100대 기업 본사, 2014년 기준.

주자는 직장뿐 아니라 서비스와 문화생활을 위해 서울로 여전히 통근을 해야 하기 때문에 교통 혼잡은 더욱 심해지기도 했다. 그러나 점차 신도시가 상업, 업무, 교육 시설을 확충함으로써 서울로 가야 할 필요성은 줄어들었다. 또한 서울 도심부 밖을 연결하는 대중 교통망 및 버스 전용차선의 지속적인 확대는 서울과 수도권 전역의 교통 여건을 향상시키며 연결성이 높아지기도 했다. 서울 주변에 계획된 신도시와 연계된 대중교통은 필요한 만큼 건설되었지만, 신도시 주변에 인접한 무계획적인 교외 지역 개발은 혼잡한 상황을 지속적으로 만들고 있다.

한국의 신도시 개발은 도시화 과정에서 크게 3단계를 거쳐 이뤄져 왔다. 1960년대와 1970년대 개발된 신도시는 대부분 주요 산업의 발전을 위한 목적이었다. 주로 중화학 공업이나 자동차 산업 등의 산업 단지 개발과 더불어 그 배후에 주거지로 조성되었다. 울산, 지금의 안산인 반월, 창원과 구미, 지금의 여수인 여천 신도시 등이 이때 개발되었다. 수도권 신도시 건설은 주택 공급 문제 해결과 주택 시장 안정을 위한 목적으로 추진되었는데 1기~3기로 구분된다. 1기는 80년대 후반 서울의 택지 개발이 개발용지의 부족으로 더 이상 불가능하게 되자 개발제한구역 외곽에 건설된 5개의 신도시다. 이들은 서울 인근에 주택 건설 호수로 분당 9만 8천, 일산 6만 9천, 평촌 4만 2천, 산본 4만 2천 그리고 중동 4만 1천, 전체 약 120만 명의 인구를 수용할 중형 도시를 건설해 서울 인구를 분산, 수용하려는 목적을 가졌다. 수도권 1기 신도시의 개발은 서울 인구 분산에 상당한 성과를 거두었다. 하지만 여전히 농촌 인구의 서울 유입이 줄지 않았을 뿐만 아니라 기존 수도권 1기 신도시 역시 인구의 급격한 증가로 삶의 질이 낮다는 평가를 받았다.

그림 13-11 **한국의 시기별 신도시 조성**

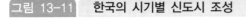

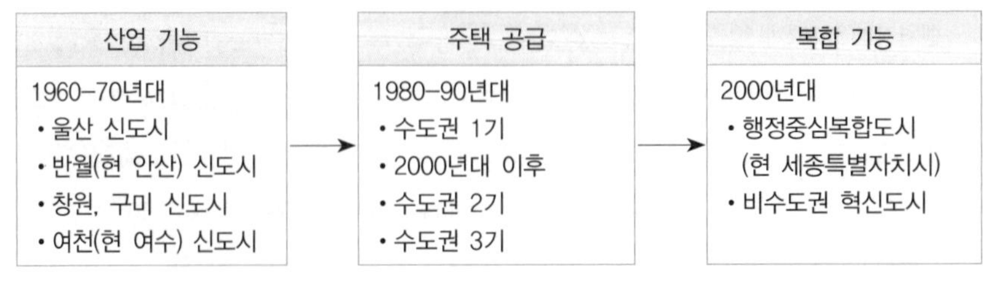

산업 기능
1960–70년대
• 울산 신도시
• 반월(현 안산) 신도시
• 창원, 구미 신도시
• 여천(현 여수) 신도시
주택 공급
1980–90년대
• 수도권 1기
• 2000년대 이후
• 수도권 2기
• 수도권 3기
복합 기능
2000년대
• 행정중심복합도시
(현 세종특별자치시)
• 비수도권 혁신도시

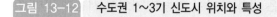

그림 13-12 수도권 1~3기 신도시 위치와 특성

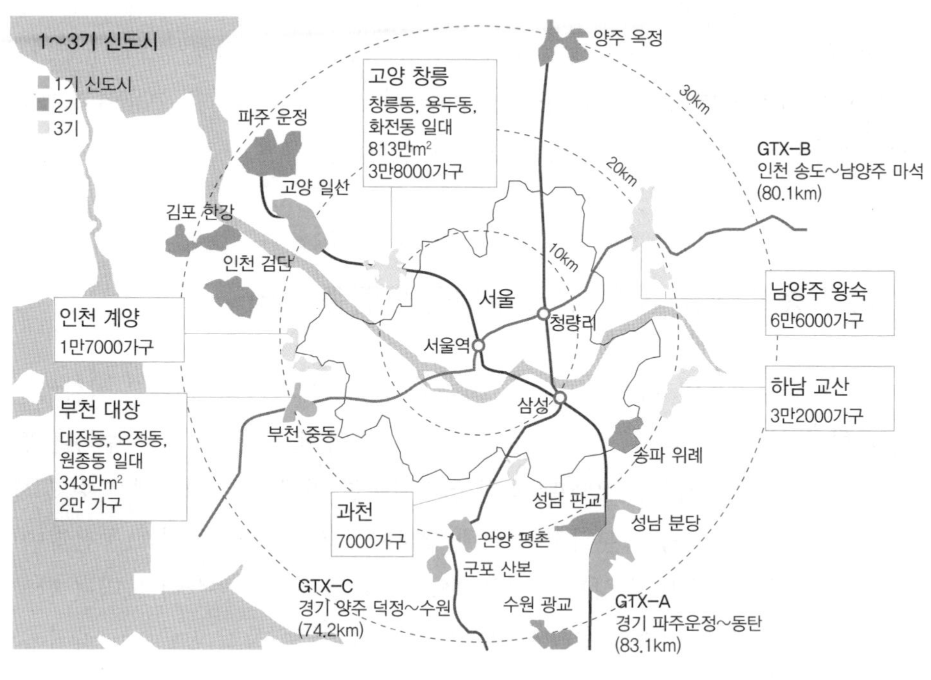

주: GTX(Great rain Express)-수도권 광역급행철로.
출처: 국토교통부 홈페이지.

수도권 2기 신도시 건설은 2000년대 이후 서울 강남 지역의 주택 수요 대체와 기능을 분담하는 성남 판교(주택 2만 9천 호), 화성 동탄(15만 8천 호), 위례신도시(4만 5천 호), 서울 강서와 강북 지역의 주택수요 내체와 성상거점기능을 분담하는 김포 한강, 파주 운정, 인천 검단 신도시, 수도권 남부의 첨단 · 행정기능을 담당하는 광교 신도시, 경기 북부 및 남부의 안정적 택지 공급과 거점 기능을 각각 분담하는 양주(옥정 · 회천) 및 고덕 국제화계획지구를 조성했다. 신도시 2기의 전체 수용 인구는 약 60만 명이었다. 수도권 2기 신도시는 도시의 환경과 문화, 교육 등 삶의 질을 중심에 둔 개발을 지향했다는 점에서 수도권 1기 신도시와는 다른 특징이다. 3기 신도시는 2018년, 몇 년간 지속된 서울의 집값 안정을 위해 주택 공급을 늘리는 정책으로 남양주 왕숙지구, 하남 교산지구, 인천 계양 테크노밸리를 지정해 12만 가구 수용을 계획하고 있는데 고양시 창릉과 부천시 대장을 추가로 지정했다. 이들은 점차 개발이 가능한 지역이 서울과 멀리 떨어진 곳에 위치해 주택 수요를 분산시키는 데 한계가 있을 것이라는 지적에 서울 도심까지 30분 내 출퇴근이 가능하도록 교통망 확충을 함께 진행시키고자 한다.

수도권 이외 지역의 발전을 서울과 수도권의 공공기관 이전을 수용해 도모하려는 행정중심복합도시를 포함한 세종시와 혁신도시 조성 또한 신도시 개발의 일환으로 고려할 수 있다.

(2) 집중의 집중: 서울 강남과 외국인 집중 구역

서울은 인구, 경제, 사회, 문화 등 거의 모든 분야에서 종주 도시로 역할하는데, 차별적 성격을 드러내는 강남 지역은 '도시 속의 또 다른 도시'로 주목을 받고 있다. 서울 강남 지역은 1970년대 한국의 급속한 경제 성장 과정에서 수도 서울의 도심 및 주거 기능을 분담하기 위해 개발되었고 그 이후 물리적 공간과 이 지역의 소비문화의 차별적 성격은 사회적으로 '신 상류층의 방주'라 불리며 한국의 권력 집단의 집중 거주지로 인지되었다. '교육 특구'로 불릴 만큼 사교육과 공교육 모두에서 차별적이며 또한 극성스러운 교육열 지구로 알려져 있다. 또한 여가 문화가 집중된 곳이며 아파트 투기의 열풍이 지속되는 곳이기도 하다. 강남의 이러한 특성은 1974년 무렵부터 신문 기사에 본격적으로 등장하며 대중화된다. 서울 내 새로운 도시 공간으로 등장한 강남은 주거 공간, 문화, 교육 시설이 이전 · 신설되며 중 · 상류층 주거지로 더욱 공고해지고, 점차 한국 자본주의 소비문화의 최첨단을 구가하는 지역으로 주목을 받으며 소비문화 지역의 중심으로 등장한다.

강남은 강남구, 서초구, 송파구를 합친 인구 1백만 명이 넘는 지역으로 통상 '강남' 또는 '강남 3구'로 부른다. 이 지역은 원래 남서울 또는 영등포의 동쪽이라는 의미에서 영동으로 불리다 1975년 성동구와 영등포구의 일부였던 지역이 강남구로 분구되며 강남으로 등장한다. 이후 1979년 강남구에서 강동구가 분구되고, 1988년 강남구에서 서초구가 분구되고, 강동구에서 송파구가 분구되어 오늘에 이른다. 그러나 강남은 단순히 '강남구'의 행정구역 경계를 가리키는 말이 아니라, 이 지역의 경제적, 사회적 의미와 특성으로 사람들의 심상 속에 자리 잡고 있다.

물질적 공간으로서의 강남은 고급 고층 아파트 단지로 특징지어진다. 아파트 단지는 내부에 관리사무소, 상가, 병원, 놀이터, 학교 등 근린 생활 시설을 완비하고 있어 출근, 쇼핑 등의 목적을 제외하면 단지 밖으로 나가지 않고도 생활이 가능하며, 방범, 보안, 난방 등이 단독 주택보다 편리해 가정주부, 직장 여성 등 가사에 대한 사회적 기대가 높은 여성이 더욱 선호한다. 아파트 단지는 중간층 이상의 주거 공간으로 선호되고 강남의 아파트 개발은 이러한 선호를 대중적으로 확산하는 역할을 했다. 강남은 또한 정부 기관, 명문 고등학교, 재벌 기업 본사, 문화 시설, 의료 시설 등이 이전 또는 신설되어 집중하고 있다.

현재 서울의 강남은 물리적으로 고층의 아파트 단지와 소비 공간과 업무 공간의 집중 지역으로 계획된 편리한 공간이며 사회적으로는 고급 대단지 아파트, 경제의 중심지 그리고 이들이 만들어 내는 일상의 생활양식과 문화로 구별되는 '예외적 공간'의 의미를 부여받고 있다. 따라서 강남적 도시성은 건조 환경으로 대규모 아파트 단지와 고급 주거지로의 변화, 교육 환경, 특히 명문 고등학교의 이전과 신설, 학원가가 형성된 지역, 잘 갖추어진 도로망과 인접한 자연 환경이 차별적 생활환경으로 구분된다. 이러한 서울의 강남과 유사하게 부산의 센텀시티, 대구의 수성구가 만들어 지고 구분되어지는 모습이 관심을 얻고 있다.

읽을거리 13-3 강남의 기능 집중과 테헤란밸리

서울 강남의 3구(강남구, 서초구, 송파구)에는 공공 기관으로 법원, 검찰청, 대한무역투자진흥공사, 국립중앙도서관, 대기업 본사로 삼성, 포스코, LG, 현대자동차, 종합병원으로 삼성병원, 아산병원, 가톨릭대 서울성모병원, 영동 세브란스병원, 문화체육 시설로 예술의 전당, 코엑스, 잠실종합운동장 등 행정, 경제, 사회, 문화를 망라한 시설이 집중되어 있다. 또한 기존 서울 도심부에 있던 전통 있는 고등학교인 경기고, 경기여고, 서운고, 숙명여고, 휘문고, 중동고 등이 강남 지역으로 이전하고 이후 사교육 시장이 대치동을 중심으로 형성되며 강남은 '교육 특구'로 인식되고 있다. 1970년대 후반 부동산 투기 붐으로 강남역 사거리의 개발이 활발하게 진행되고 국기원, 특허청, 국회도서관 분관 등이 입지하며 인구와 산업을 유인하는 역할을 했고, 삼성역 사거리에는 한국전력, 종합무역전

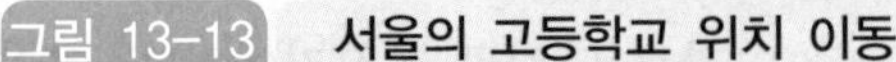

그림 13-13 서울의 고등학교 위치 이동

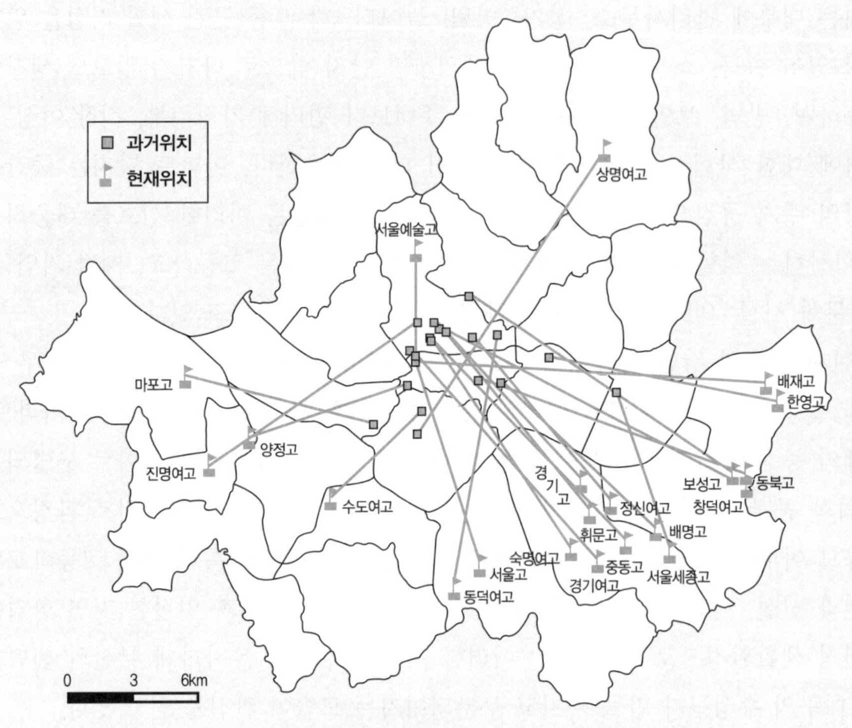

시관, 서울의료원 등이 이전해 오며 공공 기관이 개발을 이끌었다. 1984년 서울 지하철 2호선 개통은 테헤란로에 개발축이 형성되는 계기가 되었다. 1987년에서 1997년에는 사무용 건물 개발이 전성기를 이뤘다. 3저 호황 이후 찾아온 부동산 투기 열풍은 테헤란로 전 지역이 개발되는 배경이 되었다. 개발은 사무용 건물 위주로 진행되어 업무 중심지로 부상했다.

1990년대 중반에는 반도체 호황과 함께 사무 공간의 초과 공급으로 임대료가 하락하자 IT 사업체가 대거 이주해 왔다. 1990년대 후반 정부의 대대적인 금융권 조정 이후 고도의 전문 지식과 새로운 기술을 가지고 창조적 · 모험적인 벤처 기업과 정보통신 업종이 특히 역삼역과 선릉역 사이에 집중적으로 몰렸다. 1995년부터 안철수연구소, 두루넷, 네띠앙 등 소프트웨어 및 정보통신 벤처 기업이 집중했다. 테헤란로는 첨단 정보 통신 기반시설 등을 잘 갖추어 사업하기 좋은 환경이고 창업 투자 회사 등도 모여들어, 미국의 실리콘밸리와 비슷하다고 해서 테헤란밸리(Teheran Valley)라는 별칭이 붙었다.

이후 경기 침체로 정보통신 산업 벤처 열풍이 지나간 후에는 성형외과 등이 늘어 '뷰티밸리(Beauty Valley)'라 불리기도 했다. 최근에는 포스코센터 등 국내외 대기업 본사가 테헤란로에 입지하면서 금융 기관도 함께 들어와 '브랜드밸리(Brand Valley)'라 불리기도 한다. 테헤란로는 1970년대 중동건설 붐에서 출발해 산업 사회에서 금융가 · 벤처의 요람 · 대기업의 거리로 변신을 거듭하며 고층 업무 빌딩이 밀집된 첨단 도시의 경관을 보여주고 있다.

읽을거리 13-4 부산, 대구의 강남 따라 하기

서울의 강남은 '도시 속의 또 다른 도시'로 묘사될 만큼 많은 주목을 받고 있다. 물리적으로 고층 아파트 단지라는 특성 외 고급 소비문화, 사교육의 중심지, 투기 대상 지역 등의 예외적 공간으로 언론과 내 · 외부인에 의해 재현되고, 한국의 중산층이 지향하는 도시적 이상과 욕망의 대상이 되며 전국 곳곳의 도시에서 복제되고 있다. 강남의 도시성을 모방하려는 시도는 '우리 동네도' 강남 '안 부러워'로 대변되는데 고층 아파트를 중심으로 한 부의 집중, 공교육의 명문 학군과 사교육 집중, 고급의 소비문화가 밀집된 환경이 특징으로 언급된다.

부산의 경우 1990년대 제조업 생산 설비가 인근의 양산, 김해로 이전하면서 지역 경제가 위축될 위기에 직면하자 과거 수영 비행장과 컨테이너 야적장이었던 해운대구 수영강변에 첨단복합산업단지를 건설하는 계획을 세운다. 그러나 경기 불황으로 계획을 일부 변경하며 초고층 주상복합 아파트가 밀집한다. 이와 더불어 백화점, 벡스코 영화의 전당, 부산국제영화제 전용관 등이 건설되고 이어서 마린시티가 개발되며 부산의 '강남'인 센텀시티가 외관을 갖추게 된다. 이런 일련의 건조 환경은 부산의 신흥 부촌을 형성하고 대형 학원이 밀집한다. 언론 기사에 해운대가 '부산의 강남'으로 자주 보도 되고, 부산 주민이 센텀시티로 이주를 원하며 다른 지역과 차별화된 지역 이미지가 형성되었다.

대구의 수성구는 1970년대에 대구가 산업도시로 성장하면서 도심 과밀화를 해소하는 차원에서 도심 최후의 미개발 지구인 현재의 수성구 지역을 개발하며 시작되었다. 대구는 1970년대 개발 과정에서 북구와 인근의 동구, 새로운 공업 단지와 배후 생활권이 서구 일대에 조성되었다. 수성구는 야산의 비율이 높고 평지가 비교적 적어 개발이 이루어지지 않은 당시는 동구에 속하는 지역이었다. 산업 도시 대구의 성장은 도심 과밀화로 이어졌고, 이를 분산시키기 위해 간선도로를 도심과 경산을 동서로 잇는 대구에서 가장 넓은 70미터 노폭의 도로를 건설한다. 이 도로가 남북의 간선도로와 만나는 곳이 범어네거리로, 현재 '대구의 강남'으로 불리는 수성구의 중심 역할을 하고 있다.

수성구로의 도심 확장은 도시 중추 기능을 담당하는 방송국, 주요 관공서, 지방 토착기업의 본사 등이 이전하며 1980년 동구에서 수성구로 분리되었다. 수성구의 강남적 도시성은 정돈된 가로망과 압도적 아파트 주택으로, 대규모 단지가 들어서고 곧이어 아파트 거래가가 대구에서 가장 높은 지역으로 등장한다. 강남 8학군과 부산 센텀시티처럼 고급 아파트 단지는 교육 환경과 밀접히 연관되듯이 1980년대 중구에 있던 주요 명문고등학교가 수성구로 이전하고 2000년대 들어서는 아파트 단지와 명문고 밀집의 이점으로 학원가가 형성되며 '대구 8학군'이 형성되었다. 광주 서구, 대전 둔산 지구, 울산 삼산동도 아파트 단지가 건설되며 유사한 모습으로 변화하는 조짐이 포착된다.

서울은 세계도시로 성장하며 최근 외국인의 집중 거주지가 형성되고 있다(제9장 2절 참조). 한국에 체류하고 있는 외국인 수는 지속적으로 증가해 2017년 현재 약 186만 명, 총인구 대비 약 3.6%를 보이고 있다. 이들은 경기도에 32.4%, 서울에 22.2% 집중하는 모습으로 인천 5.6%와 합치면 수도권에 60.2%가 거주하고 있어 전국 인구에서 수도권 인구 집중 49.6%보다 더 높은 집중도를 보인다. 외국인 수가 3만 명 이상이고 지역 인구에서 차지하는 비율이 10% 이상은 안산시 82,242명(11.2%), 영등포구 54,145명(13.8%), 구로구 49,996명(11.4%), 시흥시 49,564명(11.1%), 금천구 30,317명(12.1%) 5곳이다. 외국인을 국적별로 보면 절반가량이 중국 출신(48%)으로 한국계 중국인 497,656명(33.6%), 중국인 212,072명(14.3%), 다음으로 베트남 147,519명(10%), 태국인 93,077명(6.3%)이 5% 이상을 차지한다. 시도 분포를 보면 대다수 외국인은 수도권에 집중하고 있는데 특히 한국계 중국인(82.2%), 미국인(72.5%), 중국인(60.9%)의 수도권 집중도가 높다. 주요 국적별 집중지역은 한국계 중국인은 영등포구 38,086명, 안산시 36,063명, 구로구 33,674명이고, 중국인이 많이 거주하는 지역은 안산시 7,919명, 수원시 7,471명, 동대문구 6,647명, 영등포구 6,083명 순이며, 미국인이 많이 거주하는 지역은 용산구 3,328명, 강남구 2,418명, 성남시 1,995명, 서초구 1,742명 순으로 나타난다.

그림 13-14 서울의 주요 외국인 타운

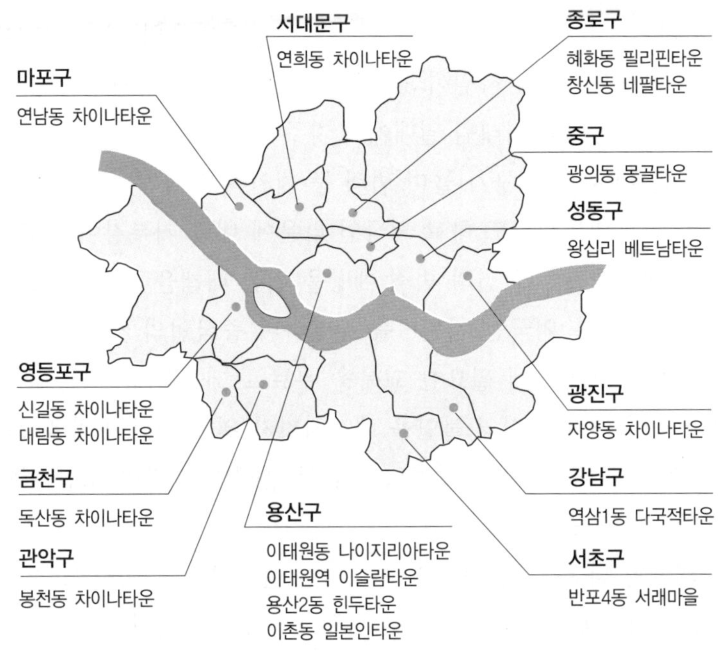

출처: 서울시 자료.

외국인 집중 구역이 곳곳에 등장하며 서울은 다문화 도시로 변모하고 있다. 외국인 집중 구역 중 가장 활성화된 곳은 차이나타운으로 서울 영등포구 대림동과 신길동을 비롯해 금천구 독산동, 광진구 자양동, 마포구 연남동, 서대문구 연희동, 관악구 봉천동 등에 형성되어 있다. 베트남타운은 성동구 왕십리, 이슬람타운은 이태원에 주로 형성된 것으로 파악된다. 국내 외국인 타운은 인천 차이나타운처럼 지방정부가 대대적으로 육성한 경우도 있지만 서울의 외국인 타운은 '이방인'이 하나둘씩 서서히 유입되면서 자생적으로 형성된 경우가 대부분이다.

대림동 차이나타운은 원래 가리봉동에 살던 중국인이 재개발로 새로운 거처를 찾아 개천을 건너 대림동으로 옮겨오면서 서울의 대표적인 중국인 집중구역이 됐다. 영등포 지역은 다른 지역에 비해 상대적으로 집값이 싸고 교통이 편리하다는 장점이 있어 중국인 수가 매년 증가하는 추세다. 종로구 혜화동은 성당에서 매주 일요일마다 필리핀 신부가 미사를 집전하는데 수도권에 사는 필리핀인이 혜화동 성당을 찾은 것이 계기가 되어 2010년부터 대체로 매주 일요일에는 대학로에 필리핀인의 장터가 열린다. 이태원 이슬람타운의 경우 국내에서 가장 오래되고 규모가 큰 이슬람 사원이 있어 무슬림 관광객의 관광코스 중 하나로 차도르를 쓴 이슬람 여성을 이태원 일대에서 자주 볼 수 있다.

외국인 타운 내 유입 인구가 늘며 범죄 등 치안 불안과 기초적인 법질서 위반 등이 사회 문제로 대두되기도 하고 외국인 타운에 대한 거부감이 표출되기도 한다. 일부 자치구에서는 외국인의 범죄 예방을 위한 대책을 자체적으로 수립하여 시행한다. 영등포구는 외국인 지원팀을 운영하며 중국인의 정착을 위해 한국어 교육과 컴퓨터 등 실생활에 필요한 교육을 무료로 제공하고 있다. 또한 조선족 등 중국인 범죄에 대한 주민의 불안을 해소시키기 위해 외국인 자율방범대를 자체적으로 운영하여 대림역과 대림중앙시장 등 중국인이 많이 모인 지역을 중심으로 순찰 활동도 정규화하고 있다.

서울의 외국인 타운은 각 나라의 이색적인 음식 등 다양한 문화를 확산시키고 있다. 중구 광희동의 몽골타운에서는 몽골식 양갈비구이, 양고기 군만두 등 몽골인이 즐겨 먹는 음식을 쉽게 접할 수 있다. 중국의 양꼬치구이는 차이나타운뿐 아니라 강남, 신촌 등 시내 곳곳에서 성업할 만큼 한국인에게도 대중적인 음식이 됐다. 베트남 결혼이주민이 왕십리 쪽에 많이 모여 살고 쌀국수 등 베트남 음식을 전문적으로 판매하는 마트가 생기면서 확대되고 있다. 외국인 타운은 아시아 개발도상국이 주를 이루지만, 프랑스, 일본, 미국 등의 외국인 타운도 적지 않다. 서초구 방배동 서래마을은 프랑스 마을로 불릴 만큼 대표적인 프랑스인 밀집 지역이고, 동부이촌동에는 일본인이 많이 모여 살고 있다. 용산구에는 미군기지의 영향으로 이태원 등에 미국인이 많이 거주한다.

3. 지방 대도시와 중소 도시

한국의 도시화 과정은 1960년대 이후 본격화되며 도시 체계는 수도권과 남동 임해권을 중심으로 양극화되는 양상으로 발전했다. 국토의 균형 발전을 위한 광역권 계획으로 1980년대 부산직할시와 대도시를 광역시로 승격시키며 이들이 도지역 내에서 성장 거점으로서의 역할을 겨냥했다. 그러나 1990년대 이후 세계화의 영향으로 전개된 신자유주의적 도시화 과정은 인구 및 산업의 수도권 재집중화를 촉진함으로써 수도권과 비수도권 지역 간 격차를 심화시키고 서울을 중심으로 한 단핵의 중심 도시 체계가 강화되는 모습이다.

한국의 도시화는 성숙 단계에 접어들어 안정된 모습을 보이고 전국의 총인구는 증가하고 있지만, 수도권을 제외한다면 현재 거의 모든 시도에서 인구 감소가 진행되고 있어 새로운 도전을 맞고 있다. 대도시는 경제 성장에 수반한 도시 성장 시대가 마무리되고, 중소 도시는 절대 인구 감소가 본격화되며 주요 대도시로부터 거리가 멀수록, 인구 규모가 작을수록, 산업 기반이 취약할수록 감소 경향이 심화되고 있다. 앞으로 전국 인구마저 감소 추세로 돌아서면 도시 인구 감소는 가속화될 것으로, 특히 비수도권 도시 지역에 대해 국가의 효율적 운용을 위해 관심을 기울일 필요가 있다.

읽을거리 13-5 광주광역시

1945년 광복 후 광주부는 행정구역 경계와 이름을 변경하여 1949년 광주시로 개칭되었다. 광주시는 인접 광산군과 나주군 일대의 면을 편입하며 확장을 했다. 몇 차례의 변화에서 특이한 것은 1963년 중심지로부터 멀리 떨어진 서창과 대촌 출장소 관내 지역을 광산군으로 환원하여 한때 시역이 줄어든 경우도 있다. 1986년 광주시는 부산, 대구, 인천에 이어 4번째 직할시로 승격되었다. 1988년 송정시와 광산군 전역이 광주직할시로 편입되어 행정구역 면적은 기존의 2.5배로 확대되었고, 현재의 광주시 도시권의 윤곽이 거의 완성되었다.

광주시는 초기 구도심을 중심으로 한 단핵 도시에서 외곽 신시가지 개발에 의한 다핵 도시로 변모해 갔다. 이전 한 개의 중심과 축을 가진 단핵 선형 도시에서 다핵으로의 변

그림 13-15 광주(광역)시의 발전과정

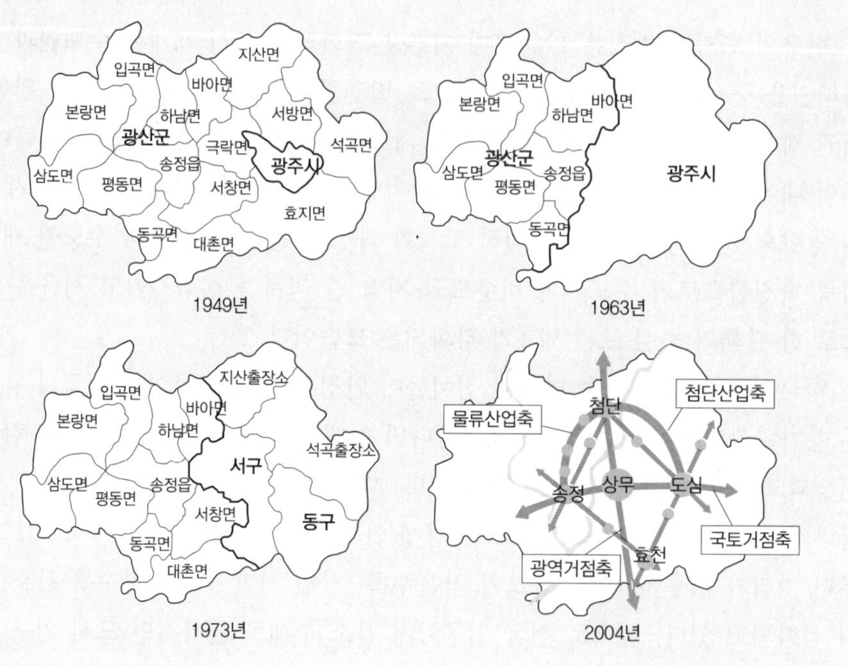

출처: 국토지리정보원(2004).

화는 1986년 직할시 승격과 더불어 도시계획 재정비에서 나타나는데 광산군 및 송정시 편입에 따라 상무 신도심 지역이 포함된 운천지구와 하남공단 확장 등을 포함한다. 도시가 외연으로 넓어지면서 도시 발전은 송정, 하남, 비아 방면으로의 주축과 본촌, 서창 방면의 부축으로 기존 구도심과 본촌, 송암, 서창, 송정, 비아, 하남의 6핵으로 나타난다.

1995년 도시기본계획은 기존 도심과 더불어 연구 및 첨단산업 기능을 담당하는 첨단과학산업기지, 중추관리 및 업무 중심의 상무지구와 송정지역을 부도심으로 지정하며 1도심, 3 부도심의 도시 내부 구조를 갖춘다. 이후 상무지구는 구도심의 업무 및 상업 기능의 분산으로 광주광역시청, 광주가정법원 등 공공기관을 수용하며 신도심으로 급부상하고 구도심은 쇠락의 조짐을 보였다. 최근 구도심 일대는 재개발과 재건축 등 도시 및 주거 환경정비사업과 함께 역사와 문화에 걸맞은 공동체 위주의 도심재생프로젝트를 추진 중이다. 호남고속철도 정차역인 송정역은 고속철도 역세권을 중심으로 비즈니스벨트 등 신성장거점으로 부상하고 있다.

(1) 지방 대도시의 변화

한국의 도시는 수도권과 비수도권의 불균등 발전으로 각각 과밀과 침체의 문제를 겪어 왔다. 도시 체계 면에서 1995년 이후 20년 동안 수도권으로의 집중은 가속화되고 신도시가 증가했지만 지방의 대도시는 탈산업화에서 서비스 경제로의 전이가 순탄하지 못한 경우가 대다수다. 지방 대도시인 광역시는 제조업에 기반을 둔 산업 도시로 성장하여 경제 성장과 더불어 지방의 거점으로 도시 체계를 형성해 왔으나 1990년대에 들어와서는 대도시의 거대화가 진정되고 전국 평균 이하의 인구 성장률을 나타내는 도시화 후기 단계로 접어들었다. 제조업에서 서비스 경제로의 산업 재구조화 과정에서 고부가가치 부문인 생산자서비스의 경우 집적 지향과 정보 의존의 입지 성향으로 서울과 수도권 도시 지역은 새로운 경제 중심지로 성장했다. 고부가가치 산업으로 늘고 있는 생산자서비스업은 서비스 주요 구매자가 주로 기업이어서 기업 인접지이고 대면접촉과 전문 인력 유입이 쉬운 대도시 중심에 입지하는 성향이 있다. 이는 수도권 선호와 집중으로 이어져 고차 서비스를 유치하지 못한 지방 대도시는 다른 도시화 경험을 하게 된다.

서울과 수도권, 비수도권 대도시는 산업 도시로부터의 변화 과정에서 차이를 보여준다. 인구 규모에서 1990년의 서울〉부산〉대구〉인천〉광주〉대전〉울산(울산은 1997년 광역시 승격)의 대도시 순위가 2000년에는 대전〉광주로의 순위 변동이 생기고, 2010년에는 인천〉대구의 순위 변동, 2015년에는 수원시가 울산광역시보다 인구가 더 많아지는 변화를 보였다. 대전시의 급속한 성장은 대덕연구단지의 조성과 정부대전청사의 준공으로 서울과 인접한 입지적 이점에 기인하며 인천시의 성장은 한국의 관문도시로 인천국제공항 개항, 인천경제자유구역 지정 등으로 가능했다. 수원시의 성장 또한 수도권의 입지 이점에서 그 동력을 찾을 수 있다. 서울시와 비수도권 광역시는 2015년 기준 인천시를 제외하고 모두 인구 감소를 보여 새로운 변화 상황을 맞이하고 있다.

서울은 수위 도시로 주도적인 도시화 과정을 경험했고 1995년 이후 도시 성장은 수위 도시 서울에 시공간적으로 근접한 수도권에서 주로 이루어졌다. 다른 지방 대도시는 산업 재구조화 과정에서 제조업 기반을 대체할 충분한 성장 산업을 확보하지 못하고 과도한 수도권 집중으로 성장의 제약을 받게 되었다. 전통

그림 13-16 시 · 도별 고차 서비스업 분포(2013년)

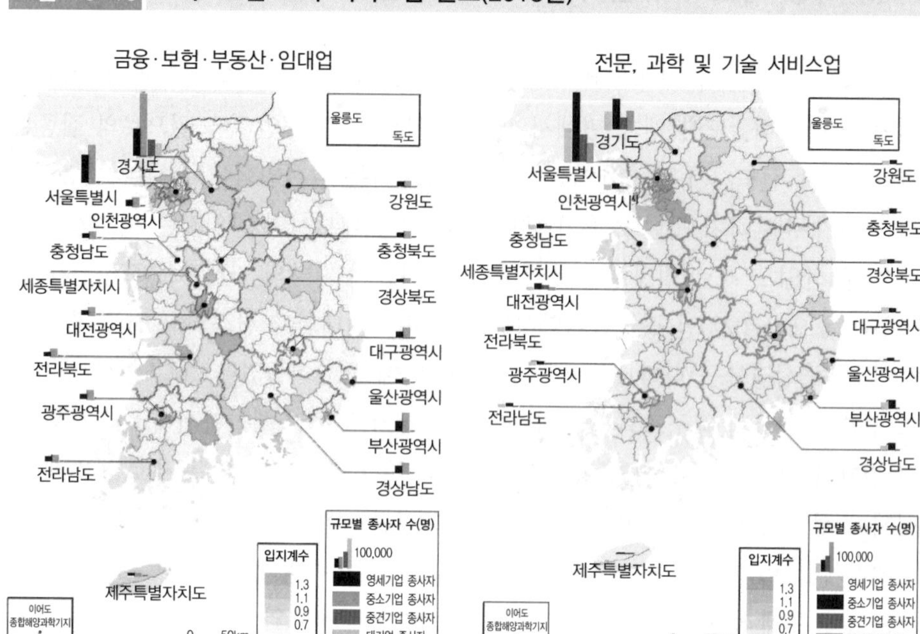

출처: 통계청

적으로 지방의 거점으로서 중요한 역할을 해왔던 지방의 중소 도시는 대부분 정체하거나 감소하는 양상을 보이며 수도권과는 불균형적인 도시 변화를 경험하고 있다. 최근에는 지방 대도시마저 그나마 남아 있던 제조업의 산업 기능이 쇠퇴하고 주변 도시로의 이주가 이루어지며 쇠퇴의 조짐을 보이고 있다.

생산자서비스의 대표 업종인 금융 · 보험 · 부동산 · 임대업(Finance, Insurance, Real Estate), 전문, 과학 및 기술 서비스업의 종사자 분포를 보면 서울과 경기도가 두드러지게 높은 비중을 차지해 부산 등의 차하위지역과 큰 차이를 보이고 있다. 최근 2017년 통계청의 전국사업체조사 산업 분야별 종사자수 자료에서 정보통신업, 금융 및 보험업, 부동산업, 전문, 과학 및 기술 서비스업, 그리고 사업시설 관리, 사업 지원 및 임대 서비스업의 비중을 보면 전국에서 서울이 42.4%, 다음으로 부산이 5.8%, 대구 3.6%, 대전 3.5%로 나타나 서울이 압도적으로 높은 비중을 차지하고 있음을 확인할 수 있다.

인구 이동 측면에서 지방 대도시는 과거 경제 개발과 산업화 과정에서 일자리나 교육 기회를 찾아 인근 농촌 지역에서 이주하는 인구의 목적지로 대도시 간 인구이동을 통해 인구 재분배 역할을 담당했다. 서울은 여러 대도시로부터 인구를 유입하여 인근 수도권 내 지역으로 유출하는 역할을 해 왔지만 지방 대도시는 대전의 경우 서울과 다른 대도시로부터 인구를 유입하는 비중이 높고, 부산과 울산의 경우 인구 유입과 유출이 유사한 공간적 특성을 보여 지역 간 상호적 인구이동을 보이는데 서울을 비롯한 대도시로의 유출이 상대적으로 많다.

광주와 대구의 경우 인근 지역으로부터 인구를 유입해 서울과 경기도로 다수를 유출시켜 대다수 계층 상향적 이동을 보였다. 대전을 제외한 대도시는 인구이동에서 깔때기 역할을 하는 모습으로 비유할 수 있는데 인근 지역으로부터 인구를 유입하고 이들 중 일부를 서울과 다른 대도시로 이주시키는 역할을 담당했다. 최근에는 수도권 지역이 비수도권 시 지역으로부터 인구를 유입하는 도착지로 등장하고 있다. 인구 이동 출발지가 농촌에서 비수도권 도시 지역으로 바뀐 형태로 수도권 인구 집중이 지속되고 있다. 이촌향도 인구이동은 지방 거점 대도시가 성장하는 기반이었으나 이제는 이촌향도를 대신한 '이(離)비수도권 도시→향(向)수도권'이라는 권역 계층적 이동이 보편화되며 비수도권 도시와 지방 대도시가 인구 과소화로 이어질 개연성이 높아지고 있다. 최근 지방 대도시의 인구 감소 원인은 주변 지역으로부터의 인구 유입이 줄어드는 가운데 수도권으로의 유출이 가장 심각하다. 이 같은 권역 계층적 이동은 지방 도시의 인구 과소화로 이어져 '지방 소멸'이 현실적 문제로 다가오고 있다.

최근의 도시 변화는 기존 산업에 기반을 둔 생산 기능보다 사회공간으로서의 문화, 레저, 공연 등의 소비 기능이 도시의 매력으로 강조된다. 소비도시의 징표로는 소득과 주택가격의 상승, 공연 시설과 고급 식당, 고급 노동력, 역통근(reverse commuting)의 증가 등이 언급된다. 이런 변화는 도시화에 대한 도시발전 단계(stages of urban development)의 재도시화로 고려되는데 한국적 상황에서 수도권과 지방 대도시 등의 상황은 다른 안목을 필요로 한다. 서울의 경우 재도시화는 세계도시의 업무기능 집중에 따른 전문 인력의 도시 재진입, 지대격차에 따른 인구 유입으로 접근한다. 지방 대도시의 재도시화는 업무 기능이 그다지 확충되지 않은 상태에서 주거 양식으로서의 아파트 선호, 주거 집중 지역에 형성되는 공교육과 사교육 시장 형성의 특징을 보인다.

중 · 상류층의 고급 주거 양식으로 자리 잡은 아파트와 이에 대한 선호, 주거지 선정에 중요한 교육 환경 등은 대도시의 주거 기능이 확대되고 있는 한국적 도시화의 독특한 측면으로 고려할 수 있다. 특히 한국에서 대규모 아파트 단지는 거주 쾌적성 외에 재산 증식 측면도 큰 역할을 하며 좋은 학교와 더불어 사교육 학원 시설이 집중되어 나타나는 현실 또한 독특한 한국적인 상황으로 고려되어야 한다. 소비 도시 논의에 비추어 아파트 주거와 교육 환경의 기능은 지방의 대도시에 집중되는 한국적 소비도시화의 특징적 면모다.

지방 대도시의 변화에서 서비스 산업으로의 변화가 충분히 이루어지지 않은 상황은 수위 도시 서울의 재도시화와는 다르게 접근하는 주요 배경이 된다. 지방 대도시의 이러한 구분은 주간인구지수를 통해 검토해 볼 수 있다. 주간인구지수는 상주인구 대비 상주인구와 순 통근 · 통학 인구를 합친 주간 인구의 비율로 시 단위인 경우 시 경계를 넘는 이동만을 대상으로 100인 경우 통근 · 통학 유입과 유출인구가 같은, 또는 완전히 자족적인 상황을 나타내고, 100이 넘는 경우 통근 · 통학 유입이 많은 경우로 업무 기능, 100 미만이면 통근 · 통학 유출이 많은 경우로 주거 기능이 상대적으로 크다고 할 수 있다.

2015년 특별 · 광역시의 주간인구지수를 보면 서울과 울산만 100을 넘고, 다

표 13-2 한국 대도시의 통근 · 통학 이동과 주간인구지수(2015년)

대도시	상주인구	주간 인구 (순통근 · 학)	주간인구 지수	통근 유입	통근 유출	통근 순이동	통근 주간 인구지수
서울특별시	9,516,161	10,283,749	108.1	1,322,657	609,576	713,081	107.5
울산광역시	1,128,143	1,143,367	101.3	46,559	23,600	22,959	102.0
부산광역시	3,375,307	3,317,292	98.3	77,238	148,907	−71,669	97.9
대전광역시	1,508,022	1,475,965	97.9	42,726	81,575	−38,849	97.4
광주광역시	1,469,884	1,419,876	96.6	22,364	71,083	−48,719	96.7
대구광역시	2,411,879	2,295,970	95.2	44,945	129,818	−84,873	96.5
인천광역시	2,803,495	2,584,011	92.2	170,050	351,534	−181,484	93.5

출처: 통계청, 2015 인구 총 조사 통근통학 자료, 단위: 명.

른 광역시는 모두 100 미만을 보인다. 인천이 가장 낮은 지수를 보이는데 이는 서울로의 통근 · 통학 이동이 많은 결과다. 통학 인구를 제외한 통근 인구로만 주간인구지수를 계산해 보면 도시로의 유입보다 더 많은 취업자가 외곽으로 통근 유출하고 있어 다수의 지방 대도시가 주거 기능을 제공하는 역할을 하고 있음을 파악할 수 있다. 지방 대도시는 수위 도시가 주거 이동에 따른 교외화, 탈도시화를 거친 후 재도시화 단계로 접어드는 경우와 달리 일자리의 교외화가 주거 이동보다 더 많이 이루어진 상황으로 이러한 주거 기능의 강화 징후는 역통근의 증가로 포착할 수 있다.

읽을거리 13-6 대구-경북의 통근·통학 이동

대구광역시는 인천광역시를 제외하고 주간인구지수가 가장 낮아 통근 · 통학 인구 이동에서 주변지역으로 통근 · 통학 인구 유출이 많은 지역임을 알 수 있다. 이는 세부적으로 통계청의 통근 · 통학 이동 자료를 통해 살펴볼 수 있는데 대구와 경북 지역이 시 · 군 단위로 제공되고 있다.

우선, 대구시는 약 15만 명이 주변 지역으로, 주변 지역은 대구시로 약 4만 4천 명을 이동시키고 있어 대구시에서 순 10만 명 이상이 주변 지역으로 이동하고 있다. 이러한 통근 · 통학 이동은 출근 시간대 대구시에서 경산시, 칠곡군, 구미시 등으로 나가는 차선, 퇴근 시간대에는 대구시로 들어오는 차선에

표 13-3 대구와 주변지역 간 통근 · 통학 이동

통근 · 통학지	대구→주변	주변→대구	차이
대구광역시	151,184	43,780	107,404
경산시	67,006	25,158	41,848
칠곡군	22,309	4,059	18,250
구미시	19,789	3,884	15,905
성주군	8,016	1,295	6,721
영천시	7,855	1,289	6,566
고령군	8,201	2,841	5,360
군위군	2,564	287	2,277
경주시	2,787	1,007	1,780
청도군	2,721	1,111	1,610
안동시	1,640	372	1,268
의성군	1,432	176	1,256
포항시	2,326	1,103	1,223
김천시	1,838	615	1,223
상주시	1,141	201	940
청송군	249	40	209
예천군	242	43	199
울진군	212	33	179
영덕군	186	16	170
영주시	289	126	163
문경시	234	101	133
봉화군	90	18	72
영양군	57	5	52

주: 12세 이상 통근 · 통학 이동, 2015년(통계청), 단위: 명.

그림 13-17 대구와 주요 외곽 지역 간 통근·통학 이동

더 많은 차가 운행되는 모습으로 나타난다.

읽을거리 13-7 도시의 업무와 주거 기능: 역통근의 사례

도시는 성장하며 업무 공간과 주거 공간이 분리된다. 산업혁명 시기 공장과 주거지가 분리되지 않아 용도구역제가 실시되었던 것에서 지대 지불 능력에 의해 업무 지역과 주거 지역이 분리되는 경우 등을 생각해 볼 수 있다. 산업 도시에서 나타난 직주분리는 교통수단의 발달과 도시 팽창의 교외화로 공간 이용 행태가 변화하면서 더욱 심화되었다. 한국의 경우 직주분리의 현상은 전국 경제활동인구의 50%가 집중되어 있는 수도권에서 특히 두드러진다. 신도시 개발 계획에 따라 서울 중심의 경제권이 확산되면서 직주분리 현상이 수도권 전역으로 확산되었고 그 결과 통근 거리가 늘어났다. 수도권의 통근통행 패턴의 변화를 보면 통근 거리가 1990년 9.83km에서 2005년 11.34km까지 지속적으로 증가해 왔다.

직주분리는 주간인구와 상주인구의 차이로 파악할 수 있는데, 주간인구란 낮 시간 동

안 통근이나 통학 등 직업 · 학업과 관련하여 이동하는 인구를 의미하고, 상주인구란 개개인이 통상적으로 거주하는 지역을 기준으로 하는 인구다. 주간에 사람이 많이 몰리는 도심부는 업무 기능이 집중되어 있고 교통 혼잡과 쓰레기 발생 등으로 행정 수요를 유발한다. 현재 모든 행정 수요 산출의 근거가 되는 상주인구만으로는 행정 서비스 공급의 불일치가 생긴다. 도농통합시, 광역시는 서비스 공급 측면에서 일부 이런 수요와 공급의 불일치를 줄이고 규모의 경제를 도모하게 해준다.

주간인구지수는 특정 도시의 업무와 주거 기능의 분화를 파악하는 지표로 사용되는데 교외화가 진행된 대도시의 경우 도시의 주간인구지수를 통해 개략적으로 중심 도시와 교외 지역 간의 주거와 업무 기능의 분화를 파악해 볼 수 있다. 교외화는 중심 도시의 업무 기능에 비해 주택이 부족해 교외 지역으로 주거 기능이 분화한 것으로 교외 주거 지역에서 중심 도시로 통근을 하는 것이 보편적인 모습이었다. 그러나 최근에는 업무 기능이 주변 지역으로 이전하고, 도시 내 고밀도의 아파트 공급이 이뤄지고, 지대 지불 능력이 높아지며 주거 기능이 강화되는 경우가 많다. 특히 한국의 대도시는 산업화와 더불어 급성장했는데 당시의 공장이 서비스 경제의 도래로 폐업하거나 외곽, 해외 등으로 이전하고 그 자리에 대규모 아파트 단지가 들어서며 주거 기능이 높아지고 있다.

이런 변화는 통계청의 인구 총 조사 표본 자료에서 제공하는 통근 · 통학 인구와 상주(야간)인구, 주간인구지수를 통해 파악할 수 있다. 서울의 경우 통근 · 통학 이동을 모두 포함하여 계산하는 주간인구지수(=[상주인구+(유입 통근 · 통학인구−유출 통근 · 통학인구)]/상주인구*100)는 108.1로 상주인구에 비해 통근 · 통학 유입인구가 많아 업무 기능이 집중해 있음을 알 수 있다. 광역시 중에는 울산만이 101.3으로 상주인구와 주간인구가 같은 수준인 100을 넘고, 나머지 광역시는 모두 100 이하로 주간인구보다 상주인구가 높아 주거 기능이 중요하다는 것을 알 수 있다. 통계청 자료는 통근과 통학 인구를 구분해서 보여주고 있어 통근 자료만으로 지수를 계산해 보면 업무 기능 관련 내용을 보다 구체적으로 파악할 수 있다.

역통근은 일반적으로 교외로 이전하는 취업 기회를 따라 이동하지 못한 저소득층에게 발생하는 현상이었다. 그러나 한국의 지방 대도시 상황은 생산 기능은 교외로 이전하였으나 도시 내에서 외곽 지역보다 양호한 주거와 생활 서비스를 제공받을 수 있어 기존 도시의 생산 공간이 생산자서비스 등으로 대치되지 못하고 주거와 개인 서비스 공간으로 변화했다. 중심 도시에서 교외 지역으로 역통근하는 인구의 증가는 도시가 광역화되어가는 순차적 도시 성장과는 달리 대도시가 주거 기능을 확대하는 모습이다. 이런 양상은 지방 대도시가 중 · 상층의 주거지 선정에 중요하게 고려되는 교육 환경과 고급 주거 양식으로 자리 잡은 아파트 등을 제공하는 주거를 중심으로 한 소비 기능을 확대하고 있음을 보여 준다. 그러나 이런 소비 기능마저도 교통 시설이 확충되고 신자유주의적 도시화가 진전되며 비수도권은 교육과 의료의 일상적 도시 서비스와 더불어 전자상거래, 공항 시설 등에서도 점차 서울을 중심으로 한 수도권이 경쟁력을 강화하며 불균등 발전은 심화되고 있다.

(2) 지방 중소 도시의 쇠퇴

한국은 산업화 과정에서 많은 도시의 인구가 급증했고 대부분의 도시는 오랫동안 성장을 경험했기 때문에 늘 인구는 증가하는 것으로 인식했다. 그러나 저출산으로 인구의 자연적 증가가 급격히 줄어들고 사회적 이동으로 수도권으로의 집중이 가속화되며 지방 도시는 고령화와 인구증가 추세가 약화되거나 절대 인구가 감소하는 상황을 맞이하고 있다. 지방 중소 도시의 인구 감소는 대도시의 경우처럼 도심 쇠퇴가 일어나더라도 도시 전체적으로는 인구가 감소하는 것이 아닌 도심공동화로 언급되는 도심 쇠퇴 현상과는 다르다. 중소 도시는 도시 전체의 인구가 감소하는 도시 쇠퇴(urban decline), 도시 수축(urban shrinkage) 등으로 표현되는 인구 감소가 나타나고 있다.

한국의 중소 도시는 일반적으로 시 지역 중 특별시와 광역시를 제외한 곳이며, 지방 중소 도시는 수도권 외 지역의 도시를 말한다. 지방 중소 도시는 각 지역에서 행정과 경제 중심지로 오랫동안 역할을 해 왔으나 교통의 발달과 더불어 특히 청장년층 인구의 대도시 그리고 수도권으로의 이동, 저출산으로 점차 중심 기능을 잃어 가고 있다. 지방 중소 도시의 인구 감소와 부동산 방치 등은 도시 쇠퇴로 이어지며 도시의 기본적 특징인 인구 성장과는 다른 새로운 양상을 보이고 있다. 지방 중소 도시의 쇠퇴는 유럽이나 일본에서 이미 경험했던 인구 감소에 따른 부동산 방치와 유휴 시설의 증가, 지방정부 차원에서는 세수 감소와 공공서비스 유지비용 증가로 재정 여건이 악화되고, 공동체 붕괴로도 이어지고 있다.

도시 쇠퇴는 일반적으로 인구 감소부터 시작한다. 한국의 총인구는 아직 성장세를 보이고 있으나, 2015년 인구성장률이 0.53%에 불과하여 저성장 국면에 접어들었다. 지방의 많은 중소 도시는 이미 인구 성장의 변곡점을 지나 인구절벽 시대에 진입했으며 그 수가 점차 늘어나는 추세다. 과거 40년(1975~2015년) 동안 가장 많은 인구수를 기록한 시점인 인구 정점 시기를 지난 지방 중소 도시가 1990년은 21곳에 불과하였으나 2015년에 이르러 34곳(수도권 3곳)으로 증가하고 있다. 이런 인구 감소는 인구 유출에 기인하며 빈집과 같은 유휴 또는 방치 부동산이 증가하며 1995년에 약 3만 6천 호를 기록했던 전국의 빈집 수는 이후 지속적으로 증가하여 2015년에 100만 호를 넘어섰다.

대도시의 경우 도시 쇠퇴는 교외화와 탈산업화를 거치며 도심부의 인구가 감소하는 상황이지만 도시와 주변 지역까지 포함한 기능지역으로서의 일일도시생활권으로 접근해 보면 중심 도시에서 인구가 감소하더라도 주변 지역으로 분산된 인구로 주변 지역의 인구는 오히려 증가하며 일일생활권 전체로는 인구 변화가 거의 없다. 이러한 도시 변화는 대도시에서 나타나지만, 지방 중소 도시의 경우 인구 감소 원인은 보편적으로 출산율 저하와 젊고 유능한 인구의 유출과 같은 인구학적 행태 측면이 작동해 상대적으로 고령층만 남게 된다. 낮은 출산율과 경제활동인구의 감소는 고령인구의 증가이며 이는 곧 도시 쇠퇴로 이어지는데 일부 자원과 공업 기반의 도시에서는 더욱 빠르고 심각하게 진행된다.

한국의 특별시와 광역시를 제외한 전국 77개 도시의 1995년 이후 2015년까지의 지난 20년간 인구 성장 추세를 보면, 1995~2005년과 2005~2015년 연속으로 전국 인구증가율보다 높은 인구증가율을 보인 안정적으로 성장한 도시는 31개, 2005~2015년 인구가 증가하였으나 증가율이 전국 인구증가율보다 낮거나 1995~2005년 인구가 절대 감소하였던 불안정하게 성장한 도시는 25개로 나타난다. 1995~2005년에는 인구가 성장하였으나 2005~2015년 인구가 절대 감소한 6개 도시는 상당한 쇠퇴 위험성을 안고 있는 잠재적 쇠퇴 도시로 볼 수 있다. 지속적 쇠퇴형은 1995~2005년과 2005~2015년 두 기간 모두에 걸쳐 인구가 절대 감소하는 도시로 동해시, 태백시, 공주시 등 15개가 구분된다.

지방의 성장과 쇠퇴 중소 도시의 규모를 보면 성장형 도시는 인구 20만 명 이상인 경우 안정적인 성장을 보이는 경우가 대다수이고 20만 명 이하인 경우 불

표 13-4 **도시 성장, 쇠퇴 유형별 인구규모 분포(1995~2005년, 2005~2015년)**

	20만 명 이하	20만~50만 명	50만~100만 명	100만 명 이상
안정적 성장형	계룡시, 동두천시, 여주시, 포천시, 서산시, 안성시	양주시, 이천시, 오산시, 거제시, 경산시, 춘천시, 양산시, 광주시, 아산시, 원주시, 김포시, 구미시, 파주시, 시흥시, 제주시, 평택시	김해시, 천안시, 남양주시, 화성시, 안산시, 청주시, 용인시, 고양시	수원시
불안정 성장형	과천시, 삼척시, 문경시, 나주시, 보령시, 사천시, 통영시, 제천시, 김천시, 광양시, 의왕시, 서귀포시, 당진시, 하남시	충주시, 순천시, 군산시, 군포시, 광명시, 진주시, 의정부시	포항시, 전주시, 부천시, 성남시	
잠재적 쇠퇴형	속초시	구리시, 강릉시, 여수시	안양시	창원시
지속적 쇠퇴형	태백시, 남원시, 김제시, 동해시, 영천시, 상주시, 밀양시, 영주시, 정읍시, 공주시, 논산시, 안동시	목포시, 경주시, 익산시		

주: 특별시, 광역시를 제외한 77개 시.
출처: 임석회(2018).

안정한 성장을 보인다. 반면 쇠퇴형 도시는 20만 명 이하의 도시가 다수를 이루고 있어 규모가 작은 도시는 쇠퇴의 경향을 보이는 것으로 파악된다. 성장, 쇠퇴의 지방 중소 도시의 지리적 특성을 보면 안정적 성장형의 경우 대다수 수도권에 위치하고 있으며, 다른 지역의 경우 대도시 주변 도시의 특징을 보인다. 불안정 성장형 도시의 경우 서울 인근과 지방의 거점 역할을 하는 도시 특성을 보이지만 다수가 20만 명 이하의 소규모 도시에서 나타난다. 잠재적 쇠퇴형은 강원도와 남해안, 서울 근교의 일부 도시에서 나타나고, 지속적 쇠퇴형 도시는 수도권과 남동임해 지역을 제외한 나머지 지역에 넓게 분포한다.

성장형 중소 도시에서 주목할 것은 수도권에서 서울을 중심으로 안쪽으로는 불안정 성장형, 바깥쪽으로는 안정적 성장형 도시가 분포하는 모습인데 성남시,

그림 13-18 **도시유형별 지리적 분포**

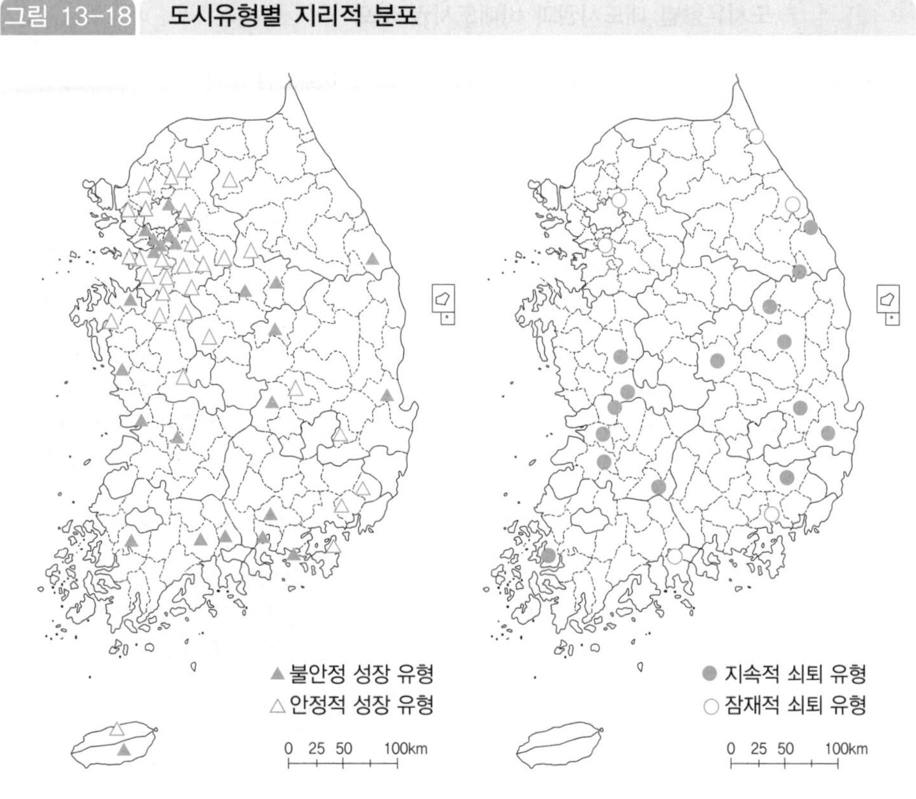

출처: 임석회(2018).

의정부시, 부천시, 군포시, 하남시, 광명시 등 서울에 인접한 불안정 성장형 도시를 수원, 용인, 포천, 양주 등 안정적 성장형 도시가 외곽에서 둘러싸고 있다. 이는 서울 대도시권이 확대되며 인접 지역은 비교적 오래전에 교외화로 인구가 증가하였으나 그 이후에는 이들 지역이 노후화되면서 그 외곽에 상대적으로 신규 개발된 도시가 성장한 것으로 볼 수 있다. 지속적 쇠퇴형 도시의 지리적 분포의 가장 주요한 특징은 모두 비수도권, 그나마 인근에 대도시를 가지지 못한 곳에 대다수가 분포한다는 점이다. 수도권에는 지속적 쇠퇴 유형의 도시는 한개도 없는 반면, 안정적 성장 유형 31개 도시 중 반 이상인 18개 도시가 수도권에 위치한다.

한국의 인구 감소 도시는 도시별 상황이 있을 수 있지만 전체적으로 수도권과 지방 간 불균등 발전이 감소를 가장 유력하게 설명할 수 있다. 지속적 쇠퇴

표 13-5 **도시유형별 대도시권과 비대도시권 분포**

	수도권 도시	비수도권 도시	
		대도시권 도시	비대도시권 도시
안정적 성장형	수원시, 평택시, 동두천시, 안산시 고양시, 남양주시, 오산시, 시흥시 용인시, 파주시, 이천시, 안성시 김포시, 화성시, 광주시, 양주시 포천시, 여주시	계룡시, 청주시, 경산시, 김해시, 양산시	춘천시, 원주시, 천안시, 서산시 아산시, 구미시, 거제시, 제주시
불안정 성장형	성남시, 의정부, 부천시, 과천시 군포시, 의왕시, 하남시, 광명시	나주시	삼척시, 충주시, 제천시, 문경시 보령시, 사천시, 통영시, 김천시 광양시, 서귀포시, 당진시, 순천시 군산시, 진주시, 포항시, 전주시
잠재적 쇠퇴형	구리시, 안양시	창원시	속초시, 강릉시, 여수시
지속적 쇠퇴형		영천시, 공주시, 논산시	태백시, 남원시, 김제시, 동해시 상주시, 밀양시, 영주시, 정읍시 안동시, 목포시, 경주시, 익산시

주: 대도시권 도시는 부산, 대구, 광주, 대전의 광역시 생활권에 포함된 도시임.
출처: 임석회(2018).

유형의 도시는 거의 대부분 비수도권 지역에서 나타나고 수도권에는 단 한개도 없는 반면, 안정적 성장 유형의 도시 대다수가 수도권에 위치하고 있다. 비수도권의 도시이면서 성장하는 도시의 경우 상당수 수도권의 영향을 받는다고 볼 수 있다. 예를 들어 춘천시와 천안시는 수도권 광역전철이 연결되어 실질적으로 수도권이나 다름없다. 원주시 역시 비수도권으로 공공기관이 이전한 강원도 혁신도시이지만 강릉 KTX가 서원주역을 통과하고 수도권 전철이 원주까지 연장될 계획이다. 그 외, 안정적 성장을 하는 도시는 매우 소수이며 대도시권의 확대로 성장하는 청주시, 경산시, 김해와 양산시, 수도권-대도시권도 아닌 서산시, 아산시, 구미시, 거제시는 공업 도시, 제주시는 관광도시로 한국을 대표한다.

비수도권 중소 도시의 인구 감소는 대도시 중심의 도시화와 정주 체계의 상향 이동에 따른 비대도시권 도시의 기능 약화를 들 수 있다. 도시 유형별 공간적 위치를 보면, 수도권 도시를 제외한 대다수 도시가 지속적 쇠퇴, 잠재적 쇠퇴,

불안정한 성장 유형에 속하며 안정적인 성장을 하는 도시는 전체 39개 중 8개에 불과하다. 비대도시권의 이러한 도시는 대부분 농촌을 배후지로 하는 소규모 도시다. 이들 농촌 기반형 도시는 오랫동안 지역 경제의 발전을 촉진하는 성장거점 기능, 지역 내 경제 및 사회 활동을 연결하는 결절 기능, 그리고 교육 · 의료, 편익시설 등 주변 지역에 서비스를 공급하는 기능을 제공해왔다. 그러나 대도시권 중심의 정주 체계 상향 이동으로 이들 소도시는 배후 수요 기반의 축소로 도시 기능이 약화되며 인구가 감소하는 쇠퇴 과정을 겪고 있다. 지속적 쇠퇴 유형의 논산시, 김제시, 남원시, 정읍시, 상주시, 안동시 등은 전형적인 농촌 중심 도시로 점차 기능이 약화되고, 태백시는 석탄 산업의 축소라는 특수한 경우로 모두 인구 감소에 따른 쇠퇴를 겪고 있다.

선진국 도시에서 인구가 감소하는 구조적 원인은 탈산업화와 같은 산업적인 요인, 교외화 또는 역도시화와 같은 도시 발달 단계에서 나타나는 인구 분산적 요인, 출산율 저하와 고령화, 선별적 유출과 같은 인구요인 등을 언급한다. 한국 중소 도시의 인구 감소에 이들 요인도 일부 또는 상호 결합하여 영향을 미치지만 한국 상황에서 가장 중요한 요인은 무엇보다 수도권과 비수도권 간 불균등 발전에서 그 요인을 찾을 수 있다.

4. 한국 도시의 현안

한국의 도시는 서울과 수도권의 과도한 집중, 비수도권 도시의 침체 또는 쇠퇴로 특징지을 수 있다. 여기에 한국의 현대 도시를 특징짓는 키워드로 아파트 주거 양식, 지역 균형 발전을 위한 노력으로 조성된 세종시와 혁신도시, 지방의 압축도시를 들 수 있다.

(1) 압도적 아파트 경관

한국의 도시는 고층 아파트가 압도적인 경관을 이루고 있는데 대도시의 경우

아파트 단지가 군집되어 있는 경우가 지배적이고 지방의 도시는 고립된 몇 곳의 고층 아파트가 두드러진 모습으로 나타난다. 아파트는 1980년대 이후 기존 단독 주택에서 연립 주택과 더불어 지배적 주거 양식으로 등장한다. 한국에서 아파트가 대표적 주거 양식으로 확대된 설명은 프랑스 지리학자 줄레조의 책, 『아파트 공화국』(2004년, 2007년)에서 잘 정리하고 있다. 이 책은 그녀의 박사학위 논문으로 일반적으로 선진국에서는 공동주택이 서민 주거 양식으로 알려져 있는데 한국에서는 독특하게 고소득층의 주거 양식으로 확산되고 있는 것에서 관심이 시작되었다.

한국의 대도시 성장 과정에서 일자리를 찾아 농촌에서 도시로 몰려드는 이주자에게 주택을 공급하는 일은 정부에게는 다른 공공서비스와 마찬가지로 산업

그림 13-19 **한국 아파트 양산 메커니즘**

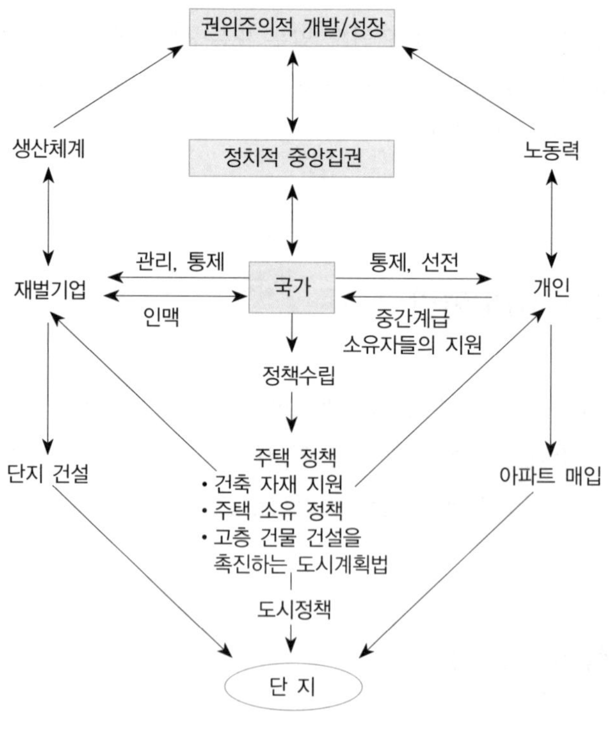

출처: 줄레조(2007).

투자보다 우선순위에서 밀리게 된다. 그러나 무허가나 불량 주택이 도시 외곽에 건설되는 것을 무시할 수 없는 상황에서 정부는 공공용지를 값싸게 공급하고 건설업자는 정부가 건설에 대한 신용보증을 해줌으로써 수요자는 설계도만 보고 아파트 구입 계약을 할 수 있도록 했다. 건설사는 값싸게 공급받는 택지와 계약금으로 적은 자기 자본으로 주택 건설을 시작할 수 있게 되고, 적은 건설비용으로 많은 주택을 공급하기 위해서는 아파트가 가장 최적의 선택이 된다.

이후 한국 사회에서 아파트는 근대적인 편리한 주거 양식, 표준화된 설계로 인해 모든 주택 중에서 가장 규격화된 모습으로 부동산 시장에서 '공산품'과 유사하게 다뤄지며 시장 가격이 시기에 따라 달라지더라도 개별 상품에 따라 크게 달라지지 않아 거래가 쉽게 가능했다. 따라서 아파트는 여유 자금의 투자 대상으로 바뀌며 집이 가정에서 주택, 주거 공간에서 투기 상품으로 변모하는 과정을 겪게 된다. 아파트는 인구가 밀집한 지역을 공급 지역으로 선택해 이후 생활중심지로 발전하고, 유휴 토지가 이용가능한 곳에 건설되더라도 인구가 밀집하여 도로와 생활 서비스가 확충되며 접근성과 편리함이 향상되며 도시에서 중요한 주거 양식이자 지역으로 자리 잡는다.

2017년 한국의 주택 중 아파트 비율은 60.6%이며 시 지역은 67.8%를 보인다. 특별·광역시는 비율로 광주 78.3%, 대전 72.6%, 울산 71.2%, 대구 70.9%, 부산 64.7%, 인천 61.7%, 서울 58.1% 순이며, 시 지역의 경우 경북의 67.5%를 제외하면 나머지 도시는 모두 70%를 넘는 비율을 보이고 있다. 아파트는 전체 주택의 60% 이상을 차지하는 보편적인 주거 양식으로 이제 우리에게 가장 일상적인 생활 환경으로 자리 잡았다. 아파트는 도시적 생활의 편리함으로 도시화의 상징으로 인식되지만 다른 한편 주변과 분리된 폐쇄성과 자족성으로 현대 도시의 개인주의적이고 폐쇄적인 생활과 한정된 사회 관계를 조장하는 측면도 있다. 아파트는 거주민의 사회경제적 속성이 동질성을 갖는 경우가 많아 대단위 아파트 단지는 도시 공간을 동질적인 속성을 가진 집단으로 일정한 공간에 집중적으로 배치하는 결과를 가져오기도 한다. 이러한 주거 공간의 동질화는 다른 주거 공간과의 물리적 차별화와 더불어 내적 동질화는 거주자의 사회적 지위와 주거 공간에 대한 차별적인 사회적 정체성을 만들며 계층별 거주지 분리를 유발하고 강화시키기도 한다.

아파트의 확대를 도입, 성장, 전환, 발전 시기로 구분하여 보면 도입기는 1970년대 부족한 주택과 노후화된 불량 주택 문제를 해결하기 위해 아파트 건설이 본격화된 시기로 현대식 시설, 엘리베이터 등의 편리성을 자주 언급하며 다른 주거 유형과의 차별성을 드러냈다. 도입기가 아파트와 관련된 기술의 발전과 새로운 주택 유형이 정착하는 시기였다면, 성장기는 아파트라는 주택 유형이 완전하게 정착되고 규모의 성장이 이뤄지는 시기로 관리비 등의 유지비용과 관련된 경제성과 복지 시설, 품위, 명성 등 사회성이 중시되는 시기다. 전환기는 양적인 공급에서 벗어나 주거 환경의 질에 대한 관심이 높아지는 시기로서 품격 등과 관련된 사회성, 투자 가치, 시세 차익 등의 경제성이 중시되는 시기다. 발전기는 전환기에 중시되었던 주거 환경의 질을 넘어서 삶의 질에 대한 관심이 증가하는 시기로 편리성, 사회성, 경제성이 여전히 중시되고 있으나 새로운 가치가 더해지는 시기라 하겠다. 편리성과 관련된 첨단, 베이 시스템 등은 정보통신의 발전과 더불어 생활 편의를 중시하는 면모이고, 사회성과 관련된 자부심, 커뮤니티 등은 아파트 단지 자체의 소규모 지역 사회 구축을 강조하는 모습을 반영한다. 따라서 한국의 아파트는 편리성이 중시되던 도입기, 경제성과 사회성을 중시하던 성장기, 경제성에서 삶의 질을 중시하는 전환기를 지나 발전기에 들어선 지금은 새로운 개념의 편리성과 사회성을 중시하고 있다.

아파트는 단순한 거주의 목적에서 소규모 공동체 구성원으로서의 위치를 확립하고 개개인의 편리한 생활 환경 공간으로 변화해 가고 있다. 그러나 도시화 과정이 너무 급속히 진행된 탓에 도시 지역 주민의 공동체 의식이 부족하다는 지적이 꾸준히 제기되어 왔다. 특히 공동주거 형태인 아파트가 지속적으로 늘어나 많은 사람은 집단적으로 거주하면서도 공동체 의식은 결핍되어 이와 관련한 사회 문제가 지속적으로 늘어나고 있다. 도시 지역 아파트에서 발생하고 있는 주차 문제 · 층간 소음 문제 · 반려 동물 문제 등은 대표적인 주민 갈등 사례로, 이들은 단순한 갈등 차원을 넘어 심각해질 경우 관계가 단절되는 무연사회를 야기하고, 심지어 물리적 충돌 등 심각한 사회 문제까지 확대되는 경우도 빈번하다.

아파트 주거의 개인화, 파편화된 분위기를 극복하고자 일부 아파트에서는 다른 농촌 마을, 도시 마을과 마찬가지로 공동체 만들기 활동을 전개하고 있다. 아파트 공동체 활동은 주민이 위기 상황을 인식하고 자발적으로 조직을 구성하거나 행정기관의 정책으로 아파트라는 도시적 공간을 기반으로 공동체를 구축하고 사람 간 관계를 회복하기 위한 것으로 주민 간 소통과 관계성 회복, 공통의 관심사 형성 등을 목표로 하고 있다. 아파트 마을에서 공동체 의식을 형성하고 관계를 회복하는 과정은 사회적으로도 중요한 기능과 역할을 담당할 수 있을 것으로, 특히 쇠퇴 위기를 겪고 있는 중소 도시에서는 인구를 유지시키고, 도서관, 경로당 등의 공유 시설이 갖추어진 경우 공동체 형성이 쉽게 진행될 수 있을 것이다.

읽을거리 13-8 아파트의 크기: 전용면적 85m²

한국은 아파트 공화국으로 불릴 정도로 아파트가 압도적인 주거 양식이 되었다. 한국의 아파트는 프랑스나 미국 등의 이민자나 저소득층이 몰려 살고 관리가 제대로 되지 않아 노후화와 슬럼화로 특징 지워지는 상황과는 매우 다르다. 이 서민용 아파트는 대다수 임대주택이어서 한국의 자가 소유 아파트와는 달라 서구 중심적 시각으로 아파트를 바라보던 줄레조는 비판을 받기도 했다. 한국의 아파트 선호는 유효한 재테크 수단으로 시세차익을 노리는 '아파트＝재테크'라는 등식이 성립되었다. 아파트는 실제 높은 가격 상승률을 보여 왔고, 단지의 경우 주차장, 놀이터, 상가 등 편의시설을 갖춰 생활이 편리해 맞벌이 부부에게 적합한 주거 형태로 평가 받는다. 최근에는 고령화, 인구 감소 시대 압축도시 구상도 아파트에 가까운 형태를 가질 것으로 보인다.

한국에서 가장 보편적인 아파트의 크기는 전용면적 85m²다. 이는 국민주택 규모라는 개념에 기초하는데 국민주택은 1981년 주택난을 해결하기 위해 정부가 서민을 대상으로 싸게 임대, 분양하는 주택으로 그 규모는 사람이 최소한 이 크기의 집에 살아야 한다는 기준으로 정부는 당시 1인당 최소 주거면적을 5평으로 잡고 5인 가족을 기준으로 25평, 즉 전용 85m²로 정했다. 이후 모든 국민주택은 이 크기로 지었다. 최근 들어 이 기준이 현실과 맞지 않는다는 지적이 나오는데 우선 국민주택규모 기준이 정해진 때의 평균 가구원 수 5명은 40여 년 전이고 2017년 기준 한국의 평균 가구원 수는 2.5명으로 1~2인 가구가 전체의 55.3%로 절반 이상이다. 인구 예측이 출산율이 낮아지며 인구가 감소한다는 측면에서 국민주택규모를 3인 가구 15평으로 59m²가 맞을 것이라는 의견이 제기되고 아파트 거래도 소형 주택 위주로 나타나는 것이 최근의 모습이다.

(2) 세종시와 혁신도시

수도권과 비수도권의 불균형 발전을 바로 잡으려는 노력은 세종시와 혁신도시(革新都市, Innovation City) 건설에서 찾을 수 있다. 세종시는 정부가 2003년부터 추진한 지방균형발전사업으로 행정수도를 충청권으로 이전하겠다는 계획에 따라 건설이 시작되었으나 수도 이전에 대한 야당과 수도권이 반대하며 입장 대립이 이어진다. 2004년 헌법재판소는 '신행정수도의 건설을 위한 특별조치법'이 위헌이라고 결정하며 행정수도안은 폐기된다. 행정중심복합도시(행복도시) 건설이 대체로 추진되고 이를 포함한 지역이 2012년 세종특별자치시로 출범했다. 수도 이전 또는 행정수도의 건설은 오래전부터 논의가 있어 왔다. 서울은 한반도의 서쪽 해안을 따라 중간 지점에 위치해 남북으로 분단되기 이전의 수도 입지로는 이상적이었다. 그러나 분단 이후 비무장지대에 가까운 서울은 1970년대 장거리포의 사정거리 내여서 남쪽으로 수도 기능을 옮기자는 제안이 여러 차례 있었다. 이와 달리 행정중심복합도시의 조성은 수도권의 집중을 분산시키려는 목적으로 추진된 대규모의 신도시 건설 계획이다. 행정중심복합도시는 세종시에 포함되는데, 행정중심복합도시는 2004년 대한민국 행정수도 이전 계획이 폐기된 이후 충청남도 연기군 전 지역, 공주시 장기면과 의당 · 반포면의 일부, 충청북도 청원군 부용면에 조성한 신도시로 2006년 국토교통부 소속 행정중심복합도시건설청에 의해 건설되는 현 세종시의 동 지역을 말한다. 세종시는 행복도시와 주변 읍면 지역을 포함한 지방자치단체로 2012년 7월 1일 출범한 특별 자치시다. 세종특별자치시는 행정중심복합도시 조성으로 시작되어 국토 균형발전의 가치를 실현하고 서울의 과밀화를 해결하기 위해서 혁신도시 사업과 연계하여 서울과 과천에 분산되어 있던 9부 2처 2청의 정부기관을 이전하여 현재에 이르고 있다(제14장 2절 참조).

국토 균형발전을 위한 세종 행정중심복합도시는 수도권 외 지역에 조성된 혁신도시와 더불어 진행되었다. 혁신도시는 이론적으로는 도시 내 경제활동인구 중 혁신에 관련된 활동에 종사하는 인구가 일정 수준 이상이고, 경제적으로는 신상품, 신 공정 등 혁신에 의한 부가가치 및 고용 창출이 해당 지역 경제에서 차지하는 비중 및 성장 잠재력이 일정 수준 이상인 도시를 의미한다. 정부는 이러한 강점을 지방으로 수도권 소재 공공기관을 이전시키고 이전 공공기관이 그곳에서 산 · 학 · 연 · 관 기능이 상호 긴밀하게 연계되어 혁신을 주도하고 주거 · 교육 · 문화 등 정주 환경을 갖춘 혁신도시 건설 정책을 추진했다. 따라서 한국의 혁신도시란 공공기관의 수도권 집중을 억제하고 지역의 특성화 발전을 통해 국토의 균형발전을 도모하기 위해 건설된 혁신 클러스터 개념을 포함한 신도시를 의미한다.

읽을거리 13-9 세종특별자치시

2002년 12월 제16대 대통령 선거 약 3달 전 당시 민주당의 노무현 후보는 "수도권 집중 억제와 낙후된 지역 경제를 근본적으로 해결하기 위해 내가 대통령이 되면 청와대와 정부 부처를 충청권으로 옮기겠다."고 행정수도 이전을 공약으로 제시했다. 처음 발표 때는 크게 관심을 얻지 못했는데 이전 대상이 청와대와 중앙 부처에서 입법부인 국회도 옮겨 행정부와 입법부를 옮길 것이라고 발표하자 충청권 민심이 크게 기울기 시작했다. 그러자 한나라당은 "수도를 옮기게 되면 수도권의 집값, 땅값이 크게 떨어져 대혼란이 온다."는 반론을 폈다. 이런 반론에 노무현 후보는 부산 유세에서 "신중한 국민적 합의를 요구하는 문제이므로 국민투표에 부쳐서 결정하겠다."고 했다.

대통령으로 당선되자 수도 이전은 본격적으로 추진된다. 2003년 '신행정수도 건설특별조치법'이 작성되고 중앙 정부와 지방에서도 수도 이전의 필요성과 당위성을 주장했다. 특별조치법은 처음 국회에서 부결되었으나 재차 상정되어 다수의 찬성으로 가결되었다. 이후 신행정수도건설 추진위원회가 발족되고 2004년에는 서울을 떠나 신도시로 옮겨 갈 이전 대상 기관으로 청와대, 국회와 사법부, 중앙행정부처 등의 85개를 발표했다. 이 규모는 단순한 행정수도 이전의 차원이 아닌 천도 계획으로 받아 들여져 서울과 수도권의 민심은 방관에서 반대로 태도를 바꾸게 했다. 여러 언론 기관의 여론조사도 국민의 50% 이상이 반대하는 것으로 나타나고 국민투표 절차를 거치라는 의견이 서울과 수도권 외 강원권과 영남권에서도 제기되었다. 반면 충청권과 호남권은 국회 다수의 찬성으로 특별법이 성립되었으니 국민투표 같은 절차는 더 이상 필요 없다는 의견을 개진했다.

수도 이전에 대한 반대는 언론과 각계 사회 인사가 성명서를 발표하며 확대되었다. 반대 입장은, 우선 수도를 충청권으로 이전함으로써 고질적인 서울 및 수도권 집중구조를 해체할 수 있다는 수도 이전의 명분은 미약하다는 것이다. 대다수의 국가에서 수도는 보편적으로 집중 구조를 보이고 있어 한국이 예외는 아니라고 대응했다. 또한 충청권에 조성될 수도가 통일 조국의 수도가 될 수 있느냐라는 비판을 제기했다. 건설비용 또한 문제로 건설추진지원단이 발표한 45조 원은 당시 한해 GDP의 약 14%에 이르는 규모라는 것이다. 이러한 반대 입장은 2004년 신행정수도건설특별법의 위헌 여부 헌법 소원으로 제출된다. 그해 10월 헌법재판소는 "우리나라의 수도가 서울이라는 것은 『경국대전』 이후로 600여 년간 내려온 불문의 관습헌법 사항이다. 그러므로 그것을 개정하려면 헌법 제130조가 규정한 국회 재적의원 3분의 2 이상의 찬성을 거친 다음 30일 이내에 국민투표에 부쳐 국회의원 선거권자 과반수 이상의 투표와 투표자 과반수의 찬성을 얻어야 한다. 그런데 이 사건 법률은 그와 같은 헌법 개정 절차를 밟지 아니하고 단순 법률의 형태로 실현시킨 것으로서 결국 국민의 참정권적 기본권인 국민투표권의 행사를 배제한 것이므로 위헌"이라는 결정을 내린다.

이 결정으로 2004년 대한민국 행정수도 이전 계획은 취소되고 대체로 연기 · 공주지역에 행정중심복합도시(행복도시)를 조성하게 된다. 2012년 12월 27일 정부 세종청사가 완공되어 외교부 등의 기관을 제외한 서울과 과천에 분산되어 있던 9부 2처 2청의 정부 행정 기관이 세종청사로 이전했다. 행정중심복합도시의 이름은 국민 공모를 통해 세종으로 확정하고 인근 지역을 포함한 세종특별자치시가 출범했다. 출범 당시 인구는 11만 명을 약간 상회하였으나 2018년 31만 명을 약간 넘어서고 있다.

정부는 2003년 '국가균형발전을 위한 공공기관 지방이전 추진방침'을 발표하여 공공기관 지방 이전 및 혁신도시 건설에 관한 논의를 시작해 2004년 국가균형발전특별법을 제정해 행정중심복합도시, 혁신도시 등의 지역 발전거점 육성을 추진했다. 수도권과 지방 간 불균형을 해소하기 위해 공공기관 지방 이전을 정책적으로 추진하는데 수도권으로부터 이전되는 공공기관을 그 지역의 특화 및 전략 산업과 연계시키는 혁신도시 건설을 목표로 했다. 혁신도시의 성공을 위해 대도시 접근성, 고속의 교통수단, 연구 개발과 인근 대학으로의 접근성을 입지 선정에 중요하게 고려했다. 혁신도시의 목적과 역할을 고려한 구체적인 입지 선정은 다음 3개의 가치를 종합적으로 평가해 결정했다. ① 지역의 혁신 거점 조성으로 혁신도시가 지역 혁신 거점으로의 발전 가능성이 높은 지역에 입지를 정한다. ② 도시 개발의 적정성으로 혁신도시로서의 신도시 개발에 요구되는 자연적 및 사회적 조건을 만족하는 지역에 입지를 정한다. ③ 지역 내 동반성장 가능성으로 혁신도시는 수도권과 대전, 충남을 제외한 각 시 · 도별로 1개씩 건설해 그 파급 효과가 시 · 도 전역에 미칠 수 있는 지역에 입지를 정한다.

이전하는 공공기관은 광역시 · 도에 형평성 원칙에 따라 혁신도시 10곳에 적정하게 차등 배치했는데, 이전 기관의 지방 이전 효과를 극대화하기 위하여 최대한 유사한 업무를 동일 군으로 분류하여 2005년 12월 배치를 발표했다. 이어 2006년 혁신도시 개발 목표를 '지역성장거점 구축을 통한 국가균형발전'으로 설정하고 '특성 있는 지역발전을 통한 지역경쟁력 제고', '지방의 자립화 기반 구축을 통한 국가균형발전 도모'를 추진 전략으로 정했다. 혁신도시 건설 과정 초기에 일부 이전 대상 공기업은 정부의 이전 방안이 산업 특성을 무시한 결정이고 경기도, 인천광역시의 수도권 지방자치단체가 지역역 차별론을 내세우며 반발했

표 13-6 혁신도시 입지 선정을 위한 평가기준

구분	분야별		주요 내용
	항목	배점	
혁신거점으로의 발전가능성	간선교통망과의 접근성	20	• 도로, 철도, 공항 등 간선교통망과의 접근성 • 행정중심복합도시와의 접근성
	혁신거점으로서의 적합성	20	• 지역전략산업 육성의 용이성 • 대학, 연구기관, 기업 등과의 협력 용이성
	기존 도시 인프라 및 생활 편익시설 활용가능성	10	• 기존 도시의 인프라 활용 가능성 • 편익시설 활용 가능성
도시개발의 적정성	도시개발의 용이성 및 경제성	15	• 산업단지, 택지 등 기 개발지의 활용가능성 • 개발제한 법령 여부 등 토지 확보의 용이성 • 도로, 용수공급 등 기반시설 설치의 용이성 • 지가의 적정성 및 부동산 투기방지 대책
	환경친화적 입지가능성	10	• 환경훼손을 최소화하여 친환경적 개발 가능성 • 쾌적한 정주환경 조성 가능성
지역내 동반 성장 가능성	지역내 균형발전	10	• 지역내 균형발전 가능성
	혁신도시 성과공유 방안	10	• 기초 지자체의 혁신도시 개발이익과 성과공유계획
	지자체의 지원	5	• 기초 지자체의 지원계획
총점		100점	

출처: 국토연구원(2005).

그림 13-20 **혁신도시의 현황**

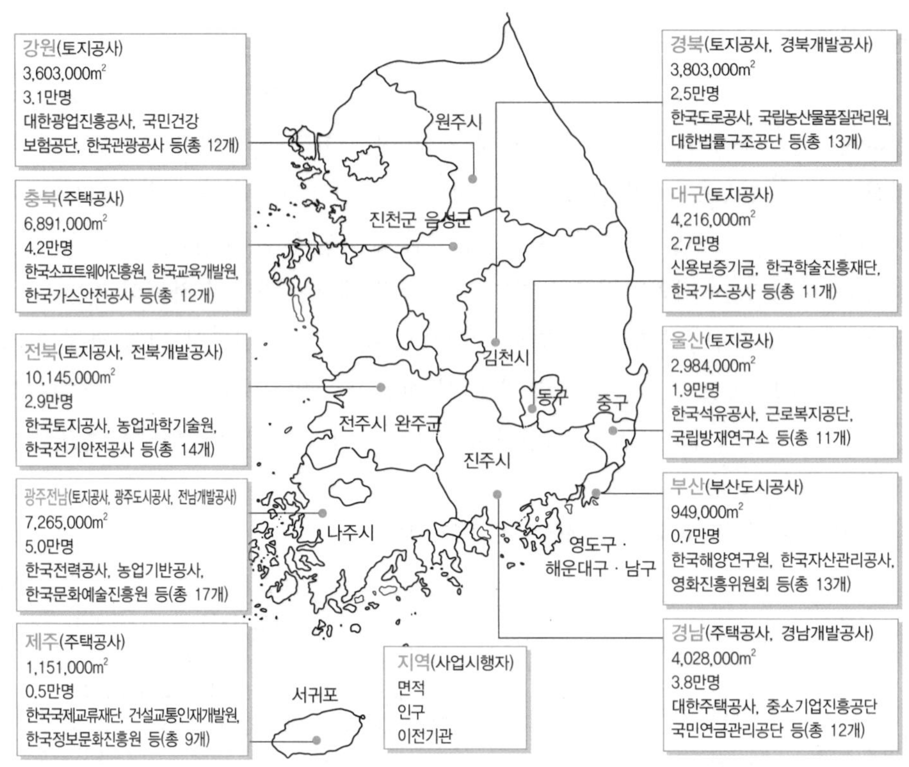

다. 공공기관 지방 이전에 따른 행정비효율로 수도권으로의 업무 출장이 많아 시간과 예산이 낭비되는 문제를 지적했다. 실제 출장 증가는 세종(210.9%), 경남(63.0%), 충북(45.6%) 등에서 높게 나타났다.

2017년 현재 154개 공공기관 중 145개인 94%가 이전을 완료했고 정책 인구 달성은 계획 인구의 56%, 직원 이주율은 52.5%로 약 4만 3천 명의 종사자가 혁신도시로 이전했고, 전체 고용의 약 13.3%를 지역인재로 채용했다. 현재 공공기관 이전 및 도시의 외형 건설은 소기의 성과를 거두고 있으나 지역 인재나 수도권의 인구를 유입하기 위한 정주여건 조성은 충분하지 못하고, 많은 혁신도시 주민이 교육이나 문화, 의료시설 등의 추가적 확충을 요구하고 있다. 관련 파급효과로는 혁신도시 자체의 인구는 증가하고 있으나 대부분의 지역에서 혁신도시가 소재한 인접 도시의 인구는 감소하고 있다. 또한 혁신도시의 일자리 증가는 대다수 공공기관 이전 및 인구 증가로 유발된 소매업과 음식점 등이 대부분을 차지해 연관 산업 분야나 자립 발전 역량을 갖춘 창업이나 일자리 생태계 구축은 미진한 상황이다. 정부는 혁신도시의 2단계 활성화 방안으로 가족 동반 이주율 제고, 삶의 질 만족도 향상, 지역인재 채용, 그리고 기업 입주 확대를 도모하고, 지방정부가 주체가 되어 신지역성장거점을 육성시키며 국가 균형발전을 향상시키는 목표를 설정하고 있다.

(3) 지방 도시 쇠퇴와 압축도시

한국의 총인구는 현재 성장세를 보이고 있으나 2028년에 감소가 시작될 것으로 예상하고 있다. 2015년 인구 성장률은 0.53%에 불과해 저성장 국면에 접어든 상황이며, 이미 많은 지방 중소 도시는 인구 성장의 정점을 지나 인구 감소를 겪고 있으며 그 수가 점차 늘어나는 추세다. 도시의 인구 감소는 생산가능 인구의 유출과 저출산에 기인하며 특히 기성 시가지의 인구 감소가 두드러져 빈집이 증가하고 있으나 도시 외곽 지역의 개발 행위는 여전히 진행되고 있어 더욱 도시 쇠퇴를 부추기고 있다(제12장 4절 참조).

도시 쇠퇴는 탈산업화, 저출산, 교외화가 그 원인으로 언급되는데 도시별로 이들이 복합적으로 작용하여 다양하게 나타난다. 탈산업화는 제조업 의존도가 높은 도시에서 일자리가 감소하며, 생산가능 인구의 유출로 이어지고, 이는 저출산으로 나타난다. 새로운 주택이 외곽에서 공급되며 진행되는 교외화는 도심 인구 감소와 부동산 방치를 더욱 심화시킨다. 이러한 도시 쇠퇴는 재정 수입의 감소로 이어지지만 서비스 수요는 시설, 부양 인구 면에서 늘게 되어 더욱 재정 여건을 악화시켜 공공서비스의 축소로 나타난다. 이러한 도시 상황의 악화는 인구 유출을 유발해 고령화는 심화되고 부동산 방치가 늘어나는 악순환을 만들며 지역 공동체 붕괴로 발전하게 된다([그림 13-21]).

도시 쇠퇴는 인구 감소가 지속되며 주택, 기반 시설 등의 공급 과잉으로 이어지는데, 이러한 인구 감소와 유휴 시설이 증가하는 상황을 축소도시라 부른다. 축소도시는 인구 감소와 노령화, 재정 빈약으로 쇠퇴의 악순환을 경험하고 있지

그림 13-21 **지방 중소 도시 쇠퇴의 악순환**

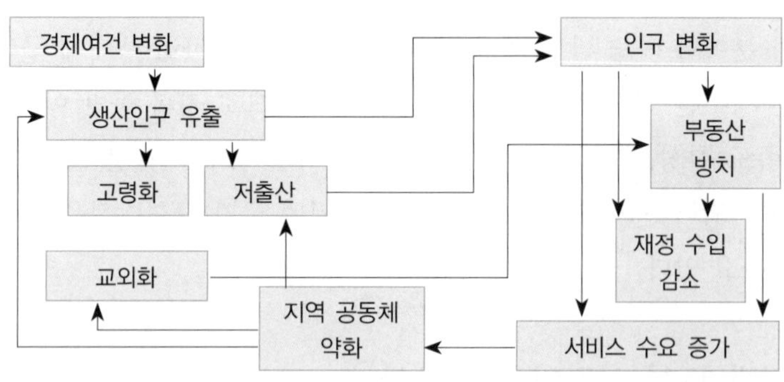

출처: 구형수 외(2016)와 원광희(2018)를 조합 · 수정하여 구성.

만 오랫동안 지속되어 왔던 성장 지향의 정책과 자본 투자의 확대로 외곽 지역에 아파트가 건설되고 대형마트가 늘어나며 전통 시장의 쇠락과 도심의 공동화를 드러내는 경우가 많다.

한국에 축소도시 특징을 보이는 도시가 얼마나 존재하는지는 인구변화율을 통해 파악하는 것이 보편적이다. 축소도시는 인구 감소와 밀접히 관련된 유휴 · 방치되는 부동산 증가, 지방 재정 악화, 지역공동체 붕괴 등이 나타나는 도시로 특징지어진다. 독일은 과거 20년 동안 연평균 인구변화율이 -0.15% 미만인 도시, 미국은 과거 40년 동안 25% 이상 지속적이고 심각한 인구 감소로 유휴 또는 방치되는 주택, 상가, 공장 등의 부동산이 증가하는 도시를 축소도시로 규정하는데, 인구감소는 일정 기간의 인구변화 패턴과 정점 대비 인구감소율이라는 두 가지 기준을 사용한다. 한국의 특별 · 광역시를 제외한 77개 도시를 인구변화 패턴(1995~2015년)과 정점 대비 인구감소율(1975~2015년)의 두 기준으로 구분하면 20개의 축소도시가 도출된다.

한국의 20개 축소도시는 지속적으로 축소 패턴을 보이고 정점에서의 감소 비율이 25% 이상인 고착형, 지속적인 축소 패턴이면서 정점에서의 감소 비율이 25% 미만인 점진형, 일시적 축소 패턴이면서 정점에서의 감소비율이 25% 이상인 급속형의 3가지 유형으로 구분할 수 있다. 축소도시의 공간적 분포를 보면 광역자치단체별로는 경상북도에 7개, 전라북도에 4개, 강원도와 충청남도에 각 3

그림 13-22 한국의 축소도시(1975~2015년)

출처: 구형수 외(2017).

개, 전라남도에 2개, 경상남도에 1개가 분포하고 있다. 유형별로 점진형 축소도시는 전 지역에 걸쳐 골고루 분포하고 있으나 고착형 축소도시는 전라북도, 경상북도, 경상남도, 급속형 축소도시는 충청남도와 경상북도에 많이 분포하는 것으로 나타난다. 축소도시의 절반 이상은 경상북도(7곳)와 전라북도(4곳)에 분포하는데, 특히 가장 심각한 단계인 고착형 축소도시는 전체의 66.7%가 이들 두 지역에 분포한다.

지방 중소 도시의 축소 과정은 경제 변화와 인구 감소에서 시작하는데 대부

그림 13-23 2020/2025년 도시기본계획의 계획인구 대비 실제인구 달성비율(2015년 기준)

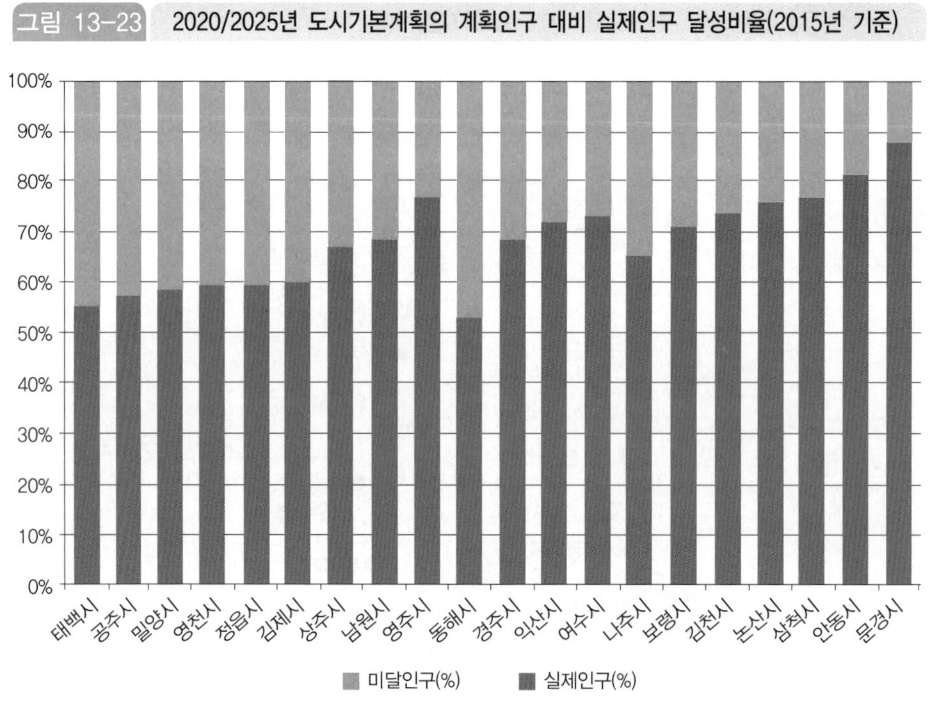

주: 나주시는 2015년이 아닌 2016년 계획인구임.
출처: 구형수 외(2017).

분의 축소도시는 아직 성장 위주의 낙관적인 미래 도시 계획을 수립하고 있는 게 현실이다. 예를 들면 2020년 또는 2025년을 목표로 설정한 도시기본계획의 계획 인구를 2015년 현재 인구와 비교해 보면 20개 모든 축소도시에서 실제 인구에 비해 과도하게 계획 인구를 설정하고 있다. 계획 인구의 60%에도 미치지 못하는 도시는 태백시, 공주시, 밀양시, 영천시, 정읍시, 김제시가 고착형 축소도시에서 나타나고, 점진형 축소도시인 동해시에서도 나타나고 있다.

현실과 괴리된 계획 인구에 따라 주택, 기반 시설 등의 공급이 이루어진다면 향후 유휴 또는 방치되는 부동산 문제는 더욱 심화되고 지속적으로 시가지 확산을 일으키는 개발 행위가 진행된다면 도심은 활력을 잃으며 도시의 매력은 더욱 떨어질 가능성이 높다. 이러한 축소도시에 대한 대응으로 압축도시(compact city) 전략이 자주 언급된다. 압축도시는 자원의 효율적이고 지속가능한 이용을 위하여 도시의 기능과 거주를 공간적으로 집약시키는 방안을 강조하는 도시계획 개념으로 줄어드는 인구에 맞게 건조환경을 재조정해 적정규모화를 도모한다. 압축도시는 유럽에서 주로 콤팩트시티(compact city), 영국에서는 어반빌리지(urban village), 미국에서는 뉴어바니즘(new urbanism) 등으로 유사한 표현이 사용되고 있는데 기본적으로 도시적 토지 이용의 교외로의 확대를 억제하고 중심 시가지의 활성화를 목적으로 생활에 필요한 여러 기능을 효율적이고 지속가능하게 하려는 시도다.

압축도시 추진을 위한 주요 쟁점은 외곽으로의 도시 팽창이 인구 정체 또는 감소의 상황에서 도시의 지속가능성을 저해한다는 것으로 모아진다. 우선, 도심 지역의 낙후와 혼잡은 보다 나은 거주 환경을 찾는 도시 외곽으로의 이동을 부추기는데 이는 도심의 공동화를 더욱 심화시켜 도시 이미지를 실추시킨다. 둘째, 교외 주택지의 개발은 하수 처리, 쓰레기 수집, 소방, 구급 등의 사회자본 제공에 따른 지속적인 행정서비스를 필요로 하고 유지 및 관리를 위한 비용 또한 증가해 도시 재정을 악화시킨다. 셋째, 교외 지역의 개발은 불가피하게 농지와 산림 등을 택지로 변경시키게 되어 자연 환경을 파괴해 도시의 쾌적성을 떨어뜨리게 된다. 넷째, 교외 주택지는 대중교통으로 연결되어 있지만 자동차를 이용한 이동, 특히 중심 지역 내에서의 이동과 비교하면 자동차의 이용은 상당히 많아 교통량의 증가와 에너지 사용량이 증가하며 지속가능성을 낮추게 된다.

압축도시는 인구 감소 도시가 개발 밀도와 토지 이용 변화를 통해 도심의 활력을 유도하고 공동체를 복원하기 위해 적극적으로 도입할 필요가 있다. 공간적으로는 기성 시가지의 유휴 공간을 최대한 활용하여 거주, 상업, 업무, 문화 등의 기능 입지를 유도하고, 공공서비스 공급의 한계선과 도시 기능 집약화를 유도할 생활 거점을 설정하고 이에 따른 도시 외곽의 불필요한 유휴 공간은 철거하고 녹색 환경으로 조성하게 된다. 이는 시가지의 인구밀도를 높임과 동시에 직주근접과 생활서비스의 접근성을 높이는 복합적인 토지 이용, 고용의 집중과 도심 근접성을 높이는 다양한 활동의 집중 등으로 도시에 활력을 불어 넣게 된다. 압축도시 전략은 시가화 면적을 확대시키는 외곽 개발을 줄이고 도심 재생을 통해 내부를 충진하는 개발로 집약적 도시 구조를 갖추게 하는 것이다.

한국의 도시는 외곽으로의 대규모 개발을 통해 거점이 매우 분산된 구조를 지니고 있는 경우가 많다. 이러한 개발은 도시 기능의 분산으로 이어지며 인구규모가 적은 중소 도시에서도 다수의 거점을 가지는 경우로 나타난다. 또한 혁신도시와 같이 국가 차원에서 도시 외곽에 새로운 거점을 조성함으로써 거점의 분산은 보다 가속화 되는 상황도 종종 나타나고 있다. 따라서 압축도시 정책을 추진할 경우 집약적인 공간구조를 만들기 위해서는 도시 규모를 고려하여 가능한 한 소수의 거점만을 선정하는 전략이 필요하다. 압축도시의 실현을 위해서는 도보나 대중교통이 중심이 되는 생활권 조성이 필요하고 이를 위해서는 직장, 거주, 의료, 복지, 교육, 소비 등의 다양한 서비스를 생활권 내에서 충족시키는 것이 중요하다.

압축도시의 실현은 도시의 중심 시가지 편리성과 매력을 높이는 것이 중요한데 이는 다양한 행정 서비스의 효율성을 높일 뿐 아니라 시민에게 있어서 쾌적성과 정체성을 높이는 도시를 만드는 작업이 중요하다. 특히 저출산 고령화로 특징 지워지는 중소 도시의 상황에서는 고령자가 살기 편한 도시 구축을 목표로 보다 효율적인 의료와 복지 서비스를 중심 시가지로 집중시켜 접근성을 높이며 도심 공동화의 문제를 동시에 해결하는 방안을 모색할 필요가 있다. 도시 내 거점

그림 13-24 한국의 축소도시 적정규모화: 압축도시 전략 예시

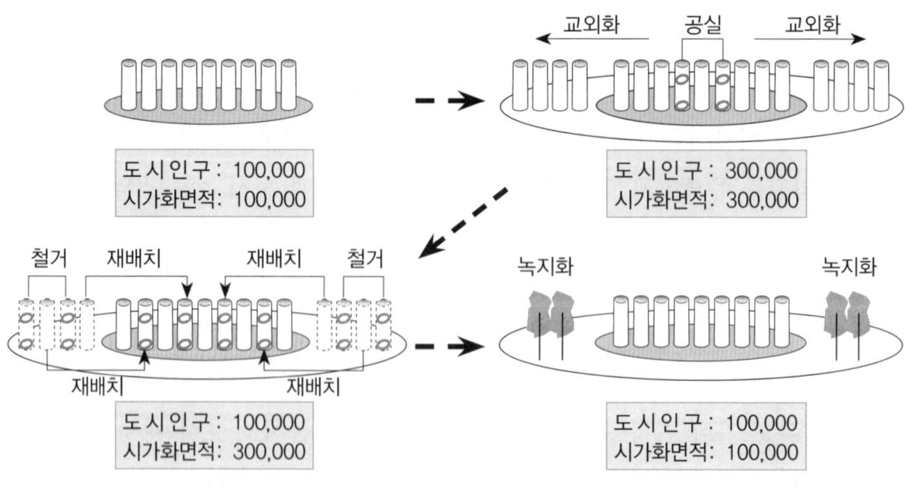

출처: 구형수 외(2016).

이 생활의 중심이 되도록 하는 압축도시 전략은 도시의 외연적 확산에 제동을 걸고 편리한 생활과 환경 친화적인 선 순환적 도시로 발전하며 지속가능성을 높일 수 있을 것이다.

지방의 중소 도시는 인구 감소와 도시 기능의 공간적 분산으로 도시 쇠퇴의 악순환을 경험하는 축소도시로 특징 지워지는데 이를 극복하며 지역 공동체를 회복하는 대안적 발전을 위해서는 압축도시 전략의 채택이 요구된다. 압축도시는 인구 감소와 고령화에 대응해 중심 시가지를 재생시키며 쇠퇴하는 지방 중소도시를 지속가능한 도시로 전환시키는 도시 전략이 될 수 있다.

|참|고|문|헌|

구형수 · 김태환 · 이승욱, 2017, "지방 인구절벽 시대의 '축소도시' 문제, 도시 다이어트로 극복하자," 국토정책 Brief, 제616호, 1-8.

구형수 · 김태환 · 이승욱 · 민범식, 2016, 저성장 시대의 축소도시 실태와 정책방안 연구, 국토연구원.

국토연구원, 2005, 혁신도시 입지선정기준 연구, 건설교통부.

국토지리정보원, 2004, 한국지리지 광주 · 제주편.

권규상 · 서민호, 2019, "콤팩트시티 정책의 효과적 추진방안," 국토정책 Brief, 제705호, 1-8.

권상철, 2010, "한국 대도시의 인구이동 특성: 지리적, 사회적 측면에서의 고찰," 한국도시지리학회지, 13(3), 15-26.

______, 2011, "한국 대도시의 도시화 특성 : 이동, 통근자 자료 분석을 통한 도시화 단계의 실증적 검토," 한국지역지리학회지, 17(5), 536-553.

권용우 · 김세용 · 박지희, 2016, 도시의 이해, 박영사.

김준우 · 안영진, 2017, "한국 도시의 미래: 도시간 격차를 중심으로 한 시론적 연구," 국토지리학회지, 51(1), 33-46.

김진수 · 김진모, 2018, "아파트 광고의 키워드 분석을 통한 주거기능의 변화과정에 관한 연구," *KIEAE Journa*, 18(1), 39-45.

김천권, 2017, 현대 도시개발, 대영문화사.

남영우 · 최재헌 · 손승호, 2017, 세계화 시대의 도시와 국토, 법문사.

대통령 직속 지역발전위원회 · 한국산업기술평가관리원, 2017, 2017년 균형발전 주요 통계집.

류승한, 2017, "혁신도시 10년의 평가와 시즌 2의 추진 방향," 도시문제, 588, 22-25.

마강래, 2017, 지방도시 살생부 '압축도시'만이 살길이다, 개마고원.

민성희, 2018, "저출산 · 고령화시대의 국토공간구조 변화와 대응과제," 국토정책 Brief, 제674호, 1-6.

민족건축미학연구회 편, 1996, 18C 신도시 20C 신도시, 도서출판 발언.

박배균 · 황진태 편저, 2017, 강남만들기, 강남 따라하기: 투기 지향 도시민과 투기성 도시개발의 탄생, 동녘.

박세훈 외, 2017, 인구감소시대 지방중소도시 활력증진 방안, 국토연구원.

박태원 · 김연진 · 이선영 · 김준형, 2016, "한국의 젠트리피케이션," 도시정보, 413, 3-14.

서민호 외, 2018, 도시재생 뉴딜의 전략적 추진방안, 국토연구원.

손승호, 2016, "서울시 외국인 이주자의 인구구성 변화와 주거공간의 재편," 한국도시지리학회지, 19(1), 57-70.

손정목, 2005, 한국 도시 60년의 이야기 1, 2, 한울.

심재승, 2016, "인구감소시대에서의 지속가능한 도시발전에 관한 소고: 콤팩트시티는 새로운 대안인가," 한국지적정보학회지, 18(1), 157-170.

안승혁 · 기재홍 · 윤순진, 2017, "도시 지속가능성 평가를 위한 지표의 활용: 국내외 대도시 비교 분석," 공간과 사회, 27(4), 183-217.

원광희, 2018, "인구감소시대의 도래에 따른 축소도시 활성화 방안," 도시문제, 592, 40-43.

윤영모, 2018, "혁신도시와 주변지역의 인구이동 특성과 대응과제," 국토정책 Brief, 제693호, 1-6.

윤철현 · 황영우, 2012, "도시간 상호관계분석에 의한 한국 도시체계의 이해," 도시행정학보, 25(2), 31-48.

이영민, 2006, "서울 강남의 사회적 구성과 정체성의 정치: 매스미디어를 통한 외부적 범주화를 중심으로," 한국도시지리학회지, 9(1), 1-14.

이재민, 2018, "마을 만들기의 전개를 통한 아파트 마을공동체의 성장 단계 연구: A군 드림아파트와 육아아파트의 사례," 지역과 문화, 5(2), 79-98

이정현 · 정수열, 2015, "국내 외국인 집중거주지의 유지 및 발달 – 서울시 대림동을 사례로," 한국지역지리학회지, 21(2), 304-318.

이진원 역, 2011, 도시의 승리: 도시는 어떻게 인간을 더 풍요롭고 더 행복하게 만들었나?, 해냄출판사(Glaeser, Edward, 2011, *Triumph of the City: How Our Greatest Invention Makes Us Richer, Smarter, Greener, Healthier, and Happier*, Penguin Books).

이현욱, 2017, "한국의 경제발전에 따른 도시순위규모분포의 변화: 1995~2015년," 한국도시지리학회지, 20(2), 46-57.

임석회, 2018, "인구감소도시의 유형과 지리적 특성 분석," 국토지리학회지, 52(1), 65-84.

임현묵 외, 2017, 우리의 지속가능한 도시, 유네스코한국위원회.

임형백 · 강동우 · 기정훈, 2016, "축소도시: 인구감소시대의 도시정책," 한국도시행정학회 학술발표대회 논문집, 53-73.

전경숙, 2011, "광주광역시의 도시 재생과 지속가능한 도시 성장 방안," 한국도시지리학회지, 14(3), 1-17.

전상인, 2009, 아파트에 미치다: 현대한국의 주거학, 이숲.

줄레조, 발레리, 길혜연 역, 2007, 아파트 공화국, 후마니타스.

최병두, 2015, "네트워크도시 이론과 영남권 지역의 발전 전망," 한국지역지리학회지, 21(1), 1-20

최병두 외, 2018, 도시재생과 젠트리피케이션, 한울아카데미.

최상철 외, 2015, "광복 70 주년 특집 우리나라 도시계획의 변천사," 도시정보, 401, 3-32.

최유진, 2017, 도시, 다시 기회를 말하다: 쇠퇴하는 도시의 일곱 가지 난제 풀이, 박영사.

최재헌 · 김숙진, 2017, "한국도시지리학회지 게재 논문으로 본 도시지리 연구의 주제와 과제: 1998~2016년," 한국도시지리학회지, 20(1), 1-26.

한국도시연구소 편, 2018, 도시재생과 젠트리피케이션, 한울아카데미.

한국도시지리학회, 1999, 한국의 도시, 법문사.

한국도시지리학회 역, 2013, 세계의 도시, 푸른길(Brunn, Stanley *et al.*, 2012, *Cities of the World*, 5th ed., Rowman & Littlefield).

OECD, 2013, OECD 한국도시정책보고서, 국토연구원.

금융감독원, http://www.fss.or.kr

대한민국국가지도집, http://nationalatlas.cafe24.com

대한민국 혁신도시, http://innocity.molit.go.kr/v2/submain.jsp?sidx=6&stype=1

세계은행, https://www.worldbank.org

옥스퍼드대학교 환경변화연구소, https://www.eci.ox.ac.uk

중소벤처기업부, https://www.mss.go.kr

통계청 국가통계포털, http://kosis.kr/index/index.do

추천문헌

김광중, 2010, "한국 도시쇠퇴의 원인과 특성," 한국도시지리학회지, 13(2), 43-58.

남기범, 2018, "보통도시로서 포용도시 논의와 서울의 과제," 대한지리학회지, 53(4), 469-484.

다무라 후미노리 · 권규상, 2019, "일본 컴팩트 도시 정책의 한계와 국내 도시 정책에 대한 시사점: 도야마와 아오모리를 사례로," 한국도시지리학회지, 22(1), 93-110.

백영기 · 은석인, 2017, "전주시 공간구조의 변화, 1996~2014년," 한국도시지리학회지, 20(1), 45-60.

손승호, 2018, "자족형 신도시 건설에 따른 화성시의 공간 재구조화: 공간상호작용을 사례로," 한국도시지리학회지, 21(2), 29-43.

유현준, 2015, 도시는 무엇으로 사는가: 도시를 보는 열다섯 가지 인문적 시선, 을유문화사.

임석회, 2018, "한국 도시의 질적 성장에 관한 연구-사회적 형평성 논의를 중심으로," 국토지리학회지, 52(2), 235-256.

전경숙, 2017, "한국 도시재생 연구의 지리적 고찰 및 제언," 한국도시지리학회지, 20(3), 13-32.

제현정, 2019, "인구감소지역 유형별 대응정책 사례 연구," 한국도시지리학회지, 22(1), 131-147.

최재헌, 2017, "UN HABITAT III의 새로운 도시의제(New Urban Agenda)가 한국 도시지리학 연구에 주는 시사점," 한국도시지리학회지, 20(3), 33-44.

| 제14장 |

한국의 도시발전 및 도시정책

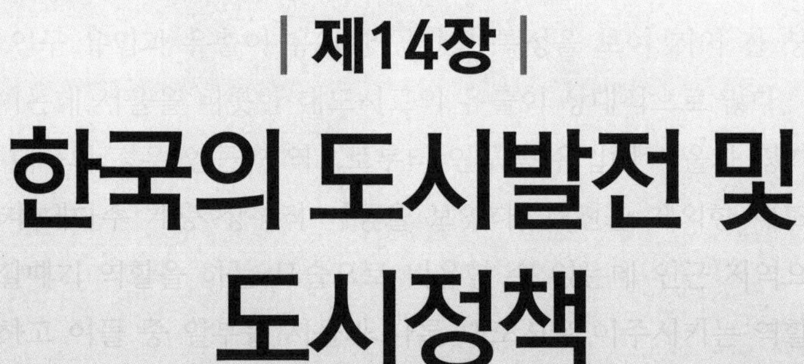

– 안종천 –

1. 국토종합계획의 변천과정으로 본 도시정책의 변화
2. 국토균형발전 차원에서 추진된 도시정책 사례

| 제14장 |

한국의 도시발전 및 도시정책

1. 국토종합계획의 변천과정으로 본 도시정책의 변화

(1) 국토종합계획의 변천

1) 국토종합계획의 필요성과 의의

우리나라에서 도시와 지역을 포함한 국토의 발전과 개발을 논할 때 빼놓을 수 없는 것이 바로 국토종합계획[1]이다. 즉, 우리나라의 국토와 지역, 도시 관련 정책은 1970년대 초에 시작된「제1차 국토종합개발계획」수립 이후 본격적으로 체계화되었다고 할 수 있다.

1945년 해방과 함께 이루어진 국토분단은 한반도의 일체성을 훼손시켰으며, 1950년의 한국전쟁은 수많은 인명피해와 함께 전 국토를 황폐화시켰다. 휴전이후 1950년대 이승만 정부(1948.7.24.~1960.4.26.)는 전쟁의 피해를 복구하는데 주력할 수밖에 없었으며, 외국의 원조를 이용하여 철도, 도로, 항만과 같은 공공시설 복구사업을 진행했다. 이후 1960년대 들어 박정희 정부(1961.5.26.~1979.10.26.)는 자원개발과 기간산업 육성을 통한 경제성장과 지역발전에 초점을 두게 되었다. 그 결과 1960년대에는 농업기반 조성을 위한 수자원 개발과 사회간접자본시설에 집중적인 투자가 이루어졌으며, 공간적으로는 입지 조건이 우수하고 성장잠재력이 큰 지역을 중심으로 집중 개발했다.

하지만, 1960년대에는 국가의 가장 큰 과제가 빈곤으로부터의 탈출이었고, 온 나라의 자원을 총동원하여 산업화에 매진하던 시기였기 때문에, 경제성장을

1 제4차 국토종합계획(2000~2020)부터 계획의 명칭을 기존의 국토종합개발계획에서 국토종합계획으로 변경하여 사용하고 있다.

지원하는 '경제기반시설 배치 정책'은 있었지만, 국토의 장기발전을 위한 종합적인 국토정책과 계획은 아직 이루어지지 않았다. 또한, 1960년대의 공업화를 통한 경제개발정책은 농촌의 인구를 도시로 이동하게 하여 각종 도시문제를 발생시켰으며, 도시와 농촌 간의 격차 증대와 토지자원의 남용 등의 문제를 야기했다. 이에 따라 다양한 주제를 종합적으로 수용할 수 있는 국토정책의 입안과 체계적인 국가계획의 필요성이 제기되었다(국토연구원, 2008b).

1970년대 역시 절대적 빈곤에서 벗어나 자립적 경제기반을 구축하는데 정책역량이 결집된 시기로, 수출주도형 공업화가 국가경제정책의 핵심이었지만, 한편으로는 경제정책의 효과적 전개를 지원하기 위한 전국적 차원의 정책 및 국토계획의 필요성이 증가했다. 즉, 산업화를 효율적으로 추진하기 위해 전국에 대형 산업단지를 조성하는 과정에서 이를 지원하는 교통, 에너지, 상하수도시설, 환경시설 등 기본 인프라 시설에 대한 체계적이고 종합적인 입지 및 공급 전략이 필요했던 것이다. 여기에 산업화의 진전과 함께 도시화가 진행되어 대도시에 대한 적정 관리문제가 제기되었고, 각종 사회간접자본시설 건설 및 지역개발사업의 추진에 있어 개별적이고 국지적인 정책보다는 상호연계 아래 전개될 수 있는 국토공간의 재편성과 균형개발의 필요성이 대두되었다. 이러한 논리에 의해서 정부는 「제1차 국토종합개발계획(1972~1981)」을 수립하게 되었으며, 이후 지속적으로 국토종합계획을 수립하여 우리나라의 핵심적인 국가계획으로 자리매김하게 되었다(기획재정부, 2013).

국토종합계획의 수립은 종합적이고 체계적인 국토 관리정책의 출발을 의미한다. 국토종합계획은 국가를 구성하는 기본요소인 국토라는 거대한 자원을 공간적·시간적으로 요청되는 가치관과 국가운영전략에 맞게 효율적으로 운영하기 위하여 수립하는 기본계획을 의미한다. 국토종합계획에는 국토의 이용과 개발, 보전에 관한 기본적인 가이드라인이 제시되며, 국토를 매개로 하여 이루어지는 국가정책의 기본방향을 담게 된다.

국토종합계획의 법적 근거는 「헌법」과 「국토건설종합계획법(현, 국토기본법)」에서 찾을 수 있다. 「헌법」 제120조 제2항에는 "국토와 자원은 국가의 보호를 받으며, 국가는 그 균형 있는 개발과 이용을 위하여 필요한 계획을 수립한다"고 규정되어 있는 바, 정부가 수행하는 각종 국토개발은 헌법의 정신에 따라 전국을 균형있게 발전시키는 것을 중요한 목표로 설정하고 있기 때문에 국토종합계획은 국토에 관한 최상위 국가계획이라 할 수 있다. 그리고 1963년에 제정된 「국토건설종합계획법」 제2조에서는 "국토건설종합계획이라 함은 국가 또는 지방자치단체가 실시할 사업의 입지와 시설규모에 관한 목표 및 지침이 될 종합적이며 기본적인 장기계획을 말한다"로 규정하고 있으며, 당시에는 국토에 관한 계획을 전국계획, 특정지역계획, 도계획, 군계획 등 4가지로 구분했다. 이후 2002년에 제정된 「국토기본법」에서는 국토계획을 "국토를 이용 · 개발 및 보전할 때 미래의 경제적 · 사회적 변동에 대응하여 국토가 지향하여야 할 발전방향을 설정하고 이를 달성하기 위한 계획"으로 규정하고, 국토계획을 국토종합계획, 도종합계획, 시군종합계획, 지역계획, 부문별계획으로 구분했다(국토기본법 제6조). 일반적으로 협의의 국토계획이라고 하면 국토종합계획을 의미하며, 국토전역을 대상으로 하여 국토의 장기적인 발전방향을 제시하는 종합계획을 의미한다. 국토종합계획은 도종합계획 및 시군종합계획의 기본이 되며, 부문별계획과 지역계획도 국토종합계획과 조화를 이루도록 했다(국토기본법 제7조).

국토종합계획은 미래의 경제적 · 사회적 변동에 대응하여 민족의 삶의 터전인 국토의 미래상과 장기적 발전방향을 종합적으로 설정하고, 인구와 산업의 배치, 기반시설의 공급, 국민생활환경의 개선, 국토자원의 관리 및 환경보전에 관한 정책방향을 제시하며, 국토의 이용 · 개발 · 보전에 관한 장기적 · 종합적 정책방향을 설정하는 국가의 최상위 종합계획이다. 국토종합계획의 내용은 국토기본법에 기초하고 있으며 시대적인 상황과 여건에 따라 중요시하는 내용들이 변했다. 기존의 「국토건설종합계획법」에서는 천연자원의 이용과 개발 · 보전, 재해방지, 도시와 농촌의 배치 및 규모, 산업입지의 선정과 조성, 문화 · 휴양자원의 보호 · 시설배치와 규모 등 특정 분야에 초점을 두었다면, 현재의 「국토기본법」에서는 국토의 전반에 대하여 기본적이고 장기적인 정책방향을 제시하는데 초점을 두고 있다. 국토종합계획은 1972년 「제1차 국토종합개발계획(1972~1981)」이 최초로 수립 · 시행된 이후, 총 4차례(3회 수정) 수립되었으며, 현재는 「제4차 국토종합계획 수정계획(2011~2020)」이 시행 중에 있으면서, 2040년을 목표로 「제5차 국토종합계획」을 준비하고 있다.

표 14-1 법에서 규정한 국토종합계획의 주요 내용

국토건설종합계획법	국토기본법
제2조(국토건설종합계획의 정의) 국토건설종합계획법의 목적을 달성하기 위하여 국가 또는 지방자치단체가 실시할 사업의 입지와 시설규모에 관한 목표 및 지침이 될 다음의 사항에 관한 종합적이며 기본적인 장기계획을 말한다. 1. 토지 · 물 기타 천연자원 이용 · 개발 · 보전 2. 수해 · 풍해 기타 재해방지 3. 도시와 농촌의 배치 및 규모와 구조의 대강 4. 산업입지의 선정과 조성 5. 산업발전의 기반이 되는 중요 공공시설의 배치 및 규모 6. 문화 · 휴양에 관한 자원과 기타 자원의 보호 · 시설배치와 규모	**제10조(국토종합계획의 내용)** 국토종합계획에는 다음 각 호의 사항에 대한 기본적이고 장기적인 정책방향이 포함되어야 한다. 1. 국토의 현황 및 여건 변화 전망에 관한 사항 2. 국토발전의 기본 이념 및 바람직한 국토미래상의 정립에 관한 사항 2의 2. 교통, 물류, 공간정보 등에 관한 신기술의 개발과 활용을 통한 국토의 효율적인 발전 방향과 혁신 기반 조성에 관한 사항 3. 국토의 공간구조 정비 및 지역별 기능 분담 방향에 관한 사항 4. 국토의 균형발전을 위한 시책 및 지역산업 육성에 관한 사항 5. 국가경쟁력 향상 및 국민생활의 기반이 되는 국토 기간시설의 확충에 관한 사항 6. 토지, 수자원, 산림자원, 해양자원 등 국토자원의 효율적 이용 및 관리에 관한 사항 7. 주택, 상하수도 등 생활 여건의 조성 및 삶의 질 개선에 관한 사항 8. 수해, 풍해, 그 밖의 재해 방제에 관한 사항 9. 지하 공간의 합리적 이용 및 관리에 관한 사항 10. 지속가능한 국토 발전을 위한 국토 환경의 보전 및 개선에 관한 사항 11. 그 밖에 제1호부터 제10호까지에 부수되는 사항

출처: 법제처 국가법령정보센터.

2) 국토종합계획의 시대별 주요 추진내용

① 제1차 국토종합개발계획(1972~1981)

1970년대는 우리나라에서 최초로 전국을 대상으로 하는 종합적이고 장기적인 국토계획인 「제1차 국토종합개발계획(1972~1981)」이 수립 및 시행되고, 이를 뒷받침하는 각종 제도와 정책이 도입된 시기다. 국토종합개발계획이 공식적으로는 1971년에 수립되었지만, 국토의 장기적 · 종합적 이용 및 개발을 포함하는 계획 수립에 대한 정부의 실제적인 노력은 1960년대 초반부터 있었다.

1960년대부터 본격적인 경제개발이 진행됨에 따라 수송, 전력, 통신 등 주요 사회간접자본의 확충에 대한 요구가 증가했고, 도시가 공업화됨에 따라 대도시의 인구가 급격하게 증가하기 시작했다. 특히, 서울에 인구가 집중함에 따라 이에 대한 대책 마련이 시급하게 되는 등 사회 · 경제적 여건 변화를 고려한 새로운 계획의 필요성이 제기되어 1972~1981년까지 10년을 계획기간으로 하는 「제1차 국토종합개발계획」이 수립되었다. 제1차 국토계획은 1968년에 1986년을 목표연도로 하여 수립한 국토계획기본구상을 바탕으로 국토자원의 이용 · 개발과 보전에 관한 계획을 주요 내용으로 했으며, 1960년대 이후 모색되어 온 국토개발 전략을 집약한 계획으로서 급속하게 진행되는 공업화와 도시화 과정에서 발생한 주요 국토문제를 해결하기 위한 정책방안을 담고 있다.

제1차 국토계획은 지난 10년간의 경제개발 결과, 급격한 공업화와 도시화가 진행 중이었기 때문에 모든 산업을 조화롭게 배치하여 국민이 보다 안전하고 풍성한 생활을 영위할 수 있도록 국토구조와 환경을 개선시키기 위하여, 국토이용관리의 효율화, 개발기반의 구축, 국토포장자원개발과 자연의 보호 및 보전, 국민생활환경의 개선 등 4가지를 기본 목표로 설정했다. 그리고 이들 목표를 달성하기 위한 주요 수단으로 거점개발방식을 취했다. 즉, 경제성이 높은 대규모사업을 우선 실시하여 사업의 효과를 전 국토에 파급시키고자 했다.

제1차 국토계획에서는 서울~부산축 중심의 인구와 산업의 과도한 집중 등 국토이용의 불균형을 시정하는 한편 산업과 사회공공시설의 재배치 등을 위하여 국토를 4대권, 8중권, 17소권으로 구분하고, 이 중에서 8중권을 개발 단위로 하여 사업을 추진했다. 4대권은 수자원 개발을 중요시하여 한강, 금강, 영산강, 낙동강으로 구분했다. 8중권은 도단위 행정구역을 중심으로 수도 · 태백 · 충청 · 전주 · 대구 · 광주 · 부산 · 제주 권역으로 구성되며 하나씩의 거점도시를 가지고 있다. 17소권은 경제적 결절성, 자치성, 면적 등을 중심으로 서울, 춘천, 강릉, 원주, 천안, 청주, 대전, 전주, 대구, 안동, 포항, 부산, 진주, 광주, 목포, 순천, 제주 등의 도시를 중심으로 구성했다.

권역별 개발의 주요 기본방향을 살펴보면, 권역의 평야지대는 공통적으로 식량기지로 개발하고자 했으며, 수도권은 서울에 집중하는 산업 및 문화시설을 권역 내외에 분산시켜 인구 집중을 완화시키는데 초점을 두었다. 태백권은 광물과 수산, 관광 등 자연자원을 개발하여 공업발전에 따른 권내 자원공급원으로서 기능을 강화시키는 것으로 설정했으며, 충청권은 서울에서 분산되는 공업시설의 수용지역으로 설정하고, 대전, 청주, 천안을 발전주축으로 설정했다. 전주권은 전주, 이리, 군산, 비인을 공업지대로 개발하여 인구의 정착을 도모하고자 했으며, 광주권은 광주~나주~목포를 대상(帶狀)으로 개발하여 지역발전의 주축으로 삼고 여수를 공업지역으로 개발하고자 했다. 대구권은 대구를 거점이자 중심도시로 육성하고, 안동과 포항을 거점도시로 육성하고자 했으며, 부산권은 울산, 부산, 진해, 마산, 삼천포를 공업대상 지역으로 개발 · 육성하여 국제진출 기지의 기능을 강화하고자 했다. 그리고 제주권은 한라산의 관광자원과 어업전진기지로서의 여건을 살려서 제주시와 서귀포를 국제적인 관광지로 개발하고자 했다.

이처럼 우리나라 지역계획에서 권역계획을 도입한 것은 「제1차 국토종합개발계획」이 처음이다. 국토계획에서 권역의 설정이 중요시되는 이유는 ① 생산과 소비 공간의 유통, ② 단위지역 개발을 위한 중심지와 배후지역과의 관계설정, ③ 지역 간 경제변량의 파악, ④ 개발과정에서 파생되는 낙후지역과 부진지역의 결정, ⑤ 새로운 통합지역의 예측, ⑥ 지역 간 시설투자규모 결정 등에 중요한 역할을 하기 때문이다(김의원, 2009).

한편, 제1차 국토계획에서는 도시개발을 부문별계획에 별도로 포함시켰으며, 도시개발 문제의 중요성을 '국가 제기능의 집적지로서 사회간접자본에 의한 편의시설의 이점도 있으나 이 밖에도 지역개발의 거점으로서의 기능 때문'이라고 제시하고 있다. 즉, 지방의 도시개발이 지역격차의 시정, 고용의 안정과 문화의 발전을 도모할 뿐 아니라 지방산업의 진흥에 중요하기 때문에 전국적인 입장에서 도시의 적정배치와 개발 문제를 국토계획에서 다루어야 한다는 것이다. 그리고 이 계획에서는 도시체계의 합리적 조정과 도시개발을 도모하기 위하여 다음과 같이 6가지의 개발방향을 설정했다(대한민국정부, 1971).

첫째, 이미 설정된 경제개발권역을 토대로 지역 간 유통질서를 능률화할 수 있는 체계적인 도시의 적정배치를 기함과 동시에 고속도로를 비롯한 교통시설망의 합리적 체계화로 도시입지 구조의 개선을 기한다.

둘째, 도시규모의 계층화를 촉진하고 지역 간 자립과 균형발전을 기하기 위하여 도시의 성장속도와 특성을 감안한 도시기능의 특화를 촉진하는 한편, 공업단지 등의 적정배치를 통하여 소비성향적 도시를 생산적 도시로 그 기능을 강화하고 기능이 미분화 상태에 있는 중소도시를 지역기능에 적합한 특수기능 도시로 육성시킴으로써 전국도시의 조화 있는 발전을 도모한다.

셋째, 국토방위와 전국의 균형발전을 촉진하기 위하여 서울, 부산, 대구 등 과대화하는 대도시의 인구 및 공업을 분산하고, 이들 대도시에 있어서는 현행 토지용도지역제를 한층 강화하여, 공장, 학교, 도매시장 등 인구집중의 요인이 되는 특정시설의 설치를 제한하는 한편, 개발예정지역의 지정과 도시의 무질서한 평면적 확산을 방지하는 차단녹지 등 개발제한구역(Green Belt)을 지정한다. 또한, 서울의 경우 인구집중요인이 되는 중추관리기능 등 수도에 위치할 필요가 없는 관아나 국영기업체 본사의 지방분산을 기한다.

넷째, 서울, 부산, 대구 등 대도시는 대량생산과 기동성이 보장될 수 있는 새로운 도시기능에의 적응을 위해 도시의 기성시가지 내, 특히 도심부 재개발을 촉진한다.

다섯째, 전국 도시의 적정규모와 균형발전을 촉진하는 방안으로서 권역별 중심도시에 대한 합리적 인구분산으로서 지방 중소도시를 육성한다.

여섯째, 도시인구규모별 공공시설기준을 정하여 건전한 도시발전과 쾌적한 시민생활을 도모한다.

한편, 제1차 국토계획은 경제성장기반 구축을 위한 사회간접자본시설의 확충을 주요 목표로 설정하여 경부축 중심으로 거점개발을 추진했으며, 공업단지, 고속도로 건설 등 생산기반 구축과 집적이익을 통한 투자 효율의 극대화에 치중했다. 이 계획의 시행으로 수도권과 남동임해공업지역을 중심으로 산업발전의 기반이 조성되었다. 소양강과 안동, 대청 등에 다목적 댐을 건설하여 수자원을 안정적으로 확보하게 되었고, 호남, 남해, 영동, 88올림픽 고속도로 등의 고속도로망과 서울을 중심으로 한 수도권 지역의 전철망, 동해안, 중부내륙 종단 고속화 도로 및 주요 간선 국도의 포장으로 간선 교통망이 형성되었다. 또한, 제1차 국토계획 기간 동안 국토계획을 뒷받침하는 각종 제도와 정책이 수립되어 국토계획의 기초적인 제도를 마련하고 국토계획으로서의 틀을 갖추게 되었으나, 1970년대의 오일쇼크와 중동전쟁 등의 국제적인 정치 · 경제 상황의 격변기 속에서도 국토계획의 시행은 1977년에 수출 100억 달러를 달성하는 원동력이 되기도 했다.

하지만, 이러한 성과에도 불구하고 1970년대 거점개발방식의 시행으로 수도

그림 14-1 제1차 국토종합개발계획의 종합개발계획도와 권역도

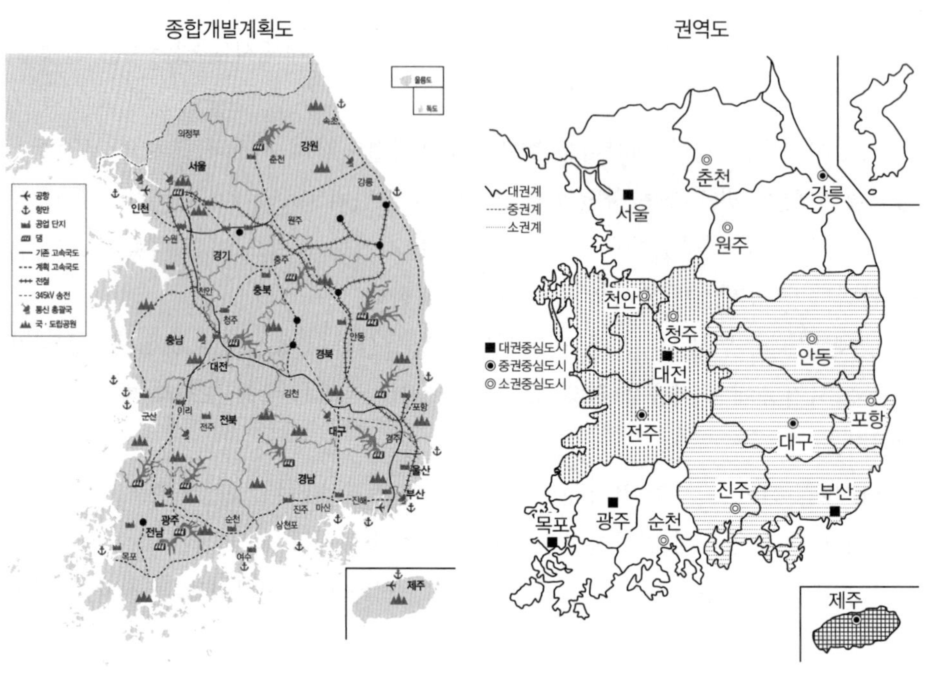

출처: 대한민국정부(1971, 7, 115); 국토교통부 · 국토지리정보원(2017, 78).

권과 동남권에 개발이 편중되어 국토의 불균형 구조가 형성되었고, 지역간 격차가 심화되었다. 1960년대 자유입지에 의한 대도시 집중에서는 탈피했으나, 수도권에서는 서울에서 경기도 지역으로 공업입지의 광역화가 발생했으며, 지방에서는 울산, 포항 등 대규모 산업단지가 집중적으로 건설된 동남권으로 편중현상이 심화되었다. 그리고 거점개발방식은 산업의 공간적 집중 및 인구와 다른 기능의 집중도 유발하여 지역 격차가 더욱 심화되는 결과를 초래했고, 개발로 인한 환경 훼손 등의 문제가 발생하기도 했다(기획재정부, 2013).

② 제2차 국토종합개발계획(1982~1991)

「제2차 국토종합개발계획(1982~1991)」[2]은 1980년대의 국정지표인 "복지사회

2 제2차 국토종합개발계획 기간 동안 국내외 여건변화를 반영하고자 1987년에 제2차

건설"에 대한 기반을 구축하고자 수립된 계획이다. 1980년대는 1960~1970년대를 통하여 축적된 경제력과 산업 및 사회구조의 기반 위에서 국토를 더욱 체계적이고 효과적으로 개발, 관리할 필요성이 대두된 시기다. 대규모 공업기지의 구축 및 정비, 교통·통신·수자원 및 에너지 공급망 정비 등과 같은 경제성에 초점을 둔 제1차 국토계획의 추진으로 국가의 경제성장은 거두었으나 대도시의 인구집중과 지역 간 발전격차, 에너지 및 토지자원의 부족, 생활환경시설의 상대적 낙후와 환경오염 등의 문제가 심화되었다.

이에 따라 제2차 국토계획에서는 국토개발의 기본목표를 인구의 지방정착 유도, 개발가능성의 전국적 확대, 국민복지수준의 제고, 국토자연환경의 보전 등 4가지로 설정했다. 그리고 개발전략으로는 국토공간구조의 양극화 완화를 위한 다핵구조 형성과 지역생활권 조성, 서울과 부산의 성장억제 및 관리, 지역기능 강화를 위한 교통·통신 등 사회간접자본 확충, 후진지역의 개발촉진 등 4가지로 제시했다.

제2차 국토계획에서는 제1차 국토계획의 거점개발정책이 가져온 지역간 불균형 문제를 시정하고 인구의 지방정착을 유도하기 위하여 생활권 개념을 도입했다. 즉, 전국을 28개의 지역생활권으로 나누고, 이들 생활권을 성격과 규모에 따라 5개 대도시생활권, 17개 지방도시생활권, 6개 농촌도시생활권 등 3개 유형으로 구분했다. 대도시생활권은 서울, 부산, 대구, 광주, 대전 등 중심도시 인구가 1백만 명 이상이거나 목표연도에 1백만 명으로 증가가 예상되는 지역이며, 지방도시생활권은 전주, 청주, 춘천 등 시급도시가 지역의 중심을 이루는 지역이고, 농촌도시생활권은 영월, 서산, 홍성, 강진, 점촌, 거창 등 읍급도시가 중심이 되는 농산촌 지역으로 설정했다. 생활권에 대해서는 공통적으로 권역내 취업기회 확대, 중심도시의 생활편익시설 확충, 생활권내의 접근도 향상, 주민의 자발적 발전의식 제고 등을 추진했으며, 지역생활권 유형별로 역할과 조성방향을 달리 설정했다(대한민국정부, 1982).

먼저, 대도시생활권은 국토공간의 다핵적 재편성 방안으로, 서울과 부산은 권역 내외로 인구와 산업을 분산시키고, 대구, 광주 대전은 서울의 전국적인 중

국토종합개발계획 수정계획(1987~1991)을 수립했다.

그림 14-2 제2차 국토종합개발계획의 종합개발계획도와 지역생활권역도

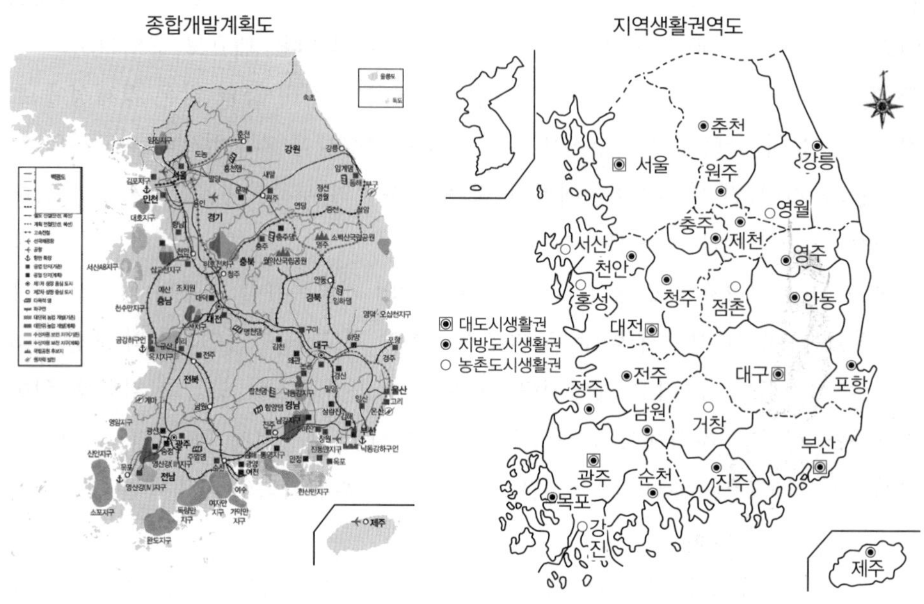

출처: 대한민국정부(1982, 119, 22); 국토교통부 · 국토지리정보원(2017, 78).

추관리기능을 분담하도록 하고 권내에 생활기반을 확충하여 취업기회를 확대하고자 했다. 지방도시생활권의 중심도시는 인구의 지방정착을 주도할 핵심 도시로 지역의 성장 및 서비스 중심지의 역할을 담당하고 주변지역과 연계를 강화하여 주민의 생활수준을 향상시키는데 초점을 두었다. 그리고 농촌도시생활권은 취업기회 및 교육시설 확충과 중심도읍으로의 접근성 향상에 초점을 맞추었다.

도시개발의 기본방향에서는 국토이용의 양극화 현상과 대도시에 편중된 인구분포의 시정을 주요 과제로 설정했다. 이의 해결을 위해서 서울과 부산의 과밀집중을 강력히 규제 및 관리하는 시책을 강구하고, 대도시의 도심부 재개발로 토지이용의 고도화를 도모하는 한편, 성장 잠재력이 큰 지방도시를 성장거점으로 육성하여 서울, 부산 지향성 인구를 수용하도록 기본방향을 설정했다. 그리고 제2차 국토계획에서는 기존의 도시개발뿐만 아니라 도시의 정비에 대한 부분도 계획에 포함시켰으며, 특히, 서울을 포함한 수도권에 대해서는 지역의 개발정도와

특성에 따라 정비지역으로 구분하여 지역별 정비전략을 강구하도록 했다. 이는 「수도권정비계획법(1982)」의 제정과 「수도권정비계획(1984)」이 수립되는 직접적인 계기가 되었다.

한편, 제2차 국토계획에서는 성장 잠재력이 큰 15개 도시를 선정하여 성장거점도시로 육성하는 내용을 포함시켰다. 대구, 광주, 대전은 제1차 성장거점도시로서 국토의 다핵적 발전을 위한 국토 중앙부의 3대핵으로 서울과 부산 지향형의 인구수용 정착기지로서 역할을 수행하고, 도청 소재지와 지역 중심도시인 춘천, 강릉, 원주, 청주, 천안, 전주, 남원, 목포, 순천, 진주, 안동, 청주 등 12개 도시는 제2차 성장거점도시로 선정하여 지방발전 및 서비스 기능의 중심지 역할을 담당하도록 계획했다. 그리고 서울과 부산 주변의 도시와 지방도시 중에서 성장거점도시로 선정되지 않은 중소도시에 대해서는 서울과 부산, 성장거점도시들과 기능상 보완관계를 유지하면서 개별 도시의 특성과 개발정도에 따라 육성 · 정비하도록 계획했다.

제2차 국토계획은 국토의 균형발전과 국민복지 향상을 위하여 생산중심의 개발에서 탈피하여 국민의 생활환경 개선 및 지역생활권 거점 육성으로 방향을 전환했고, 환경문제를 이전보다 중요하게 다루었다. 이 계획의 시행으로 수도권의 개발억제와 지방개발을 촉진하고 주택 200만호 건설, 맑은 물 공급 등 국민의 생활환경 향상에 기여했다. 하지만, 제2차 국토계획 이후에도 서울과 부산 등 대도시에 투자가 집중되었고, 특히 86아시안게임과 88서울올림픽 개최를 위하여 수도권 집중에 대한 기존의 시책 완화와 함께 투자가 집중됨으로써 수도권과 지방의 격차가 더욱 심화되었다. 또한, 국토자원의 부족 및 환경오염에 대한 문제가 지속적으로 발생했다. 제2차 국토계획은 계획목표를 수도권 과밀해소와 지방발전 그리고 삶의 질 개선에 두고 그 전략으로 지방대도시 중심의 다핵구조를 구축하는 것이었지만 수도권과 경부축을 중심으로 성장세가 본격적으로 가시화되면서 과밀억제정책은 그 효과가 기대에 미치지 못했다(국토연구원, 2008b; 기획재정부, 2013).

③ 제3차 국토종합개발계획(1992~2001)

제1차 및 제2차 국토계획의 수립 · 시행으로 산업 및 생활기반시설의 확충과 국토의 효율적 이용 · 관리를 위한 각종 제도가 정비되는 등 국가발전을 위한 기반이 조성되었다. 하지만, 국토개발 과정에서 여전히 국토의 불균형 성장과 국토이용의 비효율, 지역 간 · 계층 간 격차 증가, 도로와 항만 등 기반시설의 여전한 부족, 국민생활환경의 낙후, 환경오염 등의 제반 문제가 수반되었다. 따라서 「제3차 국토종합개발계획(1992~2001)」에서는 이러한 문제들을 해소하고 대내외 여건변화에 대응하기 위하여 계획의 기조를 '국토공간의 균형성, 국토이용의 효율성, 국민생활의 쾌적성, 남북국토의 통합성' 등 4개 부문으로 설정하고, 목표를 '지방분산형 국토골격의 형성, 생산적 · 자원절약적 국토이용체계의 구축, 국민복지향상과 국토환경의 보전, 남북통일에 대비한 국토기반의 조성'으로 설정했다. 목표달성을 위한 추진전략은 지방의 육성과 수도권의 집중 억제, 신산업지대의 조성과 산업구조의 고도화, 통합적 고속교류망의 구축, 국민생활과 환경부문의 투자 확대, 국토계획의 집행력 강화 및 국토이용 관련 제도의 정비, 남북교통지역의 개발 · 관리 등 6가지로 설정했다.

제3차 국토계획에서는 지방육성과 수도권억제시책의 효과적 추진, 국가 자원의 효율적 배분, 대도시권의 확대와 지방자치의 조화 등을 위하여 전국을 9개의 지역계획권으로 설정했다. 수도권은 과밀집중 억제 및 공공기관 · 대기업 등 중추기능의 지방분산 유도, 제반 도시문제 해소를 위한 내부공간구조의 개편 등을 기본적인 개발방향으로 설정했으며, 강원권은 관광휴양공간 조성을 통한 국민여가지대 형성, 통일과 북방교역에 대비하는 기반조성 등을 개발방향으로 설정했다. 충북권은 수도권 분산기능을 수용할 수 있는 지역경제기반 조성, 대전 · 충남권은 수도권 기능 분담을 위한 수용기반 구축, 신산업지대의 조성과 산업구조의 고도화를 기본적인 개발방향으로 설정했고, 전북권은 대중국 및 환태평양 교역전진기지 구축과 신산업지대 조성을, 광주 · 전남권은 대중국 및 환태평양 교역전진기기 구축, 신산업지대 조성과 농업구조개선을 기본방향으로 설정했다. 대구 · 경북권은 대구의 중추기능 강화, 개발부진지역의 개발촉진, 산업축 개발과 산업구조의 개편을, 부산 · 경남권은 국제교역의 중심거점 및 태평양지역의 관문기능 강화, 인구 및 산업의 수도권 집중을 완화할 대응거점 구축을 기본방향으로 설정했으며, 제주권은 관광지 조성, 자연환경 보전과 관리 등을 주요 개발방향으로 설정했다.

그림 14-3 **제3차 국토종합개발계획의 종합계획도**

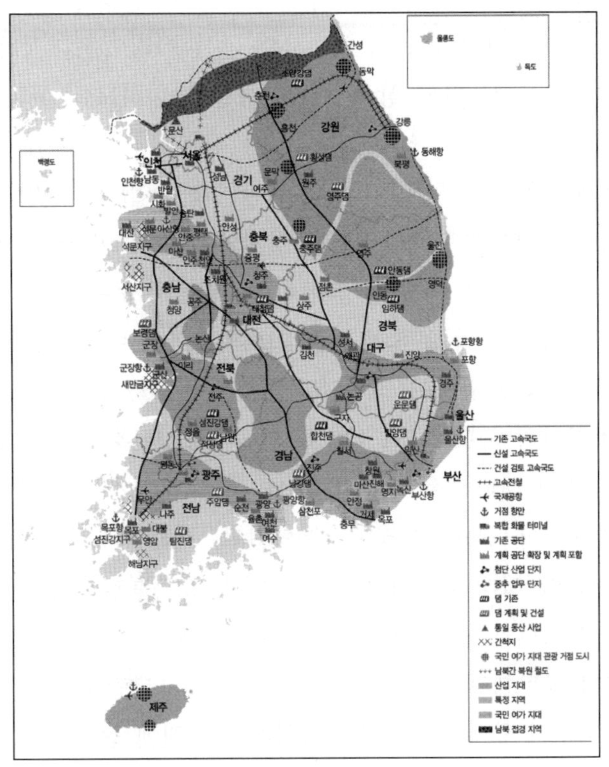

출처: 대한민국정부(1992, 147); 국토교통부 · 국토지리정보원(2017, 78).

한편, 제3차 계획에서는 지방분산형 정주체계 형성을 위하여 지방대도시의 성장관리, 중소도시의 기능 전문화를 통한 성장촉진, 신도시의 계획적 개발, 도농통합적 농어촌 개발, 도시계층별 시설이용체계의 확립 및 시가지 환경정비, 특정지역의 개발 · 관리 및 지방의 인구정착 여건 개선, 수도권 집중 억제 및 내부공간구조 개편 등을 추진계획으로 설정했다. 이들 계획 중에 지방대도시의 성장관리에서는 부산(국제무역 및 금융), 광주(첨단산업 · 예술 · 문화), 대구(업무 · 첨단기술 · 패션산업), 대전(행정 · 과학연구 · 첨단산업) 등 4대 도시를 특화시켜 수도권의 비대화를 견제하고자 했으며, 전주(산업 · 문화예술), 청주(산업 · 교육 · 문화), 제주(관광 · 문화), 춘천(산업 · 관광 · 교육) 등 대도시 이외의 도별 중심도시는 중추기능을 강화시키고, 대도시와 주변영향권을 대도시권으로 설정하여 광역적으로 관리하고자 했다. 중소도시의 기능 전문화를 통한 성장촉진에서는 마산–창원–진해, 여수 · 여천–순천–광양, 전주–군산–이리, 강릉–동해 등을 연담도시권으로 설정하여 도시 간의 상호 보완기능을 강화하도록 했다(대한민국정부, 1992).

제3차 국토계획에서는 신산업지대 및 첨단기술 산업단지 개발, 국민여가지대 조성, 전국간선고속교통망 구축, 권역별 항만체제 구축 및 국제공항 확충, 주택 540만호 건설, 유역별 수자원 및 환경의 종합관리체계 구축, 중소도시 주력 산업 육성, 접경지역 개발 · 관리 등 8개 부문을 핵심사업으로 선정했다. 그리고 기존 국토개발의 문제점을 보완하여 국민복지향상과 환경보전을 목표로 지방도시육성을 통한 지방분산형 국토개발을 추진하고, 처음으로 북한을 계획 대상에 포함하는 등 통일시대에 대비하는 국토의 기반을 조성하고자 노력했다. 또한, 국토계획을 뒷받침하는 제도들이 제정 · 수정되었고, 서해안 고속국도와 신산업지대가 조성되어 서해안 시대의 개발을 촉진했으며, 도농통합도시가 출범하여 지방도시를 육성하고 도시와 농촌간의 통합을 추구했다.

그러나 제3차 국토계획의 추진에도 불구하고 인구뿐만 아니라 중앙정부를 비롯한 민간 각 부문의 중추기능과 취업기회가 수도권에 집중되는 국토의 불균형 문제가 지속되었으며, 계획의 수립 당시보다 주변 여건이 급속히 변화하여 장기적인 측면에서 국토개발의 청사진을 제시하거나 세계 각국의 무한경쟁에 능동적으로 대처할 수 있는 국토 전략을 제시하는 데에는 미흡했다(국토연구원, 2008b; 기획재정부, 2013).

④ 제4차 국토종합계획(2000~2020)

「제4차 국토종합계획(2000~2020)」은 21세기에 적합한 국토운영전략 마련, 국가 융성 및 국민의 삶의 질 향상을 동시에 확보할 수 있는 국토비전과 전략 마련, 국토발전의 가이드라인 등을 제시하기 위하여 제3차 국토계획의 목표연도를 2001년에서 1999년으로 조기에 종료시키고, 제4차 국토계획에서 2000년을 시작연도로 하여 2020까지 20년 계획으로 기간을 변경했다. 그리고 개발에 초점을 두던 기존의 시각에서 탈피하여 개발과 환경의 조화 및 관리에 중점을 두기 위하여 계획의 명칭도 국토종합개발계획에서 국토종합계획으로 변경했다.

제4차 국토계획에서는 수도권 집중과 지역 간 불균형의 심화, 환경훼손에 따른 삶의 질 저하, 인프라 부족에 따른 국가의 경쟁력 약화, 국토의 안전성 결여 등을 우리 국토가 지닌 주요 문제로 진단하고, 계획의 기조를 21세기 통합국토의 실현으로 설정했으며, 기본목표를 더불어 '잘사는 균형국토, 자연과 어우러진 녹색국토, 지구촌으로 열린 개방국토, 민족이 화합하는 통일국토' 등 4가지로 설정했다. 그리고 목표달성을 위한 추진전략으로 '개방형 통합국토축 형성, 지역별 경쟁력 고도화, 건강하고 쾌적한 국토환경 조성, 고속교통 · 정보망 구축, 남북한 교류협력기반 조성' 등 5가지로 제시했다.

개방형 통합국토축 형성에서는 환동해축(부산 · 울산~포항~강릉 · 속초~(나진 · 선봉)), 환남해축(부산~광양 · 진주~목포~제주), 환황해축(목포 · 광주~군산~전주~인천~(신의주))으로 이루어진 연안국토축과 남부내륙축(군산 · 전주~대구~포항), 중부내륙축(인천~원주~강릉 · 속초), 북부내륙축(평양~원산)으로 구성된 동서내륙축으로 구상하여 국토축별 발전전략을 계획했다. 그리고 개방형 통합국토축의 형성전략으로 아산만권, 전주 · 군장권, 광주 · 목포권, 광양만 · 진주권, 부산 · 울산 · 경남권, 대구 · 포항권, 강원동해안권, 중부내륙권, 대전 · 청주권, 제주도 등 10대 광역권을 개발하여 지역발전의 선도역할을 수행하도록 계획했다.

한편, 제4차 국토계획은 국내외 여건 변화와 새로운 국가발전전략 및 정책기조에 대응하기 위하여 2006년과 2011년에 두 차례에 걸쳐 수정계획을 수립했다. 「제4차 국토종합계획 수정계획(2006~2020)」에서는 계획의 기조를 '약동하는 통합국토의 실현'으로 설정하고 상생하는 균형국토, 경쟁력 있는 개방국토, 살기 좋은 복지국토, 지속가능한 녹색국토, 번영하는 통일국토를 계획의 목표로 설정했다.

이 수정계획에서는 남해안축, 서해안축, 동해안축 등 3개의 국토축이 유라시아 대륙과 환태평양을 지향하는 'π형'의 개방형 국토축으로 국토의 골격을 구상하고, 국제경쟁을 위한 기본단위로서 수도권, 강원권, 충청권, 전북권, 광주권, 대구권, 부산권, 제주도 등의 7+1 경제권역으로 설정했다. 그리고 이 계획에서는 수도권의 기능을 지방에 분산하고 지역의 자립적 기반을 구축하기 위하여 행

표 14-2 제4차 국토종합계획 수정계획 비교

구분	제4차 국토종합계획 수정계획 (2006~2020)	제4차 국토종합계획 수정계획 (2011~2020)
기조	약동하는 통합국토의 실현	대한민국의 새로운 도약을 위한 글로벌 녹색국토
지역균형 및 국가경쟁력	• 지역간 균형발전에 중점 • 수도권 과밀 억제	• 광역경제권 중심의 특성화 발전 및 글로벌 경쟁력 강화에 중점 • 수도권의 경쟁력 강화 및 계획적 성장관리
대외개방 및 국토골격	• 한반도 육지(경성국토) • 행정구역별 접근(7+1 경제권역) • 점적 개방(3개축)에 중점	• 한반도 육지 · 해양, 재외기업 활동 공간 포함(연성국토) • 행정구역 초월한 광역적 접근(5+2 광역경제권) • 대외개방 벨트 및 접경벨트(4개축) • 글로벌 개방거점 육성 등 개방형 국토형성 추진
지역개발 산업입지	• 지역혁신체계 구축을 통한 자립적 지역발전 기반 마련 • 지역분산형 개발정책(행정중심복합도시, 공공기관 지방이전, 혁신도시 · 기업도시 건설 등) • 혁신클러스터 형성	• 지역특성을 고려한 전략적 성장거점 육성 • 신성장동력 육성 및 녹색성장을 위한 新산업기반 조성
유라시아-태평양 협력	• 경제자유구역, 자유무역지역 중심의 개방 · 협력거점 육성 • 접경지역 협력사업 추진	• 다변화된 글로벌 개방거점 육성(새만금, 경제자유구역, 국제자유도시, 국제과학비즈니스벨트, 첨단의료복합단지 등) • 한국형 도시개발 수출
도시	• 기초적 삶의 질 보장 • 네트워크형 도시체계 형성	• 도시재생 및 품격있는 도시 조성 • 한국형 녹색콤팩트도시 조성

출처: 대한민국정부(2011, 182-183)를 참조하여 작성.

정중심복합도시 건설 및 공공기관의 지방이전, 광역권과 혁신도시, 기업도시, 고속철도 역세권 등을 개발하여 지역거점으로 형성하고, 권역별로 전략산업의 육성 및 산학연관 연계를 강화한 혁신클러스터를 형성하여 지역산업의 경쟁력을 높이는 것을 주요 추진 전략으로 설정했다.

현재 시행 중인 「제4차 국토종합계획 수정계획(2011~2020)」에서는 국토형성의 기본 목표로 '경쟁력 있는 통합국토, 지속가능한 친환경국토, 품격있는 매력국토, 세계로 향한 열린국토'로 설정했다. 그리고 국토공간구조 형성의 기본 방향으로 대외적으로는 초광역개발권을 중심으로 개방형 국토발전축을 형성하여

그림 14-4 **제4차 국토종합계획 수정계획의 국토공간 구상**

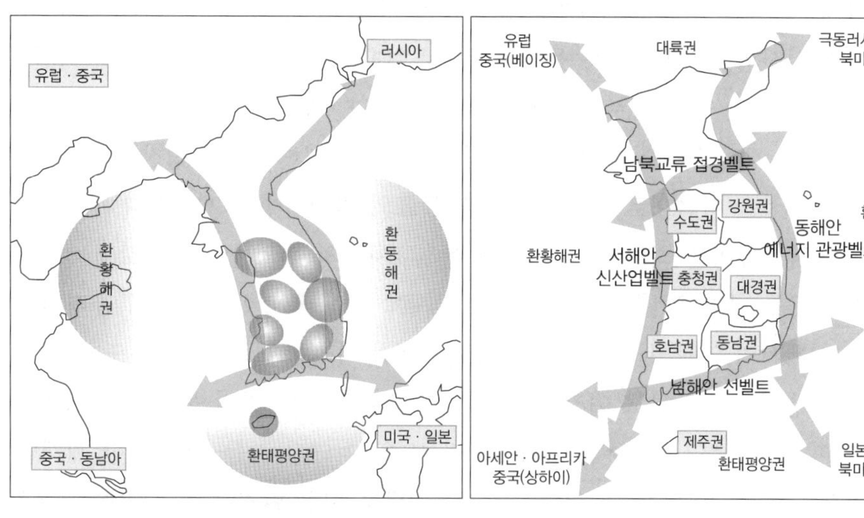

출처: 대한민국정부(2005, 37); 대한민국정부(2011, 27).

초국경적 교류 · 협력기반을 강화하고, 대내적으로는 5+2 광역경제권을 중심으로 거점도시권 육성과 광역경제권 간 연계 · 협력을 통해 지역의 자립적 발전을 유도하는 한편, 전국의 161개 시군을 도시형, 도농 연계형, 농산어촌형의 기초생활권으로 설정하고 유형별 특성화와 차별화된 개발을 추진하고자 했다.

초광역개발권에서 동해안 에너지 · 관광벨트는 에너지 산업벨트 구축, 국제관광거점 기반조성으로 개발방향을 설정하고, 서해안 신산업벨트는 국제비즈니스 거점 및 환황해 협력체계 조성, 역내외 연계 인프라 구축으로 방향을 설정했다. 남해안 선벨트는 세계적 해양 관광 · 휴양지대 조성, 글로벌 경제 · 물류거점 육성, 동서통합 및 지역발전 거점 육성을 개발방향으로 설정하고, 남북교류 · 접경벨트에는 남북한 교류협력단지 조성, 비무장지대 생태자원 보전 및 녹색관광 육성 등을 주요 개발방향으로 제시했다.

그리고 5+2 광역경제권(수도권, 충청권, 대경권, 호남권, 동남권 + 강원권, 제주권)에 대해서는 지역 주도로 특화발전을 추진하도록 계획했다. 또한, 대도시 등 거점도시와 기능적으로 연계된 인근 시군을 하나의 도시권(City-Region)으로 형성하여 광역경제권의 발전을 견인하도록 계획했다. 권역별 발전방향에서는 수도권을 동아시아 중심대도시권으로 육성하고, 충청권은 동북아 첨단과학기술·산업의 허브, 녹색국토 창조지대로 조성하는 것을 비전으로 제시했다. 호남권은 동북아의 신산업, 문화, 관광, 물류거점으로, 대경권은 글로벌 지식경제 기반과 녹색성장 중심지, 동남권은 환태평양 시대의 해양·물류 및 첨단기간산업 중심지, 강원권은 대륙국가로 가는 전진기지, 제주권은 대한민국의 성장 동력, 국제자유도시 조성을 비전으로 제시하고 관련 목표와 발전방향을 제시했다.

제4차 국토계획은 최초의 계획 수립 이후 2차례의 수정을 거침으로써 시대적 변화와 요구를 반영하려고 했지만, 정부 교체에 따라 국토계획의 틀이 급격히 변함으로써 계획의 일관성과 연속성을 확보하는데 어려움을 드러냈다. 또한, 수정계획의 시행에도 불구하고 여전히 지역간 불균형, 서민주거의 불안정, 중소도시와 농산어촌의 활력저하, 주민 생활인프라 부족, 지역간 갈등, 무분별한 재개발, 재건축으로 인한 지역사회의 해체, 과도한 개발로 인한 환경문제 등 많은 문제점들이 나타나고 있는 실정이다(기획재정부, 2013).

⑤ 국토종합계획의 비교

우리나라는 1970년대부터 지금까지 총 4차례에 걸쳐 국토종합계획을 수립했다. 제1차 국토계획에서 제3차 국토계획까지는 계획 기간을 10년으로 설정했으며, 제4차 국토계획부터는 20년으로 기간을 연장했다. 그리고 제2차 국토계획과 제4차 국토계획은 시대적 수요와 대내외 여건 변화에 대응하기 위하여 각각 한 차례와 두 차례의 수정계획을 수립했다.

국토종합계획의 전체적인 변천과정을 계획의 기조와 비전, 기본목표, 개발전략 및 정책, 주요 내용을 중심으로 요약하면 〈표 14-3〉과 같다. 먼저, 계획의 기조와 비전은 제3차 국토계획에서 등장하는데, 당시에는 그동안 개발과정에서 드러난 국토의 불균형과 환경오염 등의 문제를 시정하는 것이 중요했기 때문에, 국토의 균형성, 효율성, 쾌적성 그리고 통합성을 중시했으며, 제4차 국토계획에서는 21세기를 염두에 두고 공간적 범위를 국내에 국한하지 않고 남북한과 더 나아가 동북아지역까지 포함하여 21세기 통합국토의 실현으로 설정했으며, 계속되는 제4차 국토계획 수정계획에서도 국토의 통합과 글로벌 차원에서 우리 국토가 나아갈 방향을 강조했다.

기본 목표를 보면, 제1차 국토계획에서는 개발기반 구축, 자원의 개발, 생활환경의 개선 등에 초점을 두고 있어 경제성장과 기초적인 생활환경 개선을 중요시했으며, 제2차 국토계획에서는 국토개발 과정에서 드러난 수도권 집중과 국토의 불균형 성장, 환경훼손 등의 문제들을 시정하기 위한 사항들을 주요 목표로 설정하고 있다. 제3차 국토계획에서는 기존의 목표에 국민의 복지 측면과 통일을 대비한 국토기반 조성을 추가했으며, 제4차 국토계획에서는 균형, 개방, 복지, 통일, 지속가능성 등을 염두에 두고 목표를 설정했다.

계획별 개발전략 및 정책에서는 제1차 국토계획은 공업단지와 사회간접자본 확충, 낙후지역과 농어촌 지역 개발에 초점을 두었으며, 제2차 국토계획에서는 제1차 국토계획에 더하여 국토공간의 다핵구조화, 지역생활권 조성, 그리고 서울과 부산의 성장억제 정책을 추진했다. 제3차 국토계획에서는 수도권 집중 억제와 산업구조의 고도화, 국민생활환경의 개선 등에 초점을 두었고, 제4차 국토계획에서는 지역의 특화 발전과 경쟁력 확보, 국토의 경영기반 조성, 남북 교류협력 기반 조성, 고속교통 · 정보망 구축 등을 주요 전략 및 정책으로 채택했다.

한편, 계획별 주요내용을 보면, 제3차 국토계획까지는 「국토건설종합계획법」의 요구사항을 그리고 제4차 국토계획부터는 「국토기본법」에서 요구하는 사항들을 중심으로 내용을 구성했으나 시대적 여건에 따라 세부적인 내용은 상이하

표 14-3 국토종합계획의 변천

구분	제1차 국토계획 (1972~1981)	제2차 국토계획 (1982~1991)	제2차 국토계획 수정계획 (1987~1991)	제3차 국토계획 (1992~2001)	제4차 국토계획 (2000~2020)	제4차 국토계획 수정계획 (2006~2020)	제4차 국토계획 수정계획 (2011~2020)
기조 · 비전	–	–	–	• 국토공간의 균형성 • 국토이용의 효율성 • 국민생활의 쾌적성 • 국토공간의 통합성	21세기 통합 국토의 실현	약동하는 통합국토의 실현	대한민국의 새로운 도약을 위한 글로벌 녹색국토

구분	제1차 국토계획 (1972~1981)	제2차 국토계획 (1982~1991)	제2차 국토계획 수정계획 (1987~1991)	제3차 국토계획 (1992~2001)	제4차 국토계획 (2000~2020)	제4차 국토계획 수정계획 (2006~2020)	제4차 국토계획 수정계획 (2011~2020)
기본목표	• 국토이용관리의 효율화 • 개발기반의 구축 • 국토포장자원개발과 자연의 보호보전 • 국민생활환경의 개선	• 인구의 지방정착 유도 • 개발가능성의 전국적 확대 • 국민복지수준의 제고 • 국토자연환경의 보전	• 인구의 지방정착 유도 • 개발가능성의 전국적 확대 • 국민복지수준의 제고 • 국토자연환경의 보전	• 지방분산형 국토골격 형성 • 생산적 · 자원절약적 국토이용 체계 구축 • 국민복지향상과 국토환경보전 • 남북통일에 대비한 국토기반의 조성	• 더불어 잘사는 균형국토 • 자연과 어우러진 녹색국토 • 지구촌으로 열린 개방국토 • 민족이 화합하는 통일국토	• 상생하는 균형국토 • 경쟁력 있는 개방국토 • 살기 좋은 복지국토 • 지속가능한 녹색국토 • 번영하는 통일국토	• 경쟁력 있는 통합국토 • 지속가능한 친환경국토 • 품격있는 매력국토 • 세계로 향한 열린국토
개발 전략 및 정책	• 대규모 공업기지 구축정비 • 교통통신, 수자원 및 에너지 공급망 정비 • 부진지역 개발을 위한 지역기능 강화	• 국토의 다핵구조 형성과 지역생활권 조성 • 서울 · 부산 양대 도시의 성장억제 및 관리 • 지역기능 강화를 위한 교통 · 통신 등 사회간접자본 확충 • 후진지역의 개발 촉진	• 제2차 계획의 목표와 주요 전략 계승 • 수도권에 대응하는 3개 지역경제권(중부권, 동남권, 서남권) 형성 • 다핵형 국토공간구조 개편방안 제시	• 지방의 육성과 수도권 집중억제 • 신산업지대 조성과 산업구조 고도화 • 통합적 고속교류망 구축 • 국민생활과 환경 부문 투자 확대 • 국토계획의 집행력 강화 및 국토이용 관련제도 정비 • 남북교통지역의 개발 · 관리	• 개방형 통합국토축 형성 • 지역별 경쟁력 고도화 • 건강하고 쾌적한 국토환경 조성 • 고속교통 · 정보망 구축 • 남북한 교류협력 기반 조성	• 자립형 지역발전 기반 구축 • 동북아 시대의 국토경영과 통일기반 조성 • 네트워크형 인프라 구축 • 아름답고 인간적인 정주환경 조성 • 지속가능한 국토 및 자원관리 • 분권형 국토계획 및 집행체계 구축	• 국토경쟁력 제고를 위한 지역특화 및 광역적 협력강화 • 자연친화적이고 안전한 국토공간 조성 • 쾌적하고 문화적인 도시 · 주거환경 조성 • 녹색교통 · 국토정보 통합네트워크 구축 • 세계로 열린 신성장 해양국토기반 구축 • 초국경적 국토경영기반 구축
주요 내용	• 기본계획 • 부문별계획 – 산업기반 구축	• 계획의 배경과 기본목표 • 인구정착 기반의 조성	• 계획의 배경과 기본목표 • 국토공간구조의 개편	• 국토계획의 기조 • 지방분산형 국토골격의 형성	• 국토의 여건과 전망 • 계획의 기본방향	• 수정계획의 배경과 성격 • 국토계획의 여건과 전망	• 계획 수립의 배경 • 계획의 기본방향

구분	제1차 국토계획 (1972~1981)	제2차 국토계획 (1982~1991)	제2차 국토계획 수정계획 (1987~1991)	제3차 국토계획 (1992~2001)	제4차 국토계획 (2000~2020)	제4차 국토계획 수정계획 (2006~2020)	제4차 국토계획 수정계획 (2011~2020)
주요 내용	– 교통통신망 정비확충 – 도시개발 – 생활환경 개선 – 수자원개발 – 국토보전 • 권역별 계획 • 계획의 관리와 집행	• 자원개발과 환경보전 • 국민생활 환경의 정비 • 국토개발 기반의 확충 • 교통 · 통신망의 구축 • 국토 이용과 관리	• 자원개발과 환경보전 • 국민생활 환경의 정비 • 국토개발기반의 확충 • 국토의 이용과 관리	• 선진형 국민생활과 국토자원관리 • 통일을 향한 남북교류지역의 개발 · 관리 • 권역별 개발 방향 • 집행 및 추진전략	• 전략별 추진계획 • 시도별 발전방향 • 계획의 실천력 강화	• 전략별 추진계획 • 권역별 · 시도별 발전방향	• 전략별 추진계획 • 집행관리 • 권역별 발전방향

출처: 대한민국정부, 각 연도별 국토종합(개발)계획.

게 나타났다. 제1차 국토계획과 제2차 국토계획까지는 사회간접자본과 산업기반 확충, 환경보전과 생활환경 개선 그리고 도시개발과 정비 등을 중요하게 다루었으며, 제3차 국토계획부터는 국토의 골격, 즉 국토공간에 대한 구상과 권역별 · 지역별 발전방향을 세부적으로 다루기 시작했으며, 제4차 국토계획부터는 계획의 방향과 전략을 설정하고 전략별 추진계획을 수립하기 시작했다.

(2) 도시정책의 변화

1) 패러다임에 따른 도시정책의 변화 과정

해방 이후 우리나라의 도시는 세계에서 그 유래를 찾아볼 수 없을 만큼 양적으로 빠르게 성장했다. 전 국토를 폐허로 만든 한국전쟁(1950.6.25.~1953.7.27.)의 상흔을 치유하기 위해 정부는 전후 복구사업과 빈곤탈출에 매진했으며, 1960년대부터는 본격적인 경제개발정책을 추진하기 시작했다. 그리고 공업화를 통한 경제개발정책은 급속한 도시화의 서막을 열게 했다. 도시화 과정에서 이촌향도 현상이 두드러졌고, 도시는 급증하는 인구를 수용하기 위해 외연적 확산을 전개했으며 도시인의 생활모습에서도 많은 변화가 나타났다. 하지만, 급속한 인구이동과 도시화는 국토 전반에 다양한 문제도 함께 드러냈으며, 정부는 이러한 문제에 대한 대응방안을 마련하는 과정에서 도시정책도 다루기 시작했다.

우리나라의 급속한 도시화 현상은 경제개발이 본격적으로 추진된 1960년대부터 시작했다. 도시화율은 흔히 전 국토의 인구 중에서 도시의 인구가 차지하는 비중으로 표현되지만, 우리나라에서는 도시화율 계산과 관련하여 분자의 도시에 대해 크게 두 가지 관점에서 접근하고 있다. 하나는 일부 정부 부처와 기관 등에서 활용하는 방법으로, 용도지역상 도시지역을 도시로 간주하는 방법이고, 다른 하나는 학계에서 많이 활용하는 방법으로 행정구역상 일정 규모 이상의 인구를 가진 지역을 도시로 간주하는 것이다. 따라서 두 가지 방법에 따른 우리나라의 도시화율을 살펴보면, 먼저 용도지역상 전국인구 대비 도시지역 내 거주인구 비율은 1960년 39.1%에 불과했으나, 1970년에는 50.1%로 도시지역 인구와 비도시지역 인구가 동일한 시점을 지나, 2005년 말 기준으로 도시화율이 90.2%에 이르렀다. 한편, 인구총조사의 행정구역을 기준으로 하여 전국인구 대비 읍급 이상 지역의 인구가 차지하는 비율은 1960년 37.0%, 1970년 50.2%, 2005년 89.8%, 2015년 90.6%를 차지했다. 즉, 도시화율 측정을 용도지역이나 행정구역 기준 중에서 어느 것으로 하더라도 지금은 인구 10명 중에서 9명 이상이 도시에서 살고 있는 것으로 나타나, 우리나라가 매우 급속한 도시화를 경험했음을 알 수 있다.

한편, 시대별 패러다임 변화에 따른 우리나라 도시정책의 변화 과정은 [그림 14-5]와 같이 나타낼 수 있다. 먼저, 1960~1970년대는 경제성장이라는 패러다임이 도시정책에 중요하게 작용한 시기였다. 중앙정부 주도하에 경제성장을 최우선 과제로 인식하고 구획정리사업과 대규모 도시개발사업이 이루어졌다. 그 결과 대도시의 인구집중 문제 특히, 수도권의 인구와 산업의 집중문제를 해결하는 것이 도시정책의 주요 과제가 되었다. 이러한 도시문제에 대처하기 위해 1962년 「도시계획법」이 제정되었는데, 이 법의 제정이 지닌 역사적 의미는 일제강점기에 만들어진 조선시가지계획령(1934)이 비로소 우리나라의 현실에 맞추어 우리의 손으로 만들어졌다는 것이다. 이 법에 따라 도시건설사업은 탄력을 받게 되고, 경제발전을 선도하거나 지원하는 도시정책이 마련되었다.

우리나라에서 국가 차원의 장기적인 도시정책은 1970년대부터 마련되기 시작했는데, 「제1차 국토종합개발계획(1972~1981)」의 수립으로 도시정책이 체계화되었다고 할 수 있다. 이 계획은 근본적으로 경제성장을 촉진시키기 위한 국토의 기반시설 확충에 초점이 주어진 것이었지만, 한편으로는 편향적인 도시화를 시정하기 위하여 대도시의 성장을 억제하고 지방도시를 육성하려는 도시정책도 함께 제시했다. 제1차 국토계획의 도시정책 기조였던 대도시 성장억제와 지방도시의 육성은 오늘날까지도 우리나라 도시정책의 기초를 이루고 있다.

1980~1990년대는 도시정책에 있어서 사회적 배분과 환경에 대한 고려가 시작된 시기다. 저소득층의 불량주거지에 대한 주거문제가 사회적으로 부각되기 시작했고, 기성시가지의 관리정책도 본격적으로 대두되었다. 이 시기에는 저소득층이 거주하는 불량주거지에 대한 도시재개발이 본격적으로 이루어졌다. 또한, 1980년대 후반부터는 주택가격을 안정시키고 서민층의 주택난을 해소하기

그림 14-5 패러다임 변화에 따른 도시정책의 흐름

시대적 패러다임	1960년대	1970년대	1980년대	1990년대	2000년대 이후
경제 성장	도시계획법	산업기지개발촉진법 공업도시			
사회 배분		도시개발법	택지개발촉진법 주택건설촉진법 재개발, 주거환경정비사업	도시및주거환경정비법 수도권 5개 신도시	
환경 지속			한강 · 걷고 싶은 거리	환경영향평가	국토계획법 청계천 · 살고 싶은 도시

지속가능한 도시조성

출처: 국토연구원(2008b, 110).

위해 신도시를 본격적으로 개발하기 시작했다. 수도권 내 신도시 건설로 서울의 인구 집중을 해소하고 더불어 국민주거생활을 안정시키고자 했다. 하지만 이 시기는 무분별한 신도시 개발로 자연훼손 문제가 사회적으로 크게 부각됨으로써, 도시개발에 있어서 자연환경에 대한 관심과 고려가 한층 높아진 시기이기도 하다.

2000년대는 도시정책의 새로운 변환기로써 도시의 지속가능성이 화두로 떠올랐다. 1990년대 말 수도권을 중심으로 일어난 도시의 무질서한 성장은 난개발[3]이라는 부작용을 낳았고, 그 결과 도시문제는 정치 · 사회적 관심사로 크게 부각되었다. 이러한 국토의 난개발 문제를 제도적으로 방지하고 도시와 농촌 지역을 통합적으로 관리할 수 있도록 도시계획법과 국토이용관리법을 통합한 「국토의 계획 및 이용에 관한 법률(2002)」이 제정되었다. 그리고 2000년대는 다양한 주체가 참여하는 새로운 공공공간이 창출되기 시작한 시기이기도 하다. 서울 도심에 새로운 활력을 불러 일으켰던 '청계천 복원사업'과 전국적으로 시행된 '살고 싶은 도시 만들기' 등 시민이 직접 도시환경 조성에 참여하고 이끌어나가는 시대로 바뀌었다(국토연구원, 2008b).

해방 이후 우리나라의 도시정책은 급속한 압축성장 과정에서 패러다임 변화에 따라 나름대로의 독특한 발전과 성장을 이루어 왔지만, 아직도 해결해야 할 과제들이 산적해 있다. 저출산, 고령화, 기후변화, 다문화, 4차 산업혁명 등 미래도시에 영향을 줄 수 있는 요소가 매우 다양하게 존재하고 있다. 따라서 지금 당장의 현안뿐만 아니라 이러한 미래의 변화에 선제적으로 대응하는 도시정책을 수립하여 도시의 지속가능한 발전을 도모해야 할 것이다.

2) 시기별 도시정책 변화

① 1960년대 이전

1950년에 발발한 한국전쟁은 수많은 인명피해와 함께 국토공간을 폐허로 만

3 난개발이 학술적인 용어는 아니다. 1990년대 후반 학교 · 도로 등 기반시설을 갖추지 않고 우후준순 생겨난 '나홀로 아파트'의 개발을 언론에서 사회적인 문제로 삼아 '난개발' 또는 '막개발'로 정의하면서 일반적으로 확산되어 사용되었다. 난개발은 우리나라 도시정책 전환의 촉매제 역할을 했다.

들었으며, 사회를 큰 혼란의 늪에 빠지게 했다. 한국전쟁 이전에 서울에는 모두 19만 1천여 동의 주택이 있었지만, 전쟁으로 완전 소멸된 주택이 3만 4천742동, 반쯤 파괴된 주택이 2만 340동으로, 주택의 약 30%가 소멸되거나 파괴되었다. 따라서 한국전쟁 직후는 계획적인 도시관리정책이나 도시개발사업을 기대할 수 없었던 혼란기였기 때문에 국가의 모든 행정력이 전쟁복구에 집중될 수밖에 없었다. 전쟁이 끝난 후 폐허가 된 도시공간에 대한 개조작업이 본격적으로 이루어지면서 도시재건정책은 작은 희망을 만들어가게 되었다.

해방과 더불어 우리나라는 일제의 잔재를 털어내고 새롭게 출발할 기회를 얻게 되었다. 그러나 사회체제의 변혁에 따르는 과도기적 혼란과 곧이어 벌어진 한국전쟁 등으로 말미암아 도시계획의 제도정비에 힘을 쏟을 여유가 없었다. 따라서 해방이 되었음에도 불구하고 일제 강점기에 만들어진 조선시가지계획령이 명칭만 시가지계획령으로 바뀐 채 1950년대 말까지 그대로 사용되었다. 이 법은 우리나라에서 시행된 근대적 도시계획 법제로, 도시계획의 수립, 도시계획사업의 집행, 지역 · 지구의 지정, 건축제한, 구획정리사업에 관한 사항 등을 담고 있는데, 오늘날의 법제로 본다면 도시계획, 건축, 도시개발을 포괄하는 총체적인 도시 관련 법제였다고 할 수 있다. 이 법에 의해 1934년에 북한의 나진에 최초의 도시계획이 수립되었고 해방되기까지 전국의 42개 지역에 도시계획이 수립되었다(최병선, 1998). 하지만 일제 강점기의 모든 법들이 그렇듯이 이 법 역시도, 침략적이고 강압적인 법제였고, 진정한 의미에 있어서 시가지의 발전보다는 일본의 국익, 일본인들의 이익 그리고 침략전쟁의 수행에 이바지하기 위한 제도였다고 할 수 있다(손정목, 2008).

해방 이후에도 국가발전을 위한 수단으로서 도시계획법이나 건축법의 정비 필요성에 대한 인식은 느끼고 있었으나 법으로 제도화하여 발전하기에는 여건이 마련되지 못했다. 1948년 대한민국 정부가 수립되었음에도 불구하고 우리의 손에 의한 도시계획법은 제정되지 않았고, 관련 제도를 정비할 여력이 없었기 때문에 조선시가지계획령을 적용하여 전후복구와 도시인구 급증에 대처했는데, 1951년에 포항, 김천에 시가지계획령이 적용된 것을 시작으로 1962년 새로운 도시계획법이 제정되어 시행될 때까지 25개의 도시에 대한 도시계획이 마련되었다(김기호, 2008).

② 1960년대~1970년대

1960년대와 1970년대는 경제성장이 박정희 정부에 있어서 제1의 국정지표였던 시기다. 일제강점기, 남북분단 그리고 6.25전쟁을 경험한 이후 정부에서는 절대적인 빈곤에서 벗어나는 것을 국가핵심목표로 인식하였고, 이 목표를 달성하기 위해 1962년부터 '경제개발 5개년 계획'을 추진했으며, 경제를 효율적으로 성장시켜 나가기 위한 도시정책도 중앙정부 주도로 이루어졌다. 즉, 정부에서는 경제성장을 최우선 과제로 인식하고 이를 구현하기 위한 수단으로 도시정책을 바라보았다. 이 기간에는 일제 강점기부터 지속되어 온 기반시설의 구조를 개혁하는 근대적인 하부구조(예, 청계고가도로)의 설치나 구획정리사업에 따른 계획적 주거단지의 조성(예, 강남개발)과 같은 대규모 도시개발이 이루어졌다. 그리고 개발정책과 더불어 도시의 무질서한 확산을 방지하고 도시성장을 관리하기 위한 정책으로 개발제한구역제도를 도입하여 1971년부터 1977년까지 서울을 포함한 전국의 주요 도시 주변에 개발제한구역을 지정했다. 이 시기의 도시정책은 한마디로 경제성장을 공간적으로 뒷받침하면서 도시의 무분별한 성장을 관리하고 녹지를 보전하는 이른바 도시성장관리정책을 병행한 것으로 요약할 수 있다.

1962년에 우리의 손으로 도시계획법과 건축법이 함께 제정되면서 도시관리를 위한 현대화된 제도적 수단이 비로소 마련되었으며, 1960년대 중반 이후 서울에서는 도심기능의 분산과 주택공급 차원에서 화곡동(1966), 여의도 · 영동(1968), 잠실지구(1970) 등에서 대규모 신시가지 조성사업이 진행되었다. 그리고 1970년대 국토공간 차원에서 이루어진 대표적인 도시정책은 서울시 중심의 일극성장체제를 억제하고 대응극으로서 동남해안 공업벨트를 육성하는 것이었다. 도시단위에서는 산업화와 도시화에 따른 대도시의 무질서한 외연확산 방지 및 계획적 개발 유도를 위한 대책, 대도시 내부의 토지이용 변화와 고도 이용에 대응하는 도심재개발 추진, 공업단지의 계획적 수용을 위한 효율적인 공업배후도시 개발, 자동차 시대에 대응한 도로시설 정비와 계획적 택지개발 유도 등의 정책이 추진되었다.

한편, 1970년대에 들어와 공업화 정책이 중화학공업 위주로 전환되면서, 대규모 공업단지 조성사업을 일사불란하게 추진할 수 있는 체제가 필요하게 됨에 따라 1973년 「산업기지개발촉진법」을 제정하고 보다 체계적인 공업도시를 조성하게 되었다. 「산업기지개발촉진법」이 제정되면서 공공이 도시개발에 적극적으로 참여할 수 있는 계기가 마련되었다. 이 법의 제정으로 그 동안 토지구획정리사업에만 의존해 왔던 시가지조성사업이 공공이 주체가 되어 대규모 토지를 매입하고 개발하여 분양하는 공영개발방식으로까지 확대될 수 있었다. 그에 따라 도시적 면모를 갖춘 대규모 신시가지가 짧은 기간에 건설될 수 있었고, 상당한 수준을 갖춘 도시환경도 조성될 수 있었다. 「산업기지개발촉진법」의 뒷받침으로 반월, 여천, 구미, 창원, 포항, 광양 등의 공업단지와 배후도시를 비롯하여 울산, 옥포, 미포의 3개 조선소, 고리, 월성 등 원자력발전소, 대덕연구단지 등이 조성되었다. 특히, 반월과 창원의 공업단지 배후도시는 계획적 신도시로서는 국내 최초의 것이라 할 수 있다.

하지만 공업도시의 개발은 경제성장을 견인하는 주요한 역할을 수행했지만, 심각한 공해문제와 환경문제도 수반했다. 공업도시의 이러한 문제는 향후 도시계획에 있어서 큰 변화를 일으키는 요인으로 작용했다.

읽을거리 14-1 경제성장의 중심지-공업도시 건설사업

1962년 「제1차 경제개발 5개년 계획(1962~1966)」의 시행과 더불어 정부는 공업도시 건설에 본격적으로 착수했다. 그에 따라 건설된 최초의 공업도시가 울산공업도시(1962)로, 당시의 목표인구는 15만 명이었다. 울산에 이어 1960년대 후반에는 전국 곳곳에 많은 공업도시가 건설되었다. 1960년대 후반부터 건설되기 시작한 공업도시는 1967년의 여천, 대구, 광주, 1968년의 포항, 1969년의 춘천, 대전, 청주, 구미, 성남, 1970년의 마산, 이리, 원주, 목포, 인천기계공업단지, 인천 제3단지 등이 있다.

1964년에는 수출산업공업단지개발조성법을 제정하여 수출산업공업단지(제1단지~제6단지)를 서울과 인천에 조성했는데 이는 계획입지로서 최초의 공업단지라고 할 수 있다. 1970년에는 수출자유지역설치법을 제정하여 마산과 이리에 수출자유지역을 조성했으며, 1073년에는 중화학공업입국선언을 계기로 중화학공업을 중점적으로 육성하고, 인구와 산업의 균형배치를 위한 산업기지개발촉진법을 제정했다. 이에 따라 창원 · 온산 · 여천 · 구미 · 거제 등에 대규모 산업기지가 건설되어 동남해안공업벨트를 형성하게 되었다.

▣ 주요 공업도시별 개발내용과 특성

◎ 울산

울산은 우리나라 산업발전에 하나의 전환점이 되었을 뿐 아니라 도시사에서도 하나의 전환점이 되었다. 즉, 새로 조성하는 공업도시계획안을 우리나라 최초로 현상공모하여, 입상한 작품을 토대로 도시계획안을 수립했다. 또한, 공업지역과 주거지역의 격리, 공해 문제의 고려와 주거지역 형성에 있어서 근린주구의 도입을 통한 커뮤니티의 형성, 통과 교통의 처리, 녹지체계의 조성 등 현대 도시계획의 발전을 위한 여러 가지 시도가 이루어졌다(손정목, 2008). 울산신시가지는 1962년 1월 27일에 특정공업지구로 지정되면서 개발에 착수했다. 당초 개발계획에서는 목표인구를 15만 명으로 계획했다.

◎ 반월(안산)

반월은 지금의 안산시다. 근대적 의미로 볼 때 우리나라 최초의 계획적 신도시다. 울산 · 성남신시가지 개발 이후에 착공되었고 처음부터 기존 시가지가 없는 곳에 독립된 신도시를 개발하겠다는 의도를 갖고 계획했다는데서 이들과 차이가 있다. 1976년 7월 21일 대통령의 지시로 수도권에 신공업도시를 건설함으로써 서울의 인구 및 공업을 분산시키고자 하는 것이 개발의 목적이었다. 1976년 12월 4일에 도시계획이 결정되어 1977년 3월 30일에 착공했으며, 1984년에 계획을 변경하여 계획인구를 20만 명에서 30만 명으로 증가시켰다.

◎ 창원

1973년에 기계공업단지로 지정된 창원지역은 1974년에 산업기지개발구역으로 지정 · 고시되어 공업단지 조성이 시작되었고, 1977년 4월에는 신도시에 대한 도시계획이 수립되었다. 초기에는 부동산경기의 침체로 많은 어려움을 겪었지만 1983년 7월 1일 도청 이전과 1980년대 중반의 경기호황으로 공업도시 개발을 성공적으로 완료했다. 당시 계획인구는 30만 명이다.

◎ 구미

경부고속도로의 착공으로 그 주변에서 공업단지를 물색하던 정부는 구미를 선정하고 1969년 3월 지방공업단지로 개발하기 시작하여, 1973년에 1단지의 일반단지와 전자단지 조성을 완료했다. 공업단지가 가동되면서 점차 인구가 증가하자, 무질서한 택지개발이 일어날 것을 우려한 정부는 기존 시가지 인근에 구미 신공업도시를 계획했다. 1977년 7월 23일 구미신시가지조성사업계획이 대통령 재가를 받았으며, 1977년 12월 일단의 주택지 조성사업에 착수했다. 당시 계획인구는 5만 4천 명이다.

◎ 여천

여천은 지금의 여수시다. 1967년 2월 여천공단이 착공되어 장래 공업도시로 성장될 가능성을 이미 갖추고 있었다. 이후 국가의 산업정책이 중화학공업화로 전환되자 여천은 석유화학단지의 적지로 선정되었다. 1973년 9월에 석유화학단지 개발계획이 수립되었으며, 1974년 4월에는 공단의 주변지역까지 포함하여 산업기지개발구역으로 지정 고시되었다. 여천공단의 고용 인구를 흡수하기 위한 배후신도시의 초기 계획인구는 10만 명이었으며, 이후 면적이 확장되면서 발전추이에 따라 30만 명까지 수용할 수 있게 되었다.

출처: 국토연구원(2008a, 45-47) 참조.

③ 1980년대~1990년대

1980년대에는 1960~1970년대의 경제성장 과정에서 발생한 환경오염과 성장에서 소외된 낙후지역, 주택 및 생활편익시설의 부족, 성장 일변도의 정책에서 소외된 사회복지의 부족 등 다양한 문제가 정책과제로 대두되었다. 따라서 총량적인 경제성장을 늦추더라도 복지사회 실현을 위한 기반을 구축해야 한다는 사회적 인식이 확산되면서, 축적된 경제적 부와 생산에서 얻은 효용을 복지증대와 환경보전에 투여하기 위한 정책 목표가 가시화되었다.

특히, 수도권에 대한 인구 및 산업의 집중과 광역화는 주택부족, 도로와 학교 등 도시기반시설 및 대중교통수단의 부족, 대기 및 수질오염 악화 등의 각종 도시문제를 유발시켰다. 수도권 문제의 심각성을 파악한 정부는 1970년대 초반부터 서울 중심의 일극성장억제정책, 무질서한 평면적 확산방지를 위한 개발제한구역 설정과 같은 여러 가지 시책을 실시하여 왔으나, 수도권 집중현상은 좀처럼 해소되지 않았다. 따라서 「제2차 국토종합개발계획(1982~1991)」에서는 '다핵구조형 광역개발'로 정책을 변경하여 지방성장거점을 육성하는 동시에 수도권 전체에 대한 성장관리와 공간재배치를 본격화하는 정책을 수립하고, 「수도권정비계획법(1982)」을 제정했다. 또한, 1981년에는 「도시계획법」을 개정하여, 시급 이상의 도시로 하여금 도시기본계획을 수립하여 도시의 인구와 산업 등을 예측하고, 이에 기초하여 주택공급, 시가지 조성, 공공시설 정비 등의 대책을 종합적으로 마련하게 했다.

1980년대의 도시정책은 주택난과 불량주거지의 정비 등 주거문제가 도시문제로 크게 부각되면서 주택공급과 저소득층의 주거에 대한 관심과 인식이 증가한 시기였다. 이에, 1980년대 초반 전두환 정부(1980.9.1.~1988.2.24.)는 「택지개발촉진법(1980)」을 제정하여 시급한 주택난을 해소하고 주택이 없는 저소득 국민의 주거 생활 안정을 기하고자 했다. 이 법의 제정으로 주택건설에 필요한 택지가능지를 대량으로 취득하고, 저렴한 택지를 개발하여 공급할 수 있게 되면서 주거생활의 안정과 복지향상에 기여할 수 있게 되었다.

이후 1980년대 중후반에는 86아시안게임과 88서울올림픽 등 국제적인 행사 유치와 함께 경제의 3저 호황으로 발생한 대규모 과잉유동자금에 의한 토지 · 주택투기현상이 서울을 중심으로 발생하면서 주택가격을 폭등시키고 주거문제를 악화시켰다. 정부는 이와 같은 주거문제를 신도시 건설 등 공급정책으로 해결하고자 했는데, 노태우 정부(1988.2.25.~1993.3.24.)가 추진한 분당 · 일산 등 5개 신도시 건설은 이 시기를 대별할 수 있는 가장 큰 도시정책이다. 5개 신도시 건설은 주택 200만호 건설이라는 목표하에 추진되었으며, 이를 통해 우리나라의 신도시 개발사업이 본격적인 중흥기를 맞이했다. 1960년대와 1970년대의 도시개발이 경제개발을 선도하기 위한 성장거점으로서의 공업도시 개발에 초점을 두었다면, 1980년대 후반부터는 대규모 주택공급을 목적으로 한 신도시개발 정책이 본격적으로 등장했다.

1990년대에는 지방자치제의 부활, 대외 개방여건의 급속한 진전, 도시 간 경쟁의 심화 등으로 고도경제 성장기 동안 진행되어 온 중앙정부 주도, 관 주도, 규제일변도의 정책에 대한 문제점이 제기되었다. 한편, 환경문제의 심각성에 대한 인식이 확산되고 생활의 질에 대한 관심이 높아지면서 개발우선주의에 대한 반성과 함께 지속가능한 개발을 위한 새로운 규제가 요구되는 등 매우 복잡한 상황이 전개되었다. 즉, 기존 규제의 완화와 새로운 규제의 추가, 관 주도 정책의 축소와 민간 활력의 도입, 지방정부의 역할 증대와 중앙정부의 새로운 역할모색 등 새로운 정책과 제도가 모색되어야 하는 전환기를 맞았다.

주택의 경우 '주택 200만호 건설계획(1989~1992)'의 추진으로 주택부족현상은 어느 정도 해소되었지만, 여전히 거주환경의 질적 문제는 남았다. 교통의 경우 내부 및 외곽연결 교통난은 지속되었으며, 특히 국제화 · 개방화에 따른 입지

경쟁 측면에서 대도시의 교통체증이 경제적 손실로 부각되기도 했다. 그리고 이 시기에는 도시경쟁력에 대한 관심이 높아지고 '지속가능한 개발'이라는 선진적 도시환경정책의 개념이 중시되면서 도시정책에 큰 영향을 주었다.

읽을거리 14-2 새로운 삶의 터전 신도시 개발

우리나라에서 현대적 의미의 신도시가 건설된 것은 1960년대 이후이며, 신도시 개발은 크게 국토 및 지역개발과 대도시의 문제해결 차원에서 추진되었다. 초기에는 국토 및 지역개발차원에서 공업도시 정책이 추진되었으며, 그 후 산업화와 도시화 과정에서 수반된 대도시 인구집중과 그에 따른 도시문제를 해결하기 위한 주택공급과 도심기능분산에 초점을 둔 신도시 개발이 이루어졌고, 최근에는 기존의 산업단지지원 측면이나 주택정책 측면 이외에도 다양한 분야의 정책수단으로 신도시 개발정책이 활용되고 있다. 2000년대 들어서면서 주택공급을 위한 신도시 개발과 함께 수도권의 인구분산 및 균형개발 차원에서 행정중심복합도시와 혁신도시가 추진되고 있으며, 고용창출을 통한 지역경제활성화라는 측면에서 기업도시가 추진되고 있다. 이 외에도 동북아 차원에서 국가경쟁력 강화를 위한 경제자유구역이 개발되고 있으며, 지역 내의 불균형 발전 시정을 위한 도청이전 정책으로 무안, 홍성, 안동 등에 신도시가 조성되고 있다.

우리나라 최초의 신도시는 1962년 산업기지 배후도시로 건설된 울산이라고 할 수 있다. 이후, 포항, 구미, 창원, 여천, 광양 등의 공업도시가 60년대 후반에서 80년대 초반까지 집중적으로 건설되었으며, 지방의 대단위 산업기지를 지원하기 위해 건설된 것이 특징이다.

한편, 주택 정책적 차원에서 건설된 신도시는 서울의 도심기능 분산 및 인구분산, 서울과 수도권의 주택공급 등을 위해 주로 서울을 포함한 수도권에 집중되어 있다. 1968년 서울의 청계천 일대 불량주택 철거이전지로 건설된 광주주택단지(현재 성남)가 서울 및 수도권의 과밀해소라는 주택 정책적 차원에서 이루어진 첫 신도시라고 할 수 있을 것이다. 그리고 서울의 도심기능분산과 주택공급 차원에서 영동 · 여의도, 잠실, 개포, 목동, 상계 등이 1960년대 후반부터 1980년대 중반까지 개발되었다. 하지만, 이들 도시는 신도시라기보다는 기존시가지와 연접하여 개발된 신시가지라 할 수 있다. 그리고 서울 내의 신시가지 개념과 달리 서울의 중심업무지구(CBD)에서 15㎞ 정도 떨어진 과천을 개발한 사례가 있기는 하지만, 이는 주택단지 건설의 목적보다는 행정기능의 분산을 위해 건설된 행정타운의 성격을 갖고 있다.

표 14-5 목적별, 시기별 주요 신도시 건설현황

구분		1960년대	1970년대	1980년대	2000년대 이후
산업도시, 산업기지 배후도시		울산, 포항	구미, 창원, 여천	광양	
대도시문제해결	서울의 불법주택 철거이전	성남(광주)			
	서울의 공해공장 이전		반월		
	서울의 행정기능 분산		과천	대전(대덕), 계룡	
	수도권 주택공급, 서울의 인구분산			수도권 1기: 분당, 일산, 평촌, 산본, 중동(1990)	수도권 2기: 화성, 판교, 파주, 김포, 수원, 양주, 송파, 검단, 오산 수도권 3기: 남양주 왕숙, 하남 교산, 인천 계양, 과천, 고양 창릉, 부천 대장
	도심기능분산, 주택공급	영동, 여의도	잠실	목동, 상계	
연구학원도시			대전(대덕)		
국가균형발전과 지역경제활성화					행복도시(세종) 혁신도시: 원주, 진천 · 음성, 전주 · 완주, 김천, 대구, 울산, 부산, 진주, 나주, 서귀포 기업도시: 충주, 원주, 영암 · 해남, 태안
국가경쟁력강화					경제자유구역: 인천, 부산 · 진해, 대구 · 경북, 광양만, 황해, 동해안권, 충북
도청 이전					무안, 홍성, 안동

출처: 국토연구원(2008a, 63-65); 김진유(2008, 120-121); 국토교통부 외(2018); 국토교통부(2019)를 참조하여 작성.

따라서 주택정책상 본격적인 신도시가 등장한 것은 1980년대 후반에 노태우 정부의 주택 200만 호 건설정책의 일환으로 추진된 수도권 1기 5개 신도시라고 할 수 있다. 주택공급의 부족으로 주택가격 급등과 부동산 투기가 심화되자 서울 주변의 분당, 일산, 평촌, 산본, 중동에 신도시를 개발하게 된 것이다. 1기 신도시는 고도성장기에 대도시권 주택난 해소를 위해 교외지역에 공공부문이 마스터플랜을 수립하여 기반시설 등과 함께 패키지 방식으로 조성된 대규모 주거단지로 계획도시의 한 유형이라 할 수 있다. 1990년대에는 대규모 신도시의 일시적인 개발에 대한 비판으로 신도시 개발 대신 소규모의 분산적인 택지개발이 이루어졌으나, 기반시설의 부족과 난개발, 주택가격 급등 등의 문제로 인해 2003년 노무현 정부에서 판교, 화성 등 수도권 2기 신도시(10개)를 지정하여 개발하고 있다. 그리고 최근 문재인 정부 들어 남양주 왕숙, 하남 교산, 인천 계양, 과천(2018.12.19.), 고양 창릉, 부천 대장(2019.5.7.) 등 6개(1백만m^2 이상)의 3기 신도시 계획을 발표하는 등 주택정책 차원에서 신도시 개발이 지속적으로 추진되고 있다.

④ 2000년 이후

2000년대에 접어들면서는 무분별한 난개발을 방지하고 지속가능한 도시공간을 창출하기 위한 도시정책이 추진되고 있다. 1990년대에 '나홀로 아파트'로 대변되는 난개발의 부작용이 사회적인 문제로 대두되었기 때문에, 이러한 난개발 현상을 극복하기 위해 정부에서는 「제4차 국토종합계획(2000~2020)」에서 '선계획-후개발'체계를 제시했고, 이와 함께 '난개발방지 종합대책(2000)'을 발표했다. 또한, 국토관리 차원에서 난개발의 온상이었던 준농림지역과 같은 비도시지역의 난개발을 통합적으로 관리하기 위하여 기존의 도시계획법과 국토이용관리법을 「국토의 계획 및 이용에 관한 법률(2002)」로 통합했다. 이러한 법체계의 전환은 과거 40년간 도시와 비도시로 구분되었던 이분법적 국토공간관리체계에서 벗어나 일원화된 통합적 국토공간관리체계로의 전환을 의미한다. 도시지역과 비도시지역의 통합적인 관리체계는 지속가능한 도시로 한걸음 다가서는 역할을 했으며, 비도시 지역에도 도시계획적인 관리기법을 적용할 수 있게 되었다.

또한, 2000년대 들어서면서는 쇠퇴하는 도시에 활력을 불어 넣고 재활성화시키기 위하여 전국적으로 다양한 도시재생 정책이 활발히 추진되고 있다. 도시환경에 대한 국민들의 의식수준이 발전함에 따라 도시재생에서도 물리적인 측면 외에 도시환경에 대한 강조가 이루어지고 있다. 특히, 청계천 복원으로 대변되는 도심부 공공공간에 대한 개선정책은 도시의 지속가능한 발전에 대한 패러다임 변화의 계기가 되었고, 주민이 만들어가는 살고 싶은 도시로 이어져 지속가능한 도시정책의 가능성을 보여주고 있다. 고가도로, 공구상 등으로 혼재되었던 청계천 주변 도심환경이 하천의 복원과 재생으로 재활성화가 이루어지고 있으며, 수명이 다한 서울역 고가도로는 철거대신 도심 속의 공원으로 재탄생하는 등 도시내부공간에서도 환경과 개발이 조화를 이루는 공공공간이 활발하게 창출되고 있다.

한편, 2000년대 들어 도시정책의 패러다임을 변화시키는데 중대한 영향을 미친 대표적인 사례 중 하나는 노무현 정부(2003.2.25.~2008.2.24.)의 국토공간정책이다. 노무현 정부는 수도권으로 대변되는 일극중심형 불균형 발전전략으로 인해 수도권에서는 과밀, 지방에서는 발전 잠재력 약화, 국가 전체적으로는 경쟁력과 사회통합력의 현저한 약화라고 하는 고질적인 문제가 발생했다고 진단했다. 이러한 문제를 해결하기 위해 정부에서는 행정중심복합도시 · 혁신도시 · 기업도시를 건설하여 수도권에 집중되었던 행정 및 기타 중심기능을 지방으로 이전하는 계획을 수립하여 추진하고 있다.

읽을거리 14-3 도시 재활성화 정책 사례-청계천 복원

1945년 해방을 즈음하여 청계천에는 토사와 쓰레기가 하천 바닥을 뒤덮고 있었으며, 천변을 따라 어지럽게 늘어선 판잣집들과 거기에서 쏟아지는 오수로 심하게 오염되어 있었다. 1949년 광통교에서 영도교까지 청계천을 준설하는 계획을 세우기는 했지만, 이마저도 1950년 한국전쟁의 발발로 중단되고 말았다. 더구나 한국전쟁이 끝난 다음에 생계를 위하여 서울로 모여든 피난민들 중 많은 사람들이 청계천변에 정착하게 되었다. 그들은 반은 땅위에, 반은 물위에 떠 있는 판잣집을 짓고 생활했다. 천변을 따라 어지럽게 형성된 판자촌과 여기에서 쏟아내는 생활하수로 청계천은 더욱 빠르게 오염되었다.

1950년대 중반 청계천은 일제 강점기와 전쟁을 겪은 나라의 가난하고 불결한 상황을 보여주는 대표적인 슬럼지역이었으며, 위생 면에서나 도시경관 면에서 청계천을 그대로 두고 서울의 발전을 기대할 수는 없었다. 기초적인 생활필수품을 스스로 해결하기 어려웠던 당시 우리나라의 경제상황 속에서 청계천 문제를 해결할 수 있는 가장 손쉬우면서

도 유일한 방법은 복개였다. 청계천 주변에 어지럽게 늘어선 판잣집은 헐리고, 대신에 현대식 상가건물이 들어섰으며 토사와 쓰레기, 오수가 흐르던 하천은 깨끗하게 단장된 아스팔트 도로로 탈바꿈했다. 시원하게 뚫린 복개도로와 청계천은 근대화 · 산업화의 상징으로 서울의 자랑거리가 되었다. 반면, 청계천 복개로 주변에 살던 많은 사람들은 봉천동, 신림동, 상계동 등으로 강제 이주를 당하여 또 다른 빈곤의 상징인 달동네를 형성했다. 또한, 광통교와 같은 우리의 소중한 문화유산도 함께 훼손되었다.

복개 이후 약 40년이 지난 청계천은 도심산업의 중심지로서 도로 양편으로 공구상, 조명가게, 신발상회, 의류상가, 헌책방, 벼룩시장 등 크고 작은 상가들이 밀집해 있었다. 그러나 청계천을 서울의 자랑거리로 더 이상 생각하는 사람은 없었다. 오히려 서울에서 가장 복잡하고 시끄러운 곳의 대명사가 되었으며, 서울의 이미지를 해치는 주범으로 지적 받았다. 또한 청계 고가도로를 잇는 거대한 콘크리트 덩어리는 근대화 · 산업화의 상징이 아니라 개발시대의 무지가 낳은 흉물로 인식되었다. 2003년 당시 이명박 서울시장에 의해 지난 40년간 덮여 있던 청계천을 복원하는 사업이 계획되고, 2005년 10월에 완공되었다. 이는 도심의 흉물이었던 고가 구조물과 복개 구조물을 제거하고, 매력적인 도심 수변공간을 새롭게 조성하는 사업으로 도심의 도시환경을 재창조하는 사업이었다. 그러한 청계천의 복원은 주변지역에 많은 변화를 가져오고 있으며, 가장 많은 사람들이 이동하는 서울의 도심환경을 살아 숨 쉬게 만들어주고 있다.

청계천 복원사업은 도시정책의 패러다임 변화에 미친 영향이 지대하다. 그 동안 대수롭지 않게 여기던 문화 · 역사자원에 대한 인식변화를 가져왔고, 공공공간 창출이라는 인식전환에 큰 영향을 미친 정책 사업이었다. 이로 인해 지방정부에서 그동안 무심코 이루어졌던 다양한 하천관련 사업도 재검토하게 되었으며, 도시환경이 한층 업그레이드되는 계기가 되었다.

출처: 국토연구원(2008b, 121-122).

2. 국토균형발전 차원에서 추진된 도시정책 사례

(1) 행정중심복합도시

1) 추진배경

자원과 자본이 절대적으로 부족했던 우리나라는 단기간에 빈곤을 극복하기 위해서 특정 지역에 집중 투자하는 성장거점전략을 선택하여 개발을 추진했다. 그 결과 외형적으로는 고속 경제성장을 이루었지만 인구 및 산업의 수도권 집중과 과밀 그리고 지역 간 성장 격차와 불균형이라는 심각한 부작용이 발생했다. 정부는 수도권 과밀과 국토의 불균형이라는 문제점을 인식하고 여러 정책을 펴왔지만 '인구유입억제'에만 초점을 맞추다 보니 근본적인 해결방안은 나오지 않았다(행정중심복합도시건설청, 2007a).

지역 간의 성장 격차와 불균형 발전을 해소하기 위해 1970년대에는 서울 인구의 지방 분산을 중심으로 하는 정책이 수립되었고, 1980년대 이후부터는 수도권 비대화를 억제하기 위한 정책을 펼쳤다. 이에 따라 1982년 「수도권정비계획법」이 제정됨으로써 수도권에서 권역별 행위제한이 본격화되었다. 그러나 1986년 아시안게임과 1988년 서울올림픽 개최로 인해 오히려 수도권 개발이 확대되었고, 1989년에는 수도권 내에 5개 신도시가 개발되면서 수도권이 더욱 비대해졌다. 이후 1990년대에 들어서는 수도권의 개발규제가 완화되면서 수도권 과밀 현상은 더욱 심해졌다(세종특별자치시, 2017).

한편, 우리나라에서 수도권의 과밀해소와 국토의 균형발전을 추진하기 위하여 추진한 정책들 중에서 행정기능을 지방으로 이전하고 더 나아가 행정수도를 건설하려는 계획은 1970년대부터 시작되었다. 지난 1977년 2월 10일에 박정희 대통령이 서울시 연두순시에서 수도권 과밀 해소와 전쟁 대응을 위하여 통일 때까지 임시행정수도의 필요성을 언급하면서, 임시행정수도 건설이 본격적으로 논의되었다. 같은 해 7월 23일에 「임시행정수도건설을 위한 특별조치법」이 제정되고, 1979년 5월에 「행정수도 건설을 위한 백지계획」까지 수립했으나 같은 해 10월 26일 박정희 대통령의 갑작스런 서거로 인해 임시행정수도의 건설은 실행에 옮겨지지 못했다.

이후에도 수도권 과밀 완화와 국토 균형발전을 위한 정책으로 행정기능의 이전을 지속적으로 추진했는데, 대표적인 것으로 1979년~1994년까지 이루어진 정부과천청사 건설과 1993년~1997년까지 이루어진 정부대전청사 건설을 들 수 있다. 하지만, 이러한 중앙행정기능의 지방 이전에도 불구하고 수도권 집중현상은 좀처럼 개선되지 못했으며, 오히려 서울과 연접한 곳에 위치한 과천의 경우에는 시간이 지나면서 서울 중심이었던 과밀의 공간적 범위를 주변으로 확산시키는 결과를 초래했다.

이후, 2000년대에 접어들면서 행정수도 건설에 대한 논의가 다시 등장하게 되었다. 2002년 12월 19일 치러진 제16대 대통령 선거에서 신행정수도의 충청권 건설을 공약한 당시 노무현 후보가 대통령에 당선되면서 행정수도 건설은 급물살을 탔다. 노무현 정부는 수도권의 과밀화와 국토의 불균형 문제에 대해 기존의 정책들로는 가시적인 성과를 거두지 못했던 경험을 고려하여 일종의 극약처방으로 신행정수도 건설 정책을 추진했다. 노무현 정부는 국가의 정치 · 행정 중추기능을 가지는 신행정수도 건설을 조기에 추진하기 위하여 취임 이듬해인 2004년 1월에 「신행정수도의 건설을 위한 특별조치법(이하, 신행정수도법)」을 제정(2004.1.16.)하고, 같은 해 8월에 국가균형발전효과, 국내외 접근성, 자연환경에 미치는 영향, 삶의 터전으로서의 자연조건 등에서 가장 높은 점수를 받은 충남 연기군과 공주시 일원을 신행정수도 입지로 선정하고 국가균형발전의 선도사업으로써 행정중심복합도시 건설에 착수하고자 했다. 하지만, 같은 해 10월 21일 헌법재판소가 신행정수도법의 위헌 확인 결정에서 우리나라의 수도는 서울이라는 관습헌법 사항을 헌법의 개정 없이 변경하는 것은 국민투표권을 침해하는 것이기 때문에 헌법에 위반된다고 결정을 내림으로써 이 법은 효력을 상실하게 되고, 신행정수도 건설 사업도 전면 중단되는 사태를 맞았다. 이는 신행정수도 건설과 함께 정부가 추진하고 있던 공공기관 지방이전 등 국가균형발전 시책들의 추진 일정에 큰 차질을 빚게 했다. 그 후 정부에서는 신행정수도 건설과 연계한 균형발전사업의 차질 및 지역주민들의 손실우려 등 부작용을 해결하기 위한 후속 대책으로 행정중심도시 정책을 수립하고, 여야 합의로 「신행정수도 후속대책을 위한 연기 · 공주지역 행정중심복합도시 건설을 위한 특별법(이하, 행복도시법)」을 제정(2005.3.18.)했다. 정부는 법 제정 이후 행정중심복합도시건설청 개청(2006.1.1.)과 행정중심복합도시 건설 기공식을 개최(2007.7.20.)하는 등 행정중심의 도시건설 사업을 본격적으로 추진하여 오늘에 이르고 있다. 행정중심복합도시는 신행정수도 건설로 이루고자 했던 수도권과 지방의 상생발전과 국가균형발전을 위한 구상을 새롭게 출발하는 토대가 되었다.

한편, 행정중심복합도시는 도시의 정체성을 확립하고 국내·외 홍보 등에 활용하고자 국민공모를 통해 세종시로 도시 명칭을 확정했으며(2006.12.), 기존의 충청남도 연기군 전체와 공주시의 일부(현, 장군면), 충북 청원군(2012년 당시)의 일부(현, 부강면)를 편입하여 2012년 7월 1일에 정부직할 특별자치시로 법적 지위를 부여받고 세종특별자치시로 공식 출범했다.

2) 추진계획

행복도시법에 의해 수립된 「행정중심복합도시 건설기본계획(2006)」에서는 행정중심복합도시 건설의 목표연도를 2030년으로 하고 있으며, 예정지역의 목표인구를 수도권 인구분산효과, 이전기능 수용, 자족기능 확보, 충청권 내 도시체계와의 조화 등을 고려하여 50만 명으로 계획했다.[4] 행정중심복합도시 건설의 목표연도와 목표인구는 위헌으로 폐기된 신행정수도 건설기본계획의 것을 수용한 것이다. 행정중심복합도시는 초기 활력단계(2007~2015), 자족적 성숙단계(2016~2020), 완성단계(2021~2030)의 3단계 도시성장 시나리오에 따라 개발을 추진 중이다. 제1단계는 중앙행정기능, 지방행정기능, 정부출연연구기능 등이 입지하는 지역을 집약적으로 개발하여 도시가 스스로 성장할 수 있는 기반을 조성하는 단계로 15만 명 정도를 수용할 계획이며, 제2단계는 대학·연구기능 등 도시 자족 기능의 본격 운영과 도시 인프라 향상에 따른 인구유입으로 누적 인구 총 30만 명, 제3단계는 도시기능 및 기반시설 등의 성숙과 국가균형발전 혁신거점 완성에 따른 인구유입으로 누적 인구 총 50만 명의 인구규모를 계획했다.

한편, 행정중심복합도시는 도시의 성장단계에 따른 계획적인 도시관리를 위

4 세종특별자치시에서 수립한 「2030 세종도시기본계획(2014)」에서는 2030년의 계획인구를 예정지역(세종도시기본계획에서는 건설지역이라 칭함) 인구 50만 명을 포함하여 총 80만 명으로 설정했다.

하여 대상지역을 크게 예정지역과 주변지역으로 구분했다. 예정지역은 전체 토지를 매입하여 도시를 건설하는 지역으로 기존의 연기군 금남면, 남면, 동면과 공주시 장기면, 반포면 일원의 약 73.14km²다. 예정지역에는 중앙행정기관 및 공공기관, 주거, 공원·녹지, 교육·문화시설 등 도시기능이 입지하는 자족형 신도시로 조성할 계획이다. 주변지역은 난개발 및 도시 연담화 방지를 위해 계획적으로 관리하는 지역으로, 예정지역 경계로부터 4~5km를 이격하여 설정했으며, 전체 면적은 약 223.77km²다. 따라서 예정지역과 주변지역으로 이루어진 행정중심복합도시의 총 면적은 296.91km²로, 이는 세종시 전체 면적(464.8km²)의 63.9%를 차지한다.

행정중심복합도시 건설의 정책목표는 "국가균형발전을 선도하여 국가경쟁력을 제고하고 도시수준을 향상시켜 미래세대를 위한 지속가능한 모범도시로 조성"하는 것이며, 도시건설의 기본방향은 복합형 행정·자족도시, 살기 좋은 인간중심도시, 쾌적한 친환경도시, 품격 높은 문화·정보도시로 설정했다. 도시의 기능은 국가균형발전기능, 지역혁신기능, 도시서비스기능으로 설정했고, 도시의 공간구조는 국제공모 당선작품의 아이디어를 반영하여 균형적인 도시발전과 거점별 기능연계가 가능한 환상(ring)형 구조로 계획했다. 환상형 도시구조는 과거

그림 14-6 행정중심복합도시의 기능 배치와 생활권 구상

기능 배치 계획

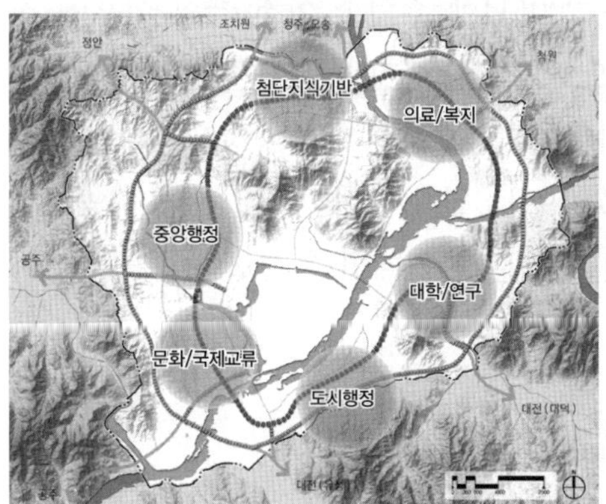

생활권 구상

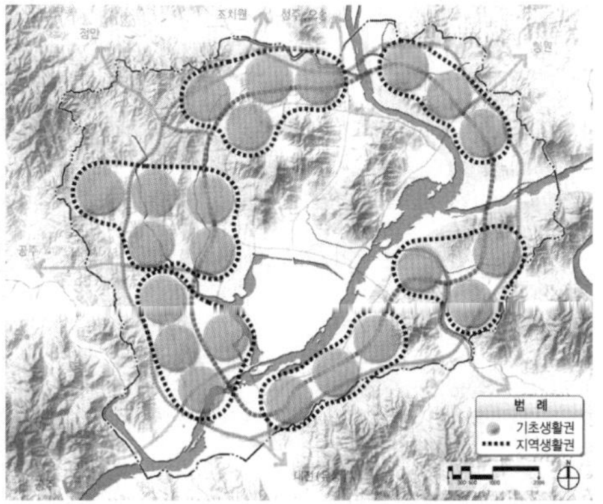

출처: 건설교통부(2006a, 49-50).

의 집중형으로 개발된 신도시 사례와 달리 도시기능이 상당부분 분산되어 민주적이고 균형있는 도시형성이 가능한 것으로 혁신, 분권, 분산, 균형발전 등을 추구하고 있는 분권화시대의 상징을 담아낼 수 있는 도시구조로서의 의미를 가진다(건설교통부, 2006a).

도시의 중심부에는 오픈스페이스로 개방하여 시민이 함께 공유할 수 있는 공원이나 녹지 등 생태도시 상징공간으로 조성하며, 23km의 환상형 대중교통축에는 중앙행정, 문화 · 국제교류, 도시행정, 대학 · 연구, 의료 · 복지, 첨단지식기반 등 6대 기능과 시설을 분산 배치시켰다. 행정중심복합도시의 생활권은 크게 6개의 지역생활권과 2만~3만 명 단위의 21개 생활권을 조성하여 대중교통의 효율성을 높이고 도시 어느 곳이든 접근이 편리하도록 계획했으며, 교통 수요 발생을 줄일 수 있도록 대중교통 중심의 도시개발(TOD) 계획을 수립했다.

한편, 행복도시법(제16조)에는 수도권에 집중된 인구와 경제력을 지방으로 분산시키기 위해 중앙행정기관 등의 이전계획을 수립하도록 했으며, 이에 따라 행정자치부장관은 당시 통일부, 외교통상부, 법무부, 국방부, 행정자치부(2017.10.24. 법 개정으로 이전 제외대상에서 삭제), 여성가족부 등 6부와 대전청사 또는 비수도권에 위치한 기관, 이전비용 과다기관 등을 제외하고 최종적으로 245개 기관 중에서 국무총리를 포함한 12부 4처 2청 등 49개 중앙행정기관(2005년 정원기준 10,374명)을 행정중심복합도시로 이전하는 계획을 수립했다.

이전의 시기는 일부 정부청사의 완공이 예정된 2012년부터 2014년까지 3단계로 나누어 추진하는 계획을 수립했다. 2005년에 수립한 이전 계획 이후에 정부조직법 개정과 행복도시법의 개정 등으로 이전대상기관은 꾸준히 변경되었으며, 가장 최근인 2018년 3월 29일에는 과학기술정보통신부와 행정안전부를 기관간 업무연계성 등을 고려하여 세종시로 2019년 8월까지 이전하는 한편 해양경찰청은 인천으로 환원(2018년 11월 이전 완료)하는 변경계획을 수립하여 고시했다(행정안전부, 2018).

3) 추진현황

행정중심복합도시는 2007년 착공 이후 토지이용계획을 수차례 변경했다. 2017년을 기준으로 용지별 토지이용계획을 살펴보면, 전체 면적(72.9km²) 중에서 주택용지(18.7%), 상업업무용지(2.3%), 산업용지(1.1%), 공원녹지(52.4%), 유보지(1.7%), 시설용지(23.8%) 등으로 구성되어 있어 환경친화적인 도시로 계획했음을 알 수 있다(행정중심복합도시건설청, 2017b).

2030년을 목표로 건설 중인 행정중심복합도시는 2007년 착공 이후 10년 남짓 지났다. 2019년을 기준으로 행정중심복합도시는 건설기본계획상의 1단계(2015)가 종료되고 자족적 성숙단계인 2단계의 종반부를 향하고 있다. 국가균형발전을 선도하고 지속가능한 세계적 모범도시 건설이라는 시대적 사명을 안고 출발한 행정중심복합도시는 지난 10여년의 개발과정을 거치면서 초기의 주민들에게서 불리던 '세베리아(세종시와 시베리아를 합성한 용어)'의 모습에서 벗어나 조금씩 도시의 면모를 갖추어 나가고 있다.

2005년 당시 계획한 행정중심복합도시 이전대상 49개 행정기관은 정부조직법 개정과 행복도시법의 개정 등으로 기관 명칭과 이전대상기관은 꾸준히 변경되었지만, 2012년부터 국무조정실과 국무총리비서실의 이전을 시작으로 순차적으로 이전하여 2019년 1월 말 현재 총 40개의 기관이 이전을 완료했고 2019년 8월까지 과학기술정보통신부와 행정안전부가 추가로 이전하게 되면 당초에 계획했던 거의 대부분의 행정기관이 행정중심복합도시에 자리하게 된다. 또한, 공공기관 통폐합 등의 과정을 거쳐 2015년 12월에 이전 대상 기관으로 변경 결정된 정부출연연구기관 등 19개 기관은 2013년 한국개발연구원의 이전을 시작으로 2017년 상반기까지 행정중심복합도시로 모두 이전을 완료하여 도시의 대학 · 연구 기능 강화에 기여하고 있다.

(2) 혁신도시

1) 추진배경

우리나라는 수도권 과밀과 국토의 불균형 문제에 대한 대책으로 수도권정비계획법(1982)과 공장총량제(1994), 과밀부담금제(1994) 등 다양한 정책을 추진했음에도 불구하고, 인구와 산업의 수도권 집중추세가 지속된 반면, 지방은 새로운 성장 동력 확보에 어려움을 겪고 있다. 국토의 불균형 문제는 2000년대에 들어서도 여전하여, 수도권 집중문제 해소와 낙후된 지방경제의 활성화를 통한 국가경쟁력 확보가 국가의 핵심적인 과제였다.

2000년대에 들어 처음 치러진 제16대 대통령 선거에서도 국가의 균형발전은 핵심적인 화두였다. 2002년 당시 거대 양당이었던 한나라당과 새천년민주당 모두 제16대 대통령 선거공약에서 균형발전을 중요하게 다루었다. 한나라당에서는 선거공약집 '나라다운 나라, 내일을 약속합니다'에서 '중앙부처 지방이전을 통한 지역균형 분산발전'을 제안하며, 공약사항으로 중앙부처, 공공기관, 공기업, 정부산하단체 등의 지방이전을 적극 추진하고 관련된 민간부문이 뒤따라 이전할 수 있도록 유인책을 만들겠다는 내용을 제시했다(한나라당 정책공약위원회편, 2002). 그리고 새천년민주당의 노무현 대통령 후보는 선거정책공약으로 '4대 비전, 20대 기본정책, 150대 핵심과제'를 제시하고, 150대 핵심과제 중 하나인 '신행정수도의 건설과 국토균형발전 추진'에서 중앙행정기관의 소속기관, 정부투자 · 출연기관 등 공공기관을 적극적으로 지방에 이전하겠다고 제시했다(국토교통부, 2016). 따라서 2000년대 들어서도 국가의 균형발전은 국가의 핵심적인 과제였으며, 균형발전을 위한 핵심적인 정책적 수단이 바로 수도권 소재 공공기관의 지방이전이었음을 알 수 있다.

물론, 공공기관의 지방이전정책이 2000년대에 들어 처음 시도된 것은 아니다. 그 이전에도 공공기관의 지방이전정책은 총 3차례에 걸쳐 실행되었다. 제1차 이전계획은 1973년 경제기획원에서 수립한 '대도시 인구분산책'에 따른 것으로, 이 계획에서는 46개 정부소속 · 출연기관 및 정부투자 · 출자기관의 이전방안을 제시했고, 그 결과 서울에 있던 한국도로공사, 한국수자원공사 등 40개 기관이 이전했다. 제2차 이전계획은 1980년에 마련된 것으로, 경제기획원에서 수도권문제심의위원회에 수도권 문제를 보고하면서 위원장인 국무총리 지시로 이전이 추진되었다. 당시 계획에서는 공공기관 14개를 지방으로 이전하는 방안을 제시하고 실제로 10개 기관이 이전했다. 그리고 1985년에 수립된 제3차 이전계획은 총무처에서 마련한 것으로, 수도권지역에 대응하는 지역경제권 육성을 위한 방안의 하나로 행정중추기관인 처 · 청 단위 기관의 중부권 이전을 추진한 것이다. 이후, 1990년에 이를 재검토하여 9개의 청단위 기관을 포함하여 총 16개의 기관을 대전으로 이전하기로 계획하고, 11개 기관이 실제로 이전했다.

총 3차례에 걸친 이전계획으로 76개 기관 중에서 61개 기관이 이전하여 비교적 양호한 실적을 보였지만, 이전 기관 중에 27개 기관이 서울 이외의 수도권에 입지함으로써 수도권 과밀해소에 만족할만한 성과를 거두지는 못했다. 이는 이전계획 당시 서울과 서울 이외의 지역이 가지는 생활환경의 차이 등 지역 간 질적인 격차로 인한 이전 기피현상과 함께 이전 대상지역 설정 정책에도 그 원인이 있었다(건설교통부, 국가균형발전위원회 외, 2005). 즉, 제1차 이전계획에서는 이전 대상지역을 서울의 한강 이남지역, 제2차 계획에서는 서울 이남지역으로 설정함으로써 서울 소재 기관들이 서울과 근거리 지역에 입지하게 하는 직접적인 원인이 되었으며, 비로소 제3차 계획에서 이전 대상지역을 수도권 이외 지역으로 설정함으로써 수도권을 벗어나 이전하게 되었다. 하지만 이들 이전 정책이 실행되었음에도 불구하고 이전기관과 지역산업과의 연계 발전방안에 대한 고려 미흡, 이전기관 및 직원에 대한 종합적인 지원책 부족 등으로 인해 이전의 실질적 효과가 크지 못한 것으로 평가된다(국토교통부, 2016).

한편, 제16대 대통령으로 노무현 후보가 당선되면서 등장한 참여정부에서는 그 동안 경제성장 과정에서 드러난 노동 · 자본 등 생산요소 투입에 따른 성장 전략의 한계, 수도권 과밀과 지방 침체로 인한 국토 양극화 등의 문제를 완화하기 위하여 국토를 수도권 일극 중심에서 다핵분산 구조로 개편하는 정책수단의 하나로 공공기관 지방이전정책을 행정중심복합도시 건설정책과 더불어 국가균형발전정책의 주요 정책으로 본격 추진하기 시작했다. 참여정부에서는 국가의 재도약을 위해서 '적극적인 수도권 발전정책, 적극적인 지방 육성정책'으로 국가발전의 패러다임을 전환시켜야 한다고 인식했다. 즉, 수도권은 노동 · 자본 투입위주의 양적 팽창에서 벗어나 지식 · 기술 · 환경 · 문화 중심의 질적 발전정책으로 전환하고, 지방은 혁신을 통해 지역발전을 도모하는 정책을 실현해야 한다는 것이다. 그리고 공공기관 지방이전은 이러한 정책 추진의 계기를 마련하기 위한 가장 현실적인 대안이라고 보았다(국토교통부, 2016).

참여정부 출범 이후 4개월이 채 지나지 않은 2003년 6월 12일, 대구에서 개최된 제9차 국정과제회의에서, 노무현 대통령은 "국가균형발전을 위한 구상"을 발표하면서 국가균형발전을 위한 3대 원칙과 7대 과제를 제시했다. 그리고 이들 과제 중 하나인 공공기관의 지방이전과 관련해서는 2003년 말까지 1차 공공기관 지방이전 계획을 추진하겠다고 발표하면서 공공기관의 지방이전이 급물살을 탔다. 공공기관 지방이전은 공공기관의 기능적 특성과 지역전략산업 및 혁신클러스터를 연계시킴으로써 자립적인 지역발전의 토대를 구축하고, 혁신도시 건설과 연계하여 지역특성화 발전을 촉진함으로써 지방도시의 경쟁력과 활력을 제고할 것으로 기대되었다. 따라서 혁신도시정책의 도입 배경은 수도권 과밀해소와 지방의 자립적 발전기반을 구축하기 위한 것으로, 구체적으로는 이전공공기관의 기능적 특성과 지역전략산업 및 혁신클러스터를 연계하여 자립형 지방화 및 지역발전을 도모하기 위한 것으로 이해할 수 있다.

정부는 2003년 6월 수도권 소재 공공기관의 지방이전 방침 발표 이후, 2004년 공공기관 지방이전의 법적 · 제도적 근거가 되는 「국가균형발전특별법」을 제정(2004.1.16)하고 혁신도시 건설을 본격적으로 추진하고자 했다. 하지만, 같은 해 10월 헌법재판소의 「신행정수도의 건설을 위한 특별조치법」에 대한 위헌 결정(2004.10.21)으로 공공기관 지방이전 계획 역시 차질을 빚었다.

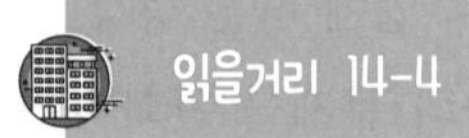

읽을거리 14-4 참여정부의 국가균형발전정책 3대 원칙과 7대 과제 (국가균형발전을 위한 대구구상 선언, 2003.6.12.)

【3대 원칙】

1. 국가개조의 차원에서 집권형 국가를 분권형 국가로 바꾸고, 지방이 지니는 복합적 문제를 해소하기 위해 지방분권, 국가균형발전, 신행정수도건설 등 '종합적 접근'으로 지방화를 추진한다.
2. 자립형 지방화를 위한 '지역혁신체계'를 구축하고, 이를 통해 지방경제를 혁신주도 경제로 전환시켜 나간다.
3. 지방을 우선적으로 육성하고, 수도권의 '계획적 관리'를 통해 지방과 수도권이 상생 발전할 수 있는 토대를 구축한다.

【7대 과제】

1. "국가균형발전특별법", "신행정수도특별법", "지방분권특별법" 등 3대 특별법을 2003년 9월 정기국회에 제출하고 지방의 자주재원을 확대하며, '국가균형발전특별회계'를 설치하여 지방화를 위한 법률적 제도적 기반을 마련한다.
2. 금년 말까지 신행정수도 입지조사와 기본구상을 수립하고, 2004년 말까지 입지선

정을 완료함으로써 행정수도 이전을 구체화하며, 정부소속기관, 정부투자 · 출연기관 등을 대상으로 제1차 지방이전계획을 금년 말까지 확정 발표하고 2004년 중에 제2차 종합이전계획을 발표한다.

3. 국가R&D 예산의 지방 지원 비율을 2003년 20%에서 임기 내에 두 배 이상으로 확대하여 지방대학을 집중 육성하고, 지역산업 및 지역문화와 연계한 인재양성을 본격 추진한다.
4. 2004년 중에 지역발전계획에 따른 지역혁신체계 시범사업을 추진하고, 지역산업 정책의 선정체계 및 추진체계, 심사평가체계를 전면 개편한다.
5. 금년 중에 시도별 사업계획, 지역특성, 지역의 비교우위 등을 종합적으로 고려해 자립형 지방화를 위한 국가균형발전 5개년계획을 수립한다.
6. 금년 말까지 지방 기초자치단체가 제안하는 1-2개 핵심규제의 개혁을 목표로 하는 「지역특화발전특구법」을 제정하여 지역경제발전의 토대를 구축한다.
7. 지역격차 완화를 위해 「전국최소기준」 관련 정책을 개발하고, 금년 중에 농어촌, 산촌 등 낙후지역에 대한 전반적 조사를 실시해 낙후지역 발전을 위한 특별대책을 추진한다.

출처: 국토교통부(2016, 6-7).

이후 국회의 협조를 통해 「신행정수도 후속대책을 위한 연기 · 공주지역 행정중심복합도시 건설을 위한 특별법」이 제정(2005.3.2)되어 신행정수도 후속대책이 정리됨에 따라, 공공기관 지방이전 계획을 다시 본격적으로 진행하여 정부와 12개 시 · 도지사 간 시 · 도별 배치의 기본원칙과 방법에 관한 '중앙-지방 간 기본협약'을 체결(2005.5.27.)하고, '공공기관 지방이전 계획(2005.6.24)'을 수립했다. 이 계획에서는 공공기관의 지방이전 필요성과 이전 대상기관, 이전방안, 혁신도시 건설방안, 이전 지원방안 등을 포함하고 있으며, 혁신도시와 관련하여서는 개념을 '지방이전 공공기관 및 산 · 학 · 연 · 관이 서로 긴밀히 협력할 수 있는 최적의 혁신여건과 수준 높은 주거 · 교육 · 문화 등 정주환경을 갖춘 새로운 차원의 미래형 도시'로 정의하고, 혁신도시(지구)의 유형을 '기존도시 활용형(혁신지구)'과 '독립 신도시형(혁신도시)'으로 제시했다. 또한, 혁신도시 건설 및 공공기관 지방이전에 따라 수도권의 인구 안정화에 기여, 지역의 혁신역량 제고, 고

그림 14-7 혁신도시의 공간구조와 중심지구 개발 예시

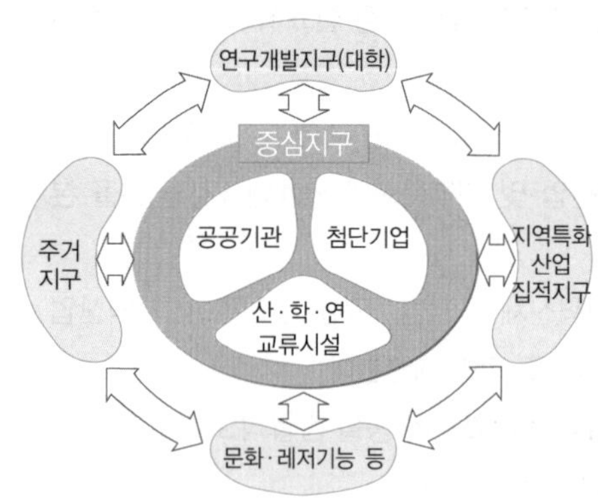

출처: (좌)건설교통부(2005, 4), (우)건설교통부(2006b, 9).

학력 취업기회의 확대로 지방교육의 질적 향상 유도 등의 효과가 있을 것으로 보았다(건설교통부, 국가균형발전위원회 외, 2005).

이후 건설교통부에서 마련한 「혁신도시입지선정지침(안)(2005.7.27.)」에서는 혁신도시의 공간구조를 크게 중심지구와 주변지구로 구분하고, 중심지구에는 이전공공기관, 첨단기업 및 산학연 교류시설이 입지하며, 주변지구에는 연구개발, 지역특화산업, 주거, 문화 · 레저 등의 기능을 입지시키는 구상을 마련했다(건설교통부, 2005). 이 지침에 따르면 중심지구와 주변지구로 이루어진 하나의 혁신도시는 이전공공기관, 산학연 시설, 교육 · 의료 · 문화시설 및 주거 단지 등이 유기적으로 연계되어 혁신창출에 기여하고 쾌적한 정주여건을 갖춘 공간을 의미하며, 혁신지구는 중심지구 위주로 개발하게 된다.

그리고 2007년에는 공공기관 지방이전 계획을 안정적이고 일관되게 추진하기 위한 제도적 기반 구축을 위하여 「공공기관 지방이전에 따른 혁신도시 건설 및 지원에 관한 특별법(이하, 혁신도시법)」을 제정(2007.1.11.)했다. 혁신도시법의 제정으로 혁신도시 건설을 위한 법적 · 제도적 기반이 확보되었으며 사업도 본격적으로 탄력을 받게 되었다. 이 법은 공공기관의 지방이전을 촉진하고 국가균형발전과 국가경쟁력 강화에 이바지하는 것을 목적으로 하고 있으며(혁신도시법 제1조), 혁신도시에 대한 정의도 기존의 공공기관 지방이전 계획에서 정의한 것을

받아들여, '이전공공기관을 수용하여 기업 · 대학 · 연구소 · 공공기관 등의 기관이 서로 긴밀하게 협력할 수 있는 혁신여건과 수준 높은 주거 · 교육 · 문화 등의 정주환경을 갖추도록 개발한 미래형 도시'로 정의하였다(혁신도시법 제2조). 혁신도시법의 제정에 따라 2007년 3월 19일, 광주 · 전남, 강원, 충북, 경북, 경남에 최초의 혁신도시 지정을 시작으로 같은 해 4월 16일까지 전국 10개 지역에 혁신도시를 지정하고 오늘날까지 사업을 추진하고 있다.

2) 추진계획

① 공공기관 이전 기본방향 및 대상기관 선정

「공공기관 지방이전 계획」에서는 수도권 집중해소와 지역특성화 발전을 위하여 수도권에 소재해야 할 특별한 사유가 없는 한 모든 공공기관을 지방으로 이전하는 것을 기본방향으로 설정했다. 당시 국가균형발전특별법에 따른 중앙행정기관을 포함한 공공기관의 수는 전국적으로 410개였으며, 이 중에서 346개 기관(84%)이 수도권에 위치하고 있었다. 이들 기관 중에서 행정중심복합도시 건설계획에 따라 이전여부가 결정되는 중앙행정기관과 수도권을 관할구역으로 하는 기관 등을 제외한 176개 기관을 최종 이전 대상기관으로 선정했다(건설교통부, 국가균형발전위원회 외, 2005). 이후, 행정중심복합도시로 이전하는 중앙부처 기관의 제외와 일부 기관의 추가 이전, 공기업 선진화 방안 등에 따른 공공기관의 통폐합 등 일련의 조정을 거쳐 2019년 현재는 최종 153개 기관이 이전대상 공공기관이며, 이 중에서 113개 기관(74%)이 혁신도시로 이전하도록 계획되었다.

② 공공기관의 시도별 배치 기본방향

「공공기관 지방이전 계획」에서는 수도권과 대전을 제외한 12개 시 · 도로 공공기관을 이전하되, 형평성과 효율성의 원칙을 종합적으로 고려하고, 가능한 범위 내에서 지역의 유치희망기관, 기관의 이전희망지역 등을 반영하여 배치한다는 기본원칙을 설정했다. 또한, ① 시 · 도별 발전정도에 따라 배치규모 차등화, ② 유사한 성격의 기관은 기능군으로 분류하여 배치, ③ 기능군에 포함되지 않은 기관은 '기타이전기관'으로 분류하여 이전 대상기관을 시 · 도별로 배치한다는 세부원칙을 설정했다.

이전 대상기관의 구체적인 기능군은 12개 산업특화기능군과 9개 유관 기능군으로 분류했다. 그리고 각각의 기능군은 제4차 국토종합계획과 국가균형발전 5개년계획에서 제시한 지역발전 방향과 지역전략산업 육성 및 지역별 산업구조와 특성 등을 감안하여 지역별로 배치하도록 했다(건설교통부, 국가균형발전위원회 외, 2005).

③ 혁신도시 입지선정

정부는 「공공기관 지방이전계획」을 발표한 이후 시 · 도 및 이전기관의 의견수렴을 토대로 혁신도시 입지선정 원칙과 기준 등을 주요내용으로 하는 「혁신도시 입지선정지침('05.7.27)」을 마련하여 국가균형발전위원의 심의를 거쳐 확정 · 발표했다. 또한, 정부, 시 · 도, 이전기관 간 "이행 기본협약('05.8.31)"을 체결하는 등 공공기관 지방이전 및 혁신도시 건설의 원활한 추진을 위한 기반들을 구축했다.

시 · 도지사는 정부의 「혁신도시 입지선정지침」에 따라 각 시 · 도별 '혁신도시 입지선정위원회'를 구성하여 입지선정을 추진했다. 혁신도시 입지선정위원회에서는 객관적이고 공정한 평가를 위하여 구체적인 입지선정 방향 등 입지선정을 위한 기본사항들을 지속적으로 논의하고 세부평가기준을 마련하는 등, 후보지 평가 작업 등을 진행했다. 이를 통해 예비후보지를 선정하고 정부와 이전기관의 의견수렴 과정을 거쳐 후보지를 평가한 후 최종후보지를 선정했고, 시 · 도지사와 정부 간 협의를 거쳐 최종입지를 확정했다.

이러한 일련의 입지선정 절차를 거쳐 전북('05.10.28)을 시작으로 광주 · 전남('05.11.30) 등 11개 시 · 도에 10개의 혁신도시 입지선정이 마무리되었다. 또한, 혁신도시 입지로 선정된 지역에서의 원활한 도시건설을 위하여, 지자체와 협의('06.1.13~1.18)를 거쳐 사업시행자를 선정하고 사업에 착수하게 했다.

④ 혁신도시 개발방향과 계획

혁신도시 입지선정이 마무리됨에 따라 혁신도시 건설을 위한 기본구상이 수립되었다. 건설교통부에서 수립한 혁신도시 기본구상(2006.3)에서는 혁신도시 건설을 위한 지구지정 및 개발계획 등 각종 계획수립을 위한 개발방향과 사업추진의 기본원칙을 제시했다. 이 구상에서는 혁신도시의 개발 목표를 "지역성장 거점 구축을 통한 국가균형발전"으로 설정하고, 혁신도시의 미래상으로는 지역발전을 선도하는 혁신거점도시, 지역별 테마를 가진 개성있는 특성화도시, 누구나 살고 싶은 친환경 녹색도시, 학습과 창의적 교류가 활발한 교육 · 문화도시 등 4가지로 설정했다.

또한, 기본구상에서는 혁신도시의 규모를 인구 기준으로 약 2~5만 명으로 설정하고, 총 3단계의 단계별 개발방식을 제시했다. 1단계(2007~2012)는 이전 공공기관의 정착단계, 2단계(2013~2020)[5]는 산 · 학 · 연 정착단계, 그리고 3단계(2021~2030)는 혁신의 확산 단계로 설정했다(건설교통부, 2006b). 그리고 1단계와 2단계는 수요 및 지역의 여건에 따라 동시개발을 가능하게 함으로써 개발의 단계를 크게는 2020년 이전과 이후로 구분할 수 있다.

정부의 혁신도시 기본구상 방향이 확정됨에 따라 각 지자체는 혁신도시의 미래비전, 목표, 추진전략 및 주요 사업 등을 제시한 '이전 공공기관 연계 지역발전계획'수립을 완료하고, 혁신도시별 개발 컨셉, 도시규모 등이 구체화되면서 2007년 3~4월에 걸쳐 지구지정을 마무리했다. 지구지정 이후 2007년 5월부터 개발계획 및 실시계획 수립절차를 진행하여 2008년 12월에 부산 문현 · 대연지구의 실시계획 수립을 마지막으로 10개 혁신도시의 개발계획 및 실시계획 수립을 완료했다.

한편, 2007년 혁신도시 지정 이후 10년이 지난 2017년 12월 말 강원도의 원주 혁신도시 준공을 마지막으로 모든 혁신도시의 개발사업이 준공되었다. 하지만, 혁신도시 개발에 따른 공공기관의 지방이전과 정주환경의 조성에도 불구하고 혁신도시 건설의 당초 목표였던 균형발전 거점화에 대한 성과가 기대치에 이르지 못했고, 한편으로는 혁신도시 건설에 따른 구도심의 쇠퇴 등 혁신도시 주변지역과의 상생발전 효과가 미흡했다. 이에 문재인 정부에서는 기존의 공공기관 이전 중심의 혁신도시 정책에서 벗어나 혁신도시를 국가균형발전을 위한 새로운 지역성장거점으로 육성하는 「혁신도시 시즌2」 정책을 추진하게 되었다.

5 이명박 정부의 '공공기관 선진화 정책'에 따른 민영화와 통폐합 등에 따른 혁신도시 사업의 일부 지연으로 당초 2단계의 계획기간이 2013~2020년에서 2016~2020년으로 변경되었다.

관계부처에서 합동으로 마련한 「혁신도시 시즌2 추진방안(2018.2)」에서는 비전을 "혁신도시를 국가균형발전을 위한 新지역성장 거점화"로 설정하고, 목표를 이전공공기관 특성과 연계한 혁신성장 지역거점화, 수준 높은 정주환경과 살기 좋은 도시 조성으로 설정했다. 2022년을 목표연도로 한 구체적인 부문별 목표 수치의 경우, 가족동반 이주율 58% → 75%, 삶의 질 만족도 52점 → 70점, 지역 인재 채용률 13% → 30%, 입주 기업수 232개 → 1천개로 상향 설정했다. 또한, 목표달성을 위한 3대 전략으로 "추진기반 정비 및 혁신도시 정주 인프라 확충, 공공기관 정착 및 도시 안정화, 혁신도시 중심의 산학연 융복합 클러스터 구축"을 제시하고, "이전기관 지역발전선도, 스마트 도시조성, 클러스터 활성화, 주변 지역과 상생발전, 추진체계 재정비" 등 5대 추진과제를 제시했다.

그림 14-8 기존 혁신도시 정책과 혁신도시 시즌2의 정책 추진방향 비교

	기존 (2007~2017)	향후 (2018~2030)	의의
정책 목적	도시건설 지방이전	산학연 클러스터 활성화 수준 높은 정주여건 성과 확산 (지역산업, 인재, 일자리 등)	산학연 유치 및 클러스터 구축, 도시 활성화 (지역 신성장거점 육성)
추진 주제	정부 (Top-down)	지자체 및 공공기관+ 대학+정부 (Bottom-up)	지역 주도 및 정부 지원
대상 공간	혁신도시	지역 (혁신도시+모도시+ 주변지자체)	성과 확산을 위한 정책대상공간 확장 (도시 → 지역)
지역 대상	공공기관 및 종사자	공공기관 및 종사자, 지역주민, 기업 등	지역혁신 주체 중심 (공공기관 및 종사자 지역주체)
제도적 지원	건설 및 이전 지원	산학연 유치 · 협업	지원제도 확대 (건설 → 특화발전)

출처: 국토교통부(2018a, 11).

표 14-6 혁신도시 지정 현황

<table>
<tr><th rowspan="2">지역
(사업시행자)</th><th rowspan="2">위치</th><th rowspan="2">도시
컨셉</th><th colspan="5">지구지정 및 준공 현황</th><th colspan="3">규모</th></tr>
<tr><th>(최초)
지구
지정</th><th colspan="2">(최초)
개발
계획</th><th>(최초)
실시
계획</th><th>사업
준공</th><th>면적
(천㎡)</th><th>계획
인구
(천명)</th><th>사업비
(억원)</th></tr>
<tr><td>계</td><td></td><td></td><td></td><td colspan="2"></td><td></td><td></td><td>44,879</td><td>267</td><td>98,979</td></tr>
<tr><td rowspan="2">부산
(부산도시
공사)</td><td rowspan="2">영도구
해운대구
남구</td><td rowspan="2">21세기 동북아 시대 해양수도</td><td rowspan="2">'07.4.16</td><td>동삼
센텀</td><td>'07.9.3</td><td>'07.12.13</td><td rowspan="2">'14.6.30</td><td rowspan="2">935</td><td rowspan="2">7</td><td rowspan="2">4,127</td></tr>
<tr><td>문현
대연</td><td>'08.6.24</td><td>'08.12.12</td></tr>
<tr><td>대구
(LH)</td><td>동구</td><td>Brain City
(지식창조)</td><td>'07.4.13</td><td colspan="2">'07.5.30</td><td>'07.9.5</td><td>'15.1.31</td><td>4,216</td><td>22</td><td>14,501</td></tr>
<tr><td>광주 · 전남
(LH, 광주도시
공사, 전남개
발공사)</td><td>나주시</td><td>Green-
Energypia</td><td>'07.3.19</td><td colspan="2">'07.5.31</td><td>'07.10.26</td><td>'15.12.31</td><td>7,361</td><td>49</td><td>14,175</td></tr>
<tr><td>울산
(LH)</td><td>중구</td><td>경관중심 에너지폴리스</td><td>'07.4.13</td><td colspan="2">'07.5.30</td><td>'07.9.3</td><td>'16.12.31</td><td>2,991</td><td>20</td><td>10,390</td></tr>
<tr><td>강원
(LH, 원주시)</td><td>원주시</td><td>Vitamin City</td><td>'07.3.19</td><td colspan="2">'07.5.31</td><td>'07.10.31</td><td>'17.12.31</td><td>3,585</td><td>31</td><td>8,396</td></tr>
<tr><td>충북
(LH)</td><td>진천군
음성군</td><td>교육 · 문화
이노밸리</td><td>'07.3.19</td><td colspan="2">'07.5.31</td><td>'07.12.17</td><td>'16.12.31</td><td>6,899</td><td>39</td><td>9,969</td></tr>
<tr><td>전북
(LH, 전북개발
공사)</td><td>전주시
완주군</td><td>Agricon City</td><td>'07.4.16</td><td colspan="2">'07.9.4</td><td>'08.3.4</td><td>'16.12.31</td><td>9,852</td><td>29</td><td>15,229</td></tr>
<tr><td>경북
(LH, 경북개발
공사)</td><td>김천시</td><td>경북 Dream-
Valley</td><td>'07.3.19</td><td colspan="2">'07.5.31</td><td>'07.9.3</td><td>'15.12.31</td><td>3,812</td><td>27</td><td>8,676</td></tr>
<tr><td>경남
(LH, 경남개발
공사, 진주시)</td><td>진주시</td><td>산업지원과
첨단주거를
선도하는
Inno-Hub
City</td><td>'07.3.19</td><td colspan="2">'07.5.31</td><td>'07.10.26</td><td>'15.12.31</td><td>4,093</td><td>38</td><td>10,577</td></tr>
<tr><td>제주
(LH)</td><td>서귀포</td><td>국제교류 ·
연수 폴리스</td><td>'07.4.16</td><td colspan="2">'07.7.16</td><td>'07.9.5</td><td>'15.12.31</td><td>1,135</td><td>5</td><td>2,939</td></tr>
</table>

출처: 국토교통부(2016, 105) 및 국토교통부(2018b, 2)를 참조하여 작성.

추진과제 재정비 과제의 세부 과제 중 하나인 혁신도시 종합발전계획수립은 혁신도시의 발전을 촉진하기 위하여 기존의 혁신도시법을 개정한 「혁신도시 조성 및 발전에 관한 특별법(2017)」에 따른 것으로 5년 단위의 국가계획이다. 이 법에 따라 국토교통부에서는 기존에 지자체에서 수립한 혁신도시별 발전계획을 기초로 하여 2018년 10월에 "혁신도시 종합발전계획(2018-2022)"을 수립했다. 계획의 주요 내용은 비전 및 목표, 부문별 추진전략과 과제, 혁신도시별 주요 추진과제, 사업계획 및 추진방안 등으로 구성되었다.

이 계획에서는 혁신도시 정책추진의 기본방향을 지역이 당면한 위기를 기회로 만들기 위해 혁신도시를 신지역성장의 거점으로 구축하도록 설정했다. 그리고 정책의 목적을 2017년까지는 도시 건설 및 공공기관 지방이전에 초점을 두었다면 2018년부터는 혁신도시의 본격적인 발전과 지역성장거점화 추진에 두었으며, 추진주체도 기존의 하향식에서 상향식으로 변경했고, 공간적 범위도 혁신도시에 한정했던 것에서 벗어나 혁신도시를 포함한 모도시와 주변지역으로 확대했다. 또한, 혁신도시 종합발전계획에서는 10대 혁신도시별 미래 비전, 이전공공기관의 기능 및 지역혁신기반을 연계한 특화발전방향 설정과 함께 부문별 주요 추진과제를 제시하였다(국토교통부, 2018a).

3) 추진현황

2007년에 혁신도시법이 제정된 이후 10년이 지난 2017년도에 모든 혁신도시의 개발사업이 준공했으며, 이후 2018년부터는 혁신도시를 新지역성장 거점으로 구축하기 위해 혁신도시 시즌2를 추진 중에 있다. 혁신도시정책의 도입 배경이 수도권 과밀해소와 지방의 자립적 발전기반 구축을 통한 국토의 균형발전에 있으며, 이를 위한 주요 정책적 수단이 수도권 소재 공공기관을 혁신도시로 이전시켜 지역의 전략산업 및 혁신클러스터와 연계하여 지역의 자립과 발전을 도모하는 것이었다는 측면에서 보면, 2019년 5월 기준으로 혁신도시로 이전하기로 계획된 113개 이전 대상 공공기관 중에 112개 기관이 모두 이전을 완료하여 공공기관의 이전 성과가 매우 높은 것을 알 수 있다. 아직 이전하지 않은 1개 기관 역시 2019년 말까지 충북 혁신도시로 이전 완료할 예정이기 때문에 2012년부터 시작된 공공기관의 이전이 2019년에는 모두 마무리하게 된다.

전체적으로 2007년부터 본격 시작된 혁신도시 정책이 시즌1을 지나 시즌2를 추진하고 있는 현재 시점에서, 모든 혁신도시 조성사업이 공식적으로 준공했고, 계획 대상 공공기관도 2019년 말까지는 모두 이전을 완료할 예정으로 있기 때문에 혁신도시의 물리적인 기반 조성은 사실상 완료되었다고 볼 수 있다. 하지만 지금까지 혁신도시 정책 추진과정에서 기업유치, 정주여건, 성과확산 등은 상대적으로 미흡하여 혁신도시가 내생적인 발전 동력을 갖추어 국가균형발전의 거점 역할을 수행하기에는 한계를 드러냈기 때문에, 혁신도시 시즌2 정책에서는 이들 문제점들을 보완하고 개선하여 혁신도시 정책의 당초 목적을 달성하는데 노력을 경주해야 할 것이다. 그리고 개정된 혁신도시법에 따라 최근에 수립한 혁신도시 종합발전계획이 체계적 · 효율적으로 시행되어 목표를 달성하기 위해서는 혁신도시 사업에 대한 지속적인 모니터링이 요구된다.

(3) 기업도시

1) 추진배경

참여정부에서는 새로운 국토정책으로 '21세기 혁신주도형 균형발전전략'을 제시하고, 행정중심복합도시, 혁신도시, 기업도시의 개발을 추진했다. 행정중심복합도시는 대덕연구개발특구, 오송생명과학단지 등과 연계하여 행정 · 연구 ·

표 14-7 기업도시와 행정중심복합도시, 혁신도시의 개념과 지역사례

구분	주도	개념	지역사례
기업도시	민간	민간주도로 개발되는 사업으로 산업 · 연구 · 관광 등의 경제기능과 함께 정주에 필요한 주택 · 교육 · 의료 · 문화 등 자족적 복합기능을 갖춘 도시	충주, 원주, 태안, 영암 · 해남
행정중심복합도시	공공	행정기능을 중심으로 교육 · 문화 · 복지 등이 어우러진 자족형 복합도시	세종
혁신도시	공공	수도권 소재 공공기관의 지방이전을 계기로 산 · 학 · 연 · 관이 서로 협력하여 새로운 성장 동력을 창출하는 미래형 도시	부산, 대구, 광주 · 전남, 울산, 강원, 충북, 전북, 경북, 경남, 제주

출처: 김진범 외(2013, 27)를 참조하여 작성.

산업 간 보완관계를 형성하여 충청권 초광역 경제권을 촉진하는 거점으로 육성하고, 혁신도시는 공공기관의 지방이전을 수용하고 미래형 도시로 육성한다는 전략이다. 그리고 기업도시는 낙후지역의 발전을 위해 민간이 주도하는 도시로서 기업의 투자촉진과 지역역량 강화를 통해 국가균형발전을 선도할 수 있는 거점으로써의 역할을 부여했다(김진범 외, 2003).

행정중심복합도시와 혁신도시가 정부기관과 공공기관의 지방분산 및 이전을 주요 정책수단으로 하는데 비해, 기업도시는 민간기업의 지방투자 활성화에 초점을 맞추고 있다. 또한, 기업도시 정책은 전국경제인연합회(이하, 전경련)라는 민간부문의 제안을 정부에서 수용하여 국가균형발전을 위한 국책사업으로 추진했다는 점에서 행정중심복합도시 및 혁신도시 사업과는 차별성을 지닌다.

물론, 국가균형발전 전략 중 하나로 기업의 지방이전을 촉진하기 위한 시도는 참여정부 이전부터 있어 왔다. 수도권 집중과 국토의 불균형 문제를 시정하기 위한 수도권정비계획법, 공장총량제 등과 같은 다양한 수도권 관련 정책이 추진되었음에도 불구하고 인구와 산업 등의 수도권 집중현상이 좀처럼 완화되지 않았기 때문에, 기업의 지방이전 촉진을 위한 획기적인 대책을 필요로 했는데, 그 대표적인 대책이 1999년 8월 23일 경제정책조정회의에서 확정된 '기업의 지방이전 촉진대책'이다. 이 대책은 공장총량제, 과밀부담금 부과 등과 같이 수도권 집중요인을 억제하는 것을 주요 내용으로 했던 그 동안의 소극적 · 규제 중심적 정책에서 벗어나 기능분산 및 지방경제 활성화에 중점을 둔 적극적 · 유인 중심적 정책으로 정책적인 전환을 시도한 것이다. 이 대책에서는 기업의 지방이전을 촉진하기 위하여 세제, 금융, 인프라, 생활여건 조성 등을 일괄 지원하는 내용을 담고 있었으며, 특히, 대기업이 지방으로 이전할 경우 배후도시 개발권을 부여하고 주변 SOC건설을 정부에서 지원할 수 있도록 했기 때문에 그 당시에는 매우 획기적인 조치였다(지방이전지원센터, 1999). 그리고 이 대책의 추진으로 일본의 도요타시와 같이 기업의 이름을 사용한 기업도시가 건설될 것이라는 기대를 갖게 했다. 하지만 이 대책은 당시의 경제위기상황 등과 맞물려 실현되지는 못했다.

이후, 기업도시 개발을 본격적으로 논의하게 된 것은 전경련이 건설산업연구원을 통해 연구용역한 '주택가격 안정과 지방균형발전을 위한 기업도시(Company City) 건설방안(2003.9)' 보고서를 토대로 작성한 보도자료

(2003.10.17.)에서 주택가격의 안정과 지역의 균형발전, 건설투자 확대에 따른 경기 진작을 위해 1천만평 규모의 시범적인 자족적 기업도시 개발 추진을 제안한 것이 직접적인 계기가 되었다. 즉, 외환위기 이후 기업들이 위기극복에 전념하는 과정에서 투자가 정체되었으며, 이로 인해 경제 성장력 감소, 고용창출 부진, 내수부진 등의 문제가 불거졌는데, 투자 심리 회복과 일자리 창출이라는 일석이조의 효과를 달성하기 위한 방안으로 기업도시가 제안된 것이다. 전경련은 이 보고서를 토대로 투자활성화, 고용창출, 현재 및 미래 산업경쟁력에 대한 대비, 지역균형발전 등을 위해 기업도시 건설 아이디어를 구체화하기로 결정했다.

전경련은 '일자리창출특별위원회(2004.2.25.)'에서 일자리 창출을 위한 사업의 일환으로 기업도시 건설 방안을 마련하기로 결정했다. 그리고 같은 해 6월 15일 '기업도시 건설을 위한 정책포럼'을 개최하여 기업도시 건설을 제안하고, 6월 28일에 기업도시 특별법의 제정을 정부에 공식적으로 건의했다. 이에 정부는 기업도시 건설이 민간기업의 국내 투자를 촉진하고 일자리 창출 및 지역균형 발전에 기여하는 것으로 판단하여 국가균형발전을 위한 국책사업으로 적극 추진하게 되었다.

전경련의 공식적인 건의 이후, 건설교통부는 같은 해 6월 25일에 기업도시 실무지도위원회를 구성하고, 7월에는 기업도시과를 신설하는 등 조직적인 차원에서 기업도시 건설을 본격 준비했다. 그리고 당시 집권 여당인 열린우리당은 2004년 11월 9일 의원총회에서 기업도시개발 특별법 추진을 당론으로 채택하고 입법발의를 하는 등 정부와 국회 차원의 활동이 급물살을 탔다(문화관광부, 2006). 물론, 입법 과정에서 '소수 재벌을 위한 특혜 법안, 반환경적인 악법' 등으로 기업도시 특별법을 규정한 시민단체 등의 거센 반발이 이어졌지만, 그 해 말에 「기업도시개발 특별법(이하, 기업도시법)」이 제정(2004.12.31.)됨으로써 기업도시 건설이 본격적으로 추진되는 제도적 근거가 마련되었다.

기업도시법의 제정으로 기업도시 건설을 위한 제도적 기반이 확보되었으며 사업추진도 본격적으로 탄력을 받았다. 이 법은 '민간기업이 산업 · 연구 · 관광 · 레저분야 등에 걸쳐 계획적 · 주도적으로 자족적인 도시를 개발 · 운영하는 데 필요한 사항을 규정하여 국토의 계획적인 개발과 민간기업의 투자를 촉진함으로써 공공복리를 증진하고 국민경제와 국가균형발전에 기여하는 것'을 목적으로 하였다(기업도시법 제1조). 그리고 기업도시를 '산업입지와 경제활동을 위하여 민간기업이 산업 · 연구 · 관광 · 레저 · 업무 등의 주된 기능과 주거 · 교육 · 의료 · 문화 등의 자족적 복합기능을 고루 갖추도록 개발하는 도시'로 정의하였으며, 기업도시가 다양한 정책과 접목되고 지역 특성화 정책과 부합할 수 있도록 산업교역형(제조업과 교역 위주), 지식기반형(연구개발 위주), 관광레저형(관광 · 레저 · 문화 위주), 혁신거점형(지방이전 공공기관을 수용) 기업도시 등 4가지 유형[6]으로 구분했다(기업도시법 제2조).

한편, 기업도시법의 제정에 따라 2005년 8월까지 6개의 기업도시를 선정하여 사업을 추진했으나, 현재는 경기 침체 등에 따른 사업시행자의 사업포기와 투자유치 실패 등으로 개발구역 지정을 해제한 2개 지역을 제외한 4개 지역에서 사업이 추진 중에 있다.

2) 추진계획

기업도시 개발사업은 건설교통부(산업교역형, 지식기반형)와 문화관광부(관광레저형)가 주관하여 사업을 추진하고 있다. 기업도시법의 제정과 함께 기업의 적극적인 투자를 유도하고 선도모델을 제시하기 위해 건설교통부와 문화관광부가 공동으로 기업도시 시범사업 추진계획을 고시(2005.1.11.)함으로써 본격적인 기업도시 건설 사업에 착수했다. 물론, 건설교통부에서는 기업도시법이 제정되기 전에 민간복합도시(기업도시) 활성화 방안 연구(2004)와 기업도시법(당시에는 민간복합도시개발특별법으로 준비) 공청회를 개최하는 등 기업도시의 건설을 위한 사전 준비를 함으로써, 법이 제정되자마자 기업도시개발 시범사업 추진계획을 고시할 수 있었다.

기업도시는 국가균형발전에 기여하는 것을 목적으로 건설하는 것이기 때문에 수도권과 광역시, 대규모 개발 사업이 집중된 지역 등을 제외한 성장촉진지역, 국민경제발전에 효과가 큰 지역 등에만 입지가 가능하도록 법에서 규정하고 있다. 기업도시 시범사업 추진계획 고시 이후, 정부는 최종 8개 지역으로부터 신

6 기업도시의 유형은 기업도시법 개정을 통해 혁신거점형을 삭제(2009.5.27.)하고, 남아 있던 산업교역형, 지식기반형, 관광레저형의 유형 구분도 모두 통합(2015.6.22.)하여 별도의 유형 구분 없이 오늘에 이르고 있다.

그림 14-9 기업도시 시범사업 지역 위치도

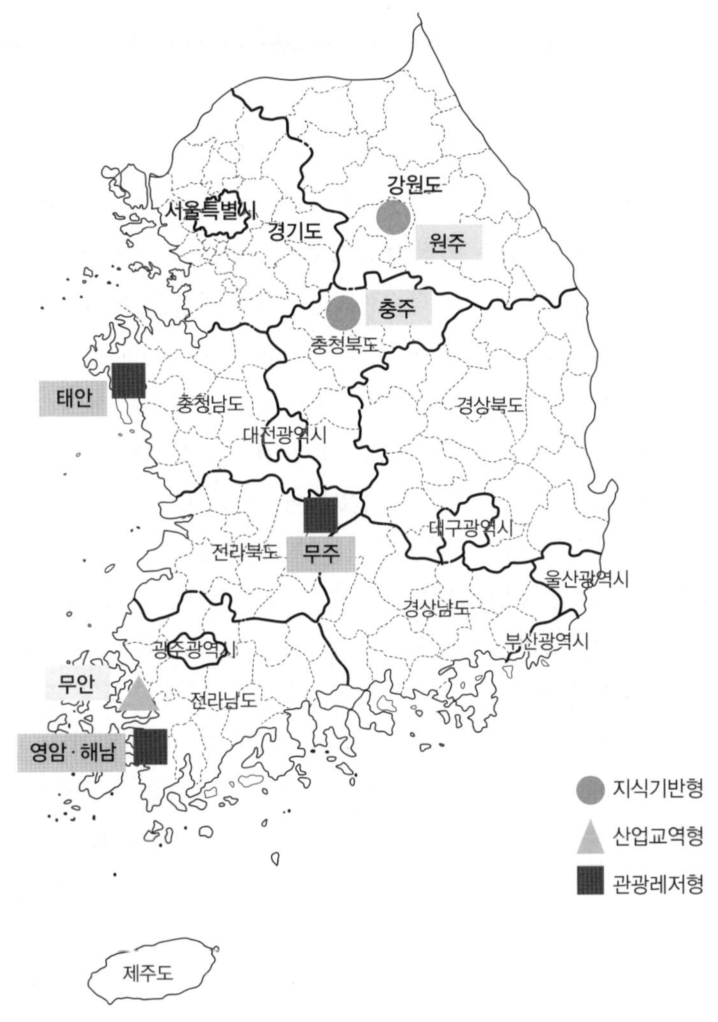

청을 받은 후 국가균형발전 기여도, 지속발전 가능성, 지역특성 및 여건 부합성, 사업실현 가능성, 안정적인 지가관리 등의 공통기준과개발유형에 따른 지역별 특성 등 일련의 선정기준에 따라 2005년 7월 충주, 원주, 무안, 무주 등 4개 지역에 이어 8월에 태안, 영암 · 해남 등 2개 지역을 추가하여 총 6개 지역을 시범사업 지역[7]으로 선정했다.

7 지식기반형 기업도시는 원주, 충주, 산업교역형은 무안, 관광레저형은 태안, 무주,

시범사업 지역 선정 이후 건설교통부에서는 한국형 기업도시 건설을 위해 기업도시 개발계획 수립의 지침서인 「기업도시 계획기준(2006.1.6.)」을 마련했다. 계획기준에서는 기업도시 계획의 목표연도를 계획수립 연도를 기준으로 20년의 장기계획으로 정했으며, 중저밀 도시로 개발하도록 유도했다. 그리고 유형별 계획기준을 별도로 설정하여 차별적인 기업도시 조성을 도모했는데, 산업교역형은 자족적인 성장을 위해서 면적을 최소 500만m^2 이상, 인구는 2만 명 이상으로 계획하도록 했으며, 관광레저형은 면적 660만m^2 이상에 인구 1만 명 이상, 지식기반형 및 혁신거점형 기업도시는 면적 330만m^2(혁신거점형은 165만m^2) 이상에 인구 2만 명 이상을 원칙으로 규정했다. 그 외에도 이 계획기준에서는 유형별 도시 경쟁력 확보, 지속적인 혁신체계 구축, 쾌적한 정주기반 마련, 통합적 사회 · 문화 기반형성, 지속가능한 생태 · 환경 조성 등에 대한 세부적인 기준을 제시하여 지속가능한 한국형 기업도시가 건설될 수 있도록 구성했다.

2005년 시범사업 지역 선정 이후 태안(2006.12)을 시작으로 충주와 원주(2007.5), 무주(2007.10), 무안(2009.2), 영암 · 해남(2009.10~2010.10) 등 모든 지역이 정부로부터 기업도시 개발구역 지정 및 개발계획 승인을 받았으며, 이 중에서 영암 · 해남은 해남의 구성지구와 영암의 삼호 및 삼포지구 등 총 3개 지구로 구분하여 계획을 수립했다. 하지만 현재는 이들 6개 기업도시 중에서 개발구역이 해제된 무주와 무안을 제외한 4개 지역에서만 사업을 추진하고 있다. 무주는 지구지정 이듬해인 2008년 5월에 주요 출자사가 경영악화를 이유로 사업을 포기한 후 대체 투자자를 모집하지 못함으로써 2011년 1월에 사업이 취소되었다. 그리고 무안 기업도시도 사업지구를 2개 지구로 분할하여 국내단지와 한중산업단지로 추진할 계획이었으나, 국내단지의 경우 사업시행자의 해체(2010), 한중산업단지는 중국 투자자의 투자 철회로 인해 2013년 2월에 사업이 전면 취소되고 개발구역이 해제되었다.

3) 추진현황

정부는 민간기업의 국내 투자를 촉진하고 국가균형발전을 도모하기 위하여 기업도시법의 제정 이듬해인 2005년도에 6개의 기업도시를 시범사업 지역으로

영암 · 해남이다.

선정하고 사업을 의욕적으로 추진하고자 했다. 그러나 6개 시범사업 지역 중에 2개 지역은 투자자의 경영악화와 투자 철회 등으로 인해 개발구역 지정이 해제되었으며, 현재는 원주, 충주, 태안, 영암 · 해남 등 4개 지역에서만 사업이 추진 중에 있다.

2005년 기업도시 개발구역 지정 이후 14년이 지난 현재, 당초 지식기반형 기업도시로 지정된 충주 기업도시는 2012년에 공식적인 개발사업을 준공하여 일반에게 토지분양을 개시하고 2020년에는 전체적인 기업도시 조성을 완료할 예정으로 있으며, 원주도 2018년 3월까지 1~3단계 사업(지식산업용지, 연구용지, 주거 · 사업용지, 공동주택용지)을 준공하고 2019년 9월까지 마지막 4단계 사업(지원시설용지 및 사업부지 전체)을 준공할 계획이다. 반면, 관광레저형으로 지정된 태안과 영암 · 해남 기업도시의 경우 당초 계획보다 사업추진이 상대적으로 지연되고 있는데, 특히, 영암 · 해남 기업도시는 공유수면 매립권 양도 · 양수 지연과 사업시행자의 경영악화, 투자유치 부진 등으로 인해 공정률이 낮은 편이다.

태안은 2008년 부지조성공사 착공 이후 2018년 7월 기준으로 공정률이 45%이며, 그 동안 골프장, 관광숙박시설 등 일부 시설을 준공한 실적을 보였지만, 3개의 지구로 구성된 영암 · 해남 기업도시는 2009년과 2010년에 개발구역 지정과 개발계획 승인 이후 2013년이 되어서야 공사에 착수했으며, 착공 이후에도 뚜렷한 성과가 없는 상태다. 영암 · 해남 기업도시는 사실상 전라남도가 국제관광 해양레저 도시 조성을 목표로 2003년부터 계획한 일명 'J프로젝트'의 계속사업으로, 기업도시 시범지역 선정 이후 '솔라시도'라는 새로운 브랜드를 개발하여 투자 등에 활용하고 있지만 전체적인 사업 진행이 부진한 편이다.

한편, 사업기간의 경우 충주를 제외하면 모든 지역에서 최종 도시조성의 목표연도를 2025년으로 연장했다. 이는 충주를 제외한 나머지 지역들에서 대내외 여건 변화 등으로 인해 사업이 당초 계획대로 추진되지 않고 있음을 의미하는 것이다. 그리고 목표인구의 경우, 원주와 충주, 태안은 당초 계획보다 증가하는 것으로 변경했는데, 특히, 원주의 증가폭이 상대적으로 큰 특징을 보였다.

참여정부가 들어서면서 민간기업의 투자 촉진과 일자리 창출을 통한 자족적인 도시개발 및 국가균형발전을 위하여 추진된 기업도시 정책은 2005년 6개의 시범사업 지역 선정하여 사업을 추진했다. 하지만 6개 시범지역 중에 2개 지역은 조기에 사업을 철회하여 개발구역이 해제되었고, 지금까지 추진 중인 4개 지역들도 사업의 추진 속도에서 많은 차이를 보이고 있으며, 일부 지역은 당초 기대에 비해 성과가 미흡한 실정이다. 이는 2008년 글로벌 금융위기에 따른 대내외 경제 환경과 기업의 투자환경 변화 외에도 기업도시의 입지적 요인과 인센티브 등을 포함한 제도적 요인 등이 복합적으로 작용했기 때문이다. 한편으로는 기업도시 정책 등장 이후 약 15년이 경과하고 있음에도 불구하고, 기존의 4개 시범사업 지역 이외에 새로운 사업지역이 등장하지 않고 있기 때문에, 당초 기업도시 정책의 목적 달성을 위해서는 기업도시 정책에 대한 전반적이고 체계적인 재검토가 필요하다.

|참|고|문|헌|

건설교통부, 2002, 주택백서: 국민주거안정을 위한 노력과 발자취.

_________, 2005, 혁신도시입지선정지침(안).

_________, 2006a, 행정중심복합도시 건설기본계획.

_________, 2006b, 21세기 지방화시대를 여는 혁신도시 기본구상 방향.

건설교통부 · 국가균형발전위원회 외, 2005, 공공기관 지방이전 계획.

관계부처 합동, 2018, 혁신도시 시즌2 추진방안.

국토교통부, 2013, 기업도시추진현황, 정책자료.

_________, 2014, 기업참여 확대를 위한 기업도시 제도개선 연구.

_________, 2015, 혁신도시 건설 및 공공기관 지방이전 통계.

_________, 2016, 공공기관 지방이전 및 혁신도시 건설 백서 총괄편(2003~2015).

_________, 2017, 2017년도 국토의 계획 및 이용에 관한 연차보고서.

_________, 2018a, 혁신도시 종합발전계획(안)(2018-2022).

_________, 2018b, 혁신도시별 사업추진현황.

_________, 2019년 5월 7일, "수도권 주택 30만호 공급방안: 제3차 신규택지 추진계획."

국토교통부 · 국토지리정보원, 2017, 대한민국 국가지도집 Ⅰ.

국토교통부 외, 2018년 12월 19일, "2차 수도권 주택공급 계획 및 수도권 광역교통망 개선방안."

국토연구원, 2006, 공공기관 지방이전 및 혁신도시건설.

_________, 2008a, 상전벽해 국토 60년: 국토 60년사 사업편.

_________, 2008b, 상전벽해 국토 60년: 국토 60년사 정책편(천년의 도시를 꿈꾸며).

기획재정부, 2013, 2012 경제발전경험모듈화사업: 국토 및 지역개발정책(국토종합계획을 중심으로).

김기호, 2008, "도시," 국토연구원 30년사(1978~2008), 국토연구원편, 126-149.

김의원, 2009, "국토 및 지역개발계획사," 대한국토 · 도시계획학회 50년사, 대한국토 · 도시계획학회편, 3-40.

김진범 외, 2013, 기업도시정책의 성과와 한계 및 발전방향, 국토연구원.

김진유, 2008, "신도시개발정책의 과제와 전망," 주택정책, 119-155.

김현아, 2003, "주택가격 안정과 지방균형발전을 위한 기업도시(Company City) 건설 방안," 전국경제인연합회.
대한민국정부, 1971, 국토종합개발계획(1972~1981).
_________, 1982, 제2차 국토종합개발계획(1982~1991).
_________, 1987, 제2차 국토종합개발계획 수정계획(1987~1991).
_________, 1992, 제3차 국토종합개발계획(1992~2001).
_________, 2000, 제4차 국토종합계획(2000~2020).
_________, 2005, 제4차 국토종합계획 수정계획(2006~2020).
_________, 2011, 제4차 국토종합계획 수정계획(2011~2020).
문화관광부, 2006, 관광레저도시 개발과정 기록사업(I).
세종특별자치시, 2014, 2030 세종도시기본계획.
_________, 2017, 세종시 출범 5주년 및 행복도시 착공 10주년 기념백서.
손정목, 2009, "도시계획과 도시개발의 발자취: 시읍승격과 계획법제의 변천을 중심으로," 대한국토 · 도시계획학회 50년사, 대한국토 · 도시계획학회편, 41-65.
전국경제인연합회, 2003년 10월 17일, "대규모 기업도시 개발로 주택가격 안정과 지역균형발전 도모 긴요."
지방이전지원센터, 1999, 기업의 지방이전 촉진대책.
최병선, 1998, "도시와 도시정책," 한국도시론, 한국도시연구소편, 373-402.
한나라당 정책공약위원회편, 2002, 제16대 대통령 선거공약: 제1차분(나라다운 나라, 내일을 약속합니다).
행정안전부, 2018, 중앙행정기관 등의 이전계획 변경, 행정안전부고시 제2018-25호.
행정자치부, 2005, 중앙행정기관 등의 이전계획(안).
행정중심복합도시건설청, 2007a, 행복도시건설과 갈등관리.
_________, 2017b, 행정중심복합도시 개발계획변경(제41차).
국가통계포털, http://kosis.kr
법제처 국가법령정보센터, http://www.law.go.kr
중앙선거관리위원회, 제16대 대통령선거정책자료집, https://www.nec.go.kr
행정안전부 국가기록원 대통령기록관, 공약자료실, http://knowhow.pa.go.kr
헌법재판정보, http://search.ccourt.go.kr

|추|천|문|헌|

국토연구원, 2008, 상전벽해 국토 60년: 국토 60년사 사업편.

________, 2008, 상전벽해 국토 60년: 국토 60년사 정책편(천년의 도시를 꿈꾸며).

국토교통부, 2016, 공공기관 지방이전 및 혁신도시 건설 백서 총괄편(2003~2015).

세종특별자치시, 2017, 세종시 출범 5주년 및 행복도시 착공 10주년 기념백서.

손정목, 2005, 한국도시 60년의 이야기 2, 한울.

| 제15장 |

한국도시지리학의 성찰과 미래

– 정환영 –

정환영

1. 한국도시지리학의 성찰
2. 한국도시지리학의 미래

제15장 한국도시지리학의 성찰과 미래

1. 한국도시지리학의 성찰

본 절에서는 한국도시지리학의 성찰을 통하여 미래의 방향을 제시하고자 한다. 성찰을 위하여 도시지리학 연구 동향을 1998년 이전과 이후로 나누어 살펴보기로 한다. 굳이 1998년을 기준으로 한 것은 한국도시지리학회지가 발간된 연도가 1998년도이기 때문이며, 이때부터 비로소 우리나라에서 도시지리학 전문학회지가 발간되었기 때문이다.

(1) 1998년 이전의 도시지리학 연구

우리나라에 '도시'기록은 『세종실록』 23권(세종 6년 3월 8일)에 처음 수록되었다고 전해지며, 조선시대만 하더라도 '도시'란 용어가 사용되기는 하였으나, 영어의 'city'의 개념으로 대중화되지 못했다. 일본은 메이지시대에 들어와서 서양으로부터 본격적으로 학문을 받아들이기 시작하면서 city를 '도시'로 번역하여 1919년부터 공식적으로 사용하기 시작했다. 우리나라는 일제강점기인 1921년부터 일본을 답습하여 도시라는 용어를 사용하기에 이르렀다. 일본 지리학계에서 최초로 『도시지리 연구』란 서적이 인문지리학회에 의해 간행된 것은 1929년의 일이었고, 우리나라에서는 강대현의 『도시지리학』이 출간된 것은 1975년의 일이었다. 그러나 한일 양국은 물론 세계적으로도 급속히 진행되는 도시화의 영향에 따라 도시지리학의 양적 · 질적 발전이 빠르게 진행되었다(남영우, 2007).

우리나라에서 1960년대 이전까지는 도시지리학은 취락지리학의 한 분야로써 연구되어져 왔고, 1960년대 후반에 이르러 비로소 지리학 관련 학과의 교과과정에 별도로 도시지리학 강좌가 개설되기 시작했다. 우리나라에서 도시지리학이 대학 교육과정에 들어간 1960년대 후반은 지구상에 10만 이상의 도시인구가 20%에 육박한 시기였고, 우리나라의 도시인구가 50%를 넘어 선 시기와 일치한다(남영우, 2017).

그리하여 대한지리학회가 창립된 1945년 이후부터 학회지가 창간된 1963년까지 도시지리학분야의 연구 활동은 몇몇 학자를 제외하고는 사실상 전무한 편이나 다름없었다(박영한, 1983). 즉, 도시지리학 연구는 대한지리학회지가 발행되면서 본격화되었다고 보는 것이 적절하며, 한국도시지리학회지가 발간되기 시작한 1998년부터 전성기를 맞이했다고 할 수 있다.

남영우(2002)는 "한국도시지리학 반세기의 회고와 전망"에서 2000년 이전의 도시지리학 연구 동향에 대하여 다음과 같이 정리하고 있다.

1960년대의 한국사회는 경제개발계획에 의한 경제성장과 더불어 여러 측면에서 많은 변화에 직면해 있었다. 당시 도시지리학의 연구동향은 도시성장과 도시화에 관한 분석을 비롯하여 도시기능에 관한 연구로 요약될 수 있다. 이에 대하여 1970년대는 도시지리학분야가 하나의 전환기를 맞이하는 시기에 해당된다.

즉, 1960년대에 구미 및 일본의 도시지리학 연구 동향과 이론이 직접 도입되기 시작한 것이다. 1970년대의 연구동향은 중심지이론에 대한 논의와 검증이 있었고 도시체계에 대한 논의가 활발하게 전개되어 우리나라 도시지리학계의 전환기가 마련된 시기였다고 요약될 수 있다.

1980년대에 들어오면서 도시지리학연구자가 증가함에 따라 이 분야의 연구물도 급격한 증가를 보였다. 도시지리학 연구물은 특히 1984~1985년을 최고의 정점으로, 2000~2001년 및 1988~1989년을 각각 제2와 제3의 정점으로 대량 출간되어 양적으로는 거의 선진국 수준에 도달했다. 1960~2002년 사이에 전체의 39.7%에 해당하는 도시지리학 관련 논문이 1980년대에 출간되었고 33.9%에 해당하는 논문이 1990년대에 발표되었다. 1980년대의 연구동향은 도시구조 및 도시화의 분석을 비롯하여 도시체계와 도시경제(또는 도시산업)의 연구로 요약될 수 있다.

1990년대에 접어들면서 도시지리학의 연구 열기는 일견 급격히 냉각되는 것처럼 보였다. 그러나 1990년대 후반부터는 다시 급증하여 제2의 전성기를 누렸다. 여기에는 1997년에 창립되어 1998년부터 논문집을 출간한 한국도시지리학회의 결정적인 기여가 있었다. 1990년대의 연구동향을 요약해 보면, 도시경제와 도시구조에 관한 연구가 1980년 이후 꾸준히 이어지고 있으며 도시교통을 주제로 하는 연구가 주목받고 있다.

이상에서 언급한 한국도시지리학의 연구동향은 다음과 같이 정리될 수 있을 것 같다. 한국의 도시지리학연구는 양적 측면에서 볼 때 도시화의 진전과 비례하여 발달해 왔다. 이러한 양상은 이촌향도에 의한 도시화율의 증가에 따라 도시에 대한 관심이 고조될뿐더러 연구과제가 다양해진 것에 기인한 것으로 풀이된다. 한국도시지리학 42년사에서 1960년대를 전후한 시기는 질적 · 양적 측면에서 초보적 단계를 벗어나지 못한 상태였으나, 1970년대 후반에 들어와서는 시스템이론(system theory)에 입각한 연구물이 출간되어 일대 전환기를 맞이했다.

8.15 해방부터 1970년까지는 몇몇 소수의 도시지리학자에 의해 도시연구가 주도되었으나, 1970년대에 접어들어서는 해외유학에서 귀국한 사람들을 중심으로 다수의 도시지리학자가 가세하기 시작했다. 그 같은 추세는 1980년대에 들어와 더욱 현저해지면서 도시지리학 발달의 절정기를 맞이하게 되었고 연구의 질적 수준이 현저하게 높아졌다. 그 뿐만 아니라 도시연구의 주제 또한 폭넓게 다양화했다. 여기에는 도시지리학 인접분야의 연구도 간접적인 기여가 있었음을 간과할 수 없다.

도시지리학의 저변확대에도 불구하고 1990년대 전반은 양적 성장이 질적 성장을 뒷받침해 주지 못하는 시기였다. 그러나 1990년대 후반에는 양적 성장이 회복세를 보였는데, 이는 한국도시지리학회의 창립이 시의 적절한 것이었음을 시사하고 있다.

2000년 이전의 연구 분야를 보면, 1970년대 이전에는 도시인구, 도시기능, 도시화 등의 주제에 국한되다가 1980년대를 거쳐 1990년대까지 도시구조, 도시화, 도시체계, 도시경제 등이 중점적으로 연구되면서 급격한 도시화에 따라 도시화와 도시체계 연구가 많은 비중을 차지했다. 2000년대 이후에는 기존의 연구주제 이외에도 도시정책, 도시사회, 도시문화 분야 연구로 확대되었다.

읽을거리 15-1 도시지리학회지

한국도시지리학회는 우리나라를 대표하는 도시지리학 전문 학회로서 1997년 창립되었다. 1998년부터 발행한 『한국도시지리학회지』에는 지리학자뿐만 아니라 인접학문 연구자가 다수 참여하여 활발한 학술활동을 전개하고 있다.

도시지리학회지는 도시지리학뿐만 아니라 도시계획, 도시공학, 도시사회학 분야에서의 연구 성과를 논문으로 게재하고 공유함으로써 우리나라를 대표하는 명실상부한 도시 전문 학회지로 성장했다고 평가할 수 있다.

그림 15-1 한국도시지리학회지 표지

ISSN : 1226-9492

한국도시지리학회지

Journal of the Korean Urban Geographical Society

한국도시지리학회 2019. 4

게재 논문을 보면 20년 동안 전통적인 연구 분야였던 도시체계와 도시구조 연구보다 도시응용 분야에서의 연구가 확대되고 도시문화와 도시사회 분야의 논문 게재 수가 늘어나고 있는 추세를 보인다. 즉, 이론보다는 쟁점과 문제해결 지향적으로 연구 관심도가 변화하고 있음을 시사한다(최재헌 · 김숙진, 2017).

(2) 1998년 이후의 도시지리학 연구

최재헌 · 김숙진(2017)은 1998년부터 2016년까지 20년간 한국도시지리학회에 게재된 논문을 분석하고 있는바, 최근까지의 우리나라의 도시지리학 연구 동향을 엿볼 수 있는 귀중한 연구다. 본 연구 결과를 보면 한국도시지리학회에 게재 논문은 총 460편으로 분야별 분포를 보면 도시지리 응용 분야가 34.3%로 가장 높은 비중을 차지한다. 이어서 도시구조 분야 26.3%, 도시일반 분야 25.4%, 도시체계 분야가 14.1%의 순으로 나타난다. 소주제별로는 도시정책 · 도시개발 · 도시계획 분야와 도시문화 · 도시관광 · 도시사회 · 도시정치 분야의 논문이 각

표 15-1 **한국도시지리학회지의 분야별 논문수와 비중**

대주제	소주제	논문편수	비율(%)
도시일반	도시역사 · 도시지지	38	8.5
	이론 개념 논평	50	10.8
	연구방법론	28	6.1
	소계	116	25.4
도시체계	세계도시 · 초광역도시체계	14	3.0
	도시화 · 국가 · 광역 · 일상도시체계	51	11.0
	소계	65	14.0
도시구조	도시인구 · 도시산업 · 도시교통	78	16.9
	토지이용 · 지가 · 주택	21	4.6
	도시재생 · 도시재활성화	22	4.8
	소계	121	26.3
도시응용	도시정책 · 도시개발 · 도시계획	79	17.1
	도시문화 · 관광 · 사회	79	17.1
	소계	158	34.2
총계		460	100

자료: 최재헌 · 김숙진(2017).

각 17.1%로 가장 높으며, 다음으로 도시인구와 도시산업을 포함한 도시구조 연구가 16.9%로 높다. 이 밖에 이론이나 개념, 방법론에 관한 논문이 10.8%, 도시화 · 도시체계와 관련한 논문이 11.0%의 비중을 차지하고 있고, 도시의 역사와 도시지지 관련 논문이 8.5%, 연구방법론이 6.1%, 도시재생과 재활성화 관련 논문이 4.8%, 토지이용 · 지가 · 주택 관련 논문이 4.6%, 세계도시 초광역도시권 관련 논문이 3.0% 순으로 나타난다(〈표 15-1〉).

이는 도시지리학뿐 아니라 도시사회학, 도시계획, 도시공학 등 분야의 연구자가 도시지리학회지에 논문을 투고하고 있기 때문으로 해석된다.

이를 도시일반, 도시체계, 도시구조, 도시응용이라는 4개의 대주제와 그 하위 연구 분야인 소주제별로 도시지리학회지에 게재된 논문의 연구주제와 쟁점을 정리하면 다음과 같다.

1) 도시지리 일반 연구

① 도시역사, 도시지지 연구

1950년대 이후 도시지리학에서 입지 개념에 초점을 맞추어 자연적 입지속성(site)과 상대적 입지속성(situation)을 통해 개별 도시를 기술하는 지역연구 전통은 현재까지 지속되고 있다. 도시지리학회지에 게재된 지역지리적 성격의 논문은 38편(8.5%)으로 나타난다. 이들 논문의 내용을 살펴보면, 시간적 변화와 역사적 맥락과 결합하여 도시의 발생(김원경, 1999), 중국의 도시발달(김종범, 1999), 한국 고대도시의 방리제와 도시구조(이기석, 1999), 읍성 도시(김선범, 1999; 김경추, 2004), 수원화성의 도로망 형성과 변화(손승호, 2006), 공주와 부여의 도시발달의 특징(김봉한 등, 2006; 정환영 · 정석호, 2012), 남한산성의 도시기능성 변화(최재헌 · 차은혜, 2012), 일제강점기 경성의 거주 지역(김종근, 2016) 등과 같이 역사적 맥락에서 도시의 속성을 고찰한 논문이 주류를 이룬다. 특이할 만한 사항은 도시지리학자의 관심 범위가 해외로 확대됨에 따라 국내 도시연구보다 해외 도시지역에 대한 연구가 더 많이 이루어지고 있다는 점이다. 중국 연길시의 도시화 특성(이명옥, 2006), 하얼빈의 1898~1931년 초기 도시형성과정과 공간변화(이상율, 2016), 테오티우아칸의 기원과 성쇠(남영우, 2007)뿐 아니라 두브로브니크, 마추픽추, 베네치아, 페스, 중국 장안성, 브뤼헤, 아케나텐 등의 해외 역사도시의 기원과 발전에 대한 연구가 남영우를 중심으로 수행되었다.

개별 도시나 특정 지역의 도시 특색에 관한 연구로는 대부분 국내보다는 해외 도시를 대상으로 하였는데 두바이와 아부다비(김걸, 2014; 2015a), 멕시코시티와 아바나(김희순, 2008; 2016), 미국의 로웰(김학훈, 2011), 상하이(한지은, 2012), 브라질리아(이혜은, 2013), 미국 텍사스 러벅(전경숙, 2013), 휴스턴(권상철, 2014) 등 다양한 해외 도시에 대한 연구가 이루어졌다. 이들 연구에서는 개별 도시의 특징에 대한 기술뿐 아니라 인구성장과 지역격차, 제조업 관련 업체의 분포 특성, 멕시코 항만체계와 관문도시의 변화, 특정 시기의 도시 역할, 대도시권의 산업 클러스터와 도시 거버넌스, 미국 · 영국 · 한국의 역도시화 논쟁에 대한 비교와 적용, 대외원조가 아세안 국가의 도시화에 미치는 영향력 등 심층적인 주제가 다루어졌다.

② 도시지리의 이론, 개념, 논평

도시지리학회지가 창간되면서 도시 환경의 변화에 부응한 새로운 이론과 개념 틀을 모색하고자 하는 시도가 이루어졌다. 이중에서 세계화 시대의 도시환경의 변화 특색과 도시지리학의 방향 설정을 위한 연구가 주를 이루었다. 이런 논의는 창간호부터 활발하게 이루어져 한국도시지리학의 정체성을 만드는데 일조하고 있다고 평가할 수 있다. 지난 20년 동안 개념, 이론과 관련된 논문은 50편으로 전체의 10.8%를 차지한다. 이 연구를 살펴보면, 세계화시대 도시지리 연구를 위한 글로벌 패러다임과 지역 및 도시변화에 대한 개념적 검토(최재헌, 1998; 2005; 2006; 류연택, 2012a), 국제화 시대에 부응한 새로운 도시지리학의 연구 주제(김인, 2000), 도시문화지리학의 연구 과제(이영민, 2000), 중심지이론에 대한 재검토(성준용, 2000; 2001), 장소자산과 장소마케팅, 지역정체성에 대한 개념적 토대와 사례 연구(이희연, 2005; 이용균, 2005a; 2005b; 이현군, 2005), 지역불균등 담론에 대한 비판적 검토(서민철, 2005), 도시지리학의 제도적, 정치경제학적, 페미니스트적인 다양한 접근방법 모색(류연택, 2005), 스케일 개념 적용(정현주, 2005), 뉴어바니즘에 대한 비판적 고찰(김흥순, 2006), 폐쇄적 공동체(남영우 · 김정희, 2007), 초국가주의와 이주정책 적용(박경환, 2007; 2012), 장소만들기(박선미, 2007), 지속가능한 도시(류연택, 2013a), 메가트렌드와 U-city(곽수정 등, 2012), 행위자 네트워크 이론(박경환, 2013; 2014), 도시주택과 도시화, 거주지 분리에 대한 이론 고찰(류연택, 2013b; 2014), 도시공유재 개념(황진태, 2016), 도시네트워크의 쟁점(권규상, 2016), 페미니스트 도시연구의 담론(정현주, 2016) 등 도시지리학 연구와 관련한 다양한 개념과 접근방법을 망라하고 있다.

특히, 세계화와 관련하여 도시와 지역에서 발생하고 있는 다양한 현상을 이해하기 위한 개념이 다양하게 소개되고 있는 특징이 나타난다. 여기에는 장소마케팅, 지역정체성, 네트워크 공간, 제도적 공간, 뉴어바니즘, 초국가주의, 초광역개발, 근린과 거주지분화, 지속가능성, 모빌리티, 행위자 네트워크 개념 등이 포함된다. 또한 글로벌 시장의 관점에서 도시와 지역에 대한 이론, 정치경제학적 접근법, 페미니스트 접근법, 젠더 도시 담론 등에 대한 소개가 이루어졌다. 또한 비평으로서 Khaldun의 『역사서설』에 나타난 도시 문명의 성쇠(남영우, 2012)가 다루어지기도 했다. 그러나 연구 주제에서 글로벌 패러다임의 핵심 개념 위주로

만 다루어지고, 다양한 지역 사례에 대한 분석이 결여된 측면이 없지 않다. 따라서 향후 세계화와 반세계화에 따른 공간변화, 글로벌과 로컬, 집중과 분산 등의 공간현상에 대하여 다양한 사례 분석이 이루어질 필요가 있다.

③ 도시지리학 연구방법론

1998년 창간부터 GIS를 이용하여 선형점 자료를 분석하는 시각화 시스템(홍상기, 1998)이 소개된 이후 2000년대에 들어와 GIS 프로그램을 활용한 도시 분석에 관한 논문이 본격적으로 게재된 것도 뚜렷한 변화라고 볼 수 있다. 이들 연구방법론에 관한 논문 수는 28편으로 6.1%를 차지하고 있으며, GIS를 전공한 연구자를 중심으로 분석 기법을 도시 현상에 적용한 연구가 대부분이다. 이들 연구는 크게 GIS 기법을 도시 분석에 활용하거나, 지리통계와 공간통계 기법의 소개와 적용, 정성적 분석기법 활용으로 나누어 볼 수 있다.

첫째, GIS 기법을 활용하여 도시를 분석한 연구를 살펴보면 입지 선정이나 적지분석에 관한 연구(옥진아 등, 2002), 환경적 형평성(전병운, 2006), 기성시가지의 개발 용량 분석, 도시성장 관리를 위한 토지수용예측 방법(이희연, 2009a), 공간적 접근성 측정(이건학, 2008), 방문 경로 최적화 기법이나 다기준 의사결정 기법을 이용한 입지선정(이건학 등, 2010), 화상데이터이용 기법(전창우 · 이소영, 2016), 빅데이터를 활용한 연구(김감영 · 이건학, 2016) 등이 나타난다.

둘째, 지리통계와 공간통계의 기법을 소개하고 적용한 연구를 살펴보면, 공간적 자기상관(변병설, 2004), 베이시언 계층 모델(전용완, 2007; 김영호, 2007), 지가함수(김감영 · 이윤미, 2013), 도시 밀도 분석을 위한 스프롤지수(임수진 · 김감영, 2015), 공간 군집분석 기법이나 계층적 공간클러스터 기법(신정엽, 2009; 김감영, 2011), 경로 최적화와 네트워크 모델링(김감영, 2007; 김감영 · 박지혜, 2012; 이건학 등, 2010) 등의 분석 기법을 중심으로 다양한 도시 현상을 분석한 연구가 주를 이룬다. 여기에서 사용된 분석 방법은 대부분 해외에서 이용되고 있는 분석 기법을 한국적 상황에 적용하고 있는 경향을 보인다.

셋째, 정성적 방법론에 대한 연구는 상대적으로 그 수가 적으며 대부분 개념분석이나 인터뷰 · 설문조사 등의 정성적인 방법에 초점을 두고 있다. 윤리적 쟁점에 대한 시론적 고찰(정현주, 2015), 비판주의적 시각에서의 건축물 분석(이재열, 2015), 공정무역의 가치와 한계(이용균, 2014) 등의 연구가 여기에 해당한다고 할 수 있다.

2) 도시체계 연구

① 세계도시와 초광역 도시체계

도시체계 연구는 시스템적 사고를 기반으로 하여 속성(attributes), 도시간의 연계(linkages), 도시 환경 변화의 역동성을 주로 다룬다. 특히, 인구이동, 금융연계성, 지식네트워크 등의 유동자료를 바탕으로 위계성(hierarchy)과 연계성(connectivity), 상대적 위상성(positionality), 네트워크 등을 중시한다. 도시체계 연구는 중심지체계로부터 연계성과 기능의 상호보완성을 강조하는 네트워크 체계로 변화하는 추세가 관찰되는데 공간 스케일에 따라 세계도시체계, 국경을 넘어서 형성되는 초국가적 도시체계, 국가도시체계, 광역도시체계, 일상도시체계 등으로 구분된다.

먼저 세계도시나 초광역 도시체계를 다룬 논문 수는 모두 14편(3.0%)으로 국가도시체계를 다룬 연구보다는 상대적으로 적다. 지역적인 차원(the local)에서 벗어나 글로벌한 차원(the global)으로 공간 스케일 변화가 일어나면서 세계도시(global city, world city)의 특징과 유형(남영우 · 성은영, 2001), 도시경쟁력 평가(강승호, 2007), 초광역개발권(최재헌, 2009), 글로벌 네트워크의 연결구조(이호상, 2008), 세계 항공 네트워크 연계 구조(최재헌 · 강승호, 2011), 라틴아메리카 국제항공네트워크의 성장과 공간적 상호작용의 변화(김희순 · 이호상, 2010), 동아시아 3대 허브공항의 네트워크와 장소착근성(길광수 · 김숙진, 2012), 조기유학을 통한 교육이민의 초국가적 네트워크(이영민 · 유희연, 2008), 글로벌 이주 네트워크(이영민 · 이은하, 2016) 등의 연구 주제가 주로 다루어져 왔다. 이들 연구 추세를 보면 글로벌 스케일에서 여객이나 화물 이동과 같은 유동흐름을 다루는 초기 실증주의적 연구에서 이민 네트워크 등의 정성적 연구로 이어지는 경향이 관찰된다.

② 도시화, 국가도시체계와 광역도시권, 일상생활권

국가 수준에서 도시화와 도시체계를 다룬 연구는 51편(11%)으로 나타난다. 도시화와 관련하여 수도권의 주변 도시화(주경식, 1998), 1990년대 도시화의 특성(이기석, 2000), 한반도 도시체계의 발달(최재헌, 2000; 2002), 한국 도시 성장의 인구변동성(최재헌, 2010) 등과 같이 일정 시기동안 인구변화 등을 분석한 연구가 주를 이룬다. 이들 도시화 연구는 수도권 주변도시에 대한 연구부터 특정시기 한반도 규모에서의 도시화의 과정을 인구변화 등을 중심으로 분석한 것으로서 일회성에 그칠 것이 아니라 통시적이고 다양한 공간 스케일에서 도시화를 지속적으로 분석할 필요가 나타난다. 도시체계에 대한 연구는 전국적 수준에서 인구 등 속성에 대한 지역별 분포와 변화 패턴에 초점을 맞춘 연구와 도시 간 상호작용을 다룬 연구로 나누어 살펴볼 수 있다. 첫째, 속성별 분포와 변화 패턴을 다룬 연구로는 문화자본 등의 속성에 대한 지역 격차(이희연 · 염승일, 2011), 도농통합시의 차별적 성장(손승호, 2013), 이주노동자의 공간분포(이현욱, 2015), 기능적 도시지역 분석, 최소요구치법에 의한 경제적 기반 분석(김학훈, 2015) 등의 주제가 다루어졌다. 특히, 우리나라 도시체계에서 소도읍의 정체 문제와 관련하여 비교적 다수의 중소도시에 대한 연구가 많이 수행되었는데, 한국의 소도읍의 특성에 따른 유형화(윤준상 · 이종상, 2007), 중소도시의 쇠퇴 과정(박병호 · 김준용, 2009), 임대주택을 중심으로 본 중소도시의 유형과 특성(윤현위 · 이미홍, 2015), 낙후지역 도시들의 성장과 쇠퇴 원인에 대한 분석(손정렬, 2010) 등이 이루어졌다. 이 밖에도 건강도의 지역별 패턴에 대한 분석(김은정 · 김태환, 2013), 도시체계 내에서 자동차부품 산업공간의 변화(김태환, 2008), 도시발달사적 측면에서 우리나라 항만체계의 발달(이정순 · 주경식, 2006) 등의 주제가 다루어졌다.

둘째, 단기 또는 장기간의 시간 범위에서 도시 간 상호작용과 연계성을 분석한 연구에서는 도시간의 통근통학 등 인구이동과 인구의 유출입(권용우, 2000; 손승호, 2000; 2006b; 남영우 등, 2005; 이희연 · 김홍주, 2006), 인구권역 설정, 도시에서 농촌으로의 인구이동, 시도별 통근통행(한대호 · 홍현철, 2008), 도시 간 버스 연계망(최재헌 · 박은선, 2013), 화물유동 통행량과 연결성(홍현철, 2008; 김가은 · 홍현철, 2014), 직주거리 비교와 불일치(이한나 · 이희연, 2014; 손승호, 2015) 등에 대한 분석이 이루어졌으며, 중심지체계로서의 전라남도 정기시장(전경숙, 2006), 충북의 IT산업 지식네트워크 등의 연계망(홍성호 등, 2009)에 대한 연구 주제가 다루어졌다. 이들 도시 간 연계망에 대한 연구는 석사학위 논문 등을 중심으로 통근과 통행, 물류 등의 OD자료를 이용하여 요인분석 등의 통계기법을 사용하여 이루어졌으며 연구 범위도 수도권에 집중되고 있는 경향이 있다. 특히, 통근권과 공간 상호작용 패턴, 대도시권 통근통학 통행 패턴, 직주 불일치 분석, 물류 연계패턴 등을 분석하여 대도시 중심의 지역구조 변화를 고찰한 연구가 대부분을 차지한다.

3) 도시구조 연구

① 도시인구, 도시산업, 도시교통

도시구조는 도시내부의 직주관계, 토지이용, 주거지역분화, 인구구조 등 다양한 속성에 따라 나타나는 분포패턴과 기능분화, 지역 구조를 설명하는 이론 수립을 목적으로 하며, 시간의 변화에 따른 공간과정 규명에 관심을 가진다. 지난 20년 동안 도시구조에 관한 논문은 총 121편(26.3%)으로 도시체계 관련 논문 수 61편(14.0%)의 2배에 이른다. 도시구조와 관련한 논문의 연구경향은 도시내부에서 등질지역, 기능지역, 결절지역 등을 확인하는 연구에서 속성 자료 등을 이용하여 도시내부의 기능분화를 설명하려고 한 연구, 시간변화에 따른 공간과정 설명을 시도한 연구 등으로 나누어 해석 가능하다.

첫째, 전통적인 도시구조의 중심개념인 등질지역, 기능지역, 결절지역에 초점을 맞춘 연구를 보면 통행과 화물 유동 자료를 이용하여 결절지역이나 기능 지역을 확인하는 연구가 대부분이다(홍현철, 1999; 2008; 남영우, 2000; 2009; 손승호, 2010; 2011; 2012). 수도권을 중심으로 한 화물유동의 결절지역 특성, 등질지역과 기능지역의 구조, 도시구조 특색과 기능지역의 재구조화 등의 연구주제를 다루고 있다. 이와 관련하여 인구이동에 초점을 두고 대도시의 역할과 권역별 인구이동, 인적 자원 유출, 선택적 교육, 이동권역, 인구이동장 등의 개념을 통해 도시내부 특성을 고찰한 연구를 찾아볼 수 있다(권상철, 2000; 2001; 2003; 2009; 2010; 최은영, 2004; 정연주 · 이보영, 2011; 손승호, 2012; 2014).

둘째, 도시내부의 기능분화와 관련하여 실증적인 자료 분석과 함께 주거지분화, 공간구조, 아쌍블라주(assemblage), 자족성, 중심성 등 개념을 통한 도시구조 변화에 대한 해석을 시도한 연구가 있다. 아쌍블라주 개념을 통해 부암동을 해석한 연구(이경은, 2015), 자족성과 중심성을 통한 도시내부 기능성 분석(정다운 · 김흥순, 2010), 외국인 이주자의 도시내부 주거지 분화(손승호, 2008a; 2016;

최재헌 · 강민조, 2003; 이용균, 2013; 류주현, 2016), 소매업과 도매업 구조(백영기, 2001; 류주현, 2004; 이종상, 2011), 금융공간의 변화(최재헌 · 김원경, 2002) 등이 있다. 특히, 시간의 변화에 따른 공간구조의 변화에 초점을 맞춘 연구로 대전시 신도심을 사례로 하거나(주경식, 2003), 용인시 도시공간구조의 변화 과정(이희연 · 심재헌, 2006), 광주시 신시가지구의 성장과 공간구조의 변화(이현욱, 2007; 2014) 등이 수행되었다.

셋째, 도시의 다양한 속성 자료를 이용하여 도시내부의 분포 패턴과 지역특성을 고찰한 연구가 있다. 유치원의 공간분포를 다루거나(최재헌 · 연영심, 1999; 최원회 · 양미자, 2004), 부산시 해운대의 신시가지 성격(박태화, 2000), 신촌 상업지구의 차별화된 성별 이용 패턴(신정엽 등, 2014), 벤처기업의 입지, 강남의 지역 특성, 청주시 개발행위허가지 분포, 대학캠퍼스 와이파이 분포, 부산 차이나타운, 이주노동자의 공간분포(이현욱, 2015), 유휴방치부동산의 공간분포(한수경 · 이희연, 2015) 등의 도시내부지역의 특성을 밝힐 수 있는 다양한 세부적인 주제가 연구되었다. 특히, 특정 도시를 대상으로 하여 사회적 현안이나 쟁점 위주의 연구가 진행되었다. 쟁점의 대부분은 지역격차, 통일 관련 문제, 결혼이주자, 창조도시, 주거환경개선, 고령화 등 현재 한국사회의 현안을 포함한다. 지역격차와 관련하여 서울 강남의 개발 배경과 사회 경제적 특징 및 그 변화(이영민, 2006; 이옥희, 2006; 최은영, 2006; 심승희 · 한지은, 2006), 도시 내부 지역의 빈부격차와 주거지 격리현상(이영아, 2015), 이와 관련한 폐쇄공동체 등장(남영우, 2006) 등이 연구주제로 다루어졌다. 또한 한반도의 특수성과 관련한 연구로 북한이탈주민 거주지 분포의 특성과 영향 요인을 밝히는 연구(최정호 · 박선미, 2013; 2014)와 결혼이주자 및 노동이주자 문제에 초점을 맞추어 주변화된 이주자 집단의 거주공간 분리(이용균, 2013), 외국인 이주자의 인구구성 변화와 주거 공간 재편과정(손승호, 2008a) 등에 대한 연구가 이루어졌다. 이 밖에 서울시 창조계층의 입지특성(곽수정, 2013), 대전을 사례로 외국인 창조계층 커뮤니티 형성과정과 정주 만족도를 분석한 연구(배현혜 · 이희연, 2013) 등을 찾아 볼 수 있다. 또한 청년층 여성의 취업이동과 불안정 고용(이현욱, 2013), 서울시 주거환경 만족의 공간적 특성 분석(박재희 · 강영옥, 2014), 도시환경 수준과 개인의 건강지표와의 상관성 분석(김은정 · 김태환, 2015), 신도시 특성과 거주경험에 따른 신도시

이주자들의 주거이동 성향(김유훈, 2016) 등의 행태적 연구가 수행되었다. 고령화와 관련하여 고령화에 따른 수도권 인구구성의 변화를 예측하고 고령화의 지역적 차이를 규명하며(김정희, 2008), 이를 바탕으로 노인주거복지시설의 입지를 고찰한 연구(손승호 · 한문희, 2010) 등이 있다.

넷째, 도시교통과 관련하여서는 상대적으로 논문 수가 적다. 우선 정책적 관점에서 교통 소외계층에 대한 제언(노시학, 1998), 사회교통지리학에 대한 전망(노시학 · 최유선, 1999), 포괄적 도시교통가격 정책 시행(노시학, 2008) 등이 초기에 다루어졌으며, GIS를 활용한 분석 논문으로 자전거와 버스 대중교통의 연계 가능성에 대한 분석(김영호, 2011), 수도권의 교통 형평성 분석(이원도 등, 2012), 교통에너지 소비에 따른 탄소배출량 분석(석주연 · 이희연, 2013), 서울시 고령 일인가구 분포와 대중교통 접근성(조대헌, 2014) 등의 연구가 수행되었다.

다섯째, 해외 도시의 공간구조에 대한 연구의 경우에는 연구자의 관심에 따라 그 범위가 제한적인 모습을 보이지만 꾸준하게 학회지에 정보가 소개되고 있다. 미국 피츠버그의 프린지벨트와 도시형태 변화(김민주 · 양승우, 2013), 두바이의 도시공간구조(김걸, 2014), 중국 대도시의 압축적 공간구조(이순성 · 이희연, 2015), 그리고 미국 댈러스시를 사례로 근린효과와 도시범죄의 공간적 패턴 등에 대한 연구들이 포함된다. 도시구조에 대한 전체적인 연구 경향은 인구이동 자료를 이용하여 도시구조를 모식화하는 연구에서 다양한 속성 자료의 도시 내부 분포를 밝히고자 하는 연구로 확대되는 경향을 보이며, 국내 도시에서 국외 도시로 관심 영역이 확대되는 추세도 관찰된다.

② 토지이용과 지가, 주택

도시지리학회지에 토지이용, 지가, 주택과 관련한 논문 수는 모두 21편(4.6%)을 차지한다. 토지이용과 지가, 주택은 도시내부의 구조와 변화를 밝히는 중요한 지표이지만 연구 주제가 제한적이며, 게재 논문의 수도 적은 아쉬움이 있다. 첫째, 토지이용에 관한 연구들은 토지이용 자체에 초점을 맞추어 용도지역의 특성과 유형을 밝히거나(최호현 · 김선범, 2006), 지속가능한 토지이용 지표(주용준 · 황희연, 1999), 토지이용의 근린 관계(조대헌, 2009), 토지 피복 변화의 시나리오 분석(김오석 · 윤정호, 2015), 토지이용을 매개로 하여 도시 현상을 밝히기 위해 토지이용별 이산화탄소 발생량에 대한 예측(반영운 등, 2010), 토지이용별 범죄 발생에 관한 연구(김걸 · 김병선, 2009) 등이 수행되었다. 토지이용 연구에서 토지이용 자체도 연구대상이 되겠지만, 토지이용을 통해 도시구조와 도시 변화 과정을 밝히고자하는 거시적인 연구가 더 많이 이루어질 필요가 있을 것이다.

둘째, 지가와 관련한 연구로는 지가 자체를 지표로 하여 도시내부의 패턴을 고찰하거나 도시화나 도시공간구조의 지표로 활용한 연구가 있다. 서울시 지가 변동패턴과 지역경사면 분석(손승호 · 남영우, 1999), 김해시 CBD의 지가패턴(김원경 · 이미영, 2002), 지가변화를 통한 제주시 도시화 특성 고찰(강민정 · 권상철, 2007), 지가함수를 이용하여 우리나라 도시의 공간구조를 탐색(김감영 · 이윤미, 2013)하는 연구가 이루어졌다.

셋째, 주택에 관련하여 주택시장, 거주지 분리, 주택가격과 전세가의 공간 분포, 주택유형, 주택정책 등이 핵심적인 주제로서 다루어지고 있다. 관련 연구는 주택가격 변화의 공간적 불균등에 대한 연구(류연택, 2006)와 함께 주택가격 변화를 통해 도시 공간구조의 양극화(한주연, 2002), 도시주택 및 거주지 분리에 대한 이론(류연택, 2013b), 주택시장과 관련하여 수도권 신도시 개발에 따른 주택시장의 재구조화(류연택, 2012b), 해외 도시를 사례로 주택시장 특성과 도시개발의 추이(손정렬 · Knaap, 2007), 주택매매가와 전세가를 공간적 불평등의 지표로 이용하여 개별시의 하위주택시장의 특색(류연택, 2010)을 밝히는 연구 등이 있다. 주택유형과 관련하여 가구원수에 따라 주택유형의 선택이 달라지는 점(이주형 · 김남훈, 2009)과 센다이시의 분양맨션 증가와 거주자의 인구구조 변화에 대한 해외 사례(장양이, 2013) 등이 연구되었으며, 방법론적 측면에서 지오컴퓨테이션 접근방법을 이용하여 수도권에서의 주택시장지역을 설정하는 방법론적 연구(이상일 등, 2012)도 이루어졌다. 특히, 주택과 관련한 변수들의 상관성에 주목하여 주택가격과 관련하여 재산세와 지방공공서비스가 주택가격에 미치는 영향(백영기, 2011)이나 주택정책이 주택시장여건에 미치는 영향에 대한 연구(손정렬, 2013) 등 주택을 중심으로 하여 변수들 간의 인과관계를 밝힌 연구가 진행되었다.

③ 도시재생과 도심재활성화

도시지리학회지에 도시재생과 관련한 논문은 22편(4.8%)으로 신도시개발 위주에서 도시재생 위주로 정부정책 전환이 이루어진 것과 무관하지 않다. 도시재생이 강조된 배경에는 고령화와 서울로의 인구이동, 기반시설의 노후화에 따라 지방도시를 중심으로 도시쇠퇴 현상이 두드러지게 나타났기 때문이다. 도시재생과 재활성화에 대한 연구주제는 도시쇠퇴의 원인에 대한 고찰과 도시재생과 젠트리피케이션의 방향 설정을 위한 이론적 연구, 다양한 연구방법을 이용하여 도시쇠퇴 현상을 분석한 연구, 그리고 국내외 도시재생 사례를 다룬 연구로 나누어 볼 수 있다.

첫째, 도시쇠퇴의 현상을 측정하고 진단하면서 도시재생과 젠트리피케이션 연구의 당위성을 다룬 연구로는 도시재생에 대한 연구 동향 분석(김걸, 2008), 도시쇠퇴를 규명하기 위한 다양한 공간규모에서의 도시쇠퇴 현상에 대한 분석 등에 대한 연구(이영성 등, 2010; 이희연 등, 2010; 김광중 등, 2010; 김광중, 2010; 전상인 등, 2010)를 찾아볼 수 있다. 특히, 개별 대도시 차원의 도시쇠퇴 패턴 분석, 그 보다 하위 차원에서 도시와 도시 내부, 도시 내 지구 단위의 수준에서 도시쇠퇴 실태와 공간패턴에 대한 분석 그리고 도시재생의 연성적 잠재 역량에 대한 분석이 이루어졌다. 지방중소도시 사례로는 제주시에 대해 도시쇠퇴 지표를 적용하여 도시재생 정책 수립(엄상근 · 남윤섭, 2014)을 꾀하거나 익산시의 유휴 방치 부동산의 공간분포와 특성을 분석한 연구(한수경 · 이희연, 2015)가 있으며, 서울시를 사례로 하여 도시재생의 발생 원인과 설명요인(오창화 · 김영호, 2016)이 연구되었으며, 도시재생이 주거이동과 관련이 있다는 점에 주목하여 젠트리파이어의 주거 이동 패턴과 이주 결정요인에 대한 분석(이희연 · 심재헌, 2009) 그리고 도시하천 복원사업에 따른 퇴거 상인의 이주 패턴 분석(박종희 · 김걸, 2016) 등 구체적인 주제가 다루어지기도 했다.

둘째, 일반적으로 널리 알려진 도시재생에 대한 개별 사례에 초점을 맞춘 연구가 있다. 이들 연구에서는 비판적 시각에서 도시재생 사례를 재해석한 연구가 많다. 예를 들어 청계천 복원 사례(김숙진, 2006), 삼청동(김학희, 2007), 인천 숭의운동장(윤현위 · 이종용, 2009) 등을 사례로 개념을 재해석하고 있다. 분석의 토대가 된 개념은 도시 내 생태 환경 공간의 생산과 혼종성, 도시장소의 진정성, 도시재활성화 전략적 시각 등으로서 비판적인 시각에서 사례를 분석했다. 한편으로, 광주의 폐선 부지를 활용한 푸른길 공원(전경숙, 2009; 2011), 광주시 대인예술시장(전경숙, 2016), 서울 서촌의 문화재생사업(이나영 · 안재섭, 2014), 용산재개발(이선영 · 주경식, 2008) 등과 같이 도시재생 과정을 기술한 연구가 진행되었다. 특히 도시재생의 해외 사례를 분석하기 위해 도시 내 녹지공간의 형성, 살기 좋은 도시 만들기의 서구사회 경험을 소개한 연구(이혜은 · 최재헌, 2009; 이재하, 2014)가 등장했다. 또한 도시재생이 커뮤니티 활성화가 깊은 관계가 있다는 점에 주목하여 미국과 호주, 일본 지방도시의 커뮤니티 활성화를 고찰한 연구(이용균, 2008; 손승호, 2008b; 류연택, 2011; 이호상, 2011)도 나타났다.

4) 도시지리학의 응용 분야

① 도시정책

도시지리학회지에 게재된 논문 중에서 가장 높은 비중을 차지하고 있는 연구분야는 도시지리 응용과 관련한 분야로서 158편(34.2%)을 차지하고 있다. 이중에서 도시정책 · 도시개발 · 도시계획과 관련한 것이 17.1%를 각각 차지하고 있으며, 도시발전과 관련한 현안 해결을 위한 구체적인 연구 성과물이 주류를 이룬다. 지면상 개별 연구자를 모두 망라하여 제시하기 어렵지만 도시정책과 관련한 연구자의 분포를 보면 도시지리학 전공자뿐 아니라 인접 분야의 연구자가 투고한 논문이 대다수를 차지하고 있음을 알 수 있다. 이는 연구주제 측면에서 도시지리학과 관련한 핵심 쟁점의 변화를 그대로 볼 수 있을 뿐만 아니라 도시지리학회지가 인접 학문 분야로 그 영향력을 확대하고 있다는 직간접적인 증거라고 할 수 있을 것이다.

첫째, 도시 및 지역발전 전략과 관련한 연구주제는 특집 논문의 형식으로 집중적으로 다루어졌는데, 2005년 8권 3호와 2006년 9권 3호에 게재된 제주시의 발전 방향, 2007년 10권 2호에 실린 결혼이주자 연구, 2007년 10권 2호에 집중적으로 게재된 대학과 지역사회 파트너십 등이 포함된다. 제주도의 경우에 경제적 가치와 관광개발 전략을 해외 섬지역과 비교하고 다문화사회로서의 지속가능성을 주요 주제로 다루었으며, 결혼이주자 연구에는 여성결혼이주자의 사회적응과정과 결혼중개업체, 정주패턴, 사회문화네트워크, 결혼이주자의 이동성 등에 대한 연구가 이루어졌다. 대학과 지역사회 파트너십에서는 미국, 일본 등의 사례가 논의되었다.

둘째, 지역발전과 관련한 주제로는 세계화와 관련한 연구주제가 뚜렷하다. 공항과 도시개발 이슈로 인천을 항공대도시로 조성하거나(김천권, 2008) 공항도시와 국제공항 주변지역 개발(이호상, 2013)에 대한 주제와 초광역개발과 관련한 이론(최재헌, 2009), 유럽과 일본의 초광역개발 사례(이희연, 2009b; 손승호, 2009), 그리고 공적개발원조(ODA)(홍승기 · 김중호, 2011)와 국제개발협력(IDC)(박경환 · 윤희주, 2015) 등의 주제가 다루어졌다. 이 밖에 공정무역의 가치와 한계(이용균, 2014), 캄보디아의 지역격차(김걸 · 정진도, 2011)를 분석하거나 중국 광저우 전시산업의 입지에 따른 지역발전(김민지, 2013) 등 해외사례에 대한 연구도 이루어졌다.

셋째, 지역현안과 관련한 주제는 지리학 내외의 다양한 전공자가 수행했다. 연구주제로 새주소 부여를 위한 도로체계(강영옥 · 홍인옥, 2000), 지역개발사업과 관련한 갈등 조정과 로컬 거버넌스(전원식 등, 2009), 방사물 폐기물 입지에 대한 주민투표 패턴(김태현 · 김홍규, 2010), 슬로시티 도입(전경숙, 2010), 기반시설부담구역 지정(최내영, 2010), R&D 정책 효과 분석(김명진, 2014), 강원도 관광문화산업 등의 고용창출력 분석(강승호 · 하세호, 2014), 용산을 사례로 투기적 개발과 공공성 이슈(김지윤, 2016), 광교 신도시 조성성과(이지은 등, 2016), 산업단지 입주 기업의 만족도(김천권 · 신미경, 2012), 소규모 지역경제에 기업투자 유치의 경제성 분석(이현재, 2013), 도시마케팅 전략 등 다양한 주제가 다루어졌다. 특히, 도시마케팅과 관련하여 지역정체성에 대한 연구가 수행되었다. 도시정체성과 도시마케팅에 대한 김포의 사례(김인, 2003), 영상제작단지의 도시마케팅 자산화(조준혁, 2011), 울산을 대상으로 한 도시마케팅(유영준 · 이성각, 2013; 2014) 등의 연구가 이루어졌다. 지역이 필요로 하는 서비스의 입지 선정과 관련한 연구로는 인천의 시립 미술관 입지 적합성(이건학 등, 2010), 행복주택 최적 입지 선정(진찬우 · 이건학, 2015), 제주도 전기버스 충전시설 최적 입지 선정(김종근 등, 2015) 등 GIS를 이용한 연구가 소개되었다. 녹색 성장과 관련하여서는 교통에너지 소비에 따른 탄소배출량(석주영 · 이희연, 2013), 서울시 지표 오존 오염 분포(박선영 · 김영호, 2012), 수도권 사망률의 환경 요인 분석(이희연 · 주유형, 2012) 등의 주제도 다루어졌다.

넷째, IT 산업과 관련하여서 도시지리학회지에 2010년 이후 U-city 와 관련한 연구가 새롭게 등장했다. U-city 관련 연구의 주제를 살펴보면 U-city 서비스 만족도와 서비스 모델(피민희 · 강영옥, 2010), 미래 동향을 고려한 U-city 핵심 쟁점과 정책 방향(김병선 등, 2012), 정보유통 특성(이재용 · 황병주, 2012), U-city 유형분류(이재용 등, 2012), 해외 스마트시티 구축 동향과 시장 유형화(장환영 · 이재용, 2015), CCTV의 입지개선 방안(장환영 등, 2014)과 CCTV 정보수집연결망의 공간연계(김가은 등, 2013) 등 다양한 연구주제가 다루어졌다.

다섯째, 도시계획과 관련하여 시기별로 정책 현안에 대한 연구가 활발하게 이루어졌다. 수도권 회랑지역의 국제화 추진(김인, 2000), 지하철 역세권의 주상복합타운 개발(김인, 2001), 그린벨트의 정책변동(권용우, 1999; 정현주, 2005; 양승일, 2005), 통일 이후의 통합 국토정비 정책 방향(황희연, 1999), 광역도시계획의 도입(주성재, 2001), 도시공원 조성과 이용(이현욱, 2003; 2009), 도시개혁과 시민참여(권용우, 2004), 개발제한구역 내 대기환경지표(김석철 · 변병설, 2005), 도시관리계획 수립(이종용, 2005), 수도권 규제완화를 위한 정책네트워크(유병권, 2013) 등의 연구주제가 수행되었다. 특히, 신행정수도 건설과 관련한 일련의 연구로는 국토개발 전략 변화(남영우, 2004), 수도이전의 논점(정환영, 2003), 신행정수도 예정 부지의 주변부 관리 방안과 주민이주대책(최원회, 2004), 공공기관의 지방이전(안영진 · 김태환, 2004) 등의 주제가 다루어졌다.

② 도시문화 · 도시관광 · 도시사회

도시문화와 도시사회 분야에서의 논문 수가 큰 비중을 차지하고 있으며, 도시문화 · 도시관광 · 도시사회와 관련한 논문의 비중은 17.1%에 이른다. 도시 문화지리 분야에서는 문화자본, 초국적 다문화주의, 초국가 이주, 도시 관광 모델, 지역정체성과 장소성, 도시문화경관, 로컬리티, 세계유산, 문화유산, 지명 등이 핵심 주제로 나타난다.

첫째, 도시내부의 역사 문화자산에 대한 연구주제가 다루어졌다(박태화, 2002; 노광봉, 2003; 변일용 · 김선범, 2007; 최재헌 · 남영우, 2014). 이들 연구는 동아시아 각국의 지붕의 특징, 부산의 어시장, 울산의 역사문화자원, 용산군사기지 등의 문화자산의 특징과 지역특색을 다루고 있다. 또한 역사 문화자산을 이용한 도시관광과 도시마케팅에 관한 연구도 이루어졌는데, 경기남동부 일대의 장소자산을 이용한 장소마케팅(이용균, 2005a), 부정적 장소자산(류주현, 2008)이나 고흥나로 우주 센터(정은혜, 2015a) 등을 활용한 지역관광활성화, 울산, 경주 자전거 투어에 에듀테인먼트를 적용(유영준, 2006; 2011), 지자체 상징물과 관련한 지역성(정치영 · 김미숙, 2011)과 문화자본의 공간 격차(이희연 · 염승일, 2011) 등에 대한 연구가 이루어졌다.

둘째, 도시 내부에서 이주민 집단에 초점을 맞추어 초국적 다문화주의와 초국가 이주로 파악한 연구가 뚜렷한 주류를 이루고 있다. 초국가 이주 에이전시와 이를 둘러싼 이론적 쟁점(최재헌, 2007; 이희연 · 김원진, 2007; 이용균, 2007; 정현주, 2007; 2009), 초국적 다문화주의의 지리적 기반(박경환, 2009; 박경환 · 백일순, 2012), 그리고 인천을 대상으로 한 탈경계화와 재질서화(이영민, 2011) 등이 다루어졌으며, 호주 외국인 유학생(이용균, 2012)이나 조선족 이민자(이영민 등, 2013; 2014; 이영민 · 이은하, 2016; 이영민 등, 2012) 등의 다양한 초국적 이주 집단에 초점을 맞춘 연구가 주로 이루어지고 있다. 이런 연구에는 한국의 화교학교(박규택, 2016), 이주노동자(이현욱, 2015; 이현욱 · 송정아, 2016), 말레이시아 다문화사회(임은진, 2016) 등 국내외 이주민 집단주거지가 연구주제가 되고 있다. 특히, 이들 연구는 통계를 이용한 실증적인 접근보다는 대체로 개념을 이용하여 해석하는 연구방법을 택하고 있다. 예들 들어 유학생 등 교육 이주자를 '분절가구 초국적 가족' 등의 개념으로 해석하고, '글로벌 이주 네트워크', '중층적 관계공간', '사회연결망', '전이공간', '트랜스이주나 로컬리티 재생산' 등의 개념으로 재구성한 것이다. 특히 이주자의 주거지역으로 형성된 동대문 몽골타운, 서울 가리봉동과 부산 상해거리, 중국의 조선족 집중 거주지역 등을 사례 지역으로 하고 있다.

셋째, 문학과 회화를 자료로 하여 소설 속에 나타난 여가 공간(이은숙 등, 2008), 구상 회화에 나타난 재현공간의 탐색 등에 대한 연구가 등장했다(정희선 · 김희순, 2011; 2012). 특히, 재현(representation)은 현실에 존재하는 지리적 공간의 개념을 가상공간으로 더 확장한 개념으로 일본군 위안부를 대상으로 한 공간적 실천(정희선, 2013), 창작 활동에서 작가의 시선으로 지리적 특성을 파악하는 주제(박수경, 2013) 등과 함께 문화유산과 관련한 디지털 콘텐츠화에 대한 연구(김희순 등, 2013) 등이 이루어졌다.

넷째, 장소성과 도시문화경관을 다룬 연구를 들 수 있다. 먼저 장소성과 관련한 연구로는 인천의 지역정체성 형성 과정(이영민, 2003), 명동성당에 대한 종교공간으로서의 장소성(정희선, 2004), 부산 산동네의 도시경관과 장소성(공윤경, 2010), 울산공업지구의 탈장소성(박규택, 2011), 가리봉동의 스크린 재현 공간의 타자화된 장소성(김혜민 · 정희선, 2015) 등의 장소성 관련 연구주제가 다루어졌으며, 문화경관과 관련하여 부산국제영화제와 같이 이벤트로 만들어진 도시문화경관에 대한 해석이나 일제강점기에 형성된 문화경관의 보존 논의(정은혜, 2011; 2016), 경관영역에 따른 경관 형용사 선택(반영운 등, 2012), 서촌을 대상으로 블로그에 나타난 도시경관 이미지의 생산과 소비(이정훈 · 정희선, 2014), 그림엽서에 나타난 도시경관의 상징성과 학습 활용 방안(윤옥경, 2009) 등의 연구가 여기에 포함된다. 한편, 도시경관과 관련하여 한국도시경관의 연구과제에 대한 논의(이영민, 2000; 이혜은, 2005)가 이론적 시각에서 이루어졌으며, 쿠퍼패디(이혜은 · 김일림, 2002), 마카오(정주연 · 이혜은, 2014) 등의 개별 사례지역에 대한 고찰과 함께 역사적 맥락에서 이슬람 중세도시 페스의 도시경관 형성과정(남영우, 2010), 서울과 파리를 중심으로 한 백화점의 공간적 의미 비교(정은혜, 2015b), 제물포역을 대상으로 한 지명의 역사적 성격(윤현위 · 정원욱, 2015), 동해의 국제표준 명칭에 대한 대안(김걸, 2015b), 대구시 외국요리 음식점의 성장과 공간확산 과정(이재하 · 이은미, 2011) 등의 다양한 연구주제가 다루어졌다.

다섯째, 도시 사회적 측면에서 수행된 사회적 배제 극복을 위한 소셜믹스(공윤경, 2016), 빈곤층(이영아 · 정윤희, 2012; 이영아, 2015)과 집창촌(서정우, 2011), 북한이탈주민(최정호 · 박선미, 2013; 2014), 노숙청소년(이영아 · 김지연, 2016) 등의 현안에 대한 연구 경향을 들 수 있다. 이들 연구에서는 사회적 배제 극복을 위한 대안 주거운동이나 한국의 빈곤 지역의 분포와 형성과정, 빈곤지역 유형별 빈곤층 생활의 특성, 북한이탈 주민의 주거지 분포의 특성과 주거지 선택에 사회연결망 특성이 미친 영향, 노숙청소년의 대인관계와 일상생활에 관한 연구 등이 도시 사회적 측면에서 이루어져왔다.

여섯째, 2012년 이후에 세계유산 분야의 논문이 9편이 게재되면서 뚜렷한 연구 주제로 나타난다(최재헌 · 이혜은, 2012; 2013; 이혜은, 2013; 정주연 · 이혜은, 2014; 2016; 조두원, 2015; 조아라 · 김숙진, 2016; 조유진 · 김숙진, 2016; 이동주, 2016). 세계유산은 유네스코가 지정한 유산으로서 기념물, 유적지, 건물군을 대상으로 한다. 남한산성, 마카오, 브라질리아, 용산 미군기지, 중국 성곽유산 등 세계유산지를 포함하여 도시를 재해석하거나 문화유산의 가치를 고려한 도시발전 방향에 대한 논의가 이루어지고 있다. 이와 관련하여 세계유산 관리의 모니터링 지표, 세계유산 보존을 위한 지역공동체 참여, 부여 고도보존육성지구의 주민지원사업, 세계유산 보존을 위한 매개자 역할, 역사도시의 지속가능성 등의 연구주제가 광범위하게 다루어지고 있다.

2. 한국도시지리학의 미래

(1) 도시지리학 연구의 방향

지금까지의 도시지리학 연구 주제는 도시일반, 도시체계, 도시구조, 도시응용이라는 4개의 대주제와 그 하위 연구 분야인 소주제로 분류해 볼 수 있다(최재헌 · 김숙진, 2017). 앞으로의 도시지리학 연구 또한 도시일반, 도시체계, 도시구조, 도시응용이라는 4개의 대주제는 변동이 없을 것으로 예상된다. 다만 하위 주제는 시대별 요구, 지역 문제의 변화, 연구방법의 변화 등에 따라 달라질 수 있다고 본다.

지금까지의 연구결과를 바탕으로 미래 향후 우리나라의 도시지리학 연구 방향을 제시하면 다음과 같다.

현재까지 개별 도시에 대한 지지적 고찰은 소수의 시에 국한되고 있어 대상범위와 정보 수준을 확대할 필요가 있다. 연구 성과가 크지 않으며, 해외 동향을 소개하는 수준에 머물고 있어 한국적인 도시지리학 연구의 담론을 형성할 수 있도록 실증적인 연구를 체계적으로 수행할 필요가 있다. 일회성 단발성 분석보다는 연속적이고 지속적인 분석을 수행하여 연구결과를 종합화하고 담론을 만들어 가는 노력이 필요하다.

연구방법에서 GIS의 다양한 분석방법을 소개하는 것에 그치지 말고 기법을 통한 분석 결과를 해석하여 이해하기 쉬운 수준에서 이론으로 연결하고 한국도시를 설명할 수 있는 담론과 이론을 형성하는 기반으로 삼아야 한다. 또한 실증적인 분석뿐 아니라 행태적, 비판주의적, 인본주의적 접근방법에서 문제를 다각도로 분석할 수 있는 다양한 연구가 더 많이 이루어져야 한다(최재헌 · 김숙진, 2017).

앞으로의 도시지리학 연구에서도 전통적인 연구주제인 도시체계와 도시구조 연구는 변함없이 매우 중요한 연구 분야라고 할 수 있다. 도시지리학자가 타 학문에 비하여 가장 강점이 있는 분야이고 일시적인 연구가 아니고 지속적으로 시계열적인 연구가 계속되어야 할 것이다.

도시체계 분야에서도 다양한 공간스케일에서 도시 간의 상호작용을 분석하는 연구가 이루어지고는 있지만 대부분 특정 시점과 지역에 국한되고 있어 시간 변화를 고려하여 전체적인 이론을 수립할 수 있도록 하는 후속연구가 부족한 실정이다. 독특성보다는 일반성을 갖출 수 있도록 학위 과정의 논문에서 동일한 분석방법에 의한 반복적인 연구 수행도 허용하여 종합적인 이론 토대를 구축할 필요가 있다.

한국의 도시가 초국경적인 유동공간에서 세계 도시들과 어떤 연계망을 형성하는지 사업자 서비스 등의 다양한 자료를 이용하여 분석하고, 세계도시연구회(GaWC: Globalization and World Cities Research Network)와 연구결과를 공유하는 차원에서의 다양한 연구 주제를 다룰 필요가 있다. 또한 향후 세계화와 반세계화에 따른 공간변화, 글로벌과 로컬, 집중과 분산 등의 공간현상에 대하여 다양한 사례 분석이 이루어질 필요가 있다.

도시체계에 대한 대부분의 연구는 속성자료를 중심으로 분석이 이루어지고 있고, 공간 스케일에서 국가, 광역, 일상생활권에서 통근과 통행자료를 중심으로 한 분석이 행하여졌다. 향후 도시체계에 대한 이론적 배경을 복잡계(complex system) 등으로 확대하고, 현실적인 분석력을 제고할 수 있도록 금융연계, 지적 네트워크, 기업연계 등의 더 다각적인 속성 자료에 대한 개별 연구를 수행하며 이를 종합화하여 한국의 도시체계에 대한 담론을 형성할 수 있도록 연구의 폭과 범위를 확대할 필요가 있을 것이다(최재헌 · 김숙진, 2017).

도시지리학은 도시구조론 이외에도 도시화 및 도시체계론을 비롯한 도시입지론, 세계도시론, 도시경제론, 도시생태론, 도시경관론 등의 각론을 포함하고 있지만, 무엇보다 도시구조론이 가장 중요하다. 이러한 점은 여타 계통지리학에서는 찾아볼 수 없는 점이다. 가령 문화지리학의 중심과제는 문화구조가 아니며, 농업지리학은 농업구조가 아니다. 그러나 지리학의 궁극적 연구목표는 지역구조의 규명에 있다고 보아야 한다. 따라서 도시지리학의 연구목표는 지리학의 그것과 궤를 같이 한다고 볼 수 있다(남영우, 2017).

도시구조 분야에서 지역구조에 대한 전통적인 주제가 지속적으로 다루어지고 있지만, 연구지역이 수도권 등에 국한되고 해외연구도 제한적인 한계가 있다. 따라서 연구대상과 범위를 확대하여 시간 변화에 따른 도시구조의 특성을 정리하고 한국 도시구조를 담론화할 수 있는 체계적인 노력이 필요하다. 토지이용과 지가, 주택 분야에 대한 연구를 확대하고, 도시재생과 도심재활성화 등 사회적 현안과 관련한 연구주제를 선도적으로 발굴하고 연구를 심화시키는 제도적 노력을 학회차원에서 강구하여야 하며, 빅데이터 분석 등의 새로운 연구방법론도 적극적으로 모색하여야 할 것이다.

(2) 응용지리학적 연구의 활성화

현재 및 미래에 중요한 응용지리학적 연구 주제를 제시하면 다음과 같다.

첫째, 세계화와 양극화, 네트워크 사회의 도래, 정보화 사회, 후기산업 사회, 4차 산업혁명 등으로 표현되는 전지구적 도시환경의 변화에 따른 도시의 역동성을 다룰 수 있어야 한다. 도시의 변화에는 불평등성과 세방화(glocalization)에 대한 복잡한 과정이 배태되어 있다. 따라서 도시지리학은 이런 역동적이고 세계화된 도시공간에서 도시 정체성과 경쟁력을 확보하는 과정과, 다양한 이해당사자나 행위자가 공간에 미치는 불평등한 영향력을 규명하는 작업을 수행해야 한다. 도시공간은 도시환경의 변화에 따라 개인 지향적인 파편화된 공간, 다극화된 네트워크 공간, 문화융합이 일어나는 혼성 공간, 지속가능한 공간의 성격을 가지게 된다고 볼 수 있다. 특히, 초국가적인 스케일에서 도시에서 발생하는 다양한 도시현상의 분석이 중요하며, 도시경쟁력을 위한 장소성과 장소공간의 특성도 다루어야 한다. 따라서 도시지리학의 핵심 주제에 대한 연구를 지속하면서도 새로운 도시공간의 본질과 각국이 처한 제반 문제 해결책을 글로벌한 차원에서 다룰 수 있어야 한다(최재헌 · 김숙진, 2017).

둘째, 우리나라의 경제 · 사회적 환경변화와 도시와 관련된 외부 변화에 따른 도시 연구도 중요한 테마라고 할 수 있다. 도시쇠퇴와 도시재생, 저출산 고령화, 안전도시, 스마트시티, 압축도시, 도시개발과 젠트리피케이션, 북한 연구 및 통일 이슈, 생활의 질, 도시환경, 도농격차와 소통 등 우리나라의 현실문제와 관련된 많은 연구가 필요하리라고 생각된다.

도시쇠퇴와 도시재생과 관련한 연구는 최근 가장 활발한 연구가 이루어지고 있는 분야다. 특히 전국적인 저출산 고령화 현상의 확산과 함께 정부의 중점 시책과 맞물려 도시재생사업이 활력을 받으면서 학문적 연구와 실용적 연구 모두 많은 연구수요가 파생되게 되었다. 도시재생 연구에 도시지리학 전공자가 중심이 되어 도시재생의 다양한 주제에 대해서 접근해야 하며, 타학문 분야와 차별화되는 통합적 접근법을 기반으로 연구하여야 할 것이다. 도시지리학에서는 도시쇠퇴와 지역적 격차 등에 관한 연구는 많으나 주민참여, 정책 측면의 연구가 상대적으로 부족하다고 할 수 있다. 도시재생 분야는 사회문제 해결이라는 실천적 측면도 중요하기 때문에 현실문제 해결로 사회에 기여해야 한다. 즉, 지속가능성을 위해 도시쇠퇴를 기회로 전환시킬 수 있는 도전적 전략을 도출해야 할 것이다(전경숙, 2017).

셋째, 최근 도시에서의 각종 재난 및 안전사고의 발생으로 국민적 관심이 집중되면서 등장하고 있는 안전도시에 연구가 중요할 것으로 생각된다. 지금까지의 연구는 주로 범죄로부터 안전한 도시를 만드는데 집중되어 있고, 그것도 범죄의 예방에 초점이 맞추어져 있었다. 그리고 대부분의 연구가 국제보건기구의 안전도시 공인의 사례나 기준, 원칙 등을 개략적으로 소개하는 내용이 많았고, 안전도시 구축을 위한 전략이나 방법이 WHO 협력센터와 지역지원센터의 표준화된 사업모듈에 따른 도시구축으로 제한되어 제안되고 있었다. 또한 연구주제는 안전도시의 물리적 인프라, 즉 시설의 구축, 경찰 조직에 대한 거버넌스나 자원봉사조직의 네트워크 활성화 등으로 한두 개의 조직이나 단위의 거버넌스나 네트워크 등이 주를 이루고 있었다. 향후 안전도시 연구에서 더 관심을 가져야 하는 문제나 영역은, 학문적으로도 다학제적인 측면에서 안전도시에 접근하는 연구 및 행정, 현장영역에서 다층적 참여자가 함께하는 연구, 단순한 손상방지가 아니라 도시의 재난안정성, 일상적 도시공간의 안전중심으로 안전도시의 개념을 재조명하는 연구, 안전도시의 운영시스템에서 지역차원에서 리더그룹과 지역주민의 안전도시정책에 대한 합의를 이끌어 내는 과정에 대한 연구, 구축영역에서는 법과 제도에 대한 연구, 지역특성에 맞춘 특성화, 차별화를 반영한 안전도시 프로그램 개발과 발전에 대한 연구, 국제안전도시 지원센터와 공인센터의 역할 정립과 분리의 타당성에 대한 연구, 접근단계에 있어 안전도시 설계에 대한 연구 및 성과관리에 대한 연구 등이 필요할 것이다(강창현 · 문순영, 2017).

넷째, 스마트시티와 관련한 연구다. 국내외적으로 스마트시티에 대한 논의가 증가하고 있고 우리나라에서도 스마트시티의 도약을 위해서 많은 노력을 기울이고 있으며 스마트시티법의 재개정으로 이어졌다. 스마트시티법에서는 스마트시티의 개념을 건설 측면에서 관리 및 운영과 혁신 생태계를 조성할 수 있는 산업분야까지 확대시켰고 대상사업 역시 보다 포괄적으로 규정하여 스마트시티 사업 추진이 용이할 수 있도록 했다. 또한 스마트시티 인증, 스마트시티 지원 등을 통하여 지속적으로 스마트시티가 발전할 수 있는 기반도 마련했다(이재용 ·

그림 15-2 스마트시티 통합플랫폼 구상

출처: 국토교통부, 2018

한선희, 2017).

가상현실 기술과 사물인터넷 기술의 발전에 따라 사이버공간의 확대와 함께 로봇산업과 융복합 산업 등이 성장하면서 도시공간에서의 혁신 환경이 조성되고 스마트 도시환경으로 바뀌고 있다. 또한 빅데이터를 통한 도시공간 관리 등이 현실화되고 있는 실정이다(최재헌 · 김숙진, 2017). 도시지리학에서는 스마트시티 조성으로 인한 도시생태계 변화에 주목하여야 할 것이고 주민의 생활변화, 도시 관리 방법의 변화와 도시체계의 변화 가능성 등에 대한 연구가 필요할 것이다. 특히 U-City의 개념의 도입과 함께 기존의 수직적 도시체계에서 수평적 네트워크형 도시체계로의 변화 가능성에 대한 연구는 도시지리학자가 가장 공헌할 수 있는 연구 분야라고 생각된다.

다섯째, 도시공간구조를 집약화하고 공공시설을 재배치하는 압축도시 개념과 관련한 연구가 필요할 것으로 생각된다. 도시의 지속가능성 유지를 위해 지역 공간을 압축적으로 활용하고, 공공시설재편과 재정부담 완화, 쾌적성 확보를 위해 중심지를 중심으로 집약적 개발을 시도하고 있다. 압축도시 전략을 통해 교통 혼잡을 줄이고 도시공간을 보다 효율적으로 사용할 수 있어서 지속가능한 경제성장을 꾀할 수 있고, 대중교통서비스를 효율적으로 제공함으로써 지방정부의 재정 부담을 줄일 수 있다. 또한 압축도시 전략은 기후변화에 대응하는 중요 정책수단이 될 수 있다(강인호, 2018). 우리나라의 도시는 그동안 도시 기능의 공간적 확대가 계속되어 왔으며 관련 기능이 분산 배치되어 도시기능에 대한 접근성이 현저하게 낮아지는 문제를 야기했다. 특히 중소도시의 경우에는 인구감소로 인한 도시 쇠퇴 현상을 경험하고 있어 압축도시 구상에 의한 기능의 집적화와 일체화가 매우 필요한 시점이라고 할 수 있다. 정부에서도 저출산 고령화와 도시 쇠퇴에 적응하기 위하여 생활SOC의 접근성 향상을 최우선시 하고 있다. 따라서 도시지리학에서는 도시기능의 배치와 접근성 파악, 압축도시 구상 도입을 위한 도시기능 재편 방향, 중심지와 배후지 주민의 접근성 향상을 위한 교통 계획 등 다양한 연구가 요구된다고 할 수 있다.

다섯째, 도시 간 빈부 격차와 질적 성장에 관한 연구주제다. 현재 한국 도시는 구조적 저성장 시대를 맞이하여 고용 없는 성장, 빈부격차와 사회적 양극화가 심화되고 있어 양적 성장은 가능성이 매우 낮다고 생각된다. 따라서 한계에 부

그림 15-3 2016년 UN HABITAT 제3차 회의 표지

뒷힌 양적 성장보다 사회적 형평성을 제고하는 질적 성장을 통한 도시발전이 절실한 현실이다(임석회, 2018). 분배적 정의 측면에서 도시 빈곤율, 고용율, 기초생활보장, 주택 안정 보급, 복지 및 건강 프로그램 수혜 등 도시민의 거주생활에 대한 질적 향상을 위한 연구와 도시 간 격차에 대한 연구가 동시에 진행되어야 할 것이다. 또한 도시간의 비교 연구뿐만 아니라 구도심과 신 개발지역과의 격차, 중심지역과 주변 배후지와의 불균형에 대한 연구도 중요하리라고 생각된다.

특히 2016년 에콰도르 키토에서 열린 유엔인간정주회의(UN HABITAT)는 향후 20년 동안 도시연구와 정책수립에 세계적인 영향력을 행사하고 있다고 할 수 있다. 1996년 제2차 해비타트 회의부터는 지속가능한 인간정주와 주거권을 핵심의제로 선택했고, 2016년 '새로운 도시의제'와 관련하여 향후 도시지리학 연구에서도 지속가능한 도시발전이 핵심 주제가 되어야 할 것이다. 예를 들어 살기 좋은 도시, 도시체제, 공간발달, 도시경제, 도시생태와 환경, 도시주택과 기초서비스 분야 등 6개 도시 연구 분야 등이 그것이다. 또한 이와 관련하여 제시된 도시포용성, 이주와 난민, 안전도시, 문화유산, 거버넌스, 재정, 지역경제 발전, 도시회복력, 스마트시티 등에 대한 다양한 주제의 연구가 필요하다(최재헌, 2017).

여섯째, 지리학자는 통일을 위한 조건을 갖추기 위한 지리학적 역량을 쌓고, 이를 바탕으로 통일을 위한 예측과 대안을 제시할 수 있도록 해야 할 것이다. 지정학과 지경제, 지문화 등을 지리학의 틀에서 다시 다듬어야 한다. 통일 한국,

또는 통일 전이라도 남북 간의 진정한 협력을 위해서는 북한에 대한 정확한 지리통계 정립이 필수적이다. 그러나 북한은 세계에서 가장 오랫동안 가장 통제가 심한 나라이다(이민부 · 김걸, 2016). 도시지리학자는 통계의 획득이 어렵다고 하더라도 리모트 센싱 기법을 활용한 북한의 도시화 예측과 방향성 분석, 도시시스템 분석, 통일을 위한, 통일에 대비하는 도시시스템의 정립 방향, 도시인구문제 등에 대한 연구가 가능하리라고 판단된다. 또한 중국의 연구기관과 협력을 통하여 북한에 대한 도시지리학적 정보를 분석할 수 있을 것이다.

일곱째, 지속가능한 도시환경의 연구다. 도시환경에 관한 이슈는 최근에 만들어진 것은 아니라 현재 도시 연구에 있어서도 매우 중요한 문제로 남아 있다. 산업화와 도시화의 경험은 도시를 꾸준히 과밀화시키고, 사회경제발전의 정도만큼 환경의 파괴와 자원의 고갈에 대한 위협성을 증대시켜왔다. 여러 가지 도시에 산재된 문제가 환경파괴와 가장 밀접한 연관을 맺고 있음을 인식하고, 경제와 사회 문제를 환경과 관련하여 지속가능성을 논의하는 과정상에서 각종 지표를 만들어 지속가능성의 개념을 적용하고자 하는 시도가 이어져왔다. 사회, 경제, 환경 부분에서 각기 의도하는 것을 파악하기 위하여 필요한 지표를 설정하고 평가하는 방식인데, 아직까지도 작성기준과 평가항목, 판단기준 등이 구체화되어 있지는 않다. 21세기 운동처럼 확산되고 있는 뉴어바니즘, 또는 어반빌리지의 사상이 다양한 형태의 건축, 혼합용도 개발, 인간 척도의 공동체 형성 등으로 도시의 지속가능성에 부합되는 논리를 제시할 수 있을 것이다(이자원, 2015). 도시지리학에서는 지속가능한 도시환경을 위하여 복합적 기능의 토지이용, 다양한 기능 및 형태의 주거지 조성, 도시구조의 질적 향상, 지역공동체 중심의 안전한 도시체계 형성, 압축도시 개념의 도입, 생태계의 지속가능성, 삶의 질적 향상 등에 대한 연구가 기대된다.

(3) 도시지리학의 사회적 참여

도시지리학자는 도시지리학의 연구 성과에 대한 대중적 확산을 꾀할 필요가 있다. 무엇보다도 연구자 기반을 확대하고 이를 지속할 수 있도록 하는 인적역량 강화와 함께, 제한된 도시지리학 분야의 연구자 수를 고려하여 학문의 공유와 공론의 장을 학회지를 통하여 지속적으로 마련하고 이를 통해 한국도시지리학의 담론을 형성하는 것이 향후 20년을 준비하는 한국도시지리학회의 과제일 것이다.

지리학은 지역과 지역 거주민으로부터 정보를 획득하고 분석한다. 지리학자는 지역 정보를 분석하는데 멈추는 것이 아니라 연구 결과를 지역 또는 지역주민에게 돌려주어야 한다고 생각한다. 즉, 지역과 함께하는, 그리하여 지역 발전에 도움이 되는 응용 도시지리학이 요구된다고 할 수 있다. 그러기 위해서는 국내외 상황 변화에 따른 응용 도시지리학적 연구 수요를 찾아내고 연구를 진행할 필요가 있다. 전술한 응용지리학적인 연구를 통하여 어떻게 도시 발전에 기여할 것인지를 찾아보는 노력이 필요할 것이다. 도시지리학자 및 졸업생이 활동할 수 있는 영역을 제시하면 다음과 같다.

첫째, 도시지리학자는 세계화, 양극화, 네트워크 사회, 정보화 사회, 후기산업 사회, 4차 산업혁명 등으로 표현되는 전 지구적 도시환경의 변화에 대하여 세계의 여러 학자들과 협력적 연구에 같이 참여하고 바람직한 도시 발전 방향을 제시하는 데 주도적인 역할을 할 수 있어야 할 것이다. 특히 도시연구와 정책수립에 세계적인 영향력을 행사하고 있는 유엔인간정주회의(UN HABITAT) 등에도 적극적인 참여가 기대된다.

둘째, 도시지리학자는 우리나라 도시와 관련된 환경 변화에 대하여 지리학뿐만 아니라 경제학, 사회학, 인문학 등 타 학문과의 학제적이며 협력적인 연구를 적극적으로 진행할 필요가 있다. 행정중심복합도시의 초기 기획 단계부터 도시지리학자가 적극적으로 참여하여 지리학의 중요성과 인지도를 크게 올린 사례를 상기할 필요가 있다. 현재에도 도시 관련 학회와 협력적 연구와 이벤트가 잘 이루어지고 있으나 보다 주도적이고 적극적으로 참여할 필요가 있다고 생각된다.

셋째, 도시쇠퇴와 도시재생 테마는 정부에서 매우 관심이 높고 정책 개발과 재정투자도 많은 편이며 이러한 경향은 향후에도 당분간 지속될 것으로 보인다. 따라서 정부 정책과 관련한 연구조직과 각종 도시 관련 위원회와 심사 · 평가 등에 적극 참여할 필요가 있다. 특히 각 광역 및 기초지자체별로 구성되어 있는 도시계획위원회에 도시지리학자가 적극적으로 참여하여 지리학의 영역을 확보하여야 할 것이다.

읽을거리 15-2 도시계획위원회

도시계획위원회는 도시계획 결정을 위해 존재하는 비상근 행정위원회다. 1972년 도시계획에 관한 중요 사항을 심의, 조사, 연구하고 행정관청의 자문에 응하기 위하여 설치되었다. 현재는 '국토의 계획 및 이용에 관한 법률'에 따라 중앙도시계획위원회는 국토교통부에 설치되고, 지방도시계획위원회는 각 시도 및 시군 지방자치단체에 설치된다.

시, 군 도시계획위원회는 토지이용 · 건축 · 주택 · 교통 · 환경 · 방재 · 문화 · 농림 · 정보통신 등 도시계획 관련 분야 전문가 및 행정 관료, 의회 의원 등으로 구성되며, 용도지역, 개발행위 등 도시계획에 관한 사항과 '도시개발법', '도시환경 정비법' 등 법률에 의하여 심의 · 자문을 받도록 규정된 사항을 다룬다.

다양한 전문가로 구성된 도시계획위원회는 객관적이고 합리적인 도시계획을 위하여 긍정적인 기능을 수행하고 있다고 평가되고 있으나, 드물게는 행정 관료 및 의회 의원의 참여에 따라 기관장의 의지가 반영되거나 지역 의원의 이해관계가 작용하는 경우도 있다는 한계가 있다.

넷째, 도시재생, 도시만들기 등의 중간지원조직에 도시지리학자가 적극 참여할 필요가 있다. 중간지원조직은 각 도시별로 매우 다양하나 점점 확장 추세에 있고 도시지리학 졸업생의 지속적인 활동 공간을 마련한다는 점에서 매우 중요한 곳이라고 생각된다. 특히 지리학의 강점인 지역조사와 통합적 공간 분석 기법을 살리고, 주민과 함께하는 도시 만들기 사업에 적극적으로 참여한다면 지속적인 일자리 공간이 창출될 것으로 보인다.

다섯째, 도시지리학자는 안전도시, 스마트시티, 압축도시 등의 개념을 도입하기 위한 지역주민과의 도시정책에 대한 합의 과정, 입법과정, 역량강화 교육과정 등에 주도적으로 참여하고 공헌할 수 있어야 한다. 특히 저출산 고령화와 도시 쇠퇴에 따라 생활SOC에 대한 주민의 접근성 향상이 매우 중요한 바, 이를 위한 도시기능시설의 재편, 중심지와 배후지 주민의 접근성 향상을 위한 계획 등은 지리학의 강점을 살릴 수 있는 매우 중요한 분야다.

여섯째, 빈부격차와 사회적 양극화, 이주와 난민, 도시환경, 도시재생, 문화유산 등과 관련된 정부 및 민간차원의 사회조직에 참여할 필요가 있다. 도시발전은 주민주도의 상향식 방법으로 진행되는 것이 가장 바람직하며 이에 따라 주민

조직, 사회조직이 활동할 영역이 더욱 확대될 것으로 보인다. 현장에서 해답을 찾고 해결하는 장점을 가진 지리학자가 타 학문의 전공자보다 자신 있게 참여할 수 있다고 생각된다.

참고문헌

강민정 · 권상철, 2007, "제주시 도시화의 공간적 특성: 인구와 지가 변화를 중심으로," 한국도시지리학회지, 10(3), 55-68.

강승호, 2007, "한중 양국의 주요도시 경쟁력 평가,"한국도시지리학회지, 10(3), 1-12.

강승호 · 하세호, 2014, "강원도 문화, 관광산업의 고용창출력 분석," 한국도시지리학회지, 17(3), 141-154.

강영옥 · 홍인옥, 2000, "서울시 새주소 부여를 위한 도로체계 연구," 한국도시지리학회지, 3(2), 57-72.

공윤경, 2010, "부산 산동네의 도시경관과 장소성에 관한 고찰," 한국도시지리학회지, 13(2), 129-145.

______, 2016, "사회적 배제 극복을 위한 소셜믹스 정책과 대안 주거운동," 한국도시지리학회지, 19(1), 31-42.

곽수정, 2013, "서울시 창조계층의 입지특성," 한국도시지리학회지, 16(2), 49-62.

곽수정 · 장환영 · 황병주 · 김걸, 2012, "미래 메가트렌드와 U-City 추진 방향," 한국도시지리학회지, 15(3), 105-116.

권규상, 2016, "도시네트워크의 규범적 개념화에 대한 비판적 검토," 한국도시지리학회지, 19(2), 263-282.

권상철, 2000, "한국의 인구이동과 대도시의 역할: 지리적 이동과 사회적 이동을 중심으로," 한국도시지리학회지, 3(1), 57-68.

______, 2001, "인구이동과 지역발전: 한국에서의 인적자원 유출," 한국도시지리학회지, 4(1), 67-80.

______, 2003, "인구이동과 인적자원 유출: 제주지역유출 유입인구의 속성비교," 한국도시지리학회지, 6(2), 59-73.

______, 2009, "우리나라 인구이동의 지역구조: 이동권역과 공간적 인구재분배 지역 분석," 한국도시지리학회지, 12(2), 49-64.

______, 2010, "한국 대도시의 인구이동 특성: 지리적, 사회적 측면에서의 고찰," 한국도시지리학회지, 13(3), 15-26.

______, 2014, "성장지향 도시 미국 휴스턴의 발전과 모순," 한국도시지리학회지, 17(3), 1-17.

권용우, 1999, "우리나라 그린벨트에 관한 쟁점 연구," 한국도시지리학회지, 2(1), 43-58.

______, 2000, "수도권 통근권역의 공간적 범위, 1995-1997," 한국도시지리학회지, 3(1), 103-114.

______, 2004, "도시개혁과 시민참여: 경실련 도시개혁센터를 중심으로," 한국도시지리학회지, 7(1), 13-27.

길광수 · 김숙진, 2012, "동아시아 3대 허브공항의 네트워크와 장소착근성," 한국도시지리학회지, 15(3), 89-103.

김가은 · 홍현철, 2014, "수도권 사람통행과 화물유동의 지역연결체계 특성 비교," 한국도시지리학회지, 17(2), 59-70.

김가은 · 홍현철 · 최용길, 2013, "남양주시 U-City 정보수집연결망의 공간연계특성: CCTV를 중심으로," 한국도시지리학회지, 16(2), 63-72.

김감영, 2007, "방문보건서비스 제공을 위한 순차적 입지-경로설정 접근," 한국도시지리학회지, 10(3), 41-54.

______, 2011, "GWR과 공간 군집 분석 기법을 이용한 중심지 식별: 대구광역시를 사례로," 한국도시지리학회지, 14(3), 73-86.

김감영 · 박지혜, 2012, "GIS와 공간 군집기법을 활용한 잠재적 도시재생 구역 식별," 한국도시지리학회지, 15(2), 67-80.

김감영 · 이건학, 2016, "이동통신 빅데이타를 이용한 현재인구 추정과 개선방안 연구," 한국도시지리학회지, 19(2), 181-196.

김감영 · 이윤미, 2013, "지가함수를 이용한 우리나라 도시공산구조 탐색," 한국도시지리학회지, 16(1), 99-112.

김 걸, 2008, "젠트리피케이션의 연구동향," 한국도시지리학회지, 11(1), 75-84.

______, 2014, "두바이의 도시공간구조," 한국도시지리학회지, 17(3), 39-50.

______, 2015a, "아부다비의 도시공간구조," 한국도시지리학회지, 18(1), 111-122.

______, 2015b, "대한민국 동해의 국제표준 명칭에 대한 발전적 대안 모색," 한국도시지리학회지, 18(3), 137-145.

김 걸 · 김병선, 2009, "토지용도별 범죄의 시, 공간적 분포패턴 사례연구," 한국도시지리학회지, 12(3), 83-96.

김 걸 · 정진도, 2011, "캄보디아의 지역격차 분석을 통한 균형개발 방안연구," 한국도시지리학회지, 14(2), 65-76.

김경추, 2004, "강릉읍성의 입지와 공간구성에 관한 연구," 한국도시지리학회지, 7(2),

71-84.

김광중, 2010, "한국 도시쇠퇴의 원인과 특성," 한국도시지리학회지, 13(2), 43-58.

김광중 · 박현영 · 김예성 · 안현진, 2010, "도시 내 지구차원의 쇠퇴실태와 양상," 한국도시지리학회지, 13(2), 27-42.

김명진, 2014, "중앙정부 지역균형발전 정책에 대한 실증분석: 중앙정부 R&D 정책을 중심으로," 한국도시지리학회지, 17(3), 51-63.

김민주 · 양승우, 2013, "미국 피츠버그의 프린지벨트와 도시형태 변화," 한국도시지리학회지, 16(2), 135-152.

김민지, 2013, "중국 광저우 전시산업의 입지와 지역발전: 캔톤페어를 사례로," 한국도시지리학회지, 16(1), 131-144.

김병선 · 김교민 · 김걸, 2012, "U-City 이슈 해결을 위한 정책방향," 한국도시지리학회지, 15(1), 103-112.

김봉한 외, 2006, "백제고도 공주, 부여의 역사성 보존과 도시개발의 조화를 위한 기초조사연구: 지속가능한 발전을 중심으로," 한국도시지리학회지, 9(3), 89-107.

김석철 · 변병설, 2005, "개발제한구역 도시권역의 대기환경지표 산정에 관한 연구," 한국도시지리학회지, 8(1), 67-81.

김선범, 1999, "성곽의 도시원형적 해석: 조선시대 읍성을 중심으로," 한국도시지리학회지, 2(2), 17-28.

김숙진, 2006, "생태 환경 공간의 생산과 그 혼종성(hybridity)에 대한 분석: 청계천 복원을 사례로," 한국도시지리학회지, 9(2), 113-124.

김영호, 2007, "베이지언 계층 모델을 이용한 도시 주거범죄의 사회 경제적 분석," 한국도시지리학회지, 10(1), 115-128.

______, 2011, "공간네트워크의 이변량공간상관관계를 이용한 서울시 자전거와 버스 대중교통의 연계 가능성 분석," 한국도시지리학회지, 14(3), 55-72.

김오석 · 윤정호, 2015, "현 상태 유지 시나리오를 이용한 토지피복 변화 예측," 한국도시지리학회지, 18(3), 121-135.

김원경, 1999, "도시의 발생," 한국도시지리학회지, 2(2), 29-46.

김원경 · 이미영, 2002, "김해시 CBD의 지가패턴," 한국도시지리학회지, 5(1), 15-33.

김유훈, 2016, "신도시 특성과 거주경험에 따른 신도시 이주자들의 주거이동 성향," 한국도시지리학회지, 19(2), 211-229.

김은정 · 김태환, 2013, "지역주민의 건강도(健康度)지표 설정과 지역별 패턴 분석," 한국도시지리학회지, 16(3), 161-177.

______, 2015, “도시환경 수준과 개인의 건강지표와의 상관성 분석: 대구광역시를 대상으로,” 한국도시지리학회지, 18(3), 107-120.

김 인, 2000, “수도권 신공항 서울간 회랑지역의 국제화 추진전략,” 한국도시지리학회지, 3(1), 15-20.

______, 2001, “지하철 역세권 주상형 주상복합타운 개발컨셉 구상 서울 지하철 역세권을 대상으로,” 한국도시지리학회지, 4(2), 65-68.

______, 2003, “도시정체성 확립과 도시마케팅: 김포시를 사례로,” 한국도시리학회지, 6(2), 1-7.

김정희, 2008, “고령화시대의 수도권 인구구성 변화 예측,” 한국도시지리학회지, 11(1), 31-42.

김종근, 2016, “심상지리의 관점으로 본 일제강점기 한국인의 중국인 거주지역 담론: 경성을 사례로,” 한국도시지리학회지, 19(2), 123-135.

김종근 · 이진형 · 고선영, 2015, “제주도 전기버스 충전시설 최적입지선정,” 한국도시지리학회지, 18(2), 97-109.

김종범, 1999, “중국의 도시발달에 관한 역사적 고찰: 건국전을 중심으로,” 한국도시지리학회지, 2(1), 91-104.

김지윤, 2016, “투기적 배랄과 공공성, 용산구 사례를 중심으로,” 한국도시지리학회지, 19(2), 29-41.

김천권, 2008, “인천 송도경제자유구역의 초국적 도시 조성을 위한 SWOT 분석,” 한국도시지리학회지, 11(2), 59-74.

김천권 · 신미경, 2012, “산업단지 입주기업의 입지만족도에 관한 실증적 연구: 인천 서부지방산업단지를 중심으로,” 한국도시지리학회지, 15(3), 133-146.

김태현 · 김홍규, 2010, “경주 방사성폐기물처리장 입지 주민투표결과의 공간적 패턴 분석,” 한국도시지리학회지, 13(2), 117-128.

김태환, 2008, “외환위기 이후 한국 자동차 부품산업 공간의 변화,” 한국도시지리학회지, 11(3),125-138.

김학훈, 2011, “미국 최초의 공업도시 로웰의 성쇠와 재생,” 한국도시지리학회지, 14(2), 49-64,

______, 2015, “한국 도시의 경제기반: 최소요구치의 변화,” 한국도시지리학회지, 18(3), 1-17.

김학희, 2007, “문화소비공간으로서 삼청동의 부상: 갤러리 호황과 서울시 도심 재활성화 전략에 대한 비판적 성찰,” 한국도시지리학회지, 10(2), 127-144.

김혜민 · 정희선, 2015, “가리봉동의 스크린 재현 경관 속 타자화된 장소성,” 한국도시지리학회지, 18(3), 93-106.

김흥순, 2006, “사회경제적 관점에서 바라본 뉴어바니즘: 비판적 고찰을 중심으로,” 한국도시지리학회지, 9(2), 125-138.

김희순, 2008, “멕시코시티의 인구성장 및 지역격차분석,” 한국도시지리학회지, 11(2), 13-32.

______, 2016, “스페인의 식민지배 거점으로서 아바나의 형성과 성장,” 한국도시지리학회지, 19(3), 113-129.

김희순 · 이명희 · 송현숙 · 정희선, 2013, “문화유산 정보의 온톨로지 기반 코퍼스 생성을 통한 디지털 콘텐츠화 방안: 구 한성부의 종교건축유산을 사례로,” 한국도시지리학회지, 16(1), 57-70.

김희순 · 이호상, 2010, “라틴아메리카의 국제항공네트워크 성장과 공간적 상호작용의 변화,” 한국도시지리학회지, 13(1), 61-77.

남영우, 1996, “한국도시지리학 35년사,” 대한지리학회지, 31(2), 198-212.

______, 2000, “한국대도시의 내부구조,” 한국도시지리학회지, 3(1), 21-32.

______, 2004, “공업화시대와 세계화시대의 국토개발전략 변화: 신행정수도 건설과 관련하여,” 한국도시지리학회지, 7(2), 1-13.

______, 2006, “폐쇄적 공동체의 성립과 발달,” 한국도시지리학회지, 9(1), 81-90.

______, 2007, “메소아메리카 테오티우아칸의 기원(起源)과 성쇠(盛衰),” 한국도시지리학회지, 10(1), 1-14.

______, 2009, “잉카제국과 고대도시 마추픽추의 성쇠,” 한국도시지리학회지, 12(2), 1-18.

______, 2010, “Sennett의 「살과 돌」을 통해 본 서구도시문명의 특징,” 한국도시지리학회지, 13(1), 123-136.

______, 2012, “Ibn Khaldun의 「역사서설」에 나타난 도시 문명의 성쇠,” 한국도시지리학회지, 15(1), 163-175.

남영우 · 김정희, 2007, “선진국과 개발도상국 폐쇄적 공동체의 생태와 특성 비교: 미국과 한국을 중심으로,” 한국도시지리학회지, 10(1), 51-62.

남영우 · 성은영, 2001, “요인분석과 군집분석에 의한 세계도시의 유형화,” 한국도시지리학회지, 4(1), 1-12.

남영우 · 이인용, 2002, “한국도시지리학 반세기의 회고와 전망,” 한국도시지리학회지, 5(1), 1-13.

남영우 · 한문희 · 우광석, 2005, “수도권의 통행수단별 지역연결체계,” 한국도시지리학회지, 8(1), 7-16.

노광봉, 2003, “부산시 어시장의 공간적 특성,” 한국도시지리학회지, 6(1), 85-96.

노시학, 1998, “도시의 교통소외계층에 대한 지리학적 연구를 위한 제언,” 한국도시지리학회지, 1(1), 47-60.

______, 2008, “포괄적 도시 교통가격정책 시행을 위한 대안 분석,” 한국도시지리학회지, 11(3), 41-52.

류연택, 2005, “도시 주택에 대한 다양한 연구접근법: 제도적, 정치경제학적, 아이덴티티, 페미니스트 접근을 중심으로,” 한국도시지리학회지, 8(3), 103-119.

______, 2006, “한국 도시 주택 매매가 및 전세가 변화율의 공간적 불균등(1986-2000),” 한국도시지리학회지, 9(3), 139-152.

______, 2010, “서울의 하위주택시장과 주택 매매가 및 전세가의 공간적 차이(1988-2000),” 한국도시지리학회지, 13(1), 89-108.

______, 2011, “미국의 도심 커뮤니티 재활성화를 통한 도시 경쟁력 제고,” 한국도시지리학회지, 14(1), 35-48.

______, 2012a, “글로벌 시장에서의 도시와 지역에 관한 이론적 고찰,” 한국도시지리학회지, 15(1), 125-139.

______, 2012b, “신도시 개발과 수도권 주택 시장의 재구조화,” 한국도시지리학회지, 15(3), 161-177.

______, 2013a, “지속가능한 도시에 관한 이론적 고찰,” 한국도시지리학회지, 16(1), 195-209.

______, 2013b, “도시 주택 및 거주지 분리에 관한 이론적 고찰,” 한국도시지리학회지, 16(3), 195-211.

______, 2014, “도시 주택 및 도시화에 대한 정치경제학적 관점: 이론적 고찰,” 한국도시지리학회지, 17(2), 163-176.

류주현, 2004, “도시 성장에 따른 신,구도심의 소매업변화,” 한국도시지리학회지, 7(2), 45-56.

______, 2008, “부정적 장소자산을 활용한 관광 개발의 필요성,” 한국도시지리학회지, 11(3), 67-80.

______, 2016, “캐나다 한인의 거주공간 격리와 분포변화에 관한 소고: 토론토 한인 사례를 중심으로,” 한국도시지리학회지, 19(3), 13-26.

박경환, 2007, “초국가주의 뿌리 내리기: 초국가주의 논의의 세 가지 위험,” 한국도시지리학회지, 10(1), 77-88.

______, 2009, "광주광역시 초국적 다문화주의의 지리적 기반에 관한 연구," 한국도시지리학회지, 12(1), 91-108.

______, 2012, "초국가시대 국가 이주정책의 제도적 틀의 신자유주의적 선회: 한국의 사례," 한국도시지리학회지, 15(1), 141-161.

______, 2013, "글로벌 시대 창조 담론의 제도화 과정: 행위자-네트워크 이론을 중심으로," 한국도시지리학회지, 16(2), 31-48.

______, 2014, "글로벌 시대 인문지리학에 있어서 행위자: 네트워크 이론(ANT)의 적용 가능성," 한국도시지리학회지, 17(1), 57-78.

박경환 · 백일순, 2012, "조기유학을 매개로 한 '분절가구 초국적 가족'의 부상: 동아시아 개발국가 중상류층 가족의 초국가적 재생산에 관한 논의 고찰," 한국도시지리학회지, 15(1), 17-32.

박경환 · 윤희주, 2015, "개발 지리학과 국제개발협력(IDC)의 부상," 한국도시지리학회지, 18(3), 19-43.

박규택, 2011, "국가권력에 의한 로컬의 탈장소성과 갈등: 울산공업지구를 사례로," 한국도시지리학회지, 14(2), 101-112.

______, 2016, "Glonacal 관점에서 본 한국 화교학교: 대구화교중학교의 사례," 한국도시지리학회지, 19(2), 105-122.

박병호 · 김준용, 2009, "우리나라 중소도시의 쇠퇴유형 분석," 한국도시지리학회지, 12(3), 125-138.

박선미, 2007, "인천의 장소 만들기 정책에 대한 비판적 고찰," 한국도시지리학회지, 10(3), 13-26.

박선영 · 김영호, 2012, "서울시 지표 오존 오염 분포의 공간적 분석," 한국도시지리학회지, 15(2), 39-50.

박수경, 2013, "우리나라 미술창작스튜디오의 지리적 특성과 상주작가의 관점을 통해서 본 창작활동에 관한 연구," 한국도시지리학회지, 16(3), 141-159.

박재희 · 강영옥, 2014, "트윗을 이용한 서울시 주거환경 만족의 공간적 특성 분석: 도시 정책지표보완을 위한 활용방안 모색," 한국도시지리학회지, 17(1), 43-56.

박종희 · 김 걸, 2016, "도시하천복원사업에 따른 퇴거 상인의 이주패턴 분석: 대전천 목척교 주변 복원사업의 사례," 한국도시지리학회지, 19(2), 169-180.

박태화, 2000, "부산시 해원대 신시가의 성격," 한국도시지리학회지, 3(1), 115-126.

______, 2002, "한국 중국 일본 3국 지붕의 변천," 한국도시지리학회지, 5(1), 35-47.

반영운 · 유남훈 · 이태호, 2010, “유사도시 전력사용량을 이용한 신도시 토지용도별 CO^2 배출량 예측: 중부신도시를 중심으로,” 한국도시지리학회지, 13(1), 49-60.

반영운 · 이태호 · 백종인 · 김민아, 2012, “경관영역 및 공간유형별 대표 경관형용사 선정,” 한국도시지리학회지, 15(2), 95-101.

배현혜 · 이희연, 2013, “외국인 창조계층의 커뮤니티 형성과정과 정주만족도 분석: 대전을 사례로 하여,” 한국도시지리학회지, 16(2), 1-15.

백영기, 2001, “전주시 소매업 구조의 공간적 변화,” 한국도시지리학회지, 4(1), 13-26.

______, 2011, “재산세와 지방 공공서비스가 주택가격에 미치는 효과: 뉴욕 웨체스터의 사례,” 한국도시지리학회지, 14(3), 43-54.

변병설, 2004, “서울시 중심부 토지이용의 군집형성에 대한 공간적 자기상관분석,” 한국도시지리학회지, 7(1), 71-78.

변일용 · 김선범, 2007, “울산의 역사문화자원 이용특성 및 가치평가 연구,” 한국도시지리학회지, 10(3), 69-78.

서민철, 2005, “지역불균등 관련 담론들의 비판적 검토: 신고전 성장론에서 조절이론까지,” 한국도시지리학회지, 8(3), 85-102.

서정우, 2011, “광주 대인동 ‘집창촌’의 ‘매춘’ 지리학: 집창촌에서 ‘매춘여성’의 포함적 배제,” 한국도시지리학회지, 14(3), 177-190.

석주영 · 이희연, 2013, “도시권의 교통에너지 소비에 따른 탄소배출량 분석,” 한국도시지리학회지, 16(3), 41-54.

성준용, 2000, “히로시 모리카와와 중심지 이론,” 한국도시지리학회지, 3(2), 89-102.

______, 2001, “베리와 개리슨의 중심지 계층성에 관한 견해,” 한국도시지리학회지, 4(2), 59-64.

손승호, 2000, “서울시의 출근통행패턴과 지역연결체계,” 한국도시지리학회지, 3(2), 21-38.

______, 2006, “수원 화성의 도로망 형성과 변화,” 한국도시지리학회지, 9(2), 75-88.

______, 2008a, “서울시 외국인 이주자의 분포 변화와 주거지분화,” 한국도시지리학회지, 11(1), 19-30.

______, 2008b, “일본 지방도시의 커뮤니티 활성화와 내발적 발전,” 한국도시지리학회지, 11(3), 27-40.

______, 2009, “일본 국토개발계획의 변화에 따른 광역블록과 초광역개발,” 한국도시지리학회지, 12(3), 55-66.

______, 2010, “사회, 경제적 속성을 통해 본 인천의 도시구조,” 한국도시지리학회지,

13(3), 27-38.

______, 2011, "인천시 공간상호작용의 변화에 따른 기능지역의 재구조화," 한국도시지리학회지, 14(3), 87-99.

______, 2012, "시도별 통근통학 인구이동의 속성 변화: 2005-2010년," 한국도시지리학회지, 15(2), 81-93.

______, 2013, "인구규모의 변화를 통해 본 도농통합시의 차별적 성장," 한국도시지리학회지, 16(1), 85-98.

______, 2014, "서울대도시권 인구이동장의 사회, 경제적 속성," 한국도시지리학회지, 17(1), 125-138.

______, 2015, "서울대도시권 통근통행의 변화와 직-주의 공간적 분리," 한국도시지리학회지, 18(1), 97-110.

______, 2016, "서울시 외국인 이주자의 인구구성 변화와 주거공간의 재편," 한국도시지리학회지, 19(1), 57-70.

손승호 · 남영우, 1999, "서울시 지가변동패턴과 지역경사면 분석," 한국도시지리학회지, 2(1), 25-42.

손승호 · 한문희, 2010, "고령화의 지역적 전개와 노인주거복지시설의 입지," 한국도시지리학회지, 13(1), 17-29.

손정렬, 2010, "낙후지역 도시들의 성장과 발전에 필요한 요인들에 대한 분석: 한국 낙후지역의 전략도시들을 사례로," 한국도시지리학회지, 13(1), 31-47.

______, 2013, "주택정책이 주택시장여건에 미치는 영향에 관한 시론적 연구: 공간적 관점에서," 한국도시지리학회지, 16(3), 179-193.

손정렬 · Gerrit Knaap, 2007, "미국 워싱턴-볼티모어 대도시권의 주택시장 특성과 도시개발 추이," 한국도시지리학회지, 10(3), 27-40.

신정엽, 2009, "계층적 공간 클러스터 분석을 이용한 도시 경제중심지 탐색 연구: 서울시 사업서비스 산업을 사례로," 한국도시지리학회지, 12(1), 31-44.

신정엽 · 이건학 · 김진영, 2014, "도시 상업 공간 구조에 대한 차별화된 성별 이용 패턴 분석: 신촌 및 이화여대 상업 지구를 사례로," 한국도시지리학회지, 17(1), 79-100.

심승희 · 한지은, 2006, "서울 강남의 데이터베이스구축과 지역 특성; 압구정동, 청담동 지역의 소비문화경관 연구," 한국도시지리학회지, 9(1), 61-80.

안영진 · 김태환, 2004, "공공기관의 지방이전과 지역발전: 지방대학과의 연계를 중심으로," 한국도시지리학회지, 7(2), 31-44.

양승일, 2005, "옹호연합모델(ACF)을 활용한 정책변동 분석: 그린벨트 정책을 중심으로," 한국도시지리학회지, 8(1), 41-52.

엄상근 · 남윤섭, 2014, "도시재생 정책 수립을 위한 지방중소도시의 도시쇠퇴지표 적용: 제주시를 중심으로," 한국도시지리학회지, 17(3), 111-122.

오창화 · 김영호, 2016, "공간 회귀와 공간 필터링을 이용한 서울시 젠트리피케이션의 발생 원인 및 특징 분석," 한국도시지리학회지, 19(3), 71-86.

옥진아 · 조규영 · 서주환, 2002, "GIS를 활용한 주거용 적지분석에서의 절차적, 방법론적 합리성1: 개념적 모델의 정립," 한국도시지리학회지, 5(2), 51-64.

유병권, 2013, "수도권 규제완화정책에 대한 정책 네트워크 모델 적용 연구," 한국도시지리학회지, 16(1), 71-83.

유영준, 2006, "경주 문화관광에 관한 에듀테인먼트콘텐츠 모델 개발 연구," 한국도시지리학회지, 9(2), 57-74.

______, 2011, "저탄소녹색관광 모델로서 경주자전거 투어의 평가와 활용 방안: 에듀테인먼트 관광 상품 활용 방안을 중심으로," 한국도시지리학회지, 14(1), 67-79.

유영준 · 이성각, 2013, "울산시티투어의 활성화를 통한 도시마케팅 전략," 한국도시지리학회지, 16(2), 91-103.

______, 2014, "울산의 도시 이미지 변화를 위한 도시마케팅 전략 연구," 한국도시지리학회지, 17(3), 99-110.

윤옥경, 2009, "그림엽서에 나타난 도시 경관의 상징성과 도시에 대한 학습에의 활용," 한국도시지리학회지, 12(3), 67-82.

윤준상 · 이종상, 2007, "소도읍의 특성과 지표개발," 한국도시지리학회지, 10(2), 119-126.

윤현위 · 이미홍, 2015, "임대주택을 중심으로 본 중소도시의 유형과 특성," 한국도시지리학회지, 18(2), 123-135.

윤현위 · 이종용, 2009, "인천 숭의운동장 재생사업의 문제점과 개발방향의 모색," 한국도시지리학회지, 12(2), 77-86.

윤현위 · 정원욱, 2015, "개항장 역사 · 문화지구를 위한 제물포역 역명에 관한 비판적 논의," 한국도시지리학회지, 18(1), 85-95.

이건학, 2008, "도시 주거지의 인터넷 서비스에 대한 공간적 접근성 측정을 위한 방법론적 연구: 조작적 효과와 공간적 불균형," 한국도시지리학회지, 11(1), 101-114.

이건학 · 신정엽 · 신성희, 2010, "GIS 기반의 다기준 의사결정분석 기법을 이용한 시립미술관 입지 적합성 분석 연구: 인천시를 사례로," 한국도시지리학회지, 13(3), 89-105.

이건학 · 신정엽 · 조대헌 · 김감영, 2010, "방문보건서비스의 효율적 운영을 위한 방문경로 최적화 연구," 한국도시지리학회지, 13(1), 1-16.

이경은, 2015, "도심주거지의 여가공간화 변천과정연구: 아쌍블라주(Assemblage) 개념을 통해 본 부암동 골목길의 변화," 한국도시지리학회지, 18(3), 75-91.

이기석, 1999, "한국고대도시의 방리제와 도시구조에 관한 소고," 한국도시지리학회지, 2(2), 1-16.

______, 2000, "1990년대 한국의 도시화 개관," 한국도시지리학회지, 3(1), 1-14.

이나영 · 안재섭, 2014, "서울 서촌지역의 문화적 도시재생 활동에 관한 연구," 한국도시지리학회지, 17(1), 15-27.

이동주, 2016, "부여 고돕존육성지구의 주민지원사업 분석과 개선점," 한국도시지리학회지, 19(3), 45-56.

이명옥, 2006, "중국 연길시의 도시화 특성에 관한 연구," 한국도시지리학회지, 9(1), 137-146.

이상율, 2016, "중국 하얼빈의 초기 도시형성 과정 및 공간변화: 1898-1931," 한국도시지리학회지, 19(2), 59-73.

이상일 · 김감영 · 제갈영, 2012, "지오컴퓨테이션 접근에 의한 주택시장지역의 설정: 우리나라 수도권에의 적용," 한국도시지리학회지, 15(3), 59-75.

이선영 · 주경식, 2008, "젠트리피케이션 과정으로서 용산 재개발 지구의 근린 변화," 한국도시지리학회지, 11(3), 113-124.

이순성 · 이희연, 2015, "중국 대도시의 압축적 공간구조 특성이 도시경제발전에 미치는 영향력," 한국도시지리학회지, 18(1), 1-16.

이영민, 2000, "후기산업사회 도시문화지리학의 연구과제와 한국도시경관 연구에의 함의," 한국도시지리학회지, 3(1), 69-80.

______, 2003, "지역신문의 지방화 전략과 지역정체성의 형성과정 연구: 인천 연수신문을 사례로," 한국도시지리학회지, 6(1), 31-44.

______, 2006, "서울 강남의 사회적 구성과 정체성의 정치: 매스미디어를 통한 외부적 범주화를 중심으로," 한국도시지리학회지, 9(1), 1-14.

______, 2011, "인천의 문화지리적 탈경계화와 재질서화: 포스트식민주의적 탐색," 한국도시지리학회지, 14(3), 31-42.

이영민 · 유희연, 2008, "조기유학을 통해 본 교육이민의 초국가적 네트워크와 상징자본화 연구," 한국도시지리학회지, 11(2), 75-90.

이영민 · 이용균 · 이현욱, 2012, "중국 조선족의 트랜스이주와 로컬리티의 변화 연구: 서울 자양동 중국음식문화거리를 사례로," 한국도시지리학회지, 15(2), 103-116.

이영민 · 이은하, 2016, "미국 이주 조선족의 집거지와 민족간 관계에 과한 연구: 로스앤젤레스 코리아타운을 사례로," 한국도시지리학회지, 19(2), 75-90.

이영민 · 이은하 · 이화용, 2013, "중국 조선족의 글로벌 이주 네트워크와 연변지역의 사회-공간적 변화," 한국도시지리학회지, 16(3), 55-70.

______, 2014, "서울시 중국인 이주자 집단의 거주지 특성과 장소화 연구: 조선족과 한족(漢族)의 비교를 중심으로," 한국도시지리학회지, 17(2), 15-31.

이영성 · 김예지 · 김용욱, 2010, "도시차원의 쇠퇴실태와 경향," 한국도시지리학회지, 13(2), 1-11.

이영아, 2015, "한국의 빈곤층 밀집 지역 분포 및 형성과정 고찰," 한국도시지리학회지, 18(1), 45-56.

이영아 · 김지연, 2016, "공공공간에서 노숙청소년의 대인관계와 일상생활에 관한 연구," 한국도시지리학회지, 19(1), 17-29.

이영아 · 정윤희, 2012, "빈곤지역 유형별 빈곤층 생활에 관한 연구," 한국도시지리학회지, 15(1), 61-73.

이옥희, 2006, "서울 강남지역 개발과정의 특성과 문제점," 한국도시지리학회지, 9(1), 15-32.

이용균, 2005a, "경기 남동부지역의 장소자산의 특성파악과 장소마케팅 추진전략," 한국도시지리학회지, 8(2), 55-72.

______, 2005b, "국제자유도시 제주의 장소마케팅 추진방안," 한국도시지리학회지, 8(3), 21-34.

______, 2007, "저개발국가로부터 여성 결혼이주의 정주패턴과 사회적응 과정; 결혼 이주여성의 사회문화 네트워크의 특성: 보은과 양평을 사례로," 한국도시지리학회지, 10(2), 35-52.

______, 2008, "호주의 커뮤니티 활성화 정책의 특성과 시사점," 한국도시지리학회지, 11(3), 15-21-26.

______, 2012, "호주의 외국인 유학생 정책에서 자유시장 원리와 조절 메커니즘의 접합," 한국도시지리학회지, 15(1), 33-47.

______, 2013, "이주자의 주변화와 거주공간의 분리: 주변화된 이주자에 대한 서발턴 관점의 적용가능성 탐색," 한국도시지리학회지, 16(3), 87-100.

______, 2014, "공정무역의 가치와 한계: 시장 의존성과 생산자 주변화에 대한 비판을 중심으로," 한국도시지리학회지, 17(2), 99-117.

이원도 외, 2012, “수도권 가구통행 조사를 바탕으로 한 교통형평성 분석,” 한국도시지리학회지, 15(1), 75-88.

이은숙 · 김희순 · 정희선, 2008, “도시소설 속에 나타난 도시민의 여가공간 변화: 1950년 이후 수도권 배경의 도시소설을 중심으로,” 한국도시지리학회지, 11(3), 139-154.

이자원, 2015, “도시 성장의 지속가능성에 관한 고찰”, 국토지리학회지, 49(2), 187-198.

이재열, 2015, “도시 건축물의 상징, 논란, 그리고 일상적 실천들: 비판건축지리학 관점에서 기술하는 서울 한강의 노들섬,” 한국도시지리학회지, 18(3), 171-182.

이재용 · 장환영 · 김소연 · 임용민, 2012, “기존 도시형 U-City 건설을 위한 U-City 유형분류 및 적용방안,” 한국도시지리학회지, 15(3), 117-132.

이재용 · 한선희, 2017, “스마트시티법 재개정의 의미와 향후 과제,” 한국도시지리학회지, 20(3), 91-101.

이재용 · 황병주, 2012, “도시정보 생산자와 잠재적수요자 분석을 통한 유비쿼터스도시 정보유통의 특성분석,” 한국도시지리학회지, 15(1), 113-124.

이재하, 2014, “살기 좋은 도시 만들기의 서구사회 경험과 시사점: 건조 환경을 중심으로,” 한국도시지리학회지, 17(3), 19-37.

이재하 · 이은미, 2011, “세계화에 따른 대구광역시 외국요리 음식점의 성장과 공간 확산,” 한국도시지리학회지, 14(2), 31-48.

이정순 · 주경식, 2006, “우리나라 항만체계 발달 과정,” 한국도시지리학회지, 9(2), 89-100.

이정훈 · 정희선, 2014, “사회적 매체 블로그를 통한 경관 이미지의 생산과 소비: 서울 서촌의 사례,” 한국도시지리학회지, 17(3), 123-140.

이종상, 2011, “도매 및 소매업의 입지에 의한 유형화와 입지 특징,” 한국도시지리학회지, 14(2), 91-99.

이종용, 2015, “도시관리계획 수립을 위한 관리지역 용도 세분화 방안,” 한국도시지리학회지, 8(2), 107-118.

이주형 · 강남훈, 2009, “가구원수에 따른 주택유형 선택에 관한 연구,” 한국도시지리학회지, 12(3), 151-164.

이지은 · 백인걸 · 김명진, 2016, “광교신도시의 광교 테크노밸리 조성과정에서의 성과와 한계,” 한국도시지리학회지, 19(2), 197-210.

이한나 · 이희연, 2014, “부산 대도시권의 통행패턴 변화와 직주 불일치 수준,” 한국도시지리학회지, 17(1), 1-14.

이현군, 2005, “경기 남동부 지역정체성 형성과정-역사적 다층성을 중심으로,” 한국도시지리학회지, 8(2), 19-34.
이현욱, 2003, "뉴질랜드 크라이스트처치의 도시공원조성과 이용형태에 관한 연구," 한국도시지리학회지, 6(2), 31-45.
______, 2007, "광주시 신시가지구의 성장과 공간구조의 변화," 한국도시지리학회지, 10(2), 69-88.
______, 2009, "광주광역시 도시공원의 분포특성과 이용행태 분석," 한국도시지리학회지, 12(3), 27-40.
______, 2013, "청년층 여성의 취업이동과 불안정 고용에 대한 연구," 한국도시지리학회지, 16(2), 105-118.
______, 2014, "광주광역시 신, 구도심의 기능분포특성 비교," 한국도시지리학회지, 17(2), 33-48.
______, 2015, "한국 고용허가제 정책과 이주노동자의 공간분포 특성," 한국도시지리학회지, 18(3), 57-74.
이현욱 · 송정아, 2016, "이주노동자의 계절적 수요와 이력공급에 관한 연구: 충북 괴산 배추산업을 중심으로," 한국도시지리학회지, 19(2), 247-261.
이현재, 2013, "소규모 지역경제에 대한 기업투자유치의 경제성과 분석: 충북경제를 중심으로," 한국도시지리학회지, 16(1), 165-180.
이혜은, 2005, "세계화 속에서 도시경관의 변화," 한국도시지리학회지, 8(2), 131-141.
______, 2013, "모더니즘의 대표적 도시, 세계유산 브라질리아의 명암," 한국도시지리학회지, 16(3), 1-11.
이혜은 · 김일림, 2002, "지하도시 쿠버페디의 도시경관," 한국도시지리학회지, 5(2), 15-32.
이혜은 · 최재헌, 2009, "도시 내 녹지공간의 창조와 활용: 도시재생의 관점에서," 한국도시지리학회지, 12(1), 1-10.
이호상, 2008, "도시간 국제적 상호작용에 따른 글로벌네트워크의 연결구조분석," 한국도시지리학회지, 11(2), 91-102.
______, 2011, "에스닉 커뮤니티 성장에 따른 지역사회의 변화: 도쿄 신오쿠보를 사례로," 한국도시지리학회지, 14(2), 125-137.
______, 2013, "공항도시와 국제공항 주변지역 개발방안에 대한 고찰: 한국과 일본 사례를 중심으로," 한국도시지리학회지, 16(1), 113-129.
이희연, 2005, "세계화시대의 지역연구에서 장소마케팅의 의의와 활성화 방안," 한국도시지리학회지, 8(2), 35-53.

______, 2009a, “도시성장관리를 위한 토지수요 예측방법 구축 및 실증분석,” 한국도시지리학회지, 12(1), 11-30.

______, 2009b, “유럽연합의 영역적 협력과 통합을 위한 지역정책의 발달과정과 전략,” 한국도시지리학회지, 12(2), 31-48.

이희연 · 김원진, 2007, “저개발국가로부터 여성 결혼이주의 정주패턴과 사회적응 과정: 저개발 국가로부터 여성 결혼이주의 성장과 정주패턴 분석,” 한국도시지리학회지, 19(2), 15-33.

이희연 · 김홍주, 2006, “서울대도시권의 통근 네트워크 구조 분석,” 한국도시지리학회지, 9(1), 91-112.

이희연 · 심재헌, 2006, “도시성장에 따른 공간구조변화 측정에 관한 연구: 용인시를 사례로 하여,” 한국도시지리학회지, 9(2), 15-30.

______, 2009, “서울시 젠트리파이어의 주거이동 패턴과 이주 결정요인,” 한국도시지리학회지, 12(3), 15-26.

이희연 · 심재헌 · 노승철, 2010, “도시 내부의 쇠퇴실태와 공간패턴,” 한국도시지리학회지, 13(2), 13-26

이희연 · 염승일, 2011, “문화자본의 공간분석,” 한국도시지리학회지, 14(2), 1-15.

이희연 · 주유형, 2012, “사망률에 영향을 미치는 환경 요인분석 - 수도권을 대상으로,” 한국도시지리학회지, 15(2), 23-37.

임석회, 2018, “한국 도시의 질적 성장에 관한 연구 - 사회적 형평성 논의를 중심으로 -” 국토지리학회지, 52(2), 235-255.

임수진 · 김감영, 2015, “도시 스프롤 측정 방법으로서 밀도 기반 스프롤 지수 특성 평가,” 한국도시지리학회지, 18(2), 67-79.

임은진, 2016, “국제적 인구이동에 따른 말레이시아의 다문화사회 형성과 지역성,” 한국도시지리학회지, 19(2), 91-103.

장양이, 2013, “일본 센다이(仙台)시 교외 지역 주민들의 거주지에 대한 인식,” 한국도시지리학회지, 16(3), 129-139.

장환영 · 김 걸 · 이재용, 2014, “도시민의 일상활동 패턴에 따른 방범용 CCTV의 입지적 개선방안에 관한 연구,” 한국도시지리학회지, 17(1), 101-112.

장환영 · 이재용, 2015, “해외 스마트시티 구축동향과 시장 유형화,” 한국도시지리학회지, 18(2), 55-66.

전경숙, 2006, “전라남도의 정기시 구조와 지역 발전에 관한 연구,” 한국도시지리학회지, 9(1), 113-126.

______, 2009, "지속가능한 도시 재생 관점에서 본 광주광역시 폐선부지 푸른길 공원의 의의," 한국도시지리학회지, 13(1), 1-14.

______, 2010, "담양군 창평면의 슬로시티 도입과 지속가능한 지역 경쟁력 창출," 한국도시지리학회지, 13(3), 1-13.

______, 2011, "광주광역시의 도시 재생과 지속가능한 도시 성장 방안," 한국도시지리학회지, 14(3), 1-17.

______, 2013, "텍사스 주 러벅시의 지역성, 성장 자원과 지속가능한 도시 만들기," 한국도시지리학회지, 16(3), 13-26.

______, 2016, "광주시 대안예술시장 프로젝트와 지속가능한 도시재생," 한국도시지리학회지, 19(2), 43-58.

______, 2017, "한국 도시재생 연구의 지리적 고찰 및 제언," 한국도시지리학회지, 20(3), 13-32.

전병운, 2006, "GIS를 이용한 1990년 애틀란타 대도시권의 환경적 형평성 분석," 한국도시지리학회지, 9(2), 139-152.

전상인 외, 2010, "한국 도시재생의 연성적 잠재역량," 한국도시지리학회지, 13(2), 59-72.

전용완, 2007, "공간 상호작용 모델에 공간 임의 효과를 사용한 베이지언 접근방법: 서울시 내부 인구이동을 사례로," 한국도시지리학회지, 10(1), 103-114.

전원식 · 김동호 · 황희연, 2009, "청주 원흥이 생태공원 조성과정의 로컬 거버넌스 분석," 한국도시지리학회지, 12(3), 41-54.

전창우 · 이소영 , 2016, "Evaluating methods for extracting built up area using NPP VIIIRS nighttime LightData and Local Spatial Statistics," 한국도시지리학회지, 19(3), 145-163.

정다운 · 김흥순, 2010, "수도권 1기 신도시의 자족성 및 중심성 분석," 한국도시지리학회지, 13(2), 103-116.

정연주 · 이보영, 2011, "선택적 교육 인구이동과 내적 분화: 대구광역시 수성구를 사례로," 한국도시지리학회지, 14(3), 101-117.

정은혜, 2011, "지역이벤트로 인한 도시문화경관 연구: 부산국제영화제 지역을 사례로," 한국도시지리학회지, 14(2), 113-124.

______, 2015a, "나로 우주센터를 통한 고흥의 지역관광 활성화 방안 연구," 한국도시지리학회지, 18(1), 57-69.

______, 2015b, "역사적 맥락에 의거한 백화점의 공간적 의미에 대한 연구: 파리와 서울

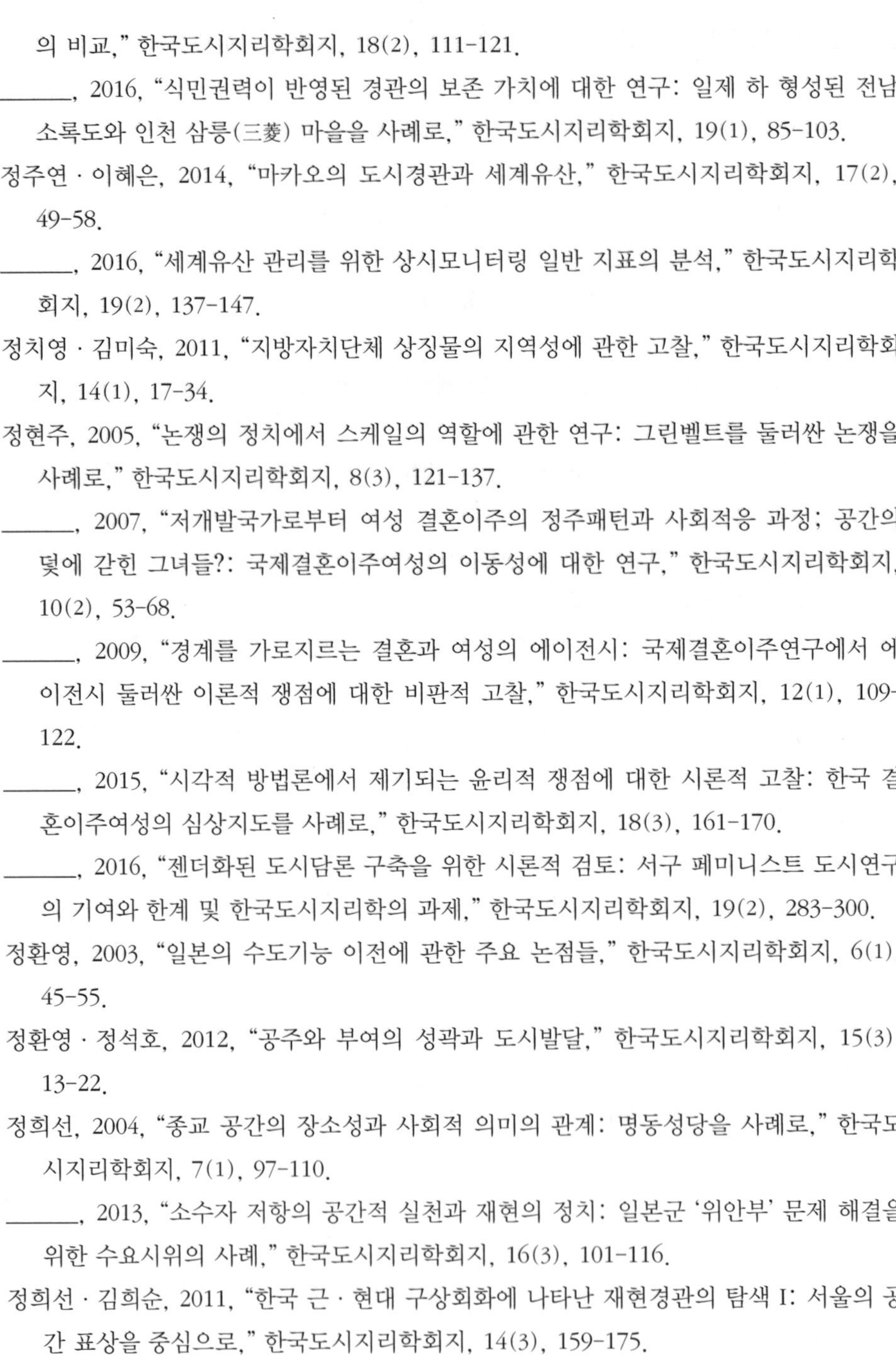

의 비교," 한국도시지리학회지, 18(2), 111-121.

______, 2016, "식민권력이 반영된 경관의 보존 가치에 대한 연구: 일제 하 형성된 전남 소록도와 인천 삼릉(三菱) 마을을 사례로," 한국도시지리학회지, 19(1), 85-103.

정주연 · 이혜은, 2014, "마카오의 도시경관과 세계유산," 한국도시지리학회지, 17(2), 49-58.

______, 2016, "세계유산 관리를 위한 상시모니터링 일반 지표의 분석," 한국도시지리학회지, 19(2), 137-147.

정치영 · 김미숙, 2011, "지방자치단체 상징물의 지역성에 관한 고찰," 한국도시지리학회지, 14(1), 17-34.

정현주, 2005, "논쟁의 정치에서 스케일의 역할에 관한 연구: 그린벨트를 둘러싼 논쟁을 사례로," 한국도시지리학회지, 8(3), 121-137.

______, 2007, "저개발국가로부터 여성 결혼이주의 정주패턴과 사회적응 과정; 공간의 덫에 갇힌 그녀들?: 국제결혼이주여성의 이동성에 대한 연구," 한국도시지리학회지, 10(2), 53-68.

______, 2009, "경계를 가로지르는 결혼과 여성의 에이전시: 국제결혼이주연구에서 에이전시 둘러싼 이론적 쟁점에 대한 비판적 고찰," 한국도시지리학회지, 12(1), 109-122.

______, 2015, "시각적 방법론에서 제기되는 윤리적 쟁점에 대한 시론적 고찰: 한국 결혼이주여성의 심상지도를 사례로," 한국도시지리학회지, 18(3), 161-170.

______, 2016, "젠더화된 도시담론 구축을 위한 시론적 검토: 서구 페미니스트 도시연구의 기여와 한계 및 한국도시지리학의 과제," 한국도시지리학회지, 19(2), 283-300.

정환영, 2003, "일본의 수도기능 이전에 관한 주요 논점들," 한국도시지리학회지, 6(1), 45-55.

정환영 · 정석호, 2012, "공주와 부여의 성곽과 도시발달," 한국도시지리학회지, 15(3), 13-22.

정희선, 2004, "종교 공간의 장소성과 사회적 의미의 관계: 명동성당을 사례로," 한국도시지리학회지, 7(1), 97-110.

______, 2013, "소수자 저항의 공간적 실천과 재현의 정치: 일본군 '위안부' 문제 해결을 위한 수요시위의 사례," 한국도시지리학회지, 16(3), 101-116.

정희선 · 김희순, 2011, "한국 근 · 현대 구상회화에 나타난 재현경관의 탐색 I: 서울의 공간 표상을 중심으로," 한국도시지리학회지, 14(3), 159-175.

______, 2012, "한국의 근 · 현대 구상회화에 나타난 재현경관의 탐색 II: 도시민의 일상

생활에 반영된 근대화 과정을 중심으로," 한국도시지리학회지, 15(2), 117-135.

조대헌, 2009, "서울 도심의 토지이용 근린 관계 분석: 종로를 대상으로," 한국도시지리학회지, 12(3), 111-124.

_____, 2014, "서울의 고령일인가구 분포와 대중교통 접근성," 한국도시지리학회지, 17(2), 119-136.

조두원, 2015, "세계유산 남한산성 보존관리에 있어 '매개자'의 역할에 관한 연구," 한국도시지리학회지, 18(1), 71-83.

조아라 · 김숙진, 2016, "세계유산 보존관리와 지역의 지속가능한 발전을 위한 지역공동체 참여," 한국도시지리학회지, 19(2), 149-167.

조유진 · 김숙진, 2016, "고도보존육성법과 세계유산협약의 접점에서 찾은 역사도시의 지속가능한 발전과 주민 참여방법: 백제역사유적지구를 중심으로," 한국도시지리학회지, 19(3), 27-43.

조준혁, 2011, "영상제작단지의 도시마케팅 자산화 과정 연구: 고양시 사례를 중심으로," 한국도시지리학회지, 14(3), 145-158.

주경식, 1998, "어떤 도시화 과정, 한국과 미국에서 주변도시의 발달," 한국도시지리학회지, 1(1), 61-84.

_____, 2003, "대도시 '신도심'지구의 형성과 발달", 한국도시지리학회지, 6(1), 1-15.

주성재, 2001, "한국에 있어 광역도시계획의 도입과 향후 과제", 한국도시지리학회지, 4(2), 45-58.

주용준 · 황희연, 1999, "지속가능한 도시토지이용지표 설정 및 평가," 한국도시지리학회지, 2(1), 3-24.

진찬우 · 이건학, 2015, "행복주택 최적 입지 선정에 관한 연구: 다목적 공간 최적화 접근," 한국도시지리학회지, 18(2), 81-95.

최내영, 2010, "인구증가지역에 대한 기반시설부담 구역지정 대안비교 연구," 한국도시지리학회지, 13(3), 63-73.

최원회, 2004, "기존 신행정수도 예정지역의 주변부 관리방안 및 주민이주대책 연구," 한국도시지리학회지, 7(2), 15-29.

최원회 · 양미자, 2004, "대전시 유치원의 공간 특성과 취원 아동의 공간 행태," 한국도시지리학회지, 7(1), 29-49.

최은영, 2004, "선택적 인구이동과 공간적 불평등의 심화: 수도권을 중심으로," 한국도시지리학회지, 7(2), 57-69.

_____, 2006, "서울 강남의 데이터베이스 구축과 지역 특성; 차별화된 부의 재생산 공

간, 강남의 형성: 아파트 가격의 시계열 변화(1989~2004년)를 중심으로," 한국도시지리학회지, 9(1), 33-46.

최재헌, 1998, "세계화 시대의 도시지리 연구를 위한 글로벌 패러다임의 쟁점과 연구동향," 한국도시지리학회지, 1(1), 31-46.

______, 2000, "한반도 도시체계의 발달과 전망," 한국도시지리학회지, 3(1), 33-42.

______, 2002, "1990년대 한국도시체계의 차원적 특성에 관한 연구," 한국도시지리학회지, 5(2) 33-49

______, 2005, "제주국제자유도시의 과제와 발전전략 모색," 한국도시지리학회지, 8(3), 9-20.

______, 2006, "세계화 시대의 도시 변화 이해를 위한 개념 모색," 한국도시지리학회지, 9(2), 1-14.

______, 2007, "저개발국가로부터 여성 결혼이주의 정주패턴과 사회적응 과정; 저개발국가로부터의 여성결혼이주와 결혼중개업체의 특성," 한국도시지리학회지, 10(2), 1-14.

______, 2009, "초광역권 개발 전략의 이론적 고찰과 평가: 초광역개발권을 중심으로," 한국도시지리학회지, 12(2), 19-30.

______, 2010, "한국 도시 성장의 변동성 분석," 한국도시지리학회지, 13(2), 89-102.

______, 2017, "UN HABITAT III의 새로운 도시의제(New Urban Agenda)가 한국 도시지리학 연구에 주는 시사점," 한국도시지리학회지, 20(3), 33-44.

최재헌 · 강민조, 2003, "외국인 거주지 분석을 통한 서울시 국제적 부문의 형성," 한국도시지리학회지, 6(1), 17-30.

최재헌 · 강승호, 2011, "세계 항공 유동공간의 연계구조," 한국도시지리학회지, 14(2), 17-30.

최재헌 · 김숙진, 2017, "한국도시지리학회지 게재 논문으로 본 도시지리 연구의 주제와 과제: 1998~2016년," 한국도시지리학회지, 20(1), 1-26.

최재헌 · 김원경, 2002, "외국계 금융자본의 유입에 따른 국내 금융공간의 변화," 한국도시지리학회지, 5(1), 49-63.

최재헌 · 남영우, 2014, "용산 미군기지의 문화유산가치와 도시발전 방향," 한국도시지리학회지, 17(2), 1-13.

최재헌 · 박은선, 2013, "여객버스노선 분석을 통한 도시 연계구조 특성," 한국도시지리학회지, 16(3), 27-39.

최재헌 · 연영심, 1999, "서울시 유치원의 공간적 특성과 취원 아동의 행태특성," 한국도시지리학회지, 2(1), 59-74.

최재헌 · 이혜은, 2012, "세계유산으로 등재된 성곽 유산의 활용: 중국 핑야오성과 원상도(Xanadu) 유허지를 중심으로," 한국도시지리학회지, 15(3), 1-11.

______, 2013, "세계유산적 가치의 관점에서 본 산성 도시 남한산성의 경관 분석," 한국도시지리학회지, 16(1), 1-17.

최재헌 · 차은혜, 2012, "산성도시 남한산성의 도시기능성 변화," 한국도시지리학회지, 15(1), 47-

최정호 · 박선미, 2013, "북한이탈주민 거주지 분포의 특성과 영향 요인: 경기도를 사례로," 한국도시지리학회지, 16(3), 71-85.

______, 2014, "북한이탈주민의 사회연결망 특성이 거주지 선택에 미친 영향," 한국도시지리학회지, 17(2), 83-98.

최호현 · 김선범, 2006, "요인분석과 군집분석을 이용한 용도지역의 특성과 유형분류," 한국도시지리학회지, 9(1), 127-136.

피민희 · 강영옥, 2010, "U-City 서비스에 대한 만족도 분석 및 발전방안 연구: 부산시 시민체감 서비스를 사례로," 한국도시지리학회지, 13(3), 75-87.

한대호 · 홍현철, 2008, "서울로의 연결성과 통행으로 본 수도권의 도시계층성," 한국도시지리학회지, 11(1), 43-52.

한수경 · 이희연, 2015, "유휴, 방치 부동산의 공간분포 및 특성 분석: 익산시를 사례로," 한국도시지리학회지, 19(1), 1-16.

한주연, 2002, "도시공간 구조의 양극화 현상에 관한 연구: 주택 가격 변화의 공간적 분포에 대한 분석을 중심으로," 한국도시지리학회지, 5(1), 65-81.

한지은, 2012, "창조도시의 중국적 맥락: 상하이 창의 산업구를 사례로," 한국도시지리학회시, 15(2), 137-151.

홍상기, 1998, "시공복합 선형점 자료이 분석을 위한 시각화 시스템의 개발," 한국도시지리학회지, 1(1), 85-100

홍성호 · 박주혜 · 이만형, 2009, "충북 IT산업 지식 네트워크의 구조적, 공간적 특성과 함의: 대학의 공동연구개발 프로젝트를 중심으로," 한국도시지리학회지, 12(3), 139-150.

홍승기 · 김충호, 2011, "공적개발원조(ODA)가 개발도상국의 투자에 미치는 영향," 한국도시지리학회지, 14(3), 119-128.

홍현철, 1999, "대도시 지역의 여가활동에 대한 지역 구조적 특성," 한국도시지리학회지, 2(2), 83-94.

______, 2008, "서울시 화물유동의 결절지역 특성에 관한 연구," 한국도시지리학회지, 11(2), 47-58.

황진태, 2016, "발전주의 도시에서 도시 공유재 개념의 이론적 실천적 전망," 한국도시지리학회지, 19(2), 1-16.

황희연, 1999, "통일 대비 통합국토정비 정책방향에 대한 제언," 한국도시지리학회지, 2(2), 95-106.

Berry, B. J. L., 1964, Cities as systems within systems of cities, *Papers and Proceedings of the Regional Science Association*, 13, 147-163.

Carter, H., 1995, *The Study of Urban Geography*, 4rd ed., Arnold, London.

Choi, Jae-Heon and Nam, Young-Woo, 2012, Research Trends of the Korean Urban Geography: 1960~2012, *Journal of the Korean Geographical Society*, 47(4), 541-553.

Kaplan, D., Wheeler, J., and Holloway, S., 2009, *Urban Geography*, 2nd Edition, JohnWiley & Sons, INC., New York.

Pacione, M., 2009, *Urban Geography: A Global Perspective*, Third Edition, Routledge, London and New York.

Short, J., 1984, *Introduction to Urban Geography*, Routledge Kegan & Paul, London.

색인

ㅅ

ㅇ

ㅈ

저자약력(가나다 순)

권상철

제주대학교 지리교육전공 교수(1995~현재)
미국 오하이오주립대학교 지리학과 박사(1995)
제주 전통의 재발견: 신비, 성실, 모험의 제주 전통 경관(2019, 역)
국제개발협력개론(2018, 공역)
Geography of Korea(2016, 공저)

김 걸

한국교원대학교 지리교육과 부교수(2014~현재)
미국 플로리다주립대학교 지리학과 박사(2006)
아주 쓸모있는 세계 이야기(2019, 공저)
도시해석(2019, 공저)
세계의 도시(2013, 공역)

류연택

충북대학교 지리교육과 교수(2006~현재)
미국 미네소타대학교 지리학과 박사(2002)
도시해석(2019, 공저)
지리사상사(2015, 공역)
도시사회지리학의 이해(2012, 공역)

박경환

전남대학교 지리교육과 교수(2006~현재)
미국 켄터키대학교 지리학과 박사(2005)
공간을 위하여(2016, 공역)
인문지리학개론(2016, 공저)
지리사상사(2015, 공역)

손승호

고려대학교 지리교육과 객원교수(2019~현재)
고려대학교 지리학과 박사(2004)
한국의 도시와 국토(2019, 공저)
이주로 본 인천의 변화(2019, 공저)
서울의 도시구조 변화(2006, 공저)

손재선

국토연구원 공간정보사회연구본부 책임연구원(2019~현재)
미국 노스캐롤라이나대학교 지리학과 박사(2014)
Spatial Analysis and Location Modeling in Urban and Regional Systems(2018, 공저)
Big Data for Regional Science(2017, 공저)

손정렬

서울대학교 지리학과 교수(2006~현재)
미국 일리노이대학교 지리학과 박사(2002)
도시해석(2019, 공저)
도시 아틀라스(2019, 공역)
네트워크로 바라본 아시아(2018, 공저)

심승희

청주교육대학교 사회과교육과 교수(2003~현재)
서울대학교 지리교육과 박사(2000)
여행기의 인문학(2018, 공저)
서울스토리: 장소와 시간으로 엮다(2013, 공저)
현대 문화지리의 이해(2013, 공저)

안재섭

동국대학교 지리교육과 교수(2001~현재)
서울대학교 지리교육과 박사(2000)
세계지리: 세계화와 다양성(2017, 공역)
현대지리학(2013, 공역)

안종천

경북 의성군 안계면장(2019.7~현재)
국토연구원 책임연구원(전)
건국대학교 지리학과 박사(2005)
이주로 본 인천의 변화(2019, 공저)
리버풀 스토리: 역사와 문화를 아로새긴 도시재생(2017, 공저)
동아시아 관문도시 인천(2006, 공저)

이재열
충북대학교 지리교육과 조교수(2018~현재)
미국 위스콘신주립대학교 지리학과 박사(2015)
과학의 지리(2019, 공역)
균형발전과 지역혁신(2019, 공저)
포스트메트로폴리스 2(2019, 공역)

이현욱
이화여자대학교 사회과교육과 강사(2017~현재)
이화여자대학교 사회과교육과 연구교수(전)
일본 도쿄대학교 인문지리 박사(2009)
21세기 국가 경계 질서(2018, 공역)
개념으로 읽는 국제이주와 다문화사회(2017, 공역)
이주(2013, 공역)

이호상
인천대학교 일어일문학과 부교수(2015~현재)
일본 쓰쿠바대학교 생명환경과학연구과(공간정보과학분야) 박사(2008)
이주로 본 인천의 변화(2019, 공저)
지도로 만나는 근대도시 인천(2017, 공저)
현장에서 바라본 동일본대지진: 3.11 이후의 일본 사회(2013, 공저)

정현주
서울대학교 환경대학원 부교수(2018~현재)
미국 미네소타대학교 지리학과 박사(2004)
희망의 도시(2017, 공저)
공간, 장소, 젠더(2015, 역)
페미니즘과 지리학(2011, 역)

정환영
공주대학교 지리학과 교수(1993~현재)
일본 토호쿠대학 지리학과 박사(1989)
공주학강좌(2015, 공저)
한국지리지 대전편(2015, 공저)
현대도시지역론(2006, 역)

최재헌
건국대학교 지리학과 교수(1995~현재)
미국 미네소타대학교 지리학과 박사(1993)
한국의 도시와 국토(2019, 공저)
경기문화유산 세계화 기초조사 연구(2018, 공저)
지역분석의 기초(2004)

도시지리학개론

2020년 1월 1일 초판 인쇄
2020년 9월 1일 초판 2쇄 발행

편 저 한 국 도 시 지 리 학 회

발행인 배 효 선

발행처 도서출판 法 文 社

주 소 10881 경기도 파주시 회동길 37-29
등 록 1957년 12월 12일 / 제2-76호(윤)
TEL (031) 955-6500~6 FAX (031) 955-6525
e-mail (영업) bms@bobmunsa.co.kr
(편집) edit66@bobmunsa.co.kr

홈페이지 http://www.bobmunsa.co.kr

조 판 (주) 성 지 이 디 피

정가 39,000원 ISBN 978-89-18-91057-4